Schroll

Die Prüfung der Industriemeister Chemie

Zusätzliche digitale Inhalte für Sie!

Zu diesem Buch stehen Ihnen kostenlos folgende digitale Inhalte zur Verfügung:

Online-Buch

Die digitale Version dieses Buches finden Sie mit vielen hilfreichen Verlinkungen zur komfortablen Recherche in mein**kiehl**.

Schalten Sie sich das Buch direkt frei.

Scannen Sie den QR-Code **oder** rufen Sie die Seite mein**kiehl** auf.
Geben Sie den Freischaltcode ein und folgen Sie dem Anmeldedialog. Fertig!

Ihr Freischaltcode

BJRY-AYPG-OWLQ-RMOR-SZDL-BF

Die Prüfung der Industriemeister Chemie

Handlungsspezifische Qualifikationen

Von

Dipl.-Ing. Stefan Schroll

kiehl

Bildnachweis Umschlag: © industrieblick – stock.adobe.com

ISBN 978-3-470-**10491**-1

Kiehl ist eine Marke des NWB Verlags

Satz: SATZ-ART Prepress & Publishing GmbH, Bochum
Druck: Beltz Grafische Betriebe GmbH, Bad Langensalza

Klimaneutral
Druckprodukt
ClimatePartner.com/16605-2106-1001

Scannen Sie den QR-Code oder besuchen Sie **Climate-Partner.com/16605-2106-1001** und erfahren Sie mehr zu unseren klimaneutralen Druckprodukten.

Vorwort

Dieses Buch wendet sich an alle Kursteilnehmer, die eine Weiterbildung zum Geprüften Industriemeister (m/w/d) der Fachrichtung Chemie absolvieren. Es soll sie während des gesamten Lehrgangs begleiten und gezielt und umfassend auf die Prüfung vor der Industrie- und Handelskammer vorbereiten. Außerdem eignet es sich als übersichtliches Nachschlagewerk für die Praxis.

Das Werk deckt alle Lerninhalte der Handlungsspezifischen Qualifikationen ab und orientiert sich in seiner Gliederung eng am Rahmenplan des DIHK sowie der aktuellen Prüfungsverordnung.

Die Hauptkapitel sind:

Handlungsbereich Chemische Produktion

1. Verfahrenstechnik und Anlagentechnik
2. Chemische Prozesse und Verfahren
3. Prozessleittechnik

Handlungsbereich Führung, Organisation und Kommunikation

4. Personalführung und -entwicklung
5. Betriebliches Kostenwesen
6. Verantwortliches Handeln im Betrieb (Responsible Care)
7. Qualitätsmanagement
8. Information und Kommunikation

Handlungsbereich Spezialisierungsgebiete

9. Syntheseplanung
10. Automatisierungs- und Prozessleittechnik
11. Technologie
12. Betriebscontrolling.

Der **erste Teil** des Buches bereitet den gesamten Prüfungsstoff zur Wiederholung kompakt in Frage und Antwort auf. Zahlreiche Grafiken und Schaubilder strukturieren und veranschaulichen die Lerninhalte. Mehrere Praxisbeispiele erleichtern das Verständnis.

Im **zweiten Teil** werden die Prüfungsanforderungen ausführlich erläutert. Dabei ist dem Fachgespräch ein eigener Abschnitt gewidmet. Tipps und Techniken zum Bestehen der schriftlichen und mündlichen Prüfungen runden das Kapitel ab.

Der **dritte Teil** beinhaltet eine komplexe integrierte Musterklausur, wie sie durch die Rechtsverordnung vorgeschrieben ist. Der Aufgabensatz enthält jeweils eine Klausur mit den Schwerpunkten „Chemische Produktion“, „Führung, Organisation und Kommunikation“ und für die vier Spezialisierungsgebiete sowie beispielhafte Handlungsaufträge für das Fachgespräch. Durch die Bearbeitung können die Leser ihre Kenntnisse unter „echten Prüfungsbedingungen“ testen und mithilfe der ausführlichen Lösungshinweise die Ergebnisse sofort kontrollieren. Ein umfangreiches Stichwortverzeichnis unterstützt die selektive Bearbeitung einzelner Themen.

Ich wünsche allen Lesern (m/w/d) viel Erfolg in den Prüfungen und bei der Erreichung ihrer persönlichen Ziele.

Anregungen und konstruktive Kritik sind gerne willkommen und erreichen mich über den Verlag.

Dipl.-Ing. Stefan Schroll, M. Sc.
Truchtlaching am Chiemsee, im Herbst 2022

Benutzungshinweise

Das Werk enthalt zahlreiche **Querverweise**, die sich aus der Überschneidung der Handlungsbereiche bzw. der Qualifikationselemente ergeben. Sie sind mit unterschiedlichen Pfeilen gekennzeichnet und nennen nachfolgend die Ziffer der entsprechenden Fundstelle bzw. des Rahmenplans.

Hinweise auf den Inhalt der Basisqualifikationen sind mit einem Pfeil → sowie einem vorangestellten **„A"** gekennzeichnet und zeigen gleichzeitig an, dass dieses Thema Inhalt des Grundlagenbandes „Die Prüfung der Industriemeister – Basisqualifikationen" ist. Beispielsweise verweist → A 3.5 auf das Thema „Anwenden von Projektmanagementmethoden" im Grundlagenband. Wir empfehlen, die Inhalte der Basisqualifikationen nicht zu vernachlässigen. Sie werden im zweiten Prüfungsteil als bekannt vorausgesetzt.

Querverweise innerhalb des handlungsspezifischen Teils der Prüfung werden mit einem **Doppelpfeil** » und der **Angabe der Kapitel** gekennzeichnet. Beispielsweise bedeutet die Angabe » 3.2.2, dass das Thema „Einsatz von Regelungssystemen zur Prozessoptimierung" im Kapitel 3.2.2 behandelt wird.

Zum Teil überschneiden sich die Inhalte lt. Rahmenplan, zum Teil werden auch unterschiedliche Schwerpunkte gesetzt. Die Querverweise sollen dem Leser die Komplexität der Stoffbehandlung zeigen, die Handlungsorientierung unterstützen, andererseits aber auch „Doppellernen" vermeiden.

Diese Symbole erleichtern Ihnen die Arbeit mit diesem Buch:

TIPP

Hier finden Sie nützliche Hinweise zum Thema.

MERKE

Das X macht auf wichtige Merksätze oder Definitionen aufmerksam.

ACHTUNG

Das Ausrufezeichen steht für Beachtenswertes, wie z. B. Fehler, die immer wieder vorkommen, typische Stolpersteine oder wichtige Ausnahmen.

INFO

Hier erhalten Sie nützliche Zusatz- und Hintergrundinformationen zum Thema.

RECHTSGRUNDLAGEN

Das Paragrafenzeichen verweist auf rechtliche Grundlagen, wie z. B. Gesetzestexte.

MEDIEN

Das Maus-Symbol weist Sie auf andere Medien hin. Sie finden hier Hinweise z. B. auf Download-Möglichkeiten von Zusatzmaterialien, auf Audio-Medien oder auf die Website von Kiehl.

Hinweis

Aus Gründen der besseren Lesbarkeit verzichten wir auf die gleichzeitige Verwendung der Sprachformen männlich, weiblich und divers (m/w/d). Sämtliche Personenbezeichnungen gelten gleichermaßen für alle Geschlechter.

Feedbackhinweis

Kein Produkt ist so gut, dass es nicht noch verbessert werden könnte. Ihre Meinung ist uns wichtig. Was gefällt Ihnen gut? Was können wir in Ihren Augen verbessern? Bitte schreiben Sie einfach eine E-Mail an: **feedback@kiehl.de**

1. Verfahrenstechnik und Anlagentechnik

INFO

Prüfungsanforderungen

Im Qualifikationsschwerpunkt „Verfahrenstechnik und Anlagentechnik“ soll die Fähigkeit nachgewiesen werden,

- verfahrenstechnische Prozesse bei der Herstellung von Produkten unter Berücksichtigung von Arbeitssicherheit, Umweltschutz, Anlagensicherheit sowie Qualitätssicherung zu planen, organisieren und überwachen zu können.
- Dazu gehört, unter Berücksichtigung naturwissenschaftlich-technischer und mathematischer Gesetzmäßigkeiten, Zusammenhänge und Optimierungsmöglichkeiten des verfahrenstechnischen Prozesses zu erkennen und zweckentsprechende Maßnahmen einzuleiten.
- Weiterhin soll die Fähigkeit nachgewiesen werden, beim Einsatz neuer Maschinen und Anlagenteile sowie bei Veränderung von Stoffen und Stoffparametern die Auswirkungen auf den Verfahrensprozess zu erkennen und berücksichtigen zu können.

Qualifikationsschwerpunkt Verfahrenstechnik und Anlagentechnik (Überblick)

1.1 Erstellen von Mengenströmen und Energiebilanzen

1.2 Beurteilen von Aufbau, Funktionsprinzip und Einsatzmöglichkeiten von Apparaten, Maschinen und technischen Hilfseinrichtungen sowie deren sachgerechter Verwendung

1.3 Auswählen der Maschinen und Anlagenbauteile unter Berücksichtigung von Wechselwirkungen zwischen Roh-, Hilfs, Betriebsstoffen und Werkstoffen

1.4 Mitwirken bei der Auswahl von Maschinen, Apparaten, technischen Hilfseinrichtungen, Energien und Stoffen unter Beachtung von technischen und wirtschaftlichen Gegebenheiten

1.5 Organisieren und Veranlassen von Maßnahmen zur Behebung von Störungen

1.6 Veranlassen der vorbeugenden Instandhaltung sowie Organisieren, Überwachen und Koordinieren von Maßnahmen der Instandhaltung

1.7 Koordinieren und Optimieren des Anfahrens, Betreibens und Abfahrens von Anlagen

1.1 Erstellen von Mengenströmen und Energiebilanzen

1.1.1 Mengenbilanzen am verfahrenstechnischen Prozess

01. Weshalb ist die Kenntnis über die Mengen- und Energieströme einer Anlage wichtig?

Die Grundlage zur korrekten verfahrenstechnischen Auslegung einer Anlage ist die Beschreibung des verfahrenstechnischen Prozesses. Hierzu ist nicht nur die Kenntnis der chemischen Zusammenhänge von Bedeutung, die Reaktions- und Umwandlungsprozesse müssen in geeigneter Form beschrieben und dargestellt werden. Dies geschieht im Wesentlichen durch die Erarbeitung der Mengen- und Energieströme, aus denen dann die passende verfahrenstechnische Apparateauslegung vorgenommen werden kann.

02. Welche Darstellungsarten werden bei der Beschreibung eines verfahrenstechnischen Prozesses unterschieden?

Bei der Bilanzierung und Darstellung verfahrenstechnischer Prozesse unterscheidet man grundsätzlich vier Darstellungsarten, die die Tiefe der Beschreibung von Prozessen widerspiegeln.

- Grundfließbild
- Verfahrensfließbild
- Mengenfließbild
- R&I-Fließbild (Rohrleitung und Instrumentierung).

03. Welche Informationen liefert das Grundfließbild?

Das Grundfließbild stellt einen ersten Überblick über den Prozess dar und ist die einfachste Form der Prozessbeschreibung. Zu diesem Zeitpunkt ist die Verfahrensentwicklung/-beschreibung noch nicht weit fortgeschritten. Das Grundfließbild beschreibt die ersten groben Prozesskenntnisse und Stoffumwandlungsformen, wie z. B. thermisch trennen, mechanisch zerkleinern, separieren, transportieren, abfüllen usw.

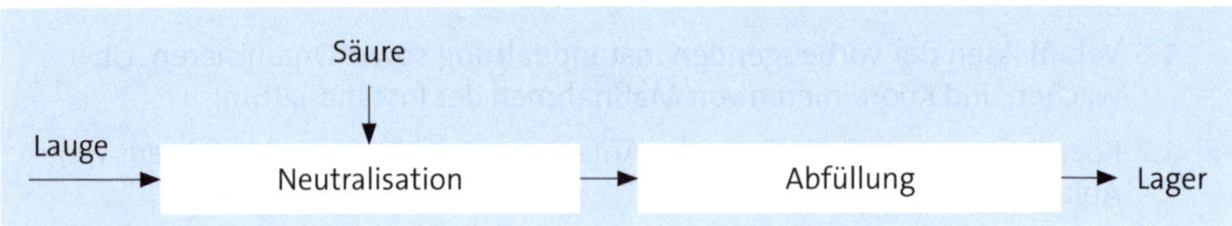

Grundfließbild einer Neutralisation

04. Welche Informationen liefert das Verfahrensfließbild?

Das Verfahrensfließbild konkretisiert das Grundfließbild. Es beinhaltet nur eine grobe Apparateauswahl und eine Stoffbeschreibung. Dem Verfahrensfließbild kann man entnehmen, ob es sich um einen kontinuierlichen Prozess oder um einen Batchprozess handelt. Ebenso sind erste Fragen der Energieabfuhr und -zufuhr geklärt. So enthält ein Verfahrensfließbild die Information, ob eine Energie, z. B. mittels elektrischer Beheizung oder mit Dampf, zugeführt wird oder ob eine Kühlung mittels Kühlsole oder mit Wasser erfolgt.

Wesentliche Merkmale des Verfahrensfließbildes sind:

- Kennzeichnung der Stoffströme
- Benennung der Stoffe
- Festlegung der Apparategruppen.

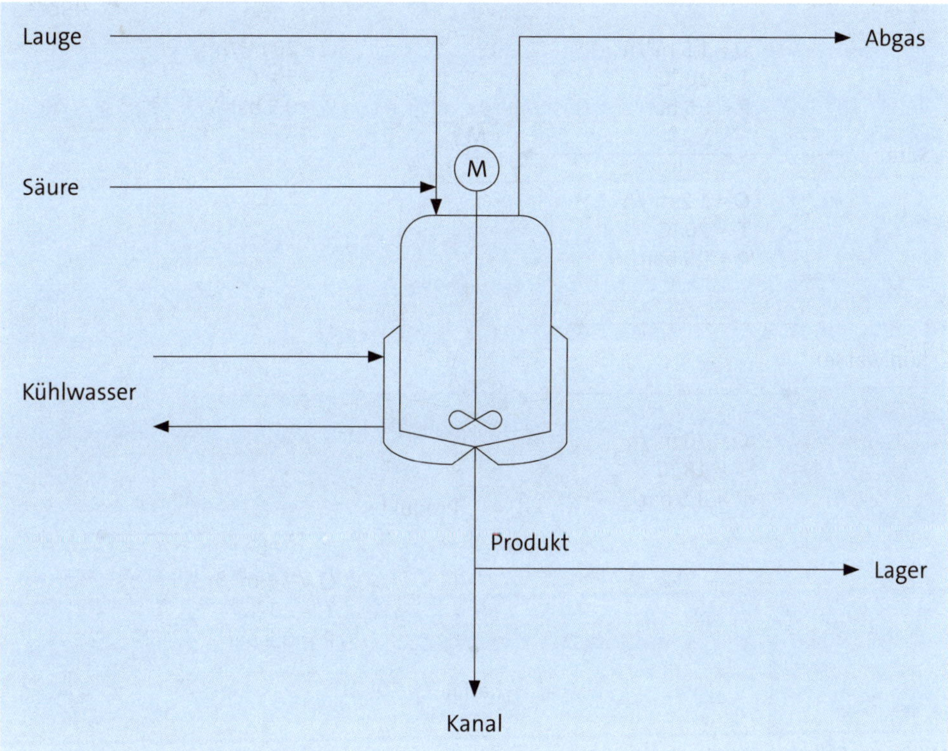

Verfahrensfließbild einer Neutralisation

05. Was ist in einem Mengenfließbild enthalten?

Das Mengenfließbild enthält alle Informationen, die zur Auslegung der Apparate benötigt werden. Die Erarbeitung des Mengenfließbildes erfolgt oft interaktiv, da diverse Informationen erst nach der Apparateauslegung bekannt sind. Häufig werden Massenströme, Dichten, Temperaturen, Drücke, Füllstände usw. in einem Mengenfließbild dargestellt. Oft werden weitere Informationen dem Mengenfließbild zugefügt, wie z. B. Viskositäten, Enthalpien, Reaktionswärmen, Druckverluste usw. Bei der Festlegung der Massenströme bleibt die Massenbilanz geschlossen. Die Summe aller Einzelmassenströme bleibt konstant. Das bedeutet $m_{ges} = m_1 + m_2 + ... m_i$

Am Beispiel einer kontinuierlich arbeitenden Destillationskolonne lässt sich dies verdeutlichen, denn es muss im eingeschwungenen Zustand die Summe aus Destillat und Sumpfablauf der Masse des zugeführten Feedstromes entsprechen.

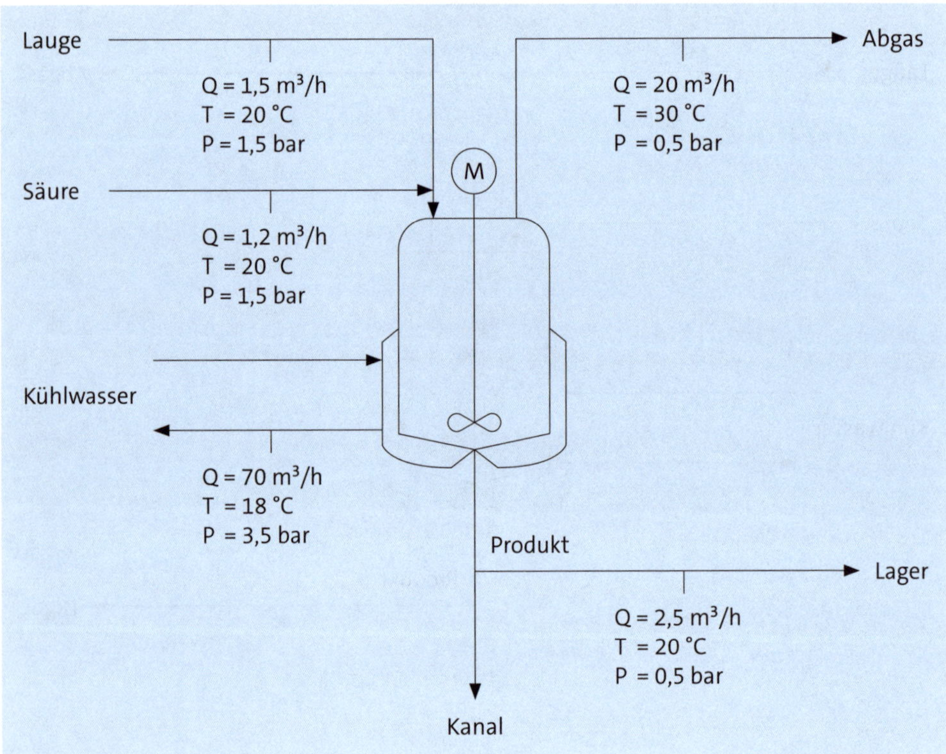

Mengenfließbild einer Neutralisation

06. Wie erfolgt die Erstellung eines R&I-Fließbildes und welche Informationen enthält es?

Aus den im Mengenfließbild verankerten Informationen wird nun das R&I-Fließbild erarbeitet. Das R&I-Fließbild beschreibt den gesamten verfahrenstechnischen Prozess. Es enthält sowohl die Instrumentierung (z. B. Absperrorgane, Messungen) als auch die apparatetechnische Auslegung und Dimensionierung der Rohrleitungen.

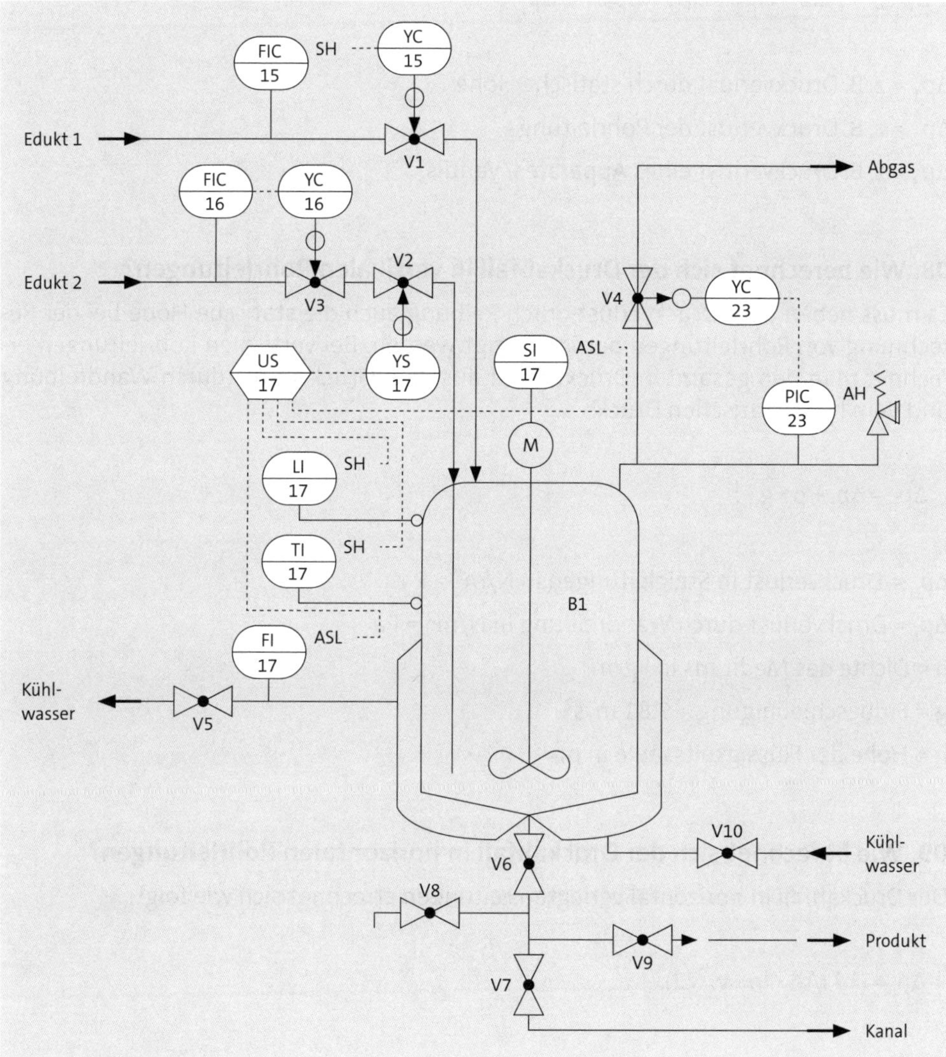

R&I-Fließbild einer Neutralisation

07. Was ist bei der Dimensionierung von Rohrleitungen zu beachten?

Um eine korrekte Dimensionierung von Rohrleitungen vornehmen zu können, ist vorab eine Druckverlustrechnung durchzuführen.

Der Gesamtdruckabfall errechnet sich dabei aus der Summe der Einzeldruckabfälle.

$$\Delta p_{ges} = \sum \Delta p = \Delta p_1 + \Delta p_2 + \Delta p_3 + \ldots \Delta p_i$$

Δp_1 = z. B. Druckverlust durch statische Höhe

Δp_2 = z. B. Druckverlust der Rohrleitung

Δp_3 = z. B. Druckverlust eines Apparates/Ventils

08. Wie berechnet sich der Druckabfall in vertikalen Rohrleitungen?

Es muss neben dem Druckverlust durch Reibung auch die statische Höhe bei der Berechnung von Rohrleitungen berücksichtigt werden. Bei vertikalen Rohrleitungen errechnet man den gesamten Druckverlust aus dem Druckverlust durch Wandreibung und dem hydrostatischen Druck.

$$\Delta p_h = \Delta p_r + \rho \cdot g \cdot h$$

Δp_h = Druckverlust in Steigleitungen in N/m^2 = Pa

Δp_r = Druckverlust durch Wandreibung in N/m^2 = Pa

ρ = Dichte des Mediums in kg/m^3

g = Erdbeschleunigung = 9,81 m/s^2

h = Höhe der Flüssigkeitssäule in m

09. Wie berechnet sich der Druckabfall in horizontalen Rohrleitungen?

Der Druckabfall in horizontal verlegten Leitungen errechnet sich wie folgt:

$$\Delta p_r = (\lambda \cdot l/d) \cdot (\rho \cdot w^2/2)$$

Δp_r = Druckverlust durch Wandreibung in N/m^2 = Pa

λ = Reibungskoeffizient dimensionslos (ca. 0,04 bei Stahlrohren)

l = Rohrlänge in m

d = Rohrdurchmesser in m

ρ = Dichte des Mediums in kg/m^3

w = Geschwindigkeit des Mediums in m/s

10. Was besagt die sog. Reynolds-Zahl?

Bei laminarer Strömung in einer Rohrleitung ist der Druckverlust Δp der mittleren Strömungsgeschwindigkeit proportional, während der Druckverlust bei einer turbulenten Strömung nach dem Exponentialgesetz quadratisch mit der Zunahme der Geschwindigkeit ansteigt.

Generell gilt bei allen Strömungen vorab zu prüfen, ob es sich um eine laminare oder turbulente Strömung handelt. Für Rohrströmungen liegt der Umschlagspunkt bei einer Reynolds-Zahl von 2.320, darüber liegt eine turbulente Strömung vor.

Die Reynolds-Zahl wird wie folgt berechnet:

$$Re = \frac{w \cdot d}{\nu}$$

Re = Reynolds-Zahl dimensionslos

w = Geschwindigkeit des Mediums in m/s

d = Rohrleitungsdurchmesser in m

ν = kinematische Viskosität in m^2/s

Für die Auslegung von Rohrleitungen ist bei Flüssigkeiten eine Strömungsgeschwindigkeit von 1 - 3 m/s sinnvoll, bei Gasen sind 10 - 20 m/s üblich.

Folgende typische Druckabfälle in Rohrleitungen können als Richtgröße formuliert werden:

- horizontal verlegte Rohrleitung: ca. 0,003 bar/m
- vertikal verlegte Rohrleitung: ca. 0,1 bar/m
- ein eingebautes Magnetventil: ca. 0,15 bar.

11. Was besagt die Kontinuitätsgleichung?

Die Kontinuitätsgleichung für den Volumenstrom besagt, dass ein Volumenstrom in einer Leitung immer konstant ist. Dies ändert sich auch nicht, wenn sich der Querschnitt der Leitung verändert. Man kann es vereinfacht so ausdrücken: Was auf der einen Seite einer Rohrleitung hineinkommt, muss auf der anderen Seite auch wieder herauskommen. Die folgende Grafik verdeutlicht dieses Prinzip.

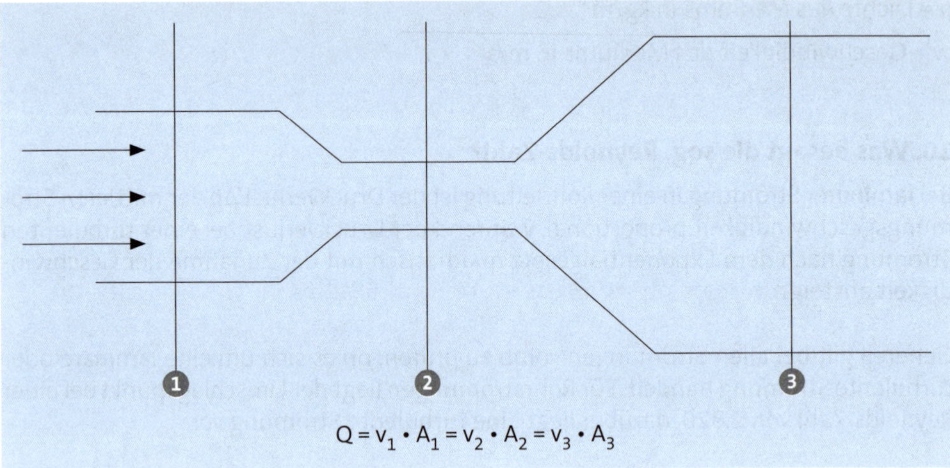

Unterschiedliche Querschnitte einer Rohrleitung

An allen drei betrachteten Stellen der oben dargestellten Rohrleitung ist der Volumenstrom gleich. An den Stellen, an denen sich der Leitungsquerschnitt verkleinert, erhöht sich die Strömungsgeschwindigkeit im gleichen Verhältnis. An den Stellen, an denen sich der Leitungsquerschnitt vergrößert, verringert sich die Strömungsgeschwindigkeit im gleichen Verhältnis.

12. Was beschreibt der Massenstrom?

Unter einem Massenstrom, auch Massendurchsatz, versteht man die Masse eines Mediums, das sich pro Zeitspanne durch einen Querschnitt bewegt. Der Massenstrom wird häufig in Kilogramm je Sekunde angegeben, auch je Minute oder Stunde bei langsamem Fluss.

13. Was besagt der Massenerhaltungssatz?

Der Massenerhaltungssatz (auch als Lomonossow-Lavoisier-Gesetz bekannt) ist ein Erhaltungssatz im Bereich der Chemie, der besagt, dass sich bei chemischen Reaktionen die Masse nicht spürbar ändert. Dies folgt aus dem Energieerhaltungssatz und den Formeln der speziellen Relativitätstheorie und der Annahme, dass die auftretenden Geschwindigkeiten weit unterhalb der Lichtgeschwindigkeit liegen. Dies ist für typische chemische Reaktionen bei Zimmertemperatur immer erfüllt.

1.1.2 Energiebilanzen am verfahrenstechnischen Prozess

01. Was besagt der Energieerhaltungssatz?

Bei den vielfältigen Umwandlungen und Übertragungen von Energie, die in Natur, Technik und Alltag stattfinden, bleibt die Gesamtenergie immer gleich groß.

Sie kann zwar in verschiedenen Formen auftreten, bleibt aber insgesamt immer erhalten, auch wenn sie sich räumlich anders verteilt. Für beliebige Vorgänge in Natur, Technik und Alltag gilt das Gesetz von der Erhaltung der Energie, kurz auch als Energieerhaltungssatz oder als allgemeiner Energieerhaltungssatz bezeichnet.

MERKE

Energieerhaltungssatz
In einem abgeschlossenen System ist die Summe aller Energien konstant. Die Gesamtenergie bleibt erhalten. Energie kann weder verschwinden noch selbst entstehen, sie kann nur ihre Form ändern, also umgewandelt werden.

02. Was kann mit einem Sankey-Diagramm dargestellt werden?

Bei der energetischen Bilanzierung eines verfahrenstechnischen Prozesses muss die Summe aller zugeführten (z. B. heizen), abgeführten (z. B. kühlen) und freigesetzten Energien (z. B. durch Reaktionen) konstant sein.

Beim Aufstellen der Energiebilanz sind im Prinzip alle Energieformen zu berücksichtigen. Es zeigt sich aber, dass bei den meisten thermischen Verfahren die potenzielle und kinetische Energie, außerdem in vielen Fällen auch die elektrischen und magnetischen Energien vernachlässigt werden dürfen. Um solche Energieströme übersichtlicher darstellen zu können, verwendet man häufig das Sankey-Diagramm. Hier werden die jeweiligen Mengen durch mengenproportional dicke Pfeile dargestellt.

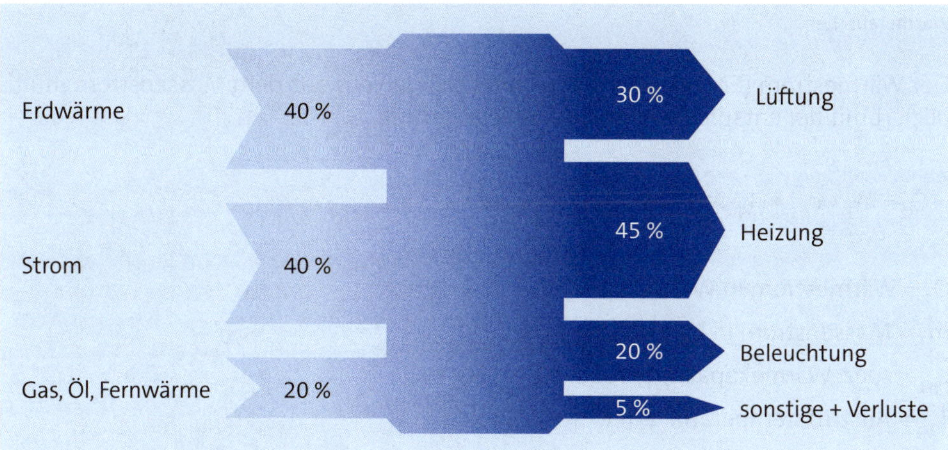

Sankey-Diagramm der Energieversorgung eines Gebäudes

03. Wie erfolgt die Energiebilanzierung an einem Wärmetauscher?

Einer der wichtigsten verfahrenstechnischen Apparate ist der Wärmetauscher. Bei der Bilanzierung eines Wärmetauschers gilt:

Σ Energien = konst. (Die Summe der Energien ist konstant)

Die zugeführte und die abgeführte Energie müssen also identisch sein. Betrachtet man einen Wärmetauscher, so hat dieser zwei Massenströme m_1 und m_2, die wiederum in zwei Energieströme $\dot{Q}_1$ und $\dot{Q}_2$ umgerechnet werden müssen.

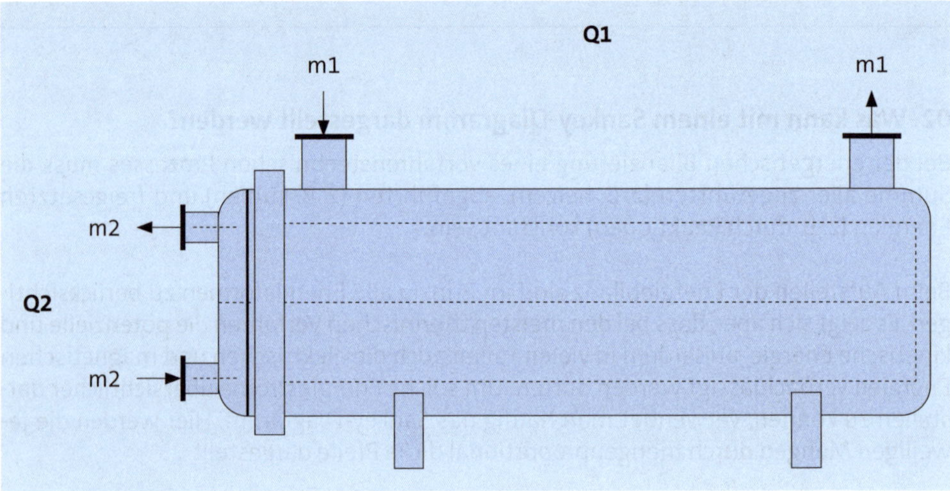

Wärmetauscher

Der Wärmestrom (Energiestrom) errechnet sich jeweils aus dem Massenstrom multipliziert mit der entsprechenden Enthalpieänderung.

$$\dot{Q}_1 = m_1 \bullet c_{p1} \bullet (T_{1a} - T_{1e})$$

$\dot{Q}_1$ = Wärmestrom in W

$\dot{m}_1$ = Massenstrom in kg/s

c_{p1} = spez. Wärmekapazität Produkt 1 in J/Kg • K

T_{1a} = Austrittstemperatur 1 in K

T_{1e} = Eintrittstemperatur 1 in K

Entsprechend dem Wärmestrom $\dot{Q}_1$ muss natürlich für den Massenstrom m_2 analog der Wärmestrom Q_2 wie folgt berechnet werden:

$$\dot{Q}_2 = \dot{m}_2 \bullet c_{p2} \bullet (T_{2a} - T_{2e})$$

Somit kann die Energiebilanz am Wärmetauscher wie folgt aufgestellt werden:

$$\dot{Q}_1 = \dot{m}_1 \bullet c_{p1} \bullet (T_{1a} - T_{1e}) = \dot{Q}_2 = \dot{m}_2 \bullet c_{p2} \bullet (T_{2a} - T_{2e})$$

04. Wie erfolgt der Wärmeübergang an einem Wärmetauscher?

In einem Wärmetauscher wird die Wärme zunächst vom warmen Stoffstrom an die Trennwand übertragen, dann durch diese hindurchgeleitet und schließlich auf der zweiten Seite an den kalten Stoffstrom abgegeben. Der Wärmedurchgang setzt sich also aus drei Teilvorgängen zusammen:

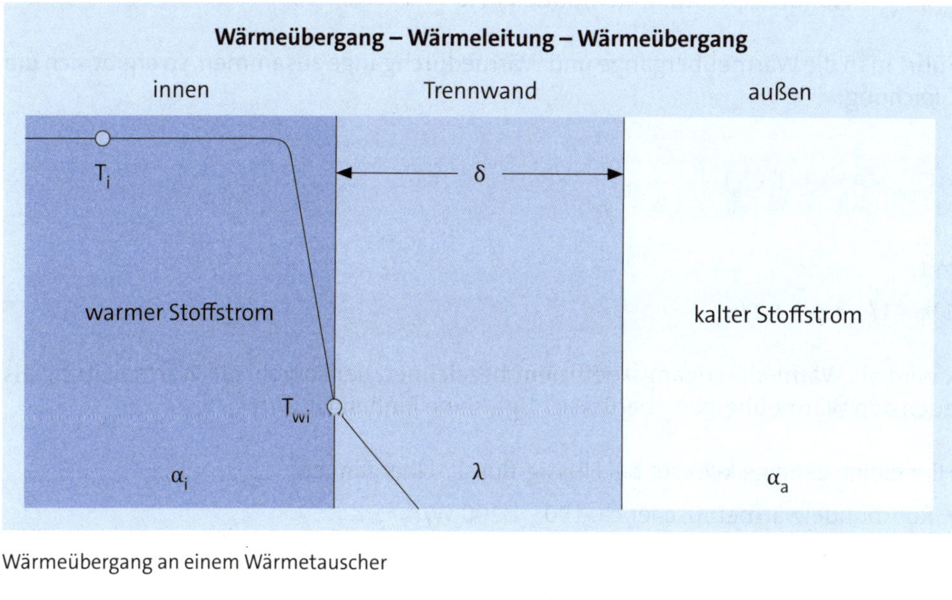

Wärmeübergang an einem Wärmetauscher

Der von einem Fluid der Temperatur T_i an eine feste Wand der Fläche A und der Temperatur T_{wi} übertragene Wärmestrom Q_i errechnet sich nach folgender Gleichung:

$$Q_i = \alpha \bullet A\,(T_i - T_{wi})$$

In der Gleichung ist der Wärmeübergangskoeffizient α mit der Einheit (W/m^2) enthalten. Dieser Wärmeübergangskoeffizient wird sowohl durch das Medium als auch durch seine Fließgeschwindigkeit bestimmt. Wenn eine laminare Strömung in eine turbulente Strömung übergeht, dann steigt der Wärmeübergangskoeffizient und somit der Wärmeübergang signifikant an. Daher ist es häufig sehr sinnvoll bei Wärmetauschern mit schlechtem Wärmeübergang, z. B. durch die Installation einer größeren Pumpe, die Fließgeschwindigkeit und damit die Leistung des Wärmetauschers erheblich zu verbessern. Neben dem Wärmeübergang ist auch die Wärmeleitung Q_w bei der Berechnung von Wärmetauschern zu bestimmen. Diese errechnet sich nach:

$$Q_w = A \bullet (\lambda/s) \bullet (T_{wi} - T_{wa})$$

Q_w = Wärmeleitung in W

A = Fläche in m^2

λ = Wärmeleitfähigkeitskoeffizient in W/m

s = Wanddicke in m

T_{wi}/T_{wa} = Wandtemperatur innen/außen in K

Führt man die Wärmeübergänge und Wärmedurchgänge zusammen, so ergibt sich die Gleichung:

$$Q_{ges} = A \bullet k \bullet (T_i - T_a)$$

mit:

$1/k = 1/\alpha_i + s/\lambda + 1/\alpha_a$

k wird als Wärmedurchgangskoeffizient bezeichnet, der sowohl die Wärmeleitung als auch den Wärmeübergang berücksichtigt, seine Einheit ist $W/m^2 \cdot K$.

Hier einige gängige k-Werte bei Flüssig-flüssig-Übergängen:

- Rohrbündelwärmetauscher ca. 150 - 1.200 $W/m^2 \cdot K$
- Rührkessel ca. 150 - 350 $W/m^2 \cdot K$
- Plattenwärmetauscher ca. 350 - 1.200 $W/m^2 \cdot K$.

05. Welche Energiearten kommen in der chemischen Industrie vor?

Die Energiearten, welche im Bereich der Chemie und ihrer Anwendung von Bedeutung sein können, sind im nachfolgenden Diagramm dargestellt:

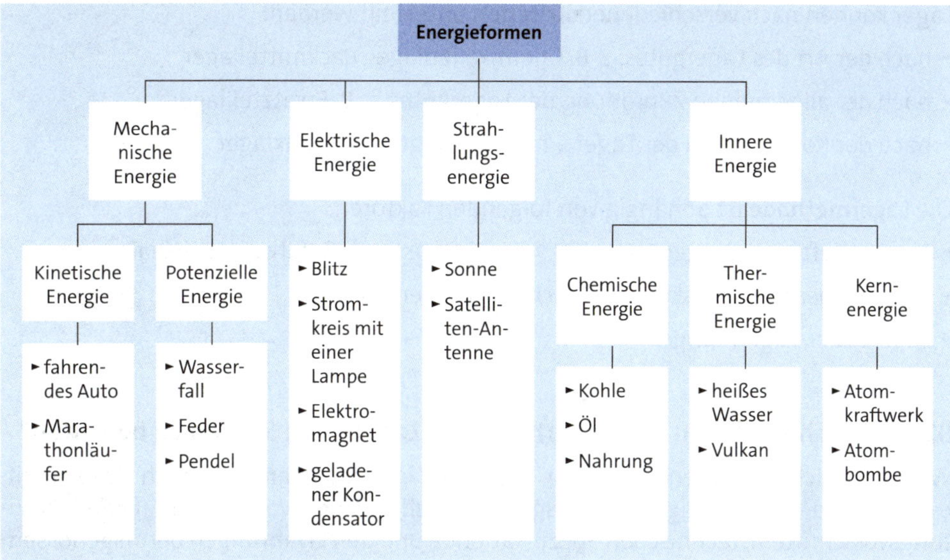

Energieformen

Zwischen den einzelnen Energieformen finden Umwandlungen statt, welche stets mit einem Wirkungsgrad (immer unter 1 bzw. 100 %) versehen sind. Die Gesamtsumme der Energien bleibt zwar konstant (Energieerhaltungssatz), aber z. B. die Abwärme bei einem Auto ist eine unerwünschte Energieform, da sie nicht dem eigentlichen Zweck, der Fortbewegung, dient. Diese unerwünschten Energieformen werden deshalb häufig als (wirtschaftliche) Energieverluste bezeichnet, auch wenn physikalisch gesehen, Energie nicht verloren gehen kann.

1.2 Beurteilen von Aufbau, Funktionsprinzip und Einsatzmöglichkeiten von Apparaten, Maschinen und technischen Hilfseinrichtungen sowie deren sachgerechter Verwendung

1.2.1 Lagereinrichtungen für Feststoffe, Flüssigkeiten und Gase

01. Welchen Zweck haben Lagereinrichtungen und wie können sie unterschieden werden?

Lagern ist fast überall notwendig, da sowohl Rohstoffe als auch fertige Produkte meist nicht direkt eingesetzt bzw. ausgeliefert werden können. Für die Größe eines jeden Lagers gilt der Grundsatz: Soviel wie nötig, aber so wenig wie möglich. Die Menge der zu lagernden Rohstoffe richtet sich daher natürlich nach dem internen Bedarf für eine wirtschaftliche und jederzeit sichergestellte Produktion. Der Bestand an fertigen Produkten wird andererseits häufig durch externe Vereinbarungen mit den Kunden, wie z. B. zugesicherte Liefermengen, beeinflusst.

Lager können nach verschiedenen **Kriterien** unterteilt werden:

- nach der Art des Lagergutes, z. B. Chemikalienlager, Packmittellager
- nach der allgemeinen Zuordnung des Lagergutes, z. B. Ersatzteillager
- nach der Konstruktion des Lagers, z. B. Hochregallager, Tanklager.

Die **Lagermethode** ist abhängig von folgenden Faktoren:

- Eigenschaften des Lagergutes, z. B. Aggregatzustand, Gefahrenpotenzial
- Verbrauchsart, z. B. diskontinuierlich/kontinuierlich
- Lagerdauer, Lagermenge.

02. Was ist hinsichtlich der Sicherheit beim Lagern von Stoffen zu beachten?

Wie Stoffe sicher zu lagern sind, ist u. a. geregelt in staatlichen Arbeitsschutzvorschriften (Gesetze, Verordnungen), berufsgenossenschaftlichen Vorschriften (Unfallverhütungsvorschriften), technischen Spezifikationen und den Erfahrungen berufsgenossenschaftlicher Präventionsarbeit (z. B. in DGUV-Informationen).

Stoffe sind so aufzubewahren oder zu lagern, dass sie die menschliche Gesundheit und die Umwelt nicht gefährden. Hinweise auf die Lagerung geben Gesetze, Vorschriften und Regeln (z. B. GefStoffV, BetrSichV, DGUV-R, TRGS – Technische Regeln für Gefahrstoffe), die in jedem Fall eingehalten werden müssen. Die Größe der Gebinde muss entsprechend der Menge der abzufüllenden Stoffe ausgewählt werden.

03. Wie können Feststoffe gelagert werden?

Grundsätzlich können die in der chemischen Industrie eingesetzten oder hergestellten festen Stoffe als **Schüttgut oder Stückgut** vorliegen.

Eine entscheidende Kenngröße von Schüttgut ist die **Schüttdichte**:

$$\rho_{Schütt} = \frac{m}{V}$$

$\rho_{Schütt}$ = Schüttdichte in kg/m^3

m = Masse in kg

V = Volumen in m^3

Die Schüttdichte ist stets kleiner als die Dichte des gleichen Stoffes, da sich zwischen den Stoffteilchen Luft befindet. Beim Lagern von Feststoffen muss die Gefahr von Staubexplosionen bedacht werden. Daher sind notwendige Explosionsschutzmaßnahmen zu berücksichtigen, die Auswirkungen einer möglichen Explosion möglichst geringhalten oder Explosionen unterdrücken.

Kleine Mengen von Schüttgut werden z. B. in folgenden Behälterarten gelagert: Säcke, Big Bags (FIBC = „flexible intermediate bulk container"), Fässer und Palettencontainer.

Die Lagerarten für **große Mengen** kann man einteilen in Freilager, Gebäudelager, Bunker und Silo. Für große Mengen von Schüttgütern werden in der chemischen Industrie häufig Silos verwendet.

04. Wie können Flüssigkeiten gelagert werden?

Für eine Lagerung von **kleinen Mengen** bieten sich **Flaschen** oder **Fässer** an. Unter Beachtung der Eigenschaften der Flüssigkeit müssen die Behälter aus einem entsprechend beständigen Werkstoff hergestellt werden.

Große Mengen flüssiger Stoffe werden typischerweise in **Tanks** gelagert. Dabei handelt es sich um zylindrische, stehende oder liegende Behälter. Ihr Standort kann oberirdisch oder unterirdisch, im Freien oder in Gebäuden sein. Standardmäßig sind technische Überfüllsicherungen vorhanden, von den ebenfalls meist installierten Standmessungen werden die evtl. vorhandenen Klöpperböden bzw. Korbbogenböden (gewölbter Boden) üblicherweise vernachlässigt. Für **sehr große Mengen**, wie sie z. B. in Raffinerien anfallen, werden am häufigsten **Festdachtanks** und **Schwimmdachtanks** eingesetzt.

Tankläger für brennbare Flüssigkeiten unterliegen gesetzlichen und anderen Bestimmungen, z. B. der TRGS 510 „Lagerung von Gefahrstoffen in ortsbeweglichen Behältern". Solche Tankläger müssen z. B. ausgerüstet sein mit:

- Erdung der Tanks und der Rohrleitungen
- Ventilation in geschlossenen Räumen
- (redundante) Überfüllsicherung
- Tanktasse (Auffangbehälter)
- explosionssicherer elektrischer Installation
- Flammenrückschlagsicherungen
- Brandmeldern
- Feuerlöscheinrichtungen.

05. Wie können Gase gelagert werden?

Gase können entweder drucklos, unter Druck oder unter Druck verflüssigt gelagert werden. Dabei sind die Druckgeräterichtlinie 2014/68/EU (DGRL), die Technischen Regeln für Gefahrstoffe (TRGS) und die Betriebssicherheitsverordnung (BetrSichV) zu beachten.

Kleine Mengen von Gasen werden meist in **Druckgasflaschen** gelagert und transportiert. Der Fülldruck beträgt bis zu 300 bar, das Füllvolumen bis zu 150 l. Zur Kennzeichnung von Druckgasflaschen ist seit dem 01.07.2006 die DIN EN 1089-3 zur Farbcodierung anzuwenden:

Allgemeine Kennzeichnung		
Eigenschaften	**Schulterfarbe**	**Beispiele**
giftig und/oder ätzend	Gelb	Ammoniak, Chlor, Arsin, Fluor, Kohlenmonoxid, Stickoxid, Schwefeldioxid
entzündbar	Rot	Wasserstoff, Methan, Ethylen, Formiergas Stickstoff/Wasserstoffgemisch
oxidierend	Hellblau	Sauerstoff-, Lachgasgemische (außer Inhalationsgemische)
erstickend (inert)	leuchtendes Grün	Krypton, Xenon, Neon, Schweißschutzgasgemische, Druckluft technisch

Spezielle Kennzeichnung für gebräuchliche Gase	
Gas	**Schulterfarben**
Acetylen	Kastanienbraun
Sauerstoff	Weiß
Distickstoffoxid (Lachgas)	Blau
Argon	Dunkelgrün
Stickstoff	Schwarz
Kohlendioxid	Grau
Helium	Braun

Spezielle Kennzeichnung für Inhalationsgemische	
Gas/Gasgemisch	**Schulterfarben**
synthetische Luft/Druckluft für Atemzwecke für Sauerstoffkonzentrationen von 20 - 23 %	Weiß/Schwarz
Gemisch Sauerstoff/Helium für alle Sauerstoffkonzentrationen	Weiß/Braun
Gemisch Sauerstoff/Kohlendioxid für alle Sauerstoffkonzentrationen	Weiß/Grau
Gemisch Sauerstoff/Distickstoffdioxid für alle Sauerstoffkonzentrationen	Weiß/Blau

Spezielle Kennzeichnung für Schutzgasgemische	
Gas/Gasgemisch	**Schulterfarben**
Kohlendioxid/Stickstoff	Grau/Schwarz
Kohlendioxid/Sauerstoff	Grau/Weiß
Argon/Sauerstoff	Dunkelgrün/Weiß
Argon/Stickstoff	Dunkelgrün/Schwarz

Kennzeichnung von Druckgasflaschen

Hinsichtlich der **Sicherheit bei der Lagerung** von Druckgasflaschen ist zu beachten:

- Nur die unbedingt benötige Anzahl von Druckgasflaschen im Arbeitsraum lagern.
- Die Flaschen kennzeichnen mit „voll", „Anbruch", „leer".
- Druckgasflaschen nur mit aufgeschraubter Schutzkappe transportieren.
- Druckgasflaschen niemals werfen oder umfallen lassen.
- Bei Sauerstoff keinerlei Schmiermittel verwenden.
- Eckventil der Druckgasflasche niemals mit Werkzeug betätigen.
- Druckgasflaschen immer gegen Umfallen sichern.
- Druckgasflaschen vor Erwärmung schützen.
- Regelmäßig Korrosionszustand der Flaschen innen und außen überprüfen.
- Regelmäßig Füllstand kontrollieren, z. B. durch auswiegen oder Druckanzeige.
- Atmungsverhalten von Behältern bei Temperaturschwankungen gewährleisten.

Größere Gasmengen werden u. a. in Scheibengas-, Teleskopgas- oder Glockengasbehältern gelagert. Für unter Druck verflüssigte Gase werden Tanks oder Kugelgasbehälter eingesetzt.

1.2.2 Fördereinrichtungen für feste, flüssige und gasförmige Stoffe

01. Was beeinflusst die Auswahl des Fördermittels?

Für die chemische Industrie ist das Fördern ein alltäglicher Vorgang. Es werden ständig Rohstoffe und Energien zu den Betrieben und in die Apparaturen zugeführt, andererseits fertige Produkte und Abfallstoffe daraus weggeführt. Verschiedene Apparate für chemisch-technische Prozesse sind oft durch Fördereinrichtungen miteinander verbunden. Feststoffe, Flüssigkeiten und Gase können diskontinuierlich durch Container, Fässer, Big Bags oder Druckgasflaschen gefördert werden. Zur kontinuierlichen Förderung dienen Förderschnecken oder Pumpen und dazugehörige Rohrleitungen mit Armaturen.

Der **Einsatz** der verschiedenen Fördermittel richtet sich nach folgenden **Kriterien**:

- Art des Fördergutes wie Aggregatzustand oder Stoffeigenschaft
- Fördermenge
- Förderstrecke
- Förderrichtung.

Ein weiterer wichtiger Aspekt betrifft die **Sicherheit beim Fördern:**

- Die Gefahr der elektrostatischen Aufladung muss je nach Gefährdungsbeurteilung des Fördergutes und der Fördereinrichtung durch geeignete Schutzmaßnahmen vermieden werden.
- Bewegte Maschinenteile an Fördereinrichtungen müssen so abgesichert sein, dass ein unbeabsichtigtes Hineingreifen verhindert wird.

- Schäden an Födereinrichtungen durch unzulässige, hohe Drücke müssen durch den Einbau von Überdrucksicherungen vermieden werden. Während des Fördervorganges muss die Fördereinrichtung stets auf eventuelle Leckagen kontrolliert werden.

02. Wie können Feststoffe gefördert werden?

Das Fördern von Feststoffen dient in der chemischen Industrie diversen Zwecken, wie z. B. dem Zudosieren von Feststoffen in Reaktionsbehälter oder Mahlanlagen.

Es existieren verschiedene **Möglichkeiten Feststoffe zu fördern:**

- **Schräges Rohr:** Die Förderung erfolgt dabei durch die auf das Produkt wirkende Schwerkraft.
- **Gurtbandförderer** (Förderband, Bandförderer): Ein endlos umlaufendes Band aus textil- oder stahldrahtverstärktem Gummi wird auf der einen Seite von einem Elektromotor über eine Antriebsrolle angetrieben und auf der zweiten Seite durch eine Spannrolle umgelenkt. Einsatzgebiet: Förderung über lange Strecken, Einbau von Wägezellen möglich.
- **Pneumatische Förderer:** Es wird zwischen Saugförderung (Vakuumförderer) und Druckluftförderung unterschieden. Einsatzgebiet: Förderung trockener, rieselfähiger Feststoffe bis max. ca. 45 mm Korngröße.
- **Zellenradschleusen:** Der sternförmige Rotor (das Zellenrad) dreht sich in einem Gehäuse. Es füllen sich die einzelnen Zellen von oben mit Schüttgut, werden weiterbewegt und entleeren sich nach unten. Einsatzgebiet: Ein- und Austrag von pneumatischen Förderanlagen, Dosiervorrichtung bei Mühlen.
- **Schwingförderer:** Ein federnd gelagerter Förderkanal wird durch einen elektrischen Unwucht-Antrieb in Längsschwingungen versetzt und dadurch das Fördergut in eine pulsierende Vorwärtsbewegung versetzt und so in der Rinne fortbewegt. Einsatzgebiet: Dosiervorrichtung.
- **Schneckenförderer:** Die Förderschnecke auf einer Welle befindet sich in einem trogförmigen Gehäuse. Das Schüttgut wird auf einer Seite von oben aufgegeben, durch die rotierende Förderschnecke horizontal oder vertikal bewegt und auf der anderen Seite nach unten ausgetragen. Einsatzgebiet: Dosieren von Feststoffen, Entleeren von Silos.

03. Wie können Flüssigkeiten gefördert werden?

Sehr viele Prozesse der chemischen Industrie werden in flüssiger Phase durchgeführt. Daher gehört das Fördern von Flüssigkeiten durch **Rohrleitungen** zu den wichtigsten Aufgaben in einer chemischen Anlage. Die nötige Druckdifferenz, um Flüssigkeiten in Rohrleitungen zu fördern, wird erzeugt durch hydrostatischen Druck, Überdruck, Unterdruck oder durch Pumpen.

Bei der Förderung sind die **spezifischen Eigenschaften einer Flüssigkeit** (z. B. Dichte, Viskosität, Dampfdruck, Korrosionsverhalten) äußerst wichtig für die Auswahl der geeigneten Pumpen, Leitungen und Armaturen und deren Werkstoffe.

Sehr häufig benötigt man für das Fördern von Flüssigkeiten **Pumpen**, da die Förderung durch Schwerkraft nur von höhergelegenen Behältern in tiefer positionierte funktioniert. Kenngrößen von Flüssigkeitspumpen sind der Förderstrom Q und die Förderhöhe H. Der Förderstrom Q gibt an, welches Volumen eine Pumpe in einer bestimmten Zeit fördern kann. Die Förderhöhe H gibt an, wie hoch eine Flüssigkeit von der Pumpe maximal angehoben werden kann. Sie ergibt sich aus Saughöhe und Druckhöhe. Die tatsächliche Förderhöhe ist um den Druckverlust der Rohrleitung niedriger. Der Zusammenhang zwischen Förderhöhe H in (m) und Fördermenge Q in (l/s oder m^3/h) ist für jede Pumpe charakteristisch.

04. Was sind Pumpen und welche Arbeitsprinzipien sowie Bauarten werden unterschieden?

Pumpen sind **Arbeitsmaschinen**, bei denen die Energie des Fluids durch Aufbringen mechanischer Arbeit erhöht wird (Fluidenergiemaschinen).

Arbeitsprinzipien von Flüssigkeitspumpen – ausgewählte Beispiele					
Arbeitsprinzip		**Bauarten/Beispiele**	**Förderung**		**Einsatzbereich, Wirkungsgrad**
1	Verdränger-prinzip	**Kolbenpumpen** ► einfach-wirkend ► doppelt-wirkend	pulsierend bis schwach pulsierend	Förderstrom von der Förderhöhe unabhängig	Förderstrom: klein bis mittel Drücke: klein bis sehr hoch → ca. 95 %
		Zahnradpumpen			→ ca. 92 %
		Schraubenspindel-pumpen			
		Kreiskolbenpumpen			
2	Strömungs-prinzip	**Kreiselpumpen** ► radiale ► axiale	gleichförmig bis nahezu gleichförmig	Förderstrom von der Förderhöhe abhängig	Universalpumpe bei dünnflüssigen Medien → ca. 70 - 90 %
		Seitenkanal-pumpen			kleine Förderströme, große Förderhöhen → ca. 50 %
3	Auftriebs-prinzip	Mammutpumpen			Förderung ist schonend → ca. 46 %
4	Reibungs-prinzip	Schneckenpumpen			bei zähen oder verschmutzten Medien → ca. 70 %
5	Strahl-prinzip	Strahlpumpen			zum Absaugen, Heben und Mischen → ca. 30 %

INFO

Entsprechend dem Rahmenplan werden nur die gekennzeichneten Pumpen-Bauarten behandelt.

05. Was sind Kolbenpumpen?

Kolbenpumpen können entsprechend dem Verdrängungsprinzip für alle vorkommenden Drücke gebaut werden. Da mit dem Kolbenhub nur der Zylinderinhalt verdrängt werden kann, sind die erreichbaren **Förderströme** im Vergleich zu den Kreiselpumpen **gering**.

In der Industrie werden Kolbenpumpen daher in erster Linie als Einspritzpumpen für Kühlwasser, als Anhebepumpen oder als Dosierpumpen verwendet. Sie sind außerdem als Dickstoffpumpen zur Abwasser- und Schmutzwasserförderung geeignet.

06. Wie unterscheiden sich einfach- und doppelt-wirkende Kolbenpumpen?

Je nachdem, ob nur eine Kolbenseite abwechselnd saugt und drückt oder ob beide Kolbenseiten abwechselnd saugen und drücken, werden die Pumpen als einfach-wirkende oder als doppelt-wirkende Kolbenpumpen bezeichnet.

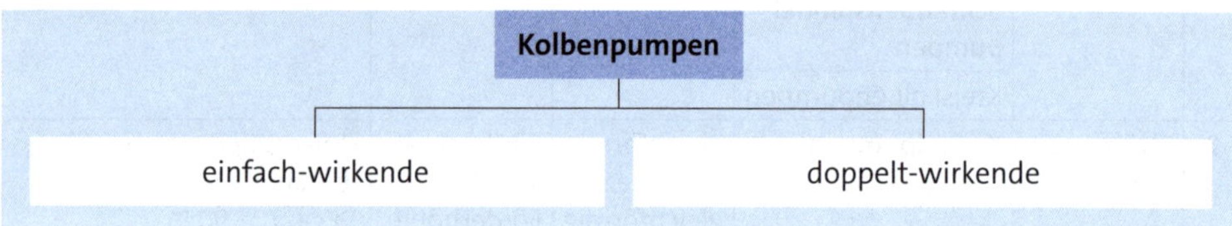

07. Wie ist der Aufbau und die Wirkungsweise von einfach-wirkenden Kolbenpumpen?

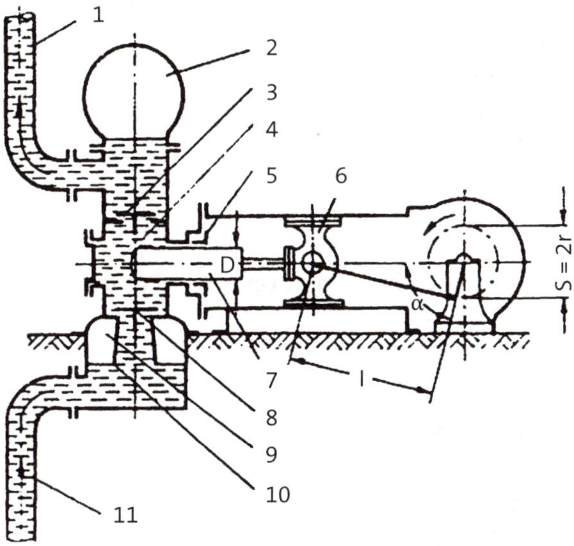

1 Druckleitung
2 Druckwindkessel
3 Druckventil
4 Pumpenraum
5 Stopfbuchse
6 Kreuzkopf
7 Tauchkolben
8 Saugventil
9 Saugwindkessel
10 Füllstand
11 Saugleitung

Einfach-wirkende Kolbenpumpe

Beim Antrieb der Kolbenpumpe macht der Kolben eine hin- und hergehende Bewegung. Bewegt er sich nach rechts (**Saughub**), dann erzeugt er im Pumpenraum ein Vakuum. Durch dieses Vakuum wird das Saugventil geöffnet, und die Flüssigkeit strömt infolge des äußeren, atmosphärischen Luftdrucks durch die Saugleitung in den Pumpenraum ein. Während dieses Saughubes bleibt das Druckventil durch den in der Druckleitung herrschenden Überdruck geschlossen. Bewegt sich der Kolben nach links (**Druckhub**), übt er auf die Flüssigkeit einen Druck aus, das Saugventil schließt, und der Kolben verdrängt die Flüssigkeit über das sich öffnende Druckventil in der Druckleitung.

MERKE

Die Kolbenpumpe muss vor ihrer Inbetriebnahme mit Flüssigkeit gefüllt sein.

Sowohl das Ansaugen als auch das Fördern der Flüssigkeit erfolgt bei einer Kolbenpumpe nicht gleichmäßig. Erstens wird nur beim Saughub angesaugt bzw. beim Druckhub gefördert, und zweitens ist auch während dieser Hübe der Flüssigkeitsstrom nicht konstant, weil die Kolbengeschwindigkeit ungleichmäßig ist.

Deshalb wird sowohl ein **Saug**- als auch ein **Druckwindkessel** angeordnet, dessen Luftpolster diese Schwankungen möglichst ausgleichen.

INFO

- Zur Vermeidung von Schäden muss jede Kolbenpumpe wegen des Verdrängungsprinzips druckseitig mit einem **Sicherheitsventil** versehen sein.
- Der **Platzbedarf** einer Kolbenpumpe ist im Allgemeinen **größer** als der einer Kreiselpumpe gleicher Leistung. Das gilt i. d. R. auch für den Anschaffungspreis und den Wartungsaufwand.

08. Wie ist der Aufbau und die Wirkungsweise von doppelt-wirkenden Kolbenpumpen?

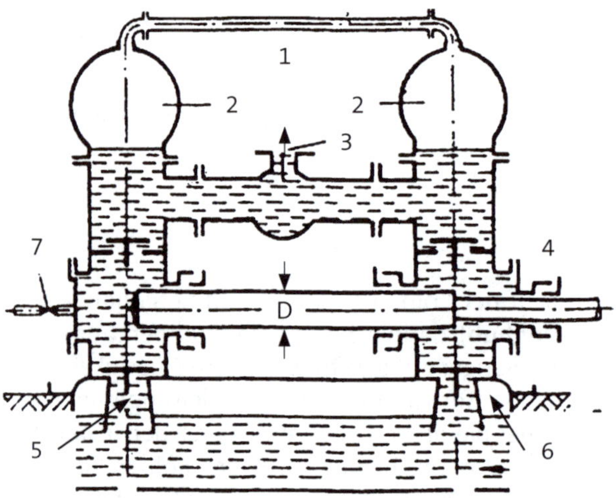

Doppelt-wirkende Kolbenpumpe mit Tauchkolben

Bewegt sich der Kolben nach rechts, dann wird im linken Pumpenteil angesaugt, im rechten dagegen gefördert. Geht der Kolben nach links, dann wird im rechten Pumpenteil angesaugt und im linken gefördert. Es wird also je Hub sowohl angesaugt als auch gefördert; die Pumpe ist demnach doppelt-wirkend.

Die doppelt-wirkende Ausführung hat den Vorteil einer relativ gleichmäßigen Antriebsarbeit und Fördermenge beim Hin- und Rückgang des Kolbens sowie eines relativ gleichmäßigen Förderstroms durch die beiden Windkessel. Beide Pumpenseiten haben meist einen gemeinsamen Saugwindkessel. Die Druckwindkessel sind durch eine Leitung miteinander verbunden.

09. Welche Funktion hat die Doppelstopfbuchse?

Die Abdichtung des Kolbens erfolgt durch zwei Stopfbuchsen, die bei dieser Ausführung von außen gut zu überwachen bzw. nachzustellen sind. Nachteilig ist jedoch, dass das Kolbenstück zwischen den beiden Stopfbuchsen mit der Außenluft in Berührung kommt. Um bei längerem Stillstand Korrosion zu vermeiden, baut man oft um das außen liegende Kolbenstück ein offenes Wasserbad. Dieser Nachteil fällt bei der **Doppelstopfbuchse** weg (vgl. Abb. unten). Außerdem presst bei dieser Konstruktion nur eine Packung direkt am Kolben.

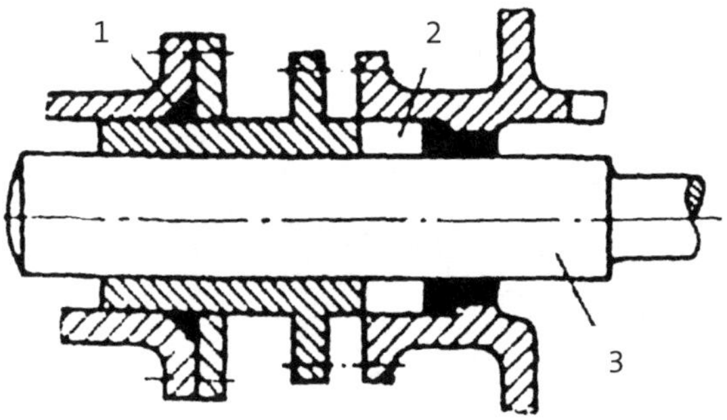

1 Gummiring
2 Stopfbuchspackung
3 Kolben

Doppelstopfbuchse

10. Wie ist der Aufbau und die Wirkungsweise von einfach-wirkenden Kolbenpumpen mit Windkesseln?

Das Fördermittel wird durch einen hin- und hergehenden Kolben vom Durchmesser D aus dem Zylinder verdrängt. Der Antrieb des Kolbens erfolgt mit einem Kurbeltriebwerk. Der Zylinder ist durch Saug- und Druckventile abgeschlossen. Durch den Flüssigkeitsstrom werden die Ventile selbstständig bewegt.

Während des **Saughubs** (Kolben bewegt sich von links nach rechts) bleibt das Druckventil durch den in der Druckleitung vorhandenen Überdruck geschlossen. Das Saugventil ist durch das beim Saughub im Zylinder entstehende Vakuum geöffnet. Die Flüssigkeit wird angesaugt und füllt den Zylinder.

Beim **Druckhub** (Kolben bewegt sich von rechts nach links) schließt das Saugventil durch den jetzt im Zylinder herrschenden Überdruck. Der Kolben verdrängt die Flüssigkeit über das sich öffnende Druckventil in den Druckwindkessel und in die Druckleitung.

Der Druckwindkessel hat die Aufgabe, die Flüssigkeitsbewegung auf der Druckseite weitgehend von der ungleichförmigen Kolbenbewegung unabhängig zu machen. Als Federungselement dient das im Windkessel gespeicherte Luftpolster. Je größer der Luftinhalt der Windkessel ist, umso gleichmäßiger ist der Förderstrom in der Saug- und Druckleitung und umso ruhiger ist der Gang der Pumpe.

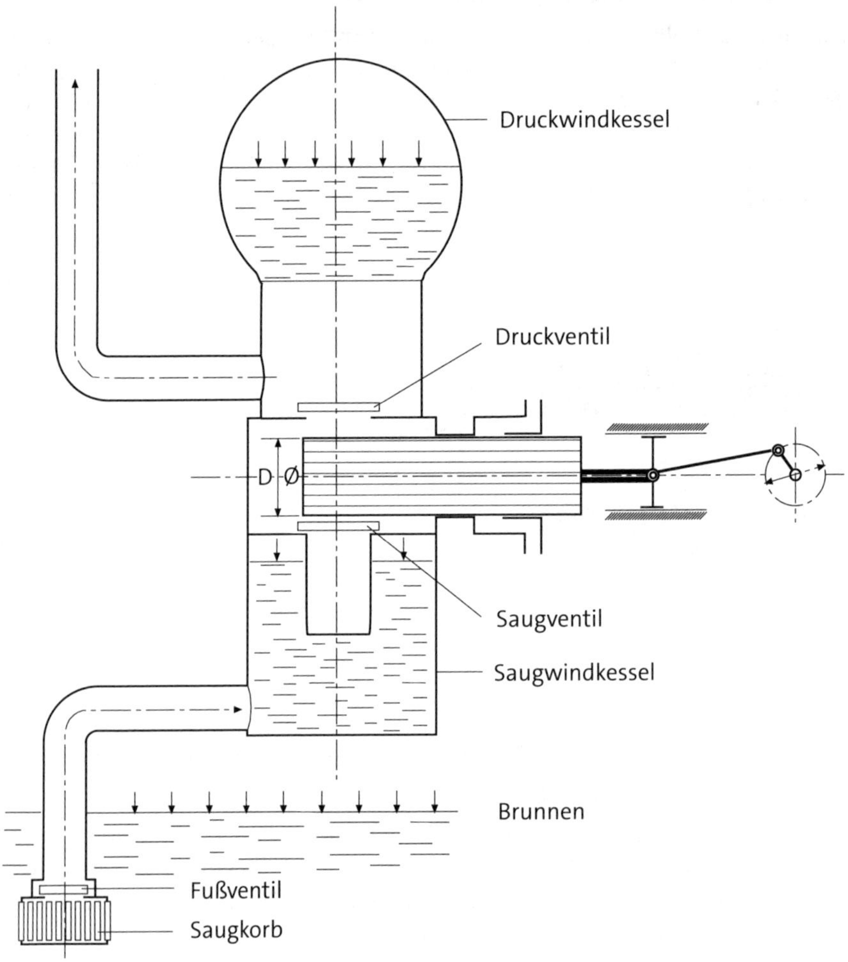

Aufbau einer einfach-wirkenden Kolbenpunpe mit Windkesseln

11. Aus welchen Hauptbauteilen bestehen Kolbenpumpen?

1. Der **Saugteil** besteht aus dem Saugkorb mit eingebautem Fußventil, der Saugleitung, dem Saugwindkessel und dem Saugventil.
2. Der **Pumpenteil** setzt sich aus dem Pumpenarbeitsraum mit dem Kolben, der Kolbenstange und den Stopfbuchsen zusammen.
3. Zum **Förderteil** gehören das Druckventil, der Druckwindkessel und die Druckleitung.
4. Das **Gestell** besteht aus dem Rahmen mit der Kreuzkopföffnung, dem Antrieb und den Armaturen (Schmierung, Leckleitungen usw.).

12. In welche Bauarten lassen sich Kolbenpumpen einteilen?

Kolbenpumpen lassen sich nach folgenden Merkmalen einteilen:

Einteilung der Kolbenpumpen nach der ...				
Wirkungsweise	**Art des Kolbens**	**Lage der Kolbenachse**	**Anzahl der Kolben**	**Art des Antriebs**
Saug- und Hubpumpen: nur bei Kolbenaufwärtsbewegung saugend und drückend	Scheibenkolben	liegende Pumpen (horizontale -)	Einkolbenpumpen	Handpumpen
Einfach-wirkende Kolbenpumpen: je Hub nur saugend oder drückend	Tauch- und Plungerkolben	stehende Pumpen (vertikale -)	Zweikolbenpumpen (Zwillings-)	Transmissionspumpen
Doppelt-wirkende Kolbenpumpen: je Hub saugend und drückend	Stufenkolben		Dreikolbenpumpen (Drillings-)	Motorpumpen
Stufenkolbenpumpen: saugseitig wie eine einfach-wirkende, druckseitig wie eine doppelt-wirkende Pumpe	Ventilkolben			Dampfpumpen

13. Wie wird die Leistung von Kolbenpumpen geregelt?

Die **Förderstromregelung** bei Kolbenpumpen erfolgt durch Veränderung der Antriebsdrehzahl und somit der Hubzahl bzw. durch Veränderung der Hublänge mittels Sonderkonstruktion. Eine vergleichbare Abhängigkeit der Förderhöhe vom Förderstrom (Q-H-Kennlinie) – wie bei der Kreiselpumpe – gibt es bei Kolbenpumpen nicht.

Die Kolbenpumpe liefert bei gleicher Drehzahl bei nicht kompressiblen Medien (z. B. Wasser) einen konstanten Förderstrom. Dabei passt sich die Förderhöhe dem Gegendruck der Anlage an.

14. Welche Pumpen gehören zu den rotierenden Verdrängerpumpen?

Rotierende Verdrängerpumpen

- Zahnradpumpen
- Schraubenspindelpumpen

15. Wie ist der Aufbau und die Wirkungsweise von Zahnradpumpen?

Bei Zahnradpumpen bilden ineinander greifende Zähne eines Zahnradpaares das Verdrängungselement und zugleich auch das Trennelement. Sie liefern einen gleichmäßigen Förderstrom.

Zahnradpumpen benötigen weder Ventile noch besondere Maßnahmen für einen Massenausgleich und arbeiten mit einem Minimum an Wartung betriebssicher und wirtschaftlich. Ihr Einsatz ist vielfältig, z. B. in Kraftwerken: Sie finden dort Anwendung als Schmieröl-, Heizöl-, Zündöl- und Hydraulikpumpen.

Von Zahnradpumpen werden im Allgemeinen Förderströme bis zu etwa 30 m^3/h bei Förderdrücken von 1 - 20 bar gefordert. Sonderausführungen lassen sich für Förderdrücke über 100 bar bei einem Förderstrom von etwa 2 m^3/h mit einer Stufe bauen. Für diesen Bedarfsfall werden jedoch meist Schraubenspindelpumpen (vgl. Abbildung nächste Seite) verwendet. In einem Gehäuse wird ein Zahnrad von außen angetrieben und greift durch Abwälzen gleichzeitig in ein zweites Zahnrad. Der Zufluss vom Saug- zum Druckraum erfolgt am äußeren Umfang über die aus Zahnlücken und zylindrischen Gehäuseteilen gebildeten Räume. Damit die Spaltverluste zwischen Druck- und Saugraum gering bleiben, sind möglichst enge Spalten zwischen Zahnspitzen bzw. Zahnradstirnseiten und Gehäuse anzustreben. Der Förderstrom nimmt bei ansteigendem Gegendruck durch Spaltverluste ab, je nach den Eigenschaften des Fördermediums.

Damit bei Störungen in der zu betreibenden Anlage keine Überlastung des Pumpenaggregates oder der anschließenden Rohrleitungen eintritt, vielfach aber auch zur Mengenregulierung, wird auf der Druckseite ein Überströmventil installiert. Die Wellenlagerungen werden mit Gleit- oder Wälzlagern (meist Nadellager) ausgerüstet.

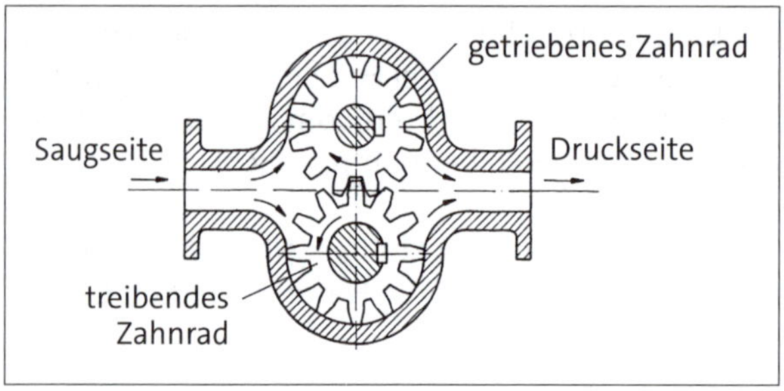

Förderprinzip der Zahnradpumpe

MERKE

Ist die Förderflüssigkeit zum Schmieren der Lager nicht geeignet, muss eine Pumpe mit Außenlagerung und Stopfbuchsen gewählt werden.

16. Wie ist der Aufbau und die Wirkungsweise von Schraubenspindelpumpen?

Ihre Anwendung findet diese Pumpenart z. B. zur Förderung von leichten und schweren Heizölen bei ölgefeuerten Kesselanlagen sowie für Hydraulikanlagen mit größeren Mengen und höheren Drücken. Zur Erreichung von hohen Drücken (über 100 bar) werden zwei Pumpen hintereinander geschaltet, da für eine einzelne Pumpe die Radiallagerbelastung zu groß werden könnte.

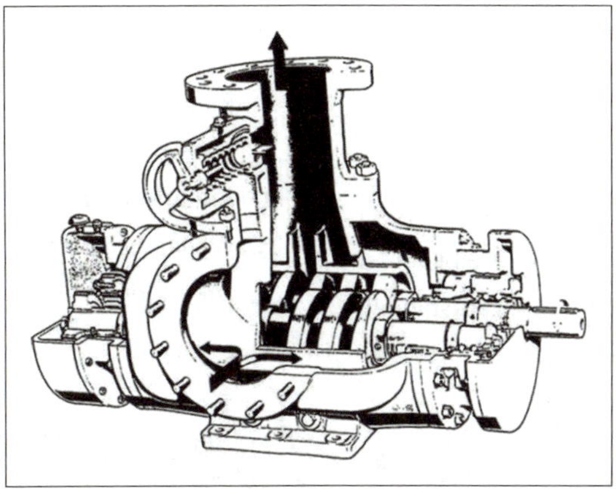

Schraubenspindelpumpe

Die Schraubenspindelpumpe gehört zur Bauart der Verdrängerpumpen. Es werden Spindeln verwendet, die ein Gewinde tragen: Es müssen mindestens zwei Spindeln miteinander in Eingriff stehen, damit Saug- und Verdrängungswirkung möglich werden und die Förderflüssigkeit nicht in den Gewindegängen von der Druckseite zur Saugseite zurückströmen kann.

Die **Hauptspindel** wird angetrieben, die **Nebenspindel** wird bei Förderdrücken bis etwa 35 bar von der Hauptspindel mitgenommen, bei höheren Drücken durch ein Stirnradpaar angetrieben. Bei Drücken bis etwa 10 bar wird die Hauptspindel zweigängig, die Nebenspindel dreigängig ausgeführt, bei höheren Drücken sind beide Spindeln eingängig. Für größere Förderströme wird die Pumpe auch mit mehreren Spindeln gebaut, wobei die Nebenspindeln konzentrisch um die Hauptspindeln angeordnet sind.

Schraubenspindelpumpen arbeiten praktisch wartungsfrei. Das hydraulische Verhalten ist dem der Zahnradpumpe sehr ähnlich (vgl. Kennlinienverhalten).

MERKE

Schraubenspindelpumpen haben keine Ventile. Der Förderstrom ist gleichmäßig.

Die **Spindeln** laufen mit relativ hohen Drehzahlen (bis 2.950 U/min). Die Hauptspindel wird i. d. R. direkt mit der Arbeitsmaschine gekuppelt. Bei der Förderung in einflutiger Richtung ist der gesamte Druckunterschied zwischen Druck- und Saugseite anzugleichen. Die Spindelstirnflächen auf der Saugseite können mit dem Pumpendruck beaufschlagt werden, damit eine dem Axialschub entgegengesetzte Kraft entsteht. Ein automatischer Schubabgleich ist durch gegenflutig angeordnete Spindeln möglich. Die Wellenabdichtung erfolgt mit Stopfbuchsen oder einfach-wirkenden Gleitringdichtungen.

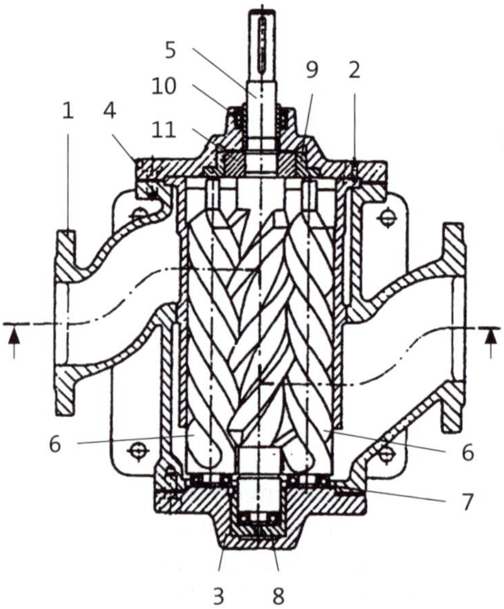

1 Gehäuse
2 Kapselgehäuse
3 Lagerdeckel
4 Druckdeckel
5 Treibspindel
6 Laufspindel
7 Axial-Rillenkugellager
8 Lagerbuchse
9 Anlaufbuchse
10 Wellendichtringe
11 Drosselring

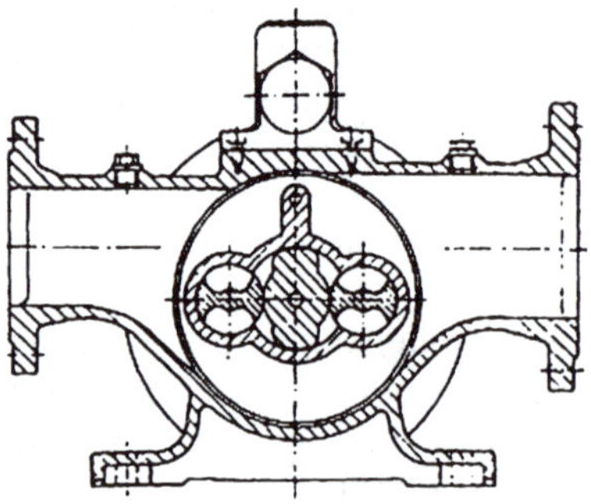

Querschnitt durch eine Schraubenspindelpumpe in Dreispindelausführung

17. Was sind Kreiselpumpen?

Kreiselpumpen sind **Strömungsmaschinen** zur Energieerhöhung mittels eines rotierenden Laufrades. Sie dienen der Förderung von Flüssigkeiten (z. B. Wasser), die durch Rohrleitungen fließen. Die Flüssigkeit, die in die Pumpe gelangt, wird vom rotierenden Pumpenrad mitgerissen und zunächst auf eine Kreisbahn gezwungen. Auf dieser Bahn treibt der durch Fliehkraft aufgebaute Druck die Flüssigkeit radial nach außen, wo sie durch den Ablauf abfließt.

MERKE

Die Arbeitsweise der Kreiselpumpe bezeichnet man als **hydrodynamisches Förderprinzip**.

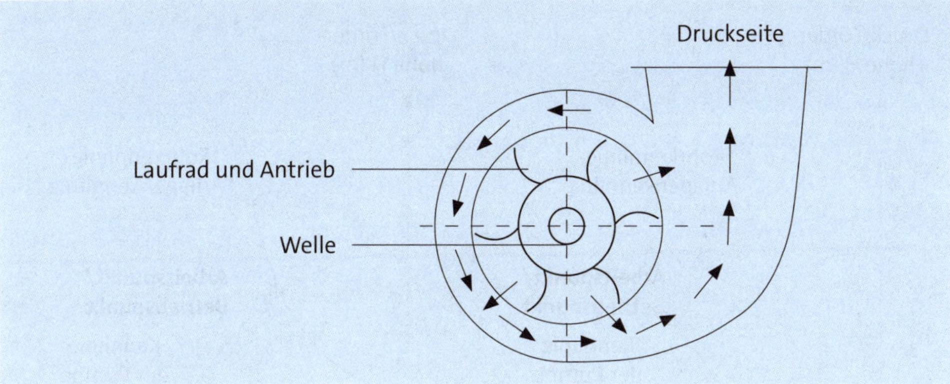

Prinzipskizze einer Kreiselpumpe

18. Was versteht man unter axialen bzw. radialen Kreiselpumpen?

Die zu fördernde Flüssigkeit kann bei Kreiselpumpen entweder hauptsächlich quer zur Achse des Antriebes bewegt werden (→ **radiale Strömung)** oder in Richtung der Achse (→ **axiale Strömung**; z. B. Propellerpumpen).

Bei entsprechender Gestaltung von Laufrad und Gehäuse können auch Flüssigkeiten mit Feststoffen gefördert werden (→ Abwasser). Eine Maßzahl der zulässigen Feststoffgröße ist der sog. **Kugeldurchgang**, angegeben als Durchmesser einer zu fördernden Kugel.

19. Was versteht man unter der Kennlinie einer Kreiselpumpe?

Die Kennlinie einer Kreiselpumpe beschreibt den **Zusammenhang zwischen Förderhöhe (Druck) und Fördermenge**. Der größte Druck wird normalerweise bei Fördermenge Null erzeugt. Praktisch bedeutet das einen verschlossenen Ablauf. Zusammen mit der Kennlinie des angeschlossenen Rohres ergibt sich der **Arbeitspunkt** aus der Kombination von Pumpe und Rohr (Anlagenkennlinie). Durch Hintereinanderschalten mehrerer Kreiselpumpen erhöht sich der Druck, durch Parallelschalten die Fördermenge.

MERKE

Ändert man die Drehzahl der Pumpen, verändert sich auch die Fördermenge sowie der Druck.

Kennlinie einer Kreiselpumpe und eines Rohres in einer ...

offenen Anlage	geschlossenen Anlage

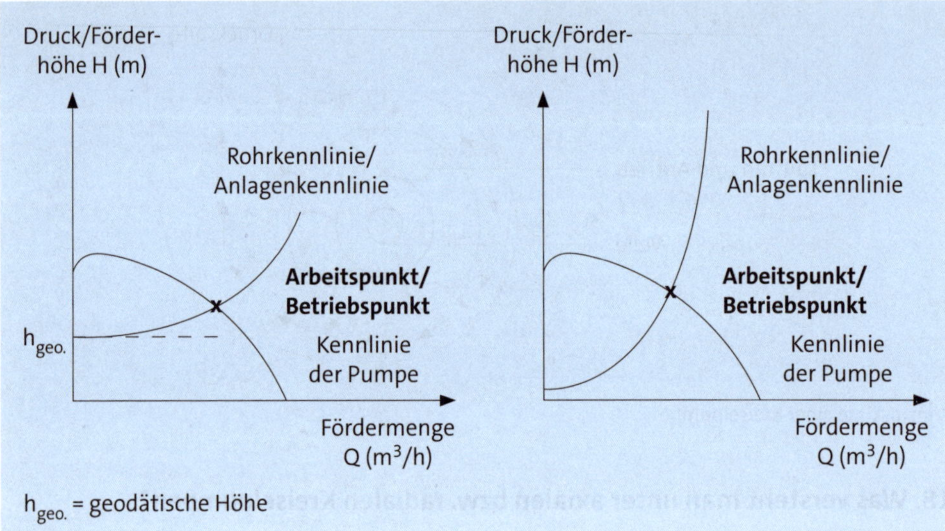

Kennlinien

MERKE

Übliche Kreiselpumpen sind nicht selbstansaugend, d. h., sie müssen stets mit Medium gefüllt sein oder mittels einer zusätzlichen Pumpe entlüftet werden, bevor sie fördern können.

20. Was ist hinsichtlich der Wartung, Revision und Überholung von Kreiselpumpen zu beachten?

- Einer regelmäßigen Wartung bedürfen hauptsächlich bei der Wellenabdichtung die **Stopfbuchsen**. Sie müssen so nachgezogen werden, dass im Betrieb etwas Leckwasser durchtreten kann. Bei **Stopfbuchsbrillenkühlung** ist die Kühlung zeitweilig abzustellen, um das Leckwasser der Stopfbuchse kontrollieren zu können. Lässt sich die Stopfbuchse nicht mehr nachziehen, ist ein weiterer Packungsring einzulegen bzw. neu zu verpacken. Rauchentwicklung bei frisch verpackten Stopfbuchsen ist auf zu strammes Anziehen der Stopfbuchsenbrille zurückzuführen.
- Die Wartung der **Lager** umfasst im Wesentlichen die Kontrolle einwandfreier Schmierung und Kühlung: Es ist auf ausreichende Schmierung zu achten und je nach Lagerkonstruktion Fett oder Öl regelmäßig zu ergänzen. Etwa jährlich bei durchlaufendem Betrieb sind die Lager vom Schmiermittel vollkommen zu säubern, auszuwaschen und mit neuem Schmiermittel zu versehen. Bei wassergekühlten Ringschmierlagern sind die Wasserkanäle zu reinigen.
- Kreiselpumpen sollen in Abständen von 10.000 - 20.000 Betriebsstunden einer **Revision** unterzogen werden. Hierzu ist die Pumpe zu öffnen, zu säubern und gründlich zu untersuchen. Insbesondere sind der Verschleiß und das Spiel zwischen feststehen-

den und beweglichen Teilen zu kontrollieren und der feste Sitz der Laufräder auf der Welle zu überprüfen. Die im Bereich der Stopfbuchse vorhandenen Wellenschutzhülsen sind zu erneuern, falls sie eingelaufen sind.

- Im Interesse der Betriebssicherheit empfiehlt es sich, bei Kreiselpumpen etwa folgende **Ersatzteile** auf Lager zu haben: Läufer, Leiträder, Wellenschutzhülsen, Kugellager bzw. Lagerbuchsen.

MERKE

Die Lagertemperatur bei Kreiselpumpen sollte maximal 70 °C nicht überschreiten.

21. Für welche Zwecke werden Kreiselpumpen eingesetzt?

- Pumpen zur Wasser- und Abwasserförderung
- Kondensatpumpen
- Kühlwasserpumpen
- Kesselspeisewasserpumpen in der Wärmeerzeugung
- Umwälzpumpen für flüssige Medien
- Säure- und Laugenpumpen.

22. Wie wird die Leistung von Kolbenpumpen berechnet?

Es gilt:

Druck:

$$p = \frac{F}{A}$$

Hubraum:

$$V = A \cdot s$$

Fläche:

$$A = \frac{\pi}{4} \cdot d^2$$

Volumenstrom:

$$V' = V \cdot n$$

Dabei ist:
A Fläche (dm^2)
s Weg (dm)
V Volumen (dm^3)
n Hubzahl (1/min)

Beispiele

Beispiel 1
Eine Pumpenanlage fördert in einer Stunde 10,8 m^3 Wasser 40 m hoch.

a) Wie groß ist die Hubleistung in kW?

b) Wie groß muss die der Pumpenanlage zugeführte elektrische Leistung sein, wenn der Wirkungsgrad 70 % beträgt?

Gegeben:
t = 1 h = 3.600 s
h = 40 m
V = 10,8 m^3 = 10.800 dm^3 → m = 10.800 kg
g = 9,81 N/kg

Gesucht:
P_{ab} (in kW)
P_{zu} (in kW)

a)

$$P_{ab} = \frac{W}{t}$$

$$W = F_G \cdot h$$
$$= m \cdot g \cdot h$$
$$= 10.800 \text{ kg} \cdot 9{,}81 \text{ N/kg} \cdot 40 \text{ m} = 4.\,237.920 \text{ Nm}$$

$$\rightarrow P_{ab} = \frac{4.237.920 \text{ Nm}}{3.600 \text{ s}} = 1{,}2 \text{ kW}$$

b) $P_{ab} = 1{,}2$ kW → 70 %
→ $P_{zu} = 1{,}71$ kW → 100 %

Beispiel 2
Wie groß muss die einer Pumpenanlage zugeführte elektrische Leistung sein, die in 10 Minuten 2,5 m^3 Heizöl um 3,5 m anheben soll, wenn ihr Wirkungsgrad 50 % beträgt?

Gegeben:
t = 10 min = 600 s
V = 2,5 m^3 = 2.500 dm^3
h = 3,5 m
η = 50 %

Dichte von Heizöl = $0{,}83 \frac{kg}{dm^3}$ (vgl. Tabellenbuch)

Gesucht:
P_{zu} (in kW)

$$P_{ab} = \frac{W}{t}$$

$$\begin{aligned} W &= m \cdot g \cdot h \\ &= 2.500\,l \cdot 0{,}83\,kg/dm^3 \cdot 9{,}81\,N/kg \cdot 3{,}5\,m = 71.245{,}125\,Nm \end{aligned}$$

$$\rightarrow P_{ab} = \frac{71.245{,}125\,Nm}{600\,s} = 118{,}74\,Nm/s$$

$$\eta = \frac{P_{ab}}{P_{zu}} = 50\,\%$$

$$\rightarrow P_{zu} = P_{ab} : 0{,}5 = 118{,}74\,Nm/s : 0{,}5 = 237{,}48\,W = 0{,}24\,kW$$

23. Wie ist eine Exzenterschneckenpumpe aufgebaut?

Eine Schnecke (Rotor) aus Metall dreht sich in einem Gummigehäuse (Stator). Dabei bilden sich auf der Saugseite ständig Hohlräume, wodurch Förderflüssigkeit angesaugt wird. Die mit Flüssigkeit gefüllten Hohlräume bewegen sich schraubenförmig zur Druckseite.

Einsatzgebiet: für Suspensionen mit hohem Feststoffanteil geeignet.

24. Was ist die Besonderheit der Seitenkanalpumpe?

Hier rotiert ein sternförmiges, konzentrisch angeordnetes Flügelrad mit sehr kleinem Abstand zwischen zwei Gehäusestirnwänden. Die eine Wand enthält einen Saugschlitz. Die andere Wand weist eine kreisförmige Vertiefung (Seitenkanal) auf, welche fast über den ganzen Umfang reicht und bei einem Druckschlitz endet. Vom Saugschlitz weg vergrößert sich zunächst das Volumen des Seitenkanals, wodurch Flüssigkeit angesaugt wird. Die Förderflüssigkeit tritt durch die achsnahe Öffnung ein, wird vom Flügelrad erfasst und dadurch in Rotation versetzt. Dort, wo der Seitenkanal kleiner wird bzw. aufhört, wird die Flüssigkeit durch den Druckschlitz ausgestoßen. Die Seitenkanalpumpe kann deshalb Gase mitfördern und ist daher – im Gegensatz zur Kreiselpumpe – selbstansaugend.

Einsatzgebiet: wenn Gase in der Förderflüssigkeit enthalten sind.

25. Was kennzeichnet Spaltrohrmotorpumpen?

Bei dieser Pumpe sind das Laufrad, die Lager und der Rotor ständig in das zu fördernde Medium eingetaucht. Die Statorwicklung wird durch ein Blechrohr (Spaltrohr) gegen die Flüssigkeit abgedichtet. Das Spaltrohr besteht meist aus nicht magnetisierbarem Chrom-Nickel-Stahl oder einer Nickellegierung. Der gesamte Rotor läuft in der Förderflüssigkeit. Der Vorteil besteht darin, dass die Pumpe dadurch nicht nur technisch dicht (wie z. B. eine Kreiselpumpe mit Gleitringdichtung) ist, sondern absolut dicht (hermetisch dicht).

Einsatzgebiet: für giftige, brennbare und flüchtige Flüssigkeiten.

26. Wie sind Magnetkupplungspumpen aufgebaut?

Das Laufrad, die Lager und der Rotor befinden sich in der Förderflüssigkeit. Der Antrieb erfolgt über einen permanentmagnetbestückten Innenrotor, der von einem ebenfalls permanentmagnetbestückten Außenrotor angetrieben wird. Innen- und Außenrotor wirken als Magnetkupplung. Zwischen dem äußeren und dem inneren Rotor befindet sich ein nicht magnetischer Spalttopf, welcher die Abdichtung übernimmt. Durch den Spalttopf hindurch wird das Drehmoment des Motors berührungslos durch Magnetkräfte übertragen. Durch diesen Aufbau ist dieser Pumpentyp, wie auch die Spaltrohrmotorpumpe, hermetisch dicht.

Einsatzgebiet: für flüchtige, giftige, brennbare und korrosive Stoffe.

27. Wie werden Gase gefördert?

Gase werden in der chemischen Industrie häufig mit Überdruck gefördert. Zur Erzeugung von Überdruck werden Ventilatoren, Gebläse, Turboverdichter oder Kompressoren eingesetzt. Das Gas wird angesaugt, in der Pumpe verdichtet und gegen Überdruck ausgestoßen.

Grundlage der Kompression ist die Verminderung eines Gasvolumens und somit die Erhöhung der Dichte eines Gases. Als Verdichtungsverhältnis ε („Epsilon") bezeichnet man das Verhältnis des gesamten Gasraumes V_1 vor der Verdichtung zum verbliebenen Raum V_2 nach der Verdichtung:

Verdichtungsverhältnis:

$$\varepsilon = \frac{V_1}{V_2}$$

Zur Bewegung großer Gasmengen dienen Ventilatoren. Sie erzeugen einen geringen Unter- oder Überdruck. Sie haben auch die Aufgabe, Räume zu be- oder entlüften.

28. Wie werden Ventilatoren unterschieden?

Ventilatoren können große Gasmengen bei geringem Druck fördern und werden grundsätzlich unterschieden in:

- **Radialventilatoren:** Bei den Radialventilatoren dreht sich in einem Gehäuse ein mit Flügeln versehenes Laufrad. Das zu fördernde Gas tritt axial ein und wird radial in das sich zum Druckstutzen hin erweiternde Gehäuse ausgestoßen.
- **Axialventilatoren:** Diese weisen in einem zylindrischen Gehäuse ein propellerartiges Laufrad auf. Das zu fördernde Gas tritt axial ein und wird axial ausgestoßen.

29. Was sind Verdichter (Kompressoren) und in welche zwei Gruppen werden sie eingeteilt?

Verdichter (auch: Kompressoren) sind **Arbeitsmaschinen**, die Gase fördern bzw. zu hohen Drücken (bis 400 bar) verdichten. Sie werden nach ihrem **Funktionsprinzip** in zwei Gruppen eingeteilt:

Verdichter – Gruppen/Klassen

- **Verdrängerverdichter**
  - Oszillierend
    - **Mit Kurbelantrieb**, z. B.
      - Tauchkolbenkompressor
      - Membrankompressor
      - Kreuzkopfkompressor
    - **Ohne Kurbelantrieb**, z. B.
      - Freikolbenkompressor
  - Rotierend
    - **Einwellig**, z. B.
      - Vierzellenkompressor
    - **Mehrwellig**, z. B.
      - Schraubenverdichter
      - Rootsverdichter
- **Turboverdichter**
  - Axialverdichter
  - Radialverdichter

30. Welche Verdichtertechnik wird heute eingesetzt?

In der chemischen Industrie, im Maschinen- und Bergbau, in Hüttenwerken sowie in der Strom- und Wärmeerzeugung müssen Gase, Luft und Dämpfe mit unterschiedlichen Drücken verdichtet, abgesaugt oder gefördert werden.

Vor der Jahrhundertwende erfolgten diese Vorgänge ausschließlich mit **Kolbenmaschinen**, die auch heute noch für kleine Förderströme und hohe Drücke benutzt werden.

Für große Förderströme werden heute fast ausschließlich **Turboverdichter** verwendet, die von E-Motoren aber auch von Gasturbinen angetrieben werden.

31. Was versteht man unter isentroper und polytroper Verdichtung?

Theoretisch würde die Kompression gasförmiger Stoffe im Verdichter ohne Wärmeaustausch nach außen und ohne Reibung im „Inneren" erfolgen. Man spricht von **isentroper Verdichtung**.

In strömenden Gasen tritt jedoch innere **Reibung** auf und zusätzlich reibt sich das Gas an den Wandungen. Des Weiteren entstehen **Radreibungsverluste** durch Reibung zwischen den Laufradaußenwänden und der Gashülle. Da die Reibungsenergie in Wärme umgesetzt wird, spricht man von **polytroper Verdichtung**.

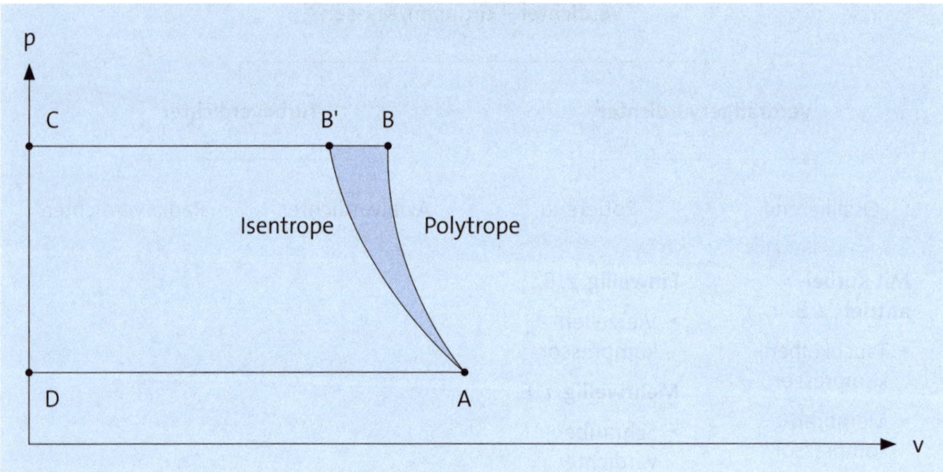

Verdichtung der Luft im p, v-Diagramm eines Turboverdichters

MERKE

Bei der **isentropen Verdichtung wird keine Wärme nach außen abgeführt**. Die Wärme bleibt in der verdichteten Luft und erhöht deren Temperatur.

32. Was ist eine isothermische Verdichtung?

Bei einer isothermischen Verdichtung wird die entstehende Wärme durch Kühlung des Zylinders mittels eines Kühlsystems abgeführt, sodass die Temperatur der Verdichterluft konstant bleibt (nicht realisierbarer Idealfall).

Bei hohen Druckverhältnissen wird die Verdichtung in mehrere Stufen unterteilt. Die Verdichtungsarbeit kann durch eine Zwischenkühlung, die die Gastemperatur vor der nächsten Stufe auf etwa die Ansaugtemperatur der ersten Stufe bringt, verringert werden.

33. Was sind Kolbenverdichter?

Kolbenverdichter sind **Arbeitsmaschinen**, die durch Bewegung eines Kolbens oder mehrerer Kolben Gase aus einem Raum niedrigen Druckes in einen Raum höheren Druckes fördern. Im mechanischen Aufbau und in ihrer Wirkungsweise **ähneln sie den Verdrängerpumpen**.

Während Pumpen weitgehend inkompressible Medien (Flüssigkeiten) fördern, sind die Fördermedien der Verdichter kompressibel (Gase), sodass eine Drucksteigerung des Fördermediums erfolgen kann.

MERKE

Die Arbeitsweise des Kolbenverdichters ist im Prinzip eine Umkehrung der Arbeitsweise des Kolbenmotors.

- **Arbeitsweise eines Kolbenverdichters:**

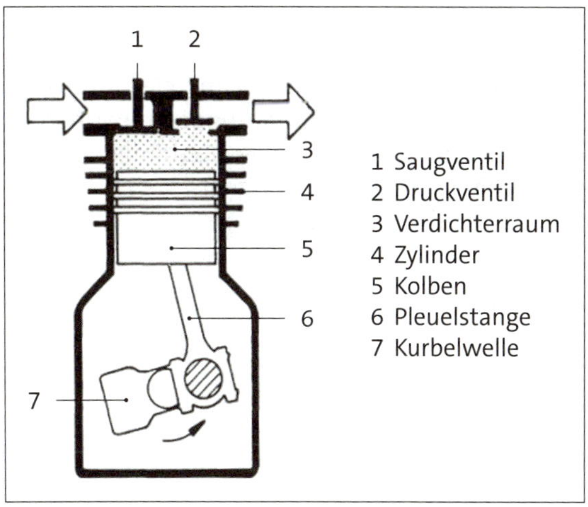

Schema eines einstufigen Kolbenverdichters

- Beginnt die Kolbenbewegung in der oberen Totpunktlage, so sind beide Ventile (1 und 2) geschlossen.
- Bei abwärts gehendem Kolben (5) öffnet sich bei einem bestimmten Unterdruck im Zylinder (4) das Saugventil (1) und lässt Umgebungsluft über einen Filter in den Zylinder einströmen.
- Sobald der Kolben nach Erreichen des unteren Totpunktes seine Bewegung umkehrt, schließt das Saugventil.
- Ist durch Verdichtung der Luft im Verdichtungsraum (3) der gewünschte Enddruck erreicht, so öffnet das Druckventil (2) und die Luft strömt bei einstufiger Verdichtung in die Anlagenleitung oder bei mehrstufiger Verdichtung nach Rückkühlung in die nächste Stufe.

MERKE

Zum Ausgleich der Massenkräfte werden die Kolbenverdichter in der Regel mit mehreren Zylindern gebaut. Hierfür werden Boxer-, L-, V- oder W-Anordnungen gewählt.

---

34. Was sind Drehkolbenverdichter (Umlaufkolbenverdichter) und wie ist ihre Wirkungsweise?

INFO

Drehkolbenverdichter werden hier nur kurz in ihrem prinzipiellen Aufbau und ihrer Wirkungsweise behandelt.

Drehkolbenverdichter haben einen oder mehrere Kolben, die sich mit gleichbleibender Geschwindigkeit in einem Gehäuse drehen und durch ihre besonderen Formen eine Verdrängungswirkung auf das zu fördernde Gas ausüben. Da die Verdränger eine kreisende Bewegung ausführen, sind sie für **hohe Drehzahlen** geeignet.

Vorteile:

- Ventile und Kurbeltrieb sind nicht erforderlich
- geringes Gewicht.

Nachteile:

- hoher Verschleiß an den dichtenden Stellen
- dadurch bedingte, hohe Undichtigkeitsverluste.

Die Drehkolbenverdichter werden deshalb vorwiegend für geringe Drücke verwendet.

Man unterscheidet:

- **Einzellenverdichter**, z. B.:
  - Zellenverdichter
  - Wasserringverdichter.
- **Zweiwellenverdichter**, z. B.:
  - Rootsgebläse
  - Kreiskolbengebläse
  - Schraubengebläse.

35. Wie ist die Wirkungsweise eines Rootsgebläses?

Das Rootsgebläse wirkt nach dem gleichen Prinzip **wie die Zahnradpumpe**. Es werden zwei doppelflügelige Drehkolben verwendet, die die Form einer **Lemniskate** (8-Form) haben. Die Flügel – durch außenliegende Steuerzahnräder gegenläufig bewegt – dichten gegen die Gehäusewand und gegenseitig (ohne sich dabei zu berühren) mit geringstem Spiel ab.

Durch die sich aufeinander abwälzenden Drehkolben wird das zwischen ihnen und dem Gehäuse eingeschlossene Gas von der Einlass- zur Auslassseite gefördert.

Da sich während dieses Vorganges das eingeschlossene Volumen nicht ändert, findet im Gehäuse keine Verdichtung statt. Öffnet sich die Förderkammer zur Druckseite hin, dann entsteht durch Rückexpansion aus der Druckleitung ein Druckausgleich, wobei der weitergehende Kolben das Gas aus der Förderkammer in die Druckleitung drängt.

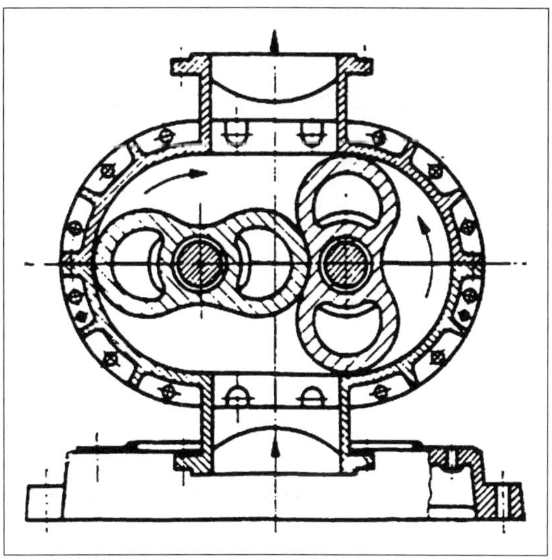

Schema eines Rootsgebläses

36. Für welche Zwecke werden Rootsgebläse eingesetzt?

Für den Industriebedarf, z. B.:

- Gießereien
- chemische Industrie
- Papierindustrie
- Textilindustrie
- Fahrzeugindustrie (→ Kompressormotoren).

37. Was sind Turboverdichter?

Turboverdichter gehören zu den **thermischen Turbomaschinen**. Sie arbeiten in der Umkehrung des Prinzips einer Turbine, ähneln in ihren Bauteilen und ihrem Aufbau der **Kreiselpumpe** und fördern das jeweilige Medium ebenfalls durch Übertragung kinetischer Energie in Form eines Drallimpulses.

Im Unterschied zur Pumpe wird das Gas im Turboverdichter komprimiert. Das heißt, bei gleichem Massenstrom, ist der Volumenstrom am Austritt geringer.

38. Wie ist der Aufbau eines Turboverdichters?

Ein Turboverdichter hat

- ein **Gehäuse** mit entsprechenden Leiteinrichtungen,
- eine **Welle** mit mindestens
  - einem **Laufrad** mit Laufschaufeln bzw.
  - einer direkt auf der Welle aufgezogenen **Laufschaufelreihe**.

39. Welche Hauptbauarten gibt es bei Turboverdichtern?

Turboverdichter – Hauptbauarten

Axialverdichter	Radialverdichter
← Kombinierte Bauarten	→

- **Axialverdichter**
  sind Arbeitsmaschinen, die Gase aus einem Raum niedrigen Drucks in einen Raum höheren Drucks fördern, indem sie die Geschwindigkeitsenergie der Gase in Druckenergie umsetzen. Hierbei handelt es sich um den **umgekehrten Arbeitsablauf der Dampfturbinen**.

  Beim Axialverdichter strömt das zu komprimierende Gas **in paralleler Richtung zur Welle** durch den Verdichter.

- **Radialverdichter**
  ähneln in ihrem Aufbau den Kreiselpumpen. Das zu fördernde Gas wird vom rotierenden Schaufelrad in axialer Richtung angesaugt und in den Schaufeln radial umgelenkt. Durch die Zentrifugalkraft wird das Gas nach außen gedrückt, wodurch der Druck im Laufrad statisch ansteigt. Er wird mit zunehmendem Radius größer. Das Gas tritt in den Leitring. In diesem wird die im Laufrad erzeugte kinetische Energie des Gases in Druckenergie umgesetzt.

  Beim Radialverdichter strömt das Gas **axial in das Laufrad** der Verdichterstufe und wird dann nach außen **(radial) abgelenkt**.

  Bei mehrstufigen Radialverdichtern ist hinter jeder Stufe eine Strömungsumlenkung notwendig.

  Allgemein erzeugen Axialverdichter höhere Volumenströme, während Radialverdichter höhere Drücke erzeugen.
- **Kombinierte Bauarten**
  saugen mit ihren Axialstufen große Volumenströme an, die in den anschließenden Radialstufen auf hohe Drücke komprimiert werden. Während hier meist einwellige Maschinen zum Einsatz kommen, sind beim **Getriebeverdichter** die einzelnen Verdichterstufen um ein Getriebegehäuse gruppiert, wobei mehrere Wellen, die jeweils ein oder zwei Laufräder tragen, von einem großen Antriebszahnrad bewegt werden.

40. Für welche Zwecke werden Turboverdichter eingesetzt?

Turboverdichter kommen zum Einsatz, wenn große Volumenströme verdichtet werden sollen wie z. B.:

- in Gasturbinen und Strahltriebwerken
- als Hochofen- und Stahlwerksgebläse
- in Anlagen zur Luft- bzw. Gasverflüssigung
- als Luft- oder Nitrose-Gas-Kompressor
- in Salpetersäure-Anlagen
- in petrochemischen Anlagen und Raffinerien
- zur Druckerhöhung in Gas-Pipelines
- als Vakuumgebläse in der Papierindustrie.

MERKE

Die Verdichtung im Kompressor verläuft annähernd isentrop, sodass sich auch die Temperatur des Gases erhöht. Durch Kühlung des Volumenstromes zwischen den einzelnen Stufen lässt sich der Wirkungsgrad erhöhen, da der Prozess dann annähernd isotherm verläuft.

41. Wie erfolgt die Schmierung an Verdichteranlagen?

Überwiegend erfolgt bei allen Verdichterbauarten eine **Druckumlaufschmierung**. Ist ölfreie Luft erforderlich, werden sog. **Trockenläufer** eingesetzt. Die **Kühler** werden meist als Glatt- oder Rippenrohrwärmetauscher gebaut, wobei i. d. R. das Kühlwasser durch Rohre strömt.

42. Welche Bauarten werden zur Vakuum-Erzeugung unterschieden?

Für die Erzeugung von Grobvakuum (p_{abs} = 1.000 - 1 mbar) werden **Flüssigkeitsringvakuumpumpen** verwendet. Hier befindet sich in einem zylindrischen Gehäuse mit je einem sichelförmigen Saug- und Druckschlitz ein exzentrisch gelagertes Flügelrad. Das Wasser innerhalb des Gehäuses wird durch die Bewegung des Flügelrads in Rotation versetzt. Dadurch wird ein sichelförmiger Arbeitsraum gebildet, welcher von den Flügeln in umlaufende, sich vergrößernde und wieder verkleinernde Zellen unterteilt wird. Das erreichbare Endvakuum dieser Pumpen ist abhängig von der Art der Ringflüssigkeit und liegt bei vielen Flüssigkeitsringvakuumpumpen bei ca. 40 mbar. **Einsatzgebiet:** für Trocknungs- und Destillationsanlagen oder zur zentralen Vakuumerzeugung.

Außerdem können **Treibmittelvakuumpumpen** (Luftstrahl-, Wasserstrahl- oder Dampfstrahlvakuumpumpen) zum Einsatz kommen. Hier wird ein flüssiges oder gasförmiges Treibmittel durch eine innere Düse gepresst, anschließend tritt es mit hoher Geschwindigkeit aus dieser Düse aus und erzeugt durch den nun deutlich größeren Querschnitt und die dadurch plötzliche Verlangsamung, einen Unterdruck. Dadurch wird das zu fördernde Gas angesaugt, mitgerissen und beschleunigt.

Für die Erzeugung von Feinvakuum (p_{abs} = 1 - 10^{-3} mbar) werden häufig **Rotationszellen-Vakuumpumpen bzw. Drehschiebervakuumpumpen** verwendet. Diese besitzen in einem zylindrischen Gehäuse einen exzentrisch gelagerten Rotor, der mit Schlitzen versehen ist. In diesen Schlitzen befinden sich Schieber, die durch Federn an die Gehäusewand gedrückt werden, dort anliegen und abdichten. Dadurch bilden sich auf der Saugseite größer werdende und auf der Druckseite kleiner werdende Zellen. Durch die Vergrößerung der Zellen entsteht Unterdruck.

Für die Erzeugung von Hochvakuum (p_{abs} = 10^{-3} - 10^{-7} mbar) werden **Diffusionspumpen** verwendet. Hier wird Öl am Boden eines senkrechten, zylindrischen Gefäßes durch eine elektrische Heizung zum Verdampfen gebracht. Der Öldampf strömt durch Steigrohre und tritt mit Überschallgeschwindigkeit schirmförmig aus einem Düsensystem aus. Er kondensiert anschließend an der gekühlten Wand des Gehäuses und fließt als Film zum Verdampfer zurück. Das zu fördernde Gas diffundiert vom weiten Saugstutzen her in den Öldampf hinein, wird von diesem beschleunigt und gegen den Druckstutzen hin verdichtet. Hochvakuumpumpen benötigen einen Vordruck von ca. 0,1 mbar. **Einsatzgebiet:** Gefriertrocknung.

1.2.3 Apparate zur mechanischen Oberflächenvergrößerung

01. Wie werden Teilchen zerkleinert?

Durch Zerkleinerung erhält man Teilchen geringerer Größe und dadurch wird die Oberfläche des Materials insgesamt größer, im Vergleich zum Ausgangsstoff. Zerkleinern bedeutet allgemein das Zerteilen eines festen Stoffes in kleinere Teilchen durch Einwirkung mechanischer Kräfte. Durch die Wirkung der Kräfte werden die Teilchen derart beansprucht, dass sie brechen und zerfallen.

Beanspruchungsart und Anwendungsbereich:

- Durch Schlagen werden harte, spröde und mittelharte Teilchen zertrümmert.
- Durch Drücken werden in harten, spröden, mittelharten und weichen Stoffen Kräfte hervorgerufen, welche das Teilchen zerspringen lassen.
- Durch Reiben werden weiche, aneinander vorbei bewegte Stoffe zum Zerfallen gebracht.
- Durch Prallen werden spröde, mittelharte, weiche und wärmeempfindliche Stoffe zum Zerplatzen auf einer harten Oberfläche oder einem anderen Teilchen gebracht.
- Durch das Schneiden oder Scheren werden plastische, elastische und faserige Stoffe durch eine Schneide zerteilt.

Beim Zerkleinern fallen Teilchen mit unterschiedlichen Durchmessern an (Korngrößenbereich). Die Verteilung der Korngröße kann durch eine Siebanalyse des Mahlgutes ermittelt und eine Kornverteilungskurve erstellt werden.

Ein Maß für die Feinheit der Zerkleinerung ist der Zerkleinerungsgrad. Dieser ist das Verhältnis zwischen der Korngröße vor und nach der Zerkleinerung.

02. Wie sind Brecher aufgebaut?

Brecher sind die geeigneten Zerkleinerungsmaschinen für die Grobzerkleinerung großer Brocken. Je nach der zu erreichenden Korngröße unterscheidet man:

- Grobbrechen (> 50 mm)
- Feinbrechen (50 - 5 mm).

Zu den Brechern gehören:

- **Backenbrecher:** Er besteht aus einer feststehenden und einer hin und her gehenden Backe, die den Spalt zwischen den Backen abwechselnd vergrößert und verkleinert. In diesen Spalt fallen die Brocken und beim Zugehen des Spalts werden sie unter eine hohe Druckbelastung gesetzt und dadurch zerkleinert.
- **Kegelbrecher:** In einem starren Gehäuse rotiert exzentrisch ein Brecherkegel. Durch diese Taumelbewegung verändert sich ständig der Spalt zwischen Gehäuse und Brecherkegel. Die Brocken fallen durch Schwerkraft in den Raum zwischen Kegel und Mantel und werden beim Verkleinern des Spalts gebrochen.

- **Daumenbrecher:** Auf einer Welle sind daumenförmige Brechwerkzeuge, welche schraubenartig gegeneinander versetzt sind, angebracht. Die Daumen greifen beim Umdrehen in einen Brechrost, wobei das zu zerkleinernde Gut zerdrückt und abgeschert wird. **Einsatzgebiet:** zum Grob- und Feinbrechen von weichen bis mittelharten Stoffen.
- **Walzenbrecher:** Zwei gegensinnig umlaufende Walzen, welche mit Brechernocken oder -zähnen besetzt sind, erfassen das zu zerkleinernde Gut und es wird zwischen den Walzen zerdrückt. **Einsatzgebiet:** zum Grob- und Feinbrechen weicher bis mittelharter Stoffe.
- **Hammerbrecher:** An einem walzenförmigen Rotor, welcher sich mit hoher Drehzahl dreht, sind beweglich gelagerte Schlaghämmer angebracht. Die Hämmer zerschlagen das zu zerkleinernde Gut und schleudern es gegen Prallplatten, um es weiter zu zerkleinern. **Einsatzgebiet:** zum Grob- und Feinbrechen mittelharter Stoffe.

03. Welche Arten von Mühlen werden in der chemischen Industrie verwendet?

Bei Mühlen werden verschiedenen Beanspruchungsarten (z. B. Schlagen, Reiben, Prallen) einzeln oder kombiniert angewendet.

Je nach der zu erreichenden **Korngröße** unterscheidet man:

- Grobmahlen 5 - 0,5 mm
- Feinmahlen 0,5 - 0,05 mm
- Feinstmahlen 0,05 - 0,005 mm
- Kolloidmahlen < 0,005 mm.

Zu den **Mühlen** gehören:

- **Wälzmühlen:** In einem feststehenden Mahlteller laufen schwere Mahlsteine. Durch die Drehung zerdrücken und zerreiben die Mahlsteine das eingefüllte Mahlgut.
- **Schlagmühle:** Die beweglichen Schlagwerkzeuge sind an einem Rotor angebracht. Das Mahlgut wird durch die schnell umlaufenden Schlagwerkzeuge zerschlagen und gegen ein Prallfutter geschleudert. Es bleibt solange in der Mühle, bis es durch das Sieb am Ausgang austreten kann.

  Einsatzgebiet: zum Grob- und Feinmahlen weicher bis mittelharter Stoffe.
- **Kugelmühlen:** In einem rotierenden Hohlzylinder befinden sich Mahlkörper aus Stahl oder Hartporzellan. Beim Drehen der Trommel werden die Mahlkörper und das Mahlgut an der Trommelwand durch die Zentrifugalkraft zuerst mit hochgenommen und fallen dann auf die am Trommelboden liegende Füllung. Durch die herabfallenden Kugeln wird das Mahlgut zerkleinert.

  Einsatzgebiet: zur Feinstmahlung weicher bis mittelharter Stoffe, welche trocken oder als Suspension vorliegen.

- **Stiftmühle:** Eine Scheibe, welche ringförmig mit Stiften besetzt ist, rotiert mit hoher Drehzahl gegen eine feststehende, ebenfalls mit Stiften versehene Scheibe. Die Stiftreihen der einen Scheibe laufen zwischen den Stiftreihen der anderen Scheibe. Das Mahlgut tritt zentral an der feststehenden Scheibe ein, wird durch die rotierende Scheibe nach allen Seiten gleichmäßig verteilt und im Flug durch Schlag und Aufprall zwischen den Stiften zerkleinert. Der Stiftabstand nimmt von innen nach außen auf der Scheibe ab, und die Umlaufgeschwindigkeit nimmt zu, wodurch die Schlag- und Prallwirkung verstärkt und damit das Mahlgut feiner zerkleinert wird.

  Einsatzgebiet: zum Fein- und Feinstmahlen weicher bis mittelharter Stoffe.

- **Pralltellermühle:** Das Mahlgut wird von einem schnell umlaufenden Schleuderrad erfasst und mit großer Geschwindigkeit aus der Mitte gegen einen tellerartigen Konus geschleudert, der sich entgegengesetzt dreht und mit verschleißfesten, geriffelten Segmenten ausgerüstet ist. Die Zerkleinerung erfolgt dabei durch den Aufprall sowie durch die Reibung der einzelnen Teilchen gegeneinander in den entstehenden Luftwirbeln.

  Einsatzgebiet: zum Fein- und Feinstmahlen weicher bis mittelharter und auch faseriger Stoffe.

- **Strahlmühle:** In einen flachen, meist zylindrischen Mahlraum wird durch ringförmig angeordnete Düsen Druckluft mit sehr hoher Geschwindigkeit eingeblasen und eine Spiralströmung erzeugt. Die Strahlmühle verfügt über keinerlei bewegte Teile. Das Mahlgut wird in den Mahlraum eingetragen, von der Spiralströmung erfasst und dabei durch den Aufprall zerkleinert. Ein nachgeschalteter Sichter ermöglicht eine Anpassung der gewünschten Korngröße der Partikel.

  Einsatzgebiet: zur Feinstmahlung weicher bis mittelharter sowie wärmeempfindlicher Stoffe.

- **Schneidmühle:** Ein Rotor mit Messerkranz läuft gegen ein ebenfalls mit Messern versehenes Gehäuse, dessen Austragöffnung mit einem Siebeinsatz versehen ist. Das Mahlgut wird zwischen den rotierenden und den feststehenden Messern zerkleinert.

  Einsatzgebiet: zur Zerkleinerung von plastischen, elastischen und faserigen Stoffen.

- **Schleudersiebmühle:** In einem schnell rotierenden Siebzylinder befindet sich ein feststehender Anker. Durch die Drehbewegung des Zylinders wird das sich darin befindliche Mahlgut gegen den Anker gedrückt und zerrieben. Das zerkleinerte Gut wird durch die Öffnungen des Siebes gedrückt.

  Einsatzgebiet: zum Grob- und Feinmahlen von weichen Stoffen (Trocken- oder Nassmahlung).

- **Reibmühle:** Eine Mahlscheibe aus sehr hartem Material dreht sich mit hoher Drehzahl in geringem Abstand zu einer gleichartigen, feststehenden Scheibe. Das Mahlgut wird im Zentrum des Stators aufgegeben, zwischen den Mahlscheiben durch Reibung zerkleinert und am Rand der Scheiben ausgetragen.

  Einsatzgebiet: zum Feinstmahlen weicher, suspendierter Stoffe.

04. Wie läuft der Mahlvorgang ab?

Vor Beginn der eigentlichen Vermahlung ist es häufig erforderlich, dass das Mahlgut auf eine für die darauffolgende Mühle passende Eingangskorngröße grob vorzerkleinert wird. Ein nachgeschalteter Fremdkörperabscheider verhindert, dass Stoffe in die Mühle gelangen könnten, welche Funken bilden (Explosionsgefahr), die Mühle beschädigen oder das Mahlgut verunreinigen. Eine Dosiervorrichtung ist dafür zuständig, dass der Mühle gleichmäßig Mahlgut zugeführt und somit der erwünschte Zerkleinerungsgrad und Korngrößenbereich erreicht wird. Die Art der Mühle ist entscheidend für den Aufbau einer Mahlanlage.

Hochtourig laufende Mühlen wirken ähnlich wie Ventilatoren. Bei der Frischluftschaltung wird der Mühle ständig frische Luft von außen zugeführt. Die Abluft muss anschließend gereinigt werden, bevor sie wieder an die Umgebung abgegeben wird. Bei der Umluftschaltung wird die zum Mahlen notwendige Luft in einem geschlossenen Kreislauf geführt, was den Verbrauch an Inertgas oder Mahlluft geringhält.

05. Welche Gefahren treten bei Zerkleinerungsvorgängen auf?

Neben den mechanischen Gefahren, welche durch schnell bewegte Bauteile auftreten, sollte auch stets die Explosionsgefahr betrachtet werden. Grundsätzlich besitzt nämlich jede Mühle oder Mahlanlage metallische, schnell aufeinanderschlagende Teile, dies bietet eine hohe Wahrscheinlichkeit für die Entstehung von potenziellen Zündquellen. Betrachtet man die Voraussetzungen für eine Staubexplosion, bietet eine Mühle alles Notwendige: Staub, einen geschlossenen Behälter, wirksame Zündquellen und Sauerstoff. Viele Mühlenhersteller bieten deshalb Geräte in explosionsdruckfester Bauweise (bis 10 bar) an. Die Geräte und Anlagen müssen in jedem Fall einer fachlichen Betrachtung unterzogen werden, wie es bei der Erstellung des Explosionsschutzdokuments ohnehin Vorschrift ist.

06. Was ist das Explosionsschutzdokument?

Das Explosionsschutzdokument beschreibt die angemessenen Vorkehrungen, um den Explosionsschutz in einem Betrieb sicherzustellen. Die Erstellung eines Explosionsschutzdokuments ist eine Forderung der Betriebssicherheitsverordnung im Zusammenhang mit der Gefährdungsbeurteilung. Es muss für alle explosionsgefährdeten Bereiche vorliegen und nachweisen, dass die Explosionsgefährdungen ermittelt und einer Bewertung unterzogen wurden und angemessene Vorkehrungen getroffen sind, um die Ziele des Explosionsschutzes zu erreichen. Das Explosionsschutzdokument ist vom Arbeitgeber, unabhängig von der Anzahl der Beschäftigten, vor Aufnahme der Arbeit zu erstellen. Die Form des Explosionsschutzdokumentes ist nicht vorgeschrieben. Zum Explosionsschutzdokument können alle relevanten Dokumente hinzugefügt werden, die zur Bewertung einer Explosionsgefahr nützlich sind: Gefahrstoffkataster, Betriebsanweisungen, organisatorische Maßnahmen, Gefährdungsbeurteilungen, betrieblicher Alarm- und Gefahrenabwehrplan, Sicherheitsdatenblätter usw.

1.2.4 Apparate zur mechanischen Trennung von Feststoffgemischen

01. Wie funktionieren mechanische Trennverfahren?

Die mechanischen Trennverfahren beruhen auf der Trennung der Stoffgemische aufgrund unterschiedlicher physikalischer Eigenschaften der Einzelbestandteile durch die Wirkung mechanischer Kräfte. Angewandt werden diese Trennverfahren bei Feststoff-Gemischen, bei Feststoff-/Flüssigkeits-Gemischen, bei partikelverunreinigten Gasen und bei dispersen Flüssigkeits-Gemischen.

02. Wie funktionieren Magnetabscheider und welche Verfahren gibt es?

Häufig müssen magnetisierbare Materialien (Weißblech, Eisen oder Stahl) von nicht magnetisierbaren Materialien (Edelstahl, Aluminium oder Kupfer) getrennt werden. Für diesen Einsatzzweck werden Magnetabscheider verwendet.

Am häufigsten eingesetzt werden dabei die folgenden beiden Varianten:

- **Überbandmagnetscheider:** Über dem Stoffstrom ist das Magnetsystem aufgehängt. Um den Magneten läuft ein Förderband, das die aus dem Materialstrom herausgehobenen, magnetisierbaren Stoffe aus dem Magnetfeld herausbefördert und abwirft.
- **Magnettrommelscheider:** An einer rotierenden Scheidetrommel, die auf der Innenseite einen, im seitlichen Segment feststehenden, Elektromagneten besitzt, erfahren die magnetisierbaren Teile eine Umlenkung und werden somit vom Gemenge getrennt gesammelt.

03. Was versteht man unter einer Dichtesortierung?

Beim Dichtesortieren wird die unterschiedliche Dichte der verschiedenen Bestandteile eines Haufwerks zur Trennung genutzt. Es erfolgt eine Schichtung nach der Dichte in einer pulsierenden, aufgelockerten Kornschüttung. Als Ergebnis des Schichtungsvorganges (Entmischung) entsteht eine Schichtenfolge, in der die Korndichten von oben nach unten zunehmen und die mithilfe von Austragsvorrichtungen in Produkte verschiedener Dichten zerlegt werden.

04. Wie funktioniert das Verfahren des Sichtens (Windsichtens) und welche Sichter gibt es?

Die Trennung erfolgt beim Sichten durch die unterschiedliche Dichte und dem Schwebeverhalten von Stoffen. Die Trennung erfolgt in einem Luftstrom (daher Windsichten), wobei die weniger dichten und schwebefähigen Teilchen vom Luftstrom mitgerissen werden.

Zu den Windsichtern gehören:

- **Zickzacksichter:** Er besteht aus mehreren, zickzackförmigen Kanälen, die von unten mit Luft durchströmt werden. Die schwebefähigen Teilchen werden oben mit dem Luftstrom ausgetragen.

- **Streutellersichter:** Durch rotierende Schleuderteller wird das zentrisch aufgegebene Sichtgut durch die Zentrifugalkraft gleichmäßig im Sichtraum verteilt. Der zugeführte Luftstrom reißt das Feingut nach oben mit. Das Grobgut wird an die Gehäusewand geschleudert, abgebremst und sammelt sich unten.

05. Wie funktioniert das Stromklassieren (Hydroklassieren)?

Hier wird ein körniges Haufwerk mithilfe von strömendem Wasser in mehrere Fraktionen gleicher Absenkgeschwindigkeit getrennt. Es wird vor allem eingesetzt, um aus Suspensionen, Aufschlämmungen oder Abwässern größere Partikel oder Fremdkörper abzuscheiden. Der Klassiereffekt ergibt sich hier vor allem aus den unterschiedlichen Strömungswiderständen und Gewichtskräften der verschieden großen Partikel. Erfolgt der Trenneffekt aufgrund des Einflusses von Fliehkraft spricht man von der Sonderform des **Hydrozyklons**. Bei diesem wird ein nach unten konisch zulaufender, zylindrischer Behälter tangential von der Suspension angeströmt. Durch den entstehenden Primärwirbel wird der Feststoff durch Zentrifugalkraft an die Wand gedrückt und gleitet nach unten. Die Flüssigkeit wird unten umgelenkt und steigt als Sekundärwirbel nach oben. Der Austrag erfolgt mittig am Kopf des Zyklons. Das Verfahren wird auch zur kontinuierlichen Trennung grober Partikel aus Suspensionen verwendet.

06. Was versteht man unter Flotation?

Das Trennen eines Feststoffgemisches durch die unterschiedliche Benetzbarkeit von Teilchen wird als Flotation bezeichnet. So werden die feinkörnigen Gemenge (z. B. Erze und übrige Partikel) in einer wässrigen Aufschlämmung (Suspension) mithilfe von Luftblasen getrennt.

In einem Flotationsbad wird durch einen schnelllaufenden Rührer oder Lanzen Luft eingetragen und fein verteilt. Im Flotationsbad enthaltene Tenside und Schaumstabilisatoren stabilisieren dabei die kleinen Luftbläschen. Eine Sorte Partikel lässt sich schlecht mit Wasser benetzen und haftet daher an den Luftblasen. Diese Partikel schwimmen mit den Luftblasen auf und können mit dem Schaum abgeschöpft werden. Die gut mit Wasser benetzbare Sorte Partikel sinkt zu Boden und wird dort ausgetragen.

Zur Flotation werden verschiedene **Hilfsstoffe** eingesetzt. Schäumer dienen zum Stabilisieren der Luftblasen. Sammler (Schwefelverbindungen, Amine, Alkylsulfonate) machen eine Komponente (Erze) hydrophob (Wasser abstoßend), während die andere Komponente (Gangart) hydrophil (Wasser anziehend) bleibt. In die Aufschlämmung eingeblasene Luft haftet nur an den hydrophoben Teilchen und trägt sie zur Oberfläche, während die hydrophilen Teilchen in der Lösung bleiben.

pH-Regulatoren und Flockungsmittel dienen zur Optimierung und selektiven Auftrennung von Gemischen.

07. Was wird unter Klassieren verstanden?

Klassieren bedeutet das Zerlegen eines Haufwerks aus Teilchen mit deutlich unterschiedlichen Korngrößen in mehrere Haufwerke mit Teilchen etwa gleicher Korngröße. Verfahren hierfür sind das Sieben, das Sichten und das Stromklassieren. Beim Sieben wird der Massenanteil der einzelnen Proben, Durchgangs- und Rückstandssummen statistisch erfasst und der Auswertung zugeführt. Die Feinheitsmerkmale werden in Form von Verteilungen dargestellt.

Charakteristisch für den Grad der Verteilung sind **Verteilungssummen und Verteilungskurven:** Durchgangssumme, Rückstandssumme, Normalverteilung (nach Gauss), Logarithmische Normalverteilung, RRSB-Verteilung (nach *Rosin, Rammler, Sperling, Bennet*).

Der **Wirkungsgrad** (Trenngrad, Trennschärfe) beim Sieben ist das Verhältnis zwischen dem Feinkornanteil im Durchgang zum Feinkornanteil im Rückstand. Folgende Faktoren beeinflussen den Wirkungsgrad: Kornform, Korngröße, Feuchtigkeit, Elektrostatische Aufladung, Aufgabemenge, Bewegung und Siebhilfen.

Siebmaschinen werden durch Exzenter-, Unwucht- oder Elektromagnetantriebe in Bewegung versetzt. Zu den Siebmaschinen gehören:

- Bewegte Roste: Siebroste bestehen aus feststehenden Stäben, mit gleichem Abstand und sind leicht schräg angeordnet.
- Schwingsieb (Wurfsieb, Plansieb): Es besteht aus mehreren übereinander angeordneten Siebflächen, die von einem Motor in Schwingbewegung versetzt werden.
- Trommelsieb: Es besteht aus einem leicht schräg gestellten, langsam rotierenden Rohr mit Sieblöchern.

08. Was versteht man unter einem RRSB-Körnungsnetz?

Dies ist ein doppeltlogarithmisches Körnungsnetz nach *Rosin, Rammler, Sperling, Bennet.* Man versteht darunter eine statistische Funktion zur Beschreibung der Korngrößenverteilung von Pulvern, insbesondere bei der Siebanalyse.

Diesem Netz liegt die Erfahrung zugrunde, dass die Rückstandssummenkurven von Siebanalysen häufig Geraden ergeben, wenn sie auf der Basis einer entsprechenden Gleichung dargestellt werden. Die Steigung der Geraden macht eine Aussage über die Breite der Verteilung (je kleiner die Steigung, umso breiter die Verteilung). Die RRSB-Funktion eignet sich z. B. auch vielfach zur Darstellung der Arzneistofffreisetzung in Pharmaanwendungen.

1.2.5 Apparate zur mechanischen Trennung von Fest-flüssig- und Flüssig-flüssig-Gemischen

01. Was wird unter Sedimentieren und Dekantieren verstanden?

Sedimentieren bezeichnet das Trennen von Suspensionen. Beim Dekantieren werden Emulsionen getrennt. In beiden Fällen nutzt man hier den Dichteunterschied zwischen den einzelnen Komponenten, um diese zu trennen. Eine diskontinuierliche Trennung bei kleinen Mengen kann in jedem Behälter durch Stehenlassen (Schwerkraftwirkung) erfolgen. Für große Mengen werden kontinuierliche Apparate eingesetzt (Zentrifugen). Voraussetzung dazu ist ein genügend großer Dichteunterschied.

02. Wie funktionieren Dekanter?

Dekanter (Schwerkraftabscheider, Absetzgefäße) machen sich den Dichteunterschied von Flüssigkeiten zunutze. Unter Einwirkung der Schwerkraft trennen sich die beiden Flüssigkeiten und es entsteht eine Trennschicht, deren Lage durch einen Trennschichtregler mit Schwimmer auf etwa halber Höhe konstant gehalten werden kann. Die leichtere Flüssigkeit tritt im obersten Teil des Gefäßes aus, die schwerere im untersten Teil.

Eingesetzt werden Dekanter zur kontinuierlichen Trennung von Grobemulsionen mit einem großen Dichteunterschied der beiden Flüssigkeiten. Ein solcher Abscheider setzt sich aus folgenden Elementen zusammen:

- Schlammfang: Hier werden schwere Partikel aus dem Abwasser entfernt.
- Leichtflüssigkeitsabscheider: Hier wird eine aufschwimmende Phase (z. B. Öl) aus dem Abwasser entfernt.
- Koaleszenzabscheider: Hier werden in Schwebe befindliche Tröpfchen von Leichtflüssigkeiten zu größeren Tropfen vereinigt, die dann aufschwimmen und abgetrennt werden können.

03. Wie funktionieren Separatoren (Zentrifugen) und welche Bauarten werden eingesetzt?

Zentrifugieren ist die mechanische Abtrennung fein verteilter Feststoffteilchen aus Suspensionen durch Fliehkraft. Die Suspension wird hierzu in Rotation versetzt, dadurch wirkt auf jedes Teilchen eine Fliehkraft. Die Fliehkräfte von Flüssigkeits- und Feststoffteilchen unterscheiden sich aufgrund der abweichenden Dichte der Stoffe. Die Stoffe mit der höheren Dichte werden stärker nach außen beschleunigt und können dort abgezogen werden. Eingesetzt werden häufig:

- **Siebtrommel-Schälzentrifugen** (vertikal oder horizontal angeordnet) sind diskontinuierlich arbeitende Maschinen, welche eine gelochte Zentrifugentrommel (Siebtrommel) besitzen. Die Suspension wird in die rotierende Trommel eingebracht und die Flüssigkeit durchdringt das Filtermittel am Rand der Trommel und läuft ab. Der zurückgehaltene Feststoff bildet den Filterkuchen. Dieser wird am Ende des Zyklus von einem Schälmesser abgeschält und ausgeworfen.

- **Tellerzentrifugen** (Separatoren) sind mit hoher Drehzahl laufende, vertikal angeordnete Vollmantelzentrifugen. Die rotierende Trommel enthält mehrere (bis zu 100) konische, übereinander liegende Teller. Durch gleichmäßig angeordnete Bohrungen in den Tellern werden viele senkrechte Steigkanäle gebildet, die durch das ganze Tellerpaket führen. Die zu trennende Emulsion strömt durch ein zentrales, feststehendes Zulaufrohr in die Steigkanäle des Tellerpaketes und verteilt sich in den engen Tellerzwischenräumen. Die leichtere Flüssigkeit steigt an der Innenkante der Teller nach oben zum Auslauf, während die schwerere Flüssigkeit an der Außenkante der Teller zum ebenfalls oben liegenden anderen Auslauf strömt.

  Einsatzgebiet: kontinuierliche Trennung von Feinstemulsionen bis 0,5 µm Korngröße.

- **Vollmantel-Schneckenzentrifuge:** Die zu trennende Suspension wird durch eine Hohlwelle mittig zugeführt. Durch die Rotation der Trommel setzt sich der Feststoffanteil mittels Zentrifugalkraft als Sediment an der Trommelwand ab und wird von der Förderschnecke zum Feststoffaustrag gefördert.

  Einsatzgebiet: zur kontinuierlichen Trennung von mittelfeinen bis groben Suspensionen mit relativ hohem Feststoffanteil.

04. Was wird unter Filtration verstanden?

Filtration ist das mechanische Trennen von Suspensionen in Feststoff und Flüssigkeit aufgrund ihrer unterschiedlichen Teilchengröße, mithilfe eines porösen Filtermittels. Das Filtermittel lässt das möglichst feststofffreie Filtrat durch und hält den Feststoff als möglichst flüssigkeitsarmen Filterkuchen zurück.

05. Welche Filtrationsarten werden unterschieden?

Es wird zwischen Oberflächenfiltration und Tiefenfiltration unterschieden.

Oberflächenfiltration bezeichnet das Abscheiden von Feststoffteilchen durch die Siebwirkung des Filtermittels und des sich darauf aufbauenden Filterkuchens.

Tiefenfiltration ist das Abscheiden von Feststoffteilchen sowohl im Inneren des Filtermittels als auch im Inneren eines sich aufbauenden Filterkuchens. Die Teilchen dringen hier in die Poren ein, lagern sich dort ab und verringern dadurch den Porendurchmesser.

Die Filtration kann unter **drei Gesichtspunkten** erfolgen:

- Gewinnen der klaren Flüssigkeit (Flüssigkeitsfiltration, Klärfiltration).
- Gewinnen des Feststoffes (Feststofffiltration).
- Gewinnen beider Komponenten.

06. Was wird unter einem Filtermittel verstanden?

Das Filtermittel ist eine flüssigkeitsdurchlässige Schicht, welche alle Teilchen zurückhält, die größer als seine Durchlassöffnungen sind. Als Filtermittel werden Metallgewebe, Nadelfilze oder Nylongewebe verwendet. Das Filtermittel liegt meist auf einem Lochblech oder Maschenrost als Stütze auf.

Auswahlkriterien für Filtermittel sind:

- Korngröße des Feststoffes
- Temperatur der Suspension
- pH-Wert der Suspension
- Quellvermögen
- Filterfläche
- Druckdifferenz.

07. Was ist ein Filterhilfsmittel?

Filterhilfsmittel sind Feststoffe mit sehr großer Oberfläche und damit großem Adsorptionsvermögen (Anlagerung eines Stoffes an einem Feststoff) für feinste Feststoffteilchen. Sie sind nötig, da feine, schlammartige Suspensionen bereits bei geringer Filterkuchendicke nahezu flüssigkeitsundurchlässig wären und so eine weitere Filtration nicht mehr möglich wäre. Sie ermöglichen erst einen lockeren Filterkuchen, um eine Filtration auch bei sehr feinen Feststoffteilchen weiterhin zu gewährleisten. Filterhilfsmittel werden nur für Klärfiltrationen verwendet, da sie den Filterkuchen verunreinigen. Häufig verwendet werden z. B. Aktivkohle, Kieselgur oder Sägespäne.

08. Wie wird die Filtrationsleistung beeinflusst?

Die Filtrationsleistung ist grundsätzlich die pro Zeit anfallende Menge an Filtrat. Treibende Kraft beim Filtrieren ist die **Druckdifferenz**, erzeugt durch:

- hydrostatischen Druck
- Überdruck
- Unterdruck
- Zentrifugalkraft.

Die **Filterfläche** sollte möglichst groß sein.

Faktoren, die der Filtrationsleistung **entgegenwirken:**

- Widerstand des Filtermittels (Porendurchmesser)
- Widerstand des Filterkuchens (Kuchendicke, pressbar, nicht pressbar)
- Viskosität der Flüssigkeit.

09. Welche Filtrationsapparate werden häufig verwendet?

Zu den am häufigsten verwendeten Filtrationsapparaten gehören:

- **Beutelfilter oder Sackfilter:** Durch feine Fasern sind diese Filter für die Tiefenfiltration geeignet.
- **Kerzenfilter:** Ein Hohlzylinder aus porösem Material ist hier in einem druckfesten Gehäuse eingebaut. Die Flüssigkeit wird von außen nach innen durch die Filterkerze gedrückt.

  Einsatzgebiet: zur Klärfiltration von Flüssigkeiten mit wenig Feststoffanteil.
- **Plattenfilter:** Ein druckfester Behälter besitzt mehrere plattenförmige Filterelemente (bis zu 20), die mit Filtermittel belegt sind und waagrecht übereinander angeordnet sind. Durch diese Bauweise besitzen Plattenfilter eine große Filterfläche. Die Suspension wird diskontinuierlich von außen auf die Filterplatten gedrückt, das Filtrat fließt durch die Hohlräume der Platten zentral ab, während der Filterkuchen sich auf dem Filtermittel sammelt.

  Einsatzgebiet: zur Klärfiltration.
- **Nutschen:** Filternutschen bestehen aus einem flachen, zylindrischen Behälter mit einer horizontalen Filterfläche. Der Auftrag der Suspension erfolgt chargenweise. Der Feststoff lagert sich als Filterkuchen auf dem Filtermittel auf. Das Filtrat läuft durch das Filtermittel und fließt durch ein zentrales Ablaufrohr weg. Bei Saugnutschen wird es in einer evakuierten Vorlage aufgefangen. Drucknutschen sind geschlossene, druckfeste Apparate, welche mit Überdruck arbeiten. Hier befindet sich ein waagrecht eingebautes Filtermittel auf einer Stützunterlage.

  Einsatzgebiet: diskontinuierliche Filtration.
- **Filterpressen** bestehen aus einer Vielzahl hintereinander angeordneter Filterelemente (bis zu 70). Diese sind an einem Gestell einer hydraulischen Presse verschiebbar aufgehängt. Sie werden unterschieden in Rahmen- und Kammerfilterpressen. Bei den Rahmenfilterpressen liegt zwischen je zwei Platten ein Rahmen, welcher den Raum zur Aufnahme des Filterkuchens bildet. Bei den Kammerfilterpressen wird der Raum zur Aufnahme des Filterkuchens durch Vertiefungen in den Platten selbst gebildet. Nach dem Filtrieren werden die Filterplatten auseinandergeschoben und der Filterkuchen wird abgenommen.
- **Drehfilter:** Der Filter besteht hier aus einer drehbaren, in mehrere Zellen geteilten Doppelmantel-Trommel von mehreren Metern Durchmesser. Bei Saugzellendrehfiltern (auch Vakuum-Trommelfilter) taucht die langsam drehende Siebtrommel, deren Oberfläche mit einem Filtertuch bespannt ist, mit ihrem unteren Teil in eine Wanne mit der Suspension ein. Die Suspension wird angesaugt, der Filterkuchen baut sich außen auf dem Filtertuch auf und das Filtrat gelangt über Absaugrohre und den Steuerkopf in Abscheidgefäße. Bei Druckzellendrehfiltern wird die Suspension aufgedrückt.

  Einsatzgebiet: kontinuierliche, gut bis sehr gut filtrierbare Suspensionen.

Einflussgrößen auf die Filtrationsleistung: Zulaufmenge zum Drehtrommelfilter, Drehzahl der Trommel, Höhe des angelegten Unterdruckes, Füllstandshöhe im Suspensionstrog.

- **Bandfilter:** Bandfilter besitzen ein endloses Band aus Filtergewebe, das von einem mit Rillen und Bohrungen versehenen Gummi-Tragband gestützt wird. Die Suspension wird über ein Verteilsystem kontinuierlich am Bandanfang aufgegeben. Das Filtrat wird vom Unterdruck durch das Filtertuch und das Trageband gesaugt und wird in einer Wanne gesammelt.
- **Filtrierzentrifugen:** Siebkorbzentrifugen bestehen aus einem rotierenden Siebkorb, welcher auf der Innenseite mit einem Filtermittel belegt ist. Die Suspension wird mittig in den Siebkorb geleitet und mithilfe der Zentrifugalkraft getrennt. Das Filtrat fließt durch das Filtertuch und die Öffnungen im Siebkorb in das Gehäuse und verlässt dieses durch ein Ablaufrohr, der Feststoff bleibt als Filterkuchen auf dem Filtertuch zurück.

  Einsatzgebiet: für gut filtrierbare, nicht pressbare Filterkuchen.

10. Wie lässt sich die Zentrifugalkraft berechnen?

Schleudert man eine Masse mit gleicher Geschwindigkeit im Kreis, so wirkt auf diese eine stets zum Kreismittelpunkt gerichtete Kraft. Diese Kraft wird als Radialkraft oder auch als Zentripetalkraft bezeichnet. Die Zentrifugalkraft hingegen ist eine Trägheitskraft, die ein Beobachter wahrnimmt, der sich in einem rotierenden Bezugssystem befindet. Sprich der Beobachter würde in diesem Fall auf der Masse sitzen, die sich im Kreis bewegt. In einem solchen Bezugssystem wirkt auf alle beobachteten Objekte, auch auf den Beobachter selbst, eine Zentrifugalkraft. Die Zentripetalkraft und die Zentrifugalkraft sind gleich groß, die Formeln zur betragsmäßigen Berechnung der Kräfte sind somit gleich. Die Zentrifugalkraft, die beispielweise auf Flüssigkeitsteilchen in einer Zentrifuge wirkt, kann berechnet werden mit:

$$F = m \cdot \frac{v^2}{r}$$

Dabei ist:

F = Zentrifugalkraft in Newton

m = die Masse in Kilogramm

v = die Geschwindigkeit in Meter pro Sekunde

r = der Radius der Kreisbahn (der Zentrifuge) in Meter

1.2.6 Apparate zur mechanischen Vereinigung von festen, flüssigen und gasförmigen Stoffen

01. Was versteht man unter Agglomerieren?

Agglomerieren bedeutet die Kornvergrößerung eines Partikels. Das Feingut entsteht durch Grenzflächenkräfte, die es zu Stücken unregelmäßiger Form und Größe zusammenballt. Durch Agglomerieren soll die Handhabung und Lagerung erleichtert und Stoffeigenschaften verbessert werden (Verbesserung der Rieselfähigkeit oder Staubreduzierung bei pulverförmigen Stoffen).

Techniken des Agglomerierens:

- Beim **Aufbaugranulieren** (Pelletieren) entsteht Granulat. Die Grenzflächenkräfte sind erhärtete Bindemittel, Adhäsionskräfte, Kohäsionskräfte und sich ineinander verhakende Bindungen bei faseriger Oberfläche. Die Granulierung kann feucht oder trocken erfolgen. Unterschieden werden die Wirbelschichtgranulation, Mischagglomeration und Umbenetzungsagglomeration.
- **Sintern** ist ein Verfahren, bei dem feinkörnige, feste Stoffe so weit erhitzt werden, dass die Teilchen an den anschmelzenden Teilchenoberflächen miteinander Verbindungen eingehen können.
- Durch **Formpressen** (Pressagglomeration) entstehen Tabletten oder Briketts.
- Unter **Direkttablettierung** versteht man das Verpressen von Pulver ohne weitere Vorbehandlung.
- Als Hilfsstoffe beim Agglomerieren werden Fließmittel, Binde- und Sprengmittel (Zerfallsmittel) oder Schmiermittel eingesetzt.

02. Was ist die Aufgabe des Mischens?

Durch Mischen werden zwei oder mehrere unterschiedliche Stoffe, die zunächst voneinander getrennt sind, gleichmäßig im gewünschten Mischungsverhältnis ineinander verteilt. Im Gemisch sind die Stoffe zwar ineinander verteilt, aber nicht chemisch verbunden.

Ziele des Mischens sind:

- die Herstellung von Stoffgemischen (richtiges Mischungsverhältnis, gleichmäßige Verteilung) für die Durchführung chemischer und physikalischer Prozesse
- die Aufrechterhaltung von Stoffgemischen (gleichmäßige Verteilung der Komponenten)
- der Ausgleich von Konzentrations- und Temperaturunterschieden während chemischer und physikalischer Prozesse
- die Herstellung von Stoffgemischen, welche als Zwischenprodukte leicht weiterverarbeitbar oder als Handelsformen von Endprodukten gut anwendbar sind.

Erzeugung der Bewegung durch:

- Bewegen des Mischbehälters
- Bewegen des Mischwerkzeuges
- ruhende, eingebaute Mischelemente
- Einleiten von Gas (pneumatische Mischer)
- Umwälzen des Mischgutes.

Es wird zwischen verschiedenen **Gemischarten** unterschieden:

- Gemenge sind heterogene Gemische, in denen eine Komponente aus relativ großen Teilchen besteht.
- Kolloide bestehen aus feinsten Teilchen, welche in einem zweiten Stoff verteilt sind.
- Lösungen sind homogene Gemische, in denen alle Komponenten aus einzelnen Molekülen oder Ionen bestehen.
- Werden Teilchen eines Feststoffes unlöslich in einem zweiten, homogenen Stoff (Flüssigkeit) verteilt, dann wird das entsprechende Gemisch als Dispersion bezeichnet.
- Das Ausgleichen von Konzentrations-, Temperatur- und Eigenschaftsunterschieden dispergierter Teilchen wird als Homogenisieren bezeichnet.

Unterschieden werden die folgenden **Mischarten:**

- Rühren
- kontinuierliches Mischen (Strömungsmischen)
- Trockenmischen
- Kneten.

03. Was beschreibt der Mischgrad?

Werden zwei oder mehrere verschiedene Stoffe miteinander gemischt, so geht die Verteilung zuerst relativ schnell, später immer langsamer vor sich. Eine vollständige Verteilung (Mischgrad von 100 %) ist in der Praxis nicht erreichbar. Der Mischprozess wird abgebrochen, sobald die Verteilung dem Verwendungszweck der Mischung genügt.

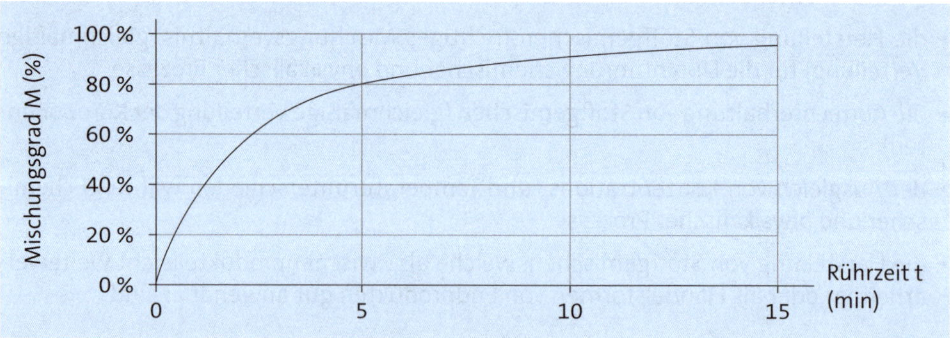

Mischungsgrad in Abhängigkeit von der Rührzeit

Faktoren zur Beeinflussung des Mischvorganges:

- Strömung
- Oberfläche und Teilchengröße
- Löslichkeit
- Viskosität des Gemisches
- Reihenfolge der Stoffzugabe.

04. Wie erfolgt das Mischen einer Flüssigkeit mit einem Feststoff?

Beim Mischen von Flüssigkeiten mit Feststoffen entstehen Suspensionen (ineinander unlöslich) oder Lösungen (ineinander löslich).

- **Grobsuspensionen** bestehen aus großen Feststoffteilchen, welche gleichmäßig in einer Flüssigkeit in Schwebe gehalten werden. Sie sind oft instabil und entmischen sich leicht, sobald die Rührwirkung aufhört.
- **Feinsuspensionen** bestehen aus feinsten Feststoffteilchen, die gleichmäßig in einer Flüssigkeit verteilt sind. Zur Herstellung und Aufrechterhaltung des kolloiden Systems werden Hilfsstoffe (Dispergatoren) zugemischt, welche das Zusammenballen der feinen Feststoffteilchen zu größeren Agglomeraten verhindern.
- **Lösungen** entstehen, wenn der Feststoff in der Flüssigkeit löslich ist. Eine Flüssigkeit kann einen Feststoff nur bis zu einer bestimmten, von der Temperatur abhängigen Sättigungskonzentration lösen.

Günstige Faktoren beim Lösen:

- hohe Temperatur (Erwärmen)
- große Oberfläche (Zerkleinern)
- turbulente Strömung (Bewegen).

05. Wie erfolgt das Mischen von zwei Flüssigkeiten?

Beim Mischen von Flüssigkeiten mit anderen Flüssigkeiten entstehen Emulsionen (ineinander unlöslich) oder Lösungen (ineinander löslich).

- **Grobemulsionen** bestehen aus relativ großen Flüssigkeitstropfen, welche gleichmäßig in einer anderen Flüssigkeit verteilt sind. Sie sind instabil und entmischen sich leicht, sobald die Rührwirkung aufhört.
- **Feinstemulsionen** bestehen aus feinsten Flüssigkeitströpfchen, welche gleichmäßig in einer anderen Flüssigkeit verteilt sind. Zur Herstellung und Aufrechterhaltung des kolloiden Systems müssen häufig Hilfsstoffe, sog. Emulgatoren, zugemischt werden, welche das Zusammenballen der feinen Tröpfchen zu großen Tropfen verhindern.
- Lösungen entstehen, wenn die eine Flüssigkeit in der anderen löslich ist. Als Lösungsmittel wird dabei die mengenmäßig überwiegende Flüssigkeit bezeichnet.

06. Wie erfolgt das Mischen einer Flüssigkeit mit einem Gas?

Wird eine Flüssigkeit mit einem Gas gemischt, so entsteht eine Lösung. Das Verfahren wird meist als Begasen bezeichnet. Das Gas wird über ein Tauchrohr in der Flüssigkeit in diese eingeleitet und von ihr gelöst. Niedrige Temperaturen, hohe Drücke und eine turbulente Strömung begünstigen den Prozess.

07. Welche Faktoren beeinflussen die Auswahl des Mischapparates?

Kriterien zur Wahl eines Mischapparates:

- Art der zu mischenden Stoffe (Aggregatzustand, Teilchengröße, Dichte)
- Art des herzustellenden Gemisches (Gemenge, Kolloid, Lösung, vorherrschender Aggregatzustand, Viskosität)
- Menge des herzustellenden Gemisches
- zu erreichender Mischgrad
- geforderte Arbeitsweise (diskontinuierlich, kontinuierlich).

Zu den **Rührapparaten** zählen

- Rührkessel
- Autoklaven
- Fermenter.

Diese sind je nach Anwendung mit **verschiedenen Rührern** ausgestattet:

- **Propellerrührer:** Dieser schnelllaufende Rührer besteht aus einem Propeller mit zwei oder drei schräg gestellten Flügeln. Sie erzeugen eine starke axiale Abströmung. Durch zusätzliche Stromstörer, Schrägstellung des Rührers oder durch exzentrische Anordnung kann die Turbulenz weiter erhöht werden und die ohnehin schon starke Umwälzwirkung weiter verbessert und eine evtl. Trombenbildung verhindert werden.

  Einsatzgebiet: für niedrigviskoses Mischgut.
- **Ankerrührer:** Hier kommt ein langsam drehender, ankerförmig gebogener Rührer, mit der Innenkontur des Rührbehälters, zum Einsatz. Es wird eine laminar kreisende Strömung erzeugt. Ankerrührer können, durch ihre gute Rührwirkung in Wand- und Bodennähe, auch für hochviskose Stoffe verwendet werden. Sie ermöglichen eine gute Wämeübertragung, verhindern das Ablagern oder Anhaften von Feststoffen am Boden oder an der Wandung und ergeben auch bei geringer Füllhöhe noch einen genügend großen Mischeffekt.
- **Impellerrührer:** Das Rührorgan besteht aus rückwärts gebogenen Schaufeln, die leicht nach oben gekrümmt und damit der Form des Rührbehälterbodens angepasst sind. Im Unterschied zum Propellerrührer bilden sie mit dem Gehäuse eine Einheit. Sie erzeugen eine radiale Strömung. Impellerrührer sind vielseitig verwendbar, z. B. für Flüssigkeiten mit mittlerer und hoher Viskosität.

- **MIG (Mehrstufenimpuls-Gegenstromrührer) Rührer:** Das Rührorgan besteht hier aus zwei schräg gestellten Innenblättern, an deren äußeren Enden sich je zwei parallele schräg gestellte Außenblätter befinden. Dieser energiesparende Rührer erzeugt eine gute axiale und radiale Rührwirkung. Sie sind vielseitig einsetzbar, z. B. zum Suspendieren, Begasen und für den Wärmeaustausch.
- **Statische Mischer** ermöglichen kontinuierliches Mischen. Hier werden die zu mischenden Komponenten nicht durch bewegte Mischorgane wie bei Rührern, sondern durch feststehende Mischelemente ineinander verteilt. Statische Mischer und eine kurze Mischstrecke eignen sich sehr gut für das Mischen von Flüssigkeiten mit großen Viskositätsunterschieden, zum Lösen von Gasen in Flüssigkeiten und zur kontinuierlichen Reaktionsführung.

08. Wie erfolgt die Vermischung von Feststoffen?

Das Mischen von Feststoffen (Trockenmischen) wird beim Herstellen von vielen chemischen Produkten oder zum Homogenisieren angewendet.

Günstige Faktoren beim Trockenmischen:

- kleine Teilchengrößen
- rieselfähige Teilchen
- turbulente Umwälzung
- kleiner Korngrößen- und Dichteunterschied.

Zu den häufig verwendeten **Mischern** gehören:

- **Taumelmischer:** Beim Taumelmischer rotiert ein zylindrischer Behälter um eine Schrägachse.
- **Trommelmischer:** Der Mischer besitzt einen liegenden zylindrischen Behälter mit Einbauten. Durch die Rotation der Trommel wird das Mischgut hochgeschoben und fällt wieder herunter, dadurch kommt es zur Vermischung.

  Einsatzgebiet: je nach Bauform sowohl zum kontinuierlichen als auch zum chargenweisen Mischen.
- **Doppelkonusmischer:** Beim Doppelkonusmischer rotiert ein beidseitig konischer Behälter um seine Querachse.
- **Siloschneckenmischer:** In einem Mischbehälter mit der Form eines Kegelsilos ist eine schräg gestellte Schnecke eingebaut. Diese Schnecke ist an einem Dreharm montiert und wird so auf einer Kreisbahn nahe der Silowand entlanggeführt. Durch die Bewegung der Schnecke wird das Mischgut nach oben gehoben und mittig rutscht es wieder nach unten, wodurch sich ein Mischeffekt einstellt.
- **Pflugscharmischer:** Dieser Mischertyp besitzt als Mischelemente Pflugscharen, welche auf einer Welle montiert sind und sich in einem liegenden zylindrischen Behälter drehen. Das Mischgut wird hierbei gleichzeitig horizontal und vertikal bewegt.

- **Fluidmischer (Kreiselmischer):** Ein schnell laufender Rotor fungiert hier als Mischwerkzeug. Das zu mischende Material wird vom Rotor außen hochgeschleudert und fällt mittig wieder herunter. Dort wird es erneut angesaugt und nach oben geschleudert, wodurch die Durchmischung erreicht wird.

Folgendes ist beim Mischen von Feststoffen zu beachten:

- Bei hohem oder stark unterschiedlichem Feuchtigkeitsgehalt im Mischgut entstehen Zusammenballungen. Das Mischgut ist nicht mehr rieselfähig, bleibt an der Behälterwand bzw. am Mischwerkzeug kleben oder bildet mitlaufende Klumpen.
- Elektrostatische Aufladung des Mischgutes führt ebenfalls zu Zusammenballungen, speziell bei sehr kleinen Teilchen.
- Extrem kleine Korngrößen ergeben einen hohen Reibungswiderstand und bedingen eine lange Mischzeit.
- Zu hoher Füllgrad (> 70 %) im Behälter macht die erforderliche intensive Umwälzung des Mischgutes unmöglich.
- Zu hohe Drehzahl des rotierenden Behälters bzw. Mischwerkzeuges bewirkt, dass das Mischgut nur im Kreis geschleudert wird und die vorgesehenen Bewegungen nicht ausführen kann.

09. Wie wird Kneten angewendet und welche Apparate gibt es hierfür?

Beim Kneten werden hochviskose Medien (Pasten, Salben) mit großem Kraftaufwand vermischt. Hierfür müssen sie fortlaufend durch Scherkräfte auseinandergerissen, gegeneinander verschoben und wiedervereinigt werden. Die dafür verwendeten Apparate werden als Kneter bezeichnet. Kneter weisen sehr robuste Mischwerkzeuge, Lager und Antriebe auf, Knetergehäuse sind heiz- oder kühlbar.

Zu den Knetern gehören:

- **Doppelmuldenkneter:** In einem Behälter, dessen Unterteil die Form zweier nebeneinander liegender Halbzylinder hat, drehen sich zwei horizontal gelagerte Mischwerkzeuge gegenläufig und mit unterschiedlicher Drehzahl.
- **Rührkneter:** In einem vertikalen, zylindrischen Behälter wird das Mischgut durch ein sich drehendes, rührerähnliches Mischwerkzeug durchgeknetet.
- **Schneckenkneter:** Zum kontinuierlichen Mischen zäher Materialien werden häufig Schneckenkneter (Extruder) verwendet. Die schneckenförmigen Mischwerkzeuge drehen sich in einem horizontalen, länglichen Gehäuse. Das kontinuierlich zugeführte Mischgut wird erfasst, in Längsrichtung transportiert und dabei durch starke Scherkraftwirkung ständig auseinandergerissen und wieder vereinigt.

1.2.7 Apparate zum Heizen und Kühlen

01. Welche Bedeutung hat die Wärmeübertragung in der chemischen Industrie?

In der chemischen Industrie muss an vielen Stellen Wärme zu- oder abgeführt werden, um Produkte herstellen zu können. Um dies zu ermöglichen, bedient sich die Industrie verschiedener Wärmeaustauschverfahren. Das oft notwendige Heizen oder Kühlen dient dem Durchführen endothermer oder exothermer chemischer Reaktionen, Verdampfen oder Kondensieren von Flüssigkeiten beim Trocknen, Destillieren und Rektifizieren, Erhöhen der Löslichkeit von Feststoffen in Flüssigkeiten, Kristallisieren aus Lösungen und Schmelzen.

02. Was sagt die Enthalpie aus?

Wärme ist eine Energieform (Bewegungsenergie der Moleküle) und wird in Joule (J) angegeben. Die Enthalpie H setzt sich aus der inneren Energie U und der Volumenarbeit pV zusammen. U ist abhängig von T, so ist ein Maß für den Wärmeinhalt bzw. die Enthalpie H die Temperatur T. Die Einheit der Temperatur ist Kelvin (K). In der Praxis wird das Grad Celsius (°C) verwendet, wobei gilt:

$$T(K) = \vartheta(°C) + 273{,}15$$

03. Welche Bedeutung besitzt die spezifische Wärmemenge?

Die Wärmemenge (Q), die notwendig ist, um die Temperatur eines Stoffes zu ändern, ist abhängig von der Masse (m), der spezifischen Wärmekapazität (c) des Stoffes und der Temperaturdifferenz (ΔT). Die spezifische Wärmekapazität (c) ist diejenige Wärmemenge in kJ, die man benötigt, um 1 kg eines bestimmten Stoffes um 1 K zu erwärmen. Die entsprechenden Werte für die verschiedenen Materialien finden sich in den Tabellenwerken. Die Berechnung der Wärmemenge erfolgt mit:

$$Q = m \cdot c \cdot \Delta T$$

Einheit: KJ/(Kg • K)

Die spezifische Schmelzwärme (q oder Δh_s) bezeichnet die Wärmemenge in kJ, die zugeführt (beim Erstarren abgeführt) werden muss, um 1 kg eines bestimmten festen Stoffes bei konstanter Temperatur zu schmelzen (oder zu erstarren):

$$Q = m \cdot q$$

Einheit: KJ/Kg

Die spezifische Verdampfungswärme (r oder Δh_V) ist die Wärmemenge in kJ, die zugeführt (beim Kondensieren abgeführt) werden muss, um 1 kg eines bestimmten flüssigen Stoffes bei konstanter Temperatur zu verdampfen (oder zu kondensieren):

$$Q = m \cdot r$$

Einheit: KJ/Kg

04. Wie kann Wärme übertragen werden?

Herrscht zwischen zwei Systemen ein Temperaturunterschied und sind diese wärmeleitend miteinander verbunden, so kann ein Wärmeaustausch stattfinden. Dabei wird grundsätzlich das wärmere Medium kühler, das kältere Medium erwärmt sich dabei. Treibende Kraft bei der Wärmeübertragung ist die Temperaturdifferenz. Je niedriger die Temperaturdifferenz ist, desto kleiner ist der Wärmefluss. Um einen guten Wärmeaustausch zu ermöglichen, soll die wirksame Wärmeaustauschfläche möglichst groß sein. Der Widerstand, der dem Wärmefluss entgegenwirkt (z. B. die Isolierung), soll möglichst klein sein. Ein Maß für den Wärmefluss ist die pro Zeiteinheit übertragene Wärmemenge in z. B. kJ pro Stunde.

Wärme kann sich auf **drei Arten** ausbreiten:

1. **Wärmeleitung (Konduktion)**

   Hier wird Wärme innerhalb von Bauteilen oder innerhalb von Fluiden übertragen. Dieser Vorgang ist stoffabhängig und wird durch die Wärmeleitfähigkeit λ (Lambda) beschrieben.

   λ in der Einheit: W/(m • K)

2. **Wärmeströmung (Konvektion)**

   Eine Temperaturänderung bewirkt in Flüssigkeiten oder Gasen eine Dichteänderung und damit eine Bewegung (natürliche Konvektion). In der Praxis tritt Konvektion nicht allein, sondern zusammen mit Wärmeleitung auf. Dieser Wärmedurchgang wird durch den Wärmedurchgangskoeffizienten (k) beschrieben. Dieser Vorgang umfasst **drei Phasen:**

   - Wärmeübergang von Fluid 1 an die Wand (Konvektion)
   - Wärmeleitung durch die feste Wand
   - Wärmeübergang von der Wand an Fluid 2 (Konvektion).

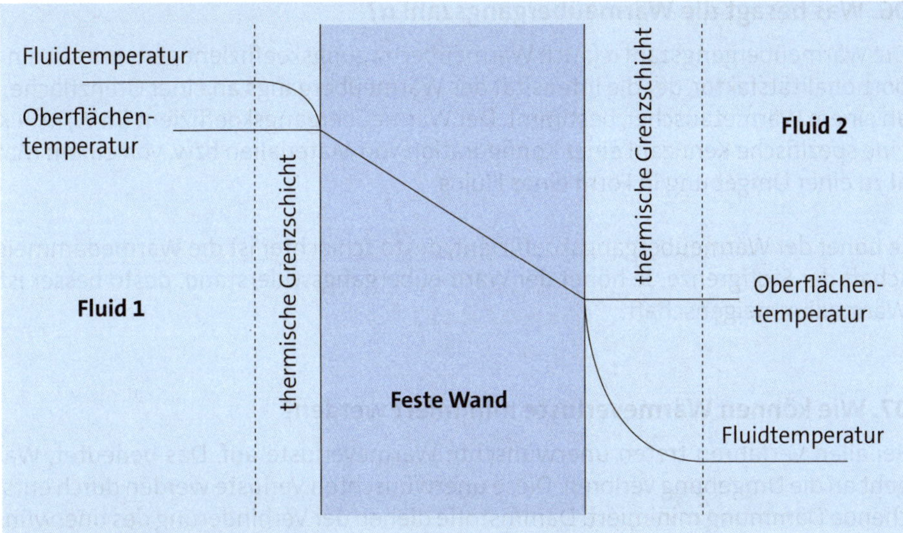

Wärmeübergang durch eine Wand

3. **Wärmestrahlung**

   Durch Wärmestrahlung kann zwischen Bauteilen, die sich nicht berühren und keinen Kontakt über ein Übertragungsfluid (z. B. Wasser) haben, Wärme übertragen werden. In der Technik spielt die Wärmestrahlung besonders bei hohen Temperaturen über 500 °C eine Rolle.

05. Was besagt der Wärmedurchgangskoeffizient k?

Der Wärmedurchgangskoeffizient k gibt an, wie groß die Wärmemenge ist, die bei 1 K Temperaturdifferenz in einer Sekunde von einem Fluid 1 durch eine Austauschfläche von 1 m^2 auf ein Fluid 2 übertragen wird. Die k-Werte erhält man durch Messung und nicht durch Berechnung.

Einheit: $\frac{J}{s \cdot m^2 \cdot K}$ bzw. $\frac{W}{m^2 \cdot K}$

Der Wärmedurchgang ist umso höher, je größer die Wärmedurchgangszahl k ist. Ein großer k-Wert ergibt sich bei:

- dünner Wandstärke des Wärmetauschers
- großer Wärmeleitzahl Lambda (λ) des Werkstoffes
- geringen Grenzschichten (große Strömungsgeschwindigkeit, hohe Turbulenz)
- sauberen Austauschflächen (ohne Ablagerungen).

06. Was besagt die Wärmeübergangszahl α?

Die Wärmeübergangszahl α (auch Wärmeübertragungskoeffizient genannt) ist ein Proportionalitätsfaktor, der die Intensität des Wärmeübergangs an einer Grenzfläche, z. B. an einem Wärmetauscher, bestimmt. Der Wärmeübergangskoeffizient (in $W/m^2 \cdot K$) ist eine spezifische Kennzahl einer Konfiguration von Materialien bzw. von einem Material zu einer Umgebung in Form eines Fluids.

Je höher der Wärmeübergangskoeffizient, desto schlechter ist die Wärmedämmeigenschaft der Stoffgrenze. Je höher der Wärmeübergangswiderstand, desto besser ist die Wärmedämmeigenschaft.

07. Wie können Wärmeverluste minimiert werden?

Bei allen Verfahren treten unerwünschte Wärmeverluste auf. Das bedeutet, Wärme geht an die Umgebung verloren. Diese unerwünschten Verluste werden durch entsprechende Dämmung minimiert. Dämmstoffe dienen der Verhinderung des unerwünschten Wärmeaustausches und bestehen aus faserigen oder porösen Stoffen. Wärmeleitung wird hauptsächlich durch Dämmstoffe, Konvektion durch Vakuum oder Unterteilung in kleine Räume und Wärmestrahlung durch Reflexion verringert. Effektive Dämmung wird durch einen hohen Wärmedurchgangswiderstand beschrieben.

08. Welche Aufgabe haben Wärmetauscher?

Wärmetauscher sind immer dann im Einsatz, wenn Flüssigkeiten und Gase erwärmt bzw. abgekühlt werden müssen. Diese Apparate ermöglichen effektive Wärmeströmung zwischen zwei Fluiden. Je nach Anwendung kommen unterschiedliche Bauarten zum Einsatz (siehe Frage 10.).

09. Wie unterscheidet sich die Stoffstromführung bei Wärmetauschern?

- **Gleichstrom-Wärmeaustausch:** Beim Gleichstrom strömt das heiße und das kalte Fluid auf beiden Seiten der Wärmetauscherwand in die gleiche Richtung. Der heiße Stoff kommt zuerst mit dem kalten in Berührung.
- **Gegenstrom-Wärmeaustausch:** Beim Gegenstrom strömt das heiße und das kalte Fluid auf beiden Seiten der Wärmetauscherwand in die entgegengesetzte Richtung. Der heiße Stoff kommt zuerst mit dem schon erwärmten Kühlmittel in Berührung.
- **Kreuzstrom-Wärmeaustausch:** Beim Kreuzstrom fließen das heiße und das kalte Fluid senkrecht zueinander. Das eine Fluid strömt z. B. in den Rohren, das andere strömt senkrecht dazu um die Rohre. Die Fließrichtungen kreuzen sich.

10. Welche unterschiedlichen Formen von Wärmetauschern werden eingesetzt?

- **direkter** Wärmeaustausch
  Der zu erwärmende oder abzukühlende Stoff kommt mit dem Heiz- oder Kühlmedium direkt in Kontakt, z. B. in Rührbehältern, Mischkondensatoren und Mischdüsen.
- **indirekter** Wärmeaustausch
  Hier ist der zu erwärmende oder abzukühlende Stoff vom Heiz- oder Kühlmedium räumlich getrennt. Die Wärmeübertragung erfolgt hier durch eine Wand hindurch, welche das heiße und das kalte Fluid voneinander trennt.

Typische Bauformen sind:

- **Doppelrohrwärmetauscher**
  Sie bestehen aus zwei ineinander liegenden Rohren, die an den Enden miteinander verschweißt sind.
- **Rohrbündelwärmetauscher**
  Sie bestehen aus einem zylinderförmigen Mantel (Behälter), in welchem ein Bündel von parallelen Rohren eingebaut ist. Das eine Medium strömt durch die Rohre, das andere im Gleich-, Gegen- oder Kreuzstrom dazu um das Bündel herum.
- **Rohrschlangenwärmetauscher**
  Hier ist das Austauschrohr spiralförmig zu einem Rohrschlangenpaket geformt, welches sich in einem zylindrischen Gehäuse befindet.
- **Lamellenwärmetauscher**
  Die Wärmeaustauschfläche besteht hier aus Profilblechen, welche paarweise verschweißt und zu einem Paket mit kreisförmigem oder rechteckigem Querschnitt zusammengebaut sind. Das Paket wird von einem zylindrischen Mantel umschlossen.
- **Plattenwärmetauscher**
  Sie bestehen aus einem Paket rechteckiger Platten mit Vertiefungen, in denen die heißen und kalten Fluide strömen. Die Platten sind mit Dichtungen ausgerüstet, die die Kanäle nach außen abdichten und die Flüssigkeiten in die entsprechenden Kanäle leiten. Das Plattenpaket wird in einem Rahmen zusammengepresst.
- **Spiralwärmetauscher**
  Hier werden die Medien durch zwei flache, spiralförmig gewundene Strömungskanäle geleitet. Sie werden zum Wärmeaustausch zwischen Flüssigkeiten eingesetzt und besitzen eine sehr kompakte Bauweise.

1.2.8 Apparate zur thermischen Trennung von Lösungen

01. Wie werden Lösungen getrennt?

Wichtige Verfahren stellen das Destillieren und Rektifizieren dar. Dies sind thermische Trennverfahren, die in der Technik zur Trennung von flüssigen Gemischen angewendet werden. Bei beiden Verfahren erfolgt die Trennung mittels Verdampfen einzelner Gemischbestandteile, d. h. durch Überführen dieser vom flüssigen in den gasförmigen Zustand. Voraussetzung ist eine unterschiedliche Flüchtigkeit (unterschiedlicher Siedepunkt) der zu trennenden Komponenten.

02. Was bezeichnet der Dampfdruck?

Der Dampfdruck ist ein stoff- und temperaturabhängiger Gasdruck. Der Dampfdruck ist der Umgebungsdruck, unterhalb dessen eine Flüssigkeit beginnt, bei konstanter Temperatur in den gasförmigen Zustand überzugehen. In der Technik hat der Dampfdruck im System Wasser-Luft eine besondere Bedeutung. Der Dampfdruck ist ein Maß für die Flüchtigkeit. Der Dampfdruck einer Flüssigkeit ist temperaturabhängig. Je höher die Temperatur der Flüssigkeit ist, desto höher ist ihr Dampfdruck. Wenn durch Temperaturerhöhung oder durch Herabsetzung des Umgebungsdruckes der Dampfdruck einer Flüssigkeit gleich groß wie der Umgebungsdruck ist, beginnt die Flüssigkeit zu verdampfen. Dieser Vorgang wird als Sieden und die zugehörige Temperatur als Siedetemperatur bezeichnet.

03. Was bezeichnet das Verdunsten?

Dies ist der Phasenübergang von der flüssigen in die gasförmige Phase unterhalb des Siedepunktes. Solange der Dampfdruck einer Flüssigkeit kleiner ist als der Umgebungsdruck, treten nur Moleküle aus dem Oberflächenbereich der Flüssigkeit aus und der Vorgang wird als Verdunsten bezeichnet. Zum Verdunsten wird Energie in Form von Wärme benötigt.

04. Was besagt der Siedepunkt?

Der Siedepunkt (seltener auch Verdampfungspunkt oder Kochpunkt genannt) eines Reinstoffes besteht aus zwei Größen: Sättigungstemperatur (Siedetemperatur) und Sättigungsdampfdruck (Siededruck, Dampfdruck ist gleich dem Umgebungsdruck). Er setzt sich also aus den beiden Zustandsgrößen Druck und Temperatur beim Übergang eines Stoffes vom flüssigen in den gasförmigen Aggregatzustand zusammen. Während des Verdampfungsvorgangs muss der Flüssigkeit ständig Verdampfungswärme zugeführt werden.

05. Was beschreibt die Kondensation?

Der umgekehrte Vorgang zum Verdampfen (Sieden) ist die Kondensation. Aber nur bei Reinstoffen ist dieser Kondensationspunkt identisch mit dem Siedepunkt. Beim Verdampfen eines Stoffgemisches kommt es zu einem veränderten Siedeverhalten und man beobachtet einen Siedebereich anstatt eines einzelnen Siedepunktes.

06. Was besagt das Raoultsche Gesetz?

Löst man einen Stoff in einem Lösungsmittel, erhöht sich der Siedepunkt des Gemisches. Diese Erhöhung ist proportional zur Stoffmenge des gelösten Stoffes.

Man unterscheidet zwischen idealen und realen Lösungen. Bei idealen Lösungen finden die Gesetze über die molare Schmelzpunkterniedrigung bzw. die molare Siedepunkterhöhung Anwendung (Raoultsches Gesetz). Reale Lösungen folgen diesen linearen Gesetzen ganz exakt nur bei „unendlicher Verdünnung" und zeigen bei höheren Konzentrationen einen Sättigungseffekt. Ähnlich ist es mit den anderen Eigenschaften von Lösungen.

07. Was besagt das Daltonsche Gesetz?

Bei einem Gemisch ist der Gesamtdampfdruck gleich der Summe der Partialdampfdrücke der Einzelkomponenten. Die folgende Tabelle zeigt diesen Zusammenhang am Beispiel der Zusammensetzung von vollständig trockener Luft auf Meereshöhe:

Komponente	Volumenanteil (in %)	Partialdruck (in bar)
Luft	100	1,01325
Stickstoff	78,09	0,79125
Sauerstoff	20,94	0,21228
Argon	0,927	0,00939
Kohlenstoffdioxid	0,039	0,00039

Zusammensetzung der Luft

Bei Gemischen von zwei Flüssigkeiten, die **ineinander unlöslich** sind, setzt sich der Gesamtdampfdruck aus der Summe der Dampfdrücke der beiden Komponenten zusammen und ist unabhängig vom Mengenverhältnis der Komponenten. Ein solches Gemisch erreicht schon bei einer tieferen Temperatur den zum Überwinden des Umgebungsdruckes notwendigen Gesamtdampfdruck als dies für eine einzelne reine Komponente möglich wäre. Die Gemischsiedetemperatur liegt deshalb tiefer als die Siedetemperatur der niedriger siedenden Komponente.

Bei Gemischen, deren Komponenten **vollständig ineinander löslich** sind, setzt sich der Gesamtdampfdruck aus der Summe der Dampfdrücke der beiden Komponenten zusammen, wobei jedoch die einzelnen Teildampfdrücke von der Konzentration der betreffenden Stoffe in der flüssigen Phase abhängig sind. Die Gemischsiedetemperatur befindet sich zwischen den Siedetemperaturen der beiden reinen Komponenten, und zwar je nach dem Mengenverhältnis näher bei der Einen oder bei der Anderen.

08. Was sagt ein Gleichgewichtsdiagramm aus?

Siedet ein Flüssigkeitsgemisch, so hat der daraus aufsteigende Dampf eine andere Zusammensetzung als das siedende Gemisch. Dieser Zusammenhang wird im Gleichgewichtsdiagramm dargestellt. So kann das Verhalten von Zweistoffgemischen beim Verdampfen veranschaulicht werden. Diese grafische Darstellung, basierend auf der leichter flüchtigen Komponente, zeigt die zu erwartende Mol-Konzentration (y) im Dampf beim Vorliegen einer bestimmten Mol-Konzentration (x) im flüssigen Gemisch. Der Verlauf dieser Kurve zeigt, ob eine Trennung durch Verdampfen leicht oder schwierig durchzuführen ist bzw. ob eine Destillation zur Trennung genügt oder eine Rektifikation notwendig ist.

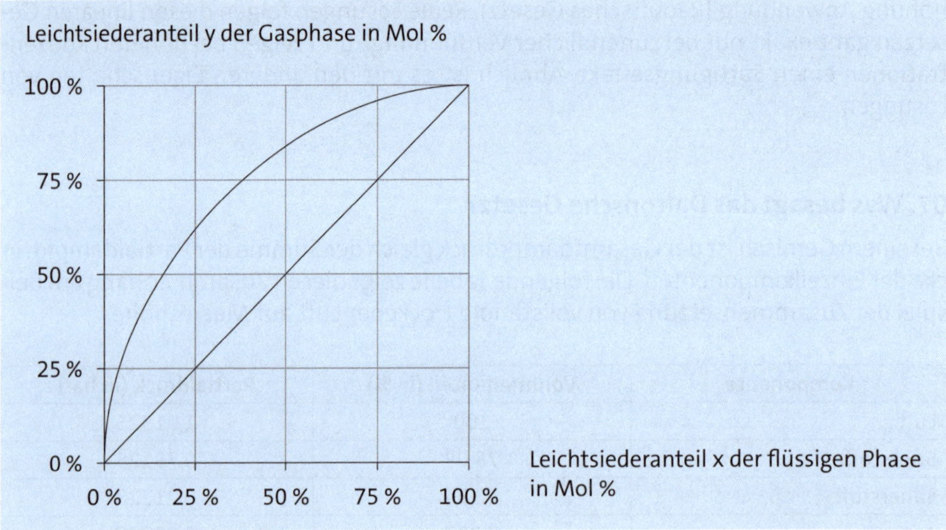

Diagramm mit Gleichgewichtskurve

Wie schon dargestellt, hat bei Lösungen aus zwei Flüssigkeiten der beim Sieden entstehende Dampf nicht die gleiche Zusammensetzung wie das flüssige Gemisch. Vielmehr reichert sich der Dampf in den meisten Fällen mit der leichter flüchtigen Komponente an, während sich die Konzentration der schwerer flüchtigen Komponente in der Lösung laufend erhöht. Je weiter die Dampfdrücke bzw. Siedetemperaturen der beiden zu trennenden Flüssigkeiten auseinanderliegen, umso leichter lässt sich ein solches Gemisch durch einfaches Destillieren trennen. Ist hingegen die Dampfdruck- bzw. Siedetemperaturdifferenz gering, dann kommt als Trennverfahren nur das Rektifizieren infrage.

Eine **Ausnahme** bezüglich der Anreicherung bilden **azeotrope Gemische**. Bei diesen handelt es sich um Lösungen zweier in einem ganz bestimmten Mengenverhältnis stehenden Flüssigkeiten, deren Dampf exakt die gleiche Zusammensetzung wie das siedende Gemisch hat. Weil dabei keine Anreicherung im Dampf stattfindet, bleibt auch die Gemischsiedetemperatur konstant. Oft wird der azeotrope Punkt erst im Laufe des Verdampfens erreicht. Da er nicht überschritten werden kann, lassen sich azeotrope Gemische durch normales Destillieren oder Rektifizieren nur bis zu ihrem azeotropen Punkt trennen. Dieser kann aber z. B. durch Betriebsdruckänderung oder durch Zugabe eines Hilfsstoffes verschoben werden.

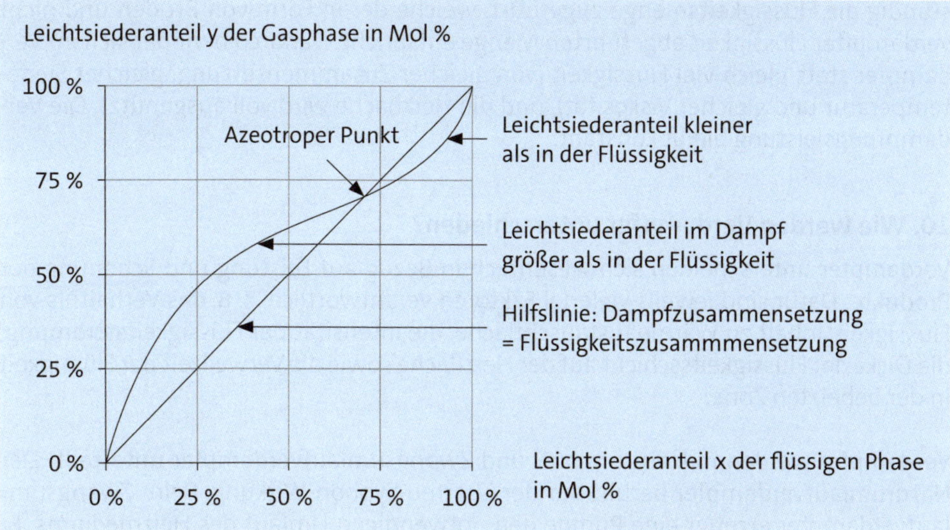

Diagramm mit azeotropem Punkt

09. Wie funktionieren Verdampfer?

Verdampfer sind Wärmeaustauscher, in welchen einem flüssigen Stoffgemisch die zum Verdampfen einzelner Bestandteile notwendige Wärme zugeführt wird. Die Wärmeübertragung in Verdampfern erfolgt indirekt.

Verdampfer sind häufig ähnlich gebaut wie Wärmeaustauscher zum Heizen und Kühlen von Stoffen. Die in ihnen zu übertragende Wärmemenge ist jedoch erheblich größer, und der Wärmetransport ist stark von der Dampfblasenbildung an der Heizfläche abhängig. Das zu trennende Gemisch muss sich außerdem in großer Turbulenz halten lassen, um Überhitzungen und Siederverzüge zu vermeiden, und die entstehenden Dämpfe (Brüden) müssen aus der Verdampfungszone entweichen können.

Verdampfer benötigen oberhalb der eigentlichen Verdampfungszone einen groß dimensionierten Brüdenraum zur Abtrennung des erzeugten Dampfes von der siedenden Flüssigkeit. In diesem Brüdenraum befinden sich oft Vorrichtungen, welche zur besseren Abscheidung mitgerissener Flüssigkeitströpfchen aus dem Dampf dienen.

Bei Verdampfern mit großer Füllhöhe spielt die Änderung der Siedetemperatur durch den hydrostatischen Druck eine wesentliche Rolle. Unter Betriebsdruck steht dabei nur die oberste Flüssigkeitsschicht, während auf die unteren Schichten ein zusätzlicher, nach unten zunehmender, hydrostatischer Druck wirkt. Dadurch weisen diese eine höhere Siedetemperatur auf. Dies wirkt sich vor allem bei der Vakuumverdampfung nachteilig aus.

Bei diskontinuierlichem Betrieb verbleibt die eingefüllte Flüssigkeit solange im Verdampfer, bis die gewünschte Abtrennung von Gemischbestandteilen erreicht ist. Dabei ändern sich die Verdampfungsbedingungen (Flüssigkeitsvolumen, Heizfläche) laufend, die Verdampfungsleistung sinkt. Bei kontinuierlichem Betrieb wird dem Verdampfer ständig die Flüssigkeitsmenge zugeführt, welche der in Form von Brüden und nicht verdampfter Flüssigkeit abgeführten Menge entspricht. Dadurch befindet sich im Verdampfer stets gleich viel Flüssigkeit (von gleicher Zusammensetzung, gleicher Siedetemperatur und gleicher Viskosität), und die Heizfläche wird voll ausgenützt. Die Verdampfungsleistung bleibt konstant.

10. Wie werden Verdampfer unterschieden?

Verdampfer unterscheiden sich wesentlich in Bezug auf Leistung und Schonung der Produkte. Dafür sind jeweils vielerlei Faktoren verantwortlich, z. B. das Verhältnis von Flüssigkeitsinhalt zu Wärmeaustauschfläche, die Intensität der Flüssigkeitsströmung, die Dicke der Flüssigkeitsschicht auf der Heizfläche sowie die Verweilzeit der Flüssigkeit in der beheizten Zone.

Verdampfer werden in Naturumlauf- und Zwangsumlaufverdampfer unterteilt: Der Naturumlaufverdampfer beruht auf der Thermo-Syphon-Wirkung. Beim Zwangsumlaufverdampfer erzeugt eine Pumpe den notwendigen Umlauf des Heizmediums. Er wird vorwiegend bei viskosen oder stark verschmutzten Medien eingesetzt, damit sich durch die hohe Umlaufgeschwindigkeit keine Ablagerungen an der Heizfläche bilden.

11. Welche Störungen können beim Verdampfen auftreten?

Beim Verdampfen von Flüssigkeit können Störungen auftreten, von denen – nebst der Verkrustung von Verdampfungsheizflächen – besonders der Siedeverzug schwerwiegende Folgen für die Sicherheit und Wirtschaftlichkeit einer Anlage sowie für die Reinheit der Produkte haben kann. Als Siedeverzug bezeichnet man das plötzliche Verdampfen einer größeren Menge Flüssigkeit. Die dabei auftretenden Druckstöße können Apparaturen beschädigen bzw. zerstören, es kann zu Verstopfungen kommen und das abzutrennende Produkt kann durch mitgerissene, schwerer flüchtige Bestandteile verunreinigt werden.

Ursache von Siedeverzügen:

- Zu hohe Temperaturdifferenz zwischen Heizfläche und zu trennendem Gemisch (Überhitzung).

  Abhilfe: Temperaturdifferenz senken.
- Zu geringe und dann plötzlich starke Bewegung im Gemisch.

  Abhilfe: Schon zu Beginn des Aufheizens und nicht erst bei Siedetemperatur den Rührer bzw. die Umwälzpumpe einschalten.
- Plötzliches Absenken des Umgebungsdruckes und damit der Siedetemperatur.

  Abhilfe: Schon zu Beginn des Aufheizens und nicht erst bei Siedetemperatur die Anlage evakuieren oder das bereits heiße Gemisch vor dem Evakuieren unter die dem gewünschten Vakuum entsprechende Siedetemperatur absenken.
- Zugabe feiner Feststoffe (z. B. Aktivkohle) oder Flüssigkeiten.

  Abhilfe: Vor der Zugabe Gemischtemperatur auf 10 - 15 °C unter die Siedetemperatur absenken.

12. Wie kann beim Verdampfungsvorgang Energie eingespart werden?

Um Flüssigkeiten verdampfen zu können, werden große Wärmemengen benötigt. Daher verursachen die Kosten für die Energie den Hauptanteil der Betriebskosten eines Verdampfers. Die aufgewendete Wärme geht bei der Kondensation der Brüden an das Kühlmittel verloren und der Wärmeinhalt des Kondensates bleibt ungenützt.

Energie kann eingespart werden durch:

- **Vorwärmen des Gemisches:** Eine Verbesserung wird erreicht, wenn die Gemischzufuhr in den Verdampfer durch einen Vorwärmer führt, der durch das anfallende Kondensat des Verdampfers beheizt wird.
- **Brüdenkompression:** Bei der Verdampfung werden die Brüden eines einzelnen Verdampfers mithilfe eines Kompressors verdichtet. Hierdurch steigt die Temperatur über den Siedepunkt im Sumpf an (treibende Temperaturdifferenz). Dieser Dampf kann nun als Heizdampf im Verdampfer genutzt werden. Frischdampf wird lediglich zum Anfahren und als Ersatz für Wärmeverluste benötigt.
- **Mehrstufenverdampfung:** Hier werden mehrere gleiche Verdampfer so zusammengeschaltet, dass die Brüden des ersten Verdampfers als Heizdampf für den zweiten dienen, diejenigen des zweiten Verdampfers als Heizdampf für den dritten usw. Damit dies möglich ist, muss jeweils im folgenden Verdampfer ein tieferer Druck vorliegen als im vorangehenden Verdampfer. Frischdampf muss nur dem ersten Verdampfer zugeführt werden, ein Brüdenkondensator ist nur dem letzten Verdampfer nachgeschaltet.

13. Was bedeutet Destillieren?

Destillieren bezeichnet ein thermisches Trennverfahren, um ein flüssiges Gemisch verschiedener, ineinander löslicher Stoffe zu trennen. Die Siedepunkte der einzelnen Komponenten liegen hierbei relativ nah zusammen. Typische Anwendungen der Destillation sind das Brennen von Alkohol und das Destillieren von Erdöl in der Raffinerie.

Bei der Destillation wird zunächst das Ausgangsgemisch zum Sieden gebracht. Der entstehende Dampf, der sich aus den verschiedenen Komponenten der zu trennenden Lösung zusammensetzt, wird in einem Kondensator kondensiert. Im Anschluss wird das flüssige Kondensat aufgefangen. Die Trennwirkung beruht auf der unterschiedlichen Zusammensetzung der siedenden Flüssigkeit und des gasförmigen Dampfes.

14. Was bezeichnet die einfache Destillation?

Die einfache Destillation ist ein Verfahren, bei dem die aus einer Flüssigkeit erzeugten Dämpfe direkt zu einem Kondensator geleitet werden, in dem die Temperatur der Dämpfe abfällt und ihre Kondensation auftritt. Es wird verwendet, um eine flüchtige Komponente von den in einer Flüssigkeit vorhandenen nicht flüchtigen Komponenten zu trennen. Es wird auch zur Trennung von zwei Flüssigkeiten verwendet, die in einer Lösung mit sehr unterschiedlichen Siedepunkten vorliegen. Eine einfache Destillation ist keine effiziente Methode zur Trennung von zwei in einer Lösung vorhandenen flüchtigen Flüssigkeiten. Wenn die Temperatur durch Wärmezufuhr steigt, steigt auch die kinetische Energie der Moleküle, wodurch sie die Kohäsionskraft zwischen ihnen überwinden können.

15. Was bezeichnet die fraktionierte Destillation?

Ein aus mehreren Komponenten bestehendes Gemisch kann durch fraktionierte Destillation getrennt werden. Da sich die Zusammensetzung des Destillats ändert, muss dieses oft in mehreren Fraktionen von verschiedenen Siedebereichen in verschiedenen Vorlagen aufgefangen werden. Maßgebend dafür ist das Ansteigen der Brüdentemperatur.

Bei Beginn der Destillation entsteht ein Destillat, in dem vor allem die am leichtesten siedende Flüssigkeit enthalten ist. Es wird als 1. Teilgemisch in die 1. Vorlage geleitet. Nach einer bestimmten Zeit wird das Destillat als 2. Teilgemisch in die 2. Vorlage geleitet. Das 3. Teilgemisch besteht aus Flüssigkeiten, die noch höhere Siedetemperaturen haben. Im Sumpf bleibt ein Teilgemisch mit der am schwersten siedenden Flüssigkeit.

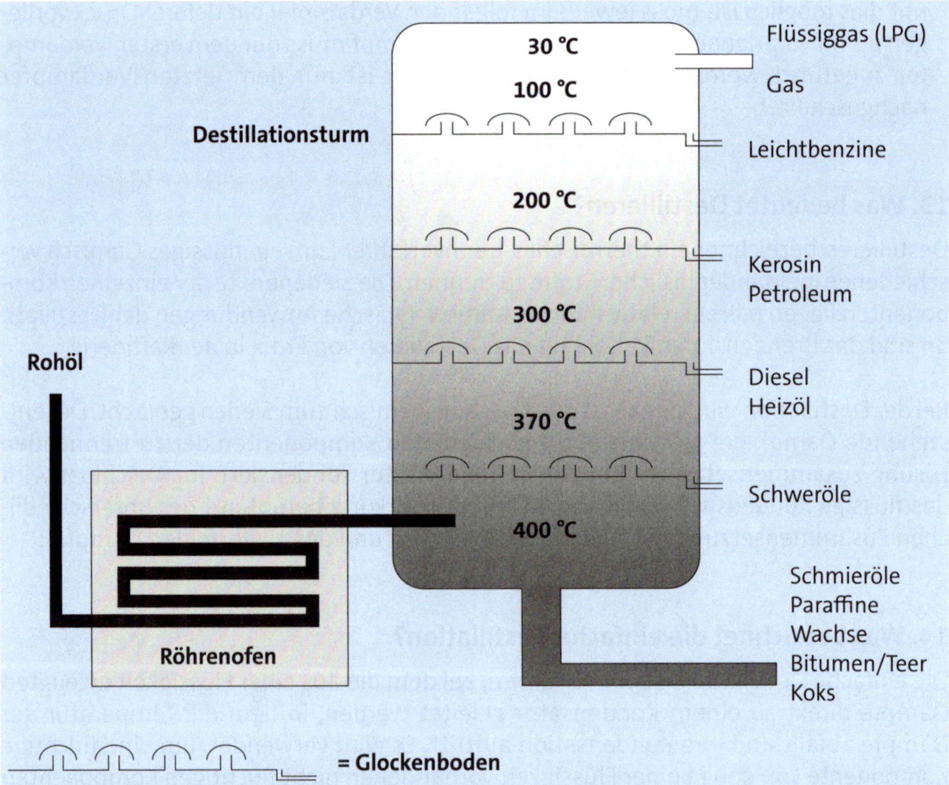

Fraktionierte Destillation von Erdöl

16. Was versteht man unter der Schleppdestillation?

Bekannteste Variante dieser Destillationsart ist die Wasserdampfdestillation. Sie wird angewendet, um wärmeempfindliche Substanzen mit geringem Dampfdruck zu destillieren, wenn eine Vakuumdestillation nicht praktikabel erscheint, beispielsweise zur Extraktion von ätherischen Ölen aus Pflanzen, oder zur Reinigung substituierter Aromaten.

Bei der Wasserdampfdestillation wird in das zu trennende Gemisch Wasserdampf eingeleitet, um schwerflüchtige Stoffe oder temperaturempfindliche Stoffe auszutreiben. Der Wasserdampf dient einerseits als Wärmequelle für die Verdampfung und andererseits als Transportmittel (Trägerdampf) für den abzutrennenden Stoff. Unter der Voraussetzung, dass dieser in Wasser unlöslich ist, ergibt sich eine Gemischsiedetemperatur, welche tiefer liegt als die Siedetemperatur von Wasser.

Damit durch Kondensation des Wasserdampfes nicht ein zu großes Flüssigkeitsvolumen in der Blase entsteht, wird diese zusätzlich von außen beheizt. Nach dem Kondensieren der Brüden kann die Trennung von Wasser und verdampftem Stoff auf einfache Weise in einem Schwerkraftabscheider erfolgen.

17. Was versteht man unter Rektifizieren?

Die Rektifikation ist ein thermisches Trennverfahren und stellt eine Weiterentwicklung der Destillation oder eine Hintereinanderschaltung vieler Destillationsschritte dar. Die wesentlichen Vorteile der Rektifikation sind, dass die Anlage kontinuierlich betrieben werden kann und dass der Trenneffekt im Vergleich zur Destillation um ein vielfaches höher ist, da der Dampf im Gegenstrom mit der Flüssigkeit mehrfach hintereinander in Kontakt steht. Die Kolonne arbeitet energetisch günstiger, technisch weniger aufwendig und platzsparender als eine Hintereinanderschaltung von Einfachdestillationen.

Die Kontaktfläche zwischen der Dampf- und Flüssigphase wird durch Einbauten (z. B. Glockenböden, Füllkörper, Packungen) bereitgestellt.

18. Welche Teilvorgänge beinhaltet eine Rektifikation?

Die Teilvorgänge bei einer Rektifikation sind:

- Verdampfen der flüchtigen Bestandteile des Gemisches in einem Verdampfer
- Stoff- und Energieaustausch in einer Rektifizierkolonne
- Kondensieren des am Kolonnenkopf austretenden Dampfes in einem Kondensator
- Teilen des Kondensatstromes in rücklaufende Flüssigkeit (Rücklauf) und zu entnehmendes Destillat (Ablauf) mithilfe eines Rücklaufteilers
- Nachkühlen des entnommenen Destillates in einem Kühler
- Auffangen des Destillates in einem Behälter (Vorlage)
- Entnehmen des Sumpfproduktes aus dem Verdampfer.

19. Welche Kolonneneinbauten werden verwendet?

In Kolonnen werden u. a. folgende Einbauten verwendet:

- In Bodenkolonnen sind **Sieb-, Glocken- oder Ventilböden** eingebaut, auf denen die Flüssigkeit steht. Durch spezielle Schlitze oder Löcher wird der Dampf in die Flüssigkeit eingeperlt, sodass eine Sprudelschicht entsteht. Auf jedem dieser Böden stellt sich ein neues temperaturabhängiges Gleichgewicht zwischen der Flüssig- und Gasphase ein.
- Füllkörperkolonnen können mit unterschiedlichen **Füllkörpern** gefüllt werden, die eine gute Verteilung der Flüssigkeit und Verwirbelung der Gasströmung bewirken. Durch die Oberflächenvergrößerung der etwa 5 - 15 mm großen Partikel werden Wärme- und Stoffaustausch optimiert und die Trennfähigkeit der Kolonne somit erhöht.

  Bekannte Beispiele sind der Raschig-Ring (ein Hohlzylinder), Pall-Ring, Hiflow-Ring, Intalox-Sattel, Berl-Sattel und Igel. Die Füllkörper können geordnet, aber auch regellos (als Schüttung) in die Kolonne eingebracht werden. Als Materialien kommen infrage Glas, Keramik, Metall und Kunststoffe.

  Strukturierte **Packungen** sind eine Weiterentwicklung der geordneten Füllkörper. Sie weisen eine regelmäßig geformte Struktur auf. Dadurch ist es bei Packungen möglich, Einengungen für die Gasströmung (mit erheblichem Einfluss auf den Druckverlust) zu reduzieren.

  Es gibt verschiedene Ausführungen von Packungen, z. B. Gewebe- oder Blechpackungen. Als Material können Metall, Kunststoff, Glas und Keramik (je nach Benetzbarkeit) eingesetzt werden. Es gibt von vielen großen Herstellern Packungen mit verschiedenen Namen und bevorzugtem Anwendungsgebiet.

20. Welche Aufgabe hat ein Rücklaufteiler?

Rücklaufteiler haben die Aufgabe, den im Kondensator anfallenden Destillatstrom in zwei, in einem bestimmten Verhältnis zueinanderstehende, Teilströme (Rücklauf und Ablauf) aufzuteilen. Dazu dienen Vorrichtungen, welche innerhalb oder außerhalb des Kolonnenkopfes angebracht sein können und entweder kontinuierlich oder zeitlich gesteuert arbeiten.

Kontinuierliche Teilung des Kondensates erfolgt mithilfe einer Rohrverzweigung außerhalb des Kolonnenkopfes. Die beiden Teilströme werden mit Durchflussmessgeräten gemessen und durch Regelventile eingestellt. Das Rücklaufverhältnis ergibt sich aus den beiden Durchflussmengen. Bei schwankender Destillatmenge ändert sich auch die Rücklauf- und Ablaufmenge bei konstantem Rücklaufverhältnis. Zeitgesteuerte Teilung des Kondensates, z. B. mithilfe eines schwenkbaren Verteiltrichters innerhalb des Kolonnenkopfes. Mit einem Timer wird periodisch das gesamte Kondensat während bestimmter Zeitintervalle entnommen oder als Rückfluss in die Kolonne geleitet.

21. Was bezeichnet das Rücklaufverhältnis?

Das Verhältnis des Rücklaufstroms zum entnommenen Erzeugnisstrom nennt man Rücklaufverhältnis. Es ist eine wichtige Kenngröße einer Kolonne. Ist das Rücklaufverhältnis 0, wird das gesamte Kopfprodukt als Produkt entnommen und es fließt kein Rücklauf in die Kolonnen zurück. Es findet folglich keine Rektifikation statt. Bei einem Rücklaufverhältnis ∞ (unendlich) fließt das gesamte Kopfkondensat in die Trennsäule zurück. Die Trennwirkung der Kolonne hat dann einen Höchstwert, es wird aber kein Produkt entnommen. Das Rücklaufverhältnis ist in der Praxis abhängig von der Art und Zusammensetzung des zu trennenden Gemisches sowie von den gestellten Anforderungen bezüglich Leistung und Reinheit. Das tatsächliche Rücklaufverhältnis richtet sich oft nach rein wirtschaftlichen Gesichtspunkten.

22. Was versteht man unter theoretischen und praktischen Böden?

Als **theoretische Böden** bezeichnet man theoretische Trennstufen, wobei nicht eigentliche Böden, sondern Abschnitte einer Rektifizierkolonne gemeint sind, innerhalb derer sich zwischen aufsteigendem Dampf und rücklaufender Flüssigkeit ein vollständiges Gleichgewicht bezüglich Stoff- und Energieaustausch einstellt.

Unter **praktischen Böden** versteht man die eigentlichen Kolonnenböden oder entsprechende Abschnitte von Füllkörperschüttungen bzw. Packungen. Die Trennwirkung praktischer Böden ist immer geringer als diejenige der theoretischen. Zur Kennzeichnung ihrer Trennwirkung dient die Angabe des Verstärkungsverhältnisses. Dieses gibt das Verhältnis der wirklichen zur theoretisch möglichen Trennwirkung eines Bodens an. Ein Verstärkungsverhältnis von z. B. 0,7 bedeutet also, dass 30 praktische Böden notwendig sind, um die Wirkung von 21 theoretischen Trennstufen zu erzielen.

23. Was besagt der HETP-Wert?

Um die Trennwirkung von Packungen und Füllkörperschüttungen zu beschreiben, wird der HETP-Wert herstellerseitig angegeben (Height Equivalent of a Theoretical Plate). Diese beschreibt die Höhe einer Packung/Füllkörperschütthöhe mit der identischen Trennwirkung wie eine theoretische Trennstufe. Die Angabe erfolgt in m oder cm. Die notwenige Packungshöhe lässt sich aus dem HETP-Wert und der theoretischen Mindesttrennstufenzahl berechnen. Über die Miteinberechnung des Wirkungsgrades werden die realen Strömungsverhältnisse berücksichtigt.

24. Wie verläuft die kontinuierliche Rektifikation?

Die kontinuierliche Rektifikation ist die Standardmethode in Chemieanlagen zur Trennung von großen Mengen oder kontinuierlich anfallenden Gemischen. Sie wird in einer Anlage bestehend aus Trennkolonne mit Verdampfer, Kondensator, Rücklaufteiler, Wärmetauscher und Sammelbehältern durchgeführt. Es liegen konstante Verhältnisse vor und als Verdampfer werden oft Röhrenverdampfer verwendet, welche nicht direkt unterhalb der Kolonne, sondern seitlich versetzt angeordnet sind (Umlaufverdampfer).

Für große Durchsätze können zwei parallel geschaltete Röhrenverdampfer eingesetzt werden. Wenn das Sumpfprodukt Wasser ist, kann eine direkte Beheizung mit Wasserdampf im unteren Ende der Kolonne erfolgen.

Nach dem Anfahren wird das Rücklaufverhältnis entsprechend der Trennaufgabe fest eingestellt. Das zu trennende Gemisch wird der Apparatur laufend zugeführt, das Destillat und das Sumpfprodukt werden kontinuierlich entnommen.

Die Gemischzufuhr ist auf einer bestimmten Kolonnenhöhe, und zwar dort, wo die Zusammensetzung der Flüssigkeit in der Kolonne der Zusammensetzung des zulaufenden Gemisches entspricht. Bei Mehrzweckkolonnen ist es notwendig, die Kolonne mit mehreren Zulaufstellen auf verschiedener Höhe auszustatten. Der Kolonnenteil oberhalb der Zulaufstelle wird als Verstärkersäule bezeichnet, weil sich der aufsteigende Dampf bezüglich des Leichtersieders verstärkt. Der unterhalb der Zulaufstelle befindliche Kolonnenteil wird als Abtriebssäule bezeichnet, da hier aus dem Schwersieder noch Leichtsieder abgetrieben (ausgetrieben) wird. Die Gemischzufuhr auf einer bestimmten Kolonnenhöhe wird dann gewählt, wenn aus dem Zweistoffgemisch beide Komponenten rein abgetrennt werden sollen.

25. Wie verläuft die diskontinuierliche Rektifikation?

Bei der diskontinuierlichen Betriebsweise wird eine bestimmte Menge an Gemisch vorgelegt und die Rektifikationskolonne angefahren, bis sich auf allen (theoretischen) Böden ein Gleichgewicht eingestellt hat. Dann wird das gewünschte Kopf- oder Sumpfprodukt entnommen. Die Zusammensetzung ändert sich durch die Entnahme, es gibt eine Gleichgewichtsverschiebung. Wenn das Produkt nicht mehr den Anforderungen genügt, wird die Charge abgebrochen und eine neue Charge gestartet.

26. Wie funktioniert die Vakuumrektifikation?

Die Vakuumrektifikation wird hauptsächlich zur schonenden Trennung temperaturempfindlicher Stoffgemische angewendet. Bei niedrigem Druck ist die Siedetemperatur der zu trennenden Flüssigkeiten herabgesetzt. Die Vakuumrektifikation ermöglicht es, Stoffe zu trennen, die sich bei höheren Temperaturen zersetzen würden. Das notwendige Vakuum richtet sich dabei nach der geforderten Siedetemperatur. Der Betrieb einer Vakuumrektifikation kann sowohl in apparativer Hinsicht als auch in Bezug auf den Energieverbrauch aufwendiger sein als der einer Normaldruckrektifikation.

Das größtmögliche Vakuum im Verdampfer ist vom maximal erreichbaren Vakuum der Vakuumpumpe und vom Druckverlust in der Kolonne abhängig. Der Druckverlust in der Kolonne soll möglichst gering sein, da der Druck im Verdampfer den Druckverlust in der Kolonne überwinden muss. Zusätzlich dürfen keine Druckschwankungen (z. B. durch unregelmäßiges Füllen von Kolonnenböden mit Flüssigkeit) auftreten, da auch kleinste Druckdifferenzen die Siedetemperatur verändern und damit die Trennwirkung verschlechtern.

27. Wie erfolgt die azeotrope Rektifikation?

Wenn die Trennfaktoren für die Trennung eines Gemisches nahe eins liegen, ist eine Trennung mittels einfacher Rektifikation nicht oder nur unter hohen Investitons- und Betriebskosten, d. h. Kolonnen mit vielen Böden und sehr hohem Rücklaufverhältnis, möglich. Die Einführung einer weiteren Komponente kann hier die Trennung erleichtern, auch wenn die zusätzliche Komponente einen weiteren Trennschritt nötig macht, der im Abtrennen dieser Komponente besteht.

Neben der Möglichkeit, eine zusätzliche, hochsiedende Komponente einzuspeisen, die eine der beiden zu trennenden Komponenten „herausextrahiert", besteht auch die Möglichkeit, eine zusätzliche Komponente zu verwenden, die mit einer der beiden zu trennenden Komponenten ein Azeotrop (Temperatur-Minimum-Azeotrop) bildet. Dieses verlässt dann die Kolonne am Kopf.

Dieses Azeotrop muss nicht zwangsläufig ein neues Trennproblem darstellen, da es in einem Dreikomponentengemisch auftritt. Wenn es allein, d. h. ohne die im Sumpf der Kolonne abgetrennte dritte Komponente, vorliegt, ist es entweder nicht existent oder es lässt sich leicht trennen. Zur Trennung wird dann nicht die Rektifikation herangezogen, sondern andere Trennverfahren wie die Extraktion oder, im Falle eines Heteroazeotrops, eine einfache Phasentrennung von zwei entstandenen flüssigen Phasen.

Bei der Auswahl der Komponenten zur Durchführung einer azeotropen Rektifikation wählt man Komponenten, deren Siedepunkte im ähnlichen Bereich wie die der zu trennenden Komponenten liegen, um den zusätzlich benötigten Energieverbrauch möglichst gering zu halten. Ferner müssen diese Zusatzkomponenten mit einer der beiden Komponenten ein Azeotrop bilden, das sich dann leicht, eventuell auch unter Anwendung eines anderen Trennverfahrens, trennen lässt.

28. Wie läuft die extraktive Rektifikation ab?

Wenn die Siedepunkte der Einzelkomponenten eines Zweistoffgemisches nahe beieinanderliegen, ist eine Trennung mittels normaler Rektifikation nur unter hohen Investitions- und Betriebskosten (Kolonnen mit vielen Böden und sehr hohem Rücklaufverhältnis) möglich.

Die Einführung einer dritten Komponente kann hier die Trennung erleichtern, allerdings ist ein weiterer Trennschritt zum Abtrennen dieser Komponente nötig.

Wenn die zusätzlich eingeführte Komponente die Kolonne mit dem Schwersieder verlässt, spricht man von Extraktiv-Rektifikation. Die zusätzliche Komponente extrahiert den Schwersieder aus dem Gemisch heraus.

Bei der Auswahl der Zusatzkomponente ist zu beachten, dass der Siedepunkt dieser Komponente mindestens 40 Kelvin (K) über denen der beiden zu trennenden Komponenten liegt, damit sie leicht wieder abgetrennt werden kann. Auch sollte eine Komponente gewählt werden, die keine Trennprobleme, wie zusätzliche Azeotrope, verursacht.

Um eine selektive Wirkung der Zusatzkomponente zu erzielen, muss in der gesamten Kolonne eine hohe Konzentration dieser Komponente vorliegen. Dazu wird die Zusatzkomponente in Kopfnähe auf die Kolonne gegeben. Der Einsatz der Zusatzkomponente führt zu einem wesentlich höheren Energieverbrauch, da bei diesem Trennverfahren eine weitere, im Vergleich zu den beiden anderen Komponenten, hochsiedende Komponente im Kreis geführt wird. Damit nehmen die Stoffströme im Vergleich zur Destillatmenge zu, und auch die benötigten Temperaturen zum Verdampfen des Gemisches steigen.

29. Welche Probleme können beim Rektifizieren auftreten?

Bei jeder Rektifikation kann es zu spezifischen Problemstellungen kommen:

- **Fluten (Flooding):** Wird der Kolonnensumpf übermäßig beheizt, so steigt die Dampflast in der Kolonne stark an; die abwärtsströmende Flüssigphase wird am Durchfließen gehindert und es kommt zu einer Anstauung. In der Kolonne findet ein Druckanstieg statt. Die Beheizung muss entsprechend niedriger angepasst werden.
- **Durchregnen (Weeping):** Durch eine zu geringe Belastung der Kolonne hält sich kein Flüssigkeitsfilm auf den einzelnen Böden. Die Flüssigkeitsmenge nimmt ab und die Böden laufen leer. Eine starke Verschlechterung der Trennwirkung der Kolonne ist die Folge. Der Energie- und Stoffaustausch ist stark eingeschränkt. Die Beheizung muss entsprechend höher angepasst werden. Diese Problemstellung tritt überwiegend bei Sieb-/Schlitzbodenkolonnen auf.
- **Randgängigkeit:** Der Rücklauf der Kolonne strömt an der Kolonneninnenwandung entlang, die Füllkörper bzw. Packung wird durch Fehlverteilung überwiegend umgangen. Der Kontakt zwischen Flüssig- und Dampfphase ist stark verringert. Eine starke Verschlechterung der Trennwirkung der Kolonne ist die Folge. Diese Problemstellung tritt überwiegend bei Füllkörperkolonnen und Packungskolonnen auf. Durch abschnittsweises Anordnen der Gesamtschüttung/Packungen oder Unterverteiler kann das Phänomen umgangen werden.
- **Bachbildung:** Der Rücklauf der Kolonne strömt innerhalb einer Schüttung/Packung durch Bereiche mit geringerem Widerstand. In diesen Abschnitten sind die Füllkörper zu regelmäßig angeordnet oder die Packung beschädigt. Diese Problemstellung tritt überwiegend bei Füllkörperkolonnen und Packungskolonnen auf. Durch neues Anordnen der Gesamtschüttung/Packungen oder Unterverteiler kann das Phänomen umgangen werden.

30. Was versteht man unter Extrahieren?

Extrahieren bezeichnet ein physikalisches Stofftrennverfahren, bei dem mithilfe eines Extraktionsmittels (ein Lösemittel, ggf. erwärmt) eine Komponente aus einem festen oder flüssigen Stoffgemisch gelöst wird. Das Lösungsmittel zieht den in ihm besser löslichen Stoff aus dem Gemisch.

31. In welchen Stufen verläuft ein Extraktionsvorgang?

Ein Extraktionsvorgang verläuft in folgenden Stufen:

- Zuerst Zerkleinern des Extraktionsgutes
- Dann Mischen des Extraktionsgutes mit dem Lösungsmittel. Dabei findet der Stoffaustausch durch Diffusion an der Grenzfläche zwischen Extraktionsgut und Lösungsmittel statt.
- Abtrennen der entstandenen Extraktlösung vom Extraktionsrückstand durch Dekantieren oder Filtrieren
- Isolieren des Extraktes aus der Extraktlösung
- Trocknen und Aufbereiten des Extraktes.

32. Welche Anforderungen werden an ein Lösungsmittel gestellt?

Unter einem Lösungsmittel (umgangssprachlich auch „Lösemittel“) versteht man einen Stoff (meistens eine Flüssigkeit), der Gase, andere Flüssigkeiten oder Feststoffe lösen kann, ohne dass es dabei zu chemischen Reaktionen zwischen gelöstem Stoff und lösendem Stoff kommt. In der Regel werden Flüssigkeiten zum Lösen anderer Stoffe eingesetzt. Aber auch Feststoffe können andere Stoffe lösen (z. B. wird in Wasserstofftanks von Wasserstoffautos gasförmiger Wasserstoff in festem Metall gelöst). Je nach Anwendung unterscheiden sich die Anforderungen an das Lösungsmittel:

Das Lösemittel zur Extraktion sollte selektiv gewählt werden. Das heißt, es sollte hauptsächlich nur den Extrakt aus dem Extraktionsgut herauslösen. In der Praxis ist das jedoch nur schwer möglich und so kommt es oft zum Herauslösen mehrerer Bestandteile, die dann durch nachgeschaltete Trennverfahren getrennt werden müssen. Das Extraktionsmittel muss dem Extrakt gegenüber inert sein. Um die Extraktion möglichst schnell ablaufen zu lassen, sollte das Lösemittel den Extrakt schnell lösen und eine große Extraktmenge aufnehmen können.

Ein niedriger Siedepunkt des Lösemittels begünstigt dessen Rückgewinnung aus der Extraktlösung. Der Energieaufwand wird dadurch geringgehalten. Das Lösemittel sollte nicht brennbar, giftig, korrodierend und umweltgefährdend sein. Bei der Flüssig-flüssig-Extraktion sollte zudem zwischen dem Extraktionsgut und dem Extraktionsmittel ein genügend hoher Dichteunterschied sein, um das Abtrennen beider Phasen zu ermöglichen. Die Polarität des Lösemittels zum Extraktionsgut muss unterschiedlich sein, damit sich die Stoffe nicht ineinander lösen.

33. Was sagt die Extraktionsleistung aus?

Die Extraktionsleistung beschreibt die pro Zeiteinheit herausgelöste Menge an Extrakt.

Beim Extrahieren ist der Konzentrationsunterschied an Extrakt zwischen dem Extraktionsgut und dem Lösungsmittel entscheidend. Dieser soll möglichst groß sein, genauso wie auch die Oberfläche für den Stoffaustausch zwischen dem Extraktionsgut und dem

Lösungsmittel. Der Widerstand, welcher dem Herauslösen des Extraktes entgegenwirkt und deshalb möglichst gering sein soll, ist hauptsächlich abhängig von der Größe und Beschaffenheit der Extraktionsgutteilchen.

Je höher die Temperatur ist, umso niedriger ist einerseits die Viskosität der flüssigen Phasen und umso größer andererseits die Löslichkeit des Extraktes im Lösungsmittel.

34. Was besagen die Verteilungsgesetze?

Durch einen einzigen Extraktionsschritt ist es in der Praxis nicht möglich, das Extrakt vollständig herauszulösen. Es stellt sich ein Gleichgewicht zwischen herausgelöstem und noch im Extraktionsgut verbleibendem Extrakt ein. Ein weiteres Herauslösen ist nur durch Abtrennen der Extraktlösung und Vermischen des Extraktionsgutes mit neuem Lösungsmittel möglich. Beschrieben wird diese Verteilung durch:

- **Henrysches Gesetz:** Der Partialdruck eines Gases über einer Flüssigkeit ist direkt proportional zur Konzentration des Gases in der Flüssigkeit.
- **Nernstsches Verteilungsgesetz:** Wenn ein Stoff die Möglichkeit hat, sich zwischen zwei nicht miteinander mischbaren, stark verdünnten Phasen (z. B. einer gasförmigen und einer flüssigen Phase oder zwei flüssigen Phasen) physikalisch zu verteilen, so führt diese Verteilung wie bei einer chemischen Reaktion zu einem Gleichgewicht.

35. Was macht die Gleichstrom-Extraktion aus?

Wenn in vielen Extraktionsschritten mit jeweils wenig Lösungsmittel extrahiert wird, spricht man von einer Gleichstrom-Extraktion. Diese diskontinuierliche Methode hat den Nachteil, dass die Konzentration der Extraktlösung immer geringer wird und dass die Gesamtmenge des benötigten Lösungsmittels groß ist.

36. Was macht die Gegenstrom-Extraktion aus?

Wirtschaftlicher ist die Anwendung des Gegenstrom-Verfahrens. Dabei wird das Extraktionsgut zuerst mit dem bereits beladenen Lösungsmittel (Extraktlösung) und erst am Schluss mit frischem Lösungsmittel behandelt. Diese Methode ergibt eine Verringerung der benötigten Lösungsmittelmenge, eine höhere Endkonzentration der Extraktlösung und trotzdem stets einen genügend großen Konzentrationsunterschied als treibende Kraft für eine große Extraktionsleistung.

37. Wie funktioniert die Fest-flüssig-Extraktion?

Hier werden aus einem Feststoffgemisch mithilfe eines Lösungsmittels ein oder mehrere lösliche Bestandteile abgetrennt.

Anwendung findet die Fest-flüssig-Extraktion z. B. beim Extrahieren von Wirkstoffen aus Pflanzen, von Zucker aus Rüben, von Öl aus Ölsaaten und von Kaffee aus Kaffeebohnen.

Beim Extrahieren dringt das Lösemittel durch die Kapillaren in den Feststoff ein und löst einen Teil des Extraktes. Dabei bildet sich im Innern des Extraktionsgutes eine Extraktlösung hoher Konzentration. Durch Diffusion kommt es dann zu einem Konzentrationsausgleich zwischen dieser Lösung und derjenigen außerhalb des Feststoffes.

Nach dem jeweiligen Abtrennen der Extraktlösung verbleibt durch Adhäsionskräfte immer eine gewisse Menge Extraktlösung im Extraktionsgut. Für einen guten Wirkungsgrad der einzelnen Extraktionsschritte ist es notwendig, diese Flüssigkeitsmenge möglichst klein zu halten.

38. Was ist beim Extrahieren zu beachten?

Beim Extrahieren findet der Stoffübergang an der Berührungsfläche zwischen der festen und der flüssigen Phase statt, daher ist eine große Oberfläche des Feststoffes nötig. Diese große Oberfläche wird durch Zerkleinern des Extraktionsgutes erreicht. Dabei werden auch die Kapillarwege kürzer und somit der Widerstand geringer.

Bei in Zellen eingeschlossenem Extrakt ist es notwendig, die Zellenwände vor der Extraktion zu öffnen. Es besteht Verstopfungsgefahr bei zu kleinen Extraktionsgutteilchen.

Um den herausgelösten Extrakt rasch von der Feststoffoberfläche wegzuführen, ist ein turbulentes Bewegen oder eine hohe Durchlaufgeschwindigkeit des Lösungsmittels notwendig.

Erwärmen (geringere Viskosität des Lösungsmittels, größere Löslichkeit für den Extrakt) begünstigt die Extraktionsleistung ebenfalls.

39. Welche diskontinuierlichen Apparate werden zum Extrahieren verwendet?

Rührkessel als Extraktoren: Das fein zerkleinerte Extraktionsgut wird in den Rührkessel gegeben und mehrmals mit frischem Lösungsmittel aufgefüllt und gerührt. Die dabei entstandene Extraktlösung wird durch Filtration abgetrennt.

Extraktoren mit Siebboden: Bei diesen Apparaten liegt das Extraktionsgut auf einem horizontalen Siebboden und wird mithilfe einer Verteilvorrichtung von oben nach unten vom Lösungsmittel durchströmt.

Extraktoren mit Siebboden und Verdampfer: Bei diesen Extraktoren wird die aus dem Siebboden strömende Extraktlösung einem nachgeschalteten Blasenverdampfer zugeführt, dort wird das Lösungsmittel verdampft, in einem Kondensator kondensiert und direkt wieder auf das Extraktionsgut im Extraktor geleitet.

40. Welche kontinuierlichen Apparate werden zum Extrahieren verwendet?

- **Bandextraktoren:** Das Extraktionsgut wird hier fortlaufend auf ein endloses Siebband aufgegeben und auf der ganzen Länge der Förderstrecke im Gegenstrom mit Lösungsmittel bzw. Extraktlösung zunehmender Konzentration berieselt und anschließend abgeworfen.
- **Schneckenextraktor:** Dieser Extraktortyp besteht aus mehreren Förderschnecken in einem u-förmigen, rohrartigen Gehäuse mit zwei Schenkeln. Das Extraktionsgut wird oben am rechten offenen Schenkel des Extraktors eingefüllt und von den Förderschnecken zum Austrag am oberen linken Schenkel gefördert. Das Lösemittel durchströmt den Extraktor im Gegenstrom.
- **Karusellextraktor:** Ein Rundtrog von einigen Metern Durchmesser, welcher in 10 - 20 radiale Zellen unterteilt ist, dreht sich langsam über einem Schlitzboden. Das Extraktionsgut wird von oben in die Zellen gefüllt und während eines Umlaufs mehrfach mit Lösemittel berieselt. Nach einer Umdrehung fällt das Extraktionsgut durch eine Öffnung im Schlitzboden aus dem Extraktor.

41. Wie funktioniert die Flüssig-flüssig-Extraktion?

Bei der Flüssig-flüssig-Extraktion, auch Solventextraktion genannt, werden aus einem Flüssigkeitsgemisch mithilfe eines Lösungsmittels ein oder mehrere Bestandteile herausgelöst und abgetrennt. Die Flüssig-flüssig-Extraktion wird angewandt, wenn das Flüssigkeitsgemisch durch Destillieren bzw. Rektifizieren nicht oder nur mit großem Aufwand getrennt werden kann. Die Flüssig-flüssig-Extraktion besteht immer aus mindestens zwei Arbeitsschritten, nämlich dem intensiven Mischen des Extraktionsgutes mit Lösungsmittel und dem jeweils anschließenden Trennen der beiden flüssigen Phasen.

Beim Mischen findet der Stoffaustausch statt. Voraussetzung ist, dass das Extraktionsgut und das Lösungsmittel ineinander nicht löslich sind. Um einen guten Stoffaustausch zu erzielen, muss eine möglichst große Kontaktfläche zwischen den beiden Flüssigkeiten geschaffen werden. Dazu wird die eine Flüssigkeit in kleine Tropfen zerteilt, wobei die Zerteilung nicht so weit gehen darf, dass eine nicht mehr trennbare Emulsion entsteht. Beim Abtrennen muss die in Tropfen zerteilte eine Flüssigkeit wieder zu einer homogenen Phase zusammenfließen und sich aufgrund eines genügend großen Dichteunterschiedes von der anderen Flüssigkeit abtrennen lassen. Die Geschwindigkeit, mit der sich die homogene Phase bildet, ist mitbestimmend für den Durchsatz eines Flüssig-flüssig-Extraktors. Die Abscheidemenge pro Zeiteinheit ist dabei umso größer, je größer die Fläche der Phasentrennschicht in der Abscheidezone des Apparates ist.

42. Welche diskontinuierlichen Apparate werden zur Extraktion verwendet?

Rührkessel mit Untenauslauf sind die einfachste Art, um eine Flüssig-flüssig-Extraktion durchzuführen. Das Lösemittel wird hier im Rührkessel vermischt und die entstandene

Extraktlösung jeweils durch Schwerkraftwirkung abgetrennt. Für den Abscheidevorgang günstiger gebaut sind Spitzkessel.

Mischer-Abscheider-Extraktionsanlagen bestehen aus einem Rührbehälter, welcher als Mischer agiert und einem nachgeschalteten Abscheidebehälter und Verdampfer mit Kondensator für den Lösemittelkreislauf. Das Flüssigkeitsgemisch wird in den Mischer gefüllt und mit dem im Kreislauf geführten Lösemittel verrührt. Die vermischten Flüssigkeiten werden anschließend in den Abscheider geleitet, wo sich die beiden Phasen trennen.

43. Welche kontinuierlichen Apparate werden zur Extraktion verwendet?

- **Extraktionskolonnen:**
  Extraktionskolonnen sind die am häufigsten eingesetzten Flüssig-flüssig-Extraktoren. In ihnen wird die Extraktion im Gegenstrom durchgeführt. Es gibt eine Vielzahl an Bauformen, denen aber ein gemeinsames Funktionsprinzip zugrunde liegt. In der senkrecht stehenden Kolonne wird oben kontinuierlich die spezifisch schwerere Flüssigkeit (z. B. das zu extrahierende Flüssigkeitsgemisch) eingebracht. Unten wird die spezifisch leichtere Flüssigkeit eingeleitet (z. B. das Extraktionsmittel). Die beiden Flüssigkeiten werden über Verteilerspiralen eingeleitet, um eine Feinverteilung zu erreichen. Während die schwerere Flüssigkeit in der Kolonne herabsinkt, diffundiert die leichtere durch diese hindurch nach oben. Dabei kommt es zwischen den vielen kleinen Tropfen zum Stoffaustausch und das Extrakt geht von der Trägerflüssigkeit in das Lösemittel über. Geeignete Vorrichtungen und Einbauten begünstigen eine intensive Durchmischung, wodurch es zu vielfachem Vermischen und Abscheiden kommt. Einbauten in der Kolonne sind notwendig, da sonst die nach oben aufsteigenden Flüssigkeitstropfen zusammenlaufen und die Flüssigkeiten im Gegenstrom aneinander vorbeilaufen würden. Grundsätzlich werden Extraktionskolonnen unterteilt in Kolonnen mit feststehenden bzw. mit bewegten Einbauten.
- **Füllkörperkolonnen:**
  Die Füllkörperkolonne enthält eine Schüttung aus Füllkörpern, um die Austauschfläche für die Flüssigkeiten zu vergrößern und die Flüssigkeiten zum mehrmaligen Zerteilen zu bringen. Zum Einsatz kommen dabei zum Beispiel so genannte Pall-Ringe oder Berl-Sattelkörper.
- **Siebbodenkolonnen:**
  Siebbodenkolonnen haben aufgrund des vielfachen Zerteilens und Zusammenfließens der Flüssigkeiten eine sehr gute Trennleistung. In der Kolonne sind Siebböden eingebracht. Die von unten eingeleitete leichte Phase strömt durch die schwere Phase hindurch nach oben, wobei sie sich unter den Siebböden sammelt und sich durch die Löcher drückt. Dabei wird die Flüssigkeit in viele kleine Tropfen zerteilt. Dies geschieht mittels eines Pulsators, welches meist eine Kolbenpumpe ist. Diese sitzt am unteren Ende der Kolonne, welche das Stoffgemisch in der Kolonne zum Schwingen bringt. Dadurch erhöht sich die Trennleistung, da die „Bläschen", welche von den Siebeinbauten erzeugt werden, kleiner und feiner verteilt werden. Dies wiederum bringt eine größere Oberfläche zum Stoffaustausch.

Ohne solch einen Pulsator würde die Trennleistung der Siebbodenkolonne um ein Vielfaches sinken, da kein großer Stoffaustausch des Extraktes vom Extraktionsgut (Aufgabegut) zum Extraktionsmittel gewährleistet wäre.

- **Zentrifugalextraktoren:**
  Hierbei handelt es sich um eine spezielle Tellerzentrifugenart, zur Phasentrennung wird die Zentrifugalkraft genutzt. Sie werden dort eingesetzt, wo ein Lösungsmittel zwar eine hohe Selektivität, aber nur einen sehr geringen Dichteunterschied zum Extraktionsgut aufweist.

44. Was versteht man unter Sorbieren?

Sorbieren ist der Oberbegriff für die Anreicherung eines Stoffes bzw. von Kolloiden oder Partikeln in einem Phasengrenzgebiet, die über die Konzentrationen innerhalb der Phasen hinausgeht (z. B. Absorption, Adsorption, Desorption).

Sorption findet vorrangig an den Grenzflächen zwischen flüssiger und fester sowie zwischen gasförmiger und fester Phase statt, kommt aber auch an Grenzflächen zwischen flüssiger Phase und Gasphase vor.

Sorptionsapparate kann man nach deren Aufbau wie folgt einteilen: Ein- und mehrstufig, Festbett, Batteriebetrieb, Kolonnenbetrieb.

45. Was versteht man unter Adsorbieren?

Als Adsorption bezeichnet man die Anlagerung der Atome oder Moleküle von Flüssigkeiten oder Gasen an eine feste Oberfläche. Der Oberbegriff für Anlagerungsvorgänge lautet Sorption. Das Gegenteil der Adsorption, die Abgabe eines adsorbierten Stoffs, wird Desorption genannt. Als Absorption bezeichnet man die Diffusion von Stoffen in das Innere eines Festkörpers oder einer Flüssigkeit.

46. Was verwendet man als Adsorptionsmittel?

Adsorptionsmittel sind i. d. R. wasserunlösliche poröse Materialien, die aufgrund ihrer großen Oberfläche Wasser oder andere Moleküle durch physikalische Kräfte an sich binden.

Aktivkohle wird durch Verkohlung (Erhitzen unter Luftabschluss) und chemische Nachbehandlung organischer Naturstoffe hergestellt. Dabei entsteht ein feinporiges Sorptionsmittel mit sehr großer Oberfläche (bis zu 1.500 m^2/g). Aktivkohlen werden entweder als Granulat für die Adsorption von giftigen Bestandteilen aus Gasen oder als Pulver für die Adsorption von Farbstoffen aus Flüssigkeiten eingesetzt. Aktivkohlen eignen sich dank ihrer hydrophoben Eigenschaft gut für die Adsorption von mit Wasser nicht mischbaren organischen Lösungsmitteln.

Silicagel (auch Kieselgel oder Kieselgur genannt) besteht aus wasserfreiem, porösem Siliciumdioxid. Durch die stark hygroskopische Eigenschaft ist die Adsorptionsfähigkeit für Wasserdampf sehr groß, weshalb es vor allem für die Trocknung von feuchten Gasen eingesetzt wird.

Zeolithe (auch Molekularsiebe genannt) sind synthetisch hergestellte, anorganische Stoffe mit genau definierten Öffnungen und Hohlräumen in ihrer Kristallstruktur. Der Porendurchmesser von Molekularsieben beträgt je nach Typ 0,2 - 1,0 nm. Kleine Moleküle eines Stoffgemisches dringen in die Hohlräume und werden dort adsorbiert.

47. Welche Adsorptionsapparate werden verwendet?

Die Mehrzahl aller technischen Adsorptionen wird an einer ruhenden Adsorptionsmittelschicht (Festbett) durchgeführt, welche von unten nach oben vom zu trennenden Gemisch durchströmt wird. Bei diesen **Festbett-Adsorptionsanlagen** verlagert sich der Adsorptionsvorgang mit fortschreitender Beladung von unten nach oben. Wenn die Kapazität des Adsorbers erschöpft ist, erfolgt der sog. Durchbruch und im austretenden Stoffstrom ist ein Anstieg der Konzentration des zu sorbierenden Stoffes messbar. Um dies zu verhindern, werden häufig **Zweikessel-Adsorptionsanlagen** eingesetzt. Bei entsprechender Beladung des ersten Kessels wird das Rohgas nun auf einen zweiten Adsorber umgeschaltet, welcher dann die Reinigungsfunktion übernimmt. Der erste Adsorber kann dann regeneriert werden.

Außerdem sind noch **Drehteller-Adsorptionsapparate** im Einsatz, welche aus einem Gehäuse mit einem Teller mit einer Adsorptionsmittelschüttung darauf bestehen. Dieser Teller dreht sich langsam und das Rohgas strömt von oben durch das Adsorptionsmittel und verlässt das Gehäuse am unteren Gehäuse-Ausgang.

48. Was versteht man unter Absorbieren?

Unter Absorbieren versteht man einen Trennvorgang, bei dem der aus einem gasförmigen Gemisch abzutrennende Stoff durch die Oberfläche eines flüssigen Sorptionsmittels aufgenommen und gelöst wird. Die Löslichkeit des aufzunehmenden Gases kann allein durch physikalische Kräfte oder zusätzlich durch chemische Bindung (Chemiesorption) bedingt sein. Gasbestandteile, welche eine chemische Bindung eingehen, werden mit größerer Geschwindigkeit absorbiert. Chemische Absorption beschreibt den Prozess der Aufnahme oder des „Lösens" eines Atoms, Moleküls oder eines Ions in einer anderen Phase. Hierbei handelt es sich nicht um eine Anlagerung an der Oberfläche (Adsorption), sondern um eine Aufnahme in das freie Volumen der absorbierenden Phase. Chemische Absorption wird heute u. a. zur Reinigung von Industrieabluft eingesetzt, z. B. bei Abluft von Galvanikanlagen oder zur Beseitigung von Gerüchen.

Bei allen Absorptionen wird Absorptionswärme frei, welche der Löslichkeit entgegenwirkt und abgeführt werden muss.

49. Welche Absorptionsapparate werden verwendet?

- **Kolonnen:** Sie bestehen aus einem stehenden zylindrischen Behälter mit Einbauten (Füllkörper, Böden, Packungen). Das verunreinigte Gas durchströmt den Turm im Gegenstrom zur herabrieselnden Flüssigkeit.

  Häufig genutzte Bauformen sind die Sprühkolonne, die Gasblasenkolonne, die Bodenkolonne, oder die Rieselkolonne.

- **Strahlwäscher** arbeiten wie Treibmittelpumpen. Das verunreinigte Gas wird seitlich angesaugt und vermischt sich mit der Waschflüssigkeit.
- **Venturi-Wäscher:** Bei diesen weiterentwickelten Strahlwäschern wird das in den Wäscher eintretende, verunreinigte Gas durch die Verengung eines Venturirohres stark beschleunigt. Die an dieser Stelle eingesprühte Waschflüssigkeit wird vom Gasstrom mitgerissen und darin fein verteilt. In der Venturiverengung kollidieren Gas- und Flüssigkeitsströme, und die Flüssigkeit wird in Tröpfchen aufgespalten, welche die Staubpartikel einfangen. Diese Gas-/Flüssigkeitsmischung strömt durch einen gefluteten Rohrkrümmer und tritt durch einen tangentialen Einlass in den Abscheider für die in den Gasstrom wiedereingebrachte Flüssigkeit ein. Die Zentrifugalwirkung entfernt die stark benetzten Partikel aus dem Gasstrom.

50. Was versteht man unter einem Ionenaustausch?

Unter Ionenaustausch versteht man einen Stoffaustauschvorgang, bei welchem aus einer wässrigen Lösung Ionen an die Oberfläche eines festen Stoffes (Ionenaustauscherharz) gebunden und dafür andere Ionen in die Lösung abgegeben werden.

51. Was sind Ionenaustauscherharze?

Als Ionenaustauscherharze bezeichnet man Feststoffe, die an ihrer Oberfläche aktive Gruppen mit austauschfähigen Ionen enthalten. Je nachdem, ob die aktiven Gruppen sauren Charakter haben und Kationen austauschen können oder basischen Charakter aufweisen und Anionen auszutauschen vermögen, werden die Feststoffe als Kationenaustauscher oder Anionenaustauscher bezeichnet. Es handelt sich um organische, synthetisch hergestellte Stoffe. Sie haben einen ähnlichen Aufbau wie Kunstharze. Aktive Gruppen an Ionenaustauscherharzen sind

- bei Kationenaustauschern: Sulfonsäuregruppen $-SO_3^-H^+$ (mit einem austauschfähigen H^+-Ion)
- bei Anionenaustauschern: Ammoniumgruppen $-N\text{-}(CH_3)_3^+OH^-$ (mit einem austauschfähigen OH^--Ion).

Der Austausch kann nur zwischen Ionen mit gleichartiger Ladung stattfinden, Kationentauscher tauschen nur Kationen aus, Anionentauscher tauschen nur Anionen aus.

52. Wie laufen die Ionenaustauschverfahren ab?

Beim Säulenverfahren durchströmt das zu reinigende, unter Leitungsdruck stehende Wasser von oben nach unten das Festbett des Ionenaustauscherharzes. Mit fortschreitender Beladung des Harzes verlagert sich der Austauschvorgang von oben nach unten, bis sie das untere Ende der Harzschicht erreicht hat und sich der bevorstehende Durchbruch durch eine erhöhte Leitfähigkeit des Wassers ankündigt. Jetzt muss die Flüssigkeitszufuhr unterbrochen und das Harz anschließend regeneriert werden.

Für einen kontinuierlichen Betrieb von VE-Wasseranlagen (VE = Vollentsalzt) sind jeweils zwei parallel geschaltete Anlagen notwendig, von denen immer abwechslungsweise eine Anlage dem Austausch dient, während die andere regeneriert wird.

Die Leistung einer Ionenaustauschanlage definiert sich über die Flüssigkeitsmenge, welche pro Zeiteinheit aufbereitet werden kann. Sie ist abhängig von der Größe der Apparatur bzw. der Austauschermenge, von der Menge der auszutauschenden Ionen und von der geforderten Reinheit. Die maximale Geschwindigkeit, mit der das Wasser die Austauscherharze durchströmen kann (bzw. die erforderliche Verweilzeit des Wassers in den Harzen), wird bestimmt durch die Zeit, welche der Austauschvorgang am einzelnen Harzteilchen benötigt. Ist die Verweilzeit zu kurz, dann werden nicht alle aus dem Wasser abzutrennenden Ionen ausgetauscht und die geforderte Reinheit des Wassers nicht erreicht, was wiederum in der nachgeschalteten Leitfähigkeitsmessung detektiert werden kann.

53. Wie läuft der Ionenaustausch bei der Entkalkung von Wasser ab?

Der Ablauf ist dabei meist wie folgt:

- Austausch von Kationen (Ca^{++}, Mg^{++}, Na^{+}) Harz-H^{+} + Kation → Harz-Kation + H^{+}
- Austausch von Anionen (HCO_3^{-}, SO_4^{--}, Cl^{-}) $Harz^{+}OH^{-}$ + Anion → $Harz^{+}$Anion + OH^{-}.

Bei der Regeneration werden Kationenaustauscher mit einer Lösung, welche H^{+}-Ionen enthält (z. B. verdünnte Salzsäure) zusammengebracht, Anionenaustauscher mit einer OH^{-}-Ionen enthaltenden Lösung (z. B. verdünnte Natronlauge).

- Austausch von H^{+} (in der Säure) gegen Kationen (am Harz) Harz-Kation + H^{+} → Harz-H^{+} + Kation
- Austausch von OH^{-} (in der Lauge) gegen Anionen (am Harz) Harz + Anion + OH^{-} → $Harz^{+}OH^{-}$ + Anion.

So wird das Wasser entionisiert. Das Ergebnis ist Wasser, das kaum mehr Salzionen enthält.

Handelsübliche Entkalkeranlagen für den Haushalt beruhen auf dem gleichen Prinzip. Hier wird aber nicht entionisiert, sondern die für den schwerlöslichen Kalk verantwortlichen Ca^{++} und Mg^{++}-Ionen werden durch leichtlösliche Na^{+}-Ionen ersetzt. Zur Regeneration dient gewöhnliches NaCl (Kochsalz).

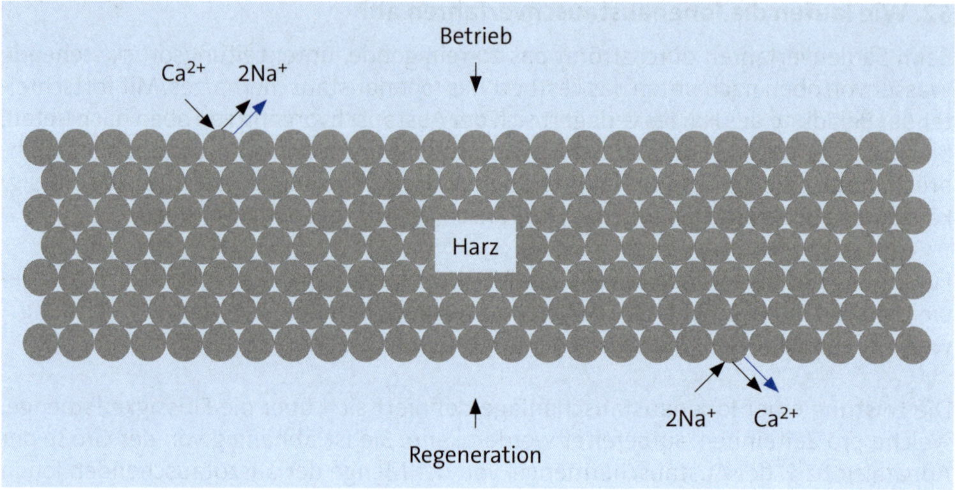

Ionenaustausch-Vorgänge

1.2.9 Apparate zur thermischen Trocknung

01. Was bedeutet Trocknen?

In der chemischen Industrie fallen häufig nasse oder feuchte Feststoffe an oder es müssen Feststoffe aus Suspensionen abgetrennt werden. Dabei ist meist keine vollständige Trennung möglich, d. h. der Feststoff enthält stets noch Flüssigkeit, welche oft nur durch anschließendes Trocknen entfernt werden kann.

Trocknen bedeutet im technischen Sinne, dass Flüssigkeit aus einem feuchten Feststoff durch Verdampfen der Flüssigkeit und Wegführen des Dampfes abgetrennt wird. Dieser Vorgang wird, da er Wärme benötigt, als thermisches Trocknen bezeichnet.

Das Trocknen von Gasen und organischen Flüssigkeiten, d. h. das Entfernen von Wasser mithilfe von Sorptionsmitteln gehört dagegen nicht zum thermischen Trocknen.

02. Was bezeichnet die Luftfeuchtigkeit?

Die Luftfeuchtigkeit oder kurz Luftfeuchte, bezeichnet den Anteil des Wasserdampfs am Gasgemisch der Erdatmosphäre oder in Räumen. Flüssiges Wasser (z. B. Regentropfen, Nebeltröpfchen) oder Eis (z. B. Schneekristalle) werden der Luftfeuchtigkeit folglich nicht zugerechnet. Die Luftfeuchtigkeit ist eine wichtige Kenngröße für zahlreiche technische und meteorologische Vorgänge.

Das geläufigste Maß für die Luftfeuchte ist die relative Luftfeuchtigkeit, angegeben in Prozent. Sie bezeichnet das Verhältnis des momentanen Wasserdampfgehalts in der Atmosphäre zum maximal möglichen Wasserdampfgehalt. Wird eine relative Luftfeuchtigkeit von 100 % erreicht, so ist der Taupunkt erreicht.

03. Was bezeichnet die Kühlgrenztemperatur?

Die Kühlgrenztemperatur bedeutet, dass sich die Wasserabgabe eines Produkts (z. B. feuchter Sand) mit dem Wasseraufnahmevermögen der umgebenden Atmosphäre im Gleichgewicht befindet. Die Oberflächentemperatur dieses Produkts erreicht bei reiner Konvektionstrocknung einen Wert, der ausschließlich vom Zustand der Luft am Eintritt eines Trockners abhängt, der sog. Kühlgrenztemperatur. Die Kühlgrenztemperatur ist also die tiefste Temperatur, die bei Verdunstungskühlung erreicht werden kann. Das umgebende Gas wird dabei mit Dampf gesättigt.

04. Was bezeichnet die Wärmemenge?

Die Wärmemenge beim Trocknen entspricht der Wärme zum Aufheizen des Trocknungsgutes bis zur Trocknungstemperatur, der Verdampfungswärme zum Überführen der Flüssigkeit in die Dampfphase und der Wärme, die an die Umgebung verloren geht.

Die Wärme wird dem Trocknungsgut durch Leitung, Konvektion oder Strahlung zugeführt. Der Wärmeaustausch kann dabei direkt oder indirekt erfolgen.

05. Was beschreibt die Verdunstungstrocknung?

Bei der Verdunstungstrocknung findet der Trocknungsvorgang unterhalb der Siedetemperatur der zu verdampfenden Flüssigkeit statt, bei der Verdampfungstrocknung bei Siedetemperatur. Bei der letzteren Art sind kürzere Trocknungszeiten erzielbar.

06. Was versteht man unter Konvektionstrocknung?

Die erforderliche Wärme wird durch ein heißes Gas direkt an das Trocknungsgut übertragen.

Die Arten der Wärmeübertragung bei der Konvektionstrocknung sind Überströmen, Durchströmen, Aufwirbeln, Mitschleppen und Zerstäuben.

07. Wie sollte der Wärmeaustausch erfolgen?

Den besten Wärmeaustausch kann man erzielen, wenn zwischen heißer Luft und Trocknungsgut eine große Geschwindigkeitsdifferenz vorhanden ist. Trocknungsprozesse mit bewegtem Gut lassen sich in Gleich-, Gegen- und Kreuzstromverfahren unterteilen.

Die Luft dient nicht nur zur Wärmezufuhr, sondern gleichzeitig auch zur Aufnahme und Abfuhr des entstehenden Dampfes. Da sich die heiße Luft während des Trocknungsvorganges abkühlt, muss die dem Trockner zugeführte Luftmenge so groß sein, dass ihr Sättigungsgrad nie ganz erreicht wird und somit keine Kondensation von Dampf innerhalb des Trockners eintritt.

Aus wirtschaftlichen Gründen wird bei Trocknungsapparaten die Flüssigkeit oft kondensiert und die getrocknete Luft dem Kreislauf wieder zugeführt.

Eine weitere Möglichkeit der Ausnutzung von Abluftwärme ist das Vorwärmen der Frischluft in Wärmeaustauschern mit der noch heißen Abluft.

Nach dem Austritt aus dem Trockner enthält die Luft neben Wärme und Feuchtigkeit auch noch eine gewisse Menge mitgerissener Feststoffteilchen. Dieser Staub muss aus Gründen des Umweltschutzes, der Sicherheit oder der Rückgewinnung aus der Abluft, bevor sie ins Freie gelangt, abgeschieden werden.

Konvektionstrocknung mit Luft ist im Allgemeinen nur für chemisch unempfindliche Stoffe anwendbar. Die Verwendung von Inertgasen anstelle von Luft ist wesentlich teurer und die Rückgewinnung organischer Flüssigkeiten durch Kondensation der Dämpfe aufwendig.

08. Welche Arten der Trocknung werden unterschieden?

- **Kontakttrocknung:** Die erforderliche Wärme wird dem Trocknungsgut durch Wärmeleitung indirekt zugeführt. Diese Art der Trocknung eignet sich sowohl für pastenförmiges als auch für granuliertes oder dünnflüssiges Trocknungsgut.
- **Vakuumtrocknung:** Die Vakuumtrocknung wird häufig diskontinuierlich durchgeführt, da für einen kontinuierlichen Betrieb vakuumdichte Ein- und Austragsschleusen notwendig wären.
- **Strahlungstrocknung:** Die Wärmeübertragung auf das Trocknungsgut erfolgt hier direkt durch Wärmestrahlung (Infrarotstrahlen). Sie wird meist zum Trocknen dünner Schichten (z. B. Lackschichten) eingesetzt.
- **Gefriertrocknung:** Dabei wird die Feuchtigkeit aus einem gefrorenen Trocknungsgut unter Vakuum durch Sublimation entfernt.

09. Was beschreibt die Trocknungsleistung?

Der Trocknungsvorgang unterliegt dem qualitativen Mengengesetz.

Als Maß für die Trocknungsleistung (bzw. Trocknungsgeschwindigkeit) kann die pro Zeiteinheit verdampfte Flüssigkeitsmenge angesehen werden.

Der Dampfdruckunterschied zwischen dem feuchten Gut und dessen Umgebung ist Auslöser des Trocknungsvorgangs. Die Oberfläche des Trocknungsgutes soll möglichst groß sein. Dies kann erreicht werden durch Ausbreiten des Gutes in dünnen Schichten, Aufwirbeln oder Zerstäuben. Der Widerstand, welcher der Verdampfung entgegenwirkt und deshalb möglichst gering sein soll, ist einerseits von der Art des Trocknungsgutes und andererseits von der Teilchengröße abhängig.

10. Wie können Trocknungsverfahren optimiert werden?

Wirtschaftlich optimiert werden können **Trocknungsverfahren mithilfe des Brüdenknicks**. Bei diesem Verfahren werden sowohl die Heizmitteltemperatur als auch das Vakuum durch ein Prozessleitsystem gesteuert. Sinkt die Brüdentemperatur (Brüdenknick), wird bei maximal möglichem Vakuum nachgetrocknet. Dabei wird das Absperrorgan in der Leitung zur Vorlage geschlossen. Die beim Nachtrocknen und anschließendem Kühlen anfallenden Brüden werden direkt durch die Vakuumpumpe abgesaugt.

Die **Vorteile** dieses Verfahrens sind eine kürzest mögliche Trocknungszeit und eine geringere Belastung der Umwelt. Das Verfahren eignet sich nur für diskontinuierliche Vakuumtrockner.

Eine **weitere Optimierung** stellt das Überströmen von trockenem Stickstoff über das Trocknungsgut dar. Der Stickstoff nimmt beim Vorbeiströmen die Feuchtigkeit auf und wird anschließend in einem Kondensator wieder verflüssigt und abgeschieden. Der Stickstoff kann anschließend wieder in den Umluftkreislauf eingespeist werden.

11. Wie funktioniert ein Umlufttrockenschrank?

Das Trocknungsgut wird absatzweise eingebracht und befindet sich auf Trocknungsblechen, welche auf einem fest eingebauten oder fahrbaren Gestell in einem meist rechteckigen Gehäuse übereinander angeordnet sind. Durch einen Ventilator strömt heiße Luft waagrecht über die mit Trocknungsgut beladenen Bleche. Ein Teil der feucht und kälter gewordenen Luft wird über eine regulierbare Klappe aus dem Trockenschrank weggeführt, der andere Teil wird im Kreislauf in den Trocknungsraum zurückgeführt. **Einsatzgebiet:** kleine Mengen von Feststoffen und Suspensionen.

12. Wie funktioniert ein Vakuumtrockenschrank?

Unter den thermischen Verfahren hat sich das Vakuumtrocknen in vielen Branchen besonders bewährt. Ziel dieses Verfahrens ist es, ein mit Wasser oder Lösungsmittel versetztes, hochwertiges Produkt schonend zu trocknen, ohne die Produkteigenschaften zu verändern.

Bei der Trocknung unter Vakuum wird der Totaldruck im Trockenschrank gesenkt, sodass Wasser oder Lösungsmittel schon bei niedrigen Temperaturen von der flüssigen in die dampfförmige Phase übergehen. Durch gezielte Wärmezufuhr und Druckregelung wird der Ablauf des Trocknungsprozesses optimiert.

Grundsätzlich besteht eine Vakuumtrocknungsanlage aus einem Trockenschrank mit Beheizungssystem und einem auf den spezifischen Trocknungsprozess zugeschnittenen Vakuum-Pumpstand mit entsprechender Steuerung. **Einsatzgebiet:** zur diskontinuierlichen Trocknung kleiner Mengen verschiedenartigster Produkte und bei temperaturempfindlichen Gütern, wie z. B. Lebensmitteln oder pharmazeutischen Produkten.

Im folgenden Diagramm sind die Aggregatszustände von Wasser in Abhängigkeit von absolutem Druck und Temperatur dargestellt.

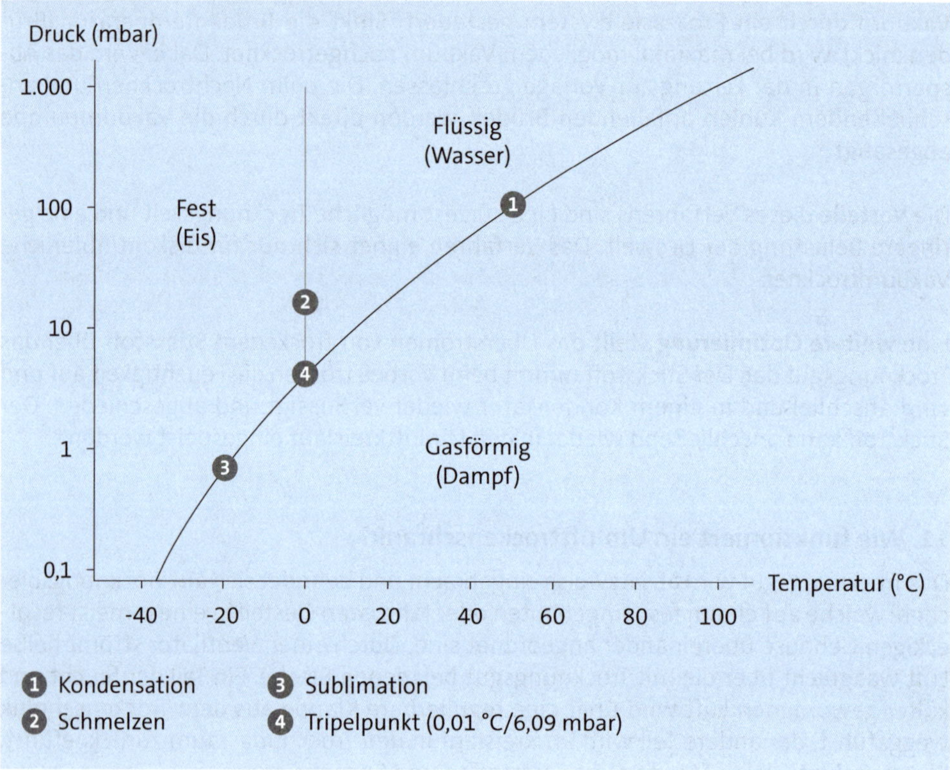

Phasendiagramm Wasser

13. Wie funktioniert die Wirbelschichttrocknung?

Wirbelschichttrockner besitzen eine leicht schräge Rinne mit Lochboden, hierauf befindet sich das feuchte, rieselfähige Trockengut. Mithilfe eines Ventilators wird heiße Luft angesaugt und diese durchströmt von unten nach oben das Trocknungsgut und versetzt dieses in einen Schwebezustand (Wirbelschicht), wodurch ein größtmöglicher Kontakt zwischen Trocknungsgut und Luft entsteht. Zusätzlich ist es möglich, dass die getrockneten Partikel mittels „Coaten" (Zugabe eines Stoffes durch Einsprühen) mit einer Schutzschicht überzogen werden. Durch den intensiven Wärmeaustausch im Wärmebett trocknet das Material sehr schnell. **Einsatzgebiet:** überwiegend in der Lebensmittel- und Pharmaindustrie für die Trocknung von Granulaten.

14. Wie funktioniert die Zerstäubungstrocknung?

Die sog. Sprüh- oder Zerstäubungstrockner bestehen aus einem stehenden Trocknungsturm. Das zu trocknende Material wird mittels Zerstäubungsdüsen eingebracht.

Die heiße Trocknungsluft wird von oben zugeführt und füllt den Trocknungsturm. Die abzutrennende Flüssigkeit verdampft auf ihrem Weg nach unten, das getrocknete Material kann am unteren Ende des Trocknungsturms abgenommen werden. Luft und feinkörnige Reste des Trocknungsgutes müssen anschließend noch in einem Abscheider voneinander getrennt werden. **Einsatzgebiet:** zur kontinuierlichen Trocknung großer Mengen stets gleicher Produkte. Das Spektrum des Granulates lässt sich anhand der Düsenbestückung und der Verfahrensparameter beeinflussen.

15. Wie funktioniert ein Bandtrockner?

Das feuchte Gut wird in lockerer, luftdurchlässiger Form gleichmäßig auf ein Transportband aufgegeben. Das Band durchläuft ein langes tunnelartiges Gehäuse (daher auch der teilweise verwendete Name Tunneltrockner), in welchem mithilfe von Ventilatoren heiße Luft von oben nach unten durch das Trocknungsgut und das Band geblasen wird. **Einsatzgebiet:** kontinuierliche Trocknung großer Mengen.

16. Wie arbeitet ein Tellertrockner?

Hier wird feuchtes, rieselfähiges Trocknungsgut mittels einer Dosiervorrichtung kontinuierlich auf den obersten, von vielen übereinander angeordneten, Tellern gegeben. Durch ein sich langsam drehendes Schaufelwerk wird es ständig aufgelockert und über die Teller hinweg transportiert. **Einsatzgebiet:** zur kontinuierlichen Trocknung mittelgroßer Mengen rieselfähiger Stoffe.

17. Wie funktioniert ein Doppelkonustrockner?

Bei einem Doppelkonustrockner wird das feuchte, rieselfähige Trocknungsgut in einem beidseitig konischen, langsam um eine Querachse rotierenden Behälter umgewälzt. **Einsatzgebiet:** schonende Trocknung für rieselfähiges Gut.

18. Wie funktioniert ein Drehrohrtrockner?

Er besteht aus einem Rohr, welches sich langsam dreht und mittels eines Heißluftgebläses beheizt wird. Das zu trocknende Material läuft auf einer Spiralbahn durch das sich drehende Rohr. Die im Rohr enthaltenen Einbauten schaufeln das Trocknungsgut fortlaufend um. **Einsatzgebiet:** für körniges, nicht klebriges Material.

1.2.10 Apparate zur Kristallisation

01. Was versteht man unter Kristallisation?

Als Kristallisation bezeichnet man den Vorgang der Verhärtung, der zur Bildung von Kristallen führt. Man versteht darunter das Abscheiden eines kristallinen Feststoffes aus einer Lösung oder einer Schmelze. Dies wird durchgeführt, um den gelösten Feststoff in Kristallform aus einer Lösung zu gewinnen oder zum Reinigen eines kristallinen

Feststoffs und zur Realisierung eines Feststoffes mit bestimmten Eigenschaften hinsichtlich Korngröße und Kristallform.

02. Wie kann aus einer Lösung kristallisiert werden?

Kristallisation kann aus einer Lösung, einer Schmelze, der Gasphase, einem amorphen Festkörper oder auch aus einem anderen Kristall (Umkristallisation), aber immer durch Kristallbildung und Kristallwachstum, erfolgen. Bei diesem Prozess wird Kristallisationswärme frei.

Damit sich ein Kristall bilden kann, muss der auszukristallisierende Stoff zunächst in Übersättigung gebracht werden. Dies geschieht z. B. durch Abkühlungsprozesse von Lösungen oder von Schmelzen, oder durch Verdampfen des Lösungsmittels. Bei Kristallen, die aus mehreren Komponenten bestehen (z. B. Ionenkristalle), kann die Übersättigung auch durch Mischen von zwei Lösungen hergestellt werden, die jeweils eine der Komponenten enthalten.

Dabei ordnen sich die zuvor gelösten Moleküle bzw. Elemente in einer regelmäßigen, teils stoffspezifischen Form an. Dieser Prozess kann beschleunigt werden, wenn Impfkristalle hinzugefügt werden, die dann in der übersättigten Lösung weiterwachsen. Die Kristalle können dann durch Filtration, Flotation, Zentrifugation oder Siebung von der Lösung getrennt werden (siehe auch Trennverfahren). Ein Beispiel für die Gewinnung eines Massenproduktes durch Kristallisation ist die Gewinnung von Salz in Salinen.

03. Was bezeichnet eine Übersättigung und wie kann sie erreicht werden?

Die Übersättigung eines thermodynamischen Systems bzw. einer Phase, also z. B. einer Lösung, bezeichnet einen Zustand, der sich oberhalb des Sättigungspunktes befindet. Das bedeutet beispielsweise, dass eine solche Lösung weiter Stoffe in sich löst, obwohl der eigentliche Gleichgewichtszustand schon erreicht ist. Unter gewöhnlichen Bedingungen würde eine solche Überschreitung des Gleichgewichtszustands durch eine Phasenumwandlung verhindert. Bei übersättigten Systemen tritt diese jedoch nicht am erwarteten Gleichgewichtspunkt des Phasendiagramms auf. Erreicht werden kann sie durch:

- **Kühlung:** Abkühlen funktioniert bei Stoffen, deren Löslichkeit mit sinkender Temperatur stark abnimmt. Dadurch lässt sich Übersättigung durch Abkühlen einer heiß gesättigten Lösung erreichen.
- **Verdampfung:** Bei Stoffen, deren Löslichkeit mit sinkender Temperatur nur gering abnimmt, kann die Übersättigung durch teilweises Verdampfen des Lösungsmittels erzielt werden.
- **Verdampfungskühlung:** Hier wird in einem evakuierten Raum ein Teil des Lösungsmittels aus der heißen, gesättigten Lösung verdampft. Dabei wird die Verdampfungswärme der Lösung selbst entzogen, diese kühlt sich dadurch ab und wird übersättigt.

- **Aussalzen:** Zur Abscheidung vor allem organischer Stoffe aus wässrigen Lösungen wird oft ein Salz zugesetzt, welches im Lösungsmittel besser löslich ist als der zu gewinnende Feststoff. Dadurch wird dieser verdrängt und kristallisiert schließlich aus.
- **Verdünnen:** Es ist auch möglich, eine Abscheidung gelöster Stoffe herbeizuführen, indem die Löslichkeit des betreffenden Stoffes durch Zugabe eines zweiten Lösungsmittels (Verdünnung des ersten Lösungsmittels) herabgesetzt wird.
- **Ausfällen:** Durch eine chemische Reaktion kann ebenfalls eine Übersättigung herbeigeführt werden. Dabei wird ein gelöster Stoff durch Zugabe eines weiteren Stoffes chemisch so umgewandelt, dass ein neuer, im betreffenden Lösungsmittel unlöslicher Stoff entsteht.

04. Wie verläuft die Kristallbildung und was beeinflusst sie?

Im Wesentlichen läuft die Kristallbildung in zwei Schritten ab:

1. Schritt: Keimbildung
Zuerst bilden sich die sog. Keime, das sind winzige Kristallpartikelchen des zu kristallisierenden Stoffes. Sie entstehen infolge der Übersättigung von Lösungen, oder durch mechanische Zerstörung vorhandener Kristalle. Wenn in einer übersättigten Lösung keine Keimbildung eintritt, kann diese durch Zugabe von Impfkristallen herbeigeführt werden. Je mehr Kristallkeime sich bilden, umso feinkörniger wird das Kristallisat.

2. Schritt: Wachsen der Kristalle
Ausgehend von den Ursprungskristallen wachsen die Kristalle dann nach einem spezifischen Baumuster.

Die Kristallisationsleistung ist abhängig von:

- Grad der Übersättigung (Konzentrationsunterschied)
- Zahl der vorhandenen Keime (Wachstumsfläche)
- Bewegung der Lösung und Kristalle (Stofftransport)
- Viskosität und Kristallisationswärme (Widerstände)
- eventuell vorhandene Verunreinigungen.

05. Was nimmt Einfluss auf die Kristallform?

Jede Kristallisation ist gleichzeitig eine Formgebung. Die entstehende Kristallform (Nadeln, Plättchen oder Würfel) ist in erster Linie vom gelösten Stoff und Lösemittel abhängig. Außerdem nimmt der Grad der Übersättigung, die Temperatur, die Viskosität der Lösung, der pH-Wert der Lösung sowie von Art und Menge der gelösten Verunreinigungen Einfluss auf die Kristallform.

Die Kristallgröße hängt von der Geschwindigkeit der Keimbildung und des Kristallwachstums ab.

- Kleine Kristalle entstehen bei starker Übersättigung und starkem Bewegen.
- Große Kristalle entstehen bei geringer Übersättigung und geringer Bewegung.

06. Was versteht man unter Umkristallisation?

Hier wird der verunreinigte Feststoff zuerst gelöst. Die nicht lösbaren Verunreinigungen werden dann abfiltriert, die gereinigte Lösung anschließend abgekühlt oder teilweise verdampft, sodass der gelöste Stoff auskristallisiert. Neben der Abtrennung von Feststoffen aus Lösungen wird die Umkristallisation häufig als Reinigungsverfahren für bereits vorliegende kristalline Feststoffe angewendet. Zum Auflösen des zu reinigenden Feststoffes wird ein passendes Lösungsmittel gewählt, in welchem die Verunreinigungen möglichst wenig löslich sind. Durch Zugabe eines Adsorptionsmittels zur heiß gesättigten Lösung werden die Verunreinigungen festgehalten und können zusammen mit dem Adsorptionsmittel abfiltriert werden.

Das Auskristallisieren erfolgt durch Übersättigung der Lösung. Anschließend werden die entstandenen Kristalle durch Filtrieren aus der Mutterlauge abgetrennt. So wird z. B. Speisesalz durch Umkristallisieren von Steinsalz hergestellt.

07. Nach welchen Faktoren werden Kristallisationsapparate ausgewählt?

In den Kristallisatoren müssen die zur Kristallbildung und zum Kristallwachstum erforderlichen Bedingungen angepasst werden können. Deshalb enthalten die Kristallisatoren Vorrichtungen zum Kühlen bzw. Heizen und zum Umwälzen der Lösung.

Wichtige **Faktoren für die Wahl** eines Kristallisationsapparates sind:

- geforderte Kristallisationsleistung
- Arbeitsweise (diskontinuierlich, kontinuierlich)
- Zustand des Ausgangsproduktes (Lösung, Schmelze)
- gewünschte Kristallgröße bzw. -Größenbereich
- gewünschte Kristallform
- gewünschte Reinheit des Kristallisats.

08. Welche Kristallisatoren werden häufig eingesetzt?

Man unterscheidet grundsätzlich:

- Kühlungskristallisatoren
- Verdampfungskristallisatoren
- Schmelzkristallisatoren.

Folgende Bauformen werden in der chemischen Industrie häufig verwendet:

- **Rührkessel als Kristallisatoren**

  Häufig werden Rührkessel für eine diskontinuierliche Arbeitsweise eingesetzt. Dabei kann die Kristallisation durch Kühlung, Verdampfung oder Verdampfungskühlung herbeigeführt werden. Auch für Umkristallisationen sind Rührkessel sehr gut geeignet.

- **Verdampfungskristallisatoren**

  In einem Apparat, in dessen unterem Teil ein Konus zur Absetzung der Kristalle existiert, wird über einen externen oder innenliegenden Verdampfer das Lösemittel so stark erhitzt, dass ein Teil davon verdampft. Über einen Rührer oder eine Pumpe wird die Lösung umgewälzt. Die sich dadurch bildenden Kristalle sinken, wenn sie eine bestimmte Korngröße erreicht haben, nach unten und werden zusammen mit der Mutterlauge durch eine Zellenrad-Schleuse ausgetragen.

- **Walzenkristallisatoren**

  Die Schmelze wird kontinuierlich auf eine rotierende, von innen gekühlte Blechwalze aufgetragen und erstarrt durch die Abkühlung. Nach etwa einer ¾-Umdrehung der Walze kann der Feststoff durch eine Schabvorrichtung abgenommen werden.

- **Bandkristallisatoren**

  Hier wird die Schmelze gleichmäßig auf ein laufendes, von der Unterseite her gekühltes Förderband aus flexiblem Edelstahlblech geleitet. Durch die Abkühlung kristallisiert der Feststoff aus. Dieser kann dann am anderen Ende des Bandes durch einen Schaber abgenommen werden.

1.2.11 Reaktionsapparate

01. Wie können Reaktionsapparate betrieben werden?

Der Rührkessel ist in der chemischen Industrie der Standardapparat für viele Reaktionen. Er ist durch einfache Maßstabsvergrößerung aus dem im Laboratorium als Reaktionsgefäß gebräuchlichen Rührkolben hervorgegangen.

Betriebsweisen:

- die **diskontinuierliche** Reaktionsführung, auch Satz- oder Chargenbetrieb genannt
- die **kontinuierliche** Reaktionsführung, der Fließbetrieb
- die **halbkontinuierliche** Reaktionsführung, der Teilfließbetrieb.

02. Wie funktioniert der diskontinuierliche Betrieb (Chargenbetrieb)?

Beim Chargenbetrieb, auch Satzbetrieb oder Batchprozess genannt, werden zu Beginn alle für die Reaktion benötigten Stoffe, wie z. B. Reaktionspartner, Lösemittel, Katalysator, gleichzeitig oder nacheinander in den Reaktor eingebracht und gemischt. Die Reaktionsmischung verbleibt während der vorgegebenen Reaktionszeit im Reaktor und wird kontinuierlich gerührt und geheizt bzw. gekühlt. Danach wird die gesamte Reaktionsmasse, bestehend aus den entstandenen Reaktionsprodukten, nicht umgesetzten Ausgangsstoffen, Lösemitteln, Katalysator und Nebenprodukten, aus dem Reaktor entfernt und aufgearbeitet.

Da sich im Chargenbetrieb während des Reaktionsablaufs die Konzentrationen bzw. Partialdrücke (und meist auch die Temperatur und der Gesamtdruck) zeitlich ändern, bezeichnet man diese Betriebsweise als „nicht stationär". Der Chargenbetrieb ist auch heute noch unter bestimmten verfahrenstechnischen und wirtschaftlichen Gesichtspunkten notwendig und sinnvoll.

03. Welche Vor- und Nachteile bietet der diskontinuierliche Betrieb (Chargenbetrieb)?

Vorteile des Chargenbetriebs:

- Die Produktion eines Produktes in relativ geringen Mengen, z. B. zu Versuchszwecken oder in der Arzneimittelherstellung ist wirtschaftlich möglich.
- Die Reaktionsdauer ist frei wählbar, dadurch sind z. B. auch sehr langsam ablaufende biochemische Reaktionen möglich.
- Die Herstellung verschiedener Produkte in aufeinanderfolgenden Arbeitsgängen in dem gleichen Reaktor ist möglich. Hier ist der absatzweise Betrieb anpassungsfähiger und lässt sich flexibler handhaben als eine auf ein spezielles Produkt konzipierte kontinuierliche Anlage.
- Die Verarbeitung von Produkten, welche sich schlecht fördern lassen, ist besser möglich. Beim Handhaben von z. B. zusammenbackenden Feststoffen oder zähen Teigen und Schlämmen treten häufig Förderprobleme auf. Sie führen leicht zu Verkrustungen mit Verstopfungen in Rohrleitungen und Dosiereinrichtungen und machen dadurch eine gleichmäßige Dosierung und einen kontinuierlichen Prozess unmöglich.
- Bei vielen biologischen Reaktionen zur Herstellung von Antibiotika, Enzymen und Fermenten ist auch heute noch der Chargenbetrieb am wirtschaftlichsten, da hohe Ausbeuten aufgrund der speziellen Wachstumskurven der Mikroorganismen nur im Chargenbetrieb erreicht werden können.

Nachteile des Chargenbetriebes:

- die nicht zu vermeidenden Totzeiten beim Füllen, Entleeren, Aufheizen und Kühlen
- höhere Energiekosten infolge des Aufheizens und Abkühlens für jede einzelne Charge
- größerer Personalaufwand zur Bedienung und Überwachung im Vergleich zu kontinuierlich betriebenen Anlagen.

04. Welche Bauformen von Reaktionsapparaten werden für den Chargenbetrieb verwendet?

Als Reaktionsapparate für den Chargenbetrieb werden offene Bottiche, geschlossene Tanks, Kessel und Autoklaven, welche meist mit Rührvorrichtungen ausgestattet sind, sowie auch Tiegel, Wannen und Kammern verwendet. Meist handelt es sich um klassische Rührkesselreaktoren, aber auch Bioreaktoren und Fermenter kommen zum Einsatz.

05. Wie funktioniert der kontinuierliche Betrieb (Fließbetrieb)?

Beim Fließbetrieb fließen die Reaktionspartner kontinuierlich zusammen mit anderen Komponenten (Lösemittel, Katalysator, Trägergas usw.) in den Reaktionsapparat. Ebenso kontinuierlich wird ein Endgemisch, welches die entstandenen Stoffe, nicht umgesetzte Ausgangsstoffe, Nebenprodukte, Lösemittel usw. enthält, aus dem Reaktionsapparat ausgetragen.

Werden alle Bedingungen, wie Zulauf- und Ablaufströme, Temperaturen, Drücke, Reaktorfüllung usw., konstant gehalten, so neigt ein Fließsystem dazu, einen zeitunabhängigen Zustand einzunehmen. Es liegt dann eine stationäre Betriebsweise, bzw. der stationäre Dauerbetrieb vor.

06. Welche Vor- und Nachteile bietet der kontinuierliche Betrieb (Fließbetrieb)?

Vorteile des Fließbetriebes:

- Der Fließbetrieb stellt die kostengünstigste Betriebsweise bei hohen Durchsatzmengen dar.
- Er ermöglicht eine weitgehende Mechanisierung und Automatisierung.
- Er verursacht einen vergleichsweise geringen Personalbedarf.
- Es wird eine gleichmäßige Produktqualität erreicht.
- Die Betriebssicherheit verbessert sich.
- Die hygienischen Arbeitsbedingungen sind bestmöglich, da die Anlage in sich geschlossen ist.
- Auch werden Energiekosten gespart, da das Heizen und Kühlen nach jeder Charge entfällt.
- Eine kontinuierliche Anlage kann wesentlich kompakter gebaut werden als eine Chargenanlage gleicher Kapazität, was wiederum die Investitionskosten senkt.

Nachteile des Fließbetriebes:

- Kleine Anlagen können i. d. R. nicht wirtschaftlich kontinuierlich betrieben werden. Dies liegt auch an den hohen Aufwendungen für Mess-, Steuer-, Regel- und Dosiereinrichtungen. Da diese Aufwendungen von der Anlagengröße fast unabhängig sind, besteht häufig ein Bestreben, die Kapazität kontinuierlicher Anlagen so groß wie möglich zu wählen.
- Kontinuierliche Anlagen besitzen weniger Flexibilität, da sie nur für eine bestimmte Kapazität wirtschaftlich optimal ausgelegt werden können.
- Da Betriebsstörungen hier noch gravierendere Auswirkungen hätten, müssen störanfällige Anlagenteile häufig doppelt ausgeführt werden (Redundanz). Auch dies wirkt sich nachteilig auf die Investitionskosten aus.

07. Welche Bauformen von Reaktionsapparaten werden für den Fließbetrieb verwendet?

- **Festbettreaktor**

  Hier fließen ein oder mehrere Fluide durch eine feste Schüttung oder Packung. Der chemische oder biologische Katalysator kann dabei in der Form von oberflächlich beschichteter, aber fester Körper (oftmals Kugeln, aber auch Zylinder und komplexere Geometrien) oder ebensolcher poröser Medien vorliegen. Festbettreaktoren können von den Fluiden sowohl von oben als auch von unten sowie in gegensätzlicher Richtung durchströmt werden.

- **Wirbelschicht-/Fließbettreaktor**

  Hier wird eine körnige Schüttung von Feststoffpartikeln durch ein von unten durchströmendes Gas aufgelockert und in einem Schwebezustand gehalten. Diese Wirbelschicht (Fließbett) sorgt durch den intensiven Kontakt zwischen Gas und Feststoff für eine starke Durchmischung.

- **Durchlaufrührkessel**

  Bei Durchlaufrührkesseln handelt es sich um normale Rührbehälter, jedoch mit kleinerem Nennvolumen und einem eingebauten, schnelllaufenden Rührer. Als Besonderheit haben sie einen seitlichen Auslauf oder einen niveaugeregelten Untenauslauf, während die Reaktionskomponenten von oben her zugeführt werden.

- **Rührkessel-Kaskade**

  Bei der Kaskadenschaltung sind mehrere kontinuierlich betriebene Reaktoren hintereinandergeschaltet, wobei die Durchlaufgeschwindigkeit bzw. die Verweilzeit von der Reaktionsgeschwindigkeit abhängig ist.

- **Rohrreaktoren**

  Als Bauelement dient ein heiz-/kühlbares Rohr, in welches die Reaktionskomponenten zugeführt und nach der Reaktion (die Verweilzeit wird durch die Durchflussgeschwindigkeit bestimmt) abgeführt werden. Katalysatoren in den Rohren begünstigen die Reaktion.

- **Fermenter (Biogasanlagen)**

  Bioreaktoren sind spezielle Rührbehälter, in denen mithilfe von lebenden Mikroorganismen (Bakterien oder Pilze) biologische Stoffe aufgebaut oder umgewandelt werden. Diese als Fermentation bezeichneten Vorgänge gehören in das Gebiet der Biotechnologie. Eine häufig vorkommende Art von Fermentern sind die Rührfermenter. In diesen speziellen Rührbehältern werden die für das Wachstum und den Stoffwechsel der Mikroorganismen optimalen Bedingungen aufrechterhalten. Daher müssen häufig sehr genaue und gleichmäßige Temperaturbedingungen gewährleistet sein. Außerdem ist eine intensive und kontinuierliche Durchmischung notwendig.

- **Schlaufenreaktoren**

  Beim Schlaufenreaktor werden die beiden Ausgangsstoffe an gegenüberliegenden Stellen in den Reaktionsapparat eingebracht. Sie vermischen sich im Reaktor dann unter Beimischung von Reaktionsprodukten und werden in zwei kreisförmigen Bewegungen (daher der Name Schlaufe) geführt. Sie können mit einem Doppelmantel versehen sein. Durch diese Bauweise wird die Verweilzeit der Reaktionskomponenten im Reaktor verlängert.

- **Mischreaktoren**

  Diese Reaktoren bestehen aus einem Rohr, in welchem sich ein Mischelement (statischer Mischer) befindet. Durch dieses Element werden große, turbulente Strömungen erzeugt, wodurch die Reaktionskomponenten intensiv vermischt werden. Die Baulänge richtet sich nach der Reaktionsgeschwindigkeit bzw. der notwendigen Verweilzeit. In einer anderen Ausführung bestehen die statischen Mischelemente aus Wärmeaustauschrohren.

- **Autoklaven**

  Bei Autoklaven handelt es sich um Rührbehälter, in denen chemische Reaktionen unter hohem Druck durchgeführt werden können. Unter erhöhtem Druck lassen sich Reaktionen in flüssiger Phase bei Temperaturen durchführen, welche weit über der Siedetemperatur bei Normaldruck liegen. Auch ist die Löslichkeit von Gasen in Flüssigkeiten bei höherem Druck viel größer. Eingesetzt werden sie z. B. zur Naturstoffextraktion.

08. Wie funktioniert der halkontinuierliche Betrieb (Teilfließbetrieb)?

Bei vielen technischen Reaktionen werden Reaktoren benutzt, die sowohl Merkmale des Chargenbetriebes als auch solche des Fließbetriebes zeigen.

Von einer halbkontinuierlichen Betriebsweise bzw. Teilfließbetrieb spricht man, wenn man einen Reaktionspartner im Reaktor vorlegt und während der Reaktionsdauer weitere Komponenten zu- oder abführt. Beim halbkontinuierlichen Betrieb wird der Reaktor bezüglich eines Teils der Komponenten kontinuierlich und bezüglich bestimmter Komponenten diskontinuierlich betrieben. Der halbkontinuierliche Reaktor weist immer instationäres Verhalten auf, sowohl bei der chemischen Reaktion als auch bei der Zufuhr oder Entnahme ändert sich die Zusammensetzung.

1.3 Auswählen der Maschinen und Anlagenbauteile unter Berücksichtigung von Wechselwirkungen zwischen Roh-, Hilfs-, Betriebs- und Werkstoffen

1.3.1 Einteilung der Roh-, Hilfs-, Betriebs- und Werkstoffe

01. Wie werden Roh-, Hilfs-, Betriebs- und Werkstoffe unterschieden?

Werkstoffe ist die zusammenfassende Bezeichnung für das Material, das in einem Unternehmen verwendet wird. Die Werkstoffe teilen sich auf in Roh-, Hilfs- und Betriebsstoffe. Betriebswirtschaftlich zählen die Werkstoffe neben den Betriebsmitteln und der ausführenden Arbeit zu den elementaren Produktionsfaktoren. Kennzeichnend für die Werkstoffe ist, dass sie für die Produktion benötigt werden oder während des Herstellungsprozesses die Nebenbestandteile neuer Produkte werden. Nachfolgend ist der Zusammenhang nochmals dargestellt:

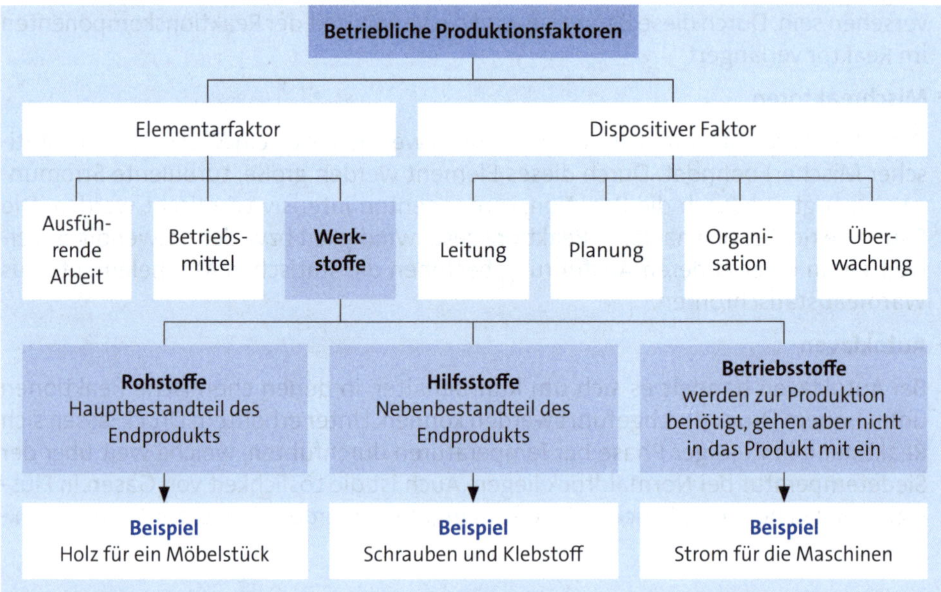

Betriebliche Produktionsfaktoren und Einteilung der Roh-, Hilfs-, Betriebs- und Werkstoffe

1.3.2 Rohstoffe

01. Wie werden Rohstoffe unterteilt?

Ein Rohstoff ist ein Werkstoff, der zur industriellen Be- und Verarbeitung genutzt wird. Ursprünglich werden die Rohstoffe aus der Natur gewonnen, eine vorrangige Einteilung unterscheidet allerdings in Primär- und Sekundärrohstoffe.

- **Primäre Rohstoffe:** Es handelt es sich um natürliche Ressourcen, die noch nicht bearbeitet wurden. Dazu gehören beispielsweise Holz, Wolle, Erdöl, Erdgas, Eisenerze und Kohle. Sie liefern das Ausgangsmaterial in Produktionsprozessen, in deren Verlauf Erzeugnisse wie Papier, Kunststoff, Textilien und Glas entstehen.

- **Sekundäre Rohstoffe:** Entstehen durch das Recyclen von Rückständen und altem Material oder es handelt sich bei ihnen um Abfälle und Nebenprodukte aus dem Herstellungsprozess. Zu den Sekundärrohstoffen gehören Glas, Metalle, Papier, Kunststoffe usw.

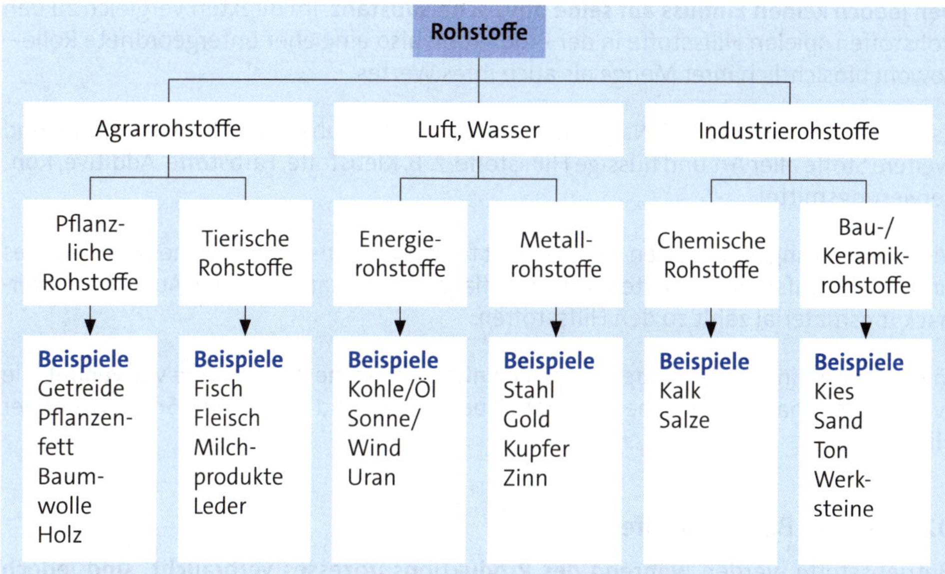

Einteilung der Rohstoffe

02. Welches Gefährdungspotenzial kann von Rohstoffen ausgehen?

Rohstoffe können Gefahrstoffe sein: Dies sind chemische Stoffe oder Zubereitungen (Stoffgemische), die in der EU harmonisiert nach ihrem Gefährdungspotenzial eingestuft werden. Die Gefährlichkeit eines Stoffes oder einer Zubereitung wird durch Gefahrensymbole, sowie durch R- und S-Sätze angegeben. Als zusätzliches Gefährdungspotenzial gilt die Einstufung als CMR Stoff (cancerogen, mutagen, reproduktionstoxisch, in Deutschland entsprechend Gefahrstoffverordnung auch „KMR").

Es gibt grundsätzlich vier verschiedene Möglichkeiten, wie Gefahrstoffe in den Körper gelangen können:

- **inhalativ:** Durch Einatmen von Gasen, Dämpfen, Stäuben und Aerosolen werden sie durch die Nase in den Körper aufgenommen.
- **oral:** Flüssigkeiten und Stäube gelangen durch den Mund in den Körper.
- **dermal:** Die Haut nimmt durch Resorption Flüssigkeiten, Dämpfe und Stäube auf.
- **subkutan:** Durch Eindringen eines Fremdkörpers unter die Haut (z. B. mit spitzer Kante versehentlich in die Hand geschnitten).

Giftige Stoffe können nach Einatmen, Verschlucken oder nach Berührung mit der Haut erhebliche Gesundheitsschäden oder sogar den Tod verursachen.

1.3.3 Hilfs- und Betriebsstoffe

01. Was sind Hilfsstoffe?

Wie die Roh- und Betriebsstoffe zählen auch die Hilfsstoffe zu den sog. Werkstoffen. Sie gehen während des Herstellungsprozesses zwar **substanziell in das Erzeugnis ein, haben jedoch keinen Einfluss auf seine physische Substanz**. Im direkten Vergleich zu den Rohstoffen spielen Hilfsstoffe in der Produktion also eine eher untergeordnete Rolle – sowohl hinsichtlich ihrer Menge als auch ihres Wertes.

Es gibt feste Hilfsstoffe, z. B. Nägel, Schrauben, Gummi, Kunststoffe, Schweißdrähte und weitere Stoffe aller Art und flüssige Hilfsstoffe, z. B. Klebstoffe, Farbstoffe, Additive, Konservierungsmittel.

Viele Verpackungsmaterialien sind relevant für die Verkaufsfähigkeit eines Erzeugnisses und im Verkaufspreis enthalten (Getränkeflaschen, Eierkartons usw.). Auch dieses Verpackungsmaterial zählt zu den Hilfsstoffen.

In der Pharmaindustrie werden arzneilich nicht wirksame Zusatzstoffe verwendet. Sie werden als „pharmazeutische Hilfsstoffe" bezeichnet und stellen eine Sonderform der Hilfsstoffe dar.

02. Was sind Betriebsstoffe?

Betriebsstoffe werden **während des Produktionsprozesses verbraucht, sind jedoch nicht Bestandteil des Erzeugnisses**. Als Verbrauchsgüter zählen sie zu den Repetierfaktoren. Das heißt, dass sie permanent neu beschafft werden müssen, um eine kontinuierliche Produktion gewährleisten zu können.

Betriebsstoffe werden danach unterschieden, ob sie direkt der Produktion oder der Betriebsbereitschaft der verwendeten Maschinen dienen:

- Zur **Betriebsbereitschaft** gehören Energieträger (Erdgas, Diesel, Benzin, elektrischer Strom, Druckluft usw.), Schmier- und Reinigungsstoffe (Öle, Fette, Putzmittel, Brennstoffe, Kühlmittel usw.), Material für Reparatur und Instandhaltung und Büromaterial.
- Zur **Produktion** gehören Produktionsenergie, Kühlmittel, Wärmeträger, Nährstoffe (Lebensmittelindustrie) usw.

03. Welche Gefahren können von Stäuben und Fasern ausgehen?

Staub ist der Sammelbegriff für feinste feste Teilchen (u. a. Rauch, Rußpartikel, Pollen, Bakterien, Pilzsporen, Gestein, Mineralfasern (MF), Hausstaub), die in Gasen und Luft aufgewirbelt werden können.

Stäube aus Stoffen, die eine längliche Form besitzen, werden als Faserstaub bezeichnet. Eine besondere Rolle spielen dabei alveolengängige Fasern, die eine Länge von mehr als 5 µm, einen Durchmesser von weniger als 3 µm und ein Länge-Durchmesser-Verhältnis von mehr als 3 : 1 haben. Fasern dieser Geometrie werden auch als WHO-Fasern oder lungengängige Fasern bezeichnet (Beispiele: Asbest, Glasfasern, Steinwolle). Diese lungengängigen Fasern können neben anderen Lungenkrankheiten auch Krebserkrankungen verursachen. Daher ist beim Umgang mit Stäuben stets auf die passenden Schutzmaßnahmen zu achten, wie z. B. Absaugung, Atemschutzmasken.

1.3.4 Werkstoffe

01. Was sind technische Stoffe?

Technische Stoffe lassen sich einteilen in **Werkstoffe** und **Betriebsstoffe**.

Technische Stoffe	
Werkstoffe	Betriebsstoffe

- **Werkstoffe** sind alle festen technischen Stoffe, die durch mechanische und thermische Bearbeitung zu Formteilen verarbeitet werden können: Metalle, Nichtmetalle und Verbundstoffe.
- **Betriebsstoffe** sind alle festen, flüssigen und gasförmigen technischen Stoffe, die zum optimalen Betreiben von Maschinen/Anlagen eingesetzt werden. Sie sind in der Regel nicht Bestandteil des hergestellten Produkts, z. B. Schmierstoffe, Kühlmittel, Hilfsstoffe.

02. Wie lassen sich Werkstoffe unterteilen?

Werkstoffe werden unterteilt in zwei Hauptgruppen – Metalle und Nichtmetalle. Daneben gibt es sog. **Verbundstoffe:** Dies sind Verbindungen aus zwei oder mehreren Werkstoffen mit unterschiedlichen Eigenschaften:

Werkstoffe					
Metalle				**Nichtmetalle**	
Eisenmetalle		**Nichteisenmetalle**		**Anorganische Werkstoffe**	**Organische Werkstoffe**
Knetwerkstoffe	**Gusswerkstoffe**	**Leichtmetalle**	**Schwermetalle**		
Beispiele ► Baustahl ► Werkzeugstahl ► Sonderstahl	**Beispiele** ► Stahlguss ► Grauguss ► Temperguss	**Beispiele** ► Aluminium ► Titan ► Magnesium ► Beryllium	**Beispiele** ► Blei ► Kupfer ► Zink ► Zinn ► Nickel	**Beispiele** ► Glas ► Keramik	**Beispiele** ► Kunststoffe ► Plaste ► Gummi ► Textilien ► Holz
Verbundstoffe: Faserverstärkter Verbund, Metall-Matrix-Verbund, z. B.: Stahlbeton, Hartmetalle, Stahlgürtelreifen, Laminat, Faserverbundstoffe, Kühlmittel					

03. Welche Werkstoffeigenschaften werden unterschieden?

Werkstoffeigenschaften			
Physikalische Eigenschaften	**Chemische Eigenschaften**	**Technologische Eigenschaften**[1]	**Ökologische Eigenschaften**
Gliederung ► mechanische[1] ► optisch-akustische ► thermische ► elektrische Eigenschaften	**Beispiele** ► Korrosionsbeständigkeit ► Hitzebeständigkeit ► Säure-/Laugenbeständigkeit	**Beispiele** ► gießbar ► umformbar ► härtbar ► schnittbearbeitbar ► schweißbar	**Beispiele** ► Rohstoffverbrauch ► Energieverbrauch ► Recycelfähigkeit ► Entsorgungsfähigkeit ► Schadstoffgehalt ► Lebensdauer ► Verletzungsgefahr ► Wartungseigenschaften

04. Welche mechanischen Eigenschaften von Werkstoffen gibt es?

Ausgewählte Beispiele:

1. Die **Dichte** ρ gibt an, welche Masse z. B. jeder cm^3 Volumen eines Stoffes hat; die Formel lautet

   $$\rho = \frac{m}{V}$$

   mit:
   m = Masse
   V = Volumen

2. **Elastizität** ist die Eigenschaft eines Stoffes, nach Wegfall der Belastung wieder in seine Ausgangsform zurückzukehren.
3. **Plastizität** ist die Eigenschaft eines Stoffes, sich in bestimmten Grenzen bleibend umformen zu lassen.
4. **Festigkeit** σ ist ein Kennwert für die Belastbarkeit eines Stoffes und wird als Verhältnis von größtmöglicher Belastung F zum Querschnitt A in N/mm^2 ausgedrückt. Es gibt unterschiedliche Festigkeitsarten, z. B. Zugfestigkeit, Druckfestigkeit.
5. **Härte** ist der Widerstand, den ein Stoff dem Eindringen eines anderen Gegenstandes entgegensetzt (vgl. dazu → A 5.3.1).

[1] Entsprechend dem Rahmenstoffplan werden im Folgenden nur die **mechanischen** und **technologischen Eigenschaften ausgewählter Werkstoffe** behandelt.

6. **Verschleiß** ist die Beschädigung der Werkstoffoberfläche durch mechanische Beanspruchung:
   - Haftverschleiß (Adhäsion, Aufbauschneide; Partikel schweißen sich auf der Spanfläche fest),
   - Ermüdungsverschleiß und Kolkverschleiß (Diffusion; Ausbrüche an der Schneidkante),
   - Furchungs-/Freiflächenverschleiß (Abrasion; Abtragen; z. B. Abrundung der Schneidkante).

05. Welche technologischen Eigenschaften der Werkstoffe sind für den Fertigungsprozess relevant?

Die technologischen Eigenschaften charakterisieren das **Verhalten der Werkstoffe bei ihrer Verarbeitung**. Unter diesem Gesichtspunkt unterscheidet man z. B.:

1. **Gießbare Werkstoffe:**
   können in Formen gegossen werden, z. B. Gusseisen, Stahl, Blei, Zinn, Zink.
2. **Umformbare Werkstoffe:**
   Umformen ist das Fertigen durch Ändern der Form eines festen Körpers (vgl. DIN 8580). Man unterscheidet:
   - **Kalt umformbare Werkstoffe** können bei Raumtemperatur getrieben, gewalzt, gebogen oder gezogen werden, z. B. Stahl, Kupfer, Blei, Zink, Zinn, Aluminium.
   - **Warm umformbare Werkstoffe** können nach Anwärmen geschmiedet, gewalzt oder gepresst werden, z. B. Stahl, Kupfer, Messing, Aluminium.
3. **Schnittbearbeitbare Werkstoffe** können spanabhebend bearbeitet werden durch Sägen, Bohren, Hobeln, Drehen und Fräsen.
4. **Schweiß-/Lötbare Werkstoffe** können durch Schweißen oder Löten miteinander verbunden werden, z. B. Metalle und bestimmte Kunststoffe.
5. **Härtbare Werkstoffe** sind solche, bei denen durch Lösungsglühen mit nachfolgendem Abkühlen eine erhebliche Härtesteigerung erreicht werden kann.
6. **Klebbare Werkstoffe** können mithilfe bestimmter Klebstoffe miteinander verbunden werden; die Festigkeit der Klebverbindung ist abhängig von:
   - der Festigkeit des Klebstoffes
   - den Oberflächen-Haftkräften
   - dem Umfang der mechanischen Verankerung des Klebstoffes in den Poren der zu verbindenden Teile.
7. **Beschichtbare Werkstoffe** sind solche, bei denen eine Vermehrung des Stoffzusammenhalts durch Aufbringen einer fest haftenden Schicht aus formlosem Stoff erreicht werden kann.

06. Wie werden Kunststoffe nach ihren technologischen Eigenschaften unterteilt?

Kunststoffe (auch: Plaste, Plastik) werden durch chemische Umwandlung von Naturstoffen (Zellulose, Harz) oder vollsynthetisch aus Erdöl, Erdgas oder Kohle hergestellt.

- Kunststoffe besitzen im Allgemeinen eine Reihe günstiger **Verarbeitungseigenschaften:**
  - formbar
  - korrosionsbeständig
  - einfärbbar
  - geeignet zur Isolation (Temperatur, elektrischer Strom).

  Nachteilig ist die schwierige Entsorgung von Kunststoffen. Im Vergleich zu Metallen ist die Festigkeit und die Verformbarkeit geringer, die Dehnbarkeit sowie die Schlagzähigkeit höher.

- **Einteilung der Kunststoffe nach der Entstehung:**
  - **Thermoplaste/Plastomere** sind Kunststoffe aus langen Fadenmolekülen; die Struktur ist unvernetzt, nicht kristallin bis teilkristallin.
  - **Duroplaste/Duromere** sind Kunststoffe aus räumlich eng vernetzten Makromolekülen; die Struktur ist vernetzt, nicht kristallin.
  - **Elaste/Elastomere** sind Kunststoffe aus räumlich lose vernetzten Makromolekülen; die Struktur ist verknäuelt oder schwach vernetzt.

- **Einteilung der Kunststoffe nach technologischen Eigenschaften:**

Einteilung der Kunststoffe			
Eigenschaften	**Thermoplaste/ Plastomere**	**Duroplaste/ Duromere**	**Elaste/ Elastomere**
Verarbeitungs-Eigenschaft	► gut verarbeitbar ► plastisch verformbar (bei erhöhter Temperatur) ► Verformung bleibt erhalten ► schweißbar ► spanbar ► härt-, trenn- und klebbar	► aufwendig verarbeitbar ► nur spanend bearbeitbar (bei geringem Vorschub und geringer Schnittgeschwindigkeit) ► nicht schweißbar ► spröde ► nicht schmelzbar	► gut verarbeitbar ► stark elastisch verformbar ► hohe Formfestigkeit ► nicht schweißbar ► nicht schmelzbar ► quellbar
Mechanische Eigenschaft	► hohe Festigkeit	► hohe Festigkeit ► hohe Härte ► hohe Wärmebeständigkeit	► hartelastisch bei tiefer Temperatur ► gummielastisch bei hoher Temperatur
Chemische Beständigkeit	sehr gut	sehr gut	mäßig

07. Welche Kunststoffarten werden in der Industrie vorwiegend eingesetzt?

Dazu ausgewählte Beispiele nach DIN EN ISO 1043:

Ausgewählte Kunststoffe nach DIN EN ISO 1043				
Kunststoff	**Abk.**	**Handelsname**	**Eigenschaften**	**Verwendung**
Thermoplaste/Plastomere				
Polyamid	PA	► Nylon ► Perlon ► Durethan ► Ultramid	fest, hart, steif, verschleißfest	► Zahnräder ► Lagerbuchsen ► Kupplungsteile ► Gleitlager
Polycarbonat	PC	► Makrolan ► Lexan	fest, hart, steif, zäh, witterungsbeständig, isolierend	► Gehäuse ► Stecker ► Kupplungsteile ► Zahnräder
Polyethylen	PE	► Hostalen ► Vestolen	weich/flexibel bis hart/zerbrechlich, geruchsfrei, durchscheinend	► Dichtungen ► Folien ► Rohre ► Isolierungen
Polymethylmethacrylat	PMMA	► Plexiglas	fest, hart, steif, lichtdurchlässig, kratzfest, schlagzäh, witterungsbeständig	► Linsen ► Uhrgläser ► Verglasungen ► Modellbau
Polysterol	PS	► Vestyron ► Styroflex ► Styropor	hart/spröde, glasklar, leicht, einfärbbar, schäumbar, geruchs-, geschmacksfrei	► Verpackung ► Dämmung ► Isolierung ► Geschirr
Polytetrafluorethylen	PTFE	► Teflon ► Hostaflon	verschleißfest, thermostabil, isolierend, witterungsbeständig	► Dichtungen ► Manschetten ► Membranen ► Rohre ► Dielektrika
Polyvinylchlorid hoher Dichte	PVC-H D	► Hostalit	abriebfest, zäh, hornartig	► Profile ► Rohre ► Fittings ► Folien ► Batterien

Ausgewählte Kunststoffe nach DIN EN ISO 1043				
Kunststoff	**Abk.**	**Handelsname**	**Eigenschaften**	**Verwendung**
Polyvinylchlorid niedriger Dichte	PVC-L D	► Mipolam ► Ekalit ► Dralon	abriebfest, gummi- bis lederartig, keine Wasseraufnahme	► Bodenbeläge ► Bekleidung ► Folien ► Behälter ► elektrische Isolierung
Duroplaste/Duromere				
Epoxydharz	EP	► Epikute ► Epoxin	glasklar bis gelblich, hart, zäh, schwer zerbrechlich, gute Hafteigenschaft	► Lacke ► Klebstoffe ► Schalter ► Geräte ► elektrische Isolierung
Phenol-Formaldehyd	PF	► Alberite ► Bakelite ► Corephan ► Supraplast	hart, spröde, elektrische Isolierung	► Schalter ► Bremsbeläge ► Lager ► Gieß-, Klebharz
Polyurethan	PUR	► Moltopren ► Lycra ► Ultramid	hart/zäh bis weich/elastisch, haftfähig, alterungsbeständig	► Schaumformteile ► Lager ► Rollen ► Zahnräder
Harnstoff-Formaldehyd-Kunststoffe	UF	► Hornitex ► Kaurit ► Resamin ► Resopal	fest, hart, steif, lichtecht	► Leim ► Schaltergehäuse ► Stecker ► Abdeckungen ► Schraubverschlüsse
Polyesterharz ungesättigt	UP	► Diolen ► Trevira ► Aldenol ► Laminac	glasklar, einfärbbar, zäh bis weich, gute elektrische Eigenschaften	► Fasern ► Folien ► Dächer ► Textilien
Elaste/Elastomere				
Naturkautschuk	NR	–	hoch beanspruchbar	► Lager ► Reifen
Styrol-Butadien-Kautschuk	SBR	► Buna S	universieller Einsatz, ölbeständig	► Bereifungen ► Hydraulikdichtungen ► Schläuche ► Kabelmäntel

Ausgewählte Kunststoffe nach DIN EN ISO 1043				
Kunststoff	**Abk.**	**Handelsname**	**Eigenschaften**	**Verwendung**
Chlor-Butadien-Kautschuk	CR	► Buna C ► Neopren ► Chlorophen	witterungsbeständig, verschleißfest, schwer entflammbar	► Tauchanzüge ► Bremsleitungen ► Dichtungsbahnen
Acrylnitrid-Butadien-Kautschuk	NBR	► Perbunan ► Nitril ► Kautschuk	öl-, kraftstoffbeständig	► Dichtungen ► Hydraulik und Pneumatik ► Seelen von Kraftstoff und Hydraulikleitungen
Silicon-Kautschuk	SI	► Silastik	chemisch beständig, temperaturbeständig	► Schläuche ► Dichtungen ► elastische Isolierung

08. Was sind faserverstärkte Kunststoffe?

Faserverstärkte Kunststoffe zählen zu den Verbundwerkstoffen. Die Eigenschaften wie geringe Dichte, hohe Festigkeit, hohes Elastizitätsmodul und einfache Verarbeitung werden bestimmt durch die Wahl der Kunststoffe für die Matrix und die Wahl und Anordnung der Fasern. Die gebräuchlichsten faserverstärkten Kunststoffe sind die glas- und kohlenstofffaserverstärkten, seltener die borfaden- und araramid-/kevlarverstärkten. Die Fasern können als Faserbünde, gerichtete und ungerichtete Kurzfasern, Matten, Gewebe und Vlies angeordnet sein. Diese Anordnung hat wesentlichen Einfluss auf die Zugkraftwirkung und Festigkeit in dem Verbund. Sie steigt mit der Ausrichtung. Faserverstärkte Kunststoffe werden vielseitig verwendet, so im Fahrzeug-, Flugzeug- und Bootsbau, z. B. für Bauteile und Verkleidungen, im allgemeinen Maschinenbau, im Bauwesen, in der Sportgeräteherstellung, der Möbelindustrie und für etliche weitere Anwendungsgebiete.

09. Welche Verfahren zur Kunststoffverarbeitung gibt es?

Thermoplaste und thermoplastische Elastomere können durch folgende spanlose Verfahren verarbeitet werden:

- Extrudieren
- Blasen von Hohlkörpern
- Spritzgießen
- Formpressen von Duroplasten
- Vakuumtiefziehverfahren
- Herstellen von Schaumstoffen

- Schweißen von Kunststoffen
  - Heißgasschweißen
  - Heizelementschweißen
  - Reibschweißen.

10. Was ist Extrudieren?

Extrudieren ist ein Vorgang, bei dem Kunststoffgranulat einer beheizten Transportschnecke zugeführt und in ihr aufgeschmolzen, homogenisiert, entgast und verdichtet wird. Durch den im Extruder aufgebauten Druck wird die Kunststoffschmelze durch eine Düse gedrückt, deren Form das Profil des austretenden Strangs bestimmt. Nach dem Austritt wird der Kunststoff kalibriert und abgekühlt, bis er vollkommen erstarrt ist. Mit diesem Verfahren lassen sich nahtlose Rohre, Folien, Tafeln, Bänder und andere Halbzeuge herstellen.

11. Wie erfolgt das Blasen von Hohlkörpern?

Als Blasen von Hohlkörpern, auch Extrusionsblasen, bezeichnet man den Extrudiervorgang, bei dem die Kunststoffschmelze durch eine Ringdüse in eine Hohlraumform mit gekühlten Außenwänden geblasen wird. Nach Abkühlung an den Außenwänden und Öffnen der Form kann der Hohlkörper entnommen werden. Kanister, Tanks, Fässer u. ä. Behälter werden so hergestellt.

12. Was ist Spritzgießen?

Spritzgießen bezeichnet einen Vorgang, bei dem Kunststoffgranulat einer Plastifizier- und Spritzeinheit zugeführt wird. Diese besteht aus einer in einem Zylinder bewegten beheizten Transportschnecke (ähnlich Extruder) und einer Einspritzdüse. Die Kunststoffschmelze wird in ein Formwerkzeug gepresst (gespritzt), dessen beiden Hälften gekühlt sind. In ihnen erstarrt die Kunststoffmasse und erhält die gewünschte Form. Durch Druckluft wird das Werkstück ausgeworfen.

Vorteile des Spritzgießens:

- voll automatisierbar
- wenig Nacharbeit
- für komplizierte Formteile anwendbar
- läuft in einem Arbeitsgang ab (Schmelzen, Formen, Erstarren)
- hohe Reproduzierbarkeit.

13. Wie erfolgt das Formpressen von Duroplasten?

Formpressen ist ein Vorgang, bei dem eine für das Formteil bemessene unvernetzte, vorgewärmte Kunststoffmasse in den unteren Teil eines Stempels gefüllt wird. Danach drückt der obere Teil des Stempels auf diese Masse. Durch Druck und beheizte Formwandung wird die Masse flüssig und füllt den Zwischenraum beider Stempelteile aus. Dort verbleibt sie, bis sie ausgehärtet ist. Eine Auswurfvorrichtung schafft Platz für eine erneute Füllung. Das Formpressen kann für alle Kunststoffarten angewandt werden.

14. Was bezeichnet man als Vakuumtiefziehverfahren?

Das Vakuumtiefziehverfahren bezeichnet eine Warmumformung thermoplastischer Halbzeuge wie z. B. Folien und Platten. Dazu wird das Halbzeug gleichmäßig erwärmt und durch ein Vakuum in ein Formwerkzeug gesaugt, dessen Außenwände gekühlt sind. Dabei erstarrt die erwärmte Kunststoffmasse und behält die vom Werkzeug vorgegebene Form. Je nachdem, ob das erwärmte Kunststoffhalbzeug in eine Form oder über einen Stempel gezogen wird, unterscheidet man zwischen Negativ-Verfahren und Positiv-Verfahren.

15. Wie werden Schaumstoffe hergestellt?

Schaumstoffe entstehen grundsätzlich durch Aufschäumen von flüssigem Kunststoff. Dazu werden hinzugegebene Treibmittel entweder verdampft oder chemisch zersetzt, wodurch dann die feinen Gasbläschen entstehen. Aushärten schließt diesen Prozess ab. Die gebräuchlichsten Schaumstoffe sind Polystyrol-Schaumstoff und Polyurethan-Schaumstoff.

- Zur Herstellung von **Polystyrol-Schaumstoff**
  wird das mit dem Treibmittel Pentan vermischte Granulat mit Wasserdampf auf 105 °C erhitzt. Die so vorgeschäumte Masse wird zwischengelagert. In dieser Zeit entweicht ein Teil des Pentan und Luft wird aufgenommen. Das Fertigschäumen geschieht bei einer weiteren Erwärmung durch Wasserdampf auf ca 130 °C. In der Form wird die nun weiter aufgeschäumte Masse abgekühlt und abschließend zum beabsichtigten Bauteil verklebt.
- Zur Herstellung von **Polyurethan-Schaumstoff**
  werden die flüssigen Vorprodukte des Polyurethan gemischt und durch eine Schlitzdüse auf eine fortlaufende Trennfolie gespritzt. Dabei kommt es zu einer chemischen Reaktion zwischen beiden, die Gase freisetzt und das flüssige Polyurethan aufschäumt. Durch Aushärten auf der Ablaufbahn entstehen Schaumstoffblöcke.

16. Wie lassen sich Kunststoffe schweißen?

Teile aus gleichen oder ähnlichen thermoplastischen Kunststoffen lassen sich prinzipiell durch Schweißen zusammenfügen, indem sie an ihren Verbindungsflächen bis zum Schmelzzustand erwärmt und dann unter Druck aneinander gepresst werden. Nach Abkühlung der Verbindung bleibt diese formstabil.

17. Welche Schweißarten für Kunststoffe gibt es?

Aus der Vielzahl der Schweißarten werden behandelt:

- **Heißgasschweißen**
  Der thermoplastische Kunststoff und ein Schweißstab werden an den Fügeflächen durch eine Düse mit einem heißen Luftstrom bis zum Schmelzzustand erwärmt und dann unter Druck zusammengefügt und so verschweißt. Danach erfolgt die Abkühlung bis zur Erstarrung.
- **Heizelementschweißen**
  Die Erwärmung der zu verbindenden Teile des thermoplastischen Kunststoffs geschieht derart, dass sie an ein zwischen ihnen angebrachtes Heizelement gedrückt werden. Bei Erreichen der Schmelztemperatur wird das Heizelement entfernt und die Teile aneinander gepresst und so verschweißt. Danach erfolgt die Abkühlung bis zur Erstarrung.
- **Reibschweißen**
  Die zwei zu verbindenden Teile des thermoplastischen Kunststoffs werden einander gegenüber eingespannt, eines davon rotierbar. Während ein Teil rotiert, werden beide Teile aufeinander gedrückt. Durch die Reibung entsteht Wärme. Ist die Schmelztemperatur erreicht, wird die Rotation beendet und beide Teile werden aneinander gedrückt und so verschweißt. Danach erfolgt die Abkühlung bis zur Erstarrung.
- **Ultraschallschweißen**
  Die zwei zu verbindenden Teile des thermoplastischen Kunststoffs werden über einen Schallschweißkopf mit von einem Hochfrequenzgenerator erzeugten energiereichen, nicht hörbaren Schallwellen bestrahlt. Diese erwärmen die Fügestellen bis zur Schmelztemperatur, bei der sie durch Druck verschweißt werden. Dieses Verfahren bedarf nur sehr kurzer Schweißzeiten und ist für die Massenfertigung geeignet.

18. Was ist Stahl?

Stahl ist ein künstlicher Werkstoff. Er besteht aus einer Legierung mit Eisen als Hauptbestandteil und einem Kohlenstoffgehalt unter 2,06 %. Er lässt sich z. B. weiter verarbeiten durch

- Wärmebehandlung
- Fügen
- Umformen
- Glühen
- Beschichten.

Dadurch lassen sich die Stahleigenschaften beeinflussen.

19. Wie unterscheiden sich Stähle aufgrund der Herstellungsverfahren?

Stähle – Unterscheidung nach dem Herstellungsverfahren

Zusammensetzung	Reinheitsgrad	Desoxidation
► Kohlenstoffgehalt ► Legierungselemente	► nicht metallische Einschlüsse ► Phosphorgehalt ► Schwefelgehalt	► unberuhigt ... ► beruhigt ... ► voll beruhigt ► vergossen ...

Stähle – Unterscheidung nach dem Herstellungsverfahren

20. Wie werden Stähle eingeteilt? → DIN EN 10020

Stähle – Einteilung nach DIN EN 10020

Legierungsgehalt	Hauptgüteklassen	Anwendungsbereich
► unlegierte Stähle ► legierte Stähle ► nicht rostende Stähle	► Grundstähle: legiert/unlegiert ► Qualitätsstähle: legiert/unlegiert ► Edelstähle: legiert/unlegiert	► Bau- und Konstruktionsstähle ► Werkzeugstähle ► Vergütungsstähle ► Einsatzstähle ► Nitrierstähle ► Automatenstähle ► nicht rostende Stähle

Stähle – Einteilung nach DIN EN 10020

21. Wie erfolgt die Kennzeichnung der Stahlsorten nach DIN EN 10 027?

Die Europäische Norm unterscheidet zwei Arten der Bezeichnung:

1. die Bezeichnung nach dem **Kurznamen** (DIN EN 10 027-1), die weiter in zwei Gruppen unterteilt ist:

   Gruppe 1: Kurznamen nach **Verwendungszweck und Eigenschaften**

   Gruppe 2: Kurznamen nach der **chemischen Zusammensetzung**

2. die Bezeichnung nach einem **Nummernsystem** (DIN EN 10 027-2)

22. Wie ist die Bezeichnung der Stähle nach Namen (Verwendungszweck und Eigenschaften; DIN EN 10 027-1) aufgebaut?

Grundsätzlich besteht die Bezeichnung aus Hauptsymbolen und Zusatzsymbolen. Das alphanummerische Hauptsymbol kennzeichnet den Anwendungsbereich mit einem Buchstaben und die Mindeststreckgrenze in N/mm^2 mit einer dreistelligen Zahl.

Beispiel

S 235 J2W

Kurzbezeichnung nach Namen – DIN EN 10 027-1 (nach Verwendungszweck und Eigenschaften)			
Hauptsymbole		**Zusatzsymbole**	
Verwendungszweck	**Mindeststreckgrenze**	**Gruppe 1**	**Gruppe 2**
S	**235**	**J2**	**W**

In dem angegebenen Beispiel handelt es sich um einen Stahl für den Stahlbau mit einer Mindeststreckgrenze von 235 N/mm^2. Seine Kerbschlagarbeit beträgt 27 Joule bei Temperaturen bis - 20 °C. Er ist wetterfest.

Die Bedeutung der Symbole ist den Tabellen der europäischen Normung oder einschlägigen Tabellenbüchern zu entnehmen. So bedeuten z. B. die Hauptsymbolkennbuchstaben:

Hauptsymbolkennbuchstaben	
Kz.	**Anwendungsbereich**
D	Flachstähle zum Kaltumformen
E	Maschinenbaustähle
H	Flacherzeugnisse aus höherfesten Stählen
L	Stähle für Leitungsrohre
P	Stähle für Druckbehälter
R	Stähle für Schienen
S	Stähle für den Stahlbau

Die Zusatzsymbole lassen sich wieder in 2 Gruppen einteilen. Die erste Gruppe enthält Angaben zur Kerbschlagarbeit, die zweite bezeichnet besondere Eigenschaften wie nachfolgende Tabellen zeigen.

Zusatzsymbole Gruppe 1				Zusatzsymbole Gruppe 2	
Kerbschlagarbeit in Joule			**Prüftemperatur**	**Kennbuchstabe**	**Eigenschaften**
27J	**40J**	**60J**	**°C**	**C**	besonders kalt umformbar
JR	KR	LR	+2	**F**	zum Schmieden
JO	KO	LO	0	**L**	für tiefe Temperaturen
J2	K2	L2	-20	**N**	normalgeglüht
J3	K3	L3	-30	**T**	für Rohre
J4	K4	L4	-40	**W**	wetterfest
J5	K5	L5	-50	Weitere Zusatzsymbole in ECISS-Mitteilung IC10	
J6	K6	L6	-60		

23. Wie ist die Bezeichnung der Stähle nach Namen (chemische Zusammensetzung; DIN EN 10 027-1) aufgebaut?

Aufgrund der unterschiedlichen chemischen Zusammensetzung der Stähle gibt es auch unterschiedliche Arten der Bezeichnung:

1. **Unlegierte Stähle mit < 1 % Mn (Mangan)**

   Der Kurzname setzt sich aus dem Kennbuchstaben C und einer Zahl, die den hundertfachen Wert des Kohlenstoffgehalts angibt, zusammen. Es können auch hier Zusatzsymbole, wie bei den Bezeichnungen nach Namen verwendet werden.

   Beispiel

   C45U

Hauptsymbole		Zusatzsymbole
Kennbuchstabe	**Mittlerer C-Gehalt x100**	**z. B. E – für maximalen S-Gehalt U – für Werkzeuge**
C	**45**	**U**

   Es handelt sich um einen unlegierten Stahl mit einem Gehalt von < 1 % Mangan und einem Gehalt an Kohlenstoff von 0,45 %, der für Werkzeuge genutzt wird.

2. **Legierte Stähle mit > 1 % Mn und keinem Legierungselement > 5 %**

Der Kurzname beginnt mit einer Zahl, dem hundertfachen Wert des Kohlenstoffgehalts. Es folgen die chemischen Symbole der Legierungselemente in absteigender Folge ihres Gehaltes an der Legierung. Die Elemente haben unterschiedliche Multiplikationsfaktoren für die Angabe ihres Gehalts, wie die nachfolgende Tabelle zeigt:

Legierungselemente	Faktor
Cr, Co, Mn, Ni, Si, W	4
Al, Cu, Mo, Pb, Ta, Ti, V	10
C, N, P, S	100
B	1000

Beispiel

16MnCr5

Hauptsymbole		Zusatzsymbole
Kennbuchstaben	Mittlerer C-Gehalt x 100	Legierungselemente z. B. Mn Cr 5 (5 gilt für Mn; Cr ohne Angabe)
Ohne	16	Mn Cr 5

Es handelt sich um einen legierten Stahl mit 0,16 % Kohlenstoff und 5/4 (= 1,25 %) Mangan und einem nicht genannten Gehalt an Chrom.

3. **Legierte Stähle mit mindestens einem Legierungselement > 5 %**

Der Kurzname beginnt mit einem X, gefolgt von einer Zahl, die das hundertfache des Kohlenstoffgehalts angibt. Es folgen die chemischen Symbole der Legierungselemente in absteigender Folge ihres Gehaltes an der Legierung. Danach werden die Anteile in Zahlen angegeben. Besonderheit: Sie werden in Prozent angegeben und müssen nicht erst mit einem Faktor umgerechnet werden. Bei mehreren Legierungsanteilen werden ihre Zahlen durch Bindestrich getrennt dargestellt.

Beispiel

X5CrNi18-10

Hauptsymbole		Zusatzsymbole	
Kennbuchstabe	Mittlerer C-Gehalt x 100	Legierungselemente	
		Chemische Symbole	prozentualer Anteil
X	5	CrNi	18 – 10

Es handelt sich um einen hochlegierten Stahl mit 0,05 % Kohlenstoff, 18 % Chrom und 10 % Nickel.

4. **Schnellarbeitsstähle**

Der Kurzname beginnt mit dem Kennbuchstaben HS. Die Legierungselemente Wolfram, Molybdän, Vanadium und Cobalt werden nur durch die festgelegte Reihenfolge als Zahlen angegeben, die den Anteil in Prozent angeben.

Beispiel

HS6-5-2-5

Hauptsymbol		**Zusatzsymbole**
Kennbuchstabe	**Mittlerer C-Gehalt 100**	**Reihenfolge der Legierungselemente: W, Mo, V, Co**
HS	**Ohne**	**6 – 5 – 2 – 5**

Es handelt sich um einen Schnellarbeitsstahl mit 6 % Wolfram, 5 % Molybdän, 2 % Vanadium und 5 % Cobalt.

24. Wie ist die Bezeichnung der Stähle nach dem Werkstoffnummernsystem (DIN EN 10 027-1) aufgebaut?

Eine Werkstoffnummer besteht aus einer Folge von fünf oder sieben Ziffern mit folgender Bedeutung:

► Werkstoffhauptgruppe	a	Werkstoffnummer **a.bbcc.dd**
► Sortennummer	bb	
► Zählnummer innerhalb einer Stahlsorte	cc	
► Anhängezahlen mit Zusatzinformationen	dd	

Beispiel

► Werkstoffhauptgruppe	1	Werkstoffnummer **1.0810**
► Sortennummer	08	
► Zählnummer innerhalb einer Stahlsorte	10	

Die DIN EN 10027-2 enthält folgende Werkstoffhauptgruppen bzw. Sortennummern (Einzelheiten sind dort bzw. den einschlägigen Tabellenwerken zu entnehmen):

Werkstoffhauptgruppe		Werkstoffgruppe	
Hauptgruppennummer	**Hauptgruppe**	**Sortennummer**	**Stahlsorte**
0	Roheisen, Gusseisen	01 ... 07	Unlegierte Qualitätsstähle
1	**Stahl, Stahlguss**	**08, 09**	**Legierte Qualitätsstähle**
2	Nichteisen-Schwermetalle	10 ... 18	Unlegierte Edelstähle
3	Leichtmetalle	20 ... 28	Legierte Werkzeugstähle
4 8	Nicht metallische Werkstoffe	33 ... 49	Legierte sonstige Stähle
...	...	51 ... 89	Legierte Bau-, Maschinenbau- und Behälterstähle

25. Was sind Nichteisenmetalle?

Nichteisenmetalle sind alle reinen Metalle außer Eisen und alle Legierungen von Metallen, bei denen der Eisengehalt nicht größer ist als alle anderen Anteile.

- **Leichtmetalle** haben eine Dichte von weniger als 5 kg/dm^3.
- **Schwermetalle** haben eine Dichte von mehr als 5 kg/dm^3.

Nach ihrer Herstellung sind Knet- und Gusslegierungen zu unterscheiden. Wie beim Werkstoff Stahl kennt das Bezeichnungssystem für Nichtmetalle eine numerische Bezeichnung und eine Bezeichnung nach Namen bzw. chemischer Zusammensetzung.

26. Wie lassen sich Nichteisenmetalle im Einzelnen untergliedern?

Neben der Unterscheidung hinsichtlich ihrer Dichte in Leicht- und Schwermetalle lassen sich Nichteisenmetalle weiterhin untergliedern in edle/unedle Metalle sowie in niedrigschmelzende, mittelschmelzende und hochschmelzende Metalle:

Nichteisenmetalle						
Chemische Beständigkeit		**Dichte**		**Schmelztemperatur**		
Edle Metalle	Unedle Metalle	Leichtmetalle	Schwermetalle	Niedrigschmelzende Metalle bis 1.000 °C	Mittelschmelzende Metalle 1.000 °C - 2.000 °C	Hochschmelzende Metalle über 2.000 °C

27. Welche Bezeichnungssystematik gilt für NE-Metalle und ihre Legierungen?

Das Bezeichnungssystem für NE-Metalle und ihre Legierungen orientiert sich an der DIN EN 10027 für die Stahlbezeichnung und wird in den vielen Normen als Bezeichnung für die unterschiedlichen NE-Legierungen und Verwendungszwecke angewandt.

So wird z. B. in der DIN EN 573 folgende Alu-Knetlegierung dargestellt:

- **Bezeichnung nach chemischen Symbolen:**

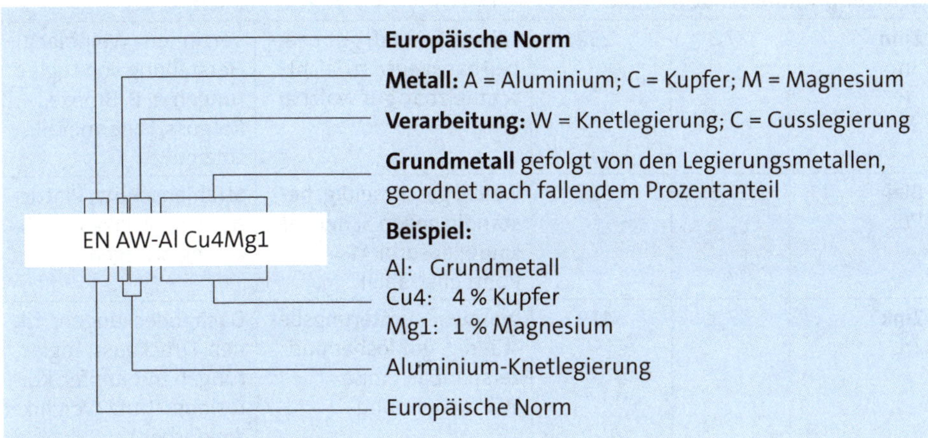

- **Bezeichnung nach Nummern:**

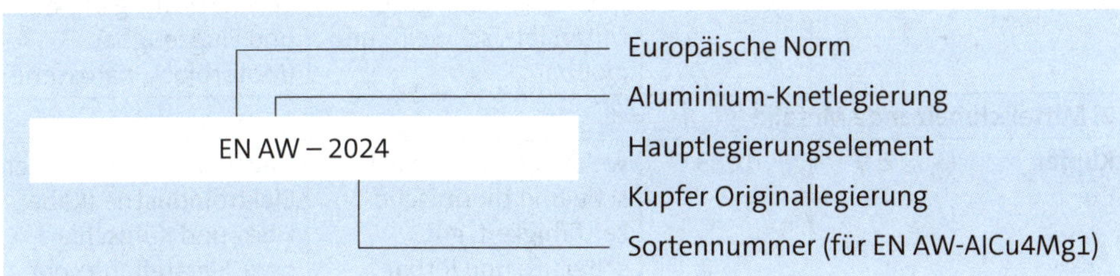

28. Welche Eigenschaften und Anwendungsbereiche haben wichtige NE-Metalle?

Dazu ausgewählte Beispiele; vgl. dazu ergänzend: Tabellenwerke und Fachliteratur zur Werkstofftechnologie.

Metall	Dichte in kg/dm^3	Schmelz-temperatur in °C	Eigenschaften	Anwendungsbereiche
1. Niedrig schmelzende Metalle				
Zinn Sn	7,3	232	silberglänzend; gut bearbeitbar, biegsam, leicht schmelzbar, gut walzbar	Verzinnen (Weißblech); Herstellung von Legierungen, z. B. Bronze, Rotguss, Lagermetall, Lötzinn
Blei Pb	11,3	327	weich, geschmeidig, beständig gegen Schwefelsäure; absorbiert Röntgenstrahlen	Strahlenschutz, Plattierungen, Bleiakkus, Bleilegierungen
Zink Zn	7,1	419	grauweiß; witterungsbeständig, gut lösbar und zerspanbar, große Wärmedehnung	Dachabdeckungen, -rinnen, Druckguss, Legierungen mit Kupfer, Korrosionsschutz (Verzinken, Zinkfarben)
Aluminium Al	2,7	659	leicht, weich, dehnbar, gut verformbar, guter Leiter; löt-, schweiß- und gießbar	Folien, Tuben, Haushaltsgeräte; wichtig im Kfz- und Flugzeugbau (Motorblock, Karosserie)
2. Mittelschmelzende Metalle				
Kupfer Cu	8,9	1083	weich, zäh, gute elektrische und thermische Leitfähigkeit, gut schweiß- und lötbar, schlecht gießbar, nicht säurebeständig	Dachbeläge, Dachrinnen, Elektroindustrie (Kabel, Heiz- und Kühlschlangen), Herstellung von Messing, Bronze und Rotguss
3. Hochschmelzende Metalle				
Wolfram W	19,3	3380	grau, zähhart, hohe Temperaturbeständigkeit	Legierungsmetall für Schnellarbeitsstähle, Herstellung von Hartmetall, Glühfäden, Thermoelemente, WIG-Elektroden
Molybdän Mo	10,2	2600	hart, luftbeständig	Heizleiter, Legierungselement für hitzebeständige Stähle und Schnellarbeitsstähle

Metall	Dichte in kg/dm³	Schmelz-temperatur in °C	Eigenschaften	Anwendungsbereiche
4. Leichtmetalle				
Magnesium Mg	1,8	650	silber weiß, entzündet sich bei 800 °C und verbrennt mit weißem Rauch und blendendem Licht (Vorsicht Zerspanen!) leichtestes Metall	wird überwiegend mit Aluminium, Zink und Silizium legiert, um Festigkeit, Härte und Korrosionsbeständigkeit zu erhöhen; Leichtbauteile im Geräte-, Fahrzeug- und Flugzeugbau
Titan Ti	4,5	1727	hohe Festigkeit, zäh, korrosions- und temperaturbeständig; teuer	Leichtbauteile, die mechanisch hoch belastet werden, z. B. Chemieapparate, Medizin- und Raumfahrttechnik, Automobilbau
5. Edelmetalle				
Silber Ag	10,5	960	glänzend, höchste Leitfähigkeit für Elektrizität und Wärme, hohes Reflexionsvermögen	elektrische Leitungen und Kontakte, Reflektoren, Spiegel, Scheinwerfer, Münzmetall
Gold Au	19,3	1063	korrosionsbeständig, weich, dekorativ	Schutzüberzüge, Schmuck, Elektrokontakte, Münzmetall
Platin Pt	21,5	1773	sehr korrosionsbeständig gegen Säuren	Chemielabortechnik, Thermoelemente, Schmuck

29. Welche nicht metallischen Werkstoffe können in der Fertigung eingesetzt werden?

Beispiele		Anwendungsbereich – Beispiele
Holz	→	Schalung, Fundament, Haltevorrichtung, Träger, Stützen, Verbundstoff, Gießereimodelle, Schall- und Wärmedämmung
Diamant	→	Schleif- und Schneidmittel
Gummi	→	Transportbauteile, Schwingungsdämpfung
Keramik	→	Isolierkörper in der Elektroindustrie, Verminderung von mechanischem Verschleiß (z. B. Fadenführung bei Spinnmaschinen), Rohre, Behälter
Glas	→	Sicherheitsglas, optische Gläser, Apparateglas, Glasfaserstoffe; Isolierstoff in der Elektroindustrie, Schall- und Wärmeisolierung im Bauwesen

30. Was sind Verbundwerkstoffe?

Verbundwerkstoffe bestehen aus zwei oder mehr Werkstoffen mit unterschiedlichen Eigenschaften. Das Ziel des Verbunds ist ein Werkstoff, dessen Eigenschaften die der Einzelwerkstoffe übertrifft und auf üblichem Wege nicht erreicht wird. Die gezielten Eigenschaftsverbesserungen wirken meist in Richtung physikalischer und mechanischer Verbesserungen wie z. B. Festigkeit, Zähigkeit, Steifigkeit, Warmfestigkeit, Verschleißwiderstand u. a. Der Unterschied zu Legierungen (in ihnen sind die Einzelkomponenten gelöst und fein verteilt) besteht darin, dass in Verbundwerkstoffen die Einzelkomponenten unverändert und in größeren Teilen vorliegen.

31. Wie werden Verbundwerkstoffe eingeteilt?

Verbundwerkstoffe

Durchdringungs-verbundwerkstoffe	**Teilchen-**verbundwerkstoffe	**Faser-**verbundwerkstoffe	**Schicht-**verbundwerkstoffe
Fest zusammenhängende Teilchen, zwischen denen Hohlräume existieren, werden von einem zweiten Stoff durchdrungen, z. B. Lagerwerkstoffe, getränkte Sinterwerkstoffe.	In einem zusammenhängenden Stoff werden kleine Teilchen eingelagert, z. B. Hartmetalle, Schleifscheiben, Zahnräder.	Fasern werden in den Grundwerkstoff eingelagert, z. B. Drahtglas, glasfaser-/kohlenfaserverstärkte Werkstoffe.	Gleichartige oder verschiedenartige Materialschichten werden miteinander verbunden, z. B. Schichtpapier, Bimetalle, Sperrholz.

Einteilung von Verbundwerkstoffen

32. Was versteht man unter Sintern?

Sintern ist das Glühen von gepressten Metallpulvern. Bei dem Vorgang entsteht durch Diffusion und Kristallisation ein zusammenhängendes Gefüge. Die Herstellung von Sintermetallen erfolgt in vier Arbeitsstufen:

1. **Pulverherstellung:**
   Durch Zerstäuben oder Verdüsen werden aus Metallschmelzen kleine Metallpulverteilchen hergestellt.
2. **Mischen:**
   Unterschiedliche Metallpulver werden in der erforderlichen Zusammensetzung gemischt.

3. **Pressen:**
   Das Metallpulvergemisch wird in formgebenden Werkzeugen so stark verdichtet, dass an den Berührungsstellen eine Kaltverfestigung erfolgt (Pressrohling).
4. **Sintern:**
   Durch die Wärmebehandlung (Sintern) erhält der Rohling seine endgültige Festigkeit; ggf. erfolgt eine Nachbehandlung (Kalibrieren, Wärmebehandlung, Tränken).

Sinterwerkstoffe finden Verwendung als Filterteile, Lagerwerkstoffe, Formteile u. a. Kennzeichnend für Sinterwerkstoffe ist die Porosität.

33. Welche Vor- und Nachteile bietet das Sintern?

- **Vorteile**, z. B.:
  - Herstellung einbaufertiger Bauteile, die eine hohe Präzision und Maßhaltigkeit aufweisen,
  - chemische Zusammensetzung ist genau bestimmbar (gewünschte Eigenschaft des Werkstücks),
  - unterschiedliche Werkstoffeigenschaften sind herstellbar, z. B.:
    - hoher Pressdruck → dichte Werkstoffe
    - niedriger Pressdruck → poröse Werkstoffe
  - keine Werkstoffverluste,
  - große Stückzahlen.
- **Nachteile**, z. B.:
  - nur auf kleinere Werkstücke beschränkt (hoher Pressdruck erforderlich)
  - Einschränkungen in der Formgebung
  - wirtschaftlich nur bei Massenfertigung.

34. Welche Bedeutung hat die Werkstoffsubstitution für den Fertigungsprozess?

Die Entscheidung für die in einem Fertigungsprozess einzusetzenden Werkstoffe ist komplex und orientiert sich an einer Vielzahl von Faktoren, z. B.:

1. **Technologische Eigenschaften** des Werkstoffs, z. B.:
   Umformbarkeit, Spanbarkeit, Gießbarkeit.
2. **Mechanische Eigenschaften** des Werkstoffs, z. B.:
   Härte, Festigkeit.
3. **Chemische Eigenschaften** des Werkstoffs, z. B.:
   Hitze- und Korrosionsbeständigkeit.
4. **Physikalische Eigenschaften** des Werkstoffs, z. B.:
   Dichte, Schmelzpunkt, Leitfähigkeit.

5. **Kosten** des Werkstoffs, z. B.:
   Beschaffungskosten (Rohstoffmärkte), Kosten der Be- und Verarbeitung (z. B. Energiekosten → Energiebilanz des Unternehmens), Entsorgungskosten
6. **Ökologische Aspekte**, z. B.:
   Verknappung der Ressourcen, Abhängigkeit von Lieferanten, Belastung der Umwelt mit Abfällen, Emissionen u. Ä., Möglichkeiten und Kosten der Entsorgung bzw. Aufbereitung (Stichworte: Ökobilanz des Unternehmens, Umweltzertifizierung).
7. **Gesellschaftliche Aspekte**, z. B.:
   Meinung der Verbraucher, Gefahren der gesundheitlichen Schädigung bei der Herstellung und beim Gebrauch von Produkten (Stichwort: Kontaminierung).

35. Welche Beispiele der Werkstoffsubstitution lassen sich anführen?

1. **Konstruktionswerkstoffe im Fahrzeugbau:**
   Stähle und Gusslegierung sind nach wie vor dominierend. Ihr Einsatz wird durch legierungs- und fertigungstechnische Maßnahmen laufend verbessert. Trotzdem finden alternative Werkstoffe ihre Verwendung. Im Gegensatz zu früher wird z. B. heute ein Pkw nur noch zu rd. 50 % aus Stahl gefertigt.
   - → Unter dem Aspekt der Leichtbauweise (Gewicht, Komfort, Sicherheit, Energieverbrauch des Fahrzeugs) bieten Leichtmetalle, Polymere, thermoplastische Kunststoffe, Magnesiumlegierungen, Faser- und Schichtverbundwerkstoffe deutliche Vorteile. Dem stehen zum Teil Probleme der Entsorgung und des Recyclings gegenüber.
   - → Der Versuch, keramischen Werkstoff im Motorenbereich einzusetzen, scheiterte bisher nicht an den Eigenschaften des Werkstoffs, sondern an der Wirtschaftlichkeit der Herstellung.
2. **Konstruktionswerkstoffe im Flugzeugbau:**
   - → Statt metallischer Komponenten werden zunehmend langfaserverstärkte Polymer Compositen und Metall-Polymer-Schichtverbunde eingesetzt (Gewichtsreduktion).
3. **Konstruktionswerkstoffe im Maschinenbau:**
   - → PZT (Blei-Zirkonat-Titanat) ist ein multifunktioneller Werkstoff, der über den piezoelektrischen Effekt mechanische Verformung in elektrische Signale umwandelt und umgekehrt. Daher lässt er sich ebenso als Sensor wie als Aktor einsetzen (neuestes Beispiel: Feinsteuerung der Kraftstoffeinspritzung bei Dieselmotoren).
4. **Konstruktionswerkstoffe für Produkte des täglichen Bedarfs:**
   - → Seit vielen Jahren bekannt ist der „Siegeszug" der Kunststoffe als Werkstoffbasis für Gegenstände des täglichen Bedarfs. Im Bereich der Haushaltsgeräte, der Motorengehäuse bei Elektrogeräten sowie in der Elektroindustrie haben z. B. Kunststoffe die traditionellen Werkstoffe wie Holz, Keramik und Stahl verdrängt. Ursache dafür sind die hervorragenden Bearbeitungseigenschaften

sowie günstige Kostenrelationen. Nicht immer trifft diese Entwicklung auf den uneingeschränkten Zuspruch der Verbraucher (z. B. Gleichförmigkeit und stereotypes Aussehen der Produkte, mangelhafte Festigkeit und übermäßiger Verschleiß, z. B. beim Ersatz von Metallzahnrädern durch Kunststoffe usw.).

Insgesamt ist jede Entscheidung des Einsatzes alternativer Werkstoffe unter dem Aspekt der Verarbeitungs- und Gebrauchseigenschaften, der Wirtschaftlichkeit und der Ökologie zu sehen. Dabei spielt der Gesichtspunkt der „Nachhaltigkeit“ eine zunehmende Rolle: Es sind nicht nur die kurzfristig entstehenden Fertigungskosten substituierbarer Werkstoffe zu betrachten, sondern der Gesamtaufwand zur Herstellung, zum Betrieb und zur Entsorgung eines Produkts ist zu berücksichtigen. Vor diesem Hintergrund ist auch die Einführung des neuen ElektroG durch den Gesetzgeber zu sehen.

36. Was ist Gegenstand der Verfahrenstechnik?

Die Verfahrenstechnik beschäftigt sich mit der technischen und wirtschaftlichen Durchführung aller Prozesse, in denen **Stoffe** nach Art, Eigenschaft und Zusammensetzung **verändert werden**.

Teilgebiete der Verfahrenstechnik (VT) sind:

- Mechanische VT
- Thermische VT
- Chemische VT
- Bio-VT
- Umwelttechnik.

37. Welche Stoffumwandlungsprozesse finden bei der Herstellung von Produkten statt?

Die meisten Gebrauchs- und Verbrauchsgegenstände einer Volkswirtschaft bestehen aus Stoffen, die in ihrer Form und Eigenschaft in der Natur nicht direkt vorkommen (z. B. Stahlblech, Pkw-Reifen, Motorengehäuse).

Innerhalb des Stoffumwandlungsprozesses (**Verfahren**) müssen die erforderlichen Ausgangsstoffe (Erdöl, Gummi, Eisen) z. B. zerkleinert, aufgelöst, gereinigt und vorgewärmt werden (**Stoffvorbereitung**).

Anschließend werden die Stoffe z. B. geformt, gehärtet, erwärmt, abgekühlt und gereinigt (**Stoffumwandlung**).

In der dritten Stufe erfahren die umgewandelten Stoffe eine **Nachbereitung** (z. B. Abkühlen, Prüfen, Verpacken, Transportieren).

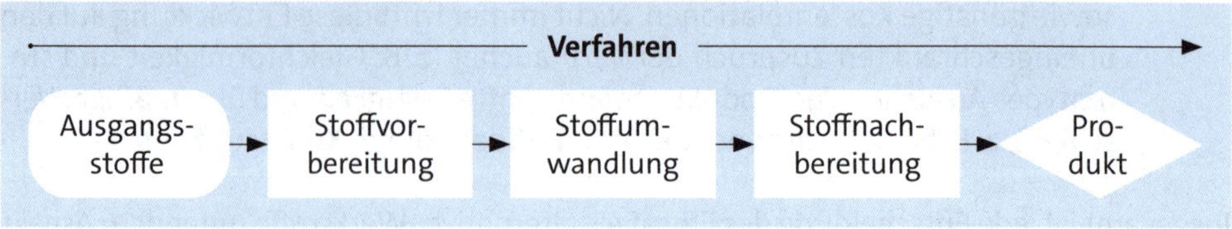

Stoffumwandlungsprozess

38. Welche Maßnahmen zur Optimierung der Verfahrenstechnik sind denkbar?

Die Entscheidung über eine bestimmte **Fertigungstechnologie** bei der geplanten Herstellung eines Produktes ist abhängig von einer Vielzahl von Faktoren, die wiederum in gegenseitiger Abhängigkeit stehen. Die wichtigsten **Einflussfaktoren** sind:

1. Wahl der **Werkstoffe:**
   → Metalle, Kunststoffe, Keramik, Verbundstoffe
2. Wahl der **Fertigungstechnik:**
   → Urformen, Umformen, Trennen usw.
3. Wahl der **Fertigungsorganisation:**
   → Werkstattfertigung, Baustellenfertigung, Fließfertigung usw.
4. Wahl der **Kombination der Produktionsfaktoren:**
   → Mechanisierung, Automation
5. Wahl der **Energieträger:**
   → Elektrisch, Hydraulisch, Pneumatisch (Energieversorgung des Unternehmens)
6. Wahl des **Standortes:**
   → innerbetrieblich, überbetrieblich (Inland/Ausland)

Damit führt jede Entscheidung über eine spezifische Fertigungstechnologie zwangsläufig zu einer daraus resultierenden Kostenstruktur und zu einer bestimmten Energie- und Ökobilanz sowie einer „gefertigten" Qualitätslage. Daraus ergeben sich Konsequenzen für die Herstellungskosten eines Produktes, seiner Wettbewerbsfähigkeit am Markt sowie seiner nachhaltigen Verwendung.

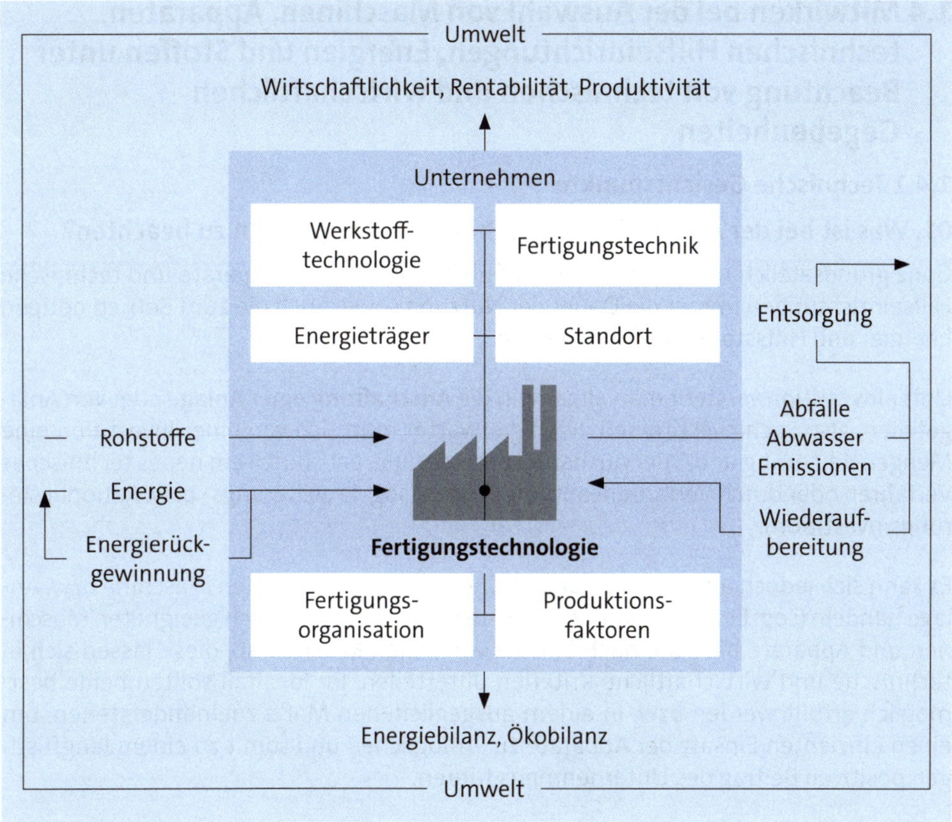

Einflüsse auf die Fertigungstechnologie

Der verantwortliche Meister ist mit Unterstützung seiner Mitarbeiter im Rahmen kontinuierlicher Verbesserung permanent in der Pflicht, diese Verfahrensprozesse zu optimieren zur Verbesserung der Wirtschaftlichkeit, der Qualität und der ökologischen Kennwerte der Fertigung.

Geeignete Maßnahmen dazu sind beispielsweise:

- Senkung des Primärenergieverbrauchs
- Einsatz ressourcenschonender Werkstoffe
- Vermeidung/Verminderung von Abfällen und Emissionen
- Wirtschaftliche Nutzung des Maschinenparks
- Erkennen von Rationalisierungsreserven (z. B. Abläufe, Personaleinsatz, Materialversorgung).

1.4 Mitwirken bei der Auswahl von Maschinen, Apparaten, technischen Hilfseinrichtungen, Energien und Stoffen unter Beachtung von technischen und wirtschaftlichen Gegebenheiten

1.4.1 Technische Gesichtspunkte

01. Was ist bei der Auswahl von Maschinen und Apparaten zu beachten?

Ganz grundsätzlich müssen bei Investitionen in Maschinen, Apparate und technische Hilfseinrichtungen immer die Dauer der Nutzung sowie auch die zum Betrieb nötigen Energie- und Hilfsstoffe beachtet werden.

Unter Investition versteht man allgemein die **Anschaffung** einer Anlage oder von Anlageteilen, also Sachinvestitionen. Häufig erwartet man sich von einer Investition eine Mengensteigerung und/oder Ausbeuteverbesserung, evtl. durch ein neues technisches Verfahren oder durch Verfahrensoptimierungen (sog. Erweiterungs- bzw. Rationalisierungsinvestition).

Es kann sich jedoch auch um den **Ersatz** einer bereits bestehenden Maschine bzw. Anlage handeln (sog. Ersatzinvestition). Die Auswahl der bestmöglich geeigneten Maschinen und Apparate hängt je nach Einsatz von vielen Kriterien ab, diese lassen sich in technische und wirtschaftliche Kriterien unterteilen. Im Idealfall sollten beide bestmöglich erfüllt werden bzw. in einem ausgeglichenen Maße zueinanderstehen, um einen effizienten Einsatz der Apparate zu ermöglichen und somit zu einem langfristigen positiven Beitrag des Unternehmens führen.

02. Welche technischen Gesichtspunkte sind zu berücksichtigen?

In der chemischen Industrie steigt die technische Komplexität immer weiter an. Dies liegt zum einen am immer weiter zunehmenden Automatisierungsgrad, zum anderen an immer höheren Anforderungen an die Maschinen und Apparate. Daher ist bei jeglichen Umbauten, Erweiterungen oder Neubauten die technische Entwicklung zu beachten. Ein technisches Verfahren, welches evtl. vor fünf Jahren noch das bestmöglich geeignete war, kann mittlerweile überholt und von einem noch besseren Verfahren abgelöst worden sein. Daher ist es wichtig, sich im Vorfeld jeder Investition hinsichtlich des aktuellen technischen Standes eingehend zu informieren. Denn eine falsch ausgewählte technische Lösung kann zu einem Scheitern der kompletten Investition führen. Wenn z. B. ein erworbener Reaktionsapparat mit Messeinrichtungen ausgestattet ist, die innerhalb kurzer Zeit ausfallen, da sie durch das Produkt beschädigt werden und ersetzt werden müssen, kann dies zum Stillstand der gesamten Anlage und zu hohem Produktionsausfall führen.

Folgende **Aspekte** sind bei der technischen Auswahl zu berücksichtigen:

- Die geforderte Funktion muss bestmöglich erfüllt werden.
- hohe Verarbeitungsqualität, Langlebigkeit
- Die Werkstoffe müssen beständig gegen die verwendeten Stoffe sein.

- Die Sicherheitsstandards müssen eingehalten werden.
- Der Rohstoff- und Energieverbrauch soll minimal sein (maximale Effizienz).
- Die Bedienerfreundlichkeit muss gewährleistet sein.
- Die ergonomischen Aspekte sollen wo immer möglich berücksichtigt werden.
- Die Maschinen bzw. Apparate sollen möglichst einfach zu warten und instand zu halten sein.
- Sämtliche gültige Richtlinien und Normen müssen eingehalten werden (z. B. BetrSichV, MRL usw.).

Da bei der Auswahl der Maschinen und Apparate immer viele verschiedene technische Aspekte berücksichtigt werden müssen, sollte die Auswahl immer im Zusammenspiel der einzelnen technischen Abteilungen, wie z. B. Verfahrenstechnik, EMSR-Technik, Mechanische Abteilung usw. erfolgen und – falls betriebliche Erfahrungen vorliegen – mit betrieblichen Verantwortungsträgern aus anderen Abteilungen/Anlagen abgestimmt werden. Selbstverständlich ist ganz besonders auf hohe Zuverlässigkeit und Wartungsfreundlichkeit der ausgewählten Investition für die geplante Anlagenlaufzeit zu achten, da bei einer verfahrenstechnischen Anlage ein Defekt häufig unmittelbar einen Produktionsausfall verursacht. Durch die Entscheidung für die bestmögliche technische Lösung werden i. d. R. nicht nur eine hohe Anlagenverfügbarkeit, sondern auch ein entsprechendes Sicherheitsniveau gewährleistet.

1.4.2 Wirtschaftliche Gesichtspunkte

01. Welche wirtschaftlichen Gesichtspunkte sind zu berücksichtigen?

Neben den technischen Aspekten, welche häufig als sog. KO-Kriterien erfüllt sein müssen (z. B. muss eine Abfüllung einen vorgegebenen Durchsatz erreichen oder eine Pumpe muss einen Mindest-Druck realisieren) sind natürlich auch die wirtschaftlichen Kriterien immer stärker zu betrachten. Aufgrund der zunehmenden Technisierung und Automatisierung in den Anlagen der chemischen Industrie ist der Kapitaleinsatz für neue Produktionsanlagen bzw. für Ersatzinvestitionen meist beträchtlich. Die Kapitalgeber (z. B. die Aktionäre oder Banken) fordern eine gewinnbringende Verzinsung des zur Verfügung gestellten Kapitals und gleichzeitig ist eine wirtschaftlich effiziente Produktion Voraussetzung dafür, dass die Produkte am Weltmarkt bestehen können. Die Herstellkosten pro erzeugter Einheit ergeben sich u. a. aus den Investitionskosten und den laufenden (variablen) Kosten der Anlage.

Daher sind die folgenden **wirtschaftlichen Aspekte** immer zu berücksichtigen:

- optimaler Bestellzeitpunkt
- gesamter Kapitalbedarf der Investition
- Dimensionierung der Anlage
- Ist eine Integration in eine bereits bestehende Anlage möglich oder gewünscht?
- Lebenszykluskosten (Anschaffung, Betrieb, Entsorgung).

Neben den Anschaffungskosten müssen stets auch die **laufenden Kosten** mit in die Investitionsplanung einfließen:

- Rohstoffe für das gewählte Verfahren
- Hilfs- und Betriebsstoffe
- Energiekosten
- Personalkosten
- Instandhaltung (Inspektions- und Wartungskosten)
- Rückstellungen z. B. für die Demontage, Entsorgung usw.

02. Welche Entscheidungskriterien können relevant sein?

Die meisten Unternehmen treffen Investitionsentscheidungen aufgrund verschiedenartiger betriebswirtschaftlicher Rechenmethoden. Es müssen jedoch auch Investitionen getätigt werden, welche ein negatives rechnerisches Ergebnis aufweisen, z. B. im Bereich Umweltschutz und Arbeitssicherheit. In diesem Zusammenhang ist es wichtig, dass die Unternehmensführung einheitliche Leitlinien zu Investitionsentscheidungen vorgibt, insbesondere die beabsichtigte Kapitalrückflusszeit sollte vorgegeben sein, um einheitliche und nachvollziehbare Entscheidungen treffen zu können. In der Praxis wird aber nicht jede Investition, welche die gewünschten Kriterien nicht erfüllt, zwangsläufig abgelehnt und nicht getätigt. Besonders bei langfristigen Entscheidungen sind weiterführende Betrachtungsweisen nötig. Diese strategischen Investitionsentscheidungen werden in der Regel auf oberster Unternehmensebene getätigt.

Denn neben den rein betriebswirtschaftlichen Gesichtspunkten können folgende Aspekte einen Einfluss haben, wie z. B. bei der Entscheidung zum Bau einer neuen chemischen Anlage:

- Produktion nahe am Kunden oder nur im Werksverbund möglich, wg. Rohstoffversorgung, z. B. Monomeranlage → Polymeranlage
- Infrastruktur für Logistik von Rohstoffen und Endprodukte vorhanden, z. B. Eisenbahn, Autobahn, Seeweg
- genügend Fachpersonal vorhanden
- Gesetze bzw. Verordnungen, die sich ändern (könnten)
- Märkte und Technologien können sich jederzeit ändern, wie z. B. in der Automobilindustrie mit dem Übergang vom Verbrennungsmotor zum Elektroauto.

03. Welche Wirtschaftlichkeitsberechnungsmethoden werden angewandt?

Grundsätzlich werden die Methoden zur Investitionsberechnung in statische und dynamische Rechenverfahren eingeteilt. Im Regelfall werden sowohl statische wie auch dynamische Methoden ausgewertet und aufgrund dessen eine Entscheidung getroffen.

Statische Investitionsrechungen sind u. a. die Kostenvergleichsrechnung oder die Gewinnvergleichsrechnung.

- **Kostenvergleichsrechnung**

  Bei der Kostenvergleichsrechnung werden zwei oder mehrere Investitionsobjekte auf ihre Vorteilhaftigkeit hin miteinander verglichen. Die für die Investition nötigen Anschaffungskosten sowie die für die Anlagenlaufzeit ermittelten Kosten (z. B. Materialkosten, Personalkosten usw.) werden einfach einander gegenübergestellt. Diejenige Investition, welche die geringeren Gesamtkosten verursacht, ist die vorteilhaftere. Die Gesamtkosten ergeben sich aus den fixen und den variablen Kosten. Da die Kostenvergleichsrechnung die durchschnittlichen Kosten einer Periode betrachtet, muss die Anschaffungsauszahlung entsprechend innerhalb der Fixkosten berücksichtigt werden. Diese Kapitalkosten ergeben sich aus den kalkulatorischen Abschreibungen und den kalkulatorischen Zinsen.

- **Gewinnvergleichsrechnung**

  Die Gewinnvergleichsrechnung erweitert die Kostenvergleichsrechnung, indem nicht nur die Kosten, sondern auch die zu erwartenden Gewinne berücksichtigt werden. Unterschiede zum reinen Kostenvergleich ergeben sich oft dadurch, dass die produzierte Menge (Quantität) und auch die Qualität der einzelnen Produkte zu unterschiedlichen Erlösen führen. Somit kann eine nach reinen Kostengesichtspunkten ungünstigere Investition mehr Gewinn erwirtschaften, vorausgesetzt sie kann vollständig abgesetzt werden. Der Gewinn berechnet sich allgemein, indem von den Erlösen die Kosten abgezogen werden.

Zu den **dynamischen Investitionsrechnungen** gehört z. B. die Kapitalwertmethode.

- **Kapitalwertmethode**

  Der Kapitalwert ergibt sich aus der Summe der auf die Gegenwart abgezinsten zukünftigen Erfolge einer Investition. Durch die Abzinsung von zukünftigen Erfolgen auf die Gegenwart wird der Zeitwert des Geldes berücksichtigt: Je eher man über Geld verfügen kann, desto mehr Wert besitzt es. Durch die Abzinsung von Erfolgen auf einen einheitlichen Zeitpunkt können auch Zahlungen vergleichbar gemacht werden, die zu unterschiedlichen Zeitpunkten anfallen. Eine Investition ist immer dann absolut vorteilhaft, wenn ihr Nettokapitalwert größer als null ist. In diesem Fall übersteigt der Kapitalwert der Investition den Wert der Investitionsauszahlung.

  Bei einem Vergleich von zwei Investitionsprojekten ist dieses zu wählen, welches den größeren Kapitalwert hat.

Häufig werden auch noch weitere **(qualitative) Analysen** durchgeführt, wie z. B.:

- **Kosten-Nutzen-Analyse (KNA)**

  Sie ist ein Instrument, um zu beurteilen, ob der Nutzen einer Investition für das Unternehmen den dafür nötigen Aufwand rechtfertigt. Betriebliche Investitionen bergen immer ein finanzielles Risiko für das Unternehmen. Um dieses Risiko im Vorfeld zu verringern, bedarf es einer Analyse der anfallenden Kosten und des zu erwartenden Nutzens. Genau hierbei kommt die Kosten-Nutzen-Analyse ins Spiel. Sie wird immer dann angewendet, wenn neue Vorhaben gestartet, mehrere alternative Vorhaben gegeneinander abgewogen oder größere Investitionen getätigt werden sollen.

Vor allem dann, wenn die Betrachtung der Wirtschaftlichkeit eines Vorhabens nur schwer auf monetärer Basis durchgeführt werden kann, sollte eine Kosten-Nutzen-Analyse durchgeführt werden. Die Kosten eines bevorstehenden Projekts lassen sich dabei in den meisten Fällen relativ gut vorhersagen, doch nicht immer wird der konkrete unternehmerische Nutzen von Anfang an deutlich. Das liegt auch daran, dass dieser nicht immer mit Geld gemessen werden kann.

Zu diesen **nicht monetär messbaren Größen** gehören z. B.:

- Verringerung der Reklamationsquote
- Verbesserung der Kundenzufriedenheit
- Erhöhung der Motivation der Mitarbeiter
- Reduktion der Durchlauf- und Bearbeitungszeiten durch verbesserte Arbeitsabläufe
- Verbesserung der Termintreue bei Auslieferungen
- Verringerung der Transportzeiten
- Verbesserte Kommunikation im Unternehmen
- Reduktion der Fehlerquote im Unternehmen
- Verbesserung des Images des Unternehmens.

Diese Faktoren müssen in den meisten Fällen geschätzt werden und können dabei auch subjektiven Einschätzungen unterliegen. Dementsprechend sollten diese Einschätzungen nicht nur von einer Person, sondern besser von mehreren Experten durchgeführt werden.

1.5 Organisieren und Veranlassen von Maßnahmen zur Behebung von Störungen

1.5.1 Bestimmungsgemäßer Betrieb

01. Was kennzeichnet den bestimmungsgemäßen Betrieb einer Anlage?

In einer chemischen Anlage umfasst der bestimmungsgemäße Betrieb unter anderem folgende Prozessschritte:

- den Normalbetrieb, einschließlich betriebsnotwendiger Eingriffe (wie z. B. der Probenahme) und einschließlich der Lagerung mit Füll-, Umfüll- und Abfüllbetrieb
- die Inbetriebnahme und den An- und Abfahrbetrieb
- den Probebetrieb
- Instandhaltungsvorgänge (Wartung, Inspektion, Instandsetzung, Verbesserungen) und Reinigungsarbeiten
- den Zustand bei vorübergehenden Außerbetriebnahmen, wie z. B. der Abstellung der Anlage.

Der bestimmungsgemäße Betrieb ist also der zulässige Betrieb, für den eine Anlage nach ihrem technischen Zweck bestimmt, ausgelegt und geeignet ist. Sobald irgendwelche Werte bzw. Parameter außerhalb der festgelegten Grenzwerte liegen, spricht man von einer Störung. Jede Abweichung vom bestimmungsgemäßen Betrieb bezeichnet somit eine Störung (siehe Frage 02.).

02. Was wird unter einer Störung verstanden?

Eine Störung beschreibt ganz allgemein die **Abweichung vom bestimmungsgemäßen Betrieb**. Dies kann z. B. der Ausfall einer Maschine sein oder das Ansprechen eines Sicherheitsventils. Es gibt also Störungen, welche nur geringe Auswirkungen nach sich ziehen und andere, welche weitreichende Auswirkungen besitzen. So kann eine Störung auch ein meldepflichtiges Ereignis darstellen, dies ist u. a. dann gegeben, wenn z. B. eine Explosion oder Freisetzung von definierten Stoffen und eine Überschreitung der Mengenschwelle stattfindet. Der Betreiber der Anlage ist in diesem Fall verpflichtet, die zuständige Behörde (z. B. Landratsamt, Gewerbeaufsichtsamt) unverzüglich zu informieren. Die Behörde muss dann die Umstände und Ursachen des Ereignisses aufklären und evtl. Konsequenzen daraus ziehen, falls es Versäumnisse seitens des Unternehmens gab. Die Ergebnisse der Untersuchungen sowie Gutachten und Empfehlungen werden dem Bundesministerium für Umwelt, Naturschutz, nukleare Sicherheit und Verbraucherschutz (BMUV) und der Zentralen Melde- und Auswertestelle Umweltbundesamt gemeldet.

Um möglichst alle von einer Anlage ausgehenden Auswirkungen und Gefährdungen zu erkennen und zu vermeiden, müssen im Vorfeld im Rahmen der Genehmigung Sicherheitsgespräche durchgeführt werden. So können evtl. Fehlerursachen erkannt und noch rechtzeitig vor Inbetriebnahme der Anlage abgestellt werden. Meldepflichtige Ereignisse sind immer eine Störung, da sie eine Abweichung vom bestimmungsgemäßen Betrieb darstellen.

1.5.2 Störfall

01. Wie ist die Sicherheit von chemischen Anlagen in Deutschland geregelt?

Auch die modernsten chemischen Anlagen können aufgrund des Vorhandenseins von gefährlichen Stoffen sowie ihrer technischen Vorgänge und Zustände ein Gefahrenpotenzial darstellen. Um dieses Gefahrenpotenzial möglichst zu minimieren, gibt es diverse Vorgaben:

- Die Sicherheit von technischen Anlagen liegt vor allem in der Verantwortung der Betreiber.
- Der Staat übernimmt die Kontrollpflicht und erlässt entsprechende Gesetze (z. B. BImSchG) und Verordnungen (z. B. 12. BImSchV, auch bekannt als Störfallverordnung).
- Für den Vollzug der Gesetze und Verordnungen sind die Länder zuständig.

Für Unternehmen in Deutschland gelten die Vorschriften der **12. Verordnung zum Bundesimmissionsschutzgesetz – Störfallverordnung** (12. BImSchV oder StöV). In dieser Verordnung sind die wesentlichen Anforderungen an die Betreiber von Anlagen, die unter den Anwendungsbereich der Störfallverordnung fallen, sowie die Pflichten der zuständigen Behörden definiert. Es bestehen für die Betreiber der Anlagen u. a. Pflichten zur Erstellung von Sicherheitskonzepten, zur Einführung eines Sicherheitsmanagements, zur Erstellung von Sicherheitsberichten, zur Erstellung von Betrieblichen Alarm- und Gefahrenabwehrplänen sowie zur Information der Öffentlichkeit.

02. Was versteht man unter einem Störfall?

Eine Störung des bestimmungsgemäßen Betriebs einer Anlage, wodurch bestimmte Stoffe (Anhang II der Störfallverordnung) frei werden, entstehen, in Brand geraten oder explodieren und eine Gemeingefahr entsteht. Unter Gemeingefahr ist eine Gefahr hinsichtlich schwerer Gesundheitsstörungen von Menschen, die nicht zum betroffenen Anlagenteil gehören, für die Gesundheit einer großen Zahl von Menschen oder für Sachen von hohem Wert, insbesondere Gewässer, Böden, Tier- und Pflanzenbestände, zu verstehen.

03. Was beinhaltet die Störfallverordnung?

Die Störfallverordnung (StöV oder 12. BImSchV in Deutschland) beinhaltet:

- Maßnahmen, die den Schutz von Menschen und Umwelt vor den Folgen von plötzlich auftretenden Störfällen bei technischen Anlagen mit Austritt von Gefahrstoffen regeln soll.
- Nicht darin geregelt sind entsprechend Allmählichkeitsschäden durch zu hohe Emissionen.
- Sie setzt die Anforderungen der europäischen Seveso-II-Richtlinie in das jeweilige nationale Recht um.
- Die Störfallverordnung gilt für alle Betriebsbereiche (z. B. Produktionsanlagen, Lager), in denen gefährliche Stoffe oberhalb einer sog. Mengenschwelle vorhanden sind. Die Betreiber der betroffenen Betriebsbereiche sind durch die Störfallverordnung verpflichtet, Sicherheitsvorkehrungen zu treffen, um Störfälle von Betriebsmitteln/-anlagen (Sicherheitskonzept) zu vermeiden, auftretende Störfalle sofort zu erkennen und entsprechend zu handeln sowie deren Auswirkungen auf den Menschen und die Umwelt so weit wie möglich zu minimieren.

Die Störfallverordnung gliedert sich in **3 Teile:**

1. Allgemeine Vorschriften
2. Vorschriften für Betriebsbereiche
3. Meldeverfahren und Schlussvorschriften.

Außerdem verfügt die Störfallverordnung über **6 Anhänge:**

- Anwendbarkeit der Verordnung und Stofflisten für Betriebsbereiche
- Mindestangaben im Sicherheitsbericht
- Grundsätze für das Konzept zur Verhinderung von Störfällen
- Informationen in den Alarm- und Gefahrenabwehrplänen
- Informationen der Öffentlichkeit
- Meldungen.

Die in der Störfallverordnung enthaltenen **Mengenschwellen** gelten sowohl für Rohstoffe, Endprodukte, Nebenprodukte, Rückstande und Zwischenprodukte – einschließlich solcher, bei denen vernünftigerweise davon auszugehen ist, dass sie bei einer Störung des bestimmungsgemäßen Betriebs anfallen. Sie gelten nicht nur für tatsächlich vorhandene Stoffe, sondern auch für solche, deren Vorhandensein vorgesehen (z. B. genehmigt) ist oder deren Vorhandensein bei einem außer Kontrolle geratenen industriellen chemischen Verfahren zu erwarten ist.

04. Welche Betriebsbereiche unterscheidet die Störfallverordnung?

- **Betriebsbereich der unteren Klasse:**

  Ein Betriebsbereich, in dem gefährliche Stoffe in Mengen vorhanden sind, die die in Spalte 4 der Stoffliste in Anhang I genannten Mengenschwellen erreichen oder überschreiten, aber die in Spalte 5 der Stoffliste in Anhang I genannten Mengenschwellen unterschreiten.

  Werden die Mengenschwellen für Grundpflichten erreicht oder überschritten, hat der Betreiber die erforderlichen Vorkehrungen zu treffen, um Störfälle zu verhindern.

  - Dazu ist die Ausarbeitung eines Konzeptes zur Verhinderung schriftlich anzufertigen.
  - Außerdem muss der Betreiber vorbeugende Maßnahmen treffen, um bei einem Störfall die Auswirkungen so gering wie möglich zu halten.

- **Betriebsbereich der oberen Klasse:**

  Ein Betriebsbereich, in dem gefährliche Stoffe in Mengen vorhanden sind, die die in Spalte 5 der Stoffliste in Anhang I genannten Mengenschwellen erreichen oder überschreiten.

  Werden die jeweiligen Mengenschwellen für erweiterte Pflichten erreicht oder überschritten, ergeben sich zusätzliche Anforderungen an den Betreiber einer Anlage sowie an die zuständigen Behörden.

  - Der Betreiber muss einen Sicherheitsbericht erstellen und ihn zur öffentlichen Einsicht bereithalten.
  - Außerdem muss ein interner Alarm- und Gefahrenabwehrplan erstellt werden.

- Personen, die von einem Störfall in seinem Betriebsbereich betroffen werden könnten, müssen über das richtige Verhalten in einem solchen Fall informiert bzw. geschult werden.
- Die zuständigen Gefahrenabwehrbehörden sind ihrerseits verpflichtet, externe Alarm- und Gefahrenabwehrpläne für diejenigen Betriebsbereiche zu erstellen, die den erweiterten Pflichten der Störfallverordnung unterliegen.

05. Welche Pflichten können für den Betreiber einer Anlage nach der Störfallverordnung entstehen?

1. **Grundpflichten** §§ 3 - 8 BImschVO für Betriebsbereiche der unteren Klassen

   Die Grundpflichten beinhalten:

   - materielle Störfallvorsorge (Auslegung und Betrieb der Anlage nach dem Stand der Sicherheitstechnik, §§ 3, 4 und 5 Abs. 1 Nr. 1 und 2),
   - organisatorische Störfallvorsorge (Wartung, Instandhaltung, Schulung, Schutz vor Eingriff Unbefugter, Lagerlisten usw., § 4 Nr. 4, § 5 Abs. 2, § 6 Abs. 1 Nr. 1 - 4, § 6 Abs. 2)
   - Meldepflichten (Meldung von Störfällen, § 19 i. V. m. Anhang VI)
   - Übergangsvorschriften, insbesondere Anzeige bestehender Anlagen (§ 20 i. V. m. § 7)
   - ein Konzept zur Verhütung von Störfällen (§ 8 i. V. m. Anhang III).

2. **Erweiterte Pflichten** §§ 9 - 12 BImschVO für Betriebsbereiche der oberen Klassen

   Zu den erweiterten Pflichten gehören:

   - Sicherheitsberichte (§ 9 i. V. m. Anhang II)
   - Alarm- und Gefahrenabwehrpläne (§ 10 i. V. m. Anhang IV)
   - Information der Öffentlichkeit über Sicherheitsmaßnahmen (§ 11 i. V. m. Anhang V)
   - Einrichtung einer geschützten Verbindung (§ 12 Abs. 1 Nr. 1)
   - Benennung einer Person zur Begrenzung von Störfallauswirkungen (§ 12 Abs. 1 Nr. 2)
   - Dokumentation der Ermittlung, Überwachung, Wartung und Instandhaltung (§ 12 Abs. 2).

06. Was beinhaltet der Bericht über einen eingetretenen Störfall?

Die typischen Inhalte können dem nachfolgenden Beispiel eines Störfall-Berichts entnommen werden:

Beispiel

ZEMA – Zentrale Melde- und Auswertestelle für Störfälle
Ereignisdatum: 27.07.2021

Ereignis
Bezeichnung: 2021-07-27 Explosion mit Folgebrand in einem Tanklager einer Sonderabfallverbrennungsanlage (SAV)

Einstufung des Ereignisses: Einstufung Anhang VI Teil1: I 4a

Anlagedaten

Anlagenart – 4. BImSchV, Nr. 8. Verwertung und Beseitigung von Abfällen und sonstigen Stoffen

Betroffener Anlagenteil: SAV

Ort des Ereignisses: Leverkusen

PLZ: 51373

Bundesland/Land: Nordrhein-Westfalen

Ereignisdaten
Art des Ereignisses: Freisetzung (Luft), Freisetzung (Boden), Brand, Explosion

Datum/Zeit: 27.07.2021/09:37 bis 27.07.2021/20:00

Betriebsvorgang: Lagerung

Auswirkungen innerhalb der Anlage

Verletzte	Tote
Beschäftigte: 31	Beschäftigte: 0
Einsatzkräfte: 2	Einsatzkräfte: 0

Art der Schäden	Kosten
Sachschäden: Ja	20.000.000 €

Art der Sachschäden: Zerstörung Tanklager und teilweise weiterer Anlagenteile (Kläranlage eingeschlossen), genauere Untersuchung läuft.
Umweltschäden: Nein 0 €

Auswirkungen außerhalb der Anlage

Verletzte	Tote
Beschäftigte: 0	Beschäftigte: 0
Einsatzkräfte: 0	Einsatzkräfte: 0
Bevölkerung: 0	Bevölkerung: 0

Art der Schäden	Kosten
Sachschäden: Ja	0 €

Art der Sachschäden: Beaufschlagung von Flächen durch Rußpartikel.

Umweltschäden: Ja 0 €

Beschreibung des Ereignisses
Bedingungen: Lagerung und Entsorgung

Auslöser:
Explosion eines Tanks, in der Folge Brand und Beschädigung der übrigen Tanks.

Sicherheitsfunktion:
Temperaturüberwachung/-alarm, technische Maßnahmen ordnungsgemäß. Explosion an einem Tank, Ursachenforschung läuft.

Ähnliche Ereignisse:
Keine vergleichbaren Ereignisse im Betriebsbereich bekannt.

Notfallmaßnahmen
Ergriffene Schutzmaßnahmen:

Innerhalb: Löscheinsatz Werkfeuerwehr unterstützt durch Berufsfeuerwehr.

Außerhalb: Hinweise an Bevölkerung (u. a. NINA), Fenster und Türen zu schließen, Offene Plätze meiden, kein Verzehr von Gartengemüse und -obst.

Beseitigte Sachschäden:

Innerhalb: Allgemeine Sicherung der Einsatzstelle, dauert an.

Außerhalb: Reinigung verschmutzter Flächen.

Beseitigte Umweltschäden:

In Klärung, aktuell nur Reinigung von Verunreinigen.

Unterstützung der Werkfeuerwehr, zeitweise Straßensperrungen.

Warnhinweise und Handlungsempfehlungen.

Ausgewertete Unterlagen
Ergänzung oder Berichtigung nach § 19 Abs. 2 Störfallverordnung vom 03.08.2021 (LANUV NRW).

07. Wie ist das Meldesystem für Störfälle aufgebaut?

Der Aufbau des Meldesystems ist im Folgenden dargestellt:

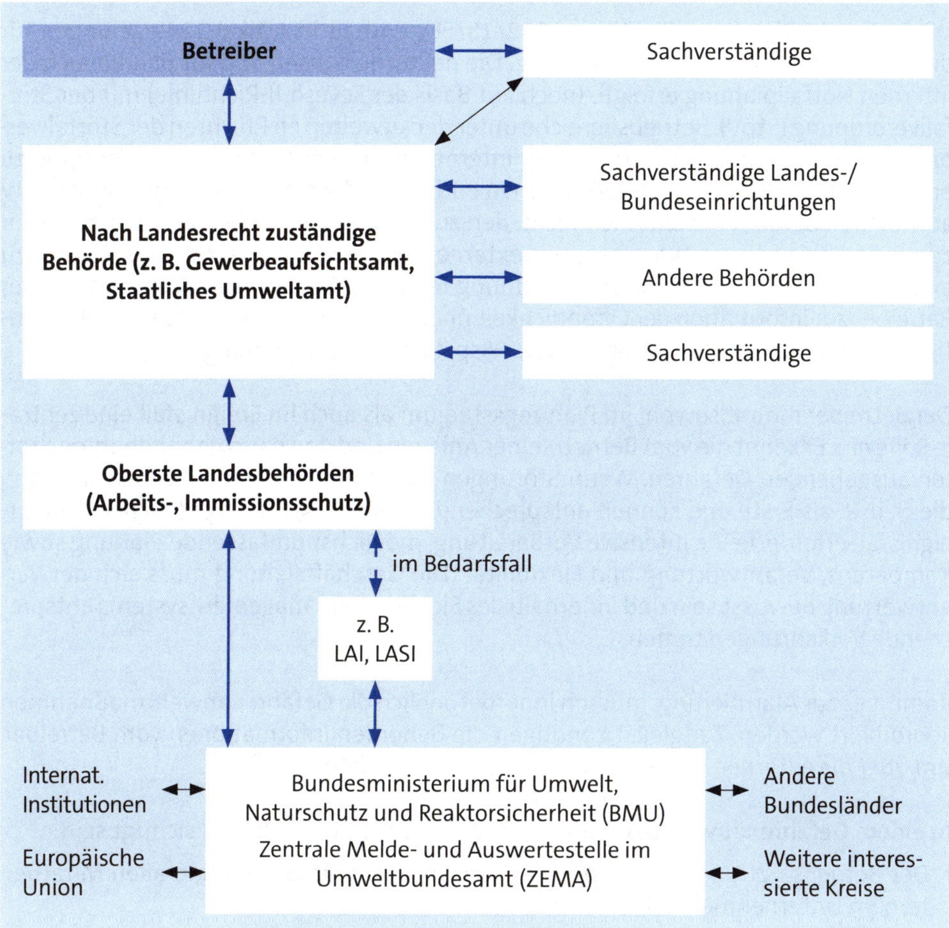

Aufbau des Meldesystems

08. Was beinhaltet der betriebliche Alarm- und Gefahrenabwehrplan?

Der Alarm- und Gefahrenabwehrplan muss sicherstellen, dass im Brand- und Explosionsfall alle wichtigen Personen und Stellen ausreichend informiert sind und über aktuelle Entwicklungen unterrichtet werden. Die verantwortlichen Personen oder Stellen sind darin verbindlich zu benennen.

Vorkehrungen zur Notfallplanung gehören zu den erweiterten Pflichten von Betreibern besonders gefährlicher Anlagen bzw. Betriebsbereiche (im Geltungsbereich der Störfallverordnung).

Die Seveso-III-Richtlinie (Richtlinie 2012/18/EU) enthält in Artikel 12 Regelungen für die interne und externe Notfallplanung. Die deutsche Umsetzung für den Bereich der internen Notfallplanung erfolgte (noch auf Basis der Seveso-II-Richtlinie) mit der Störfallverordnung (StöV). Betriebsbereiche unter den erweiterten Pflichten der Störfallverordnung sind gemäß § 10 verpflichtet, interne Alarm- und Gefahrenabwehrpläne zu erstellen. Diese müssen die Informationen enthalten, die die Verordnung in Anhang IV aufführt. Außerdem besteht die Pflicht, den zuständigen Behörden die Informationen zu übermitteln, die sie brauchen, um externe Alarm- und Gefahrenabwehrpläne zu erstellen. Die in § 11 der Störfall-Verordnung festgelegte präventive Verpflichtung der Betreiber zur Information der Öffentlichkeit über Sicherheitsmaßnahmen und das richtige Verhalten im Störfall ist ein weiterer Aspekt der Notfallplanung.

Der Betreiber nimmt sowohl im Planungsstadium als auch im Ereignisfall eine zentrale Rolle ein. Er kennt die vom Betrieb seiner Anlagen und den darin gehandhabten Stoffen ausgehenden Gefahren. Wenn Störungen auftreten, bemerken die Beschäftigten dies i. d. R. als Erste und können entsprechend handeln. Das richtige Reagieren im Ereignisfall erfordert eine intensive Vorbereitung, möglichst umfassende Planung sowie Kompetenz, Verantwortung und Flexibilität. Die Geschäftsleitung muss sich der Verantwortung bewusst sein und innerhalb des Sicherheitsmanagementsystems entsprechende Vorkehrungen treffen.

Kommt es zur Alarmierung, müssen innerbetrieblich die Gefahrenabwehrmaßnahmen koordiniert werden. Zeitgleich benötigen die Behörden Informationen vom Betreiber, um über die externen Maßnahmen entscheiden zu können.

In einem **Gefahrenabwehrplan** müssen u. a. folgende Punkte berücksichtigt sein:

- Der Betriebsarzt und die entsprechenden Notrufnummern müssen allen Mitarbeitern im Unternehmen bekannt sein.
- Für den Brandfall müssen Personen bestimmt sein, die beispielsweise die Feuerwehr am Grundstück empfangen und mit den nötigen Informationen versorgen.
- Ein Evakuierungsplan der Mitarbeiter sollte zum Notfallplan hinzukommen.
- Darüber hinaus muss der Notfallplan einen Schwerpunkt auf die Vermeidung von möglichen Umwelteinwirkungen durch den eingetretenen Notfall setzen.

Bei der Entwicklung des Notfallplans ist eine Zusammenstellung bisheriger Erfahrungen hilfreich. Hierdurch können mögliche Auslösemechanismen von Notfällen und deren Folgen analysiert und in Vermeidungsstrategien des Notfallplans eingebunden werden. Insbesondere können mögliche Fehler oder falsche Annahmen des bisherigen Notfallplans bereinigt werden. Diese Analyse sollte auch die bisherigen Erfahrungen mit externen Kräften (z. B. Feuerwehr, Notarzt usw.) berücksichtigen.

09. Weshalb ist die interne Alarmplanung so wichtig?

Durch die interne Alarmplanung muss jederzeit gewährleistet sein, dass nach dem Feststellen einer Gefahrensituation eine schnelle Gefahrenmeldung erfolgt.

Diese erfolgt an die ständig zur Entgegennahme von Meldungen bereite interne oder externe Stelle, z. B. betriebliche Alarmzentrale, Werkfeuerwehr, werksärztlicher Dienst, automatische Brandmeldeanlage mit direkter Verbindung zur Standort- oder Berufsfeuerwehr.

Diese Meldung soll folgende **Mindestangaben** enthalten:

- Person oder Stelle, die das Ereignis meldet (Funktion, Standort, gegebenenfalls Telefonnummer)
- Ort und Zeitpunkt des Ereignisses
- Art der Gefahr oder des Ereignisses (z. B. Gefahr einer Stofffreisetzung, eines Brandes, einer Explosion; erfolgte Stofffreisetzung mit Angabe des Stoffes, Brand, Explosion)
- Anzahl evtl. Verletzter, Art der Verletzung
- Anzahl der Personen, die sich noch im unmittelbaren Gefahrenbereich befinden könnten
- Gefahren für die Nachbarschaft und Umwelt.

Generell gilt natürlich auch hier: Für evtl. Rückfragen am Telefon bleiben, die Feuerwehr beendet das Gespräch!

10. Welche Inhalte haben interne Alarmpläne?

Der Alarmplan ist eine dokumentierte Handlungsanleitung zur Informationsweiterleitung im Notfall. Er ist an entsprechenden Stellen im Unternehmen auszuhängen. Durch den Alarmplan erhalten Personen im Notfall eine kurze und leicht verständliche Handlungsanleitung zur Weitergabe aller notwendigen Informationen. Zum einen sollen dadurch andere Personen über den Notfall informiert werden, um z. B. den betroffenen Unternehmensbereich zu verlassen. Zum anderen werden externe Rettungskräfte (z. B. Feuerwehr, Polizei, medizinischer Rettungsdienst) und interne Selbsthilfegruppen (z. B. Brandschutzhelfer) über den Notfall in Kenntnis gesetzt und können entsprechend reagieren. Ein Alarmplan ist für den Brandfall zwingend vorgeschrieben.

Ausgehend von möglichen Störfallszenarien und den daraus resultierenden Zeitspannen müssen interne Alarmpläne insbesondere folgenden Inhalt haben:

- Alarmadressen
- Namen oder betriebliche Stellung der Personen, die zur Einleitung von Sofortmaßnahmen ermächtigt sind, sowie der Person, die für die Durchführung und Koordinierung der Abhilfemaßnahmen auf dem Gelände des Betriebsbereichs verantwortlich ist
- Festlegung von Alarmfällen sowie von Meldestufen

- nach Meldestufen differenzierte Alarmierungsschemata
- Warnung und Alarmierung Beschäftigter und Dritter, die sich auf dem Gelände des Betriebsbereichs aufhalten, sowie der Personen außerhalb des Betriebsbereichs, die von der Gefahr bedroht sind
- Regeln für das Verhalten der Beschäftigten im Gefahrenfall
- Festlegung der Sammelstellen für Personen, die sich auf dem Gelände des Betriebsbereichs aufhalten
- Datum der Erstellung bzw. der Fortschreibung des Planes
- Angabe, wo Dritte und deren Beschäftigungsorte auf dem Gelände des Betriebsbereichs registriert sind
- Lage und Benutzung von Flucht- und Rettungswegen.

Die Informationen aus den Alarmplänen, die für die Beschäftigten vor Ort hinsichtlich der Weitergabe von Erstinformationen über sicherheitsbedeutsame Ereignisse erforderlich sind, sowie Angaben über das sicherheitsgerechte Verhalten im Gefahrenfall (Alarmordnung), sind an exponierter Stelle in den Anlagen des Betriebsbereichs auszuhängen.

Es sind Alarmfälle nach Art der Gefahr der auslösenden Ereignisse festzulegen. Das sind insbesondere:

- Freisetzung von Stoffen
- Brand
- Explosion.

Nach dem Ausmaß der zu erwartenden Auswirkungen sind verschiedene Meldestufen in Abstimmung mit den für Katastrophenschutz und allgemeine Gefahrenabwehr zuständigen Behörden festzulegen. Es sind auf die Meldestufen abgestimmte differenzierte Alarmierungsverfahren mit entsprechenden Alarmadressen festzulegen. Handelt es sich um ein meldepflichtiges Ereignis gemäß § 19 Abs. 1 der Störfallverordnung, ist die dafür zuständige Behörde unverzüglich, ggf. zunächst formlos, z. B. telefonisch, zu informieren. Eine schriftliche Mitteilung hat innerhalb einer Woche zu erfolgen.

1.6 Veranlassen der vorbeugenden Instandhaltung sowie Organisieren, Überwachen und Koordinieren von Maßnahmen der Instandhaltung

1.6.1 Instandhaltungs- und Wartungspläne

01. Weshalb ist eine Planung von Instandhaltungsmaßnahmen so wichtig?

In Zeiten zunehmender weltweiter Konkurrenz wird es für anlagenintensive Unternehmen wie die chemische Industrie immer wichtiger, die Kosten für das Betreiben der Produktionsanlagen zu reduzieren. Eine reine Kostenbetrachtung wäre in der chemischen Industrie aber zu kurzsichtig, denn die Produktion soll möglichst ununterbrochen laufen, oft über Jahre von einer Abstellung bis zur nächsten. Das Ab- und Anfahren einer Anlage wegen einer Störung kann oft mehrere Tage in Anspruch nehmen. Außerdem müssen die Risiken für die Mitarbeiter und die Umwelt so gering wie möglich gehalten werden. Daher werden an die Instandhaltungsmaßnahmen in der chemischen Industrie ganz besondere Anforderungen in Bezug auf Qualität und Termine gestellt. Es muss also möglichst ein Optimum zwischen Kosten, Sicherheit und Anlagenverfügbarkeit gefunden werden.

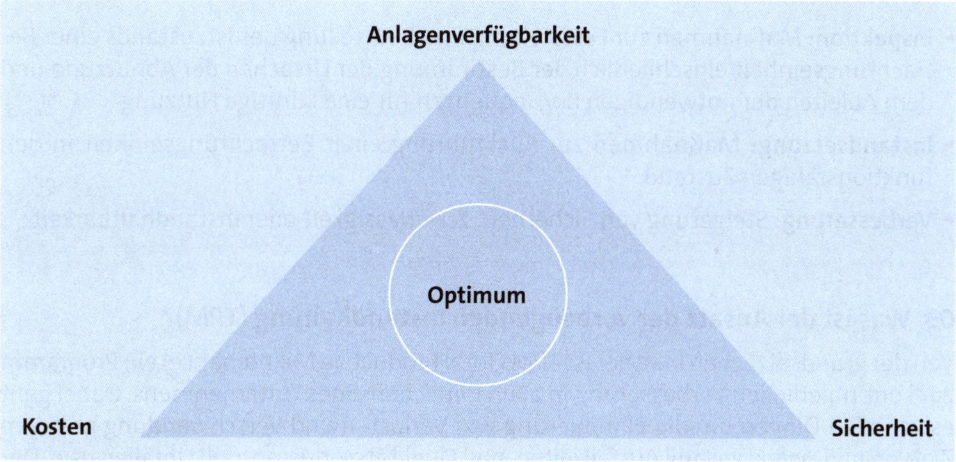

Ziele der Instandhaltung

Durch geplante, vorbeugende Instandhaltungsmaßnahmen soll eine möglichst hohe Anlagenverfügbarkeit und lange Lebensdauer einer Anlage gewährleistet werden.

Um die Ziele der Instandhaltungsprozesse optimal umzusetzen und die hohe Verfügbarkeit der Anlagen zu gewährleisten, ist die Implementierung von Managementprozessen zu empfehlen. Dies beinhaltet die Initialisierung und Planung von Instandhaltungs-Projekten, die Projektabwicklung und -überwachung. Daher werden größere Instandhaltungsarbeiten, Änderungen an Anlagen oder Revisionen, z. B. Jahresrevisionen, häufig im Rahmen von Projekten geplant und abgewickelt.

Wiederkehrende, immer gleiche Routineaufgaben – wie z. B. Prüfungen von Sicherheitsventilen oder von Behältern – können ebenfalls über eine Projektplanung gesteuert werden, obwohl sie im klassischen Sinne kein Projekt darstellen.

Mit den durch die technische Weiterentwicklung erreichten Leistungssteigerungen und der verstärkten Automatisierung erhöhte sich der Kapitaleinsatz für die Produktionsanlagen beträchtlich. Die Instandhaltung trägt somit durch die Werterhaltung der Anlagen auch zur Sicherung der Kapitalrendite bei.

Durch die zunehmende Verkettung von chemischen Anlagen, die bei einem Ausfall sehr hohe Stillstands- und Folgekosten bewirkt, hat die Instandhaltung eine große Mitverantwortung für die Herstellkosten. Geringe Produktionskosten entscheiden – zusammen mit Termineinhaltung und Produktqualität – oftmals über Erfolg oder Misserfolg eines Produktes. Die Instandhaltung trägt somit durch die Sicherstellung der Qualitätsfähigkeit der Anlagen entscheidend zum Unternehmenserfolg bei.

02. Welche Maßnahmen beinhaltet die Instandhaltung?

- **Wartung:** Maßnahmen zur Verzögerung des Abbaus des vorhandenen Abnutzungsvorrats
- **Inspektion:** Maßnahmen zur Feststellung und Beurteilung des Istzustands einer Betrachtungseinheit einschließlich der Bestimmung der Ursachen der Abnutzung und dem Ableiten der notwendigen Konsequenzen für eine künftige Nutzung
- **Instandsetzung:** Maßnahmen zur Rückführung einer Betrachtungseinheit in den funktionsfähigen Zustand
- **Verbesserung:** Steigerung von Sicherheit, Zuverlässigkeit oder Instandhaltbarkeit.

03. Was ist der Ansatz der vorbeugenden Instandhaltung (TPM)?

Von der grundsätzlichen Idee her ist TPM (Total Productive Maintenance) ein Programm zur kontinuierlichen Verbesserung in allen Bereichen eines Unternehmens. Dabei geht es vor allen Dingen um die Eliminierung von Verlusten und Verschwendung mit dem Ziel von null Defekten, null Ausfallzeiten, null Qualitätsverlusten, null Unfällen usw. Der Hauptfokus liegt im Bereich der Produktion mithilfe von technischen Anlagen und Maschinen. Der komplette Umfang von TPM beinhaltet acht unterschiedliche Säulen, die jeweils Ansätze zur Eliminierung der 16 Verlustarten beinhalten.

Die **acht Säulen des TPM** sind:

1. **Kontinuierliche Verbesserung:**

   Anwendungsbezogene **Eliminierung der 16 Verlustarten** (Anlagenausfälle, Umrüsten und Einstellen, Werkzeugwechsel, Anfahrverluste, Kurzstillstände/Leerlauf, Geschwindigkeitsverluste, Ausschuss/Nacharbeit, geplante Stillstände/Shutdown, Managementverluste, Bewegung, Linienorganisation, Logistik, Messen/Einstellen, Energieverluste, Mengenverluste, Formen/Vorrichtungen/Werkzeuge)

2. **Autonome Instandhaltung:**

   Der Anlagenbediener soll Inspektions-, Reinigungs- und Schmierarbeiten im ersten und in weiteren Schritten auch kleine Wartungsarbeiten selbstständig durchführen.

3. **Geplante Instandhaltung:** Sicherstellung der 100%igen Verfügbarkeit der Anlagen sowie Ausweisen von Kaizen-Aktionen durch die Instandhaltung
4. **Training und Ausbildung:** Mitarbeiter bedarfsgerecht qualifizieren zur Verbesserung der Bedienungs- und Instandhaltungsqualifikationen

5. **Anlaufüberwachung:** Eine nahezu senkrechte Anlaufkurve bei neuen Produkten und Anlagen realisieren
6. **Qualitätsmanagement:** Realisierung des Null-Qualitätsdefekte-Ziels bei Produkten und Anlagen.
7. **TPM in administrativen Bereichen:** Verluste und Verschwendungen in nicht direkt produzierenden Abteilungen eliminieren
8. **Arbeitssicherheit, Umwelt- und Gesundheitsschutz:** Umsetzung der Null-Unfälle-Forderung im Unternehmen.

Dadurch soll eine kontinuierliche Verbesserung der Effektivität von Produktionsanlagen und -prozessen erreicht werden. Es handelt sich um ein betriebsweit greifendes Maßnahmenkonzept unter aktiver Beteiligung aller Mitarbeiter und Abteilungen. TPM umfasst **fünf wesentliche Elemente:**

- Maximierung der Anlageneffektivität
- produktive Instandhaltung über die gesamte Anlagenlebensdauer
- alle Abteilungen des Unternehmens sind einbezogen
- alle Mitarbeiter – vom Anlagenfahrer bis zum Manager – sind einbezogen
- motivierendes Management.

04. Welche Verluste möchte der TPM-Ansatz minimieren?

TPM setzt sich mit der Beseitigung der potenziellen Verlustquellen auseinander; diese sind diverse Zeit- und Geschwindigkeitsverluste bei der Nutzung von Anlagen oder Maschinen. Ebenso werden Produktivitätsverluste durch Prozessfehler oder Anlaufschwierigkeiten betrachtet.

Es werden folgende wesentliche Verlustquellen beschrieben (siehe auch Frage 03.):

1. Verlust durch Anlagenstillstände
2. Rüst- und Einrichtverluste
3. Verluste durch Leerlauf oder Kurzstörungen
4. Verluste durch geringeren Durchsatz
5. Verluste durch Anfahrschwierigkeiten
6. Verluste durch Minderqualität oder Aufarbeitung.

Daher kann man sagen, dass TPM weit über den klassischen Ansatz der Instandhaltung hinausgeht. Dieser betrachtet lediglich die Wiederherstellung und Bewahrung des definierten Zustandes.

05. Was bedeutet „autonome Instandhaltung"?

Das oberste Ziel der autonomen Instandhaltung ist es, dass die Maschinenbediener die Anlage selbstständig betreiben können. Jeder Maschinenbediener muss in der Lage sein, Mängel an Geräten zu erkennen und beheben zu können, Ursachenfindung bei Störungen (strukturierte Problemlösung) durchzuführen und Qualitätsabweichungen zu erkennen. Reinigung, Inspektion, Wartung und einfache Reparaturen werden vom Maschinenbediener selbstständig durchgeführt.

Die Verantwortung für den Zustand von Maschinen und Anlage wird durch die Anwendung der autonomen Instandhaltung von der Instandhaltungsabteilung an die Maschinen und Anlagenbediener übertragen. Dadurch können sich die Mitarbeiter der Instandhaltungsabteilung ihrer eigentlichen Aufgabe widmen, Maschinen und Anlagen so weiterzuentwickeln, dass möglichst keine Störungen mehr auftreten können. Hierfür benötigen die Instandhaltungsmitarbeiter jedoch Zeit. Diese fehlt ihnen jedoch meist in der beruflichen Praxis. Ein schlechter Grundzustand der Maschinen und Anlagen führt häufig zu ungeplanten Störungen und zeitaufwendige Wartungsarbeiten halten die Mitarbeiter der Instandhaltung davon ab, Maschinen und Anlagen zu verbessern. Dafür müssen die Maschinenbediener mit eingebunden werden und Tätigkeiten von den Instandhaltungsmitarbeitern übernehmen. Denn Maschinenbediener und Instandhalter haben das gleiche Ziel, die Verbesserung der Gesamtanlageneffektivität. Folgende Tätigkeiten können z. B. selbstständig durch die Produktionsabteilung durchgeführt werden:

- Wartung (z. B. Öl an einem Getriebe nachfüllen)
- Erhaltung des Anlagengrundzustands durch tägliches Reinigen, Schmieren und Festziehen von Schrauben im Rahmen von Wartungsrundgängen
- Durchführung von Umrüst- oder Einrichtarbeiten an der Anlage
- Dokumentation von Betriebsstörungen und anderen Fehlfunktionen
- Inspektionsmaßnahmen, wie z. B. Durchführen von täglichen oder wöchentlichen „einfachen" Inspektionen, d. h. die ohne den Einsatz von komplizierten Geräten erfolgen können
- Instandsetzungsmaßnahmen, wie z. B. Durchführung kleiner Reparaturen (z. B. Austausch einfacher Teile) oder Unterstützung der Instandhaltungsabteilung bei Reparaturarbeiten.

1.6.2 Planung von Revisionen

01. Welche Aufgabe hat die Revision?

Ganz allgemein beschreibt der Begriff Revision unterschiedlichste Tätigkeiten und Maßnahmen in vielen Bereichen des wirtschaftlichen Lebens. In der chemischen Industrie ist in aller Regel die technische Revision gemeint, diese hat die Aufgabe wiederkehrende Prüfungen an überwachungsbedürftigen und zu Gefahr neigenden Anlagen durchzuführen bzw. zu organisieren.

Zu ihren Aufgaben gehört auch die sicherheitstechnische und fachspezifische Beratung des Anlagenbetreibers. Die Tätigkeit der technischen Revision dient damit nicht nur der Anlagensicherheit, sondern sie soll auch für eine hohe Verfügbarkeit und Wertbeständigkeit der Anlage sorgen.

02. Wie ist der Ablauf eines Revisions-Vorgangs?

Revisionsvorgänge unterscheiden sich natürlich je nach Anlage/Produkt, aber meist laufen sie grundsätzlich nach folgendem Schema ab:

1. **Informieren:**
   - rechtzeitige Aufforderung oder Bekanntgabe der Prüfung oder Reparatur einer Anlage bzw. eines Anlageteils durch die Abteilung Technik oder eine andere Abteilung, welche die Prüffristen überwacht und koordiniert
   - zeitliche Abstimmung der Maßnahme zwischen Betrieb, Technik und Prüfinstanz
   - Planung der Maßnahme (zeitlich und hinsichtlich der Ressourcen) und des evtl. nötigen Anlagenstillstandes
   - Informationsweitergabe an Produktionsplanung, Supply Chain (Verkauf, Einkauf, Rohstoffversorgung) und Mitarbeiter (Urlaubs- bzw. Überstundenabbau oder evtl. sogar erhöhter MA-Bedarf während der Abstellung) in erster Linie über die Änderung der Produktion. Im 2. Schritt sind sonstige betroffene Abteilungen zu informieren, wie z. B. Arbeitssicherheit, Qualitätssicherung.
   - Bestellung von zusätzlichen Serviceleistungen bzw. Fremdfirmen (technische und personelle Unterstützung, Gerüstbau, Fremdfirmenpersonal zu De- und Montagearbeiten).
2. **Vorbereitende Maßnahmen:**
   - rechtzeitiges Bereitstellen von Betriebsmitteln und Hilfsmitteln für die Umsetzung der Maßnahme, z. B. Bereitstellen von Spezialwerkzeug oder Aufstellen eines Gerüstes
   - Anlage oder Anlagenteil in einen sicheren Zustand bringen, damit die technische Maßnahme gefahrlos durchgeführt werden kann
   - Abfahren der Anlage nach Protokoll
   - Reinigen und Spülen der Anlage, bzw. des betroffenen Anlagenteils
   - Freimessen und Freigeben des Anlagenteils zur Bearbeitung.

   Anschließend wird erst die eigentliche Revisionsmaßnahme durchgeführt.
3. **Schadensanalyse:**

   Die ausgetauschten schadhaften Bauteile werden genau untersucht, um möglichst umfassende Daten zu ihrem Zustand zu bekommen. Dies geschieht durch chemische und physikalische Untersuchungsmethoden und deren statistische Auswertung. Die daraus gewonnenen Erkenntnisse können zur Verbesserung der Maschine bzw. des schadhaften Teils genutzt werden.

4. **Abschluss und Fertigmeldung**

   Die Dokumentation ist unmittelbar nach Abschluss der Maßnahme durchzuführen, anschließend kann die Anlage, wenn die Arbeiten ordnungsgemäß abgeschlossen wurden, wieder in Betrieb genommen werden.

03. Was beinhaltet ein Arbeitserlaubnisschein und was ist zu beachten?

Um sichere Abläufe vor, während und nach einer Revision zu gewährleisten, werden Vorgaben für Arbeiten festgelegt, die mit besonderen Gefahren für die Ausführenden und oder mit erheblichen Gefahren für die Allgemeinheit verbunden sind. Solche Arbeiten mit hohem Gefahrenpotenzial dürfen nur mit einer gültigen Arbeitserlaubnis von geeigneten Fachkräften (eigenes Betriebs- oder Technikpersonal bzw. geschultes und eingewiesenes Fremdfirmenpersonal) durchgeführt werden.

Der Arbeitserlaubnisschein soll verhindern, dass Arbeiten unsachgemäß ausgeführt werden, und so Unfällen, Sach- und Umweltschäden vorbeugen. Denn viele Gefahren am Arbeitsplatz entstehen häufig dadurch, dass Tätigkeiten unsachgemäß ausgeführt werden. Werden aber die auf dem Arbeitserlaubnisschein dokumentierten Vorschriften eingehalten, kann das Eintreten eines Unfalls oder einer Sach- bzw. Umweltbeschädigung minimiert oder sogar ganz verhindert werden.

Es gibt unterschiedliche Arten von Erlaubnisscheinen, denn an den Arbeitsplätzen in der chemischen Industrie existieren eine Vielzahl an Tätigkeiten, die unfallanfällig sind. Gerade für derartige Tätigkeiten empfiehlt sich die Erteilung eines Erlaubnisscheins. Für die folgenden Tätigkeiten werden meist Erlaubnisscheine ausgegeben:

- Befahren von geschlossenen Räumen
- Personensicherung
- Erlaubnisscheine für Heißarbeit (hierzu zählen Schweiß-, Bohr-, Schneidarbeiten, Lötarbeiten und Trennschleifarbeiten)
- Gerüstarbeiten und allgemeine Arbeiten in Höhen
- Arbeiten mit gefährlichen Stoffen
- Abrissarbeiten (insbesondere in Verbindung mit asbesthaltigen Materialien)
- Transport von Sondermüll
- Arbeiten in der Nähe von gefährlichen Strahlungsquellen.

Der Aufbau eines Erlaubnisscheins variiert in aller Regel kaum. Ein Arbeitserlaubnisschein enthält meist Informationen über:

- den Arbeitsort bzw. die Arbeitsstelle
- den Arbeitsauftrag am besten in Verbindung mit der Angabe der Arbeitsauftragsnummer
- die Gültigkeitsdauer des Arbeitserlaubnisscheins
- die Art der (erlaubten) Tätigkeiten

- zu treffende Sicherheitsvorkehrungen
- Angaben über die Person, die während der Maßnahme Aufsicht führt.

Darüber hinaus enthält er auch Angaben darüber, wo sich der nächstgelegene Brandmelder befindet und welche Nummer im Notfall zu wählen ist.

Erstellt werden die Arbeitserlaubnis bzw. -freigaben durch fachlich geeignete Arbeitsgruppen und zuverlässige Personen, die für definierte Verantwortungsgebiete bestimmt, geschult und per Unterschriftenaushang autorisiert wurden (Aufsichtführende).

Die **Tätigkeiten** im Zusammenhang mit einem Arbeitserlaubnisschein gliedern sich im Regelfall **in vier Bereiche** und es sind unter anderem meist folgende Punkte abzuarbeiten:

1. **Vorbereitende Maßnahmen:**
    - Angrenzende Betriebe informieren, falls diese betroffen sind, z. B. bei Abstellung einer Dampfleitung.
    - Anlage/Anlageteile außer Betrieb nehmen und Reinigungsarbeiten ausführen, dabei müssen Gefahren, die vom Betrieb einer Anlage auf die ausführenden Personen ausgehen könnten, ausgeschlossen werden. Daher sind diese Anlagenteile außer Betrieb zu nehmen.
    - Eventuell notwendige Absperrungen anbringen.
    - Bewegliche, elektrische oder radioaktive Anlagenteile müssen gesichert werden, z. B. muss das Einschalten eines Rührwerks beim Befahren eines Rührbehälters ausgeschlossen werden, z. B. durch Freischalten (Entfernen der Sicherungen durch die Elektrofachkraft) und zusätzliches Anbringen eines Schlosses am Reparaturschalter.
    - Prüfen, ob explosionsfähige Atmosphäre vorliegt, durch „Freimessen".
    - Brandschutzmaßnahmen vorbreiten, diese dienen der Vermeidung von Brand- und Explosionsgefahren, Feuerlöscher bereitstellen.
    - Sicherheitskoordinator bestimmen, falls eine Gefährdung von gleichzeitig tätigen Arbeitsgruppen gegeben ist.
    - Umweltschutzmaßnahmen durchführen, falls durch die Arbeit eine Gefahr für die Umwelt hervorgerufen werden könnte.
    - Einweisung vor Ort durchführen, denn die Ausführenden müssen über alle betriebsbedingten Gefahren und über die angeordneten Sicherheitsmaßnahmen sowie das Verhalten im Gefahrenfall vom Aufsichtführenden unterwiesen werden.
    - Der Aufsichtführende ist zu benennen. In der Regel ist dies ein Vorgesetzter des beauftragenden Betriebes, der die Durchführung der Arbeiten und die Einhaltung der Sicherheitsmaßnahmen überwacht. Er ist gegenüber den ausführenden Personen weisungsbefugt.

2. **Sicherheitsmaßnahmen während der Arbeit:**
   - Die Arbeitsstelle ständig belüften. In Behältern und engen Räumen darf zur Durchführung von Arbeiten nur eingestiegen werden, wenn die Voraussetzung mit atembarer Luft mit Sicherheit aufrechterhalten werden kann. Falls dies nicht gewährleistet ist, darf nur mit Atemschutzgeräten gearbeitet werden, die unabhängig von der Umgebungsluft wirken.
   - Die Analysen müssen periodisch wiederholt werden. Ist mit dem Auftreten einer gefährlichen Atmosphäre zu rechnen, so sind die analytischen Messungen (Ex/Ox) in festzulegenden Abständen zu wiederholen. Der O_2-Gehalt muss mindestens 17 Vol-% betragen und darf die Konzentration von 20,9 Vol-% nicht überschreiten. Der Wert von 50 % der unteren Explosionsgrenze (UEG) muss unterschritten sein. Die Arbeitsplatzgrenzwerte sind ständig einzuhalten.
   - Die persönliche Schutzausrüstung (PSA) muss für alle evtl. an der Arbeitsstelle auftretenden Gefährdungen genau angegeben werden, z. B. Absturzsicherung, Atemschutzmaske usw.
   - Ein Sicherungsposten muss für bestimmte Arbeiten als Brand-, Schweiß- bzw. Sicherungsposten gestellt werden. Sie müssen zuverlässig und verantwortungsbewusst, sowie geschult und für die Aufgabe geeignet sein. Ihre Aufgabe ist es, ständig Kontakt (Sicht- bzw. Sprechkontakt) zu den Ausführenden zu haben. Sie müssen in der Lage sein, jederzeit Hilfe herbeirufen zu können, ohne ihren Posten verlassen zu müssen, z. B. per Funk oder Telefon.
   - Falls erforderlich sind die Werkzeuge/Hilfsmittel angegeben, denn die Auswahl der Werkzeuge hat so zu erfolgen, dass der Ausführende keinerlei Gefahr ausgesetzt ist, z. B. funkenarmes Werkzeug, Trenntransformator.
3. **Maßnahmen bei Arbeitsunterbrechung bzw. nach der Arbeit:**
   - Die Arbeitsstelle ist zu kontrollieren. Dadurch soll sichergestellt sein, dass nach Arbeitsende bzw. bei -unterbrechungen keine Gefahren von der Arbeitsstelle ausgehen, z. B. Schwelbrände.
   - Die jeweils spezifischen hygienischen Maßnahmen sind durchzuführen, damit gesichert wird, dass die Ausführenden nach einer evtl. Kontamination mit gefährlichen Arbeitsstoffen die richtige Reinigung und Körperpflege ergreifen, wie z. B. nach der Arbeit gründlich duschen und Kleidung wechseln/waschen, bei Arbeiten in einer Anlage zur Herstellung von Pflanzenschutzmittel.
4. **Fertigmeldung und Kontrolle der Maßnahme durch den Betrieb:**
   - Hier ist zu dokumentieren und kontrollieren, dass der Ausführende die Arbeit ordnungsgemäß abgeschlossen hat (Bestätigung der Arbeitsbeendigung im Sinne der Arbeitserlaubnis, nicht im Sinne der technischen Ausführung).

04. Welche Aufgaben hat ein Sicherheitskoordinator?

Ist bei Arbeiten für die ausführenden Personen eine Gefährdung durch andere Arbeiten möglich, z. B. im Rahmen einer größeren Abstellung unter Beteiligung mehrere Gewerke, so wird ein Sicherheitskoordinator ernannt. Bei größeren Umbauarbeiten oder Neubauten ist ein sog. Sicherheits- und Gesundheitsschutzkoordinator (SiGe-Koordinator) vorgeschrieben. Der SiGe-Koordinator übernimmt nach § 3 der BaustellV (Verordnung über Sicherheit und Gesundheitsschutz auf Baustellen) Aufgaben während der Planung und Ausführung von Bauvorhaben. Er hat die erforderlichen Maßnahmen der Arbeitssicherheit und des Gesundheitsschutzes festzulegen, zu koordinieren und ihre Einhaltung zu überprüfen.

Der Bauherr wird durch die Bestellung eines geeigneten Koordinators nicht von seiner Verantwortung entbunden, seine Verpflichtungen nach BaustellV zu erfüllen (§ 3 Abs. 1a BaustellV). Er hat insbesondere darauf zu achten, dass eine gegenseitige Gefährdung verschiedener Arbeitsgruppen durch Ausführungen in der Anlage ausgeschlossen wird. Er stimmt dementsprechend die Arbeiten aufeinander ab.

Der Sicherheitskoordinator hat Weisungsbefugnis gegenüber den ausführenden Personen. Er hat auf dem Arbeitsfreigabeschein per Unterschrift zu bestätigen, dass er von den getroffenen Sicherheitsmaßnahmen der jeweiligen Arbeitsausführung Kenntnis genommen hat.

1.7 Koordinieren und Optimieren des Anfahrens, Betreibens und Abfahrens von Anlagen

1.7.1 Inbetriebnahme von Anlagen

01. Wie erfolgt die Inbetriebnahme einer chemischen Anlage?

Je nach Anlagengröße, verwendetem Verfahren und den eingesetzten Stoffen unterscheidet sich die Inbetriebnahme einer Anlage sehr stark. Die Inbetriebnahme stellt üblicherweise den letzten Schritt nach einem Neubau bzw. Umbau dar, bevor der Regelbetrieb aufgenommen wird.

Nachfolgend einige Grundsätze als allgemeine Richtlinien:

- Die Montage/Reparatur/Neuinstallation ist abgeschlossen und schriftlich bestätigt.
- Die Betriebsbereitschaft der Anlage ist hergestellt.
- Die Anlage ist gereinigt und gespült.
- Die komplette Anlage ist auf Dichtheit geprüft.
- Alle Gefährdungsbeurteilungen müssen durchgeführt sein.
- Das betriebliche und technische Personal muss vorhanden und geschult sein.
- Alle Sicherheitsgespräche und Risikoabschätzungen müssen erfolgt sein (siehe Risikograph).
- Die Versorgung der Anlage mit Roh-, Hilfs- und Betriebsstoffen ist gesichert.

02. Was beinhaltet ein Sicherheitskonzept?

Der Umgang mit gefährlichen Stoffen ist immer mit Risiken verbunden, von der Produktion und Verarbeitung bis zur Lagerung und dem Transport. Auslaufen, Freisetzung, Entzünden von festen und flüssigen Chemikalien, Brenn- oder Treibstoffen, Stoffgemischen oder Gasen können Menschen gefährden und erheblichen Sachschaden verursachen. Dies soll die **Störfallverordnung** (StöV) grundsätzlich verhindern. Diese schützt Bevölkerung und Umwelt vor schweren Schädigungen infolge von Störfällen in Betrieben und auf Verkehrsanlagen. Als zentrales Instrument zur Ermittlung der störungsverhindernden Maßnahmen schreibt die Störfallverordnung die Erstellung eines Sicherheitskonzeptes für Betriebsbereiche mit Grundpflichten und einen Sicherheitsbericht für Betriebsbereiche mit erweiterten Pflichten vor.

Die Störfallverordnung (StöV) gilt für alle Betriebe, bei denen innerhalb des Betriebsbereichs gewisse Mengen gefährlicher Stoffe produziert, verarbeitet oder gelagert werden und somit ein erhöhtes Gefahrenpotenzial für Bevölkerung und Umwelt besteht. Basis zur Ermittlung dieser Mengen (Mengenschwellen) bilden Kriterien wie Human- und Ökotoxizität, Giftigkeit, Reaktionsfähigkeit von Stoffen mit Wasser, physikalische Gefahren, Richtlinien für hochaktive Stoffe usw. Fällt eine Firma gemäß dieser Auswertung in den Geltungsbereich der Störfallverordnung, muss ein Sicherheitskonzept/Störfallkurzbericht erstellt und der Behörde zur Kontrolle vorgelegt werden. Dies ist auch erforderlich, wenn sich diesbezüglich Änderungen oder neue Bedingungen ergeben.

Der **Störfallkurzbericht** ist ein schriftliches Sicherheitskonzept für die Firma mit dem Ziel, bestehende Risiken und Gefahrenpotenziale zu ermitteln und Maßnahmen zur Schadensverhinderung oder -begrenzung zu ergreifen. Er umfasst beispielsweise:

- Beschreibung/Übersichtsplan des Betriebs mit Angaben zur Umgebung
- Erfassung der im Betrieb vorhandenen Substanzen/Mengenschwellen
- Grundlagen allfälliger Sach- und Betriebshaftpflicht-Versicherungsverträge
- Maßnahmenplanung
- Einschätzung möglicher Schädigungen der Bevölkerung oder Umwelt bei Störfällen.

Das Verfahren, welches angewandt wird, ist ein systematischer Ansatz, um sicherheitstechnische Risiken im Rahmen von Sicherheitsgesprächen zu ermitteln. Die heute dafür maßgebliche Norm ist die **DIN EN 61508**. Ein Element der Norm ist die Bestimmung von Sicherheitsintegritätsleveln (SIL) auch Sicherheitsanforderungsstufe genannt. Diese dient bei der Analyse der Sicherheitsfunktionen dazu, das tolerierbare Risiko der Gefährdung abzuschätzen. Zur Abschätzung des Risikos in einem **Risikographen** werden **vier wichtige Parameter** verwendet, die eine sinnvolle Abstufung gestatten:

- Schadensausmaß
- Aufenthaltsdauer
- Möglichkeit zur Vermeidung
- Wahrscheinlichkeit des unerwünschten Ereignisses.

Jede Kombination der verschiedenen Abstufungen dieser Parameter führt zu einem Risiko-Beurteilungs-Paket. Diese zu Beurteilungspaketen zusammengefassten Kriterien (Risikoparameter) werden mittels eines Risikographen dargestellt, siehe nachfolgende Abbildung.

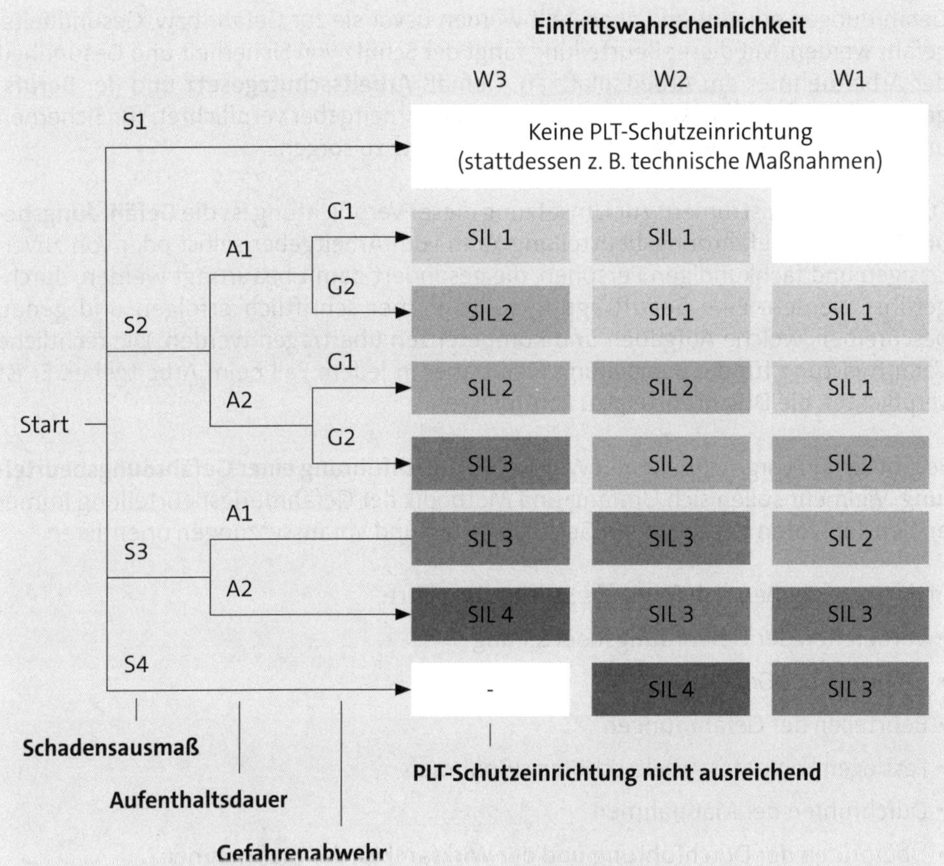

S = Schadensausmaß/ Schwere der Verletzung:
S1 = leichte (reversible Verletzung)
S2 = ernste (irreversible Verletzung Tod)
S3 = Tod mehrerer Personen
S4 = katastrophale Auswirkungen mit vielen Toten

A = Häufigkeit und Dauer des Aufenthalts:
A1 = selten oder kurze Gefährdungsexposition
A2 = häufig (mehr als einmal pro Stunde/Schicht)

G = Möglichkeit zur Vermeidung/ Begrenzung des Schadens:
G1 = möglich
G2 = kaum möglich

W = Eintrittswahrscheinlichkeit:
W1 = sehr gering
W2 = gering
W3 = relativ hoch

Risikograph

03. Was beinhaltet die durchzuführende Gefährdungsbeurteilung?

Infolge der Umsetzung der europäischen Rahmenrichtlinie zum Arbeitsschutz trat in Deutschland bereits 1996 das Arbeitsschutzgesetz in Kraft. Eine der zentralen Anforderungen des Arbeitsschutzgesetzes ist die Durchführung einer sog. Gefährdungsbeurteilung durch den Arbeitgeber. Durch die Gefährdungsbeurteilung sollen vorausschauend Gefährdungen erkannt und abgestellt werden bevor sie zur Gefahr bzw. Gesundheitsgefahr werden. Mit dieser Beurteilung fängt der Schutz von Sicherheit und Gesundheit der Arbeitnehmer am Arbeitsplatz an. Gemäß **Arbeitsschutzgesetz** und der **Berufsgenossenschaftlichen DGUV-Vorschrift 1** ist der Arbeitgeber verpflichtet, für Sicherheit und Gesundheit der Beschäftigten am Arbeitsplatz zu sorgen.

Das wichtigste Instrument zur Umsetzung dieser Verpflichtung ist die **Gefährdungsbeurteilung**. Die Gefährdungsbeurteilung kann vom Arbeitgeber selbst oder von zuverlässigen und fachkundigen Personen, die gesondert damit beauftragt werden, durchgeführt werden. Eine Beauftragung sollte immer schriftlich erfolgen und genau beschreiben, welche Aufgaben und Kompetenzen übertragen werden. Die rechtliche Verantwortung für die Beurteilung bleibt aber in jedem Fall beim Arbeitgeber. Er ist verpflichtet, die Durchführung zu kontrollieren.

Es gibt keinen vorgeschriebenen Weg für die **Durchführung einer Gefährdungsbeurteilung**. Vielmehr sollen sich Umfang und Methodik der Gefährdungsbeurteilung immer an den konkreten betrieblichen Gegebenheiten und Voraussetzungen orientieren.

In der Praxis haben sich **folgende Schritte** bewährt:

- Vorbereiten der Gefährdungsbeurteilung
- Ermitteln der Gefährdungen
- Beurteilen der Gefährdungen
- Festlegen konkreter Arbeitsschutzmaßnahmen
- Durchführen der Maßnahmen
- Überprüfen der Durchführung und der Wirksamkeit der Maßnahmen
- Fortschreiben der Gefährdungsbeurteilung
- Dokumentation.

Nach dem Arbeitsschutzgesetz (ArbSchG) besteht in Unternehmen unabhängig von ihrer Betriebsgröße eine **Dokumentationspflicht**. Danach muss der Arbeitgeber über Unterlagen verfügen, die das Ergebnis der Gefährdungsbeurteilung, die darauf gestützten Maßnahmen des Arbeitsschutzes und das Ergebnis ihrer Überprüfung dokumentieren. Vorgaben zur Art der Unterlagen gibt es nicht. Der Arbeitgeber kann die für seinen Betrieb am besten geeignete Unterlagenart verwenden und die Dokumentation in Papierform aber auch in digitaler Form durchführen. Zu beachten ist, dass Arbeitsschutzvorschriften spezielle Anforderungen an die Dokumentation enthalten können, z. B. die Betriebssicherheitsverordnung oder die Gefahrstoffverordnung.

In Betrieben, die Gefahrstoffe herstellen oder verarbeiten, wird ein Schwerpunkt der durchzuführenden Gefährdungsbeurteilung auf den Tätigkeiten mit Gefahrstoffen liegen. Bereits vorliegende Ergebnisse aus Anforderungen anderer Vorschriften (z. B. BG-Vorschriften, Störfallverordnung) können mit in die Gefährdungsbeurteilung einfließen. Unter Berücksichtigung dieser Gefährdungen sind Schutzmaßnahmen festzulegen und ihre Wirksamkeit zu überprüfen.

Das Ergebnis der Gefährdungsbeurteilung, die vom Unternehmer festgelegten Schutzmaßnahmen und das Ergebnis der Überprüfung ihrer Wirksamkeit sind vom Unternehmer zu dokumentieren, unabhängig von der Beschäftigtenzahl.

Die Gefährdungsbeurteilung:

- ist vor Aufnahme der Tätigkeiten durchzuführen
- ist zu dokumentieren
- darf nur von fachkundigen Personen durchgeführt werden. Gegebenenfalls hat sich der Unternehmer fachkundig beraten zu lassen, z. B. vom Werksarzt oder der Fachkraft für Arbeitssicherheit.

Die Gefährdungsbeurteilung ist auf aktuellem Stand zu halten. Tätigkeiten mit Gefahrstoffen dürfen erst aufgenommen werden, nachdem die Gefährdungsbeurteilung durchgeführt und entsprechende Schutzmaßnahmen festgelegt wurden.

Bei der BG RCI (Berufsgenossenschaft Rohstoffe und chemische Industrie) können Informationen für die Durchführung der Gefährdungsbeurteilung in vielfältiger Hinsicht bezogen werden, unter anderem z. B. Merkblätter.

04. Wie erfolgt die Überprüfung der Anlage auf Betriebsbereitschaft?

Eine chemische Anlage muss vor der Inbetriebnahme nach einer Neuerrichtung oder einer wesentlichen Änderung im Rahmen einer Abnahmebegehung durch die zuständige Behörde bzw. zusätzlich verschiedene innerbetriebliche Abteilungen, wie z. B. Anlagensicherheit, Arbeitssicherheit und Berufs- oder Standortfeuerwehr, überprüft werden. Dabei wird insbesondere die technische Ausführung sicherheitsrelevanter Anlagenteile kontrolliert. Im Rahmen dieser Kontrolle wird i. d. R. ein Übergabeprotokoll erstellt, in welchem Abweichungen vom genehmigten Zustand bzw. von behördlichen Vorgaben festgehalten werden. Bevor die Anlage jedoch mit evtl. gefährlichen Stoffen betrieben werden kann, wird üblicherweise eine sog. „Wasserfahrt" durchgeführt. Hier werden die Produktströme simuliert, indem Stickstoff für Gase und Wasser für Flüssigkeiten anstatt des eigentlichen Produktes eingesetzt wird. Dadurch ist eine komplette und ungefährliche Funktionsprüfung mechanischer und verfahrenstechnischer Anlagenteile durchführbar.

05. Wie erfolgt das eigentliche Anfahren der Anlage?

Selbstverständlich hängt das konkrete Vorgehen beim Anfahren einer Anlage stark vom Verfahren ab. Grundsätzlich gilt, dass möglichst kleine Anlagenteile als Inseln getrennt angefahren werden sollen. Sobald ein stabiler Zustand dieser einzelnen Anlagenteile erreicht ist, kann damit begonnen werden, die Inseln nach und nach miteinander zu verbinden. Dabei kann man eine Vorwärts- oder eine Rückwärtsverkopplung wählen. Entscheidend hierbei ist wiederum das Verfahren, ob es sich z. B. um eine kontinuierliche Anlage handelt, um einen Batch-Prozess oder um eine Mischform. Generell gilt: Schwierige Anlagenabschnitte sollten nie gleichzeitig in Betrieb genommen werden, da es wahrscheinlich ist, dass hier Komplikationen auftreten und diese sollten nacheinander und schrittweise behoben werden.

Vorbereitende Maßnahmen:
Bevor die eigentliche Inbetriebnahme einer Anlage durchgeführt wird, sind vorbereitende Maßnahmen festzulegen und umzusetzen. Dazu zählt die Überprüfung der technischen Verfügbarkeit der einzelnen verfahrenstechnischen und elektrotechnischen Geräte in der Anlage.

Hier hat es sich bewährt, dass vorab eine Checkliste angefertigt wird, welche von den Mitarbeitern abgearbeitet wird, um die Infrastruktur der Anlage auf Betriebsbereitschaft hin zu überprüfen.

Beispiel

Anfahrcheckliste

- Überprüfen, ob alle Schaltorgane der elektrischen Antriebe (z. B. Pumpen) in Stellung „Automatik“ sind? Ist dieses nicht der Fall, sind die E-Schalter in Stellung „Automatik“ zu bringen.
- Eine Analyse der Raumluft muss durchgeführt werden, um evtl. vorhandene Ex-Atmosphäre (auch außerhalb von Ex-Zonen) zu erfassen und um die Anlage ggf. vorab zu durchlüften.
- Überprüfen, ob alle Rohstoffe in ausreichender Menge zur Verfügung stehen.
- Überprüfen, ob alle Gleitringüberwachungen der Pumpen in Ordnung sind.
- Überprüfen, ob die Ölstände aller Getriebe/Aggregate in Ordnung sind.
- Überprüfen, ob die Abluft- und die Zuluftventilatoren des Gebäudes in Betrieb sind. Wenn nicht, so sind sie in Betrieb zu nehmen.
- Überprüfen, ob alle Abgaswäschen bzw. Tauchungen befüllt und betriebsbereit sind. Falls dies nicht geschehen ist, diese gem. Betriebsanweisung befüllen und in Betrieb nehmen.
- Von der Fachabteilung alle pH-Messungen überprüfen lassen.

- „Betriebliche Wartungscheckliste“ für die Anlage abarbeiten. In dieser Liste wird das Vorhandensein nötiger persönlicher Schutzausrüstung, z. B. Gasmaskenfilter, Schutzbrillen usw. abgefragt. Falls nötig muss Fehlendes ergänzt werden.

Eigentliches Anfahren der Anlage:
Das Anfahren einer Anlage soll nachfolgend am Beispiel einer Destillationskolonne stichpunktartig dargestellt werden. Im Regelfall werden Ablaufsteuerungen im Rahmen von PLS-Schrittketten dazu verwendet, chemische Anlagen anzufahren:

Das Anfahren der Anlage erfolgt grundsätzlich nach den Vorgaben des Betriebshandbuches:

1. Betriebsbereitschaft der Anlage samt Peripherie und PLS überprüfen.
2. Systemdrücke einstellen und Druckhaltungsregler auf Automatik nehmen.
3. Kühlwasser für alle Wärmetauscher/Reaktoren öffnen (Kopfkondensator und Destillatkühler).
4. Destillationssumpf der Kolonnen bis ca. 60 % Stand füllen.
5. Rücklaufteiler auf totalen Rücklauf stellen.
6. Dampf zum Umlaufverdampfer langsam öffnen und die Kolonne aufheizen, bis sich ein Gleichgewicht eingestellt hat.
7. Überprüfen der Betriebsparameter wie Kopf-, Sumpftemperatur und Differenzdruck der Kolonne sowie des Sumpfstandes.
8. Bei stabilem Gleichgewicht wird die Kolonne langsam mit dem Feedstrom belastet. Dazu die Pumpe des Produktzulaufes in Betrieb nehmen.
9. Gleichzeitig müssen die Sumpfstandregelung, Differenzdruckregelung und das Rücklaufverhältnis am Kolonnenkopf in Abhängigkeit der Betriebsparameter angepasst werden.
10. Abnahme am Kopf bzw. am Kolonnensumpf in Betrieb nehmen, dazu die jeweiligen Regelungen auf Automatik nehmen und die Sollwerte anpassen.
11. Regelmäßiges Kontrollieren der Betriebsparameter der Kolonne.
12. Vor allem während und in den ersten Stunden nach der Inbetriebnahme ist es wichtig, die Anlage auch jederzeit vor Ort zu überprüfen, um evtl. vorhandene Abweichungen (wie z. B. Undichtigkeiten, ungewöhnliche Geräusche o. ä.) sofort entdecken und abstellen zu können.

1.7.2 Betreiben von Anlagen

01. Was ist beim Betreiben von Anlagen zu beachten?

Da die meisten chemischen Anlagen vollkontinuierlich betrieben werden, muss neben den üblichen Fragestellungen der Produktion (Rohstoffversorgung, Produktionsplanung, Apparatebelegung usw.) auch das bestmöglich passende Schichtsystem (z. B. Vier-Schicht- oder Fünf-Schicht-System) ausgewählt werden. Neben der eigentlichen Produktion in der Anlage gibt es eine Vielzahl von Maßnahmen und Regelungen zu beachten, um den eigentlichen Betrieb aufrecht erhalten zu können.

Während des Betriebes der Anlage ist die gewählte Organisation ständig zu überwachen und ggf. anzupassen.

02. Was umfasst die Produktionsplanung und -steuerung?

Für produzierende Unternehmen bildet die Produktionsplanung und -steuerung einen Kernbereich des gesamten Planungsprozesses, denn hier wird die eigentliche Wertschöpfung geplant und anschließend ausgeführt. Bis Mitte der 1980er Jahre war die Planung und Steuerung der Produktion ein papiergestütztes Verfahren. Seit dieser Zeit hält jedoch die elektronische Unterstützung Einzug.

Zuerst wurden **PPS-Systeme** (Produktionsplanungs- und Steuerungssysteme) entwickelt. Diese basieren auf dem Push-Prinzip, nachdem die Aufträge in die Produktionsprozesse hineingedrückt werden. Überbelastungen werden durch Terminverschiebungen von weniger kritischen Aufträgen sowie durch Einplanung von Überstunden versucht zu beseitigen. Daher wird beim Push-Prinzip eine genaue Auftragsreihenfolge aller am Produktionsprozess beteiligten Anlagen und Betriebe mit jeweiligem Start- und Endtermin sowie der Produktionsmenge für Zwischen- und Endprodukte angegeben.

Später folgten in der Entwicklung von PPS-Systemen umfangreichere Lösungen, die neben der eigentlichen Produktion auch die anderen Ressourcen wie Human Resources und Finance Management mit einbezogen (ERP-Software, z. B. SAP, Oracle, Microsoft Dynamics).

Weitere Entwicklungen schlossen sich an, wie beispielsweise **MRP II** (Manufacturing Resource Planning). MRPII besteht aus einer Anzahl miteinander verknüpfter Funktionen:

- Geschäftsplanung
- Absatz- und Produktionsgrobplanung
- Produktionsfeinplanung
- Fertigungsplanung für Material und Kapazität.

Die Ergebnisse dieser Systeme sind eingebunden in den Geschäftsplan, Beschaffungsplan, den Transportkostenplan und die Bestandshochrechnungen. Auch aufgrund neuerer Erkenntnisse und um den Planungsaufwand zu reduzieren geht man neuere Wege.

So kann man z. B. vom Push-Prinzip hin zum Pull-Prinzip (ziehendes Prinzip) wechseln. Dabei geht es darum, auf Abruf die für den nächsten Verfahrensschritt nötigen Zwischenprodukte herzustellen und nicht mehr aufwendig für jede Produktionsstufe eine detaillierte Planung zu erstellen. Wie auch in der Kanban-Methode stellt diese eine Methode der Produktionsprozesssteuerung dar. Das Vorgehen orientiert sich ausschließlich am tatsächlichen Verbrauch von Materialien am Bereitstell- und Verbrauchsort. Kanban ermöglicht so eine Reduktion der lokalen Bestände von Vorprodukten in und nahe der Produktion, die dort in Produkten der nächsten Integrationsstufe verbaut werden. Ziel der Kanban-Methode ist es, die Wertschöpfungskette auf jeder Fertigungs-/Produktionsstufe einer mehrstufigen Integrationskette kostenoptimal zu steuern.

03. Wie erfolgt die Prozesskontrolle?

Um Anlagen zuverlässig überwachen zu können, sind Systeme nötig, welche sicherstellen, dass sich die Anlage stets im bestimmungsgemäßen Betrieb befindet. Daher ist im betrieblichen Alltag eine Vielzahl von Dokumentationen notwendig. Tagesabläufe, Produktdaten, Prozessparameter, Emissionsdaten, Produktionsmengen, durchgeführte Schulungen und Unterweisungen, qualitäts-, sicherheits- und umweltrelevante Vorgänge werden darin festgehalten. Nachfolgende Dokumentationen sind unter anderem notwendig und zu pflegen:

- Betriebshandbuch
- Schichtprotokollbuch
- Prozessdatenerfassung und -archivierung
- Produktionsmengenerfassung
- Betriebs-/Arbeitsanweisungen
- Arbeitsfreigabescheine
- Urlaubs-/Stundenmeldungen
- Schichtplan
- Reparatur-, Instandhaltungssysteme, z. B. SAP, Maximo
- Umsetzung der Unfallverhütungsvorschriften (DGUV-V) der Berufsgenossenschaft
- Unfall- bzw. Beinaheunfallbuch
- Erfassung von Regelabweichungen
- Sicherheitsbelehrungen/sog. 5-min-Gespräche
- Betriebsanweisungen nach § 14 Gefahrstoffverordnung
- Sicherheitsdatenblätter (MSDS: Material Safety Data Sheet)
- Wartungschecklisten.

Seit einigen Jahren werden fast alle Dokumentationen elektronisch geführt. Dadurch ist eine statistische Auswertung möglich und der Arbeitsablauf (Workflow) kann optimal gestaltet werden.

04. Welche Bedeutung hat das Qualitätssicherungssystem?

Die Qualitätssicherung sorgt für die Einhaltung der vom Qualitätsmanagement festgelegten Maßnahmen. Für bestimmte Betriebe ist gesetzlich vorgeschrieben, dass das Personal der Qualitätssicherung direkt dem Qualitätsmanagement bzw. der Geschäftsleitung untersteht, damit es nicht an Weisungen, z. B. der Fertigungsleitung, gebunden ist.

Zur stetigen Sicherung der Produktqualität muss in der Anlage bzw. der angegliederten Qualitätssicherung ein **Qualitätsmanagementsystem (QMS)** implementiert sein. Die am weitesten verbreitete Norm, die die **Anforderungen an ein Qualitätsmanagementsystem** festlegt, ist die **DIN EN ISO 9001:2015-11**. Daneben gibt es eine Reihe von branchenbezogenen Normen, z. B. für die Automobilindustrie oder die Luftfahrt. Ein solches funktionierendes System ist auch Voraussetzung für die Zertifizierungen. Die Dokumentation ist das wichtigste Mittel zum Nachweis, dass ein organisiertes Qualitätssicherungssystem vorhanden ist.

Die Verantwortung, Befugnisse und Schnittstellen für das QMS müssen innerhalb der Organisation eindeutig festgelegt werden. Dazu muss ein **Organigramm** erstellt werden, indem zum einen die Hierarchie aufgezeigt wird. Andererseits sind kritische Schnittstellen zu beschreiben sowie der Workflow bei einer Spezifikationsabweichung des Produktes und die daraus resultierenden Maßnahmen. Es muss also klar und eindeutig festgelegt sein, wie bei einer Abweichung vorgegangen wird.

1.7.3 Abfahren von Anlagen

01. Was beinhaltet das Abfahren von Anlagen?

Das Abfahren einer Anlage gehört ebenso wie das Anfahren und Betreiben einer Anlage zum bestimmungsgemäßen Betrieb. Im Rahmen der Inbetriebnahme wird die Anlage üblicherweise einmal abgefahren, um auch für diesen Betriebszustand alle Funktionen und Bauteile prüfen zu können. Das Abfahren einer Anlage kann als geplantes Ereignis stattfinden, um z. B. im Rahmen der jährlichen Abstellung technische Instandsetzungsmaßnahmen durchzuführen. Oder eine größere Störung oder Havarie macht ein schnelles Abfahren der Anlage mittels der Not-Aus-Funktion notwendig. Dadurch wird die Anlage beim Abfahren in einen gefahrlosen Zustand gebracht. Wie auch beim Anfahren und Betreiben der Anlage ist das Abfahren der Anlage im Betriebshandbuch genau festzulegen. Es sind Vorgaben und Vorschriften zu erstellen und einzuhalten, um keinerlei Gefahren für die Umwelt und die Mitarbeiter auftreten zu lassen. Dies sind z. B. Abfahr- und Reinigungsvorschriften, Checklisten für den Abfahrprozess und eine entsprechende Zeitplanung. Auch beim Abfahren der Anlage muss unbedingt eine Absprache mit den Nebenbetrieben erfolgen, welche evtl. mit der Anlage interagieren, weil sie z. B. Dampf oder Kühlwasser liefern bzw. abnehmen. Außerdem sind auch hier alle Vorgänge zu dokumentieren. Da es sich um einen nicht alltäglichen Vorgang handelt, bei welchem einige Messungen und Überwachungen nicht im Normalbetrieb arbeiten, ist hierfür eine gründliche Vorbereitung und Planung notwendig. Dem Sicherheitsaspekt ist durch z. B. vorab durchgeführte Sicherheitsgespräche/Unterweisungen der Mitarbeiter allerhöchste Priorität einzuräumen.

02. Was ist während des Abfahrens von Anlagen zu beachten?

Als Abfahren wird in der Chemie/Verfahrenstechnik ganz allgemein die Überführung einer Anlage aus dem stationären Fahrbetrieb in den Stillstand bezeichnet. Das Abfahren von Anlagen ist häufig auch ein emissionsrelevanter Vorgang, der teilweise auch in Verordnungen geregelt wird. So sieht z. B. die Verordnung über die Verbrennung und die Mitverbrennung von Abfällen (17. BImSchV) spezifische Regelungen für das Abfahren von Müllverbrennungsanlagen vor. Üblicherweise ist der Abfahrvorgang im Vergleich zum Anfahren von untergeordneter Bedeutung. Die sog. Reisezeit einer Anlage endet mit deren Abfahren. Ebenso wie das Anfahren gehört das Abfahren zum bestimmungsgemäßen Betrieb. Beide Vorgänge gehören nicht zum Normal-, aber zum Regelbetrieb. Auch die Überführung aus der Betriebsbereitschaft in die Revision oder in die Instandsetzung wird als Abfahren bezeichnet. Um alle relevanten Vorschriften und Richtlinien einhalten zu können, empfiehlt es sich, das Abfahren der Anlage ebenso gründlich zu planen und interdisziplinär zu betrachten. Es sollten also schon frühzeitig alle Fachbereiche, wie z. B. EMSR-Technik, Pumpenwerkstatt, Revision, Mechanische Werkstätte usw., eingebunden werden.

2. Chemische Prozesse und Verfahren

INFO

Prüfungsanforderungen

Im Qualifikationsschwerpunkt „Chemische Prozesse und Verfahren" soll die Fähigkeit nachgewiesen werden,

- unter Berücksichtigung von naturwissenschaftlich-technischen und mathematischen Gesetzmäßigkeiten Arbeitssicherheit, Umweltschutz, Anlagensicherheit und Qualitätssicherung, chemische Reaktionen führen sowie
- produktionstechnische Zusammenhänge und Optimierungsmöglichkeiten der Prozesse erkennen und zweckentsprechende Maßnahmen einleiten zu können. Dazu gehört, die Auswirkungen bei Änderungen der Prozessparameter beurteilen zu können.

Qualifikationsschwerpunkt Chemische Prozesse und Verfahren (Überblick)

2.1 Auswählen produktionstechnischer Einrichtungen und Verfahren unter Beachtung verschiedener Reaktionstypen

2.2 Bewerten und Beurteilen von Stoffen und Stoffgemischen hinsichtlich ihrer Eigenschaften und ihres Gefährdungspotenzials

2.3 Erfassen und Berechnen von Stoff- und Energiebilanzen

2.4 Einleiten von Maßnahmen zur rationellen Nutzung von Energie und Ressourcen sowie Führen von Energie- und Stoffströmen

2.5 Führen von chemischen Reaktionen und Auswählen geeigneter Methoden zur Prozesskontrolle

2.6 Beurteilen der Auswirkung von Prozessen auf die Umwelt und Sicherstellen von Umweltschutzmaßnahmen; Auswählen und Einsetzen geeigneter Verfahren

2.1 Auswählen produktionstechnischer Einrichtungen und Verfahren unter Beachtung verschiedener Reaktionstypen

2.1.1 Grundkonzept einer chemischen Produktion

01. Welche Bedeutung besitzt die chemische Industrie für die deutsche Wirtschaft?

Auf die deutsche chemisch-pharmazeutische Industrie entfällt knapp ein Viertel des Chemieumsatzes der EU. Sie ist damit in Europa die Nummer 1 (Stand 2020). Weltweit belegt sie hinter China, den USA und Japan Rang 4. In Deutschland ist die Chemie einer der wichtigsten Wirtschaftszweige:

- rund 200 Mrd. € Umsatz p. a. (Platz 3 nach der Autoindustrie und dem Maschinenbau)
- fast 500.000 Mitarbeiter (Platz 6 nach Maschinenbau, Auto- und Elektroindustrie, Metallindustrie und Ernährungsbranche)
- rund 8 Mrd. € Inverstitionen p. a. (Platz 2 nach der Autoindustrie).

02. Welche Produkte werden durch die chemische Industrie hauptsächlich hergestellt?

Die chemische Industrie stellt ein breites Produktsortiment her: Von Kosmetika über Medikamente, Chemiefasern und Klebstoffen bis hin zu Düngemitteln – chemische Produkte kommen in allen Lebensbereichen zum Einsatz. **Knapp 30 % der Chemieprodukte gehen direkt an den Endverbraucher. Rund zwei Drittel werden innerhalb der Industrie weiterverarbeitet.** Größte Kunden sind Kunststoffverarbeiter, Auto-, Verpackungs- und Bauindustrie. Der verbleibende Anteil geht in die gewerbliche Nutzung beziehungsweise an Dienstleister.

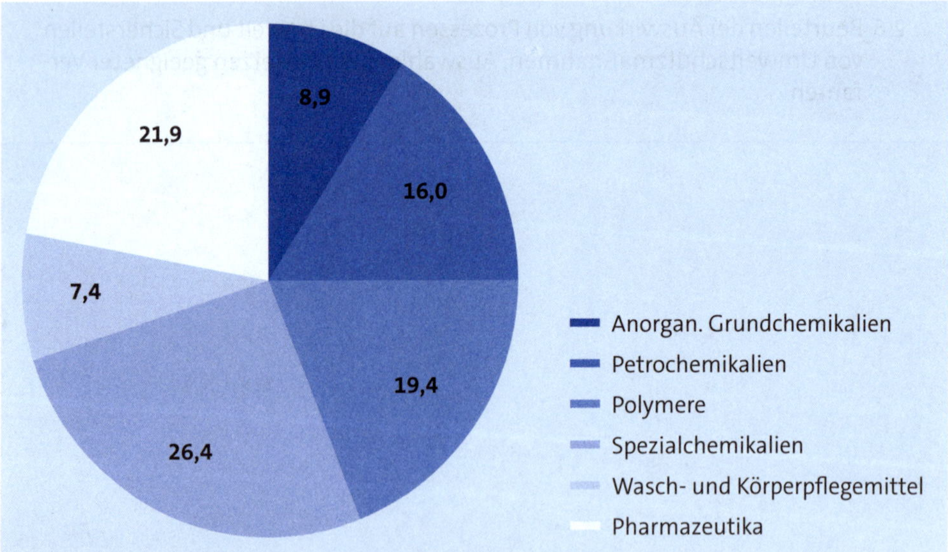

Produktionsgebiete der Chemie, Anteile am Produktionswert in Prozent, Quelle: Destatis, VCI

Die Chemiebranche ist auch ein wichtiger Abnehmer von Industriegütern und Dienstleistungen. Knapp die Hälfte ihrer Vorprodukte stammt aus dem deutschen produzierenden Gewerbe. Neben Mineralölerzeugnissen sind dies z. B. Strom, Gas und Maschinen. Rund 20 % ihrer Vorleistungen bezieht die Chemie von Dienstleistern im Inland. Dazu gehören Entsorgung, Transport und Dienstleistungen der Rechts-, Steuer- und Unternehmensberatung.

03. Welche Anforderungen werden an den Standort einer chemischen Anlage gestellt?

Anforderungen an den Standort sind u. a.:

- Verfügbarkeit von **Kühlwasser**
- ausreichende **Stromversorgung**
- **kurze Transportwege** für die Rohstoffanlieferung (Pipeline, Bahn, Schiff)
- günstige **Verkehrsanbindung** (Autobahn, Hafen, Güterbahnhof)
- Verfügbarkeit von gut ausgebildetem **Personal**
- Nähe zum **Absatzmarkt**
- **Verwendungsmöglichkeit von Nebenprodukten**
- wirtschaftliche Möglichkeit zur Einhaltung von **Umweltschutzauflagen** (Kläranlage, Abluftreinigung, Deponie).

Aus diesen Anforderungen ergibt sich die **logische Schlussfolgerung, chemische Anlagen im Verbund** zu betreiben. So kann eine bestehende Infrastruktur für mehrere Anlagen genutzt werden und Produkte einer Anlage in einer nächsten Anlage direkt weiterverarbeitet werden.

04. Wie sind chemische Anlagen grundsätzlich aufgebaut?

Die meisten chemischen Anlagen ähneln sich in ihrem prinzipiellen Aufbau. Im Mittelpunkt der Entwicklung stehen der Reaktor und der Katalysator. Basierend auf deren Auslegung wird die Aufarbeitung der Edukte und Produkte geplant. Eingebettet ist die Anlage in eine übergeordnete Infrastruktur, die die Versorgung mit Rohstoffen und Prozessenergien sowie die Lagerung, Verpackung und den Vertrieb der Produkte sicherstellt. Des Weiteren muss für einen reibungslosen Betrieb der Anlage und die Einhaltung sämtlicher Sicherheits- und Umweltauflagen gesorgt werden. Die Wahl eines geeigneten Standorts ist deshalb neben der verfahrenstechnischen Entwicklung maßgeblich am Erfolg einer Anlage beteiligt.

Die nachfolgende Abbildung zeigt den prinzipiellen Aufbau einer Chemieanlage mit Peripherie und übergeordneter Unternehmensstruktur:

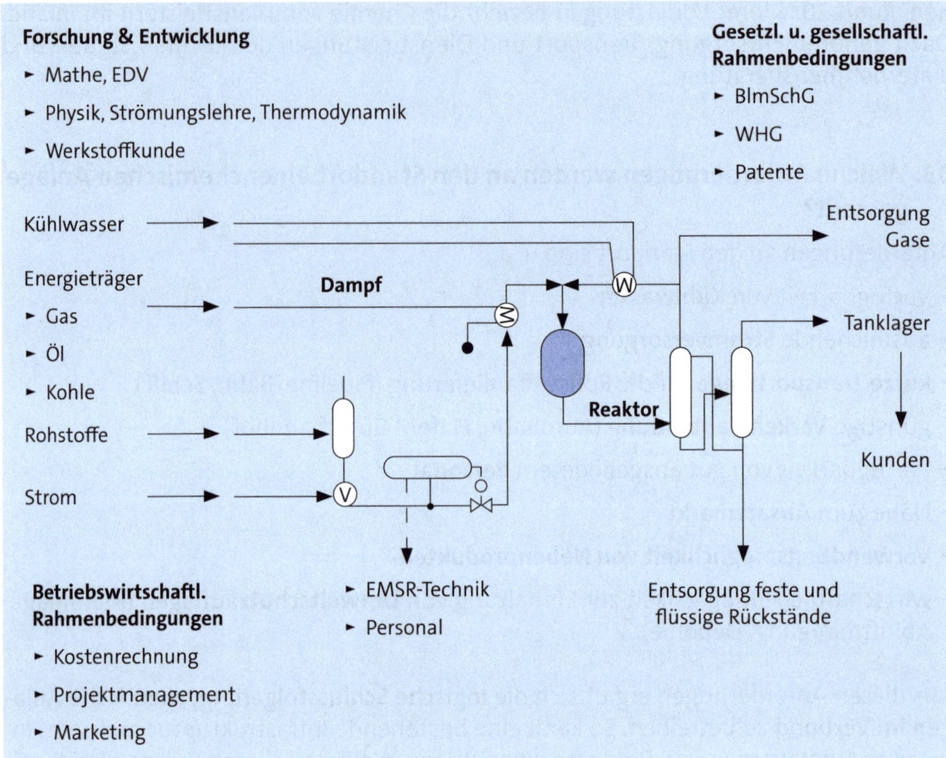

Aufbau einer Chemieanlage

05. Was versteht man unter einem Stoffverbund?

Chemische Anlagen arbeiten meist im Verbund; so können möglichst effizient die Stoff- und Energieströme geleitet werden. Am Beispiel eines Industrieparks soll der Stoffverbund verdeutlicht werden. Als Rohstoffe werden Ethylen, Steinsalz, Fettsäuren/Alkohole, Frigen, Strom und Luft eingesetzt. Daraus werden ca. 1.500 Produkte hergestellt. Am nachfolgenden Beispiel wird ersichtlich, dass **aus wenigen Rohstoffen einige Basischemikalien und Zwischenprodukte entstehen. Daraus wiederum wird eine Vielzahl von Endprodukten produziert**. Dieses Prinzip gilt grundsätzlich für die gesamte chemische Produktion: **Nahezu die gesamte Produktpalette basiert auf nur ca. 10 Rohstoffen**, von denen Erdöl der bedeutendste Rohstoff ist.

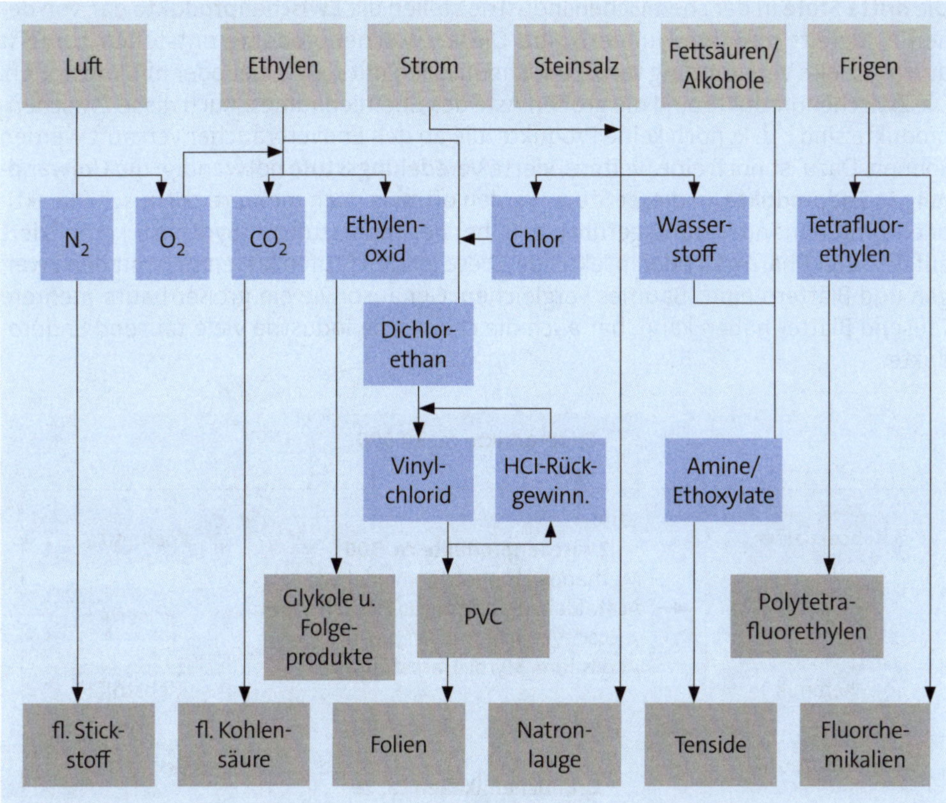

Stoffverbund in einem Chemiepark

06. Wie lässt sich die Verbundstruktur der chemischen Industrie darstellen?

Die Verbundstruktur der Chemie lässt sich sehr gut mit einem Baum vergleichen. Von den **Wurzeln** aus werden die Rohstoffe aufgenommen. Beim Baum sind dies z. B. Mineralien und Wasser, in der Chemie sind dies die **organischen oder anorganischen Rohstoffe oder Grundstoffe.** In der Chemie werden **ausgehend von diesen Rohstoffen ca. 20 Grundchemikalien (oder Basischemikalien) hergestellt**. In der anorganischen Chemie sind dies z. B. wichtige Säuren und Basen sowie bedeutende Elemente, wie Chlor, Wasserstoff oder Metalle. In der organischen Chemie geht man i. d. R. von höhermolekularen Stoffen aus und verwandelt diese in reaktive niedermolekulare Verbindungen, die sich ihrerseits wieder gut in viele andere Stoffe umwandeln lassen. So werden z. B. aus Erdöl die sehr reaktiven kurzkettigen Alkene Ethen und Propen hergestellt. Ebenfalls lässt sich aus der hochmolekularen Stärke, einem nachwachsenden Rohstoff, die niedermolekulare Glucose herstellen. Diese **Grundchemikalien bilden quasi den Stamm des Chemiebaumes**, von dem aus sich dann zahlreiche Äste verzweigen können.

Die **dritte Stufe** in der chemischen Industrie stellen die **Zwischenprodukte** dar, von denen es bereits mehrere Hundert gibt. Diese Zwischenprodukte entstehen zumeist durch gezielte Verknüpfung von Grundchemikalien mit sich selber oder mit Rohstoffen. Die Zwischenprodukte sind die großen Äste des Chemiebaumes. Auch diese Zwischenprodukte sind i. d. R. noch keine Produkte, die an den Endverbraucher verkauft werden können. Dazu ist noch eine weitere**, vierte Veredelungsstufe** notwendig: die **Umwandlung in Endprodukte**. In dieser Stufe werden oftmals noch mehrere chemische Reaktionen hintereinander durchgeführt, z. B. bei der mehrstufigen Synthese kompliziert aufgebauter Pharmaka oder Insektizide. Diese letzten Stufen lassen sich mit den Zweigen und Blättern eines Baumes vergleichen. Genauso wie ein großer Baum mehrere Tausend Blätter haben kann, hat auch die chemische Industrie viele tausend Endprodukte.

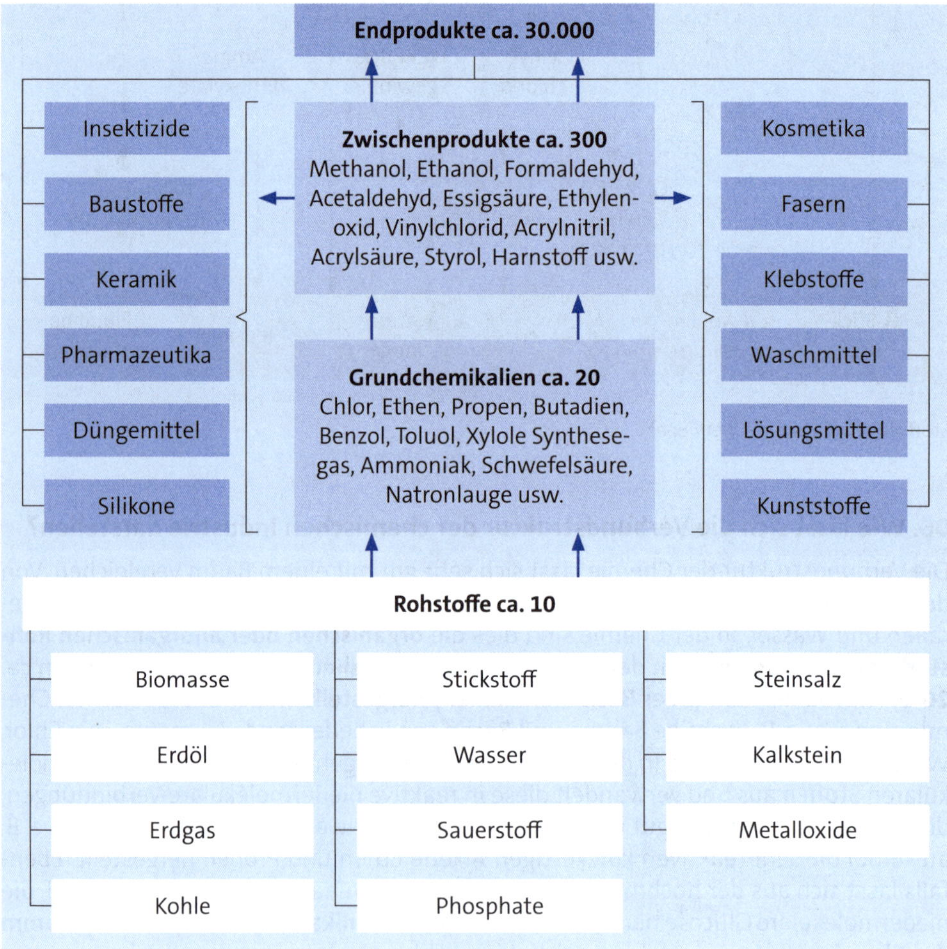

Produktstammbaum der chemischen Industrie

07. Wie funktioniert das Kontaktverfahren zur Herstellung von Schwefelsäure?

Die Schwefelsäure ist in der chemischen Industrie ein bedeutender Rohstoff zur Herstellung von Stoffen wie Sulfaten, Düngemitteln oder Waschmitteln. Das Kontaktverfahren zur Gewinnung von Schwefelsäure wurde durch die deutschen Chemiker *Clemens Winkler* (1838 - 1904) und *Rudolf Knietsch* (1854 - 1906) entwickelt. Als Ausgangsprodukt eignet sich flüssiger Schwefel, der aus der Aufbereitung von Erdgas stammt und eine Temperatur von etwa 135 °C besitzt.

Das **Doppelkontaktverfahren** (siehe Frage 10.) ist eine Weiterentwicklung des einfachen Kontaktverfahrens, welches rentabler und ökologischer ist. Früher wurden anstelle des Kontakt- oder Doppelkontaktverfahrens das Bleikammerverfahren und das Vitriolverfahren genutzt.

Das **Kontaktverfahren** wird in einem System, welches aus ca. drei Behältnissen besteht, durchgeführt. Das System besteht **aus Verbrennungsofen, Kontaktofen und Absorber**. Ebenso lassen sich dort Wärmetauscher finden, welche das entstehende Gas kühlen, damit es vor Eintritt in eine neue „Schicht" des Systems die passende Temperatur hat, um in Reaktion zu treten. Im **Verbrennungsofen** werden entweder sulfidische Erze oder Schwefel an sich verbrannt, um so an Schwefeldioxid zu gelangen, welches zur Weiterverarbeitung zu Schwefelsäure notwendig ist. Danach wird das Schwefeldioxid und der Sauerstoff zu dem Kontaktofen weitergeleitet. Im **Kontaktofen** befinden sich mehrere Kontaktplatten sowie Wärmetauscher. Auf den Kontaktplatten liegt eine Vanadiumpentoxidschicht auf Kieselgel, welche als Katalysator dient. Dort entsteht dann Schwefeltrioxid. Im **Absorber** trifft das Schwefeltrioxid auf Wasser, wo sich nun Schwefelsäure bildet. Diese Schwefelsäure wird dann absorbiert. Sie ist nun fertiggestellt und zur Nutzung in der Industrie bereit.

Das Kontaktverfahren lässt sich grundsätzlich in **fünf verschiedene Schritte** einteilen:

1. **Herstellung von Schwefeldioxid**

   Zuallererst wird aus Schwefel das sog. Schwefeldioxid gewonnen, indem der Schwefel in Zerstäubungsbrennern verbrannt wird. Die Umgebungsluft während der Verbrennung muss sehr trocken sein, damit es nicht zu Korrosion oder einer anderen nicht geplanten Reaktion führt.

   $S + O_2 \rightarrow SO_2$
   Schwefel + Sauerstoff → Schwefeldioxid

   Schwefeldioxid kann auch entstehen, wenn man bestimmte sulfidische Erze (wie Eisensulfiderze) verbrennt.

2. **Umwandlung zu Schwefeltrioxid**

   Nun wird das entstandene Schwefeldioxid mithilfe einer sog. Gleichgewichtsreaktion mit Sauerstoff zu Schwefeltrioxid umgewandelt. Dies findet im sog. Kontaktofen statt.

   $2SO_2 + O_2 \leftrightarrow 2SO_3$
   Schwefeldioxid + Sauerstoff ↔ Schwefeltrioxid

3. **Reaktion zu Schwefelsäure**

   Das gerade eben hergestellte Schwefeltrioxid reagiert nun mithilfe von zugefügtem Wasser zu der sog. Schwefelsäure. Dieser Prozess läuft im Zwischenabsorber/Absorber ab. Die Schwefelsäure kann nun bereits abgeführt und genutzt werden; einige Industriestandorte stellen jedoch auch Oleum, auch rauchende Schwefelsäure genannt, her.

   $SO_3 + H_2O \rightarrow H_2SO_4$
   Schwefeltrioxid + Wasser → Schwefelsäure

4. **Reaktion mit Schwefelsäure**

   Im Behältnis befinden sich nun sowohl Schwefeltrioxid und Wasser als auch Schwefelsäure. Daher reagiert Schwefeltrioxid ebenfalls mit der bereits entstandenen Schwefelsäure, wobei sich Dischwefelsäure bildet. Dischwefelsäure wird oft mit Oleum gleichgesetzt, dies ist formal jedoch nur für 45 %iges Oleum richtig. Die Entstehung von Oleum kann jedoch verhindert werden, indem 97 - 99 % Schwefelsäure verwendet wird.

   $SO_3 + H_2SO_4 \rightarrow H_2S_2O_7$
   Schwefeltrioxid + Schwefelsäure → Dischwefelsäure

5. **Versetzung mit Wasser**

   Wenn man die Dischwefelsäure nun mit Wasser versetzt, entsteht erneut Schwefelsäure. Dadurch erhält man nun die doppelte Menge von dem, was zuerst entstanden ist. Dieser Prozess geschieht im Endabsorber des Doppelkontaktverfahrens bzw. im normalen Absorber beim einfachen Verfahren. Dort wird die Schwefelsäure dann letztendlich auch abgeschöpft, also absorbiert.

   $H_2S_2O_7 + H_2O \rightarrow 2H_2SO_4$
   Dischwefelsäure + Wasser → Schwefelsäure

08. Welcher Katalysator kommt beim Kontaktverfahren zum Einsatz?

In der Industrie ist es wichtig, dass die Herstellung der Schwefelsäure rentabel ist. Daher sollte kein Prozess allzu lange dauern. Um bestimmte chemische Prozesse nun zu beschleunigen, existieren passende Katalysatoren. Die Aufgabe der Katalysatoren ist es einzig, den Reaktionsprozess voranzutreiben. Beim Kontaktverfahren kommt hauptsächlich ein Katalysator zum Einsatz: **Vanadiumpentoxid**. Das Vanadiumpentoxid findet sich geschmolzen im Behältnis auf einer Kieselgelschicht wieder. Es kommt während der Oxidation von Schwefeldioxid mit Sauerstoff zu Schwefeltrioxid zum Einsatz. An den Katalysator lagert sich zunächst der Sauerstoff, anschließend dann das Schwefeldioxid an. Es entsteht dadurch beschleunigt Schwefeltrioxid.

09. Was beschreibt eine Gleichgewichtsreaktion?

Eine Gleichgewichtsreaktion ist eine Reaktion, bei dem die Hin- und Rückreaktion mit identischer Geschwindigkeit zueinander ablaufen. Dies lässt es so wirken, als würden die beiden Stoffe nicht mehr miteinander reagieren, was aber nicht korrekt ist. Es hat sich lediglich ein Gleichgewicht eingestellt.

10. Wie funktioniert das Doppelkontaktverfahren?

Heutzutage wird das einfache Kontaktverfahren nur noch selten ausgeführt. Es wurde durch die Weiterentwicklung, dem sog. doppelten Kontaktverfahren abgelöst, da dieses nicht nur rentabler, sondern auch umweltverträglicher ist. Für die Industrie ist es gerade in dieser Zeit wichtig, dass umweltverträglichere Alternativen gefunden werden, die es dennoch ermöglichen, wettbewerbsfähig zu bleiben.

Beim Doppelkontaktverfahren existieren sog. **Zwischenabsorber**. Dorthin wird das entstehende Schwefeltrioxid geführt. Dadurch, dass sich nun weniger Schwefeldioxid im Zerstäubungsbrenner befindet, verschiebt sich die Gleichgewichtsreaktion dahin, dass nun weiterhin mehr Schwefeldioxid produziert wird. Durch das Doppelkontaktverfahren können so 99,3 % vom Schwefeldioxid umgesetzt werden.

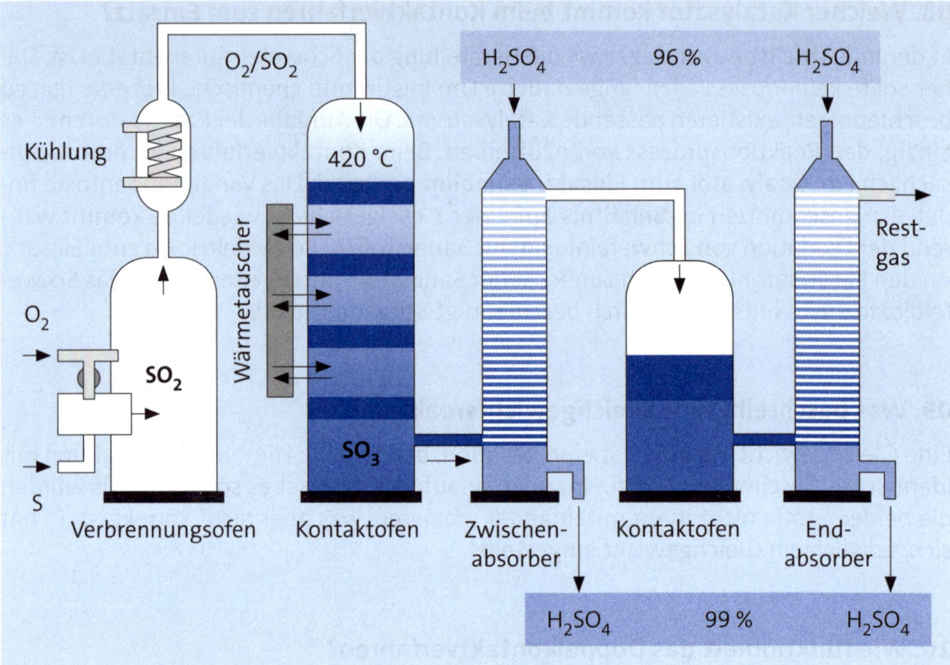

Schwefelsäureherstellung nach dem Doppelkontaktverfahren

11. Welche Bedeutung hat der sog. Hordenreaktor für die Schwefelsäureherstellung?

Beim Hordenreaktor wird die in zwei oder mehr Abschnitte (sog. Horden) unterteilte Katalysatormasse vom Gas durchströmt, dessen Temperatur durch Wärmeaustausch eingestellt ist. Bei dieser Anordnung bleibt die Reaktionswärme, abgesehen von Wärmestrahlungsverlusten über die Reaktorwand, während der Reaktionszeit in der Reaktionsmasse der einzelnen Horden. Der Reaktor arbeitet näherungsweise adiabatisch. Um die Reaktionstemperatur aus kinetischen Gründen (ungünstige Verschiebung des Gleichgewichtsumsatzes bei zu hohen Temperaturen) zu senken, werden Verfahren mit indirektem und direktem Wärmeaustausch eingesetzt.

Kern der Schwefelsäureherstellung ist die sog. **katalytische Oxidation von SO_2 zu SO_3** im Hordenreaktor. Als Katalysator dient Vanadiumoxid (V_2O_5) mit Kaliumsulfat (K_2SO_4) als Promotor. Der Katalysator ist im Reaktor auf vier Horden verteilt. Bei der Reaktion handelt es sich um eine exotherme Gleichgewichtsreaktion. Tiefe Temperaturen begünstigen daher den Reaktionsverlauf. Aus diesem Grund wird zwischen den Horden das Reaktionsgas gekühlt. Dabei ist allerdings zu beachten, dass die optimale Arbeitstemperatur des Katalysators bei 400 - 420 °C liegt. Durch die Zwischenkühlung und die Verwendung von getrennten Horden kann ein SO_2-Umsatz von 98 % erzielt werden (Normalkontaktverfahren). Das bedeutet allerdings bei einer Produktion von 1.000 t pro

Tag eine SO_2-Emission von immerhin rund 13 t! Das Verfahren wurde deshalb so verbessert, dass das Reaktionsgas nach Horde 3 in einen Zwischenabsorber geleitet wird, wo bereits entstandenes SO_3 abgetrennt wird. Dadurch verschiebt sich das Reaktionsgleichgewicht zugunsten von SO_3 und das eingesetzte SO_2 kann im letzten Horden fast vollständig zu SO_3 umgesetzt werden. Dies wurde von der Firma Bayer als sog. **Doppelkontaktverfahren** (Kontakt = Reaktion am Katalysator) entwickelt und stellt mittlerweile das Standardverfahren dar.

12. Wie erfolgt die Herstellung von Ammoniak?

Eines der wohl bedeutendsten großtechnischen Verfahren ist die Erzeugung von Ammoniak nach dem **Haber-Bosch-Verfahren**. Da Ammoniak als Grundstoff der Düngemittelherstellung dient, lieferte das von *Fritz Haber* und *Carl Bosch* entwickelte und patentierte Verfahren einen bedeutenden Beitrag zur Ernährung der Weltbevölkerung. Heutzutage fließen rund 80 % der weltweiten Ammoniak-Produktion von jährlich 110 Mio. t in die Düngemittelherstellung. Die Produktion von Ammoniak erfolgt mit einem Synthesegas, das Wasserstoff und Stickstoff im stöchiometrischen Verhältnis enthält.

$$3H_2 + N_2 \xleftrightarrow{\text{Kat., 400 - 500 °C, 250 - 350 bar}} 2NH_3$$

Das Gleichgewicht der Reaktion liegt bei 1.020 °C und Umgebungsdruck sehr stark auf der Seite der Edukte. Untersuchungen von *Fritz Haber* zeigten, dass die Gleichgewichtskonzentration bei diesen Bedingungen nur 0,012 Vol.- % Ammoniak beträgt. Diese Ausbeute war für eine technische Nutzung viel zu gering. Bei der Verfahrensentwicklung stand man vor weiteren Herausforderungen:

- Die Reaktion läuft stark exotherm ab ($\Delta HR = -110\ kJ\ mol^{-1}$). Tiefe Temperaturen begünstigen also die Reaktion zu Ammoniak und hohe Temperaturen begünstigen die Rückreaktion. Man musste also einen Katalysator finden, der bei niedrigen Temperaturen genügend aktiv ist.
- Die Reaktion zum Ammoniak geht mit einer Volumenverringerung einher. Hohe Drücke begünstigen also die Reaktion. Die technische Herausforderung bestand darin, geeignete Hochdruck-Reaktoren zu entwickeln.

Aus den Gleichgewichtskurven im Temperaturbereich von 300 - 500 °C wird ersichtlich, dass erwartungsgemäß für eine mäßig exotherme Reaktion, entsprechend dem Le Chatelier-Prinzip, die höchsten Konzentrationen im unteren Temperaturbereich erreicht werden. Eine Mindesttemperatur von ca. 400 °C ist jedoch zur Gewährleistung einer ausreichenden katalytischen Aktivität erforderlich. Zur Verringerung der Katalysatorkosten bietet sich ebenfalls ein höherer Druck zur Beschleunigung der Reaktionskinetik an. Aus diesen thermodynamischen Kriterien lassen sich daraufhin die geeigneten Reaktionsbedingungen für die Ammoniak-Synthese ableiten.

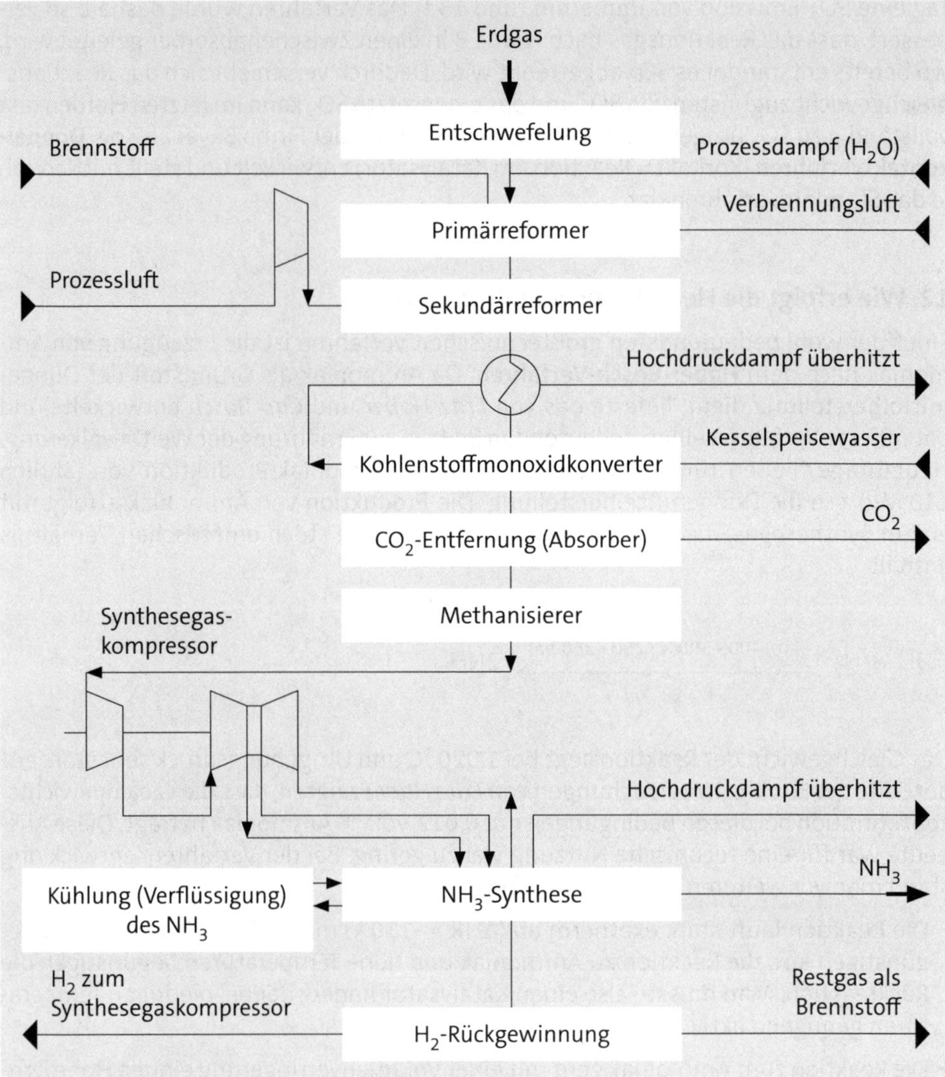

Grundfließbild des Verfahrens zur Ammoniak-Herstellung

13. Wie erfolgt die Bereitstellung der Edukte bei der Ammoniak-Herstellung?

Die Herstellung von Wasserstoff erfolgt aus fossilen Rohstoffen (Erdgas, Erdöl oder Kohle) oder in geringem Umfang durch Elektrolyse von Wasser oder aus der Chlor-Alkali-Elektrolyse. Die aufwendige Wasserstoff-Erzeugung und -Aufbereitung wird durch die Reinheitsanforderung des Ammoniak-Synthese-Katalysators bedingt, der sehr empfindlich auf Spuren von Giftstoffen, z. B. Sauerstoff-Verbindungen, reagiert. Stickstoff macht ca. 78 Vol.-% trockener Luft aus, seine Gewinnung erfolgt daher meist durch Luftzerlegung. Im **Primärreformer** findet im gasbeheizten Röhrenofen das Steamreforming statt. Dabei handelt es sich um eine stark endotherme katalytische Reaktion von

Kohlenwasserstoffen, vor allem Methan, mit Wasserdampf und mit Nickel als Katalysator bei 800 - 900 °C und 20 - 40 bar. Die Zufuhr der hohen benötigten Wärmemenge erfordert eine aufwendige Reaktorkonstruktion mit einer großen Wärmeaustauschfläche. Außer mit Erdgas kann diese katalytische Dampfspaltung auch mit Leichtbenzin durchgeführt werden, entsprechend dem niedrigen H/C-Verhältnis von ca. 2:1 im Edukt enthält das Produktgas allerdings weniger Wasserstoff.

Im sog. **Sekundärreformer** werden restliche Mengen an Methan durch die Zufuhr von Luftsauerstoff ebenfalls am Nickelkatalysator zu Kohlenmonoxid und Wasserstoff umgesetzt. Diese Reaktion verläuft exotherm, wodurch die Reaktionstemperaturen etwas höher als im Primärreformer liegen. Die in diese Stufe eingespeiste Luft dient auch zweckmäßig als Stickstoffquelle für das Ammoniak-Verfahren.

Im Anschluss an das Steamreforming wird das Reaktionsgas einer **CO-Konvertierung** unterworfen. Hier wird katalytisch weiterer Wasserstoff aus der Reaktion von Kohlenstoffmonoxid mit Wasser gewonnen und zugleich CO zu CO_2 oxidiert.

Nach der Konvertierung, bei der schon die überwiegende Menge an CO entfernt wurde, folgt die eigentliche **Gasreinigung**. Dabei wird durch Absorption, bei der z. B. durch wässrige Alkanolamin-Lösung CO_2 (und evtl. H_2S) bei 40 - 60 °C abgetrennt wird, das Gas abschließend gereinigt. Die beladene Lösung wird auf Umgebungsdruck entspannt und durch Aufheizung zum Siedepunkt von den absorbierten sauren Komponenten befreit. Das abgekühlte regenerierte Lösungsmittel wird im Kreislauf an den Kopf der Absorberkolonne zurückgeführt.

Als Reaktoren werden in der Ammoniak-Synthese Festbettreaktoren eingesetzt. Weitverbreitet ist heute der **Festbettreaktor** (Vollraumkonverter), in dem der Katalysator in mehreren Schichten (Horden) den gesamten Querschnitt des Reaktors ausfüllt. Zur Einhaltung des erwünschten Temperaturfensters wird das reagierende Gas zwischen den einzelnen Schichten zur Abfuhr der freigesetzten Reaktionswärme gekühlt, entweder direkt durch Beimischung eines Kaltgasteilstroms, wie bei dem in der folgenden Abbildung dargestellten Konverter, oder indirekt über Wärmeaustauscher. Das in den Reaktor eintretende Gas durchströmt zunächst den ringförmigen Spalt zwischen Katalysatorfüllung und drucktragendem Reaktormantel, sodass dieser gekühlt und nur mäßigen Temperaturen ausgesetzt wird. Danach wird es durch internen Wärmeaustausch mit dem Produktgas aus der Katalysatorschüttung auf 380 - 400 °C erwärmt, bevor es auf die erste Katalysatorschicht trifft. Katalysatorschichten und Kühlung werden so ausgelegt, dass eine Maximaltemperatur von 520 - 530 °C nicht überschritten wird. Da mit zunehmendem Umsatz die Reaktionsgeschwindigkeit abnimmt, muss die Höhe der Katalysatorschichten sukzessive zunehmen. Bei den genannten Temperaturen und einem Druck von 300 bar erhält man je nach Katalysatoraktivität und Reaktordurchsatz einen Austrag mit 15 - 20 Vol.-% Ammoniak. Das Synthesegas wird mit Kolbenverdichter oder Turbokompressoren auf den benötigten Reaktionsdruck verdichtet. Der große Vorteil von Turbokompressoren ist, dass diese direkt mit Heißdampf betrieben werden können. So vermeidet man „Verluste“ beim elektrischen Antriebsmotor der Kolbenverdichter. Des Weiteren ist die Bauweise der Turbokompressoren deutlich platzsparender als die eines Kolbenverdichters. Der Einsatz von Turbokompressoren ist allerdings nur bei hohen Durchsätzen (mindestens 600 t NH_3/Tag) sinnvoll.

Das im Reaktor gebildete Ammoniak wird zum größten Teil durch Kondensation aus dem Kreisgas gewonnen. Bei dem hohen Betriebsdruck kann dies häufig ohne Kältemittel erfolgen. Die **heißen Gase** aus dem Reaktor werden dabei **in mehreren Stufen abgekühlt**. Zunächst wird in einem Abhitzekessel Hochdruckdampf zum Betrieb der Turbine für die Kompressoren gewonnen. Die weitere Abkühlung erfolgt in den Wärmeaustauschern, wobei das Kreisgas auf die Reaktionstemperatur vorgeheizt wird, durch Kühlwasser und mithilfe des kalten Kreisgases aus der Ammoniak-Verflüssigung. Die Ammoniak-Abtrennung findet dabei meist nur unvollständig statt, und es bleiben einige Molprozent Ammoniak im Kreisgas zurück. Das gewonnene Ammoniak ist hochrein und benötigt meist keine weitere Aufarbeitung. Der Kreisgaskompressor muss nur die Druckabfälle innerhalb des Synthesekreislaufs überwinden. Um eine „Erstickung" der Reaktion durch Anreicherung von Inerten im Kreislauf zu verhindern, muss ein geringer Teilstrom ausgeschleust werden. Die Verwertung (Verbrennung) der Gase aus diesem sog. Purgegas trägt oft entscheidend zur Wirtschaftlichkeit des Verfahrens bei.

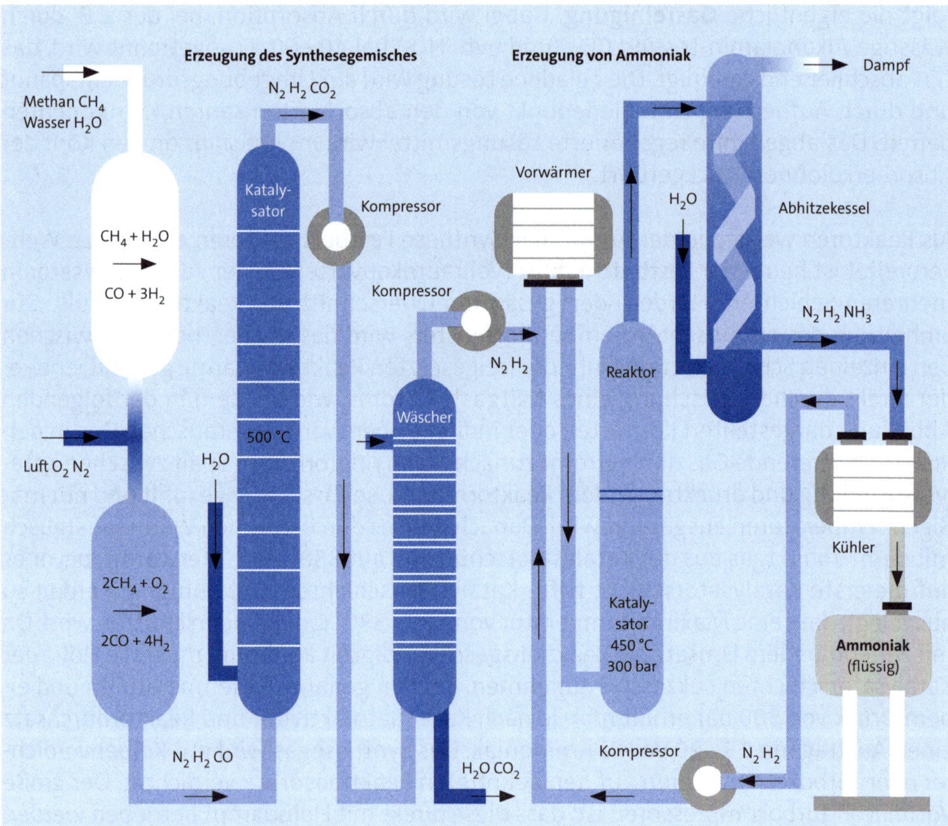

Ammoniak-Herstellung nach dem Haber-Bosch-Verfahren

14. Welcher Katalysator wird für die Ammoniak-Herstellung verwendet?

Wesentlich für den Erfolg des Verfahrens war auch die Entwicklung eines preiswerten und langlebigen Katalysators. Die BASF untersuchte dazu über 3.000 verschiedene Katalysatoren. Dabei erwies sich als besonders günstig Fe_3O_4 (Magnetit). Das Magnetit wird im Reaktor mit dem Synthesegas zu metallischem Eisen reduziert.

Interessanterweise wurde der Mechanismus der katalytischen Reaktion erst im Jahr 1983 vollständig geklärt. Man wusste also erst rund 70 Jahre nach der Inbetriebnahme, wie die Reaktion im Detail abläuft.

Entscheidend für die Reaktion ist die dissoziative Adsorption von Stickstoff auf der Katalysatoroberfläche und die anschließende Bildung von Oberflächennitriden. Diese sind wesentlich reaktiver als molekularer Stickstoff und reagieren an der Oberfläche des Katalysators mit adsorbiertem Wasserstoff zu Ammoniak. Der gebildete Ammoniak desorbiert in einem letzten Schritt von der Oberfläche.

15. Wofür wird Ammoniak verwendet?

Ammoniak wird hauptsächlich für die folgenden Produkte verwendet:

Ammoniak	Produkte	Verwendung
Direktverwendung	flüssiger oder wässriger Ammoniak	Düngemittel, Sprengstoffe (Direktverwendung bis Dehydrierung)
Phosphorsäure	Ammoniumphosphat	
Salpetersäure	Ammoniumnitrat	
Schwefelsäure	Ammoniumsulfat	
Kohlendioxid	Harnstoff	
Oxidation	Salpetersäure	organische Zwischenprodukte (Oxidation bis Ethylenoxid)
Dehydrierung	Hydrazin	
mehrstufig	Hydroxylamin	
Methan	Blausäure	
Propen, Sauerstoff	Acrylnitril	
Methanol	Methylamine	
Fettsäuren	Fettamine	
Ethylenoxid	Ethanolamine	

16. Wie wird Chlor hergestellt?

Chlor ist ein wichtiger Grundstoff für die chemische Industrie, insbesondere für die Herstellung organischer Produkte und der Kunststoffherstellung. Grund dafür ist die sehr hohe Reaktivität des Chlors. Chlor zählt neben Fluor zu den reaktivsten Elementen. Großtechnisch wird Chlor durch **Elektrolyse von Kochsalz/Steinsalz** gewonnen. Bei der Elektrolyse entsteht gezwungenermaßen auch Natronlauge und Wasserstoff.

Anodenreaktion:

$$Cl^- \rightarrow 0{,}5Cl_2 + e^-$$

Kathodenreaktion:

$$H_2O + e^- \rightarrow 0{,}5H_2 + OH^-$$

Bei der **Elektrolyse** haben sich **drei Verfahren** etabliert, wobei das Membran-Verfahren am umweltfreundlichsten ist. Die drei Verfahren werden im Folgenden näher erläutert. Ziel der drei Verfahren ist es, die gasförmigen Produkte Chlor und Wasserstoff voneinander zu trennen, um eine Reaktion zur Salzsäure zu verhindern. Des Weiteren muss eine Reaktion des Chlors mit der Natronlauge verhindert werden.

Diaphragma-Verfahren:
Das Diaphragma-Verfahren ist das älteste (seit 1890) und auch heute weltweit – vor allem in den USA – immer noch am meisten genutzte Verfahren der Chlor-Alkali-Elektrolyse. Die Elektroden bestehen aus Metall-Gitter, die durch das Diaphragma, eine etwa 5 mm dicke Schicht aus Asbest- und Polymer-Fasern (PTFE), getrennt sind.

Die Flüssigkeit steht im Anodenraum höher als im Kathodenraum und die Druckdifferenz bewirkt eine Flüssigkeitsströmung durch das Diaphragma in den Kathodenraum. Diese wird jederzeit so justiert, dass die Geschwindigkeit der Strömung die OH-Ionen gerade weitestgehend daran hindert, in den Anodenraum zu wandern und Nebenprodukte zu verursachen. Den Kathodenraum verlässt ein Gemisch aus der in den Anodenraum zugegebenen, teilweise verbrauchten Sole und der erzeugten Natronlauge, die aber nur eine geringe Konzentration erreicht und mehr NaCl als NaOH enthält.

Da die aus dem Kathodenraum abgeführte Natronlauge wenig konzentriert vorliegt und vergleichsweise viel Natriumchlorid enthält, muss für eine weitere Verwendung die Natronlauge eingedampft und das Salz durch Kristallisation abgetrennt werden. Das dabei entstehende Wasser kann zur Erzeugung der Salz-Sole verwendet werden und das abgetrennte Salz wird ebenfalls dem Prozess wieder zugeführt. Die Verdampfungsanlagen müssen wegen der korrosiven Eigenschaften der Zellenlauge innen nickelplattiert ausgeführt sein. Pro Tonne NaOH als 50%ige Lauge müssen ca. 5 t H_2O verdampft werden. In der NaOH (50%ig) sind noch ca. 1 % NaCl gelöst. Diese Qualität ist nicht für alle Anwendungen ansetzbar. Der Verbrauch an elektrischer Energie liegt bei ca. 2.750 kWh/t Cl_2.

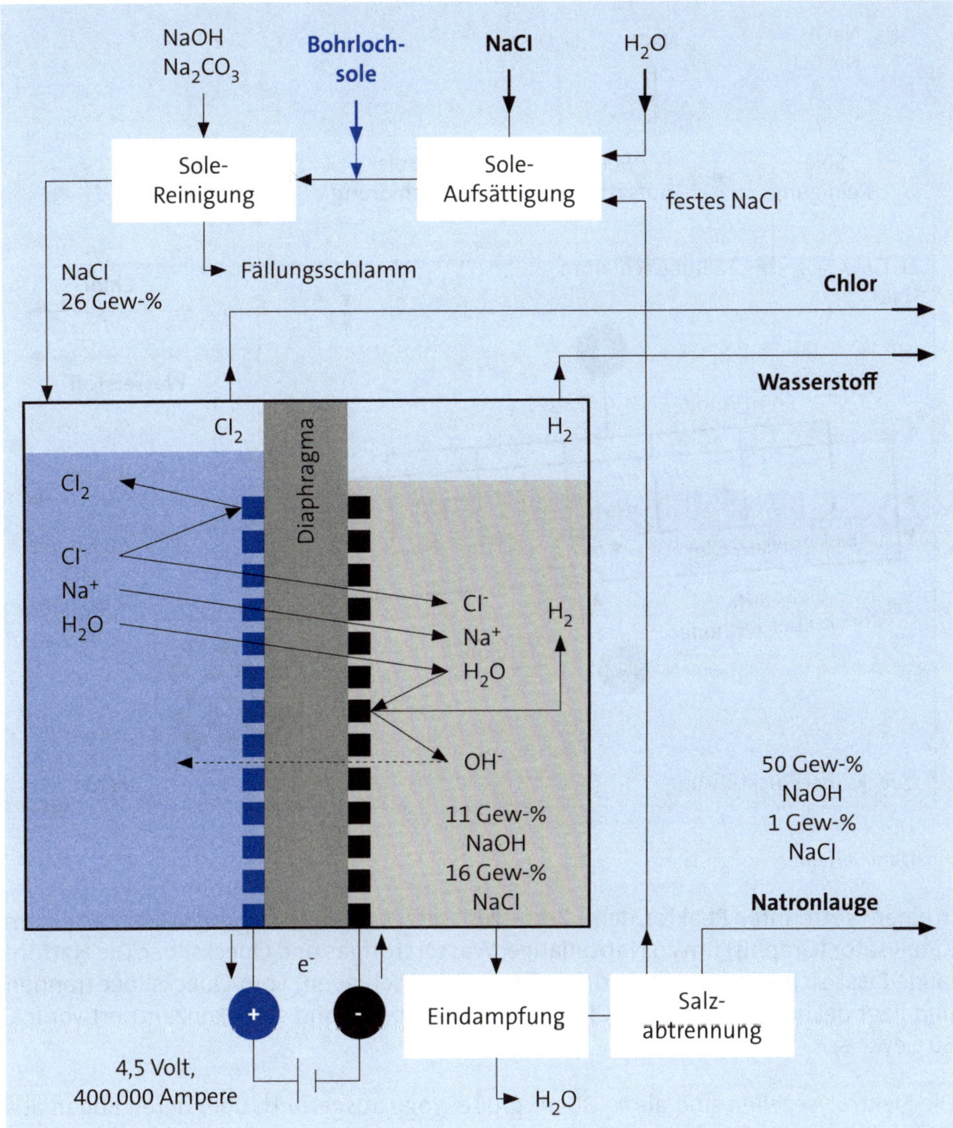

Diaphragma-Verfahren

Amalgam-Verfahren:
In der waagrecht mit leichtem Gefälle angeordneten, ungeteilten Zelle entsteht an dimensionsstabilen Anoden wie bei den anderen Verfahren Chlor und entweicht nach oben. Die Kathode ist jedoch ein fließender Quecksilber-Film, an dem Natrium-Metall abgeschieden und zum Natrium-Amalgam gelöst wird:

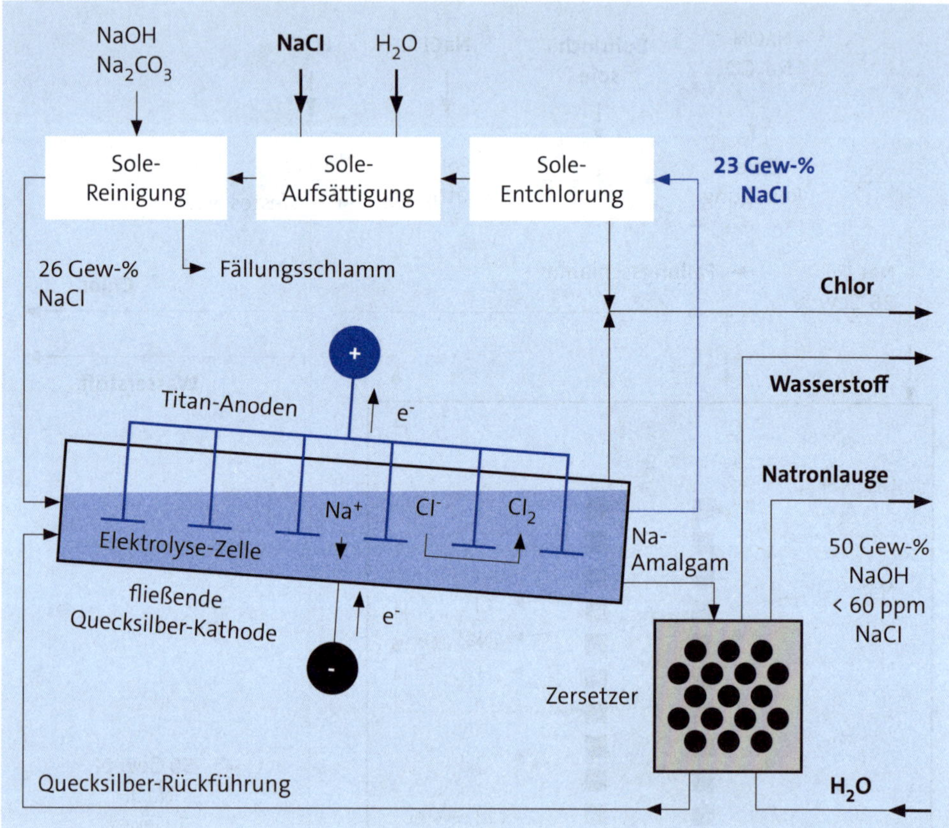

Amalgam-Verfahren

In einem getrennten Reaktor, dem „Zersetzer", setzt sich das NaHg mit Wasser an einem Katalysator (Graphit) um zu Natronlauge, Wasserstoffgas und Quecksilber. Die Natronlauge lässt sich leicht (aufgrund von Dichteunterschieden) vom Quecksilber trennen und liegt deshalb hochrein (NaCl-Anteil unter 60 ppm) und stark konzentriert vor (ca. 50 Gew.-%).

Die Elektrolysezellen sind als 4 - 30 m² große Tröge ausgeführt, über deren Böden aus Stahl – bei einer Neigung von 10 - 15 mm/m eine geschlossene Schicht von Quecksilber fließt. Die Seitenteile und der Zellendeckel bestehen aus gummiertem Stahl. Durch den Deckel wird der Strom über durch Ti-Hülsen geschützte Kupferstäbe den Titananoden zugeführt, die über der Hg-Oberfläche in einem Abstand von wenigen Millimetern angeordnet sind. Die Anodenplatten, aus parallelen Ti-Stäben oder aus Ti-Steckmetall gebildet, sind an der Unterseite mit einer Aktivierungsschicht aus Rutheniumoxid versehen. Die Anoden hängen in Verstellrahmen, die mit elektrischen oder hydraulischen Verstellvorrichtungen eine genaue Einstellung des Abstandes zur Kathode zulassen. Kurzschlüsse werden durch elektronische Überwachungseinrichtungen vermieden.

Pro produzierter Tonne Chlorgas werden bei diesem Verfahren 3.300 kWh Strom benötigt.

Membran-Verfahren:
Die beiden erstgenannten Verfahren werden in neuen Anlagen nicht mehr eingesetzt, einmal aus Gründen der Wirtschaftlichkeit, zum anderen aus Gründen des Umweltschutzes und der Gesundheitsgefährdung (Asbest-Emissionen aus Diaphragmamaterial, Hg-Emissionen beim Amalgamverfahren).

Membranzellen sind wie Diaphragmazellen aufgebaut. Die Membranen sind perfluorierte Kationenaustauschmembranen, welche die Wanderung der Na^+-Ionen (mit Wassermolekülen) von der Anoden- zur Kathodenseiten zulassen, jedoch die Wanderung von Cl^--Ionen und von OH^--Ionen blockieren:

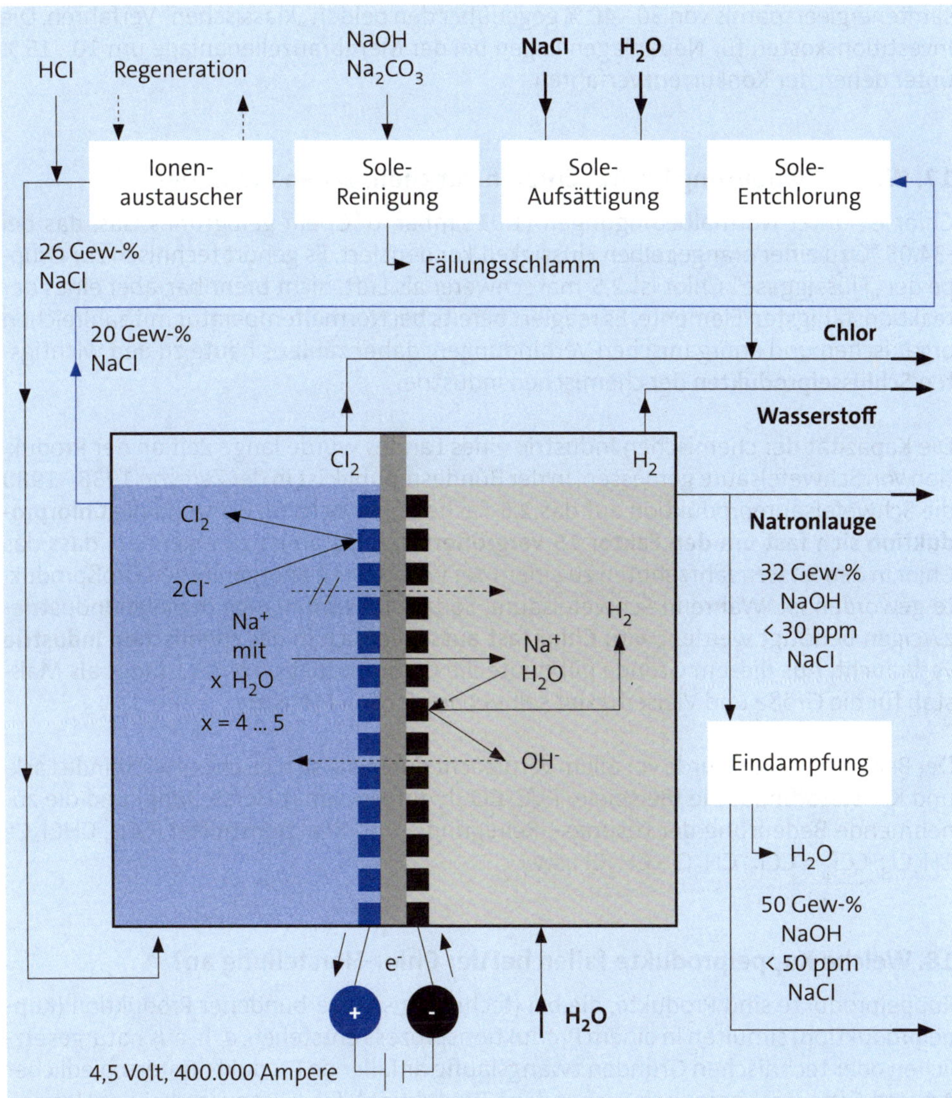

Membran-Verfahren

Die äquivalente Menge von Na^+-Ionen wandert durch die Membrane als Reaktionspartner für die im Kathodenraum befindlichen OH^--Ionen. Je nach Membrantyp kann man 20 - 40%ige Natronlauge gewinnen. Bei höheren OH^--Konzentrationen wird die Membrane für die OH^--Ionen durchlässiger, sodass sie verstärkt in den Anodenraum diffundieren, was zu einem Ausbeuteverlust an Lauge infolge O_2-Abscheidung an der Anode und zu einer Verunreinigung des Chlors führt. Die mechanische Stabilität wird durch den Einbau eines Teflonnetzes erhöht. Die nur wenige 100 µm dicken Membranen weisen die gleiche elektrische Leitfähigkeit auf wie die Kochsalzlösungen.

Der elektrische Energieverbrauch liegt bei 2.300 - 2.600 kWh/t Cl_2. Rechnet man den Dampfverbrauch für die Laugenkonzentration mit ein, so bleibt immer noch eine Gesamtenergieersparnis von 30 - 40 % gegenüber den beiden „klassischen“ Verfahren. Die Investitionskosten für Neuanlagen liegen bei der Membranzellenanlage um 10 - 15 % unter denen der Konkurrenzverfahren.

17. Welche Bedeutung besitzt Chlor in der chemischen Industrie?

Chlor ist unter Normalbedingungen (1.013 mbar, 0 °C) ein gelbgrünes Gas, das bei -34,05 °C zu einer orangegelben Flüssigkeit kondensiert. Es gehört technisch zur Gruppe der „Flüssiggase“. Chlor ist 2,5-mal schwerer als Luft, nicht brennbar, aber eines der reaktionsfähigsten Elemente. Es reagiert bereits bei Normaltemperatur mit zahlreichen organischen und anorganischen Verbindungen, daher zählt es heute zu den wichtigsten **Schlüsselprodukten** der chemischen Industrie.

Die Kapazität der chemischen Industrie eines Landes wurde lange Zeit an der Produktion von Schwefelsäure gemessen. In der Bundesrepublik ist in der Zeit von 1938 - 1980 die Schwefelsäureproduktion auf das 2,5-Fache angewachsen, während die **Chlorproduktion sich fast um den Faktor 15 vergrößert** hat. Daran ist zu erkennen, dass das Chlor in den letzten Jahrzehnten zu einem der wichtigsten anorganischen Großprodukte geworden ist. Während Schwefelsäure, Soda und Natronlauge in vielen Industriezweigen benötigt werden, wird **Chlor fast ausschließlich in der chemischen Industrie** verbraucht. Aus diesem Grunde gilt heute die Chlorproduktion eines Landes als Maßstab für die Größe und Vielseitigkeit seiner chemischen Industrie.

Der Bedarf an Chlor wurde vor allem verursacht durch die sich rasch entwickelnde Lack- und Kunststoffindustrie (Beispiele: PVC, $COCl_2$ zur Isocyanat-Herstellung) und die zunehmende Bedeutung der Lösungs-, Reinigungs- und Reaktionsmittel (CCl_4, $CHCl_3Cl$, CH_3Cl_3, $CCl_3 = CCl_3$, $CH_3Cl - CH_3Cl$ usw.)

18. Welche Kuppelprodukte fallen bei der Chlor-Herstellung an?

Kuppelprodukte sind Produkte, die bei (technologisch) verbundener Produktion (Kuppelproduktion) simultan in einem Produktionsprozess entstehen, d. h. aus naturgesetzlichen oder technischen Gründen zwangsläufig anfallende Produkte unterschiedlicher Art und Güte (technologisch verbundene Produktion). Sie lassen sich bei der Herstellung nicht verhindern oder vermindern, wie z. B. Nebenprodukte der Produktion.

Beispiel

Bei der Herstellung von 100 mol Cl_2 ergeben sich:

V (Chlor) = 100 mol • 22,4 l/mol = 2.240 l = 2,24 m^3 Chlor,

V (Wasserstoff) = 100 mol • 22,4 l/mol = 2.240 l = 2,24 m^3 Wasserstoff und

m (NaOH) = 2 • 100 mol • 40 g/mol = 8.000 g = 8 kg festes Natriumhydroxid.

Das heißt: Bei der Herstellung von 2,24 m^3 Chlor erhält man zwingend auch 2,24 m^3 Wasserstoff und 8 kg reines NaOH bzw. eine je nach Massenanteil w entsprechende Menge an Natronlauge.

19. Wie wird Methanol hergestellt?

Methanol ist der technisch bedeutendste Alkohol mit einer Jahresproduktion von ca. 40 Mio. t. Methanol wird aus dem sog. Synthesegas (einer Mischung aus CO und H_2) großtechnisch hergestellt. Im Folgenden soll nun zunächst auf die **Gewinnung des Synthesegases** eingegangen werden und anschließend die eigentliche **Methanol-Synthese** behandelt werden.

Unter **Synthesegas** versteht man eine Mischung aus Kohlenstoffmonoxid und Wasserstoff, welches man aus fossilen Rohstoffen wie Erdgas, Erdöl oder Kohle gewinnt. Technisch unbedeutend, aber dennoch möglich, ist die Gewinnung von Synthesegas aus Biomasse. Bei den fossilen Rohstoffen kommen **drei Verfahren** zur Anwendung: **Steamreforming, Partielle Oxidation und die Kohlevergasung** (im Grunde auch eine partielle Oxidation). Schweröl und Destillationsrückstände von Erdöl-Destillationen können durch partielle Oxidation zu Synthesegas umgewandelt werden. Hierzu wird das Schweröl im Flugstromreaktor eingedüst und bei Temperaturen um 1.300 °C und Drücken bis zu 120 bar mit Sauerstoff und Wasserdampf umgesetzt. Die Umsetzung von Kohle erfolgt in ähnlicher Art und Weise. Die Kohle liegt entweder als Schüttung vor oder fein verteilt und in Schwebe gehalten. Je nach Prozessbedingungen können dabei unterschiedliche Synthesegaszusammensetzungen erhalten werden und unterschiedliche Anwendungen realisiert werden. Da die Reaktion des Synthesegases zu Methanol mit einer Volumenverminderung einhergeht, wird die Reaktion durch hohe Drücke begünstigt. Dem stehen allerdings hohe Investitionskosten für druckfeste Reaktoren entgegen. Es muss also ein Katalysator verwendet werden, der auch bei niedrigeren Drücken gute Umsätze bei der Reaktion erzielt.

Ein typischer Katalysator, der großtechnisch zum Einsatz kommt, ist der S-3-85 der Firma BASF mit einer Zusammensetzung 41 % Cu, 53 % Zn und 6 % Al. Mit diesem Katalysator kann die Reaktion bei niedrigen Drücken (50 - 100 bar) und bei Temperaturen um 250 °C gefahren werden. Dies stellt einen guten Kompromiss aus geringen Investitionskosten des Reaktors und ausreichend hohem Umsatz des Synthesegases dar. Man spricht bei Einsatz dieses Katalysators von der **Niederdrucksynthese des Methanols**.

Ältere Katalysatoren auf der Basis von Zink- und Chromoxiden haben den Vorteil, dass sie weitestgehend gegen Katalysatorgifte wie H_2S resistent sind. Um bei diesen Katalysatoren aber eine genügend hohe Aktivität und somit auch ausreichend hohen Umsatz (10 % pro Reaktordurchgang) zu erreichen, werden Temperaturen um 370 °C und Drücke von 200 - 300 bar benötigt (Hochdruckverfahren). Zunächst wird das Synthesegas mit Kompressoren auf Reaktionsdruck gebracht und anschließend für die Reaktion vorgewärmt. So gelangt das Gas in den Reaktor und wird am Katalysator umgesetzt. Da der Umsatz bei einem Durchgang zu gering ist, wird immer ein entsprechender Teil zunächst abgekühlt und im Kreis gefahren (Kreislaufgas). Der Rest gelangt in einen Abscheider, wo Rohmethanol vom Reaktionsgas getrennt wird. Um den Anteil der im Synthesegas enthaltenen Inertgase nicht über 15 % steigen zu lassen, muss auch immer ein Teil des Reaktionsgases ausgeschleust werden (Purgegas). Das Rohmethanol wird im Anschluss durch Rektifikation aufgereinigt.

20. Welche Reaktoren werden zur Methanol-Synthese verwendet?

Die Reaktion läuft stark exotherm ab. Um ein günstiges Reaktionsgleichgewicht zu erhalten und um im idealen Arbeitsbereich des Katalysators zu bleiben, muss die Temperatur im Reaktor möglichst konstant gehalten werden. Zu hohe Temperaturspitzen müssen vermieden werden. Um dies technisch umzusetzen, haben sich **verschiedene Reaktorkonzepte** etabliert.

Quenchreaktor:
Hier wird der Katalysator in mehreren Horden (ähnlich dem Doppelkontaktverfahren) angeordnet. Zwischen den Horden wird mit kaltem Frisch- bzw. Kreislaufgas gekühlt (gequencht).

Rohrbündelreaktor und Linde-Isothermenreaktor:
Ein Nachteil des Quenchreaktors ist das sich bildende Temperaturprofil (Sägezahnprofil), bei dem es örtlich zu Temperaturspitzen kommt. Um ein möglichst homogenes Temperaturprofil zu realisieren, wurden der Rohrbündelreaktor und der Linde-Isothermenreaktor entwickelt. Beide kühlen die Reaktion mit siedendem Wasser, unterscheiden sich allerdings in der Schüttung des Katalysators.

Beim Rohrbündelreaktor ist der Katalysator in den Rohrbündeln und wird vom Synthesegas durchströmt. Der Zwischenraum zwischen den Rohren wird vom Kühlwasser durchströmt.

Der Linde-Isothermenreaktor ist im Prinzip die Umkehrung des Rohrbündelreaktors. Hier ist der Zwischenraum zwischen den Rohren mit dem Katalysator gefüllt und das Kühlwasser strömt durch die Rohre. Dies hat zwei Vorteile: Die Strömung durch die Rohre führt zu einem viel geringeren Druckverlust und durch geschickte Anordnung der Rohre (in Form von Spiralen) wird eine Queranströmung mit dem heißen Reaktionsgas ermöglicht. Dies führt zu einer verbesserten Wärmeübertragung und somit zu niedrigeren Temperaturgradienten im Reaktor.

21. Wie erfolgt die Herstellung von Polyethylen und welche Eigenschaften besitzt es?

Polyethylen wird durch **Polymerisation von Ethylengas** hergestellt. Im Hochdruckverfahren entsteht **Weich-Polyethylen (PE-LD)**, im Niederdruckverfahren entsteht das **Hart-Polyethylen (PE-HD)**. Bei beiden Herstellungsverfahren fällt es zunächst als zähe Flüssigkeit an. Werden im Niederdruckverfahren geträgerte (heterogene) Katalysatoren eingesetzt, fällt das Polyethylen in Form fester Körner an. Industriell werden fast ausschließlich geträgerte Katalysatoren (Gasphasen- und Slurry-Verfahren) eingesetzt. Gelöste Katalysatoren werden meist zu Versuchszwecken in chemischen Laboren verwendet, hierbei fällt das Produkt als zähe Lösung an.

PE-LD wird bei Drücken von 1.000 - 3.000 bar und Temperaturen von 100 °C - 300 °C unter Einsatz von Initiatoren (Radikalstarter) (Sauerstoff oder Peroxide) aus dem Monomer Ethen hergestellt.

PE-HD und PE-LLD wird industriell nach dem Ziegler-Natta-Verfahren produziert. Kennzeichnend sind bei diesem Verfahren der geringe Druck (1 - 50 bar) und die niedrige Temperatur (20 - 150 °C). Als Katalysatoren werden Titanester, Titanhalogenide und Aluminiumalkyle verwendet. Alternativ erhält man PE-HD auch mit dem Phillips-Verfahren bei Temperaturen von 85 - 180 °C und Drücken von 30 - 40 bar. **PE-UHMW** ist mit modifizierten Ziegler-Katalysatoren herstellbar.

Seit einigen Jahren sind auch Single-Site-Katalysatoren (auch Metallocen-Katalysatoren genannt) in der Anwendung, die gegenüber Ziegler-Natta-Katalysatoren den Vorteil einer besseren Kontrolle der Reaktion und geringerem Aufreinigungsbedarf nach der Synthese aufweisen.

Polyethylen ist mit einem Anteil von fast 30 % der weltweit am meisten produzierte Kunststoff. Pro Jahr werden über 80 Mio. t hergestellt.

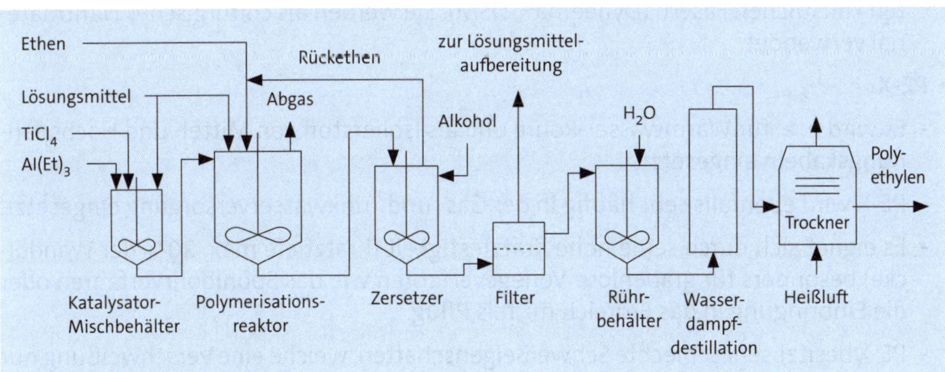

Herstellungsprozess Polyethylen

22. Wo wird Polyethylen verwendet?

Haupt-Anwendungsgebiete sind:

- **PE-LD und PE-LLD:**
  - Das Material wird vor allem in der Folienproduktion eingesetzt. Typische Produkte sind Müllsäcke, Schrumpffolien und Landwirtschaftsfolien.
  - In geringem Umfang wird PE-LD und PE-LLD auch zur Herstellung von Kabelummantelungen, als Dielektrikum in Koaxialkabeln und für Rohre und Hohlkörper verwendet.
- **PE-HD:**
  - Wichtigstes Anwendungsgebiet sind im Blasformverfahren hergestellte Hohlkörper, z. B. Flaschen für Reinigungsmittel im Haushalt, aber auch großvolumige Behälter mit einem Fassungsvermögen von bis zu 1.000 l (sog. IBC).
  - Außerdem wird PE-HD zu Spritzgussteilen (überwiegend Verpackungen) verarbeitet, zudem werden Fasern, Folien und Rohre aus Polyethylen im Extrusionsverfahren und Vakuumverfahren hergestellt.
  - Aus PE-HD werden auch Folien für den Wasserbau und Deponiebau hergestellt sowie Geogitter und Geovliese für den Deponiebau oder den Straßen- und Böschungsbau.
  - Ein weiteres großes Einsatzgebiet ist die Gas- und Trinkwasserversorgung. Hier werden oft Rohrleitungen des Typs PE-80 oder PE-100 eingesetzt. Es ist gut schweißbar, bei Verlegung im Erdreich muss die Leitung aber in Sand eingebettet werden.
- **PE-UHMW:**
  - Es wird z. B. für Pumpenteile, Zahnräder, Gleitbuchsen, Implantate und Oberflächen von Endoprothesen verwendet, bei denen es auf besonders leichten Lauf bei geringstmöglichem Abrieb ankommt.
  - Fasern aus PE-UHMW gehören, auf ihr Gewicht bezogen, zu den stärksten bekannten künstlichen Fasern (Dyneema®, DSM). Sie werden als chirurgisches Nahtmaterial verwendet.
- **PE-X:**
  - Es wird u. a. für Warmwasser-Rohre und als Isolierstoff von Mittel- und Hochspannungskabeln eingesetzt.
  - PE-X wird ebenfalls sehr häufig in der Gas- und Trinkwasserversorgung eingesetzt.
  - Es eignet sich durch seine hohe Kratzfestigkeit (Kratztiefe max. 20 % der Wanddicke) besonders für grabenlose Verlegeverfahren wie das Spühlbohrverfahren oder die Einbringung in das Erdreich mittels Pflug.
  - PE-X besitzt sehr schlechte Schweißeigenschaften, welche eine Verschweißung nur mittels Heizwendelschweißen zulassen.

23. Was versteht man unter elektrochemischen Reaktionen?

Elektrochemie bezeichnet mehrere verschiedene Teilgebiete innerhalb der Chemie. Sie ist zum einen eine Synthesemethode, präparative Elektrochemie oder Elektrosynthese, zum anderen ist sie ein Teilgebiet der Physikalischen Chemie, welches sich mit dem Zusammenhang zwischen elektrischen und chemischen Vorgängen befasst. Weiterhin gibt es elektrochemische Methoden in der Analytischen Chemie. Die Technische Chemie kennt neben großtechnisch angewandten elektrochemischen Synthesemethoden noch die Batterie- und Brennstoffzellentechnik sowie die Galvanotechnik.

Wenn eine chemische Reaktion mit einem elektrischen Strom verknüpft ist, so ist dies ein elektrochemischer Vorgang. Entweder wird die Redoxreaktion durch eine von außen angelegte elektrische Spannung erzwungen (Elektrolyse) oder es wird durch die chemische Reaktion geeigneter Substanzen eine messbare Spannung hervorgerufen (galvanisches Element). Diese Spannungen sind charakteristisch für die jeweiligen Reaktionen und sind auf einer Skala dokumentiert, der elektrochemischen Spannungsreihe. Der direkte Elektronenübergang zwischen Molekülen, Ionen oder Atomen ist kein elektrochemischer Vorgang; typisch für die Elektrochemie ist die räumliche Trennung von Oxidation und Reduktion.

Elektrochemische Reaktionen laufen in einer galvanischen Zelle ab und immer als Redoxreaktionen. Bei der Elektrolyse und dem Aufladen eines Akkumulators wird dabei Energie zugeführt, beim Entladen einer Batterie oder bei Stromentnahme aus einer Brennstoffzelle erhält man elektrische Energie, die bei reversiblen Prozessen der Reaktionsenthalpie entspricht. Der bei solchen Reaktionen auftretende Strom ist eine leicht zu erfassende Kenngröße, die zur Kontrolle sehr wertvoll ist. Es wird oft eine Strom-Spannungs-Kennlinie aufgenommen, die den gemessenen Strom bei Variation der Spannung darstellen. Die Gestalt einer solchen Kennlinie hängt neben den üblichen Reaktionsparametern (Konzentration der beteiligten Stoffe, Temperatur, Größe der reaktiven Grenzflächen) auch von der Geschwindigkeit der Spannungsveränderung ab.

Die für die Elektrochemie entscheidenden Redox-Vorgänge laufen dabei an der Phasengrenze Elektrode-Elektrolyt ab. Man kann daher definieren: **Elektrochemie ist die Wissenschaft der Vorgänge an der Phasengrenze zwischen einem Elektronenleiter (Elektrode) und einem Ionenleiter (Elektrolyt).**

24. Was beinhalten biochemische Reaktionen?

Die Biochemie ist die Lehre von den chemischen Vorgängen in Lebewesen. Sie bearbeitet den Grenz- bzw. Überschneidungsbereich zwischen Chemie, Biologie und Physiologie.

Die Biochemie beschäftigt sich mit:

- der **Untersuchung biomolekularer Struktur:**

  Wie sind die Biomoleküle aufgebaut; wie ist der molekulare Aufbau des Organismus der Lebewesen; wie werden die molekularen Bausteine bereitgestellt und wie wechselwirken sie miteinander?

- der **Untersuchung des Stoffwechsels:**

  Welche Stoffe werden von Lebewesen wie umgesetzt; welche bioenergetischen Voraussetzungen sind nötig; welche Biokatalysatoren sind beteiligt; wie verlaufen die jeweiligen Mechanismen der Stoffumsätze und wie wird der Stoffwechsel gesteuert?

- der **Untersuchung des Informationsaustauschs innerhalb eines Organismus und zwischen Organismen:**

  Wie wird Information gespeichert, abgerufen und weitergeleitet; wie werden verschiedene Systeme innerhalb einer Zelle, zwischen verschiedenen Zellen und zwischen Organismen koordiniert?

Meist konzentrieren sich die Betrachtungen auf die Stoffgruppen der Nukleinsäuren, Proteine, Lipide und Kohlenhydrate sowie deren Derivate, welche im Allgemeinen als Biomoleküle bezeichnet werden. Der überwiegende Teil der biochemisch wichtigen Vorgänge spielt sich in Lebewesen und somit in wässrigem Milieu ab.

2.1.2 Produktionstechnik

01. Was sind chemische Reaktionen?

Unter chemischen Reaktionen werden allgemein stoffliche **Prozesse** verstanden**, bei denen chemische Bindungen** (Spaltungen oder Neuausbildungen) **umgebaut werden**. Dabei entstehen neue Stoffe mit neuen Eigenschaften, aber keine neuen Elemente. Diese neuen Stoffe werden Reaktionsprodukte genannt.

Chemische Reaktionen sind stets mit physikalischen Vorgängen verbunden, z. B. mit der Abgabe oder Aufnahme von Energie (z. B. als Wärme), der Änderung des Aggregatzustandes oder der Farbe. Jede chemische Reaktion kann durch eine chemische Gleichung ausgedrückt werden, in der auf der linken Seite die Ausgangsstoffe und auf der rechten Seite die Reaktionsprodukte stehen.

02. Wie werden chemische Reaktionsgleichungen aufgestellt?

Bei chemischen Reaktionen werden Stoffe umgewandelt. Es reagieren Ausgangstoffe zu Reaktionsprodukten. Dabei kommt es zum Umbau chemischer Bindungen, Teilchen ordnen sich neu an und Energieumwandlungsprozesse finden statt. Unterschiedliche Arten von Reaktionsgleichungen geben die qualitativen und die quantitativen Zusammenhänge der Stoffumwandlung wieder.

Eine chemische Reaktionsgleichung veranschaulicht mit Formeln, Symbolen und Zeichen die Prozesse bei einer chemischen Reaktion. Es gibt **verschiedene Möglichkeiten der Darstellung** von chemischen Reaktionsgleichungen:

1. **Wortgleichungen**,
2. **Formelgleichungen** und
3. **Reaktionsschemata mit Strukturformeln**.

Alle Arten von Reaktionsgleichungen sind nach dem gleichen **Schema** aufgebaut:

- **Links** vom Reaktionspfeil stehen die **Ausgangsstoffe**, die auch Reaktanten oder Edukte heißen.
- **Rechts** vom Reaktionspfeil stehen die **Reaktionsprodukte**, die auch als Endstoffe oder nur als Produkte bezeichnet werden.

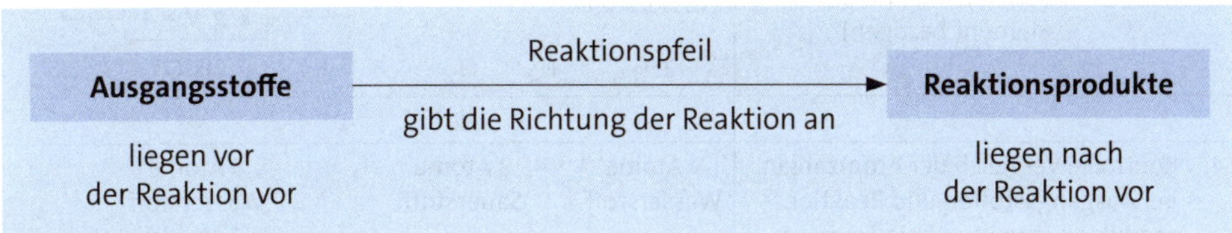

Reaktionsgleichung

1. **Wortgleichung**

   In einer Wortgleichung werden die reagierenden Stoffe mit ihren Namen angegeben.

   Aus einer Wortgleichung können nur die Ausgangsstoffe und die Reaktionsprodukte abgelesen werden. Die Stoffmengen und daraus resultierend die Massen der beteiligten Stoffe können aus ihr nicht abgeleitet werden.

2. **Formelgleichung**

   In einer Formelgleichung werden die reagierenden Stoffe mit ihren Formeln oder Symbolen dargestellt. Das Stoffmengenverhältnis der Ausgangsstoffe und der daraus gebildeten Reaktionsprodukte wird durch **Stöchiometriezahlen** angegeben.

   Bei chemischen Reaktionen reagieren die Teilchen immer in festen Zahlenverhältnissen miteinander, worüber Wortgleichungen nichts aussagen. Deshalb verwendet der Chemiker Formelgleichungen, in denen die reagierenden Teilchen mithilfe der chemischen Zeichensprache dargestellt werden. Die Stöchiometriezahlen vor den Formeln lassen quantitative Aussagen zum Stoffumsatz zu.

   Beim Ermitteln der Stöchiometriezahlen bzw. Faktoren müssen die Gesetze der Erhaltung der Masse und der Ladung eingehalten werden. Eine allgemeine Schrittfolge zum Aufstellen der Formelgleichungen ist in der folgenden Abbildung angegeben. Diese Schrittfolge gilt für das Aufstellen vollständiger Formelgleichungen genauso wie für das Aufstellen verkürzter Ionengleichungen. Bei Gleichgewichtsreaktionen muss der Reaktionspfeil als Doppelpfeil dargestellt werden. Auf der Basis dieser Formelgleichungen können sämtliche stöchiometrischen Berechnungen durchgeführt werden.

Schrittfolge	**Synthese von Wasser aus den Elementen**				
1. Aufstellen der Wortgleichung	Wasserstoff	+	Sauerstoff	→	Wasser
2. Einsetzen der Symbole und Formeln	H_2	+	O_2	(→)	H_2O
3. Ermitteln der Faktoren (Stöchiometriezahlen) mithilfe des kleinsten gemeinsamen Vielfachen (k. g. V.)	H_2	+	O_2	(→)	$H_2O_{(1)}$
	Element Sauerstoff			1 • **2** = 2	1 • **1** = 1
				k. g. V. = **2**	
Faktor = $\frac{\text{k. g. V.}}{\text{Anzahl der vorhandenen Atome (auf ein Element bezogen)}}$	H_2	+	O_2	(→)	**2**H_2O
	Element Wasserstoff			1 • **2** = 2	**2** • **2** = 4
				k. g. V. = **4**	
	2H_2	+	O_2	→	$2H_2O$
	↓		↓		↓
4. Kontrolle: Vergleich der Atomzahlen bei Ausgangsstoffen und Reaktionsprodukten jeweils auf ein Element bezogen	4 Atome Wasserstoff		2 Atome Sauerstoff		4 Atome Wasserstoff 2 Atome Sauerstoff

Vorgehen beim Aufstellen von Reaktionsgleichungen

03. Wodurch sind Oxidation und Reduktion gekennzeichnet?

Im **engeren Sinn** ist

- Oxidation eine chemische Reaktion, bei der sich ein Stoff mit Sauerstoff zu einem Oxid verbindet, z. B.:

$$2\,Mg + O_2 \rightarrow 2\,MgO$$

- Reduktion eine chemische Reaktion, bei der einem Oxid Sauerstoff entzogen wird, z. B.:

$$2\,Ag_2O \rightarrow 4\,Ag + O_2$$

Im **erweiterten Sinn** beziehen sich die Begriffe

- Oxidation auf die Abgabe von Elektronen und
- Reduktion auf die Aufnahme von Elektronen.

04. Was ist eine Redoxreaktion?

- Als **Redoxreaktion** (im engeren Sinn) wird eine Reaktion bezeichnet, bei der **Reduktion und Oxidation gleichzeitig ablaufen** bzw. gekoppelt sind.

  Beispiel

  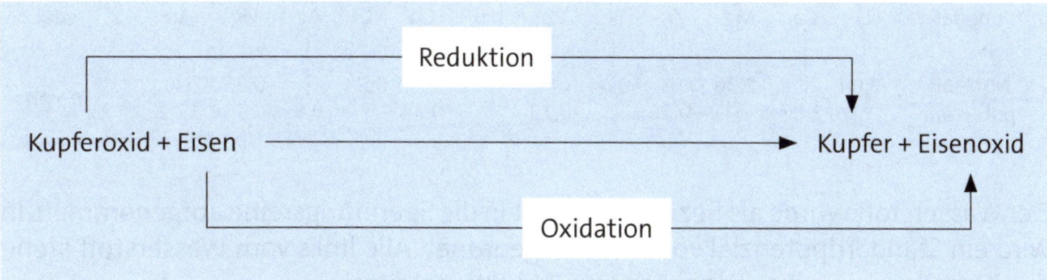

  Hierbei wird Kupferoxid zu Kupfer reduziert und Eisen nimmt Sauerstoff auf; es oxidiert.

- **Redoxreaktionen** (im erweiterten Sinn) sind Reaktionen, bei denen zwischen Teilchen der Ausgangsstoffe Elektronen übertragen werden. Oxidation und Reduktion werden hier als **Reaktionen mit Elektronenübergang** verstanden.

05. Was sind Oxidationsmittel und Reduktionsmittel?

Wenn man das o. g. Beispiel der Reaktion von Kupferoxid und Eisen genauer beschreibt, so ist festzustellen, dass

- **Kupferoxid Sauerstoff abgibt** und dadurch die Oxidation des Eisens ermöglicht. Das Kupferoxid ist das **Oxidationsmittel**, es wird selbst reduziert.
- **Eisen Sauerstoff aufnimmt** und dadurch die Reduktion des Kupferoxids ermöglicht. Das Eisen reduziert das Kupferoxid, es ist das **Reduktionsmittel** und wird selbst oxidiert.

Im erweiterten Sinn gibt das Reduktionsmittel Elektronen ab und das Oxidationsmittel nimmt Elektronen auf. Ob ein Stoff als Reduktions- oder als Oxidationsmittel wirkt, kann nur im Verhältnis zu einem bestimmten Reaktionspartner bestimmt werden.

06. Was bezeichnet man als Spannungsreihe der Metalle und was bedeutet Redoxpotenzial?

Ein Maß für das Reduktions- bzw. Oxidationsvermögen eines Stoffes ist sein Redoxpotenzial. Eine nach dem Wert des Redoxpotenzials geordnete Reihe ist die **Spannungsreihe**. Je höher das Redoxpotenzial ist, desto größer ist die Oxidationskraft eines Stoffes.

Da die Metalle so geordnet sind, dass die links stehenden die jeweils rechts davon stehenden Metalle ausfällen, bezeichnet man die Spannungsreihe auch als **Fällungsreihe**.

Fällungsreaktion:
Beim Vermischen von Lösungen zweier leicht löslicher Salze entsteht ein schwer lösliches Salz, das als Niederschlag aus der Lösung ausfällt.

unedel	Li	Ca	Mg	Zn	Fe	Pb	[H]	Cu	C	Ag	Hg	Au	edel
Normalpotenzial	-3,04	-2,87	-2,36	-0,76	-0,44	-0,13	0	0,34	0,74	0,8	0,85	1,42	in Volt

Der Wasserstoff wurde als Bezugsgröße mit in die Spannungsreihe aufgenommen. Ihm wird ein Standardpotenzial von 0 Volt zugeordnet. Alle links vom Wasserstoff stehenden Metalle wirken ihm gegenüber als Reduktionsmittel.

07. Was bezeichnet man als „galvanisches Element"?

Durch Kopplung von zwei verschiedenen Metallen in ihren Salzlösungen entsteht eine Redoxreaktion, bei der elektrischer Strom erzeugt wird.

Beispiel

$$Zn + Cu^{2+} \rightarrow Zn^{2+} + Cu$$

Je weiter die Metalle in der Spannungsreihe auseinander liegen, desto höher ist die Spannung des galvanischen Elements. Man erhält also hohe Spannungen, wenn man edle Metalle zusammen mit sehr unedlen verwendet.

Diese chemische Spannungsquelle wird in der Praxis beispielsweise in Batterien und Akkumulatoren genutzt. So hat z. B. ein galvanisches Element aus der Verbindung von Kohlenstoff (+ 0,74 V) und Zink (- 0,76 V) die Spannung von 1,5 V (0,74 V - (- 0,76 V) = 1,5 V).

08. Was ist eine elektrochemische Reaktion?

Elektrochemische Reaktionen sind solche chemischen Reaktionen, **die unter Aufnahme oder Abgabe von elektrischer Energie ablaufen**. Es findet dabei eine wechselseitige Umwandlung von (in den Stoffen vorhandener) chemischer und elektrischer Energie statt.

09. Was sind exotherme und endotherme Reaktionen?

Damit Stoffe eine chemische Reaktion eingehen können, müssen sie meist zuvor aktiviert werden, d. h., es muss Energie (z. B. thermische) zugeführt werden. Diese Startenergie nennt man Aktivierungsenergie.

Wird nun bei einer Reaktion

- **Wärme frei**, so heißt diese Reaktion **exotherm**. Dabei wird mehr Energie frei, als an Aktivierungsenergie zugeführt werden muss, z. B. Verbrennen von Holz.
- **Wärme zugeführt**, so heißt diese Reaktion **endotherm**. Diese Reaktionen laufen nur bei ständiger Energiezufuhr ab, z. B. Auflösen einer Brausetablette in Wasser.

10. Wie entsteht Korrosion?

Korrosion ist die Zerstörung eines Metalls von der Oberflache her durch chemische Reaktionen, die durch Luft, Wasser, Säuren oder aggressive Gase verursacht werden.

Eine häufige Form ist die **Sauerstoffkorrosion**, z. B. das Rosten von Eisen: Auf der (beschädigten) Eisenoberfläche bildet sich im Kontakt mit feuchter Luft eine lockere Rostschicht, die porös und bröckelig ist. Wasser und Sauerstoff können diese Schicht durchdringen und tiefere Schichten angreifen; dadurch setzt sich das Rosten fort (Flächenkorrosion, Lochkorrosion). Zunächst bildet das Eisen in Verbindung mit Luftsauerstoff und Wasser das schwer lösliche Eisen(II)-hydroxid:

$$2\,Fe + O_2 + 2\,H_2O \rightarrow 2\,Fe(OH)_2$$

Dieses Eisen(II)-hydroxid bildet unter weiterem Sauerstoffeinfluss den eigentlichen Rost; rotbraunes Eisen(III)-oxidhydroxid:

$$4\,Fe(OH)_2 + O_2 \rightarrow 4\,FeO(OH) + 2\,H_2O$$

Folgen der Korrosion:

- Materialabtrag
- Schwächung der Querschnittsfläche
- Schwächung der Festigkeit (Bruchgefahr).

11. Welchen Vorgang bezeichnet man als elektrochemische Korrosion?

Wenn zwei verschiedene Metalle zusammentreffen und an deren Berührungsstelle eine Elektrolytlösung (z. B. Wasser oder Salzlösung) gelangt, tritt eine **elektrochemische Korrosion** ein: Die beiden sich berührenden Metalle bilden zusammen mit der Elektrolytlösung ein **Lokalelement (galvanische Zelle)**. Es wird dabei das jeweils edlere Metall (Kathode) auf Kosten des unedleren Metalls (Anode) vor Korrosion geschützt, indem das unedlere Metall durch Oxidation zerstört wird.

12. Wie können Metalle vor Korrosion geschützt werden?

Alle Maßnahmen des Korrosionsschutzes zielen auf Verhinderung der Korrosion von metallischen Werkstoffen ab. Bereits bei der Auswahl der Werkstoffe kann die Korrosion beeinflusst werden, indem möglichst elektrochemisch ähnliche Metalle verwendet werden. Da die Zerstörung der Metalle i. d. R. von der Oberfläche her erfolgt, muss diese besonders wirksam geschützt werden. Dadurch wird der Kontakt des Metalls mit Wasser, Luft, Säuren und Gasen verhindert.

Es gibt verschiedene Möglichkeiten des Korrosionsschutzes:

Korrosionsschutz	
Metallische Überzüge	► Tauchen ► Metallspritzen ► Plattieren ► Galvanisieren
Nicht metallische Überzüge	► Anstriche ► Fetten und Ölen ► Emaillieren ► Kunststoffbeschichten
Chemische Schutzschichten	► Phosphatieren ► Eloxieren ► Passivieren
Legieren	Herstellen von Werkstoffen aus Mischungen verschiedener Metalle
Schutzanoden	Herstellen einer leitenden Verbindung zwischen dem zu schützenden Metall und einem unedleren Metall (z. B. Tanklager, Schiffswände, Brücken)

13. Was sind Säuren und Basen?

Auf der Grundlage der Ionentheorie von *Arrhenius* werden Säuren und Basen folgendermaßen erklärt:

- **Säuren** sind chemische Verbindungen, die in wässriger Lösung in positiv geladene Wasserstoff-Ionen H^+ und negativ geladene Säurerest-Ionen dissoziieren.

  Beispiel:

  $$H_2SO_4 \rightleftarrows 2\,H^+ + SO_4^{2-}$$

  Säuremolekül ⇄ Wasserstoffion + Säurerestion

Es gibt

- **sauerstofffreie** Säuren, wie z. B. Chlorwasserstoff (HCL) oder Schwefelwasserstoff (H_2S) und
- **sauerstoffhaltige** Säuren, wie z. B. Schwefelsäure (H_2SO_4) oder Salpetersäure (HNO_3).

Die sauerstoffhaltigen Säuren entstehen durch Reaktion von Nichtmetalloxiden mit Wasser:

Nichtmetalloxid + Wasser **Säureanhydrid**	→	Säure
z. B.: $SO_3 + H_2O$	→	H_2SO_4

Dabei können Nichtmetalle, die mit mehreren Wertigkeiten auftreten, mehrere Säuren bilden.

► **Basen** sind chemische Verbindungen, die mit Säuren Salze bilden. Die typischen Eigenschaften von Basen werden von den Hydroxid-Ionen OH^- verursacht. Alle Metalle können Basen (Metallhydroxide) bilden.

Basen entstehen aus folgenden Reaktionen:

1.

unedles Metall + Wasser	→	Base + Wasserstoff **Metallhydroxid**
z. B.: $2Na + 2H_2O$	→	$2NaOH + H_2$

2.

Metalloxid + Wasser **Basenanhydrid**	→	Base
z. B.: $CaO + H_2O$	→	$Ca(OH)_2$

Basen dissoziieren in der Schmelze und in wässriger Lösung in positive Metall-Ionen und negative Hydroxid-Ionen. Die wässrigen Lösungen von Basen werden im Allgemeinen auch als Laugen bezeichnet.

Bekannte Basen und deren Laugen sind z. B.:

- Natriumhydroxid (Ätznatron)	NaOH	→	Natronlauge
- Kaliumhydroxid (Ätzkali)	KOH	→	Kalilauge
- Calciumhydroxid (Ätzkalk)	$Ca(OH)_2$	→	Kalkwasser

Überblick:

Metall	**Metalloxid**	**Metallhydroxid**
↓	↓	↓

und **Wasser** ergibt

↓

Lauge

14. Welche typischen Eigenschaften haben Säuren?

Die typischen Eigenschaften der Säuren werden von hydratisierten Wasserstoff-Ionen (Hydronium-Ionen H_3O^+) hervorgerufen. Alle Säuren sind potenzielle Elektrolyte.

Erst in wässriger Lösung werden unter dem Einfluss der Dipolmoleküle des Wassers Wasserstoff-Ionen abgespalten, die sofort zu Hydronium-Ionen (H_3O^+) hydratisiert werden (vgl. oben, Hydratation):

$$H^+ + H_2O \rightarrow H_3O^+$$

(Wasserstoff-Ionen H^+ sind in wässriger Lösung nicht existenzfähig. Dennoch wird der Einfachheit halber häufig von „Wasserstoff-Ionen" gesprochen.)

Beispiele

Potenzielle Elektrolyte

Chlorwasserstoff HCl
- → bei Zimmertemperatur gasförmig
- → beim Lösen in Wasser entsteht Salzsäure

Schwefelsäure H_2SO_4 (100%ige)
- → enthält keine Ionen; ist nicht elektrisch leitfähig
- → erst beim Lösen in Wasser tritt die elektrolytische Dissoziation ein

15. Wie wird die Säure-Base-Reaktion als Abgabe und Aufnahme von Protonen erklärt?

Eine zweite Definition der Säuren und Basen nach dem dänischen Chemiker *Brönsted* erklärt die Säure-Base-Reaktion als Abgabe und Aufnahme von Protonen. Danach sind

- **Säuren:** Stoffe, die Protonen abgeben können und
- **Basen:** Stoffe, die Protonen aufnehmen können.

In diesem Sinne werden

- **Säuren** als **Protonendonatoren** (donator = Geber) und
- **Basen** als **Protonenakzeptoren** (acceptor = Empfänger) bezeichnet.

Es entsteht so eine Analogie zu den Redoxreaktionen, bei denen eine Abgabe und Aufnahme von **Elektronen** stattfindet. Wie jedem Reduktionsmittel ein Oxidationsmittel entspricht, gibt es nach *Brönsted* zu jeder Säure eine entsprechende Base, die als **korrespondierendes Säure-Base-Paar** bezeichnet wird. Allgemein gilt: Je leichter eine Säure (Base) ihr Proton abgibt (aufnimmt), desto stärker ist sie.

Stoffe, die sowohl als Säure als auch als Base auftreten können, werden **Ampholyte** genannt (z. B. Wasser, Ethanol, Eisessig). Säuren und Basen werden nach *Brönsted* unter dem Oberbegriff **Protolyte** zusammengefasst. Die auf einem Protonenübergang beruhenden Reaktionen werden allgemein als **protolytische Reaktionen** bzw. kurz **Protolysen** bezeichnet.

16. Was sind Salze?

Nach der Ionentheorie von *Arrhenius* sind Salze Verbindungen, die in der Schmelze und in wässrigen Lösungen in positiv geladene Metall-Ionen und negativ geladene Säurerest-Ionen dissoziieren.

Beispiele

Salz	$\rightleftarrows$	Basekation + Säureanion
K_2CO_3	$\rightleftarrows$	$2K^+ + CO_3^{2-}$
$Al_2(SO_4)_3$	$\rightleftarrows$	$2Al^{3+} + 3SO_4^{2-}$

Salze liegen schon im Kristallgitter in Form von Ionen vor. Sie sind echte Elektrolyte. An die Stelle von Metall-Ionen kann auch das Ammonium-Ion $NH4^+$ treten.

17. Welche Möglichkeiten der Salzbildung gibt es?

1. **Neutralisation**

Base + Säure	→	Salz + Wasser
$2\,KOH + H_2SO_4$	→	$K_2SO_4 + 2\,H_2O$

Es entstehen Salze, wenn äquivalente Mengen einer starken Säure und einer starken Lauge miteinander gemischt werden. Die entstehende Lösung reagiert dann weder sauer noch basisch, sondern neutral. Diese Reaktion nennt man **Neutralisation**.

2. **Neutralisation unter Beteiligung von Anhydriden**

a)

Metalloxid + Säure **Basenanhydrid**	→	Salz + Wasser
$CuO + H_2SO_4$	→	$CuSO_4 + H_2O$

b)

Base + Nichtmetalloxid **Säureanhydrid**	→	Salz + Wasser
$Ca(OH)_2 + CO_2$	→	$CaCO_3 + H_2O$

c)

Metalloxid + Nichtmetalloxid **Basenanhydrid Säureanhydrid**	→	Salz
$CaO + SiO_2$	→	$CaSiO_3$

3.

Metall + Säure	→	**Salz + Wasserstoff**
$Zn + 2\,HCl$	→	$ZnCl_2 + H_2$

4.

Metall + Nichtmetall	→	**Salz**
$2\,Na + Cl_2$	→	$2\,NaCl$

18. Was sagt der pH-Wert aus?

Der pH-Wert sagt aus, wie stark alkalisch oder sauer Wasser oder eine Lösung reagiert. Stoffe mit dem pH-Wert 7 reagieren weder sauer noch alkalisch, sondern neutral.

Zur Angabe des pH-Wertes verwendet man eine Skala mit Zahlenwerten zwischen 0 und 14. Diese Werte beruhen auf einer Umrechnung des negativen dekadischen Logarithmus der Konzentration der Wasserstoff-Ionen in eine reelle Zahl (ph = -log c(H+)) und sind damit übersichtlicher und besser vergleichbar:

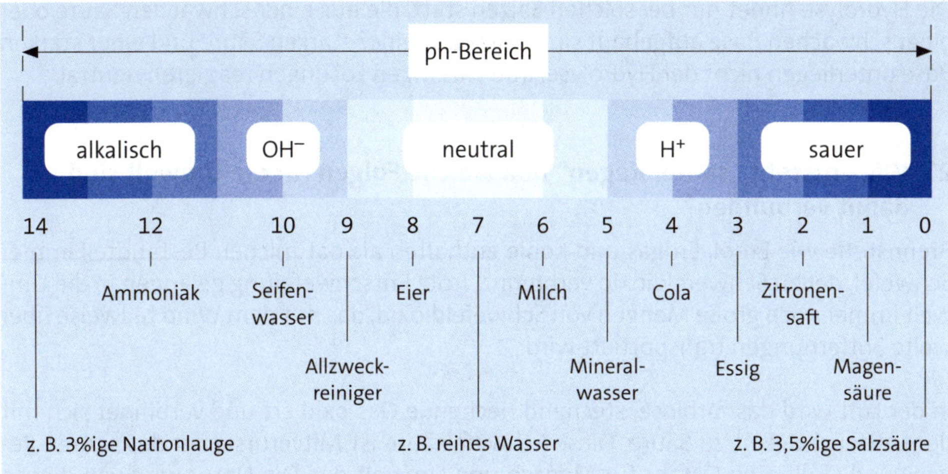

19. Was ist ein Indikator?

Indikatoren sind Verbindungen, die bei Anwesenheit einer Säure oder einer Base ihre Farbe ändern können und damit anzeigen, ob eine Lösung sauer, alkalisch oder neutral ist. Dieser Farbumschlag entsteht durch Veränderung der chemischen Struktur des Indikators (Aufnahme oder Abgabe eines Protons analog korrespondierendes Säure-Base-Paar). Indikatoren gibt es in Form einer Lösung oder eines getränkten Papiers. pH-Messgeräte zeigen den Wert von 0 - 14 direkt an.

Die gebräuchlichsten Indikatoren sind:

- **Lackmus** nimmt bei Anwesenheit einer Säure ein Proton auf und färbt sich rot; gibt in einer Base ein Proton ab und färbt sich blau.
- **Phenolphthalein** bleibt farblos in neutralen und sauren Lösungen; färbt sich rot in basischen Lösungen.
- **Methylorange** färbt sich rot in sauren Lösungen, gelb in neutralen und basischen Lösungen.

Die Umschlagsbereiche der jeweiligen Indikatoren sind in entsprechenden Tabellen der Fachliteratur zu finden.

20. Welchen Vorgang bezeichnet man als Hydrolyse?

Die Hydrolyse ist nach *Arrhenius* eine Zerlegung von Salzen mithilfe von Wasser in Säure und Base. Die Hydrolyse ist die Umkehrung der Neutralisation:

$$\text{Säure + Base} \underset{\textbf{Neutralisation}}{\overset{\textbf{Hydrolyse}}{\leftarrow\!\!\!\rightarrow}} \text{Salz + Wasser}$$

Die Hydrolyse findet nur bei solchen Salzen statt, die aus einer schwachen Säure oder einer schwachen Base aufgebaut sind. Salze aus einer starken Säure und einer starken Base unterliegen nicht der Hydrolyse. Ihre wässrigen Lösungen reagieren neutral.

21. Wie entsteht „saurer Regen" und welche Folgen für die Umwelt sind damit verbunden?

Brennstoffe wie Erdöl, Erdgas und Kohle enthalten als natürlichen Bestandteil immer Schwefel, der zu Schwefeldioxid verbrennt. Trotz Entschwefelung gelangen in die Umwelt immer noch große Mengen von Schwefeldioxid, das mit dem Wind teilweise über weite Entfernungen transportiert wird.

In der Luft wird das farblose, stechend riechende Gas oxidiert und verbindet sich mit der Luftfeuchtigkeit zu Säure. Diese Schwefelsäure ist Mitverursacher des sauren Regens und stellt eine Gefahr für Mensch und Umwelt dar. Die Natur wird von diesen Stoffen belastet, indem z. B. der Boden sauer wird und viele Pflanzen geschädigt werden. Beim Menschen wirkt Schwefeldioxid vor allem in Kombination mit Staub auf die Atemwege (Reizungen, Entzündungen).

Auch Fassaden, Betonbauten und Kunstdenkmäler werden angegriffen. Die aggressiven Säuren zersetzen die Baustoffe und führen zum Verfall der Bauwerke. Ebenso wird die Rostbildung von Eisen und Stahl beschleunigt; es entstehen erhebliche Schäden durch Korrosion. Regen in Gegenden, die von Schadstoffen unbelastet sind, hat einen pH-Wert von 5,6, ist also sehr schwach sauer. Dieser natürliche Wert hat sich, verursacht durch säurebildende Emissionen, in Nordamerika bis ph = 4,1 und in Mitteleuropa bis ph = 4,3 verändert.

22. Was ist Natronlauge und wozu kann sie verwendet werden?

Eine besonders wichtige Lauge in der Industrie ist die Natronlauge, die wässrige Lösung von Natriumhydroxid (NaOH, auch Ätznatron). Das NaOH kommt als eine feste, kristalline und stark ätzende Substanz in Form von Schuppen, Stangen oder Plätzchen in den Handel. Sie ist leicht löslich und muss immer verschlossen aufbewahrt werden. Konzentrierte Natronlauge greift Metalle, aber auch Glas durch Herauslösen von Kieselsäure stark an und sollte i. d. R. vor Gebrauch frisch hergestellt werden. Lösungen auf Vorrat werden in Kunststoffgefäßen aufbewahrt. Natronlauge wird in der Industrie vielfältig verwendet:

- zur Herstellung von Zellstoff für Papier und Verbandmaterial
- zur Reinigung von Pfandflaschen
- zur Herstellung von Aluminium und Seifen
- in Backbetrieben: Laugengebäck wird kurz vor dem Backen in 3%ige Natronlauge getaucht.

23. Welche Bedeutung hat Salz in der Industrie?

Salz (Natriumchlorid) gibt es je nach Anwendung in verschiedenen Formen:

- Steinsalz (Industriesalz): natürlicher Rohstoff
- Speisesalz (Tafelsalz, Siedesalz): Gewinnung durch Eindampfen gereinigter Steinsalzlösungen
- Gewerbesalz: zur Herstellung von Kältemischungen, Streusalz im Winter
- Viehsalz: hat durch ca. 10 % Eisenoxidanteil eine braunrote Farbe (denaturiertes Salz).

Über 75 % der gesamten Salzproduktion wird als Industriesalz verwendet. Als ein sehr preiswerter Rohstoff ist Salz die Basis zur Herstellung verschiedenster Produkte:

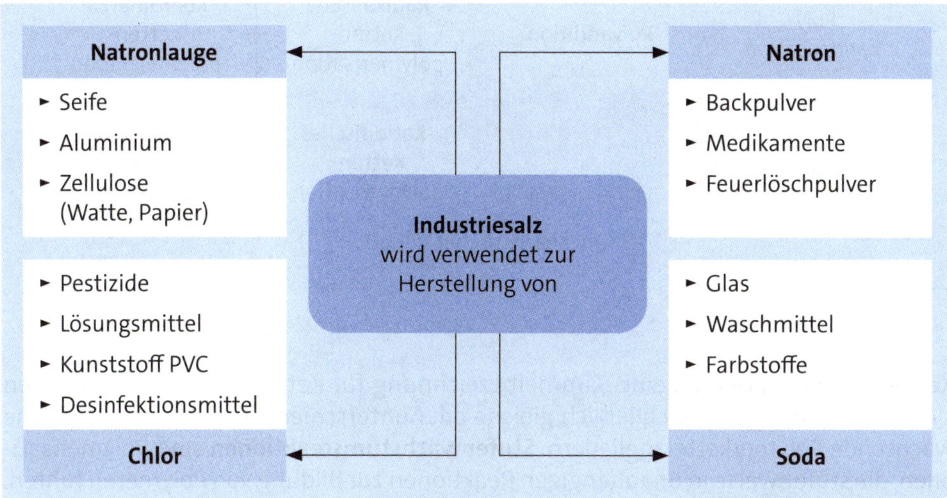

Außer Natriumchlorid wird in der Industrie Kaliumchlorid KCl als Ausgangsstoff für die Herstellung mineralischer Düngemittel verwendet. Es kommt als Kalisalz vor.

Calciumcarbonat $CaCO_3$, das als Marmor, Kalkstein oder Kreide vorkommt, wird als Baumaterial und als Ausgangsstoff für das Kalkbrennen verwendet (z. B. Herstellung von Mörtel und Zement).

24. Was versteht man unter einer Polymerisation?

Unter einer Polymerisation versteht man die vielfache („poly“) Aneinanderlagerung kleiner Moleküle (Monomere) mit einer Doppelbindung zu Makromolekülen (Polymere) mit molaren Massen in der Größenordnung von 10^3 - 10^5 Dalton (1 Dalton entspricht 1 g/mol) unter Aufhebung der Doppelbindung. Die Reaktionen sind exotherm. Bei einer Polymerisation im flüssigen oder verflüssigten Monomer (Block- oder Massepolymerisation) ist es schwierig, die Reaktionsenthalpie zu bewältigen. Eingesetzte produktionstechnische Maßnahmen sind z. B. die Durchführung in einer Reaktorkaskade und/oder eine Kühlung durch das teilweise Verdampfen des Monomer, das nach einer Rückkühlung dem Ansatz wieder zugeführt wird.

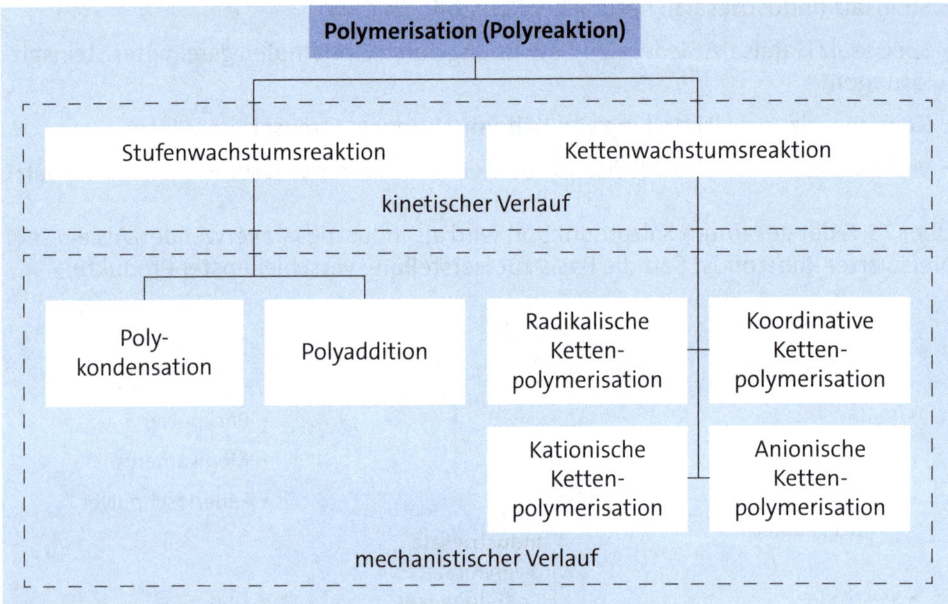

Einteilung von Polymerisationen

Kettenpolymerisation ist eine Sammelbezeichnung für Kettenreaktionen, bei denen sich fortlaufend und ausschließlich gleiche oder unterschiedliche Monomere an eine wachsende Polymerkette angliedern. **Stufenwachstumsreaktionen** sind Polymerisationen, die stufenweise in unabhängigen Reaktionen zur Bildung von Polymeren führen. Die häufigsten Stufenwachstumsreaktionen sind:

- **Polykondensation:** Jede Stufe ist eine Kondensationsreaktion, die unter Abspaltung kleiner Moleküle erfolgt.
- **Polyaddition:** Jede Stufe ist eine Additionsreaktion und erfolgt daher ohne Abspaltung kleiner Moleküle.

25. Wie werden katalytische Reaktionen unterschieden?

Man unterscheidet heterogene und homogene Katalysen:

- Von einer **homogenen** Katalyse wird gesprochen, wenn bei einer chemischen Reaktion der Katalysator und die Edukte im selben Aggregatzustand vorliegen. Im strengeren Sinne laufen auch säure-/basekatalysierte Reaktionen wie beispielsweise Veresterungen homogenkatalytisch ab.
- Von einer **heterogenen** Katalyse wird hingegen gesprochen, wenn bei einer chemischen Reaktion der Katalysator und die reagierenden Stoffe in unterschiedlichen Aggregatzuständen vorliegen. Der am häufigsten eingesetzte Aggregatzustand heterogener Kata-

lysatoren ist die feste Form. Hierbei besteht der Katalysator (oder auch Kontakt) entweder vollständig aus der aktiven Komponente (sog. Vollkatalysatoren) oder die eigentlich wirksame aktive Komponente wird auf ein Trägermaterial aufgebracht.

26. Wie läuft eine Elektrolyse ab?

Die beim Stromdurchgang durch einen Elektrolyten hervorgerufenen chemischen Veränderungen werden als Elektrolyse bezeichnet. Es erfolgt die direkte Umwandlung elektrischer Energie in chemische Energie. In leitenden Flüssigkeiten können elektrische Ströme fließen. Solche Flüssigkeiten sind Elektrolyte. Die chemische Zersetzung dieser Elektrolyten durch den Stromfluss bezeichnet man als Elektrolyse. Fließt durch einen Elektrolyten ein Gleichstrom, so wirkt die in den Elektrolyten eintauchende Kathode als Elektronendonator. Die Anode der Elektrolysezelle wirkt als Elektronenakzeptor. An den Elektroden laufen Reduktions-Oxidations-Prozesse ab. Man spricht von anodischer Oxidation und katodischer Reduktion. Um eine Vermischung der an der Anode entstehenden Produkte mit den an der Kathode gebildeten Produkten zu vermeiden, werden auch Diaphragmen eingesetzt. Diese Materialien sind zwar stromdurchlässig, aber nicht durchlässig für die Anoden- bzw. Kathodenprodukte. Der Vorgang der Elektrolyse wurde 1800 von *Ritter* entdeckt. Von *Davy*, *Faraday* und *Arrhenius* wurden Theorie und Praxis der Elektrolyse weiterentwickelt. Elektrolysen können in geeigneten Lösemitteln oder in der Schmelze durchgeführt werden. Beim Stromdurchgang führt der Ohmsche Widerstand des Elektrolyten zu einer Erwärmung. Daher treten stets Stromverluste auf. Elektrolysen haben in Labor und Technik eine große Bedeutung. Beispiele dafür sind:

- **Chloralkalielektrolyse** zur Herstellung von Chlor und Alkalihydroxiden
- **Schmelzflusselektrolysen** zur Gewinnung und Reinigung von Metallen (Natrium, Aluminium)
- **Synthese von Wasserstoff und Sauerstoff durch Elektrolyse von Wasser**
- **Galvanotechnik** (Elektroplattieren) zum elektrolytischen Abscheiden von dünnen Metallschichten (Kupfer, Chrom, Nickel).

27. Wie funktioniert ein Lithium-Ionen-Akku?

Ein Lithium-Ionen-Akkupack setzt sich je nach Leistung aus mehreren Zellen zusammen. Jede Lithium-Ionen-Zelle besteht aus einer positiven und einer negativen Elektrode, der Anode und der Kathode. Zwischen ihnen befindet sich ein ionenleitender Elektrolyt. Dieser garantiert den Transport der Lithium-Ionen zwischen den Elektroden während des Lade- bzw. Entladevorgangs. Die bekannteste Form von Lithium-Energiespeichern sind die Lithium-Ionen Akkumulatoren, in welchen ein flüssiger Elektrolyt verwendet wird. Ein weiterer wichtiger Bestandteil ist der Separator. Er verhindert den direkten Kontakt zwischen Anode und Kathode und beugt somit einem Kurzschluss vor. Beim Entladen werden auf der Anodenseite Lithium-Ionen und Elektronen abgegeben. Die Elektronen fließen durch den äußeren Stromkreis und verrichten die elektrische Arbeit. Gleichzeitig wandern die Lithium-Ionen über die Elektrolytflüssigkeit und durch den Separator hindurch zur Kathode. Beim Aufladen kehrt sich dieser Vorgang um.

Je nach System können der Aufbau und die verwendeten Materialien eines Lithium-Ionen-Akkus variieren. Im Lithium-Polymer-Akkumulator wird der Elektrolyt in das Molekülgerüst einer Polymerfolie eingebunden. Dadurch kann auf den gesonderten Separator verzichtet werden. Lithium-Polymer-Energiespeicher können nur geringe Entladeströme generieren. Allerdings erlaubt die Polymerfolie eine flache Bauform, weshalb solche Energiespeicher vor allem in Mobiltelefonen und Laptops Verwendung finden. Die Dünnschicht-Lithium-Zelle ist ein Energiespeicher, in dem der Elektrolyt durch ein ionen-leitfähiges Glas ersetzt wird. Dies ermöglicht den Einsatz von Lithiummetall und somit eine extrem hohe Energiedichte.

Als **Anodenmaterial** wird aktuell i. d. R. Graphit (C) verwendet, welches gemäß CLP-Verordnung nicht kennzeichnungspflichtig ist.

Bei der **Kathode** kommen viele unterschiedliche Stoffe zum Einsatz. Die genaue Zusammensetzung des Kathodenmaterials bestimmt maßgeblich Eigenschaften wie Lebensdauer, Ladezeiten und Leistungsfähigkeit. In der Kathode werden häufig Eisen, Mangan, Kobalt oder Nickel eingesetzt.

Die **Elektrolytflüssigkeit** besteht aus einem organischen Lösungsmittel und einem Leitsalz. Während es eine große Vielzahl an möglichen Lösemitteln gibt, wird als Leitsalz fast ausschließlich Lithiumhexafluorophosphat ($LiPF_6$) eingesetzt.

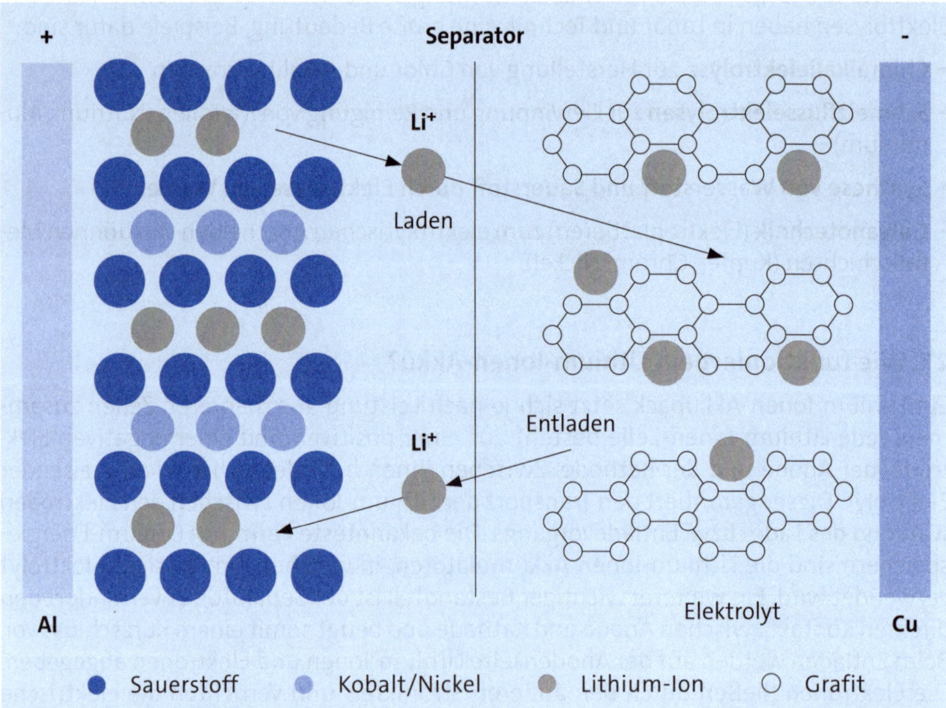

Aufbau von Lithium-Ionen-Zellen

28. Wie funktioniert eine Brennstoffzelle?

Die Brennstoffzelle ist eine **Wandlertechnik**. Sie wandelt chemische Reaktionsenergie in elektrischen Strom und Wärme.

Das Prinzip der Brennstoffzelle:
Zwei Elektroden sind durch eine Trennschicht voneinander getrennt, den sog. Elektrolyten. Auf der einen Seite strömt Wasserstoff ein, auf der anderen Sauerstoff. Der Wasserstoff wird in seine Bestandteile aufgeteilt: zwei Elektronen und zwei Protonen. Die Protonen gelangen durch den Elektrolyten auf die Sauerstoffseite. Die Elektronen müssen den Umweg über einen Stromkreis nehmen, um zur Sauerstoffseite zu gelangen, wo ein Elektronenmangel herrscht. Aus Protonen, Elektronen und Sauerstoff entsteht dann Wasser. Die Spannung im Stromkreis beträgt dabei etwa 1,2 V – so viel wie bei einer kleinen Taschenlampenbatterie.

Um größere Spannungen zu erzeugen, muss man einfach nur mehrere Zellen hintereinanderschalten. Weil solche Zellen nur aus drei dünnen Schichten bestehen, ist es technisch sogar einfach möglich: Man braucht sie nur aufeinander zu stapeln. So einen Brennstoffzellen-Stapel nennt man „Stack“. Ein Vorteil der Brennstoffzelle liegt darin, dass sie elektrischen Strom ohne mechanische Teile erzeugt: kein Lärm, keine Verschleißteile, keine Abgase. Außer Wasser entsteht nichts. Zudem lässt sich der Treibstoff, also vor allem Wasserstoff oder Methan, auch mithilfe erneuerbarer Energien wie etwa Wind- oder Wasserkraft erzeugen.

Ein besonderer Vorteil ist der höhere Stromwirkungsgrad. Das heißt, die Brennstoffzelle produziert vergleichsweise viel Strom und wenig Wärme. Bei Heizkraftwerken, die klassisch mit einem Verbrennungsmotor arbeiten, ist das Verhältnis genau umgekehrt und damit wesentlich ungünstiger. Theoretisch können über 80 % der erzeugten Energie mittels einer Brennstoffzelle elektrisch sein. Realistischer sind bei aktuellen Brennstoffzellen jedoch erst ca. 50 %.

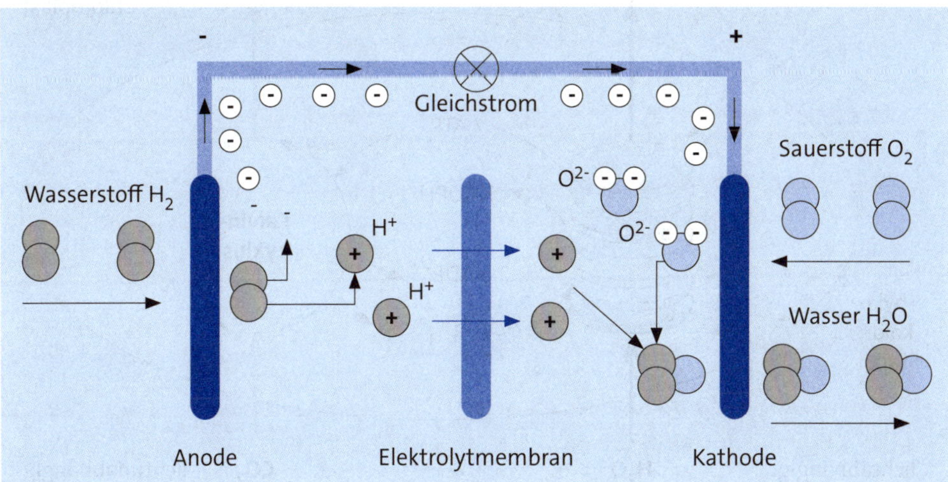

Funktionsprinzip einer Brennstoffzelle

29. Wie ist der Ablauf der Photosynthese?

Grünpflanzen und Grünalgen nutzen das Licht bzw. dessen Energie, um durch eine chemische Reaktion aus Kohlendioxid und Wasser sog. Einfachzucker (meist Fructose oder Glucose) und Sauerstoff zu bilden. In einer chemischen Formel zusammengefasst lautet das:

$$6\,H_2O + 6\,CO_2 = 6\,O_2 + C_6H_{12}O_6$$

Aus 6 Wasser- und 6 Kohlendioxid-Molekülen entstehen also 6 Sauerstoff- und 1 Zucker-Molekül.

Das Chlorophyll, ist ein sog. Photorezeptor-Molekül, denn es ist in der Lage, die Lichtenergie einzufangen beziehungsweise zu absorbieren. Das Chlorophyll steckt in den Chloroplasten, die Bestandteile pflanzlicher Zellen sind. Es ist sehr komplex aufgebaut und hat Magnesium als zentrales Atom. Man unterscheidet das Chlorophyll A und das Chlorophyll B, die sich in ihrer chemischen Struktur unterscheiden, aber bei der Absorption des Sonnenlichtes ergänzen. Über eine ganze Kette komplexer chemischer Reaktionen entsteht mithilfe der eingefangenen Lichtenergie, dem Kohlendioxid aus der Luft, das die Pflanzen über die Spaltöffnungen in den Blattunterseiten aufnehmen, und Wasser schließlich Zucker. Vereinfacht dargestellt werden zunächst die Wassermoleküle gespalten, wobei jeweils der Wasserstoff (H^+) von einer Trägersubstanz aufgenommen und in den sog. Calvinzyklus transportiert wird. Hier erfolgt der zweite Teil der Reaktion, die Bildung der Zuckermoleküle durch eine Reduktion des Kohlendioxids. Durch Versuche mit radioaktiv markiertem Sauerstoff konnte nachgewiesen werden, dass der freiwerdende Sauerstoff aus dem Wasser stammt.

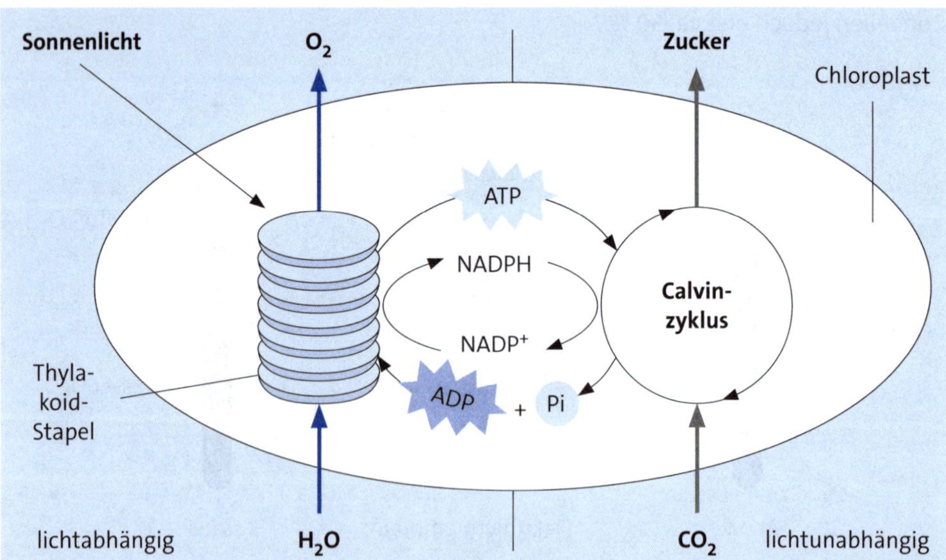

Ablauf der Photosynthese

In den Chloroplasten befinden sich die grünen Farbstoffkomplexe, die sog. Grana. In ihnen werden mithilfe des Sonnenlichts die Wassermoleküle gespalten. Die Wasserstoffprotonen (H^+) werden mit der Trägersubstanz NADP in den Calvinzyklus (eine zyklische Folge von chemischen Umsetzungen, durch die Kohlenstoffdioxid (CO_2) zu Glucose und Wasser reduziert wird) transportiert, darüber hinaus auch das Molekül ATP (Adenosin**tri**phosphat) als Energielieferant. Der aus mehreren biochemischen Teilreaktionen bestehende Zyklus verwandelt das aufgenommene Kohlendioxid in Zucker. Das zusammen mit einem Phosphatmolekül zurückgeführte ADP (Adenosin**di**phosphat) wird im Blattgrün wieder „regeneriert", sprich in ATP umgewandelt. Der wasserlösliche Einfachzucker wird von der Pflanze über die Leitungsbahnen in andere Pflanzenteile transportiert und dient als Ausgangsstoff für die Bildung anderer Pflanzenbausteine, zum Beispiel die für uns Menschen unverdauliche Cellulose. Gleichzeitig ist der Zucker aber auch ein Energielieferant für Stoffwechselprozesse.

30. Wie verläuft die alkoholische Gärung?

Die alkoholische Gärung wird vorwiegend von verschiedenen Hefearten zur Energiegewinnung genutzt. Normalerweise bauen sie Zucker durch Zellatmung ab und gewinnen so die zum Leben benötigte Energie. Die Zucker werden dabei durch eine lange Reihe enzymatischer Umsetzungen (Glykolyse – Oxidative Decarboxylierung – Citratzyklus – Atmungskette) unter Sauerstoffverbrauch vollständig zu Kohlenstoffdioxid und Wasser oxidiert. Steht kein Sauerstoff zur Verfügung, so haben die Hefen in der alkoholischen Gärung eine alternative Möglichkeit zur Energiegewinnung. Sie können aber damit – im Vergleich zur vollständigen Oxidation durch Zellatmung – wesentlich weniger Energie in Form von Adenosintriphosphat (ATP) aus Glucose gewinnen: Bei vollständiger Oxidation werden aus einem Molekül Glucose 36 Moleküle ATP gewonnen, bei der alkoholischen Gärung nur 2 Moleküle ATP. Diese 2 Moleküle ATP werden in der Glykolyse gewonnen, dem ersten Schritt in der Reaktionsfolge sowohl der Zellatmung als auch der Gärung. Die zwei weiteren Reaktionsschritte der Gärung und damit letztendlich die Ethanolproduktion dienen nicht der Energiegewinnung, sondern der Regeneration des Cofaktors NADH (Nicotinamidadenindinukleotid), der von den Enzymen der Glykolyse verbraucht wird. Da NADH nur in begrenzten Mengen vorhanden ist, wird es durch die Gärungsenzyme wiederaufbereitet.

Wegen der eingeschränkten Energiegewinnung vermehren sich Hefen unter Luftabschluss weit weniger stark als bei Luftzutritt. Außerdem wirkt das entstehende Ethanol als Zellgift. Führt man einer gärenden Hefe Luft zu, so stellt sie die Gärung ein und nutzt wieder den Weg der Sauerstoffatmung. Dieses Phänomen wird Pasteur-Effekt genannt. Hefen sind damit fakultative Anaerobier (Mikroorganismen, die in Sauerstoff-freiem Milieu leben können).

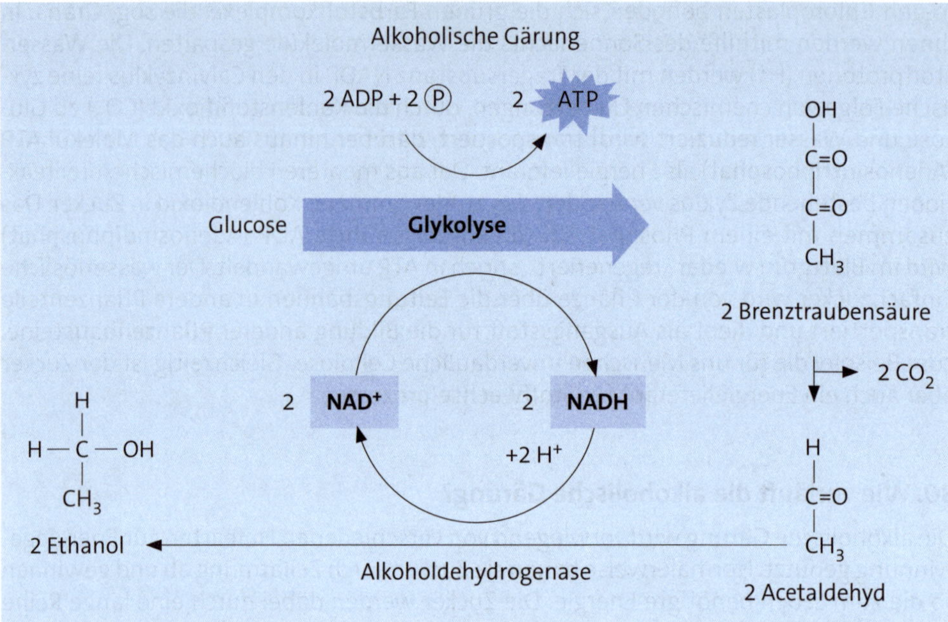

Ablauf der alkoholischen Gärung

Wie erwähnt, wird im ersten Schritt der alkoholischen Gärung, der Glykolyse, ein Molekül Glucose zu 2 Molekülen Pyruvat umgesetzt. Daneben entstehen 2 Moleküle Adenosintriphosphat (ATP) aus 2 Molekülen Adenosindiphosphat (ADP) und 2 Phosphatresten (Pi). Zusätzlich werden 2 Moleküle NAD+ (Nicotinamidadenindinukleotid) zu 2 Molekülen NADH reduziert. Das heißt, sie nehmen jeweils zwei Elektronen und ein Proton auf. Bis hierher entspricht der Stoffwechselweg dem der Zellatmung. Anschließend wird von jedem Molekül Pyruvat ein Molekül Kohlenstoffdioxid durch das Enzym Pyruvatdecarboxylase abgespalten. Als Cofaktor dient bei dieser Reaktion Thiaminpyrophosphat, ein Verwandter des Vitamin B1. Das in diesem Schritt entstehende Acetaldehyd ist für den Organismus sehr giftig und wird im folgenden Schritt sofort weiterverarbeitet. Das katalysierende Enzym Alkoholdehydrogenase enthält ein Zink-Ion, welches die Carbonylgruppe am Acetaldehyd polarisiert. Dadurch können 2 Elektronen und 1 Wasserstoffproton vom NADH auf das Acetaldehyd übertragen werden, wodurch es zu Ethanol reduziert wird. Sowohl die Glykolyse als auch die zwei Folgereaktionen finden im Cytoplasma (organische Grundsubstanz) der Zelle statt.

2.2 Bewerten und Beurteilen von Stoffen und Stoffgemischen hinsichtlich ihrer Eigenschaften und ihres Gefährdungspotenzials

2.2.1 Physikalische und chemische Eigenschaften von Stoffen und Stoffgemischen

01. Wie ist der Aufbau der Stoffe?

Um Stoffe hinsichtlich ihrer Zusammensetzung zu unterscheiden, benötigen wir zunächst die Definition des Begriffs Phase in der Chemie. Eine Phase ist ein räumlicher Bereich, in dem die bestimmenden physikalischen Parameter und die chemische Zusammensetzung eines Stoffes homogen sind. Die Grenzfläche zwischen zwei verschiedenen Phasen wird Phasengrenzfläche genannt. Materien können aufgrund äußerlicher Erscheinung in homogene und heterogene Stoffe bzw. Stoffgemische unterschieden werden.

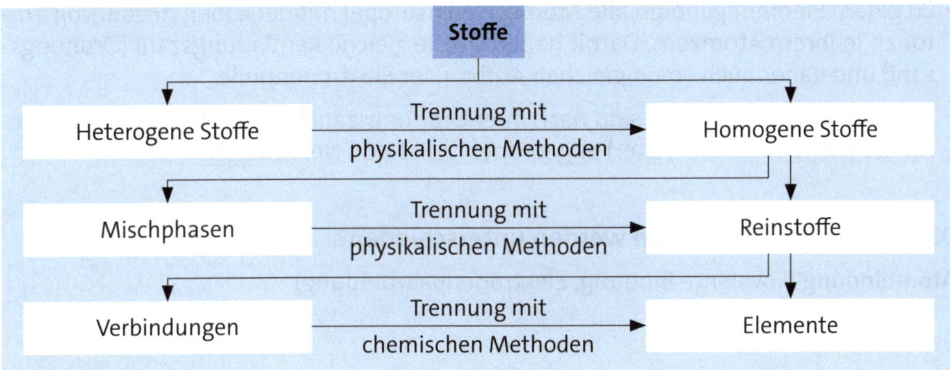

Einteilung der Stoffe

Heterogene Stoffe sind uneinheitlich aufgebaut und bestehen aus mindestens zwei oder mehreren Phasen (z. B. Granit, Kunstmarmor). Durch physikalische Trennverfahren können heterogene Stoffe in ihre homogenen Bestandteile getrennt werden.

Homogene Stoffe bestehen aus einer Phase und sind einheitlich aufgebaut, d. h., dass alle Bestandteile des Stoffs den Raum gleichmäßig erfüllen (z. B. Edelstahl, Gold-Silber-Legierung).

02. Was wird als Mischphasen bezeichnet?

Als Mischphasen werden homogene Gemische von zwei oder mehreren reinen Stoffen bezeichnet. Die chemische Zusammensetzung von Mischphasen ist veränderlich (z. B. Kochsalz gelöst in Wasser). Mischphasen können durch physikalische Trennmethoden in ihre chemisch reinen Stoffe getrennt werden.

03. Was sind Reinstoffe?

Reine Stoffe besitzen eine definierte chemische Zusammensetzung und definierte physikalische Eigenschaften (z. B. Kochsalz NaCl, Gold Au). Als Reinstoffe werden Verbindungen oder chemische Elemente bezeichnet. In der Praxis existieren absolut reine Stoffe nicht. Sie enthalten stets einen mehr oder weniger geringen Anteil an Verunreinigungen. Deshalb wird bei im Chemikalienhandel handelbaren Reinstoffen der Reinheitsgrad mit angegeben, z. B. wird der Reinheitsgrad des Stoffes in Prozent angegeben oder mit Bezeichnungen wie „reinst" oder „pro analysi" versehen.

04. Was sind die Elemente?

- Als chemische Elemente bezeichnet man in der Chemie die Grundstoffe der chemischen Reaktionen.
- Ihre Atome sind ihre kleinsten, durch chemische Reaktionen nicht weiter teilbaren Einheiten.
- Zu einem Element gehören alle Atomsorten (Isotope) mit derselben Anzahl von Protonen in ihrem Atomkern. Damit haben sie die gleiche Kernladungszahl (Ordnungszahl) und daher auch einen gleichen Aufbau der Elektronenhülle.
- Die chemischen Elemente sind nach ihrer Ordnungszahl im Periodensystem der Elemente (siehe Tabellenbücher) angeordnet (z. B. Neon Ne, Sauerstoff O_2).

05. Welche Bindungsarten werden unterschieden?

Atombindung (kovalente Bindung, Elektronenpaarbindung)

Beispiel: CH_4

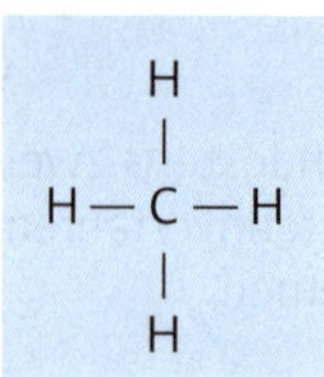

Man kann unterscheiden:

- Zwei oder mehrere verschiedene Elemente gruppieren sich und teilen die Elektronen miteinander, um Edelgaskonfiguration zu erreichen. Dabei werden die Elektronen zwar etwas stärker vom elektronegativeren Element angezogen, jedoch nicht vollständig an diese gebunden. Es entsteht eine **polare Atombindung**.
- Zwei gleiche Elemente gruppieren sich und teilen die Elektronen miteinander, um eine Edelgaskonfiguration zu erreichen. Es entsteht eine **unpolare Atombindung**.

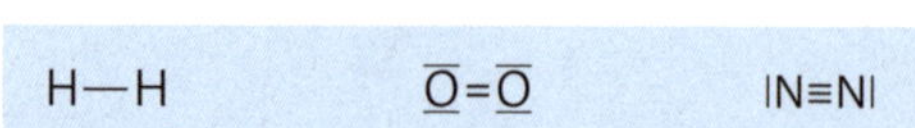

Ionenbindung
Tritt auf bei Verbindungen zwischen Metallen und Nichtmetallen, z. B.:

- NaCl
- Na_2SO_4
- CaF
- $CaCl_2$
- $CuSO_4$

Zwei oder mehrere verschiedene Elemente tauschen die Elektronen miteinander aus, um eine Edelgaskonfiguration zu erreichen. Dabei werden die Elektronen vollständig vom elektronegativeren Element aufgenommen. Der Zusammenhalt erfolgt durch elektrostatische Anziehung. Die Bindungen wirken in alle Richtungen → Ionengitter.

Metallbindung
Die Metallatome geben ihre Außenelektronen ab und bilden ein „Elektronengas". Diese Elektronen sind im Metallgitter aus den Atomrümpfen frei beweglich und bewirken die elektrische Leitfähigkeit der Metalle.

Wasserstoff-Brückenbindung
Zwischen zwei polaren Molekülen können sich positive und negative Partialladungen (Ladungsschwerpunkte) gegenseitig anziehen. Beispiel: Wasser.

06. Was kennzeichnet Säuren, Basen und Salze?

Säuren, Basen und Salze bilden in Lösung Ionen und leiten daher den elektrischen Strom, daher die Bezeichnung Elektrolyte. Außerdem gilt:

- Säuren sind Protonenspender (Protonendonator).
- Basen nehmen Protonen auf (Protonenakzeptor).
- Protolyse ist die chemische Reaktion, die Protonen freisetzt.

Nach *Brönstedt* gehört zu jeder Säure, die ein Proton freisetzt, die korrespondierende Base, die das freigesetzte Proton aufnimmt (Säure-Base-Paar).

Eigenschaften von Salzen:

- Salze sind aus Ionen aufgebaut → Ionengitter.
- Salze sind gut löslich in polaren Lösemitteln wie Wasser, Säuren und teilweise in Laugen.
- Lösungen und Schmelzen leiten den elektrischen Strom (frei bewegliche Ionen).
- Salzkristalle leiten den elektrischen Strom nicht.
- Salze sind unlöslich in unpolaren Lösemitteln.
- Salze sind bei Raumtemperatur Feststoffe. Sie haben einen hohen Schmelzpunkt.

- Salzkristalle sind hart und spröde.
- Sie bestehen immer aus einem oder mehreren Metall-Ionen und einem oder mehreren Säurerest-Ionen.
- Nach „außen" hin sind Salze ungeladen.

07. Was bezeichnet die Dissoziation?

Dissoziation (Zerfall, Spaltung) ist in der Chemie die Spaltung von Molekülen in einfachere Atomgruppen bzw. Ionen i. d. R. unter Wärmeaufnahme.

$$NaCl \xrightarrow{H_2O} Na^+ + Cl^-$$

$$K_2SO_4 \xrightarrow{H_2O} 2K^+ + SO_4^{2-}$$

Sind Salze entstanden aus Säuren und Laugen unterschiedlicher Stärke (Dissoziation), können die Salze in Lösung sauer oder basisch reagieren.

$$NaCH_3COO \xrightarrow{H_2O} Na^+ + OH^- + CH_3COOH \rightarrow \text{reagiert alkalisch}$$

$$NH_4Cl + H_2O \xrightarrow{H_2O} Cl^- + H_3O^+ + NH_3 \rightarrow \text{reagiert sauer}$$

Der Dissoziationsgrad α eines potenziellen Elektrolyten ist der Quotient aus der Anzahl der dissoziierten Moleküle und der Anzahl der insgesamt vorhandenen Moleküle.

Der Dissoziationsgrad hat einen Wert kleiner 1. Er kann auch in Prozent angegeben werden.

$$\alpha = \frac{\text{Anzahl der dissoziierten Moleküle}}{\text{Gesamtzahl der Moleküle}}$$

08. Was besagt das Massenwirkungsgesetz?

Die quantitative Behandlung von Gleichgewichtsreaktionen wird als Massenwirkungsgesetz (MWG) bezeichnet. → Die chemische Wirkung eines Stoffes ist seiner aktiven Masse proportional.

Eine chemische Reaktion befindet sich im Gleichgewichtszustand, wenn der Quotient aus

- dem Produkt der Konzentrationen der Reaktionsprodukte und
- dem Produkt der Konzentrationen der Ausgangsstoffe

einen für diese Reaktion charakteristischen, bei gegebener Temperatur konstanten, Wert erreicht hat.

09. Was bezeichnet die Autoprotolyse des Wassers?

Wasser kann laut *Brönsted* sowohl als Säure als auch als Base auftreten. Man spricht von einem amphoteren Charakter. Wasser ist nach *Brönsted* ein Ampholyt.

Bei 22 °C gilt:
Die Konzentration von H_3O^+ und OH^--Ionen liegt bei je $1 \cdot 10^{-7}$ mol/l.

Das Produkt aus der Konzentration der Wasserstoff-Ionen und der Konzentration der Hydroxid-Ionen ist bei konstanter Temperatur für alle wässrigen Lösungen gleich.

$$K_W = c(H_3O^+) \cdot c(OH^-) = 1 \cdot 10^{-14}\ mol^2/l^2$$

Dieser (bei gegebener Temperatur) konstante Wert wird als Ionenprodukt des Wassers K_W bezeichnet.

Das Ionenprodukt des Wassers gilt auch für alle wässrigen Lösungen von Säuren, Basen und Salzen.

- In sauren Lösungen steigt die Wasserstoff-Ionenkonzentration über $1 \cdot 10^{-7}$ mol/l.
- In basischen Lösungen steigt die Hydroxid-Ionenkonzentration über $1 \cdot 10^{-7}$ mol/l.

10. Was bedeuten Oxidationszahl und Elektronegativität?

Bei Verbindungen mit zwei Atomarten, die nicht in Ionen dissoziieren, lässt sich den Elementen der Verbindung eine formale Ladung zuordnen. Man denkt sich die bindenden Elektronen ganz zu dem elektronegativen Partner in der Verbindung verschoben, sodass dieser negativ geladen ist, der andere positiv. Diese gedachte Ladungszahl heißt Oxidationszahl.

Pauling führte auf der Grundlage des Periodensystems den Begriff **Elektronegativität** ein. Sie ist die Kraft, eines in einem Molekül gebundenen Atoms, Elektronen des Moleküls an sich zu binden. Zur quantitativen Bestimmung solcher Kräfte ordnete *Pauling* dem stärksten elektronegativen Element, dem Fluor, willkürlich den Zahlenwert 4,00 zu. Aus Vergleichsmessungen ergaben sich für andere Atome deshalb niedrigere Werte, z. B. für Sauerstoff 3,37, für Schwefel 2,48, für Wasserstoff 2,20, für Aluminium 1,63 und für Kalium 0,84.

Die **Oxidationszahl** eines Atoms in einem Einzelteilchen (Molekül, Atomgruppe, Ion) ist die Ladung dieses Atoms, wenn die Elektronen jeder Bindung dieses Atoms dem stärker elektronegativen Bindungspartner zugehören würden.

Regeln zur Bestimmung der Oxidationszahl:

1 Atome in elementaren Stoffen haben die Oxidationszahl Null.
2. Sind in einem Molekül zwei oder mehrere Atome des gleichen Elements gebunden, so liefert diese Bindung keinen Beitrag zur Oxidationszahl.
3. Die Oxidationszahl von Wasserstoff ist +I.
4. Die Oxidationszahl von Sauerstoff ist -II.
5. Die Summe der Oxidationszahlen aller Atome einer ungeladenen Atomgruppe ist Null.
6. Die Oxidationszahl eines einatomigen Ions ist gleich der Ladungszahl des Ions.
7. Bei einem mehratomigen Ion ist die Summe der Oxidationszahlen aller Atome des Ions gleich der Ladungszahl des Ions.

11. Wie lassen sich Redoxgleichungen aufstellen?

Bei vielen chemischen Umsetzungen wird ein Reaktionspartner reduziert, während ein anderer gleichzeitig oxidiert wird. Die Gleichung der Gesamtumsetzung ist die Summengleichung des Reduktionsvorganges und des Oxidationsvorganges, die Redoxgleichung.

- **Oxidation:**

  Erhöhung der Oxidationszahl = Abgabe von Elektronen

- **Reduktion:**

  Erniedrigung der Oxidationszahl = Aufnahme von Elektronen

Regeln zum Aufstellen von Redoxgleichungen:

1. Die Reaktionspartner und die Reaktionsprodukte mit Ladungsstufen aufschreiben (Oxidationszahlen).
2. Aufgenommene bzw. abgegebene Elektronen unter die Reaktionspartner schreiben.
3. Das kleinste gemeinsame Vielfache der abgegebenen bzw. aufgenommenen Elektronen errechnen. Äquivalente Ausgangs- und Endprodukte eintragen.
4. Die Effektivladungen auf beiden Seiten vergleichen und auf der Fehlseite in Form von H^+ im sauren Medium, in Form von OH^- im alkalischen Medium und in Form von O^- bei Schmelzen ergänzen.
5. Differenz der Sauerstoffatome in Form von H_2O auf der Fehlseite eintragen.
6. Massen- und Ladungsgleichheit prüfen.

12. Was beschreibt die organische Chemie?

Die organische Chemie (Organik) umfasst praktisch alle kohlenstoffhaltigen Verbindungen, während die anorganische Chemie (Anorganik) sich auf die anderen Elemente des Periodensystems und deren Verbindungen bezieht.

Der Begriff „organische Chemie" wurde um 1806 durch den schwedischen Chemiker *Jöns Jakob Berzelius* geprägt und war noch zu Beginn des 19. Jahrhunderts auf solche Verbindungen beschränkt, die durch lebende Organismen aufgebaut werden können. Die Annahme – organische Verbindungen können nicht künstlich hergestellt werden – wurde jedoch letztlich durch *Friedrich Wöhler* 1828 widerlegt. *Wöhler* gelang die Harnstoffsynthese (Harnstoffherstellung aus anorganischen Stoffen). Die Erkenntnis, dass der Kohlenstoffgehalt das wesentliche Charakteristikum einer organischen Verbindung ist, setzte sich erst Mitte des 19. Jahrhunderts durch und die Grenzen der beiden Fachgebiete – organische und anorganische Chemie – verschwimmen zusehends. Dennoch ist eine Unterscheidung immer noch sinnvoll, da die Reaktionsmechanismen und Stoffstrukturen in der Anorganik und Organik oft unterschiedlich sind.

Die organische Chemie umfasst etwa 19 Mio. bekannte Verbindungen des Kohlenstoffs und übertrifft die Zahl der bekannten anorganischen Verbindungen (ca. 500.000) um ein Vielfaches. Zurückzuführen ist das auf die besondere Fähigkeit des Kohlenstoffs, verzweigte Ketten und Ringstrukturen mit anderen Kohlenstoffatomen zu bilden.

13. Wie kann die organische Chemie eingeteilt werden?

Es ergeben sich zwei Möglichkeiten für eine systematische Einteilung der einzelnen Substanzen der organischen Chemie in Stoffgruppen:

Einteilung nach funktioneller Gruppe:

- Kohlenwasserstoffe ohne funktionelle Gruppe bilden die Ausgangsstoffe der organischen Chemie und die Grundlage ihrer Nomenklatur.
- Sauerstoff- und Hydroxyverbindungen:
  - Alkohole
  - Aldehyde
  - Carbonsäuren
  - Ketone
- Stickstoffverbindungen
  - Amine
  - Amide
  - Nitroverbindungen, beispielsweise Trinitrotoluol
  - Nitrile

- Schwefelverbindungen
  - Alkanthiole
  - Sulfate
- Phosphorverbindungen
  - Phosphate
  - Phosphine
- Metallorganische Verbindungen, z. B. Ferrocen.

Einteilung nach Kohlenstoffgerüst:

- aliphatische Kohlenwasserstoffe (Aliphaten)
  - acyclische Kohlenwasserstoffe
    - gesättigt (Alkane)
    - ungesättigt (Alkene und Alkine)
  - cyclische Kohlenwasserstoffe
- aromatische Kohlenwasserstoffe (Aromaten)
  - einfache Aromaten
  - kondensierte Aromaten
- Heterocyclen
- biochemische Verbindungen (Aminosäure, Proteine, Kohlenhydrate).

14. Was kennzeichnet die Alkane?

Die Alkane sind die **Stoffgruppe der gesättigten, acyclischen Kohlenwasserstoffe**. Das bedeutet, dass sie ausschließlich aus den Elementen Kohlenstoff und Wasserstoff bestehen und nur Einfachbindungen besitzen. Die Alkane sind eine Untergruppe der aliphatischen Kohlenwasserstoffe. Die allgemeine Summenformel für die Alkane lautet C_nH_{2n+2}. Das Grundgerüst der Alkane besteht aus unverzweigten, also linearen Kohlenstoffketten. Sobald n jedoch 4 oder größer ist, kann es sich allerdings auch um verzweigte Kohlenstoffketten handeln.

Neben den Alkanen existieren auch gesättigte cyclische Kohlenwasserstoffe namens **Cycloalkane**, die eine andere Summenformel besitzen. Die unverzweigten Verbindungen werden auch als **n-Alkane** betitelt. Die ersten 12 n-Alkane bilden die homologe Reihe der Alkane. Das bekannteste Alkan ist hierbei das Methan, welches auch das einfachste Alkan ist. Darauf folgen Ethan, Propan, n-Butan, n-Pentan, n-Hexan, n-Heptan, n-Octan, n-Nonan, n-Decan, n-Undecan und n-Dodecan.

Formel	Name	Aggregatzustand	Eigenschaften
CH_4	Methan	gasförmig	Gase, bilden explosionsfähige Gemische
C_2H_6	Ethan		
C_3H_8	Propan		
C_4H_{10}	Butan		
C_5H_{12}	Pentan	flüssig	Flüssigkeiten hochentzündlich (Benzin) gesundheitsschädlich wassergefährdend
C_6H_{14}	Hexan		
C_7H_{16}	Heptan		
C_8H_{18}	Octan		
C_9H_{20}	Nonan		
$C_{10}H_{22}$	Decan		

Homologe Reihe der Alkane

Die verzweigten Verbindungen der Alkane nennt man **Isoalkane oder i-Alkane**. Umso mehr Kohlenstoffatome vorhanden sind, desto mehr Wahrscheinlichkeiten für unterschiedliche Verknüpfungen der Kohlenstoffketten gibt es. Aus diesem Grund gibt es ab Propan viele Kohlenwasserstoffe mit unterschiedlichem Aufbau (Konstitution), aber gleicher Summenformel. Diese bezeichnet man als Isomere. Dies lässt sich anhand des Beispiels Butan darstellen. Dieses Alkan besitzt die Summenformel C_4H_{10}, lässt sich allerdings auf zwei unterschiedliche Arten anordnen.

15. Was kennzeichnet die Alkene?

Unter Alkenen (früher auch Olefine) versteht **man Kohlenwasserstoffe mit einer oder mehreren Doppelbindungen zwischen zwei Kohlenstoffatomen**. Die Doppelbindungen können sich dabei an beliebiger Position befinden. Alkene sind ungesättigte Verbindungen im Gegensatz zu den Alkanen, bei denen alle Valenzen des Kohlenstoffatoms abgedeckt sind. Alkene kommen im geringen Maßstab im Erdöl vor, in der Natur werden sie als Pheromon und Phytohormon verwendet.

Alkene bilden eine homologe Reihe mit der allgemeinen Summenformel C_nH_{2n} beginnend mit dem Ethen. Der veraltete Name Olefine ergibt sich aus dem alten Namen Olefin für Ethen, da es mit Halogenen ölige, wasserunlösliche Flüssigkeiten bildet. Es gibt auch cyclische Alkene, die Cycloalkene, deren wichtigster Vertreter das Cyclohexen ist.

Name	Summenformel
Ethen	C_2H_4
Propen	C_3H_6
Buten	C_4H_8
Penten	C_5H_{10}
Hexen	C_6H_{12}

Name	Summenformel
Hepten	C_7H_{14}
Octen	C_8H_{16}
Nonen	C_9H_{18}
Decen	$C_{10}H_{20}$

Homologe Reihe der Alkene

16. Was kennzeichnet Alkine?

Alkine sind Kohlenwasserstoffe mit **mindestens einer Kohlenstoff-Kohlenstoff-Dreifachbindung**. Diese Dreifachbindung zeigt im Gegensatz zu den Alkanen und Alkenen eine höhere Reaktivität und für sie spezifische Reaktionstypen. Das einfachste Alkin ist das Ethin (Acetylen).

Name	Summenformel
Ethin	C_2H_2
Propin	C_3H_4
Butin	C_4H_6
Pentin	C_5H_8
Hexin	C_6H_{10}
Heptin	C_7H_{12}
Octin	C_8H_{14}
Nonin	C_9H_{16}
Decin	$C_{10}H_{18}$

Homologe Reihe der Alkine

17. Was kennzeichnet Aromaten?

Aromatische Verbindungen, kurz auch Aromaten, sind eine Stoffklasse in der organischen Chemie. Ihr Name stammt vom aromatischen Geruch der zuerst entdeckten Verbindungen dieser Stoffklasse. Es gibt eine gewaltige Zahl (mehrere Millionen sind bekannt) verschiedener aromatischer Verbindungen. Sie können nach verschiedenen Kriterien in Gruppen eingeteilt werden:

Kohlenwasserstoffe
Aromatische Kohlenwasserstoffe werden auch **Arene** genannt. Beispiele dafür sind:

- Benzol C_6H_6
- Toluol (Methylbenzol) $C_6H_5{-}CH_3$
- Xylol (Dimethylbenzol) $H_3C{-}C_6H_4{-}CH_3$
- Mesitylen (Trimethylbenzol) $C_6H_3(CH_3)_3$

Kohlenwasserstoffe mit mehreren Ringen werden **polyzyklische aromatische Kohlenwasserstoffe** (PAK) genannt, das sind z. B.:

- Naphthalin $C_{10}H_8$ (2 Ringe; zweimal Sechsring)
- Azulen $C_{10}H_8$ (2 Ringe; Fünf-/Siebenring)
- Anthracen $C_{14}H_{10}$ (3 Ringe).

Aromatische Ionen
Typische Stammverbindungen dieser Klasse sind mit 2π-Elektronen das Cyclopropenylium-Ion, mit 6π-Elektronen das Cyclopentadienyl-Anion, das Cycloheptatrienyl-Kation und das Pyrylium-Ion. Im Falle des Pyrylium-Ions steuert der Sauerstoff zwei Elektronen über eines der beiden freien Elektronenpaare zum delokalisierten π-System bei. Das zweite freie Elektronenpaar liegt in der Ringebene und trägt somit nicht zum delokalisierten π-System bei (analog zum freien Elektronenpaar am Stickstoff des Pyridins).

Benzolderivate

- Phenol $C_6H_5{-}OH$
- Nitrobenzol $C_6H_5{-}NO_2$
- Anilin (Aminobenzol) $C_6H_5{-}NH_2$
- Hydrochinon $HO{-}C_6H_4{-}OH$
- Pikrinsäure (2,4,6-Trinitrophenol) $C_6H_2(OH)(NO_2)_3$

Heteroaromaten

- Furan C_4H_4O (Fünfring mit Sauerstoffatom)
- Thiophen C_4H_4S (Fünfring mit Schwefelatom)
- Pyridin C_5H_5N (Sechsring mit Stickstoffatom)
- Pyrrol C_4H_4NH (Fünfring mit Stickstoff- und Wasserstoffatom).

Halogenaromaten

- Chlorbenzol $C_6H_5{-}Cl$
- Bromphenole $Br{-}C_6H_4{-}OH$

18. Wie werden Alkane, Alkene, Alkine und Aromaten unterschieden?

Die Alkane bilden eine Unterfamilie der Kohlenwasserstoffe, d. h. der organischen Verbindungen, die nur aus Kohlenstoff und Wasserstoff bestehen. Man nennt sie auch gesättigte Kohlenwasserstoffe. Sie enthalten nur C-C-Einfachbindungen. Weitere Kohlenwasserstoffe sind die Alkene, Alkine und Aromaten. Letztere werden als ungesättigte Kohlenwasserstoffe bezeichnet, da sie C-C-Doppel- und C-C-Dreifachbindungen enthalten. Nachfolgend sind die Gruppen dargestellt:

Kohlenwasserstoffe			
Alkane	Alkene	Alkine	Aromaten
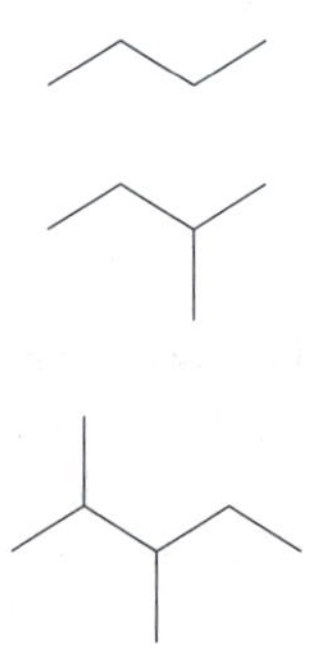	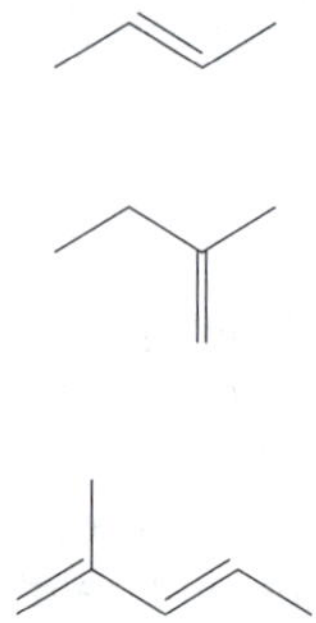	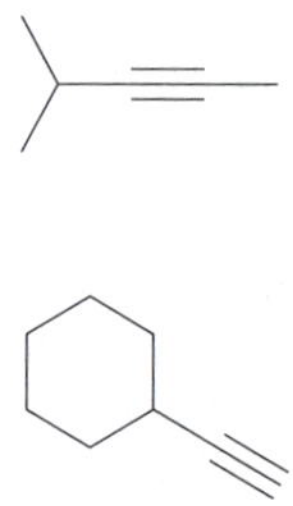	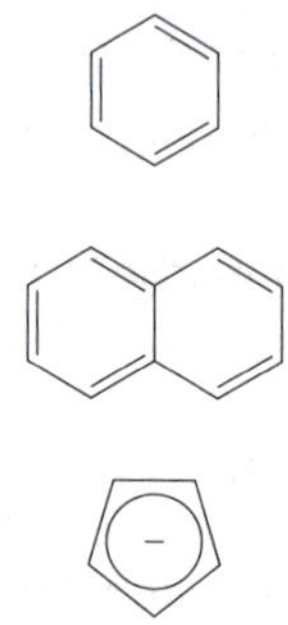

Gruppen von Kohlenwasserstoffen

19. Was kennzeichnet Halogenalkane?

Halogenalkane lassen sich durch die **Substitution von Alkanen oder durch die Addition von Halogenen oder Halogenverbindungen an Alkene** herstellen. Je nach eingesetztem Halogen erhält man Fluor-, Chlor-, Brom- oder Iod-Alkane. Aber auch Verbindungen mit verschiedenen Halogenatomen im Molekül lassen sich herstellen.

Negative Berühmtheit haben die Fluor-Chlor-Kohlenwasserstoffe (**FCKW**) erlangt, z. B. das Dichlordifluormethan. Wegen ihres schädigenden Einflusses auf den Ozon-Schutzmantel in der Stratosphäre werden die Fluor-Chlor-Kohlenwasserstoffe mittlerweile nicht mehr in Schaumstoffen, Spraydosen oder Kühlanlagen eingesetzt, sondern durch chlorfreie Verbindungen ersetzt.

20. Was stellen die Alkanole dar?

Alkanole sind eine Stoffgruppe in der Organischen Chemie und stellen eine **Untergruppe der Alkohole** dar. Die Begriffe Alkohol und Alkanol sind also nicht bedeutungsgleich. Alkanole leiten sich von den Alkanen ab und verfügen über eine oder mehrere Hydroxy-Gruppen (OH-Gruppe) als funktionelle Gruppe. Die OH-Gruppe ist dabei polar, der Alkylrest unpolar. Der Name eines Alkanols wird gebildet, indem an den Namen des entsprechenden Alkans die Endung **-ol** angehängt wird.

Je nachdem wie viele benachbarte Kohlenstoff-Atome sich noch an dem Kohlenstoff-Atom befinden, an welchem die Hydroxy-Gruppe gebunden ist, unterscheidet man zwischen **primären, sekundären und tertiären Alkanolen**. Bei primären Alkanolen ist die Hydroxy-Gruppe endständig. Bei sekundären Alkanolen ist das mit der Hydroxy-Gruppe verbundene Kohlenstoffatom mit zwei weiteren Kohlenstoffatomen verbunden. Analog ist bei tertiären Alkanolen das mit der Hydroxy-Gruppe verbundene Kohlenstoffatom mit drei weiteren Kohlenstoffatomen verbunden.

Eine weitere Unterteilung erfolgt hinsichtlich der **Anzahl der OH-Gruppen** in ein- und mehrwertige Alkanole. Während einwertige Alkanole lediglich über eine OH-Gruppe verfügen, so besitzen mehrwertige Alkanole mindestens zwei Hydroxy-Gruppen.

Man benennt zunächst das Alkan. Die Lage der Hydroxy-Gruppe wird durch eine Ziffer vor der Endung **-ol** angegeben. Dabei werden immer die Kohlenstoff-Atome der längsten Kohlenstoff-Kette gezählt und zwar so, dass die Hydroxy-Gruppe eine möglichst kleine Zahl erhält. Für die Anzahl der OH-Gruppen wird das entsprechende griechische Zahlwort vor der Endung eingefügt. Beim Vorhandensein von Alkylgruppen werden diese gemäß der IUPAC-Regeln vorangestellt.

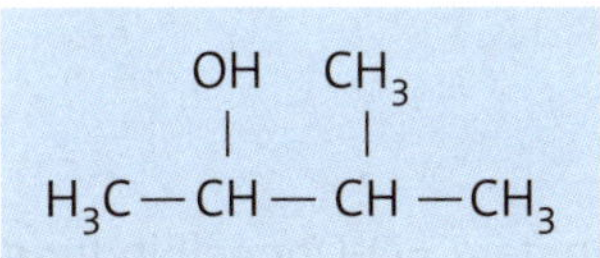

Unter Einhaltung der genannten Regeln ergibt sich für obige Strukturformel der Name **3-Methylbutan-2-ol**.

21. Was bestimmt die Löslichkeit und die Siedetemperatur von Alkanolen?

Für die Wasserlöslichkeit von Alkanolen ist die OH-Gruppe von entscheidender Bedeutung. Zwischen der polaren OH-Gruppe des Alkanols und den Wassermolekülen bilden sich Wasserstoffbrücken.

Allerdings nimmt die Wasserlöslichkeit von Alkanolen mit steigender Anzahl der C-Atome ab, so lassen sich Methanol, Ethanol und Propanol noch problemlos in Wasser lösen, während sich Butanol schon schwieriger lösen lässt.

Die Siedetemperatur der Alkanole steigt mit zunehmender Anzahl an C-Atomen und ist stets höher als die der entsprechenden Alkane. Ursache sind auch hier die Wasserstoffbrückenbindungen, die die OH-Gruppe ausbildet.

22. Was bezeichnet man als Ether?

Ether sind organische Verbindungen, die als funktionelle Gruppe eine Ethergruppe tragen. Eine Ethergruppe besitzt ein zentrales Sauerstoffatom mit Einfachbindungen zu zwei organischen Resten. Die chemische Formel von Ethern lautet daher R^1-O-R^2.

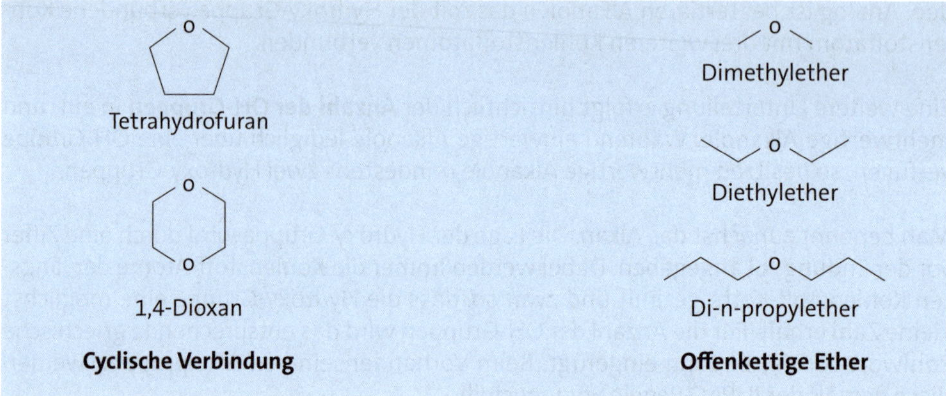

Ether-Struktur

23. Was zeichnet Alkanale (Aldehyde) aus?

Die Aldehyde oder Alkanale als Stoffgruppe erkennt man an der C=O-Doppelbindung (Carbonylgruppe), die mit mindestens einem H-Atom verbunden ist. Methanal ist der einfachste Vertreter. Die entstehende C=O-Doppelbindung nennt man Carbonyl-Gruppe. Sie kommt neben den Aldehyden auch in den Ketonen vor. Wenn mindestens ein H-Atom an die Carbonylgruppe gebunden ist, handelt es sich um ein Aldehyd. Die Aldehyd-Gruppe bezeichnet die funktionelle Gruppe der Aldehyde. Der Name wird aus dem Grundgerüst der vergleichbaren Alkane gebildet und erhält die Endung **-al**.

Summenformel	**Elektronenstrichformel (→ Halbstrukturformel)**	**Name**	**Siedepunkt**
HCHO	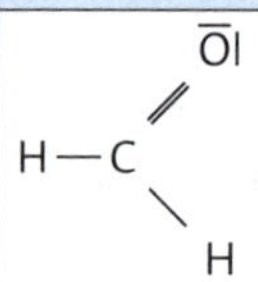	Methanal (Formaldehyd)	-21 °C
CH_3CHO	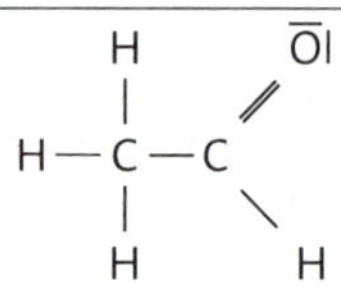	Ethanal (Acetaldehyd)	21 °C
C_2H_5CHO	CH_3CH_2CHO	Propanal	49 °C
C_3H_7CHO	$CH_3CH_2CH_2CHO$	Butanal	73 °C
C_4H_9CHO	$CH_3CH_2CH_2CH_2CHO$	Pentanal	102 °C
$C_5H_{11}CHO$	$CH_3CH_2CH_2CH_2\ CH_2CHO$	Hexanal	128 °C

Homogene Reihe der Alkanale (Aldehyde)

24. Was kennzeichnet die Alkanone (Ketone)?

Ketone sind chemische Verbindungen, die als funktionelle Gruppe eine nicht endständige Carbonylgruppe (>C=O) (auch Ketogruppe genannt) enthalten. Das bedeutet, im Gegensatz zu den Aldehyden ist der Carbonylkohlenstoff bei den Ketonen mit zwei weiteren Kohlenstoffatomen verbunden. Ketone sind Oxidationsprodukte sekundärer Alkohole. Die von den Alkanen ableitbaren Ketone nennt man auch Alkanone. Einfachstes Keton ist das Aceton (Propanon oder Dimethylketon).

Summenformel	**Elektronenstrichformel (→ Halbstrukturformel)**	**Name**
C_3H_6O	$CH_3-\overset{\overset{O}{\|}}{C}-CH_3$	Propanon
C_4H_8O	$CH_3-\overset{\overset{O}{\|}}{C}-CH_2-CH_3$	Butanon
$C_5H_{10}O$	$CH_3-\overset{\overset{O}{\|}}{C}-CH_2-CH_2-CH_3$	2-Pentanon
$C_6H_{12}O$	$CH_3-CH_2-\overset{\overset{O}{\|}}{C}-CH_2-CH_2-CH_3$	3-Pentanon

Homogene Reihe der Alkanone (Ketone)

25. Welche Carbonsäuren werden verwendet?

- Alkansäuren, gesättigte Carbonsäuren — Alkyl-COOH
- ungesättigte Carbonsäuren — Alken-COOH (eine oder mehr C=C Doppelbindungen)
- Fettsäuren — Carbonsäuren mit mehr als 10 C-Atomen, oft ungesättigt
- aromatische Carbonsäuren — Aryl-COOH
- Monocarbonsäuren — eine Carboxylgruppe
- Dicarbonsäuren — zwei Carboxylgruppen.

26. Welche Eigenschaften kennzeichnen Alkansäuren?

Oxidiert man Alkanale (Aldehyde), so erhält man aliphatische Monocarbonsäuren (Alkansäuren). Ihre funktionelle Gruppe bezeichnet man als Carboxyl-Gruppe. Der Name Carboxyl setzt sich zusammen aus den Bezeichnungen für die Carbonyl- und die Hydroxyl-Gruppe: -COOH. Sie vermittelt aber den Carbonsäuren kaum noch die damit verbundenen Eigenschaften. So wird im Unterschied zu den Alkanolen von den Alkansäuren in wässriger Lösung das H-Atom der Hydroxyl-Gruppe als Proton H^+ abgegeben (Dissoziation). Allerdings sind die Alkansäuren im Vergleich mit den bekannten anorganischen nur schwache Säuren. Wie bei den Alkanolen verleiht die Hydroxyl-Gruppe aber auch den niedrigen Alkansäuren einen hydrophilen Charakter.

Formel	Name	Trivialname
$HCOOH$	Methansäure	Ameisensäure
CH_3COOH	Ethansäure	Essigsäure
C_2H_5COOH	Propansäure	Propionsäure
C_3H_7COOH	Butansäure	Buttersäure
C_4H_9COOH	Pentansäure	Valeriansäure
$C_5H_{11}COOH$	Hexansäure	Capronsäure
$C_{15}H_{31}COOH$	Hexadecansäure	Palmitinsäure
$C_{17}H_{35}COOH$	Octadecansäure	Stearinsäure
$C_{17}H_{33}COOH$	cis-Octadec-9-ensäure	Ölsäure
$C_{17}H_{31}COOH$	cis-Octadeca-9, 12-diensäure	Linolsäure
$C_{17}H_{29}COOH$	cis-Octadeca-9, 12, 15-triensäure	Linolensäure

Homologe Reihe der Alkansäuren

27. Was sind typische Eigenschaften der Carbonsäuren?

Die Alkansäuren bis 9 C-Atome sind flüssig, ab 10 C-Atome fest.

Siedepunkte:
Die Siedepunkte sind durch Wasserstoff-Brücken deutlich höher als vergleichbare Alkohole, z. B.:

- Ethanol $H_3C\text{-}CH_2\text{-}OH$ molare Masse 46 g/mol, Siedepunkt: 78 °C
- Ameisensäure H-COOH molare Masse 46 g/mol, Siedepunkt: 101 °C.

Ursache: Bildung von Dimeren, die z. T. sogar in der Gasphase stabil sind.

Löslichkeit in Wasser:

- Bis zur Propansäure unbegrenzt mit Wasser mischbar, ab 6 °C in Wasser unlöslich. (Der Einfluss der Carboxylgruppe sinkt mit zunehmender Länge des Alkylrestes.)
- Das Wasserstoffatom der Carboxylgruppe kann relativ leicht als Proton abgespalten werden (Säureeigenschaften). Substituenten/Reste erhöhen die Säurestärke, z. B. Benzoesäure.

Salzbildung:

- Carbonsäuren sind schwache Säuren, mit (starken) Basen werden Salze gebildet (Carboxylate).
- Salze der Carbonsäuren sind aus Ionen aufgebaut, sie sind in Wasser löslich, in organischen Lösungsmitteln meist unlöslich. Erdalkaliseifen sind in Wasser schwerlöslich.
- Alkalisalze höherer Carbonsäuren (>10 C Fettsäuren) werden als Seifen bezeichnet.
- Durch Zugabe von Mineralsäuren werden aus den Carboxylaten die Carbonsäuren wieder freigesetzt.

Oxidation:

- Carbonsäuren können ohne Spaltung des C-Gerüstes nicht oxidiert werden.
- Ausnahme: Ameisensäure wird zu Kohlendioxid oxidiert (über die nicht stabile Kohlensäure).

Reduktion:

- Carbonsäuren sind zu primären Alkoholen reduzierbar (über die Aldehyde).
- Reduktionsmittel im Labor $LiAlH_4$, in der Technik H_2/Druck (Hydrierung).

28. Was kennzeichnet die Dicarbonsäuren?

Dicarbonsäuren sind Carbonsäuren, die über zwei Carboxy-Gruppen (–COOH) verfügen. Carbonsäuren mit nur einer Carboxygruppe bezeichnet man als Monocarbonsäuren (siehe Frage 26.). Als Dicarbonsäuren bezeichnet man alle Verbindungen mit zwei Säuregruppen, ohne die Struktur des Molekülrestes näher zu definieren.

Die homologe Reihe der unverzweigten gesättigten Dicarbonsäuren, die nach IUPAC auch als Alkandisäuren bezeichnet werden, beginnt mit der Oxalsäure (HOOC–COOH), gefolgt von der Malonsäure mit 3 Kohlenstoff-Atomen und der Bernsteinsäure mit 4 C-Atomen in der Stammkette. Für die Synthese von Polyestern oder Polyamiden bedeutsame Carbonsäuren sind die Adipinsäure und die Sebacinsäure mit einer Kettenlänge von 6 bzw. 10 Kohlenstoff-Atomen. Die bekanntesten Alkendisäuren, die eine C=C-Doppelbindung enthalten, sind die Maleinsäure und die Fumarsäure. Aromatische Dicarbonsäuren, wie Terephthalsäure, sind für die Synthese von Kunststoffen, wie z. B. PET, wichtig; die Ester der isomeren Phthalsäure sind bedeutende Weichmacher.

Dicarbonsäuren			
C-Atome-Zahl	**IUPAC-Name**	**Trivialname**	**Formel**
2	Ethandisäure	Oxalsäure	$HOOC{-}COOH$
3	Propandisäure	Malonsäure	$HOOC{-}CH_2{-}COOH$
4	Butandisäure	Bernsteinsäure	$HOOC{-}CH_2{-}CH_2{-}COOH$
4	trans-Butendisäure	Fumarsäure	H (oben, am rechten C) $HOOC{-}C{=}C{-}COOH$ H (unten, am linken C)
4	cis-Butendisäure	Maleinsäure	H H $HOOC{-}C{=}C{-}COOH$
4	2,3-Dihydroxybutandisäure	Weinsäure	OH OH $HOOC{-}CH{-}CH{-}COOH$
5	Pentandisäure	Glutarsäure	$HOOC{-}(CH_2)_3{-}COOH$
6	Hexandisäure	Adipinsäure	$HOOC{-}(CH_2)_4{-}COOH$

Dicarbonsäuren

29. Was bezeichnen die Halogencarbonsäuren?

Die Herstellung erfolgt durch Substitution von H-Atomen der C-Kette durch F, Cl, Br oder I.

Chemische Eigenschaften:
Halogene in der Seitenkette erhöhen die Acidität der Carbonsäure durch die elektronenziehende Wirkung.

Die **Säurestärke** ist abhängig:

- von der Art des Halogens F > Cl > Br > I
- von der Zahl der Substituenten: Je mehr Substituenten, desto stärker die Säurewirkung.
- vom Abstand von der COOH Gruppe.

Eine typische Halogencarbonsäure ist die Monochloressigsäure.

30. Welche Bedeutung haben Aminocarbonsäuren?

In den Molekülen der Aminosäuren sind in den Alkylresten der Carbonsäuren Wasserstoff-Atome durch die Amino-Gruppe $-NH_2$ ersetzt. Als Grundstoff für die Herstellung von Polyamidfasern (z. B. Perlon®) dient z. B. die Aminocapronsäure (6-Aminohexansäure).

Natürliche Aminosäuren bilden die Bausteine für Eiweiß (Proteine, Peptide). Die in den Lebewesen vorkommenden Aminosäuren zeichnen sich dadurch aus, dass die Amino-Gruppe stets mit dem C-Atom 2 verknüpft ist. Einige niedermolekulare Vertreter dieser Verbindungen sind in der folgenden Tabelle aufgeführt.

Formel	Systematischer Name	Trivialname
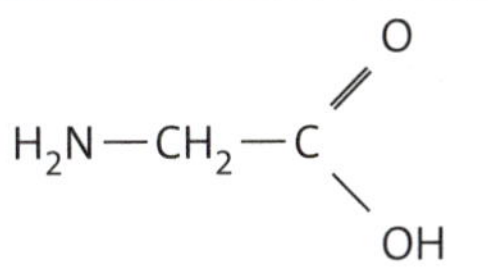	Aminoethansäure	Glycin
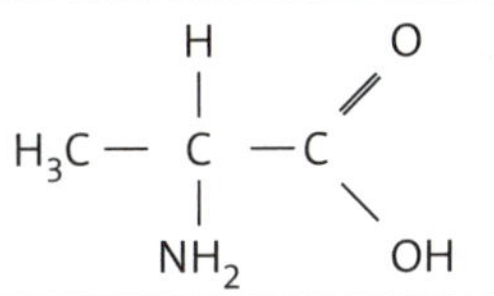	2-Aminopropansäure	Alanin
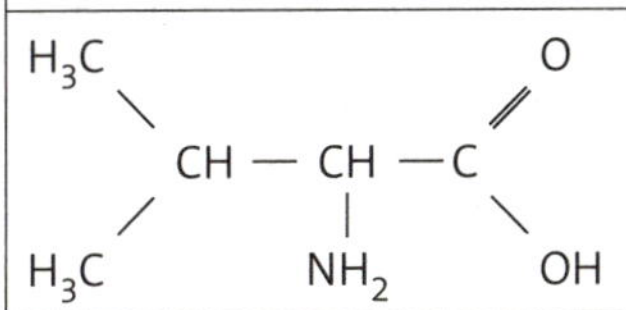	2-Amino-3-methylbutansäure	Valin
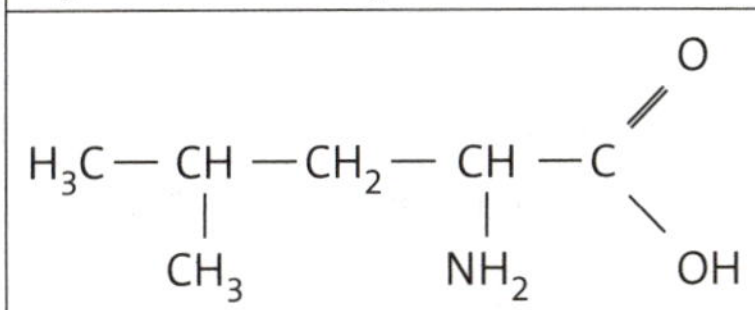	2-Amino-4-methylbutansäure	Leucin

Aminosäuren

Alle Aminosäuren sind fest. Ihr Schmelzpunkt liegt relativ hoch. Da in ihren Molekülen die sauer reagierende Carboxyl-Gruppe und die basisch reagierende Amino-Gruppe nahe beieinander liegen, besteht eine starke Tendenz zur inneren Salzbildung.

31. Was sind typische Eigenschaften der Carbonsäurehalogenide?

Substitution der OH-Gruppe durch ein Halogenatom.

Wichtigste Vertreter sind die Carbonsäurechloride. Der einfachste Vertreter ist Essigsäurechlorid (früher: Acetylchlorid). Die Benennung erfolgt, indem dem Säurenamen die Bezeichnung des entsprechenden Halogenids angehängt wird.

- **Physikalische Eigenschaften:**
  - Siedepunkte niedriger als bei den entsprechenden Carbonsäuren
  - keine Wasserstoffbrückenbindung möglich
  - Geruch stechend (HCl-Bildung mit Luftfeuchtigkeit).
- **Herstellung:**

  Vergleichbar der Herstellung der Alkylhalogenide, geeignete Chlorierungsmittel sind PCl_3, PCl_5 oder $SOCl_2$ (Thionylchlorid).

32. Was sind typische Eigenschaften der Carbonsäureamide?

Substitution der OH-Gruppe durch eine Aminogruppe.

- **Benennung:**

  Anhängen der Endung **-amid** an den Namen der entsprechenden Carbonsäure, z. B. Essigsäureamid (früher auch Acetamid).
- **Physikalische Eigenschaften:**
  - hohe Siedepunkte
  - hohe Assoziationsneigung
  - Carbonsäureamide sind meist feste, kristalline Verbindungen.
- **Herstellung:** aus Carbonsäurechloriden und Ammoniak (siehe Carbonsäurechloride)
- **Reaktionen:** Hydrolyse mit Säuren oder Laugen: Rückbildung der Carbonsäure.

33. Was sind typische Eigenschaften der Carbonsäureanhydride?

- Substitution der OH-Gruppe durch einen Acylrest.
- Bildung durch Wasserabspaltung aus zwei OH-Gruppen (Kondensation).
- **Beispiel:** Essigsäureanhydrid.
- **Physikalische Eigenschaften:**
  - Siede- und Schmelzpunkte niedriger als die der vergleichbaren Säuren (geringe Assoziationsneigung, keine Wasserstoffbrücken)
  - Dämpfe sind Schleimhautreizend (Bildung der Carbonsäuren in Gegenwart von Wasser)

- **Chemische Eigenschaften:**
  - Hydrolyseempfindlich (weniger als Carbonsäurechloride),
  - Spaltung durch Alkohole möglich.
- **Technische Bedeutung:**

  Vor allem für Synthesezwecke wichtig, z. B. für die Herstellung von Estern (Anhydride sind reaktiver als Carbonsäuren, aber weniger kritisch in der Handhabung als Carbonsäurechloride).

  Beispiele: Essigsäureanhydrid, Phtalsäureanhydrid.

34. Was kennzeichnet Sulfonsäuren?

Sulfonsäuren sind organische Schwefelverbindungen mit der allgemeinen Struktur R-SO_2-OH, wobei R ein organischer Rest ist. Ihre Salze und Ester mit der allgemeinen Struktur R-SO_2-O-X heißen Sulfonate, dabei kann X ein organischer Rest oder ein Kation sein. Im Gegensatz zu den Estern der Schwefelsäure liegen hier R-S- und nicht R-O-S-Bindungen vor. Sie unterscheiden sich auch von den Sulfonen (R-SO_2-R‘), die über keine Hydroxylgruppe verfügen.

Sulfonsäuren sind starke Säuren. Säuren und Sulfonate sind meist wasserlöslich bzw. gut mischbar mit Wasser. Sulfonsäuren, bei denen die Restgruppe R aliphatisch ist, bezeichnet man als Alkansulfonsäuren und deren Salze und Ester als Alkylnsulfonate oder auch als Alkansulfonate.

- Einfache Sulfonsäuren sind farblose Flüssigkeiten, z. B. Methansulfonsäure.
- Sekundäre Alkylsulfonate (SAS) finden Verwendung als Tenside, häufig mit $x + y = C_{11}$ bis C_{17}
- Sulfonsäuren lassen sich durch Sulfochlorierung und nachfolgende Hydrolyse gewinnen.
- Sulfonsäuren, bei denen die Restgruppe R mit einem Aromaten beginnt, bezeichnet man als Arensulfonsäuren und deren Salze und Ester als Arensulfonate.

35. Was kennzeichnet Benzol?

Benzol (nach der IUPAC-Nomenklatur als Benzen bezeichnet; ist aber weder ein Alken noch ein Alkohol) ist eine farblose Flüssigkeit mit charakteristischem Geruch. Es gehört zu den aromatischen Kohlenwasserstoffen. Die Summenformel ist C_6H_6.

Benzol ist krebserregend und wurde deshalb als Lösungsmittel durch die weniger gefährlichen methylsubstituierten Benzole Toluol und Xylol weitgehend ersetzt. Benzol wird heute deshalb fast nur noch als Rohstoff zur Herstellung von Industriechemikalien verwendet. Nachfolgende Grafik zeigt die aktuelle Verwendung von Benzol.

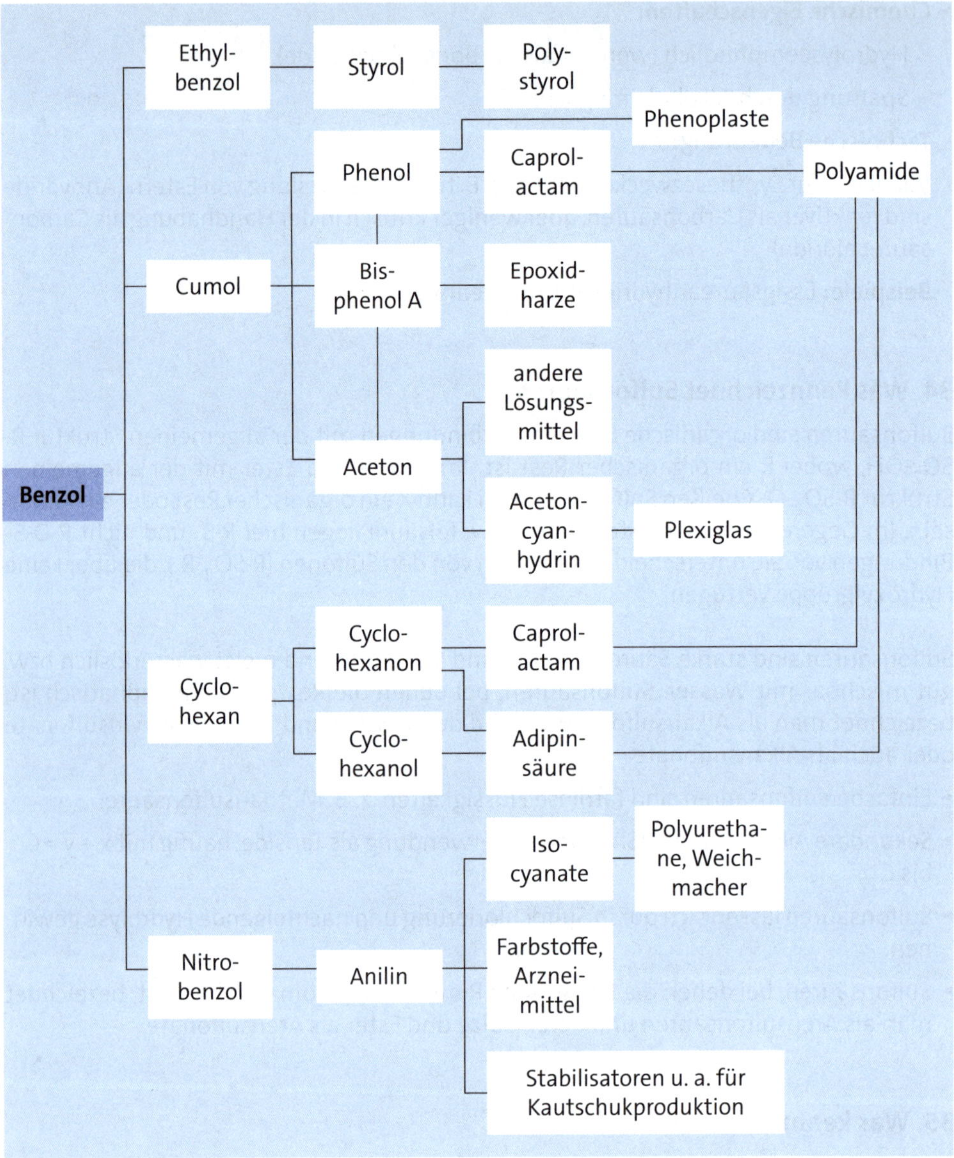

Verwendung von Benzol

36. Welche Derivate des Benzols werden häufig technisch verwendet?

Neben den aromatischen Verbindungen, die aus den Erdölfraktionen isoliert werden können, lassen sich durch die Substitution dieser Kohlenwasserstoffe viele andere Derivate des Benzols herstellen. Diese bilden wichtige Vor- und Zwischenprodukte für die Produktion von z. B. Farbstoffen und Medikamenten.

Die nachfolgende Tabelle zeigt eine Übersicht einfach substituierter Benzolderivate.

Name	Formel	Funktion. Gruppe
Chlorbenzol		Chlor-Cl-
Nitrobenzol	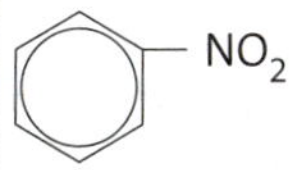	Nitro- -NO_2
Aminobenzol (Anilin)		Amino- NH_2
Benzolsulfonsäure		Sulfonyl- SO_3H
Hydroxibenzol	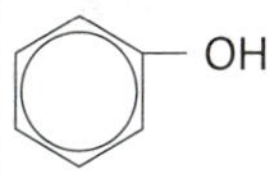	Hydroxyl- -OH
Benzaldehyd	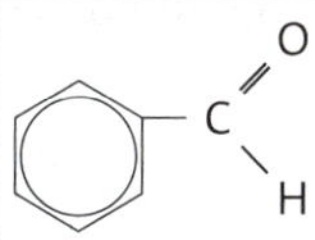	Carbonyl- --C=O |

Substitutionsprodukte des Benzols

37. Was kennzeichnet Phenole?

Phenole (Hydroxidbenzole) werden heute meist nach einem mehrstufigen Verfahren aus den petrochemischen Grundstoffen Benzol und Propen hergestellt. Das sog. Cumol-Verfahren hat ältere Verfahren abgelöst, da es zwei bedeutsame Vorteile hat:

- Als Koppelprodukt fällt ein weiterer wertvoller Stoff an, das Lösemittel Propanon (Aceton).
- Das Cumol-Verfahren verläuft nahezu rückstandsfrei. Es bildet damit ein weiteres Beispiel für den produktionsintegrierten Umweltschutz.

Eigenschaften:

- Reine Phenolkristalle sind farblos, sie färben sich aber an der Luft nach einiger Zeit rötlich.
- Sie lösen sich in Wasser nur mäßig, zerfließen aber schon bei der Zugabe von sehr geringen Mengen Wasser zu einer öligen Flüssigkeit. Im Unterschied zu den Alkanolen reagieren Phenole bereits mit verdünnten Laugen unter Bildung leicht löslicher Salze („Karbolsäure“).

38. Welche Gruppen von Kunststoffen gibt es und wie werden sie hergestellt?

Kunststoffe bestehen im Allgemeinen aus Makromolekülen, die sich aus kleinen gleichartigen Ausgangsmolekülen (Monomere) zusammensetzen.

Thermoplaste

- Molekülketten sind nicht miteinander verbunden; bei Erwärmung werden die Thermoplaste formbar.
- Unterscheidung nach dem Grad der Kristallinität, amorph oder teilkristallin.
- Die Kristallinität beeinflusst entscheidend die mechanischen und optischen Materialeigenschaften.
- Der Grad der Kristallinität wird durch die Monomere und die Regelmäßigkeit des Molekülbaus bestimmt (Taktizität, Verzweigung).

Elastomere, Duroplaste

- Elastizität bzw. Härte ist abhängig vom Vernetzungsgrad.
- Bei Erwärmung keine Formbarkeit; Wärmezufuhr führt letztlich zum Molekülabbau.

Unterteilung nach der Reaktionsart bei der Herstellung:

- **Polymerisation:**

  Herstellung durch Addition von Molekülen mit Mehrfachbindungen, nur bei Thermoplasten (Umwandlung von π-Bindungen in σ-Bindungen)

  Beispiele: Polyethylen, Polypropylen, Polystyrol, Polyvinylchlorid.
- **Polykondensation:**

  Aufbau durch Kondensationsreaktionen, d. h. durch Abspaltung kleiner Moleküle wie H_2O.

  Thermoplaste: Polyester; Polyamide Duroplaste: Melaminharze
- **Polyaddition:**

  Aufbau durch komplexere Additionsreaktionen (meist Stufenreaktionen)

  Beispiele: Polyurethane.

39. Welche wichtigen Kunststoffe werden technisch verwendet?

Als Kunststoffe bezeichnet man Werkstoffe, die hauptsächlich aus Makromolekülen bestehen.

Wichtige Merkmale von Kunststoffen sind ihre technischen Eigenschaften, wie Formbarkeit, Härte, Elastizität, Bruchfestigkeit, Temperaturbeständigkeit, Warmformbeständigkeit und chemische Beständigkeit, die sich durch die Wahl der Makromoleküle, Herstellungsverfahren und i. d. R. durch Beimischung von Additiven in weiten Grenzen variieren lassen.

Kunststoffe werden zu Formteilen, Halbzeugen, Fasern oder Folien weiterverarbeitet. Sie dienen als Verpackungsmaterialien, Textilfasern, Wärmedämmung, Rohre, Bodenbeläge, Bestandteile von Lacken, Klebstoffen und Kosmetika, in der Elektrotechnik als Material für Isolierungen, Leiterplatten, Gehäuse, im Fahrzeugbau als Material für Reifen, Polsterungen, Armaturenbretter, Benzintanks und vieles mehr.

Die technisch wichtigsten Kunststoffe sind in der folgenden Tabelle dargestellt.

Name	Symbol	Monomer		Eigenschaften	Einsatzgebiete
		Name	Formel		
Polyethen	PE	Ethen	$H_2C{=}CH_2$	Thermoplast, hohe Elastizität und Biegsamkeit	Folien, Kabel, Rohre, Haushaltsgegenstände
Polypropen	PP	Propen	$H_3C{-}CH{=}CH_2$	Thermoplast, hart, transparent	Fasern, Filme
Polystyrol	PS	Styrol	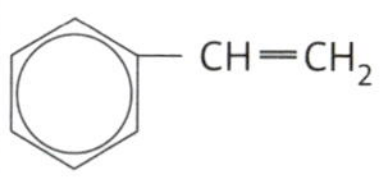	Thermoplast	Verpackungen, Spritzgussartikel
Polyvinylchlorid	PVC	Chlorethen (Vinylchlorid)	$H_2C{=}CH{-}Cl$	Thermoplast, Erweichungsbereich 150 - 170 °C	Platten, Rohre, Ventile
Polyethylenterephthalat	PET	Terephthalsäure + Ethandiol	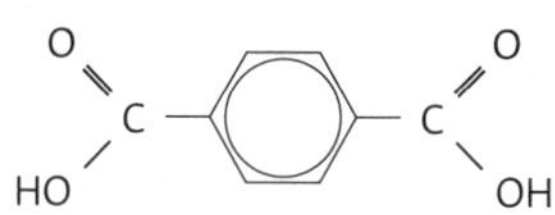 + $HO{-}CH_2{-}CH_2{-}OH$	Thermoplast, elastisch, widerstandsfähig gegen äußere Einflüsse	Flaschen, Fasern
Polytetrafluorethen	PTFE	Tetrafluorethen	$F_2C{=}CF_2$	Thermoplast (Erweichung > 250 °C), relativ temperatur- und chemikalienbeständig)	Dichtungen, Auskleidungen, Beschichtungen

Name	Symbol	Monomer		Eigenschaften	Einsatzgebiete
		Name	Formel		
Alkydharz		Phtalsäureanhydrid + Glycerin (Propantriol)	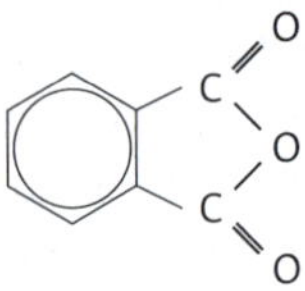 + $H_2C(OH)-CH(OH)-CH_2(OH)$	Duroplast	Rohstoff für an der Luft trocknende Lacke
Polyamid	PA	6-Aminhexansäure oder Hexandisäure + 1,6-Diaminohexan	$H_2N-(CH_2)_5-C(=O)OH$ oder $HO(O=)C-(CH_2)_4-C(=O)OH$ + $H_2N-(CH_3)_6-NH_2$	Thermoplast, reißfest	Fasern (Perlon®, Nylon®)
Polyurethan	PU	Hexamethylendiisocyanat + Butandiol → Polyurethan	$n\,O=C=N-(CH_2)_6-N=C=O$ $+\,n\,HO-(CH_2)_4-OH \rightarrow$ $(-O-(CH_2)_4-O-C(=O)-NH-(CH_2)_6-NH-C(=O)-)$	Duroplast	Schaumstoff

Wichtige Kunststoffe

40. Was versteht man unter natürlichen Polymeren?

Natürliche Polymere kommen in der Natur schon immer vor, und zwar überall. Sie sind als DNA und RNA (Nukleinsäuren) grundlegende Bausteine in der genetischen Struktur aller Lebewesen. Auch Proteine, die im Körper wichtige Aufgaben übernehmen, sind Polymere, sowie Kohlenhydrate (Polysaccharide) wie z. B. Zellulose (in Holz und Papier), Stärke und Chitin. DNA und RNA, beides Nukleinsäuren oder Nukleotidketten, entstehen nur durch Replikation eines bereits vorhandenen DNA- oder RNA-Stranges. Dies erklärt sich dadurch, dass die genetische Information, die auf diesen Molekülsträngen gespeichert ist, andernfalls beliebig angeordnet würde und zu unvorhersehbaren Ergebnissen in der Entwicklung führen würde. Die Proteine entstehen durch Proteinsynthese im menschlichen oder tierischen Körper. Hierzu ist ein komplizierter Vorgang notwendig, bei dem die genetische Information der DNA durch die RNA abgelesen und zu Aminosäureketten, den Proteinen, umgeschrieben wird. Die Grundbausteine der Kohlenhydrate, die Einfachzucker, werden durch Photosynthese von Pflanzen aus Kohlenstoffdioxid und Wasser hergestellt. Zum Zellaufbau oder zur Speicherung werden sie später zu Mehrfachzuckern oder Polysacchariden verbunden. Der Mensch selbst ist nicht fähig, Einfachzucker zu synthetisieren, jedoch kann er aus durch die Nahrung aufgenommenen Einfachzuckern Mehrfachzucker verketten.

41. Was bezeichnet man als Kohlenhydrate?

Kohlenhydrate sind in der Natur sehr weit verbreitet, Cellulose ist das häufigste organische Molekül, Stärke das zweithäufigste, beides sind Polymere des Kohlenhydrat Glucose.

Chemische Eigenschaften:

- Kohlenhydrate sind Polyole, d. h. sie enthalten mehrere Hydroxygruppen im Molekül.
- im Allgemeinen eine OH-Gruppe pro C-Atom
- gute Wasserlöslichkeit der niedermolekularen Kohlenhydrate
- hohe Neigung zu zwischenmolekularen Bindungen (Wasserstoffbrücken), Kohlenhydrate sind nicht destillierbar und meist nicht unzersetzt schmelzbar.

Vorkommen in der Natur als

- Energiequelle für Pflanzen und Tiere (Glucose u. a.)
- Gerüstsubstanz für Pflanzen (Cellulose)
- Energiespeicher (Stärke, Glycogen)
- Entstehung in der Natur durch Photosynthese aus CO_2 und H_2O.

42. Was versteht man unter Proteinen?

Proteine, umgangssprachlich auch Eiweiße genannt, sind Makromoleküle, die aus Aminosäuren aufgebaut sind. Die Aminosäuren bestehen hauptsächlich aus den Elementen Kohlenstoff, Wasserstoff, Sauerstoff, Stickstoff und – seltener – Schwefel. Proteine gehören zu den Grundbausteinen aller Zellen. Sie verleihen der Zelle nicht nur Struktur, sondern sind die molekularen „Maschinen“, die Stoffe transportieren, Ionen pumpen, chemische Reaktionen katalysieren und Signalstoffe erkennen.

43. Was wird unter Kautschuk verstanden?

Kautschuk ist ein Sammelbegriff für **elastische Polymere**, aus denen Gummi hergestellt wird. Kautschuk kann vulkanisiert, unvulkanisiert oder vorvulkanisiert sein.

Einige von **Pflanzen erzeugte Kautschukarten** sind: Naturkautschuk, Balata, Chicle-Gummi, Guttapercha und Guayule-Kautschuk. Naturkautschuk, aus Latex (dem Milchsaft des Kautschukbaums), ist davon die ökonomisch wichtigste Art.

Synthetische Kautschuke, die heute etwa 60 % des weltweiten Bedarfs abdecken, gibt es in vielen Varianten. Darüber hinaus werden als Kautschuk auch Faktis und Kautschukregenerate verstanden.

Naturkautschuk besteht aus polymerisiertem Isopren (2-Methyl-1,3-butadien) von extrem einheitlicher Struktur (cis-1,4-Polyisopren-Gehalt > 99 %); seine mittlere molare Masse ist mit etwa 2 Mio. g mol^{-1} außerordentlich hoch. Die Eigenschaften von Kautschuk ändern sich durch die Vulkanisation erheblich. Außerdem wird Kautschuk heute i. d. R. als Mischung verwendet.

Unvulkanisierter Kautschuk ist viskoelastisch, d. h., nach dem Anlegen einer äußeren Kraft dehnt sich der Werkstoff langsam bis auf seine Enddehnung und geht nach dem Ende der Krafteinwirkung nicht vollständig in seine ursprüngliche Form zurück.

Nach der **Vulkanisation** zeigt Kautschuk zwei wichtige Elastizitätsbereiche: Bei hohen Temperaturen ist der Werkstoff nach wie vor viskoelastisch, während er bei tiefen Temperaturen ein elastisches Verhalten zeigt. Wenn allerdings die Glasübergangstemperatur unterschritten wird, wird Kautschuk hart und spröde. Vulkanisierter Naturkautschuk ist besonders elastisch (auch bei niedrigen Temperaturen) und zugfest.

2.2.2 Gefährdungspotenzial und Wirkung

01. Worauf beruht das Gefährdungspotenzial von Stoffen für Anlagen und Betriebsmittel?

Das Gefährdungspotenzial und die Wirkung beruht vorwiegend auf den chemischen (aggressive Stoffe, brennbar, explosionsgefährlich oder brandfördernd usw.) oder physikalischen Eigenschaften (Aggregatzustand, Oberflächenspannung, Viskosität) der verwendeten Stoffe.

02. Worauf beruht das Gefährdungspotenzial von Stoffen für den Menschen?

Das Gefährdungspotenzial und die Wirkung beruhen auf den chemischen und physikalischen Eigenschaften, wie ätzend oder leicht entzündlich der Stoff ist, aber wesentlich stärker noch auf gesundheitsschädigenden Wirkungen.

Nach der Einwirkung auf den menschlichen Körper können unterschieden werden:

- **Atemgifte**
- **Kontaktgifte**
- **Verdauungsgifte**.

Unter akuter Vergiftung versteht man die sofortige Schädigung durch große Dosen nach kurzer Einwirkungszeit (z. B. Einatmen von Schwefelwasserstoff).

Eine chronische Vergiftung liegt dann vor, wenn nach immer wiederkehrender Einwirkung kleiner Dosen Gesundheitsschäden auftreten.

- **Atemgifte**

  Atemgifte sind Stoffe, die **über die Lunge schädigend** auf unseren Körper einwirken können. Nicht nur Gase können zu Vergiftungen führen, sondern auch Dämpfe vieler Flüssigkeiten (Säuren und Lösemittel) sowie Stäube.

  Mögliche Vergiftungen:

  Verätzung der Lunge und der Bronchien. Übertritt ins Blut und Blockierung der Sauerstoffversorgung des Körpers (Zyanose), Schädigung des Blut- und Nervensystems, eventuell auch erstickende oder betäubende Wirkung.

  Der Mensch ist mit seinen Sinnesorganen nicht so ausgerüstet, dass er in jedem Fall sofort feststellen kann, ob er Giftstoffe in den Körper aufnimmt. Er benötigt deshalb **Prüfgeräte**, welche die Konzentration der Gifte in der Luft messen.

  Die Giftigkeit eines Stoffes hängt nicht nur von der **Konzentration**, sondern auch von der **Einwirkungszeit** ab. Sie wird im Arbeitsplatzgrenzwert (AGW) berücksichtigt. AGWs gelten immer nur für reine Stoffe.

  Begleitstoffe können die schädigende Wirkung erheblich **verstärken**. In Räumen mit zu wenig Sauerstoff (z. B. inertisierte Räume) können Gase wie Kohlendioxid und Stickstoff zum Ersticken führen.

- **Kontaktgifte**

  Kontaktgifte sind Stoffe, die **über die Haut** schädigend auf unseren Körper einwirken können. Sie wirken entweder örtlich ätzend auf der Haut – besonders gefährdet sind die Augen und Schleimhäute – oder dringen durch die Haut ins Blut- oder Nervensystem ein.

  Kontaktgifte sind Säuren und Laugen, Amine, Nitroverbindungen, Phenole und verschiedene Lösemittel.

- **Verdauungsgifte**

  Verdauungsgifte sind flüssige oder feste Stoffe, die **über Magen und Darm** schädigend auf unseren Körper einwirken können. Sie wirken dort lokal oder dringen in weitere Organe, wo sie irgendeine Funktion stören und z. B. krampfartige Zustände auslösen oder das Blut- und Nervensystem schädigen.

  Die Einstufung in gesundheitsschädigend, giftig oder sehr giftig ist abhängig von der letalen Dosis, meist LD 50. Genaue Auskunft über die Gefährdung, die von einer Chemikalie ausgeht, liefert das Sicherheitsdatenblatt. Jeder Hersteller oder Vertreiber von Chemikalien ist verpflichtet, Sicherheitsdatenblätter mitzuliefern.

03. Was versteht man unter CMR-Stoffen?

Neben der chronischen oder akuten toxischen Wirkung von Stoffen spielen die CMR-Eigenschaften (**C**arcinogenic, **M**utagenic and toxic to **R**eproduction) eine wichtige Rolle. Für CMR-Stoffe können keine Arbeitsplatzgrenzwerte (AGW) festgelegt werden, da **ihre Wirkung nicht von einer Konzentration abhängig** ist.

Die CMR-Stoffe sind:

C canzerogen, krebserzeugende Arbeitsstoffe			
Kategorie	**Definition**	**Gefahren-Symbol**	**H-Sätze**
1A	Stoffe, die beim Menschen bekanntermaßen krebserzeugend wirken	 Gefahr	H350 Kann Krebs erzeugen (Expositionsweg angeben, sofern schlüssig belegt ist, dass diese Gefahr bei keinem anderen Expositionsweg besteht) H350 i Kann bei einatmen Krebs erzeugen
1B	Stoffe, die beim Menschen als krebserzeugend angesehen werden sollten	 Gefahr	
2	Stoffe, die beim Menschen möglicherweise krebserzeugende Wirkung haben. Tierversuch oder relevante Informationen	 Achtung	H351 Kann vermutlich Krebs erzeugen (Expositionsweg angeben, sofern schlüssig belegt ist, dass diese Gefahr bei keinem anderen Expositionsweg besteht)

M mutagene, erbgutverändernde Arbeitsstoffe			
Kategorie	**Definition**	**Gefahren-Symbol**	**H-Sätze**
1A	Stoffe, die beim Menschen bekanntermaßen erbgutverändernd wirken	 Gefahr	H340 Kann genetische Defekte verursachen (Expositionsweg angeben, sofern schlüssig belegt ist, dass diese Gefahr bei keinem anderen Expositionsweg besteht)
1B	Stoffe, die beim Menschen als erbgutverändernd angesehen werden sollten	 Gefahr	
2	Stoffe, die wegen möglicher erbgutverändernder Wirkung auf den Menschen zu Besorgnis Anlass geben.	 Achtung	H341 Kann vermutlich genetische Defekte verursachen (Expositionsweg angeben, sofern schlüssig belegt ist, dass diese Gefahr bei keinem anderen Expositionsweg besteht)

R reproduktionstoxische, fortpflanzungsgefährdende Stoffe			
Kategorie	**Definition**	**Gefahren-Symbol**	**H-Sätze**
1A	Stoffe, die beim Menschen die Fortpflanzungsfähigkeit bekanntermaßen beeinträchtigen oder fruchtschädigend (entwicklungsschädigend) wirken	 Gefahr	H360 Kann die Fruchtbarkeit beeinträchtigen oder das Kind im Mutterleib schädigen (konkrete Wirkung angeben, sofern bekannt) (Expositionsweg angeben, sofern schlüssig belegt ist, dass diese Gefahr bei keinem anderen Expositionsweg besteht)
1B	Stoffe, die als beeinträchtigend für die Fortpflanzungsfähigkeit des Menschen oder als fruchtschädigend (entwicklungsschädigend) angesehen werden sollten	 Gefahr	
2	Stoffe, die wegen möglicher Beeinträchtigung der Fortpflanzungsfähigkeit des Menschen oder möglicher fruchtschädigender Wirkung beim Menschen zu Besorgnis Anlass geben.	 Achtung	H361 Kann vermutlich die Fruchtbarkeit beeinträchtigen oder das Kind im Mutterleib schädigen (konkrete Wirkung angeben, sofern bekannt) (Expositionsweg angeben, sofern schlüssig belegt ist, dass diese Gefahr bei keinem anderen Expositionsweg besteht)

04. Worauf beruht das Gefährdungspotenzial von Stoffen für die Umwelt?

Durch die Emission von Gasen, Flüssigkeiten und Feststoffen kann die Umwelt gefährdet werden.

- Gase können sich in der Atmosphäre anreichern und so das Gleichgewicht verändern. Kohlendioxid und Methan sind potenzielle Treibhausgase, welche den Klimawandel begünstigen. Frigene zerstören das Ozon in der Stratosphäre und verursachen so das Ozonloch.
- Dämpfe, Flüssigkeiten oder Feststoffe können den Boden durch die Abtötung der Bodenlebewesen schädigen. Besonders problematisch können Chemikalien im Wasser werden, wenn sie die Mikroorganismen im Wasser abtöten und nicht abbaubar sind. Es besteht die Gefahr, dass sie ins Grundwasser gelangen und somit auch in unser Trinkwasser.

Zum Schutz für Umwelt und Gesundheit werden Chemikalien auf ihre Gefährlichkeit hin untersucht und eingestuft. Ein wichtiges Kriterium ist die Einstufung nach ihrer Wassergefährdung. Unterschieden werden **drei Wassergefährdungsklassen** (WGK):

1: schwach wassergefährdend

2: wassergefährdend

3: stark wassergefährdend.

05. Was besagt das GHS-System?

Für die Kennzeichnung der Gefahren, die von Stoffen und Stoffgemischen ausgehen, wurde ein weltweit einheitliches System festgelegt, das GHS (Global Harmonisiertes System). Durch eine EU-Verordnung vom 20.01.2009 wurde das GHS in europäisches Recht umgesetzt, und zwar in der CLP-Verordnung (Regulation on Classification, Labelling and Packaging of Substances and Mixtures, zu Deutsch: Verordnung zur Klassifizierung, Kennzeichnung und Verpackung von Substanzen und Gemischen). Die deutsche Gefahrstoffverordnung (GefStoffV) ist am 01.06.2015 vollständig in Kraft getreten. Sie gilt jetzt auch für Gemische. Für ihre Umsetzung einschließlich der TRGS (Technische Regeln Gefahrstoffe) wird aber darauf hingewiesen, dass die Regelungen der CLP-Verordnung anzuwenden sind. Die endgültige Anpassung der GefStoffV an die CLP-Verordnung wird in Aussicht gestellt.

06. Was regelt die REACH-Verordnung?

Die REACH-Verordnung ist eine **Verordnung der Europäischen Union**, die erlassen wurde, um den Schutz der menschlichen Gesundheit und der Umwelt vor den Risiken, die durch Chemikalien entstehen können, zu verbessern und zugleich die Wettbewerbsfähigkeit der chemischen Industrie der EU zu erhöhen. Sie schlägt ferner alternative Methoden zur Gefahrenbeurteilung von Stoffen vor, um die Anzahl der Tierversuche zu verringern. Grundsätzlich gilt REACH für alle chemischen Stoffe, d. h. nicht nur für die in industriellen Prozessen verwendeten Stoffe, sondern auch für die im täglichen Leben vorkommenden Stoffe, z. B. in Reinigungsmitteln, Farben/Lacken sowie in Produkten wie Kleidung, Möbel und Elektrogeräte. Daher hat die Verordnung Auswirkungen auf die meisten Unternehmen in der gesamten EU.

Im Rahmen von REACH tragen die Unternehmen die Beweislast. Zur Erfüllung der Verordnung müssen die Unternehmen die Risiken, die mit den von ihnen in der EU hergestellten und in Verkehr gebrachten Stoffen verbunden sind, identifizieren und beherrschen. Sie müssen gegenüber der ECHA aufzeigen, wie der Stoff sicher verwendet werden kann, und sie müssen den Anwendern Informationen über Risikomanagementmaßnahmen bereitstellen. Wenn die Risiken nicht beherrschbar sind, können die Behörden die Verwendung von Stoffen auf unterschiedliche Weise einschränken. Auf lange Sicht sollten die gefährlichsten Stoffe durch weniger gefährliche ersetzt werden.

REACH steht für „Registration, Evaluation, Authorisation and Restriction of Chemicals“ (Registrierung, Bewertung, Zulassung und Beschränkung chemischer Stoffe). Die REACH-Verordnung trat am 01.06.2007 in Kraft.

07. Was gibt der Arbeitsplatzgrenzwert (AGW) an?

Der Arbeitsplatzgrenzwert (AGW) gibt an, bei welcher Konzentration eines Stoffes akute oder chronische schädliche Auswirkungen auf die Gesundheit im Allgemeinen nicht zu erwarten sind. Der AGW wird für feste und flüssige Stoffe (Staub, Nebel) in mg/m^3 und für gasförmige Stoffe (auch Dämpfe) in cm^3/m^3 oder ml/m^3 angegeben. 1 cm^3/m^3

entspricht einem Volumen von 1 cm^3 an toxischem Gas in 1.000.000 cm^3 der Umgebungsluft. Dafür wird in Kurzform auch die Angabe 1 ppm (parts per million) verwendet. Je giftiger ein Stoff ist, desto niedriger liegt sein Arbeitsplatzgrenzwert.

08. Welche Folgen können bei Aufnahme eines Stoffes durch den menschlichen Körper entstehen?

Gelangen giftige Stoffe trotz aller Schutzmaßnahmen in den menschlichen Körper, werden sie entweder unverändert im Gewebe (meist Fettgewebe und Knochen) eingelagert (für diese Fälle gelten biologische Grenzwerte) oder durch Stoffwechselvorgänge über biochemische Reaktionen abgebaut. Einen Stoff, der dabei entsteht, nennt man Metabolit. Beim Abbau der aufgenommenen Stoffe können im günstigen Fall weniger giftige oder ungiftige Metaboliten entstehen. Es ist aber auch möglich, dass die Abbauprodukte giftiger sind als das Ausgangsprodukt.

2.3 Erfassen und Berechnen von Stoff- und Energiebilanzen

2.3.1 Reaktion und Umsatzberechnungen

01. Wie geht man bei Berechnungen im technischen Bereich vor?

Zahlenwerte gehen aus Messungen hervor. Die Genauigkeit des Zahlenwertes richtet sich nach der Genauigkeit des Messgeräts oder des Messverfahrens. Bei Messwerten geht man davon aus:

Die vorletzte Stelle eines Zahlenwertes muss sicher (genau) sein, die letzte Stelle kann unsicher (ungenau) sein. Das heißt, Rechenergebnisse werden gerundet, wobei 4 abgerundet und 5 aufgerundet wird.

Beispiele

Beispiel 1
Wie groß ist die Gesamtmasse aus 3.455 g, 44,5 kg und 23,48 kg?

Schritt 1: Anpassen der Einheiten 3.455 g = 3,455 kg → nur gleiche Einheiten addieren!

Schritt 2: Addition der Summanden 3,455 kg + 44,5 kg + 23,48 kg = 71,435 kg

Schritt 3: Auf die niedrigste Nachkommastelle runden 71,435 ≈ 71,4 kg

Merke
Das Ergebnis wird nach der niedrigsten Nachkommastelle der Summanden gerundet. Dabei müssen die Einheiten berücksichtigt werden. Bei der Subtraktion gilt sinngemäß die gleiche Regelung.

Beispiel 2
Welche Fläche hat ein Rechteck mit den Seitenlängen L = 7,32 m und B = 5,60 m?

Die vorletzte Ziffer muss genau sein, die letzte jedoch kann schwanken. Es variieren die wirklichen Seitenlängen zumindest zwischen L = 7,315 m und 7,324 m, und zwischen B = 5,55 m und 5,64 m. Die zu berechnende Fläche liegt also zwischen:

A_{min}= 40,59825 m^2 und A_{max}=41,30736 m^2

Das Ergebnis kann also nur 41 m^2 lauten, d. h. es liegt zwischen den Grenzen 40,5 m^2 und 41,4 m^2.

Folgerung:
Bei der Multiplikation oder Division ist es unwichtig, ob eine Zahl vor oder nach dem Komma steht.

Es zählt nur die Anzahl der Ziffern der gegebenen Koeffizienten. Die niedrigste Anzahl an Ziffern in der Angabe bestimmt die Anzahl der Ziffern im Ergebnis. Die Null vor dem Komma zählt nicht!

02. Was gibt der Massenanteil und die Massenkonzentration an?

Der **Massenanteil w** einer Komponente gibt an, wie viel Gramm gelöster reiner Stoff in 1 g Lösung enthalten sind. Der Massenanteil ist nicht nur auf Lösungen anwendbar, sondern auf Mischungen aller Art.

$$m(Ko) = \frac{m(Ko)}{m(Lsg)}$$

Übliche Einheiten: g/g, %, ppm

Die **Massenkonzentration ß** gibt an, wie viel Gramm gelöster reiner Stoff in 1 l Lösung enthalten sind.

$$ß(Ko) = \frac{m(Ko)}{V(Lsg)}$$

Übliche Einheiten: g/l, mg/l

03. Was sagt die Stoffmenge aus?

Allgemein wird die Stoffmenge n(X) bezeichnet, wobei das Teilchen X genau bezeichnet sein muss. Die Teilchen können Atome, Moleküle, Ionen, Elektronen sowie andere Teilchen oder Gruppen solcher Teilchen genau angegebener Zusammensetzung sein.

Definition:

- Die Stoffmenge n ist eine Basiseinheit (SI-Einheit) mit der Einheit mol.
- Eine Stoffmenge n besteht aus $6{,}022 \cdot 10^{23}$ Teilchen.
- Avogadrokonstante: $6{,}022 \cdot 10^{23}$ Teilchen/mol
- Die Masse eines ^{12}C-Atoms im Grundzustand multipliziert mit dem Zahlenwert der Avogadrokonstante ergibt exakt 12 g.

04. Was besagt die molare Masse?

Die Stoffmenge 1 mol jedes Systems hat seine spezifische, stoffeigene Masse. Die Masse von 1 mol der jeweiligen Teilchen wird deren molare Masse genannt. Einheit: g/mol oder kg/kmol

Molare Massen von Molekülen werden als Summe der molaren Massen der im Molekül enthaltenen Atome berechnet. Zur Berechnung der Masse einer bestimmten Stoffmenge benötigt man die molare Masse. Die molare Masse ist eine Verhältniszahl der Masse eines Moleküls zu $\frac{1}{12}$ der Masse des Kohlenstoffnuklids ^{12}C.

05. Was besagt die Stoffmengenkonzentration?

Die Stoffmengenkonzentration c einer gelösten Komponente bezogen auf deren Teilchen X Formelzeichen c(X), ist der Quotient aus der Stoffmenge der gelösten Komponente n(X) und dem Volumen der Lösung V(Lsg).

$$c(X) = \frac{n(X)}{V(Lsg)}$$

Einheit: mol/l

06. Was sagt die Volumenkonzentration aus?

Die Volumenkonzentration σ (Sigma) einer gelösten Komponente Ko ist der Quotient aus dem Volumen des gelösten Stoffes V(Ko), vor dem Lösevorgang, und dem Volumen der Lösung V(Lsg).

$$\sigma(Ko) = \frac{V(Ko)}{V(Lsg)}$$

Einheiten: %, Promille, ppm

Anwendung: Hauptsächlich bei Wasser/Alkohol-Gemischen, also Flüssigkeitsgemischen, z. B. bei Branntwein.

Beim Mischen verschiedener Flüssigkeiten kann das Volumen der Mischung kleiner (Volumenkontraktion) oder größer (Dilatation) sein als die Summe der Volumina der reinen Mischungskomponenten. Es kann aber auch den gleichen Wert wie die Summe der Volumina haben, wenn beim Mischen keine Kontraktion oder Dilatation eintritt.

07. Was beschreibt der Volumenanteil?

Der Volumenanteil einer gelösten Komponente φ (Phi) ist der Quotient aus dem Volumen der gelösten Komponente V(Ko), vor dem Lösevorgang, und der Summe der Volumina V(Ko) und V(Lm) vor dem Lösevorgang.

$$\varphi(\text{Ko}) = \frac{V(\text{Ko})}{V(\text{Lsg}) + V(\text{Lm})}$$

Einheiten: siehe Volumenkonzentration (Frage 06.)

Anwendung: Hauptsächlich bei Gasgemischen, weil hier keine Volumenänderung beim Mischen erfolgt.

2.3.2 Mischungen

01. Was beschreibt das sog. Mischungskreuz?

Durch Umformen der Mischungsgleichung lässt sich das Massenverhältnis $m_1 : m_2$ berechnen. Mit dem Mischungskreuz dürfen nur zu mischende Massen berechnet werden, nicht aber Volumina.

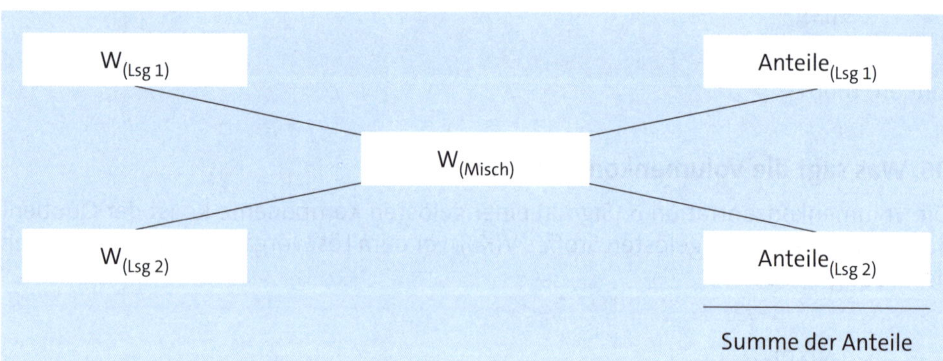

Mischungskreuz

02. Was besagt die Stöchiometrie?

Die Stöchiometrie befasst sich mit den Massenverhältnissen bei chemischen Verbindungen und chemischen Reaktionen. Es gelten die Grundgesetze der Chemie.

Gesetz von der Erhaltung der Masse:
Materie kann weder gewonnen werden noch verloren gehen. Bei einer chemischen Reaktion ist die Masse der Ausgangsstoffe gleich der Masse der Endstoffe.

Gesetz der konstanten multiplen Proportionen:
Chemische Verbindungen enthalten in ihnen gebundene Elemente in immer gleichen Massenverhältnissen. Das Stoffmengenverhältnis lässt sich durch kleine ganze Zahlen ausdrücken.

03. Wie erfolgen Umsatzberechnungen?

Bei Umsatzberechnungen werden die Massen der Ausgangs- und Endstoffe einer chemischen Reaktion berechnet. Grundlage dafür ist die Reaktionsgleichung.

Umsatzberechnungen sind grundlegend für alle Synthesen, für Laborpräparate wie für großtechnische Prozesse.

04. Welche Arten der Ausbeuteberechnung werden unterschieden?

Bei chemischen Prozessen unterscheidet man 3 Arten von Ausbeuteberechnungen:

1. die **Massenausbeute** w(m)
2. die **Stoffmengenausbeute** w(X)
3. die **thermodynamische Ausbeute**.

Üblich für die Massen- und die Stoffmengenausbeute ist die Angabe in Prozent, wobei klar ersichtlich sein muss, worauf sich die Ausbeute bezieht.

1. **Massenausbeute**

   Diese Art der Ausbeuteberechnung findet bei der Kostenberechnung Anwendung. Die chemischen Gegebenheiten bleiben unberücksichtigt, es wird nur die Mengenbilanz gezogen.

2. **Stoffmengenausbeute**

   Eine chemische Verbindung A wird zu einer Verbindung B umgesetzt. Um diese Reaktion quantitativ zu erfassen, sind die Größen **Umsatz, Ausbeute und Verlust** von Bedeutung.

   Der **Umsatz** bezieht sich auf ein Einsatzprodukt und gibt an, welcher Massenanteil sich davon umgesetzt hat, gleichgültig, ob zu dem gewünschten Endprodukt oder zu einem Nebenprodukt.

Die **Ausbeute** betrifft ein Endprodukt der Reaktion. Darunter versteht man den Massenanteil des bei der Reaktion erhaltenen Endproduktes vom stöchiometrisch möglichen. Werden mehrere Stoffe eingesetzt, ist anzugeben, auf welchen sich die Ausbeute bezieht. Wird eine Komponente im Überschuss eingesetzt, z. B. um das Gleichgewicht zu den Endprodukten zu verschieben, so bezieht man die Ausbeute auf den Stoff, der im „Unterschuss" vorhanden ist. Der **Verlust** ist die Differenz zwischen der praktischen Ausbeute und 100 %.

Zwei Fragestellungen sind möglich:

- Bei gegebener Ausbeute kann nach dem Austrag oder dem Einsatz gefragt werden.
- Bei gegebenem Einsatz und Austrag kann nach der Ausbeute gefragt werden.

Zur Berechnung der Ausbeute w(X) ist es erforderlich, zuerst die theoretische Ausbeute zu berechnen und dann den Massenanteil der praktischen Ausbeute.

Ein zweiter Weg ist möglich, in einem Schritt aus dem Austrag die theoretische Einsatzmenge zu berechnen und daraus die praktische Ausbeute w(X).

3. **Thermodynamische Ausbeute**

   Mithilfe der freien Standardreaktionsenthalpie kann die Gleichgewichtskonstante und damit die maximal mögliche Ausbeute einer chemischen Reaktion in einem geschlossenen System bei einer bestimmten Temperatur quantitativ berechnet werden. Dieses Verfahren ist viel einfacher als die experimentelle Bestimmung von Gleichgewichtskonstanten. Bei technischen Prozessen, wie der Synthese von Ammoniak oder Laborsynthesen wie der Chlorierung von Alkanen, kann man auf diese Weise voraussagen, welche Ausbeuten unter bestimmten Reaktionsbedingungen maximal zu erwarten sind.

05. Was gilt für gasförmige Verbindungen?

Die Verbindungsverhältnisse bei Gasen sind wie bei allen chemischen Verbindungen. Unter der Voraussetzung, dass die Temperatur und der Druck konstant sind und das Gas sich wie ein ideales Gas verhält, verbindet sich ein Raumteil H_2 mit einem Raumteil Cl_2 zu 2 Raumteilen HCl. Das Gesamtvolumen bleibt vor und nach der Reaktion unverändert.

Das Gesamtvolumen kann sich bei einer chemischen Umwandlung aber auch ändern. Verbinden sich gasförmige Stoffe miteinander, so stehen die Volumina der sich umsetzenden und der entstehenden Gase in einfachen, ganzzahligen Verhältnissen zueinander.

Es gilt die **Avogadrosche Regel:**
Bei gleichem Druck und gleicher Temperatur sind in gleichgroßen Volumen verschiedener (idealer) Gase gleich viele Moleküle enthalten.

Ein Mol eines jeden idealen Gases hat unter Normbedingungen das gleiche Volumen, nämlich 22,414 l. Für das molare Normvolumen ergibt sich folgende **Größengleichung:**

Die Normbedingungen für Gase sind definiert (DIN 1343):
- Normtemperatur T_n = 273,15 K oder θ_n = 0 °C
- Normdruck p_n = 101325 Pa oder 1013,25 mbar.

Das molare Normvolumen aller idealer Gase hat den Wert 22,414 l/mol oder 22,414 m^3/kmol. Dieser Wert stimmt nur exakt für ideale Gase.

Gase und Dämpfe nähern sich umso stärker dem Verhalten eines idealen Gases je höher seine Temperatur (hoch über dem Siedepunkt) und je niedriger sein Druck ist.

Die molaren Normvolumen realer Gase in l/mol können den Tabellenwerken entnommen werden, i. d. R. wird aber mit dem Wert 22,4 l/mol gerechnet.

Außerdem gilt die **allgemeine Gasgleichung:**
Sie beschreibt den Zusammenhang zwischen den thermischen Zustandsgrößen eines idealen Gases. Sie vereint die experimentellen Einzelergebnisse und die hieraus abgeleiteten Gasgesetze zu einer allgemeingültigen Zustandsgleichung:

$$p \cdot V = n \cdot R_m \cdot T$$

R_m bezeichnet dabei die molare Gaskonstante, R_m = 8,31447 J/mol • K.

2.3.3 Reaktionswärme/Reaktionsenergie

01. Wie laufen chemische Reaktionen energetisch betrachtet ab?

Chemische Reaktionen, in deren Verlauf chemische **Energie** in Form anderer Energiearten **frei** wird, heißen **exotherme Reaktionen**.

Chemische Reaktionen, für deren Ablauf fortwährend **Energie zugeführt** werden muss, heißen **endotherme Reaktionen**.

Bei **exothermen Reaktionen** sind die Bindungen in den Ausgangsstoffen durchschnittlich weniger fest als in den Produkten. Es wird weniger Energie zum Aufbrechen der schwachen Bindung benötigt als beim Knüpfen der neuen, im Durchschnitt festeren Bindung frei wird.

$$2\ H\text{-}H + O{=}O \rightarrow 2\ H\text{-}O\text{-}H \quad \text{exotherm}$$

Die Bindungen im H_2O sind also besonders fest.

Der Energieinhalt eines Stoffes wird als **Enthalpie** bezeichnet, wenn die Messung des Energieinhaltes in einem offenen Gefäß stattfindet, der Druck bei der Messung also konstant bleibt. Die Enthalpie einer chemischen Substanz ist die Summe der thermischen und chemischen Energie. Daher steigt die Enthalpie eines ganz bestimmten Stoffes, auch wenn sich dieser chemisch nicht verändert, aber vom festen über den flüssigen zum gasförmigen Zustand gebracht wird, laufend an. Die absoluten Werte der Enthalpien sind nicht messbar. Um dennoch einen Bezug zu haben, definiert man die Enthalpien der Elemente im Standardzustand (25 °C und Normdruck) gleich Null.

Wird bei einer chemischen Reaktion **Energie frei**, so heißt das: Der Energieinhalt (Enthalpie) der Edukte ist höher als der der Produkte; die Differenz zwischen den Enthalpien der Edukte und Produkte ist gleich der abgegebenen Energie.

Wird bei einer chemischen Reaktion **Energie investiert** und in chemische Energie umgewandelt, so heißt dies entsprechend: Der Energieinhalt der Edukte ist niedriger als der Energiegehalt der Produkte, die Differenzenergie wird benötigt.

Die abgegebene bzw. aufgenommene Differenzenergie wird mit dem Symbol ΔH angegeben.

Ist die Enthalpie der Edukte höher als die der Produkte, so verläuft die chemische Reaktion exotherm. Energie wird vom System abgegeben. ΔH wird daher negativ. Im umgekehrten Falle, wenn dem System Energie zugeführt worden ist, wird ΔH positiv. Der „Energieberg", den die Edukte empor müssen, bezeichnet man als Aktivierungsenergie.

02. Was sagt die Reaktionswärme aus?

Eine wichtige Energieform bei chemischen Reaktionen ist die Wärmeenergie, die bei exothermen und endothermen Reaktionen auftritt. Die Reaktionswärme wird in Joule (J) oder Kilojoule (kJ) pro Mol angegeben. Die Reaktionswärme beschreibt die bei einer chemischen Reaktion freiwerdende oder verbrauchte Wärme q. Man gibt sie im Allgemeinen für 1 mol Formelumsätze an (molare Reaktionswärme) und verwendet dann das Symbol Q. Wird bei einer Reaktion Wärme frei (exotherme Reaktion), hat Q ein negatives Vorzeichen, wird Wärme verbraucht (endotherme Reaktion), ein positives. Man unterscheidet zwischen der molaren Reaktionswärme Q_V bei konstantem Volumen der Reaktionsmischung und der molaren Reaktionswärme Q_p bei konstantem Druck. Für Q_p ist vom reagierenden System aufgrund der Änderung seines Volumens um ΔV eine Volumenarbeit $-p\Delta V$ zu leisten, die zulasten der freigesetzten Wärme geht:

$$Q_V = Q_p - p\Delta V$$

2.4 Einleiten von Maßnahmen zur rationellen Nutzung von Energie und Ressourcen sowie Führen von Energie- und Stoffströmen

2.4.1 Primärenergien

01. Was versteht man unter Primärenergie?

Unter Primärenergie versteht man die Art und Menge der Energie, die in den natürlich vorkommenden Energiequellen steckt. Dementsprechend kann Primärenergie, z. B. als fossiler Brennstoff (Erdöl, Erdgas, Kohle usw.) und auch als Energieträger, d. h. beispielsweise als Wind, Sonne oder Kernbrennstoff wie Uran, zur Verfügung stehen. Bei fossilen Energieträgern sowie bei Biomasse lässt sich die Primärenergie am besten als Brennwert in Kilowattstunden (kWh) beziffern. Ein Kilogramm Erdöl enthält etwa 11,8 kWh Energie, Brennholz hingegen nur 4,1 kWh.

Primärenergie kann durch Umwandlungsprozesse in Sekundärenergie z. B. in Form von Pellets, Koks oder Benzin umgewandelt werden, um sie leichter nutzen und transportieren zu können. Primär- wie auch Sekundärenergie können zur Erzeugung vom Verbraucher nutzbarer Endenergie verwendet werden, also dem Teil der Primärenergie, der letztlich beim Verbraucher ankommt – sei es als elektrische Energie, als Kraftstoff oder in einer anderen Form. Bei der Nutzbarmachung von Primärenergie kommt es stets zu Umwandlungs- und Transportverlusten.

Primärenergie kann auf ganz verschiedene Arten gewonnen werden. So wird fossile Primärenergie z. B. durch die Förderung fossiler Energieträger gewonnen. Primärelektrizität hingegen kann in Solar- oder Windkraftanlagen oder auch in Kernkraftwerken gewonnen werden.

Wenn die Primärgewinnung eines Staates geringer ist als sein Primärenergieverbrauch, muss die Differenz mithilfe von Importen gedeckt werden. Fast alle Länder der Europäischen Union (EU) – auch die Bundesrepublik Deutschland – sind Nettoimporteure von Primärenergie, speziell von Kohle, Gas und Öl.

2.4.2 Sekundärenergien

01. Was versteht man unter Sekundärenergie?

Sekundärenergie ist Energie in sekundären Energieträgern, d. h. in solchen Energieträgern, die nicht direkt der Natur entnommen, sondern künstlich hergestellt oder wesentlich verändert (veredelt) wurden, um sie besser anwendbar zu machen. Einige Beispiele:

- Aus der Primärenergie **Wasserkraft** wird elektrische Energie als Sekundärenergie erzeugt. Nur so wird die Wasserkraft überhaupt nutzbar, denn der direkte Antrieb von Maschinen, wie früher z. B. in Mühlen, erlaubt nur sehr eingeschränkte Nutzungen.

- Aus der Primärenergiequelle **Erdöl** werden Sekundärenergieträger wie Benzin, Flüssiggas und Heizöl hergestellt. Diese werden für bestimmte Anwendungen optimiert, während das Rohöl für kaum eine Anwendung nutzbar wäre.
- **Steinkohle** wird dagegen als Primärenergieträger betrachtet, weil sie kaum verarbeitet wird, also praktisch in der Form genutzt wird, in der sie im Bergwerk anfällt. Wenn daraus aber Koks hergestellt wird, handelt es sich wiederum um einen Sekundärenergieträger.

Bei der Herstellung von Sekundärenergieträgern treten häufig wesentliche Energieverluste auf. Dies gilt vor allem für elektrische Energie. Beispielsweise beträgt der Wirkungsgrad, mit dem Wärmekraftwerke aus Primärenergieträgern elektrische Energie erzeugen, meist deutlich unter 50 %, nur mit Erdgas teils etwas darüber. Die Mengen an Sekundärenergie sind dementsprechend oft sehr viel geringer als die der Primärenergie, vor allem wenn die Sekundärenergie elektrische Energie ist.

02. Welche Rolle spielen die Energieträger für die Chemieindustrie?

Als energieintensive Branche benötigt die chemische Industrie ca. 8 % des deutschen Energieverbrauchs. Bei Erdgas und Strom, den wichtigsten Energieträgern der Branche, ist der Anteil noch höher. Die chemisch-pharmazeutische Industrie setzt Energieträger aber auch stofflich ein. Hier spielen Mineralölprodukte die größte Rolle. Energiepreise sind für die Branche von sehr großer Bedeutung. Im internationalen Vergleich muss die chemisch-pharmazeutische Industrie in Deutschland oft deutlich höhere Preise für Strom und Gas zahlen als z. B. asiatische Wettbewerber.

Die chemische Industrie investiert in den Klimaschutz. Sie hat bei zunehmender Produktion ihren Energieverbrauch und ihre Emissionen reduziert. 2020 lag der Anteil der Branche an den Kohlendioxid-Emissionen Deutschlands bei unter 6 %.

2.4.3 Rationelle Energienutzung

01. Welche Möglichkeiten zur Energieeinsparung gibt es in der chemischen Industrie?

Rektifizierkolonnen in der chemischen Industrie sind weltweit die größten Energieverbraucher. Je nach Produktportfolio ca. 30 - 60 % des Gesamtenergieverbrauches einer chemischen Fabrik dienen nur der Beheizung von Rektifizieranlagen.

Wege zur Energieeinsparung sind:

- bessere Isolation
- optimierte Regelungen
- Wärmepumpen
- Wärmeintegration.

Die **Wärmepumpen** werden unterschieden in:

- **offene** Wärmepumpen:

  Wärmepumpen mit Brüdenkompression. Die Brüden werden mittels Verdichter komprimiert und die Kompressionswärme zum Beheizen des Verdampfers verwendet.

- **geschlossene** Wärmepumpe:

  Das Kältemittel nimmt die Kondensationsenergie des Destillats auf.

Das Grundprinzip der Wärmepumpe bzw. eines Kühlschrankes (Kältemittel sind NH_3, SO_2 und Frigene) ist nachfolgend dargestellt. Beim Einsatz einer Wärmepumpe fallen nur noch Kosten für den Antrieb des Kompressors an. Energieersparnis ca. 70 - 80 %.

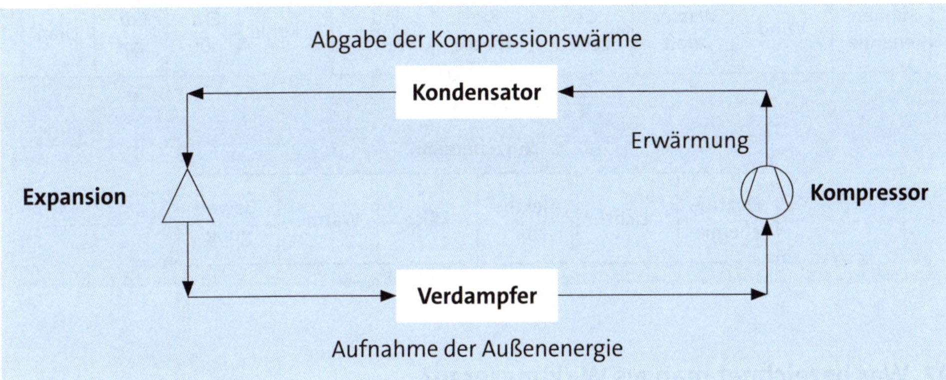

Prinzip einer Wärmepumpe

Eine weitere Möglichkeit zur Einsparung von Energie ist die Nutzung der Reaktionsenthalpie durch Wärmerückführung. So werden z. B. bei der Bildung von Methanol aus CO und H_2 pro mol 128 kJ nutzbare Energie frei. Diese Wärmemenge kann dann z. B. zur Beheizung der nachfolgenden Rektifikation verwendet werden.

2.4.4 Nachhaltigkeit

01. Warum unterscheidet man Nutzenergie und ungenutzte Energie?

Beim Umwandlungs- und Verteilungsprozess entsteht **Nutzenergie** und **ungenutzte Energie**. Außerdem benötigt die Energieerzeugungsanlage (z. B. Kraftmaschinen) in einer Reihe von Fällen kurzfristig selbst Nutzenergie für den Eigenbedarf.

- **Endenergie** ist das Ergebnis der Energieumwandlung = Nutzenergie + ungenutzte Energie.

  Endenergie = Nutzenergie + ungenutzte Energie

- **Nutzenergie** ist die Energie, die dem Verbraucher nach der Energieumwandlung zur Verfügung steht.

- **Ungenutzte Energie** ist die Energie, die bei der Energieumwandlung aus dem System entweicht und zur Nutzung nicht zur Verfügung steht (z. B. Reibung). Umgangssprachlich wird die Bezeichnung „Energieverluste" gewählt; nach dem „Satz von der Erhaltung der mechanischen Energie" (vgl. oben) ist diese Ausdrucksweise falsch.

Überblick: Primärenergien und Nutzenergien

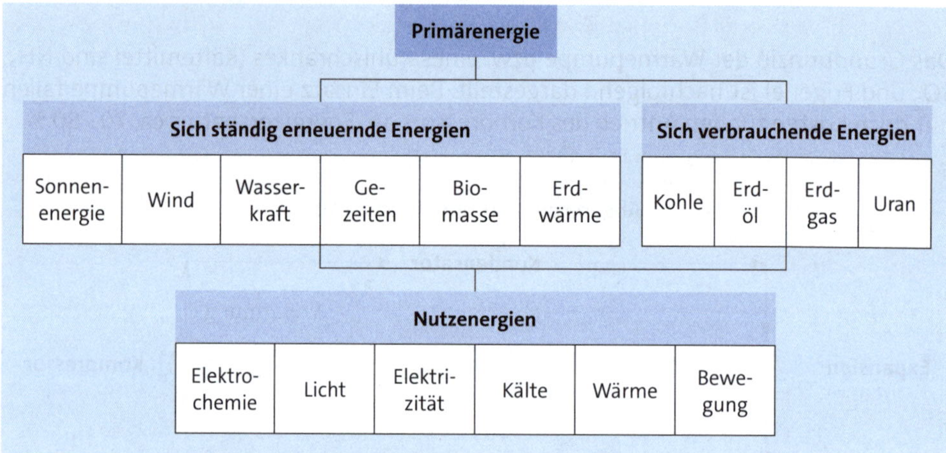

02. Was bezeichnet man als Wirkungsgrad?

Unter dem **Wirkungsgrad** η versteht man das Verhältnis der abgegebenen bzw. nutzbaren Leistung P_{ab} zur zugeführten Leistung P_{zu}:

$$\eta = \frac{P_{ab}}{P_{zu}}$$

Es ist häufig zweckmäßiger, den Wirkungsgrad nicht als Verhältnis zweier Leistungen, sondern als **Verhältnis zweier Arbeiten** auszudrücken. Dann ist der Wirkungsgrad:

$$\eta = \frac{\text{Nutzarbeit}}{\text{Gesamtarbeit}} = \frac{W_{ab}}{W_{zu}}$$

Da die von einer Maschine abgegebene Arbeit W_{ab} stets kleiner ist als die zugeführte Arbeit W_{zu}, ist der Wirkungsgrad η jeder Maschine immer kleiner als 1 ($0 < \eta < 1$). Der Wirkungsgrad hat keine Einheit. Er wird als Dezimalbruch oder in Prozent angegeben.

Bei mehrfacher Energieumsetzung bzw. -übertragung ist der **Gesamtwirkungsgrad** η_{ges} das Produkt der einzelnen Wirkungsgrade:

$$\eta_{ges} = \eta_1 \cdot \eta_2 \cdot \ldots \cdot \eta_n$$

03. Welche Aktivitäten werden unter dem Begriff „Energiewirtschaft" zusammengefasst?

Die Energiewirtschaft umfasst alle Aktivitäten zur Bereitstellung von Energiedienstleistungen:

- „Erzeugung"
- Umwandlung
- Transport
- Import
- Lagerung
- Verteilung

von Energie sowie die Umwandlung der Endenergie in Nutzenergie beim Verbraucher.

Zur „Energieerzeugung" und -umwandlung gehören:

- Bereitstellung von Primärenergieträgern
- Umwandlung von Primärenergie in Sekundärenergie.

04. Welche Bedeutung hat die Energie in der Volks- und Betriebswirtschaft?

Der Aufwand an erneuerbaren und nicht erneuerbaren Primärenergieträgern pro Energiedienstleistung wird bestimmt durch die Effizienz und den Wirkungsgrad der Energieumwandlung entlang der gesamten Prozesskette.

Die Energie hat in der Volkswirtschaft und in den Unternehmen eine Schlüsselstellung: Sie ist ein Hauptbestandteil der Vorleistungen zur Erzeugung von Produkten und Dienstleistungen. Die Energiebereitstellung (Kraftwerke usw.) ist kapitalintensiv. Eine Änderung in der Struktur der Energieerzeugung lässt sich nur langfristig erreichen und ist politisch von gegensätzlichen Interessen gekennzeichnet (Verbraucher, Erzeuger, Umweltschutz, Industrie-/Drittländer).

Aufgrund der Initiativen des Europäischen Parlaments wird die Liberalisierung des Strommarktes voranschreiten; in Deutschland wurde eine staatliche Regulierungsbehörde eingerichtet. Nach wie vor kann man jedoch noch von einer quasi Monopolstellung der großen Stromerzeuger auf dem deutschen Markt sprechen.

05. Welche Energievorräte existieren weltweit?

Die Weltvorräte an Energierohstoffen sind nur schwer abzuschätzen; die Angaben von Experten differieren. Die bekannten Vorräte an fossilen Rohstoffen nehmen bisher noch jährlich zu, weil derzeit das Volumen der Neuentdeckungen größer ist als das des Abbaus. Dies darf nicht darüber hinwegtäuschen, dass mittel- bis langfristig die Vorkommen an Mineralöl und Erdgas erschöpft sein werden. Für die Kohle- und Uranvorkommen gilt ein Zeithorizont von mehreren Hundert Jahren.

Grobe Schätzungen sprechen davon, dass der Vorrat an Erdöl noch ca. 50 Jahre, an Erdgas noch ca. 60 Jahre und an Kohle noch ca. 250 - 300 Jahre reichen wird.

Das Energiepotenzial der Erde lässt sich auch deshalb schwer abschätzen, weil Unsicherheit besteht, in welchem Umfang erneuerbare Energiequellen (Biomasse, Sonnen-, Wind- und Gezeitenenergie sowie geothermische Energie und Wasserkraftnutzung) ökonomisch und ökologisch sinnvoll genutzt werden können (vgl. dazu auch → A 5.2.6).

Ausgewählte Daten zum Energieverbrauch in der Welt und in Deutschland:

- Der Energieverbrauch weltweit steigt seit Jahren.
- Der Energieverbrauch ist weltweit ungleich verteilt: Den höchsten Energieverbrauch haben China (ca. 23 %), USA (ca. 17 %), Indien (ca. 5,5 %) und Russland (ca. 5 %).
- Zum Vergleich: Deutschland benötigt ca. 2,5 % der weltweiten Primärenergie.
- Der Anteil der Energieträger am Primärverbrauch in Deutschland hat sich verändert:
  - Kohle und Kernenergie sind zurückgegangen.
  - Erdgas ist gestiegen.
  - Erneuerbare Energien sind deutlich gestiegen.

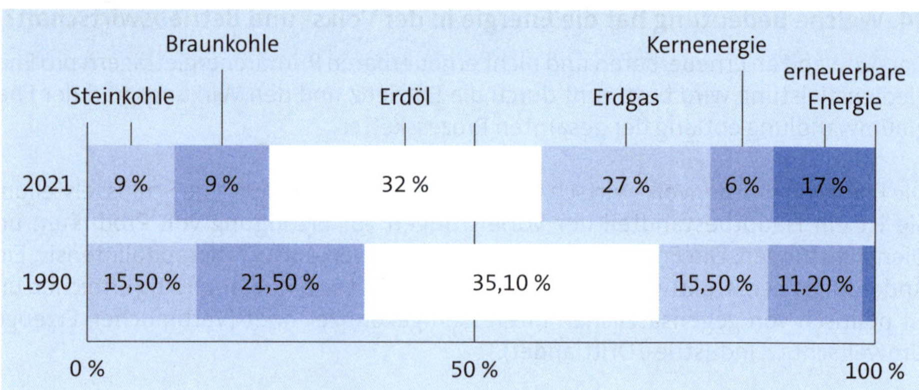

06. Was heißt „Energiesparen“?

Energiesparen umfasst alle Aktivitäten und Maßnahmen zur Verringerung des Energieverbrauchs je Leistungs- oder Produktionseinheit.

07. Welche Möglichkeiten gibt es, den Energieverbrauch planmäßig zu steuern und ggf. zu senken?

Die permanente Beachtung und Steuerung des Energieverbrauchs ist heute aus **ökologischer und ökonomischer Sicht** eine Selbstverständlichkeit. Eine wichtige Voraussetzung ist dazu, dass **der Verbrauch** der unterschiedlichen Energiearten im Betrieb **mengen- und wertmäßig erfasst und dokumentiert wird**. Die Anteile der unterschiedlichen Energieträger an der Stromerzeugung in Deutschland haben sich in den letzten Jahren stark verändert. So spielten die regenerativen Energiequellen bis ca. zum Jahr 2000 kaum eine Rolle. Aber durch die gezielte Förderung von z. B. Wind, Photovoltaik und Biomasse im Rahmen der Energiewende in den letzten Jahren erhöhte sich deren Anteil kontinuierlich. Auch für die kommenden Jahre werden sich durch den geplanten Atom- und Kohleausstieg weitere Herausforderungen in der Energiepolitik ergeben, da die derzeit rund 50 %, die diese Energieträger ausmachen, durch alternative Energieformen ersetzt werden müssen.

08. Welche energiesparenden Antriebe sind serienreif bzw. in der Entwicklung?

Beispiele: Elektro-, Erdgas-, Hybrid-, Solar-, Wasserstoffantrieb.

09. Welche neuen Energiequellen sind in der Entwicklung bzw. welche vorhandenen Energiequellen werden wieder verstärkt genutzt?

Regenerative Energiequellen

- Erdwärme
- Sonnenenergie
- Meereswärme
- Bioenergie
- Gezeitenenergie
- Windenergie

10. Wie kann die Energie der Sonne (Solarenergie) genutzt werden?

1. Die Sonnenenergie kann **direkt** – ohne Umwandlung in eine andere Energieform – genutzt werden: Man bezeichnet dies als **passive Maßnahme**. Die Architektur eines Gebäudes wird dabei so gestaltet, dass die direkte Sonneneinstrahlung zur Erwärmung der Räume genutzt wird (sog. **Solararchitektur**; z. B. Integration von großzügigen Glasflächen in Gebäudeteile mit einem Neigungswinkel zur Sonne, Optimierung der Lage des Baukörpers in Abhängigkeit von Himmelsrichtung, Wind, Sonne und Regen, Kombination von Sonneneinflutung und Techniken der Verschattung).
2. Als **aktive Nutzung** der Sonnenenergie bezeichnet man die Umwandlung der Solarenergie in Strom oder Wärme durch geeignete Technik.

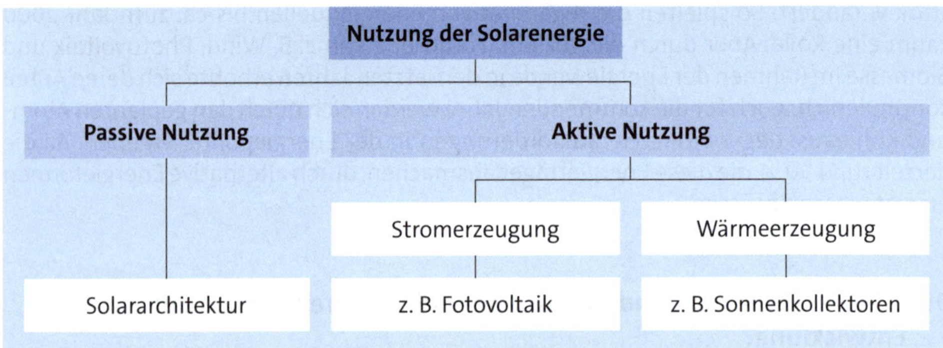

11. Wie wird die Solarenergie zur Wärmeerzeugung/ Warmwasseraufbereitung genutzt?

Ablauf der Wärmeerzeugung durch thermische Solaranlagen (**= Solarthermie**):

- Eine Trägerflüssigkeit (meist Wasser versetzt mit Frostschutzmittel) wird in Kollektoren (auf dem Dach des Gebäudes) erhitzt.
- Die erhitzte Trägerflüssigkeit wird in einem geschlossenen Heizkreislauf zum Brauchwasserspeicher gepumpt. Dies erfolgt über eine temperaturgesteuerte Umwälzpumpe.
- Die Trägerflüssigkeit erwärmt im Speicher mithilfe von Rohrschlangen das für den Verbrauch vorgesehene Wasser.
- Aus dem Brauchwasserspeicher wird Warmwasser entnommen und je nach Verbrauch entsprechend kaltes Wasser wieder zugeführt.
- Je nach Witterung und Tageszeit wird über eine entsprechende Regelungstechnik die konventionelle Heizung zur Brauchwasseraufbereitung zugeschaltet.

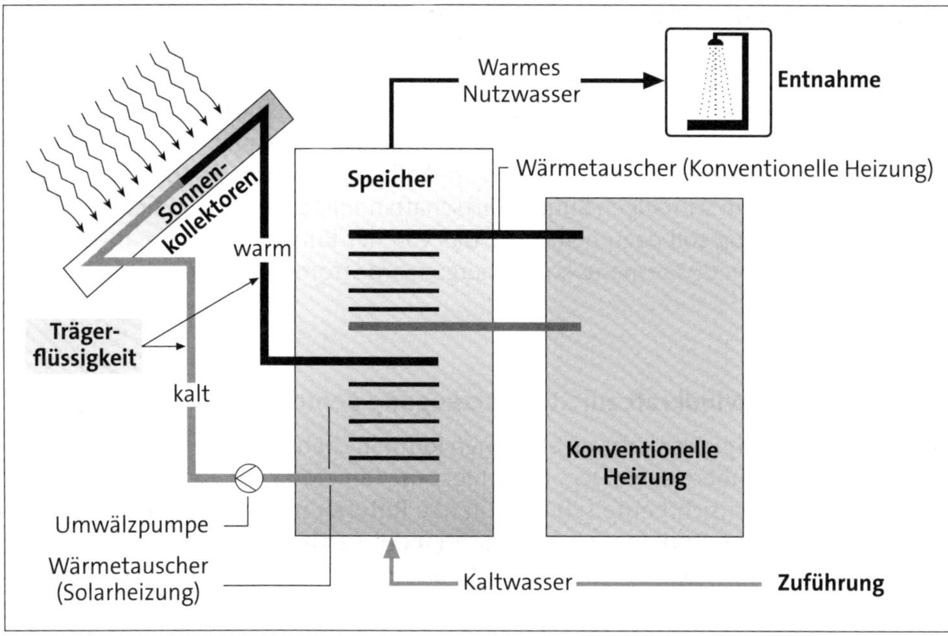

12. Wie wird die Solarenergie zur Stromerzeugung genutzt?

Ablauf der Stromerzeugung durch Fotovoltaikmodule:

- Die in der Sonnenstrahlung enthaltene Energie verursacht in Halbleitern, wie z. B. Silicium, **ein Fließen von Elektronen** (sog. Fotoeffekt bzw. fotovoltaischer Effekt), d. h. elektrischem Strom. Auf diese Weise wird Solarenergie in elektrische Energie umgewandelt. Solarzellen werden zu mehreren Fotovoltaikmodulen kombiniert.
- Der auf diese Weise erzeugte **Gleichstrom** wird über Wechselrichter in **Wechselstrom** umgewandelt. Er kann in Akkumulatoren gespeichert oder ins öffentliche Stromnetz eingespeist werden. Die **Stromerzeugung durch Solarenergie spielt** in Deutschland **eine untergeordnete Rolle**. Obwohl die Stromerzeugung durch Wind- und Solarenergie in den letzten Jahren mit hohem finanziellem Aufwand und öffentlicher Förderung deutlich zunahm, bildet sie nur einen Anteil von 7,0 % an der Elektrizitätserzeugung.

13. Welche Bedeutung hat Windenergie?

Windkraft ist eine der Energiearten, die vom Menschen bereits lange genutzt werden. Die bis Mitte des 19. Jahrhunderts weitverbreiteten Windmühlen wurden von Verbrennungsmotoren verdrängt. Im Zuge der Ölkrise 1973 erlebte die Nutzung der Windenergie eine Renaissance. Seit 1989 werden in Deutschland private Windkraftanlagen (WKA) staatlich gefördert. Der deutsche Windenergiemarkt hat sich stabilisiert. Die Windenergie behält bei der Strombereitstellung in Deutschland den mit Abstand größten Anteil an den erneuerbaren Energien. Im Jahr 2020 betrug der Anteil der Windenergie an der Stromerzeugung ca. 27 %.

Die Windenergienutzung in Deutschland soll weiter ausgebaut werden. Dazu wählt man einerseits neue geeignete Standorte aus, andererseits ersetzt man alte, kleinere Anlagen durch moderne und leistungsstärkere Anlagen – das sog. **Repowering**. Der im September 2019 vom damaligen Bundeswirtschaftsminister Peter Altmaier vorgelegte Maßnahmen-Katalog soll dazu beitragen, das von der Bundesregierung angestrebte Ziel eines Anteils von 65 % erneuerbarer Energien am Stromverbrauch im Jahr 2030 zu erreichen.

14. Wie wird die Windkraft zur Stromerzeugung genutzt?

Die Bewegungsenergie der Luft versetzt einen **Rotor** in Drehbewegungen und wird auf eine Antriebswelle übertragen. Der angeschlossene **Generator** erzeugt dadurch Strom. Durchgesetzt haben sich heute schnelllaufende **Rotoren mit horizontaler Achse**. Sie haben einen höheren Wirkungsgrad als **Rotoren mit vertikaler Achse**, werden jedoch elektrisch oder hydraulisch der Windrichtung nachgeführt, um die Leistungsaufnahme zu optimieren. Rotoren mit zwei Blättern erreichen eine höhere Drehzahl und damit eine höhere Leistung, sind jedoch aerodynamisch ungünstiger als Rotoren mit drei Blättern. Bei kleineren Windkraftanlagen (WKA) wird auf die kostenintensive Verstellung und Ausrichtung der Rotorblätter verzichtet.

Windkraftanlagen zählen zu den umweltfreundlichen Arten der Energieerzeugung. Vergessen werden darf dabei jedoch nicht der Ressourcenverbrauch bei der Produktion von WKA und die spätere Entsorgung. Außerdem verursachen die Rotorblätter Geräusche; manche Menschen empfinden **Windparks** als Störung des Landschaftsbildes, teilweise sogar als bedrohlich.

WKA erreichen heute einen **Wirkungsgrad von rund 50 %**. Wirtschaftlich ist die Investition nur in Regionen mit einer über das Jahr gemittelten Windgeschwindigkeit von ≥ 4 m/s. Bei der Errichtung von WKA müssen neben der durchschnittlichen Windgeschwindigkeit die Bau- und Naturschutzvorschriften des Bundes und der Kommunen beachtet werden.

15. Wie erfolgt die Energieversorgung und -verteilung im Industriebetrieb?

Der Industriebetrieb benötigt unterschiedlichste Energiearten zur Herstellung und Veredlung seiner Produkte. Im Jahr 2021 betrug der gesamte deutsche Primärenergieverbrauch ca. 419 Mio. t SKE (= Steinkohleeinheiten). In den Vorjahren waren leichte Verbrauchsrückgänge zu verzeichnen. Verglichen mit dem Weltdurchschnitt liegt der Pro-Kopf-Verbrauch an Energie in Deutschland sehr hoch.
Der Einsatz von Anlagen und Energiearten **mit hohem Wirkungsgrad**, **die effiziente Nutzung der Energie** sowie die Möglichkeiten ihrer **Rückgewinnung** sind in Deutschland bereits Realität.

Die folgende Abbildung zeigt schematisch die Versorgung des Industriebetriebes mit Energiearten unterschiedlichster Art und die Verteilung der Energie über die verschiedenen Leitungssysteme an die „Verwender".

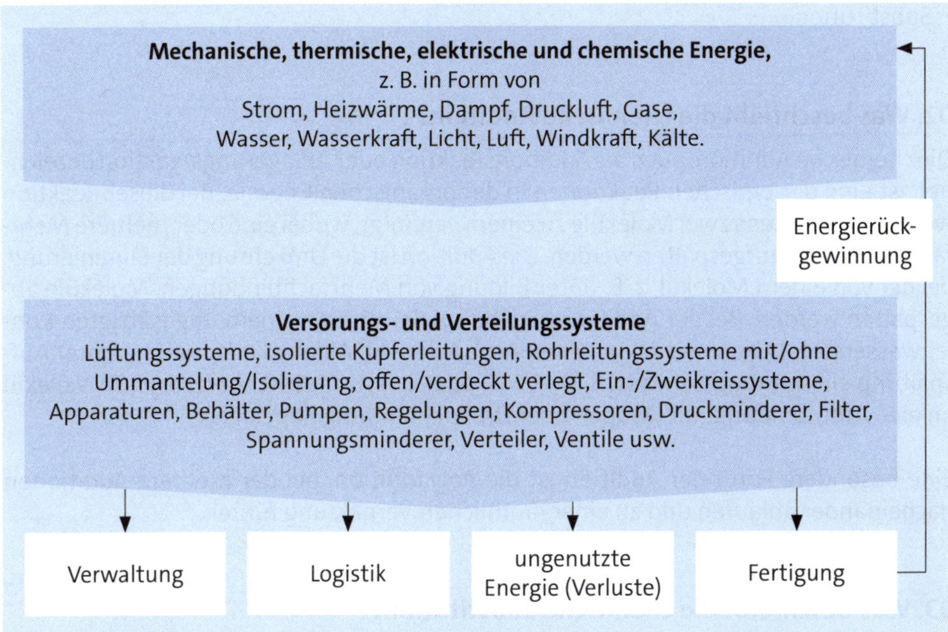

2.5 Führen von chemischen Reaktionen und Auswählen geeigneter Methoden zur Prozesskontrolle

2.5.1 Klassifizierung

01. Was beschreibt eine chemische Reaktion?

Eine chemische Reaktion ist der Vorgang bei dem aus chemischen Verbindungen (den „Edukten" oder „Reaktanten") andere chemische Verbindungen (die „Produkte") entstehen, indem die Atome der Reaktanten andere Bindungen eingehen. Dabei wird Energie umgewandelt (endotherme Reaktion) oder freigesetzt (exotherme Reaktion), man spricht von der Reaktionsenthalpie. Die Reaktion unterliegt dabei den Gesetzen der Energieerhaltung und der Entropie. Der Vorgang endet, wenn ein chemisches Gleichgewicht erreicht ist oder die Reaktanten komplett umgewandelt worden sind.

Es gibt verschiedene **Arten von chemischen Reaktionen**:

- Fällungsreaktion
- Säure-Base-Reaktion
- Redoxreaktion

- Komplexbildungsreaktion (und Ligandenaustausch)
- Addition (und Hydrolyse)
- Eliminierung
- Substitution.

02. Was beschreibt die chemische Addition?

Die chemische Addition, auch als Additionsreaktion oder Anlagerungsreaktion bezeichnet, ist eine der typischen Reaktionen in der organischen Chemie. Bei dieser Reaktion werden mindestens zwei Moleküle zu einem vereinigt, wobei eine oder mehrere Mehrfachbindungen aufgespalten werden. Die Addition ist die Umkehrung der Eliminierung, bei der von einem Molekül, z. B. unter Bildung von Mehrfachbindungen, Moleküle abgespalten werden. Bei der Addition wird beispielsweise an einem ungesättigten Kohlenwasserstoff (Alken und Alkin), Carbonsäurederivat, Aldehyd oder Ketone unter Aufspaltung ein symmetrisches (z. B. H-H, F-F) oder unsymmetrisches (z. B. H-Cl) Molekül an eine Atombindung mit Doppel- oder Dreifachbindung angelagert.

Eine besondere Form der Addition ist die Polyaddition, bei der mehrere Additionen nacheinander ablaufen und zu einer räumlichen Vernetzung führen.

03. Was beschreibt die chemische Substitution?

In der Chemie bezeichnet die Substitution eine chemische Reaktion, bei der Atome oder Atomgruppen (Substituenten) in einem Molekül durch ein anderes Atom oder eine andere Atomgruppe ersetzt wird, wodurch neue Stoffe entstehen.

04. Was beschreibt eine chemische Eliminierung?

Die Eliminierungsreaktion (kurz: Eliminierung) ist ein Begriff aus der organischen Chemie. Es handelt sich um den speziellen Typ eines Reaktionsmechanismus einer chemischen Reaktion, bei der aus dem Molekül eines Ausgangstoffes zwei Atome oder Atomgruppen abgespalten (eliminiert) werden. Den Spezialfall, dass zwei Wasserstoffatome abgespalten werden, nennt man Dehydratisierung. Die weitaus am häufigsten vorkommende Eliminierung betrifft zwei im Ausgangsmolekül benachbarte, aneinander gebundene Atome, wobei danach eine Doppel- oder Dreifachbindung zwischen diesen entsteht.

05. Was beschreibt die Kondensationsreaktion?

Bei einer Kondensationsreaktion reagieren zwei organische Moleküle unter der Abspaltung eines kleinen Moleküls. Da es sich bei dem freigesetzten Molekül oft um H_2O handelt, wird die Namensgleichheit mit der physikalischen Kondensation verständlich. Ein charakteristisches Beispiel für eine Kondensationsreaktion ist die Esterbildung.

2.5.2 Beeinflussung

01. Was ist Gegenstand der chemischen Reaktionstechnik?

Die chemische Reaktionstechnik beschäftigt sich mit der Auswahl und Auslegung von Reaktionsapparaten, den verschiedenen Reaktionsverfahren und den Einflussgrößen der chemischen Reaktionen.

Reaktionsverfahren können grundlegend anhand der Art der chemischen Reaktion eingeteilt werden. Aus dem Reaktionsverfahren kann bereits eine Vorauswahl für den Reaktor abgeleitet werden.

Reaktionsverfahren	Beschreibung	Reaktor	Beispiel
Von selbst ablaufende Reaktionen	Reaktionen, die von selbst ablaufen, sobald die Reaktionspartner zusammengebracht wurden. Dies geschieht, ohne dass äußere Bedingungen geändert werden.	► Rührbehälter ► Reaktionsrohr	► Neutralisation von Säuren und Laugen ► Additionen ► Substituierungen ► Polymerisation
Thermische Reaktionsverfahren	Zur Durchführung der Reaktion ist eine starke Temperaturerhöhung notwendig	► Rührbehälter ► Rohrreaktor ► Reaktionsöfen	► Verbrennungen ► Kalzinierung ► Rösten
Katalytische Reaktionsverfahren	Die Reaktion läuft nur in Gegenwart eines Katalysators ab	► Rohr-, Schlaufen-, ► Druck-, ► Festbettreaktor	► Ammoniak-Synthese ► Methanol-Synthese
Elektrochemische Reaktionsverfahren	Unter Zuhilfenahme von elektrischem Strom	► Elektrolysezellen	► Chloralkali-Elektrolyse
Biochemische Reaktionsverfahren	Chemische Umsetzung erfolgt durch Mikroorganismen	► Fermenter ► Bioreaktor ► Schlaufenreaktor	► Lebensmittelindustrie ► Alkoholische Gärung ► Antibiotika

02. Wie können Reaktionen unterschieden werden?

Reaktionen können unterschieden werden hinsichtlich:

Homogene und heterogene Reaktionen:
Ein Reaktionsgemisch, d. h. das Gemisch, in dem die Reaktion stattfindet, besteht üblicherweise aus Rohstoffen, Hilfsmitteln und Begleitstoffen (Reaktanden, Lösungsmitteln, Katalysatoren, Produkten, Nebenprodukten, Verunreinigungen, Verdünnungsmitteln, Inertstoffen usw.). Das Reaktionsgemisch kann entweder homogen (einphasig)

oder heterogen (mehrphasig) sein. Entsprechend unterscheidet man homogene und heterogene Reaktionen.

Eine **homogene Reaktion** läuft in einer einzigen Phase ab, die alle für die Reaktion notwendigen Komponenten enthält. Die Phase kann gasförmig oder flüssig sein. Bei einer homogenen Reaktion in flüssiger Phase müssen alle Komponenten in einander löslich sein.

Bei einer **heterogenen Reaktion** besteht das Reaktionsgemisch aus mindestens zwei verschiedenen Phasen, z. B. gasförmig-flüssig, gasförmig-fest, flüssig-flüssig oder flüssig-fest. Die Phasen sind hier miteinander auf molekularer Ebene nicht mischbar. Die Reaktion beruht auf dem Stoffaustausch mindestens einer Komponente über die Phasengrenze hinweg.

Strömungsführung:
Die Strömungsführung zweier nicht mischbarer stofflicher Phasen in einem Reaktor kann gleichsinnig, gegensinnig, kreuzweise oder im Teilstrom sein. Bei **Gleichstrom** treten beide Stoffströme auf der gleichen Seite in den Reaktor ein, verlaufen innerhalb des Reaktors parallel und treten beide auf der anderen Seite des Reaktors wieder aus. Bei **Gegenstrom** tritt ein Stoffstrom am Austrittsort des anderen in den Reaktor ein, und umgekehrt. Innerhalb des Apparates verlaufen die Stoffströme antiparallel. Bei **Kreuzstrom** verlaufen die Stoffströme innerhalb des Apparates im rechten Winkel zu einander. Bei **Teilstrom** ist der eine Stoffstrom ortsfest, während der zweite durch ihn hindurchfließt.

Diskontinuierliche (Batch) oder Konti-Fahrweise:
Ein Reaktor kann **diskontinuierlich, kontinuierlich oder halbkontinuierlich** betrieben sein.

Die **diskontinuierliche Betriebsweise** wird auch Satzbetrieb, Chargenbetrieb oder Batchprozess genannt. Dabei werden alle für die Reaktion benötigten Rohstoffe und Hilfsmittel im Reaktor vorgelegt, mit einander vermischt und die Reaktion gestartet. Das Reaktionsgemisch verbleibt während der gesamten Reaktionszeit im Reaktionsbehälter. Der Reaktionsbehälter kann während der Reaktion beheizt oder gekühlt, unter Druck gesetzt oder evakuiert werden. Am Ende der Reaktionszeit wird das Reaktionsgemisch abgelassen, d. h. der Reaktor wird entleert. Nach einer eventuellen Reinigung steht der Reaktor für eine erneute Befüllung bereit. Die Zeit zwischen zwei Befüllungsvorgängen heißt Taktzeit.

Die **kontinuierliche Betriebsweise** wird auch Fließbetrieb genannt. Dabei fließen die für eine Reaktion erforderlichen Rohstoffe und Hilfsmittel in konstantem Fluss (kontinuierlich) in den Reaktor hinein. Im Reaktor reagiert die Reaktionsmasse bei den gegebenen Betriebsbedingungen (T, p, c) und fließt schließlich in konstantem Fluss (kontinuierlich) wieder aus dem Reaktor heraus.

Die **halbkontinuierliche Betriebsweise** wird auch Teilfließbetrieb oder Semibatchprozess genannt. Ein Teil des Reaktionsgemischs wird im Reaktor vorgelegt, während ein weiterer Teil erst während der Reaktion kontinuierlich zugefügt wird. Dies empfiehlt sich z. B. bei sehr heftigen Reaktionen mit Gas- oder Schaumentwicklung, bei Reaktionen mit großer Wärmetönung oder bei heterogenen Reaktionen mit großen Dichteunterschieden der beteiligten Phasen. Eine halbkontinuierliche Betriebsweise liegt aber auch vor, wenn das gesamte Reaktionsgemisch vorgelegt wird und ein Produkt kontinuierlich aus dem Reaktionsgemisch entzogen wird. Dies ist z. B. angebracht für Folgereaktionen, um die Konzentration an Zwischenprodukten niedrig zu halten und unerwünschte Nebenreaktionen zu unterdrücken.

Temperaturführung:
Der **Temperaturverlauf** in einem diskontinuierlich betriebenen Reaktor kann **isotherm, adiabatisch oder polytrop** sein. Bei einem isothermen Temperaturverlauf bleibt die Temperatur trotz eventuell freigesetzter Reaktionswärme (Enthalpie) während der gesamten Reaktionszeit konstant. Die durch die Reaktion entstandene Wärme wird durch die Reaktorwand abgeführt. Bei einem adiabatischen Temperaturverlauf steigt oder sinkt die Temperatur gemäß den umgesetzten Wärmen (Reaktionswärme, Verdampfungswärme, Kristallisationswärme usw.). Es wird keine Wärme über die Reaktorwand ausgetauscht. Bei einem polytropen Temperaturverlauf wird zwar Wärme durch die Reaktorwand ausgetauscht, trotzdem herrschen aber im Reaktor an unterschiedlichen Orten oder zu unterschiedlichen Zeiten verschiedene Temperaturen vor. Ein kontinuierlich betriebener Reaktor liegt entweder in einem stationären oder in einem instationären Betriebszustand vor. Im stationären Betriebszustand behalten Temperaturen und Konzentrationen an einem bestimmten Ort im Reaktor unabhängig von der Zeit stets eine konstante Größe. Dies ist der normale Zustand während des Betriebs. Im instationären Betriebszustand ändern sich Temperaturen und Konzentrationen mit der Zeit. Instationäre Zustände herrschen üblicherweise bei der Inbetriebnahme oder bei der Außerbetriebsetzung vor.

03. Welche Kenngrößen sind im Zusammenhang mit chemischen Reaktionen wichtig?

Zur Beschreibung von chemischen Reaktionen wird auf bestimmte Kennzahlen zurückgegriffen. Diese sollen im Folgenden kurz erläutert werden:

Umsatzgrad bzw. Umsatz:
Ist die umgesetzte Menge Ausgangsstoff bezogen auf eingesetzte Menge Ausgangsstoff.

$$U_k = \frac{m_{kU}}{m_{kE}}$$

= während der Reaktion umgesetzte Stoffmenge einer Komponente geteilt durch die eingesetzte Stoffmenge einer Komponente

Ausbeute:
Die Ausbeute ist die während der Reaktion gebildete Stoffmenge des Produktes bezogen auf die stöchiometrisch maximal mögliche Stoffmenge des Produktes.

$$A_P = \frac{(\upsilon_k \cdot n_P)}{(\upsilon_P \cdot n_{kE})}$$

= während der Reaktion gebildete Stoffmenge geteilt durch die eingesetzte Menge des Ausgangsstoffs

Selektivität:
Bei einfachen Reaktionen sind Umsatz und Ausbeute identisch. Bei komplexen Reaktionen kann aus dem Verhältnis von Ausbeute und Umsatz die Selektivität bestimmt werden. Die Selektivität beschreibt, welcher Anteil des Eduktes zum Produkt reagiert hat.

$$S_P = \frac{(\upsilon_k \cdot n_P)}{(\upsilon_P \cdot n_{kU})}$$

Leistung:
Bei diskontinuierlich betriebenen Reaktoren kann eine Leistung definiert werden. Diese beschreibt, wie viel Produkt der Reaktor pro Zeiteinheit produzieren kann. Dabei werden mit der sog. Taktzeit die Reaktionsdauer und die Zeiten für Befüllen, Aufheizen, Abkühlen, Trennen, Entleeren und Reinigen berücksichtigt.

Kapazität:
Die Kapazität beschreibt die maximal mögliche Menge an Produkt, die ein Reaktor über einen längeren Zeitraum produzieren kann. Dabei werden auch Abstellungen, Wartungen, Inspektionen und sonstige betriebsbedingte Produktionsunterbrechungen berücksichtigt.

04. Welche Faktoren beeinflussen die Auswahl des Reaktors?

Neben der Verweilzeitverteilung müssen bei komplexen Reaktionen auch weitere Aspekte berücksichtigt werden. Einige Einflussfaktoren sind z. B.:

- Reaktionstemperatur
- Reaktionsdruck
- Stoffzusammensetzung
- Phasengrenzfläche
- Wärmeaustauschfläche
- Aggregatzustände
- Verweilzeitverteilung
- Katalysator
- Chargen- oder Fließbetrieb
- wirtschaftliche Aspekte.

2.5.3 Einflussgrößen

01. Was beeinflusst eine chemische Reaktion?

Chemische Reaktionen werden u. a. beeinflusst durch:

- **Zerteilungsgrad:**
  Bei feiner Verteilung wird die Oberfläche des Feststoffes vergrößert. Damit wächst die Zahl und somit die Konzentration der reaktionsbereiten Teilchen an der Oberfläche. Die Reaktionsgeschwindigkeit wird dadurch gesteigert.
- **Temperatur:**
  Ein erfolgreicher Zusammenstoß setzt eine Mindestgeschwindigkeit und die richtige Orientierung der Teilchen voraus. Bei Erhöhung der Temperatur wird die Anzahl der Teilchen, die die Mindestenergie (Aktivierungsenergie) überschreiten, größer.
- **Konzentration:**
  Je höher die Konzentration, desto schneller läuft die Reaktion ab. Die Reaktionszeit ist umgekehrt proportional zur Ausgangskonzentration.
- **Druck:**
  Die Reaktionsgeschwindigkeit ist direkt proportional zum Druck. Eine Druckerhöhung bewirkt eine Konzentrationserhöhung.
- **Katalysatoren:**
  Katalysatoren beschleunigen chemische Reaktionen durch Herabsetzen der Aktivierungsenergie. Sie liegen nach der Reaktion unverändert vor.
- **pH-Wert:**
  Bei vielen Reaktionen spielen die Wasserstoff-Ionen eine Rolle, direkt in wässriger Lösung oder als „Katalysator“. Der pH-Wert beeinflusst die Reaktionsgeschwindigkeit, wie am Beispiel der Aushärtung von Aminoplasten.
- **Verweilzeit:**
  Bei einem Prozess ist die Verweilzeit τ (griechisches kleines Tau) die Zeit, in der z. B. ein definiertes Flüssigkeitsvolumen in einem Reaktor oder in der gesamten Anlage „verweilt“. Diese Zeit beeinflusst den Umsatz der Reaktion.

02. Welchen Einfluss haben Lösemittel auf Reaktionen?

Der Verlauf von Reaktionen ist z. T. auch von der Wahl der Lösemittel abhängig. Auch die Stärke einer Säure wird vom Lösemittel beeinflusst. Die Protolyse von HCl läuft in Wasser H_2O und Methanol H_3COH fast vollständig ab, während er sich in Toluol (Methylbenzol) nur in undissoziierter Form löst. Verantwortlich für den Einfluss der Lösemittel ist deren unterschiedliche Polarität.

2.5.4 Prozesskontrolle

01. Was ist bei der Probenahme allgemein zu beachten?

Wichtigste Voraussetzung ist die Technik der Probenahme. Die chemisch-physikalischen Eigenschaften einer Probe bestimmen grundsätzlich die Auswahl der Geräte, die zur Entnahme und Aufbewahrung der Probe notwendig sind. Die Probe darf grundsätzlich nicht mit dem Probengefäß reagieren. Häufig wird Weißglas oder Kunststoff verwendet. Kann Licht eine Veränderung der Probe bewirken, dann werden Braunglasflaschen verwendet. Alle Probengefäße sollten gasdicht verschlossen werden, um ein Entweichen leicht flüchtiger Substanzen zu vermeiden.

02. Was ist bei einer Probenahme aus Gasen zu beachten?

Gase sind i. d. R. homogen. Zur Aufbewahrung sind gasdichte Gefäße notwendig.

Es werden folgende **Techniken** angewandt:

- **direkte Probenahme**
- **absorptive Probenahme**
- **adsorptive Probenahme**.

Die **direkte Probenahme** bei Gasen erfolgt oft mit einer Gasmaus. Die Gasmaus wird mit dem Probegas mehrfach gespült und dann die Hähne geschlossen.

Bei der **absorptiven Probenahme** wird das Probegas in eine Absorptionsflüssigkeit eingeleitet und in dieser gelöst. Eine gute Löslichkeit des Gases in der Absorptionsflüssigkeit ist von entscheidender Bedeutung.

Bei der **adsorptiven Probenahme** wird die gasförmige Probe an einem oberflächenaktiven Material gebunden. Häufig verwendet man Adsorptionsröhrchen, die z. B. mit Aktivkohle gefüllt sind.

Durch diese Adsorptionsröhrchen lässt man das Probegas mit einem bestimmten Volumenstrom über eine festgelegte Zeit strömen. Die Probe wird dabei vom Adsorptionsmaterial im Röhrchen zurückgehalten und kann anschließend durch Erhitzen oder mit einem Lösemittel herausgelöst werden.

03. Was ist bei der Probenahme aus Flüssigkeiten zu beachten?

In der Regel sind Flüssigkeiten weniger homogen als Gase. Gegenüber Feststoffen ist ihre Homogenität meistens deutlich größer.

Geeignete Geräte zur Probenahme ruhender Flüssigkeiten sind Schöpfer aus Edelstahl oder aus PP, oder Stechheber aus Glas zur Entnahme von Flüssigkeitsproben aus den unterschiedlichsten Gebinden. Bei der Probenahme strömender Flüssigkeiten sind die Zeitpunkte oder Zeitabschnitte der Probename zu berücksichtigen. Man unterscheidet zwischen folgenden periodischen **Probenahmetechniken:**

- **zeitproportionale Probenahme**
  Bei der zeitproportionalen Probenahme werden einem Flüssigkeitsstrom in gleichen Zeitabständen gleiche Probenvolumina entnommen.
- **volumenproportionale Probenahme**
  Liegt eine volumenstromproportionale Probenahme vor, so ist die Entnahmehäufigkeit gleicher Probenmengen dem Durchfluss proportional.

- **durchflussproportionale Probenahme**
  Eine durchflussproportionale Probenahme ist gegeben, wenn in gleichen Zeitabständen Probenmengen entnommen werden, die dem Durchfluss proportional sind.

04. Was ist bei der Probenahme aus Feststoffen zu beachten?

Feststoffproben sind häufig inhomogen. Daher ist meistens eine Homogenisierung erforderlich. Dabei ist für die Probenahme die Korngröße des Materials von entscheidender Bedeutung. Der Umfang der Stichprobe muss bei großem Korn vergleichsweise größer als bei kleinem Korn sein. Ist nur eine kleine Masse der Proben zur Analyse notwendig, muss die Probe entsprechend stark zerkleinert werden.

Zur **Probenahme von Feststoffen** an der Oberfläche werden Schaufeln aus Edelstahl, Aluminium oder Kunststoff verwendet. Zur **Probenahme aus dem Inneren einer Schüttgutprobe** sind Beprobungssonden oder Zonensammler möglich.

Auch gilt für alle Probenahmen, dass dem **Transport besondere Aufmerksamkeit** gewidmet werden muss. Die Probe muss gekennzeichnet werden und sollte unverändert und unbeschädigt das Labor erreichen. Zu jeder Probe muss eine sinnvolle Protokollierung erfolgen. Die Dokumentation der Probenahme spielt eine wichtige Rolle für die Interpretation der Messergebnisse.

05. Wie erfolgt die Auswahl der Analysemethoden?

Die Auswahl der Analysemethode ist abhängig von den zu bestimmenden Probesubstanzen. Weiter hängt die Auswahl einer geeigneten Analysemethode von der Konzentration des zu bestimmenden Analyten ab. So ist sicher für ein und denselben Analyten eine andere Analysemethode nötig, wenn dieser im Spurenbereich oder nahe an der 100%igen Reinheit zu bestimmen ist.

Oft gestaltet sich eine Analyse einer Probesubstanz besonders schwierig, wenn Begleitsubstanzen eine selektive Erfassung der Probesubstanz stören. So ist oft vor der eigentlichen Bestimmung eine Trennung der Probenbestandteile erforderlich.

06. Wie erfolgt die Dichtebestimmung?

Über die Dichte von Flüssigkeiten lassen sich solche häufig gut identifizieren. Über Kalibrierungen lassen sich sehr einfach und schnell Konzentrationen von Lösungen oder Flüssigkeitsgemischen bestimmen, so z. B. der Frostschutzmittelanteil im Kühlwasser des Autos oder der Zuckergehalt in Fruchtsäften (Oechslegrade).

07. Was sagt der Schmelzpunkt aus?

Der Schmelzpunkt eines Feststoffes ist eine Stoffkonstante und dient der Identifizierung. Verunreinigungen führen häufig zu einer Erniedrigung des Schmelzpunktes und lassen somit eine Abschätzung der Reinheit zu.

08. Wie wird der pH-Wert bestimmt?

Der pH-Wert wird gemessen mit einer Glaselektrode und einem pH-Meter. Der pH-Wert gibt Aufschluss über die Stärke einer Säure oder einer Lauge. Es lässt sich aber auch der Gehalt an Säure oder Lauge bestimmen. Häufig wird der pH-Wert mit zur Überwachung von Abwässern herangezogen.

09. Was sagt die Leitfähigkeit einer Flüssigkeit aus?

Die Leitfähigkeit von wässrigen Lösungen gibt Aufschluss über die Ionenkonzentration in Lösungen. Es wird der elektrische Widerstand zwischen zwei Elektroden, die in die Flüssigkeit tauchen, gemessen.

10. Wann werden titrimetrische Analyseverfahren angewandt?

Für höhere Analytkonzentrationen werden häufig die wenig aufwendigen und daher auch kostengünstigen nasschemischen Analysenverfahren verwendet. Dabei sind die titrimetrischen Verfahren von besonderer Bedeutung.

Säure-Base-Titration
Ist beispielsweise der Gehalt einer Salzsäureprobe zu bestimmen, wird solange eine Natronlaugelösung bekannter Stoffmengenkonzentration zugegeben, bis die gesamte Salzsäure neutralisiert ist. Der Endpunkt dieser Titration wird meist über den Farbumschlag eines Indikators oder elektrometrisch angezeigt. Aus dem Verbrauch an Natronlauge wird der Gehalt der Salzsäure berechnet.

Bestimmung der Säure-, Verseifungs- und Iodzahl
Eine weitere Anwendung von Titrationen liegt im Bereich der Beurteilung von Fetten, Ölen und Wachsen. Man bestimmt titrimetrisch die Säure-, Verseifungs- und Iodzahl. Die Säurezahl ist ein Maß für freie Fettsäuren. Die Verseifungszahl gibt Aufschluss über den Gehalt an freien Säuren und Estern. Der Gehalt an ungesättigten Verbindungen wird durch die Iodzahl bestimmt.

Karl-Fischer-Titration
Der Wassergehalt in einer Probe kann durch die Karl-Fischer-Titration bestimmt werden. Das in der Probe enthaltene Wasser wird durch die Zugabe der Karl-Fischer-Maßlösung verbraucht. Die Maßlösung enthält Iod, das bei der Umsetzung zum farblosen Iodid wird. Der erste Tropfen Überschuss färbt durch das nicht mehr verbrauchte Iod die Lösung braun, der Äquivalenzpunkt ist erreicht.

Komplexometrische Titration
Metallionen bilden mit Komplexbildnern wie EDTA (Ethylendiamin-Tetra-Essigsäure) einen stabilen Komplex. Der Endpunkt wird durch metallspezifische Komplexbildner unter Einhaltung eines bestimmten pH-Wertes angezeigt.

11. Wie werden chromatographische Methoden eingesetzt?

Die analytische Chromatographie ist eine Trenn- und Analysemethode. Meist erfolgt die Trennung in einer Trennsäule, die eine stationäre Phase enthält und von einer mobilen Phase durchströmt wird. Diese mobile Phase führt die Probesubstanzen unterschiedlich schnell durch das Trennsystem und diese werden dann am Ende der Trennsäule detektiert.

Gaschromatographie (GC)
In der Gaschromatographie ist die mobile Phase ein Gas, die stationäre Phase besteht aus einer Flüssigkeit oder aus einem porösen Feststoff. Die Trennleistung wird in erster Linie durch die Art der Trennsäule, die Temperatur, die Art des Trägergases und den Volumenstrom beeinflusst. In der GC lassen sich Stoffe bestimmen, die keinen zu hohen Siedepunkt besitzen und daher ohne sich zu zersetzen verdampfen lassen.

High-Performance-Liquid-Chromatography (HPLC)
Eine weitere chromatographische Methode ist die HPLC. Bei diesem Analysenverfahren werden Trennsäulen mit Kieselgel- oder silanisierten Kieselgelpartikeln als stationäre Phase und einer Flüssigkeit als mobile Phase eingesetzt. Die mobile Phase, auch Eluent genannt, ist flüssig. Die Trennwirkung wird neben der Säulenauswahl maßgeblich von der Zusammensetzung und dem Volumenstrom der mobilen Phase beeinflusst. Der Anwendungsbereich bezieht sich auf fast alle Substanzen, die in einem Eluenten löslich sind.

12. Wie werden spektroskopische Analysemethoden eingesetzt?

Die Identifizierung der stabilen, isolierbaren Produkte erfolgt mit den üblichen Methoden zur Strukturuntersuchung bzw. -aufklärung organischer Verbindungen. Diese Methoden eignen sich vor allem bei kombinierter Anwendung zur vollständigen Strukturaufklärung organischer Verbindungen, auch wenn zur Bestimmung einzelner spezieller struktureller Aspekte, z. B. stereochemischer Art, noch weitere Methoden herangezogen werden müssen. Die genaue Kenntnis der Struktur der Produkte (und Edukte) ist für die Aufklärung des Reaktionsmechanismus von großer Bedeutung, weil die Zwischenprodukte aufgrund ihrer Kurzlebigkeit und geringen Konzentration in vielen Fällen keiner vollständigen Strukturaufklärung unterzogen werden können. Mithilfe der genauen Strukturkenntnis der Edukte und Produkte kann aber auf die Struktur eines Zwischenproduktes rückgeschlossen werden, weil dieses ja aus den Edukten hervorgegangen und in das Produkt umgewandelt worden ist. Zu den wichtigsten zählen heutzutage die NMR-Spektroskopie, die Massenspektrometrie und die IR-Spektroskopie:

NMR-Spektroskopie
Nuclear Magnetic Resonance (NMR) bedeutet kernmagnetische Resonanz. Das bereits 1946 entwickelte Verfahren beruht auf der Resonanz-Wechselwirkung zwischen Radiowellen und bestimmten Atomkernen der zu untersuchenden, meist flüssigen (gelösten), seltener festen oder gasförmigen Substanz, die sich in einem sehr starken äußeren homogenen Magnetfeld befindet. Die NMR-Spektroskopie dient zur Strukturaufklärung von organischen, metallorganischen und anorganischen Verbindungen.

Massenspektrometrie
Die Massenspektrometrie ist eine Methode der instrumentellen Analytik, die aus dem Analyt Ionen erzeugt, diese entsprechend ihres Masse/Ladungs-Verhältnisses (m/z) auftrennt und anschließend registriert. Als Ergebnis erhält man ein Massenspektrum.

UV-VIS-Spektroskopie
Bei der UV-VIS-Spektroskopie wird mit einem Spektralfotometer gemessen, wie stark eine UV- oder VIS-Strahlung von einem in Lösung vorliegenden Analyten absorbiert wird. Im sichtbaren Bereich (VIS) werden gefärbte Verbindungen bestimmt, wobei im UV-Bereich ungefärbte Doppelbindungssysteme gemessen werden. Das Lambert-Beersche Gesetz beschreibt die Abhängigkeit der Absorption (Extinktion) von der Konzentration und der Schichtdicke der Lösung. Mit Kalibriergeraden kann die Konzentration von Analyten bestimmt werden. Viele farblose Substanzen lassen sich durch Reagenzien in stabile gefärbte Komplexe überführen, die dann im sichtbaren (VIS) gemessen werden können. Die UV-VIS-Spektroskopie findet häufig Anwendung in Küvetten Schnelltest für die Bestimmung von z. B. Nitrat oder CSB.

Infrarot-Spektroskopie (IR)
Die IR-Spektroskopie wird zur qualitativen Untersuchung gasförmiger, flüssiger oder fester organischer Verbindungen und deren funktionellen Gruppen eingesetzt. Wird eine IR-Strahlung absorbiert, ruft dies die Änderung des Schwingungszustandes und des Dipolmomentes einer chemischen Verbindung im Molekül hervor. IR-Absorption tritt dann auf, wenn die Eigenfrequenz eines Bindungssystems mit der Frequenz der eingestrahlten IR-Strahlung übereinstimmt. Durch die Unterschiedlichkeit der sich in einem Molekül befindenden Bindungen, erfolgt die Absorption bei verschiedenen, charakteristischen molekülspezifischen Wellenlängen.

Viele dieser Methoden der Instrumentellen Analytik lassen sich auch als Online-Verfahren zur kontinuierlichen Überwachung in der Produktion einsetzen. Weiter findet die kontinuierliche Überwachung von Räumen oder Anlagenteilen auf z. B. krebserzeugende Stoffe mit kontinuierlich arbeitenden GCs statt.

2.6 Beurteilen der Auswirkung von Prozessen auf die Umwelt und Sicherstellen von Umweltschutzmaßnahmen; Auswählen und Einsetzen geeigneter Verfahren

2.6.1 Umweltschutzbereich Wasser

01. Welche Umweltschutzbereiche werden unterschieden?

Während des Betriebs einer chemischen Anlage kommt es in den einzelnen Umweltschutzbereichen neben Wertstoffen, die in den Betrieb zurückgeführt werden, auch zu Reststoffen oder Rückständen. Diese sind kein direktes Produkt der Anlage. Sie können weiterverwertet werden (Recycling) oder müssen entsorgt werden. Reststoffe, die entsorgt werden müssen, bezeichnet man als Abfälle. Je nach Aggregatszustand unterscheidet man bei den Abfällen zwischen Abgasen, Abwässern oder (festen) Abfällen.

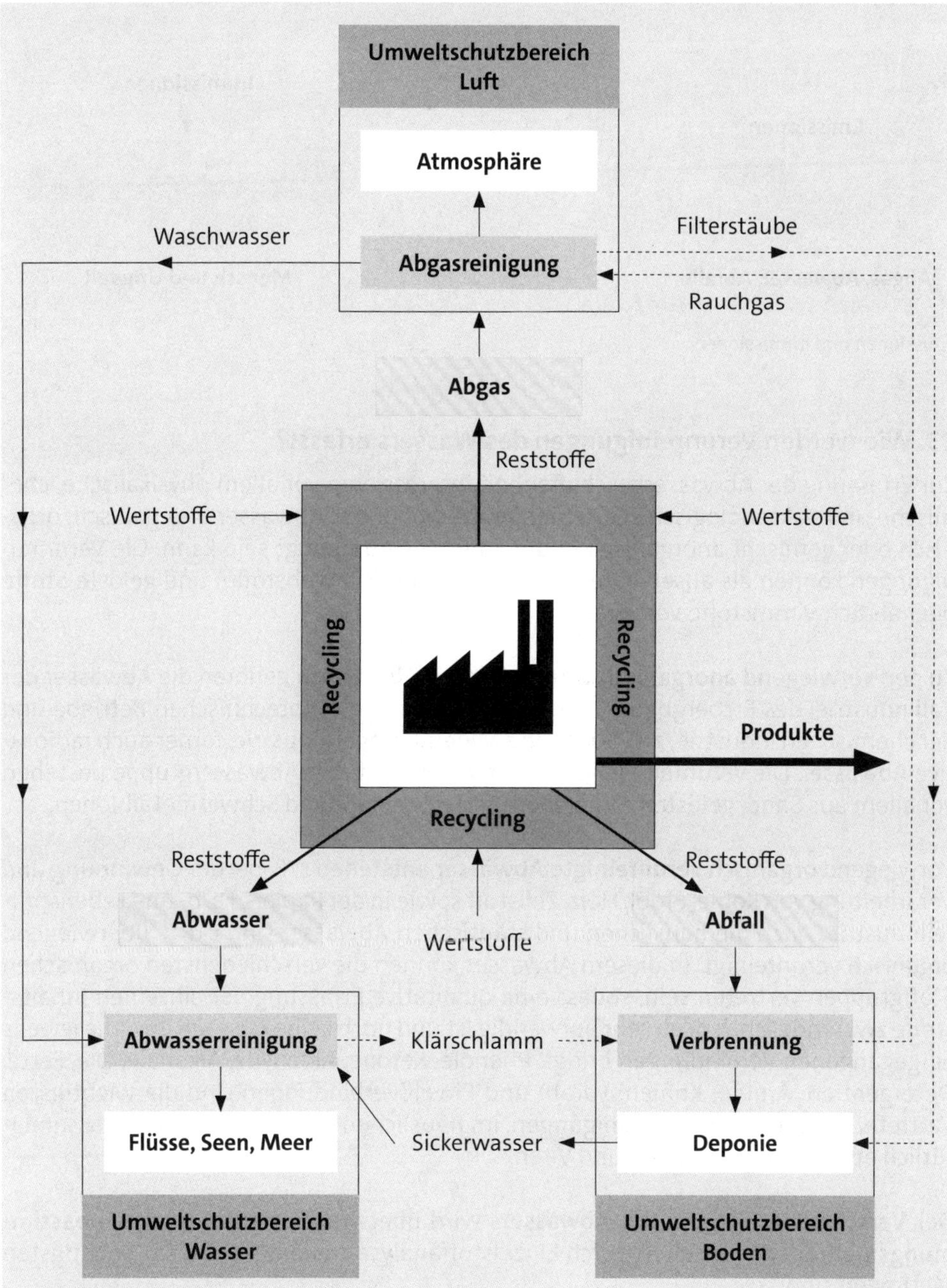

Umweltschutzbereiche
(Quelle: in Anlehnung an: © Ignatowitz, Chemietechnik, 8. Auflage, Verlag Europa-Lehrmittel, 2007, S. 545)

02. Was ist der Unterschied zwischen Emissionen und Immissionen?

Von einem Chemiebetrieb gehen verschiedene Emissionen aus (Abgase, Abwasser und Abfälle), die auf die Umwelt und den Menschen einwirken (Immissionen).

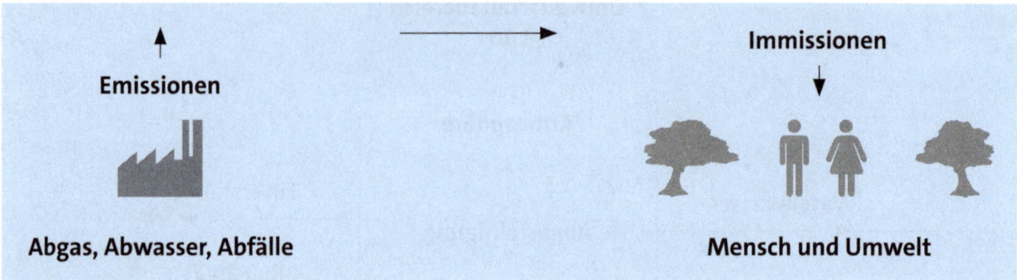

Emissionen und Immissionen

03. Wie werden Verunreinigungen des Wassers erfasst?

Zur Erfassung der Abwasserbeschaffenheit interessieren vor allem physikalische, chemische und bakteriologische Gütemerkmale, wobei das Abwasser anorganisch, organisch oder gemischt anorganisch und organisch verunreinigt sein kann. Die Verunreinigungen können als absetzbare, nicht absetzbare (Schwebstoffe) und gelöste Stoffe oder als Schwimmstoffe vorliegen.

Zu den vorwiegend **anorganisch verunreinigten Abwässern** gehören die Abwässer der Kaliindustrie, des Erzbergbaues, der Beizereien, der galvanotechnischen Betriebe und der chemischen Industrie, z. B. Soda- und Mineraldüngerindustrie, ferner auch radioaktive Abwasser. Die verunreinigenden Komponenten dieser Abwassergruppe bestehen vor allem aus Sand, gelösten Mineralien, Salzen, Metall- und Schwermetall-Ionen.

Vorwiegend **organisch verunreinigte Abwässer** entstehen z. B. bei der Gewinnung und Verarbeitung von Kohle, Erdöl, Holz, Zellstoff sowie in der Papier-, Farb- und Lebensmittelindustrie. Auch die häuslichen und städtischen Abwässer sind i. d. R. überwiegend organisch verunreinigt. In diesem Abwasser können die verschiedensten organischen Stoffgruppen vertreten sein, sodass eine qualitative Erfassung der einzelnen Inhaltsstoffe zwar möglich, jedoch sehr aufwendig ist und noch keine Aussage über die jeweils eingegangenen Verbindungen bringt. Phenole, Ketone, Aldehyde, Alkohole, Öle, Fette, Detergentien, Amine, Kohlenhydrate und Eiweißverbindungen sind die wichtigsten Vertreter organischer Verunreinigungen, im häuslichen und städtischen Abwasser natürlich auch Keime, Bakterien und Viren.

Der **Verschmutzungsgrad des Abwassers** wird überwiegend durch **Summenbestimmungsmethoden**, nur selten durch Einzelstoffanalyse charakterisiert. Die wichtigsten Methoden sind:

- der **biochemische Sauerstoffbedarf** (BSB),
- der **chemische Sauerstoffbedarf** (CSB) und

- der **Gesamtgehalt an organischem Kohlenstoff** (TOC), wobei hier als Modifikation aufgrund des einfacheren Bestimmungsverfahrens häufig
- der **gelöste organische Kohlenstoff** (DOC) genutzt wird.

Zur Bestimmung des **biochemischen Sauerstoffbedarfes** wird eine bestimmte Abwassermenge einer genau bemessenen, sauerstoffgesättigten Wasserprobe zugeführt, die adaptierte Bakterien enthält. Die gegen Luftsauerstoffzutritt abgeschlossene Wasserprobe wird bei einer konstanten Temperatur von 20 °C bebrütet. Die in der Probe enthaltenen Bakterien „verbrennen" die Schmutzstoffe unter Zuhilfenahme des gelösten Sauerstoffes der Probe je nach Abbaubarkeit. Nach einer bestimmten Zeit wird der BSB in mg/l aus dem Differenzbetrag zwischen ursprünglichem und verbliebenem Sauerstoffgehalt unter Berücksichtigung der angewandten Wassermenge ermittelt und danach der Grad der Verschmutzung festgelegt. Je nach Untersuchungsdauer (1,2 - 20 Tage) wird an das Kurzzeichen BSB der entsprechende Index (BSB1, BSB2 bis BSB20) hinzugefügt. In Mitteleuropa wird i. d. R. mit dem BSB5, d. h. mit dem biochemischen Sauerstoffbedarf nach 5 Tagen gerechnet.

Der **chemische Sauerstoffbedarf** ist ein Maß für die chemische Oxidierbarkeit der im Wasser oder Abwasser enthaltenen Stoffe ohne Stickstoffverbindungen. Als Oxidationsmittel können Kaliumpermanganat oder Kaliumdichromat verwendet werden (praktisch wird heute nur noch Kaliumdichromat eingesetzt).

04. Wie können Abwässer aufbereitet werden?

Zur Umsetzung der verschiedenen Aufbereitungsstufen stehen mehrere Verfahren der Wasseraufbereitung zur Verfügung:

- **physikalische Verfahren** zur mechanischen Aufbereitung, wie etwa die Belüftung, Sedimentation oder thermische Einwirkung. Dazu zählt auch der Einsatz von Rechen, Filtern und Sieben.
- **biologische Verfahren**, wie anaerobe Abwasserreinigung, biochemische Oxidation oder Schlammfaulung
- **chemische Verfahren**, wie etwa Neutralisation, Desinfektion, Flockung und Fällung
- **Membran-Verfahren**, wie etwa Filtration, Osmose und Nanofiltration.

05. Wie erfolgt die mechanische Wasseraufbereitung?

Die mechanische Wasseraufbereitung stellt die **erste Stufe** dar. Das noch gänzlich ungeklärte Abwasser wird in einem ersten Schritt mechanisch gereinigt, wodurch etwa 20 - 30 % der enthaltenen Feststoffe entfernt werden. Hierzu wird das Abwasser in eine **Rechenanlage** geleitet, wo ein Rechen oder eine Siebtrommel grobe Verschmutzungen wie Laub, Papier oder Textilien herausfiltert. Verschiedene Rechen, vom Grobrechen mit mehreren Zentimetern Spaltbreite bis zum Feinrechen mit einer Spaltbreite von wenigen Millimetern, durch die das Wasser mit unterschiedlichen Geschwindigkeiten fließt, filtern stufenweise die Grobstoffe heraus. Das maschinell gesammelte Rechengut wird entwässert und über eine Verbrennungsanlage entsorgt.

Anschließend gelangt das vorgereinigte Wasser in einen sog. **Sandfang**. In der Klärtechnik bezeichnet man so ein Absetzbecken, das die Aufgabe hat, grobe Partikel, wie Steine, Glassplitter oder Sand sowie auch grobes organisches Material, das nicht von den Rechen aussortiert wurde, zu entfernen. Dies geschieht mit einer relativ hohen Fließgeschwindigkeit von etwa 0,3 m/s. Man unterscheidet den unbelüfteten Langsandfang, den belüfteten Langsandfang, auch Walzensandfang genannt, und einen Rundsandfang. Beim belüfteten Sandfang werden zusätzlich Fette und Öle wie folgt aus dem Abwasser entfernt: Durch die eingebrachte Prozessluft wird eine Walzenbewegung des Wassers erzeugt, durch die die leichteren Stoffe, wie Öle und Fette, an die Oberfläche getragen werden. Hier können sie leicht vom Wasser abgeräumt werden.

Bei einem Rundsandfang werden die Stoffe mit Zentrifugalkraft vom Abwasser getrennt und abgesaugt. Nach der Reinigung im Sandfang wird das Sandfanggut gewaschen und von organischen Stoffen befreit. Damit erreicht man eine bessere Entwässerung des aufgefangenen anorganischen Materials, das beispielsweise im Straßenbau weiterverwertet werden kann. Ist keine Weiterverwertung möglich, muss das Sandfanggut ordnungsgemäß entsorgt werden: Es wird deponiert oder in Müllverbrennungsanlagen vernichtet.

Das **Vorklärbecken** ist die nächste Stufe der Abwasseraufbereitung. Die Geschwindigkeit des Abwassers ist mit ca. 1,5 cm/s deutlich langsamer als im Sandfang. Die Reduzierung der Fließgeschwindigkeit wird durch eine Verbreiterung des Beckens erreicht. Eine geringe Fließgeschwindigkeit ist notwendig, damit sich die feineren Schmutzpartikel je nach Beschaffenheit am Boden oder an der Wasseroberfläche absetzen können. Der Schlamm, der hier durch Sedimentation (Absetzung am Boden) entsteht, wird Primärschlamm genannt. Er besteht meist aus organischem Material. Mit einem Räumbalken wird der Primärschlamm vom Boden in einen Frischschlammtrichter geschoben. Die aufschwimmenden Stoffe werden zu einem Schwimmschlammschacht weitergeleitet. Eine Pumpe befördert den Frischschlamm in den sog. Faulturm.

Im **Faulturm** entsteht in vier Phasen (Hydrolyse-, Versäuerungs-, Acetongene- und Methanogene-Phase) Methangas, das in einem Blockheizwerk verstromt und zur Energieversorgung der Anlage eingesetzt werden kann. Der Fäulnisprozess im Faulturm ist nach circa 4 Wochen abgeschlossen. Übrig bleibt geruchloser Schlamm, der nach der Entwässerung durch Zentrifugen oder Filter gerne in der Landwirtschaft verwendet wird.

Hier endet die mechanische Reinigungsstufe. Durchschnittlich werden in dieser Phase 30 - 40 % der Verschmutzungen aus dem Abwasser entfernt. Das Abwasser gelangt nun auf seinem Weg durch die Kläranlage in die nächste Stufe der Abwasseraufbereitung.

06. Wie erfolgt die biologische Aufbereitung?

In den meisten Kläranlagen gelangt das in der mechanischen Reinigungsstufe vorgereinigte Wasser nun in die sog. **Belebungsbecken**, die häufig als Umlaufbecken angelegt sind. Hier findet die biologische Reinigung statt. Das Wasser wird durch die Zufuhr von Sauerstoff und mithilfe von Propellern in einen Umlauf versetzt. Es entstehen mehr oder weniger belüftete Areale, in denen unterschiedliche Milieubedingungen für Bakterien und Kleinstlebewesen geschaffen werden. Diese Mikroorganismen ernähren sich von den noch vorhandenen organischen Verschmutzungen des Wassers und wandeln sie in anorganische Stoffe um. Die Bakterien bilden Belebtschlammflocken, die frei im Wasser schweben. Die Zufuhr von Sauerstoff regt die Vermehrung der Bakterien an und fördert somit die Belebtschlammbildung. Man nennt dieses Verfahren der biologischen Abwasserreinigung daher auch **Belebtschlammverfahren**.

Das Abwasser mit dem Belebtschlamm wird ins **Nachklärbecken** eingeleitet. Hier wird die Fließgeschwindigkeit des Abwasserstromes erneut reduziert. Es erfolgt die Sedimentation: Der Belebtschlamm setzt sich am Boden des gereinigten Wassers ab, wo er durch maschinelle Räumeinrichtungen am Boden vom klaren Wasser getrennt werden kann. Ein Teil davon wird als zusätzliche Biomasse in den Faulturm weitergeleitet. Der andere Teil des Schlammes, den man auch „Rücklaufschlamm" nennt, wird zurück in das Belebungsbecken geleitet, um sicherzustellen, dass genügend Mikroorganismen für den Schmutzabbau im Belebungsbecken vorhanden sind. Nach der biologischen Reinigung ist das Abwasser zu ca. 90 % von biologisch abbaubaren Stoffen gesäubert.

Die biologische Reinigungsstufe ist aufgrund der Sauerstoffzufuhr durch Kompressoren die energiereichste Phase im gesamten Reinigungsprozess. Hat das Wasser die gesetzlich vorgeschriebene Qualität erreicht, kann es in den Wasserkreislauf, z. B. in einen Fluss, zurückgeführt werden. In vielen anderen Fällen reicht die biologische Reinigung nicht aus. Dann sind weitere Abwasserbehandlungsverfahren notwendig, z. B. eine Aufbereitung in Form einer chemischen Behandlung. Dabei kommen auch chemische Zusatzstoffe zum Einsatz.

07. Wie erfolgt die chemische Abwasseraufbereitung?

In dieser **dritten Stufe der Abwasseraufbereitung** nutzt man chemische Prozesse für die Abwasserbehandlung. Dazu werden chemische Verbindungen für die Herstellung der gesetzlich vorgeschriebenen Wasserrichtwerte eingesetzt. Zur chemischen Abwasseraufbereitung in Kläranlagen gehören die **Neutralisation, die Desinfektion, die Phosphatfällung, die Stickstoffelimination, die Enteisung und die Entmanganung**.

- Die **Neutralisation** dient der Herstellung des vorgeschriebenen pH-Wertes, der durch die Zugabe einer Säure, z. B. HCl oder einer Base, z. B. Kalkmilch, erreicht wird.
- Bei der **Desinfektion** werden durch Zugabe von Chlor oder Chlordioxid Krankheitserreger abgetötet. Statt der Zuführung von Chemikalien stellt hierbei die Bestrahlung des Abwassers mit UV-Licht eine gute Alternative dar, die jedoch seltener verwendet wird.

- **Phosphat-Elimination:** Unsere Abwässer sind häufig mit Phosphaten aus Waschmitteln, Düngern, Lebensmittelzusätzen und Fäkalien belastet. Bleiben sie im Abwasser, führen sie zu einer Überdüngung der Gewässer und einer Anreicherung mit Nährstoffen, die zu nutzlosem, für das Ökosystem schädlichem Pflanzenwachstum (Eutrophierung) führen kann.

  Die Entfernung der Phosphate geschieht durch einen chemischen Fällungs- bzw. Flockungsprozess. Die Phosphatfällung wird durch Zugabe von Aluminium- oder Eisensalzen teilweise bereits im Sandfang oder im Nachklärbecken ausgelöst. Die Metall-Phosphat-Flocken, die sich bei dieser Nachklärung absetzen, entnimmt man anschließend zusammen mit dem Belebtschlamm dem Abwasser. Je nach Betriebsweise lässt sich das Phosphat auch mithilfe von Mikroorganismen aus dem Abwasser „fischen". Man spricht in diesem Fall von einer biologischen Phosphor-Elimination, die allerdings noch selten angewendet wird.

- Zu der chemischen Wasserreinigung gehört auch die **Stickstoff-Elimination:** Sie erfolgt, um gewässerschädliche Stickstoffverbindungen, wie Ammoniak und Ammonium, aus dem Abwasser zu entfernen. Stickstoffverbindungen entziehen dem Wasser den lebensnotwendigen Sauerstoff und können bei Einleitung in Gewässer sogar ein Fischsterben verursachen. Die Stickstoff-Elimination erfolgt durch die Nitrifikation und die Denitrifikation: Bei der Nitrifikation wird unter Zugabe von anaeroben Bakterien und Sauerstoff Ammonium zu Nitrit und in einem zweiten Schritt zu Nitrat umgewandelt. Die darauffolgende Denitrifikation wird ebenfalls durch Zugabe von anaeroben Mikroorganismen ausgelöst. Diese zersetzen das Nitrat durch enzymatische Aktivitäten zu Stickstoffgas, das in die Atmosphäre zurückgeführt wird.

- **Enteisenung:** Um den Eisengehalt des Abwassers auf den vorgeschriebenen Wert zu senken, werden Eisen (II) Kationen durch Zugabe von Sauerstoff oxidiert. Um den Oxidationsprozess auszulösen, muss dem Abwasser außerdem Natronlauge hinzugefügt werden.

- **Entmanganung:** Mangan liegt im Abwasser meist als Manganhydrogencarbonat vor. Durch Zuführung von Sauerstoff werden schwerlösliche Mangan-IV-Verbindungen gebildet, die leicht aus dem Wasser entfernt werden können.

08. Wie erfolgt die Wasseraufbereitung mittels Membran-Verfahren?

In der **vierten und letzten Reinigungsstufe** kommen Membran- und Filterverfahren zum Einsatz. Zum Teil wird diese Reinigungsstufe mit den chemischen Verfahren der Fällung und Flockung kombiniert. So entsteht z. B. die Methode der **Flockungsfiltration**. Dem Abwasser werden Fäll- und Flockungsmittel zugesetzt, was zur Flockenbildung der abzuscheidenden Stoffe führt. Das Abwasser mit dem ausgeflockten Material wird im Anschluss über einen Tuch- oder Sandfilter geleitet. Es sickert langsam durch die Filterschicht. Dabei werden selbst kleinste organische Schwebstoffe entfernt. Die **Nanofiltration** funktioniert ganz ähnlich. Im Unterschied zur normalen Filtration wird das Wasser jedoch mit Druck durch eine Membran geleitet, die auch gelöste, kleinste Partikel, wie Moleküle oder Schwermetall-Ionen, zurückhält. Das Gleiche passiert bei der **Umkehrosmose**, hier werden sogar noch höhere Arbeitsdrücke und feinere Membrane verwendet.

Was bei der Filtration, Nanofiltration und Umkehrosmose an Schmutzstoffen zurückgehalten wird, geht über das Vorklärbecken als Filterschlamm in die Schlammbehandlung. Das Wasser gelangt nun in den letzten Bereich der Kläranlage, den Klarwasserspeicher. Hier werden erneut Wasserproben entnommen und die Wasserqualität geprüft. Erst wenn die gesetzlich vorgeschriebenen Parameter erfüllt sind, wird das gereinigte Wasser in den Wasserkreislauf zurückgeführt.

2.6.2 Umweltschutzbereich Luft

01. Was versteht man unter Abgas in der chemischen Produktion?

Abgase sind die bei einem Verbrennungs- oder Produktionsprozess anfallenden, **nicht mehr nutzbaren gasförmigen Abfallprodukte**. Die Abgase enthalten luftverunreinigende Stoffe wie Kohlenstoffmonoxid und Kohlenstoffdioxid, Schwefeloxide, Stickoxide sowie Staub und Ruß. Wenn die verbrennenden Stoffe weitere Elemente wie z. B. Chlor, Fluor, Phosphor enthalten, sind entsprechende Gase und Staubpartikel mit diesen Elementen im Abgas enthalten. Bestes Beispiel hierfür sind die Abgase von Müllverbrennungsanlagen.

02. Welche Möglichkeiten der Abgasreinigung werden in der Chemie eingesetzt?

Als Abgasreinigung bezeichnet man die **Abscheidung von Luftverunreinigungen aus Abgasen zum Umweltschutz**. Zur Entfernung der festen Bestandteile im Abgas werden die Verfahren der Entstaubung angewandt. Für gasförmige und flüssige bzw. tropfenförmige Stoffe können je nach den chemischen und physikalischen Eigenschaften der Stoffe im Wesentlichen die folgenden Verfahren eingesetzt werden:

Absorption:
Als Absorptionsmittel wird wegen seiner geringen Kosten Wasser bevorzugt. Reicht die Absorptionsfähigkeit von Wasser nicht aus, muss die Absorption durch chemische Umsetzung mit Zusätzen (Chemisorption) ergänzt werden. Für saure Abgase benötigt man basische und für basische Abgase saure Zusätze. Absorber können als Sprühdüsenwäscher, Wirbelstromnassabscheider oder Venturiwäscher aufgebaut sein und erreichen hohe Absorptionsgrade. Andere Absorptionsmittel sind Öle (Ölwäsche) für organische Substanzen.

Nachteile der Absorptionsverfahren sind die entstehenden Abwässer oder Deponierprobleme.

Eine Sonderstellung nimmt die **Rauchgasentschwefelung** ein. Bei diesem Verfahren handelt es sich um eine Methode zur Entfernung von Schwefeldioxid aus Abgasen durch Calciumhydroxid als Absorptionsmittel. Dadurch entsteht REA-Gips, welcher in der Bauindustrie ein beliebter Rohstoff ist.

Adsorption:
Die Adsorber sind meist mit einem Adsorptionsmittel (Adsorbens), oft Aktivkohle, gefüllt. Nach einer gewissen Betriebsdauer ist das Adsorbens beladen und kann keine weiteren Schadstoffe mehr aufnehmen. Es muss regeneriert werden. Die Regeneration (Desorption) kann z. B. durch Erhitzen erfolgen, auch unter Zuhilfenahme von heißem Wasserdampf. Um den Ausfall der Adsorptionseinheit während der Regenerationsphase zu verhindern, werden i. d. R. mehrere Adsorber wechselseitig betrieben. Bei Kleinstanlagen wird das Adsorbens verworfen.

Thermische Nachverbrennung:
Bei der thermischen Nachverbrennung sind eine Temperatur um 900 °C und eine ausreichende Verweilzeit im Verbrennungsraum erforderlich. Im einfachsten Fall kann die thermische Nachverbrennung in anderen betrieblichen Verbrennungsanlagen (z. B. Kesselhäuser) erfolgen. Anderenfalls muss die notwendige Temperatur durch zusätzliche Brennstoffe erzeugt werden. Das Verfahren wird dann sehr aufwendig und erzeugt seinerseits zusätzliche Luftverunreinigungen.

Die thermische Nachverbrennung ist das optimale, lufthygienisch beste Verfahren, da die Abgase bis auf die Fremdelemente Stickstoff, Schwefel und Halogene komplett zu Wasser und Kohlendioxid umgesetzt werden. Um jedoch die Kosten für zusätzliche Brennstoffe gering zu halten, wird bei der thermischen Nachverbrennung sehr oft ein Wärmetauschermedium z. B. Keramik eingesetzt. Durch verschiedene Zyklen innerhalb der Verbrennungsanlagen wird die Temperatur nahezu konstant gehalten. Die Betreiberkosten minimieren sich. Bei geringen Beladungen des Abgasstromes wird manchmal ein Adsorber zur Aufkonzentration der Schadstoffe vorgeschaltet. So muss nur ein geringer Volumenstrom mit hoher Beladung durch die thermische Nachbehandlung. Die reduziert sowohl die Baugröße und die damit verbundenen Investitionen als auch die Energiekosten.

Katalytische Verfahren:
Die katalytische Abgasreinigung kommt sowohl in industriellen Großanlagen als auch in jedem modernen Pkw zum Einsatz. Der Vorteil ist der vergleichsweise geringe Energieaufwand, der für die chemische Reaktion der Abgasreinigung notwendig ist. Nachteilig sind die z. T. höheren Investitions- und Wartungskosten der Katalysatoren im Gegensatz zu anderen Verfahren sowie die Empfindlichkeit der Katalysatoren gegenüber Verunreinigungen und sog. Kataylsatorgiften. Da bei technisch relevanten Prozessen die genaue Zusammensetzung des Abgases oft unbekannt ist und eventuelle Katalysatorgifte nicht ausgeschlossen werden können, verzichtet man in der Industrie häufig auf eine katalytische Oxidation.

Als **Beispiel** für die katalytische Abgasreinigung sei an dieser Stelle der **Dreiwegekatalysator** in Pkws mit Otto-Motor erwähnt. Er besteht aus einem keramischen Grundkörper, der mit Edelmetallen wie z. B. Platin, Rhodium u. a. beschichtet ist. An der Oberfläche laufen die chemischen Reaktionen der Abgasreinigung stark beschleunigt und bei geringer Energiezufuhr ab. Das im Abgas enthaltene Kohlenmonoxid (CO) wird zu Kohlendioxid (CO_2) oxidiert, die Stickoxide (NOx) werden zu Stickstoff (N_2) reduziert. Früher wurden den Kraftstoffen bleiorganische Verbindungen wie Tetraethylblei als Antiklopfmittel zugesetzt. Das Blei setzte sich auf der Oberfläche des Katalysators ab und verunreinigte ihn so stark, dass seine Wirksamkeit stark eingeschränkt wurde oder ganz zum Erliegen kam. Man spricht dann auch von einer „Vergiftung" des Katalysators. Aus diesem Grund werden in modernen Kraftstoffen keine Bleiverbindungen mehr zugesetzt.

Nicht katalytisch-chemische Verfahren:
Zu den nicht katalytisch-chemischen Verfahren zählen solche Verfahren, bei denen schädliche Abgasbestandteile durch chemische Reaktionen mit speziell zugegebenen Chemikalien dazu führen, dass die Schadstoffe in eine weniger schädliche Form überführt werden. Ein in der Industrie häufig eingesetztes Verfahren ist das sog. **SNCR-Verfahren** (**s**elective **n**on-**c**atalytic **r**eduction). Bei dieser Form der Entstickung von Abgasen werden alle Stickoxide (NOx) durch Ammoniak (NH_3) zu elementarem Stickstoff (N_2) reduziert. Das Ammoniak wird dazu direkt in die Abgasleitung bei einer Temperatur von 900 - 1.000 °C eingedüst. Die eingesetzte Menge an Ammoniak ist allerdings genau auf die Menge an Stickoxiden abzustimmen, da sich ansonsten Ammoniakreste im Abgas befinden können, die ebenfalls entfernt werden müssen.

2.6.3 Umweltschutzbereich Boden

01. Was versteht man unter einer Bodenkontamination?

Von einer Bodenkontamination wird dann gesprochen, wenn ein **Boden von einer chemischen, physikalischen und biologischen Belastung betroffen** ist. Neben Bodenkontamination sind auch Begriffe wie Bodenverunreinigung, Bodenverschmutzung oder Bodenbelastung gebräuchlich.

Eine Bodenkontamination ist **meistens künstlich entstanden und durch den Menschen hervorgerufen**. Auch können Unfälle ein Bodengebiet komplett verseuchen. Verunreinigte Orte können z. B. alte Fabrikgelände, brachliegende Felder, Mülldeponien oder andere Orte, an denen mit giftigen Stoffen gearbeitet wurde, sein. Oft verschmutzen auch giftige Abwässer die nahegelegenen Gebiete und Gewässer. Durch Flüsse und Bäche werden die Giftstoffe oft kilometerweit flussabwärts transportiert.

Bei einem Bauvorhaben werden **Bodenproben** genommen, um eine Bodenkontamination mit Schadstoffen auszuschließen. Oft treten durch diese Proben Altlasten zu Tage, die vorher nicht bekannt waren oder oft auch absichtlich vertuscht werden. Bei geringer Schadstoffbelastung können Böden abgetragen werden und die Kontamination beseitigt werden. Doch oft werden durch Unfälle und große Umweltkatastrophen, wie das Sinken von Öltankern oder ein Leck in einem Atomkraftwerk, die Böden so stark kontaminiert, dass eine Rettung der Böden kaum möglich ist. Je nach Größe des Gebietes und Schwere der Verseuchung kommen enorme Geldsummen für die Beseitigung der Kontamination zusammen.

02. Wie kann kontaminierter Boden wieder saniert werden?

Bei einer **Bodensanierung werden Schadstoffe aus kontaminierten Böden entfernt**. Solche Stoffe sind – je nach industrieller Nutzung – z. B. Schwermetalle, Mineralöl.

Je nach Schadstoff können unterschiedliche Verfahren zum Einsatz kommen:

- **Anorganische Schadstoffe** (z. B. Schwermetalle) können **mittels chemisch-physikalischer Verfahren** herausgelöst werden, z. B. durch
  - **Extraktion der Schadstoffe mit einer Waschflüssigkeit** (Tenside und/oder organische Lösemittel). Da diese meist nicht vollständig abläuft, kann die **Hochdruckextraktion** angewendet werden, bei der verdichtete Gase als Extraktionsmittel, wie z. B. Kohlenstoffdioxid, benutzt werden, oder
  - **Phytosanierung** mithilfe von geeigneten Pflanzen, die z. B. Cadmium oder Chrom im Wurzelbereich aufnehmen und in ihren Blättern anreichern.
- **Organische Schadstoffe** (z. B. Mineralöle, Lösemittel, PAK) können auch abgebaut werden, z. B.:
  - **thermisch**, wobei das kontaminierte Material in Drehrohröfen bei über 1.100 °C mit einer nachgeschalteten Abluftreinigung verbrannt wird oder
  - **mikrobiologisch**, wobei extremophile Organismen verwendet werden oder
  - mittels **Waschverfahren**.
- **Leicht-flüchtige Substanzen** (Lösemittel, z. B. Benzin, Benzol oder chlorierte Kohlenwasserstoffe) können auch mittels **Bodenluft-Absaugung** entfernt werden.

Dies kann auf der Altlast selbst (on-site) – mittels mobiler Behandlungsanlagen oder ohne Aushub des Bodens (in-situ) – oder off-site durch Abtransport des belasteten Bodens zu einer entsprechenden Bodenbehandlungsanlage erfolgen. Billiger und daher weit häufiger sind aber die Entsorgung kontaminierter Böden bzw. Altlasten durch Bodenaustausch (Abtragen und Deponieren plus Neukauf und Aufbringung) oder Sicherungsmaßnahmen zum Unterbinden des Kontakts mit den Schadstoffen (z. B. Abdecken mit einem Geotextil und sauberem Boden, Immobilisierung durch Zugabe von aushärtenden Stoffen).

2.6.4 Reststoffe

01. Was bezeichnet Pyrolyse?

Pyrolyse bezeichnet die Zersetzung von Molekülen unter Einfluss von Temperatur, ohne die Zuführung von Verbrennungssauerstoff. Die dabei entstehenden Pyrolysegase können in einem weiteren Schritt zur Befeuerung eines Verbrennungsofens genutzt werden. Eine Pyrolyse wird der eigentlichen Verbrennung vorgeschaltet, um den Verbrennungsprozess effizienter zu gestalten. Die Abwärme der Verbrennung kann wiederum genutzt werden, um den Pyrolyseofen zu heizen. Verbrennung und Pyrolyse werden daher oft kombiniert.

02. Wie werden Deponien unterschieden?

Die Anforderungen an eine Deponie sind sehr unterschiedlich, je nachdem welche Abfälle dort gelagert werden sollen. Es ist aber in jedem Fall sicherzustellen, dass keine umweltschädlichen Stoffe in das Grundwasser gelangen können. Je nach Abfallart, werden deshalb auch die Deponien in verschiedene Klassen eingeordnet:

- **Deponieklasse 0:** Deponie für Inertabfälle (gering belastete mineralische Abfälle)

  In diesen Deponien wird Bauschutt oder Boden abgelagert, der keine Belastungen aufweist. Diese Anlagen benötigen Entwässerungsschicht an der Basis von 30 cm Mächtigkeit sowie eine geologische Barriere von mindestens 1 m Dicke.

- **Deponieklasse I:** Deponie für nicht gefährliche Abfälle (mit sehr geringem organischem Anteil)

  Die Deponien der Klasse I nehmen Abfälle mit niedrigem Schadstoffgehalt sowie mit einem sehr geringen Anteil organischer Stoffe auf, wie beispielsweise vorbehandelte Industrieabfälle und Aschen aus der Abfallverbrennung.

  Die Deponien besitzen eine durch mineralische Stoffe aufgebaute Basisabdichtung.

- **Deponieklasse II:** Deponie für nicht gefährliche Abfälle DK II (mit höherem organischem Anteil)

  Auf den Deponien der Klasse II werden Abfälle abgelagert, welche nicht in der Deponieklasse I lagern, u. a. sind dies vorbehandelte Siedlungsabfälle oder asbesthaltiges Material.

  Im Vergleich zur Deponieklasse I besitzt diese Klasse eine Basisabdichtung, welche Sickerwässer fasst, damit diese einer Reinigung zugeführt werden können.

- **Deponieklasse III:**

  Auf Deponien der Klasse III lagern intensiv zu überwachende Sonderabfälle. Der Bau einer solchen Deponie erfordert eine rund 1 m dicke geologische Barriere und ein regelmäßig zu prüfendes Dichtungssystem.

03. Was bedeutet die Vorbehandlung von Stoffen für die Deponierung?

Zum Teil müssen die zu deponierenden Abfälle vorbehandelt werden. Dazu zählt die Entwässerung durch Pressen und Zentrifugen, die Zerkleinerung von grobkörnigen Abfallstoffen sowie die biologische Vorbehandlung von organischen Stoffen (Kompostierung):

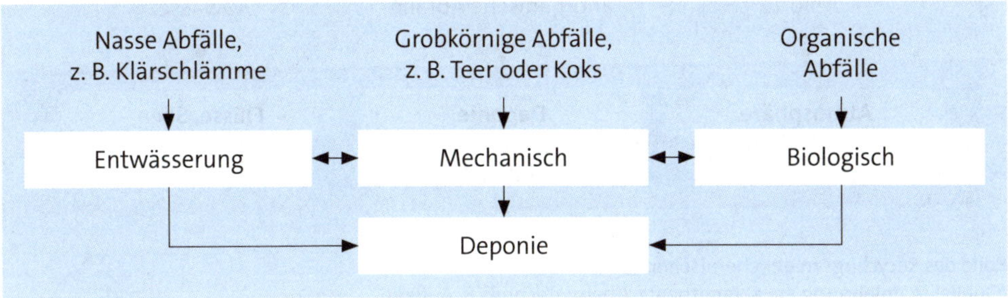

Vorbehandlung der zu deponierenden Stoffe

04. Was bedeutet Recycling?

Wörtlich übersetzt bedeutet der Begriff „Recycling" „in den Kreislauf zurückführen". In Deutschland hat sich ein mehr oder weniger gut funktionierendes Recyclingsystem herausgebildet. Die rechtliche Grundlage dieses Systems bildet das Kreislaufwirtschafts- und Abfallgesetz (KrWG).

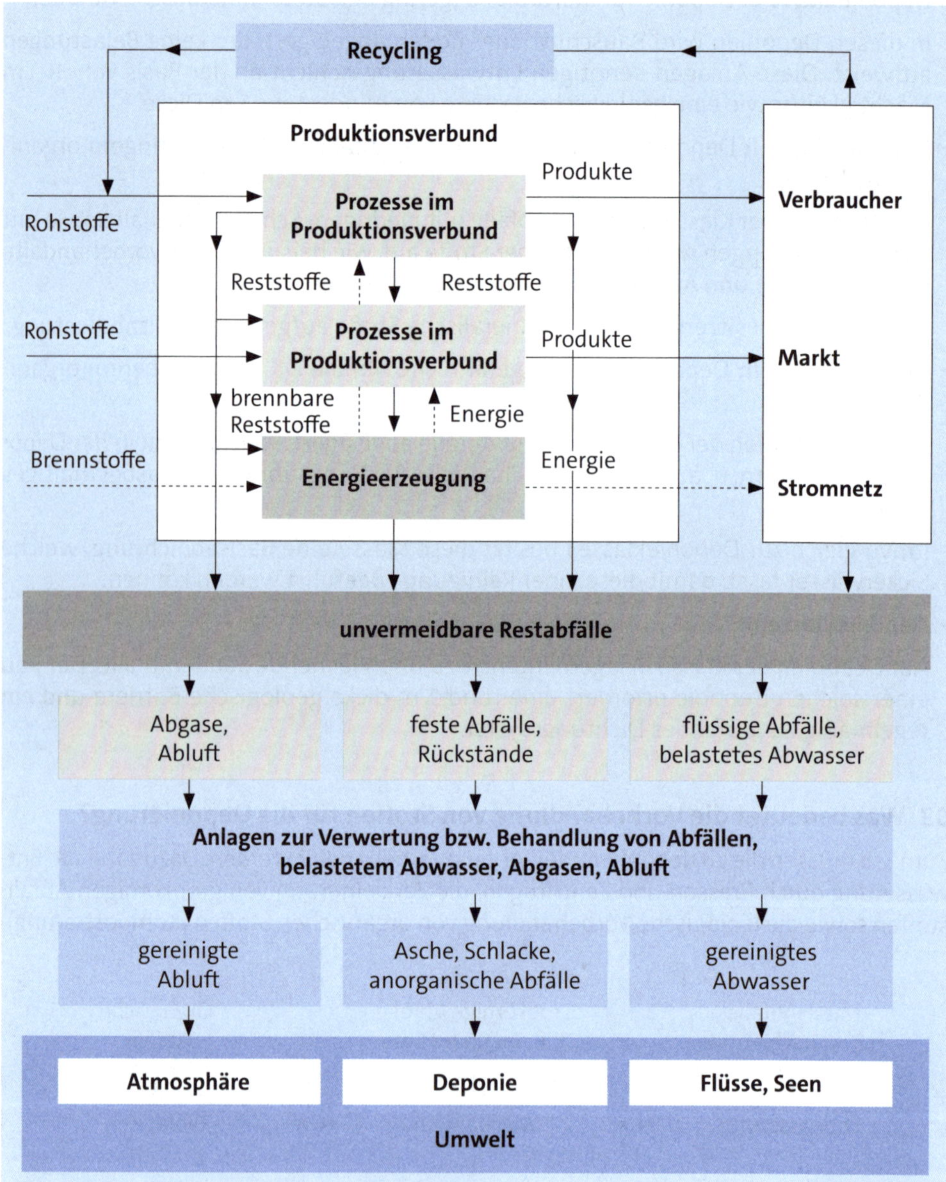

Rolle des Recyclings in der chemischen Produktion
(Quelle: in Anlehnung an: © Ignatowitz, Chemietechnik, 8. Auflage, Verlag Europa-Lehrmittel, S. 564)

05. Was beschreibt die Abfallpyramide?

Ziel der 5-stufigen Abfallpyramide ist es, dass weniger Abfall anfällt bzw. der anfallende Abfall so gut wie möglich verwertet wird. So sollen Ressourcen eingespart werden.

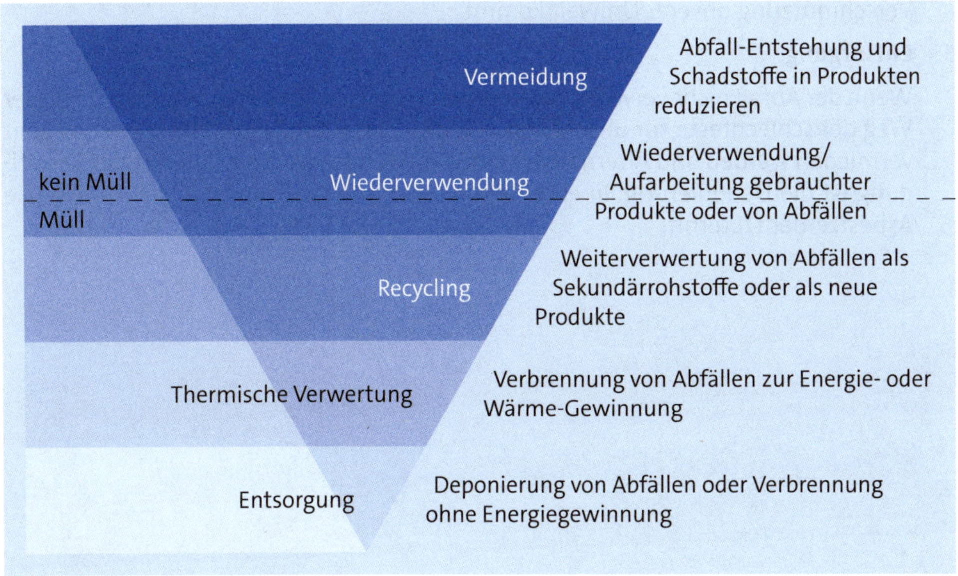

Abfallpyramide

1. **Abfallvermeidung**

   An der „Spitze" der Abfallpyramide steht Abfallvermeidung. Der beste Müll ist der, der gar nicht erst anfällt. Denn wenn kein Abfall produziert wird, dann muss er auch nicht verwertet werden. Und dadurch werden auch keine kostbaren Rohstoffe verbraucht.

2. **Wiederverwendung**

   Bevor man etwas wegwirft, sollte man sich die Frage stellen *„Kann ich bzw. jemand anderes das noch verwenden?"*. Wege, um Dinge in die Wiederverwendung zu geben, sind: Verkaufen, Verschenken, Spenden oder dem Produkt einen anderen Nutzen geben (z. B.: ein zerrissenes T-Shirt zum Putzen verwenden).

3. **Recycling**

   Der beste Weg, um Abfall zu verwerten, ist das Recycling. Recycling bedeutet Wiederverwertung. In Österreich werden über 85 % der Verpackungsabfälle (gesammelt von der ARA AG) einer Wiederverwertung zugeführt. Das bedeutet, dass aus einem alten Produkt ein neues Produkt (oder ein Rohstoff für ein neues Produkt) hergestellt wird.

   Beispiele:

   - Aus alten PET-Flaschen werden neue Getränkeflaschen.
   - Aus Getränkedosen werden Metallgehäuse für Handys.
   - Aus Zeitungen wird WC-Papier.

4. **thermische Verwertung**

   Abfälle, welche die Qualitätsansprüche für das Recycling nicht erfüllen, werden anderswertig verwertet. Also werden diese z. B. als Ersatzbrennstoff in der Industrie verwendet. Natürlich gibt es dafür sehr hohe Standards, sodass es dabei zu keiner Verschmutzung unserer Umwelt kommt.

5. **Entsorgung**

   Wenn der Abfall nicht verwertet werden kann, muss er beseitigt werden. Da dieser Weg der schlechteste für unsere Umwelt ist, sollten solche Abfälle soweit es geht vermieden werden und Alternativen dafür verwendet werden. Eine Art der Beseitigung ist die Deponierung. In eine Deponie kommen z. B. gefährliche Abfälle wie Asbestzement/Eternit.

3. Prozessleittechnik

INFO

Prüfungsanforderungen

Im Qualifikationsschwerpunkt „Prozessleittechnik" soll die Fähigkeit nachgewiesen werden, unter Berücksichtigung naturwissenschaftlich-technischer und mathematischer Gesetzmäßigkeiten, mithilfe von mess-, steuerungs- und regelungstechnischen Einrichtungen, Prozesse bewerten und optimieren zu können.

Qualifikationsschwerpunkt Prozessleittechnik (Überblick)

3.1 Bewerten und Optimieren des Einsatzes von Messeinrichtungen

3.2 Einsetzen von Steuerungs- und Regelungssystemen zur Prozessoptimierung

3.3 Veranlassen und Organisieren von Maßnahmen zur Behebung von Störungen

3.4 Sicherstellen der Einhaltung von Vorschriften des Arbeits- und des Umweltschutzes

3.5 Darstellen von Steuerungs- und Regelungsprozessen

3.1 Bewerten und Optimieren des Einsatzes von Messeinrichtungen

3.1.1 Kriterien zum Einsatz von Messeinrichtungen (Sensorik)

01. Wie werden EMSR-Aufgaben formuliert?

Die Erstellung von EMSR-Anlagen geschieht in mehreren Schritten, die zwischen dem ersten Entwurf und der endgültigen Inbetriebnahme liegen.

In der Entwurfsphase wird in enger Zusammenarbeit zwischen Chemikern bzw. Betriebs-, Verfahrenstechnik und EMSR-Technik die Aufgabenstellung für die EMSR-Einrichtungen erarbeitet. Dabei wird festgelegt, welche physikalischen Größen (Druck, Temperatur, Durchfluss usw.) zu bearbeiten sind und wie diese verarbeitet werden müssen (anzeigen, registrieren, regeln). Auch über den verfahrensgerechten Mess- und Stell-Ort müssen Absprachen getroffen werden. Beispielsweise ist festzulegen, auf welchem Boden der Destillationskolonne die Temperatur zu messen ist und wo die Regelventile einzubauen sind.

Diese Aufgabenstellung wird zunächst vereinfacht im Verfahrensfließbild und dann detailliert im R&I-Schema (Rohrleitungs- und Instrumentenschema) dargestellt. Dazu werden Bildzeichen und Kennbuchstaben nach DIN EN 62424 verwendet. Nach Erarbeitung des grundsätzlichen Konzepts wird in Zusammenarbeit zwischen Betreiber, Verfahrenstechnik, MSR-Technik und Anlagensicherheit das Schutzkonzept für die Anlage erarbeitet. Dabei wird z. B. festgelegt, welche Apparate und Rohrleitung durch Sicherheitsventile abzusichern sind und welche EMSR-Einrichtungen der Anlagensicherheit dienen. Die Ergebnisse werden in den R&I-Schemen eingetragen.

Damit liegt die Aufgabenstellung für die EMSR-Technik fest. Der weitere Projektablauf umfasst aus Sicht der EMSR-Technik im Wesentlichen folgende Tätigkeiten:

- Erarbeitung des Steuerungs- und Regelungskonzepts
- Auswahl der Gerätetechnik
- Berechnung von Messumformern und Stellgeräten
- Detailplanung (Erstellen von Konstruktionsplänen)
- Montage der MSR-Technik
- Funktionsprüfung (Loop-Check) der einzelnen Mess- und Regelkreise
- Inbetriebnahme der Anlage in Zusammenarbeit mit dem Betreiber
- Rückdokumentation (Revision).

02. Weshalb ist in EMSR-Anwendungen häufig eine Hilfsenergie notwendig?

Die meisten Mess-, Steuerungs- und Regelungseinrichtungen benötigen zur Erfüllung ihrer Funktion Hilfsenergie. Mit der Hilfsenergie wird die Messgröße abgebildet, der Messwert fernübertragen, der Messwert mit dem Sollwert verglichen, aus der Regelabweichung die Stellgröße bestimmt und schließlich wird mittels der Hilfsenergie über den Stellantrieb auf die Strecke eingewirkt. In Chemiebetrieben haben sich die pneumatische und die elektrische Hilfsenergie durchgesetzt.

03. Was versteht man unter pneumatischer Hilfsenergie und welche Vor- und Nachteile besitzt sie?

Als pneumatische Hilfsenergie verwendet man öl-, wasser- und verunreinigungsfreie Druckluft von 1,4 bar für die Signalverarbeitung und von bis zu 6 bar für die Stellantriebe.

Vorteile der pneumatischen Hilfsenergie:
Geräte mit pneumatischer Hilfsenergie sind robust, übersichtlich und zuverlässig. Da sie meist unter leichtem innerem Überdruck stehen, kann keine korrosive Atmosphäre in die Geräte eindringen und sie durch Korrosion zerstören. Im Gegensatz zu elektrischen und besonders zu elektronischen Geräten sind pneumatische Geräte unempfindlich gegen Blitzeinwirkungen und elektromagnetische Störungen. Für pneumatische Geräte muss kein Explosionsschutz vorgesehen werden.

Nachteile der pneumatischen Hilfsenergie:
Die Übertragung von pneumatischen Signalen über große Distanzen dauert relativ lange. Daraus ergibt sich ein geringer Aktionsradius. Der wesentliche Nachteil ist jedoch die eingeschränkte Verarbeitbarkeit der Signale. Besonders die gute Verarbeitbarkeit der Signale hat dazu geführt, dass in modernen Anlagen hauptsächlich elektrisch instrumentiert wird. Die Pneumatik hat jedoch bei örtlichen Regelkreisen und wenn es darum geht die Kräfte für die Betätigung von Stellantrieben aufzubringen durchaus ihre Berechtigung.

04. Was versteht man unter elektrischer Hilfsenergie?

Mit elektrischer Hilfsenergie arbeiten sowohl analoge Einzelgeräte als auch digitale Leitsysteme. Alle Systeme der binären Steuerungstechnik verwenden elektrische Hilfsenergie. Als elektrische Hilfsenergie verwendet man Gleich- und Wechselspannung von 24 V und in seltenen Fällen von 230 V.

In der MSR-Technik unterscheidet man nicht nur hinsichtlich der verwendeten Hilfsenergie, sondern auch zwischen Feldtechnik und Verarbeitung der Signale. Im Feld (Anlage) werden die physikalischen Größen (Druck, Temperatur, Durchfluss usw.) in Einheitssignale umgeformt. Diese Signale werden über elektrische bzw. pneumatische Leitungen einem Automatisierungssystem (z. B. Prozessleitsystem) zugeführt. In diesem Automatisierungssystem werden die Signale bearbeitet (angezeigt, registriert, geregelt). Das Ergebnis dieser Verarbeitung wird bei Bedarf wieder über entsprechende Leitungen an das Feld ausgegeben (z. B. Stellsignal eines Reglers).

05. Welche Signalarten werden in der MSR-Technik unterschieden?

In den technischen Prozessen treten physikalische Größen wie Temperaturen, Drücke, Durchflüsse usw. auf. Automatisierungsgeräte können i. d. R. nur elektrische Signale erkennen und ausgeben. Wo erforderlich, muss also eine Signalumwandlung erfolgen. Man unterscheidet verschiedene Signalarten: binäre Signale, digitale Signale, analoge Signale.

06. Was kennzeichnet analoge Signale?

Signale, die Messgrößen kontinuierlich abbilden können, werden Analogsignale genannt. Um den gerätetechnischen Aufwand möglichst klein zu halten, hat man sich in der Automatisierungstechnik auf sog. **„Einheitssignale"** geeinigt.

Die Einheitssignale gewährleisten, dass auf Seiten der Messwertverarbeitung wenige verschiedene Geräte eingesetzt werden müssen. Damit reduzieren sich die Herstellkosten für derartige Geräte und die Lagerhaltung wird wesentlich vereinfacht.

Als elektrisches Einheitssignal hat sich das 4...20 mA-Signal weitgehend durchgesetzt. In seltenen Fällen wird auch das 0...20 mA-Signal verwendet, bei Sonderanwendungen kann man das Spannungssignal 0...10 V antreffen. Das 4...20 mA-Signal hat gegenüber den anderen Signalen den Vorteil des **lebenden Nullpunkts** (Live Zero), d. h. man kann unterscheiden, ob ein Messwert wirklich Null ist (4 mA) oder ob eine Störung (Drahtbruch) des Messkreises vorliegt (0 mA).

Die zu messende Größe (z. B. Druck, Durchfluss usw.) wird durch einen Messumformer (auch Transmitter genannt) in das Einheitssignal umgewandelt.

Die meisten Messumformer sind einstellbar, sodass sie an die Messaufgabe angepasst werden können. So gibt es z. B. einen Messumformer für Druck, der auf „0...40 bar entspricht 4...20 mA" eingestellt werden kann, der gleiche Messumformer kann aber auch so eingestellt werden, dass z. B. 0...16 bar dann 4...20 mA entsprechen.

Die universelle Einstellbarkeit der Messumformer verringert den gerätetechnischen Aufwand auf Seiten der Messwerterfassung. Wie flexibel Messumformer einzustellen sind, ist von Hersteller zu Hersteller verschieden.

07. Was kennzeichnet digitale Signale?

Digital ist von dem englischen Wort „digit" – zu Deutsch: Ziffer – abgeleitet. Mit diesem Begriff wird die zahlenmäßige, auch als numerisch bezeichnete Darstellung von Größen bezeichnet.

Ein binäres Signal ermöglicht nur das Erfassen einer zweiwertigen Größe (Schalter EIN/AUS, Druck unter MAX/MAX erreicht usw.). Will man ein Signal feinstufiger unterscheiden können, so muss man auf mehrere Binärstellen zurückgreifen und den möglichen

Kombinationen der Signalzustände dieser Binärstellen die zu unterscheidenden Werte der analogen Größe zuordnen.

- Mit einer Binärstelle lassen sich nur $2^1 = 2$ Werte unterscheiden.
- Zwei Binärstellen bieten $2^2 = 4$ Unterscheidungsmöglichkeiten.
- Drei Binärstellen bieten $2^3 = 8$ Unterscheidungsmöglichkeiten.
- Vier Binärstellen bieten $2^4 = 16$ Unterscheidungsmöglichkeiten usw.

Stellt man ein analoges Signal digital dar, so wird die Genauigkeit der Darstellung umso größer, je mehr Binärstellen man verwendet.

08. Was kennzeichnet binäre Signale?

Signale, die nur JA/NEIN-Aussagen liefern, werden Binärsignale genannt.

Beispiele:

- Der Druck hat den MAX-Grenzwert erreicht.
- Der Taster Motor EIN ist betätigt.
- Der Füllstand ist unter dem MIN-Grenzwert.
- Der Wartungsschalter ist auf Schaltstellung EIN.

Bei Binärsignalen wird i. d. R. das Ruhestromprinzip angewendet. Das heißt, bei „Gutzustand" ist der Kontakt geschlossen, bei „Schlechtzustand" ist der Kontakt offen. Dies hat den Vorteil, dass bei Leiterbruch „Schlechtzustand" gemeldet wird, was i. d. R. zur Alarmierung bzw. Abschaltung führt. Würde anstatt des Ruhestromprinzips das Arbeitsstromprinzip angewendet, (d. h. Schlechtzustand = geschlossener Kontakt), so würde ein Leiterbruch nie auffallen, eine Störmeldung/Abschaltung könnte nicht mehr erfolgen. „Kontakt geschlossen" wird auch als „1-Signal" bezeichnet. „Kontakt offen" ist demnach „0-Signal".

09. Wie erfolgt die Signalübertragung?

Es gibt Messinstrumente (Messaufnehmer, Messfühler) mit unterschiedlichen Ausgangssignalen: Messinstrumente mit einem elektrischen Ausgangssignal, wie z. B. Widerstandsthermometer oder Thermoelement, liefern elektrische Ausgangssignale unterschiedlicher Größe.

Messinstrumente mit einem mechanischen Ausschlag, wie z. B. das Röhrenfedermanometer oder das Bimetallthermometer, liefern mechanische Ausgangssignale.

Um alle Messinstrumente an einen Standardregler anschließen zu können, werden zwischen Messinstrument und Regler Messumformer (engl. Transmitter) geschaltet, die die unterschiedlichen Ausgangssignale der Messinstrumente in standardisierte elektrische Einheitssignale umwandeln.

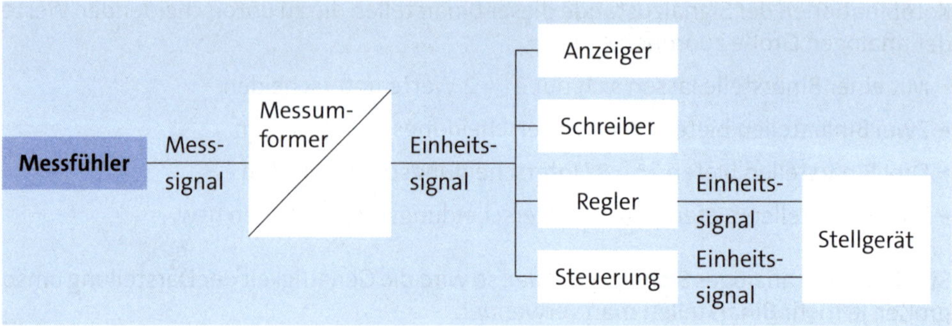

Signalübertragung

10. Wie ist der grundsätzliche Aufbau von Prozessleitsystemen (PLS)?

Der Aufbau eines Prozessleitsystems ist bei den meisten Herstellern ähnlich. Prozessleitsysteme gliedern sich in eine „Prozessebene" und in eine „Leit- und Bedienebene". Während die Prozessebene meist in Schalträumen aufgestellt wird, ist der wesentliche Teil der Leit- und Bedienebene, nämlich die Bildschirme mit den zugehörigen Eingabegeräten, dem Operator zugänglich.

Prozessebene:
Die Prozessebene wird auch Ein- und Ausgabeebene genannt. Hier sind alle Messumformer, Stellgeräte usw. aus der Anlage angeschlossen. Die Prozessebene befindet sich meist in einem Schaltraum. Für alle ankommenden Messwerte und alle abgehenden Signale müssen geeignete Komponenten installiert werden. So gibt es z. B. Eingangskomponenten für 4...20 mA-Signale oder Binärsignale sowie Ausgabekomponenten für 4...20 mA-Signale oder Binärausgänge (z. B. zum Ansteuern von Elektromotoren).

Leit- und Bedienebene:
Zur Anzeige und zum Bedienen von MSR-Stellen **verwenden** moderne Prozessleitsysteme oft Standardgeräte aus der Büro-EDV, also PCs mit Tastatur und Maus. Für ältere Systeme sind oft spezielle Dateneingabe und -Ausgabegeräte notwendig.

Die Bedienstationen sind über Bussysteme mit den Prozessstationen verbunden. Über diese Bussysteme werden Werte (z. B. Messwerte, Grenzwerte, Stellsignale usw.) aus den Prozessstationen ausgelesen und auf den Monitoren der Bedienstation dargestellt. Umgekehrt werden Eingaben des Operators (z. B. neuer Sollwert für Regelkreis) über das Bussystem in die Automatisierungsstation geschrieben.

Bedienebene und Systembus werden oft redundant ausgeführt, sodass bei einem Fehler nicht das ganze System lahmgelegt wird und weiterhin Bedienen und Beobachten möglich bleibt.

11. Welche Bilder stehen dem Bediener eines PLS zur Verfügung?

Zum Bedienen und Beobachten des Prozesses stehen dem Operator verschiedene Bilder zur Verfügung. Häufig verwendete Bilder sind:

Freie Grafikbilder:
Hier wird der Prozess vereinfacht – aber möglichst übersichtlich – dargestellt. Freie Grafikbilder bestehen aus einem statischen (unveränderlichen) Teil und aus einem dynamischen Teil. Unter dem dynamischen Teil versteht man die Messwerte, Stellgrößen, Motorlaufmeldungen, Ventilrückmeldungen usw.

Einblendbilder:
Einblendbilder stellen zusätzliche Informationen zur Verfügung, die normalerweise im Grafikbild keinen Platz finden. Zum Beispiel bei Analogwerten die Grenzwerte oder bei Reglern den Sollwert sowie Bedienelemente für Hand-/Automatik-Betrieb. Einblendbilder sind im Gegensatz zu Grafikbildern meist vorkonfektioniert. Das heißt, alle gleichartigen Einblendbilder haben immer das gleiche Aussehen.

Trend- bzw. Kurvenbilder:
Kurvenbilder zeigen den zeitlichen Verlauf von Messgrößen. Wird im R&I-Fließbild eine Messstelle mit „R“ wie Registrieren gekennzeichnet, so werden für diese Messstelle eine Archivfunktion und damit ein Kurvenbild angelegt.

Melde- bzw. Alarmliste:
Alle Grenzwertverletzungen werden zeitrichtig in eine Alarmliste eingetragen. Dadurch erhält der Operator einen schnellen Überblick welche Alarme anstehen. Grenzwerte können bei der Programmierung mit Prioritäten versehen werden. Für unterschiedliche Prioritäten wird in der Alarmseite eine unterschiedliche farbliche Darstellung gewählt.

Messstellen können beim Programmieren unterschiedlichen Anlagenteilen zugeordnet werden. Dadurch wird es dem Operator möglich, in der Alarmseite nach verschiedenen Anlagenteilen zu filtern.

12. Was sind die Aufgaben eines Prozessleitsystems?

Die Aufgaben eines Prozessleitsystems können gegliedert werden in

- Überwachen
- Regeln
- Steuern
- Protokollieren.

- **Überwachen:**

  Die wichtigste Aufgabe der Prozessüberwachung ist das möglichst frühzeitige Erkennen von Störungen oder gefährlichen Betriebszuständen. Durch eine geeignete Darstellung der Messwerte soll der Anlagenfahrer die erforderlichen Gegenmaßnahmen ergreifen können. Beim Eintreten einer Störung können die verschiedensten Maßnahmen ausgelöst werden:

- Störmeldung auf Bildschirm (u. U. auch auf Drucker)
- Schutz- und Sicherheitsschaltungen werden ausgelöst
- Notabschalten einer Anlage.

► **Regeln:**

Die Regelung von Prozessgrößen gehört zu den wichtigsten Aufgaben eines Prozessleitsystems. Regler in Prozessleitsystemen sind reine Softwarebausteine, mit denen einfache und komplexe Regelaufgaben gelöst werden können. Mithilfe eines solchen Funktionsblocks „Regler" sind eine Vielzahl von zusätzlichen Funktionen wie Grenzwertmeldungen und Steuereingriffe möglich. Diese Art „Softwareregler" führen zu einer flexiblen Anwendung und zur preisgünstigen und optimalen Anpassung an jede Regelaufgabe.

► **Steuern:**

Das Steuern gliedert sich in:

- **Verknüpfungssteuerung:**

  Durch logische Verknüpfungen, Zeit- und Zählfunktionen können analoge und binäre Prozesssignale verknüpft und verarbeitet werden.

- **Ablaufsteuerung:**

  Ablaufsteuerungen gliedern oft komplexe verfahrenstechnische Abläufe in übersichtliche Einzelschritte mit Bedingungen und Befehlen.

- **Rezepturverarbeitung:**

  In der Rezepturverarbeitung wird dem Operator die Möglichkeit eröffnet, die Ablaufkette aus einzelnen vordefinierten Schrittketten nach den betrieblichen Erfordernissen zusammenzustellen.

► **Protokollieren:**

Moderne Prozessleitsysteme protokollieren alle Bedieneingriffe. Durch Vergabe von Passwörtern oder Zugangsberechtigungen können Bedieneingriffe sogar einzelnen Anlagenfahrern zugeordnet werden. Für Bedieneingriffe können Berechtigungen vergeben werden. So ist es möglich, dass manche Anlagenfahrer je nach Ausbildung und Kenntnisstand weitreichendere Bedieneingriffe durchführen dürfen als andere.

13. Wie erfolgt die Temperaturmessung in der Chemie/Verfahrenstechnik?

Zwei Prinzipien der Temperaturmessung kommen in der Chemie/Verfahrenstechnik zur Anwendung:

► die Berührungsmessung

► die Strahlungsmessung.

Die überwiegende Zahl der Messgeräte arbeitet nach dem Prinzip der Berührungsmessung, d. h. der Stoff oder der Körper, dessen Temperatur zu messen ist, wird in möglichst intensive Berührung mit einem Messfühler gebracht, dessen Eigenschaften von der Temperatur abhängig sind. Im Wesentlichen sind es temperaturabhängige mechanische und elektrische Eigenschaften, die zur Messung genutzt werden. Von den mechanischen Eigenschaften ist die Ausdehnung von Metallen, Flüssigkeiten und Gasen zu nennen. Von den elektrischen Eigenschaften sind die Änderung des Widerstandes und die Thermospannung zu nennen. Eine zunehmende Bedeutung in der Messtechnik gewinnen die Strahlungspyrometer. Da in den letzten Jahren die Preise für derartige Geräte stark gefallen sind, werden sie vermehrt für schwierige Messaufgaben eingesetzt.

14. Wie ist der Aufbau von mechanischen Berührungsthermometern?

Mechanische Berührungsthermometer werden im Chemiebetrieb für örtliche Temperaturanzeigen eingesetzt. Eine Übertragung des analogen Temperatursignals in die Messwarte oder zum örtlichen Leitstand ist im Prinzip möglich, wird aber selten angewendet. In der pneumatischen Gerätetechnik wird mit mechanischen Berührungsthermometern die Temperatur in ein pneumatisches Einheitssignal (0,2...1,0 bar) umgewandelt. Mechanische Berührungsthermometer werden auch mit einem oder mehreren Grenzwerten hergestellt. Damit lässt sich eine örtliche Anzeige mit Alarmierung in der Messwarte realisieren.

Man unterscheidet:

- **Flüssigkeits-Glasthermometer:**

  Ihr Einsatzgebiet umfasst Temperaturbereiche von -200 °C - 1.200 °C. Gute Anpassungsmöglichkeiten an die jeweiligen Messbedingungen und hohe Messgenauigkeit bei einfachem Aufbau machen dieses Thermometer kostengünstig. Die Wirkungsweise beruht auf der thermischen Ausdehnung einer in einem geschlossenen Glasgefäß (Thermometergefäß) befindlichen thermometrischen Flüssigkeit. Die direkte Anzeige der Temperatur erfolgt durch den Stand der Flüssigkeit in einer mit dem Thermogefäß verbundenen Kapillare.

  Ausführungsformen:
  Stockthermometer, Winkelthermometer, Maschinen-Glasthermometer, Fassungsthermometer, Einstellthermometer, Fadenthermometer, Extremwertthermometer, Minimum-Maximum-Thermometer, Umkippthermometer, Kontaktthermometer.

- **Zeigerthermometer:**

  Zu den Zeigerthermometern zählen die folgenden Bauarten:

  - **Stabausdehnungsthermometer:**

    Bei Stabthermometern verwendet man annähernd ausdehnungsfreie Stoffe wie Quarz, Porzellan oder Invar (Eisen-Nickel-Legierung mit 35 % Ni) als Stäbe, die von einem Metallrohr mit größerer Ausdehnungszahl umgeben sind Messing (< 300 °C), Nickel (< 600 °C) oder CrNi-Stahl (bis 1.000 °C).

Da jedoch die temperaturabhängige Längendifferenz der Stäbe nur sehr gering ist, erfordert dies zum einen lange Fühlerlängen (> 300 mm) und zusätzlich bedarf es i. d. R. einer Übersetzung, um einen deutlichen Zeigerausschlag bei Temperaturänderung zu erzielen. Der Einfluss der Übertragungsglieder kann zu Messfehlern führen, die 2 % der Messspanne betragen.

Da bei Zeigerthermometern ein Zeigerausschlag von ca. 270 °C benötigt wird, leidet die Genauigkeit, aufgrund des hohen Übersetzungsverhältnisses sehr stark. Deshalb werden Stabthermometer kaum verwendet. Die großen Stellkräfte und schnelle Ansprechempfindlichkeit ermöglichen einen direkten Einsatz als Stellglied in einfachen Regelungsprozessen (Stabausdehnungsregler).

- **Bimetallthermometer:**

Das temperaturempfindliche Sensorelement eines Bimetallthermometers ist ein als Spiral- oder Schraubenfeder ausgeführter Bimetallstreifen. Eine Temperaturänderung wird durch die einseitig fest eingespannte Bimetallfeder in eine Drehwinkeländerung umgewandelt. Einfachste Thermometerausführungen bestehen aus Spiralfedern mit Zeigerwelle, an deren Ende ein Zeiger aufgesetzt ist. Der Temperaturmesswert kann an der Skalenteilung des Thermometer-Zifferblattes abgelesen werden. Bei räumlicher Trennung von Mess- und Anzeigeteil wird eine Schraubenfeder in einem längeren Tauchrohr untergebracht. Die temperaturabhängige Drehung wird über eine Welle auf den Zeiger, der sich im Gehäuseteil am oberen Ende des Tauchrohres befindet, übertragen. Befindet sich die Zeigerwelle in radialer Position zum Thermometer-Gehäuse, so wird die Drehbewegung durch eine Umlenkfeder oder durch ein Winkelwerk reibungsarm auf den Zeiger übertragen.

Bimetallthermometer sind aufgrund ihres einfachen, robusten und kostengünstigen Messaufbaus für die unterschiedlichsten Anwendungen in der Industrie geeignet und nicht zuletzt deshalb in einer Vielzahl von Varianten vertreten. Mit elektrischen Zusatzeinrichtungen, wie Grenzsignalgebern oder Schaltkontakten ausgestattet, können sie direkt in einfache Steuerungs- und Regelprozesse eingebunden werden.

Messbereiche: -70 °C - 550 °C bei einer Messgenauigkeit von 1 % - 3 %.

- **Federthermometer:**

Mit Federthermometern wird das temperaturabhängige Ausdehnungsverhalten einer thermometrischen Flüssigkeit, der temperaturabhängige Dampfdruck einer Flüssigkeit oder der temperaturabhängige Druck eines Gases über ein elastisches Messglied zur Anzeige gebracht.

Daraus ergeben sich die folgenden Typen:

- Flüssigkeits-Federthermometer
- Dampfdruck-Federthermometer
- Gasdruck-Federthermometer.

Der Aufbau ist dabei nahezu identisch. Bei Ausführungen mit Kapillarleitungen kann im Gegensatz zu anderen mechanischen Berührungsthermometern der Mess- und Anzeigeort weit voneinander entfernt sein. Mit Thermometern dieser Bauart lassen sich Temperaturen im Bereich von -200 °C - 700 °C messen.

15. Wie ist der Aufbau von elektrischen Berührungsthermometern?

Für die Messung von Temperaturen, die zwischen -250 °C und 800 °C liegen, eignen sich Widerstandsthermometer. Bei diesen Geräten wird die Temperaturabhängigkeit des elektrischen Widerstandes von Metallen und Halbleitern – eine sonst oft störende Eigenschaft – zur Temperaturbestimmung genutzt. Der Widerstand eines der Temperatur ausgesetzten Fühlers wird mit geeigneten Instrumenten gemessen und aus der bekannten Temperaturabhängigkeit des Widerstandes die Temperatur des Fühlers bestimmt. Als Widerstandsmaterialien werden Platin und Nickel eingesetzt (in Chemiebetrieben überwiegend Platin). Für Anwendung im Automobilbau, Haushalt, Heizung- und Klimatechnik werden oft Halbleitersensoren mit sprunghaft ansteigenden oder abfallenden Widerstandskennlinien eingesetzt. Charakteristisch für diese Sensoren sind die geringere Genauigkeit und der eingeschränkte Messbereich.

16. Wie funktionieren Widerstandsthermometer?

Die überwiegende Anzahl der Temperaturmessstellen in Chemiebetrieben ist mit Platinmesswiderständen ausgestattet. Schon sehr früh wurden deshalb diese Messwiderstände genormt. In handelsüblichen Messwiderständen ist der Platindraht auf einen geeigneten Träger (Glas oder Keramik) gewickelt. Länge und Durchmesser des Platindrahtes sind dabei so bemessen, dass sich bei 0 °C ein Widerstandswert von 100 Ω ergibt.

Diese Messwiderstände sind unter der Bezeichnung Pt100 bekannt. Platin besitzt einen Temperaturbeiwert von 0,00385 1/K. Dieser Wert gilt jedoch nur zwischen 0 °C und etwa 100 °C. Der genaue Zusammenhang zwischen Widerstandswert und Temperatur wird in der Praxis aus Tabellen entnommen. Der Zusammenhang zwischen Widerstandswert und Temperatur ist nicht linear. Die Kurve weicht um bis zu 7 % von der linearen ab. Moderne Messgeräte bzw. Transmitter gleichen jedoch diese Eigenschaft so aus, dass sich für den Anwender lineare Skalenteilungen ergeben.

Der Temperaturfühler findet Platz in einem Messeinsatz, bestehend aus einem Rohr mit 6 mm oder 8 mm Durchmesser. Der Messwiderstand ist unten eingesetzt. Die Anschlussdrähte sind nach oben auf einen Anschlusssockel geführt. Der Messeinsatz ist wiederum in ein Schutzrohr eingebaut, das den Kontakt zum Prozess herstellt. Das Schutzrohr ist mit einem passenden Prozessanschluss versehen. Gängige Prozessanschlüsse in der Verfahrenstechnik sind aufgeschweißte Einschraubzapfen mit Gewinden aller Normen, aufgeschweißte Flansche nach verschiedenen Normen, Nennweiten und Nenndruckstufen und verschiebbare Klemmverschraubungen.

Der in einem Widerstandsthermometer ausgenutzte Messeffekt ist die temperaturabhängige Zunahme eines Platin-Widerstandes. Der Widerstand wird durch Einprägen eines konstanten Stromes und Messen des Spannungsabfalls erfasst. Nach dem Ohmschen Gesetz sind Widerstand und Spannung zueinander proportional. Die Spannung ist somit ein direktes Maß für den Widerstand und damit die Temperatur. Die Verbindungsleitung zwischen Widerstandsthermometer und Messumformer bzw. Automatisierungsgerät besitzt ebenfalls einen Ohmschen Widerstand, der natürlich in das Messergebnis eingeht (siehe Frage 17.).

17. Welche Möglichkeiten gibt es, den Leitungswiderstand bei Temperaturmessungen zu berücksichtigen?

Eine Möglichkeit ist beispielsweise, den Leitungswiderstand in der Anzeige zu berücksichtigen. Man kann den Leitungswiderstand auf 10 Ω oder 20 Ω erhöhen (durch einen verstellbaren Widerstand) und kann diesen Widerstand dann in die Anzeige „einei-chen". Die Anzeige zeigt dann bei 110 Ω bzw. 120 Ω 0 °C an. Diese Schaltung nennt man **2-Leiter-Schaltung**. Nachteil dieser Schaltung ist allerdings, dass sich die Widerstandsänderungen der Anschlussleitung, die sich durch Änderung der Außentemperatur ergeben, weiterhin auf das Messergebnis auswirken.

Führt man bis zum Pt100 einen 3. Draht, so kann man den Leitungswiderstand messen und berücksichtigen. Widerstandsänderungen der Anschlussleitung haben dann praktisch keine Bedeutung mehr für das Messergebnis. Diese Schaltung nennt sich **3-Leiter-Schaltung**.

Für hochgenaue Messungen verwendet man die **4-Leiter-Schaltung**. Bei dieser Schaltung wird der Messwiderstand über eine Konstantstromquelle mit einem konstanten Strom gespeist.

Am Messwiderstand wird dann über zwei zusätzliche Anschlussdrähte die Spannung abgenommen, die bei konstantem Strom nur vom Widerstandswert abhängt.

18. Wie erfolgt die Temperaturmessung durch Thermoelemente?

Eine weitere Möglichkeit die physikalische Größe Temperatur in ein elektrisches Signal umzuwandeln bieten Thermoelemente. Dabei nutzt man folgenden physikalischen Effekt:

Erwärmt man einen metallischen Leiter an einem Ende, so tritt am heißen Ende aufgrund der höheren kinetischen Energie eine Verminderung von Ladungsträgern auf. Am kalten Ende wird eine Anreicherung von Ladungsträgern auftreten. Das kalte Ende wird sich also gegenüber dem heißen Ende negativ aufladen.

Ein einseitig erwärmter elektrischer Leiter stellt demnach eine Spannungsquelle dar. Um die Spannung abgreifen zu können, benutzt man zwei Metalldrähte, bei denen dieser physikalische Effekt unterschiedlich stark in Erscheinung tritt. Die Metalldrähte werden am heißen Ende elektrisch leitend miteinander verbunden. Beide Metalldrähte kann man sich als temperaturabhängige Spannungsquelle vorstellen. Daraus lässt sich ableiten, dass die Thermoelementmessung immer eine Temperaturdifferenzmessung zwischen Messstelle und Vergleichsstelle darstellt. Die Thermospannungen konkreter Thermoelemente sind über bestimmte Temperaturbereiche zwar linear, für andere Bereiche jedoch treten Abweichungen auf. Aufgrund der temperaturabhängigen k-Werte liefern Thermoelemente kein temperaturproportionales Spannungssignal. Diese Nichtlinearität muss für genaue Messungen kompensiert werden. Für gebräuchliche Thermoelemente gibt es Tabellen, in denen die Thermospannungen für jede Temperatur in 0,1-Kelvin-Schritten abgelesen werden kann.

Die Thermospannung hängt außer von der Temperatur noch vom Material der beiden metallischen Leiter ab. Je weiter die Metalle oder Metalllegierungen in der thermoelektrischen Spannungsreihe auseinanderliegen, desto höher ist die Thermospannung. Die Thermospannungskurven oder Grundwertreihen von Thermoelementen, die für die Verfahrenstechnik von Bedeutung sind, sind in den Normen DIN 43710 und IEC 584 festgelegt. Thermoelemente werden genauso wie Widerstandsthermometer in einen Messeinsatz eingebaut. Der Messeinsatz findet Aufnahme in ein Standardschutzrohr mit Prozessanschluss wie es auch für Widerstandthermometer verwendet wird. Bei der Temperaturmessung mit Thermoelementen treten im Vergleich zu Widerstandsthermometern höhere Messunsicherheiten auf. Dafür sind Thermoelemente weit unempfindlicher gegenüber mechanischen Belastungen. Die Messbereichsspanne der Thermoelemente liegt zwischen -180 °C und 1.800 °C. Thermoelemente werden häufig eingesetzt, wenn Widerstandsthermometer wegen des Messbereichs (maximal 850 °C) nicht mehr eingesetzt werden können.

19. Wie erfolgt die Temperaturmessung mit Strahlungsthermometern?

Sehr hohe Temperaturen lassen sich nicht mit Berührungsthermometern messen, es müssen Geräte eingesetzt werden, die berührungslos messen. Strahlungsthermometer (bzw. -pyrometer) sind in der Messbereichsspanne von -50 °C - 3.000 °C einsetzbar. Dabei macht man sich den Effekt zunutze, dass jeder Körper mit einer Temperatur oberhalb des absoluten Nullpunktes elektromagnetische Strahlung abgibt. Ein Strahlungspyrometer misst die im Sichtfeld empfangene langwellige IR-Strahlung und berechnet daraus die Temperatur.

Vorteile der berührungslosen Temperaturmessung:

- Messung an bewegten, schwer zugänglichen oder sehr heißen Objekten oder an Objekten, die unter elektrischer Spannung stehen möglich
- sehr kurze Mess- und Ansprechzeiten
- rückwirkungsfreie Messung, keine Beeinflussung des Messobjektes
- zerstörungsfreie Messung
- Langlebigkeit der Messstelle, kein Verschleiß.

Was ist beim Einsatz von Strahlungspyrometern zu beachten:

- Das Objekt muss optisch für das Thermometer sichtbar sein.
- Starker Staub oder Rauch beeinträchtigen die Messung ebenso wie feste Hindernisse.

- Die Optik des Messkopfes muss vor Staub und kondensierenden Flüssigkeiten geschützt werden.
- Es lassen sich i. d. R. nur Oberflächentemperaturen messen, wobei die unterschiedlichen Abstrahlungseigenschaften verschiedener Werkstoffoberflächen beachtet werden müssen (Ermittlung des Emissionsgrades).

Die unterschiedliche Abstrahlung (Emissionsverhalten) der Messoberfläche wird durch Eingeben des Emissionsfaktor am Messgerät berücksichtigt. Ideale Strahler – auch schwarze Strahler genannt – haben einen Emissionsgrad von 1. In der Praxis ist der Emissionsgrad stets < 1 und von der Oberflächenbeschaffenheit abhängig. Bei geschlossenen Öfen kommt man dem idealen Strahler schon sehr nahe, Emissionsfaktoren bei 0,9 sind hier oft möglich. Spiegelnde Oberflächen blank polierter Metalle weisen dagegen sehr geringe Emissionsfaktoren auf. Beispielhafte Emissionsfaktoren werden i. d. R. von den Gerätelieferanten angegeben.

20. Welche Grundlagen sind für die Druckmessung wichtig?

Der Druck ist eine Zustandsgröße – wie auch die Temperatur – und somit ebenfalls eine wichtige Messgröße in der industriellen Messtechnik. Alle Stoffe, sowohl in flüssigem, dampf- oder auch gasförmigem Zustand, üben einen Druck auf die sie einschließenden Wände aus. Die physikalischen Eigenschaften vieler Stoffe sind von Natur aus druckabhängig.

Druckunterschiede können erfasst, überwacht oder auch in andere Messgrößen umgerechnet werden. Unter dem Druck (p) versteht man den Quotienten aus der Kraft (F) auf eine Fläche (A). Da die Kraft die Einheit Newton (N) und die Fläche die Einheit m^2 hat, ergibt sich für den Druck die Einheit N/m^2.

Es gilt: 1 N/m^2 = 1 Pa (Pascal). Da 1 Pa ein sehr kleiner Druck ist, verwendet man in der Technik dezimale Vielfache:

- 100 Pa = 1 hPa (sprich Hekto Pascal) = 1 mbar
- 100.000 Pa = 1.000 hPa = 1.000 mbar = 1 bar.

21. Welche Druckarten werden unterschieden?

- Der absolute Druck oder Absolutdruck (p_{abs}) ist der Druck gegenüber dem Druck Null im leeren Raum.
- Der Atmosphärendruck heißt p_{amb} und beschreibt den Luftdruck gegenüber dem Absolut Druck Null (p_{abs}).
- Die Differenz zwischen dem Absolutdruck und dem jeweils herrschenden Atmosphärendruck nennt man Überdruck (p_e).
- Ist der Absolutdruck größer als der Atmosphärendruck, nimmt der Überdruck positive Werte an.

- Ist der Absolutdruck kleiner als der Atmosphärendruck, nimmt der Überdruck negative Werte an.
- Die Differenz zweier Drücke p_1 und p_2 wird Druckdifferenz $\Delta p = p_1 - p_2$ oder Differenzdruck genannt.

22. Wie funktionieren Rohrfedermanometer?

Rohrfedern (Bourdonfedern) sind kreisförmig gebogene Rohre mit nicht rundem Querschnitt. Bei Beaufschlagung mit einem Druck p streckt sich die Rohrfeder, bei Druckabnahme federt sie zurück. Sie hat je nach Druckbereich verschiedene Formen. Für Drücke bis 60 bar setzt man Kreisfedern ein. Über 60 bar kommen Schraubenfedern zum Einsatz. Damit lassen sich Messbereiche von 0 - ca. 1.600 bar abdecken.

Normalerweise ist die Rohrfeder mit dem Prozessstoff gefüllt. Bei aggressiven Prozessstoffen ist sie mit Silikonöl gefüllt und durch eine Trennmembran abgetrennt.

Rohrfedern sind leicht herzustellen und somit die am häufigsten verwendeten Federmanometer. Wie bei allen mechanisch beanspruchten Bauteilen ist darauf zu achten, dass die Grenzen der zulässigen Belastung nicht überschritten werden und es zu bleibenden mechanischen Verformungen kommt. Erreicht wird dies durch Wegbegrenzungen, womit sich in der Praxis Überlastsicherheiten bis zum 2-fachen Nenndruck erzielen lassen.

23. Wie funktionieren Plattenfedermanometer?

Plattenfedern sind kreisförmige, gewellte Membranen. Sie werden zwischen zwei Flansche entweder am Rand eingespannt oder verschweißt und einseitig vom Druck des Messstoffes beaufschlagt. Die dadurch hervorgerufene Durchbiegung wird als Maß für den Druck genutzt und über ein Zeigerwerk zur Anzeige gebracht. Als Werkstoffe kommen Kupferlegierungen, vergütete Stähle und VA-Stähle infrage.

Durch Auskleidung des unteren Messflansches und der Plattenfeder mit PTFE, Hastelloy, Tantal oder anderen beständigen Werkstoffen, lassen sich diese Manometer vor fast allen aggressiven Medien schützen.

Im Gegensatz zur Rohrfeder kann die Plattenfeder leicht gegen Überlast geschützt werden (speziell geformtes Membranbett, gegen welches sich die Plattenfeder anlehnen kann; Überlastsicherung von Plattenfedern durch hydraulische Abstützung).

Plattenfedermanometer werden vorzugsweise bei Drücken von 0 - 40 bar eingesetzt. Bei besonders niedrigen Drücken müsste die Plattenfeder extrem dünn sein. Dadurch verringert sich ihre Stabilität und die Fertigung wird sehr schwierig. Für die Verwendung kleiner Drücke verwendet man deshalb Kapselfedern (siehe Frage 24.).

24. Wie funktionieren Kapselfedermanometer?

Eine Kapselfeder besteht aus zwei Plattenfedern, die zusammengelötet bzw. geschweißt werden. Im Gehäuse wird nur das Zentrum der einen Kapselfederhälfte festgehalten. Dadurch sind beide Hälften frei beweglich. Es ergibt sich so der doppelte Federweg gegenüber der Plattenfeder. Das bedeutet, dass ohne Reduzierung der Wandstärke kleinere Drücke gemessen werden können. Kapselfedermanometer werden zur Messung kleiner Drücke bis ca. 600 mbar verwendet. Sie eignen sich vor allem für gasförmige Medien. Überlastsicherheit wird durch Verschließen des Einlasskanals (z. B. durch einen Stift) erreicht.

25. Wie erfolgt die Druckmessung über Druckmessumformer?

In der elektrischen Druckmesstechnik werden derzeit die verschiedensten Messprinzipien verwendet. Diese Messmethoden lassen sich auf eine Wegmessung oder Kraftmessung zurückzuführen, d. h., dass die physikalische Größe Druck in eine messbare Größe (Strom, Spannung, Widerstand) umgewandelt werden muss.

Für diese Umwandlung wird im Gegensatz zur mechanischen Druckmessung eine Hilfsenergie benötigt, die den Drucksensor versorgt. Während bei federelastischen Druckmessgeräten je nach Messbereich Auslenkungen von 1 - 3 mm auftreten, entstehen bei Drucksensoren nur minimale Formänderungen von wenigen µm. Die elektrischen Druckmessgeräte weisen aufgrund der geringen Verformung ein ausgezeichnetes dynamisches Verhalten und eine geringe Materialbeanspruchung auf, die sich in einer hohen Lastwechselbeständigkeit und Langzeitstabilität ausdrückt.

26. Wie funktioniert die Druckmessung mithilfe von Dehnungsmessstreifen (DMS)?

Dehnungsmessstreifen, kurz DMS genannt, führen sehr kleine Längenänderungen eines Trägers, z. B. einer Messmembran, in Änderungen des Ohmschen Widerstandes über. Man klebt sie auf jene Komponenten, die sich unter Last verformen. Diese Widerstandsänderung wird durch eine nachgeschaltete Elektronik verstärkt und in ein 4...20 mA-Signal umgeformt. Da ein höherer Druck eine höhere Kraft auf eine Fläche (p = F : A) und damit eine höhere Verformung hervorruft, kann so indirekt der Druck gemessen werden.

27. Wie funktioniert die Druckmessung mittels Piezokristall?

Durch die moderne Halbleitertechnologie bieten sich piezoelektrische Effekte zur sehr genauen Druckmessung an. Piezokristalle geben durch Druck eine elektrische Spannung ab, die verstärkt und umgewandelt in ein 4....20 mA-Signal, ein Maß für den Druck an der Messstelle darstellen.

28. Wie erfolgt die Differenzdruckmessung?

Basis dieser Druckmessumformer ist eine elektronische Auswerteschaltung, die die Messsignale zweier integrierter Drucksensoren auswertet. Aufgabe ist die Berechnung der Druckdifferenz, die angezeigt und ausgewertet werden kann. Die Auswertung gestattet das Einstellen zweier unabhängiger Schaltpunkte und die Bereitstellung eines Ausgangssignals, das der Druckdifferenz proportional ist (4....20 mA). Die integrierten Drucksensoren arbeiten mit Dehnungsmessstreifen-, Piezo- oder Kapazitiven-Abgriff. Die Signale werden digitalisiert und der Auswerteeinheit zur weiteren Verarbeitung zur Verfügung gestellt.

29. Was ist bei der Montage von Druckmessungen zu beachten?

Messumformer ohne Druckmittler werden mit Messleitungen (auch Wirkdruckleitung oder Impulsleitung genannt) mit dem Druckentnahmestutzen verbunden. Je nach Messaufgabe können die Messleitungen mit Gasen, Dämpfen oder Flüssigkeiten gefüllt sein. In den Messleitungen müssen stabile Verhältnisse herrschen, d. h. es dürfen sich keine variablen Gasblasen oder Flüssigkeitssäcke bilden. Als Messleitungen werden bei üblichen Anwendungen Leitungen mit 12 mm Außendurchmesser und 9 mm Innendurchmesser verwendet. Entnahmeabsperrventil, Absperrventil erlauben dabei den Messumformer, das Geräteabsperrventil oder die Impulsleitungen abzubauen, ohne den Prozess abstellen zu müssen. In Abhängigkeit von dem zu messenden Produkt wird der Messumformer über oder unter der Druckentnahme montiert. Bei der Festlegung der Messbereiche ist ggf. ein durch gefüllte Impulsleitungen auftretender hydrostatischer Druck mitzuberücksichtigen. Bei Produkten, die im Winter gefrieren oder bei Abkühlung auskondensieren, muss für die Messleitungen und den Messumformer eine Begleitbeheizung und Isolierung vorgesehen werden. Die Begleitheizung wird i. d. R. elektrisch ausgeführt.

- **Flüssigkeitsmessungen:**
  Der Messumformer ist möglichst unterhalb des Entnahmestutzens so zu montieren, dass eventuell anfallende Gasblasen in den Prozess entweichen können.
- **Gasmessungen:**
  Der Messumformer ist möglichst oberhalb des Entnahmestutzens so zu montieren, dass eventuell anfallendes Kondensat in die Prozessleitung zurücklaufen kann.
- **Dampfmessungen:**
  Bei Dampfmessungen ist die mögliche bzw. erforderliche Kondensation in den Impulsleitungen zu berücksichtigen. Insbesondere bei Messstofftemperaturen > 120 °C (Wasserdampf) sind in der Impulsleitung Kondensatbehälter bzw. Wassersackrohre vorzusehen, die im Betrieb immer mit Flüssigkeit gefüllt sein müssen, sodass kein Dampf ins Messwerk gelangen kann. Eventuell entstehende Gasblasen müssen durch die Flüssigkeitsvorlage aufsteigen und in den Prozess entweichen können.

30. Welche Kriterien sind für eine Füllstandsmessung wichtig?

Füllstandmessungen sind Messungen der Standhöhe von Füllgütern in Behältern. Es handelt sich dabei meist um flüssiges, aber auch um festes und sogar um gasförmiges Füllgut. Spricht man von einer Füllstandmessung, so erwartet man als Einheit eine Längeneinheit, z. B. Meter (m). Im betrieblichen Alltag interessiert aber oft weniger die Standhöhe in Meter, als vielmehr der Befüllgrad in Prozent (%) oder das Füllvolumen in Kubikmeter (m^3) bzw. die Masse des Füllgutes in Kilogramm (kg) oder Tonnen (t). Dazu wird meist aus der Standhöhe und den geometrischen Abmessungen der Behälter die erwünschte Größe errechnet und zur Anzeige gebracht.

Zur Bestimmung des Füllstandes gibt es eine Vielzahl von Messmethoden und eine noch viel größere Anzahl von Messgeräten unterschiedlichster Hersteller. Bei der Auswahl von Füllstandsmessgeräten wird man sich aber immer von den gleichen Auswahlkriterien leiten lassen:

- Dient die Messung nur der örtlichen Anzeige oder ist eine Fernübertragung zur Messwarte notwendig?
- Reicht eine JA/NEIN-Aussage (z. B. MAX-Füllstand erreicht) oder soll der Füllstand kontinuierlich angezeigt werden?
- Welche Produkteigenschaften sind zu berücksichtigen?
  - Flüssigkeit, Gas oder Feststoff?
  - Neigt das Produkt zur Ansatzbildung?
  - Handelt es sich um ein aggressives Produkt, muss das Produkt evtl. sogar berührungslos gemessen werden?
- Welche Produkteigenschaften sind als konstant zu betrachten, welche verändern sich betriebsbedingt (Temperatur, Dichte, Viskosität, Zusammensetzung, Dielektrizitätskonstante)?
- Welche Prozessdaten herrschen an der Messstelle?
  - Druck, Temperatur
  - Einbaumöglichkeit
- Sicherheit
  - Sind besondere Vorschriften zu beachten (z. B. für brennbare Flüssigkeiten oder für wassergefährdende Stoffe)?
  - Explosionsschutz
- Preis.

31. Wie funktioniert die Standmessung mittels Schauglasmethode?

Die Möglichkeit zur örtlichen Beobachtung von Flüssigkeitsständen bieten seitlich an den Behältern angebrachte Schaugläser (Standgläser). Nach dem Prinzip der kommunizierenden Röhren wird per Niveauausgleich zwischen Behälter und Anzeiger der Füllstand nach außen übertragen. Absperrorgane ermöglichen einen Tausch bzw. Revisionsarbeiten im laufenden Betrieb.

Medien, die zu starker Verkrustung bzw. Ablagerung neigen, sind zu vermeiden, um die Ablesbarkeit zu gewährleisten.

- **Vorteil:** einfach und relativ preiswert
- **Nachteil:** eingeschränktes Einsatzspektrum im Bereich der flüssigen Medien
- **Anwendung:** als örtliche Anzeige, kontinuierlich.

Variante Magnetstandanzeige:
Der im Schauglas (Standglas) eingesetzte Zylinderschwimmer mit eingebautem Dauermagnetsystem überträgt diesen Flüssigkeitspegel berührungslos auf die außen am Standrohr montierte Magnet-Rollenanzeige. In dieser sind im Abstand von ca. 10 mm rot/weiße Kunststoff- oder Keramikrollen – mit eingelegten Stabmagneten – gelagert. Durch das gebündelte Magnetfeld des Dauermagnetsystems im Zylinderschwimmer, werden die Magnetrollen, durch die Wand des Standrohres hindurch, entsprechend dem Niveaustand, um 180° gedreht:

- bei steigendem Niveaustand: von Weiß auf Rot
- bei fallendem Niveaustand: von Rot auf Weiß.

32. Wie funktioniert die Standmessung mittels der Schwimmermethode?

Die einfachste Schwimmer-Füllstandsmessung könnte aus einem Schwimmkörper, einem Seil, zwei Rollen und einem Gewicht bestehen, das an der Außenseite eines (offenen) Tanks hängt. Am Tank kann ein Maßstab angebracht werden, sodass vom Stand des Gewichtes der Füllstand abgelesen werden kann. Eine solche Anordnung ist industriell natürlich nicht mehr zeitgemäß bzw. in der Industrie unüblich. Dem Stand der Technik entsprechend, werden heute Schwimmerkugel-Füllstandmesser eingesetzt. Eine Schwimmkugel, mit einem eingebauten Magneten, bewegt sich entsprechend dem Füllstand des zu messenden Mediums an einem Gleitrohr. Das Gleitrohr verfügt dabei über eine Serie von Reed- Kontakten (magnetische Schalter), welche mit Widerständen zu einer Art Potentiometer (veränderbarer Widerstand) verschaltet sind. Über eine magnetische Kopplung erfolgt das Schalten der Reed-Kontakte und damit ein Überbrücken der jeweiligen Widerstände. Dadurch wird ein zur Schwimmerposition und damit zum Flüssigkeitsstand proportionaler Widerstandswert erzeugt. Ein Messumformer (Transmitter) wandelt die Widerstandsänderung in ein 4...20 mA-Signal um.

- **Vorteil:** einfach, Funktionstests auch ohne Medium möglich
- **Nachteil:**
  - nicht geeignet für klebrige oder auskristallisierende Flüssigkeiten
  - bei Drucktanks sind gasdichte Durchführungen nötig
  - Abweichungen durch verschiedene Eintauchtiefen des Schwimmers bei unterschiedlichen Medien
- **Anwendung:** kontinuierliche Anzeige vor Ort, aber auch Fernübertragung möglich.

33. Wie ist die Funktion der hydrostatischen Druckmessung?

Mit einem Druck- bzw. Differenzdrucktransmitter wird der hydrostatische Druck (p) einer Flüssigkeitssäule gemessen. Der hydrostatische Druck errechnet sich nach folgender Formel:

$$p = \rho \cdot g \cdot h$$

Hieraus geht hervor, dass – falls die Dichte (ρ) des zu messenden Produkts nicht schwankt – die Höhe (h) die einzige Variable in dieser Gleichung ist. Der gemessene Druck ist somit direkt ein Maß für den Füllstand. Man misst also den Druck p, schreibt aber an die Skala anstelle des Drucks die Füllhöhe h in Meter. Man muss versuchen, den Messwertaufnehmer so tief wie möglich im Tank einzubauen, um die Bodenhöhe, die ja vom Messumformer nicht erfasst wird, möglichst klein zu halten. Den Einbau ganz am Boden wird man aber vermeiden, wenn mit Schmutzablagerungen zu rechnen ist (was in der Praxis eigentlich fast immer der Fall ist). Steht der Behälter nicht unter Atmosphärendruck oder einer Gasphase, so muss an Stelle des Drucktransmitters ein Differenzdrucktransmitter angebaut werden. Es wird dann der Differenzdruck zwischen Gasphase und Gesamtdruck bestimmt.

- **Vorteil:** einfach, Messung unabhängig von Leitfähigkeit und Dielektrizitätszahl
- **Nachteil:**
  - Dichte geht in die Messung ein
  - ungeeignet für Prozesse mit sich ändernden Flüssigkeiten
- **Anwendung:** kontinuierliche Anzeige vor Ort, aber auch Fernübertragung möglich.

34. Wie funktioniert die Einperlmessung?

Eine oft eingesetzte Variante der hydrostatischen Füllstandsmessung ist die Einperlmessung. Dazu wird ein Einperlrohr von oben (oder auch von der Seite) in den Behälter eingebaut. Das Einperlrohr wird über einen Durchflussanzeiger mit Spülgas (i. d. R. Stickstoff oder Luft) bespült. Der Druck, den das Spülgas aufwenden muss, um die Flüssigkeitssäule im Spülrohr zu verdrängen, ist gleich dem hydrostatischen Druck des zu messenden Mediums.

Auch hier gilt: Ist der Behälter nicht in die Atmosphäre belüftet, so muss ein Differenzdrucktransmitter angebaut werden. Üblicherweise werden dann beide Stutzen bespült. Natürlich muss der Druck des Spülmediums ausreichend groß sein, um den Behälterdruck plus hydrostatischen Druck zu überwinden. Außerdem muss das Spülmedium mit dem Produkt verträglich sein und darf im weiteren Prozess nicht zu Nachteilen führen.

Wegen der häufig mit Einperlmessungen verbundenen Emissionen von Spülgasen (gesättigt mit Produkt) wurden in den letzten Jahren Einperlmessungen nicht mehr so häufig gebaut wie früher.

- **Vorteil:** Messumformer kommt nur mit dem Spülmedium in Berührung
- **Nachteile:** Spülmedium im Produkt bzw. Abgas, evtl. Emissionen
- **Anwendung:** als kontinuierliche Anzeige vor Ort, aber auch Fernübertragung möglich.

35. Wie kann der Füllstand über die Auftriebskraft bestimmt werden?

Wird ein Körper in eine Flüssigkeit getaucht, so wirkt auf ihn ein Druck von allen Seiten. Die von den Seiten wirkenden Kräfte sind dabei gleich groß, da sie in gleicher Entfernung vom Flüssigkeitsspiegel angreifen. Da sich die seitlichen Kräfte aufheben, müssen sie bei der weiteren Betrachtung nicht mehr berücksichtigt werden. Der Druck in einer Flüssigkeit nimmt mit der Tiefe zu und ist abhängig von der Dichte der Flüssigkeit. Je größer die Dichte der Flüssigkeit, umso stärker nimmt der Druck mit der Tiefe zu. Wichtig ist auch zu wissen, dass der Druck an einem bestimmten Punkt in der Flüssigkeit, in alle Richtungen gleich groß ist (es wirkt sowohl nach unten, oben und seitlich die gleiche Kraft pro Flächeneinheit). Der Druck auf einen Körper in einer Flüssigkeit wirkt stets senkrecht zur Körperoberfläche. Wenn man nun einen Körper in eine Flüssigkeit taucht, dann ist der Druck an seiner Unterseite größer als der Druck an seiner Oberseite. Dieser Druckunterschied kommt dadurch zustande, dass sich die beiden Körperenden in jeweils unterschiedlichen Tiefen in der Flüssigkeit befinden (h_1 und h_2). Die senkrecht nach unten gerichtete Kraft F_1, ist kleiner als die genau entgegengesetzt gerichtete Kraft F_2. Die Differenz von F_2 und F_1 nennt man Auftriebskraft (F_A).

Der Auftrieb F_A wirkt der Gewichtskraft (G) des eingetauchten Körpers entgegen:

- Ist $F_A < G$, so sinkt der Körper.
- Ist $F_A > G$, so steigt der Körper.

Ist $F_A = G$, so lassen sich zwei Fälle unterscheiden:

1. Haben eingetauchter Körper und Flüssigkeit die gleiche Dichte, dann schwebt der Körper in der Flüssigkeit.
2. Hat der eingetauchte Körper eine kleinere Dichte als die Flüssigkeit, dann schwimmt der Körper auf der Flüssigkeit.

Bei der Füllstandsmessung nach der Auftriebsmethode wird ein zylindrischer Auftriebskörper (auch Verdränger genannt) in einen Behälter gehängt. Die Länge des Auftriebskörpers muss dabei mindestens gleich der Messspanne sein. Der Füllstandsmessumformer wird so eingestellt, dass bei voller Gewichtskraft des Auftriebskörpers 0 % (entsprechend 4 mA) angezeigt wird. Ist der Auftriebskörper bis zum Messbereichsende mit Flüssigkeit bedeckt, ist die Gewichtskraft des Auftriebskörpers um die Auftriebskraft vermindert. Für diesen Fall soll der Standmessumformer 100 % (entsprechend 20 mA) anzeigen. Füllstandsmessgeräte nach dem Auftriebsverfahren messen also die Kräfte, die ein zylindrischer Verdränger durch die Flüssigkeit erfährt.

Der Verdrängungskörper muss spezifisch schwerer als die Flüssigkeit sein, um auch bei vollem Behälter nicht aufzuschwimmen. Er soll aber auch nicht sehr viel schwerer als das von ihm verdrängte Flüssigkeitsvolumen sein, um einen günstigen Messeffekt (möglichst große Kraftwirkung auf den Messumformer) zu erzielen.

- **Vorteil:** einfacher Einbau, leicht zu ändern, wenn sich die Aufgabe ändert
- **Nachteil:** abhängig von der Dichte und damit von der Temperatur
- **Anwendung:** kontinuierliche Anzeige vor Ort, aber auch Fernübertragung möglich.

36. Wie lässt sich mit der Wiegemethode der Füllstand bestimmen?

Diese indirekte Füllstandmessmethode ist sowohl für Flüssigkeiten als auch für feste Stoffe anwendbar, wird aber hauptsächlich bei festen Stoffen angewendet, wenn weniger die Füllhöhe, sondern vielmehr die Masse in einem Behälter interessiert. Dazu wird der gesamte Tank oder das Silo auf sog. Wägezellen montiert. Die Wiegeaufnehmer beruhen meistens auf dem Dehnungsmessstreifenprinzip.

- **Vorteil:** Gemessen wird direkt die Masse, was bei Vorratsbehältern oft mehr interessiert als die Standhöhe.
- **Nachteil:** Erfordert viele mechanische Vorkehrungen und ist damit teuer, bei bestehenden Anlagen nur schwer nachrüstbar.
- **Anwendung:** kontinuierliche Anzeige vor Ort, aber auch Fernübertragung möglich.

37. Wie erfolgt die Füllstandsmessung mittels Lotsystem?

Über eine motorbetriebene Band- oder Seilrolle wird ein Tastgewicht in ein Silo abgelassen. Über ein Messrad und einen induktiven Näherungsschalter (Schlitz-Initiator) wird bei jedem abgespulten Dezimeter (oder Zentimeter) ein Impuls abgegeben. Wenn das Tastgewicht das Produkt berührt, wird das Band oder Seil kurzzeitig schlaff, dadurch wird die Laufrichtung des Motors umgedreht und das Tastgewicht wieder nach oben in Ruhestellung gebracht. Die Anzahl der Impulse wird jetzt in einem Vorwahlzähler von der gesamten Silohöhe abgezogen. Die Differenz ist der Füllstand in Dezimeter (oder in Zentimeter).

Die Impulse können in einem Messumformer in ein 4...20 mA-Signal umgewandelt werden. Der letzte Wert bleibt dabei solange gespeichert, bis das Tastgewicht wieder abgelassen wird und so die Füllhöhe von neuem bestimmt. Die Anforderung für das Absenken des Tastgewichts kann zeitgesteuert oder ereignisgesteuert geschehen.

- **Vorteil:**
  - geeignet für sehr hohe Silos
  - relativ genau, bei unterschiedlichen Produkten anwendbar
- **Nachteil:**
  - nur für Schüttgüter geeignet
  - hoher mechanischer Aufwand

- misst nur diskontinuierlich
- Messwert muss für Anzeige zwischengespeichert werden

► **Anwendung:** kontinuierliche Anzeige vor Ort, aber auch Fernübertragung möglich.

38. Wie erfolgt die radiometrische Füllstandsmessung?

Die radiometrische Messtechnik kommt dort zum Einsatz, wo andere Messprinzipien aufgrund extremer Prozessbedingungen oder wegen mechanischer, geometrischer oder baulicher Gegebenheiten ausscheiden:

► bei extrem hohen Drücken oder Temperaturen

► bei zu Verkrustung bzw. Auskristallisierung neigenden Medien

► bei Schüttgütern

► bei aggressiven und toxischen Medien.

Dieses Messverfahren arbeitet berührungslos zum Prozessmedium – das Gerät wird außen am Behälter angebracht und misst durch die Behälterwand hindurch. Dadurch ist höchste Verfügbarkeit und Zuverlässigkeit der Messung gewährleistet, unabhängig vom Medium und seinen Eigenschaften.

Das radiometrische Messprinzip beruht darauf, dass Gammastrahlen beim Durchdringen von Materie abgeschwächt werden. Das radioaktive Isotop (Gammastrahler) wird in einen Strahlenschutzbehälter (auch Abschirmung genannt) eingebaut, der in Betrieb die Strahlung nur in eine Richtung austreten lässt. Der Strahlenschutzbehälter und ein kompakter Transmitter, der die Strahlung detektiert, werden üblicherweise an gegenüberliegenden Seiten eines Behälters oder einer Rohrleitung angebracht.

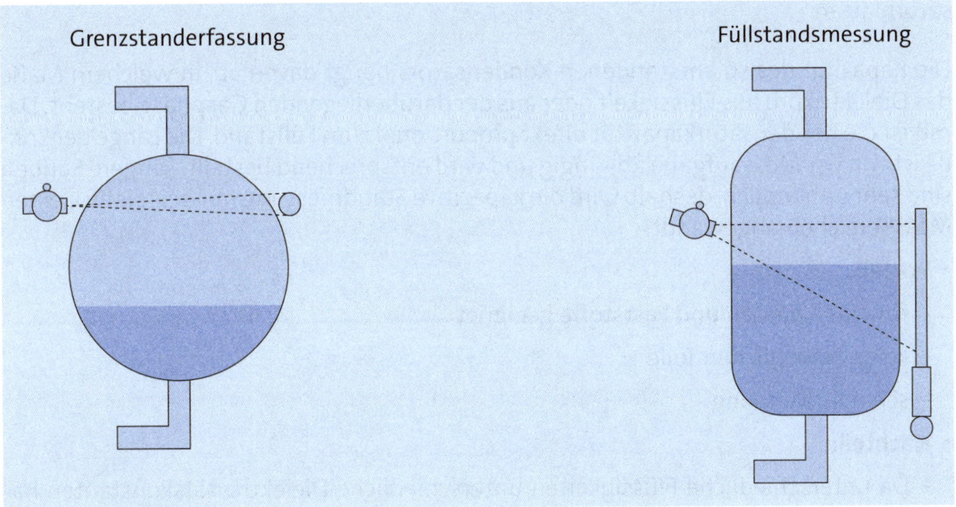

Radiometrische Füllstandsmessung

Die ausgesandte Gammastrahlung durchdringt die Behälterwände und das enthaltene Medium. Der eigentliche Messeffekt ergibt sich daraus, dass das Medium Strahlung absorbiert. Aus der empfangenen Strahlung berechnet der Transmitter den Füllstand, die Dichte bzw. die Konzentration des Messgutes. Je höher der Füllstand oder die Dichte des Mediums im Behälter, desto geringer die empfangene Strahlungsintensität.

- **Vorteil:** Messeinrichtung wird außerhalb des Behälters montiert und ist deshalb unabhängig von den Produkteigenschaften.
- **Nachteil:** Hoher Sicherheitsaufwand im „Produktlebenszyklus", obwohl ab einer Höhe von 3.000 m die kosmische Strahlung intensiver ist als die Strahlung in der radiometrischen Messtechnik.
- **Anwendung:** überwiegend zur Grenzstanderfassung (binäres Signal), aber auch für kontinuierliche Anzeige, Fernübertragung.

39. Wie erfolgt die kapazitive Füllstandsmessung?

Es ist bekannt, dass sich zwischen den Platten eines Kondensators, an welche eine elektrische Gleichspannung angelegt wird, ein elektrisches Feld aufbaut.

Die Kapazität, also die Speicherfähigkeit des Kondensators, hängt von den Eigenschaften des dazwischen liegenden isolierenden Stoffes, dem Dielektrikum, ab. Bei der kapazitiven Füllstandsmessung wird die elektrische Spannung sowohl an die Behälterwandung als auch an eine in die Flüssigkeit eintauchende Stabelektrode (Standsonde) angelegt. Da es sich hier um Spannungen im Niedervoltbereich handelt, besteht keine Personengefährdung durch Berührung des Behälters.

Damit zwischen den Elektroden kein Kurzschluss entsteht, ist die Stabelektrode (Standsonde) zusätzlich mit einer Isolierschicht aus Kunststoff umhüllt. Diese Isolierschicht bildet gemeinsam mit der Behälterflüssigkeit das Dielektrikum zwischen den Kondensatorplatten.

Die Kapazität des so entstandenen Kondensators hängt davon ab, in welchem Maße das Dielektrikum aus Flüssigkeit oder aus der darüberliegenden Gasphase besteht. Damit ist die Kondensatorkapazität direkt proportional zum Füllstand. Die Länge der Sonde ist von der Messaufgabe abhängig und wird entsprechend bestellt. Längere Sonden sind sehr unhandlich, deshalb wird die kapazitive Standmessung nur bei relativ kleinen Messbereichen angewandt.

- **Vorteil:**
  - für Flüssigkeiten und Feststoffe geeignet
  - keine beweglichen Teile
  - schnelle Messung
- **Nachteil:**
  - Da unterschiedliche Flüssigkeiten unterschiedliche Dielektrizitätskonstanten haben, muss an der Sonde ein Voll- und ein Leerabgleich durchgeführt werden.
  - Bedingt durch die Sondenlänge erfolgt der Einsatz hauptsächlich an kleinen Behältern.

- **Anwendung:** überwiegend zur Grenzstanderfassung (binäres Signal), aber auch für kontinuierliche Anzeige, Fernübertragung.

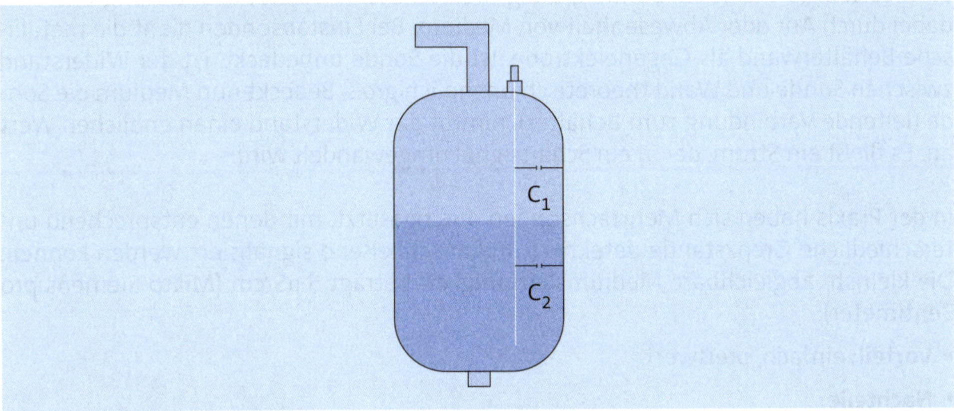

Kapazitive Füllstandsmessung

40. Wie lässt sich mit der Methode der Schwingungsdämpfung (Vibronik) der Füllstand ermitteln?

Diese Methode wird ausschließlich zur Füllstandsüberwachung (leer/voll) angewendet.

Die Vibrationsgrenzschalter bestehen im Wesentlichen aus einer sog. Schwinggabel, die durch einen piezoelektrischen Antrieb in Schwingung versetzt wird. Piezoelektrizität ist die Eigenschaft einiger Materialien, aus mechanischen Kräften elektrische Spannungen und aus elektrischen Spannungen mechanische Kräfte zu erzeugen. Die Schwingfrequenz wird dabei von einer entsprechenden Auswertelektronik überwacht.

Wird die Gabel von Füllgut umgeben, kommt es zu einer Veränderung mit einer entsprechenden Dämpfung der Schwingfrequenz. Die Auswerteelektronik erzeugt dann ein entsprechendes Binärsignal. Wenn das Füllgut die Schwinggabel wieder freigibt, setzen die Schwingungen wieder ein und das binäre Signal ändert sich erneut.

Vibrationsgrenzschalter eignen sich grundsätzlich für Flüssigkeiten und für Schüttgüter, werden aber für die jeweilige Anwendung optimiert.

- **Vorteil:**
  - für Schüttgüter und Flüssigkeiten geeignet
  - keine Abgleicharbeiten notwendig
  - preiswert
- **Nachteil:** nicht für Korngrößen oder Schwebeteilchen in Flüssigkeiten über 10 - 12 mm geeignet (könnten zwischen den Gabeln hängenbleiben)
- **Anwendung:** binärer Grenzsignalschalter, Fernübertragung.

41. Wie lässt sich mithilfe der Leitfähigkeit der Füllstand ermitteln?

Bei der konduktiven Grenzstanddetektion wird die Widerstandsänderung zwischen zwei Leitern (Elektroden, Sonden) ausgewertet. Die Widerstandsänderung entsteht dabei durch An- oder Abwesenheit von Medium. Bei Einstabsonden dient die metallische Behälterwand als Gegenelektrode. Ist die Sonde unbedeckt, ist der Widerstand zwischen Sonde und Wand theoretisch unendlich groß. Bedeckt nun Medium die Sonde (leitende Verbindung zum Behälter), nimmt der Widerstand einen endlichen Wert an. Es fließt ein Strom, der in ein Schaltsignal umgewandelt wird.

In der Praxis haben sich Mehrfachsonden durchgesetzt, mit denen entsprechend unterschiedliche Grenzstände detektiert und anschließend signalisiert werden können. Die kleinste abgleichbare Mediumsleitfähigkeit beträgt 5 µS/cm (Mikro-Siemens pro Zentimeter).

- **Vorteil:** einfach, preiswert
- **Nachteile:**
  - nur für leitfähige Flüssigkeiten geeignet
  - bei stark schwankender Leitfähigkeit nur bedingt geeignet
  - Sonde darf nicht durch Ablagerungen verschmutzen
- **Anwendung:** binärer Grenzsignalschalter, Fernübertragung.

42. Wie erfolgt die Füllstandsmessung mittels der Ultraschallmethode?

Die Messung mit Ultraschall beruht auf einer Laufzeitmessung. Die durch einen Sensor ausgesandten Ultraschall-Impulse werden von der Oberfläche des Mediums reflektiert und wieder vom Sensor erfasst. Die benötigte Laufzeit ist ein Maß für den zurückgelegten Weg im leeren Behälterteil. Dieser Wert wird von der gesamten Standhöhe abgezogen und man erhält daraus den Füllstand. Bedingt durch die Signaleinkopplung des Sensors, gibt es unmittelbar unterhalb des Sensors einen Bereich, der Blockdistanz genannt wird, in dem Bereich können keine Impulse empfangen werden. Die sog. Blockdistanz bestimmt den minimalen Abstand zwischen dem Messgerät und dem maximalem Füllstand. Die Fortpflanzungsgeschwindigkeit des Schalls in Luft beträgt ca. 331 m/s bei 0 °C und ist von der Frequenz und dem Luftdruck unabhängig. Die Ausbreitungsgeschwindigkeit ist aber von der Temperatur der Luft abhängig, und zwar mit etwa 0.17 %/°C. Somit ist bei allen Geräten eine Temperaturkompensation notwendig. Für andere Gase und Dämpfe gelten andere Ausbreitungsgeschwindigkeiten. Das heißt, eine Standmessung nach dem Ultraschallprinzip kann nur stimmen, wenn die Gaszusammensetzung über dem Medium bekannt und konstant ist. Die Sendefrequenz liegt je nach Sensor zwischen 35 kHz und 70 kHz. Die Sendewiederholfrequenz liegt je nach Messbereich bei 2 - 10 Hz.

- **Vorteil:** berührungslose Messung, für Flüssigkeiten und Feststoffe
- **Nachteil:**
  - Im Vakuum nicht einsetzbar, da sich hier kein Schall ausbreitet.
  - Der Zustand der Luft hat zudem einen großen Einfluss auf die Schallausbreitung (Dämpfung bei Erhöhung der Luftfeuchtigkeit, der Lufttemperatur und des Luftdrucks).
  - Messung arbeitet ungenau, wenn sich die Gaszusammensetzung ändert (Inertgase).
- **Anwendung:** kontinuierliche Anzeige vor Ort, aber auch Fernübertragung möglich.

43. Wie erfolgt die Füllstandsmessung mittels der Radarmethode?

Unter dem Begriff „Radar" versteht man im Allgemeinen ein Verfahren, mittels kurzer elektromagnetischer Wellen Objekte zu erfassen sowie deren Ort und Bewegungszustand zu bestimmen. Die Bezeichnung „RADAR" stammt aus dem Englischen und ist die Abkürzung für **Ra**dio **D**etection **A**nd **R**anging.

Im systemtechnischen Sinne besteht eine Radar-Messeinrichtung aus einem Sender mit Antenne, einer Übertragungsstrecke, dem reflektierenden Objekt, einer weiteren Übertragungsstrecke (die meistens mit der ersten identisch ist) und einem Empfänger mit Antenne. Es können zwei getrennte Antennen verwendet werden, häufig wird aber eine gemeinsame Antenne für das Senden und den Empfang des Radar-Signals eingesetzt.

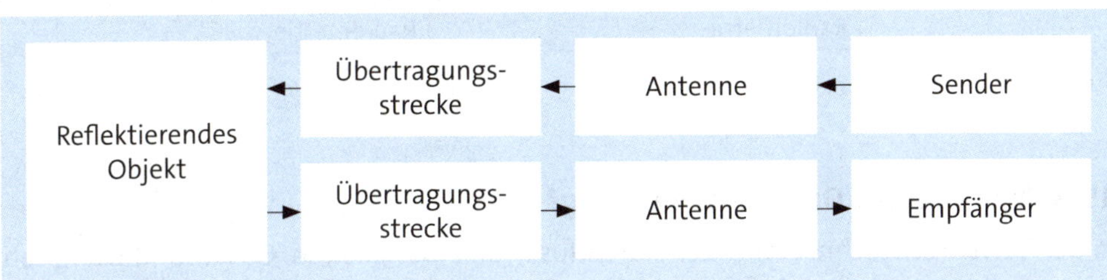

Radarmessung

Ein Radar-Signal wird über eine Antenne abgestrahlt, an der Messstoffoberfläche reflektiert und nach einer Laufzeit (t) wieder empfangen. Die Entfernung der reflektierenden Grenzschicht wird – unabhängig vom verwendeten Radarverfahren – über die Laufzeit t des Mikrowellensignals bestimmt: pro Meter Objektabstand (D) durchlaufen die Wellen eine Strecke von 2 m(Hin- und Rückweg), wozu sie ca. 6,7 ns benötigen. Allgemein beträgt der gemessene Abstand:

$$D = \frac{c \cdot t}{2}$$

c = Ausbreitungsgeschwindigkeit

Der Füllstand ergibt sich dann rechnerisch aus der Differenz von Tankhöhe und Abstand.

- **Vorteil:** berührungslose, verschleißfreie Messung
- **Nachteil:** Mit der Messfrequenz lässt sich immer nur eine Störgröße eliminieren.
- **Anwendung:** kontinuierliche Anzeige vor Ort, aber auch Fernübertragung möglich.

44. Wie lässt sich das jeweils am besten geeignete Verfahren auswählen?

Da jedes Verfahren gewisse Vor- und Nachteile mit sich bringt, ist für jede Anwendung eine Einzelfallbetrachtung notwendig, um alle Parameter berücksichtigen zu können. Die folgende Tabelle gibt jedoch einen ersten Überblick:

	Grenzstanddetektion	**Kontinuierliche Messung**
Flüssigkeiten	Vibronik Konduktiv Kapazitiv Schwimmer Radiometrie	Füllstand-Radar Geführtes Füllstand-Radar Ultraschall Hydrostatik Kapazitiv Radiometrie
Schüttgüter	Vibronik Kapazitiv Drehflügel Mikrowellenschranke Radiometrie	Füllstand-Radar Geführtes Füllstand-Radar Ultraschall Lotsystem Radiometrie

Auswahlhilfe Standmessungen

45. Wie erfolgt die Durchflussmessung?

In der Verfahrenstechnik wird der Durchfluss von Flüssigkeiten, Gasen und Dämpfen sowie (seltener) von Feststoffen gemessen. Den Durchfluss eines Produktes zu messen heißt, die Stoffmenge zu bestimmen, die pro Zeiteinheit durch einen Leitungsquerschnitt fließt. Die Stoffmenge kann dabei die Dimension einer Masse oder eines Volumens haben.

Volumendurchfluss:

$$q\dot{V} = \frac{V}{t}$$

Einheit: z. B. m^3/h

Massendurchfluss:

$$q\dot{m} = \frac{m}{t}$$

Einheit: z. B. t/h

Der Massendurchfluss ist dem Volumendurchfluss immer vorzuziehen, weil er unabhängig ist von Druck und Temperatur des Produkts. Leider ist es so, dass die in der Verfahrenstechnik eingesetzten Messverfahren nur selten direkt den Massendurchfluss bestimmen. Ihre Messwerte sind vielmehr dem Volumen und damit der Temperatur und der Dichte im Betriebszustand proportional.

Flüssigkeiten:
Die Volumina der inkompressiblen Flüssigkeiten werden vom Druck selbst kaum beeinflusst. Wenn dagegen die Temperatur wechselt, kommt es zur Volumenänderung, die unter Umständen eine Korrekturrechnung erfordert. Durchflussmesser, dem Stand der Technik entsprechend ausgestattet, können diese Temperaturschwankungen mittels Korrekturrechnungen ausgleichen.

Gase:
Erheblich größer sind im Betrieb die Einflüsse von Druck und Temperatur bei der Gasmessung. Deshalb werden die Messwerte hier auf den Normzustand bezogen, nämlich auf den Normdruck p_n =1,013 bar und die Normtemperatur T_n = 273 K (also 0 °C).

46. Wie funktioniert die Durchflussmessung mit Drosselgeräten?

Ein großer Teil der Durchflussmessungen in der chemischen Industrie wird nach dem Wirkdruckverfahren durchgeführt. Messungen für Flüssigkeiten, Gase und Dämpfe, auch bei extremen Temperaturen, schnellen Strömungen, hohen Drücken und aggressiven Medien, können damit realisiert werden. Der einfache Einbau und die Tatsache, dass der Anwender unter gewissen Einschränkungen mit genormten Blenden, Düsen oder Venturirohren eine auf den speziellen Einsatzfall zugeschnittene Durchflussmessung berechnen und erstellen kann, haben zur weiten Verbreitung dieser Messmethode geführt.

Physikalische Grundlagen:
Bei der Durchflussmessung nach dem Wirkdruckverfahren wird der Querschnitt der Rohrleitung an einer Stelle verengt, wodurch bei gleichem Volumendurchfluss die Strömungsgeschwindigkeit des Mediums erhöht wird. Nach dem physikalischen Gesetz der Energieerhaltung muss eine Änderung der Strömungsgeschwindigkeit, also der kinetischen Energie W_{kin} eines bestimmten Volumens V, auch eine Änderung einer anderen Energie dieses Volumens bewirken, z. B. der potenziellen Energie W_{pot} (Lageenergie) oder der Druckenergie W_{Druck}.

Für Drosselgeräte gilt: Verdoppelt sich die Menge, so steigt der gemessene Differenzdruck um das Vierfache. Der Zusammenhang zwischen Differenzdruck und Durchfluss ist also nicht linear, sondern quadratisch.

Es kommen folgende Bauformen zum Einsatz:

- **Blende:**

  Drosselgeräte kommen in der chemischen Industrie in Form von Blenden, Düsen und Venturidüsen vor. Wegen der geringen Baulänge und dem attraktiven Preis wird die Blende oft eingesetzt.

  Vorteile:

  - einfache und robuste Konstruktionsweise
  - weltweit standardisiert (seit über 60 Jahren nach DIN 1952 und ISO 5167 - 1)
  - zahlreiche Werkstoffe für unterschiedlichste Anwendungen (Stähle, PVDF, Teflon usw.)
  - Nennweiten DN 10...1000 standardmäßig lieferbar
  - preisgünstig
  - Messgenauigkeit (0,6...2 % vom Endwert)
  - schlanke Geometrie.

  Nachteile:

  - höherer Druckverlust gegenüber Düsen und Venturirohren
  - relativ verschleißanfällig, dadurch erhöhte Messfehler, falls Blendengeometrie durch Abrasion oder Ablagerungen verändert wird.

- **Düse:**

  Die Düse als Bauform stellt einen guten Kompromiss zwischen Venturirohr/-düse und Blende dar, d. h. kompakte Bauform bei geringen Druckverlusten.

  Die Druckentnahme erfolgt, wie bei den Blenden, über Einzelbohrungen oder über einen Ringspalt.

  Vorteile:

  - Düsen eignen sich wegen der runden Einlaufkante für sehr hohe Strömungsgeschwindigkeiten.
  - Düsen eignen sich für abrasive Messstoffe.
  - Der bleibende Druckverlust ist geringer als bei Blenden.

  Nachteile:

  - Der erzeugte Wirkdruck ist kleiner als bei Blenden, damit ist die Messunsicherheit größer als bei Blenden.

- **Venturirohr:**

  Das Venturirohr ist bedingt durch seine Länge das größte Drosselgerät. Weiter ist es schwieriger herzustellen als die Messblende und die Düse und daher am teuersten.

Gegenüber Blenden und Düsen sind die Druckverluste bei dieser Bauform sehr gering, was sich positiv auf die erforderliche Pumpenleistung in einer Anlage auswirkt. Die Messunsicherheit ist allerdings größer als bei Blenden, weil die erzeugten Druckdifferenzen kleiner sind. Venturirohre und -düsen weisen auslaufseitig einen Diffusor auf, der die Fließgeschwindigkeit stetig abbremst und dadurch gleichzeitig eine maximale Erholung des Druckes ermöglicht.

Vorteile:

- geringere Druckverluste gegenüber Blenden
- relativ unempfindlich gegenüber inneren Abnutzungserscheinungen
- Messgenauigkeit (0,6...2 % vom Endwert)

Nachteile:

- größere Einbaulänge als Blenden
- höhere Anschaffungs- und Installationskosten
- große Nennweiten sind schwerer zu handhaben (hohes Transportgewicht).

47. Wie sollten Drosselgeräte eingebaut werden?

Bei der Berechnung von Drosselgeräten wird eine definierte Strömung vorausgesetzt. Durch vor- oder nachgeschaltete Einbauten in der Rohrleitung (z. B. Ventile) oder durch Rohrbögen, Reduzierstücke u. Ä., wird das Strömungsprofil gestört. Ein undefiniertes Strömungsprofil würde aber einen Fehler in der Messung bedeuten, der nur schwer abschätzbar ist. Vor und nach Drosselgeräten werden deshalb immer Ein- bzw. Auslaufstrecken vorgesehen, damit sich die Strömung beruhigen kann. Ein- und Auslaufstrecken sind gerade Rohrstücke gleicher Nennweite und werden immer als Vielfaches des Rohrleitungsquerschnitts angegeben. Ein- und Auslaufstrecken sind in der DIN 1952 festgelegt.

Als **Richtwert** gilt:

Einlaufstrecke = 10...20 • Rohrdurchmesser

Auslaufstrecke = 5...10 • Rohrdurchmesser

Durch die Ein- und Auslaufstrecken kann die Messstrecke bedeutende Ausmaße annehmen.

Der **Differenzdruck** der Drosselgeräte (auch Wirkdruck genannt) wird mit Differenzdrucktransmittern gemessen. Dazu wird der Differenzdrucktransmitter über Wirkdruckleitungen (auch Impulsleitung genannt) mit dem Drosselgerät verbunden.

Für die **Anordnung des Transmitters** gilt das gleiche wie bei der Druck-/Differenzdruckmessung.

- **Messung von Flüssigkeiten:**

  Anordnung des Transmitters unter den Druckentnahmestutzen, damit Gasblasen nach oben steigen können und die Messung nicht verfälschen.

- **Messung von Gasen:**

  Anordnung des Transmitters über dem Druckentnahmestutzen, damit kondensierende Flüssigkeit nach unten ablaufen kann und sich nicht im Messumformer sammelt.

Genauigkeit: Trotz sehr vieler Einflussgrößen lassen sich mit Drosselgeräten sehr genaue Durchflussmessungen realisieren. Durch die quadratische Abhängigkeit des Differenzdruckes vom Durchfluss ist jedoch im unteren Bereich der Fehler sehr groß. Bei der Auslegung des Drosselgerätes sollte deshalb darauf geachtet werden, dass der Anzeigebereich möglichst nie unter 20 % des Messbereiches liegt.

48. Wie funktioniert die Durchflussmessung mit Schwebekörpern?

Beim Schwebekörper-Durchflussmesser handelt es sich um ein Gerät zur Messung des Durchflusses von Flüssigkeiten und Gasen in Rohrleitungen. Er besteht im Wesentlichen aus einem vertikalen, sich nach oben weitenden Rohr. Das Rohr, in dem sich ein Schwebekörper befindet, wird dabei von unten nach oben von dem Medium durchströmt. Dieser Schwebekörper stellt sich mit zunehmendem Durchfluss in zunehmender Höhe stets so ein, dass sein Strömungswiderstand seinem Gewicht in dem Messstoff entgegengesetzt gleich und somit unabhängig vom Durchfluss konstant ist.

Die Höhenstellung des Schwebekörpers dient als Maß für den Durchfluss. Der Durchfluss kann an einer Skala abgelesen werden.

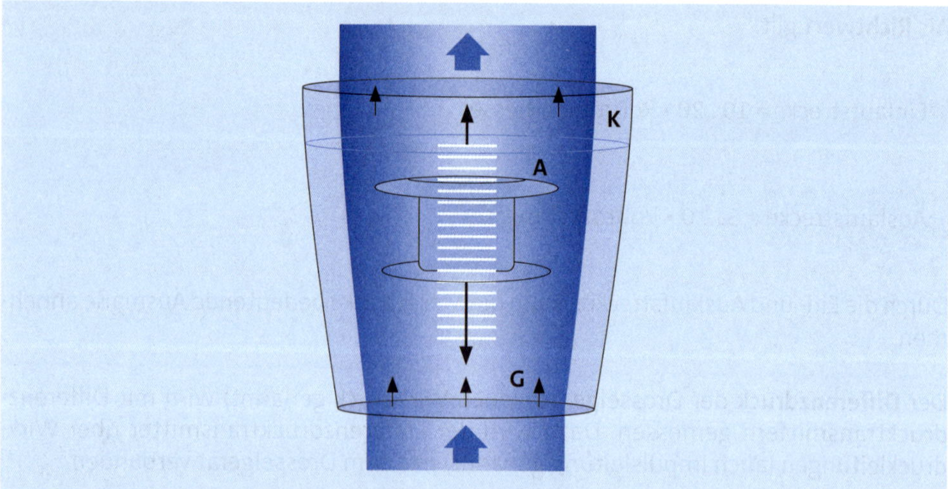

Schwebekörper Durchflussmessung

Vorteile:

- preiswert
- keine Hilfsenergie bei örtlicher Anzeige nötig
- keine Beruhigungsstrecke zu berücksichtigen.

Nachteile:

- senkrechte Einbaulage zwingend erforderlich
- Einfluss von Dichte und Temperatur
- empfindlich gegen Vibration.

49. Wie funktioniert die magnetisch induktive Durchflussmessung?

Wird ein elektrischer Leiter in einem Magnetfeld so bewegt, dass er Feldlinien schneidet, dann wird in ihm eine Spannung induziert. Die Polung der Spannung hängt von der Bewegungsrichtung und der Richtung des Magnetfeldes ab. Die induzierte Spannung ist umso größer, je stärker das Magnetfeld ist, je schneller der Leiter bewegt wird und je länger das Leitungsstück ist, das die magnetischen Feldlinien schneidet. Dieses physikalische Gesetz lässt sich auch auf ein mit einer leitenden Flüssigkeit gefülltes Rohr beziehen, wenn die Flüssigkeit im Magnetfeld fließt.

Eine Realisierung dieses Messprinzips setzt voraus, dass sich im Rohrinneren ein Magnetfeld aufbaut und dass die induzierte Spannung störungsfrei abgegriffen wird.

Zwei Erregerspulen erzeugen das Magnetfeld B, das im Rohr nur dann entsteht, wenn es nicht durch einen magnetisierbaren Rohrwerkstoff abgeleitet wird. Nicht rostender Stahl erfüllt diese Anforderung, weshalb er meist als Rohrwerkstoff verwendet wird.

Zur Vermeidung einer Spannungsableitung für das Messsignal bekommt das Rohr eine isolierende Auskleidung. Typische Auskleidungsmaterialien sind Polyurethan, Hartgummi, Keramik oder PFA/PTFE (z. B. Teflon). Der Abgriff des Spannungssignals erfolgt mithilfe zweier metallischer Elektroden, die isoliert in das Rohr eingebracht werden und mit dem Messstoff den galvanischen Kontakt herstellen. Eine weitere Voraussetzung für die Funktion ist die elektrische Leitfähigkeit der Flüssigkeit. Die meisten Hersteller fordern eine Mindestleitfähigkeit von 5 mikroS/cm. Magnetisch induktive Durchflussmesser (kurz: MID) sind natürlich nur für Flüssigkeitsanwendungen geeignet.

Vorteile:

- lineares elektrisches Ausgangssignal
- keine mechanisch bewegten Teile
- keine störenden Einbauten in der Rohrleitung und damit kein Druckverlust
- unabhängig von Dichte, Temperatur, Zähigkeit

- durch geeignete Innenwandauskleidung und geeignetes Elektrodenmaterial auch für aggressive und korrosive Fluide geeignet
- Messung von Flüssigkeiten mit Feststoffanteil möglich
- arbeitet in beide Fließrichtungen (Vor-, Rücklauf).

Nachteile:

- nur bei Flüssigkeiten
- untere Leitfähigkeitsgrenze muss eingehalten werden
- Gasanteile verursachen Fehler.

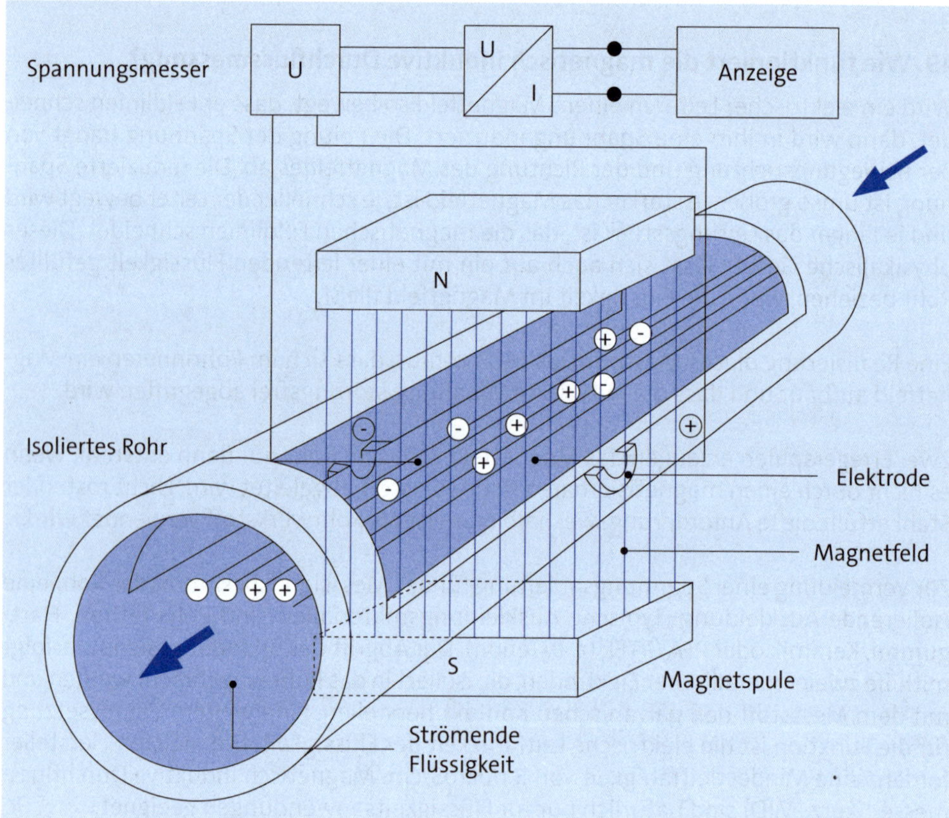

Magnetisch induktive Durchflussmessung

50. Auf welchem Messprinzip beruht die Wirbel-Durchflussmessung (Vortex)?

Das Messprinzip beruht auf der Beobachtung, dass sich nach Hindernissen (Störkörper) in einer Strömung Wirbel ausbilden (z. B. Brückenpfeiler). Die Wirbel entstehen dabei beidseitig und lösen sich gegenseitig ab. Diese Wirbelbildung ist unter der Bezeichnung

„Karmansche Wirbelstraße" bekannt. Hinter einem angeströmten Staukörper im Messrohr bilden sich abwechselnd Wirbel, welche durch die Strömung abgelöst werden. Die hinter dem Staukörper abgelösten Wirbel erzeugen abwechslungsweise einen lokalen Unterdruck in einem Messrohr, der durch einen kapazitiven Sensor erfasst und als primäres, lineares Signal einer Elektronik zugeführt wird. Das Messsignal unterliegt dabei keiner Drift. Deshalb können Wirbelzähler über die gesamte Lebensdauer ohne Nachkalibrierung eingesetzt werden. Bezüglich des Strömungsprofils gelten in etwa die gleichen Einschränkungen wie bei Blendenmessungen: Zur Ausbildung einer definierten Strömung müssen Ein- und Auslaufstrecke genügend groß dimensioniert werden.

Vorteile:

- keine beweglichen Teile
- robuster Aufbau
- einsetzbar bei Flüssigkeiten, Gasen und Dampf
- unabhängig von Druck-, Temperatur-, Dichteänderungen
- lineares Verhältnis zwischen Durchfluss und Messwert.

Nachteile:

- pulsierende Durchflüsse und Drallströmungen beeinflussen die Messgenauigkeit
- genügend dimensionierte Ein- und Auslaufstrecken zwingend erforderlich
- Einsatz bei hochviskosen Flüssigkeiten nicht mehr möglich.

51. Wie erfolgt die thermische Massendurchflussmessung für Gase?

Das Messverfahren nutzt die durchflussabhängige Wärmeabgabe eines beheizten Körpers an ein Gas. Diese strömungsabhängige Abkühlung hängt in den verfahrenstechnisch relevanten Bereichen nicht von Druck und Temperatur, sondern von Art und Zahl der Moleküle ab, die auf die beheizte Oberfläche treffen. Das Verfahren bildet somit den Massenstrom des Gases direkt ab.

Vorteile:

- direkte Massemessung für Gase
- keine Druck- und Temperaturkompensation
- sehr geringe Druckverluste
- hohe Messgenauigkeit und hohe Messspanne
- keine beweglichen Teile
- schnelle Ansprechzeit.

Nachteile:

- nur für Gase
- hoher Aufwand beim Kalibrieren.

52. Wie erfolgt die Massendurchflussmessung nach dem Coriolis-Verfahren?

Für die Berechnung und Bilanzierung verfahrenstechnischer Prozesse bevorzugt man Massenangaben, die unabhängig von physikalischen Einflüssen sind im Gegensatz zu Volumenangaben. Druck, Dichte, Temperatur, Viskosität verändern die Masse nicht. Deshalb ist der Massendurchfluss eine wichtige Messgröße. Masse lässt sich nur mittelbar messen, z. B. unter Zuhilfenahme des zweiten Gesetzes von Newton, das aussagt, dass Kraft gleich Masse mal Beschleunigung ist. Beim Wiegen bedient man sich der Erdbeschleunigung und wendet dieses Gesetz an. Für die Coriolis-Durchflussmessung muss man die Flüssigkeiten in einem rotierenden System beschleunigen und die dabei auftretenden Trägheitserscheinungen registrieren. Dazu greift man auf einen physikalischen Effekt zurück, der den Namen des französischen Mathematikers *Coriolis* trägt.

Strömen Massen durch ein vibrierendes Rohr, entstehen Coriolis-Kräfte, die das Rohr verbiegen bzw. verdrehen. Diese sehr kleinen Messrohrverbiegungen werden durch optimal angeordnete Sensoren abgegriffen und elektronisch ausgewertet. Da die Sensorsignale proportional zum Massendurchfluss sind, kann mit dem Coriolis-Masse-Durchflussmesser direkt die durch das Messgerät geförderte Masse ermittelt werden. Das Messprinzip arbeitet unabhängig von Dichte, Temperatur, Viskosität, Druck und Leitfähigkeit. Die Messrohre schwingen immer in Resonanz. Diese sich einstellende Resonanzfrequenz ist eine Funktion der Messrohrgeometrie, der Werkstoffeigenschaften und der im Messrohr mitschwingenden Mediumsmasse. Sie gibt eine genaue Aussage über die Dichte des zu messenden Mediums. Um den hohen Genauigkeitsanforderungen gerecht zu werden, misst der Massedurchflussmesser auch die Temperatur. Zusammenfassend kann man sagen, dass mit dem Coriolis-Masse-Durchflussmesser gleichzeitig die Bestimmung von Massendurchfluss, Dichte und Temperatur möglich ist.

Vorteile:

- echte Massemessung
- zusätzliche Temperatur und Dichtemessung
- sehr hohe Genauigkeit
- unabhängig von Druck, Temperatur, Viskosität
- arbeitet in beide Fließrichtungen (Vor- und Rücklauf).

Nachteile:

- Gasanteile stören die Messung von Flüssigkeiten
- vibrationsempfindlich
- Nennweitenbegrenzung nach oben.

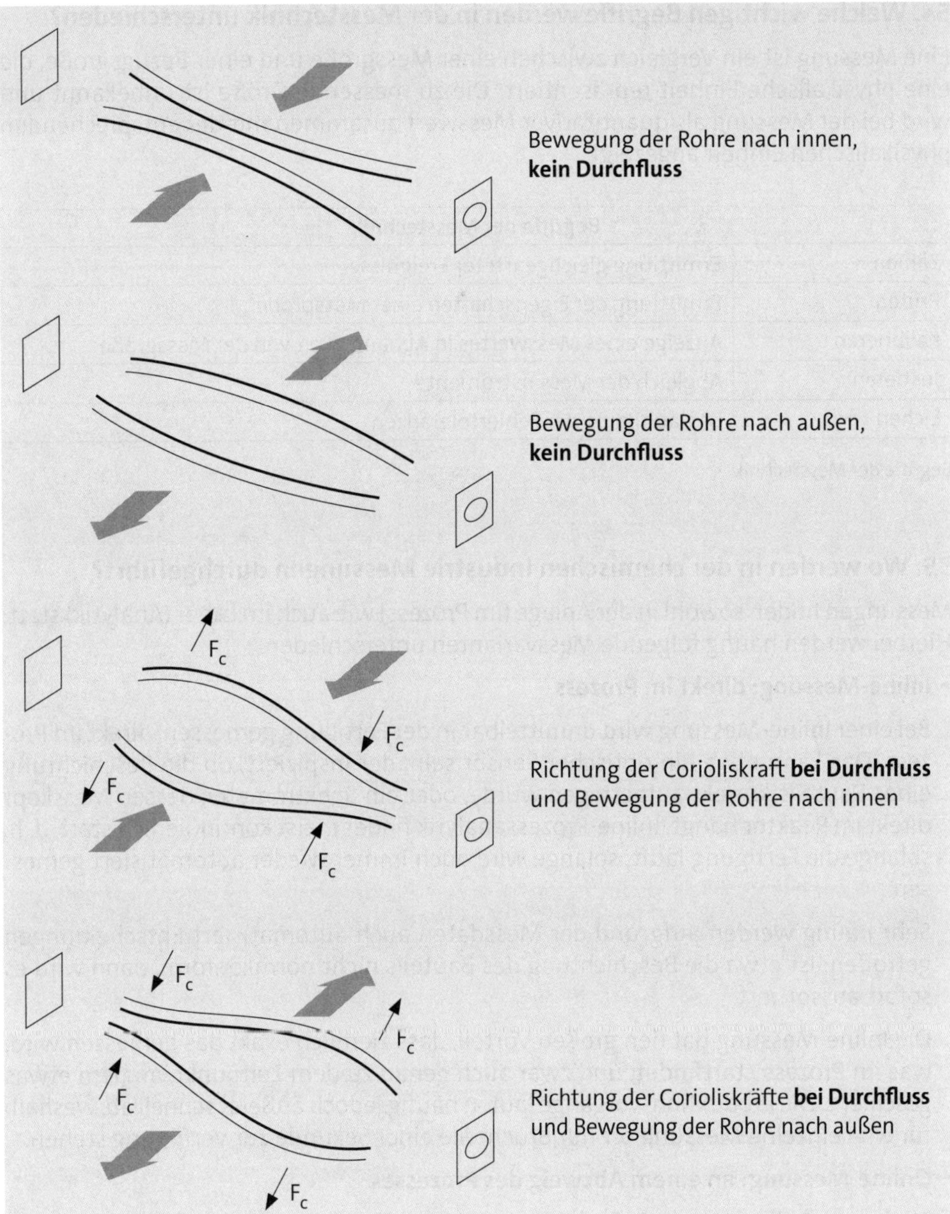

Coriolis-Durchflussmessung

53. Wie unterscheiden sich mittelbare und unmittelbare Messverfahren?

Die mittelbare Messung ist eine indirekte Messung, bei der der Messwert durch eine indirekte Berechnung aus anderen Messgrößen dargestellt wird. Dagegen basiert eine unmittelbare Messung auf einem direkten Vergleich mit einem Bezugsnormal.

54. Welche wichtigen Begriffe werden in der Messtechnik unterschieden?

Eine Messung ist ein Vergleich zwischen einer Messgröße und einer Bezugsgröße, die eine physikalische Einheit repräsentiert. Die zu messende Größe ist unbekannt und wird bei der Messung als quantitativer Messwert zusammen mit der entsprechenden physikalischen Einheit angezeigt.

Begriffe der Messtechnik	
Zählen	Ermittlung gleichgearteter Ereignisse
Prüfen	Ermittlung der Eigenschaften einer Messprobe
Kalibrieren	Anzeige eines Messwertes in Abhängigkeit von der Messgröße
Justieren	Abgleich der Messinstrumente
Eichen	Beglaubigung der Fehlertoleranzen

Begriffe der Messtechnik

55. Wo werden in der chemischen Industrie Messungen durchgeführt?

Messungen finden sowohl in der Anlage (im Prozess) wie auch im Labor (Analytik) statt. Hierbei werden häufig folgende Messvarianten unterschieden:

- **Inline-Messung: direkt im Prozess**

  Bei einer Inline-Messung wird unmittelbar in der Fertigung gemessen, direkt im Prozess. Das kann etwa ein optischer Sensor sein, der inspiziert, ob die Beschichtung eines Bauteils korrekt aufgetragen wurde, oder ein Spektrometer, dessen Messkopf direkt im Reaktor hängt. Inline-Prozessanalytik findet meist kontinuierlich statt, d. h. solange die Fertigung läuft, solange wird auch immer wieder automatisiert gemessen.

  Sehr häufig werden aufgrund der Messdaten auch automatisiert Entscheidungen getroffen: Ist etwa die Beschichtung des Bauteils nicht normkonform, dann wird es sofort aussortiert.

  Die Inline-Messung hat den großen Vorteil, dass ziemlich exakt das gemessen wird, was im Prozess stattfindet, und zwar auch genau zu dem Zeitpunkt, an dem etwas geschieht. Die Produktionsvorgänge laufen häufig jedoch äußerst schnell ab, weshalb für eine einzelne Messung oft nur Bruchteile einer Sekunde zur Verfügung stehen.

- **Online-Messung: an einem Abzweig des Prozesses**

  Auch eine Online-Messung findet meist kontinuierlich statt. Hier wird jedoch nicht direkt im Prozess gemessen, sondern z. B. in einer dafür eingebauten Abzweigung – einem „Bypass“–, in den automatisch Proben der zu vermessenden Substanz hineingeführt werden. Das wird etwa dann gemacht, wenn das Messgerät die harten Bedingungen nicht aushält, die direkt im Prozess anzutreffen sind (z. B. hohe Drücke, Temperaturen usw.). Online-Messaufbauten machen in solchen Fällen trotzdem die kontinuierliche Messung möglich – nur messen sie eben nicht mehr exakt das, was im Prozess stattfindet: Das zu vermessende Material verhält sich vielleicht ein wenig anders als unter den hohen Drücken.

Online-Messungen ermöglichen aber auch Messmethoden, die in als Inline-Variante nicht möglich wären. Beispielsweise können der entnommenen Probe automatisch Reagenzien beigemischt werden, um daraufhin einen Farbumschlag zu prüfen. Diese Reagenzien sollen natürlich nicht in das Endprodukt einfließen, darum ist eine Inline-Messung mit Reagenzien praktisch nie möglich.

Während dieses Vorgangs vergeht aber auch einige Zeit. Bis hier z. B. bei einem Fehler reagiert werden kann, wurde im schlimmsten Fall schon mehrere Minuten fehlerhaftes Material produziert.

- **Atline-Messung: im Labor nebenan**

  Manchmal ist selbst eine Online-Messung schwer wirtschaftlich umzusetzen oder schlicht technisch nicht möglich. Dann muss ein Mensch manuell eine Probe entnehmen und mit einem Labormessgerät prüfen. Befindet sich dieser Messort noch in der Nähe der Fertigung, etwa in einem Labor im Nebenraum, dann spricht man von einer Atline-Messung.

  Atline-Messungen ermöglichen die Umsetzung komplexerer Messvorgänge: Proben können praktisch beliebig präpariert werden und für die Dauer des Messvorgangs gibt es genügend Zeit. Außerdem kann das Messgerät bedingungslos auf Präzision optimiert werden, weil es nicht in der rauen Umgebung der Produktion, sondern in einem klimatisierten Labor steht.

  Diese Präzision erkauft man sich jedoch mit einem großen zeitlichen Abstand zwischen Probenentnahme und der Verfügbarkeit des Messergebnisses. Dieser lange Zeitraum bedeutet natürlich auch, dass Produktionsprobleme ebenfalls nur mit großem zeitlichen Abstand erkannt werden können. Atline-Messungen werden für die Prozessanalytik deshalb häufig weniger zur unmittelbaren Kontrolle der internen Abläufe verwendet, sondern vielmehr zur Dokumentation der Normkonformität nach außen: Viele ISO-Normen beschreiben die genauen Abläufe von Atline-Messungen, mit deren Hilfe z. B. nachgewiesen wird, dass keine Schwermetalle in der verarbeiteten Milch einer Käserei vorhanden sind. Solche Messprotokolle werden dann etwa beim Verkauf mitgeliefert und dokumentieren die Güte des gelieferten Produkts.

- **Offline-Messung: in einem externen Labor**

  Wenn es am Produktionsstandort nicht die Messkapazitäten für die nötigen Messungen gibt, dann muss die Probe zu einem externen Labor geschickt werden: Es findet eine Offline-Messung statt. Bis zum Eintreffen des Ergebnisses werden also häufig mehrere Tage vergehen. Diese Messvariante ist damit weitgehend entkoppelt vom Produktionsprozess. Ihr Einsatz kann etwa bei der stichprobenhaften Kontrolle von Substanzen angewendet werden, die von einem Zulieferer stammen und erst zu einem späteren Zeitpunkt der Fertigung zugeführt werden.

3.1.2 Optimieren des Einsatzes von Messeinrichtungen

01. Was besagt die sog. „goldene Regel der Messtechnik“?

Die goldene Regel der Messtechnik ist eine Faustregel, die besagt, dass die Unsicherheit eines Messgerätes ein Zehntel, im äußersten Fall ein Fünftel der Toleranz nicht überschreiten sollte. Die goldene Regel hilft mit dieser Angabe bei der Auswahl eines für eine spezifische Messaufgabe geeigneten Messmittels. Auch wenn mittlerweile in manchen Branchen (v. a. in der Automobilindustrie) andere Maßstäbe herangezogen werden, wird sie trotzdem noch in vielen Bereichen angewandt.

02. Was gilt es bei der Auswahl der Messeinrichtungen zu beachten?

Die Messeinrichtungen müssen immer auf den Prozess abgestimmt sein, in welchem sie zum Einsatz kommen sollen. Hier spielen selbstverständlich der Messbereich, die Genauigkeit, die Umgebungsbedingungen, das Messverfahren, die Signalübertragung, die Stoffbeständigkeit und viele weitere technische Faktoren eine Rolle. Aber auch wirtschaftliche Faktoren, wie z. B. Preis, Instandhaltungsaufwand, Langlebigkeit, Entsorgungskosten, Schulungsaufwand usw., spielen eine große Rolle.

3.2 Einsetzen von Steuerungs- und Regelungssystemen zur Prozessoptimierung

3.2.1 Einsatz von Steuerungssystemen zur Prozessoptimierung

01. Was kennzeichnet eine Steuerung?

Besonderes Merkmal der Steuerung ist der offene Wirkungsablauf, d. h. ein Steuerungsprozess wird ohne Rücksicht des Ist-Zustandes auf einen Soll-Zustand hin beeinflusst. Bei einer Steuerung geht das Signal von einer Steuereinrichtung aus und endet in der Steuerstrecke. Es besteht keine Rückwirkung von der Steuerstrecke auf die Steuereinrichtung. Aus diesem Grund bezeichnet man die Steuerung als offenen Wirkungsablauf oder als Steuerkette, da die einzelnen Funktionsblöcke wie Kettenglieder aneinandergereiht sind.

02. Wie sind Steuerungen aufgebaut?

Jede Steuerung lässt sich grundsätzlich in die drei Elemente des ursprünglich aus der Informationstechnik bekannten EVA-Prinzips einteilen, wobei sich dieses Prinzip ganz allgemein wie folgt darstellen lässt:

- **Eingabe:**

  Die Eingabe-Ebene empfängt Signale von den Signalgebern (Sensoren) des zu steuernden Prozesses und bereitet sie für die Verarbeitungs-Ebene vor. Das bedeutet, beliebige physikalische Größen werden in eine für die Verarbeitungs-Ebene verwertbare Form aufbereitet.

- **Verarbeitung:**

  Verarbeitungs-Ebene („Programm"): Die angepassten Eingangssignale werden entsprechend der Steuerungsaufgabe logisch verknüpft, um die Verarbeitungsergebnisse an die Ausgabe-Ebene zu übergeben.

- **Ausgabe:**

  Die Ausgabeebene gibt die Energie für die angeschlossenen Verbraucher (Stellglieder der Steuerstrecke) frei bzw. sperrt diese. So werden z. B. Ventile, Motoren, Heizungen usw. angesteuert.

03. Welche Steuerungsarten werden unterschieden?

Grundsätzlich werden Verknüpfungs- und Ablaufsteuerungen unterschieden.

Verknüpfungssteuerung
Eine Verknüpfungssteuerung ordnet den Signalzuständen der Eingangssignale bestimmte Signalzustände der Ausgangssignale im Sinne logischer Verknüpfung zu.

Diese Art von Steuerungen nannte man früher Verriegelungssteuerungen. Abhängig von entsprechenden Eingangsbedingungen wird ein zugehöriger Ausgang verriegelt.

Verknüpfungssteuerungen findet man in kontinuierlich betriebenen Prozessen und in Schaltungen, die der Anlagensicherung dienen.

Beispiel

Die Erdgas-Versorgung in einem Chemiewerk muss gegen Überdruck abgesichert werden. Um bei einem Geräteausfall die Erdgasversorgung nicht unnötig zu gefährden, werden drei Druckwächter eingesetzt. Wenn mindestens zwei Druckwächter Überdruck anzeigen, soll ein Ventil schließen. In der Eingabe-Ebene der Steuerung wurden die Signale der Druckwächter so aufbereitet, dass sie bei Überdruck „1"-Signal liefern, das Ventil schließt, wenn es von der Steuerung ein „1"-Signal erhält.

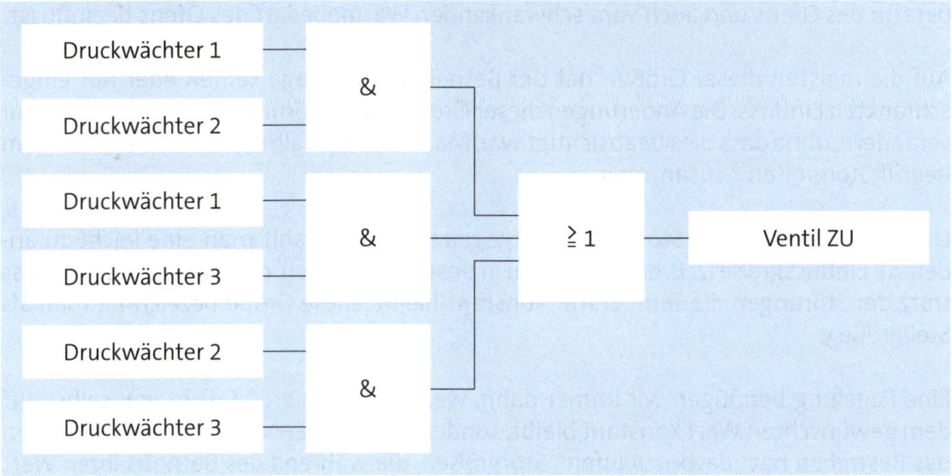

Ablaufsteuerung
Unter einer Ablaufsteuerung (auch Folge-, Takt- oder Schrittsteuerung genannt) versteht man eine Steuerung mit zwangsläufig schrittweisem Ablauf, bei der das Weiterschalten von einem Schritt auf den programmgemäß folgenden in Abhängigkeit von einer oder mehreren Bedingungen, wie Zeiten oder Prozesszuständen, erfolgt.

Die Darstellung ist dabei in der DIN EN 60848 (GRAFCET) geregelt. GRAFCET ist dabei eine Abkürzung, die aus dem Französischen stammt: **GRA**phe **F**onctionnel de **C**ommande **E**tape **T**ransition. Ins Deutsche übersetzt bedeutet dies: Darstellung der Steuerungsfunktion mit Schritten und Weiterschaltbedingungen (siehe **>>** 3.5.2).

3.2.2 Einsatz von Regelungssystemen zur Prozessoptimierung

01. Was sind die Aufgaben einer Regelung?

Nach DIN 19226 ist das Regeln ein Vorgang, bei dem eine Größe, die zu regelnde Größe (z. B. Druck, Temperatur usw.), fortlaufend erfasst und mit einer anderen vorgegebenen Größe gleicher Art (der Führungsgröße) verglichen wird.

Abhängig vom Ergebnis dieses Vergleichs wird durch den Regelvorgang eine Angleichung der zu regelnden Größe an den Wert der vorgegebenen Größe vorgenommen. Die zu regelnde Größe wird als Regelgröße x bezeichnet.

Regelgrößen im Chemiebetrieb sind Drücke, Temperaturen, Füllstände, Durchflüsse usw. Die Regelgröße wird im Allgemeinen von einer Vielzahl von Größen beeinflusst. Ändern sich diese Größen, so ändert sich auch die Regelgröße.

Betrachtet man z. B. in einem gasbeheizten Ofen die Temperatur, so wird diese Temperatur u. a. vom Gasstrom, vom Gasdruck, dem Heizwert des Gases, der Umgebungstemperatur des Ofens und auch vom schwankenden Wärmebedarf des Ofens beeinflusst.

Auf die meisten dieser Größen hat der Betreiber der Anlage keinen oder nur eingeschränkten Einfluss. Die Änderungen dieser Größen sind Störungen, die die Temperatur verändern, ohne dass dies beabsichtigt war. Man fasst deshalb diese Größen unter dem Begriff Störgrößen z zusammen.

Um den Einfluss dieser Störgrößen entgegenzuwirken, wählt man eine leicht zu ändernde Einflussgröße (z. B. den Gasstrom in unserem Beispiel), die man so verstellt, dass trotz der Störungen die Temperatur konstant bleibt. Diese Größe bezeichnet man als Stellgröße y.

Eine Regelung benötigen wir immer dann, wenn die Regelgröße nicht von selbst auf dem gewünschten Wert konstant bleibt, sondern infolge der Änderung der Störgrößen das Bestreben hat „davonzulaufen“. Störgrößen, die während des Betriebs ihren Wert nicht ändern, stellen keine Störungen im eigentlichen Sinne dar und brauchen von uns nicht weiter berücksichtigt werden.

Bei jeder Regelung gibt es:

- eine Regelgröße
- eine Stellgröße
- eine oder mehrere Störgrößen.

Unabhängig davon, welche Regelaufgabe zu lösen ist, gilt es immer, folgende Fragestellungen zu beantworten:

- Was soll geregelt werden, was ist die Regelgröße?
- Welche Größen beeinflussen die Regelgröße?
- Welche dieser Einflussgrößen ist die geeignetste Stellgröße?
- Welche Einflussgrößen verbleiben dann als Störgrößen und wie wirken sich diese aus?

02. Was bezeichnet die Regelstrecke?

Der Teil der geregelten Anlage, in dem die Regelgröße konstant zu halten ist und an dem die Stellgröße und die Störgrößen angreifen, wird als Regelstrecke bezeichnet.

In dem Beispiel eines temperaturgeregelten, gasbeheizten Ofens ist also der Ofen die Regelstrecke. Bei regelungstechnischen Überlegungen ist es zweckmäßig, die Regelstrecke durch ein Kästchen, einen „Block" anzudeuten. Der Block wird mit „S" wie (Regel-)Strecke gekennzeichnet. Auf den Block wirken die Stellgröße y und die Störgrößen z, der Block gibt die Regelgröße x aus.

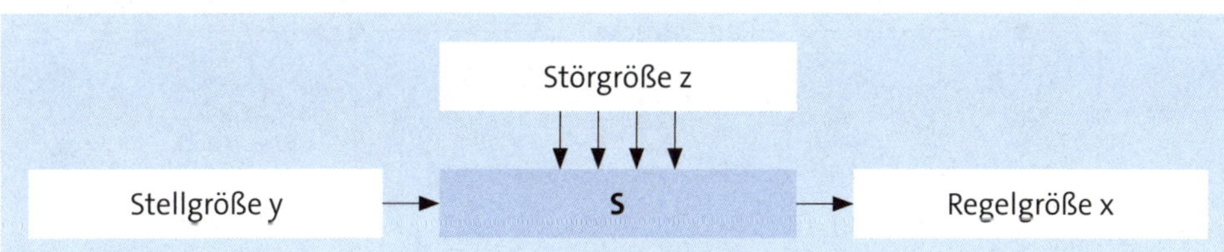

Regelstrecke

03. Aus welchen Teilen besteht ein Regler?

Ziel der Regelungstechnik, wie jeder Automatisierungstechnik, ist es, den Menschen aus dem Arbeitsablauf herauszulösen und ihn „nur" noch mit Überwachungs- und Wartungsfunktionen zu betrauen. Wir müssen also den im Regelkreis eingeschalteten Menschen durch ein selbsttätig, d. h. ohne menschliche Mitwirkung, arbeitendes Gerät, einen Regler, ersetzen.

Ist der Regler der Regelaufgabe gut angepasst, leistet er meistens bessere Arbeit als der Mensch, denn er reagiert schneller und insbesondere unermüdlicher als der Mensch.

Folgende Teile muss ein Regler besitzen:

- **Messeinrichtung** zur Bestimmung der Regelgröße
- **Sollwerteinsteller** zur Vorgabe der Führungsgröße
- **Vergleicher** zur Bildung der Regeldifferenz
- **Verstärker** zur Bildung der Stellgröße.

Unterschieden werden unstetige (z. B. Bimetall-Zweipunktregler) und stetige Regler (vgl. Frage 05. ff.).

04. Was beinhaltet der Regelkreis?

Regelstrecke und Regler werden zu einem Regelkreis zusammengeschaltet. Dabei ist der Ausgang des Reglers (die Stellgröße y) die Eingangsgröße für die Regelstrecke und der Ausgang der Regelstrecke (die Regelgröße x) der Eingang für den Regler.

In der Regelungstechnik ist es üblich mit vereinfachten Blockschaltbildern zu arbeiten. Der mechanische Aufbau des Regelkreises interessiert im ersten Schritt nicht. Man spricht auch vom sog. Signalflussplan.

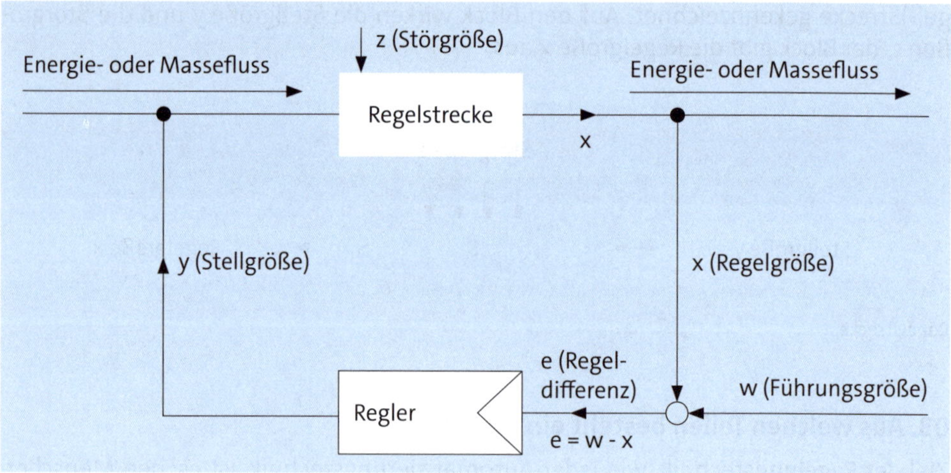

Regelkreis

05. Was kennzeichnet einen stetigen Regler?

Der Regler ist der Teil des Regelkreises, der den Vergleich zwischen Regelgröße und Führungsgröße durchführt und in Abhängigkeit von der festgestellten Regelabweichung die Stellgröße beeinflusst.

Jeder Regler muss also neben der Einrichtung zur Bildung der Stellgröße mindestens einen Sollwerteinsteller und einen Vergleicher besitzen. Bei vielen Reglern ist die Einrichtung zur Bildung der Stellgröße als ein mit Hilfsenergie gespeister Verstärker ausgebildet.

Bei den stetigen Reglern wird die Stellgröße von der Regelabweichung stetig beeinflusst. Es ist jeder Wert der Stellgröße im Stellbereich Y_h einstellbar. Dadurch ist es grundsätzlich möglich, der Stellgröße genau den Wert zu geben, der zur Aufrechterhaltung des gewünschten Wertes der Regelgröße benötigt wird. Periodische Schwankungen der Regelgröße wie bei den unstetigen Reglern lassen sich so vermeiden. Das Prinzip einer Regelung ist das fortlaufende: Messen – Vergleichen – Nachstellen.

- **Messen**
  Die Regelgröße wird direkt oder mittels Sensoren gemessen.
- **Vergleichen**
  Der Wert der Regelgröße wird mit dem Sollwert verglichen. Die Differenz ist die Regelabweichung.
- **Nachstellen**
  Aus der Regelabweichung wird unter Berücksichtigung der dynamischen Eigenschaften der Regelstrecke die Stellgröße bestimmt.

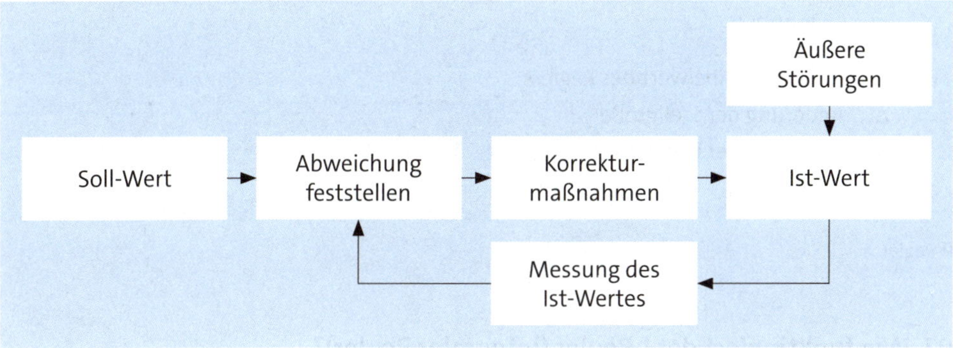

Wirkungsweise einer Regelung

06. Wie funktioniert der P-Regler (proportionaler Regler)?

Beim P-Regler verhält sich die Änderung der Stellgröße Delta y, proportional zur Änderung der Regeldifferenz x_d (e). Der P-Regler bildet seine Stellgröße aus der Amplitude der Regeldifferenz x_d (e). Der P-Regler ist schnell, hat aber eine bleibende Regeldifferenz x_d (e) beim Auftreten einer bleibenden Störung. Je größer K_{RP}, desto geringer ist die bleibende Regeldifferenz x_d (e) – aber: Gefahr des Schwingens. Je größer der Proportionalbeiwert K_{RP} ist, desto kleiner ist der Proportionalbereich X_P. Je kleiner der Proportionalbereich X_P ist, desto größer ist die Änderung der Stellgröße beim Auftreten einer Regeldifferenz.

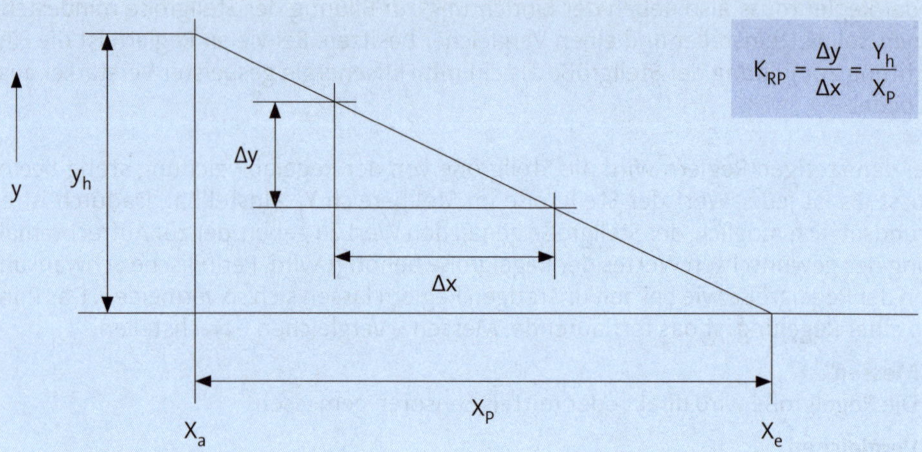

a) Kennlinie und Proportionalbeiwert

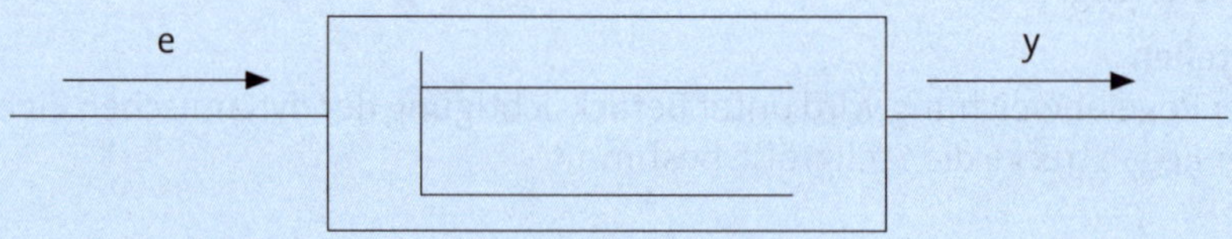

b) Blockschaltbild

K_{RP} Proportionalbeiwert des Reglers
Δy Änderung der Stellgröße
Δx Änderung der Regelgröße
Y_h Stellbereich

P-Regler

07. Wie funktioniert der I-Regler (integraler Regler)?

Beim I-Regler ist die Änderungsgeschwindigkeit der Stellgröße Delta y proportional zur Regeldifferenz x_d (e). Der I-Regler bildet seine Stellgröße aus der Dauer der Regeldifferenz x_d (e).

Die Zeit, die der Regler benötigt, um den ganzen Stellbereich Y_h zu durchlaufen, nennt man Integrierzeit T_I. Der Integrierbeiwert K_{RI} ist ein Maß für die Änderungsgeschwindigkeit der Stellgröße y. Der I-Regler hat keine bleibende Regeldifferenz, ist aber langsam.

Soll der Regeleingriff möglichst rasch erfolgen, so muss K_{RI} groß bzw. T_I klein gewählt werden.

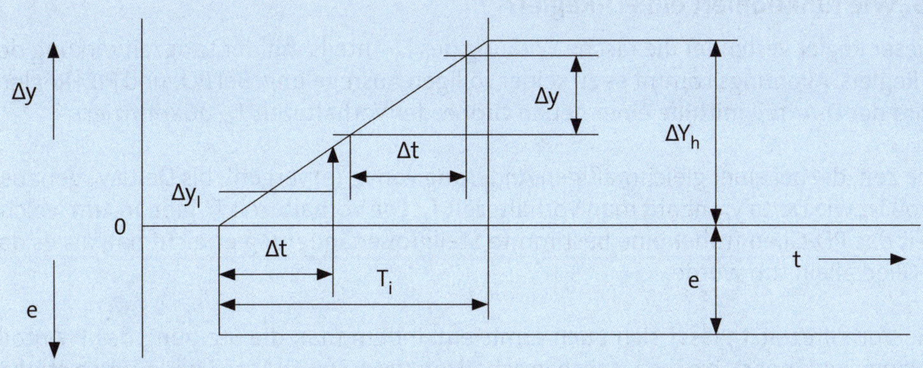

a) Sprungantwort

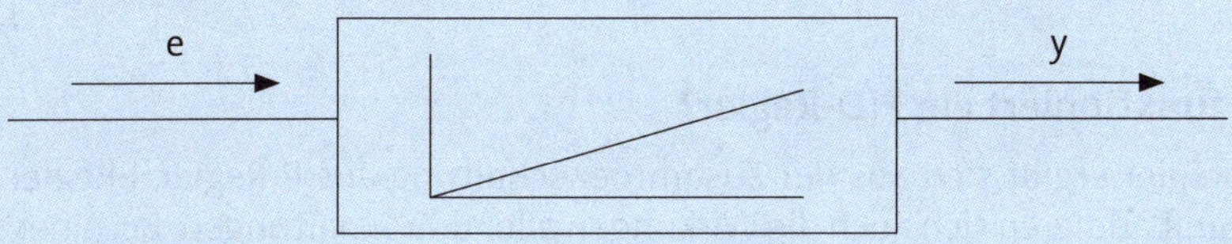

b) Blockschaltbild

K_{RI}	Intergrierbeiwert
Δy	Änderung der Stellgröße
Δt	Zeitdauer ab Änderung der Regeldifferenz
Y_h	Stellbereich
ΔY_I	Stellgrößenänderung des I-Reglers
T_I	Integrierzeit
e	Regeldifferenz

I-Regler

08. Wie funktioniert das D-Regelglied (differentielles Regelglied)?

Der Buchstabe „D" steht für „Differential". Die Besonderheit des Differential-Anteils ist, dass ein Stellsignal Delta y nur dann auftritt, wenn sich die Regeldifferenz x_d (e) ändert. Der D-Anteil bildet seine Stellgröße aus der Änderungsgeschwindigkeit der Regeldifferenz x_d (e).

Je größer die Geschwindigkeit der Änderung der Regeldifferenz x_d (e), desto größer auch die Stellgröße Delta y. Ein D-Anteil kann keine Störung ausregeln. Er reagiert nur auf die Änderungsgeschwindigkeit der Regeldifferenz x_d (e). Dementsprechend gibt es keinen reinen D-Regler, sondern lediglich einen D-Anteil in einem Regler (vgl. Frage 09.).

09. Wie funktioniert ein PD-Regler?

Dieser Regler verbindet die rasche Wirkung des D-Anteils mit der Langzeitwirkung des P-Reglers. Allerdings kommt es zu keiner völligen Ausregelung. Bei PD- und PID-Reglern wird der D-Anteil mithilfe einer neuen Größe, der Vorhaltezeit T_V, quantifiziert.

Die Zeit, die bei einer gleichmäßigen Änderung von x_d (e) vergeht, bis Delta y_P genauso groß ist wie Delta y_D, nennt man Vorhaltezeit T_V. Die Vorhaltezeit T_V gibt an, um welche Zeit das PD-Glied früher eine bestimmte Stellgrößenänderung erreicht hat, als es das P-Glied allein tun würde.

Die Vorhaltezeit T_V lässt sich auch ermitteln, indem man die Steigung des P-Anteils solange verlängert, bis die t-Achse geschnitten wird. Der D-Anteil wirkt umso stärker, je größer T_V ist.

10. Wie funktioniert ein PID-Regler?

Der PID-Regler ergibt sich aus der Zusammenschaltung aus P-Regler, I-Regler und D-Anteil. Somit addieren sich auch die Wirkungen aller drei Schaltungen. Bei einer sprunghaften Änderung der Regeldifferenz x_d (e):

- reagiert der P-Anteil unverzögert
- verhindert der I-Anteil eine bleibende Regeldifferenz
- reagiert der D-Anteil auf die Änderungsgeschwindigkeit der Regeldifferenz.

PID-Regler sind schnell, wirken einem Überschwingen der Regelgröße entgegen und haben keine bleibende Regelabweichung. Sie werden bei PT_n-Strecken eingesetzt und sind relativ schwierig einzustellen.

11. Was besagt die Sprungantwort eines Reglers?

Die Regelstrecke stellt den zu regelnden Teil bzw. den zu regelnden Prozess dar und umfasst normalerweise eine Reihe von einzelnen Gliedern. Die Glieder werden entsprechend ihrem Zeitverhalten charakterisiert. Um das Zeitverhalten herauszufinden, legt man an den Eingang ein Testsignal an und zeichnet die Antwort auf. Im einfachsten Fall wird der Eingang mit einer sprunghaften Änderung beaufschlagt. Die Antwort auf die sprunghafte Änderung der Eingangsgröße wird Sprungantwort genannt und gibt Aufschluss über die Art der Regelstrecke und kann eventuell bereits genutzt werden, um die Parameter der Regelstrecke zu bestimmen. In der folgenden Abbildung sind die Sprungantworten von diversen Reglertypen dargestellt.

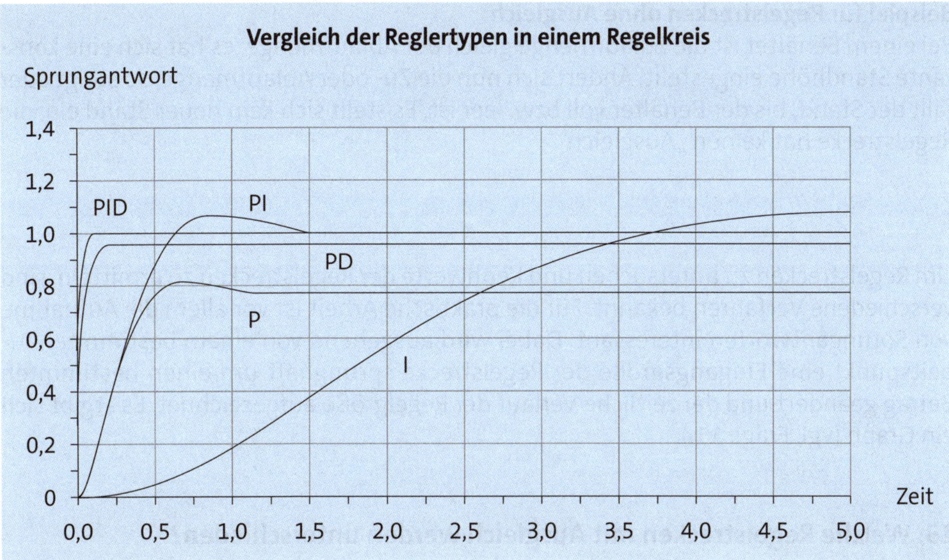

Sprungantworten

12. Welche Arten von Regelstrecken werden unterschieden?

In der Regelungstechnik unterscheidet man zwei verschiedene Typen von Regelstrecken:

- Regelstrecken mit Ausgleich
- Regelstrecken ohne Ausgleich.

Regelstrecken, bei denen die Regelgröße x nach Ändern der Stellgröße y wieder einen festen Wert annimmt, nennt man **Regelstrecken mit Ausgleich**. Regelstrecken mit Ausgleich nennt man auch Proportionalstrecken oder P-Regelstrecken, weil sich die Änderung der Regelgröße proportional zur Änderung der Stellgröße verhält.

Regelstrecken, bei denen die Regelgröße x nach Ändern der Stellgröße y keinen festen Wert annimmt, nennt man **Regelstrecken ohne Ausgleich**.

Beispiele

Regelstrecken mit Ausgleich

Bei einem mit Gas beheiztem Ofen hat sich nach einer bestimmten Zeit eine konstante Temperatur eingestellt. Ändert sich nun eine der Einflussgrößen, z. B. die Gasmenge, so wird sich die Temperatur ändern. Nach einer gewissen Zeit wird sich aber erneut eine konstante Temperatur einstellen.

Beispiel für Regelstrecken ohne Ausgleich
Bei einem Behälter ist die Zulaufmenge gleich der Ablaufmenge, es hat sich eine konstante Standhöhe eingestellt. Ändert sich nun die Zu- oder Ablaufmenge, so steigt oder fällt der Stand, bis der Behälter voll bzw. leer ist. Es stellt sich kein neuer Stand ein, die Regelstrecke hat keinen „Ausgleich“.

Um Regelstrecken zu untersuchen und Kennwerte der Regelstrecken zu ermitteln, sind verschiedene Verfahren bekannt. Für die praktische Arbeit ist vor allem die Aufnahme von Sprungantworten interessant. Dabei wird ausgehend von einem bestimmten Arbeitspunkt eine Eingangsgröße der Regelstrecke sprunghaft um einen bestimmten Betrag geändert und der zeitliche Verlauf der Regelgröße aufgezeichnet. Es ergibt sich ein Graph (vgl. Frage 11.).

13. Welche Regelstrecken mit Ausgleich werden unterschieden?

Wie bereits erwähnt, erreichen Regelstrecken mit Ausgleich bei sprunghafter Änderung einer Eingangsgröße nicht sofort ihren neuen Istwert, sondern erst nach Ablauf einer gewissen Zeit.

Der Grund dafür ist, dass bei Änderung einer Eingangsgröße Energie gespeichert bzw. freigegeben wird, was zeitabhängig ist.

Je nach Anzahl der Energiespeicher der Regelstrecke unterscheidet man:

- verzögerungsarme Regelstrecken, PT_0-Glied
- Regelstrecken mit einer Verzögerung (einem Energiespeicher), PT_1-Glied
- Regelstrecken mit zwei Verzögerungen, PT_2-Glied
- Regelstrecken mit vielen Verzögerungen, PT_n-Glied
- Regelstrecken mit Totzeit, T_t-Glied.

Aus der Sprungantwort kann man das Zeitverhalten und den Übertragungsbeiwert K_S der Regelstrecke ermitteln.

Nachfolgend einige **Beispiele für die unterschiedlichen Regelstrecken**:

- **Regelstrecken 0. Ordnung:**
  Diese Regelstrecken sind selten und eigentlich theoretisch, da alle Vorgänge in der Natur mit Verlusten behaftet sind.

  Eine Rohrleitung mit dem Durchfluss als Regelgröße und der Ventilstellung als Stellgröße ist zum Beispiel eine unverzögerte Regelstrecke. Hier folgt der Durchfluss unverzögert der Ventilstellung.

- **Regelstrecken 1. Ordnung:**
  Bei einer Regelstrecke mit einer Verzögerung (1. Ordnung) ändert sich die Regelgröße bei einer sprunghaften Stellgrößenänderung sofort mit einer bestimmten Anfangsgeschwindigkeit.

  Mit der Zeit wird die Änderungsgeschwindigkeit jedoch immer kleiner, bis schließlich nach längerer Zeit ein Endwert erreicht wird.

  So wird z. B. ein Behälter über ein Ventil mit einem Gas befüllt. Nach dem Öffnen des Ventils steigt der Druck im Behälter rasch an. Der Druckanstieg ist am Anfang am größten, weil über dem Ventil der Differenzdruck am größten ist, und so am meisten Gas durch das Ventil strömt. Steigt der Druck im Behälter, so wird der Differenzdruck über das Ventil kleiner und damit auch die Gasmenge, die durch das Ventil strömt. Die Zeitkonstante für diese Regelstrecke wird bestimmt aus dem Drosselquerschnitt des Ventils und dem Behältervolumen.

- **Regelstrecken höherer Ordnung:**
  Bei Regelstrecken mit vielen Verzögerungen ist der Anfangsverlauf der Sprungantwort immer flach. In der Praxis ist es schwierig, wenn nicht sogar unmöglich, aus der Sprungantwort auf die Anzahl der Verzögerungsglieder zu schließen.

  Bei einer Warmwasser-Zentralheizung treten zwischen dem Einschaltzeitpunkt des Brenners (Stellgröße) und dem Temperaturanstieg (Regelgröße) an einem im Wohnraum montierten Raumtemperaturfühler (Thermostat) erhebliche zeitliche Verzögerungen auf. Sie sind bedingt durch den Zündvorgang des Brenners, die Transportzeit des Wassers vom Kessel bis zum Heizkörper sowie durch die Zeitkonstanten von Kessel, Rohrleitung, Heizkörper, Wohnraum und Temperaturaufnehmer.

- **Regelstrecken sehr hoher Ordnung:**
  Hier gleicht die Sprungantwort der von Regelstrecken mit Totzeit. Regelstrecken mit Totzeit lassen sich schwierig regeln.

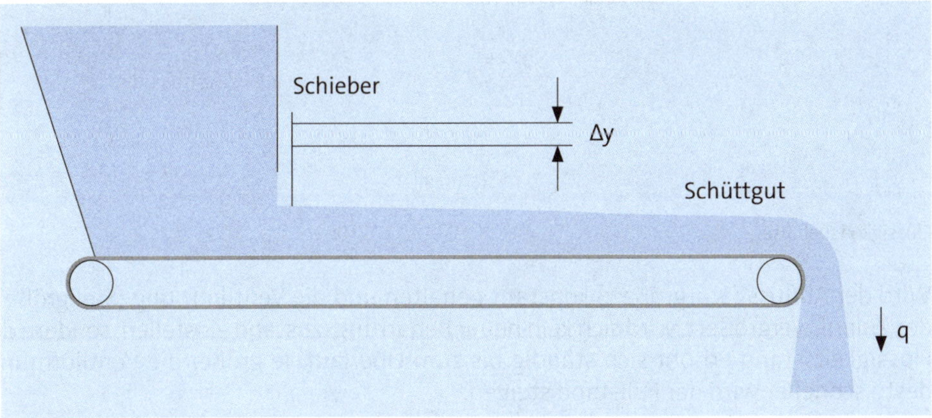

Förderband

Ein typisches Beispiel für eine Regelstrecke mit Totzeit ist eine Förderbandanlage. Das Förderband wird mit einer konstanten Drehzahl angetrieben und fördert ein Schüttgut. Wird der Schieber um Delta y verändert, läuft mehr Material auf das Förderband.

Die Fördermenge am Bandende ändert sich jedoch erst nach der Transportzeit, der Totzeit T_T.

Totzeiten treten immer dort auf, wo Stoffe über längere Strecken transportiert werden oder wo ein zeitlicher Unterschied zwischen Änderung der Stellgröße und Erfassung der Regelgrößenänderung am Messpunkt ist.

14. Was charakterisiert Regelstrecken ohne Ausgleich?

Manche Regelstrecken finden nach einer Stellgrößenänderung keinen neuen Beharrungszustand. Diese Regelstrecken nennt man Regelstrecken ohne Ausgleich.

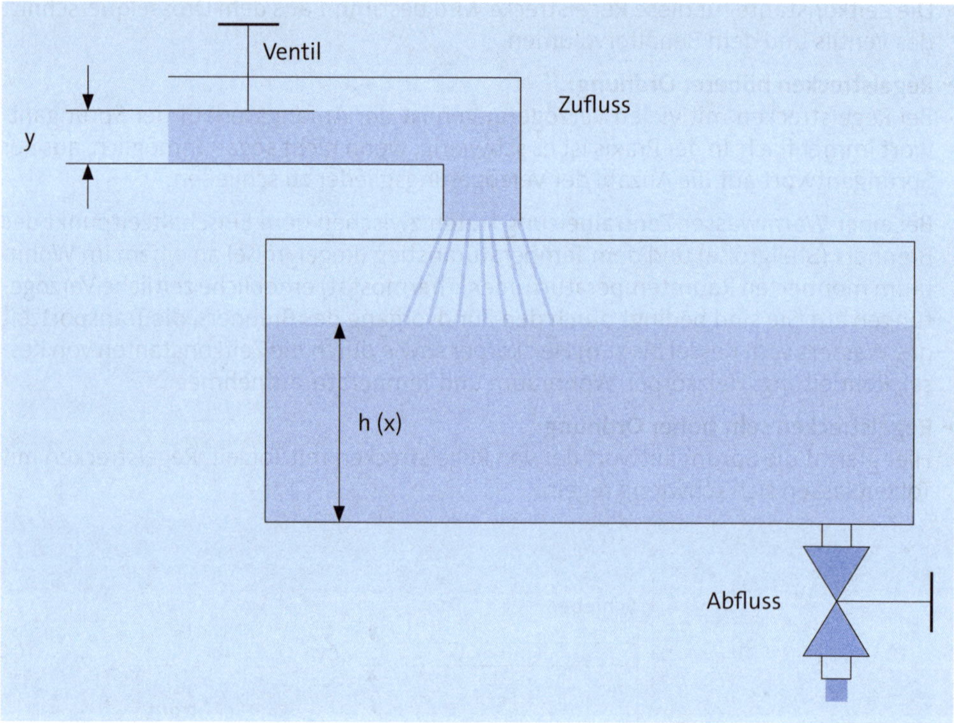

Flüssigkeitsbehälter

Wird der Abfluss (Störgröße z) konstant gehalten und die Ventilöffnung (Stellgröße y) des Zulaufs vergrößert, wird sich kein neuer Beharrungszustand einstellen, sondern der Flüssigkeitsstand erhöht sich ständig bis zum Überlauf. Je größer die Ventilöffnung, desto schneller wird der Füllstand steigen.

Es existiert also kein Zusammenhang zwischen Füllstand und Ventilöffnung, sondern ein Zusammenhang zwischen Ventilöffnung und Anstiegsgeschwindigkeit des Füllstandes.

15. Wie erfolgt die Einstellung von Reglern nach dem Verfahren von *Ziegler-Nichols*?

In der Praxis werden Regler zumeist anhand von Erfahrungswerten eingestellt. Liegen diese nicht vor, muss das Streckenverhalten genau analysiert werden, um anschließend mithilfe verschiedenster theoretischer oder praktischer Auslegungsverfahren geeignete Reglerparameter festzulegen. Eine Möglichkeit dieser Festlegung bietet der Schwingungsversuch nach der Methode von *Ziegler-Nichols*. Er bietet eine einfache und für viele Fälle passende Auslegung. Dieses Einstellverfahren lässt sich jedoch nur bei Regelstrecken anwenden, die es erlauben, die Regelgröße zum selbsttätigen Schwingen zu bringen. Die Vorgehensweise ist dann folgende:

- K_P und T_d am Regler auf den kleinsten Wert und T_i auf den größten Wert einstellen (kleinstmögliche Wirkung des Reglers).
- Regelstrecke von Hand in den gewünschten Betriebspunkt bringen (Regelung anfahren).
- Stellgröße des Reglers auf den von Hand vorgegebenen Wert einstellen und auf Automatikbetrieb umschalten.
- K_P solange vergrößern (X_P verkleinern), bis harmonische Schwingungen der Regelgröße zu erkennen sind. Wenn möglich, so sollte während der K_P-Verstellung mithilfe kleiner sprunghafter Sollwertänderungen der Regelkreis zu Schwingungen angeregt werden.
- Den eingestellten K_P-Wert als kritischen Proportionalbeiwert $K_{P,krit}$ notieren.
- Die Dauer einer ganzen Schwingung als T_{krit} bestimmen – eventuell per Stoppuhr unter Bildung des arithmetischen Mittels über mehrere Schwingungen.
- Die Werte von $K_{P,krit}$ und T_{krit} mit den Multiplikatoren gemäß der nachfolgenden Tabelle multiplizieren und die so ermittelten Werte für K_P, T_i und T_d am Regler einstellen.
- Falls erforderlich K_P und T_i leicht nachjustieren, bis die Regelung ein zufriedenstellendes Verhalten zeigt.

	K_p	T_i	T_d
P	$0{,}50 \bullet K_{p,\,krit.}$	-	-
PI	$0{,}45 \bullet K_{p,\,krit.}$	$0{,}85 \bullet T_{krit.}$	-
PID	$0{,}59 \bullet K_{p,\,krit.}$	$0{,}50 \bullet T_{krit.}$	$0{,}12 \bullet T_{krit.}$

Einstellwerte nach *Ziegler-Nichols*

16. Wie erfolgt die Einstellung von Reglern nach dem Verfahren von *Chien, Hrones* und *Reswick*?

Die Einstellregeln nach *Chien, Hrones* und *Reswick* sind eine 1952 entwickelte Vorgehensweise zur günstigen Einstellung von Reglern. Sie gelten als eine Weiterentwicklung der zweiten Methode von *Ziegler* und *Nichols*. Vorteilhaft ist, dass die Regelparameter getrennt sind für ein günstiges Stör- und Führungsverhalten. Sie sind ebenso unterteilt für aperiodische oder periodische Regelungen. Voraussetzung zur Anwendung dieses Verfahren ist, dass die Verzugszeit T_u und die Ausgleichszeit T_g einer Regelstrecke bekannt sind. Gleiches gilt für den Übertragungsbeiwert K_s.

Zur Regelstrecke gehören auch Stellglied und Messeinrichtung. Deshalb müssen T_u, T_g und K_s mit Stellglied und Messeinrichtung ermittelt werden. Es gelten die gleichen Einschränkungen wie bei der Methode von *Ziegler* und *Nichols*. Zur Bestimmung der Strecken-Kennwerte müssen Experimente am ungeregelten Prozess durchführbar sein, ohne dass dieser dadurch beschädigt wird. Die Einstellregeln für den Proportionalbeiwert (Verstärkung) K_p, die Nachstellzeit T_n und die Vorhaltzeit T_v lauten wie in folgender Tabelle angegeben.

Regler		Aperiodischer Regelverlauf		Regelverlauf mit 20 % Überschwingen	
		Störung	Führung	Störung	Führung
P	K_p	$0{,}3 \cdot \frac{T_g}{T_u \cdot K_s}$	$0{,}3 \cdot \frac{T_g}{T_u \cdot K_s}$	$0{,}7 \cdot \frac{T_g}{T_u \cdot K_s}$	$0{,}7 \cdot \frac{T_g}{T_u \cdot K_s}$
PI	K_p	$0{,}6 \cdot \frac{T_g}{T_u \cdot K_s}$	$0{,}35 \cdot \frac{T_g}{T_u \cdot K_s}$	$0{,}7 \cdot \frac{T_g}{T_u \cdot K_s}$	$0{,}6 \cdot \frac{T_g}{T_u \cdot K_s}$
	T_n	$4 \cdot T_u$	$1{,}2 \cdot T_g$	$2{,}3 \cdot T_u$	$1 \cdot T_g$
PID	K_p	$0{,}95 \cdot \frac{T_g}{T_u \cdot K_s}$	$0{,}6 \cdot \frac{T_g}{T_u \cdot K_s}$	$1{,}2 \cdot \frac{T_g}{T_u \cdot K_s}$	$0{,}95 \cdot \frac{T_g}{T_u \cdot K_s}$
	T_n	$2{,}4 \cdot T_u$	$1 \cdot T_g$	$2 \cdot T_u$	$1{,}35 \cdot T_g$
	T_v	$0{,}42 \cdot T_u$	$0{,}5 \cdot T_u$	$0{,}42 \cdot T_u$	$0{,}47 \cdot T_u$

Einstellwerte nach *Chien, Hrones* und *Reswick*

17. Wie wird die Regelgüte eines Regelkreises beurteilt?

Die Regelgüte wird anhand der Sprungantwort des geschlossenen Regelkreises beurteilt. Es wird hierbei zwischen Führungs- und Störverhalten unterschieden. Das **Führungsverhalten** beschreibt die Reaktion des Regelkreises auf eine Änderung der Führungsgröße. Das **Störverhalten** gibt den Einfluss von Störungen auf die Regelgröße wieder.

Um die Sprungantworten vergleichend interpretieren zu können, wurden einige **charakteristische Größen** eingeführt.

- Die **Überschwingweite** ist eine kurzzeitige Abweichung der Regelgröße von der Führungsgröße. Sie ist ein Maß für die Schwingneigung des Regelkreises respektive der Dämpfung.
- Die **bleibende Regelabweichung** ist ein statischer Wert. Sie ist ein Maß für die Genauigkeit der Regelung. Sie ist besonders bei P-Reglern und PD-Reglern von Bedeutung. Überschwingweite und bleibende Regelabweichung werden oft auf die Führungsgröße bezogen und in Prozent angegeben.

- Die **Anregelzeit** ist ein Maß für die Geschwindigkeit des Regelvorganges. Sie ist die Zeit zwischen Führungsgrößensprung und dem ersten Erreichen des Toleranzbandes. Bei Störverhalten gilt als Anregelzeit die Zeit zwischen erstem Verlassen des Toleranzbandes und erstem Wiedereintritt in das Toleranzband. Wenn die Regelgröße eine zu große bleibende Regelabweichung hat, dann ist es die Zeit bis zum ersten Erreichen des späteren stationären Endwertes.
- Die **Ausregelzeit** gibt die Zeit vom Führungsgrößensprung bis zum endgültigen Verbleiben der Regelgröße im Toleranzband an. Beim Störverhalten gilt die Zeit zwischen erstem Verlassen des Toleranzbandes und endgültigen Verbleiben im Toleranzband. Das Verhältnis von Anregelzeit zu Ausregelzeit ist wiederum ein Maß für die Dämpfung des Regelkreises. Kleine Anregelzeit bei großer Ausregelzeit bedeutet geringe Dämpfung und größere Schwingneigung.

18. Was versteht man unter einer Kaskadenregelung?

Diese spezielle Art der Regelung mit Hilfsregelgröße verwendet zwei hintereinander geschaltete Regler. Die Regeleinrichtung besteht aus einem Führungsregler und einem Folgeregler. Am Eingang des Führungsreglers wird die Regelgröße x_1 mit der Führungsgröße w_1 verglichen. Die Reglerausgangsgröße y des Führungsreglers, die Reglerausgangsgröße y_1, wirkt als Führungsgröße w_2 für den Folgeregler und wird an dessen Eingang mit der Hilfsregelgröße x_2 verglichen.

Durch die Aufteilung des Regelkreises in einen Folgeregelkreis und einen Führungsregelkreis soll erreicht werden, dass die Güte der Regelung von x_1 verbessert wird. Bei einer Störung wird durch die zeitlich früher einsetzende Änderung von x_2 über den Folgeregler bereits ein Regelvorgang ausgelöst und somit die Gesamtregelung unterstützt. Im Allgemeinen lässt sich die Regeldynamik durch die Einführung unterlagerter Regelschleifen im Regelkreis verbessern.

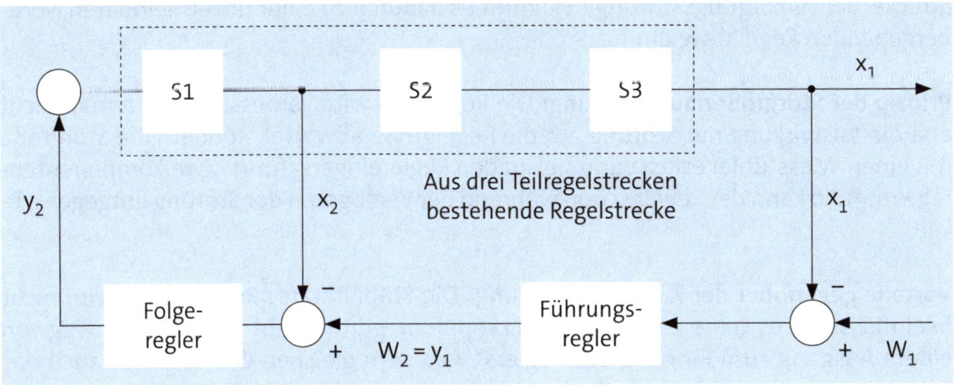

Blockschaltbild einer Kaskadenregelung

19. Wie funktioniert die Split-Range-Regelung?

Bei der Split-Range-Regelung wird das Reglerausgangssignal y_R zwei verschiedenen Stelleinrichtungen zugeführt. Damit ist es z. B. möglich, mit einem einzigen Temperaturregler sowohl eine Heizung als auch eine Kühlung anzusteuern. Meistens ist das Übertragungsverhalten des Reglers linear (proportional). Mit dem Split-Range-Regler werden für die beiden Stelleinrichtungen zwei Proportionalbereiche X_P erzeugt, in denen zwei Stellgroßen y_1 und y_2 variieren. Die

Proportionalbereiche können unterschiedlich groß sein, d. h. die Proportionalbeiwerte des Reglers können für die beiden Bereiche voneinander abweichen.

Anwendungsbeispiele:

- Temperatur-Regelung von chemischen Reaktoren über Heizdampf und Kühlwasser-Ventile
- Temperatur-Regelung von Glas-Öfen bzw. Speiserinnen über Gasbrenner und Kühlgebläse
- Temperatur-Regelung von Extrudern über elektrische Heizung und Kühlgebläse
- Druckregelung in einem Gasphasenreaktor über Zulauf- und Ablauf-Ventile
- Druckregelung an einer Dampf-Sammelschiene (die mehrere Teilanlagen mit Dampf versorgt), über Zulaufventile von mehreren Dampferzeugern oder Feuerleistungen mehrerer Dampferzeuger.

20. Was versteht man unter einer Störgrößenaufschaltung?

Die Störgrößenaufschaltung ist eine Kombination aus Steuerung und Regelung. Der Nachteil der einfachen Regelung liegt darin, dass der Regler immer erst eingreifen kann, wenn eine Regelabweichung vorliegt, d. h. nach Ablauf der Verzugs- bzw. Totzeit der Strecke. Bei Versorgungsstörungen kommt es dadurch zu einer unvermeidbaren, vorübergehenden Regelabweichung.

Prinzip der Störgrößenaufschaltung: Die Regelgüte wird verbessert, wenn man nicht erst die Auswirkung der Störung auf die Regelgröße abwartet, sondern die Störgröße mit einem Messfühler erfasst und sie auf den Reglereingang führt (Zweikomponentenregelung). So kann der Regler schon während der Verzugszeit der Störung entgegenwirken.

Vorteile gegenüber der Kaskadenregelung: Die Stabilität des Regelkreises wird nicht beeinflusst, da es keine zusätzliche Rückkopplung gibt (es gibt keinen Signalweg von einem Ausgang zum Eingang des Reglers). Aus dem gleichen Grund bleibt auch das Führungsverhalten unverändert gegenüber dem einfachen Regelkreis.

Beispiel

Durchlauferhitzer
In einem dampfbeheizten Durchlauferhitzer soll die Austrittstemperatur T_A einer aufzuheizenden Flüssigkeit konstant gehalten werden. Eine einfache Regelung ergibt unbefriedigende Ergebnisse, wenn die Eintrittstemperatur T_E der Flüssigkeit stark schwankt. Wenn die Eintrittstemperatur T_E (dies ist die Störgröße) verwendet wird, um eine Hilfsregelgröße x_H zu erzeugen, die auf den Reglereingang geschaltet wird, reagiert der Regler sofort statt erst nach einer Verzögerung. Fällt beispielsweise die Eintrittstemperatur T_E, so reagiert der Regler sofort: y wird wegen der negativen Wirkung von x_H größer und das Ventil wird weiter geöffnet. Es strömt mehr Dampf ein und die Flüssigkeit wird stärker aufgeheizt. Die Störung wird schon zum größten Teil ausgeregelt, bevor sie sich in der Austrittstemperatur bemerkbar macht.

21. Was versteht man unter Aktoren?

Aktoren sind Stellorgane, die entweder manuell vom Bedienpersonal oder automatisch von der Regler-Software betätigt werden. Mit ihnen erfolgt die Einwirkung auf die Prozessvariablen der Anlage. Stellgeräte dosieren Massen- und Energieströme (Temperatur, Druck, Stand, Durchfluss usw.). Die Signalzuführung zu den Aktoren geschieht dabei aus dem Prozessleitsystem heraus, nach einer vorherigen Umwandlung der digitalen Signale in analoge oder binäre Niederspannungssignale (4...20 mA bzw. 0/24 V). Die Signalzuführung kann auch direkt in digitaler Form über eine Feldbusleitung geschehen.

Aktoren lassen sich wie folgt unterteilen:

- **Armaturen** zur Beeinflussung von Stoffströmen
- **Frequenzumrichter** zur Verstellung von Motordrehzahlen
- **Relais und Schütze** zum Schalten von Elektroverbrauchern.

Man unterscheidet weiter zwischen:

- **stetig arbeitenden Stellorgane:** Diese können alle denkbaren Zwischenstellungen einnehmen, werden meist mit dem Analogsignal 4...20 mA angesteuert.
- **binären Stellorganen:** Diese können nur zwei Positionen einnehmen und werden i. d. R. mit dem Binärsignal von 0 oder 24 V angesteuert werden.

Eine bedeutende Rolle in der chemischen Industrie haben die Stellorgane zum Freigeben oder Sperren von Stoffströmen bzw. zum Einregulieren bestimmter Werte von Stoffströmen. Sie werden als Armaturen bezeichnet.

22. Wie werden Armaturen unterteilt?

Selbsttätig arbeitende Armaturen:
Sie arbeiten ohne Hilfsenergie. Als Vertreter sind hier Rückschlagventile, Sicherheitsventile, Druckminderer und Berstscheiben zu nennen.

Nicht selbsttätig arbeitende Armaturen:
Die Betätigung erfolgt hier per Hand bzw. durch einen technischen Antrieb mit Hilfsenergie. Beispiele hierfür sind Kugelhähne, Schieber und Regelventile.

23. Welche Bauarten von Armaturen werden unterschieden?

Die Grundbauarten der Armaturen unterscheiden sich im Wesentlichen durch:

- die Arbeitsbewegung des Abschlusskörper
- die Strömungsrichtung im Anschlussbereich.

Die Grundbauarten sind z. B. Schieber, Ventile, Hähne, Klappen und Membranarmaturen.

24. Was kennzeichnet einen Schieber?

Der Schieber ist ein Stellorgan, das hauptsächlich bei großen Nennweiten zum Absperren und Freigeben von Stoffströmen verwendet wird. Bei ihm wird ein Keil oder eine Absperrscheibe rechtwinklig zur Strömungsrichtung in das strömende Medium hineingeschoben.

Eine Nut im Gehäuseinneren bewirkt die Führung des Keils bzw. der Absperrscheibe.

Vorteile:
Es wird der gesamte Querschnitt freigegeben, womit man keine störenden Teile hinsichtlich der Strömung hat.

Nachteile:
Wegen der eingeschränkten mechanischen Belastbarkeit des Schieberschwerts sind große Differenzdrücke kaum möglich.

25. Wodurch zeichnen sich Klappen aus?

Klappen sind Absperrarmaturen, die vorrangig für nicht aggressive Medien eingesetzt werden, da die Lagerung der drehbaren Absperrscheibe direkt dem strömenden Medium ausgesetzt ist.

Vorteile:

- Im Bereich bis ca. 25 bar sind sie eine preiswerte Alternative zu Schiebern.

Nachteile:

- Strömungstechnisch nicht optimale Form des Absperrkörpers. Führt bei nicht vollständiger Öffnung zu Erosion und Geräuschen.
- mechanische Teile im Strömungsmedium (nur für nicht aggressive Medien geeignet)
- unveränderbare Kennlinie (Kurve: Öffnungswinkel – Volumenstrom). Bei Stellventilen kann diese Kennlinie z. B. durch den Einsatz unterschiedlicher Formen von Absperrkörpern konstruktiv verändert werden.

26. Was kennzeichnet Hähne?

Ebenso wie die Klappen haben auch die Hähne unveränderbare Kennlinien. Der Absperrhahn ist eine Armatur, die den Durchfluss eines Fluids in einer Rohrleitung ganz freigibt oder ganz sperrt. Ein Hahn wird durch eine 90°-Drehung des Schließelementes betätigt.

Absperrhähne unterscheiden sich in der Bauart des Schließelements:

- **Kükenhahn:**
  Das kegelstumpfförmige Schließelement (Küken) sitzt als Verlängerung auf der Drehachse, im Kegel befindet sich ein rechteckiges oder trapezförmiges Loch quer zur Drehachse.
- **Kugelhahn:**
  Eine durchbohrte Kugel dient als Schließelement. Kugelhähne können wegen ihres passgenauen Dichtsitzes auch bei sehr hohen Drücken eingesetzt werden.

In Spezial-Armaturen kann ein Absperrhahn mehr als nur eine Schaltstellung einnehmen, so dass sich diese Armatur zum Verteilen und Vereinigen von Fluidströmen eignet. Diese Anordnung nennt man auch **Mehrwegehahn**, z. B. Dreiwegehahn.

27. Wie werden Ventile unterschieden?

Schieber, Klappen und Hähne sind Absperrarmaturen, die aufgrund ihrer Bauform nicht zur dauerhaften Regulierung von Stoffströmen geeignet sind. Diese Aufgabe wird von Ventilen übernommen. Je nach der Gestaltung des dichtenden Bauelements spricht man von Kegelsitzventil, Kolbenventil, Drehkegelventil, Hubventil oder Membranventil.

Membranventil
Eine relativ unempfindliche Armatur gegen aggressive Medien und verunreinigten Flüssigkeiten ist das Membranventil (Membranarmatur). Der bei anderen Ventilen übliche Absperrkörper ist beim Membranventil als Verdrängungskörper ausgebildet, der eine dicke elastische Membran gegen eine Dichtkante des Gehäuses drückt. Dadurch können die bewegten Ventilteile nicht mit der strömenden Flüssigkeit in Berührung kommen. Die Membran muss aus einem geeigneten Elastomer bestehen, das auch langfristig elastisch bleibt und beständig gegen die chemische Wirkung des strömenden Mediums ist. In der chemischen Industrie ist das Hubventil wegen seiner universellen

Einsatzfähigkeit die dominierende Ventilform. Sie wird im Folgenden als Vertreter der Stell- bzw. Regelventile detaillierter betrachtet.

Stell-, Regelventile
Armaturen wie Stell- bzw. Regelventile greifen in den Stoffstrom einer Regelstrecke ein. Im „Automatikbetrieb" geschieht dies ausgehend von einem analogen bzw. digitalen Regler oder einem Leitsystem. Im „Handbetrieb" erfolgt der Eingriff über einen kontinuierlich arbeitenden Fernsteller.

Gegebenenfalls kann auch eine übergeordnete Sicherheitssteuerung das Regelventil öffnen bzw. schließen. Eine Stellungsrückmeldung an das Leitsystem kann über ein Binärsignal (AUF/ZU) oder über ein Analogsignal (kontinuierlich) in der Form 4...20 mA erfolgen. Mit dem Anbau einer Handverstellung lassen sich im Notbetrieb oder beim Anfahren der Anlage sämtliche Ventilstellungen manuell herbeiführen.

Stellventile sind bedeutende Bauelemente der Anlagen- und Versorgungstechnik und unterliegen im Aufbau den Konstruktions- und Betriebsvorschriften für Rohrleitungen und Druckbehälter.

- **Ventilgehäuse**
  Charakteristisch für ein Stellventil ist, dass in einem druckfesten Ventilgehäuse die Strömung um 90° umgelenkt wird. Die Durchflussmenge wird variiert, indem ein Ventilkegel in einem Ventilsitz bewegt wird und dadurch der freigegebene Ringspalt verändert wird.

  Die Gehäuseabmessungen und die Flanschgrößen sind von Nennweite und Nenndruck abhängig. Sie sind in DIN-Normen festgelegt. Im Allgemeinen können deshalb Ventile gleicher Nennweite und gleichen Nenndrucks verschiedener Hersteller problemlos untereinander ausgewechselt werden. Die Gehäuse werden meist gegossen oder aus einem geschmiedeten Block gefertigt. Als Materialien kommen dabei Materialien wie Gussstähle, Chromnickelstähle oder Hastelloy zum Einsatz. Üblich sind auch Auskleidungen mit PTFE oder PFA.
- **Ventilsitz und Ventilkegel**
  Ventilsitz und Ventilkegel sind die am stärksten von der Strömung beeinflussten Stellgliedelemente. Sie bestimmen die maximal mögliche Durchflussmenge durch das Ventil bzw. den entstehenden Druckabfall über das Ventil. Jeder Hersteller bietet für jede Ventilnennweite verschiedene Sitz-/Kegelgarnituren an, sodass das Ventil der erforderlichen Durchflussmenge in weiten Grenzen angepasst werden kann.

28. Wie erfolgt die Abdichtung der Ventilstange?

Die **Stopfbuchse** (teilweise auch Packung genannt; früher auch Stoffbuchse genannt, da als Dichtmaterial unter anderem Filz verwandt wurde), ist ein Dichtelement des Maschinenbaus.

Sie leistet die Abdichtung einer drehenden Welle oder einer hin- und hergehenden Stange aus einem Gehäuse gegen einen einwirkenden Flüssigkeits- oder Dampfdruck und

– in einfachen Fällen wie in der Landtechnik – auch lediglich die Schmierung einer Lagerstelle. Eine Stopfbuchse besteht aus der Stopfbuchspackung (der eigentlichen Dichtung) und einer Stopfbuchsbrille (einer flanschähnlichen Hülse), mit der die Stopfbuchspackung mittels Schrauben und/oder Federn axial verpresst wird. Durch die axiale Pressung entsteht auch eine radiale Pressung der Stopfbuchspackung auf der Welle. Dadurch wird der Dichtspalt auf ein den Betriebsbedingungen angepasstes Minimum eingestellt. Eine geringe Leckage ist nicht gänzlich auszuschließen. Durch die große Berührfläche verbunden mit einer hohen Pressung, die zur leckagearmen Abdichtung notwendig ist, haben Stopfbuchspackungen relativ viel Reibung. Dementsprechend hoch sind auch die Stellkräfte. Dafür kann aber die Bauform kompakt gehalten werden.

Vorteile:

- ermöglichen eine kompakte Bauform der Ventile
- preiswerte Abdichtung, da Maschinenelement.

Nachteile:

- hohe Stellkräfte erforderlich
- absolute Dichtigkeit nach außen ist nicht gewährleistet (Achtung bei Gasen und gefährlichen Chemikalien).

Stopfbuchspackungen werden als wirtschaftliche Dichtungslösung in Pumpen und Rührwerken und als Spindelabdichtungen in Regel- und Stellventilen eingesetzt. Den früheren Blau- bzw. Weißasbest haben moderne Werkstoffe wie Aramid, Graphit, PTFE usw. abgelöst. Packungen werden i. d. R. maschinell unter Beigabe von diversen Schmier- und Imprägniermitteln geflochten.

Eine weitere Möglichkeit der Abdichtung bietet der **Faltenbalg**. Er bildet zusammen mit der Ventilstange eine Einheit. Diese Einheit wird am oberen Ende des Balges mit dem Gehäuse verklemmt. Handelt es sich um einen Metallfaltenbalg, so ist dieser auf die Ventilstange aufgeschweißt, aufgewalzt oder durch irgendeine andere mechanische Verbindung mit der Ventilstange fest verbunden. Beim Kunststoffbalg bilden Kegel, Faltenbalg und Einklemmstück eine Einheit. Eine gute Beweglichkeit des Faltenbalges fordert möglichst dünnwandiges Material. Dadurch reduziert sich die Druckbelastbarkeit. Ebenso führt Korrosion bereits bei geringem Angriff zu Undichtigkeiten. Bei aggressiven Medien wird deshalb zusätzlich zum Faltenbalg eine Stopfbuchse eingesetzt.

Vorteile:

- Stellkräfte niedriger als bei Stopfbuchse
- dicht auch bei Gasen.

Nachteile:

- Ventil bekommt größere Abmessungen
- teuer in der Ausführung.

29. Welche Stellantriebe kommen bei Ventilen zum Einsatz?

Zur Fernbetätigung durch ein Prozessleitsystem enthalten die Stellorgane Antriebe, die eine Drehbewegung oder eine lineare für die Schubstange oder das zu bewegende Bauelement erzeugen.

Die Stellantriebe werden mit Stellbefehlen aus den Ausgangskarten des Prozessleitsystems versorgt (4...20 mA oder 0/24 V), bei Feldbussen auch direkt mit den digitalen Signalen aus den Buskabeln.

Diese Niederspannungssignale können keinesfalls die zum Verstellen nötigen Kräfte bzw. Leistungen liefern. Sie liefern lediglich die Steuerinformation.

Für die Erzeugung der nötigen Hilfskräfte, also zur Bereitstellung der benötigten Leistung sind daher zusätzliche Hilfsenergiequellen an den Antrieb heranzuführen.

Als Hilfsenergie kommen in Betracht:

- pneumatische Hilfsenergie (Druckluft)
- elektrische Hilfsenergie (elektrische Spannung).

30. Wie funktionieren pneumatische Stellantriebe?

Die pneumatische Hilfsenergie wird in Chemieanlagen durch Kompressoren erzeugt und durch ein entsprechendes Rohrleitungsnetz dem Verbraucher (Stellantrieb) zugeführt.

Pneumatische Stellantriebe verwenden die in Form eines Gasdrucks gespeicherte mechanische Energie als Hilfsenergiequelle. Bei dem Gas handelt es sich dabei um gereinigte, staubfreie und getrocknete Luft, die Instrumentenluft.

Die in der chemischen Industrie am häufigsten anzutreffenden Ventilantriebe arbeiten mit dem Druck der Instrumentenluft als Hilfsenergie. Das meist verwendete Funktionsprinzip dabei ist der Membranantrieb. Die Membran ist zwischen zwei gewölbten Gehäusehälften druckdicht verschraubt, sodass sich zwei separate Kammern bilden. Je nachdem ob Druckfedern oder Zugfedern zum Einsatz kommen, wird die obere bzw. untere Druckkammer mit Druckluft angesteuert.

Durch die Federrückstellkraft wird das Stellventil bei Ausfall der Druckluft in eine definierte Ruhelage geführt (Sicherheitsstellung). Je nach Anordnung von Membran und Federntyp lässt sich die Ruhelage so festlegen, dass das Ventil beim Ausfall der Hilfsenergie schließt oder öffnet.

31. Welche Funktion übernehmen Magnetventile?

Magnetventile sind elektromagnetisch betätigte Schalter, die dazu verwendet werden, um die MSR-Luft für einen Stellantrieb zu sperren bzw. freizugeben. Alle Ventile, Hähne,

Klappen und Schieber, die nur AUF/ZU-Funktion besitzen, werden über Magnetventile geschaltet. Mittels eines digitalen Ausgangs (0/24 V) wird das Magnetventil aus dem Prozessleitsystem angesteuert. Das Magnetventil gibt dadurch die MSR-Luft (üblicherweise 3,5 bar) frei und das Stellglied öffnet bzw. schließt sich.

Wird die elektrische Spannung der Magnetspule abgeschaltet, so „fällt das Magnetventil ab", die MSR-Luft wird abgesperrt und der Druck im Antrieb wird nach außen entlüftet. Das Stellglied wird von den Federpaketen im Antrieb in die Sicherheitsstellung gefahren.

32. Wie arbeitet ein Stellungsregler?

Sollen Stellventile nicht nur nach AUF bzw. ZU geschaltet werden, sondern kontinuierlich zwischen 0 % und 100 % Hub eingestellt werden, so sind Stellungsregler notwendig. Der Stellungsregler dosiert dabei den Druck der MSR-Luft. Den Druckbereich zwischen 0,2 und 1,0 bar Überdruck bezeichnet man dabei als pneumatisches Einheitssignal, da es sich um einen genormten Wertebereich handelt.

Stellungsregler werden durch ein 4...20 mA-Signale angesteuert, wobei 4 mA = 0 % Hub bedeutet und 20 mA = 100 % Hub. Der Stellungsregler wird i. d. R. direkt an das Ventil montiert.

33. Wie funktioniert ein elektrischer Stellantrieb?

Elektrische Stellantriebe verwenden die elektrische Energie als Hilfsenergie. Bei motorischen Antrieben erfolgt eine Drehbewegung der Antriebswelle eines Elektromotors. Diese wird durch ein Schneckengetriebe in eine lineare Bewegung der Schubstange umgeformt. Sie überträgt diese Bewegung auf den Absperrkörper.

Alle Bauformen haben dabei folgende Gemeinsamkeit:

- Die Verstellkraft (das Drehmoment) wird von einem Elektromotor erzeugt.
- Zwischen dem Elektromotor und der Drehwelle des Stellorgans sorgt ein Getriebe für die Drehzahlverringerung und dadurch für eine Drehmomenterhöhung, d. h. für eine Vergrößerung der abgegebenen Verstellkraft.
- Beim Erreichen der Ventilendlage (AUF oder ZU) muss der Motor abgeschaltet werden (Endlagenabschaltung).
- Die Drehrichtung muss zum Öffnen oder Schließen umkehrbar sein.
- Wenn es sich um stetige Ventile handelt, müssen diese in Abhängigkeit vom zugeführten Analogsignal des Prozessleitsystems auch jede Zwischenstellung einnehmen können. Dazu muss die aktuelle Ventilstellung messtechnisch erfasst werden, damit sie vom Motor korrigiert werden kann. Dies wird als Stellungsregelung bezeichnet. Die Baugruppen zur Realisierung dieser Anforderungen werden Servo-Antriebe genannt. Der Servo-Antrieb dient also gewissermaßen dem eigentlichen Stellorgan als Helfer.

34. Wie erfolgt die Berechnung von Stellgeräten?

Ein Stellglied ist grundsätzlich ein veränderlicher Widerstand in einem Rohrleitungssystem, mit dem sich Massenströme oder Energieflüsse verstellen lassen.

Die Durchflusskapazität eines Stellgliedes wird heute im Allgemeinen mit Kv-Werten angegeben. Man versteht unter dem Kv-Wert:

- den Durchfluss in (m^3/h) von Wasser
- bei 5 - 30 (°C)
- bei einem konstanten Druckverlust von $\Delta pv = 1$ (bar)
- Funktion von Hub oder Stellwinkel, der über dem Stellglied anliegt.

Somit ist der Kv-Wert eine unter Einheitsbedingungen gemessene Größe in Abhängigkeit der Stellgröße H. Der reelle Durchfluss unter Anlagenbedingungen wird üblicherweise mit V bezeichnet.

Bei der Wahl von Ventilen wird man also immer mit Kv-Werten konfrontiert. Jede Auslegung bzw. Berechnung eines Ventils für irgendein Medium und irgendwelche Betriebsverhältnisse stellt jeweils eine Umrechnung in die Einheitsbedingungen mit Wasser und somit in die Kv-Welt dar. Mit den so erhaltenen Kenngrößen lässt sich das geeignete Ventil auswählen.

Kenngrößen von Ventilen:

- **Nennhub:** Für jede Baureihe von Stellventilen wird ein Nennhub H100 angegeben, bei dem das Ventil als voll geöffnet zu betrachten ist.
- **Kv-Wert:** Unter dem Kv-Wert versteht man den Durchfluss V (Volumenstrom) in m^3/h von Wasser bei 5 bis 30 °C, der bei einem Druckverlust $p = p1 - p2 = 1$ bar durch das Stellventil bei dem jeweiligen Hub H hindurchgeht.
- **Kvs-Wert:** Berechneter Durchflusswert unter Einheitsbedingungen bei Nennhub H100, also bei vollständiger Öffnung des Ventils einer bestimmten Typenreihe und Nennweite.
- **Kv100-Wert:** Effektiver (gemessener) Durchflusswert unter Einheitsbedingungen bei Nennhub H100, also bei vollständiger Öffnung des Ventils (gibt der Hersteller an).
- **Kv0-Wert:** Leck-Durchfluss, Durchflusswert unter Einheitsbedingungen bei geschlossenem Ventil.

In den Tabellenwerken gibt es entsprechende Formeln zur Berechnung der Ventile.

35. Was sagt die Ventilkennlinie aus und welche unterschiedlichen Kennlinien gibt es?

Die einzelnen Kv-Werte, also die Volumenströme durch ein Ventil lassen sich in Abhängigkeit vom Hub H in einem Diagramm, der Ventilkennlinie, darstellen. Die y-Achse enthält hier die einzelnen Kv-Werte in Abhängigkeit von den Ventilhüben H (stets bei 1 bar Druckabfall), welche an der x-Achse aufgetragen sind. Die Gestaltung dieser Kurve hängt davon ab, wie die Paarung Absperrkörper/Ventilkörper ausgebildet ist. Handelt es sich um eine einfache Absperrscheibe, ergibt sich eine lineare Kennlinie. Hat der Absperrkörper eine konische Form, ergibt sich eine sog. gleichprozentige Kennlinie.

Lineare Durchflusskennlinie

Die lineare Kennlinie hat einen einfachen proportionalen Zusammenhang zwischen Ventilhub und der Querschnittsänderung. Vereinfacht bedeutet das für die Praxis, dass sich z. B. der Durchfluss um die gleiche Menge ändert, wenn der Hub von 4 auf 6 mm oder von 32 auf 34 mm, also um 2 mm, geändert wird. Da bei einem Hub von 32 mm bereits viel mehr fließt als bei 4 mm, ist natürlich die Mengenänderung für 2 mm Hub, bezogen auf die Menge bei 32 mm Hub, relativ geringer als die Änderung bezogen auf die Menge bei 4 mm Hub. Die Wirksamkeit der Stellgröße nimmt also mit wachsendem Hub (Durchfluss) ab.

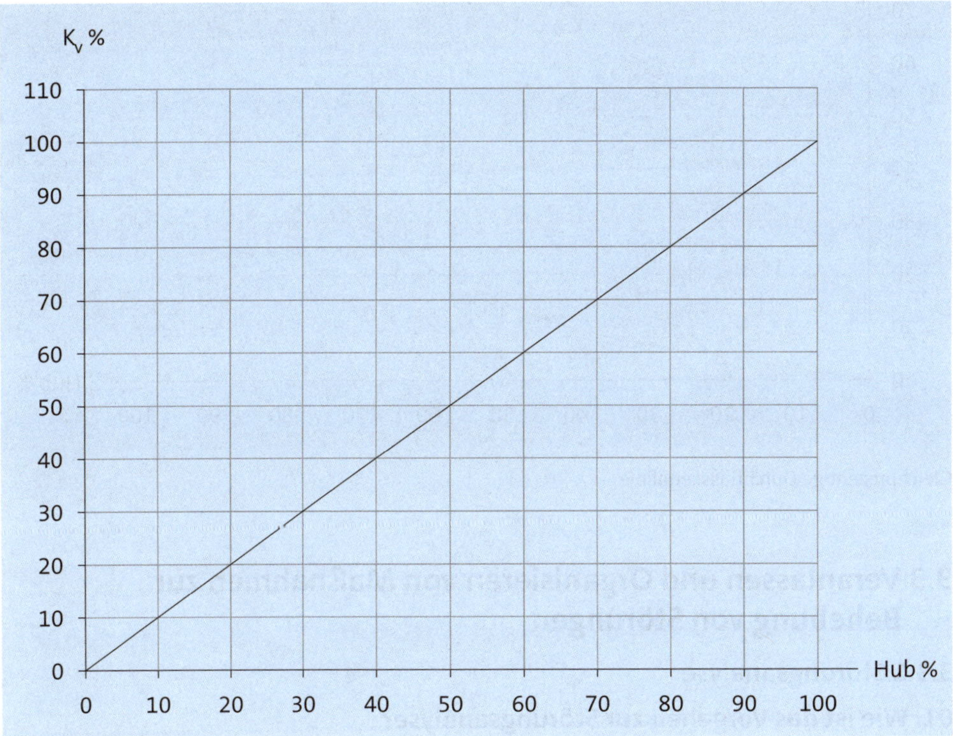

Lineare Durchflusskennlinie

Gleichprozentige Durchflusskennlinie

Im Gegensatz zur linearen Kennlinie hat die gleichprozentige Kennlinie einen gekrümmten Verlauf (e-Funktion), die in der besonderen Formgebung des Ventilkegels begründet ist. Bei einem Ventil mit gleichprozentiger Kennlinie ändert sich der Querschnitt für eine bestimmte Hubänderung stets um den gleichen Prozentsatz, wenn man die Flächenänderung auf die Fläche vor der Änderung bezieht. Diese Beziehung kann etwa auf den Durchfluss übertragen werden. Wenn der Durchfluss bei 1 mm Hubänderung (z. B. 3 auf 4 mm) von 10 auf 11 m³/h steigt, so ändert er sich im anderen Falle (z. B. 22 auf 23 mm) von z. B. 50 auf 55 m³/h. In beiden Fällen ist der Durchfluss um den gleichen Prozentsatz von 10 % gestiegen. Die Wirksamkeit der Stellgröße bleibt also konstant, unabhängig vom Hub (Durchfluss).

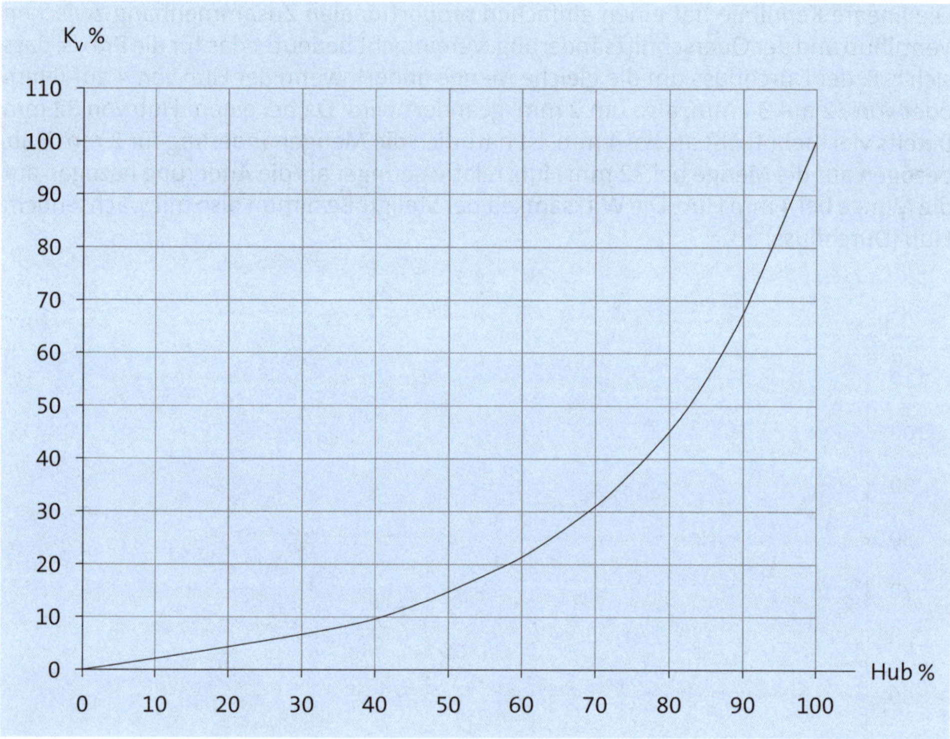

Gleichprozentige Durchflusskennlinie

3.3 Veranlassen und Organisieren von Maßnahmen zur Behebung von Störungen

3.3.1 Störungsanalyse

01. Wie ist das Vorgehen zur Störungsanalyse?

Störungen in verfahrenstechnischen Anlagen können unterschiedlicher Natur sein und somit auch vollkommen verschiedene Ansätze zur Behebung erfordern. Aus diesem Grund hat die sichere Erkennung und klare Einstufung der Störung höchste Priorität.

Der Ablauf ist dabei meist so, wie in der folgenden Abbildung dargestellt:

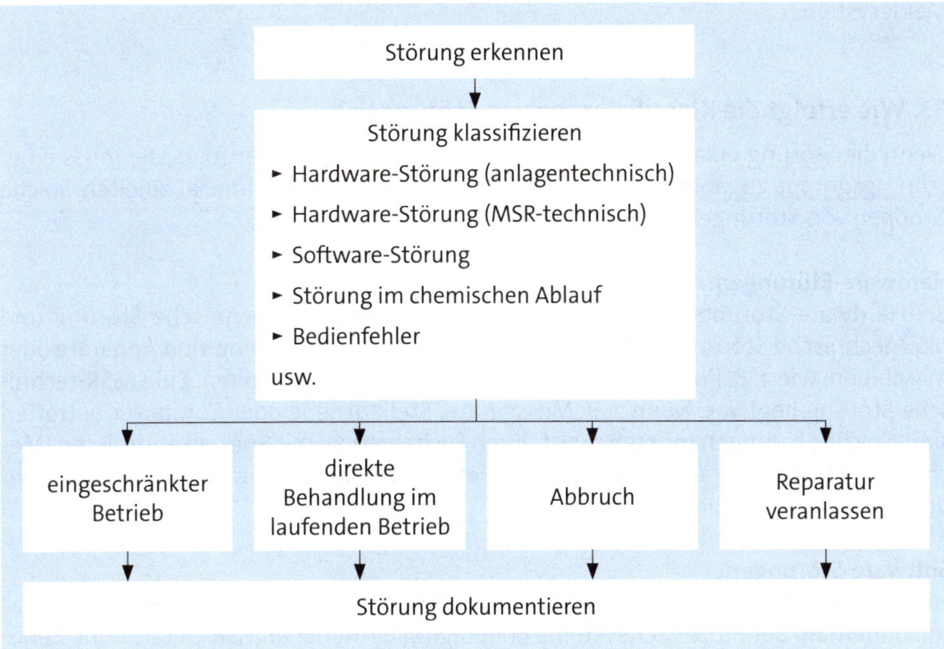

Vorgehensweise bei Störungen

02. Wie können Störungen in chemischen Anlagen erkannt werden?

Die Erkennung von Störungszuständen in chemischen Anlagen ist Aufgabe des Bedienungspersonals. In einfachen, handbedienten Anlagen müssen hierzu die entsprechenden Apparate überwacht werden. Steigen oder fallen Messwerte und passen nicht mehr zu den Vorgaben oder fallen Maschinen, Geräte oder Apparate aus oder kommt es zu erkennbaren Defekten an der Anlage, so liegt eine Störung vor, auf die das Personal mittels Handeingriff reagieren muss. Anders verhält es sich in MSR- und prozessleittechnisch gut ausgerüsteten Anlagen. In solchen Anlagen übernimmt die MSR-Technik einen Teil der Überwachungsaufgaben des Personals, indem es dieses auf die vom Leitsystem erkennbaren Störungen durch Alarmmeldungen aufmerksam macht.

Dafür können in MSR- und leittechnisch bestückten Anlagen Störungen in der MSR- bzw. Prozessleittechnik auftreten, welche nicht durch das Betriebspersonal behoben werden können. Bei Störungen, die nicht durch die Alarm- und Meldefunktionen der MSR- oder leittechnischen Einrichtungen angezeigt werden, muss der Bediener durch Abnormitäten im Prozessverhalten (z. B. eingefrorene Messwerte, unübliche Signaländerungen) auf Störungen aufmerksam werden. Für einen zuverlässigen Betrieb von Anlagen ist es unumgänglich, dass die Betriebsmannschaft die Bedienung der MSR-Einrichtungen beherrscht. In mit Prozessleitsystemen ausgestatteten Anlagen umfasst dies im Wesentlichen die Anwahl von Abschnitten und Teilbildern des Prozesses oder

der Anlagen, das Bedienen von Stellgliedern und Regelkreisen, den Aufruf von Trendbildern zur Beurteilung des Prozessgeschehens sowie die Interaktion mit dem Alarm- und Meldesystem.

03. Wie erfolgt die Klassifizierung von Störungen?

Wenn die Störung erkannt wird, muss diese klassifiziert werden, d. h., sie muss einer Störungsgruppe zugeordnet werden, um eine geeignete Maßnahme abzuleiten. Solche Gruppen von Störungen könnten sein:

Hardware-Störungen:
Bei Hardware-Störungen wird unterschieden in verfahrenstechnische Störung und MSR-technische Störung. Bei einer verfahrenstechnischen Störung sind Apparate oder Maschinen, wie z. B. Pumpen, Verdichter oder Armaturen, betroffen. Eine MSR-technische Störung liegt vor, wenn z. B. Messgeräte, Stellantriebe oder Computer betroffen sind. Solche Störungen müssen meist durch Fachpersonal mit Spezialkenntnissen (Mechaniker, Elektroniker usw.) behoben werden. Die Auswirkungen lassen sich durch redundante Systeme minimieren.

Software-Störungen:
Hierbei handelt es sich um Störungen im Programmablauf oder der Datenkommunikation innerhalb der Prozessleitsysteme oder digital betriebener MSR-Geräte. Eine Behebung ist meist nur durch Fachpersonal mit entsprechend hoher Qualifikation durchzuführen (MSR-Techniker oder Ingenieur).

Störungen im chemischen Ablauf:
Hierbei handelt es sich um Abweichungen vom geplanten chemischen Ablauf. Beispielsweise können gerade in der organischen Chemie durch geringe Verschiebungen der Bedingungen chemische Reaktionen einschlafen oder Nebenreaktionen werden begünstigt. Diesen Störungen ist besondere Aufmerksamkeit zu widmen, da es zu kritischen Zuständen kommen kann (starke Exothermen, Zersetzungsreaktionen, Gasentwicklung usw.).

Störungen durch prozessbedingte Fehler:
Hierbei handelt es sich um Dinge wie z. B. das Verkrusten einer Durchflussmessblende oder das Klemmen eines Ventils aufgrund von Ablagerungen. Es handelt sich also um Fehler, deren Ursache schädigende Einflüsse des Prozesses sind.

Störungen durch verschleißbedingte Fehler:
Diese Störungen haben ihre Ursache in einer Schädigung der PLT-Einrichtung durch lang anhaltende mechanische Belastung wie z. B. Erosion.

Bedienfehler:
Hierbei handelt es sich um falsche Bedieneingriffe durch das Bedienpersonal. Dies kann durch falschen Direktzugriff auf technische Geräte wie Absperrorgane oder durch falsche Bedienung der MSR- bzw. Prozessleittechnik erfolgen. Die einzige Möglichkeit die-

se Art von Störungen auf Dauer zu minimieren, ist die konsequente Weiterbildung des Bedienpersonals. Wissensdefizite sind dort entstanden, wo durch neue Arbeitsstrukturen Qualifikationen über den eigenen Beruf hinaus dringend benötigt werden. Dies ist besonders dort der Fall, wo rein handbediente Altanlagen durch moderne prozessleitgesteuerte Anlagen ersetzt wurden. Die mit diesen Entwicklungen verbundene Vermehrung des erforderlichen Fachwissens erlaubt es nicht mehr, den Wissenserwerb der Mitarbeiter auf den Beginn des Berufslebens zu beschränken. Das Berufsbildungsgesetz bildet hierfür den Begriff der Anpassungsbildung.

Störungen sollten immer dokumentiert werden. Im Falle moderner Prozessleittechnik geschieht dies für alle Störungen, welche vom Prozessleitsystem erkannt werden automatisch in Alarm- und Meldesystem-Datenbanken. Eine solche Maßnahme wird meist ohnehin von behördlicher oder gesetzlicher Seite erwartet und gefordert, sie bringt aber zusätzlich die Möglichkeit, Störungen hinsichtlich ihrer Häufigkeit zu überwachen und einzuteilen. Tritt eine bestimmte Störung mehrfach auf, so spricht man von einer wiederkehrenden Störung.

Wiederkehrende Störung:
Solche Störungen sollte man genau beachten, da eventuell ein systematischer Fehler zugrunde liegt, der diese Störung immer wiederkehren lässt. Ist dies erkannt, kann eventuell der Fehler abgestellt und die Störung dauerhaft beseitigt werden. Wiederkehrende Fehler können aber auch Fehlkonstruktionen, falsche Auslegung oder Fehlbedienung sein. In diesem Fall sind oft fehlende Kenntnisse der entsprechenden Mitarbeiter die Ursache.

Zufällige Störung:
Diese können auch durch längere Beobachtung nicht erkannt und einem bestimmten Schema zugeordnet werden, da sie meist auf nicht vorhersehbare Ereignisse zurückzuführen sind (z. B. Gewitter, Sturm usw.).

3.3.2 Maßnahmen zur Störungsbehebung

01. Wie können die Störungen behoben werden?

Zielsetzung der chemischen Produktion ist der bestimmungsgemäße Betrieb. Tauchen während des bestimmungsgemäßen Betriebs Störungen auf, müssen diese so schnell wie möglich erkannt und klassifiziert werden, um eine der Störung, der Anlage und der Chemie gemäße Maßnahme zu starten.

Möglichkeiten zur Störungsbeseitigung:

- **Eingeschränkter Betrieb:**

  In vielen Fällen wird es möglich sein, den laufenden Prozess trotz Störung zu Ende zu fahren. Die Anlage wird dann meist nur eingeschränkt bedienbar sein. Oft ist es möglich, die Anlage auch bei Störungen weiterzufahren, indem man Anlageteile manuell, also per Hand oder halbautomatisch (z. B. die Umgehung von Regelfunktionen innerhalb des Leitsystems), bedient. Meist lässt sich in dieser Phase die Störung während des Betriebs beseitigen (z. B. durch Instandsetzung des gestörten Geräts).

- **Direkte Behandlung im laufenden Betrieb:**

  Ist während des bestimmungsgemäßen Betriebs öfter mit Störungen an den entsprechenden Aggregaten zu rechnen oder ist das Risiko, das bei einer Störung eintritt besonders hoch, wird man für diese Funktionalität ein redundantes System installieren müssen. Kommt es nun während des bestimmungsgemäßen Betriebs zu einer Störung, kann das Betriebspersonal auf ein redundantes System umschalten. Ähnlich gelagert ist das Einschalten einer Notstromversorgung beim Ausfall des Stroms. Je nach Art der Anlage, des chemischen Prozesses und der Ausführung des redundanten Systems kann die Störungsbeseitigung während des laufenden Betriebs stattfinden oder die Störungsbehebung muss zu einem späteren Zeitpunkt stattfinden.

- **Abbruch:**

  Im schlechtesten Fall, z. B. bei sehr einfachen Anlagen ohne Ersatzsysteme oder sehr großen Störungen, wird es nicht möglich sein, den Prozess zu Ende zu fahren. Für diesen Fall müssen Pläne zum Abbruch des Prozesses und zum korrekten Herunterfahren der Anlage existieren. Diese können in schriftlicher Form niedergelegt sein oder in prozessleitgesteuerten Anlagen in Form von Software gespeichert sein. Entsprechend der Form der Pläne werden sie vom Betriebspersonal manuell durchgeführt oder das Leitsystem arbeitet den Plan automatisch ab. Nach eventueller Entsorgung von chemischen Reststoffen aus der Anlage sollte diese schnellstmöglich instand gesetzt werden.

- **Reparaturen an MSR- bzw. prozessleittechnischen Anlagenteilen veranlassen:**

  Nach dem Erkennen der Störung, ihrer Klassifizierung und dem Auslösen von Maßnahmen zur Störungsbeseitigung auf den Prozess, kommt es oft zum Anstoß eines Instandhaltungs- bzw. Reparaturauftrags. Spätestens an dieser Stelle muss das Bedienpersonal andere Fachkräfte zur Beseitigung der gesamten Störung hinzuziehen.

02. Wie sind die Zuständigkeiten hinsichtlich der Störungsbehebung geregelt?

In den meisten Betrieben der chemisch-verfahrenstechnischen Industrie sind die Zuständigkeiten innerhalb von MSR- bzw. prozessleittechnischen Anlagen folgendermaßen geregelt:

Das **Bedienpersonal** (meist Chemikanten) ist für den bestimmungsgemäßen Betrieb der Anlage zum Zwecke der Produktion der chemischen Stoffe zuständig. Weiterhin hat das Bedienpersonal Störungen im bestimmungsgemäßen Betrieb zu erkennen, zu klassifizieren und erste Maßnahmen zu treffen. Zu diesen Maßnahmen gehört auch das Anfordern von Fachpersonal aus den entsprechenden Fachstellen. Die Schnittstelle zu den Fachstellen stellen meist Vorarbeiter oder Schichtführer dar.

Das **Fachpersonal der Fachstellen** (z. B. Prozessleitelektroniker) ist für den technischen Teil der Störungsbeseitigung verantwortlich, d. h. die Instandhaltung der MSR-Geräte und der Leittechnik Hard- und Software. Hierzu muss der Betrieb entsprechende Aufträge erzeugen und Freigaben schreiben. Außerdem sollte der Betrieb das Instandhaltungspersonal so genau wie möglich über die Störung informieren (wenn möglich, unter Einbeziehen von MSR-technischen Sachverhalten). Es wird vorausgesetzt, dass das PLT-Instandhaltungspersonal eine solide Ausbildung in der Fachdisziplin erhalten hat, für die es eingesetzt wird (z. B. Prozessleitelektroniker). Darüber hinaus sind betriebsspezifische Schulungen (z. B. über spezielle Prozessleitsysteme, spezielle Instandhaltungsmaßnahmen) erforderlich, die beispielsweise durch den jeweiligen Hersteller angeboten werden.

03. Wie ist der typische Ablauf von Reparaturmaßnahmen?

Im Normalfall werden Reparaturmaßnahmen nach einem bestimmten Schema ablaufen, wobei der Dokumentation der Maßnahmen besondere Aufmerksamkeit gewidmet werden sollte. Ein typischer Ablauf der Störungsbeseitigung ist nachfolgend dargestellt:

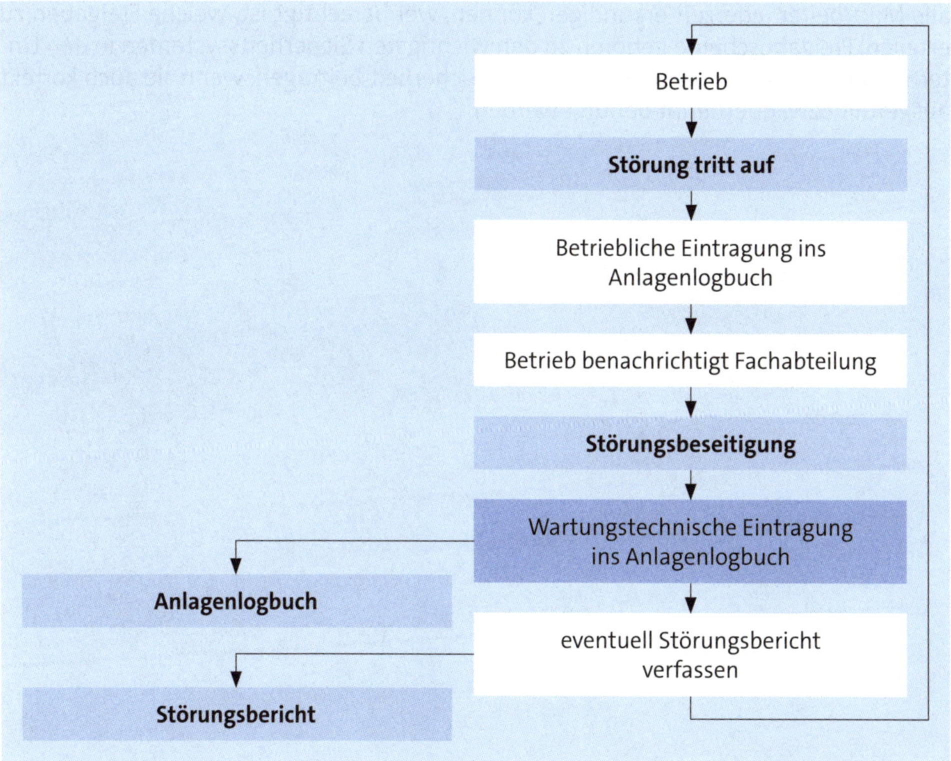

Ablauf Störungsbeseitigung

04. Was gilt es hinsichtlich der Dokumentation bei Störungen zu beachten?

Um Störungen sauber dokumentieren zu können, sollte ein betrieblich standardisiertes Anlagenlogbuch existieren. Dieses könnte sich z. B. an den NAMUR-Empfehlungen orientieren.

Für technische Arbeiten, wie Instandhaltungsarbeiten, werden in der chemischen Industrie Arbeitserlaubnisscheine verwendet. Mit diesen Scheinen wird die gesamte Auftragsabwicklung, einschließlich der Sicherheitsvorgaben bearbeitet. Sie beinhalten die vor und während der Arbeit notwendigen Sicherheitsmaßnahmen, wie z. B.

- Ex-Freigaben für feuergefährliche Arbeiten, wie Bohren, Schleifen usw., in Ex-Zonen
- Befahrerlaubnis, um Behälter oder enge Räume zu begehen
- Sicherheitsposten von der Feuerwehr.

Diese Arbeitserlaubnisscheine müssen von einem Beauftragten des Betreibers ausgefüllt und unterschrieben werden. Außerdem müssen der Auftragnehmer, die durchführende Person und eventuell der Sicherheitsposten unterschreiben. Wer welche Freigaben geben darf, sollte in einer Unterschriftsberechtigungsliste vermerkt sein. Diese Liste sollte vom Betreiber gepflegt werden und sichtbar ausgehängt sein, sodass sich alle Mitarbeiter jederzeit erkundigen können, wer berechtigt ist, welche Freigaben zu erteilen. Freigabescheine gehören zu den wichtigsten Sicherheitssystemen in den Unternehmen. Sie können aber nur dann zur Sicherheit beitragen, wenn sie auch korrekt ausgefüllt bzw. überhaupt benutzt werden.

3.4 Sicherstellen der Einhaltung von Vorschriften des Arbeits- und des Umweltschutzes

3.4.1 Risikobewertung/Risikoabschätzung bei der Planung, der Änderung und beim Betreiben eines Produktionsprozesses mit Steuerungs- und Regelungseinrichtungen

01. Wie erfolgen die Sicherheitsbetrachtungen zur Anlagensicherung?

Die Sicherheitsbetrachtungen zur Anlagensicherung werden im interdisziplinären Team von Verfahrenstechnikern, Chemikern, Sicherheitstechnikern und PLT-Spezialisten in Zusammenarbeit mit Sicherheitsbehörden geführt. Das Ziel besteht stets in der Verminderung des Restrisikos, das von der Anlage ausgeht.

MERKE

Definition Risiko
Risiko = Wahrscheinlichkeit des Eintritts eines gefährlichen Ereignisses • Konsequenzen (Kosten) eines gefährlichen Ereignisses

Das akzeptierte Risiko ist abhängig von den Faktoren:

- Region/Land
- Gesellschaft der jeweiligen Region/Land
- Gesetze
- Kosten.

Dieses akzeptierte Risiko muss individuell eingeschätzt werden.

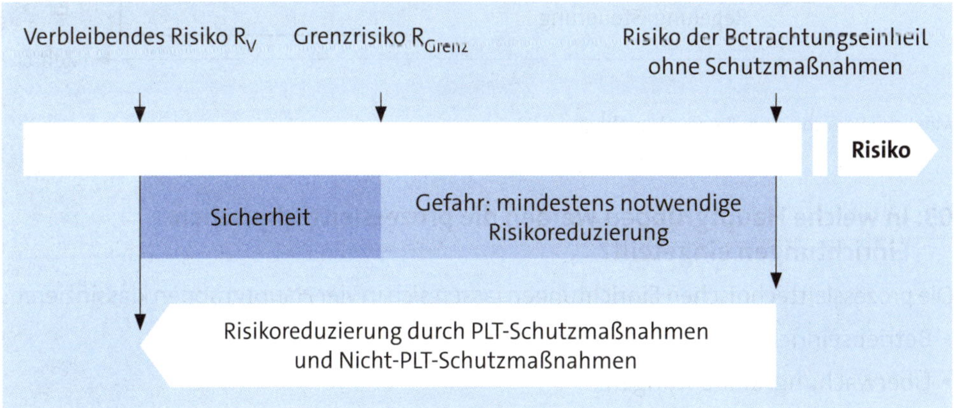

Risiko und Schutzmaßnahmen

02. Welche Aufgaben übernimmt die Prozessleittechnik im Sicherheitskonzept einer Anlage?

Die Prozessleittechnik hat im Rahmen des gesamten Sicherheitskonzepts der Anlage die Last der ersten Ebene zu tragen. Dies bedeutet, dass erst beim Versagen der prozessleittechnischen Sicherheitseinrichtungen die anlagenseitigen Sicherheitsmechanismen wie Berstscheiben, Sicherheitsventile und nicht PLT-gestützte Notabschaltungen ansprechen.

Die nachfolgende Abbildung zeigt den zeitlichen Ablauf beim Verlassen des Gutbereichs einer Prozessvariablen. Dies kann eine Temperatur, ein Druck oder auch ein Füllstand sein. Es wird deutlich, dass unterschiedliche prozessleittechnische Einrichtungen, aber auch verschiedene anlagentechnische Einrichtungen wirksam werden. Der Zeitpunkt ihres Eingreifens richtet sich nach der aktuellen Höhe der Prozessvariablen. Darunter ist der augenblickliche Messwert zu verstehen.

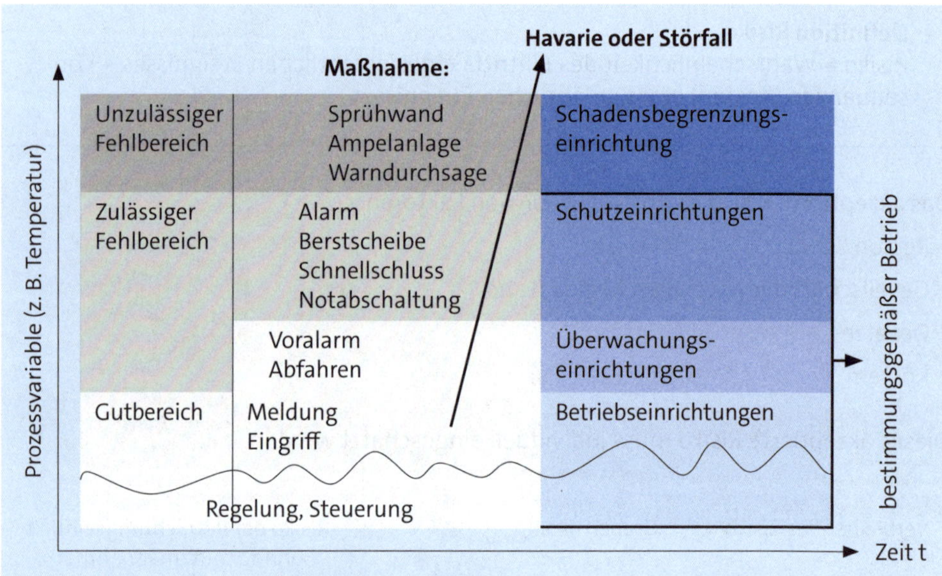

Mögliche Bereiche einer Prozess-Variablen

03. In welche Hauptgruppen werden die prozessleittechnischen Einrichtungen eingeteilt?

Die prozessleittechnischen Einrichtungen lassen sich in vier Hauptgruppen klassifizieren:

- Betriebseinrichtungen
- Überwachungseinrichtungen
- Schutzeinrichtungen
- Schadensbegrenzungseinrichtungen.

Dabei werden die Überwachungs- und Schutzeinrichtungen auch zum Begriff der Sicherheitseinrichtungen zusammengefasst.

PLT-Betriebseinrichtungen:
Sie dienen dem Betrieb der Anlage im Normalbereich, dem sog. Gutbereich. Hierzu gehören die zur Produktion erforderlichen Regelkreise, die automatischen Rezeptsteuerungen, aber auch das Equipment zur Prozessdokumentation.

PLT-Überwachungseinrichtungen:
Die PLT-Überwachungseinrichtungen melden den Anlagenfahrern erste unkritische Abweichungen vom Normalzustand, d. h. Prozessgrößen, die noch innerhalb eines zulässigen Fehlerbereichs liegen.

Die Anlagenfahrer werden dadurch dazu veranlasst, manuell korrigierend in das Prozessgeschehen einzugreifen. Zu den PLT-Überwachungseinrichtungen zählen z. B. Füllstandgrenzwertsensoren und Durchflussmelder mit den zugehörigen Signalübertragungswegen.

PLT-Schutzeinrichtungen:
Sie verhindern einen sicherheitstechnisch nicht mehr akzeptablen, also unzulässigen Fehlzustand einer oder mehrerer Prozessvariablen, indem sie bei Überschreitung der zulässigen Werte einen Schaltvorgang direkt auslösen und gleichzeitig das Betriebspersonal durch eine dringende Meldung zur Durchführung weiterer Maßnahmen veranlassen.

Beispiele sind das automatische Öffnen von Druckentlastungsventilen, die Not-Entleerungsfunktion oder das Einbringen einer Stopper-Substanz. PLT-Schutzeinrichtungen werden wirksam, bevor Beeinträchtigungen der Technik, der Umwelt oder der menschlichen Gesundheit auftreten können.

In neuen Prozessanlagen werden die PLT-Schutzeinrichtungen in eine von vier Zuverlässigkeitsstufen, die SIL-Klassen (SIL: Safety Integrity Level) eingeordnet. Schutzeinrichtungen der Kategorie SIL 4 verfügen über den höchsten Grad an Zuverlässigkeit.

PLT-Schadensbegrenzungseinrichtungen:
Sie vermindern bei einem nicht mehr mit Schutzeinrichtungen zu verhindernden Fehlzustand, also bei einer Havarie, die schadensverursachenden Auswirkungen auf die Technik, den Menschen und die Umwelt. Dazu gehören u. a.:

- die Auslösung eines Wasservorhanges, z. B. zur Niederschlagung von Ammoniak
- die Auslösung eines Dampfschleiers, z. B. zur Bindung von Chlordämpfen
- die Inbetriebnahme einer Sprinkleranlage zur Brandlöschung
- die Inbetriebnahme eines Schaumsystems zur Brandlöschung oder zur Verdrängung eines explosiven Gasgemisches.

Ein Teil der Schadensbegrenzungseinrichtung wird durch das Prozessleitsystem in Gang gesetzt. Ein anderer Teil ist anlagentechnischer Natur und arbeitet unabhängig von der Prozessleittechnik. Dazu zählen Schutzmauern und -wälle, Auffangwannen sowie Warndurchsagen per Lautsprecher.

04. Was versteht man unter der Zuverlässigkeit eines Systems?

Unter Zuverlässigkeit eines Systems versteht man die Fähigkeit, seine Aufgabe innerhalb eines Zeitraumes mit wenig oder gar keinen Ausfällen zu erfüllen. Die Zuverlässigkeit des Prozessleitsystems wird maßgeblich von der Zuverlässigkeit seiner Komponenten bestimmt. Bekanntlich ist die stärkste Kette nur so stark wie ihr schwächstes Glied.

Dementsprechend könnte z. B. ein Prozessleitsystem seine Funktion völlig einstellen, wenn nur für kurze Augenblicke die Stromzufuhr unterbrochen war. Auch ein Hardware-Defekt an einem Controller kann unter Umständen zur Havarie einer Teilanlage führen. Dem muss durch besondere konstruktive und softwaretechnische Maßnahmen vorgebeugt werden. Der Begriff Zuverlässigkeit kennzeichnet die Anzahl der Ausfälle und damit die Häufigkeit des Funktionierens.

Der Begriff Verfügbarkeit bezieht sich hingegen auf die Zeitdauer der Funktionsfähigkeit.

Es gilt demnach beide Größen, Zuverlässigkeit und Verfügbarkeit des gesamten prozessleittechnischen Systems, zu maximieren.

05. Wie wird die Zuverlässigkeit von PLT-Schutzeinrichtungen klassifiziert?

PLT-Schutzeinrichtungen müssen einen besonders hohen Grad an Zuverlässigkeit aufweisen. Bei neueren Prozessanlagen wird ihnen eine Zuverlässigkeitskennzahl, der **Safety Integrity Level** (SIL), zugeordnet. Der Safety Integrity Level ist eine Zuverlässigkeitsgröße, die einer prozessleittechnischen Funktion (einer „PCE-Aufgabe“) bereits bei der Anlagenplanung zugeordnet wird. PLT-Funktionen, die einen Prozess mit hohem Gefährdungspotenzial absichern, müssen besonders zuverlässig sein.

SIL 4 steht für die höchste Zuverlässigkeit, also für die geringste Ausfallwahrscheinlichkeit. **SIL 1** kennzeichnet eine niedrige Zuverlässigkeit, also eine höhere Ausfallwahrscheinlichkeit. Bei PLT-Funktionen für Prozesse mit niedrigem Gefährdungspotenzial kann man höhere Ausfallwahrscheinlichkeiten tolerieren. Solchen Funktionen ordnet man keinen SIL zu. In der Umgangssprache wird dies oft mit dem definitiv nicht fachgerechten Begriff SIL 0 bezeichnet.

Der Herstellungsaufwand für besonders zuverlässige PLT-Geräte ist höher als für weniger zuverlässige Geräte. Dieser Aufwand spiegelt sich in den Anschaffungskosten und im Aufwand für Prüfung und Instandhaltung wider.

In der Norm **DIN EN 61511-1** sind die SIL-Stufen und die zugehörige Ausfallwahrscheinlichkeit standardisiert. Dabei wird nicht die Einsatzzeit der prozessleittechnischen Funktionen oder Geräte betrachtet, sondern die Anzahl der passiven Fehler im Anforderungsfall.

Die Ausfallwahrscheinlichkeit im Anforderungsfall wird mit dem englischsprachigen Begriff „Probability of Failure on Demand" (PFD) bezeichnet. Sie ergibt sich aus dem Verhältnis der Anzahl von passiven Fehlern zur Anzahl der Funktionsanforderungen als statistischer Mittelwert im Langzeit-Einsatz und bei einer großen Anzahl von Geräten.

Sicherheitsintegritätslevel	Ausfallwahrscheinlichkeit	Risikominderung um den Faktor
ohne SIL	größer/gleich 0,1	nicht mehr als 10-fach
SIL 1	kleiner als 0,1	mehr als 10-fach
SIL 2	kleiner als 0,01	mehr als 100-fach
SIL 3	kleiner als 0,001	mehr als 1.000-fach
SIL 4	kleiner als 0,0001	mehr als 10.000-fach

SIL-Stufen

Beispiel

Eine Sicherheitsabschaltung (Überfüllsicherung) an einem Behälter hat in einem sehr langen Zeitraum 850 Mal angesprochen, d. h. 850 Mal hat sie den Behälter sicher vor dem Überlaufen geschützt. Ein einziges Mal hat sie versagt. Obwohl sie hätte ansprechen müssen, ist sie passiv geblieben. Damit beträgt ihre Ausfallwahrscheinlichkeit 1/850 = 0,001176. Dieser Wert liegt zwischen 0,001 und 0,01. Nach der beobachteten Zuverlässigkeit erfüllt diese Sicherheitsfunktion somit die Anforderungen von SIL 2.

06. Wie werden die Werte für die SIL-Einstufungen ermittelt?

Die Gerätehersteller ermitteln die Zuverlässigkeitskenngrößen ihrer Geräte i. d. R. nicht durch solche Langzeitbeobachtungen, sondern durch Berechnungen aus der Versagenswahrscheinlichkeit der Einzelkomponenten ihrer Geräte. Zu beachten ist, dass zu einer prozessleittechnischen Funktion immer mehrere Geräte gehören, die in geeigneter Weise miteinander verknüpft sind. Typischerweise besteht ein prozessleittechnisches Sicherheitssystem aus:

- einem **Messfühler** mit zugehörigen Messumformer
- der **Verarbeitungseinheit** (Steuerung, Prozessleitsystem)
- einem **Stellorgan** (z. B. einem Schnellschlussventil).

Bei Verknüpfung mehrerer Geräte mit der Ausfallwahrscheinlichkeit von jeweils 0,001 hat das Gesamtsystem nicht zwangsläufig die gleiche Ausfallwahrscheinlichkeit wie die Einzelkomponenten.

Bei einem **passiven Fehler** versagt ein Sicherheitssystem im Anforderungsfall. Es bleibt infolge eines inneren Defektes passiv, obwohl es bei einem gefahrdrohenden Prozesszustand eingreifen müsste. Solche Fehler sind gefährlicher als aktive Fehler.

Bei einem **aktiven Fehler** greift ein Sicherheitssystem ohne Notwendigkeit ein. Es wird also infolge eines inneren Defekts aktiv, ohne dass es einen gefahrdrohenden Prozesszustand gibt.

Im Rahmen der Anlagenplanung wird die erforderliche SIL-Stufe für jede PLT-Schutzeinrichtung vom Planungsteam festgelegt. Grundlage der Einstufung bilden die möglichen Personengefährdungen im Falle des Versagens der Schutzeinrichtung.

Berücksichtigt werden dabei:

- die Schwere (Schadensausmaß) des eingetretenen Schadens bei Versagen der Schutzeinrichtung (z. B. potenzielle Verletzungen oder Todesfälle)
- die Häufigkeit (Eintrittswahrscheinlichkeit) des Auftretens des abzusichernden gefährlichen Zustandes
- die Aufenthaltsdauer von Personen im gefährdeten Bereich
- die Möglichkeit der Gefahrenabwendung (Gefahrenabwehr) durch andere Maßnahmen.

Wenn möglich, nehmen bei der Betrachtung zur Einstufung bereits Vertreter des künftigen Betreibers teil. Als Hilfestellung zur Einstufung stellt die Norm einen Risikographen bzw. eine Risikomatrix bereit (siehe folgende Abbildung). Auf der Grundlage der auf diese Art festgelegten Einstufung erfolgt beim Anlagenbau die Auswahl der einzusetzenden PLT-Geräte.

SIL-Stufen werden nur den PLT-Schutzeinrichtungen zugeordnet. Reine Betriebs- und Überwachungseinrichtungen erhalten keine SIL-Stufe, da sie nicht dem Eingriff bei gefahrdrohenden Zuständen dienen.

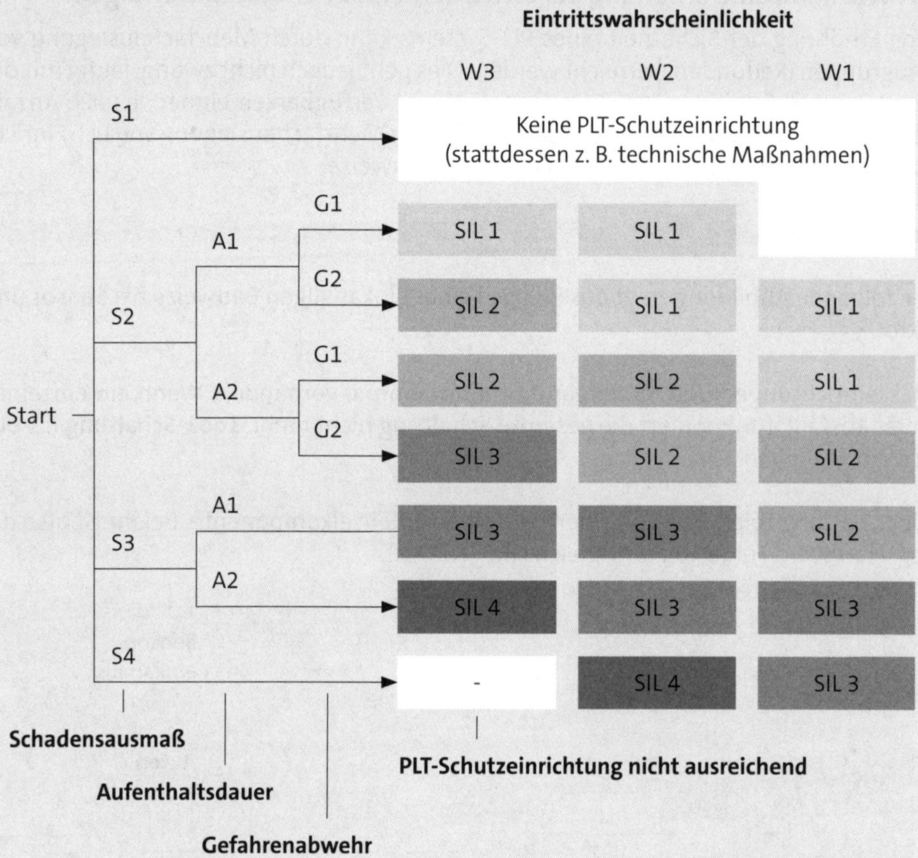

S = Schadenausmaß/
Schwere der Verletzung:
S1 = leichte (reversible Verletzung)
S2 = ernste (irreversible Verletzung Tod)
S3 = Tod mehrerer Personen
S4 = katastrophale Auswirkungen
mit vielen Toten

A = Häufigkeit und Dauer des Aufenthalts:
A1 = selten oder kurze
Gefährdungsexposition
A2 = häufig
(mehr als einmal pro Stunde/Schicht)

G = Möglichkeit zur Vermeidung/
Begrenzung des Schadens:
G1 = möglich
G2 = kaum möglich

W = Eintrittswahrscheinlichkeit:
W1 = sehr gering
W2 = gering
W3 = relativ hoch

Risikograph zur SIL-Einstufung

07. Wie kann eine Erhöhung der Sicherheit eines PLT-Systems erfolgen?

Eine Erhöhung der Sicherheit eines PLT-Systems kann durch Mehrfachauslegung von Baugruppen (Redundanz) erreicht werden. Dies geht jedoch nicht zwangsläufig mit der gleichzeitigen Erhöhung von Zuverlässigkeit und Verfügbarkeit einher. Je nach Anzahl der vorhandenen Baugruppen spricht man bei der Mehrfachauslegung von PLT-Einrichtungen von einkanaliger oder mehrkanaliger Bauweise.

Beispiel

Die folgende Abbildung zeigt das Beispiel einer einkanaligen Bauweise bei Sensor und Aktor.

Messeinrichtungen und Stellorgane sind nur einmal vorhanden. Wenn ein einzelnes Gerät ausfällt, funktioniert die gesamte Schaltung nicht mehr. **1oo1-Schaltung** („1 out of 1 " bzw. „1 von 1").

Die Schaltung toleriert also keinen Ausfall einer Einzelkomponente. Bei ihr ist also die sog. Hardware-Fehlertoleranz gleich Null (HFT=0).

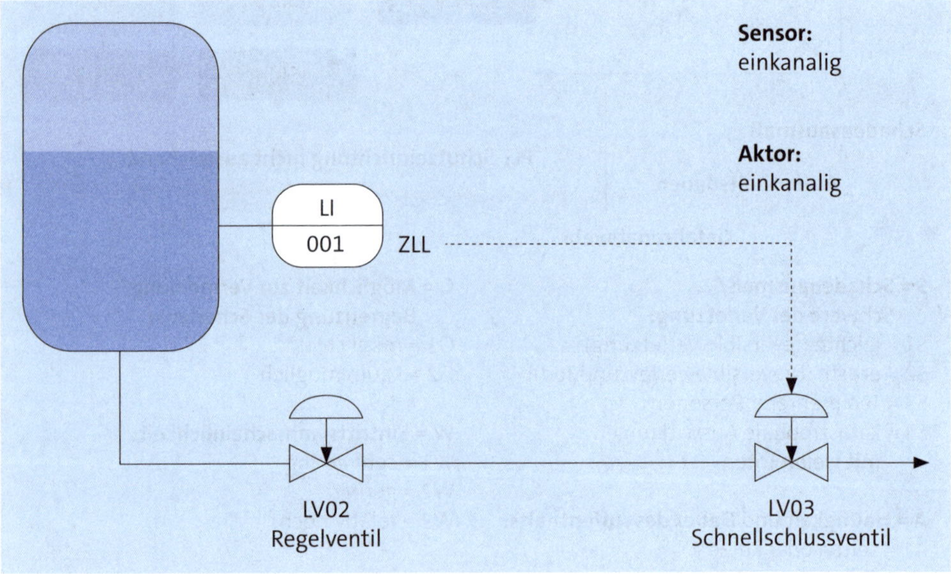

Einkanalige Bauweise

Durch den **Einbau eines zweiten Sensors LI 002** könnte man nun eine zweikanalige Bauweise realisieren. Je nach logischer Verknüpfung gibt es davon **zwei Varianten:**

- **1oo2-Schaltung** („1 out of 2" bzw. „1 von 2"), d. h. eine Schaltung erfolgt, sobald einer von zwei Sensoren anspricht: LI 001 ODER LI 002.

  Sie funktioniert auch noch bei passiven Fehlern eines Sensors (HFT=1).

Nachteil: Sie spricht sofort an, sobald einer der Sensoren einen aktiven Fehler hat. Sie hat deshalb eine geringere Verfügbarkeit als 1oo1, jedoch eine höhere Zuverlässigkeit und gewährleistet deshalb ein höheres Maß an Sicherheit.

- Die andere Variante wäre eine **2oo2-Schaltung** („2 out of 2“ bzw. „2 von2“), d. h. die Schaltung erfolgt erst, wenn beide Sensoren ansprechen: LI 001 UND LI 002.

  Bei Ausfall eines Sensors funktioniert sie nicht mehr (HFT=0), jedoch bei aktivem Fehler eines Sensors.

  Eine nochmalige Steigerung der Sicherheit könnte nun durch den **Einbau eines dritten Sensors LI 003** erreicht werden. Je nach logischer Verknüpfung gibt es davon **3 Varianten:**

  - **1oo3-Schaltung** („1 out of 3“ bzw. „1 von 3“), d. h. die Schaltung erfolgt, sobald einer der drei Sensoren anspricht: LI 001 ODER LI 002 ODER LI 003.

    Sie funktioniert auch noch bei passivem Fehler eines oder zwei Sensoren (HFT=2).

    Nachteil: Sie hat eine noch geringere Verfügbarkeit als 1oo2, weil sie bereits beim aktiven Fehler eines Sensors anspricht.

  - **3oo3-Schaltung** („3 out of 3“ bzw. „3 von 3“), d. h. eine Schaltung erfolgt erst, wenn alle drei Sensoren gleichzeitig ansprechen: LI 001 UND LI 002 UND LI 003.

    Bei passivem Fehler eines Sensors funktioniert sie nicht mehr (HFT=0), jedoch bei aktivem Fehler von bis zu 2 Sensoren.

  - **2oo3-Schaltung** („2 out of 3“ bzw. „2 von 3“), d. h. die Schaltung erfolgt, wenn zwei von drei Sensoren gleichzeitig ansprechen: (LI 001 UND LI 002) ODER (LI 002 UND LI 003) ODER (LI 001 UND LI 003).

    Sie funktioniert auch dann noch, falls ein einzelner Sensor einen passiven Fehler aufweist (HFT=1) oder auch einen aktiven Fehler. Diese Schaltung gewährleistet ein hohes Maß sowohl an Zuverlässigkeit/Sicherheit als auch Verfügbarkeit. Daher wird sie häufig im Bereich der chemischen Industrie angewandt.

3.4.2 Sicherheits- und umweltrelevante Funktionen von PLT-Einrichtungen

01. Welche Aufgaben muss ein Prozessleitsystem erfüllen?

Zu den Teilaufgaben der Prozessleittechnik gehört neben dem Betreiben und Überwachen, die Gewährleistung einer höchstmöglichen Anlagensicherheit.

Das Ziel der Überwachungsfunktion des Prozessleitsystems besteht darin, durch Verhinderung gefährlicher Zustände

- die Gesundheit des Menschen zu schützen,
- die Umwelt vor Schäden zu bewahren und
- die materiellen, vom Menschen geschaffenen Werte zu erhalten.

Das gilt nicht nur für die Technik und die Mitarbeiter, die innerhalb der Werktore mit dem Betrieb der Anlage betraut sind, sondern auch für die Personen, die Umwelt und für die materiellen Werte außerhalb und abseits des Betriebsgeländes.

In vielen Anlagen der Chemieindustrie werden gesundheitsgefährdende Substanzen verarbeitet oder hergestellt, deren Austritt in die Umgebung eine unmittelbare oder mittelbare Gefahr darstellt. Auch durch die Prozessbedingungen selbst (z. B. hohe Drücke und Temperaturen) sind Gefährdungspotenziale gegeben.

Die denkbaren **Störfallereignisse** lassen sich zu folgenden prinzipiellen Möglichkeiten zusammenfassen:

- Austritt giftiger Stoffe und deren Übergang in Boden, Grundwasser oder Atmosphäre
- Brand
- Explosion oder Detonation.

Die Wahrscheinlichkeit des Eintritts solcher Ereignisse gilt es zu minimieren.

02. Welche Möglichkeiten zur Erhöhung der Anlagensicherheit bestehen?

Es ist die Aufgabe der Konstrukteure, Planer und Betreiber von Chemieanlagen, alle denkbaren Möglichkeiten zu nutzen, um dem Ziel einer 100%igen Vermeidung von Störfällen so nahe wie möglich zu kommen.

Die Gesamtheit aller Maßnahmen zur Vermeidung von Gefährdungen für Mensch, Umwelt und materielle Werte wird mit dem Begriff Anlagensicherung bezeichnet.

Die Vielzahl der Möglichkeiten zur Erhöhung der Anlagensicherheit lässt sich in folgende Hauptgruppen unterteilen:

Anlagensicherung mit Mitteln der Verfahrenstechnik:

- stärkere Ausführung der Apparatewandungen als erforderlich
- stärkere Auslegung der Kühlsysteme als erforderlich
- mehrfaches Vorhandensein wichtiger Aggregate, z. B. Pumpen, Rohrleitungen und Ventile mit der Möglichkeit der Umschaltung auf Reserveaggregate bei Ausfällen
- Einsatz von Berstscheiben und Druckentlastungsventilen
- Vorsehen von Notentleerungen und Notkühlsystemen
- Einsatz von Stellorganen, die sich bei Ausfall von Hilfsenergie in einen sicheren Zustand bewegen (dieser sichere Zustand kann abhängig von der Aufgabe des Stellorgans im offenen, geschlossenen oder verharrenden Zustand des Stellorgans bestehen)
- Schutz von mechanischen und elektronischen Komponenten vor schädigenden Umwelteinflüssen, z. B. aggressiven Dämpfen, Witterung und Vibration.

Anlagensicherung mit organisatorischen Mitteln:

- Bedienerschulungen zur Erhöhung der theoretischen Kenntnisse über den konkreten Prozess, aber auch zum Training von Persönlichkeitseigenschaften wie Teamfähigkeit
- Arbeitsschutzunterweisungen einschließlich eines Systems von Weisungen zu Verhaltensnormen und von Zwangsmaßnahmen bei Verstößen gegen die Sicherheitsregeln
- Sicherheitstraining zur Erhöhung der Reaktionssicherheit, Zielstrebigkeit und Besonderheit bei der Meisterung kritischer Situationen
- Anfahren von Anlagen nach erprobten Checklisten oder Betriebsanweisungen
- regelmäßige Funktionskontrollen der Sicherheitssysteme
- vorbeugender Wechsel von Verschleißteilen.

Anlagensicherung mit den gerätetechnischen und softwareseitigen Mitteln der Prozessleittechnik:

- Überwachung wichtiger Prozessvariablen, wie Temperatur, Druck und Konzentration, sowie selbsttätiger Eingriff bei gefahrdrohenden Zuständen (Notabschaltung, Aktivieren einer Zusatzkühlung)
- Einsatz zusätzlicher Überwachungssensoren zusätzlich zu den Messfühlern für den Normalbetrieb im Sinne einer Mehrfachauslegung (zusätzlicher Füllstands-Grenzwertgeber, zweiter Druck- oder Temperatursensor usw.)
- Verwendung einer separaten Verdrahtung bzw. eines separaten Verdrahtungswegs für die besonders wichtigen Schutzeinrichtungen
- Mehrfachauslegung von Teilen der Gerätetechnik des Prozessleitsystems mit selbstständiger Funktionsüberwachung und automatischer Umschaltung auf das Reservegerät bei Defekt des Hauptgerätes (Redundanz; das Redundanzprinzip wird vor allem bei den „Herzstücken" des Prozessleitsystems, den Controllern verwirklicht, welche Regelungen und Steuerungen selbsttätig realisieren)
- Abschirmung der elektronischen Baugruppen des Prozessleitsystems vor Störspannungen aus dem Stromnetz und Fremdeinflüssen, wie Handys
- Verriegelung von Stellgrößen und Messwerten gegeneinander (z. B. kein Rührbetrieb bei leerem Reaktor, kein Füllen bei vollem Behälter, keine Pumpe gegen geschlossene Ventile fahren)
- kein selbstständiges Wiedereinschalten von Anlagenteilen nach Auslösung einer Schutzfunktion
- durchdachtes System von Meldungen, wie Vor- und Hauptalarm für die wichtigsten Prozesswerte, jedoch ohne Überlastung des Personals durch zu hohe Informationsflut
- Schutz der korrekten Einstellung der Grenzwerte in der Bediensoftware vor unbeabsichtigter oder unautorisierter Verstellung
- Gestaltung der Bediensoftware in einfach erfassbar und leicht nachvollziehbarer äußerer Form auf dem Monitor
- Einsatz von sicherheitsgerichteten Steuerungen.

03. Was versteht man unter sicherheitsgerichteten Steuerungen?

Immer häufiger werden bei der Realisierung von Sicherheitseinrichtungen sog. sicherheitsgerichtete Steuerungen (SSPS oder F-SPS) eingesetzt. Hierbei wird die Hard- und Firmware der Steuerung nach der Normenreihe EN 61508 geprüft. Wird eine solche Steuerung eingesetzt, dann muss auch der Anlagenhersteller/-betreiber ein sicherheitsgerichtetes Anwenderprogramm erstellen. Zusätzlich zu den Voraussetzungen des Herstellers werden weitere Anforderungen an die Softwareentwicklung in den aktuellen Versionen der unter der Maschinenrichtlinie harmonisierten Normen EN ISO 13849 „Sicherheit von Maschinen – Sicherheitsbezogene Teile von Steuerungen" und EN 62061 „Sicherheit von Maschinen – Funktionale Sicherheit sicherheitsbezogener elektrischer, elektronischer und programmierbarer elektronischer Steuerungssysteme" gestellt.

Wichtige Kriterien, die beachtet werden müssen, sind hierbei:

- Entwicklungslebenszyklus mit Verifikation und Validierung
- Dokumentation der Spezifikation und Entwurf
- modulare und strukturierte Programmierung (einfach und leicht nachvollziehbar)
- funktionale Tests
- geeignete Entwicklungsaktivitäten nach Änderungen.

Durch die normativen Vorgaben soll erreicht werden, dass systematische Fehler in sicherheitsgerichteter Anwendungssoftware minimiert werden.

Ein ganz wichtiger Punkt hierbei ist die Verifizierung und Validierung der Programme und deren Anwendung. Für die Konstruktion sicherheitsgerichteter Steuerungen wurde bisher der Begriff der Steuerungskategorie als Maß für die Bewertung zugrunde gelegt. Mit der Veröffentlichung der Norm EN ISO 13849-1 wird „Steuerungskategorie" jedoch durch den Begriff des Performance Level (PL) ersetzt. Ebenso kann eine Risikoreduzierung durch Anwendung der Norm EN 62061 erzielt werden. Hierbei ist zu beachten, dass diese Norm nur für den Anwendungsbereich der elektrischen Steuerungen gilt. Das durch diese Norm erreichbare Sicherheitsniveau wird durch den Begriff „SIL" (Safety Integrity Level) gekennzeichnet.

Der grundsätzliche Aufbau einer sicherheitsrelevanten Steuerung wird durch die Verarbeitungskette **„Sensorik-Logik-Aktorik"** beschrieben.

Sensorik
Die Palette der Sensoren für die Realisierung von Sicherheitsfunktionen reicht von elektromechanischen Schaltern, sicherheitsgerichteten Näherungsschaltern über berührungslos wirksamen Systemen wie Lichtschranken, Lichtgitter bis hin zu komplexen opto-elektronischen Systemen wie Laserscannern oder Sicherheitskamerasystemen. Aber auch applikationsspezifische Teillösungen wie Drehzahlüberwachungssysteme, Stillstandswächter oder Lastmomentbegrenzer sind zu den Sensoren zu zählen, obwohl diese bereits auch steuerungstechnische Auswertungen enthalten können.

Logik
Für die Realisierung von „sicheren Steuerungen" müssen bestimmte Schaltungskonzepte und -prinzipien verwendet werden, um Fehlerannahmen auszuschließen. Eine Kombination auf Hardware-Ebene, sog. Fail-Safe-Systeme, wird nur dann zu einer sicheren Gesamtlösung führen, wenn auch die Software entsprechend ausgerichtet ist. Eine sicherheitsgerichtete Steuerung wird in den meisten Fällen über Safety-SPS-Systeme realisiert, obwohl auch zahlreiche Lösungen ohne die Anwendung derartiger Steuerungen möglich sind.

Aktorik
Das Abschalten gefahrbringender Bewegungen steht in der heutigen Zeit im Vordergrund, wenn Sicherheitsfunktionen umgesetzt werden sollen. Mit steigendem Automatisierungsgrad nehmen jedoch die Anforderungen an komplexe Funktionen mit steigendem Automatisierungsgrad zu. Wurden in der Vergangenheit meist digital schaltende Aktoren wie Schütze oder Ventile eingesetzt, so steuern heute komplexe, elektronische Antriebsregler die modernen Antriebe. Dies ermöglicht eine große Zahl unterschiedlicher Sicherheitsreaktionen, wie z. B. in den Bereichen Betriebshalt, begrenzte Geschwindigkeit, Drehzahlüberwachung oder begrenztes Schrittmaß.

Grundsätzlicher **Aufbau eines sicheren Steuerungssystems:**

- zwei getrennte Kanäle
- diversitärer Aufbau mit unterschiedlicher Hardware
- ständiger Test der Ein- und Ausgänge
- ständiger Vergleich der Anwenderdaten
- Spannungs-, Strom- und Zeitüberwachungen
- sichere Abschaltung im Fehler-/Gefahrenfall.

04. Wie erfolgt die Prüfung von PLT-Schutzeinrichtungen?

Die jährliche wiederkehrende Prüfung ist ein wichtiger Bestandteil zur Sicherstellung der Funktionstüchtigkeit von PLT-Sicherheitseinrichtungen. Das aktuelle NAMUR (Interessengemeinschaft Automatisierungstechnik der Prozessindustrie e. V.)-Arbeitsblatt NA 106 „Flexible Prüfung von Feldgeräten in PLT-Schutzeinrichtungen" fokussiert dabei nicht nur die Aufdeckung zufälliger Fehler im Rahmen der wiederkehrenden Prüfungen, sondern betont auch die Notwendigkeit der Vermeidung systematischer Fehler im gesamten Lebenszyklus.

Die sog. Heartbeat Technology und das SIL-Gerätekonzept unterstützen beide Aspekte – sie flexibilisieren die wiederkehrenden Prüfungen und reduzieren damit den Aufwand und die Kosten. Bislang werden Schutzeinrichtungen einmal im Jahr geprüft. Die Grundlage für diese jährliche Prüfung wurde unter anderem in der Betriebs-Sicherheitsverordnung, der VDI/VDE 2180 sowie der NAMUR-Empfehlung NE 130 (Betriebsbewährte Geräte für PLT-Schutzeinrichtungen und vereinfachte SIL-Berechnung) gelegt.

Der hohe Aufwand für die jährlichen Prüfungen für den Betreiber und die damit verbundenen Anlagenstillstände und Ausfallzeiten haben zu einem verstärkten Bedarf nach alternativen Prüfmethoden geführt. Das in 2018 überarbeitete NAMUR-Arbeitsblatt NA 106 nimmt Bezug auf die in der IEC 61511-1 genannten Ansätze zur Optimierung von Prüfungen der SIL-Schutzeinrichtungen: Vorgeschlagen werden hier eine höhere Redundanz zur Durchführung von Prüfungen im laufenden Betrieb, höhere Diagnose-Abdeckung durch verbesserte interne Diagnosen der verwendeten Sensoren oder eine Anpassung der Prüfstrategie weg von der durchgängigen oder der teilsystembasierten Prüfung hin zur Prüfstrategie „Flexible Prüfung" von Feldgeräten in PLT-Schutzeinrichtungen. Die durchgängige Prüfung meint dabei die Prüfung des kompletten Sicherheitssystems vom Prozess über den Sensor bis zum Aktor inkl. des Logiksystems. Die alternative teilsystembasierte Prüfung wird durch Einzelprüfungen des Sensors, des Logiksystems und des Aktors auch heute schon praktiziert.

Die sog. **Heartbeat Technology** mit den drei Säulen Diagnose, Verifkation und Monitoring bietet weitreichende Möglichkeiten zur Umsetzung dieser flexiblen Prüfungen in PLT-Schutzeinrichtungen.

In der Vergangenheit war die detaillierte Prüfung z. B. von Coriolis-Massedurchflussmessgeräten in Ermangelung geeigneter Prüftools und Prüfprozesse meist nur auf die visuelle Prüfung und die Prüfung der Parametrierung sowie des Ausgangssignals beschränkt. Heute ermöglicht die Heartbeat Technology mit ihrer umfangreichen integrierten Gerätediagnose und Prüfprozeduren eine hohe Diagnoseabdeckung von bis zu 93 %. Die Heartbeat Technology gewährleistet höchste Sicherheit im Messbetrieb durch kontinuierliche Selbstüberwachung der gesamten Messgeräte, vom Sensor bis zum Ausgangssignal, unabhängig von Prozess- und Umgebungsbedingungen. Sie ist einfach in der Handhabung und kann über die Vor-Ort-Anzeige sowie über alle gängigen Asset Management Systeme ohne Prozessunterbrechung aktiviert werden. Dies verringert den Prüfaufwand, bietet Sicherheit bei der Geräteprüfung und gewährleistet eine hohe Anlagen-Verfügbarkeit.

05. Wie unterscheiden sich S- und Z-Funktionen bei PLT-Einrichtungen?

Eine S-Funktion übernimmt eine normale (nicht sicherheitsrelevante) Schaltungsfunktion, wie z. B. maximaler Füllstand (Max1) des Behälters erreicht, z. B. LISAH 3117. Eine Z-Funktion dagegen führt sicherheitsrelevante Schaltungsfunktionen im Sinne eines Noteingriffs durch, wie z. B. die Überfüllsicherung (Max2) eines Behälters, z. B. LZHH 4234.

3.5 Darstellen von Steuerungs- und Regelungsprozessen

3.5.1 Prozessabläufe

01. Wie werden chemische Prozesse bzw. Prozessabläufe eingeteilt?

In technischen bzw. chemischen Prozessen finden zumeist chemische und physikalische Vorgänge gleichzeitig oder zusammenhängend statt. So wird zur Durchführung einer effizienten chemischen Reaktion oftmals eine höhere Temperatur benötigt, welche durch Aufheizen – also einem physikalischen Vorgang – erreicht wird.

Die Einteilung chemischer Prozesse kann nach folgenden Kriterien erfolgen:

- „logistisches" Prinzip: kontinuierlich oder diskontinuierlich
- chemische Reaktion: z. B. Ester-Bildung, Oxidation, Reduktion
- Zweck des Prozesses
- physikalische Kenngrößen: Hochdruck- oder Niederdruck-Reaktions-Technologie.

Die Darstellung dieser Prozesse kann in verschiedener Art und Weise erfolgen. In der chemischen Industrie haben sich dafür diverse Fließbilder bewährt.

02. Welche Darstellungsarten werden bei der Beschreibung eines verfahrenstechnischen Prozesses unterschieden?

Bei der Bilanzierung und Darstellung verfahrenstechnischer Prozesse unterscheidet man grundsätzlich vier Darstellungsarten, die die Tiefe der Beschreibung von Prozessen widerspiegeln.

- Grundfließbild
- Verfahrensfließbild
- Mengenfließbild
- R&I-Fließbild (Rohrleitung und Instrumentierung).

03. Welche Informationen liefert das Grundfließbild?

Das Grundfließbild stellt einen ersten Überblick über den Prozess dar und ist die einfachste Form der Prozessbeschreibung. Zu diesem Zeitpunkt ist die Verfahrensentwicklung/-beschreibung noch nicht weit fortgeschritten. Das Grundfließbild beschreibt die ersten groben Prozesskenntnisse und Stoffumwandlungsformen, wie z. B. thermisch Trennen, mechanisch Zerkleinern, Separieren, Transportieren, Abfüllen usw.

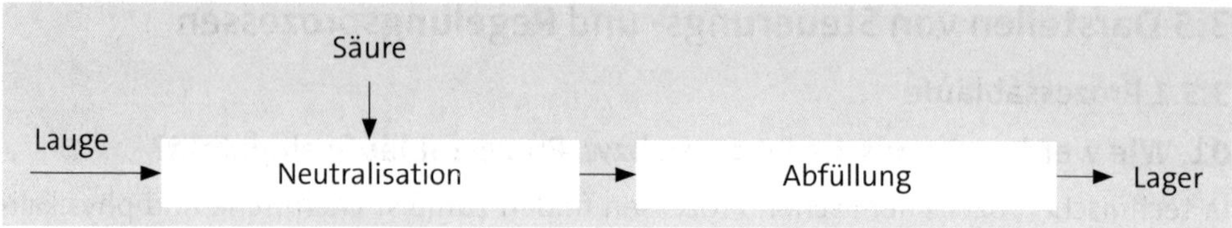

Grundfließbild einer Neutralisation

04. Welche Informationen liefert das Verfahrensfließbild?

Das Verfahrensfließbild konkretisiert das Grundfließbild. Es beinhaltet nun eine grobe Apparateauswahl und eine Stoffbeschreibung. Dem Verfahrensfließbild kann man entnehmen, ob es sich um einen kontinuierlichen Prozess oder um einen Batchprozess handelt. Ebenso sind erste Fragen der Energieabfuhr und -zufuhr geklärt. So enthält ein Verfahrensfließbild die Information, ob eine Energie z. B. mittels elektrischer Beheizung oder mit Dampf zugeführt wird oder ob eine Kühlung mittels Kühlsole oder mit Wasser erfolgt. Wesentliche Merkmale des Verfahrensfließbildes sind: Kennzeichnung der Stoffströme, Benennung der Stoffe und Festlegung der Apparategruppen.

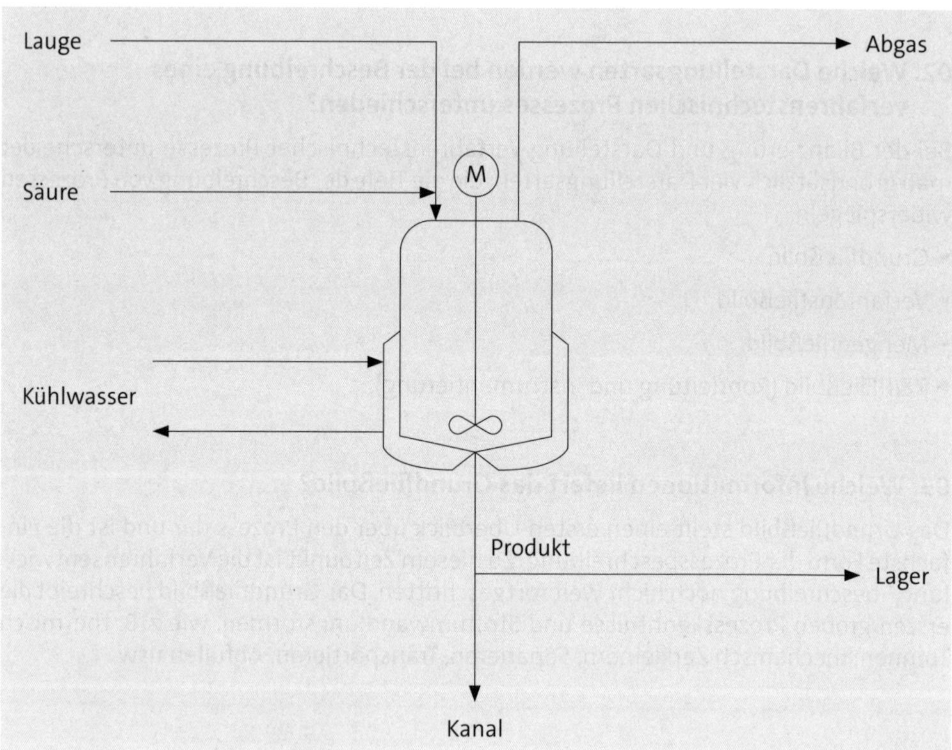

Verfahrensfließbild einer Neutralisation

05. Was ist in einem Mengenfließbild enthalten?

Das Mengenfließbild enthält alle Informationen, die zur Auslegung der Apparate benötigt werden. Die Erarbeitung des Mengenfließbildes erfolgt oft interaktiv, da diverse Informationen erst nach der Apparateauslegung bekannt sind. Häufig werden Massenströme, Dichten, Temperaturen, Drücke, Füllstände usw. in einem Mengenfließbild dargestellt. Oft werden weitere Informationen dem Mengenfließbild zugefügt, wie z. B. Viskositäten, Enthalpien, Reaktionswärmen, Druckverluste usw.

Bei der Festlegung der Massenströme bleibt die Massenbilanz geschlossen. Die Summe aller Einzelmassenströme bleibt konstant. Das bedeutet

$$m_{ges} = m_1 + m_2 + \dots m_i$$

Am Beispiel einer kontinuierlich arbeitenden Destillationskolonne lässt sich dies verdeutlichen, denn es muss im eingeschwungenen Zustand die Summe aus Destillat und Sumpfablauf der Masse des zugeführten Feedstromes entsprechen.

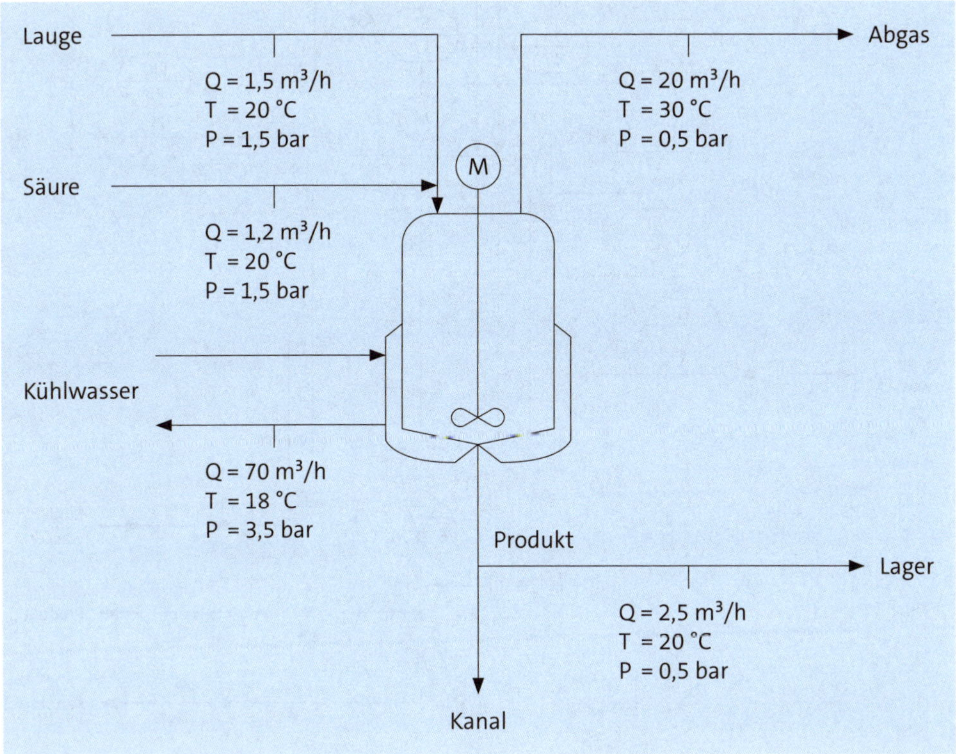

Mengenfließbild einer Neutralisation

06. Wie erfolgt die Erstellung eines R&I-Fließbildes und welche Informationen enthält es?

Aus den im Mengenfließbild verankerten Informationen wird nun das R&I-Fließbild (Rohrleitungs- und Instrumentierungsfließbild) erarbeitet. Das R&I-Fließbild beschreibt den gesamten verfahrenstechnischen Prozess. Es enthält sowohl die Instrumentierung (z. B. Absperrorgane, Messungen) als auch die apparatetechnische Auslegung und Dimensionierung der Rohrleitungen.

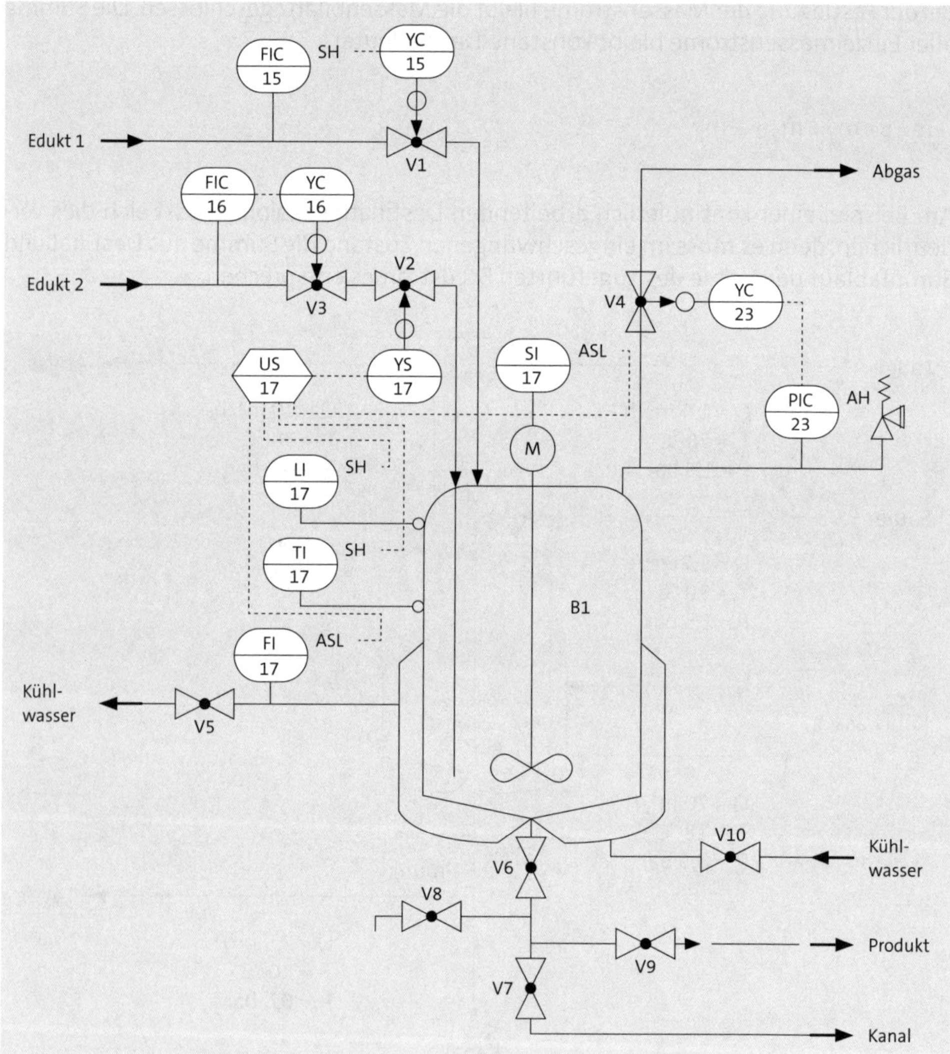

R&I-Fließbild einer Neutralisation

07. Wie werden PLT-Aufgaben dargestellt?

Die prozessleittechnischen Funktionen (PLT-Funktionen) werden durch ein **Oval** (ein Langrund) **symbolisiert**. Ein solches Oval ist also ein Symbol für eine oder mehrere prozessleittechnische Aufgaben (PCE-Aufgaben, engl. process controll engineering, deutsch: ingenieurtechnische Auslegung der Prozessleittechnik). Es wird auch mit den traditionell entstandenen Begriffen PLT-Stelle (PLT: Prozessleittechnik) oder EMSR-Stelle (EMSR: Elektro-, Mess-, Steuerungs-, Regelungstechnik) bezeichnet.

Innerhalb des Symbols gibt es zwei Felder: Im oberen Feld des Ovals findet man als wichtigste Information den **Erstbuchstaben**. Er kennzeichnet die **messtechnisch erfasste Prozessvariable**, z. B. Temperatur, Druck, Füllstand, Durchfluss usw. Der Charakter der zu erfassenden und weiter zu verarbeitenden Prozessvariablen wird gemäß DIN EN 62424 auch als PCE-Kategorie bezeichnet. Hinter jeder PCE-Kategorie verbirgt sich die prozessleittechnische Funktion einer Prozesswert-Erfassung und Verarbeitung. Wenn im Ausnahmefall durch ein einziges Messgerät mehrere verschiedenartige Prozessvariablen erfasst werden, wird dies durch mehrere, übereinandergestapelte Ovale dargestellt.

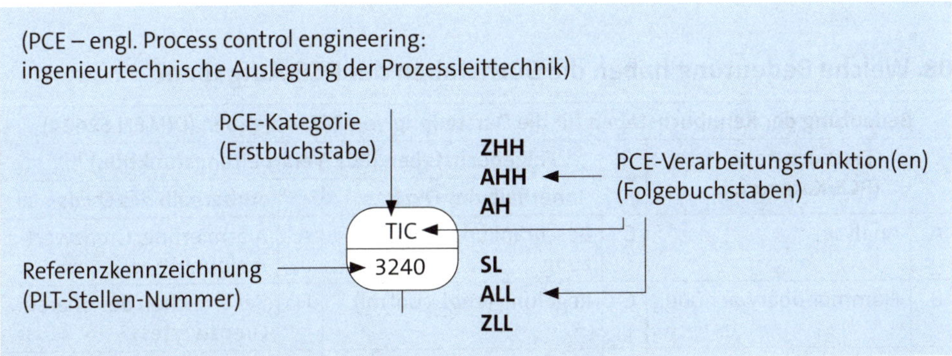

Kennzeichnung und Darstellung von PCE-Aufgaben nach DIN EN 62424

Außer dem Erstbuchstaben enthält das Oval im oberen Feld einen oder mehrere **Folgebuchstaben**. Diese geben Auskunft darüber, was mit dem erfassten Wert der Prozessvariablen geschieht, also welche Funktion die prozessleittechnischen Systeme mit dem erfassten Wert weiter zu erfüllen haben. Zum Beispiel wird der Wert einfach nur angezeigt (I: engl. indication, dt.: Anzeige) oder der gemessene Wert wird zu Regelungszwecken verwendet (C: engl. control, dt.: Regelung) oder es erfolgen Alarmmeldungen bzw. Schalthandlungen bei bestimmten Grenzwertüberschreitungen (A: engl. alarm, dt. Alarm; S: engl. switch, dt. Schalten). Die Folgebuchstaben kennzeichnen also die PCE-Verarbeitungsfunktionen.

Nicht alle in der Norm vorgesehenen Folgebuchstaben stehen direkt neben den Erstbuchstaben. Für die Folgebuchstaben A, H, L, O, S und Z oder ihre Kombination sind rechts neben dem Oval bis zu sechs Felder vorgesehen. Dort würde man z. B. die Aufgabe ASH finden (Alarmierung und Schalthandlung bei zu hohem Wert). Das untere Feld des Ovals enthält die sog. PCE-Kennzeichnung. Dabei handelt es sich um eine betriebsspezifische Nummerierung (auch Referenzkennzeichnung oder PLT-Stellennummer genannt).

Die **Örtlichkeit von PCE-Aufgaben** wird wie folgt dargestellt:

Ausgabe/ Bedienung vor Ort (lokal)	Ausgabe/ Bedienung an zentralem Leitstand oder in zentraler Messwarte	Ausgabe/ Bedienung am Schaltpult vor Ort oder an einem lokalen Leitstand	Beispiel: Örtliche Drehzahlanzeige ohne Berücksichtigung im Nummerierungssystem	In der Praxis derzeit noch weit verbreitet: Realisierung durch Prozessleitsystem

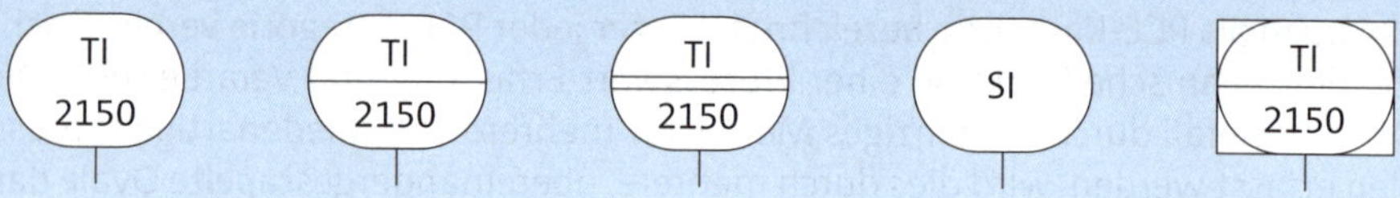

Darstellung des Ortes der Bedienoberfläche

08. Welche Bedeutung haben die Buchstaben der PCE-Aufgaben?

Bedeutung der Kennbuchstaben für die Darstellung von PCE-Aufgaben (DIN EN 62424)					
Erstbuchstabe (PCE-Kategorie)		**Folgebuchstaben (PCE-Verarbeitungsfunktion)**			
		Innerhalb des Ovals		**Außerhalb des Ovals**	
A	Analyse	B	Beschränkung, Eingrenzung	A	Alarmierung, Grenzwertmeldung
B	Flammenüberwachung	C	Regelung (engl. control)	H	Bei Erreichen des oberen Grenzwertes
D	Dichte	D	Differenz	L	Bei Erreichen des unteren Grenzwertes
E	Elektrische Spannung	I	Analoganzeige	I	Analoganzeige
F	Durchfluss (engl. flow)	Q	Integration oder Summenbildung (Aufsummierung von kleinen Teilbeträgen)	O	Optische Anzeige, Statusanzeige von Binärsignalen
G	Abstand, Länge, Stellung	R	Registrierung	S	Binäre Steuerungsfunktion oder Schaltfunktion
H	Handeingabe, Handeingriff	Y	Rechenfunktion	Z	Binäre Steuerungsfunktion oder Schaltfunktion mit Sicherheitsrelevanz (Noteingriff)
J	Elektrische Leistung	X	Frei verfügbarer Buchstabe		

Bedeutung der Kennbuchstaben für die Darstellung von PCE-Aufgaben (DIN EN 62424)					
Erstbuchstabe (PCE-Kategorie)		**Folgebuchstaben (PCE-Verarbeitungsfunktion)**			
		Innerhalb des Ovals		**Außerhalb des Ovals**	
L	Füllstand oder Trennschichtstand (engl. level)				
M	Feuchtigkeit (engl. moisture)				
N	Motor				
P	Druck (engl. pressure)				
Q	Menge, Anzahl, Quantität				
R	Strahlungsgrößen (engl. radiation)				
S	Geschwindigkeit, Drehzahl, Frequenz (engl. speed)				
T	Temperatur				
U	Leitfunktion (komplexe Informationsverarbeitung)				
V	Schwingung/Vibration				
W	Gewicht (engl. weight)				
Y	Stellventil, Stellungsvorgabe				
X	Frei verfügbarer Buchstabe				

Hinweise:

- Fehlt der Querstrich im PLT-Stellen-Symbol, handelt es sich um eine örtliche Funktion (z. B. Anzeige direkt an einem Behälter).
- Die Kennbuchstaben für die PLT-Stellen sind nicht zu verwechseln mit den Ausrüstungsbezeichnungen wie z. B. HV 11 für Handventil Nr. 11.
- Die Kennbuchstaben sind ebenfalls nicht zu verwechseln mit Formelzeichen für Sollwert (w), Stellwert (y) und Störgröße (z).
- Die Länge und Gliederung der Referenzkennzeichnung (PLT-Stellen-Nummer) sind nicht genormt, sondern werden betriebsintern festgelegt.
- In den Unternehmen existieren vielfach noch die älteren Dokumentationen nach der nicht mehr gültigen DIN 19227. Dort erfolgt die Darstellung der PLT-Aufgaben mit kreisförmigen Symbolen, den „MSR-Stellen-Kreisen".

Bedeutung der Kennbuchstaben für die Darstellung von PCE-Aufgaben nach DIN EN 62424

09. Welche Aufgabe haben PCE-Leitfunktionen?

PCE-Leitfunktionen werden verwendet, wenn mehrere Signale miteinander verknüpft werden, um auf einen oder mehrere Aktoren zu wirken, also für Rechenschaltungen, umfangreiche Steuerungen bzw. Regelungen und Verknüpfungen.

Bei einfachen Konfigurationen, z. B. ein Sensor und ein Antrieb, wo der Zusammenhang eindeutig im R&I-Fließbild dargestellt werden kann, sollte die PCE-Leitfunktion ausgelassen werden.

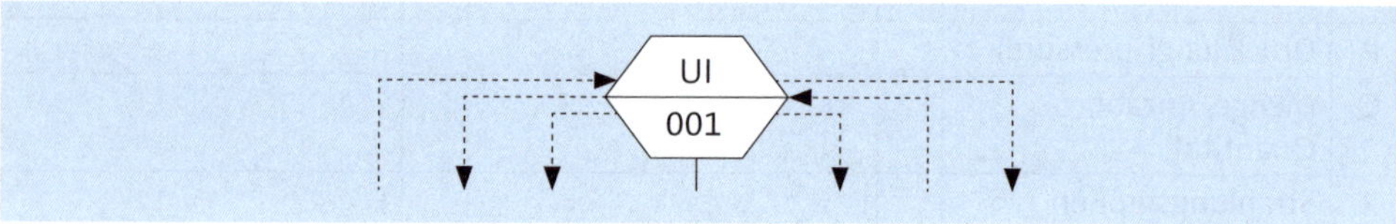

PCE-Leitfunktion mit Anzeigemöglichkeit in der Messwarte als Verknüpfung von PCE-Aufgaben

3.5.2 Steuerungsabläufe

01. Was beschreibt die Steuerungstechnik?

Steuerungstechnik umfasst den Entwurf und die Realisierung von Steuerungen, d. h., die gerichtete Beeinflussung des Verhaltens technischer Systeme (Geräte, Apparate, Maschinen, Anlagen und biologische Systeme). Sie ist, wie die Regelungstechnik, ein Teilgebiet der Automatisierungstechnik. Steuerungen werden unterteilt in binäre, analoge und digitale Steuerungen.

02. Welche Steuerungseinrichtungen werden unterschieden?

Hinsichtlich ihrer Realisierungsart werden die verbindungsprogrammierten Steuereinrichtungen (VPS) und die speicherprogrammierten Steuerungen (SPS) unterschieden.

Gerätetechnische Ausführungen von **verbindungsprogrammierten Steuereinrichtungen** (VPS) sind beispielsweise:

- mechanische Steuerung: z. B. Nockenwelle beim Auto, Kurvenscheibe
- elektrische Steuerung: z. B. Kontakte und Relais
- pneumatische oder hydraulische Steuerung
- elektronische Steuerung: z. B. Logikgatter, programmierbare logische Schaltung.

Die **speicherprogrammierbare Steuereinrichtung** (SPS) ist im Prinzip ein Mikrocontroller mit entsprechenden Speichern für Steuerungsprogramm und Steuerungsparameter sowie zugehörigen Eingängen für Sensorsignale und Ausgängen für Aktorsignale, ergänzt durch Mensch-Maschine-Schnittstellen zur Bedienung sowie Schnittstellen zur industriellen Kommunikation für Programmierung und Vernetzung. Die SPS ist heute die am meisten verwendete Steuerungsart. Sie ist im Prinzip auch als Regler verwendbar, da die Arithmetik-Logik-Einheit (ALU) des internen Mikroprozessors bei der Informationsverarbeitung sowohl die logischen Steuerungsaufgaben als auch die arithmetischen Regelungsaufgaben lösen kann.

03. Wie können logische Funktionen beschrieben werden?

Zwischen den Eingangssignalen und dem Ausgangssignal besteht ein durch die jeweilige Funktion gegebener Zusammenhang. Die Beschreibung des funktionellen Zusammenhangs geschieht häufig durch sog. Wahrheitstabellen. Eingangssignale werden häufig mit den Buchstaben A, B, ... oder mit E1, E2, ... bezeichnet, das Ausgangssignal erhält oft den Buchstaben Q oder A. In der Wahrheitstabelle werden alle möglichen Kombinationen der Signalzustände der Eingangssignale und der sich daraus ergebende Signalzustand des Ausgangssignals dargestellt.

Jeder Eingang kann einen der beiden Signalzustände „0“ oder „1“ annehmen. Für zwei Eingangssignale ergeben sich somit 2 • 2 = 4 mögliche Kombinationen der Eingangssignale.

Für drei Eingangssignale ergeben sich 2 • 2 • 2 = 8 mögliche Kombinationen.

In dem folgenden Beispiel werden die ODER-Funktion mit zwei Eingängen und die zugehörige Wahrheitstabelle dargestellt.

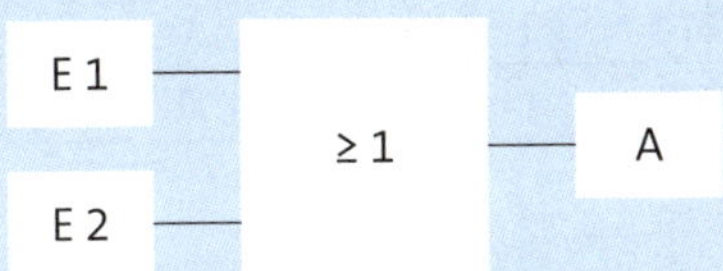

E1	E2	A
0	0	0
0	1	1
1	0	1
1	1	1

Wahrheitstabelle

04. Weshalb verwendet man Funktionsdiagramme?

Wahrheitstabellen sind für die Beschreibung von Zeit- und Speicherfunktionen entweder nur mit erheblichen Einschränkungen oder nur unter Voraussetzung einer ganz bestimmten Folge der Eingangssignale brauchbar. Zum Beschreiben von Zeit- und Speicherfunktionen verwendet man daher vorwiegend sog. Funktionsdiagramme.

Im Funktionsdiagramm werden die Signalzustände der Eingangssignale und der davon abhängige Signalzustand des Ausgangssignals grafisch über der Zeit dargestellt.

Das nachfolgende Beispiel zeigt eine Zeitfunktion und zwar eine Einschaltverzögerung. Ein anstehendes Eingangssignal E1 erscheint um die Laufzeit t verzögert am Ausgang A.

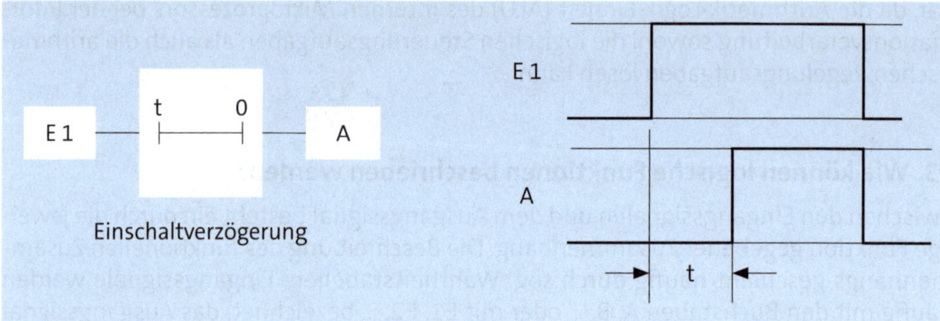

Funktionsdiagramm

05. Was besagt die logische UND-Funktion?

Der Ausgang einer UND-Funktion führt dann 1-Signal, wenn alle Eingänge gleichzeitig 1-Signal führen. Der Ausgang ist dagegen immer dann 0, wenn wenigstens ein Eingang 0-Signal führt.

Schaltzeichen

Wahrheitstabelle

E1	E2	A
0	0	0
0	1	0
1	0	0
1	1	1

UND-Funktion

06. Was besagt die logische ODER-Funktion?

Der Ausgang einer ODER-Funktion führt dann 1-Signal, wenn mindestens einer der Eingänge 1-Signal führt. Der Ausgang der ODER-Funktion führt nur dann 0-Signal, wenn alle Eingänge 0-Signale führen.

Schaltzeichen

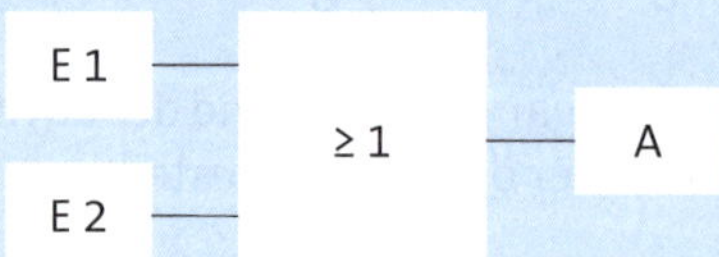

Wahrheitstabelle

E1	E2	A
0	0	0
0	1	1
1	0	1
1	1	1

ODER-Funktion

07. Was besagt die logische NICHT-Funktion?

Bei der NICHT-Funktion, auch Umkehrfunktion oder Negation genannt, ist der Signalzustand von Eingang und Ausgang immer entgegengesetzt. Führt der Eingang 1-Signal, so führt der Ausgang 0-Signal und umgekehrt. Die Signalumkehr wird im Schaltzeichen durch einen Kreis am Ein- oder Ausgang gekennzeichnet.

Schaltzeichen

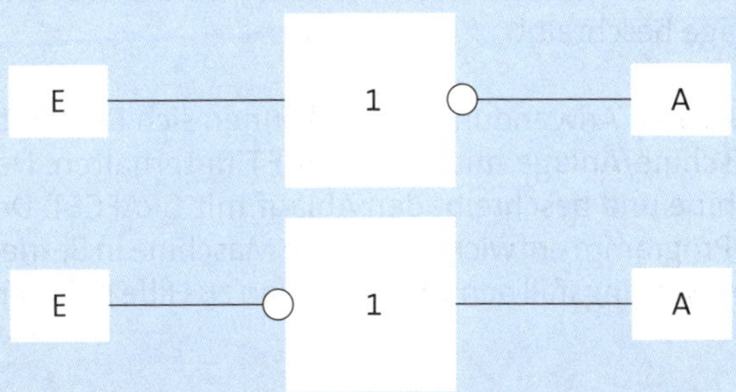

Wahrheitstabelle

E	**A**
0	1
1	0

NICHT-Funktion

08. Welche erweiterten logischen Funktionen existieren in der Steuerungstechnik?

NAND-Funktion (UND-NICHT-Funktion)
Der Ausgang A führt immer dann 1-Signal, wenn mindestens an einem Eingang 0-Signal anliegt. Die NAND-Funktion (Not-And) ist die Umkehrung der UND-Funktion. Die Negation wird mit einem kleinen Kreis am Ausgang gekennzeichnet.

NOR-Funktion (ODER-NICHT-Funktion)
Der Ausgang führt nur dann 1-Signal, wenn an allen Eingängen 0-Signal anliegt. Die NOR-Funktion (NOT-OR) ist die Umkehrung der ODER-Funktion.

EXOR-Funktion (EXKLUSIV-ODER-Funktion)
Wegen der häufigen Anwendung sei als letztes Beispiel sei noch die EXOR-Funktion (manchmal auch als Antivalenz-Funktion bezeichnet) erwähnt. Der Ausgang führt nur dann 1-Signal, wenn die Eingänge ungleich (antivalent) sind.

09. Was beschreibt eine Ablaufsteuerung?

Unter einer Ablaufsteuerung (auch Folge-, Takt- oder Schrittsteuerung genannt) versteht man eine Steuerung mit zwangsläufig schrittweisem Ablauf, bei der das Weiterschalten von einem Schritt auf den programmgemäß folgenden in Abhängigkeit von einer oder mehreren Bedingungen, wie Zeiten oder Prozesszuständen, erfolgt. Die Darstellung ist dabei in der DIN EN 60848 (GRAFCET) geregelt. **GRAFCET** ist dabei eine Abkürzung, die aus dem Französischen stammt: **GRA**phe **F**onctionnel de **C**ommande

Etape **T**ransition. Ins Deutsche übersetzt bedeutet dies: Darstellung der Steuerungsfunktion mit Schritten und Weiterschaltbedingungen.

10. Was ist die Spezifikationssprache GRAFCET?

GRAFCET ist eine europäische DIN-Norm (DIN EN60848) für das Erstellen von Funktionsplänen speziell für Ablaufsteuerungen. Mithilfe von Schritten und Transitionen (Übergängen) kann ein Ablauf bzw. eine Schrittkette erstellt werden, welche die Funktionsweise einer Maschine oder Anlage beschreibt.

Da GRAFCET in vielen technischen Berufen Anwendung findet, können sich Fachleute disziplinübergreifend über eine Maschine/Anlage mittels GRAFCET unterhalten. Der Konstrukteur konstruiert eine Maschine und beschreibt den Ablauf mit GRAFCET. Der Programmierer kann daraus ein SPS-Programm entwickeln und die Maschine in Betrieb nehmen. Das Servicepersonal kann im Störungsfall den GRAFCET-Plan zu Hilfe nehmen, um die Fehlerursache zu finden.

Ein GRAFCET-Plan besteht im Wesentlichen aus Schritten, Transitionen, Aktionen und Wirkungslinien. Mit den Schritten (Quadrate) wird ein Vorgang in Abfolgen aufgeteilt. Transitionen (horizontale Balken) zwischen den Schritten legen fest, wann der nächste Schritt aktiv und der vorherige Schritt deaktiviert wird. Den Schritten können Aktionen (Rechtecke) zugeordnet werden, die Aktoren (Lampe, Motor usw.) steuern.

11. Was ist beim Erstellen eines Planes mittels GRAFCET zu beachten?

Folgende Dinge sind beim Entwurf einzuhalten:

- Schritte und Transitionen müssen sich immer abwechseln (zwei Schritte oder zwei Transitionen hintereinander sind nicht erlaubt).
- Eine Transition ist freigegeben, wenn alle Schritte, die mit der Transition verbunden sind, aktiv sind. Eine Transition löst aus, wenn diese freigegeben ist und wenn die Transitionsbedingung erfüllt ist.
- Mehrere Schritte können gleichzeitig aktiv sein.
- Die Abläufe werden in Schritte unterteilt. Jeder Schritt wird als Kästchen dargestellt, wobei das Quadrat dem Rechteck vorzuziehen ist. In der oberen Mitte des Schrittfeldes muss eine alphanumerische Kennzeichnung stehen.
- Zu jeder Schrittkette gehört ein Startschritt. Es ist die Grundstellung der Steuerung, der Schritt, in dem die Steuerung (nicht die Maschine!) unmittelbar nach dem Einschalten der Steuerung steht. Er ist erkennbar am doppelten Rahmen und trägt die Nummer 1 (in manchen Tabellenwerken auch die 0).

12. Was beschreibt eine Transition?

Um von einem Schritt zum nächsten Schritt zu kommen, muss eine Bedingung erfüllt werden. Sie heißt Übergangsbedingung oder Transition. Üblicherweise liegt sie auf einer von oben nach unten führenden Wirklinie zwischen zwei Schritten, darf aber, wenn es die Übersichtlichkeit erfordert, auch auf einer waagrechten Wirklinie liegen, die zu einem anderen Schritt führt.

Die Weiterschaltbedingung steht auf der rechten Seite der Transition. Die Transition darf mit einem Transitionsnamen versehen werden. Um Verwechslungen zu vermeiden, ist er links anzuordnen und muss in Klammern stehen.

Die Weiterschaltbedingung darf in Textform, mit einem Booleschen Ausdruck oder mithilfe grafischer Symbole dargestellt werden. Allerdings ist zu beachten, dass sämtliche Beispiele in der Norm mit Booleschen Ausdrücken beschrieben sind.

Der Punkt, bzw. der dafür verwendete Stern, beschreibt eine UND-Verknüpfung, das Plus-Zeichen beschreibt eine ODER-Verknüpfung. Negationen werden mit einem Strich über dem Variablennamen beschrieben. Soll nach Ablauf einer festgelegen Zeit in den nächsten Schritt weitergeschaltet werden, so ist als Weiterschaltbedingung die Zeit und der boolsche Zustand des aktiven Schritts, getrennt durch einen Schrägstrich, anzugeben (x Z Bool), siehe nachfolgendes Beispiel.

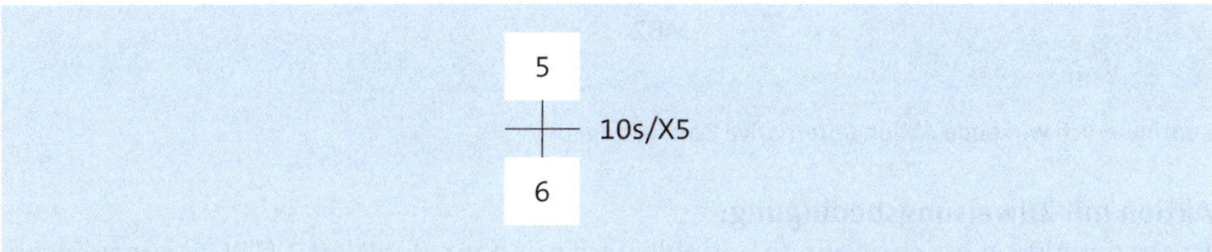

Transition mit Zeit-Verzögerung

13. Wie werden Aktionen in GRAFCET dargestellt?

An einen Schritt können eine oder mehrere Aktionen angehängt werden. Eine Aktion wird als Rechteck mit beliebigem Seitenverhältnis dargestellt. Empfehlung der Norm: gleiche Höhe wie Schrittfeld.

Unterschiedliches Verhalten der Aktionen werden mit unterschiedlichen Zusätzen dargestellt. Mehrere Aktionen können nach folgendem Muster an einen Schritt angeschlossen werden. Die Reihenfolge der Darstellung ist keine zeitliche Reihenfolge.

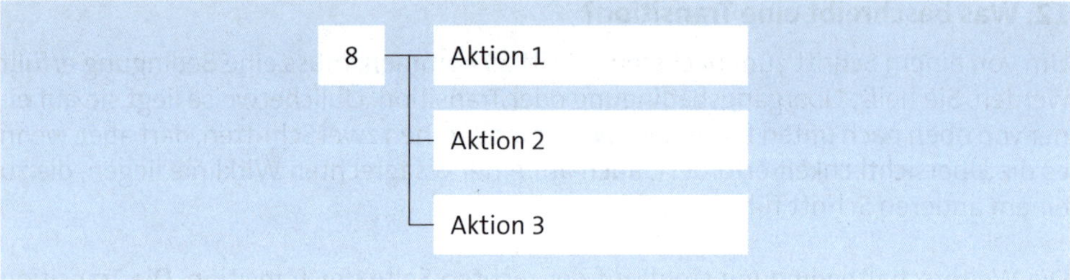

Aktionen in GRAFCET

14. Welche Aktionen werden in GRFACET unterschieden?

Kontinuierlich wirkende Aktion:
Bei der kontinuierlichen Aktion wird für die Dauer der Aktivierung des Schrittes der beschriebenen Variable der Wert 1 (TRUE) zugewiesen.

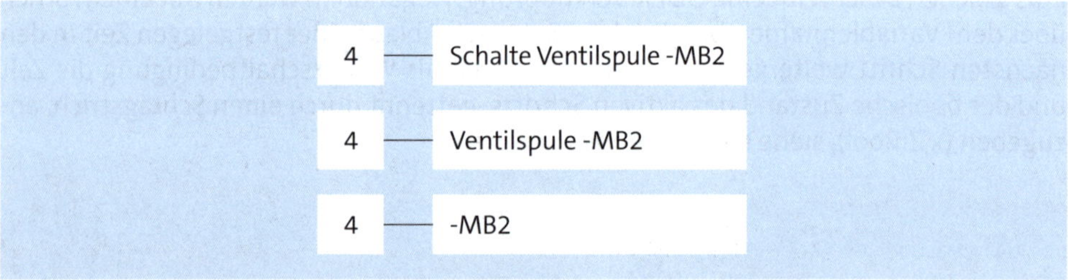

Kontinuierlich wirkende Aktion (alternative Darstellungen)

Aktion mit Zuweisungsbedingung:
Der in der Aktion beschriebenen Variable wird nur dann der Wert 1 (TRUE) zugewiesen, wenn die Zuweisungsbedingung (im Beispiel -BG12) erfüllt ist (TRUE). Andernfalls wird der Variable der Wert 0 (FALSE) zugewiesen, auch wenn der Schritt (im Beispiel Schritt 3) aktiv ist.

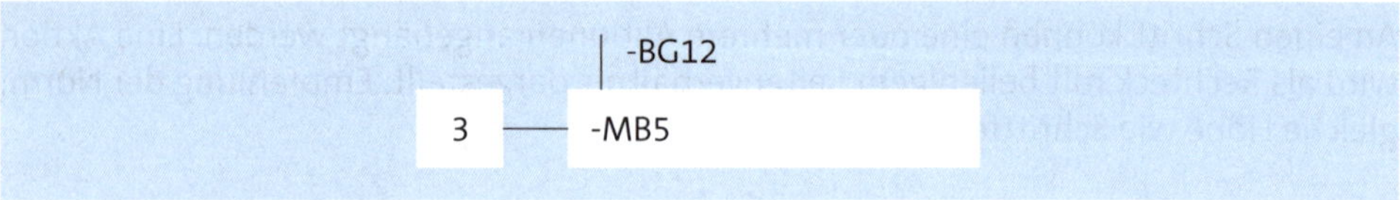

Aktion mit Zuweisungsbedingung

Speichernde Aktion bei Aktivierung des Schrittes:
Zum Zeitpunkt der Aktivierung des Schrittes (steigende Flanke → Pfeil nach oben) wird der beschriebenen Variable der angegebene Wert zugewiesen. Der Wert bleibt solange gespeichert, bis er durch eine Aktion überschrieben wird.

Im oberen Beispiel wird bei Aktivierung des Schrittes 9 die Ventilspule -MB4 eingeschaltet. Im unteren Beispiel wird bei Aktivierung des Schrittes 11 der Stand der Variable C um 1 erhöht.

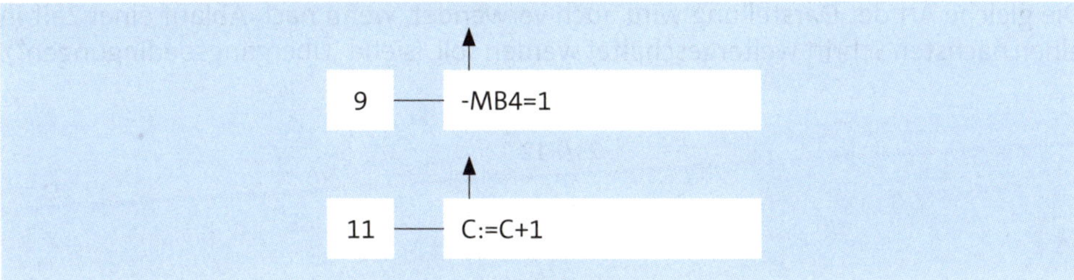

Speichernd wirkende Aktion bei Aktivierung des Schrittes

Speichernde Aktion bei Deaktivierung des Schrittes:
Zum Zeitpunkt der Deaktivierung des Schrittes (fallende Flanke → Pfeil nach unten) wird der beschriebenen Variable der angegebene Wert zugewiesen.

Der Wert bleibt solange gespeichert, bis er durch eine Aktion überschrieben wird.

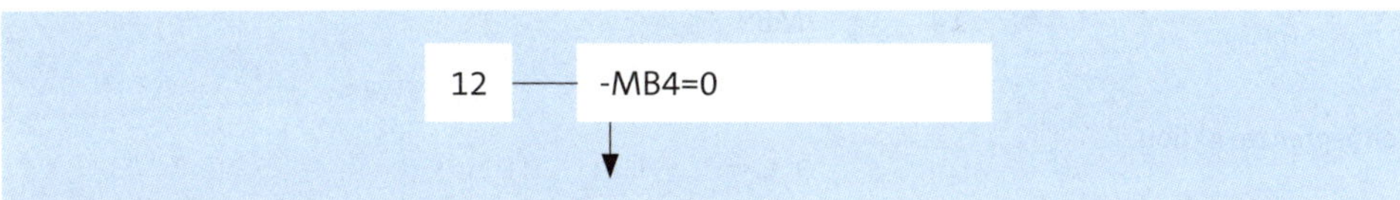

Speichernd wirkende Aktion bei Deaktivierung des Schrittes

Speichernde Aktion bei Ereignis:
Der in der Aktion beschriebenen Variable wird nur dann der angegebene Wert zugewiesen, wenn bei aktivem Schritt an der Zuweisungsbedingung (im Beispiel -BG8) eine steigende Flanke auftritt (Pfeil an der Variable nach oben → steigende Flanke).

Eine fallende Flanke ist ebenso möglich und wird durch einen Pfeil nach unten angezeigt.

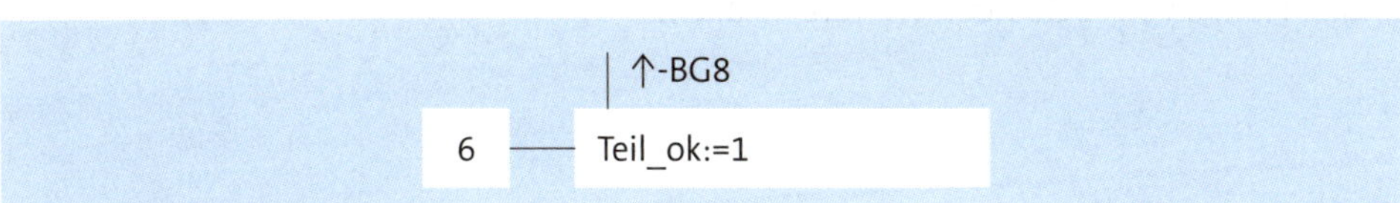

Speichernde Aktion bei Ereignis

Verzögerte Aktion:
Soll eine Aktion zeitverzögert ausgeführt werden, so kann die Aktion mit Zuweisungsbedingung mit einer Zeit erweitert werden. Als Zusatzbedingung wird der aktive Schritt angegeben. Im folgenden Beispiel steht X12für den Zustand (TRUE) des aktiven Schrittes 12. (X = BOOL).

Die links von der Zuweisungsbedingung (durch einen Schrägstrich getrennt) stehende Zeit sagt, dass die steigende Flanke der Zusatzbedingung bei der Ausführung um genau diese Zeit verzögert wird.

Die gleiche Art der Darstellung wird auch verwendet, wenn nach Ablauf einer Zeit in einen nächsten Schritt weitergeschaltet werden soll. (siehe „Übergangsbedingungen“).

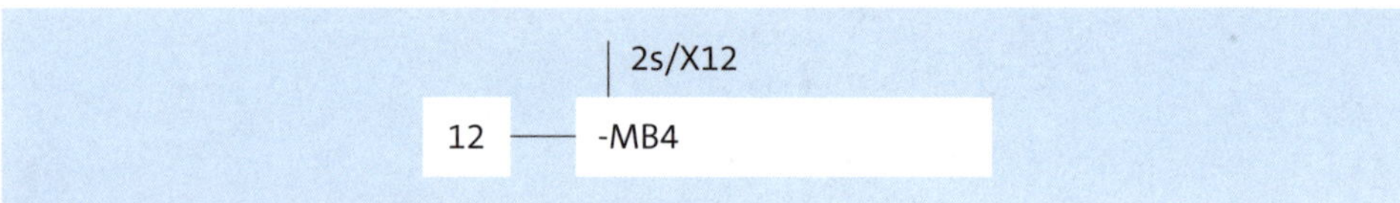

Verzögerte Aktion

Zeitbegrenzte Aktion:
Die zeitbegrenzte Aktion ergibt sich durch eine Negation der Bedingung der verzögerten Aktion. Die Aktion -MB9 ist hier im Beispiel also nur für genau 5s aktiv.

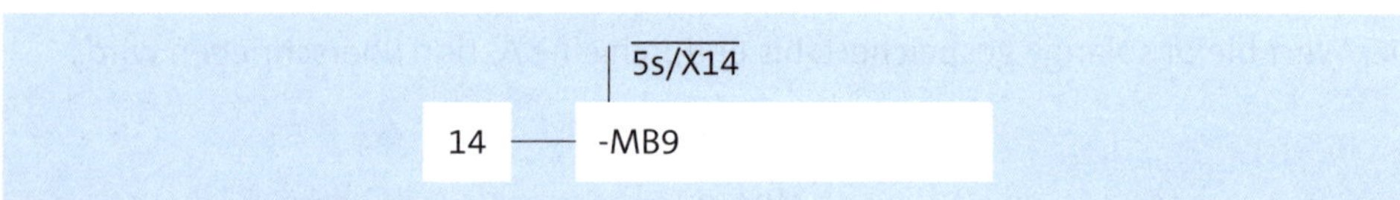

Zeitbegrenzte Aktion

Zeitabhängige Zuweisungsbedingung:
Anstelle des aktiven Schrittes kann auch eine beliebige Variable eingesetzt werden.

Die links stehende Zeit wird jetzt durch die steigende Flanke der angegebenen Variable gestartet. Nach Ablauf der Zeit wird die Aktion ausgeführt.

Eine rechts stehende Zeit wird durch die abfallende Flanke der Variable gestartet und verlängert die Aktionsdauer. Voraussetzung dafür ist, dass der Schritt aktiv bleibt. Eine nicht benötigte Verzögerung (t = 0) wird nicht angegeben. Hier im Beispiel wird -MB11 genau 2s nach der steigenden Flanke von -BG6 aktiviert und bleibt dann nach der fallenden Flanke von -BG6 noch weitere 4s aktiv.

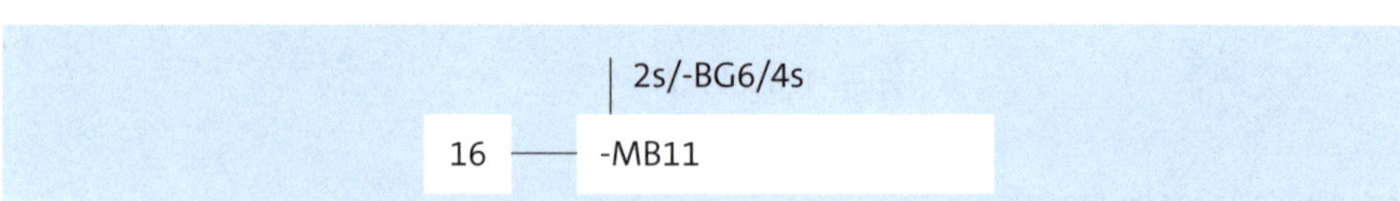

Zeitabhängige Zuweisungsbedingung

Bietet ein Ablauf mehrere alternative Möglichkeiten, so wird dies durch einfache Verzweigungen dargestellt. Ein Ablauf kann sich in beliebig viele Alternativabläufe verzweigen. Für jede Alternative gibt es eine eigene Weiterschaltbedingung. Diese müssen so eindeutig beschrieben werden, dass niemals mehrere Bedingungen gleichzeitig erfüllt sein können (gegenseitige Verriegelung).

Nachdem die einzelnen Alternativzweige mit je einer eigenen Transition abgeschlossen sind, führt eine einfache Zusammenführung direkt in den nächsten Schritt. Die Grundregel: „Schritt – Transition – Schritt – Transition – ..." bleibt somit unangetastet.

Bei parallelen Ablaufketten werden von einer Transition mehrere parallele Verzweigungen gleichzeitig gestartet. Dabei wird jeweils der erste Schritt aktiviert.

Die einzelnen Ketten laufen völlig unabhängig voneinander weiter. Erst wenn alle Teilketten abgelaufen sind (jeweils letzter Schritt ist aktiv), schaltet eine gemeinsame Transition in den nächsten Schritt und deaktiviert alle parallelen Schritte. Die parallelen Verzweigungen und die dazugehörigen Zusammenführungen werden durch 2 parallele Linien dargestellt, die seitlich überstehen. Dem Verständnis dienende Erläuterungen können als Kommentare an beliebige Stellen des GRAFCETs geschrieben werden. Sie müssen in Anführungszeichen geschrieben werden.

Rückführung und Sprünge:
Da Abläufe üblicherweise eine Schleife darstellen, die mehrmals durchlaufen wird, führt zwangsläufig eine Linie von unten nach oben. Die Richtung des Ablaufs ist dem üblichen Ablauf von oben nach unten entgegengesetzt und muss somit durch einen Richtungspfeil angezeigt werden. Über die Ausführungen des Pfeils macht die Norm keine Angaben, es sind dort sogar verschiedene Ausführungen zu sehen. Allerdings steht wörtlich in der Norm: *„Wenn eine Wirkverbindung unterbrochen werden muss (zum Beispiel in komplizierten Plänen oder wenn sich ein Plan über mehrere Seiten erstreckt), muss das Kennzeichen des Zielschrittes und die Nummer der Seite, auf der er erscheint, angegeben werden."* Das Wort „muss" sagt aus, dass zwingende Gründe vorliegen müssen, die eine Wirkverbindung nach oben unmöglich machen. Nur dann darf ein Sprung mit Zielhinweis eingesetzt werden. Eine Beschriftung des ankommenden Schrittes ist nicht erforderlich.

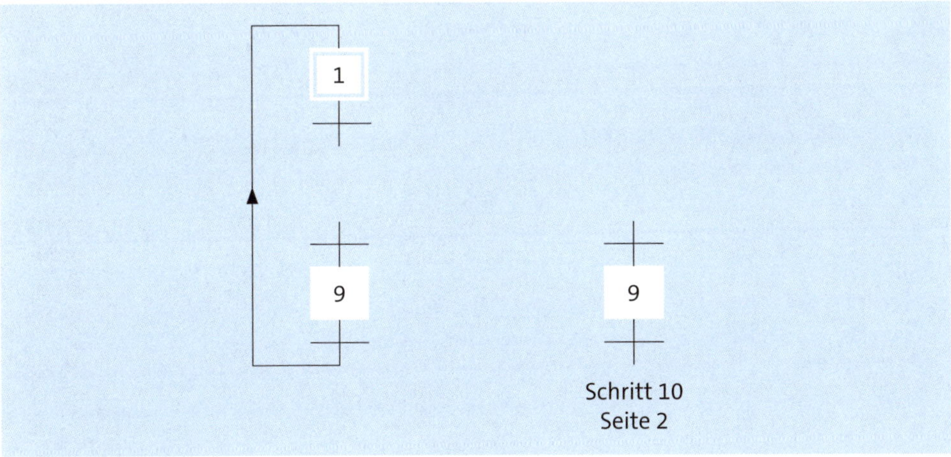

Rückführung und Sprünge

4. Personalführung und -entwicklung

INFO

Prüfungsanforderungen

Im Qualifikationsschwerpunkt Personalführung und -entwicklung soll die Fähigkeit nachgewiesen werden, Personal einsetzen, führen, beurteilen und unter Beachtung der Qualifikationsanforderungen des Betriebes geeignete Maßnahmen zur weiteren beruflichen Entwicklung vorschlagen zu können.

Qualifikationsschwerpunkt Personalführung und -entwicklung (Überblick)

4.1 Ermitteln des qualitativen und quantitativen Personalbedarfs

4.2 Auswählen und Einsetzen von Mitarbeitern und Mitarbeiterinnen

4.3 Führen von Mitarbeitern und Mitarbeiterinnen

4.4 Beurteilen von Mitarbeitern und Mitarbeiterinnen nach vorgegebenen Beurteilungssystemen

4.5 Durchführen von Mitarbeitergesprächen und Festlegen von Zielvereinbarungen

4.6 Anfertigen von Stellenbeschreibungen

4.7 Ergreifen von Maßnahmen zur Qualifizierung der Mitarbeiter und Mitarbeiterinnen

4.1 Ermitteln und Bestimmen des qualitativen und quantitativen Personalbedarfs

4.1.1 Personalstrukturen → A 2.2.8

01. Welche Ziele verfolgt die Personalplanung?

Dem Unternehmen ist vorausschauend das Personal

- in der erforderlichen **Anzahl** (→ **quantitative Personalplanung**),
- mit den erforderlichen **Qualifikationen** (→ **qualitative Personalplanun**g → PE),
- zum richtigen **Zeitpunkt** (unter Berücksichtigung der Einsatzdauer)
- am richtigen **Einsatzort**

zur Verfügung zu stellen.

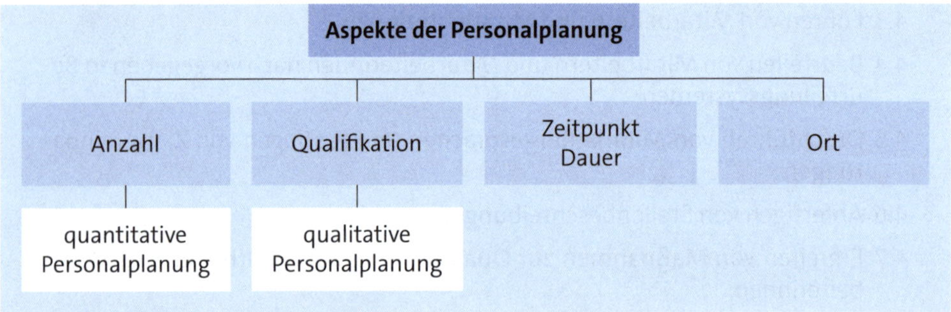

02. Welche Aufgaben hat die Personalplanung?

- Planung des Personal**bedarfs:**
  → quantitativ
  → qualitativ
- Planung der Personal**beschaffung** (intern und extern)
- Planung des Personal**einsatzes**
- Planung der Personal**entwicklung** und Förderung
- Planung des Personal**abbaus**
- Planung der Personal**kosten**.

03. Welche Aufgabe hat die quantitative Personalbedarfsermittlung?

Die **quantitative Personalbedarfsermittlung** bestimmt das zahlenmäßige Mengengerüst der Planung (Anzahl der Mitarbeiter je Bereich, Vollzeit-/Teilzeit-„Köpfe" usw.).

04. Welche Aufgabe hat die qualitative Personalbedarfsermittlung?

Bei der qualitativen Personalbedarfsermittlung geht es um die Qualifikationserfordernisse des festgestellten Mitarbeiterbedarfs: Dazu werden die Anforderungen einer bestimmten Stelle untersucht und es wird ein **Anforderungsprofil** erstellt.

05. Was versteht man unter der Qualifikation eines Mitarbeiters?

Qualifikation ist das **individuelle Arbeitsvermögen** eines Mitarbeiters zu einem bestimmten Zeitpunkt; es wird i. d. R. erfasst durch folgende Merkmale:

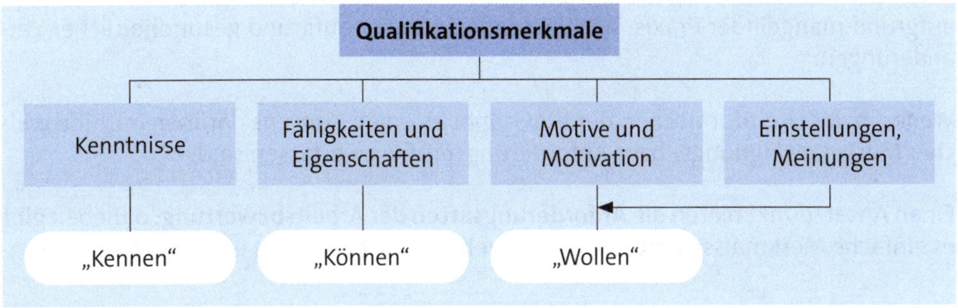

06. Was sind Fähigkeiten?

Fähigkeiten sind ein Teil der Qualifikation von Mitarbeitern. Man unterscheidet in geistige und körperliche Fähigkeiten:

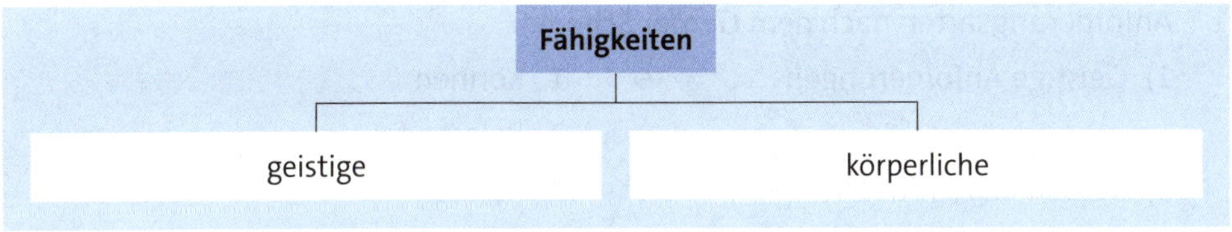

07. Was versteht man unter Eignung?

Eignung ist die Summe **derjenigen** Qualifikationsmerkmale, die einen Mitarbeiter dazu befähigen, eine bestimmte Tätigkeit erfolgreich ausüben zu können. Der Begriff Eignung ist also immer in Relation zu den Anforderungen eines Arbeitsplatzes (→ Arbeitsplatzbewertung) zu sehen. **Der Begriff der Eignung ist also mit dem der Qualifikation nicht gleichzusetzen.**

Ein Mitarbeiter ist in dem Maße geeignet, wie seine für den Arbeitsplatz relevanten Qualifikationsmerkmale mit den Anforderungsmerkmalen (→ Arbeits(platz)bewertung) übereinstimmen. Die Eignung eines Mitarbeiters ist nicht statisch, sondern verändert sich: Verbesserung: durch Übung, Erfahrung, Weiterbildung; Verschlechterung: aufgrund mangelnder Praxis; nachlassende Eignung: aufgrund gesundheitlicher Veränderungen.

Weder in der Literatur noch in der Praxis gibt es einen Konsens darüber, mithilfe welcher Merkmale Eignungs- bzw. Anforderungsprofile zu erfassen sind:

Einen Ansatzpunkt bieten die **Anforderungsarten der Arbeitsbewertung**; daneben gibt es einfache Merkmalsstrukturen, die in der betrieblichen Praxis eingesetzt werden:

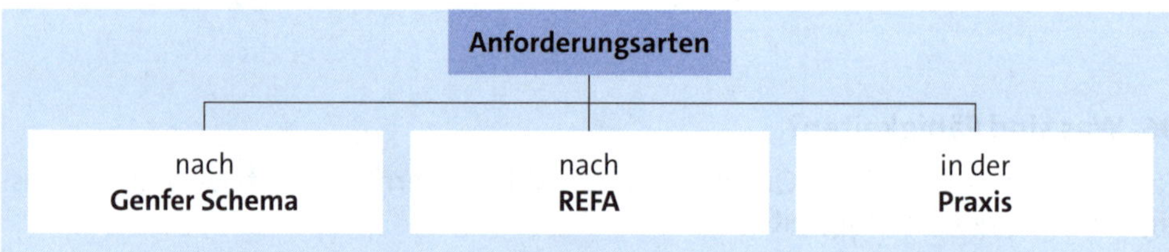

1. Anforderungsarten nach dem **Genfer Schema:**
   1) Geistige Anforderungen → 1. Können
      → 2. Belastung
   2) Körperliche Anforderungen → 3. Können
      → 4. Belastung
   3) Verantwortung → 5. Belastung
   4) Arbeitsbedingungen → 6. Belastung
2. Anforderungsarten nach **REFA:**
   1) Kenntnisse
   2) Geschicklichkeit
   3) Verantwortung
   4) geistige Belastung
   5) muskelmäßige Belastung
   6) Umgebungseinflüsse

3. In der **Praxis** werden zum Teil (vereinfachte) Eignungs- bzw. Anforderungsmerkmale eingesetzt, z. B.:

   Eignungsmerkmale:

   - Fachlich: ____________________
   - Persönlich: ____________________

   oder

   Eignungsmerkmale:

   - Geistige: ____________________
   - Körperliche: ____________________
   - Persönliche: ____________________

Mitunter wird bei den Anforderungsmerkmalen noch zwischen **Muss- und Kann-Merkmalen** (notwendig/wünschenswert) unterschieden; dies zeigt z. B. der folgende Ausschnitt aus einem Anforderungsprofil:

Fachliche Merkmale	**notwendig**	**wünschenswert**
► Branchenkenntnisse		x
► Englischkenntnisse	x	
► AEVO-Prüfung	x	
► Schweißerpass	x	
...		

08. Wie kann die Eignung eines Mitarbeiters ermittelt werden?

1. Auswahl geeigneter **Merkmale** (siehe oben)
2. Festlegung einer geeigneten **Skalierung** für die Ausprägung des Merkmals (im einfachen Fall: geeignet – bedingt geeignet – ungeeignet)
3. Auswahl eines geeigneten **Verfahrens** zur „Messung" der Merkmale
4. Durchführung des Verfahrens und **Ermittlung der Messwerte**
5. **Vergleich** des Eignungsprofils mit dem Anforderungsprofil

zu 3. Folgende Verfahren können z. B. eingesetzt werden:

- Tests
- Beurteilung (Leistungs-/Potenzialbeurteilung)
- Interview, Gespräche mit dem Mitarbeiter
- Assessment-Center.

Grundsätzlich ist die Aufstellung von Eignungs- und Anforderungsprofilen subjektiv; es existieren immer Quantifizierungs-, Mess- und Bewertungsprobleme.

Beispiel

Qualitative Personalbedarfsermittlung
In der Produktionsabteilung eines Unternehmens hat die quantitative Bedarfsermittlung zu einer Unterdeckung von 14 Mitarbeitern geführt (auf Vollzeitbasis). Im zweiten Schritt wurden die Anforderungen der betreffenden Stellen analysiert. Aus der Anforderungsanalyse ergab sich folgender **qualitativer Personalbedarf:**

Ermittlung des qualitativen Personalbedarfs					
Produktions-abteilung	**Lehrberuf aus dem Bereich ...**				**Summe**
	angelernt	**Chemie**	**Mechanik**	**Hydraulik**	
Produktion 1	2	2	–	1	**5**
Produktion 2	1	–	2	–	**3**
Produktion 3	–	3	–	3	**6**
Summe	**3**	**5**	**2**	**4**	**14**

Das Beispiel zeigt eine einfache, pragmatische Ermittlung des qualitativen Personalbedarfs: Es wird (lediglich) differenziert in gelernte und angelernte Tätigkeiten; die gelernten Tätigkeiten werden grob nach Ausbildungsberufen differenziert, indem man auf den Kern eines Berufsbildes abgestellt. Selbstverständlich hätte man auch nach „anerkannten Ausbildungsberufen" differenzieren können (z. B. Chemikant usw.).

09. Welche Arten des Personalbedarfs sind zu unterscheiden?

Hinsichtlich der Entstehungsursache unterscheidet man folgende Bedarfsarten:

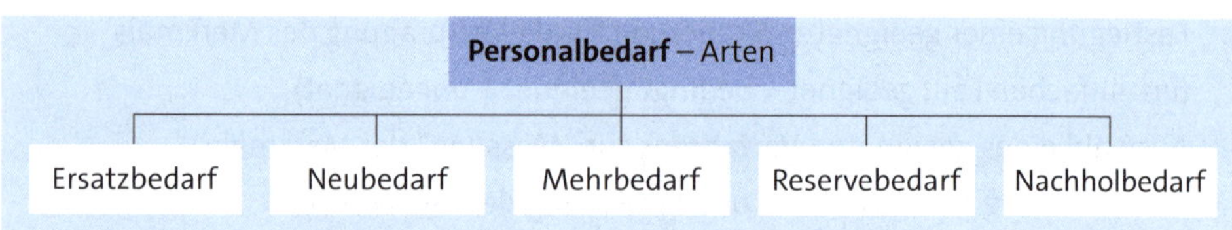

- **Ersatzbedarf** = Bedarf aufgrund ausscheidender Mitarbeiter
- **Neubedarf** = Bedarf aufgrund neu geplanter/genehmigter Stellen (→ Kapazitätserweiterung)
- **Mehrbedarf** = Bedarf aufgrund gesetzlicher Veränderungen bei gleicher Kapazität (→ Verkürzung der Arbeitszeit; Fachkraft für Umweltschutz)
- **Reservebedarf** = Bedarf aufgrund von Ausfällen und Abwesenheiten (Urlaub, Erkrankung usw.)
- **Nachholbedarf** = Bedarf aufgrund noch offener Planstellen der zurückliegenden Planungsperiode.

10. Welche Instrumente können bei der Personalbedarfsbestimmung eingesetzt werden?

Personalbedarfsbestimmung	Instrumente[1] – Beispiele
Qualitative Personalbedarfsbestimmung:	► Anforderungsprofile ► Eignungsprofile ► Arbeitsbewertung ► Leistungsbeurteilungen ► Potenzialbeurteilungen ► Personalakten, Personalstammdaten ► Eignungs-/Leistungstests ► Assessment-Center ► PE-Datei ► Personalinformationssystem (PIS)
Quantitative Personalbedarfsbestimmung:	► Absatzpläne ► Produktionspläne ► Fertigungsstufen/Fertigungstiefe ► Aufbau-/Ablauforganisation ► Schichtpläne ► Bedarfsprognosen ► Stellenbesetzungspläne ► REFA-Verfahren ► Abgangs-/Zugangstabellen ► Personalstatistiken, z. B.: - Belegschaftsstruktur/Altersstruktur - Fluktuationsquote - Fehlzeiten/Absentismus
Räumliche Personalbedarfsbestimmung:	► zentrale/dezentrale Struktur des Betriebes ► Produktionsverfahren, z. B. Werkstattenfertigung, Baustellenfertigung usw. ► Gebäudepläne/-grundrisse ► Personaleinsatzpläne

[1] Zwischen dem Einsatz dieser Instrumente hinsichtlich qualitativer, quantitativer, räumlicher und temporärer Bedarfsbestimmung gibt es Überschneidungen.

Personalbedarfsbestimmung	Instrumente – Beispiele
Temporäre Personalbedarfs-bestimmung:	► Produktionsverfahren, z. B. Einschichtbetrieb, Konti-Schicht ► Absatzpläne, z. B. saisonale Absatzschwankungen ► Auftragsbücher/Auftragsvorlauf ► tarifliche/individuelle Arbeitszeiten, ggf. betriebliches Arbeitssystem (Wochen-, Monats-, Jahresarbeitszeit)

11. Von welchen Bestimmungsfaktoren ist die Personalplanung abhängig?

Fundierte Personalplanung steht und fällt in ihrem Aussagewert mit der Qualität der erhobenen internen und externen Daten. Man spricht auch von **internen und externen Bestimmungsgrößen (Determinanten)**. Beispielhaft lassen sich folgende Bestimmungsfaktoren nennen:

Determinanten der Personalplanung	
Externe Faktoren – Beispiele	**Interne Faktoren – Beispiele**
Marktentwicklung	Unternehmensziele
Technologiewandel	Investitionen
Arbeitsmarkt	Fluktuation
Arbeitszeiten	Altersstruktur
Sozialgesetze	Fehlzeiten
Tarifentwicklung	Arbeitszeitsysteme
Alterspyramide	Qualifikationsniveau

4.1.2 Interner/externer Personalbedarf

01. Welche Methoden der (quantitativen) Bedarfsermittlung werden unterschieden?

Bei den Methoden (oder auch: Verfahren) der Bedarfsermittlung geht es grundsätzlich um die quantitative Betrachtung: Welche Mitarbeiteranzahl wird in der nächsten Planungsperiode benötigt?

Zur Ermittlung des quantitativen Personalbedarfs sind **zwei Betrachtungsrichtungen** anzustellen:

1. Wie entwickelt sich die Anzahl der **Stellen**?
   Man nennt diese Betrachtung die „Ermittlung des Bruttopersonalbedarfs".
   Es gibt dazu verschiedene globale oder differenzierte Verfahren (vgl. Frage 02.).
2. Wie entwickelt sich die Anzahl der **Mitarbeiter**?
   Man nennt diese Betrachtung die „Ermittlung des fortgeschriebenen Personalbestandes".
   Auch hier gibt es verschiedene Verfahren (vgl. Frage 02.). In der Praxis wird vor allem die Abgangs-/Zugangstabelle eingesetzt.

Der Vergleich von Bruttopersonalbedarf (Anzahl der Stellen) und fortgeschriebenem Personalbestand (Anzahl der Mitarbeiter) ergibt den **Nettopersonalbedarf**, d. h. den Personalbedarf im eigentlichen Sinne.

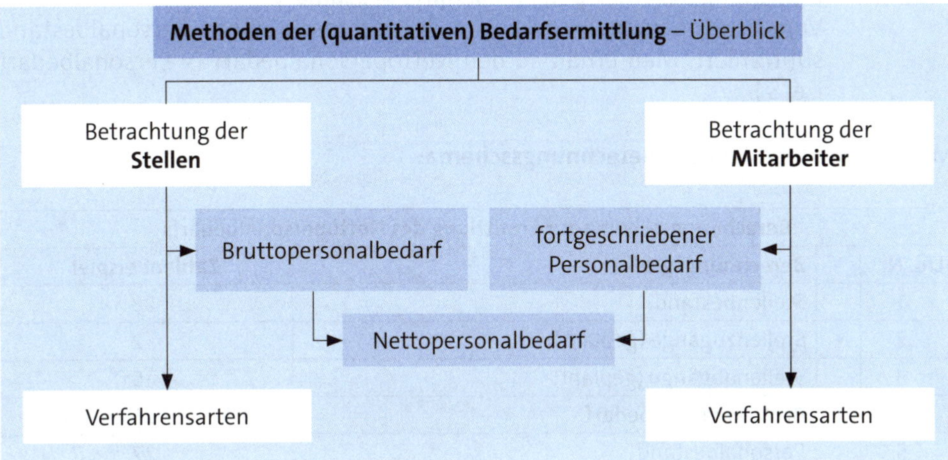

02. Aus welchen Berechnungsgrößen setzt sich der quantitative Personalbedarf zusammen?

A.		**Bruttopersonalbedarf**	=	Stellenbestand +/- Veränderungen
B.	-	**fortgeschriebener Personalbestand**	=	Personalbestand +/- Veränderungen
C.	**=**	**Nettopersonalbedarf**		

Die Ermittlung erfolgt in drei Arbeitsschritten:

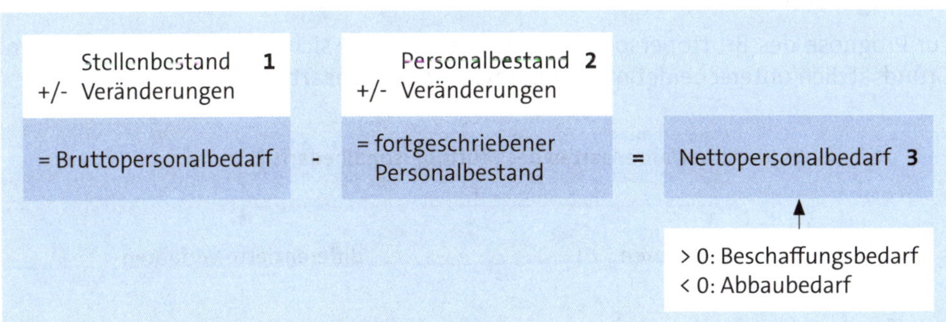

1. Schritt: Ermittlung des Bruttopersonalbedarfs (**Aspekt „Stellen"**):
Der gegenwärtige Stellenbestand wird aufgrund der zu erwartenden Stellenzu- und -abgänge „hochgerechnet" auf den Beginn der Planungsperiode. Anschließend wird der Stellenbedarf der Planungsperiode ermittelt.

2. Schritt: Ermittlung des **fortgeschriebenen Personalbestandes** (Aspekt **„Mitarbeiter"**):
Analog zu Schritt 1 wird der Mitarbeiterbestand „hochgerechnet" aufgrund der zu erwartenden Personalzu- und -abgänge.

3. Schritt: Ermittlung des **Nettopersonalbedarfs** (= **„Saldo"**):
Vom Bruttopersonalbedarf wird der fortgeschriebene Personalbestand subtrahiert. Man erhält so den Nettopersonalbedarf (= Personalbedarf i. e. S.).

Man verwendet folgendes **Berechnungsschema:**

Berechnungsschema zur Ermittlung des Nettopersonalbedarfs			
Lfd. Nr.		**Berechnungsgröße**	**Zahlenbeispiel**
1		Stellenbestand	28
2	+	Stellenzugänge (geplant)	2
3	-	Stellenabgänge (geplant)	-5
4	=	**Bruttopersonalbedarf**	25
5		Personalbestand	27
6	+	Personalzugänge (sicher)	4
7	-	Personalabgänge (sicher)	-2
8	-	Personalabgänge (geschätzt)	-1
9	=	**Fortgeschriebener Personalbestand**	28
10		**Nettopersonalbedarf (Zeile 4 - 9)**	**-3**

Es ergibt sich also ein Personalüberhang (Freisetzungsbedarf) von drei Mitarbeitern.

03. Welche Verfahren werden zur Ermittlung des Bruttopersonalbedarfs eingesetzt?

Zur Prognose des Bruttopersonalbedarfs bedient man sich verschiedener Verfahren. Grundsätzlich unterscheidet man dabei zwei **Verfahrensarten:**

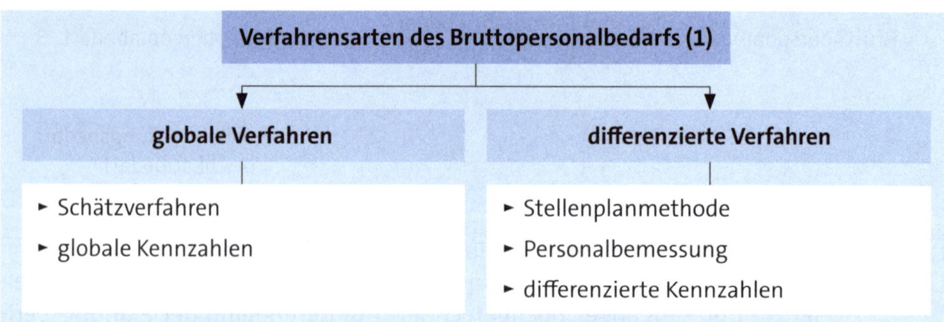

- Bei den **Verfahren zur globalen Bedarfsprognose** geht es um die Ermittlung von Unternehmens-Gesamtdaten, die „globalen" Charakter haben (z. B. Gesamtheit aller Planstellen eines Unternehmens oder eines Ressorts).
- Die Verfahren zur **differenzierten Bedarfsprognose** sind meist kurz- oder mittelfristig angelegt und beziehen sich auf detaillierte sowie begrenzte Personalbereiche/Einzelaufträge, in denen einigermaßen zuverlässige Datenrelationen hergestellt werden können.

Die Unterscheidung der Verfahren zur Ermittlung des Bruttopersonalbedarfs in globale und differenzierte Verfahren ist eine Form der Differenzierung; eine weitere Möglichkeit der Gliederung dieser Verfahren ist die Unterteilung in vergangenheitsorientierte Methoden, Schätzmethoden und arbeitswissenschaftliche Methoden:

Methoden zur Ermittlung des Bruttopersonalbedarfs (2)

vergangenheitsorientierte Methoden	Schätzmethoden	arbeitswissenschaftliche Methoden
Beispiele ► Trendextrapolation ► Analogieschluss-Methode ► Kennzahlenmethoden	Beispiele ► einfache Schätzmethoden ► systematische Schätzmethoden	Beispiele ► MTM-Analyse ► REFA-Methoden ► Stellenplanmethode

1. **Schätzverfahren** sind relativ ungenau, trotzdem – gerade in Klein- und Mittelbetrieben – sehr verbreitet

   - Bei der **einfachen Schätzmethode** erfolgt die Ermittlung des Personalbedarfs aufgrund **subjektiver Einschätzung** einzelner Personen. In der Praxis werden meist **Experten** und/oder die kostenstellenverantwortlichen Führungskräfte gefragt, wie viele Mitarbeiter mit welchen Qualifikationen für eine bestimmte Planungsperiode gebraucht werden; die Geschäftsleitung gibt dazu in der Regel Eckdaten vor (Geschäftsentwicklung; Absatz-/Umsatzrelationen). Die Antworten werden zusammengefasst, einer Plausibilitätsprüfung unterworfen und dann in das Datengerüst der Unternehmensplanung eingestellt.
   - Bei der **systematischen Schätzmethode** werden interne und ggf. zusätzlich externe Experten mithilfe eines **Fragebogens** befragt (Delphi-Methode); die Ergebnisse der schriftlichen Befragung werden ausgewertet, zusammengefasst und zusammen mit den Analysen an die befragten Experten **zurückgemeldet**, die dann eine **erneute verfeinerte Schätzung** auf der Basis ihres neuen Informationsstandes abgeben. Der typische Ablauf der systematischen Schätzung erfolgt in folgenden Schritten:

     → 1. Schätzung mithilfe eines systematischen Fragebogens

     → Auswertung und Analyse der 1. Schätzung

→ Rückmeldung der zusammengefassten Ergebnisse an die Experten

→ 2. (verfeinerte) Schätzung auf der Basis der gewonnenen Ergebnisse (s. 1. Schätzung)

→ Analyse der 2. Schätzung und Ableitung des Personalbedarfs.

2. **Die Kennzahlenmethode** kann sowohl als globales Verfahren aufgrund globaler Kennzahlen sowie als differenziertes Verfahren aufgrund differenzierter Kennzahlen durchgeführt werden. Bei der Kennzahlenmethode versucht man, Datenrelationen, die sich in der Vergangenheit als relativ stabil erwiesen haben, zur Prognose zu nutzen; infrage kommen z. B. Kennzahlen wie
   - Umsatz : Anzahl der Mitarbeiter
   - Absatz : Anzahl der Mitarbeiter
   - Umsatz : Personalgesamtkosten
   - Arbeitseinheiten : geleistete Arbeitsstunden.

Beispiele

Beispiel 1 zur Kennzahlenmethode (globales Verfahren)
Das Chemieunternehmen X-GmbH ermittelt in der **Berichtsperiode** die Relation

$$\frac{\text{Umsatz p. a.}}{\text{Anzahl der Mitarbeiter}^{1}} = \frac{61{,}2 \text{ Mio. €}}{510 \text{ Mitarbeiter}} = 120.000 \text{ € pro Mitarbeiter}$$

Die Analyse der Vergangenheitswerte in den zurückliegenden Jahren zeigt, dass diese Relation recht stabil um den Wert 120.000 €/Mitarbeiter schwankt. Der für die kommende Planungsperiode angestrebte Umsatz von 67,32 Mio. € (Umsatzanstieg = 10 %) wird als Zielgröße zur Ermittlung des Brutto-Personalbedarfs genommen:

$$\frac{67{,}32 \text{ Mio. €}}{x} = 120.000 \text{ € pro Mitarbeiter}$$

$\rightarrow x = 561$ Mitarbeiter

d. h., es ergibt sich ein Bruttopersonalbedarf von 561 Stellen bzw. ein Mehrbedarf von 51 Stellen. Mit anderen Worten: Unterstellt man derart stabile Zahlenrelationen, entwickeln sich rein rechnerisch Bezugsgröße (hier: Umsatz) und Personalbedarf **proportional zueinander**, d. h. wenn der Umsatz um 10 % ansteigt, so ist beim Personalbedarf ebenfalls eine Zunahme von 10 % anzunehmen.

Beispiel 2 zur Kennzahlenmethode (differenziertes Verfahren)
Aus der Vergangenheit weiß man in einem Unternehmen, dass ein Lohn- und Gehaltssachbearbeiter rund 350 Mitarbeiter abrechnen und betreuen kann. Aufgrund

[1] Auf Vollzeitbasis.

der geplanten Umsatzausweitung wird die Zahl der zu betreuenden Mitarbeiter im Produktionsbereich/Abrechnungskreis um rund 280 ansteigen.

Daraus folgt:

$$\frac{1}{350} = \frac{x}{280}$$

$\rightarrow x = 0{,}8$

Ergebnis: Es besteht ein Mehrbedarf von 0,8 Mitarbeiter. Man entschließt sich, eine zusätzliche Stelle einzurichten – als Teilzeitstelle bei 80 % der Regelarbeitszeit.

3. Bei der **Trendextrapolation** werden die Zukunftswerte einer Zeitreihe fortgeschrieben (extrapoliert = ergänzt) auf der Basis (dem Trend) der Vergangenheitswerte. Dabei wird unterstellt, dass die Rahmenbedingungen und Gesetzmäßigkeiten der Vergangenheit (der Trend) mehr oder weniger stabil auch für die Zukunft gelten.

Beispiel

In einem Zulieferbetrieb der Verfahrenstechnik hat sich die durchschnittliche Anzahl der Belegschaft pro Jahr (nach Vollzeitköpfen) folgendermaßen entwickelt:

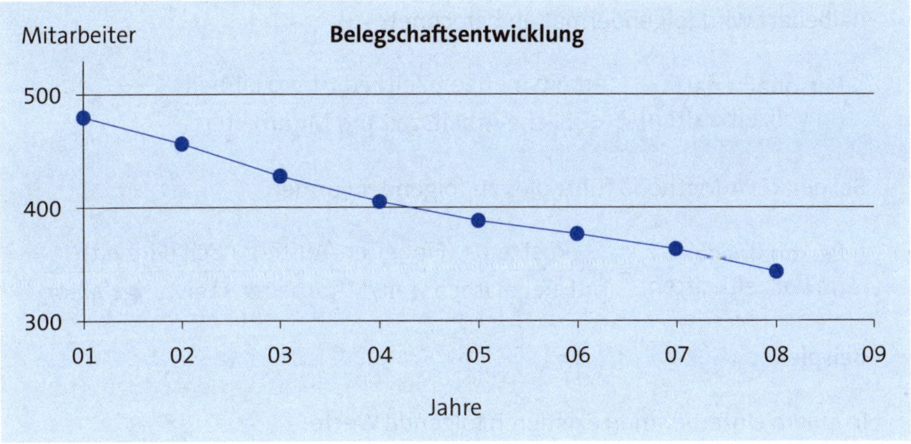

Zu ermitteln ist im Rahmen der mittelfristigen Personalplanung der durchschnittliche Bruttopersonalbedarf der Jahre 01 - 09:

Die Analyse der Daten zeigt folgende Gesetzmäßigkeit: Seit dem Jahr 01 bis zum Jahr 04 ist die Belegschaft gesunken und zwar jeweils um 5 % und im Folgejahr um 3 %. Bei unveränderten Bedingungen (z. B. Beibehaltung von Rationalisierungsinvestitionen, Marktentwicklung) kann davon ausgegangen werden, dass sich die Belegschaft wie folgt entwickelt:

Jahr 04:	**Bestand: 412 Mitarbeiter (Vollzeitstellen)**
Rückgang um	ø Bestand
Jahr 05: 5 %	391
Jahr 06: 3 %	380
Jahr 07: 5 %	361
Jahr 08: 3 %	350
Jahr 09: 5 %	333
Jahr 10: 3 %	323

4. Bei der **Trendanalogie** (Analogieschlussmethode) wird der Zusammenhang zwischen zwei oder mehreren Zeitreihen extrapoliert, z. B. der Zusammenhang zwischen „Zahl der Verkäufer + Anzahl der Kunden", „Zahl der Wartungsverträge + Anzahl der Servicetechniker". Meist werden dabei aus den Bezugsgrößen (Absatz, Umsatz, Mitarbeiter usw.) eine oder mehrere Kennziffern gebildet und der „wahrscheinlich zukünftige Wert" extrapoliert unter Berücksichtigung notwendiger Eckdaten wie z. B. Veränderung der tariflichen Arbeitszeit, Veränderung der Produktivitäten (Maschinen-/Arbeitsproduktivität) u. Ä.

5. **Verfahren der Personalbemessung (Arbeitsstudien):**
Hier wird auf Erfahrungswerte oder arbeitswissenschaftliche Ergebnisse zurückgegriffen (REFA, MTM, Work-Factor). Zu ermitteln ist die Arbeitsmenge, die dann mit dem Zeitbedarf pro Mengeneinheit multipliziert wird („Zähler"). Im Nenner der Relation wird die übliche Arbeitszeit pro Mitarbeiter eingesetzt; der Bruttopersonalbedarf wird folgendermaßen berechnet:

$$\text{Personalbedarf (in Vollzeitkräften)} = \frac{\text{Arbeitsmenge} \cdot \text{Zeitbedarf pro Einheit}}{\text{übliche Arbeitszeit pro Mitarbeiter}}$$

Bei der REFA-Methode führt dies zu folgender Formel:

$$\text{Personalbedarf (in Vollzeitkräften)} = \frac{\text{Rüstzeit} + (\text{Einheiten/Auftrag} \cdot \text{Zeit/Einheit})}{\text{mtl. Regelarbeitszeit/Mitarbeiter} \cdot \text{Leistungsfaktor}}$$

Beispiel

In einem Unternehmen existieren folgende Werte:

► Rüstzeit pro Auftrag X	=	t_r	42 Stunden
► Anzahl der Fertigungseinheiten	=	m	2.900 Stück
► Ausführungszeit pro Einheit	=	t_e	1,31 Stunden
► tatsächlicher durchschnittlicher Leistungsgrad	=	L_t	115 %
→ Leistungsgradfaktor	=	$L_t : 100$	1,15
► monatliche Regelarbeitszeit	=	Z	167 Stunden

Nach der REFA-Methode ergibt sich also für den Personalbedarf:

$$\text{Personalbedarf} = \frac{t_r + (m \cdot t_e)}{Z} \cdot \frac{1}{L_t}$$

$$= \frac{42 + (2.900 \cdot 1{,}31)}{167 \cdot 1{,}15} = 20 \text{ (Vollzeit)Mitarbeiter}$$

Berücksichtigt man weiterhin eine **Fehlzeitenquote** der betreffenden Fertigungsabteilung z. B. in Höhe von 10 %, so ergibt sich folgender **Reservebedarf**:

(1) 20 Mitarbeiter • 167 Std. = 3.340 Std. (Regelarbeitszeit gesamt)

(2) 10 % von 3.340 = 334 Stunden

(3) 334 Std. : 167 = 2 Vollzeitmitarbeiter

Mit anderen Worten:
Der Bruttopersonalbedarf (= Einsatzbedarf + Reservebedarf) liegt unter Berücksichtigung der Fehlzeitenquote bei diesem Auftrag bei 22 Vollzeitmitarbeitern.

6. **Stellenplanmethode:**
Bei diesem Verfahren werden Stellenbesetzungspläne herangezogen, die sämtliche Stellen einer bestimmten Abteilung enthalten bis hin zur untersten Ebene – inkl. personenbezogener Daten über die derzeitigen Stelleninhaber (z. B. Eintrittsdatum, Vollmachten, Alter). Der Kostenstellenverantwortliche überprüft den Stellenbesetzungsplan i. V. m. den Vorgaben der Geschäftsleitung zur Unternehmensplanung für die kommende Periode (Absatz, Umsatz, Produktion, Investitionen) und ermittelt durch Schätzung/Erfahrung die erforderlichen personellen und ggf. organisatorischen Änderungen. Der weitere Verfahrensablauf vollzieht sich wie im oben dargestellten Schätzverfahren.

Beispiel

Das nachfolgende Beispiel zeigt den Stellenbesetzungsplan der Hauptabteilung „Personal- und Sozialwesen" eines Unternehmens; die Zahlenangaben bedeuten: Lebensalter/Betriebszugehörigkeit; lt. Betriebsvereinbarung existiert eine Vorruhestandsregelung ab Alter 63. Das Unternehmen expandiert. Es ist der quantitative Personalbedarf für das kommende Jahr zu ermitteln. Er wird mit Ansätzen zur qualitativen Personalplanung verbunden.

Die Analyse des Stellenbesetzungsplanes sowie der anstehenden Personalveränderungen zeigt folgendes Bild:

- Für die Gruppe „Sozialwesen" wurde eine neue Stelle bewilligt.
- Zwei Stellen sind noch nicht besetzt (Nachholbedarf).

- Hr. Endres und Hr. Knurr: → Vorruhestand.
- Frau Gohr wird Nachfolgerin von Herrn Knurr.
- Frau Mahnke wird das Unternehmen zum März n. J. verlassen (Aufhebungsvertrag).
- Rückkehr Mutterschutz und Sabbatical: 2 Sachbearbeiter (nach: → LG).
- Übernahme nach der Ausbildung: 2 Sachbearbeiter (nach: → SW).

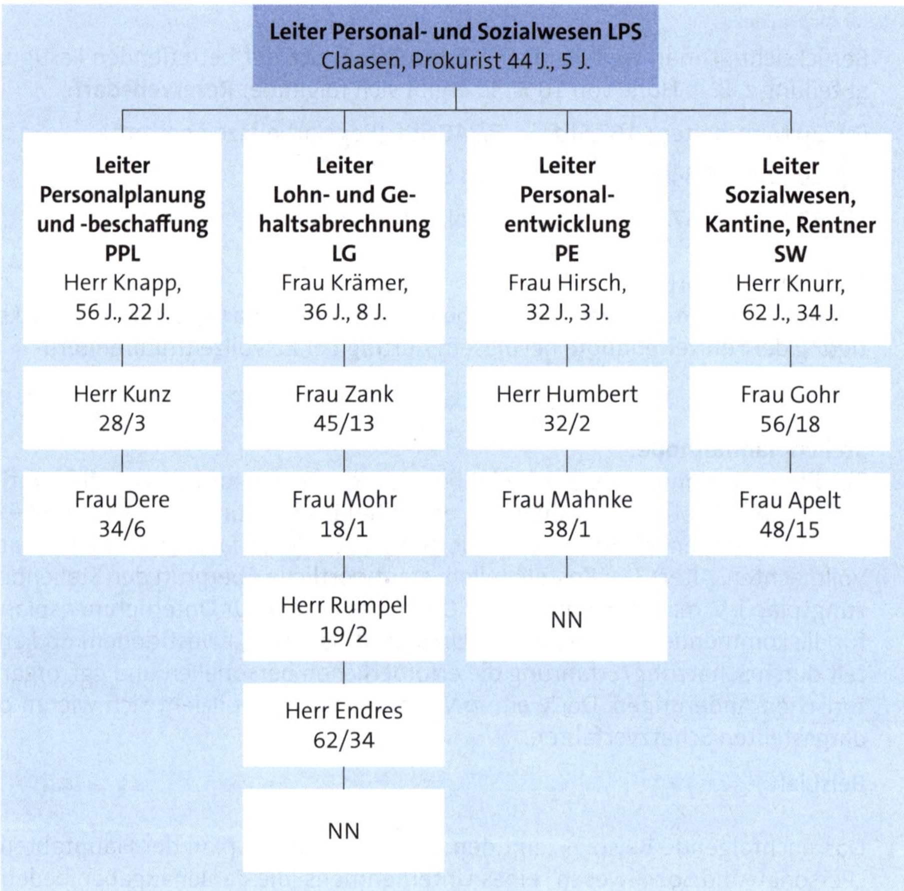

Die nachfolgende Tabelle zeigt den aktualisierten Nettopersonalbedarf:

	LPS	PPL	LG	PE	SW	∑
Stellenbestand	1	3	6	4	3	17
+ Zugänge	0	0	0	0	1	1
- Abgänge	0	0	0	0	0	0
= **Bruttopersonalbedarf**	1	3	6	4	4	**18**
Mitarbeiterbestand	1	3	5	3	3	
+ Zugänge	0	0	2	0	2	4
- Abgänge	0	0	-1	-1	-1	-3
= **fortgeschriebener Personalbestand**	1	3	6	2	4	**16**
Nettopersonalbedarf	(18 - 16)					2

Ergebnis:
Es ergibt sich ein **Nettopersonalbedarf von 2 Mitarbeitern**; diese sind für PE zu beschaffen, da bereits qualitative Entscheidungen vorgenommen wurden (Besetzungen in LG und SW). Im Anschluss daran ist die Planung der Personalbeschaffung der 2 Mitarbeiter/PE durchzuführen (Wann? Woher? Wie? Qualifikation?).

04. Welche Verfahren setzt man zur Ermittlung des (fortgeschriebenen) Personalbestandes ein?

Verfahren zur Ermittlung des Personalbestandes

- Abgangs-/Zugangsrechnung
- Verfahren der Beschäftigungszeiträume
- Statistiken und Analysen zur Bestandsentwicklung
  - Statistik der Personalbestände
  - Altersstatistik
  - Fluktuationsstatistik

05. Wie wird die Abgangs-/Zugangsrechnung durchgeführt?

Bei der Methode der Abgangs-/Zugangsrechnung werden die Arten der Ab- und Zugänge möglichst stark differenziert. Die Aufstellung kann sich auf Mitarbeitergruppen oder Organisationseinheiten beziehen. Dabei sind die einzelnen Positionen mit einer unterschiedlichen Eintrittswahrscheinlichkeit behaftet. Man kann daher die einzelnen Werte der Tabelle noch differenzieren in feststehende Ereignisse und wahrscheinliche Ereignisse.

Abgangs-/Zugangsrechnung zur Prognose des Personalbestandes			
	Veränderungen	**Berichtsperiode**	**Planungsperiode**
	Bestand zu Beginn der Periode:	40	38
-	**Abgänge:**		
	Pensionierungen	-1	-2
	Bundesfreiwilligendienst	-2	-1
	Aus-/Fortbildung	-1	0
	AG-Kündigung	0	-1
	AN-Kündigung	-1	0
	Tod	-1	0
	Mutterschutz	0	-2
	Sonstige	0	0
=	**Summe Abgänge**	**-6**	**-6**
+	**Zugänge:**		
	Bundesfreiwilligendienst	1	2
	Versetzungen	1	1
	Aus-/Fortbildung	0	0
	Mutterschutz	0	1
	Übernahmen (Ausbildung)	2	3
	Sonstige	0	1
=	**Summe Zugänge**	**4**	**8**
=	**Bestand zum Ende der Periode**	**38**	**40**

06. Wie wird das Verfahren zur Ermittlung der Beschäftigungszeiträume durchgeführt?

Bei diesem Verfahren wird die Frage betrachtet: *„Wie lange dauert es, bis sich die Belegschaft aufgrund der Abgänge auf 75 % (bzw. 50 % o. Ä.) reduziert hat?“* Man kann daraus Schlüsse ziehen, in welchem Rhythmus/in welcher Größenordnung sich in etwa der Belegschaftsbestand verringert.

Nachteil: Man erfasst lediglich die Abgänge; die Zugänge bleiben unberücksichtigt.

Jahr	01	02	03	04	05	06	07	08	09	Durchschnitt
Bestand (ohne Zugänge)	3.200	3.165	3.109	3.061	2.996	2.944	2.876	2.800	2.735	
Abgänge	-35	-56	-48	-65	-52	-68	-76	-65	-97	-562
Signalbestand										
= 75 % ≈ 2.400										

07. Welche Statistiken können zur Prognose des fortgeschriebenen Personalbestandes herangezogen werden?

Infrage kommen z. B.:

- Altersstatistiken/Statistiken der Altersstruktur
- Fluktuationsstatistiken
- Statistiken der durchschnittlichen Verbleibenszeiträume.

4.2 Auswählen und Einsetzen von Mitarbeitern und Mitarbeiterinnen

4.2.1 Mitarbeiterauswahl

01. Welches Ziel muss eine effektive Personalauswahl realisieren?

Ziel der Personalauswahl ist es,

- auf rationellem Wege
- zum richtigen Zeitpunkt, den Kandidaten zu finden
- der möglichst schnell die geforderte Leistung erbringt
- der in das Unternehmen „passt“ (in die Gruppe, zum Chef).

02. Welche Grundsätze sind bei der Personalauswahl zu beachten?

Es ist jeder Führungskraft zu empfehlen, bei der Auswahl von Bewerbern einige Grundsätze zu beachten, die sich in der Praxis bewährt haben:

- Es gibt nie den idealen Kandidaten
  (Wo können oder müssen (bewusst, vertretbar) Kompromisse gemacht werden?)
- Personalauswahl ist immer ein subjektiver Bewertungsvorgang
  (Wie kann man trotzdem eine gewisse Objektivität erreichen?)
- keine Auswahl von Bewerbern ohne genaue Kenntnis des Anforderungsprofils
- Analyse des „Umfeldes" der zu besetzenden Stelle vornehmen
  (Mitarbeiter, Kollegen, Vorgesetzter, Unternehmenskultur usw.)
- Systematik einhalten
  (Reihenfolge der Auswahlstufen, Berücksichtigung aller Informationen, Berücksichtigung interner Bewerber im Verhältnis zu externen)
- Versuch, ein Höchstmaß an Objektivität zu erreichen
- Aufwand und Zeitpunkt der Auswahl der Bedeutung der Stelle anpassen
- Fehlentscheidungen kosten Zeit und Geld
  (Wie kann man Einstellungsentscheidungen möglichst gut absichern?)
  Wie gestaltet man die Probezeit zur „Ausprobierzeit"?)
- den Betriebsrat rechtzeitig und angemessen einbeziehen.

03. Wie ist der Prozess der Personalauswahl?

❶	❷	❸	❹
		Einsatz der Auswahlinstrumente	
Festlegung der Anforderungen	Analyse und Bewertung der Bewerbungsunterlagen	► Testverfahren ► Vorstellungsgespräche ► Assessment-Center ► Biografischer Fragebogen	Gesamtbewertung und Entscheidung

04. Welche Bedeutung hat die Festlegung von Anforderungsprofilen im Rahmen der Personalauswahl?

Das Anforderungsprofil ist die Summe der Anforderungen (Soll-Vorstellungen), die von einer konkreten Aufgabenstellung ausgehen und vom Stelleninhaber erfüllt sein müssen. **Das Anforderungsprofil ist der Maßstab** für Entscheidungen im Verlauf des Prozesses der Personalauswahl.

Man unterscheidet im Allgemeinen folgende Anforderungen:

Anforderungen

Allgemeine, nicht (direkt) auf die Arbeit bezogene-Persönlichkeitsmerkmale	Kenntnisbezogene Merkmale	Physische Merkmale	Psychische Merkmale
Beispiele ► Eigenständigkeit ► Disziplin ► Selbstbeherrschung ► Verantwortung ► Flexibilität	Beispiele ► Ausbildung, Beruf ► Fortbildung ► Spezialkenntnisse ► Berufspraxis ► Sprachkenntnisse	Beispiele ► körperliche Eignung ► Behinderung ► körperliche Belastbarkeit (Lärm, Ausdauer usw.)	Beispiele ► Psychomotorik ► psychische Belastbarkeit ► Konzentration ► Kreativität ► Arbeitsverhalten

Bei der Festlegung der Anforderungen ist es entscheidend, **diejenigen Merkmale zu ermitteln, die wirklich für eine bestimmte Stelle relevant sind** und im Auswahlprozess auch beobachtet und beurteilt werden können (keine „Wunschliste", z. B.: „*... ist kreativ, belastbar, jung, leistungsfähig, mit 12 Jahren Praxis ...*").

05. Welche internen Möglichkeiten der Personalbeschaffung lassen sich unterscheiden?

Intern kann die Beschaffung erfolgen durch Versetzung aufgrund

- innerbetrieblicher Stellenausschreibung,
- von Vorschlägen des Fachvorgesetzten,
- von Nachfolge- oder Laufbahnplanungen sowie
- systematisch betriebener Personalentwicklung.

06. Welche indirekten Maßnahmen der internen Personalbeschaffung sind ebenfalls von Bedeutung?

Als weitere Maßnahmen der internen Personalbeschaffung müssen indirekt folgende Möglichkeiten berücksichtigt werden:

- Mehrarbeit
- Urlaubsverschiebung
- Verbesserung der Mitarbeiterqualifikation (Leistungssteigerung).

07. Welche externen Möglichkeiten der Personalbeschaffung kann der Betrieb nutzen?

- Personalanzeige (externe Stellenausschreibung; Tageszeitung/Internet)
- Personalleasing
- IHK-Nachfolgebörse (www.nexxt-change.org)
- private Arbeitsvermittler
- Personalberater
- Anschlag am Werkstor
- Auswertung von Stellengesuchen in Tageszeitungen
- Auswertung unaufgeforderter („freier“) Bewerbungen
- Arbeitsagenturen
- Messen
- über Mitarbeiter (Bekannte, Freunde, Angehörige usw.)
- Kontaktpflege zu Schulen, Bildungseinrichtungen usw.

08. Welche Argumente lassen sich für und gegen eine interne Besetzung vakanter Stellen nennen?

- **Argumente für eine interne Personalbeschaffung**, z. B.:
  - zügige Stellenbesetzung
  - geringere Einarbeitungszeit
  - geringeres Auswahlrisiko
  - kaum Kosten der Personalauswahl
  - Motivation und Förderung der Mitarbeiter (günstiges Personalentwicklungsklima)
  - arbeitsrechtliches Risiko, das mit externen Bewerbern verbunden ist, wird vermieden
  - Gehalt ist passend zum Entgeltniveau.

- **Argumente gegen eine interne Personalbeschaffung**, z. B.:
  - „Aufreißen von Lücken" (Personalbedarf wird verlagert)
  - „Betriebsblindheit"
  - Frustration bei abgewiesenen Bewerbern
  - Verschlechterung der Altersstruktur
  - Abschottung nach außen (kein „frisches Denken")
  - Negativimage am externen Arbeitsmarkt
  - geringere Auswahlmöglichkeiten
  - ggf. relativ hohe Fortbildungskosten
  - Kollege wird zum Chef (Gefahr der „Verkumpelung").

09. Nach welchen Kriterien werden die Bewerbungsunterlagen geprüft?

Es werden die Unterlagen **formal** und **inhaltlich** geprüft und analysiert.

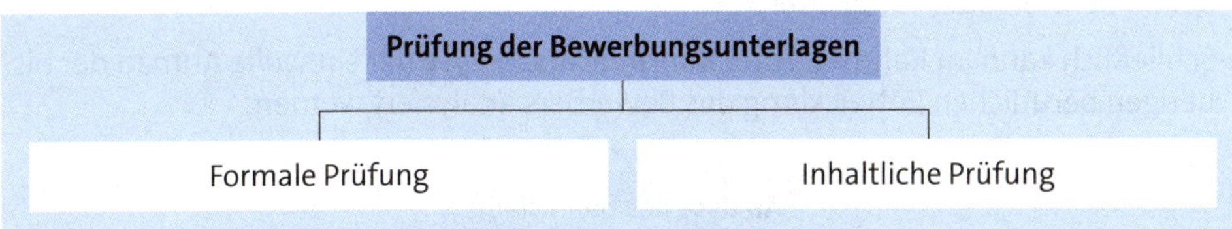

10. Was bedeutet die formale Prüfung eingereichter Unterlagen?

Unter der formalen Prüfung eingereichter Unterlagen versteht man eine Sichtung im Hinblick auf die formale Gestaltung, d. h. auf die äußere Form und die positionsbezogene Gliederung, die Prüfung auf Vollständigkeit der Unterlagen, wobei es darauf ankommt, festzustellen, ob alle angeforderten Unterlagen eingereicht worden sind, ob alle Zeiten lückenlos und mit Zeugnissen versehen sind.

11. Was bedeutet die inhaltliche Prüfung eingereichter Unterlagen?

Die Unterlagen können nach dem Informationsgehalt, d. h. den Hinweisen zur Qualifikation, über ausgeübte Tätigkeiten, des Gehaltswunsches, des gekündigten oder ungekündigten Beschäftigungsverhältnisses, des bezogenen Einkommens, des Eintrittsdatums, vom Arbeitgeber überprüft werden, um festzustellen, ob der Bewerber die geforderten Voraussetzungen erfüllen könnte und zu einer Vorstellung eingeladen werden soll. Bei einer Vielzahl von Bewerbungen ist eine solche Vorauswahl unerlässlich.

12. Wie erfolgt die Analyse des Lebenslaufs?

- Die **Zeitfolgeanalyse** fragt nach Lücken im Lebenslauf und den Arbeitsplatzwechseln (Häufigkeit, Branchen, aufsteigender oder absteigender Wechsel).
- Die **Aufgaben- oder Positionsanalyse** fragt nach dem Wechsel des Arbeitsgebiets, dem Berufswechsel und bisher durchlaufenen Unternehmen (Klein-/Großbetriebe, Konkurrenzbetrieb).

  Ein mehrmaliger Arbeitsplatzwechsel des Bewerbers während der Probezeit oder eine auffällig kurze Dauer der Betriebszugehörigkeit können ungünstig wirken. Hohe Mobilität in jüngeren Jahren wirkt eher positiv. Mit zunehmendem Lebensalter sollte die Stetigkeit zunehmen. Überzeugende Anlässe eines Bewerbers für einen Arbeitsplatzwechsel können sein: mangelnde Aufstiegschancen, ungünstige Einkommenserwartungen, Spannungen mit Vorgesetzten, erhebliche technische oder organisatorische Mängel im Betrieb, Unterforderung, mangelnde Entfaltungsmöglichkeiten. Ein aufsteigender Wechsel in einem Betrieb mit einem größeren Verantwortungsbereich und umfassenderen Aufgaben ist stets günstiger zu bewerten als ein absteigender Wechsel. Ein Berufswechsel wirkt in Zeiten schnellen Wandels nicht unbedingt negativ. Auffällig ist jedoch ein mehrfacher Wechsel zwischen mehreren grundverschiedenen Berufen oder Tätigkeiten.
- Schließlich kann im Rahmen einer **Kontinuitätsanalyse** der sinnvolle Aufbau der bisherigen beruflichen Entwicklung des Bewerbers analysiert werden.

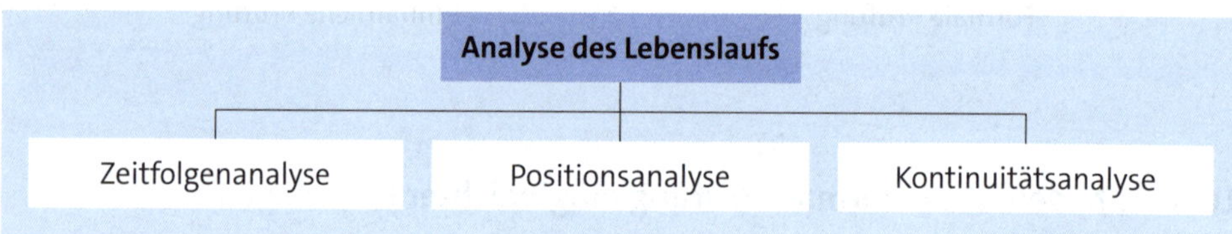

13. Nach welchen Merkmalen werden Arbeitszeugnisse analysiert?

Die Analyse der Arbeitszeugnisse erstreckt sich auf

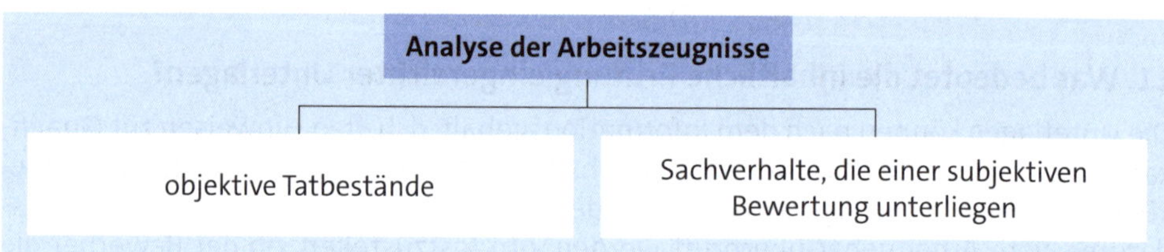

- **Objektive Tatbestände** sind z. B.:
  - persönliche Daten
  - Dauer der Tätigkeit
  - Tätigkeitsinhalte
  - Komplexität, Umfang der Aufgaben
  - Anteil von Sach- und Führungsaufgaben
  - Vollmachten wie Prokura, Handlungsvollmacht
  - Termin der Beendigung.
- **Tatbestände, die einer subjektiven Bewertung unterliegen**, wie z. B.:
  - die **Schlussformulierung**
    (z. B. „*... wünschen wir Herrn ... Erfolg bei seinem weiteren beruflichen Werdegang und ...*")
  - der Grund der Beendigung; er ist nur auf Verlangen des Mitarbeiters in das Zeugnis aufzunehmen (z. B. „*auf eigenen Wunsch*", „*in beiderseitigem Einvernehmen*")
  - Formulierungen aus dem sog. **Zeugniscode** (Formulierungsskala):
    - sehr gut = „*stets zur vollsten Zufriedenheit*"
    - gut = „*stets zur vollen Zufriedenheit*"
    - befriedigend = „*zur vollen Zufriedenheit*"
    - ausreichend = „*zur Zufriedenheit*"
    - mangelhaft = „*im Großen und Ganzen zur Zufriedenheit*"
    - ungenügend = „*hat sich bemüht*"
  - der Gebrauch von **Spezialformulierungen** (ist in der Rechtsprechung umstritten)
  - das Hervorheben unwichtiger Eigenschaften und Merkmale
  - das Fehlen relevanter Aspekte
    (Eigenschaften und Verhaltensweisen, die bei einer bestimmten Tätigkeit von besonderem Interesse sind; z. B. Führungsfähigkeit bei einem Meister).

14. Welche Bedeutung hat die Analyse von Schulzeugnissen?

Die Bedeutung von Schulzeugnissen nimmt mit zunehmendem beruflichen Alter ab. Vorsichtige Anhaltspunkte können u. U. – speziell beim Quervergleich mehrerer Bildungsabschlüsse – über Neigung, Fleiß und Interessenschwerpunkte gewonnen werden. Bei Lehrstellenbewerbern sind sie zunächst die einzigen Leistungsnachweise, die herangezogen werden können.

15. Welche Grundsätze sind bei der Durchführung des Vorstellungsgesprächs (Einstellungsgespräch, Auswahlinterview) einzuhalten?

- Der Hauptanteil des Gesprächs liegt beim Bewerber.
- Überwiegend öffnende Fragen verwenden, geschlossene Fragen nur in bestimmten Fällen, Suggestivfragen vermeiden.
- Zuhören, Nachfragen und Beobachten, sich Notizen machen, zur Gesprächsfortführung ermuntern usw.
- In der Regel: Keine ausführliche Fachdiskussion mit dem Bewerber führen.
- Die Dauer des Gesprächs der Position anpassen.
- Äußerer Rahmen: keine Störungen, kein Zeitdruck, entspannte Atmosphäre.

16. Welche Informationsquellen können bei der Auswahl interner Bewerber herangezogen werden?

- Personalakte
- Weiterbildungskartei/-datei
- Leistungs-/Potenzialbeurteilung
- Leistungsverhalten bei Sonderaufgaben (Stellvertretung, Projektarbeit u. Ä.)
- Auswertung betrieblicher Gespräche (z. B. PE-Gespräch).

17. Welche Fragen können im Auswahlgespräch z. B. wirksam sein?

- Wie war Ihre Anreise? Konnten Sie uns gut finden? Kennen Sie unsere Firma bereits? (Atmosphäre)
- Was hat Sie an unserer Anzeige besonders angesprochen?
- Weshalb haben Sie sich beworben?
- Beschreiben Sie Ihre Vorstellungen, um welche Aufgabe es hier geht?
- Was erhoffen Sie sich von einem Stellenwechsel?
- Welche Pläne haben Sie für Ihre zukünftige Weiterbildung?
- Betrachten wir einmal Ihre derzeitige Tätigkeit. Was gefällt Ihnen daran besonders? Was liegt Ihnen weniger?
- Warum möchten Sie Ihre derzeitige Firma verlassen? Sie haben bisher Ihre Stelle noch nie gewechselt. Warum gerade jetzt?
- Ich sehe anhand Ihrer Unterlagen, dass Sie in der vergangenen Zeit den Arbeitgeber recht häufig gewechselt haben. Wie erklären Sie das?
- Was erwarten Sie von Ihrer zukünftigen Stelle?

18. Nach welchen Phasen wird das Vorstellungsgespräch üblicherweise strukturiert?

Phasenverlauf beim Personalauswahlgespräch		
Phase	**Inhalt**	**Beispiele**
I	Begrüßung	► gegenseitige Vorstellung ► Anreisemodalitäten ► Dank für Termin
II	Persönliche Situation des Bewerbers	► Herkunft ► Familie ► Wohnort
III	Bildungsgang des Bewerbers	► Schule ► Weiterbildung
IV	Berufliche Entwicklung des Bewerbers	► erlernter Beruf ► bisherige Tätigkeiten ► berufliche Pläne
V	Informationen über das Unternehmen	► Größe, Produkte ► Organigramm der Arbeitsgruppe
VI	Informationen über die Stelle	► Arbeitsinhalte ► Anforderungen ► Besonderheiten
VII	Vertragsverhandlungen	► Vergütungsrahmen ► Zusatzleistungen
VIII	Zusammenfassung, Verabschiedung	► Gesprächsfazit ► ggf. neuer Termin

19. Welche charakteristischen Merkmale hat das Assessment-Center?

- Charakteristisch für ein Assessment-Center (AC) sind folgende **Merkmale:**
  - Mehrere Beobachter (z. B. sechs Führungskräfte des Unternehmens) beurteilen mehrere Kandidaten (i. d. R. 8 bis 12) anhand einer Reihe von Übungen über ein bis drei Tage.
  - Aus dem Anforderungsprofil werden die markanten Persönlichkeitseigenschaften abgeleitet; dazu werden dann betriebsspezifische Übungen entwickelt.

    Die „Regeln" lauten:

    - Jeder Beobachter sieht jeden Kandidaten mehrfach.
    - Jedes Merkmal wird mehrfach erfasst und mehrfach beurteilt.
    - Beobachtung und Bewertung sind zu trennen.
    - Die Beobachter müssen geschult sein (werden.)
    - In der „Beobachterkonferenz" erfolgt eine Abstimmung der Einzelbewertungen.

- Das AC ist zeitlich exakt zu koordinieren.
- Jeder Kandidat erhält am Schluss im Rahmen eines Auswertungsgesprächs sein Feedback.

► **Typische Übungsphasen** beim AC sind:

- Gruppendiskussion mit Einigungszwang
- Einzelpräsentation
- Gruppendiskussion mit Rollenverteilung
- Einzelinterviews
- Postkorb-Übung
- Fact-finding-Übung.

20. Welche Testverfahren können im Rahmen der Personalauswahl eingesetzt werden?

a) Testverfahren im strengen Sinne des Wortes sind wissenschaftliche Verfahren zur Eignungsdiagnostik. Testverfahren müssen folgenden Anforderungen genügen:

- ► Die Testperson muss ein typisches Verhalten zeigen können.
- ► Das Verfahren muss gleich, erprobt und zuverlässig messend sein.
- ► Ergebnisse müssen für das künftige Verhalten typisch (gültig) sein.
- ► Die Anwendung bedarf grundsätzlich der Zustimmung des Bewerbers.
- ► In der Regel ist die Mitbestimmung des Betriebsrates zu berücksichtigen.

b) Man unterscheidet folgende Testverfahren:

- ► **Persönlichkeitstests** erfassen Interessen, Neigungen, charakterliche Eigenschaften, soziale Verhaltensmuster, innere Einstellungen usw. (z. B. Interessentests, Formdeutungstests, Thematische Tests, Farbtests).
- ► **Leistungstests** messen die Leistungs- und Konzentrationsfähigkeit einer Person in einer bestimmten Situation (z. B. Pauli-Test, Figuren-/Buchstabentest).
- ► **Intelligenztests** erfassen die Intelligenzstruktur in Bereichen wie Sprachbeherrschung, Rechenfähigkeit, räumliche Vorstellung usw. (z. B.: IST 70, WILDE-Intelligenz-Test).
- ► **Spezielle Fähigkeitstests** messen z. B. die technische Begabung, Fingerfertigkeit und/oder Geschicklichkeit des Kandidaten (z. B. Drahtbiegeprobe).

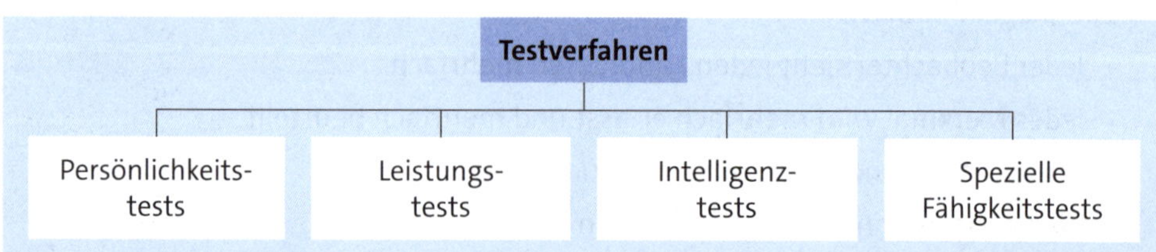

Testverfahren können – bei richtiger Anwendung – das Bewerberbild abrunden oder auch Hinweise auf Unstimmigkeiten geben, die dann im persönlichen Gespräch hinterfragt werden sollten. Der Aufwand ist i. d. R. nicht unbeträchtlich und rechtfertigt sich nur bei einer großen Anzahl von Kandidaten und homogenem Anforderungsprofil. Anspruchsvolle Testverfahren sollten nicht von Laien eingesetzt werden.

Daneben gibt es im betrieblichen Alltag eine Reihe von Auswahlmethoden, die sich mehr oder weniger stark an Prüfungsverfahren anlehnen; z. B. Rechenaufgaben, Rechtschreibübungen, Fragen zum Allgemeinwissen u. Ä., die vor allem bei der Auswahl von Lehrstellenbewerbern eingesetzt werden; fälschlicherweise hat sich auch hier die Bezeichnung „Test" eingebürgert.

21. Wie ist die Vorgehensweise beim „Biografischen Fragebogen"?

Das Verfahren stammt aus den USA und wird z. T. in Deutschland seit den 80er-Jahren eingesetzt. Man nimmt dabei an, dass sich aus den Persönlichkeitsmerkmalen und Verhaltensmustern der Vergangenheit eine Prognose für den Berufserfolg ableiten lässt. Hinterfragt werden z. B.:

- Eltern/Kind-Beziehung
- Rollenverhalten in der Freizeit (Sportgruppe; Mitglied oder Trainer?)
- Einstellungen und Erfahrungen im Studium (Erfolge/Misserfolge, Lieblingsfächer)
- Motive der Berufswahl.

Die Erfolge dieses Verfahrens erscheinen relativ hoch; wissenschaftlich bewiesen sind sie nicht. Der Einsatz Biografischer Fragebögen setzt eine intensive Schulung voraus.

22. Welche Bedeutung hat die „Ärztliche Eignungsuntersuchung"?

Die ärztliche Eignungsuntersuchung überprüft, ob der Bewerber den Anforderungen der Tätigkeit physisch und psychisch gewachsen ist. In Groß- und Mittelbetrieben wird der Werksarzt die Untersuchung vornehmen, ansonsten führt sie der Hausarzt des Bewerbers durch auf Kosten des Arbeitgebers.

Das Ergebnis der Untersuchung wird dem Bewerber und dem Arbeitgeber anhand eines Formulars oder Kurzgutachtens mitgeteilt und enthält wegen der ärztlichen Schweigepflicht nur die Aussage:

- geeignet
- nicht geeignet
- bedingt geeignet.

Der untersuchende Arzt muss sich präzise über die Anforderungen des Arbeitsplatzes informieren – u. U. vor Ort. Der Wert der ärztlichen Untersuchung ist vor allem darin zu sehen, dass ein Fachmann die gesundheitliche Tauglichkeit für eine bestimmte Tätigkeit überprüft; so können Fehleinschätzungen und mögliche spätere gesundheitliche Schäden bereits im Vorfeld vermieden werden.

Daneben ist für bestimmte Tätigkeiten die Untersuchung gesetzlich vorgeschrieben (z. B. Arbeiten im Lebensmittelbereich).

Hinzu kommt, dass Jugendliche nur beschäftigt werden dürfen, wenn sie innerhalb der letzten 14 Monate von einem Arzt untersucht worden sind (Erstuntersuchung) und dem Arbeitgeber eine von diesem Arzt ausgestellte Bescheinigung vorliegt (§§ 32 ff. JArbSchG).

23. Wie kann die Gesamtbewertung aller Informationen des Auswahlprozesses erfolgen?

1. Abschließende Sichtung aller Kandidaten der „engsten Wahl“: Sind die Auswahlgespräche abgeschlossen, werden alle Informationen über die infrage kommenden Kandidaten verdichtet. Fachbereich und Personalbereich werden sich darüber verständigen, welchen Kandidaten sie für den geeignetsten halten. Dies wird in einem Abschlussgespräch erfolgen und kann z. B. anhand eines Entscheidungsbogens geführt werden.
2. Vorbereitung eines Entscheidungsbogens: Sollte ein derartiger Auswertungs- und Entscheidungsbogen eingesetzt werden, so lassen sich hier die maßgeblichen Kriterien (fachliche, persönliche Eignungsmerkmale; z. B.: Alter, Ausbildung, berufliche Erfahrung, Termin der Verfügbarkeit, Gehaltsniveau u. Ä.; Muss- und Wunschkriterien) sowie die dazugehörige Eignung der Kandidaten in einer Matrix festhalten. Beispielsweise könnten in einem derartigen Auswertungs- und Entscheidungsbogen Unterschiede im Eignungsprofil festgehalten werden durch ein Ranking der Bewerber in Form von

   \- = nicht erfüllt
   \+ = erfüllt
   ++ = sehr gut erfüllt.
3. Durchführung des Abschlussgesprächs mit dem Fachbereich: Auf der Basis aller relevanten Kriterien treffen Fachbereich und Personalabteilung eine abschließende Entscheidung. Bei unterschiedlicher Auffassung über die endgültige Entscheidung für einen Kandidaten sollte der Fachbereich „das letzte Wort sprechen“, denn er muss – bei aller Sachkompetenz des Personalwesens – mit dem Kandidaten zusammenarbeiten.

4.2.2 Einsatz von Mitarbeitern

01. Welche Kriterien muss der Vorgesetzte bei einem effektiven Mitarbeitereinsatz berücksichtigen?

Der Vorgesetzte kann den Personaleinsatz seiner Mitarbeiter nicht dem Zufall überlassen; er muss ihn **planen** – kurzfristig und auch mittelfristig. Seine Hauptverantwortung besteht darin, **eine Gesamtaufgabe zu erfüllen – mit der ihm zur Verfügung stehenden Gruppe**. Außerdem wird er seine **Mitarbeiter entsprechend ihrer Eignung und Neigung einsetzen**. Dies vermeidet Über- und Unterforderung, verbessert die Motivation und beugt Fehlzeiten und Fluktuation vor.

Der effektive **Mitarbeitereinsatz** muss sich an folgenden **Kriterien** orientieren:

1. **Quantitative Zuordnung:**
    - die täglich und wöchentlich anfallenden Arbeiten; **das Arbeitsvolumen im Verhältnis zur Anzahl der Mitarbeiter**
2. **Qualitative Zuordnung:**

    2.1 die **Anforderungen** der einzelnen Arbeitsplätze (Stellenbeschreibung und Anforderungsprofil)

    2.2 **Eignung und Neigung** der Mitarbeiter – „das Können und das Wollen" (Eignungsprofil, Mitarbeiterbeurteilung, Neigung/Interesse).

    Beim Eignungsprofil sind in der Regel folgende Anforderungen zu prüfen:

    - **Allgemeine und persönliche Merkmale:** Alter, Geschlecht, Familienstand, körperliche Merkmale (Größe, Kraft, Motorik, Hören, Sehen, physische und psychische Belastbarkeit, Arbeitstempo, Selbstständigkeit, Teamfähigkeit, Sozialverhalten, Verhalten gegenüber Vorgesetzten)
    - **Fachliche Merkmale:** Schulausbildung, Berufsausbildung, Fortbildung, Berufserfahrung, Wissen, Können
    - **Physiologische Merkmale:** Seh- und Hörvermögen, körperliche Beanspruchung usw.
    - **Psychologische Merkmale:** Denkvermögen, sprachlicher Ausdruck, Einsatzbereitschaft, Stressstabilität usw.

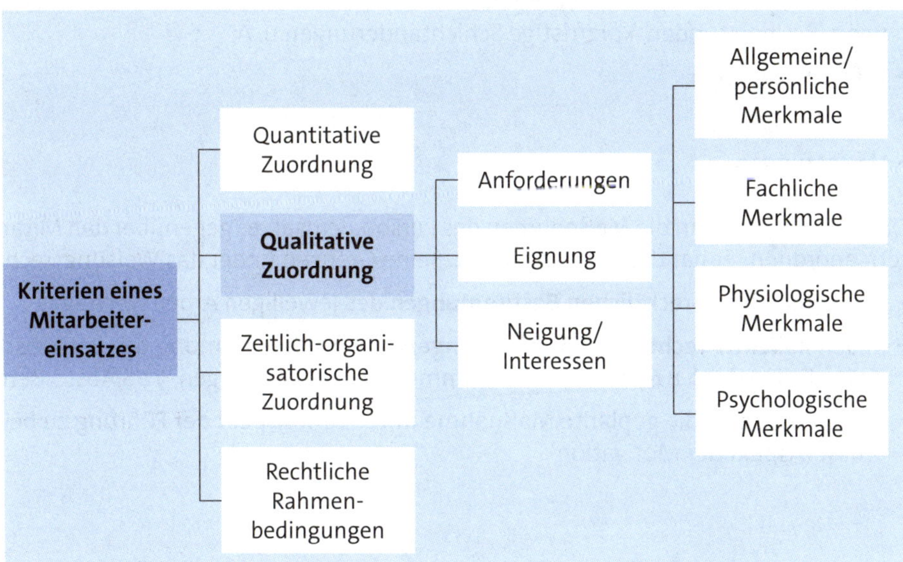

3. **Zeitlich-organisatorische Zuordnung:**
   - Zu welchen Terminen in welchen Arbeitsgruppen werden Mitarbeiter benötigt?
   - Müssen für den Einsatz Vorbereitungen geplant werden?
4. **Rechtliche Rahmenbedingungen:**
   - Einschränkungen des Weisungsrechts durch Betriebsvereinbarungen, Tarif oder Gesetz.
   - Bei Versetzungen/Umsetzungen bleibt die Vergütungsseite unberührt.
   - Enthält der Arbeitsvertrag eine Versetzungsklausel?
   - Grundsätzlich gilt: Je genauer die Tätigkeit des Mitarbeiters im Arbeitsvertrag vereinbart wurde, umso geringer ist der Spielraum für die Zuweisung anderer Tätigkeiten.
   - Die Mitbestimmung des Betriebsrates bei Versetzungen ist zu beachten (Ausnahme: betriebliche Notfallsituation).

Diese Merkmale sind nicht für jeden Arbeitsplatz gleich wichtig. Es empfiehlt sich daher, die **Kriterien je Arbeitsplatz zu gewichten** (z. B. Ausprägung: gering, mittel, hoch). Die ausgewogene und planmäßige Berücksichtigung dieser Merkmale bildet die Basis für einen optimalen Personaleinsatz nach dem Motto:

„Der richtige Mensch am richtigen Platz!“

Dem Vorgesetzten stehen beim flexiblen Einsatz seiner Mitarbeiter Instrumente zur Verfügung, die er unterschiedlich kombinieren kann, z. B.:

- flexible Handhabung der **Arbeitszeiten**
  wie z. B. Überstunden, kurzfristige Schichtänderungen u. Ä.
- **Leiharbeitnehmer**
- **Umsetzungen**
- **Versetzungen**.

Der Vorgesetzte kann die Maßnahmen des Personaleinsatzes gegenüber den Mitarbeitern anordnen; er hat das **Weisungsrecht**. Seine Grenzen findet das Weisungsrecht

- in den **individual-rechtlichen Bestimmungen** des jeweiligen Arbeitsvertrages
- in den **kollektiv-rechtlichen Bestimmungen** (z. B. Mitbestimmung des Betriebsrates in den Fällen des § 87 BetrVG, Mitbestimmung bei Versetzungen, § 95 Abs. 3 BetrVG)
- in der Frage, wie die geplante Maßnahme unter dem **Aspekt der Führung** zu bewerten ist (Aspekt der Motivation).

Beispiel

Einsatzplanung/Mitarbeiterauswahl
Zu Beginn des Jahres sollen Sie die Fortbildungsplanung für Ihre Mitarbeiter an die Personalabteilung weitergeben. Die Auswahl der Mitarbeiter erfolgt nach **betrieblichen Erfordernissen** und den (berechtigten) Erwartungen der Mitarbeiter, z. B.:

- betriebliche Erfordernisse, z. B.:
  - Bedarf für zukünftige Qualifizierungen
  - zeitlich/organisatorische Erfordernisse
  - Förderung eines Mitarbeiters aus betrieblicher Sicht.
- Erwartungen der Mitarbeiter, z. B.:
  - eigene Fortbildungsplanung
  - Neigungen/Wünsche
  - Befragung der Mitarbeiter.

4.2.3 Einsatz von Fremdpersonal

01. Welche Bedeutung hat die Arbeitnehmerüberlassung für ein Unternehmen?

Die Arbeitnehmerüberlassung stellt für viele Unternehmen eine besondere Form des flexiblen Personaleinsatzes dar. Leiharbeitnehmer können in vielen Bereichen eingesetzt werden und ihr Einsatz beschränkt sich auf einen begrenzten Zeitraum. Bei der Arbeitnehmerüberlassung werden (Leih-)Arbeitnehmer von ihrem Arbeitgeber (Verleiher) vorübergehend einem Dritten (Entleiher) zur Arbeitsleistung überlassen. Dabei werden die Leiharbeitnehmer in die Arbeitsorganisation des Entleihers eingegliedert und unterliegen seinen Weisungen.

02. Was muss ein Unternehmen beachten, wenn es Leiharbeiter einsetzen möchte?

Es müssen die gesetzlichen Vorschriften des AÜG (Arbeitnehmerüberlassungsgesetz) beachtet werden. Die Überlassung und das Tätigwerden von Leiharbeitnehmern sind nur zulässig, wenn zwischen dem Leiharbeitnehmer und dem Verleiher (Arbeitgeber) ein Arbeitsverhältnis besteht. Bei der Arbeitnehmerüberlassung wird ein „Dreiecksverhältnis" gebildet. Wird der Leiharbeitnehmer dem Entleiher überlassen, wird er in dessen Unternehmen eingegliedert und führt Tätigkeiten nach dessen Weisungen aus. Das Arbeitsverhältnis zwischen Leiharbeitnehmer und Arbeitgeber (Verleiher) besteht jedoch fort. Zwischen dem Verleiher und dem Entleiher besteht ein Arbeitnehmerüberlassungsvertrag.

03. Wie muss ein Vertrag zur Überlassung von Arbeitnehmern gestaltet sein?

Der Vertrag zwischen dem Verleiher und dem Entleiher bedarf der Schriftform. Die Überlassung von Leiharbeitnehmern muss in diesem Vertrag ausdrücklich als „Arbeitnehmerüberlassung" bezeichnet werden. In dem Vertrag muss der Entleiher angeben, welche besonderen Merkmale die für den Leiharbeitnehmer vorgesehene Tätigkeit hat und welche Qualifikationen dafür erforderlich sind. Der Entleiher muss angeben, welche Arbeitsbedingungen in seinem Betrieb für einen vergleichbaren Arbeitnehmer gelten. Dies beinhaltet auch das Arbeitsentgelt.

04. Gibt es eine Überlassungshöchstdauer für Arbeitnehmer?

Die Überlassung von Arbeitnehmern ist nur bis zu einer in § 1 Abs. 1b AÜG festgelegten Überlassungshöchstdauer zulässig. Demnach darf der Verleiher denselben Leiharbeitnehmer nicht länger als 18 aufeinanderfolgende Monate demselben Entleiher überlassen. Eine insgesamt längere Beschäftigung ist möglich, wenn die Überlassung für mindestens 3 Monate und 1 Tag unterbrochen wird. Eine solche Unterbrechung erfolgt durch die Beendigung des Arbeitnehmerüberlassungsvertrages. Ein Ausfall aufgrund von Krankheit oder Urlaub gilt nicht als Unterbrechung. Abweichende Ausnahmeregelungen der Überlassungshöchstdauer können in einem Tarifvertrag von Tarifvertragsparteien der Einsatzbranche festgelegt werden.

05. Welche unternehmensspezifischen Regelungen gibt es für den Einsatz von Fremdpersonal?

Viele Unternehmen erfüllen nicht nur die gesetzlichen Anforderungen des AÜG, sondern behandeln Leiharbeiter z. B. hinsichtlich Entlohnung, Urlaub und Arbeitszeit wie die eigenen Mitarbeiter, um eine Benachteiligung und eine damit möglicherweise verbundene niedrigere Motivation der Leiharbeiter zu vermeiden.

4.3 Führen von Mitarbeitern und Mitarbeiterinnen

4.3.1 Verfahren und Instrumente zur Mitarbeiterführung

Beispiel

Fallbeispiel „Delegation"
Herr Dieter Huber ist ein erfahrener Mechaniker in der Produktion eines Chemieunternehmens und gehört zu den besten Mitarbeitern von Meister Bernd Clever. In letzter Zeit macht sich Meister Clever allerdings Sorgen: Herr Huber ist nicht mehr so engagiert wie früher und zeigt sich mürrisch in der Zusammenarbeit mit seinen Kollegen, was man sonst von ihm überhaupt nicht kannte.

Als Meister Clever Zeit findet, mit Herrn Huber über diese Veränderung zu sprechen, beklagt sich der Mitarbeiter: „Stimmt ja schon, was Sie da sagen und tut mir auch Leid, aber wissen Sie Chef, irgendwie fehlt mir der Anreiz. Seit Jahren mache ich hier die gleiche Arbeit. Nichts ändert sich, immer der gleiche Trott. Vielleicht wäre ja eine innerbetriebliche Versetzung möglich, damit ich endlich mal etwas Neues sehe?"

Meister Clever macht sich Gedanken: Zurzeit kann er auf seinen erfahrenen Mitarbeiter Huber nicht verzichten. Er untersucht seinen gesamten Verantwortungsbereich und hat eine Überlegung: Seit langem bereitet die Ausgabe und Wartung der Spezialwerkzeuge für die Anlage erhebliche Probleme; da eine klare Zuständigkeit für dieses Kleinlager fehlt, kommt es des Öfteren zu Fehlbeständen und Beschädigungen, die nicht rechtzeitig ausgeführt werden.

Meister Clever trifft eine Entscheidung und teilt sie Herrn Huber mit:

Der Mechaniker übernimmt zukünftig die Ausgabe und Pflege des Lagers für Spezialwerkzeuge; dafür wird sein bisheriges Aufgabenvolumen reduziert und zum Teil von einem Mitarbeiter übernommen, der sich bisher noch in der Einarbeitung befand. Herr Huber ist einverstanden und freut sich über das Vertrauen, das man ihm entgegenbringt.

Die Entscheidung erweist sich als richtig: Huber zeigt wieder Elan an seinem bisherigen Arbeitsplatz; er organisiert die Werkzeugausgabe neu, Fehlbestände gehören der Vergangenheit an und die Kollegen loben die Einsatzfähigkeit und Wartung des Werkzeugs.

01. Was bezeichnet man als Delegation?

Delegieren bedeutet Übertragen. Die Übertragung von Aufgaben kann auf Dauer oder für einen einmaligen Vorgang erfolgen.

Delegation ist die Übertragung von Aufgaben und Verantwortlichkeiten mit klar umrissenen Befugnissen (Kompetenzen) an geeignete Mitarbeiter zur selbstständigen Erledigung.

02. Welche Elemente muss eine effektive Delegation umfassen?

Richtig delegieren heißt für den Vorgesetzten, folgende Fragestellungen sachgerecht zu beantworten und zu regeln:

1. **Aufgabe:**
   Was soll delegiert werden?
2. **Ziel:**
   Wie soll die Aufgabe erledigt werden (z. B. Qualitäts-, Quantitäts- und Zeitvorgaben)?
3. **Mitarbeiter:**
   Wem soll die Aufgabe übertragen werden?
4. **Kompetenz:**
   Welche Befugnisse erhält der Mitarbeiter?

03. Welche Aufgaben können delegiert werden und welche nicht?

Der Vorgesetzte kann aus seinem gesamten Verantwortungsbereich Aufgaben herauslösen, die er an geeignete Mitarbeiter überträgt. Die Analyse aller Einzelaufgaben kann nach dem Eisenhower-Prinzip unter den Aspekten „Dringlichkeit" und „Wichtigkeit" erfolgen; der Grad der Delegation wird sich am **Schwierigkeitsgrad** der Aufgabe sowie an der **Erfahrung des Mitarbeiters** orientieren.

Nicht delegieren kann der Vorgesetzte i. d. R. seine eigenen **Führungsaufgaben**; dazu gehören z. B.:

- die Planung und Kontrolle für seinen **gesamten** Verantwortungsbereich,
- die Auswahl, Förderung, Führung und Betreuung der ihm unterstellten Mitarbeiter, insbesondere Versetzungen, Beurteilungen, Gehaltseingruppierungen und Kündigungen,
- die Zusammenarbeit mit dem nächst höheren Vorgesetzten.

04. Warum muss jede delegierte Aufgabe mit einer Zielsetzung verbunden sein?

Voraussetzung für eine wirksame Delegation ist die Vorgabe oder Vereinbarung einer klaren Zielsetzung: „Warum und mit welchem Zweck ist etwas zu tun?"

Wird diese Zielsetzung nicht geklärt, **fehlt dem Mitarbeiter die Vorgabe eines Maßstabs für sein Handeln**.

05. Welche Gesichtspunkte sind beim Mitarbeiter im Rahmen der Delegation zu prüfen?

Bei der Auswahl eines Mitarbeiters für einen bestimmten Delegationsbereich muss der Vorgesetzte eine Reihe von Fragen prüfen, die sich auf das „Wollen und Können" der Mitarbeiter zur Übernahme von Aufgaben beziehen:

- **Motivation:**
  Ist der Mitarbeiter **bereit** zur Übernahme der Aufgabe?

  alternativ:
  Was muss der Vorgesetzte tun, um die Bereitschaft des Mitarbeiters zu fördern?
- **Fähigkeiten:**
  Ist der Mitarbeiter **fähig** zur Übernahme der Aufgabe?

  Zum Beispiel: Führungsfähigkeit, notwendige Fachkompetenz.

  alternativ:
  Welche Kenntnisse und Fähigkeiten müssen vom Mitarbeiter zur Übernahme der Aufgabe erworben werden? Wie soll die Vermittlung erfolgen?

- **Persönliche Eigenschaften:**
  Zum Beispiel: Zuverlässigkeit, Loyalität, Durchsetzungsvermögen, Vorbildfunktion, Akzeptanz bei den zu unterstellenden Mitarbeitern.

Beispiel

Delegation für einen einmaligen Vorgang
Soeben ist eine neue Maschine per Lkw angeliefert worden. Da Sie in einer halben Stunde an einer wichtigen Projektsitzung teilnehmen müssen, beauftragen Sie einen Ihrer Mitarbeiter, den Ablade- und Transportvorgang der Maschine in die Werkhalle zu veranlassen.

Der Mitarbeiter, dem Sie diese Aufgabe übertragen, sollte folgende **Voraussetzungen** erfüllen:

Fachlich – Beispiele	Persönlich – Beispiele
► Notwendige Fachkompetenz ► Erfahrung mit dieser Tätigkeit ► Kenntnis der UVV, DGUV Vorschriften ► Kenntnis der Gefahrenquellen	► Bereitschaft und Fähigkeit, Verantwortung zu übernehmen ► Führungsfähigkeit ► Selbstständiges Handeln ► Physische und psychische Voraussetzungen

06. Warum müssen sich Ziel, Aufgabe und Kompetenz bei der Delegation entsprechen?

- Die **Zielsetzung** ist der Maßstab für ein bestimmtes Handeln. Fehlt das Ziel, fehlt die Orientierung für das Handeln der Mitarbeiter.
- Die Übertragung der **Aufgabe** umfasst die Beschreibung der notwendigen Einzeltätigkeiten. Ist die Aufgabe nicht klar umrissen und von anderen Tätigkeiten abgegrenzt, kann dies zur Folge haben, dass einzelne Tätigkeiten nicht erfüllt werden oder „Übergriffe" in Aufgabenbereiche anderer Mitarbeiter geschehen.
- Der Begriff „Kompetenz" hat einen doppelten Wortsinn:
  - Kompetenz im Sinne von Befähigung/eine Sache beherrschen (z. B. Führungskompetenz)
  - **Kompetenz im Sinne von Befugnis**/eine Sache entscheiden dürfen (z. B. die Kompetenz/Vollmacht zur Unterschrift)

  Der Mitarbeiter kann die übertragenen Aufgaben nur dann sachgerecht ausführen, wenn er die dazu erforderlichen Befugnisse hat und diese im vorgegebenen Umfang nutzt. Außerdem muss er mit den notwendigen Ressourcen (zeitlich, finanziell, personell) ausgestattet sein. Es fehlen ihm sonst die Mittel für die sachgerechte Aufgabenerfüllung.

Äquivalenzprinzip der Delegation:
Ziel, Aufgabe und Kompetenz (Befugnis) müssen sich im Rahmen der Delegation entsprechen!

Beispiel

Die Herrn Huber übertragene Aufgabe (vgl. Fallbeispiel „Delegation", S. 442 f.) hat das Ziel, dass jederzeit die erforderlichen Werkzeuge in ausreichender Menge und gebrauchsfähigem Zustand zur Verfügung stehen. Dazu muss Herr Huber z. B. die rechtzeitige Rückgabe überwachen, die Instandsetzung bzw. Wartung veranlassen u. Ä. (Einzeltätigkeiten). Verbunden damit ist u. a. die Kompetenz, Aufträge an eine Fremdfirma zur Instandsetzung einzelner Werkzeuge auszulösen, die Ausgabe von Werkzeugen an die Mitarbeiter zu verweigern, wenn notwendige Unterschriften fehlen und Unbefugten den Zutritt zum Lager zu verweigern u. Ä. Weiterhin muss die zeitliche Belastung für diese Aufgabe mit seinen sonstigen Tätigkeiten abgeglichen werden. Notwendig erscheint auch, dass er ein bestimmtes finanzielles Budget für die Instandsetzung von Werkzeugen erhält, über das er disponieren kann.

07. Welche Verantwortung muss der Vorgesetzte und welche der Mitarbeiter im Rahmen der Delegation wahrnehmen?

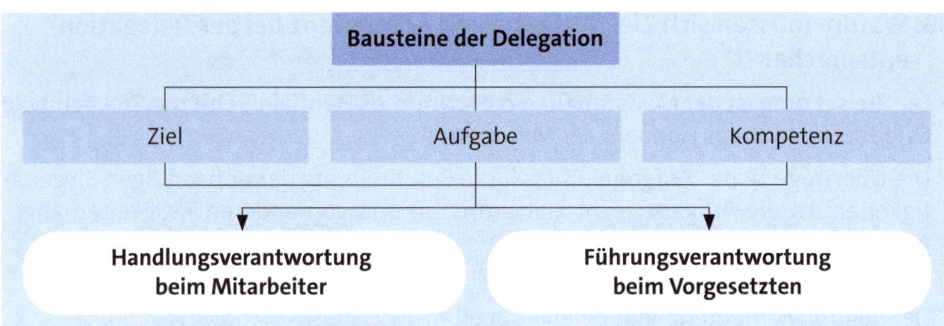

Im Rahmen der Delegation werden dem Mitarbeiter Ziel, Aufgabe und Kompetenz übertragen.

- Aus der Verbindung dieser **drei Elemente der Delegation** erwächst für den Mitarbeiter die **Handlungsverantwortung** – nämlich seine Verantwortung für die Aufgabenerledigung im Sinne der Zielsetzung sowie die Nutzung der Kompetenzen innerhalb des abgesteckten Rahmens. **Verantwortung übernehmen heißt, für die Folgen einer Handlung einstehen**.

- **Die Führungsverantwortung bleibt immer beim Vorgesetzten:** Er trägt als Führungskraft immer die Verantwortung für Auswahl, Einarbeitung, Aus- und Fortbildung, Einsatz, Unterweisung, Kontrolle usw. des Mitarbeiters (**Voraussetzungen der Delegation**).

Diese Unterscheidung von Führungs- und Handlungsverantwortung ist insbesondere immer dann wichtig, wenn Aufgaben schlecht erfüllt wurden und die Frage zu beantworten ist: *„Wer trägt für die Schlechterfüllung die Verantwortung? Der Vorgesetzte oder der Mitarbeiter?“*

Beispiel

Hat Meister Clever den Mitarbeiter Huber richtig ausgewählt, in die neue Aufgabe eingewiesen und kontrolliert er die Ausführung der Aufgabe in angemessenem Umfang, so hat er seine Führungsverantwortung wahrgenommen. Unterläuft Herrn Huber ein Fehler, hat er z. B. die Vorbestellung einer Werkzeuggruppe für die Anlage vergessen zu notieren, so trägt er dafür die Handlungsverantwortung. Er muss für diesen Fehler einstehen und sich ggf. eine Ermahnung „gefallen lassen“.

08. Welche Ziele werden mit der Delegation verfolgt?

Effektive Delegation ist ein wesentlicher Faktor positiver Führung und hat folgende Auswirkungen beim Vorgesetzten und beim Mitarbeiter:

- **Beim Vorgesetzten:**
  - Entlastung, Prioritäten setzen
  - Know-how der Mitarbeiter nutzen
  - Vertrauen an die Mitarbeiter übertragen
- **Beim Mitarbeiter:**
  - Förderung der Fähigkeiten („Fördern heißt fordern!“)
  - Motivation
  - Arbeitszufriedenheit
  - Vertrauensbeweis durch den Vorgesetzten.

09. Welche Handlungsspielräume kann der Vorgesetzte seinen Mitarbeitern bei der Delegation einräumen?

Den Umfang der Delegation kann der Vorgesetzte unterschiedlich gestalten: Betrachtet man die „Elemente der Delegation“ (vgl. oben), so ergeben sich für den Meister folgende Möglichkeiten, den Umfang der Delegation enger oder weit zu fassen; dementsprechend geringer oder umfangreicher sind die sich daraus ergebenden Handlungsspielräume für die Mitarbeiter:

1. Der Vorgesetzte kann das Ziel
   - vorgeben: → einseitige Festlegung: **Zielvorgabe, Arbeitsanweisung**
   - vereinbaren: → Zielfestlegung im Dialog: **Zielvereinbarung** (MbO)
2. Er kann den Umfang und die Art der delegierten Aufgabe unterschiedlich gestalten: → **Art + Umfang** der Aufgabe: leicht/schwer bzw. klein/groß
3. Er kann den Umfang der Kompetenzen weit fassen oder begrenzen: → **Kompetenzumfang:** gering/umfassend

Ziel	+	**Aufgabe**	+	**Kompetenz**
Zielvorgabe		leicht		begrenzt
Zielvereinbarung		schwierig		umfassend

Welchen Handlungsspielraum der Vorgesetzte dem Mitarbeiter einräumt, muss im Einzelfall entschieden werden und hängt ab

- von der Erfahrung, der Fähigkeit und der Bereitschaft des Mitarbeiters und
- von der betrieblichen Situation und der Bedeutung der Aufgabe (wichtig/weniger wichtig; dringlich/weniger dringlich; Folgen bei fehlerhafter Ausführung).

10. Wie kann der Vorgesetzte die Delegation in Stufen durchführen und dabei den Entwicklungsstand des Mitarbeiters berücksichtigen?

Die Übertragung von Aufgaben und Kompetenzen muss sich nicht nach dem Prinzip „entweder ganz oder gar nicht“ vollziehen. Der Vorgesetzte kann die Delegation stufenweise, in einzelnen Schritten durchführen:

1. Der Mitarbeiter schaut dem Vorgesetzten bei der Erledigung einer Aufgabe „über die Schulter“.
2. Der Mitarbeiter erläutert den Vorgang, führt ihn aber noch nicht selbst aus.
3. Der Mitarbeiter erledigt Teilvorgänge selbst; der Vorgesetzte schaut zu und korrigiert.
4. Der Mitarbeiter führt die Aufgabe selbstständig aus; Entscheidungen von größerer Tragweite werden vom Vorgesetzten noch bestätigt.
5. Der Mitarbeiter arbeitet und entscheidet zunehmend selbstständig; der Vorgesetzte beschränkt sich auf Stichprobenkontrollen.

Die schrittweise Erweiterung des Delegationsumfangs bezeichnet man auch als **Stufenmodell der Delegation:**

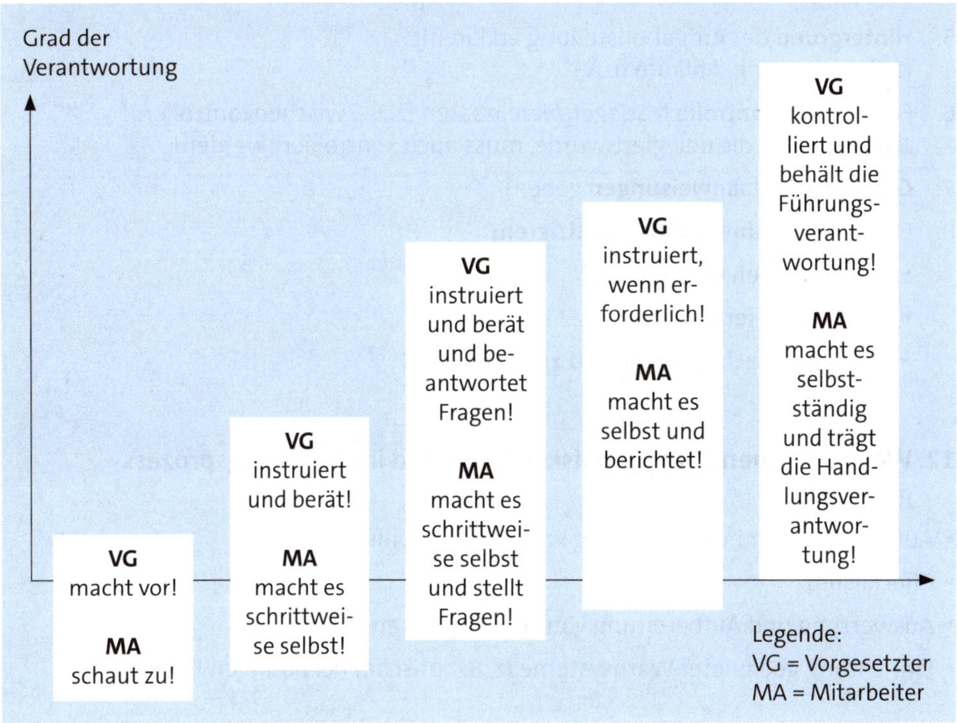

11. Welche Grundsätze müssen bei der Delegation eingehalten werden (Zusammenfassung)?

1. Ziel, Aufgabe und Kompetenz müssen sich entsprechen!
   (**vgl. oben; → Äquivalenzprinzip** der Delegation)
2. Der Vorgesetzte muss die **Voraussetzungen** schaffen:
   - bei **sich selbst:**
     Bereitschaft zur Delegation (sich von Aufgaben trennen), Vertrauen in die Leistung des Mitarbeiters, keine Furcht Autorität zu verlieren
   - beim **Mitarbeiter:**
     das Wollen (Motivation) und das Können (Beherrschen der Arbeit)
   - beim **Betrieb:**
     Organisatorische Voraussetzungen:
     - Werkzeuge, Hilfsmittel, Ressourcen, Informationen
     - abgegrenztes Aufgabengebiet
     - ggf. Stellenbeschreibung ändern
     - Information im Betrieb, dass der Mitarbeiter für diese Aufgabe zuständig ist.

3. **Keine Rückdelegation** zulassen!
4. Analyse, **welche Aufgaben delegiert werden können** und welche nicht! Führungsaufgaben können i. d. R. nicht delegiert werden.
5. **Hintergrund** der Aufgabenstellung erklären! (z. B. Bedeutung, Abläufe u. Ä.)
6. Formen der **Kontrolle** festlegen/vereinbaren (z. B. Zwischenkontrollen)! Jede Aufgabe, die delegiert wurde, muss auch kontrolliert werden!
7. **Genaue Arbeitsanweisungen** geben!
8. Die richtige **Fehlerkultur praktizieren:**
   - **Fehler können vorkommen!**
   - **Aus Fehlern lernt man!**
   - **Einmal gemachte Fehler sind zu vermeiden!**

12. Welche Formen der Ergebniskontrolle sind im Fertigungsprozess geeignet?

- Aufbereitung und Visualisierung von Messergebnissen
- Checklisten
- Auswertung und Aufbereitung von Fehleranalysen
- Einrichtung geeigneter Warnsysteme (z. B. optische) bei häufigen Fehlern.

13. Was heißt „Mitarbeiter führen"?

- **Führen** heißt, das Verhalten der Mitarbeiter **zielorientiert** zu **beeinflussen**, sodass die betrieblichen Ziele erreicht werden – unter Beachtung der Erwartungen der Mitarbeiter.
- **Ziel** der Führungsarbeit:

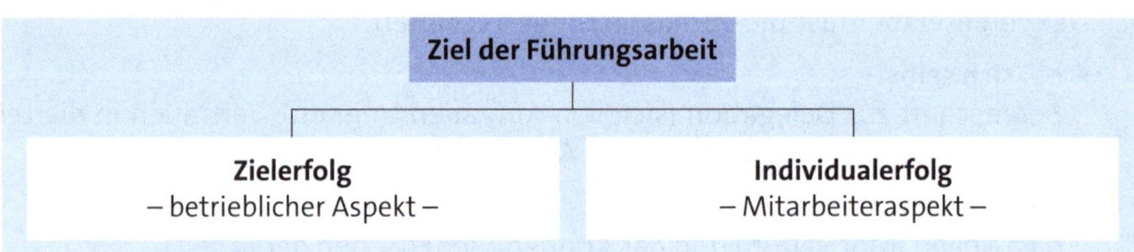

- Der **Zielerfolg** (betrieblicher Aspekt) bedeutet:
  - Leistung zu erzeugen
  - Leistung zu erhalten
  - Leistung zu steigern

- Der **Individualerfolg** (Mitarbeiteraspekt) bedeutet:
  - Erwartungen und Wünsche der Mitarbeiter in Abhängigkeit von den betrieblichen Möglichkeiten zu berücksichtigen
  - Mitarbeiter zu motivieren.

14. Welche Bedeutung hat zielorientierte Führungsarbeit?

a) Die Leistung der Mitarbeiter muss sich stets zielorientiert entfalten, d. h., Führung hat die Aufgabe, **alle Kräfte des Unternehmens zu bündeln und auf den Markt zu konzentrieren:**

Führung → Ziele → zielorientierte Aufgabenerfüllung → Leistung → Wertschöpfung → Zielerreichung.

b) Die **Ziele** des Unternehmens **werden aus der Wechselwirkung von Betrieb und Markt gewonnen**. Sie werden „heruntergebrochen" in Zwischen- und Unterziele für nachgelagerte Führungsebenen, z. B. für den Meisterbereich.

c) Im Prozess der Zielerreichung hat die Mitarbeiterführung die Funktion der **Klammer, der Koordination und der Orientierung**.

d) Führung muss dabei den „Spagat" zwischen der Beachtung ökonomischer und sozialer Ziele herbeiführen:

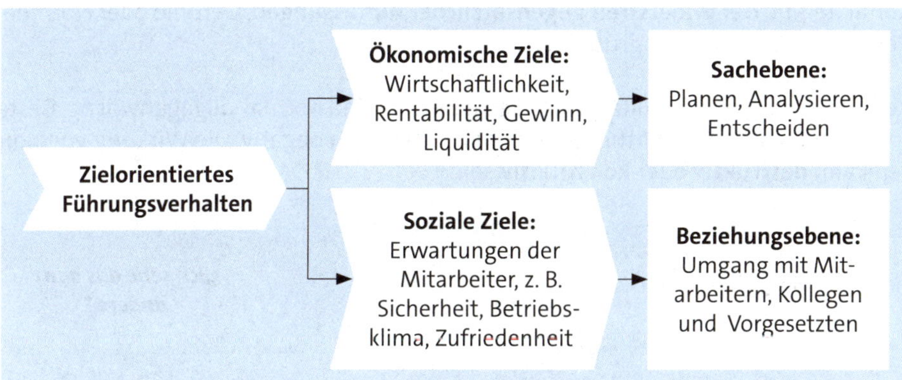

15. Wie lassen sich die Begriffe „Führungsstil" und „Führungsmittel" voneinander abgrenzen?

- Mit **Führungsstil** (synonym: **Führungsmethode**) will man das **Führungsverhalten eines Vorgesetzten** beschreiben, dass durch eine einheitliche Grundhaltung gekennzeichnet ist.

  Der Führungsstil **ist also ein Verhaltensmuster**, dass sich aus mehreren Orientierungsgrößen zusammensetzt (Werte, Normen, Grundsätze), zeitlich **relativ überdauernd** und in unterschiedlichen Situationen **relativ konstant** ist, z. B. der kooperative Führungsstil.

- **Führungsmittel** (synonym: Führungsinstrumente) sind Mittel und Verfahren, die zur Gestaltung des Führungsprozesses eingesetzt werden, z. B. Delegation, Beurteilung, Anreizsysteme usw.

16. Wie lassen sich die Begriffe „Führungsprinzip, Führungskonzeption" und „Führungsmodell" voneinander abgrenzen?

- **Führungsprinzip** ist der am wenigsten umfassende Begriff. Er beschreibt den Sachverhalt, dass sich eine Führungskraft in ihrem konkreten Verhalten an einem oder mehreren Grundsätzen orientiert, z. B. dem Prinzip der Delegation.
- **Führungskonzeptionen** basieren auf den Erkenntnissen über Führungsstile, bringen diese in Beziehung zueinander und ergänzen sie durch weitere Dimensionen. In der Regel haben Führungskonzepte eine Leitidee (z. B. Delegation) und integrieren diese in (unterschiedlich ausgestaltete) Regelkreise der Planung, Durchführung und Kontrolle.
- **Führungsmodelle** erheben den Anspruch, praxisorientierte Konzeptionen mit normativem oder idealtypischem Charakter zu sein.

17. Was sind Konflikte?

Konflikte sind **der Widerstreit gegensätzlicher Auffassungen**, Gefühle oder Normen von Personen oder Personengruppen.

Konflikte gehören zum Alltag eines Betriebes. Sie sind normal, allgegenwärtig, Bestandteil der menschlichen Natur und nicht grundsätzlich negativ. Die Wirkung von Konflikten kann **destruktiv** oder **konstruktiv** sein.

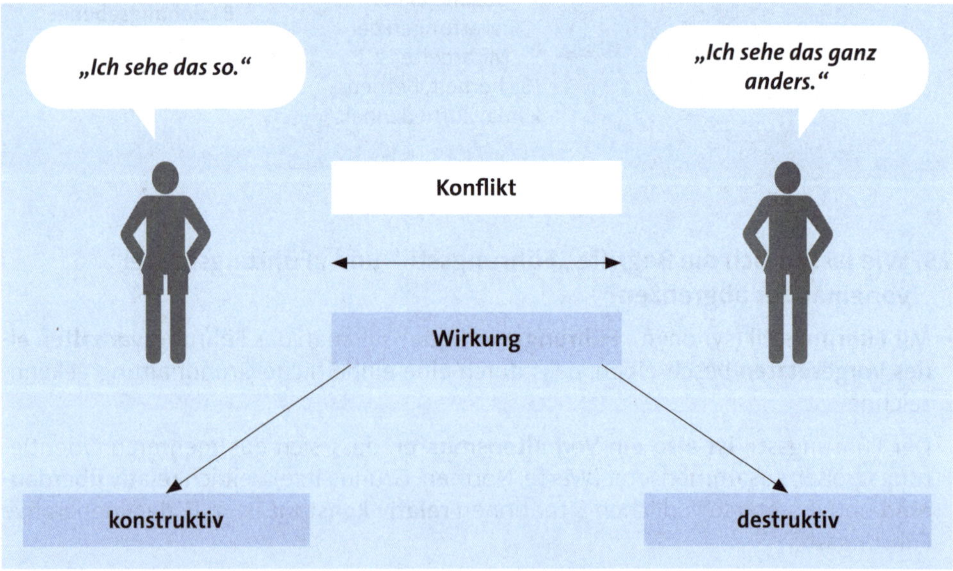

18. Welche Konfliktarten werden unterschieden?

- Konflikte können **latenter Natur** (unterschwellig) oder auch **offensichtlich** sein. Konflikte sind als Prozess zu sehen, der immer dann auftaucht, wenn zwei oder mehr Parteien in einer Sache/einer Auffassung nicht übereinstimmen.
- Konflikte können auftreten:
  - innerhalb einer Person (innere Widersprüche; intrapersoneller Konflikt)
  - zwischen zwei Personen (interpersoneller Konflikt)
  - zwischen einer Person (Moderator) und einer Gruppe
  - innerhalb einer Gruppe
  - zwischen mehreren Gruppen.
- Beim **Konfliktinhalt** werden drei Arten/Dimensionen unterschieden:
  - **Sachkonflikte:**
    Der Unterschied liegt in der Sache, z. B. unterschiedliche Ansichten darüber, welche Methode der Bearbeitung eines Werkstückes richtig ist.
  - **Emotionelle Konflikte (Beziehungskonflikte):**
    Es herrschen unterschiedliche Gefühle bei den Beteiligten: Antipathie, Hass, Misstrauen.

    Hinweis:
    Sachkonflikte und emotionelle Konflikte überlagern sich häufig. Konflikte auf der Sachebene sind mitunter nur vorgeschoben; tatsächlich liegt ein Konflikt auf der Beziehungsebene vor. Beziehungskonflikte erschweren die Bearbeitung von Sachkonflikten.

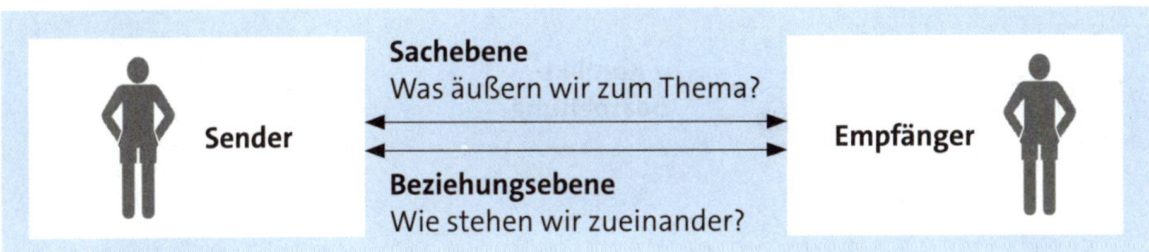

  - **Wertekonflikte:**
    Der Unterschied liegt im Gegensatz von Normen; das Wertesystem der Beteiligten stimmt nicht überein.

Beispiel

Der ältere Mitarbeiter ist der Auffassung: *„Die Alten haben grundsätzlich Vorrang – bei der Arbeitseinteilung, der Urlaubsverteilung, der Werkzeugvergabe – und überhaupt."*

Die Mehrzahl der Konflikte tragen Elemente aller drei Dimensionen (siehe oben) in sich und es bestehen **Wechselwirkungen**.

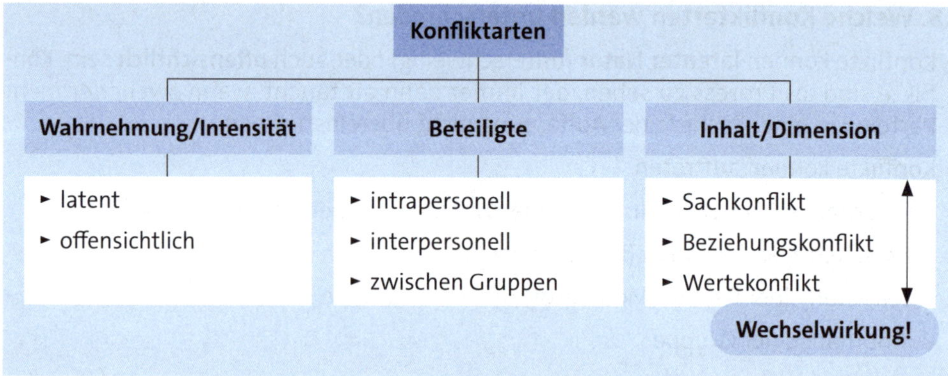

19. Wie ist der „typische" Ablauf bei Konflikten?

Kein Konflikt gleicht dem anderen. Trotzdem kann man im Allgemeinen sagen, dass folgendes Ablaufschema „typisch" ist:

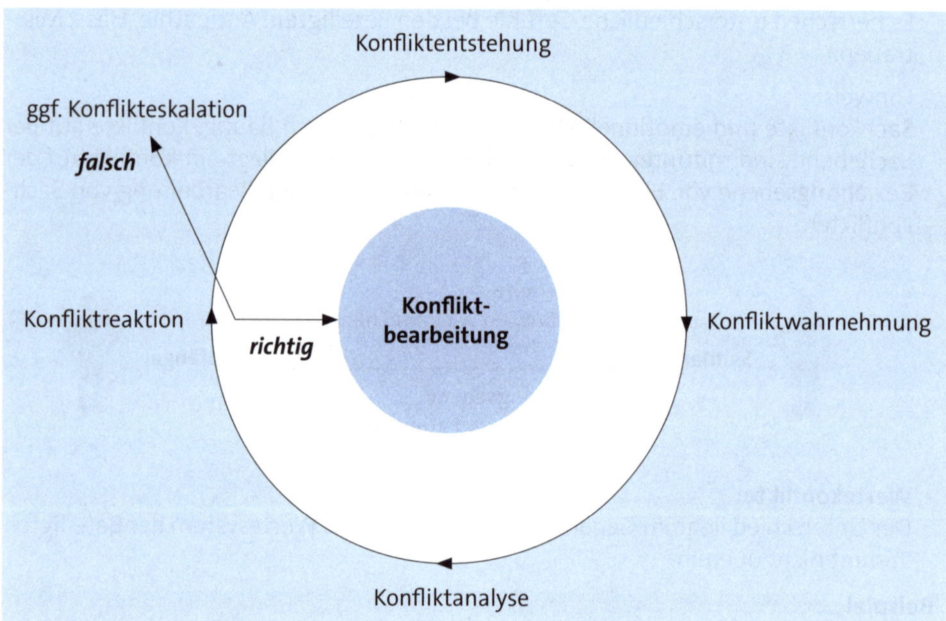

20. Welche Maßnahmen zur Vermeidung und zum bewussten Umgang mit Konflikten sind wirksam?

- **Ziel der Konfliktbewältigung** ist es, durch offenes Ansprechen eine sachliche Problemlösung zu finden, aus der Situation gestärkt hervorzugehen und den vereinbarten Konsens gemeinsam zu tragen.

- **Konfliktstrategien:**
  Dazu bietet sich nach *Blake/Mouton* (1980) an, eine **gleichmäßig hohe Gewichtung** zwischen den **Interessen des Gegenübers** (Harmoniestreben) und **Eigeninteressen** (Macht) vorzunehmen: **Konsens zu stiften**.

  Fließen die Interessen beider Parteien nur halb ein, dann ist das Ergebnis (nur) ein **Kompromiss**.

  Wird der Konflikt nur schwach oder gar nicht thematisiert (Flucht/Vermeidung/„unter den Teppich kehren"), ist nichts gewonnen.

  Dominiert der andere, ist ebenfalls wenig gewonnen, man gibt nach, verzichtet auf den konstruktiven Streit. Setzt man sich allein durch, ist das Resultat erzwungen und wird mit Sicherheit von der Gegenpartei nicht getragen.

  Rein theoretisch sind folgende **Reaktionen der Konfliktparteien** denkbar:

	Konfliktreaktionen der Beteiligten		
Konflikt	*unvermeidbar; Ausgleich nicht möglich*	*vermeidbar; Ausgleich nicht möglich*	*vermeidbar; Ausgleich möglich*
Reaktion: aktiv	Kämpfe	Rückzug: „Eine Partei gibt auf."	**Problemlösung**
	Vermittlung Schlichtung	Isolation	**tragfähiger Kompromiss**
Reaktion: passiv	zufälliges Ergebnis	Ignorieren des Anderen	friedliche Koexistenz

Strategie der Konfliktvermeidung

Der Vorgesetzte sollte die Reaktionen fördern, die für eine Konfliktbearbeitung konstruktiv sind (siehe gerasterte Felder)

- Vermittlung, Schlichtung
- Problemlösung
- ausgewogener tragfähiger Kompromiss

bzw.

- Bedingungen im Vorfeld von Konflikten vermeiden, die eine konstruktive Bearbeitung unmöglich werden lassen, z. B. länger andauernde irreparable „Verletzungen" durch Mobbing, Vermeidung unklarer Aufgabenstellungen/Kompetenzabgrenzungen o. Ä.

21. Wie ist ein Konfliktgespräch zu führen?

Bei der Behandlung von Konflikten gilt für den Meister grundsätzlich:
Nicht Partei ergreifen, sondern die Konfliktbewältigung moderieren!

Dazu sollte er bei der Moderation von Konfliktgesprächen in folgenden Schritten vorgehen:

1. **Kontaktphase:**
   entspannen, emotionale Beziehung herstellen
2. **Orientierungsphase:**
   Konflikt erkennen und definieren: Worum geht es den Parteien – auf der Sachebene, auf der Beziehungsebene?
3. **Argumentations-/Diskussions-/Bearbeitungsphase:**
   logisch argumentieren, zuhören; die Meinung des anderen respektieren/nicht interpretieren; Lösungsalternativen suchen; dabei alle Beteiligten einbeziehen.
4. **Entscheidungs- und Kontraktphase:**
   Lösungsalternativen bewerten: Was spricht für Alternative 1, was spricht dagegen?

   Vereinbarungen (Kontrakte) treffen; den anderen dabei nicht überreden; Wege der Umsetzung ermitteln.
5. **Abschlussphase:**
   Rückschau: Wird die vereinbarte „Lösung“ allen Beteiligten gerecht? Wird das Problem gelöst? Formen der Umsetzungskontrolle verabschieden; Emotionen glätten, „nach vorn schauen“; sich höflich und verbindlich verabschieden (Wertschätzung).

Beispiel

Bearbeitung eines Sachkonflikts
Für die nächste Woche haben Sie den Vorarbeiter Hurtig zwei Tage für wichtige Sonderaufgaben abgestellt, die schon lange geplant waren. Sie erfahren heute (Mittwoch), dass Ihr Chef Herrn Hurtig in der nächsten Woche für die Betriebsbegehung mit einem wichtigen Kunden unbedingt braucht. Er hatte noch keine Zeit, Ihnen seine Absicht mitzuteilen. Der Kontakt zu Ihrem Chef ist unbelastet. Am Nachmittag haben Sie ein Gespräch mit ihm, um die Sache zu klären. Wie werden Sie das Gespräch strukturieren? Welche Argumente wollen Sie vortragen?

Lösungsansätze für den Gesprächsablauf:

- Verständnis die Betriebsbegehung zeigen.
- Dem Chef die Bedeutung der Sonderaufgabe an Herrn Hurtig beschreiben.
- Dem Chef einen anderen, ebenfalls geeigneten Mitarbeiter vorschlagen.
- Mit dem Chef gemeinsam einen geeigneten **Maßstab** (aus der Sicht des Betriebes) für die Lösung des Problems erarbeiten, z. B.:
  - Was passiert, wenn Herr Hurtig nicht für die Betriebsbegehung zur Verfügung steht?

  - Welche Folgen für den Betrieb treten ein, wenn er die Sonderaufgabe nicht ausführen kann?
  - Dabei keine „Gewinner-Verlierer-Strategie“ einschlagen.
- Bei Zustimmung durch den Chef (Hurtig → Sonderaufgabe):
  - Für das Verständnis danken.
  - Dem Chef Unterstützung anbieten bei der Lösung „seines Problems“.
- Bei Ablehnung durch den Chef (Hurtig → Betriebsbegehung):
  - Lösungen für das „eigene Problem“ erarbeiten und dabei den Chef um Unterstützung bitten.

Die Bearbeitung von (tatsächlichen) **Sachkonflikten** ist auch über **Anweisungen** oder einseitige Regelungen (mit Begründung) durch den Vorgesetzten möglich; z. B. Festlegung von Arbeitsplänen.

22. Wie lassen sich Konfliktsignale frühzeitig wahrnehmen?

Die Mehrzahl der betrieblichen Konflikte hat eine „Entstehungsgeschichte“. Oft kann man bereits in einem frühen Stadium sog. Konfliktsignale wahrnehmen; dies können sein:

- **Offene Signale:**
  Mündliche oder schriftliche Beschwerden
- **Verdeckte Signale:**
  Desinteresse, förmliches Verhalten, unnötiges Beharren auf dem eigenen Standpunkt.

Geht der Vorgesetzte mit Konfliktsignalen bewusst um, so bietet sich ihm die Chance, bestehende Differenzen frühzeitig zu klären, bevor die Gegensätze kaum noch überbrückbar sind.

23. Welche praktischen Empfehlungen im Umgang mit Konflikten haben sich bewährt?

- Der Vorgesetzte sollte sich im Erkennen von Konfliktsignalen trainieren!
- Der Vorgesetzte sollte eine klare Meinung von den Dingen haben, sich aber davor hüten, alles nur von seinem Standpunkt heraus zu betrachten!
- Der Vorgesetzte sollte bei der Konfliktbewältigung keine „Verlierer“ zurück lassen. Verlierer sind keine Leistungsträger!
- Konflikte in Gesprächen bearbeiten!
- Spielregeln der Zusammenarbeit vereinbaren!

- Je früher ein Konflikt erkannt und bearbeitet wird, umso besser sind die Möglichkeiten der Bewältigung.
- Konflikte bewältigen heißt „Lernen". Dafür ist Zeit erforderlich!

Beispiel

Konfliktbearbeitung
Ausgangslage: Wir befinden uns in der Kargen GmbH, einem mittelständischen Hersteller von Chemikalien für die Bauwirtschaft im Raum Mönchengladbach. Das Unternehmen ist in den zurückliegenden Jahren stark gewachsen und konnte sich erfreulich gegenüber dem Hauptkonkurrenten, der Firma Kühne, behaupten. In den letzten Monaten häuften sich jedoch die Probleme:

Es kommt zu Stockungen in der Materialversorgung; dies führt zu Stillstandszeiten der Verpackungsanlage. Die Mitarbeiter in der Fertigung beschweren sich zunehmend über ungerechte Vorgabezeiten. Terminüberschreitungen bei Kundenaufträgen häufen sich. Außerdem geht in der Belegschaft das Gerücht um, die Firmenleitung wolle den Standort nach Thüringen verlegen, weil dort bessere Produktionsbedingungen angeboten würden. Insgesamt hat sich die Ertragslage der Kargen GmbH verschlechtert.

Der Meisterbereich 1 wird seit sechs Jahren von **Herrn Knabe** geleitet; er berichtet an **Herrn Kurz**, Leiter der Fertigung. Herr Knabe ist ein erfahrener Meister. Aufgrund seiner betriebswirtschaftlichen Weiterbildung machte er sich bis vor kurzem Hoffnung, Nachfolger von Herrn Kurz zu werden, der im nächsten Jahr altersbedingt seine Tätigkeit beenden wird. Vor zwei Wochen hat die Geschäftsleitung entschieden, die Stelle extern zu besetzen. Herr Knabe erfuhr davon auf Umwegen.

Herrn Knabe sind unmittelbar vier Mitarbeiter unterstellt:
Frau Balsam ist Werkstattschreiberin und „Mädchen für Alles". Sie ist gutmütig und arbeitet pflichtbewusst. Leider gibt es häufiger „Zusammenstöße" mit dem Vorarbeiter, **Herrn Merger**, der wenig Kontakt mit den Kollegen pflegt; außerdem findet er, „dass Frauen in der Fertigung nichts zu suchen haben".

Herr Knabe wird vertreten durch **Herrn Kern**, der vor kurzem von außen eingestellt wurde; er befindet sich noch in der Probezeit und ist der zukünftige Schwiegersohn des Inhabers. Die Mitarbeiter in der Fertigung beschweren sich zunehmend über seinen rüden Umgangston; es zeichnen sich Führungsprobleme ab. Herr Kern scheint recht isoliert im Meisterbereich zu sein. Keiner „wird mit ihm richtig warm". **Herr Hurtig** ist ebenfalls Vorarbeiter. Von seiner bisher zügigen Art, auftretende Probleme anzupacken, ist kaum noch etwas zu merken; er vernachlässigt seine Arbeit und wälzt Aufgaben an Frau Balsam ab. Zwischen den Herren Hurtig und Merger klappt die Vertretung bei kurztägigen Abwesenheiten nicht.

Analyse der Konfliktarten und Lösungsansätze zur Konfliktbearbeitung		
Konfliktfelder	**Konfliktart**	**Lösungsansätze**
► Materialversorgung, Stillstandszeiten, Vorgabezeiten, Terminüberschreitungen	Sachkonflikt; muss kurzfristig gelöst werden	Meeting der Verantwortlichen ► Suche nach Ursachen ► Lösung ► Umsetzung ► Kontrolle der Umsetzung und der Wirksamkeit
► Gerüchte über Standortverlegung	Sach- und Beziehungskonflikt; kurz- und mittelfristiges Problem	kurzfristig: klare Mitteilung der Geschäftsleitung, ob eine Verlegung geplant ist langfristig: laufende Information der Belegschaft über zentrale Vorgänge im Betrieb; Information ist Sachinformation und Wertschätzung zugleich.
► Herr Knabe: Nachfolge?	Sachkonflikt Beziehungskonflikt? kurzfristiges Problem	kurzfristiges Gespräch der Herren Knabe und Kurz: Darlegung der Entscheidung der Geschäftsleitung, Aufarbeitung der „Verletzungen", Erneuerung einer stabilen Arbeitsbasis.
► Herr Hurtig: Demotivation?	Sachkonflikt Beziehungskonflikt? mittelfristig	Kritikgespräch: Knabe/Hurtig über „Abwälzen", „Urlaubsvertretung" und „Vernachlässigung"; ggf. zusätzliche Einzelgespräche mit Fr. Balsam („Abwälzen") und Hr. Merger („Urlaubsvertretung"). Möglich auch: Hurtig und Merger erhalten den Auftrag, bis zum ... eine tragfähige Lösung in Sachen Vertretung zu präsentieren.
► Herr Kern: Führungsprobleme?	Beziehungskonflikt mittelfristig	Gespräch: Knabe/Kern; Kern schildert die Dinge aus seiner Sicht; Ergebnis offen: ggf. Coaching, Unterstützung oder auch Beendigung des Arbeitsverhältnisses, falls gravierender Fehler bei der Personalauswahl; Problemlösung ist erschwert (angehender Schwiegersohn).
► Herr Merger: Haltung zu Frauen?	Beziehungskonflikt mittelfristig	Gespräch: Knabe/Merger; Einsicht erzeugen bei Merger, dass hier Vorurteile bestehen und wie diese wirken; ggf. Dreiergespräch: Knabe/Merger/Balsam; führt dies nicht zum Ergebnis: Ermahnung, Anordnung, ggf. Abmahnung bei frauenfeindlichen Äußerungen (vgl. BGB, AGG, Grundgesetz, EG-Gesetz).

24. Welche betrieblichen Folgen können sich aus schwelenden Konflikten ergeben, die nicht thematisiert werden?

Mögliche Folgen, z. B.:

- Gefahr der Eskalation
- Störung des Betriebsklimas
- Gerüchtebildung
- Vertrauensverluste
- Frustration, ggf. mit der Folge von Aggression
- Minderung der Leistungsergebnisse
- innere Kündigung.

4.3.2 Führungsmethoden

01. Welche Führungsstile werden unterschieden?

Der Versuch zu beschreiben, unter welchen Bedingungen Führungsarbeit erfolgreich ist, hat zu einer Fülle von Erklärungsansätzen geführt. Der älteste Erklärungsansatz ist die Eigenschaftstheorie; die neueren Ansätze basieren auf der Verhaltenstheorie.

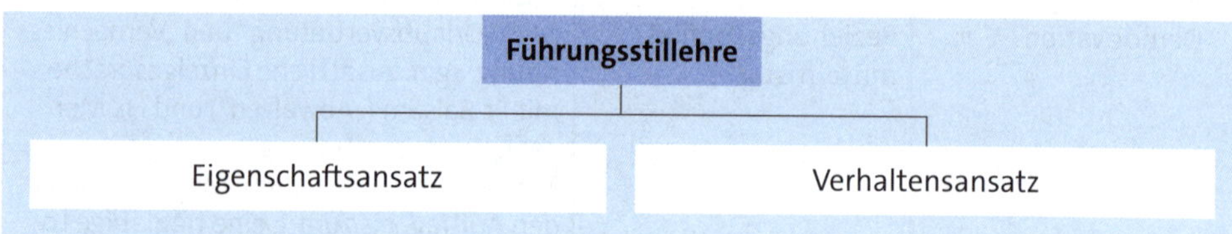

- Der **Eigenschaftsansatz** geht aus von den Eigenschaften des Führers, z. B. Antrieb, Energie, Durchsetzungsfähigkeit usw. Es wurde daraus eine **Typologie der Führungskraft** entwickelt:
  - autokratischer Führer
  - demokratischer Führer
  - laissez faire Führer.

  Andere Erklärungsansätze, die ebenfalls von der Eigenschaftstheorie ausgehen, nennen unter der Überschrift „Tradierte Führungsstile“ (= überlieferte Führungsstile):
  - patriarchalisch → väterlich
  - charismatisch → Persönlichkeit mit besonderer Ausstrahlung
  - autokratisch → selbstbestimmend
  - bürokratisch → Führen nach Regeln

Der Eigenschaftsansatz unterstellt, dass Führungserfolg von den Eigenschaften des Vorgesetzten abhängt. Der Eigenschaftsansatz konnte empirisch nicht bestätigt werden.

- Der **Verhaltensansatz** basiert in seiner Erklärungsrichtung auf den **Verhaltensmustern der Führungskraft** innerhalb des Führungsprozesses. Im Mittelpunkt stehen z. B. Fragen: *„Wie kann Führungsverhalten beschrieben werden?“ „Welche unterschiedlichen Ausprägungen von Führungsverhalten zeigten sich in der Praxis?“* Ergebnisse dieser Forschungen sind die Führungsstile und Führungsmodelle mit ihren unterschiedlichen Orientierungsprinzipien, wie sie in der nachfolgenden Darstellung abgebildet sind:

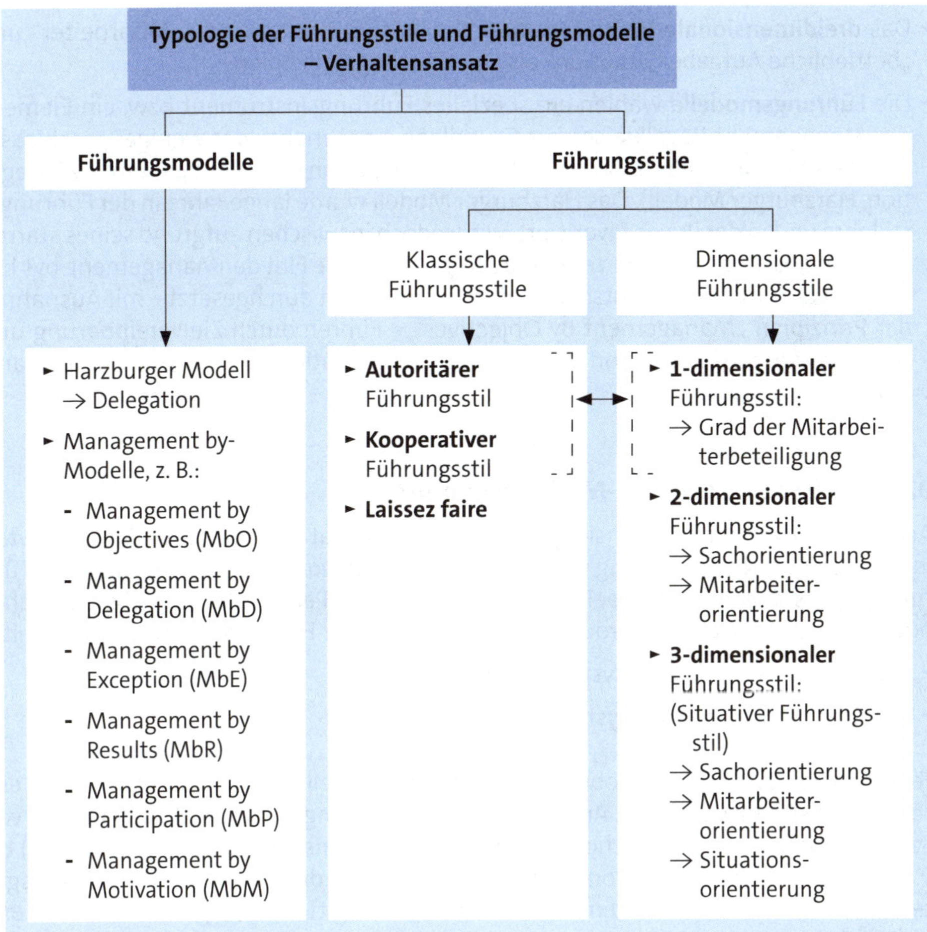

- Die **klassischen Führungsstile** können mit den eindimensionalen Führungsstilen gleichgesetzt werden. Das Orientierungsprinzip ist der **Grad der Mitarbeiterbeteiligung:**

  Ein Führungsstil ist eindimensional, wenn zur Beschreibung und Beurteilung von Führungsverhalten nur ein Kriterium herangezogen wird. Daher gehören „Klassische Führungsstile" typologisch zu den eindimensionalen. Bei den zwei- und mehrdimensionalen Führungsstilen ist der Erklärungsansatz von zwei oder mehr Orientierungsprinzipien geprägt.

- Das **zweidimensionale Verhaltensmodell** (= Grid-Modell) wählt „Sache" und „Mitarbeiter" als Orientierungsprinzipien.
- Das **dreidimensionale Verhaltensmodell** wählt „Führungskraft", „Mitarbeiter" und „betriebliche Aufgabe/Situation" als Orientierungsprinzipien.
- Die **Führungsmodelle** wählen ein spezielles Führungsinstrument bzw. ein Element des Management-Regelkreises zur Grundlage eines mehr oder weniger geschlossenen Verhaltensmodells, z. B. das Prinzip der Delegation (vgl. Management by Delegation, Harzburger Modell). Das Harzburger Modell wurde lange Jahre in der Führungsstillehre und in der Praxis favorisiert, wird jedoch inzwischen aufgrund seines starren Regelwerkes als nicht mehr zeitgemäß angesehen. Die Flut der Management-bys hat sich im Führungsalltag deutscher Unternehmen nicht durchgesetzt – mit Ausnahme der Prinzipien „Management by Objectives" = Führen durch Zielvereinbarung und „Management by Delegation" = Führen durch Delegation von Aufgaben und Verantwortung.

02. Wie lässt sich das Grid-Modell erklären?

Aus der Reihe der mehrdimensionalen Führungsstile hat der Ansatz von *Blake/Mouton* in der Praxis starke Bedeutung gefunden: Die Studien von Ohio zeigten, dass sich Führung grundsätzlich an den beiden Werten „Mensch/Person" bzw. „Aufgabe/Sache" orientieren kann. Daraus wurde ein zweidimensionaler Erklärungsansatz entwickelt:

- Ordinate des Koordinatensystems: Mitarbeiter
- Abszisse des Koordinatensystems: Sache.

Teilt man beide Achsen des Koordinatensystems in jeweils neun „Intensitätsgrade" ein, so ergeben sich insgesamt 81 Ausprägungen des Führungsstils bzw. 81 Variationen von Sachorientierung und Menschorientierung. Die Koordinaten 1.1 („Überlebenstyp") bis 9.9 („Team") zeigen die fünf dominanten Führungsstile, die sich aus dem Verhaltensgitter ableiten lassen. Das zweidimensionale Verhaltensgitter (Managerial Grid) nach *Blake/Mouton* hat folgende Struktur:

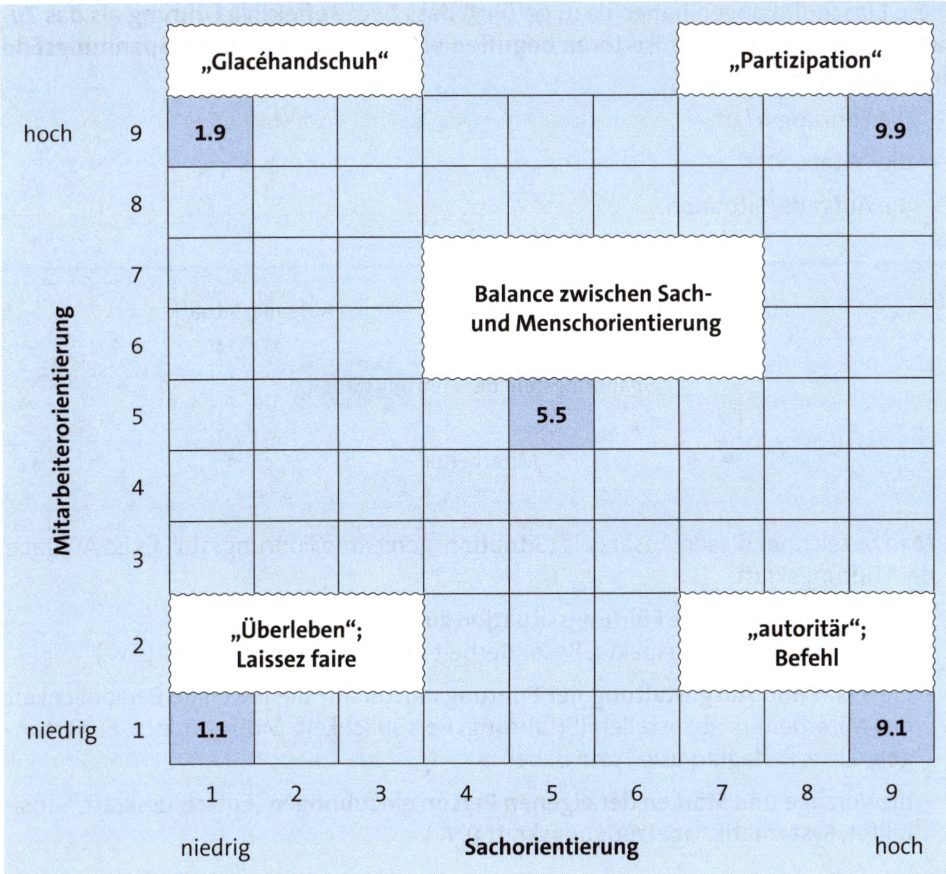

Kurz gesagt:
Das Grid-Modell spiegelt die Überzeugung wider, dass der 9.9-Stil, hohe Sach- und Mensch-Orientierung, der effektivste ist.

03. Was versteht man unter dem situativen Führungsstil?

Die Erklärungsansätze „eindimensionaler und zweidimensionaler Führungsstil“ haben Lücken und führen zu Problemen:

- Zwischen Führungsstil und Führungsergebnis besteht nicht unbedingt ein lineares Ursache-Wirkungs-Verhältnis.
- Führungsstil und Mitarbeiter„typus“ stehen miteinander in Wechselbeziehung. Andere Mitarbeiter können (müssen) zu einem veränderten Führungsverhalten bei ein und demselben Vorgesetzten führen.
- Die äußeren Bedingungen (die Führungssituation), unter denen sich Führung vollzieht, verändern sich und beeinflussen den Führungserfolg.

Diese Einschränkungen haben dazu geführt, dass heute **effektive Führung als das Zusammenwirken mehrerer Faktoren begriffen wird, die insgesamt ein Spannungsfeld der Führung ergeben:**

→ die Führungskraft

→ die Mitarbeiter

→ die Aufgabe/Situation.

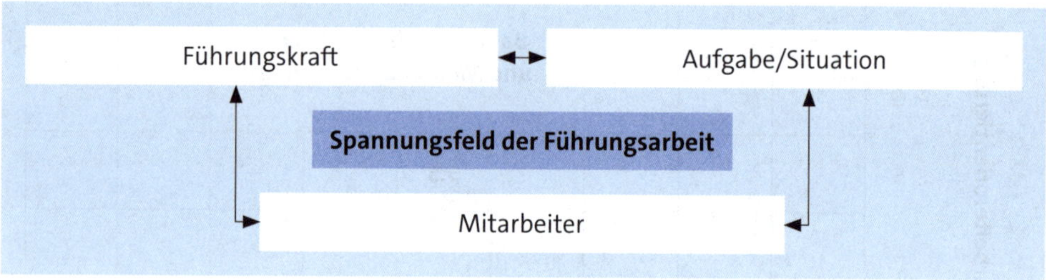

- Man bezeichnet diesen Ansatz als „Situationsgerechten Führungsstil". Es ist Aufgabe der Führungskraft,
  - die jeweils **spezifische Führungssituation zu erfassen**, (Führungskultur, Zeitaspekte, Besonderheit der delegierten Aufgabe usw.),
  - die Wahl und **Ausgestaltung der Führungsmittel** auf die jeweilige Persönlichkeit des Mitarbeiters abzustellen (Erfahrung, Persönlichkeit, Motivstruktur, Erwartungen, Ziele, Reifegrad usw.) und dabei
  - die Vorzüge und **Stärken der eigenen Person einzubringen** (Entschlusskraft, Sensibilität, Systematik, Überzeugungskraft u. Ä.).

Beispiel

Sie sind zuständig für die Sonderfertigung und seit 12 Jahren in diesem Unternehmen tätig. Ihr Führungsstil wird von Ihren Mitarbeitern als kooperativ eingeschätzt. Von Ihrem Betriebsleiter haben Sie einen eiligen Auftrag erhalten, der morgen bis 18:00 Uhr ausgeführt sein muss. Ihre Firma macht 25 % des Umsatzes mit diesem Kunden. Um 14:00 Uhr treffen Sie sich mit Ihren Vorarbeitern (alles langjährig erfahrene Mitarbeiter) und erklären: *„Also, die Sache ist so, wir haben da noch einen eiligen Auftrag vom Kunden Meiering herein bekommen. Sie wissen, er gehört zu unseren Hauptkunden. Treffen Sie mit Ihren Leuten alle Vorbereitungen, dass wir den Auftrag termingerecht ausliefern können. Ich weiß, dass Überstunden gemacht werden müssen, aber – die Sache duldet keinen Aufschub. Machen Sie Ihren Mitarbeitern die Bedeutung des Auftrags klar und holen Sie sich die Zustimmung des Betriebsrats. Herr Merger, Sie nehmen die Sache bitte in die Hand und geben mir bis 16:00 Uhr Bescheid, ob alles nach Plan verläuft."*

- Aufgabe/Situation: Der Auftrag hat eine hohe Bedeutung und ist dringlich.
- Mitarbeiter: sind erfahren, kennen die Situation
- Führungskraft: ein kooperativer Führungsstil ist vorherrschend

→ Obwohl der Vorgesetzte überwiegend kooperativ führt, müssen in der vorliegenden **Ausnahme-Situation** klare Anweisungen gegeben werden. Es bleibt wenig Raum für eine Beteiligung der Mitarbeiter. Lediglich die Einzelheiten der Durchführung des Auftrags wird von den Mitarbeitern eigenverantwortlich durchgeführt, da sie über langjährige Erfahrung verfügen. Der Vorgesetzte beschränkt sich daher auf eine „Endkontrolle" mit vorgegebenem Termin. Im vorliegenden Fall muss der **Führungsstil also tendenziell autoritär und aufgabenorientiert** sein, obwohl der Vorgesetzte im Allgemeinen eine kooperative Grundhaltung praktiziert, die sich gleichermaßen an der Aufgabe und der Person des Mitarbeiters orientiert.

Analog ließe sich ein Beispiel formulieren, in dem die Aufgabe nicht unter Zeitdruck erledigt werden muss und von den Mitarbeitern **kreative Lösungen** erwartet werden. Hier ist tendenziell **mehr kooperativ und mitarbeiterorientiert** zu führen.

Weiterhin gibt es Mitarbeiter, die aufgrund ihres **Reifegrades** und/oder ihrer **Ausbildung** nicht kooperativ und mitarbeiterorientiert geführt werden können. Sie erwarten einen überwiegend **autoritären Führungsstil**.

04. Warum ist der situative Führungsstil in der heutigen Zeit Erfolg versprechender als tradiertes Vorgesetztenverhalten?

Heute sind betriebliche Situationen und Entscheidungsprozesse geprägt von Zeitdruck, Komplexität der Zusammenhänge und einer fortschreitenden Abhängigkeit der Einzelmärkte von der weltwirtschaftlichen Entwicklung (Stichworte: Entwicklung des Rohölpreises, politische Krisengebiete, Umweltpolitik, Informationsflut usw.). Der Anspruch an die Führungsqualität der Vorgesetzten ist deutlich gestiegen. Sie müssen sich permanent auf wechselnde Situationen einstellen, diese richtig analysieren und kompetent handeln. Ein absolut starrer Führungsstil wird bei diesen Entwicklungen wenig Erfolg haben: Führungskräfte müssen z. B. in Ausnahmesituationen schnell und eindeutig handeln; die Anweisungen werden stark direktiv sein und lassen wenig Spielraum für Beteiligung. In anderen Fällen sind die betrieblichen Probleme derart komplex und können nur mit Unterstützung und Akzeptanz aller Mitarbeiter durchgeführt werden. Hier ist kooperativ zu führen; den Mitarbeitern müssen Freiräume und Eigenständigkeit eingeräumt werden. Der situative Führungsstil verlangt von den Führungskräften ein hohes Maß an Flexibilität. Trotzdem müssen sie gegenüber ihren Mitarbeitern ihre Identität bewahren und glaubwürdig bleiben. Weicht ein Vorgesetzter von seinen vorherrschend erlebten Verhaltensmustern ab, so müssen die Gründe für die Mitarbeiter nachvollziehbar sein.

05. Wie kann der Mitarbeiter an Entscheidungsprozessen partizipieren?

Partizipation bedeutet, dass der Mitarbeiter an Entscheidungsprozessen seines Aufgabenfeldes bzw. seines Betriebes teilhat. Die Beteiligung der Mitarbeiter kann unterschiedlich ausgeprägt sein (Intensitätsgrade) und auf verschiedenen Ebenen stattfinden:

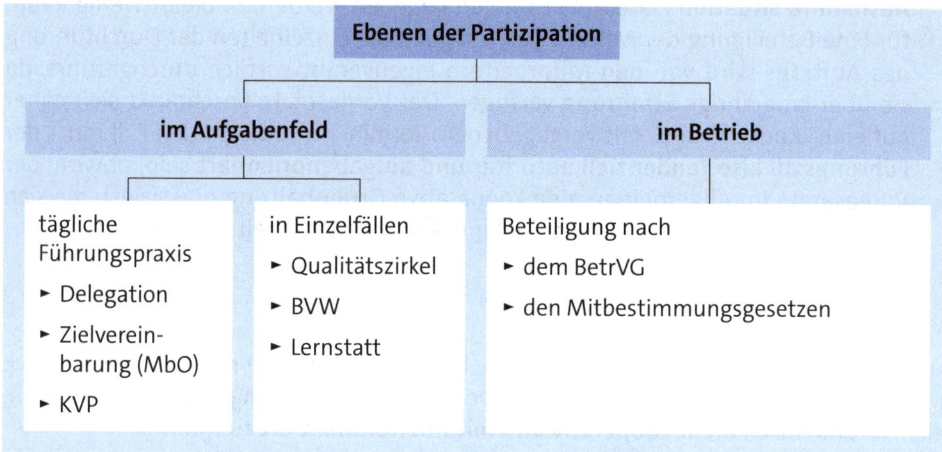

Partizipation verlangt vom Vorgesetzten, die (ehrliche) Bereitschaft, den Mitarbeiter zu beteiligen und setzt Vertrauen in die Leistungsfähigkeit voraus. Der Mitarbeiter muss bereit und in der Lage sein, sich am Entscheidungsprozess zu beteiligen. Er darf nicht über- oder unterfordert sein. Die Teilhabe der Mitarbeiter darf weder ein Alibivorgang sein, noch dürfen Beteiligungsprozesse in fruchtlose Diskussionen münden, die das Leistungsziel infrage stellen.

Partizipation

- ist ein Führungsinstrument, dass die Erfahrung der Mitarbeiter nutzt und i. d. R. die **Qualität** von Entscheidungen verbessert,
- führt zu mehr **Akzeptanz** auf der Mitarbeiterebene,
- fördert die **Motivation** und **Zufriedenheit** der Mitarbeiter.

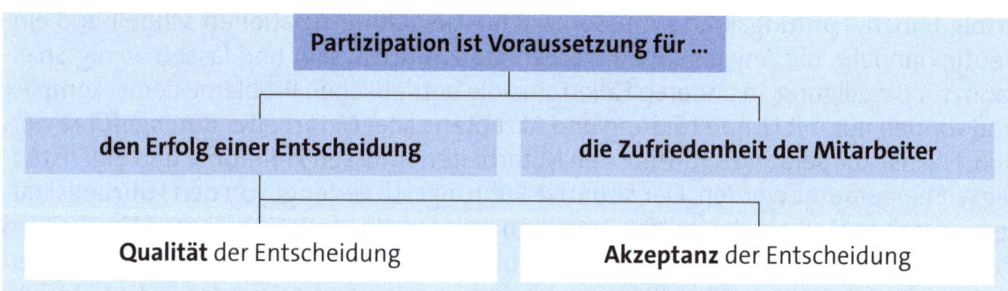

06. In welchen Phasen des Entscheidungsprozesses kann der Mitarbeiter beteiligt werden?

Jeder Entscheidungsprozess kann in folgende Phasen zerlegt werden:

Phasen des Entscheidungsprozesses →

1	2	3	4	5	6
Problem	Suche nach Lösungen	Alter-nativen	Bewer-tung der Alter-nativen	Entschei-dung	Ausfüh-rung, Kontrolle

Hier ist die Frage zu betrachten, in welchen Phasen des Entscheidungsprozesses der Mitarbeiter beteiligt werden kann oder nicht und in welchem Ausmaß? Die nachfolgende Aufstellung soll dies in vereinfachter Weise schematisch zeigen:

Phase	Kommentar		Partizipation
1	Die Problemwahrnehmung kann auf der Ebene des Managements oder der Mitarbeiter erfolgen.	→	ja; in hohem Umfang; vgl. KVP u. Ä.
2 3	Insbesondere für „Probleme an der Basis“ kennt der Mitarbeiter häufig bereits die Lösung aufgrund seiner täglichen Praxis	→	ja; speziell bei Problemen an der Basis; vgl. z. B. Qualitätszirkel; bei strategischen Problemen nicht oder weniger.
4 5	Die Bewertung von Alternativen und die Entscheidung erfolgt unter Beteiligung der Mitarbeiter.	→	ja; der Grad der Beteiligung orientiert sich an der Bedeutung des Problems und der Kompetenz der Mitarbeiter.
6	Die Ausführung der Entscheidung bietet i. d. R. einen breiten Raum für die Beteiligung der Mitarbeiter.	→	ja; in hohem Maße; der Grad der Beteiligung orientiert sich an der Bedeutung der Aufgabe und an der Erfahrung des Mitarbeiters.

07. Warum sind Problemlösungen der Mitarbeiter im Rahmen der Prozessverbesserung umzusetzen?

Partizipation der Mitarbeiter an Entscheidungsprozessen **darf keine Alibifunktion einnehmen**. Von den Mitarbeitern erarbeitete und verabschiedete Lösungen zur Verbesserung geschäftlicher Teilprozesse sind in die Praxis umzusetzen. Nur so kann die engagierte und eigenverantwortliche Beteiligung der Mitarbeiter gewonnen und erhalten werden. Neue Lösungen, die umgesetzt werden und zur Verbesserung der Wertschöpfung beitragen, vermitteln Sinn, Zufriedenheit und fördern die Identifikation.

08. Welcher Zusammenhang besteht zwischen dem Betriebsklima und dem in einem Unternehmen vorherrschenden Führungsstil? → A 4.5.9

Das Betriebsklima ist **Ausdruck für die soziale Atmosphäre**, die von den Mitarbeitern empfunden wird. Das Betriebsklima umfasst Faktoren, die mit der sozialen Struktur eines Betriebes zu tun haben, also zum Teil auch „außerhalb" des arbeitenden Menschens liegen, jedoch auf ihn einwirken, aber auch von ihm z. T. wiederum beeinflusst werden.

Faktoren des Betriebsklimas sind u. a.:
Eine gute Betriebsorganisation, die Arbeitssysteme und Arbeitsbedingungen, die Kommunikation der Mitarbeiter mit ihren Vorgesetzten und der Mitarbeiter untereinander; ferner Möglichkeiten der Mitbestimmung und der Partizipation, direkte und indirekte Anerkennung, Gruppenbeziehungen, die Art der erlebten Führung durch den Vorgesetzten, letztendlich auch der Ton – wie man miteinander umgeht.

Der Führungsstil des einzelnen Vorgesetzten allein vermag nicht das Betriebsklima positiv zu prägen; das Führungsverhalten der Vorgesetzten muss in die Führungskultur des Unternehmens eingebettet sein und von ihr getragen werden. Ist dies der Fall, so bewirkt ein überwiegend kooperativer Führungsstil, der auf Vertrauen, Delegation und Beteiligung beruht, Motivationsanreize, die auch nicht ausreichend vorhandene Hygienefaktoren ausgleichen können.

Beispiel

Eine Niederlassung der X-GmbH befindet sich in einer wirtschaftlich schwierigen Situation: Die wöchentliche Arbeitszeit wurde von 38 auf 40 Stunden angehoben, das Urlaubs- und Weihnachtsgeld gekürzt. Die Geschäftsleitung hat sich mit allen Managementebenen frühzeitig zusammen gesetzt und die Situation erläutert. Die Vorgesetzten haben die Informationen an ihre Mitarbeiter weiter vermittelt, Bedenken diskutiert, Ängste um den Arbeitsplatz thematisiert und Zuversicht vermittelt, mit der schwierigen Situation fertig zu werden. Gemeinsam wurden in den einzelnen Funktionsfeldern Schritte zur Kostensenkung, zur Umsatz- und Qualitätsverbesserung eingeleitet. Aufgrund der finanziellen Zugeständnisse der Mitarbeiter konnten Entlassungen vermieden werden.

Fazit: Trotz negativer Rahmenbedingungen in der Niederlassung der X-GmbH war die Arbeitsatmosphäre und der Kontakt zwischen dem Management und den Mitarbeitern nach wie vor positiv. Der vorherrschende Führungsstil hatte sich erneut als tragende Säule der Leistungsfähigkeit und der Erneuerung bewiesen.

4.4 Beurteilen von Mitarbeitern und Mitarbeiterinnen nach vorgegebenen Beurteilungssystemen

4.4.1 Beurteilungssysteme

01. Welche Phasen sind bei einem Beurteilungsvorgang einzuhalten?

→ A 4.5.5

Ein wirksamer Beurteilungsvorgang setzt die Trennung folgender Phasen voraus:

- **Phase 1: Beobachtung** = gleichmäßige Wahrnehmung der regelmäßigen Arbeitsleistung und des regelmäßigen Arbeitsverhaltens
- **Phase 2: Beschreibung** = möglichst wertfreie Wiedergabe und Systematisierung der Einzelbeobachtungen im Hinblick auf das vorliegende Beurteilungsschema
- **Phase 3: Bewertung** = Anlegen eines geeigneten Maßstabs an die systematisch beschriebenen Beobachtungen
- **Phase 4: Beurteilungsgespräch** = Zweier-Gespräch zwischen dem Vorgesetzten und dem Mitarbeiter über die durchgeführte Beurteilung
- **Phase 5: Gesprächsauswertung** = Initiierung erforderlicher Maßnahmen (Verhaltensänderung, Schulung, Aufstieg usw.).

1. Beobachtung
2. Beschreibung
3. Bewertung
4. Beurteilungsgespräch
5. Auswertung

	Strukturierter Beurteilungsbogen – Beispiel					
	Skalierung					
Merkmale	Gewichtung	entspricht selten den Erwartungen	entspricht im Allgemeinen den Erwartungen	entspricht voll den Erwartungen	liegt über den Erwartungen	liegt weit über den Erwartungen
		1	2	3	4	5
Arbeitsquantität						
Arbeitsqualität						
Fachkenntnisse						
Arbeitseinsatz						
Zusammenarbeit						
...						

02. Welche Elemente enthält ein strukturiertes Beurteilungssystem?

Jedes Beurteilungssystem/-verfahren enthält **mindestens drei Elemente** – unabhängig davon, in welchem Betrieb oder für welchen Mitarbeiterkreis es eingesetzt wird:

- Beurteilungsmerkmale
- Gewichtung der Merkmale
- Ausprägung der Merkmale (Skalierung).

03. Wie werden standardisierte Beurteilungsformulare in der betrieblichen Praxis eingesetzt?

Trotz mancher Schwächen werden in vielen Mittel- und Großbetrieben standardisierte Beurteilungsbögen eingesetzt. Zum Teil ist die Verwendung im Rahmen der Leistungsbeurteilung tariflich vorgeschrieben bzw. in einer Betriebsvereinbarung festgelegt. Man will auf diese Weise den Beurteilungsvorgang erleichtern und systematisieren.

In der Praxis werden am häufigsten **merkmalsorientierte Beurteilungen nach dem Einstufungsverfahren** eingesetzt: Für jedes Merkmal werden Ausprägungsabstufungen festgelegt, die ausführlich beschrieben werden. Das Verhalten des Mitarbeiters ist je Merkmal einem bestimmten Skalenwert zuzuordnen.

In einigen tariflich vorgeschriebenen Leistungsbeurteilungen führt die Bewertung zu einer bestimmten Punktsumme, aus denen die Leistungszulage berechnet wird.

Beispiel

Standardisierter Beurteilungsbogen für gewerbliche Arbeitnehmer im Zeitlohn

Beurteilungsbogen für gewerbliche Arbeitnehmer im Zeitlohn *						
Name:		**Abteilung:**			**Datum:**	
Beurteilungs-merkmale	**Beurteilungsstufen/Skalierung**					
	nicht ausreichend	im Allgemeinen ausreichend	entspricht der Normalleistung	liegt über den Erwartungen	liegt weit über den Erwartungen	Punktsumme
	0 - 2	3 - 4	5 - 6	7 - 8	9 - 10	
Arbeitsquantität		**x**				**4**
Arbeitsqualität			**x**			**5**
Arbeitseinsatz				**x**		**7**
Kostenbewusstsein			**x**			**6**
Zusammenarbeit				**x**		**8**
Punktsumme						**30**

<table>
<tr><th colspan="3">Beurteilungsbogen für gewerbliche Arbeitnehmer im Zeitlohn *</th></tr>
<tr><td>Name:</td><td>Abteilung:</td><td>Datum:</td></tr>
<tr><td colspan="2">Unterschrift des Beurteilenden (direkter Vorgesetzter):</td><td></td></tr>
<tr><td colspan="2">Unterschrift des Beurteilten:
Damit wird die Kenntnisnahme der Beurteilung und die Durchführung des Beurteilungsgesprächs bestätigt.</td><td></td></tr>
<tr><td colspan="3">* Zutreffendes ist anzukreuzen.</td></tr>
</table>

4.4.2 Beurteilungen

01. Wie ist ein Beurteilungsgespräch vorzubereiten?

Beurteilungsgespräche müssen, wenn sie erfolgreich verlaufen sollen, **sorgfältig vorbereitet werden**. Dazu empfiehlt sich für den Vorgesetzten, folgende Überlegungen anzustellen bzw. Maßnahmen zu treffen:

- Dem Mitarbeiter rechtzeitig den **Gesprächstermin** mitteilen und ihn bitten, sich ebenfalls vorzubereiten.
- Den **äußeren Rahmen** gewährleisten: Keine Störungen, ausreichend Zeit, keine Hektik, geeignete Räumlichkeit, unter „4-Augen“ usw.
- **Sammeln und Strukturieren der Informationen:**
  - Wann war die letzte Leistungsbeurteilung?
  - Mit welchem Ergebnis?
  - Was ist seitdem geschehen?
  - Welche positiven Aspekte?
  - Welche negativen Aspekte?
  - Sind dazu Unterlagen erforderlich?
- **Was ist das Gesprächsziel?**
  - Mit welchen Argumenten?
  - Was wird der Mitarbeiter vorbringen?

02. Wie ist das Beurteilungsgespräch durchzuführen?

Für ein erfolgreich verlaufendes Beurteilungsgespräch gibt es kein Patentrezept. Trotzdem ist es sinnvoll, dieses Gespräch in Phasen einzuteilen, das heißt, das Gespräch zu strukturieren und dabei eine Reihe von Hinweisen zu beachten, die sich in der Praxis bewährt haben:

1. **Eröffnung:**
   - sich auf den Gesprächspartner einstellen, eine zwanglose Atmosphäre schaffen
   - die Gesprächsbereitschaft des Mitarbeiters gewinnen, evtl. Hemmungen beseitigen
   - ggf. Verständnis für die Beurteilungssituation wecken.

2. **Konkrete Erörterung der positiven Gesichtspunkte:**
   - nicht nach der Reihenfolge der Kriterien im Beurteilungsraster vorgehen
   - ggf. positive Veränderungen gegenüber der letzten Beurteilung hervorheben
   - Bewertungen konkret belegen
   - nur wesentliche Punkte ansprechen (weder „Peanuts" noch „olle Kamellen")
   - den Sachverhalt beurteilen, nicht die Person.
3. **Konkrete Erörterung der negativen Gesichtspunkte:**
   - analog wie Ziffer 2
   - negative Punkte zukunftsorientiert darstellen (Förderungscharakter).
4. **Bewertung der Fakten durch den Mitarbeiter:**
   - den Mitarbeiter zu Wort kommen lassen, interessierter und aufmerksamer Zuhörer sein
   - aktives Zuhören, durch offene Fragen ggf. zu weiteren Äußerungen anregen
   - asymmetrische Gesprächsführung, d. h. in der Regel dem Mitarbeiter den größeren Anteil an Zeit/Worten überlassen
   - evtl. noch einmal einzelne Beurteilungspunkte genauer begründen
   - zeigen, dass die Argumente ernst genommen werden
   - eigene „Fehler" und betriebliche Pannen offen besprechen
   - in der Regel keine Gehaltsfragen diskutieren (keine Vermengung); falls notwendig, „abtrennen" und zu einem späteren Zeitpunkt fortführen.
5. **Vorgesetzter und Mitarbeiter diskutieren** alternative Strategien und **Maßnahmen** zur Vermeidung zukünftiger Fehler:
   - Hilfestellung nach dem Prinzip „Hilfe zur Selbsthilfe" („ihn selbst darauf kommen lassen")
   - ggf. konkrete Hinweise und Unterstützung (betriebliche Fortbildung, Fachleute usw.)
   - kein unangemessenes Eindringen in den Privatbereich
   - sich Notizen machen; den Mitarbeiter anregen, sich ebenfalls Notizen zu machen.
6. **Positiver Gesprächsabschluss mit Aktionsplan:**
   - wesentliche Gesichtspunkte zusammenfassen
   - Gemeinsamkeiten und Unterschiede klarstellen
   - ggf. zeigen, dass die Beurteilung überdacht wird
   - gemeinsam festlegen:
     - Was unternimmt der Mitarbeiter?
     - Was unternimmt der Vorgesetzte?
     - ggf. Folgegespräch vereinbaren: Wann? Welche Hauptaufgaben/Ziele?
     - Zuversicht über den Erfolg von Leistungskorrekturen vermitteln
     - Danken für das Gespräch.

4.5 Durchführen von Mitarbeitergesprächen und Festlegen von Zielvereinbarungen

4.5.1 Anerkennungs- und Kritikgespräche als Feedback

01. Was ist Anerkennung und welche Bedeutung hat sie als Führungsmittel?

Anerkennung ist die **Bestätigung positiver (erwünschter) Verhaltensweisen**. Da jeder Mensch nach Erfolg und Anerkennung durch seine Mitmenschen strebt, verschafft die Anerkennung dem Mitarbeiter ein Erfolgsgefühl und bewirkt eine Stabilisierung positiver Verhaltensmuster. Wichtig ist: Anerkennung und Kritik müssen sich die Waage halten; besser noch: häufiger richtiges Verhalten bestätigen, als (nur) falsches kritisieren.

Befragungen in Betrieben *„Was dem Arbeitnehmer wichtig ist?"* führen fast alle zu dem selben Ergebnis: Neben der Sicherheit des Arbeitsplatzes, der Freude an der Arbeit und einer kollegialen Zusammenarbeit **rangiert die Anerkennung durch den Vorgesetzten noch vor dem Faktor Lohn:**

Zur Unterscheidung:

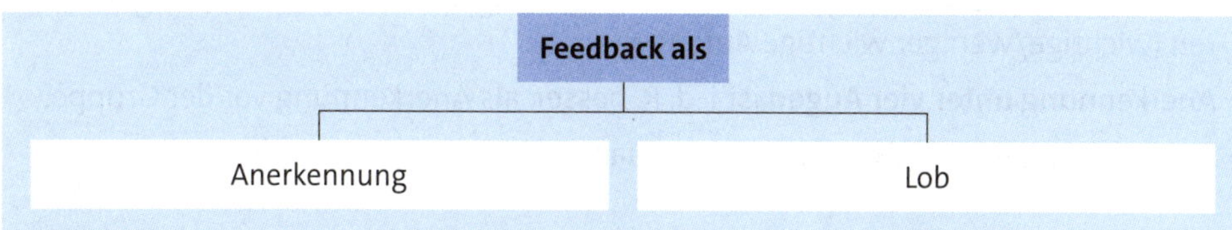

- **Anerkennung** bezieht sich auf die **Leistung:**

  „Dieses Werkstück ist passgenau angefertigt. Danke!"
- Teilweise ist jedoch auch **Lob** angebracht. Lob ist die sprachlich stärkere Form und eine Bestätigung der (ganzen) **Person:**

  „Sie sind ein sehr guter Fachmann!"

MERKE

- **Mehrmaliger Erfolg führt zur Stabilisierung** des Verhaltens.
- **Mehrmaliger Misserfolg führt zu einer Änderung** des Verhaltens.

---

02. Welche Grundsätze sind bei der Anerkennung einzuhalten?

- **Auch** (scheinbare) **Selbstverständlichkeiten** bedürfen der Anerkennung. Der Grundsatz *„Wenn ich nichts sage, war das schon o. k."* ist falsch.
- Die beste Anerkennung kommt **aus der Arbeit selbst**. Arbeit und Leistung müssen **wichtig** sein und **Sinn** geben.

- Anerkennung kommt im Regelfall vom unmittelbaren Vorgesetzten; Ausnahme: Der nächsthöhere Vorgesetzte will die Leistung besonders würdigen.
- Anerkennung muss **verdient** sein.
- Anerkennung soll:
  - anlassbezogen/sofort
  - zeitnah
  - sachlich
  - eindeutig
  - konstruktiv
  - konkret
  - ohne Übertreibung
  - ohne Untertreibung sein.
- Anerkennung muss sich an einem klaren **Maßstab** orientieren:
  Was ist erwünscht/unerwünscht?
- Das **Maß der Anerkennung** muss sich am Zielerfolg und dessen Bedeutung orientieren (wichtige/weniger wichtige Aufgabe).
- Anerkennung **unter vier Augen** ist i. d. R. besser, als Anerkennung vor der Gruppe.
- Anerkennung und Kritik sollten sich auf lange Sicht die **Waage** halten.

03. Welche Formen der Anerkennung sind denkbar?

- **Nonverbal**, z. B.:
  Kopfnicken, Zustimmung signalisieren, Daumen nach oben, *„Hm, hm, ...“* u. Ä.
- **Verbal**, z. B.:
  - in **einzelnen Worten:**
    „Ja!“, „Prima“!, „Klasse!“, „Freut mich!“
  - **in (ganzen) Sätzen:**
    „Klasse, dass wir den Termin noch halten können!“
    „Scheint gut geklappt zu haben?“
- Unter **vier Augen**; vor der **Gruppe** (Vorsicht!):
  - Anerkennung der **Einzel**leistung/der **Gruppen**leistung
  - Anerkennung **verbunden mit einer materiellen/immateriellen Zuwendung:**
    Prämie, Geschenk, Sonderzahlung, Beförderung, Erweiterung des Aufgabengebietes u. Ä.

04. Welche Phasen des Anerkennungsgesprächs ist zu beachten?

Die Fragestellung ist etwas „theorielastig“: In vielen Fällen der Praxis erfolgt die Anerkennung durch nonverbale oder kurze verbale Hinweise (vgl. oben). Außerdem ist die Anerkennung meist kein Gespräch, sondern überwiegend eine Einwegkommunikation: Der Vorgesetzte anerkennt die positive Leistung, der Mitarbeiter hört zu.

Trotzdem lässt sich für das richtige **Verhaltensmuster des Vorgesetzten bei der** „1-Minuten-Anerkennung“ eine Empfehlung geben:

1. Kommen Sie **sofort** und **ohne Umwege** zum Thema!

   „Guten Tag, Herr Merger, ich sehe, dass Sie die Vorrichtung schon fast fertig haben.“

2. Sagen Sie **konkret**, was der Mitarbeiter gut gemacht hat! Gehen Sie ins **Detail**.

3. **Zeigen** Sie dem Mitarbeiter, dass Sie sich über seine Leistung **freuen** – angemessen, ohne Übertreibung!

   „Ich freue mich, dass Sie das trotz Termindruck noch erledigen konnten und (der Vorgesetzte betrachtet die Vorrichtungskonstruktion). Sie haben ja sogar an die Neujustierung gedacht.“

4. **Vermitteln** Sie dem anderen das **Gefühl:** Weiter so!

   „Prima, dann kommen wir ja mit dem Projekt voran.“

5. Geben Sie dem Mitarbeiter die Hand oder **tun Sie etwas** Ähnliches!
   Er soll wissen, dass Sie an seiner Leistung interessiert sind und ihn unterstützen.

   „Also – vielen Dank.“ (Vorgesetzter berührt mit seiner Hand leicht die Schulter des Mitarbeiters und geht).

05. Was ist Kritik und welches Ziel wird damit verfolgt?

Kritik ist der Hinweis/das Besprechen **eines bestimmten fehlerhaften/unerwünschten Verhaltens**. Hauptziel der Kritik ist die **Überwindung des fehlerhaften Verhaltens des Mitarbeiters für die Zukunft**.

Um dieses Hauptziel zu erreichen, werden zwei **Unterziele** verfolgt:

1. **Die Ursachen**
   des fehlerhaften Verhaltens werden im gemeinsamen 4-Augen-Gespräch sachlich und nüchtern besprochen. Dabei ist mit – oft heftigen – emotionalen Reaktionen auf beiden Seiten zu rechnen. Der Mitarbeiter wird zur Akzeptanz der Kritik nur dann bereit sein, wenn seine Gefühle vom Vorgesetzten ausreichend berücksichtigt werden und das Gespräch in einem allgemein ruhigen Rahmen verläuft.

2. **Bewusstwerden** und **Einsicht**
   in das fehlerhafte Verhalten aufseiten des Mitarbeiters zu erreichen, ist das nächste Unterziel. Die besonders schwierige Führungsaufgabe im Kritikgespräch besteht in der Bewältigung der Affekte und der Erzielung von Einsicht in die notwendige Verhaltensänderung.

06. Welche Grundsätze müssen bei der Kritik eingehalten werden?

1. **Der Maßstab** für das kritisierte Verhalten **muss o. k. sein**, d. h.:
   - er muss **existieren:** z. B.: Gleitzeitregelung aufgrund einer Betriebsvereinbarung
   - er muss **bekannt** sein: z. B.: dem Mitarbeiter wurde die Gleitzeitregelung ausgehändigt
   - er muss **akzeptiert** sein: z. B.: der Mitarbeiter erkennt die Notwendigkeit dieser Regelungen
   - die **Abweichung** ist eindeutig: z. B.: der Mitarbeiter verstößt nachweisbar gegen die Gleitzeitregelung (Zeugen, Zeiterfassungsgerät)
2. Kritik muss **mit Augenmaß** erfolgen (sachlich, angemessen, konstruktiv, zukunftsorientiert).
3. Das Kritikgespräch muss **vorbereitet** und **strukturiert geführt** werden.
4. Nicht belehren, sondern **Einsicht erzeugen** (fragen statt behaupten!).
5. Kritik
   - an der Sache/nicht an der Person
   - sprachlich einwandfrei (keine Beschimpfung)
   - nicht vor anderen
   - nicht über Dritte
   - nicht bei Abwesenheit des Kritisierten
   - nicht per Telefon.
6. Die **Wirkung** des negativen Verhaltens **aufzeigen**.
7. Bei der Sache bleiben, nicht abschweifen!

   Keine ausufernde Kritik!

   Keine „Nebenkriegsschauplätze".

07. Wie sollte das Kritikgespräch geführt werden?

1. Phase: Der Vorgesetzte: **Kontakt/Begrüßung, Sachverhalt**
   Sachlich-nüchterne, präzise Beschreibung des Gesprächs- und Kritikanlasses durch den Vorgesetzten. Dabei soll er auf eine klare, prägnante und ruhige Sprache achten.

2. Phase: Der Mitarbeiter: **Seine Sicht der Dinge**.
Der Mitarbeiter kommt zu Wort. Auch wenn die Sachlage scheinbar klar ist, der Mitarbeiter muss zu Wort kommen. Nur so lassen sich Vorverurteilungen und damit Beziehungsstörungen vermeiden. Diese Phase darf nicht vorschnell zu Ende kommen. Erst wenn die Argumente und Gefühle vom Mitarbeiter bekannt gemacht wurden, ist fortzufahren.

3. Phase: **Vorgesetzter/Mitarbeiter: Ursachen erforschen**
Gemeinsam die Ursachen des Fehlverhaltens feststellen – liegen sie in der Person des Mitarbeiters oder der des Vorgesetzten, oder in der betrieblichen Situation usw.

4. Phase: **Vorgesetzter/Mitarbeiter: Lösungen/Vereinbarungen für die Zukunft**
Wege zur zukünftigen Vermeidung des Fehlverhaltens vereinbaren. Erst jetzt erreicht das Gespräch seine produktive, zukunftsgerichtete Stufe. Auch hier gilt es, die Vorschläge des Mitarbeiters miteinzubeziehen.

Beispiel

Kritikgespräch, negativer Verlauf
Frau Luise Müller arbeitet in einem Unternehmen, das gleitende Arbeitszeit hat. Die Kernarbeitszeit ist von 09:00 bis 16:00 Uhr. Die Mittagspause von 30 Minuten kann in der Zeit von 12:00 bis 14:00 Uhr genommen werden. Weiterhin heißt es in der Betriebsvereinbarung: *„Der Mitarbeiter kann Gleitzeitguthaben ausgleichen, indem er seine Arbeit bereits um 15:00 Uhr und am Freitag bereits um 12:00 Uhr beendet. Das „Gleitzeitnehmen" ist mit dem zuständigen Fachvorgesetzten abzustimmen."*

Frau Müller hatte bei Aufnahme ihrer Arbeit in diesem Unternehmen eine kurze, mündliche Erklärung über die Gleitzeit erhalten. Die sonst übliche „Gleitzeitfibel" wurde ihr nicht ausgehändigt.

Frau Müller nutzt die Vorteile der Gleitzeit – insbesondere am Freitag – um dann schon Einkäufe für die Familie zu erledigen. Sie sagt dabei ihren Kolleginnen in der Versandabteilung Bescheid:

„Also bis Montag, ich gehe jetzt ... und ein schönes Wochenende."

Meister Bernd Kummer, Leiter im Versandbereich ärgert sich bereits seit einiger Zeit über das – wie er meint eigenmächtige „Freinehmen" von Frau Müller und stellt sie gleich am Montag morgen zur Rede:

Meister: *„Also, so geht das nicht. Sie können nicht ohne Weiteres abhauen, schon gar nicht am Freitag. Wenn das jeder machen würde."*

Müller: *„Wieso ..., ich denke wir haben Gleitzeit. Ich hatte doch 3,5 Stunden gut."*

Meister: *„Ja, ja, ... aber das ist ja gar nicht das Thema. Es geht darum, dass Sie mich zu fragen haben, bevor Sie gehen. Das wissen Sie genau: Im Übrigen ... ich empfehle Ihnen mal in der Gleitzeitfibel nachzulesen – da steht das nämlich drin.“*

Müller: *„Verstehe ich nicht ... wieso ... was heißt hier Gleitzeitfibel? Ich habe doch den Kolleginnen Bescheid gesagt, dass ich gehe und die waren einverstanden, das reicht doch wohl?“*

Gesprächsanalyse:

- Der Maßstab hat existiert (Betriebsvereinbarung, Nehmen von Gleitzeitguthaben).
- Der Maßstab war jedoch nicht ausreichend bekannt (Gleitzeitfibel nicht ausgehändigt).

Damit fehlte ein Element (vgl. oben). Der Meister und Frau Müller haben kaum eine Chance, den Weg zur Verhaltensänderung erfolgreich zu gehen. Fazit: Man kann Meister Kummer nur empfehlen, auf Rechthaberei zu verzichten, Frau Müller präzise über die Gleitzeit zu informieren, ihr die Gleitzeitfibel auszuhändigen und damit den Maßstab bekannt zu machen.

08. Welche Arten des Feedbacks sind in welchen Situationen angemessen?

Arten des Feedbacks	Wann? Anlass?	Wirkung?
Anerkennung, verbal ► 4-Augen-Gespräch	► gute Einzelleistung	► Motivation ► Stolz
Anerkennung, verbal ► vor der Gruppe	► eher in Ausnahmefällen ► gute Leistung des einzelnen ist allen bekannt und nachvollziehbar	► Mitarbeiter fühlt sich geehrt ► Vorsicht: andere Mitarbeiter beachten (deren Wertung usw.)
Anerkennung, verbal ► in Verbindung mit materiellen Zuwendungen	► Herausragende Leistung – eines Einzelnen oder einer Gruppe ► nachvollziehbarer Maßstab/Regelwerk vorhanden	► Leistungsmotivation ► Freude über Sachzuwendung ► Vorsicht: die Wirkung von Geld nicht überbewerten
Anerkennung, verbal ► der Arbeitsgruppe	► Verbesserung der Abläufe ► Einsparung von Kosten	► Motivation der gesamten Gruppe ► Stärkung des Wir-Gefühls
(Einzel-) Kritik ► 4-Augen-Gespräch	► Korrektur ist notwendig ► muss sofort erfolgen, z. B. Nichteinhalten von Sicherheitsbestimmungen	► Chance zur Veränderung ► Verbesserung der Leistung ► Mitarbeiter erfährt Hilfe

Arten des Feedbacks	Wann? Anlass?	Wirkung?
(Einzel-) Kritik ► vor der Gruppe	► im „Vorbeigehen“ ► Korrektur ist gering und muss sofort erfolgen	► maßvoll, sachlich ► Vorsicht: „Gesichtsverlust des Mitarbeiters“ vermeiden
Kritikgespräch ► 4-Augen-Gespräch	► grundsätzliche Korrektur des Leistungsverhaltens	► Verbesserung der Leistung, bei positivem Verlauf ► Gefahr des Konflikts

09. Wie kann man eigene Führungsdefizite erkennen?

Jede Führungskraft, die ernsthaft gewillt ist, Führung als Lernprozess zu begreifen, sollte die Bereitschaft und Fähigkeit entwickeln, den eigenen Führungsstil zu erkennen und zu verbessern. Verbesserung bedeutet hier, dass das eigene Führungsverhalten **effektiver** wird in Bezug auf den **Führungserfolg** sowie den **Individualerfolg**.

Die Schlüsselfragen lauten:

- Wie bin ich? → Persönlichkeit
- Wie verhalte ich mich? → Äußerlich sichtbares Verhalten
- Wie wirke ich? → Reaktion der anderen auf das eigene Verhalten.

Führungsdefizite können sich aus folgenden Variablen ergeben:

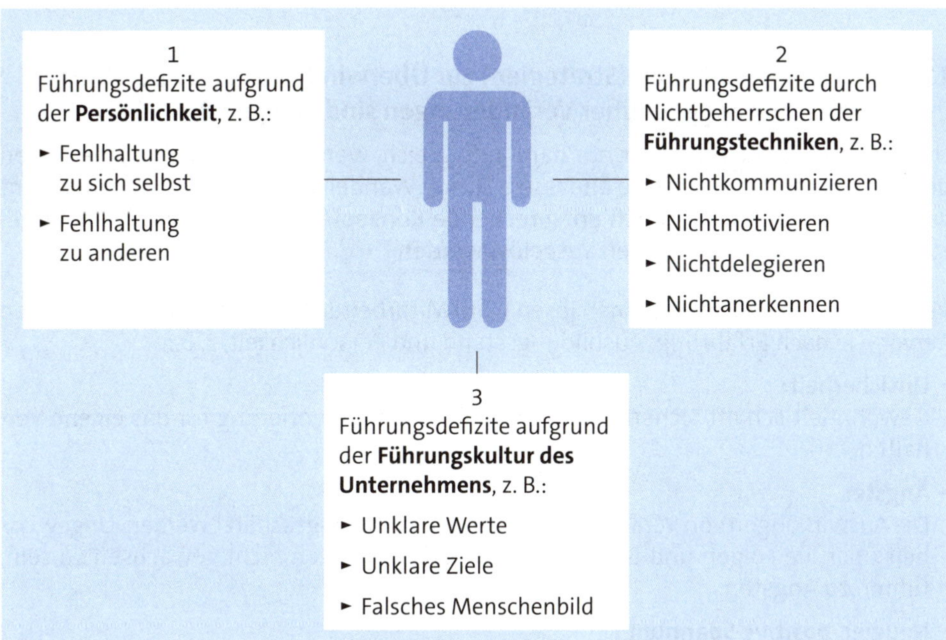

10. Welche Maßnahmen sind geeignet, um Führungsdefizite zu verringern?

Bei der Verbesserung und dem Training des eigenen Führungsverhaltens geht es nicht darum, die eigene Persönlichkeit „zu verbiegen“, sondern um die Beantwortung der Fragen:

- Welche **Chancen** bietet die eigene Person?
  Welche Verhaltensmuster sind positiv und müssen daher stabilisiert werden?
- Welche **Risiken** sind mit der eigenen Persönlichkeit verbunden?
  Welche Verhaltensweisen wirken sich im Führungsprozess negativ aus?

Die Antworten darauf können gewonnen werden durch

- **Fremdbeobachtung** – Fremdanalyse, z. B. Feedback von Vorgesetzten, Kollegen, Mitarbeitern, Mentoren, Trainern
- **Eigenbeobachtung** – Eigenanalyse, z. B. Reflexion über Erfolg oder Misserfolg in der Bewältigung bestimmter Führungsaufgaben, durch Selbstaufschreibung geeigneter Beobachtungen.

Führungskräfte sollten also

- den eigenen Führungsstil erkennen,
- sich bewusst machen, an welchen Prinzipien und Normen sie sich in ihrem Führungsverhalten orientieren,
- reflektieren, welche positiven und negativen Wirkungen ihr Führungsstil entfaltet,
- bereit sein, den eigenen Führungsstil kritisch aus der Sicht „Eigenbild“ und „Fremdbild“ zu betrachten sowie Stärken herauszubilden und Risiken zu mildern.

11. Welche Möglichkeiten (Strategien) zur Überwindung von Widerständen der Mitarbeiter gegenüber Veränderungen sind geeignet?

Unternehmen sind auf Dauer nur dann erfolgreich, wenn sie sich den Erfordernissen der Umwelt in richtiger Weise anpassen. Dieser Wandel kann geplant oder ungeplant verlaufen; er kann aktiv durch entsprechende Konzepte des Managements oder gezwungenermaßen durch Krisen ausgelöst werden.

Veränderungen im Unternehmen lösen beim Mitarbeiter unterschiedliche Reaktionen hervor – je nach Erfahrung, Ausbildungsstand und Persönlichkeit, z. B.:

- **Unsicherheit:**
  Gewohnheit schafft Sicherheit und gibt eine klare Orientierung für das eigene Verhalten.
- **Ängste:**
  Die Auswirkungen von Veränderungen können nicht eingeschätzt werden. Ungewissheit über die Folgen und Bedenken, den Veränderungen nicht gewachsen zu sein, führen zu Ängsten.
- **Neugier, positive Spannung:**
  Was kommt an Neuem? Was kann ich hinzulernen?

Dem Management stehen grundsätzlich zwei Extremansätze zur Überwindung von Widerständen in der Organisation zur Verfügung (in Anlehnung an: *Staehle, 2018, S. 860 ff.*):

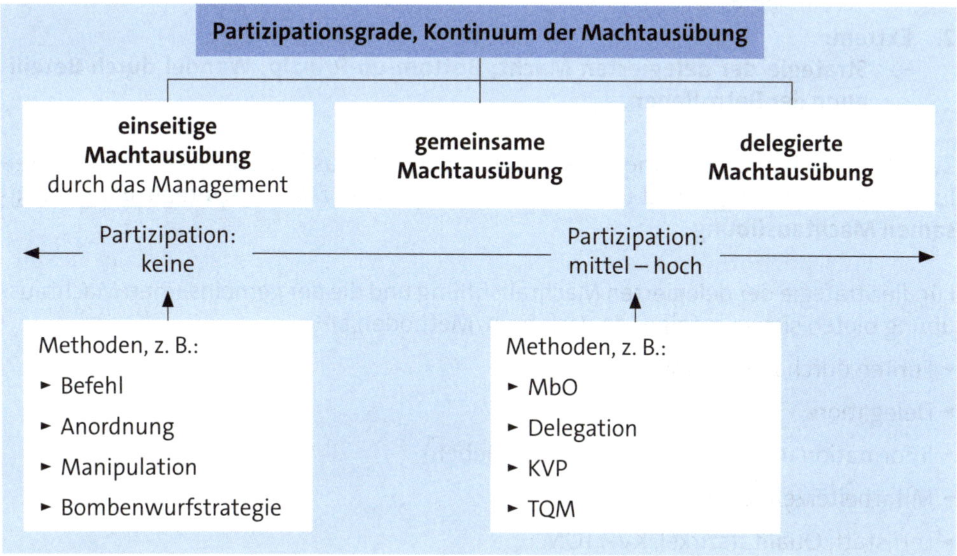

1. Extrem:

→ **Strategien der einseitigen Machtausübung; Top-down-Prinzip; ohne Beteiligung (Partizipation) der Mitarbeiter**. Denkbar sind folgende Methoden:

1.1 Befehl:
Knappe und im Tonfall verbindliche Anweisung an den Mitarbeiter, die keinen Widerspruch duldet; Sonderfall der Arbeitsanweisung (vgl. arbeitsrechtlich: Direktionsrecht).

„Sie erledigen das bis 14:00 Uhr!“

1.2 Anordnung:
Synonym für „Befehl“; wird im Gegensatz zum Befehl auch schriftlich erteilt.

1.3 Manipulation:
Bewusste Beeinflussung der Mitarbeiter mit unehrlichen/egoistischen Zielen.

„Ich kann Ihnen versprechen, ... wenn Sie diese Aufgabe lösen, wird sich das auf jeden Fall für Sie lohnen!“ Die „Belohnung“ ist nichtssagend formuliert; der Vorgesetzte weiß, dass eine „Belohnung“ betrieblich nicht möglich ist; sein Ziel ist lediglich die Erledigung der Arbeit; er motiviert mit unlauteren Mitteln.

1.4 Bombenwurfstrategie:
Das Management entwickelt ein geheimes Veränderungskonzept und wirft es ohne Vorbereitung wie eine Bombe in das gesamte Unternehmen. Zweck dieser Strategie ist es, massiven Widerstand durch unveränderbare Ganzheitlichkeit und aufgrund des Überraschungseffekts zu vermeiden.

Vorstand auf der Betriebsversammlung: *„Ich darf Ihnen mitteilen, dass unser Wettbewerber, die norwegische ZZ-Gruppe, uns übernehmen wird. Alle Verträge* *sind bereits unter Dach und Fach. Ich kann Ihnen versprechen, dass soziale Härtefälle im Rahmen der Übernahme selbstverständlich abgefedert werden. Es wurde an alles gedacht. Einzelheiten erfahren Sie aus dem Rundschreiben der Personalabteilung."*

2. **Extrem:**
   → **Strategie der delegierten Macht; Bottom-up-Prinzip; Wandel durch Beteiligung der Betroffenen**.

Zwischen den beiden Extremen lassen sich abgestufte Ausprägungen der Machtverteilung zwischen Management und Mitarbeiter ansiedeln, z. B. die **Strategie der gemeinsamen Machtausübung**.

Für die Strategie der delegierten Machtausübung und die der gemeinsamen Machtausübung bieten sich u. a. folgende Verfahren/Methoden an:

- Führen durch Zielvereinbarung (MbO)
- Delegation
- Information und Feedback (Holen und Geben)
- Mitarbeiterzeitschrift
- Lernstatt, Qualitätszirkel, KVP, TQM
- Projektmanagement
- Arbeitstrukturierung, z. B. Teilautonomie in der Gruppenarbeit.

Aus der Sozialpsychologie weiß man, dass Veränderungen im Unternehmen dann von den Mitarbeitern tendenziell eher mitgetragen werden, wenn

- der Nutzen des Wandels rational nachvollziehbar ist und
- die Mitarbeiter in die Veränderungs- und Lernprozesse (möglichst frühzeitig) einbezogen werden: *„Mache die Betroffenen zu Beteiligten!"*

In der Mehrzahl der geplanten Veränderungen im Unternehmen wird also die Strategie der Beteiligung (Partizipation) erfolgreicher sein als die einseitige Machtausübung durch das Management.

In Ausnahmesituationen, z. B. unvorhersehbaren Krisen, kann der Einsatz einseitiger Top-down-Strategien notwendig werden. Das Aufgeben von Widerständen wird erzwungen.

4.5.2 Zielvereinbarungen

01. Wie sind Zielvereinbarungsprozesse zu gestalten?

Führen durch Zielvereinbarung (**Management by Objektives**; MbO) bedeutet: Die Entscheidungsebenen arbeiten gemeinsam an der Zielfindung. Dabei legen Vorgesetzter und Mitarbeiter zusammen das Ziel fest, überprüfen es regelmäßig und passen das Ziel an. Da das Gesamtziel der Unternehmung und die daraus abgeleiteten Unterziele ständig am Markt orientiert sein müssen, ist „Führen durch Zielvereinbarung" aufgrund kontinuierlicher Zielpräzisierung ein Prozess.

- Als **Voraussetzungen** von MbO müssen u. a. geschaffen werden:
  - ein System hierarchisch abgestimmter, klar formulierter und erreichbarer Ziele (möglichst messbar)
  - Bewertungskriterien festlegen
  - klare Abgrenzung der Kompetenzen
  - Bereitschaft der Vorgesetzten zur Delegation
  - Fähigkeit und Bereitschaft der Mitarbeiter, Verantwortung zu übernehmen.
- **Vorteile** von MbO:
  - Entlastung der Vorgesetzten
  - das Streben der Mitarbeiter nach Eigenverantwortlichkeit und selbstständigem Handeln wird unterstützt
  - das Konzept ist auf allen hierarchischen Ebenen anwendbar
  - die Beurteilung kann am Grad der Zielerreichung fixiert werden und wird damit unabhängig von den Schwächen merkmalsorientierter Bewertungsverfahren
  - die Mitarbeiter werden gefördert und erhalten das Gefühl, ernst genommen zu werden.
- **Zielvereinbarungsgespräch**
  Das Zielvereinbarungsgespräch (auch: **zielführendes Mitarbeitergespräch**) ist Bestandteil des Führungsprinzips MbO. Vorgesetzter und Mitarbeiter haben eine Reihe von Aspekten zu berücksichtigen – und zwar vor, während und nach dem Gespräch:

Vor dem Gespräch:
Der **Vorgesetzte** soll

- Mitarbeiter auffordern, einen Zielkatalog für die zu planenden Perioden zu erstellen (evtl. vor dem Gespräch als schriftliche Kopie vorlegen lassen)
- eine eigene Position über die zu vereinbarenden Ziele erarbeiten
- Gesprächstermin vereinbaren
- Rahmenbedingungen klären und organisieren (Raum, Getränke)
- möglichst jegliche Störungen des Gespräches schon im Vorfeld ausschließen.

Der **Mitarbeiter** soll

- eigene Zielvorstellungen erarbeiten und eventuell als Kopie dem Vorgesetzten übergeben,
- Argumente erarbeiten und festhalten,
- Fragen und Probleme, die besprochen werden sollen, aufschreiben.

→ **Während des Gesprächs:**

Der **Vorgesetzte** soll

- zu Beginn den Kontakt zum Mitarbeiter herstellen, eine entspannte Gesprächsatmosphäre schaffen, nicht mit der Tür ins Haus fallen
- kurze Einführung in das Thema geben und dabei die Ziele des Unternehmens und seine eigenen Ziele (als Vorgesetzter) darstellen
- den Mitarbeiter seine Zielvorstellungen detailliert erklären lassen; hierbei nicht unterbrechen oder frühzeitig bewerten
- nicht die eigene Meinung an den Anfang stellen
- sich auf die Zukunft konzentrieren und dem Mitarbeiter Vertrauen in sich selbst und in die Unterstützung durch den Vorgesetzten vermitteln
- zu einer gemeinsamen Entscheidung „moderieren" und festhalten (vom Vorgesetzten dominierte Ziele motivieren eher wenig)
- mit Vereinbarung der schriftlich fixierten Ziele abschließen.

Der **Mitarbeiter** soll

- die eigene Zielkonzeption ausführlich darlegen
- seine Wünsche an den Vorgesetzten offen äußern
- die Meinung des Vorgesetzten erfassen und überdenken (respektieren)
- selbst auf eine konkrete tragfähige Vereinbarung achten.

→ **Nach dem Gespräch:**

Der **Vorgesetzte** soll

- mit Interesse das Vorankommen des Mitarbeiters verfolgen
- Hilfsmittel erarbeiten, um den Grad der Zielerreichung zu erfassen und um den Mitarbeiter unterstützen zu können.

Der **Mitarbeiter** soll

- für sich selbst ein Kontrollsystem installieren
- bei Änderungen der Rahmenbedingungen das Gespräch über Zielmodifikationen suchen,
- bei Problemen den Vorgesetzten informieren
- bei schlechtem Vorankommen den Vorgesetzten um Unterstützung bitten.

4.6 Anfertigen von Stellenbeschreibungen

4.6.1 Bedeutung von Stellenbeschreibungen für den Personaleinsatz

01. Wie werden Anforderungsprofile erstellt?

- **Begriff:**
  Das Anforderungsprofil ist unabhängig von derzeitigen oder zukünftigen Stelleninhabern und enthält **Aussagen über Art und Höhe der Anforderungen einer Stelle**.

- **Probleme:**
  Die Erstellung von Anforderungsprofilen ist mit folgenden Fragen/Problemen verbunden:
  1. Welche **Anforderungsmerkmale** sind relevant?
     z. B. Wissen, Verantwortung usw.
  2. Welche **Skalierung**/Ausprägungsgrade sollen gewählt werden?
     z. B.: hoch/mittel/gering o. Ä.
  3. Kann die **Ausprägung je Anforderungsmerkmal** beobachtet und „gemessen" werden?
  4. Wie kann der **Konflikt zwischen Stabilität** und **Aktualität** gelöst werden?
- **Vorgehensweise/Verfahren:**
  1. Ausgangspunkt für die Erstellung eines Anforderungsprofils ist die **Arbeitsplatzanalyse**.
     Sie gliedert sich in drei **Teilanalysen:**

     1.1 **Aufgabenanalyse:**
     Die Gesamtaufgabe wird in Teilaufgaben zerlegt (Struktur), die spezifische Anforderungen verlangen.

     1.2 **Bedingungsanalyse:**
     Hier werden die sachlichen Arbeitsbedingungen einschließlich der Umwelt-/Umfeldeinflüsse untersucht (z. B. Arbeitsverfahren und -hilfsmittel, ergonomische Gestaltung).

     1.3 **Rollenanalyse:**
     Sie beschreibt die erforderlichen Interaktionsbeziehungen zwischen dem Stelleninhaber und Dritten (Kontakte, Abhängigkeiten, organisatorische Eingliederung, Gespräche usw.).
  2. Aus diesen Teilanalysen wird die **Anforderungsanalyse** abgeleitet, d. h. welche Anforderungen werden an die Qualifikation des Stelleninhabers gestellt. Dabei wird in der Regel auf spezifische Anforderungsarten zurückgegriffen; üblich sind das **Genfer Schema** oder die **Anforderungsarten nach REFA** (vgl. unten):

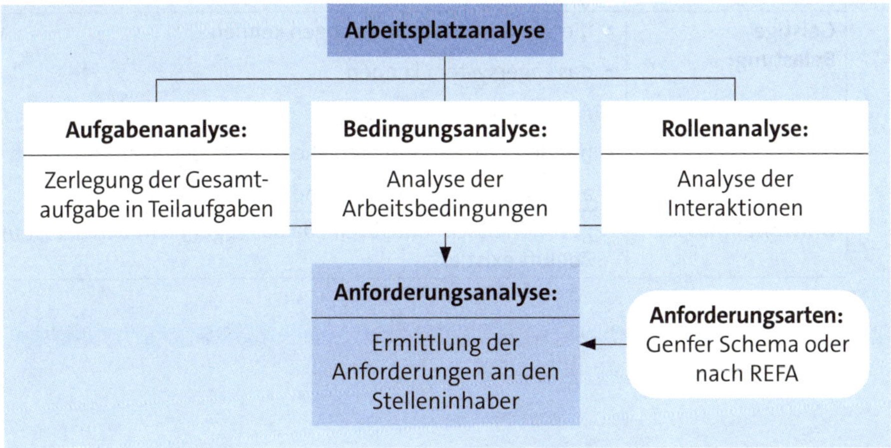

Beispiel

Das nachfolgende Beispiel ist bewusst einfach gestaltet, um den Vorgang der Erstellung eines Anforderungsprofils zu verdeutlichen: Im Lagerbereich von Meister Kantig gibt es die Stelle des „Lagerhelfers".

1.1 Die **Aufgabenanalyse** ergibt folgende Tätigkeitsstruktur:

- Packen
- Transportieren
- Botengänge

1.2 Die **Bedingungsanalyse** führt zu folgendem Ergebnis:

- Der Umgang mit einem Hubwagen muss beherrscht werden.
- Die Sicherheitsbestimmungen müssen eingehalten werden.
- Der Stelleninhaber muss das Lagersystem kennen und einhalten.

1.3 Die **Rollenanalyse** zeigt folgende Einzelheiten:

Der Stelleninhaber

- muss die Anweisungen des Lagerleiters einhalten
- muss mit den Lkw-Fahrern des Unternehmens und externen Speditionen Kontakt halten.

2. Aus den drei Teilanalysen wird die Anforderungsanalyse abgeleitet; dabei wird auf vier Anforderungsarten (in Anlehnung an das **Genfer Schema**) zurückgegriffen:

Anforderungsarten	Anforderungsanalyse: Der Stelleninhaber muss ...
Fachkönnen:	► das sachgerechte Verpacken in Holz und Pappe beherrschen ► die Bedienung des Hubwagens beherrschen ► Transport und Lagerung der Materialien unter Einhaltung der Sicherheitsbestimmungen durchführen
Körperliche Belastung:	► Materialien bis zu 50 kg auch über längere Zeit heben und tragen können
Geistige Belastung:	► die Sicherheitsbestimmungen kennen ► das Lagersystem kennen ► Anweisungen einhalten ► mit den Lkw-Fahrern einfache Abläufe besprechen können ► auch unter Stress termin- und sachgerecht arbeiten
Umwelteinflüsse:	► gesundheitlich robust sein, da das Lager nicht beheizt ist und oft Zugluft existiert

Dieses einfache Beispiel zeigt bereits die **Problematik der Anforderungsanalyse:**

- Die Analyse ist immer auch subjektiv geprägt: Unterschiedliche Analytiker werden zu unterschiedlichen Ergebnissen kommen. Die Anforderungsarten lassen sich teilweise nur schwer voneinander abgrenzen, z. B. die Überschneidungen bei geistigen und körperlichen Belastungen (vgl. oben, „Stress“).
- Die Ausprägung eines Merkmals lässt sich mitunter nur unzuverlässig messen, z. B. bei der Anforderungsart „Umwelteinflüsse“.

02. Auf welche Anforderungsarten wird üblicherweise bei der Anforderungsanalyse zurückgegriffen?

Am gebräuchlichsten ist das **Genfer Schema** mit vier Anforderungsarten; es wurde nach **REFA** auf sechs Anforderungsarten erweitert. Die Abbildung zeigt den Zusammenhang zwischen den Anforderungsarten nach dem Genfer Schema und nach REFA:

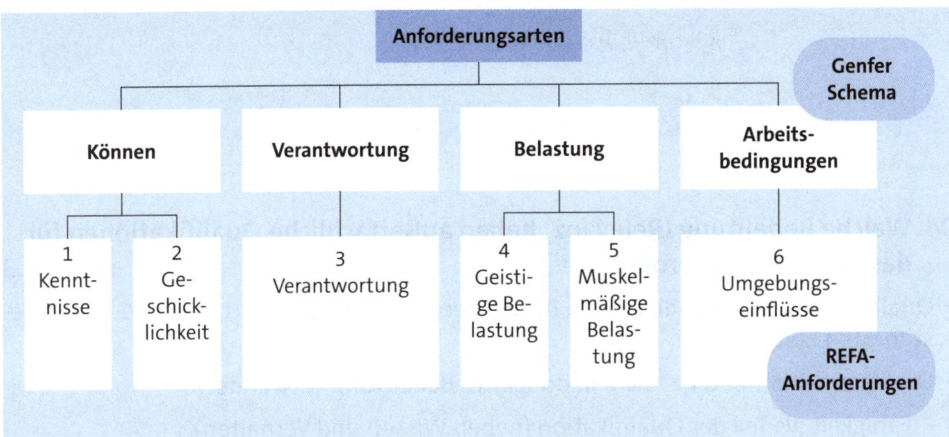

03. Worin besteht der Unterschied zwischen Soll-Anforderungsprofilen und Ist-Anforderungsprofilen?

- Das **Soll-Anforderungsprofil** (auch kurz: Anforderungsprofil) ist das Ergebnis der Arbeitsplatzanalyse.
- Das **Ist-Anforderungsprofil** (auch kurz: **Eignungsprofil**) ergibt sich aus der Analyse und Bewertung des Kandidaten für eine bestimmte Stelle anhand der festgelegten Anforderungsarten.

Beispiel

Die nachfolgende Abbildung zeigt als Grafik die Gegenüberstellung eines Soll- und eines Ist-Anforderungsprofils (modellhafte Darstellung). Den Abgleich zwischen beiden Profilen nennt man **Profilvergleichanalyse**; sie zeigt die Defizite des Kandidaten:

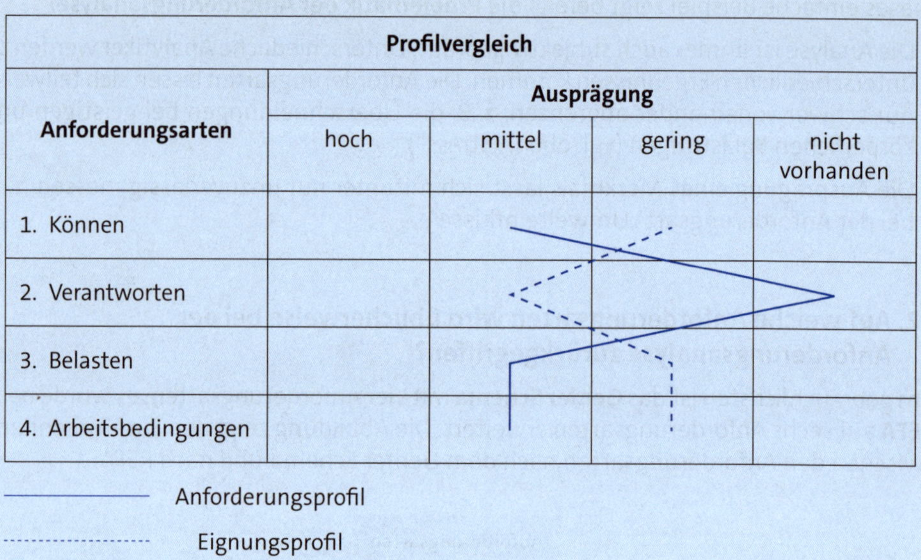

04. Welche Bedeutung (Relevanz) haben außerfachliche Qualifikationen für das Anforderungsprofil? → A 4.4.3

- **Qualifikation ist das individuelle Arbeitsvermögen** eines Mitarbeiters zu einem bestimmten Zeitpunkt.
- Der Begriff „Kompetenz" wird in doppelter Bedeutung verwendet:
  - Fähigkeit als Teil der Qualifikation (neben Wissen und Verhalten)
  - Befugnis zur Vornahme von Entscheidungen
- Man unterscheidet vier **Kompetenzbereiche:**

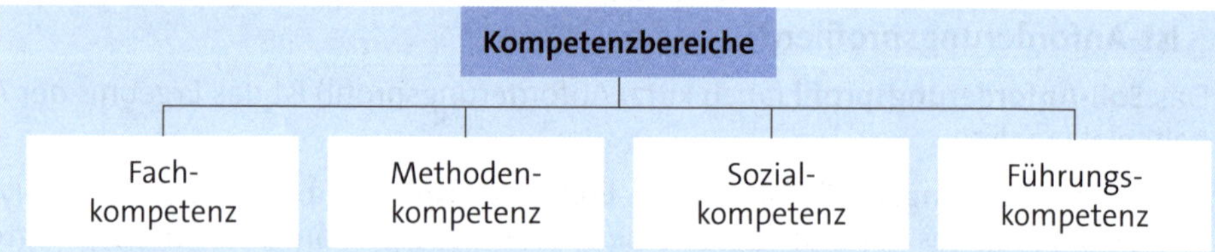

Mit außerfachlichen Qualifikationen sind also die Methoden-, Sozial- und die Führungskompetenz gemeint. In der Praxis ist folgendes Phänomen zu beobachten:

Bei der Auswahl interner oder externer Kandidaten anhand eines Anforderungsprofils wird häufig die Fachkompetenz in ihrer Bedeutung für den zukünftigen Erfolg in einer Tätigkeit überschätzt bzw. die Bedeutung der außerfachlichen Qualifikation unterschätzt.

Beispiel

Ein Unternehmen mittlerer Größe sucht einen Lagerleiter; im Anforderungsprofil ist zu lesen (Kurzfassung): Abschluss als Meister für Lagerwirtschaft o. Ä., mindestens drei Jahre Erfahrung in der Leitung eines Lagers, REFA-Grundausbildung, hohes Organisationsvermögen, Erfahrung in der Führung gewerblicher Mitarbeiter, psychisch und physisch belastbar – auch bei Termindruck usw.

Wer im vorliegenden Fall bei der Kandidatenauswahl die fachlichen Anforderungen überbetont, läuft Gefahr, den falschen Kandidaten zu wählen. Die REFA-Grundausbildung ist ggf. verzichtbar oder kann nachgeholt werden. Außerfachliche Qualifikationen wie z. B. „hohe psychische Belastbarkeit in Stresssituationen“ ist relativ unveränderbar und kaum zu trainieren. Fehlt also beispielweise diese Eigenschaft bei einem Kandidaten, so sollte er für die Position nicht ausgewählt werden. Selbstverständlich existiert immer das Problem, dass fachliches Können „leichter überprüfbar“ ist als Elemente der außerfachlichen Qualifikation.

05. Welche Qualitätsansprüche sollten bei der Erstellung von Anforderungsprofilen beachtet werden?

Anforderungsprofile erfüllen nur dann ihren Zweck, wenn sie bestimmten **Qualitätsansprüchen** genügen. Diese sind:

1. **Relevanz:**
   → Es werden **nur** die **wesentlichen Merkmale** einer Stelle berücksichtigt; nur die **wi**chtigsten **Zu**ständigkeiten, die sog. „WIZUs“, werden erfasst.
2. **Vollständigkeit:**
   → **Alle** wichtigen Merkmale werden erfasst.
3. **Überschneidungsfreiheit:**
   → Gleiche Tatbestände (z. B. Führung der Mitarbeiter) werden **nicht mehrfach erhoben**.
4. **Objektivität:**
   → Die Ergebnisse dürfen (möglichst) **nicht durch subjektive Einflüsse** des Untersuchenden beeinflusst sein.
5. **Reliabilität** (Zuverlässigkeit):
   → Der Vorgang der Merkmalserhebung soll zuverlässig sein, d. h., **im Wiederholungsfall zu gleichen Ergebnissen** führen.
6. **Validität:**
   → Das Messergebnis soll die tatsächliche Ausprägung der Anforderungshöhe wiedergeben („Es muss tatsächlich das messen, was es messen soll“).

06. Welchen Inhalt könnte das Anforderungsprofil eines Anlern-Arbeitsplatzes in der Montage mechanischer Bauteile haben, wenn man das Anforderungsschema nach REFA zugrunde legt?

Beispiel

Kenntnisse	Grundkenntnisse der chemischen Produktion und der EDV; Kenntnisse der Produkte und deren Bedeutung
Geschicklichkeit	Probenahme nach Vorschrift, gute Motorik
Verantwortung	Einhaltung der Qualitätsvorgaben, Erkennen von Fehlern, Identifikation mit dem Produkt
Geistige Belastung	Auswertung von Produktionsanweisungen, Einhalten der Vorgabezeiten
Muskelmäßige Belastung	körperliche Belastbarkeit
Umgebungs-einflüsse	Einsatz an wechselnden Anlagen, Fähigkeit zur Teamarbeit

07. Was sind Funktionsbereiche?

Als **Funktion** bezeichnet man die Betätigungsweise und die Leistung eines Elements in einem System.

Beispiel

Die Hauptfunktionen eines Industriebetriebes sind: Leitung, Beschaffung, Absatz usw.

Betriebliche Funktionen beanspruchen Ressourcen und Zeit. Sie können hierarchisch aufgebaut sein (Hauptfunktion, Unterfunktion) und weiter untergliedert werden.

Hinsichtlich des Beitrags zur Wertschöpfung unterscheidet man **operative Funktionsbereiche** und **Servicebereiche**. Zum Beispiel rechnet man in einem Industriebetrieb den Fertigungs- und den Absatzbereich zu den operativen Funktionsbereichen, während das Personalwesen, der IT-Bereich und die Logistik den Servicebereichen zugeordnet werden (sie leisten keinen unmittelbaren Beitrag zur Wertschöpfung).

08. Was leisten Funktionsbeschreibungen und welchen Inhalt haben sie?

Funktionsbeschreibungen stellen den Leistungsbeitrag einer betrieblichen Funktion dar. Häufig wird aus Gründen der Effektivität nicht eine einzelne Funktion beschrieben, sondern gleichartige Aufgaben werden zu **Funktionstypen** gebündelt.

Beispiel

Funktionstypen:

- Facharbeiter Fertigung
- Facharbeiter Montage
- Außendienstmonteur.

Dadurch können bestimmte, gleichartige Aufgabenbündel standardisiert werden; Erstellungsaufwand und Pflege reduzieren sich. Funktionsbeschreibungen zeigen die Schwerpunktaufgaben und die zu verantwortenden Ergebnisse.

09. Welche Ziele und Aufgaben hat die Arbeits(platz)bewertung?

Nach REFA dient die Arbeits(platz)bewertung – unter Berücksichtigung der Zeitermittlungsdaten und der Nennung von Leistungskriterien –

- der betrieblichen Lohnfindung,
- der Personalorganisation und
- der Arbeitsgestaltung.

Die Arbeitsbewertung beantwortet zwei Fragen:

1. Mit welchen Anforderungen wird der Mitarbeiter konfrontiert?
2. Wie hoch ist der Schwierigkeitsgrad einer Arbeit im Verhältnis zu einer anderen?

Dabei bleiben der Mitarbeiter, seine persönliche Leistungsfähigkeit, sein Schwierigkeitsempfinden und die Leistungsbeurteilung durch Vorgesetzte außer Acht. Konkret werden z. B. die Arbeiten eines Entwicklungsingenieurs und eines Einkäufers verglichen und entweder als gleich eingestuft oder als relativer Stufenabstand festgestellt. Bei der Untersuchung der Arbeitsanforderungen wird von der Gesamtaufgabe des Arbeitsplatzes ausgegangen; sie wird in Teilaufgaben zerlegt, um festzustellen, welche Tätigkeiten vorgenommen werden müssen, damit die gestellte Aufgabe erfüllt werden kann und welche Anforderungen an den Mitarbeiter damit im Einzelnen verbunden sind.

Der Umfang der Untersuchung hängt vor allem von vier Faktoren ab:

- der Vielseitigkeit der Aufgaben
- dem Grad der Arbeitsteilung
- dem Sachmitteleinsatz
- der Häufigkeit, mit der diese Aufgabe anfällt.

Die Untersuchung von Aufgaben und den daraus folgenden Arbeiten ist erforderlich, weil sich daraus Konsequenzen ergeben hinsichtlich

- der Arbeitsgestaltung
- des Mitarbeitereinsatzes
- der Unterweisung
- der Mitarbeiterbeurteilung.

10. Welches Beteiligungsrecht hat der Betriebsrat bei der Einführung einer anforderungsgerechten Lohngestaltung?

Der Betriebsrat hat ein Mitbestimmungsrecht bei Fragen der betrieblichen Lohngestaltung nach § 87 Abs. 1 Nr. 10 BetrVG.

11. In welchen Schritten wird eine analytische Arbeitsbewertung durchgeführt?

Nach REFA erfolgt die analytische Arbeitsbewertung in drei Schritten:

1. **Arbeitsbeschreibung:**
   Eindeutige, ausführliche und sachlogische Beschreibung des Arbeitssystems und ggf. dessen Arbeitssituation. Daraus ist Art, Dauer und Intensität der Aufgaben abzuleiten, die die Tätigkeiten an den Mitarbeiter stellen.
2. **Anforderungsanalyse:**
   Ermitteln von Daten für die einzelnen Anforderungsarten; dies sind z. B. nach REFA (vgl. oben, Frage 02.): Kenntnisse, Geschicklichkeit, Verantwortung, körperliche/muskelmäßige Belastung, Umgebungseinflüsse.
3. **Quantifizierung der Anforderungen:**
   Bewerten der Anforderungen und Errechnen der Anforderungswerte, z. B. beim Rangreihenverfahren: Bewertung von 0, 20, 40, 80, 100 (20er-Abstände) für Höhe und Dauer der Anforderungen je Anforderungsart und Addition der Zahlenwerte. Die Höhe der Wertzahlsumme zeigt den Schwierigkeitgrad im Vergleich zu anderen Arbeitsplätzen.

12. Worin unterscheiden sich die summarische und die analytische Arbeitsbewertung?

- Die **summarische Arbeitsbewertung** beurteilt den Arbeitsinhalt als Ganzes. Alle Arbeitsplätze werden miteinander in Bezug gesetzt (en bloc). Vorteilhaft ist die einfache Durchführbarkeit dieses Verfahrens. Von Nachteil ist, dass sich einzelne Ausprägungen nur ungewichtet auf den Gesamtwert auswirken. Insofern ist die summarische Arbeitsbewertung ein grobes Verfahren.

- Die **analytische Arbeitsbewertung** betrachtet die einzelnen **Anforderungsarten** im Detail. Der Erstellungsaufwand ist größer. Das Verfahren liefert i. d. R. genauere Anforderungswerte.

13. Welche Methoden (Prinzipien) der Quantifizierung gibt es bei der Arbeitsbewertung?

- **Prinzip der Stufung:**
  Es wird eine (gesonderte) Skalierung erstellt (z. B. tariflicher Lohngruppenkatalog oder Stufenwertzahlen von z. B. 0 bis 10). Die einzelnen Anforderungsarten werden mit dieser Skalierung verglichen und erhalten eine dementsprechende Wertzahl.
- **Prinzip der Reihung:**
  Hier wird eine skalenunabhängige Rangfolge der Anforderungsarten erstellt durch paarweisen Vergleich untereinander – im Sinne von „höher oder geringer" (summarisch: ordinale Abstände; analytisch: kardinale Abstände).

14. Welche Einzelverfahren der Arbeitsbewertung gibt es, wenn man die Prinzipien der Quantifizierung mit den Methoden der qualitativen Analyse kombiniert?

	Verfahren	
Methoden	**Summarisch**	**Analytisch**
Reihung Vergleich der Anforderungen *untereinander*	**Rangfolgeverfahren:** A < B = F < D < E = C	**Rangreihenverfahren:** 1. Anforderungsart: Geistige Anforderungen A < B = F < D < E = C 20 40 40 80 80 100 2. Anforderungsart: Körperliche Anforderungen ... 3. Anforderungsart: ... 4. Anforderungsart: ...
Stufung Vergleich der Anforderungen mit einem *Maßstab*	**Lohngruppenverfahren:** **Maßstab** A, B, C, D, E, F Lohngruppe 1 Lohngruppe 2 Lohngruppe 3 Lohngruppe 4 Lohngruppe 5 ...	**Stufenwertzahlverfahren:** **Maßstab** Arbeitsplatz A: *Anforderungsart 1* Arbeitsplatz A: *Anforderungsart 2* Arbeitsplatz A: *Anforderungsart 3* ... ... äußerst gering 0 gering 2 mittel 4 groß 6 sehr groß 8 extrem groß 10

Beispiel

Eine (einfache) Arbeitsbewertung:
Im Fertigungsbereich III gibt es folgende Stellen: Meister, Vorarbeiter, Sachbearbeiter, Monteur, Hilfskraft. Mithilfe des Prinzips der Reihung soll eine summarische Arbeitsbewertung der genannten Stellen durchgeführt werden; auf die in der Praxis erforderliche Darstellung der betreffenden Stellenbeschreibungen wird hier verzichtet. Für den paarweisen Vergleich werden folgende Kennzeichnungen verwendet:

0 = die Anforderungen der Stellen sind gleich
\+ = die Anforderungen der Stelle sind höher
\- = die Anforderungen der Stelle sind geringer

Die Bewertung wird in nachfolgender Matrix durchgeführt:

	Vergleichsstellen					
Stellen	Meister	Vorarbeiter	Sach-bearbeiter	Monteur	Hilfskraft	**Ranking**
Meister	0	+	+	+	+	**4**
Vorarbeiter		0	+	+	+	**3**
Sach-bearbeiter			0		+	**1**
Monteur			+	0	+	**2**
Hilfskraft					0	**0**

Der paarweise Vergleich der Stellen führt zu dem **Ranking:**

Meister → Vorarbeiter → Monteur → Sachbearbeiter → Hilfskraft

Selbstverständlich wäre man im vorliegenden Fall auf dieses Ergebnis auch ohne die tabellarische Erfassung gekommen; das Beispiel hat Modellcharakter.

4.6.2 Stellenbeschreibungen

01. Welche Bedeutung haben Stellenbeschreibungen?

Anforderungsprofile werden auf der Basis von **Stellenbeschreibungen** erstellt. Stellenbeschreibungen zeigen dem Mitarbeiter, welche Aufgaben und Entscheidungsbefugnisse er hat. Sie werden als **Instrument der Organisation** sowie als **personalpolitisches Instrument** für vielfältige Zwecke eingesetzt, z. B.:

- Kompetenzabgrenzung
- Personalauswahl
- Personalentwicklung
- Organisationsentwicklung
- Stellenbewertung
- Lohnpolitik/Gehaltsfindung
- Mitarbeiterbeurteilung
- Feststellung des Leitenden-Status
- interne und externe Stellenausschreibung.

02. Welchen Inhalt haben Stellenbeschreibungen?

Stellenbeschreibungen sind **formalisierte Darstellungen der wesentlichen Merkmale einer Stelle**; sie werden auch als Arbeitsplatz-, Tätigkeits-, Aufgaben- oder Positionsbeschreibungen sowie als Job description bezeichnet. Es gibt in der Literatur und in der Praxis keine einheitliche Darstellung über Inhalt und Struktur einer Stellenbeschreibung. Üblicherweise sind enthalten: Bezeichnung der Stelle, Über-/Unterstellung, Zielsetzung, Aufgaben und Befugnisse. **In der Praxis wird vielfach das entsprechende Anforderungsprofil der Stelle mit aufgenommen**.

Stellenbeschreibung

I. Beschreibung der Aufgaben

1. Stellenbezeichnung
2. Unterstellung
   An wen berichtet der Stelleninhaber?
3. Überstellung
   Welche Personalverantwortung hat der Stelleninhaber?
4. Stellvertretung
   - Wer vertritt den Stelleninhaber?
   - Wen muss der Stelleninhaber vertreten?
5. Ziel der Stelle
6. Hauptaufgaben und Kompetenzen
7. Einzelaufträge
8. Besondere Befugnisse

II. Anforderungsprofil

Fachliche Anforderungen:

- Ausbildung,
- Berufspraxis
- Weiterbildung
- besondere Kenntnisse

...

Persönliche Anforderungen:

- Kommunikationsfähigkeit
- Führungsfähigkeit
- Analysefähigkeit

...

03. Wie können Stellenpläne als Instrument der Personalplanung eingesetzt werden?

- Der **Stellenplan** zeigt alle Stellen eines Betriebes oder eines organisatorischen Bereichs – unabhängig davon, ob sie besetzt sind oder nicht. Insofern hat der Stellenplan Soll-Charakter. Der Stellenplan baut auf vorhandene Stellenbeschreibungen auf und enthält Angaben über die Anzahl und Bezeichnung der vorhandenen Planstellen. Er kann in Form eines Organigramms oder als Tabelle dargestellt werden.
- Der **Stellenbesetzungsplan** wird aus dem Stellenplan entwickelt und enthält weitere Angaben: Ob und von wem die Stelle besetzt ist und ggf. weitere Informationen über den Mitarbeiter (Alter, Eintrittdatum, Vollmacht).
- Von einem **Stellenbewertungsplan** spricht man, wenn die Funktionswerte je Stelle eingetragen werden, d. h. die tarifliche oder außertarifliche Eingruppierung (z. B. T 6, AT 2; T = Tarifgruppe; AT = außertarifliche Gruppe).

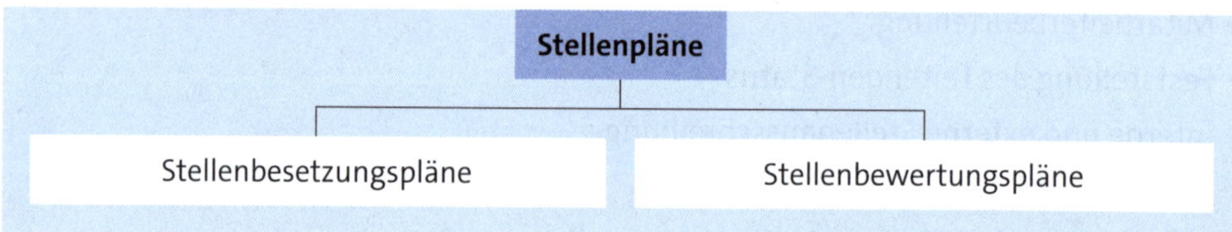

Stellenpläne und Stellenbesetzungspläne gehören zu den wichtigsten Instrumenten der Personalplanung. Ein Nachteil der Stellenpläne ist die relativ große Starrheit dieses Instruments bzw. der Korrekturaufwand bei der Anpassung an Veränderungen in der Organisation des Betriebes.

Diesen Nachteil versucht man auszugleichen, indem man Stellenpläne nach der Methode „Planung offener Systeme" unter Berücksichtigung sich verändernder Arbeitsprozesse gestaltet:

- Als **System** bezeichnet man die Gesamtheit von Elementen, die zueinander in Beziehung stehen, von der Umwelt abgegrenzt sind und verschiedene Bestandteile haben (z. B. Aufgaben, Aufgabenträger, Mittel, Informationen).

  Beispiel

  Beispiel für Systeme, speziell Subsysteme: Fertigung, Personalwesen, Absatz.

- In einem **offenen System** stehen nicht nur die Elemente untereinander in Beziehung, sondern es bestehen auch Verbindungen zu den Elementen anderer Systeme.

Beispiel

Das Subsystem „Personalplanung" wird so gestaltet, dass Verbindungen zu den Systemen „Fertigungsplanung" und „Absatzplanung" existieren.

Konkret dargestellt lässt sich die Personalplanungsaktivität dadurch verbessern, indem man Stellenpläne vereinfacht und als offenes System plant: Gleichartige/gleichwertige Stellen werden nach Kategorien zusammengefasst, sodass sich eine direkter Zusammenhang bei der Veränderung im Fertigungsprozess oder in den Arbeitsprozessen zur Personalplanung herstellen lässt.

Beispiel

Der unten dargestellte Stellenplan weist Anzahl und Kategorien der Stellen in der Montage aus. Bei einer Änderung des Fertigungs- und/oder der Arbeitsprozesse kann direkt auf die Veränderung in der Stellenstruktur und -anzahl geschlossen werden; die Einführung teilautonomer Gruppenarbeit kann z. B. zu einer Reduzierung der Vorarbeiter führen. Die Einführung neuer Robotertechnik und variabler Transportsysteme kann Anlernkräfte entbehrlich machen bzw. zu einer Reduzierung der Fachkräfte „Mechanik" führen.

Stellenplan		
Stellenbezeichnung:	Abteilung:	Bereich:
	Montage	**Fertigung 1**
	Nr.	Anzahl
Abteilungsleiter	1	1
Meister	11	5
Vorarbeiter	12	10
Facharbeiter:	13	
Elektrik	131	20
Mechanik	132	36
Elektronik	133	8
Pneumatik	134	4
...	...	...
Angelernte:	14	
Mechanik	141	8
Versorgung	142	4
...	...	...

4.7 Ergreifen von Maßnahmen zur Qualifizierung der Mitarbeiter und Mitarbeiterinnen

4.7.1 Personalentwicklung

01. Wie wird Personalentwicklung heute verstanden?

Personalentwicklung (PE) ist die systematisch vorbereitete, durchgeführte und kontrollierte Förderung der Anlagen und Fähigkeiten der Mitarbeiter in Abstimmung mit ihren Erwartungen und den zukünftigen Veränderungen der Tätigkeiten im Unternehmen.

Nach dieser Definition ist Personalentwicklung

- ein systematischer Regelkreis
- Bestandteil der Organisations- und Unternehmensentwicklung
- eingebunden in die kurz- und langfristige Zielplanung des Unternehmens
- hat sich an wirtschaftlichen Zielen und den Erwartungen der Mitarbeiter zu orientieren.

02. Welche Zielsetzungen hat die Personalentwicklung?

- **Hauptziel:**
  Personalentwicklung zielt ab auf die Veränderung menschlichen Verhaltens. Zur langfristigen Bestandssicherung muss ein Unternehmen über die Verhaltenspotenziale verfügen, die erforderlich sind, um die **gegenwärtigen** und **zukünftigen Anforderungen** zu erfüllen, die vom Betrieb und der Umwelt gestellt werden.
- Als **Unterziele** können daraus abgeleitet werden:
  - firmenspezifisch qualifiziertes Personal entwickeln
  - Mitarbeiter dazu motivieren, ihr Qualifikationsniveau anzuheben (Erweiterung und Aktualisierung von Fachwissen)
  - Mitarbeiterpotenziale erkennen
  - Flexibilität und innerbetriebliche Mobilität der Mitarbeiter erhöhen
  - Kompetenzen der Fach- und Führungskräfte verbessern
  - Zusammenarbeit fördern, (Team- und Kommunikationsfähigkeit)
  - Erhöhung des Qualitätsbewusstseins und Verbesserung der Eigenverantwortlichkeit
  - Innovationen auslösen und systematisch fördern
  - Organisations- und Arbeitsstrukturen motivierend gestalten
  - Berücksichtigung des individuellen und sozialen Wertewandels
  - Beitrag zur Sicherung der Personalbedarfsdeckung.

03. Wie ist die Personalentwicklung in die Unternehmensentwicklung integriert?

PE vollzieht sich innerhalb der **Organisationsentwicklung** und diese wiederum ist in die **Unternehmensentwicklung** eingebunden. Die Aus-/Fort- und Weiterbildung **ist ein Instrument der Personalentwicklung**.

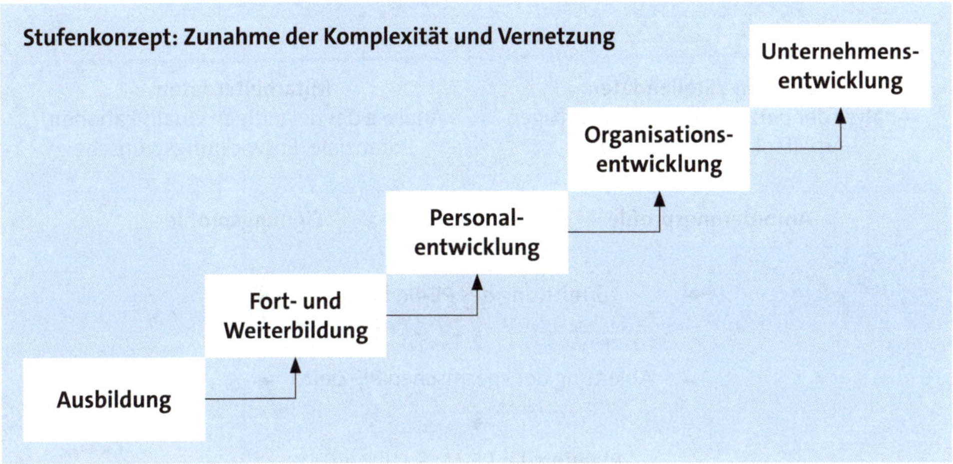

Jedes Element ist Teil einer ganzheitlichen Konzeption. Mit jeder Stufe nehmen Komplexität und Vernetzung zu.

Personalentwicklung muss als Netzwerk begriffen werden, das unterschiedliche Marktentwicklungen mit unterschiedlichen Produkt- und Unternehmenszyklen sowie mit den persönlichen Lebensphasen und Entwicklungsmöglichkeiten der Mitarbeiter verbindet.

In der Praxis muss daher beachtet werden: Jede Personalentwicklung, die nicht in eine ihr entsprechende Organisations- und Unternehmensentwicklung eingebettet ist, führt in eine **Sackgasse**, da sich die Aktivitäten der betrieblichen Bildungsarbeit dann meistens in der Durchführung von Seminaren erschöpfen und lediglich Aktionen „per Gießkanne" praktiziert werden.

04. Welche Elemente und Phasen enthält ein Personalentwicklungskonzept?

Jedes Personalentwicklungskonzept geht immer von zwei Grundelementen aus – nämlich den **Stellendaten** und den **Mitarbeiterdaten** – und mündet über mehrere Phasen in die Kontrolle der Personalentwicklung (= Evaluierung):

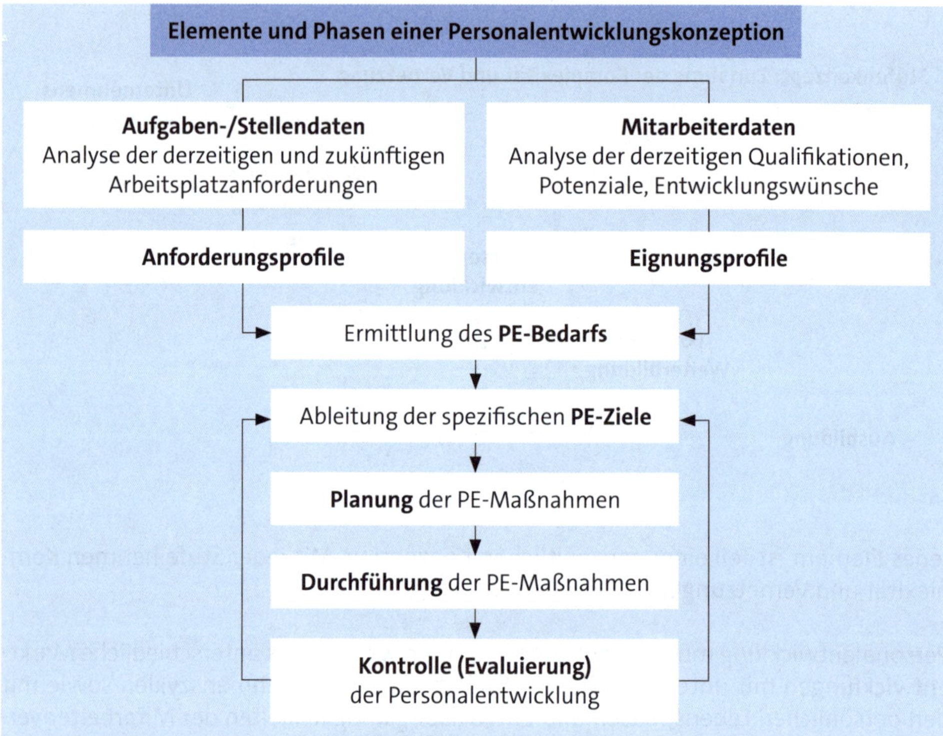

05. Was versteht man unter operativer Personalentwicklung?

Als operative Personalentwicklung bezeichnet man alle **kurzfristigen** Maßnahmen, die dazu dienen, **zeitnah** auf betriebliche Probleme zu reagieren.

Beispiele

1. Die Stelle eines Facharbeiters in der Fertigung wird vakant, ohne dass dies vorhersehbar war; es muss kurzfristig ein geeigneter Nachfolger gesucht und eingearbeitet werden.
2. Ein Mitarbeiter des Instandhaltungsteams kündigt. Der Meister hat die Aufgabe, einen neuen Mitarbeiter für diese Aufgabe zu qualifizieren.

3. In drei Monaten wird der Betrieb eine neue Laserschweißanlage anschaffen. Der Meister hat die Aufgabe, zwei Mitarbeiter aus der Schweißerei auszuwählen und schulen zu lassen.

06. Was versteht man unter strategischer Personalentwicklung?

Der Begriff „Strategie“ kommt von dem griechischen Wort „strategos“ und bedeutet Heerführerschaft. In der Betriebswirtschaftslehre spricht man dann von Strategien, wenn es darum geht, grundsätzliche Entscheidungen von längerfristiger Bedeutung zu treffen.

Strategische Personalentwicklung ist **also vorbeugend**, **grundsätzlich** und **langfristig** angelegt. Sie ist ein Ergebnis der strategischen Unternehmensplanung.

In der strategischen Unternehmensplanung geht es um die Ermittlung zukünftiger Geschäftsfelder und die Planung von Erfolgsfaktoren der Zukunft:

„In welchen Märkten mit welchen Produkten wollen wir morgen tätig sein?“

Die strategische Personalentwicklung ist Sache der Unternehmensleitung. Aber auch für mittlere Führungskräfte wie den Meister besteht die Notwendigkeit, einen Teilbeitrag zur strategischen Personalentwicklung zu leisten:

Jede Führungskraft muss in ihrem Funktionsfeld analysieren, welche Positionen langfristig für den Erhalt der Wertschöpfung von zentraler Bedeutung sind. Man bezeichnet derartige Stellen als **Erfolgspositionen**. Dafür muss der Meister die derzeitigen und zukünftigen Aufgaben und Anforderungen kennen und sicherstellen, dass geeignet qualifizierte Mitarbeiter rechtzeitig zur Verfügung stehen.

Beispiele

1. Ein Unternehmen stellt Spezialbehälter für flüssige Stoffe her. Besonderes Qualitätsmerkmal der Produkte ist das Fertigen der Schweißnähte und deren zerstörungsfreie Kontrolle. Da die Absatzentwicklung steigende Tendenz verzeichnet, wird es erforderlich, innerhalb von sechs Monaten eine weitere Stelle „PT 1-Prüfer“ (zerstörungsfreie Schweißnahtprüfung) einzurichten und einen Mitarbeiter für diese Befähigung zu schulen.
2. Eine der Erfolgspositionen in einer Zuckerfabrik ist die Stelle des Lademeisters. Er steuert und kontrolliert u. a. die ausgehenden Lkw-Ladungen hinsichtlich der Zuckerkörnung. Geringe Abweichungen in der Körnung führen beim Kunden – z. B. einem Konfitürenhersteller – zu Stillständen in der Produktion. Die Fehllieferung

muss dann kurzfristig und auf eigene Kosten durch eine einwandfreie Charge ersetzt werden. Da der derzeitige Lademeister 59 Jahre alt ist, muss für diese Erfolgsposition rechtzeitig ein geeigneter Nachfolger ausgewählt und qualifiziert werden.

07. Welche Beispiele lassen sich für Erfolgspositionen auf der Facharbeiterebene anführen?

Weitere Beispiele für strategische Erfolgspositionen auf der Facharbeiterebene, die für die Personalentwicklungsarbeit des Meisters relevant sein können:

Funktionsfeld	→ strategische Erfolgsposition	→ Anforderungen u. a.
Montage	→ Außendienstmontage	► Spezialkenntnisse und Befähigungen für Anlage X ► langjährige Erfahrung in der Montage ► Technisches Englisch
Fertigung	→ Laserschweißanlage	► Schweißerpass XY ► PT 1-Prüfung ► Kenntnis der Arbeitssicherheitsvorschriften bei der Arbeit an Hochleistungslasern
	→ Schichtführer Vorarbeiter	► Kenntnis der Fertigungsverfahren ► Mitarbeiterführung ► Erfahrungen in neuen Formen der Gruppenarbeit
Forschung/ Entwicklung	→ Gerätefeinmechaniker	► Anfertigen feinwerktechnischer Apparaturen nach Vorgaben des wissenschaftlichen Personals im Labor

TIPP

Als Übung im Lehrgang eignet sich hier die Bearbeitung der Fragestellung: Beschreiben Sie zwei strategische Erfolgspositionen auf der Facharbeiterebene Ihres Unternehmens und begründen Sie, warum ein strategischer Personalentwicklungsbedarf vorliegt.

08. Wie wird die Ermittlung des Personalbedarfs durchgeführt?

- Jede **quantitative Personalbedarfsermittlung** vollzieht sich in drei Schritten:

  1. Schritt: Ermittlung des **Bruttopersonalbedarfs** (Aspekt „Stellen"):
  Der gegenwärtige Stellenbestand wird aufgrund der zu erwartenden Stellen zu- und -abgänge „hochgerechnet" auf den Beginn der Planungsperiode. Anschließend wird der Stellenbedarf der Planungsperiode ermittelt.

  2. Schritt: Ermittlung des fortgeschriebenen Personalbestandes (Aspekt „Mitarbeiter"):
  Analog zu Schritt 1 wird der Mitarbeiterbestand „hochgerechnet" aufgrund der zu erwartenden Personalzu- und -abgänge.

  3. Schritt: Ermittlung des Nettopersonalbedarfs (= „Saldo"):
  Vom Bruttopersonalbedarf wird der fortgeschriebene Personalbestand subtrahiert.

  Man verwendet folgendes **Berechnungsschema:**

Lfd. Nr.		Berechnungsgröße	Zahlenbeispiel
1		Stellenbestand	250
2	+	Stellenzugänge (geplant)	3
3	-	Stellenabgänge (geplant)	- 6
4	=	**Bruttopersonalbedarf**	247
5		Personalbestand	248
6	+	Personalzugänge (sicher)	12
7	-	Personalabgänge (sicher)	- 5
8	-	Personalabgänge (geschätzt)	- 3
9	=	**Fortgeschriebener Personalbestand**	252
10		**Nettopersonalbedarf (Zeile 4 - Zeile 9)**	**- 5**

  Im vorliegenden Beispiel besteht ein Freisetzungsbedarf von fünf Mitarbeitern (auf Vollzeitbasis).

- Zur **Prognose des Bruttopersonalbedarfs** (Aspekt „Stellen") bedient man sich verschiedener Verfahren. Grundsätzlich unterscheidet man dabei Verfahren der globalen Bedarfsprognose sowie der differenzierten Bedarfsprognose.

- Als **Methoden/Techniken zur Berechnung des fortgeschriebenen Personalbestandes** (Aspekt „Mitarbeiter") werden eingesetzt: Abgangs-/Zugangsrechnung, Verfahren der Beschäftigungszeiträume, Statistiken und Analysen der Belegschaftsentwicklung.

Die **quantitative Ermittlung des Personalbedarfs**, d. h. die Berechnung des **Nettopersonalbedarfs**, verwendet also folgendes Berechnungsschema bzw. folgende Verfahren:

	Berechnungsschema		
	Bruttopersonalbedarf	←	Techniken der globalen und differenzierten Bedarfsprognose
-	Fortgeschriebener Personalbestand	←	Techniken zur Ermittlung des Personalbestands
=	Nettopersonalbedarf		

09. Wie wird der qualitative Personalbedarf ermittelt?

Nach der Berechnung des **quantitativen** Personalbedarfs ist im nächsten Schritt der **qualitative Personalbedarf** zu ermitteln:

Der erforderliche Nettopersonalbedarf, d. h. die „Planung nach Köpfen", ist mit den erforderlichen Qualifikationen zu verknüpfen. Dabei kann der Ansatz relativ grob sein, indem z. B. nur eine Unterscheidung in „ungelernte Mitarbeiter, angelernte Mitarbeiter und Facharbeiter" vorgenommen wird.

Präziser und aussagefähiger wäre z. B. eine **Differenzierung nach Berufsabschlüssen**, z. B. Mechatroniker, Industriemechaniker, Zerspanungsmechaniker, Anlagenmechaniker sowie eine Ergänzung spezieller Erfahrungen und persönlicher Eigenschaften.

10. Wie wird der Personalentwicklungsbedarf ermittelt?

Der Personalentwicklungsbedarf ergibt sich als Differenz zwischen dem Sollprofil der Stelle (= **Anforderungsprofil**) und dem Istprofil (= **Eignungsprofil**) des infrage kommenden Mitarbeiters.

Dabei sind vorhandene **Entwicklungspotenziale** und berechtigte **Entwicklungswünsche** des Mitarbeiters zu berücksichtigen.

11. Welche Bedeutung hat eine systematische Personalentwicklung für den Unternehmenserfolg?

- **Aus betrieblicher Sicht:**
  Die Unternehmen verbinden heute mit den Maßnahmen der Personalentwicklung folgende „Nutzenerwartungen":
  - Erhaltung und Verbesserung der Wettbewerbsfähigkeit durch Erhöhung der Fach-, Methoden- und Sozialkompetenz der Mitarbeiter
  - Verbesserung der Mitarbeitermotivation und Erhöhung der Arbeitszufriedenheit
  - Verminderung der internen Stör- und Konfliktsituationen
  - größere Flexibilität und Mobilität von Strukturen und Mitarbeitern
  - Verbesserung der Wertschöpfung.

- **Für den Mitarbeiter** bedeutet Personalentwicklung, dass er
  - ein angestrebtes Qualifikationsniveau besser erreichen kann
  - bei Qualifikationsmaßnahmen i. d. R. seine Arbeit nicht aufgeben muss
  - seinen „Marktwert" und damit seine Lebens- und Arbeitssituation systematisch verbessern kann.

Die generelle Bedeutung einer systematisch betriebenen Personalentwicklung ergibt sich heute auch aus der Globalisierung der Märkte:

- Kapital- und Marktkonzentrationen auf dem Weltmarkt lassen regionale Teilmärkte wegbrechen. Veränderungen der Wettbewerbs- und Absatzsituation sind die Folge.
- Die Möglichkeiten der Differenzierung über Produktinnovationen nimmt ab; gleichzeitig nimmt die Imitationsgeschwindigkeit durch den Wettbewerb zu.

Umso wichtiger ist es für die Unternehmen, sich auf die Bildung und Förderung interner Ressourcen zu konzentrieren, die nur schwer und mit erheblicher Verzögerung imitiert werden können. Die Qualifikation und Verfügbarkeit von Fach- und Führungskräften spielt eine zentrale Rolle im Kampf um Marktanteile, Produktivitätszuwächse und Kostenvorteile.

Personalentwicklung ist ein kontinuierlicher Prozess, der bei systematischer Ausrichtung zu langfristigen Wettbewerbsvorteilen führt.

12. Wie kann der Meister die Ziele von PE-Maßnahmen arbeitsnah gestalten?

Die Zielplanung ist die zweite Phase innerhalb eines Personalentwicklungs-Konzepts; sie wird eingeteilt in die Planung der Leistungsziele, der Prozessziele und der Ressourcenziele:

Personalentwicklungsziele – Arten

Leistungsziele	Prozessziele	Ressourcenziele
► Aufgaben ► Kompetenzkategorien	► Maßnahmen ► Inhalte ► Methoden ► Verantwortlichkeiten ► Zielgruppen ► Feedback ► Evaluierung	► Dauer ► Arbeitszeit ► Freizeit ► Mentoren ► Trainer ► Kosten ► Liquidität

- **Leistungsziele** beschreiben, was im Rahmen einer Qualifizierung zu lernen ist. Man unterscheidet hier:
  - **Kompetenzfelder** (Fach-, Methoden-, Sozialkompetenz) und
  - **Lernzielkategorien** (kognitive, affektive, psychomotorische Lernziele)
- **Prozessziele** enthalten Aussagen über die Art und Weise, wie bei der Qualifizierung vorgegangen werden soll:
  - Welche Maßnahmen?
  - Welche Methoden sollen eingesetzt werden?
  - Intern/extern?
  - Wer ist für welche Aktivität verantwortlich?
  - Wie wird die Erfolgskontrolle (Evaluierung) durchgeführt?

  usw.
- **Ressourcenziele** zeigen, welche personellen, finanziellen und zeitlichen Rahmenbedingungen gelten, z. B.:
  - Welche Kosten entstehen für die Qualifizierung?
  - Welche Kostenstelle wird belastet?
  - Wer unterstützt intern die Lern- und Umsetzungsprozesse?
  - Wann findet die Qualifizierung statt? Freizeit und/oder Arbeitszeit?

Beispiel

Die Z-GmbH ist ein Kleinunternehmen mit 35 Mitarbeitern, das spezielle Klebstoffe für die Automobilbranche herstellt. Der Auftragseingang ist ansteigend, sodass ein Mitarbeiter der Fertigung ausgewählt und an der Bedienung des Abfüllautomaten eingearbeitet werden soll. Bisher beherrschen nur der Inhaber und der Mitarbeiter Huber diese Maschine:

1. **Leistungsziele:**
   Der Mitarbeiter aus der Fertigung muss die erforderliche **Fachkompetenz** erwerben; dazu sind ihm Kenntnisse des Abfüllautomaten zu vermitteln (→ **kognitives Lernziel**) und er muss lernen, die Maschine zu beherrschen (→ **psychomotorisches Lernziel**).

   Daneben muss der Mitarbeiter sich in das für ihn neue Arbeitsteam integrieren (→ Sozialkompetenz → **affektives Lernziel**).
2. **Ressourcenziele:**
   Mit der Planung der „Ressourcenziele" ist gemeint, welcher finanzielle und personelle Aufwand mit der PE-Maßnahme verbunden ist: Die Maßnahmen der Schulung und Einarbeitung für den Mitarbeiter sollen mit möglichst geringen Kosten verbunden sein. Der Lieferant des Abfüllautomaten berechnet für die 5-tägige Schulung pauschal 3.000 €. Die auswärtige Unterbringung ist bei geringen Kosten im Schulungszentrum des Lieferanten möglich. Die Ausbildung erfolgt während der Arbeitszeit und wird vergütet. Bei Überschreitung von täglich acht Stunden erfolgt

keine weitere Vergütung lt. Arbeitsvertrag. Der Inhaber sowie Herr Huber haben die zeitlich-organisatorischen Voraussetzungen geschaffen und steuern den Einarbeitungsprozess.

3. **Prozessziele:**
   Ein Prozess ist die strukturierte Abfolge von Ereignissen zwischen einer Ausgangs- und einer Ergebnissituation. Bei der Formulierung der Prozessziele für den Mitarbeiter geht es um folgende Festlegungen:
   - Welche **Maßnahmen** mit welchen Lerninhalten sind zu planen?
     → u. a.: externe Schulung beim Lieferanten und intern vor Ort.
   - Welche **Methoden** werden bei den Lernprozessen eingesetzt?
     → u. a.: Lehrvortrag und Unterweisung beim Lieferanten; Unterweisung vor Ort.
   - Wie erfolgt die **Lernerfolgskontrolle** (Evaluierung)?
     → Kognitive Lerninhalte können z. B. mithilfe eines Abschlusstests beim Lieferanten überprüft werden; die zu erlernenden Fertigkeiten werden vor Ort vom Inhaber bzw. Herrn Huber an der Maschine bei simulierter Auftragsausführung überprüft.

13. Welche Kompetenzfelder gibt es?

Kompetenz hat hier die Bedeutung von „Befähigung“; bezogen auf die Befähigungsinhalte unterscheidet man folgende **Kompetenzfelder:**

- **Fachkompetenz:**
  = **fachliche Qualifikationen/Sachkenntnisse**, z. B.: Schweißverfahren; Grundlagenkenntnisse der Hydraulik und Pneumatik; Beherrschen von Drehautomatensystemen; Grundlagen der Instandhaltung.
- **Methodenkompetenz:**
  = **überfachliche Qualifikationen** = Beherrschen von Methoden und Techniken der Präsentation, Moderation, Entscheidungsfindung, Analyse, Problemlösung usw., z. B.: Wertanalyse, Mindmapping, Techniken der Visualisierung, Moderation von Gruppengesprächen, Präsentationstechnik.
- **Sozialkompetenz:**
  = **soziale Qualifikationen** = nicht fachliche Qualifikationen = Fähigkeit, mit anderen konstruktiv in Kontakt zu treten, z. B.: Fähigkeit zur Kommunikation, Kooperation, Integration; soziale Verantwortung für das eigene Handeln übernehmen; Führungskompetenz ist Teil der Sozialkompetenz.
- **Handlungskompetenz:**
  Umschließt als Obergriff die Fach-, Methoden- und Sozialkompetenz und bezeichnet die Fähigkeit, sich beruflich und privat sachlich angemessen sowie individuell und gesellschaftlich verantwortungsvoll zu verhalten.

14. Was sind Schlüsselqualifikationen?

Damit sind Qualifikationen gemeint, die relativ **positionsunabhängig** und **langfristig** von Bedeutung sind, z. B. die Moderation, d. h. die Fähigkeit, Gruppenaktivitäten ausgewogen steuern zu können; ähnlich: Präsentationsfähigkeit, Führungsfähigkeit, analytisches Denken. Schlüsselqualifikationen sind die Basis („der Schlüssel") zum Erwerb spezieller Fachqualifikationen.

15. Welche Lernzielkategorien gibt es?

- **Kognitive** Lernziele:
  betreffen die geistige Wahrnehmung: Kenntnisse, Wissen; z. B.: Kenntnis der Sicherheitsvorschriften, Beherrschen der Zuschlagskalkulation.
- **Affektive** Lernziele:
  beziehen sich auf die Veränderung des Verhaltens und der Gefühle, z. B.: Einsicht in die Notwendigkeit der Teamarbeit, Respektieren der Meinung anderer sowie seine eigene Meinung überzeugend vertreten.
- **Psychomotorische** Lernziele:
  Umfassen den Bereich der körperlichen Bewegungsabläufe; z. B.: Bedienen eines Gewindeschneiders, Anfertigen einer Schweißnaht, Zweihandbedienung einer Presse.

16. Wie unterscheidet man Qualifizierungsvorgänge im Lernfeld und im Funktionsfeld?

- Als **Lernfeld** bezeichnet man den Ort, an dem sich Lernen außerhalb des Arbeitsplatzes vollzieht; Beispiele: Lernen im Seminar, im Lehrgang, in der Schulung beim Lieferanten.
- Als **Funktion** bezeichnet man in der Betriebswirtschaftslehre die Betätigungsweise und die Leistung von Bereichen eines Unternehmens. So unterscheidet man im Wesentlichen die betrieblichen Funktionen: Leitung, Beschaffung, Fertigung, Materialwirtschaft usw.
- Das **Funktionsfeld** ist ein Teilbereich einer betrieblichen Funktion; beispielweise lässt sich die Fertigung gliedern in die Funktionsfelder Materialdisposition, Arbeitsplanung, Dreherei, Schweißerei, Lackieren, Montage 1, Montage 2, Lager usw.

  Lernen im Funktionsfeld bedeutet also Lernen vor Ort, am zugewiesenen Arbeitsplatz.

17. Welcher Zusammenhang besteht zwischen Lernzielkategorien, Kompetenzfeldern und dem Leistungserfolg eines Mitarbeiters?

Die **Lernzielkategorie** legt den Inhalt der Qualifizierung fest: *„Der Mitarbeiter soll nach der Unterweisung die Bedeutung der Sicherheitsvorschrift XYZ erkennen und sie bei der Maschinenbedienung einhalten."* → kognitives und affektives Lernziel.

Das **Kompetenzfeld** beschreibt, welche Befähigung erweitert werden soll. Im vorliegenden Beispiel wird durch die Unterweisung die Fachkompetenz verbessert.

Kompetenz (das „Können") ist die Grundlage der **Leistungsfähigkeit**. Sie ist notwendig, aber nicht hinreichend. Hinzukommen muss die **Leistungsbereitschaft** (das „Wollen") des Mitarbeiters und die Motivation durch den Vorgesetzten. Die nachfolgende Abbildung zeigt den Zusammenhang:

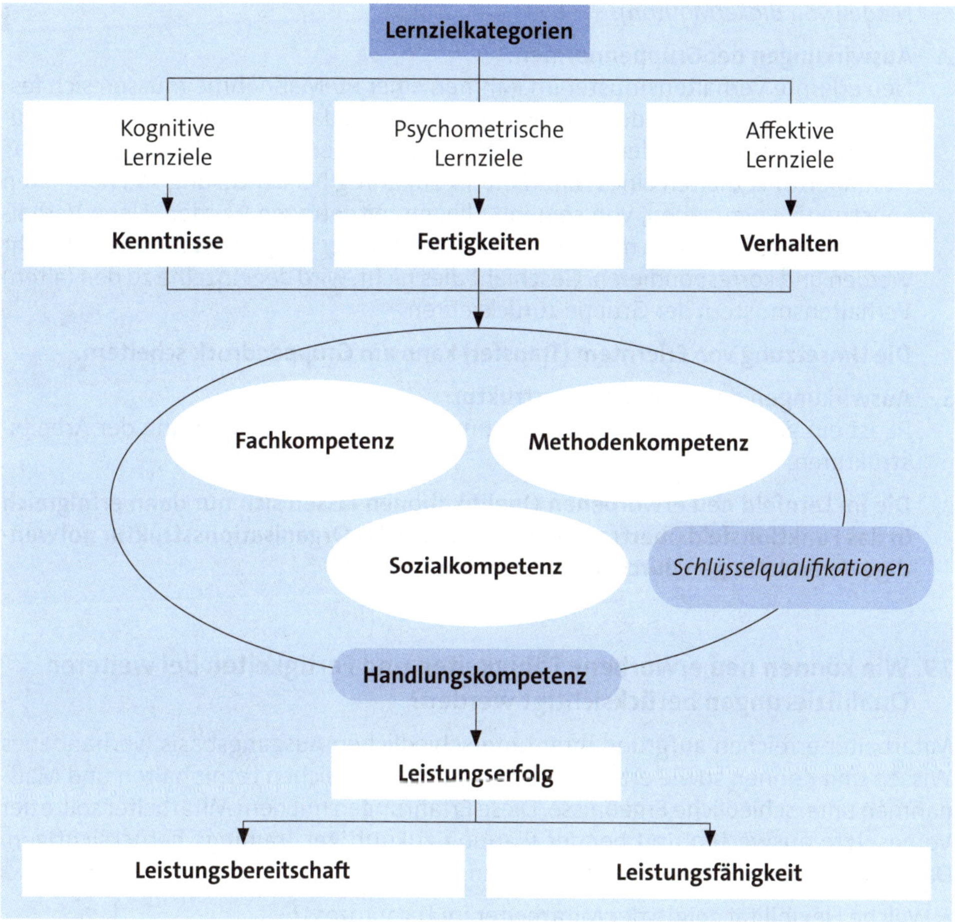

18. Wie wirkt das betriebliche Umfeld auf das Verhalten der Mitarbeiter im Verlauf von PE-Prozessen?

Der Erfolg von Personalentwicklungs-Maßnahmen ist eng mit dem betrieblichen Umfeld verknüpft; es kann sich positiv oder hemmend auf das Verhalten der Mitarbeiter im PE-Prozess auswirken; dazu einige ausgewählte Beispiele:

1. **Auswirkungen des Führungsstils:**
   Verhaltensänderung ist nur dann möglich, wenn der Mitarbeiter aktiv in den PE-Prozess einbezogen wird. Der Mitarbeiter muss zum unmittelbar Beteiligten werden, um sich ändern zu können. Dabei kann es nicht darum gehen, seine Gesamtpersönlichkeit zu verändern; „erlaubter" Ansatz der PE ist immer, Teilkorrekturen im Verhalten des Mitarbeiters vorzunehmen (z. B. sein Verhalten zu anderen, sein Verhalten bei der Erfüllung seiner Aufgaben). Dies erreicht der Vorgesetzte durch einen sachorientierten und zugleich mitarbeiterorientierten Führungsstil (vgl. das Modell von *Blake/Mouton*).

2. **Auswirkungen der Gruppennormen:**
   Neu erlernte Verhaltensmuster im Rahmen einer PE-Maßnahme müssen sich festigen und bewähren. In der betrieblichen Praxis ist das nur möglich, wenn sie zugelassen werden (von der Gruppe, vom Vorgesetzten). Beispielsweise muss das (veränderte) Verhalten eines Mitarbeiters, zukünftig bei der Lösung von Konflikten konstruktiv vorzugehen, von seinen Kollegen mitgetragen werden. Neue Verhaltenswerte des Einzelnen müssen mit den Normen der Gruppe in Einklang gebracht werden und korrespondieren. Geschieht dies nicht, wird der einzelne zu den (alten) Verhaltensmustern der Gruppe zurückkehren.

   Die Umsetzung von Erlerntem (Transfer) kann am Gruppendruck scheitern.

3. **Auswirkungen der Organisationsstruktur:**
   PE ist ein ganzheitlicher Ansatz und umfasst auch die Veränderung der Arbeitsstrukturen.

   Die im Lernfeld neu erworbenen Qualifikationen lassen sich nur dann erfolgreich in das Funktionsfeld übertragen, wenn auch in der Organisationsstruktur notwendige Veränderungen durchgeführt werden.

19. Wie können neu erworbene Fähigkeiten und Fertigkeiten bei weiteren Qualifizierungen berücksichtigt werden?

Mitarbeiter erreichen aufgrund ihrer unterschiedlichen Ausgangsbasis (vorhandenes Wissen und Können sowie erbliche Veranlagung) bei gleichen Lerninhalten und Maßnahmen unterschiedliche Ergebnisse. Diese Erfahrungen mit dem Mitarbeiter sollte der Vorgesetzte auswerten und bei der Planung zukünftiger Trainings berücksichtigen. Dazu eignen sich z. B. folgende Fragestellungen:

- Welche Flexibilität zeigte der Mitarbeiter im Lernprozess?
- War die Einarbeitungszeit bei neuen Aufgaben angemessen?
- Liegen die Stärken des Mitarbeiters mehr im kognitiven, psychomotorischen oder im affektiven Bereich?
- Welche Lernzuwächse des Mitarbeiters lassen sich für zukünftige Qualifizierungen nutzbringend einsetzen?

Beispiel

Die Lohn- und Gehaltsabrechnung soll zu einem Servicecenter umgestaltet werden: Alle Mitarbeiter der Lohn- und Gehaltsabrechnung erhalten einen festen Kreis von Mitarbeitern des Unternehmens, die sie direkt betreuen. Aufgrund dessen müssen die Sachbearbeiter zukünftig kundenorientierte Gespräche führen können und Tagesfragen zur Abrechnung und zu allgemeinen Fragen des betrieblichen Geschehens beantworten können. Es besteht die Notwendigkeit, die Sachbearbeiter in ihrer Fachkompetenz und in ihrem Kommunikationsverhalten zu trainieren. Verbunden damit ist eine organisatorische Umgestaltung der Abläufe und der Raumaufteilung.

Im Verlauf der Trainingsmaßnahme zeigt Herr J. Kerner folgendes Verhalten: Seine Lern- und Leistungszuwächse im kognitiven Bereich sind beachtlich. Insbesondere bei der Einweisung in das neue SAP-Abrechnungsprogramm übernimmt er schrittweise spezielle Aufgaben: Einrichtung der Daten, Überprüfung der Dialogprozesse u. Ä. Am Kommunikationstraining zeigt er wenig Interesse; die Notwendigkeit wird von ihm angezweifelt. Es fällt ihm schwer, die Kommunikationsübungen wirksam durchzuführen.

Wir machen aus Platzgründen einen zeitlichen Sprung in der Entwicklung: Der Vorgesetzte entschied sich nach längeren Überlegungen und Gesprächen, Herrn J. Kerner das neue Aufgabengebiet „Statistik, Dokumentation und Datenpflege sowie Vorbereitung der IT-gestützten Personalplanung“ zu übertragen. Kerner war in dieser Tätigkeit erfolgreich; sein Interesse an der Arbeit wuchs und er entwickelte Eigeninitiative bei der Aufgabenerfüllung.

20. Wie müssen Personalentwicklungsziele festgelegt bzw. vereinbart werden?

Nachdem die Ziele eines PE-Prozesses zugeordnet und fixiert wurden, müssen sie dem Mitarbeiter bekannt gemacht werden. Nur wenn er die Ziele kennt und akzeptiert, kann er auf die Realisierung Einfluss nehmen.

Der Vorgesetzte hat zwei Möglichkeiten: Er kann die Ziele ermitteln und dem Mitarbeiter verbindlich vorgeben („Zieldiktat“). Wirksamer ist es jedoch i. d. R., die Ziele mit dem Mitarbeiter gemeinsam zu erarbeiten und mit ihm (in einem machbaren Rahmen) zu vereinbaren („Zielvereinbarung“).

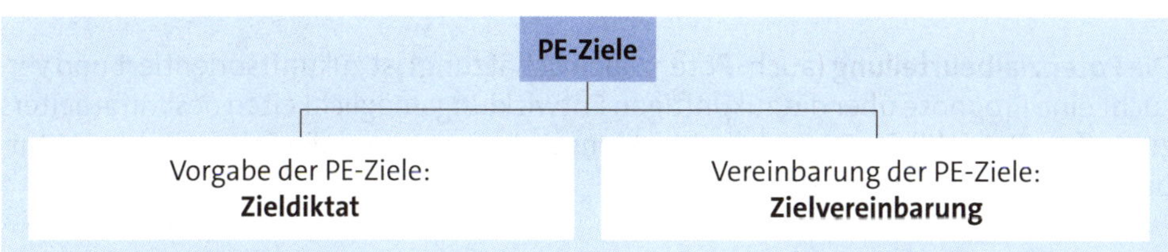

Dieser Teilprozess ist die erste Phase des PE-Gesprächs. Es müssen vorrangig folgende Fragen geklärt werden:

- Welche **Entwicklungsziele** werden angestrebt?
- Welche **Kompetenzfelder** sollen gefördert werden?
- Welche **Lernzuwächse** sind besonders wichtig und müssen in jedem Fall erreicht werden?
- Welche **Maßnahmen** sind geplant?
  - Wann?
  - In welcher Zeit?
  - Mit welchen Mitteln?
  - Von wem?
- Welche **Führungsverantwortung** hat dabei der Vorgesetzte (Aufgaben: Vorbereitung, Unterstützung, Transferhilfen u. a.) und welche **Handlungsverantwortung** muss der Mitarbeiter übernehmen (Aufgaben: Termine einhalten, Lernziele beachten und erfüllen, den Vorgesetzten über Fortschritte oder Hemmnisse unterrichten usw.)?
- Welche **Teilschritte der Transferkontrolle** werden vereinbart?
  - Welche Maßstäbe werden angelegt?
  - Welche Lernzielkategorien werden wie und wann überprüft?

4.7.2 Maßnahmen zur Entwicklung der Mitarbeiter

01. Welchen Stellenwert hat die Potenzialeinschätzung innerhalb der Personalentwicklung?

Jedes Personalentwicklungs-Konzept setzt sich aus mindestens fünf **Elementen** zusammen:

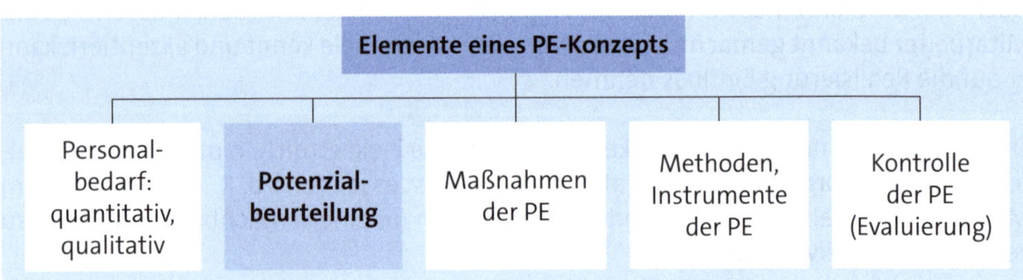

Die **Potenzialbeurteilung** (auch: Potenzialeinschätzung) ist zukunftsorientiert und versucht eine Prognose über die zukünftigen Entwicklungsmöglichkeiten des Mitarbeiters zu treffen. Betriebliche Personalentwicklungsarbeit kann auf die Erfassung der Mitarbeiterpotenziale nicht verzichten.

Im Gegensatz dazu ist die **Leistungsbeurteilung** vergangenheitsbezogen; sie bewertet die Leistung eines Mitarbeiters über einen längeren, zurückliegenden Zeitraum; sie bezieht sich auf die arbeitsplatzrelevanten Merkmale, z. B. Quantität/Qualität der Leistung, Einsatzbereitschaft, Teamfähigkeit, und misst den Grad der Erfüllung von Leistungsanforderungen mithilfe eines geeigneten Maßstabs (Skalierung, z. B.: nicht ausreichend – ausreichend – gut – sehr gut).

02. Welche Bedeutung hat die Potenzialbeurteilung für den Entwicklungsweg des Mitarbeiters?

Die Antwort darauf ist problematisch: Die Prognose über das zukünftige Leistungsverhalten ist mit Unsicherheit und subjektiven Einflüssen verbunden. Dazu einige Hinweise:

- Die Entwicklung eines Menschen im lebenslangen Lernprozess hängt von der Umwelt und seiner genetischen Prägung ab. Es gibt kein eindeutiges Verfahren, Anlagen exakt zu bestimmen. Der Zusammenhang zwischen Anlagen und beruflichem Erfolg ist nicht exakt nachweisbar.
- Mithilfe der Potenzialbeurteilung soll die Eignung für zukünftige Aufgaben ermittelt werden. Der Schluss vom derzeitigen Verhalten auf zukünftiges ist schwierig.
- Bis zur Übernahme einer neuen Aufgabe können im Verlaufe eines PE-Prozesses
  - Wandlungen in der Aufgabenstruktur bzw. den -inhalten sowie
  - Veränderungen im Können und Wollen des Mitarbeiters erfolgen.

Potenzialbeurteilungen sind also mit Schwächen behaftet und unterliegen subjektiven Einflüssen der Beurteiler.

Trotzdem kann man auf diese Form der Beurteilung nicht verzichten. Für die berufliche Entwicklung des Mitarbeiters gibt eine verantwortungsvoll durchgeführte Potenzialbeurteilung wichtige Erkenntnisse:

- Sie ist eine Feedback-Maßnahme und zeigt dem Mitarbeiter, welche Aufgaben und Entwicklungsmöglichkeiten man ihm im Unternehmen „zutraut".
- Sie ermöglicht dem Mitarbeiter seine Selbsteinschätzung über vermutliche Potenziale mit der Fremdeinschätzung durch das Unternehmen zu vergleichen. Das birgt Konflikte, eröffnet aber auch Chancen, Stärken zu entdecken, die bisher wenig ausgeprägt in Erscheinung traten.
- Erkannte Stärken eines Mitarbeiters können gefördert und auf ihre Entwicklungsfähigkeit hin überprüft werden.
- Die Nutzung bisher „brachliegender" Potenziale motiviert, verstärkt das Selbstvertrauen und schafft Erfolge im Arbeitsleben, die bisher nicht realisiert werden konnten.

Im Umkehrschluss führt Potenzialunterdrückung zur Demotivation beim Mitarbeiter und auf der Unternehmensseite zu einer unzureichenden Nutzung der personellen Ressourcen.

03. Welchen Inhalt haben Potenzialbeurteilungen?

Es gibt keinen Konsens darüber, welche Form und welchen Inhalt Potenzialbeurteilungen haben sollen (Hinweis: Im Rahmenplan wird statt „Form und Inhalt" der Ausdruck „Erscheinungsformen" verwendet).

In der Regel haben Potenzialbeurteilungen folgende Bestandteile:

1. Geeignete **Fragestellungen** zur Potenzialerfassung, z. B.:
   - **Wohin** kann sich ein Mitarbeiter entwickeln? → **Entwicklungsrichtung**
   - **Wie weit** kann er dabei kommen? → **Entwicklungshorizont**
   - **Welche Potenzialmerkmale** sollen beurteilt werden? → **Merkmale**
   - Welche **Veränderungsprognose** wird abgegeben? → **Prognose/Bewertung**
   - Welche **Einsatzalternativen** sind denkbar? → **Einsatz**
   - Welche **Fördermaßnahmen** sind geeignet? → **PE-Maßnahmen**
2. Festlegung geeigneter **Beurteilungsmerkmale**, z. B.:
   - **Fachkompetenz**
   - **Sozialkompetenz**
   - **Methodenkompetenz**
   - **spezielle persönliche Eigenschaften:** Stärken und Schwächen, die als besonders leistungsfördernd oder leistungshemmend angesehen werden, z. B.:
     - Lernbereitschaft
     - Leistungsbereitschaft (Antrieb)
     - intellektuelle Beweglichkeit
     - Organisationsgeschick (sich selbst und andere organisieren).
3. Festlegen einer aussagefähigen **Skalierung:**

   Als Ausprägung der Merkmale kann z. B. eine Unterteilung in
   - stark
   - mittel
   - gering
   - zzt. keine Aussage möglich

   gewählt werden.

Das Ergebnis einer Potenzialbeurteilung wird in einem strukturierten Beurteilungsbogen vertraulich festgehalten (handschriftlich!) und mit dem Mitarbeiter ausführlich besprochen.

In der Praxis muss jedes Merkmal beschrieben werden, damit eine Bewertung durchführbar ist:

Beispiele

- **Fachpotenzial:**
  Fähigkeit des Mitarbeiters, in seinem Fachgebiet höherwertige Aufgaben zu übernehmen. Hinweis: Stützen Sie sich u. a. auf die in der jetzigen Stelle gezeigte Einarbeitungsgeschwindigkeit!
- **Führungspotenzial:**
  Ausprägung der Fähigkeiten und Eigenschaften (nicht Fachkenntnisse/Fachfähigkeiten), die die Übernahme von Führungsaufgaben bzw. höherwertigen Führungsaufgaben rechtfertigen: Ziele setzen, delegieren, beim Mitarbeiter Leistung erzeugen, kontrollieren, fördern; Durchsetzungsvermögen, Entschlusskraft, Kontaktfähigkeit, personale Autorität, Selbstvertrauen.

Die nachfolgende Abbildung zeigt den Entwurf einer Stärken-Schwächen-Analyse auf der Basis einer Potenzialbeurteilung:

Potenzialbeurteilung		**Stärken-Schwächen-Analyse**	
Führungskraft ( )		Führungsnachwuchskraft ( )	
Name, Vorname:		Stelle/Funktion:	
Geburtsdatum:		seit:	
Familienstand:		Bisherige betriebliche Aufgaben:	
Stärken/Neigungen		**Schwächen/Abneigungen**	
Potenziale			
Fachpotenzial:	**Methodenpotenzial:**	**Führungspotenzial:**	**Sozialpotenzial:**
Fördermaßnahmen			

Veränderungsprognose/Einsatzalternativen			
Folgende Aufgaben/Positionen/Entwicklungsschritte sind denkbar:			
Aufgabe/Position: 1. ____ 2. ____ 3. ____		Zeitpunkt: ____ ____ ____	
Kommentar, Bemerkungen ____ ____ ____ ____			
Erstellt am:		Besprochen am:	
Unterschriften:	ppa. Krause	i. V. Hurtig	i. A. Kantig

04. Welche Instrumente und Verfahren können eingesetzt werden, um Informationen über das Potenzial der Mitarbeiter zu gewinnen?

Die Potenzialermittlung ist stets mit Unsicherheiten behaftet. Daher sollte jede „verlässliche" und relevante Informationsquelle im Unternehmen genutzt werden. Infrage kommen u. a. folgende Instrumente und Verfahren:

1. **Informationsgewinnung durch den unmittelbaren Vorgesetzten** im Rahmen
   - der Leistungsbeurteilung
   - allgemeiner Betreuungsgespräche
   - eines Gesprächs/Interviews zur Potenzialbeurteilung
   - eines Förder-/PE-Gesprächs.

   Allein diese Aufzählung zeigt, dass das Gespräch „Vorgesetzter – Mitarbeiter" im Mittelpunkt steht; es liefert unmittelbar, gezielt oder mehr „als Nebenergebnis" Informationen, die für die Potenzialeinschätzung verwertet werden können. Das „Bild" des Mitarbeiters wird im Laufe der Zeit mit jedem weiteren Informationsbaustein umfassender und zuverlässiger.

2. **Informationsgewinnung durch Aussagen des nächsthöheren Vorgesetzten**:

   Der nächsthöhere Vorgesetzte ist zwar nicht unmittelbar vor Ort, kann aber stark subjektive Beurteilungen des direkten Vorgesetzten korrigieren; er hat mehr Abstand zum Geschehen und einen größeren Einblick in betriebliche Zusammenhänge, in Förderungs- und Einsatzmöglichkeiten.

3. **Informationsgewinnung im Rahmen spezieller Aufgabenzuweisung**, z. B.:
   - Bewährung als Stellvertreter
   - Leistungen bei der Übernahme von Sonderaufgaben
   - Tätigkeiten in Projektgruppen.
4. **Informationsgewinnung im Rahmen eines Assessment-Centers** (vgl. unten).

05. Welche charakteristischen Merkmale hat das Assessment-Center?

Das Assessment-Center (AC) ist ein systematisches Verfahren zur Beurteilung, Auswahl und Entwicklung von Führungskräften. Das AC ist ein zwei- bis dreitägiges Seminar mit dem Ziel, festzustellen, welcher Teilnehmer für eine Führungsposition am besten geeignet ist bzw. welche Qualifizierungsnotwendigkeiten bestehen. Charakteristisch sind folgende Merkmale:

1. **Mehrere Beobachter**, z. B. sechs Führungskräfte des Unternehmens beurteilen
2. **mehrere Kandidaten** (i. d. R. zwischen 6 bis 12) anhand
3. einer **Reihe von Übungen** über ein bis drei Tage.
   Aus dem Anforderungsprofil der Stelle werden die relevanten Persönlichkeitseigenschaften abgeleitet; dazu werden dann betriebsspezifische Übungen entwickelt.
4. Die **Regeln** lauten:
   - jeder Beobachter sieht jeden Kandidaten mehrfach
   - jedes Merkmal wird mehrfach erfasst und mehrfach beurteilt
   - Beobachtung und Bewertung sind zu trennen
   - die Beobachter müssen geschult sein
   - in der Beobachterkonferenz erfolgt eine Abstimmung der Einzelbewertungen
   - das AC ist zeitlich exakt zu koordinieren
   - jeder Kandidat erhält am Schluss im Rahmen eines Auswertungsgesprächs sein Feedback.
5. **Typische Übungsphasen** beim AC können sein:
   - Gruppendiskussion mit Einigungszwang
   - Gruppendiskussion mit Rollenverteilung
   - Einzelpräsentation, Einzelinterviews
   - Postkorb-Übung, Fact-finding-Übung.

Zeitplan zur Durchführung des Assessment-Centers am ...			
Uhrzeit		Teilnehmer	Beobachter
09:30 - 10:00	Begrüßung und Einweisung	zuhören, verstehen	Vortrag
10:00 - 10:30	Gruppendiskussion „RIRAAG"	Diskussion	Beobachtung
10:30 - 11:00	Pause	Pause	Auswertung 1
11:00 - 11:30	Postkorb: Vorbereitung	Lesen, vorbereiten	Vorbereitung
11:30 - 12:30	Postkorb: Durchführung	Bearbeiten	Beobachten
12:30 - 13:30	Mittagspause	Pause	Auswertung 2
13:30 - 16:30	Einzelinterviews, Runde 1	Interview	Auswertung 3
	Einzelinterviews, Runde 2	Interview	Auswertung 3
	Einzelinterviews, Runde 3	Interview	Auswertung 3
	(zeitlich versetzte Pausen)		
16:30 - 18:00	Übung „Kreativität"	Übung	Beobachtung
			Auswertung 4

Ein internes AC im Rahmen der Personalentwicklung sollte nicht nur zur Selektion im Hinblick auf die Besetzung bestimmter Positionen eingesetzt werden, sondern als generelles Instrument zur Potenzialerkennung und Förderung genutzt werden. Es darf keine Gewinner oder Verlierer geben. Das Auswertungsgespräch (Abschluss-Feedback) muss mit Augenmaß und hoher Verantwortung geführt werden. Der Einsatz professioneller Unterstützung ist unbedingt erforderlich. Kosten und Zeitaufwand sind beträchtlich.

06. Wie kann man sich als Beobachter (Prüfer) auf ein Assessment-Center vorbereiten?

Vorbereitung als Beobachter auf ein Assessment-Center	
Persönlich – Beispiele	**Methodisch – Beispiele**
► Kleidung? ► Pünktlichkeit ► persönliche Wirkung (z. B. Sprache, Stimmung, Gestik) ► klares, eindeutiges Verhalten (z. B. Kommunikation, Ausreden lassen)	► genaue Kenntnis der Übungen ► Kenntnis des Ablaufs des AC ► Präsentation der Ergebnisse (Sprache, Diagramme) ► Kenntnis der Fragetechnik ► Ich-Botschaften, keine Mann-Meinung

07. Welche Aspekte muss der Industriemeister bei der Umsetzung von PE-Maßnahmen berücksichtigen?

Bei der **Durchführung** vereinbarter Qualifizierungsziele sind die spezifisch erforderlichen Maßnahmen zu planen, zu veranlassen und zu kontrollieren. Der Vorgesetzte muss dabei folgende Aspekte berücksichtigen:

- Welche **Maßnahmen** sind im vorliegenden Fall besonders geeignet?
- Welche **Methoden** und **Instrumente** „passen" speziell zu den angestrebten Entwicklungszielen?

Beispiel

Kognitive Lernziele lassen sich i. d. R. gut in Form von internen oder externen Lehrgängen vermitteln. Bei psychomotorischen Lernzielen wird man meist auf die Unterweisung vor Ort, bei affektiven Lernzielen auf Coaching, Mentoring und/oder gruppendynamische Seminare zurückgreifen. Die Vorbereitung auf höherwertige Führungsaufgaben kann über Methoden wie Stellvertretung, Assistenzaufgaben, Job Rotation, Job Enlargement bzw. Mitarbeit in Projektgruppen erfolgen. Veränderungen in der Arbeitsstrukturierung können durch interne Maßnahmen der Teamentwicklung unterstützt werden.

Die Entscheidung des Meisters bei der Wahl geeigneter Maßnahmen, Methoden und Instrumente ist vor allem eine Frage

- der angestrebten Entwicklungsziele
- des jeweiligen Teilnehmerkreises (z. B. einzelne Mitarbeiter oder Gruppen)
- der Ressourcen (z. B. Zeiten, Kosten, Personen, innerbetriebliche Schulungsmöglichkeiten).

Dabei sind die Maßnahmen am betrieblichen Bedarf sowie den berechtigten Interessen der Mitarbeiter auszurichten:

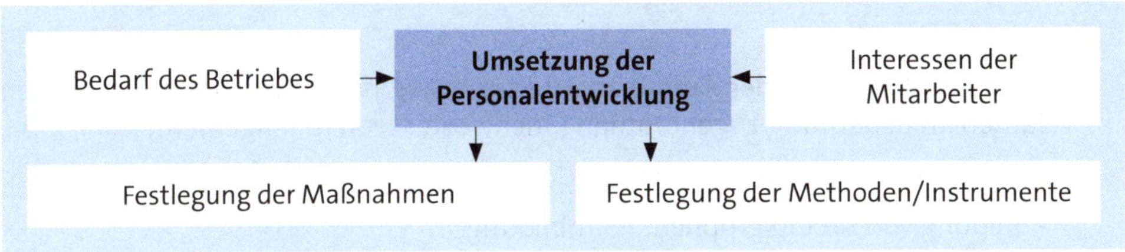

08. Welche Maßnahmen der Personalentwicklung kommen grundsätzlich infrage?

Die Maßnahmen der Personalentwicklung sowie der Aus-, Fort- und Weiterbildung sind vielfältig und lassen sich nach unterschiedlichen Gesichtspunkten klassifizieren; dabei gibt es zwischen den einzelnen Formen Überschneidungen:

1. Unterscheidung der PE-Maßnahmen **nach der Phase der beruflichen Entwicklung**:

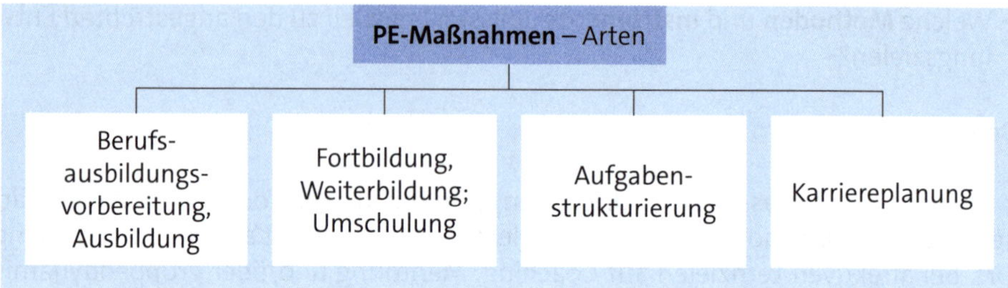

- Als **Maßnahmen der Berufsausbildungsvorbereitung/Ausbildung** kommen z. B. in Betracht:
  - die Berufsausbildung
  - die Traineeausbildung
  - die Übungsfirma
  - die Anlernausbildung
  - die Einarbeitung
  - das Praktikum.
- Die **Maßnahmen der Fort- und Weiterbildung** sowie der **Umschulung** können z. B. sein:
  - interne/externe Seminare
  - Coaching
  - generelle Beratung und Förderung der Mitarbeiter
  - Lernstattmodelle
  - Junior Board.
- Einige **Maßnahmen der Aufgabenstrukturierung** haben gerade in den letzten Jahren an Bedeutung zugenommen (Stichworte: Lean Management, KVP), z. B.
  - Job Enlargement, Job Enrichment, Job Rotation
  - Bildung von Arbeitsgruppen, Teambildung
  - teilautonome Arbeitsgruppen
  - Projekteinsatz
  - Sonderaufgaben
  - Assistentenmodell
  - Auslandsentsendung

- Qualitätszirkel
- Stellvertretung.

- Als **Maßnahmen der Karriereplanung** (individuell oder kollektiv) kommen z. B. infrage:
  - horizontale/vertikale Versetzung
  - innerbetriebliche Stellenausschreibung (innerbetrieblicher Stellenmarkt)
  - Bildung von Parallelhierarchien
  - Nachfolge- und Laufbahnplanung.

Speziell die Möglichkeiten der Fort- und Weiterbildung lassen sich noch nach weiteren Gesichtspunkten untergliedern:

2. PE-Maßnahmen können in „Aktivitäten des Betriebes" und „selbstständige Maßnahmen des Mitarbeiters" unterteilt werden:

Möglichkeiten der Fort- und Weiterbildung – Überblick 1

Maßnahmen des Betriebes		**Selbstständige Maßnahmen der Mitarbeiter**
Intern	**Extern**	
► Fachliteratur ► Fachzeitschriften ► Lehrgänge ► Kurse ► Unterweisungen ► Betriebsführungen ► Workshops ► Zirkel ► Lernwerkstatt usw.	► Messen ► Ausstellungen ► Fachtagungen ► Seminare ► Erfahrungsaustausch usw.	► berufsbegleitendes Studium ► Akademiebesuch ► Seminare ► Fernlehrgänge ► Aufstiegsfortbildung der IHK ► Fachbücher usw.

Die Eigeninitiative der Mitarbeiter kann der Betrieb unterstützen; z. B. durch

- finanzielle Zuschüsse zu den Fortbildungskosten
- Empfehlungen an bestimmte Bildungsträger zur Durchführung spezieller Maßnahmen
- unterschiedliche Formen der Freizeitgewährung
- andere Formen der Unterstützung (Bereitstellung von Räumen, Lernmitteln u. Ä.).

3. Weiterhin lassen sich die Maßnahmen der Fort- und Weiterbildung nach „Zielsetzung, Inhalt und Dauer“ gliedern:

Möglichkeiten der Fort- und Weiterbildung – Überblick 2

► Aufstiegsfortbildung ► Anpassungsfortbildung ► Erhaltungsfortbildung ► Erweiterungsfortbildung	► Fachkompetenz ► Methodenkompetenz ► Sozialkompetenz	► Seminare ► Lehrgänge ► mit/ohne Prüfung	► Vollzeit ► Teilzeit	► schulische Abschlüsse ► berufliche Abschlüsse

4. Sehr häufig wird auch eine Unterscheidung der PE-Maßnahmen „nach der Nähe zum Arbeitsplatz“ vorgenommen:

Personalentwicklung		
On the job Am Arbeitsplatz	**Near the job** In der Nähe zum Arbeitsplatz	**Off the job** Außerhalb des Arbeitsplatzes
► Assistenz ► Stellvertretung ► Arbeitskreis ► Projektarbeit ► Unterweisung ► Job Enlargement ► Job Enrichment ► Job Rotation ► teilautonome Arbeitsgruppe ► Auslandseinsatz	► Lernstattmodelle ► Zirkelarbeit ► Coaching ► Mentoring ► Entwicklungsgespräche ► Ausbildungswerkstatt ► Gruppendynamik ► Konflikttraining ► Übungsfirma ► Routinebesprechungen	► Vortrag ► Tagung ► Fernlehrgang ► Förderkreise ► Lehrgespräch ► Programmierte Unterweisung ► Online-Training ► CBT ► Planspiel ► Fallstudie

Gelegentlich werden in der Literatur auch genannt:

- **along the job:** (über einen längeren Zeitraum, laufbahnbegleitend), z. B. lebenslanges Lernen, berufsbegleitendes Lernen, Netzwerkbildung
- **into the job:** (Lernen für den Berufseinstieg), z. B. Berufsausbildung, Anlernausbildung, Trainee, Praktika, Hospitation.

09. Welche Lehr- und Lernmethoden können bei der Umsetzung von PE-Maßnahmen gewählt werden?

Zwischen den Maßnahmen und den Methoden der Personalentwicklung gibt es zum Teil Überschneidungen; grundsätzlich kann zwischen folgenden Methoden gewählt werden:

PE-Methoden – Überblick

► aktive Methoden ► passive Methoden	► Einzellernen ► Lernen in der Gruppe	► on the job ► near the job ► off the job	► intern ► extern

Außerdem ist vielfach eine bestimmte PE-Maßnahme mit einer speziellen Methode verbunden:

Beispiele	**Methoden-Mix**
1. In der Berufsausbildung werden vorrangig	
► die Methoden „Unterweisung“ (4-Stufen-Methode, 7-Stufen-Methode)	→ aktive Methode, on the job, interaktives Einzellernen oder Lernen in der Gruppe
► und die „Leittextmethode“ eingesetzt.	→ aktive Methode, off the job, intern oder extern, Lernen in der Gruppe
2. Trainingsmaßnahmen mit dem Ziel der Verhaltensänderung können in der Regel auf „Rollenspiele“ und „gruppendynamische Übungen“ nicht verzichten.	→ aktive Methode, Lernen in der Gruppe, off the job, extern
3. Für die Vermittlung von Fachwissen eignen sich z. B. besonders gut die Methoden	
► „Fallbeispiel“ oder	→ aktive Methode, Lernen in der Gruppe, off the job, intern oder extern
► „Lehrvortrag“.	→ passive Methode, Einzellernen, intern oder extern, off the job

10. Welcher Unterschied besteht zwischen Mentoring und Coaching?

- **Mentoring** dient der Unterstützung und Anleitung neuer Mitarbeiter. Der Mentor/die Mentorin gibt ihr Wissen und ihre Erfahrung an weniger erfahrene Personen (die Mentees) weiter. Der Mentor ist Ratgeber, Ausbilder, Betreuer und (auch) ggf. Freund. Er ist (in vertretbarem Maße) parteiisch und persönlich für den Mentee (den Betreuten) engagiert.
- **Coaching** ist eine auf das Individuum bezogene Methode, während Training gruppenorientiert ist. Der Coach nimmt eine neutrale Position ein und hat Distanz zu wahren.

11. Welche Medien und Hilfsmittel können im PE-Prozess eingesetzt werden?

Aus der Lerntheorie ist bekannt:

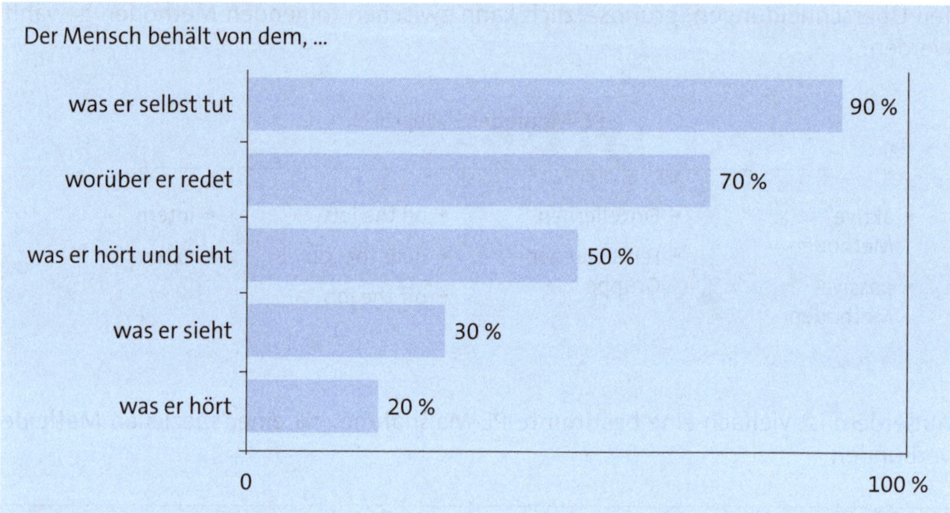

Daraus kann abgeleitet werden:

1. **Aktive Lernmethoden** sind passiven vorzuziehen!
2. Kein Lernvorgang sollte ohne **visuelle Unterstützung** erfolgen!

Außerdem liefert die Lerntheorie drei weitere „Gesetze", die der Meister bei der Umsetzung von PE-Maßnahmen beachten sollte:

3. **Frequenzgesetz:**
   Häufiges Üben eines Lerninhaltes verstärkt den Lernfortschritt!
4. **Effektgesetz** (Erfolgsgesetz):
   Lernen muss mit Erfolgserlebnissen verbunden sein! Man lernt am Erfolg!
5. **Motivationsgesetz:**
   Kein Lernvorgang sollte ohne eine stabile Motivationslage erfolgen!
   Sich bewusst machen, warum lerne ich? Was habe ich davon?

Erfolge im Lernfeld sowie Erfolge im Funktionsfeld bewirken einen Motivationsschub – auch für zukünftiges Lernen.

Der Industriemeister ist bei internen PE-Maßnahmen für die Wahl der Methoden verantwortlich oder zumindest mitverantwortlich. Im konkreten PE-Prozess sind die Lernziele oft unterschiedlich und die Teilnehmer sind meist heterogen zusammengesetzt

(Alter, Berufserfahrung, Lerngewohnheit, Bildungsniveau usw.). Der Vorgesetzte muss also darauf hinwirken, dass ein lernförderndes Klima geschaffen wird, z. B.:

- der Teilnehmer „ist dort abzuholen, wo er steht" (seine Erfahrung, sein Wissen, seine Motivation)
- Methoden und Maßnahme müssen sich entsprechen
- der Praxisbezug ist herzustellen (Nutzen aufzeigen)
- Möglichkeiten zur Umsetzung des Gelernten müssen angeboten werden (Übungen, Fallbeispiele, aktive Lernmethoden, Hilfe zur Selbsthilfe, Handlungsorientierung).

12. Wie müssen Entwicklungsziele und Entwicklungsvereinbarungen umgesetzt werden?

Damit wichtige Punkte bei der Planung und Umsetzung von PE-Maßnahmen nicht verloren gehen, empfiehlt sich der Einsatz einer **Checkliste:**

Checkliste zur Planung und Umsetzung von PE-Maßnahmen		
Schlüsselfrage	**Planung/Entscheidung/Umsetzung:**	**erledigt?**
Warum?	Lernziele	✓
Wer?	Zielgruppe, Mitarbeiter, Teilnehmer	✓
Was?	Inhalte	✓
Wie?	Methoden, Hilfsmittel	
Wann?	Zeitpunkt, Dauer	
Wo?	Ort (intern/extern)	
Wozu?	erwartetes Ergebnis (Evaluierung)	

4.7.3 Evaluierung der Maßnahmen

01. Was versteht man unter Evaluierung?

Evaluierung (auch: Evaluation, Erfolgskontrolle) ist die **Überprüfung und Bewertung von Entwicklungsmaßnahmen** hinsichtlich

- ihres Inputs
- ihres Prozesses
- ihres Outputs.

Von zentraler Bedeutung bei der Erfolgskontrolle von PE-Maßnahmen ist der Transfer des Gelernten in die Praxis (Umsetzung vom Lernfeld in das Funktionsfeld). Inhalte und Erfahrungen von Qualifizierungsmaßnahmen, die keinen Eingang in die Praxis finden sind das Geld nicht wert, das sie kosten.

Es müssen daher im Rahmen der Evaluierung folgende **Schlüsselfragen** bearbeitet werden:

- Was sollte gelernt werden? → Evaluierung der Lernziele
- Was wurde tatsächlich gelernt? → Evaluierung der Lernprozesse und -methoden
- Was wurde davon behalten? → Evaluierung des Lernerfolges
- Was wurde davon in die Praxis umgesetzt? → Evaluierung des Anwendungserfolges
- In welchem Verhältnis stehen Aufwand und Nutzen zueinander? → Evaluierung des ökonomischen Erfolges

Die Evaluierung eines PE-Prozesses ist mehr als die „bloße Kontrolle einer Bildungsmaßnahme". Ebenso wie in anderen betrieblichen Funktionen ist sie ein geschlossenes System von Zielsetzung, Planung, Organisation, Durchführung und Kontrolle – mit den generellen Phasen:

1. Analyse der Ist-Situation
2. Zielsetzung (Sollwert)
3. Vergleich von Soll und Ist (Abweichungsanalyse)
4. Ursachenanalyse
5. Entwicklung von Maßnahmen und Methoden
6. Kontrolle der Wirkung der durchgeführten Maßnahmen

↓ **Evaluierungssystem**

02. Welche Methoden zur Evaluierung können eingesetzt werden?

Zur Erfolgskontrolle von Maßnahmen der Personalentwicklung sind vor allem vier Methoden geeignet:

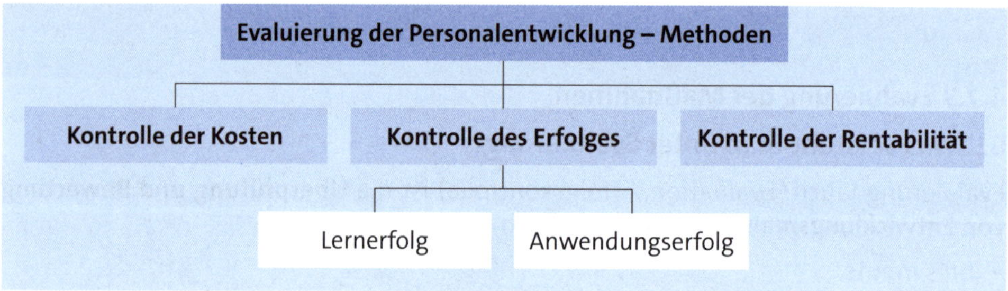

03. Wie wird die Kontrolle des Lernerfolgs durchgeführt?

Die **Kontrolle des Lernerfolgs** (auch: pädagogische Erfolgskontrolle im Lernfeld) wird über die Beantwortung folgender Fragen durchgeführt:

- Was **sollte gelernt** werden?
- Was **wurde gelernt**?
- Was **wurde** davon im Lernfeld **behalten**?

Zu überprüfen sind also beispielweise die ausreichende und messbare Formulierung der Lernziele, ihre Übermittlung an den Mitarbeiter, der Vergleich der angestrebten Lernziele mit den tatsächlich vermittelten Lernzielen sowie die Wirksamkeit der im Lernfeld eingesetzten Methoden.

Die Absicherung des Lernerfolges wird durchgeführt:

1. **Vor** der Maßnahme:
   → **Gespräch** Vorgesetzter – Mitarbeiter:
   Ziele und Inhalte der Maßnahme
2. **Während** der Maßnahme:
   → **Tests** oder **Prüfungen**
3. **Nach** der Maßnahme:
   → Befragung der Teilnehmer am Schluss der Maßnahme:
   strukturierte oder freie **Seminar- bzw. Lehrgangsbewertung**

   → **Feedback-Gespräche:**

   3.1 **Vorgesetzter – Mitarbeiter:**
   - direkt nach Beendigung der Maßnahme
   - im Rahmen von Beurteilungs- und PE-Gesprächen

   3.2 **Vorgesetzter – Trainer:**
   Selbsteinschätzung, Fremdeinschätzung der Teilnehmer, Einleitung von begleitenden Maßnahmen zur Umsetzung.

Der Lernerfolg sagt noch nichts aus über den Anwendungserfolg, d. h. die Umsetzung der Lernzuwächse in der Praxis. Es gilt die Erfahrung aus der Kommunikationslehre:

- *„Gesagt heißt (nicht unbedingt) gehört."*
- *„Gehört heißt (nicht unbedingt) verstanden."*
- *„Verstanden heißt (nicht unbedingt) angewendet."*

Die Umsetzung des Gelernten in die Praxis kann mit folgenden Schwierigkeiten verbunden sein:

- Lerninhalte, vereinbarte Lernziele und Methoden entsprechen sich nicht
- Lernerfolge führen beim Mitarbeiter erst zu einem späteren Zeitpunkt zu Anwendungserfolgen (z. B. Transferblockaden, Transferhemmnisse)
- die Praxis bietet kurzfristig keine Transfermöglichkeiten: neue Fertigkeiten können im Funktionsfeld nicht sofort erprobt werden.

Daher ist neben der Kontrolle des Lernerfolgs auch die Kontrolle des Anwendungserfolgs durchzuführen.

04. Wie erfolgt die Kontrolle des Anwendungserfolgs?

Die **Kontrolle des Anwendungserfolgs** beantwortet die Frage: *„Welche der zu lernenden Inhalte konnten kurz- und mittelfristig in die Praxis umgesetzt werden?“*

Die Anwendungskontrolle sollte unmittelbar nach der Qualifizierung im Lernfeld aber auch zu späteren Zeitpunkten erfolgen, da die Mitarbeiter sich in der Transferleistung unterscheiden; sie kann erfolgen über

- Befragung der Mitarbeiter (Selbsteinschätzung)
- Befragung des Vorgesetzten (Fremdeinschätzung)
- Beobachtung und Bewertung im Rahmen der Leistungsbeurteilung
- Erörterung im Rahmen von PE-Gesprächen:
  - Lernzuwächse im Bereich der Problembewältigung
  - verbesserte Sensibilisierung für neue Probleme und Lösungsansätze
  - Identifikationszuwächse (für die gestellte Aufgabe; für neu erlernte Methoden)
- Follow-up-Maßnahmen: Arbeits-/Lerngruppen und Anschlussmaßnahmen bieten den Teilnehmern die Möglichkeit, Erfahrungen über den Transfer auszutauschen und zusätzlich erforderliche Maßnahmen einzuleiten.

05. Welche Möglichkeiten der Kostenkontrolle gibt es?

Die **Kostenkontrolle** setzt eine Erfassung aller Kosten voraus, die im Zusammenhang mit der Qualifizierung entstanden sind: Art und Höhe der Kosten sowie Zeitpunkt der Entstehung und verursachende Kostenstelle.

Hinsichtlich der Kostenart lassen sich folgende Beispiele nennen:

- Kosten externer Maßnahmen (off the job), z. B.:
  Kursgebühren, Reisekosten, ausgefallene und bezahlte Arbeitszeit, Opportunitätskosten, anteilige Personal- und Verwaltungskosten usw.
- Kosten interner Maßnahmen am Arbeitsplatz (on the job), z. B.:
  Unterweisung, Kosten innerbetrieblicher Referenten usw.
- Kosten interner Maßnahmen außerhalb des Arbeitsplatzes (near the job), z. B.:
  Raumkosten, Honorare, Lehr- und Lernmittel usw.
- Weitere Kosten können mit PE-Maßnahmen „into the job“, „out of the job“ und speziellen PE-Maßnahmen verbunden sein, z. B.: Einarbeitungsprogramme, Förderprogramme für Nachwuchskräfte, Auslandsentsendung, Laufbahn-PE. Die Kosten für ausgefallene Arbeitszeiten werden in der Praxis meist in Ansatz gebracht.

Im Rahmen der Kostenkontrolle können Kostenvergleichsrechnungen, Bildungsbudgets sowie Kennziffern (Kosten je Mitarbeiter) erhoben werden.

06. Kann man die Rentabilität einer Personalentwicklungsmaßnahme erfassen?

Die **Kontrolle der Rentabilität** von Qualifizierungsmaßnahmen (auch: **ökonomische Erfolgskontrolle**) wird in der Theorie meist anhand der folgenden Kennziffer dargestellt:

$$\text{Rendite der Qualifizierung} = \frac{[\text{Wert der Qualifizierung - Kosten (in €)}]}{\text{Kosten der Qualifizierung}} \cdot 100$$

Beispiel

Die Anzahl der Kundenreklamationen bei der Herstellung von Lackzusätzen lag in der Berichtsperiode bei 12 pro 1.000 t Absatz. In einer Periode werden rd. 35.000 tgefertigt. Die Nachbearbeitungskosten pro Reklamation wurden vom Rechnungswesen mit 180 € beziffert (inkl. entgangener Gewinne aufgrund eines Negativimages).

Mit einem externen Trainer wurde eine Schulungsmaßnahme zur Qualitätsverbesserung in der Produktion durchgeführt. Nach Abschluss der Maßnahme konnte im Laufe von zwei Monaten die Anzahl der Reklamationen auf 3 pro 1.000 t Absatz gesenkt werden.

Es entstanden folgende Qualifizierungskosten für die Schulung der 30 Produktionsmitarbeiter:

► **Feldarbeit** des Trainers im Unternehmen:	3 Tage à 1.100 €	=	3.300,00 €
► Diagnose der Probleme und Abläufe			
► **Reisekosten** des Trainers:			1.080,00 €
► **Honorar** des Trainers:	2 • 2 Tage à 1.200 €	=	4.800,00 €
► Ausgefallene **Arbeitszeit**:			
► 30 Mitarbeiter • 16 Std. • 24 €/Std.		=	11.520,00 €
► (Std.satz: inkl. Sozialkosten)			
► Anteilige **Verwaltungskosten:**		=	5.000,00 €
Kosten, gesamt		=	25.700,00 €

Der ökonomische Wert der Qualifizierung ist die Differenz zwischen den Reklamationskosten vor und nach der Maßnahme:

Reklamationskosten vor der Maßnahme:	12 • 35.000 : 1.000 • 180	=	75.600,00 €
Reklamationskosten nach der Maßnahme:	3 • 35.000 : 1.000 • 180	=	18.900,00 €
Ökonomischer Wert der Qualifizierungsmaßnahme		=	56.700,00 €

Daraus ergibt sich:

$$\text{Rendite der Qualifizierung} = \frac{[\text{Wert der Qualifizierung - Kosten (in €)}]}{\text{Kosten der Qualifizierung}} \cdot 100$$

$$= \frac{(56.700 - 25.700) \cdot 100}{25.700} = 120{,}6\ \%$$

Die Investition in die Qualifizierung hat sich „gelohnt", die Rendite liegt bei 120,6 %. Die Kosten der Qualifizierung betragen ca. die Hälfte des Wertes der Qualifizierung bezogen auf ein Jahr. Daraus lässt sich ableiten: Die Kosten der Qualifizierung fließen bereits nach rd. einem halben Jahr über die eingesparten Reklamationskosten wieder zurück.

Obwohl das oben dargestellte Beispiel plausibel ist, lassen sich in der Praxis die ökonomischen Effekte einer Qualifizierungsmaßnahme oft schwer in Zahlen darstellen.

Der Meister ist also bei der Evaluierung von Personalentwicklungsmaßnahmen überwiegend darauf angewiesen, sich auf die Kontrolle der PE-Kosten sowie die Erfolgskontrolle im Lernfeld und im Funktionsfeld zu stützen.

07. Welchen Stellenwert haben Personalentwicklungsgespräche im Rahmen der Evaluierung? Welcher Gesprächsleitfaden ist zu empfehlen?

Das Personalentwicklungsgespräch dient u. a. der Vorbereitung und der Nacharbeit von Qualifizierungsmaßnahmen. Der Meister sollte die einzelnen Phasen der Evaluierung beherrschen und sich an dem folgenden Phasenverlauf orientieren (Leitfaden zur Evaluierung von PE-Maßnahmen):

1. **Formulierung der PE-Ziele**
2. **Vorbereitungsgespräch:**
   Festlegung/Vereinbarung der Lernziele mit dem Mitarbeiter
3. **Durchführung der PE-Maßnahme**
4. **Feedback-Gespräch:**
   PE-Gespräch nach Beendigung der Maßnahme; Auswertung; Umsetzungsmaßnahmen
5. **Umsetzung der Qualifizierungsergebnisse in die Praxis**
6. **PE-Gespräch zur Transfersicherung:**
   Sind Follow-up-Maßnahmen erforderlich? Gibt es Hemmnisse bei der praktischen Umsetzung?

08. Wie sind Entwicklungserfolge der Mitarbeiter umzusetzen?

Entwicklungserfolge der Mitarbeiter müssen vom Meister beobachtet, analysiert und bewertet werden. Sie müssen langfristig zu folgerichtigen Entscheidungen im Sinne der Unternehmensziele und der (berechtigten) Erwartungen der Mitarbeiter führen.

Die Umsetzung der Entwicklungserfolge geschieht auf verschiedenen Ebenen; dabei sind folgende Fragen zu bearbeiten:

1. **Entwicklungserfolge und Personaleinsatz:**
   - Wie können Qualifizierungsergebnisse beim einzelnen Mitarbeiter langfristig durch eine entsprechende Einsatzplanung abgesichert und als Potenzial genutzt werden?
   - Werden positive Resultate angemessen im Rahmen von Überlegungen wie Stellvertretung, Job Enrichment, Nachfolgeplanung und Einrichtung neuer Stellen etabliert?
   - Ist die derzeitige Aufgabenstellung des Mitarbeiters langfristig geeignet, die neu erworbene Qualifizierung on the job zu trainieren? (Problem z. B. bei Qualifikationen, die nur selten, dann aber intensiv angewandt werden müssen, z. B.: Sprachkenntnisse, spezielle Elektronikkenntnisse).
2. **Entwicklungserfolge und Karriere:**
   - Welcher Art sind die Qualifizierungserfolge?
   - Zeigen sich persönliche Stärken im Lernzuwachs, z. B. hinsichtlich der Lernfelder Methodenkompetenz, Sozialkompetenz, Fachkompetenz?
   - Lassen sich daraus längerfristige Karriereüberlegungen ableiten, z. B. als Generalist oder Spezialist, innerhalb der Führungs- oder der Fachlaufbahn?
   - Welche Risiken und Grenzen der Entwicklung des Einzelnen wurden aufgrund der durchgeführten Qualifizierungsmaßnahmen sichtbar (z. B. Geschwindigkeit und Umsetzung des Gelernten, Systematik des Lernens; Veränderungsbereitschaft)?
   - Wie wird das derzeitige Entwicklungspotenzial langfristig eingeschätzt?
     (eher gering, eher groß? In welchem Zeitraum? In welche Richtung? Bis zu welcher Führungsebene?)
   - Welche Personalentscheidungen sind für den Mitarbeiter längerfristig vorzubereiten?
3. **Entwicklungserfolge und Follow-up:**
   - Wann veraltet das erworbene Wissen?
   - Wann verändern sich die Umstände/Bedingungen, sodass eine Anpassung erforderlich wird?
   - Welche längerfristigen Maßnahmen zur Stabilisierung des Lerntransfers und der praktischen Erfahrungszuwächse müssen ergriffen werden?
     (z. B. Sonderaufgaben, Projektleitung, Auffrischung/Follow-up nach zwei Jahren, Auslandsaufenthalt, Einsatz in einer Tochtergesellschaft; Assessment-Center nach einem Jahr als Feedback und Transferanalyse).

4. **Entwicklungserfolge und PE-Methoden:**
   - Welche Methoden der Qualifizierung und der Transfersicherung haben sich rückschauend im konkreten Fall bewährt und welche nicht unter Zeit- und Kostengesichtspunkten?

Insgesamt darf nicht vergessen werden:

Das Lernvermögen und die Lernbereitschaft der Mitarbeiter ist aufgrund ihrer Anlagen sowie ihrer beruflichen und privaten Entwicklung unterschiedlich ausgeprägt: Es können Lernhemmnisse vorliegen; die Angst vor Veränderungen kann nicht immer ausreichend abgebaut werden.

Der Meister muss daher bei der Planung und Durchführung von Qualifizierungsmaßnahmen die Grenzen der Mitarbeiter im „Können und Wollen", intellektuell, im Verhalten oder aufgrund gesundheitlicher Einschränkungen hinreichend berücksichtigen.

5. Betriebliches Kostenwesen

INFO

Prüfungsanforderungen

Im Qualifikationsschwerpunkt Betriebliches Kostenwesen soll die Fähigkeit nachgewiesen werden, Kostenverantwortung übernehmen zu können. Dazu gehört, kostenrelevante Einflussfaktoren hinsichtlich der Entstehung von Kosten, der Entwicklung von Kostenstrukturen, der Kalkulation von Kosten sowie der Kostenplanung beurteilen zu können.

Qualifikationsschwerpunkt Betriebliches Kostenwesen (Überblick)

5.1 Erkennen und Beurteilen von Zusammenhängen des betrieblichen Rechnungswesens, insbesondere Kostenarten-, Kostenstellen-, Kostenträger- und Prozesskostenrechnung

5.2 Anwenden von Kalkulationsverfahren

5.3 Ermitteln von Zielgrößen, insbesondere Betriebsergebnis, Deckungsbeitrag und Kennzahlen

5.4 Durchführen von Kostenkontrollen

5.5 Einleiten von Maßnahmen zur Kostenbeeinflussung

5.1 Erkennen und Beurteilen von Zusammenhängen des betrieblichen Rechnungswesens insbesondere Kostenarten-, Kostenstellen-, Kostenträger- und Prozesskostenrechnung

5.1.1 Kostenartenrechnung

01. Welche Stufen/Teilgebiete umfasst die Kosten- und Leistungsrechnung (KLR)?

Gefügeaufbau, Gusseisen		
Kostenarten-rechnung	**Welche** Kosten sind entstanden?	Ermittlung der Kostenarten in Klasse 6/7 des IKR: RHB-Stoffe, Löhne, Sozialkosten, Instandhaltung usw.
Kostenstellen-rechnung	**Wo** sind die Kosten entstanden?	Aufteilung der Kosten auf die Kostenverursacher (Kostenstellen) mithilfe des BAB
Kostenträger-rechnung	**Wer** hat die Kosten zu tragen?	Zuordnung der Kosten – Erzeugnisse, Serie, Sorte, Auftrag – mithilfe der Kalkulationsverfahren

02. Welche Aufgabe hat die Kostenartenrechnung?

Die Kostenartenrechnung hat die Aufgabe, alle Kosten zu erfassen und in Gruppen systematisch zu ordnen. Die Fragestellung lautet:

→ ***Welche* Kosten sind entstanden**?

03. Nach welchen Merkmalen können Kostenarten gegliedert werden?

Kostenarten – Gliederungsmöglichkeiten –

Gliederung	
nach der **Art** der verbrauchten Produktionsfaktoren	Beispiele: ► Materialkosten ► Personalkosten ► Dienstleistungskosten ► Abgaben
nach betrieblichen **Funktionen**	Beispiele: ► Beschaffungskosten ► Fertigungskosten ► Marketingkosten ► Verwaltungskosten
nach der Art der **Verrechnung**	**Einzelkosten** **Sondereinzelkosten** **Gemeinkosten**
nach der Art der **Kostenerfassung**	Grundkosten Anderskosten Zusatzkosten
nach der Abhängigkeit von der **Beschäftigung**	**Fixe Kosten** **Variable Kosten** **Mischkosten**

04. Wie werden Einzel- und Gemeinkosten unterschieden?

- **Einzelkosten** können dem Kostenträger (Produkt, Auftrag) direkt zugerechnet werden, z. B.:

Einzelkosten, z. B.	**Zurechnung, z. B. über**
► Fertigungsmaterial	→ Materialentnahmescheine, Stücklisten
► Fertigungslöhne	→ Lohnzettel/-listen, Auftragszettel
► Sondereinzelkosten	→ Auftragszettel, Eingangsrechnung

- **Gemeinkosten** fallen für das Unternehmen insgesamt an und können daher nicht direkt einem bestimmten Kostenträger zugerechnet werden. Man erfasst die Gemeinkosten zunächst als Kostenart auf bestimmten Konten der Finanzbuchhaltung. Anschließend werden die Gemeinkosten über geeignete Verteilungsschlüssel auf die

Hauptkostenstellen umgelegt (vgl. Betriebsabrechnungsbogen; BAB) und später den Kostenträgern prozentual zugeordnet.

Beispiel

Materialgemeinkosten = Abschreibungen, Zinsen, Steuern, Versicherungen, Gehälter usw.

05. Wie werden fixe und variable Kosten unterschieden?

- **Fixe Kosten sind beschäftigungsunabhängig** und für eine bestimmte Abrechnungsperiode konstant (z. B. Kosten für die Miete einer Lagerhalle). Bei steigender Beschäftigung führt dies zu einem Sinken der fixen Kosten pro Stück (sog. **Degression der fixen Stückkosten**).
- **Variable Kosten verändern sich mit dem Beschäftigungsgrad**; steigt die Beschäftigung, so führt dies z. B. zu einem Anstieg der Materialkosten und umgekehrt. Bei einem proportionalen Verlauf der variablen Kosten sind die variablen Stückkosten bei Änderungen des Beschäftigungsgrades konstant.

  Die nachfolgende Abbildung zeigt **schematisch den Verlauf der fixen und variablen Kosten** sowie **der jeweiligen Stückkosten** bei Veränderungen der Beschäftigung. Dabei ist:

  x = Ausbringungsmenge in Stück (Beschäftigung)

  K_f = fixe Kosten $= \frac{K_f}{x}$ = fixe Kosten pro Stück

  K_v = variable Kosten $= \frac{K_v}{x}$ = variable Kosten pro Stück

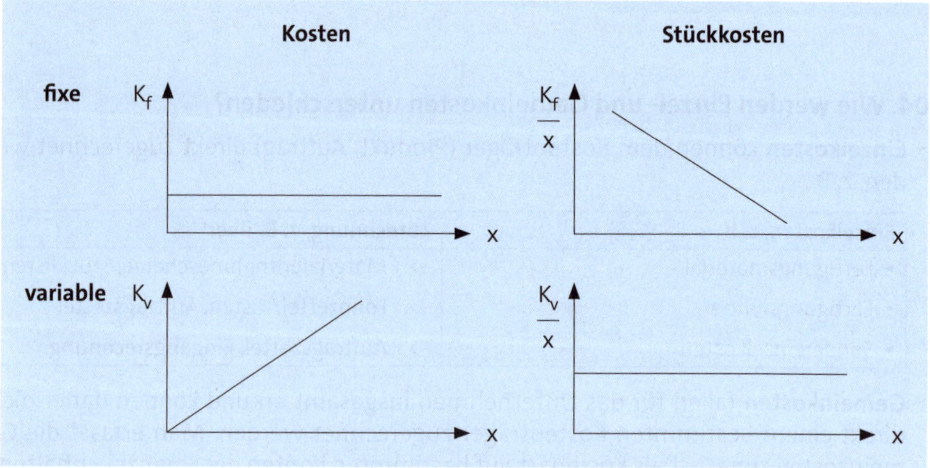

- **Mischkosten** sind solche Kosten, die fixe und variable Bestandteile haben (z. B. Kommunikationskosten: Grundgebühr + Gesprächseinheiten nach Verbrauch; ebenso: Stromkosten, Instandhaltungskosten).

06. Wie erfolgt die Auflösung von Mischkosten?

Verfahren der Kostenauflösung

- Buchtechnisch-statistische Methode
- Mathematische Methode
- Grafische Methode
- Methode der kleinsten Quadrate

- Bei der **buchtechnisch-statistischen Methode** werden die Gesamtkosten daraufhin untersucht, wie sie sich bei einer Änderung der Beschäftigung verhalten. Die Gesamtkosten werden näherungsweise mithilfe des **Reagibilitätsgrades** R in fixe und variable Bestandteile zerlegt.

$$R = \frac{\text{Prozentuale Kostenänderung}}{\text{Prozentuale Beschäftigungsänderung}}$$

Je nach der Größe des Reagibilitätsgrades lässt sich folgende **Einteilung** vornehmen:

$R > 1$ variable, progressive Kosten

$R = 1$ variable, proportionale Kosten

$0 < R < 1$ variable, degressive Kosten

$R = 0$ fixe Kosten

Beispiel

Die Beschäftigung wird von 1.000 auf 1.400 Stück erhöht (40 %); die Gesamtkosten steigen daraufhin von 40.000 auf 44.000 € (10 %):

$$R = \frac{\text{Prozentuale Kostenänderung}}{\text{Prozentuale Beschäftigungsänderung}} = \frac{10\ \% \cdot 100}{40\ \%} = 25\ \%$$

Es ergibt sich folgende Kostenaufteilung:

Beschäftigung in Stück	**Variable Kosten**	**Fixe Kosten**	**Gesamtkosten** 100 %
1.000	10.000	30.000	40.000
1.400	14.000	30.000	44.000

- Bei der **mathematischen Methode** wird ein linearer Kostenverlauf unterstellt. Es wird der Differenzenquotient K' aus der Kostenspanne $K_2 - K_1$ und der Beschäftigungsspanne $x_2 - x_1$ gebildet; das Ergebis des Quotienten wird als variabler Kostenbestandteil pro Stück k_v angesetzt:

$$K' = k_v = \frac{\text{Kostenspanne}}{\text{Beschäftigungsspanne}} = \frac{K_2 - K_1}{x_2 - x_1} = \text{€/Stück}$$

Beispiel

Die Erhöhung der Beschäftigung von 1.000 (x_1) auf 1.400 Stück (x_2) führt zu einem Anstieg der Kosten von 40.000 (K_1) auf 48.000 € (K_2).

$$K' = k_v = \frac{K_2 - K_1}{x_2 - x_1} = \frac{48.000\text{ €} - 40.000\text{ €}}{1.400\text{ Stück} - 1.000\text{ Stück}} = 20\text{ €/Stück}$$

Der Fixkostenbestandteil K_f an den Gesamtkosten K ergibt sich als:

$K_f = K_1 - (k_v \cdot x_1)$

$= 40.000\text{ €} - (20\text{ €/Stück} \cdot 1.000\text{ Stück}) = 20.000\text{ €}$

oder:

$K_f = K_2 - (k_v \cdot x_2)$

$= 48.000\text{ €} - (20\text{ €/Stück} \cdot 1.400\text{ Stück}) = 20.000\text{ €}$

07. Wie ist der Industriekontenrahmen (IKR) gegliedert?

Der IKR wird seit 1970 vom Bundesverband der Deutschen Industrie e. V. (BDI) empfohlen; im Jahr 1986 wurde er überarbeitet und umfasst insgesamt zehn Kontenklassen:

Industriekontenrahmen			
Aktiva	Anlagevermögen	Klasse 0	Immaterielle Vermögensgegenstände und Sachanlagen
		Klasse 1	Finanzanlagen
	Umlaufvermögen	Klasse 2	Umlaufvermögen und aktive Rechnungsabgrenzung
Passiva		Klasse 3	Eigenkapital und Rückstellungen
		Klasse 4	Verbindlichkeiten und passive Rechnungsabgrenzung
Erträge		Klasse 5	Erträge
Aufwendungen		Klasse 6	Betriebliche Aufwendungen
		Klasse 7	Weitere Aufwendungen

Industriekontenrahmen		
Ergebnisrechnungen	Klasse 8	Ergebnisrechnungen
Kosten- und Leistungsrechnung	Klasse 9	Kosten- und Leistungsrechnung

Der IKR ist nach dem **Zweikreissystem** gegliedert. Er enthält im

Rechnungskreis I = Kontenklasse 0 - 8 die Konten der Geschäfts- und Finanzbuchführung

Rechnungskreis II = Kontenklasse 9 die Betriebsbuchführung.

08. Welche Vorteile hat die Anwendung des IKR?

Der IKR bietet den Industrieunternehmen eine einheitliche Grundstruktur für die Gliederung und Bezeichnung der Konten. Damit wird die buchhalterische Erfassung der Geschäftsvorgänge vereinfacht und vereinheitlich. Zeitvergleiche und Betriebsvergleiche sowie die Prüfung der Kontierung sind leichter möglich.

Der Kontenrahmen ist unterteilt in zehn Kontenklassen (1-stellige Ziffer), in zehn Kontengruppen (2-stellige Ziffer) und in zehn Kontenarten (3-stellige Ziffer). Die Kontenunterarten können vom Unternehmen individuell benannt werden – je nach den betrieblichen Erfordernissen (Kontenplan).

09. Was ist ein Kontenplan?

Der **Kontenplan** wird aus dem Kontenrahmen abgeleitet und ist auf die Belange des betreffenden Unternehmens speziell ausgerichtet: Er enthält die Grundstruktur des Kontenrahmens, führt jedoch nur die Konten, die das betreffende Unternehmen benötigt und spezifiziert die Bezeichnung in der Konten**unterart**.

Beispiel

Kontenrahmen und Kontenplan			
Kontenklasse	6	Betriebliche Aufwendungen	Kontenrahmen
Kontengruppe	62	Löhne	
Kontenart	623	Freiwillige Zuwendungen	Kontenplan
Kontenunterart	6230	Fahrtkosten	
	6231	Betriebssport	
	6232	Härtefond	

Das Beispiel zeigt:
Innerhalb der Kontenklasse 6 (Betriebliche Aufwendungen), der Kontengruppe 62 (Löhne) und der Kontenart 623 (Freiwillige Zuwendungen) enthält der Kontenplan des Betriebes drei spezielle Kontenunterarten (6230, 6231, 6232).

Analog wird der Betrieb bei der Bildung seiner Finanzkonten verfahren: Je nachdem, welche Bankverbindungen existieren, werden in der Kostenart 280 Banken z. B. aufgeführt:

2801 Stadtsparkasse ...
2802 Volksbank ...
2803 Deutsche Bank ...

5.1.2 Verteilung der Kostenarten in die Kostenstellenrechnung

01. Welche Aufgabe erfüllt die Kostenstellenrechnung?

Die **Kostenstellenrechnung** ist nach der Kostenartenrechnung **die zweite Stufe** innerhalb der Kostenrechnung. Sie hat die Aufgabe, die Gemeinkosten **verursachergerecht auf die Kostenstellen zu verteilen**, die jeweiligen Zuschlagssätze zu ermitteln und den Kostenverbrauch zu überwachen. Die zentrale Fragestellung lautet:

***Wo* sind die Kosten sind entstanden?**

02. Was ist eine Kostenstelle?

Kostenstellen sind nach bestimmten Grundsätzen abgegrenzte Bereiche des Gesamtunternehmens, in denen die dort entstandenen Kostenarten verursachungsgerecht gesammelt werden.

03. Welchen Kostenstellen werden verrechnungstechnisch unterschieden?

- Hauptkostenstellen an denen unmittelbar am Erzeugnis gearbeitet wird, z. B.: Lackiererei, Montage.
- Hilfskostenstellen sind nicht direkt an der Produktion beteiligt, z. B. Arbeitsvorbereitung, Konstruktion.
- Allgemeine Kostenstellen können den Funktionsbereichen nicht unmittelbar zugeordnet werden, z. B. Werkschutz, Fuhrpark.

04. Nach welchen Merkmalen können Kostenstellen gebildet werden?

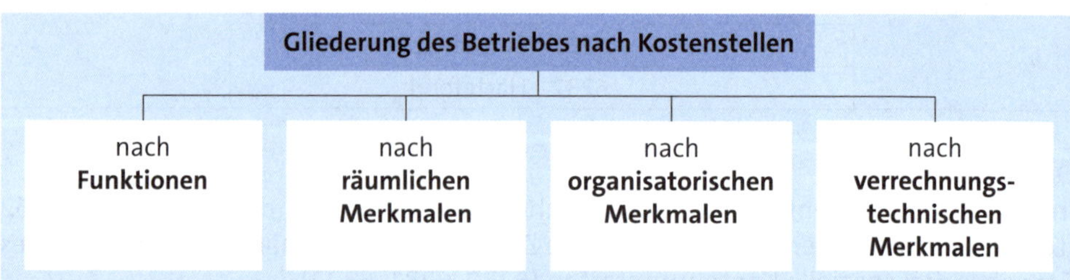

Im Allgemeinen wird ein Industriebetrieb in folgende Kostenstellengruppen aufgeteilt:

- Kostenstellen:
  - **Materialstellen**
  - **Fertigungsstellen**
  - **Verwaltungsstellen**
  - **Vertriebsstellen**
- Fertigungshilfsstellen
- Allgemeine Kostenstellen.

05. Welche Verteilungsschlüssel sind sinnvoll?

- m², cbm, kwh, l
- Kapitaleinsatz, Mitarbeiter, Arbeitszeit, Verhältniszahlen.

06. Wie erfolgt die Verteilung der Kostenarten auf die Kostenstellen?

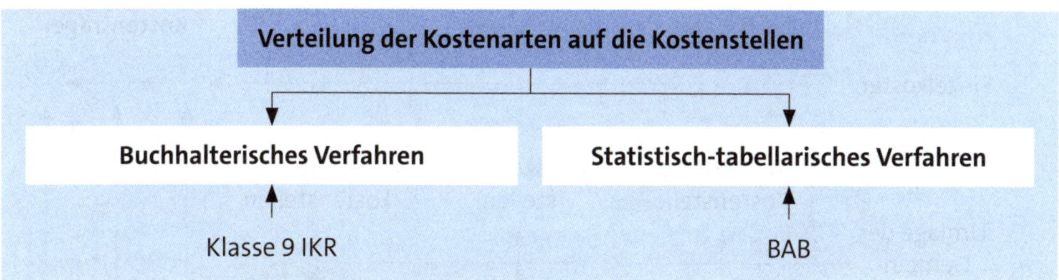

- **Buchhalterische** (kontenmäßige) **Aufteilung**:
  Die Kosten der Kostenartenkonten werden verteilt auf die Kostenstellen-Konten und weiterhin auf die Kostenträgerkonten. Unter Berücksichtigung der Lagerzu- und -abgänge und der Umsatzerlöse erfolgt eine Saldierung auf dem Konto Betriebsergebnis.

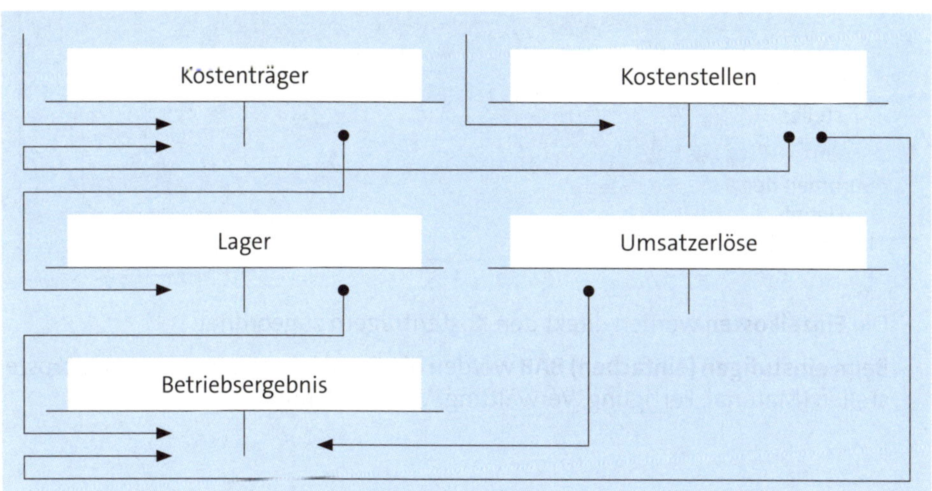

Unterstellt man vereinfacht, dass es keine Lagerbestände an fertigen und unfertigen Erzeugnissen gibt, d. h. alle in der Periode hergestellten Erzeugnisse auch verkauft wurden, weist daher lt. IKR das **Konto 9900 Betriebsergebnis** auf der Sollseite alle Kosten der Herstellung, des Vertriebs und der Verwaltung (Klasse 6/7) und auf der Habenseite die Umsatzerlöse/Leistungen (Klasse 5) aus.

Klasse 6/7 **Kosten**	Klasse 5 **Leistungen**
Klasse 9 **Betriebsergebnis**	

- **Statistisch-tabellarisches Verfahren** unter Verwendung des BAB:
  Im BAB werden die Gemeinkosten der Kostenartenrechnung auf die im Unternehmen eingerichteten Kostenstellen verteilt:

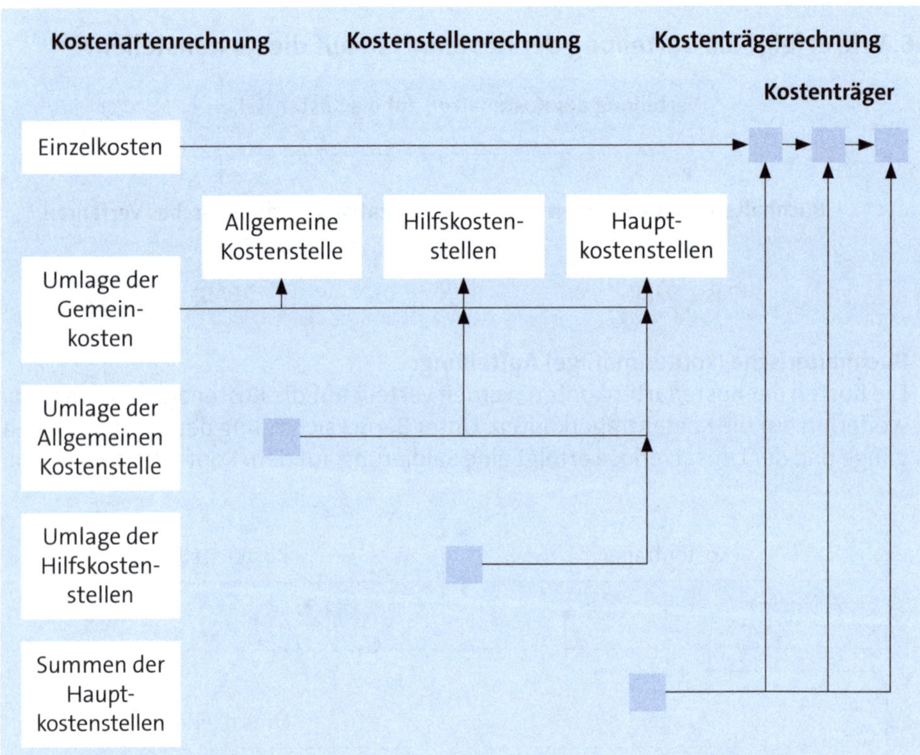

  - Die **Einzelkosten** werden direkt den Kostenträgern zugeordnet.
  - Beim **einstufigen (einfachen) BAB** werden die Gemeinkosten nur auf Hauptkostenstellen (Material, Fertigung, Verwaltung, Vertrieb) umgelegt.

- Beim **mehrstufigen BAB** werden die Gemeinkosten auf Allgemeine Kostenstellen, Hilfskostenstellen und Hauptkostenstellen verteilt – in der Reihenfolge:
  1. Umlage der Allgemeinen Kostenstellen auf die Hilfs- und Hauptkostenstellen
  2. Umlage der Hilfskostenstellen auf die Hauptkostenstellen.
- Die Verteilung der Gemeinkosten erfolgt
  - direkt als Stellen-Einzelkosten nach Belegen (primäre Gemeinkosten; z. B. Lohnscheine, Materialentnahmescheine)

    oder
  - indirekt als Stellen-Gemeinkosten mithilfe von verursachergerechten Schlüsseln (sekundäre Gemeinkosten).
- Die Summen der Hauptkostenstellen werden in die Kostenträgerrechnung übertragen.

Beispiel

Beispiel 1 (einfacher BAB)
In einer Rechnungsperiode liefert die KLR nachfolgende Gemeinkosten, die entsprechend den angegebenen Schlüsseln zu verteilen sind; es existieren vier Hauptkostenstellen: Material, Fertigung, Verwaltung und Vertrieb.

Gemeinkosten	€	Verteilungsschlüssel
Gemeinkostenmaterial	9.600	3 : 6 : 2 : 1
Hilfslöhne	36.000	2 : 14 : 5 : 3
Sozialkosten	6.600	1 : 3 : 1,5 : 0,5
Steuern	23.100	1 : 3 : 5 : 2
Sonstige Kosten	7.000	2 : 4 : 5 : 3
Abschreibung (AfA)	8.400	2 : 12 : 6 : 1

Die Verteilung der Gemeinkosten auf die Kostenstellen erfolgt beim einfachen BAB in folgenden Schritten:

1. Erstellen des BAB- Schemas
2. Verteilung der Gemeinkosten nach den vorgegebenen Schlüsseln
3. Addition der Kosten der Hauptkostenstellen
4. Probe: Die Summe aller Gemeinkosten aus der KLR ist gleich der Summe aller Kosten der Hauptkostenstellen.

Einfacher BAB – Beispiel 1						
Gemeinkosten	**Zahlen der Buchhaltung**	**Verteilungsschlüssel**	**Material**	**Fertigung**	**Verwaltung**	**Vertrieb**
Gemeinkostenmaterial	9.600	3 : 6 : 2 : 1	2.400	4.800	1.600	800
Hilfslöhne	36.000	2 : 14 : 5 : 3	3.000	21.000	7.500	4.500
Sozialkosten	6.600	1 : 3 : 1,5 : 0,5	1.100	3.300	1.650	550
Steuern	23.100	1 : 3 : 5 : 2	2.100	6.300	10.500	4.200
Sonstige Kosten	7.000	2 : 4 : 5 : 3	1.000	2.000	2.500	1.500
AfA	8.400	2 : 12 : 6 : 1	800	4.800	2.400	400
Summen	**90.700**		**10.400**	**42.200**	**26.150**	**11.950**

Beispiel 2 (mehrstufiger BAB)
In einer Rechnungsperiode liefert die KLR nachfolgende Gemeinkosten, die entsprechend den angegebenen Schlüsseln zu verteilen sind; es existieren die Kostenstellen: Allgemeine Kostenstelle, Materialstelle, Fertigungshilfsstelle, Fertigungsstelle A und B, Verwaltungsstelle und Vertriebsstelle. Die Umlage der Allgemeinen Kostenstelle ist nach dem Schlüssel 6 : 15 : 10 : 8 : 6 : 5 durchzuführen; die Fertigungshilfsstelle ist auf die Fertigungsstellen A und B im Verhältnis 6 : 4 zu verteilen.

Gemeinkosten	**€**	**Verteilungsschlüssel**
Gemeinkostenmaterial (GKM)	50.000	1 : 3 : 8 : 4 : 0 : 0 : 0
Gehälter	200.000	2 : 4 : 3 : 3 : 2 : 8 : 3
Sozialkosten	45.000	2 : 4 : 3 : 3 : 2 : 8 : 3
Steuern	60.000	1 : 2 : 3 : 2 : 1 : 2 : 1
Abschreibung (AfA)	160.000	2 : 4 : 6 : 7 : 2 : 3 : 1

Die Verteilung der Gemeinkosten auf die Kostenstellen erfolgt beim mehrstufigen BAB in folgenden Schritten:

1. Erstellen des BAB-Schemas
2. Verteilung der Gemeinkosten nach den vorgegebenen Schlüsseln
3. Umlage der Allgemeinen Kostenstelle
4. Umlage der Hilfskostenstelle
5. Addition der Kosten der Hauptkostenstellen
6. Probe: Die Summe aller Gemeinkosten aus der KLR ist gleich der Summe aller Kosten der Hauptkostenstellen.

Mehrstufiger BAB – Beispiel 2								
Gemeinkosten	**Zahlen der KLR**	**Allgemeine Kostenstelle**	**Hilfskostenstelle**	**Material**	**Fertigungsstellen**		**Verwaltung**	**Vertrieb**
					A	**B**		
GKM	50.000	3.125	9.375	25.000	12.500	–	–	–
Gehälter	200.000	16.000	32.000	24.000	24.000	16.000	64.000	24.000
Sozialkosten	45.000	3.600	7.200	5.400	5.400	3.600	14.400	5.400
Steuer	60.000	5.000	10.000	15.000	10.000	5.000	10.000	5.000
AfA	160.000	12.800	25.600	38.400	44.800	12.800	19.200	6.400
Summe	515.000	40.525	84.175					
Umlage der Allgemeinen Kostenstelle			4.863	12.157,50	8.105,00	6.484,00	4.863,00	4.052,50
Summe			89.038					
Umlage der Fertigungshilfsstelle					53.422,80	35.615,20		
Summe			515.000	119.957,50	158.227,80	79.499,20	112.463,00	44.852,50

5.1.3 Kostenträgerrechnung nach dem Kostenverursacherprinzip

01. Welche Aufgabe erfüllt die Kostenträgerrechnung?

Die Kostenträgerrechnung hat die Aufgabe zu ermitteln, **wofür die Kosten angefallen sind**, d. h. **für welche Kostenträger** (= Produkte oder Aufträge). Sie wird in zwei Bereiche unterteilt:

Kostenträgerrechnung

- Kostenträger**zeitrechnung**
- Kostenträger**stückrechnung**

Die Kostenträgerrechnung übernimmt die Einzelkosten aus der Kosten**arten**rechnung und die Gemeinkosten aus der Kosten**stellen**rechnung. Außerdem werden die Leistungen erfasst, um dadurch den Erfolg der Unternehmensaktivität zu ermitteln.

Die **Kostenträgerstückrechnung** (Kalkulation) ermittelt die Kosten pro Leistungseinheit: Im nachfolgenden Text werden aus Vereinfachungsgründen folgende, gebräuchliche Abkürzungen verwendet (Darstellung im Schema der differenzierten Zuschlagskalkulation, Kostenträgerstückrechnung, Gesamtkostenverfahren):

Zeile		Kostenart	Abkürzung	Beispiel	
1		Materialeinzelkosten	MEK		100,00
2	+	Materialgemeinkosten	MGK	20 %	20,00
3	=	Materialkosten	MK		**120,00**
4		Fertigungseinzelkosten	FEK		80,00
5	+	Fertigungsgemeinkosten	FGK	120 %	96,00
6	+	Sondereinzelkosten der Fertigung	SEKF		40,00
7	=	Fertigungskosten	FK		**216,00**
8	=	Herstellkosten der Fertigung/Erzeugung	HKF		**336,00**
9		Bestandsmehrung, fertige/unfertige Erzeugnisse	BV-		0,00
10	+	Bestandsminderung, fertige/unfertige Erzeugnisse	BV+		60,00
11	=	Herstellkosten des Umsatzes	HKU		**396,00**
12	+	Verwaltungsgemeinkosten	VwGK	30 %	118,80
13	+	Vertriebsgemeinkosten	VtGK	15 %	59,40
14	+	Sondereinzelkosten des Vertriebs	SEKV		20,00
15	=	Selbstkosten des Umsatzes	SKU		**594,20**

Die Selbstkosten des Umsatzes betragen also 594,20 €. Bei einem geplanten Listenverkaufspreis von 800 € sowie einem geplanten Kundenrabatt von 20 % und einem geplanten Kundenskonto von 3 % lässt sich der Gewinn ermitteln (Differenzkalkulation):

	Listenverkaufspreis		800,00	
	Kundenrabatt	20 %	- 160,00	800 • 20 : 100
=	Zielverkaufspreis		640,00	
	Kundenskonto	3 %	- 19,20	640 • 3 : 100
=	Barverkaufspreis		620,80	
	Selbstkosten des Umsatzes (SKU) (vgl. oben: Beispiel)		***- 594,20***	
=	**Gewinn**		**26,60**	≈ 4,48 % von SKU

02. Welche Aufgabe erfüllt die Kostenträgerzeitrechnung?

Die **Kostenträgerzeitrechnung** (= kurzfristige Ergebnisrechnung) überwacht laufend die Wirtschaftlichkeit des Unternehmens:

Sie stellt die Kosten und Leistungen (Erlöse) **einer Abrechnungsperiode** (i. d. R. ein Monat) im **Kostenträgerblatt (BAB II)** gegenüber – insgesamt und getrennt nach Kostenträgern. Sie ist damit die Grundlage zur Berechnung der Herstellkosten, der Selbstkosten und des Umsatzergebnisses einer Abrechnungsperiode. Außerdem kann der Anteil der verschiedenen Erzeugnisgruppen an den Gesamtkosten und am Gesamtergebnis ermittelt werden. Die Kostenträgerzeitrechnung wird üblicherweise auf Basis der verrechneten Normalkosten erstellt und später mit den Istkosten verglichen.

Bei der Gegenüberstellung von Kosten und Erlösen tritt ein Problem auf: Die Erlöse beziehen sich auf die **verkaufte Menge**, während sich die Kosten auf die **hergestellte Menge** beziehen. Das heißt also, **das Mengengerüst von hergestellter und verkaufter Menge ist nicht gleich** (Stichwort: **Bestandsveränderungen**). Um dieses Problem zu lösen, gibt es zwei Verfahren zur Ermittlung des Betriebsergebnisses:

1. Die Erlöse werden an das Mengengerüst der Kosten angepasst (**Gesamtkostenverfahren**).
2. Die Kosten werden an das Mengengerüst der Erlöse angepasst (**Umsatzkostenverfahren**).

Kostenträgerzeitrechnung – Verfahren			
Gesamtkostenverfahren HGB § 275 Abs. 2		**Umsatzkostenverfahren** HGB § 275 Abs. 3	
	Umsatzerlöse		Umsatzerlöse
+/-	Bestandsveränderungen zu Herstellkosten	-	Herstellkosten der zur Erziehlung der Umsatzerlöse erbrachten Leistungen
-	Kosten (gesamte primäre Kosten)	-	Vertriebskosten und Verwaltungsgemeinkosten
=	Betriebsergebnis	=	Betriebsergebnis

Beispiele

Beispiel 1
Ermittlung des Betriebsergebnisses nach dem Gesamtkostenverfahren bei zwei Produkten. Zu berücksichtigen sind Bestandsminderungen von 10.000 €. Die Abrechnungsperiode hat bei Produkt 1 Nettoerlöse in Höhe von 310.000 € und bei Produkt 2 in Höhe von 140.000 € ergeben.

Bearbeitungsschritte:

1. Schema nach dem Gesamtkostenverfahren erstellen
2. Verteilung der Kostensummen je Kostenart auf die Produkte (Kostenträger)
3. Ermittlung des Umsatzergebnisses gesamt und je Produkt:

Umsatzergebnis = Nettoerlöse - Selbstkosten des Umsatzes

4. Analyse des Ergebnisses:

Verrechnete Normalkosten				
Berechnungsschema		**Kostenart**	**Produkt 1**	**Produkt 2**
		in €		
	MEK	50.000	30.000	20.000
+	MGK, 50 %	25.000	15.000	10.000
=	MK	75.000	45.000	30.000
	FEK	120.000	80.000	40.000
+	FGK, 120 %	144.000	96.000	48.000
=	FK	264.000	176.000	88.000
=	HKF	339.000	221.000	118.000
+	BV/Minderbestand	10.000	5.000	5.000
=	HKU	349.000	226.000	123.000
+	VwGK, 15 %	52.350	33.900	18.450
+	VtGK, 5 %	17.450	11.300	6.150
=	**Selbstkosten des Umsatzes**	**418.800**	**271.200**	**147.600**
	Umsatzerlöse, netto	**450.000**	**310.000**	**140.000**
	Umsatzergebnis	**31.200**	**38.800**	**-7.600**

Analyse:

1. Das Umsatzergebnis ist insgesamt positiv und beträgt 31.200 €.
2. Das Produkt 1 erwirtschaftet ein positives und das Produkt 2 ein negatives Umsatzergebnis.
3. Mögliche Maßnahmen, z. B.:
   - Senkung der Fertigungskosten für Produkt 2, z. B. Lohnkosten, Materialkosten, Überprüfung der Umlage Verwaltung/Vertrieb, Rationalisierung der Abläufe, Veränderung des Fertigungsverfahrens.
   - Reduzierung der Fertigungsmenge von Produkt 2 zugunsten von Produkt 1.

Beispiel 2
Ermittlung des Betriebsergebnisses nach dem Gesamtkostenverfahren bei zwei Produkten. Neben der Ausgangslage von Beispiel 1 ist eine Kostenüberdeckung lt. BAB von 15.000 € zu berücksichtigen.

Bearbeitungsschritte:

1. Schema nach dem Gesamtkostenverfahren erstellen und Kostensummen verteilen
2. Umsatzergebnis = Nettoerlöse - Selbstkosten des Umsatzes
3. Betriebsergebnis = Umsatzergebnis + Kostenüberdeckung

   Begründung:
   Kalkuliert wurde mit Normal-Zuschlagssätzen. Der BAB weist eine Kostenüberdeckung aus; das bedeutet, dass die Istkosten geringer sind als die Kalkulation auf Normalkostenbasis ausweist. Demzufolge müssen die Istkosten um den Betrag der Kostenüberdeckung reduziert bzw. das Umsatzergebnis um den Betrag erhöht werden. Analog ist eine Kostenunterdeckung zu subtrahieren.
4. Analyse des Ergebnisses:

Verrechnete Normalkosten				
Berechnungsschema		**Kostenart**	**Produkt 1**	**Produkt 2**
		in €		
	...	...	...	...
=	**Selbstkosten des Umsatzes**	**418.800**	**271.200**	**147.600**
	Umsatzerlöse, netto	450.000	310.000	140.000
	Umsatzergebnis	31.200	38.800	-7.600
+	Überdeckung lt. BAB	15.000		
	Betriebsergebnis	46.200		

03. Welche Aufgabe erfüllt die Kostenträgerstückrechnung?

Die **Kostenträgerstückrechnung** ermittelt die **Selbstkosten je Kostenträgereinheit**. Sie kann als Vor-, Zwischen- oder Nachkalkulation aufgestellt werden.

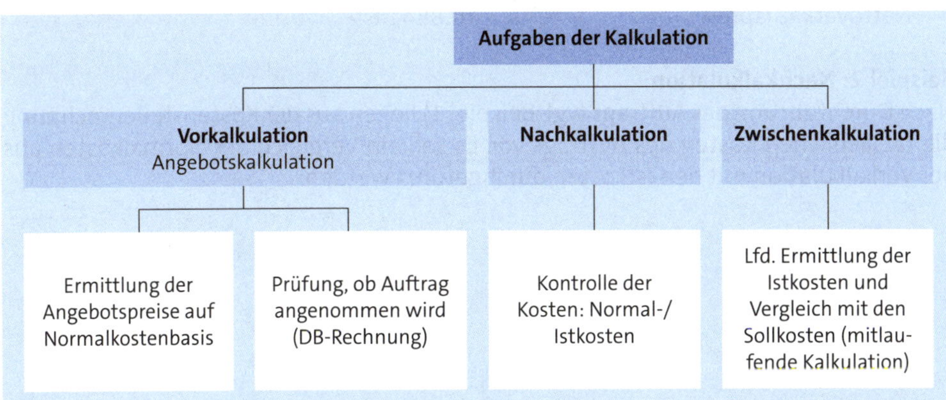

Beispiele

Beispiel 1: Vorkalkulation (Kalkulation des Angebotspreises)
Eine Sonderfertigung für einen Gewerbekunden ist zu kalkulieren mit 20 % Gewinnzuschlag, 2 % Skonto und 10 % Rabatt.

Berechnungsschritte:

1. Auf der Basis der Selbstkosten des Umsatzes sind 20 % Gewinn zu kalkulieren („von 100") (zur Berechnung der Selbstkosten des Umsatzes vgl. Frage 02.).
2. Kundenskonto-Berechnung: Berechnungsbasis ist der Zielverkaufspreis; Achtung: „vom verminderten Wert"/Barverkaufspreis („auf 100");

   Beispiel:

Gegeben:	98 %	=	Barverkaufspreis	=	9.600
	2 %	=	Skonto	=	x
Gesucht:	x	=	9.600 • 2 : 98	=	195,92
Probe:	2 %	von	9.795,92	=	195,92

3. Kundenrabatt-Berechnung: „vom verminderten Wert"/Zielverkaufspreis; analog zu Kundenskonto:

   x = 9.795,92 • 10 : 90 = 1.088,44

4. Mehrwertsteuer:
   - Bei gewerblichen Kunden können Nettopreise (ohne MwSt) angeboten werden.
   - Bei Endverbrauchern müssen Bruttopreise (inkl. MwSt) angeboten werden.

Vorkalkulation: Kalkulation des Angebotspreises

	Selbstkosten des Umsatzes	8.000,00
+	Gewinn, 20 %	1.600,00
=	Barverkaufspreis	9.600,00
+	Kundenskonto, 2 %	195,92
=	Zielverkaufspreis	9.795,92
+	Kundenrabatt, 10 %	1.088,44
=	Nettoverkaufspreis	10.884,36

Beispiel 2: Nachkalkulation
Nach Durchführung des Auftrags (vgl. Beispiel 1) liegen aus der Kostenstellenrechnung die tatsächlichen Kosten des Auftrags vor. Es soll ein Vergleich der Normalkosten aus der Vorkalkulation mit den Istkosten durchgeführt werden.

Berechnungsschritte:

1. Für die Nachkalkulation werden die tatsächlichen Werte des Auftrags der Kostenrechnung entnommen und den Normalkosten der Vorkalkulation gegenübergestellt.
2. Ist der Angebotspreis verbindlich, führt eine Kostenunterdeckung (Istkosten > Normalkosten) zu einer Gewinnschmälerung und umgekehrt.

	Kalkulationsschema	**Vorkalkulation** Normalkosten		**Nachkalkulation** Istkosten		**Abweichung** (+) Kostenüberdeckung (-) Kostenunterdeckung
	MEK		1.000,00		1.200,00	-200,00
+	MGK	50 %	500,00	-41,67 %	500,00	0,00
=	MK		1.500,00		1.700,00	-200,00
	FEK		2.000,00		2.200,00	-200,00
+	FGK	120 %	2.400,00	-113,64 %	2.500,00	-100,00
=	FK		4.400,00		4.700,00	-300,00
=	Herstellkosten des Umsatzes		5.900,00		6.400,00	-500,00
+	VwGK	15 %	885,00	13,75 %	880,00	5,00
+	VtGK	10 %	590,00	-9,38 %	600,00	-10,00
=	Sondereinzelkosten des Vertriebs		625,00		700,00	-75,00
=	Selbstkosten des Umsatzes		8.000,00		8.580,00	-580,00
+	Gewinn	20 %	1.600,00	**-11,89 %**	1.020,00	**-580,00**
=	Barverkaufspreis		9.600,00		9.600,00	
+	Kundenskonto, 2 %		195,92			
=	Zielverkaufspreis		9.795,92			
+	Kundenrabatt, 10 %		1.088,44			
=	Nettoverkaufspreis		10.884,36			

Analyse:
Gegenüber der Vorkalkulation führt die Kostenunterdeckung bei fast allen Kostenarten zu einer Gewinnschmälerung: Die Gewinnspanne sinkt von 20 % (kalkuliert) auf tatsächlich 11,89 %. Die Gewinneinbuße beträgt 580 €. Die Ursache(n) für die Kostenüberschreitungen ist/sind gründlich zu untersuchen. Lassen sich die Istkosten im vorliegenden Fall nicht verändern, müssen die Normal-Zuschlagssätze korrigiert werden. Erfolgt keine Korrektur, besteht die Gefahr, dass auch andere Angebotspreise „falsch" kalkuliert sind und ggf. zu einer Gewinneinbuße führen – in der Praxis eine gefährliche Entwicklung.

5.1.4 Betriebsabrechnungsbogen

01. Welche Aufgaben erfüllt der BAB?

- Verteilung der Gemeinkosten auf die Kostenstellen
- innerbetriebliche Leistungsverrechnung
- Ermittlung der Ist-Gemeinkostenzuschlagssätze für die Kalkulation
- Berechnung der Abweichungen der Ist-Gemeinkostenzuschlagssätze von den Normal-Gemeinkostenzuschlagssätzen (Kostenüber- bzw. Kostenunterdeckung)
- kostenstellenbezogene Kostenkontrolle
- Basis für Wirtschaftlichkeits- und Verfahrensvergleiche.

02. Wie werden die Zuschlagssätze für die Kalkulation ermittelt?

Bei der differenzierten Zuschlagskalkulation (= selektive Zuschlagskalkulation) werden die Gemeinkosten nach Bereichen getrennt erfasst (vgl. Beispiel 1 und 2) und die Zuschlagssätze differenziert ermittelt:

Bereich	**Gemeinkosten**	**Zuschlagsbasis**
Materialbereich	Materialgemeinkosten	Materialeinzelkosten
Fertigungsbereich	Fertigungsgemeinkosten	Fertigungseinzelkosten
Verwaltungsbereich	Verwaltungsgemeinkosten	Herstellkosten des Umsatzes
Vertriebsbereich	Vertriebsgemeinkosten	Herstellkosten des Umsatzes

Demzufolge werden die differenzierten Zuschlagssätze folgendermaßen ermittelt:

$$\text{Materialgemeinkostenzuschlag} = \frac{\text{Materialgemeinkosten}}{\text{Materialeinzelkosten}} \cdot 100$$

$$\text{Fertigungsgemeinkostenzuschlag} = \frac{\text{Fertigungsgemeinkosten}}{\text{Fertigungseinzelkosten}} \cdot 100$$

$$\text{Verwaltungsgemeinkostenzuschlag} = \frac{\text{Verwaltungsgemeinkosten}}{\text{Herstellkosten des Umsatzes}} \cdot 100$$

$$\text{Vertriebsgemeinkostenzuschlag} = \frac{\text{Vertriebsgemeinkosten}}{\text{Herstellkosten des Umsatzes}} \cdot 100$$

Dabei sind die Herstellkosten des Umsatzes:

	Materialeinzelkosten
+	Materialgemeinkosten
+	Fertigungseinzelkosten
+	Fertigungsgemeinkosten
=	Herstellkosten der Erzeugung
-	Bestandsveränderungen (+ Minderbestand/- Mehrbestand)
=	**Herstellkosten des Umsatzes**

Sind keine Bestandsveränderungen zu berücksichtigen – sind also alle in der Periode hergestellten Erzeugnisse verkauft worden – so gilt:

Herstellkosten der Erzeugung = Herstellkosten des Umsatzes

Beispiel

Ermittlung der Zuschlagssätze					
Zahlen der KLR	**Material**	**Fertigung**	**Verwaltung**	**Vertrieb**	
Gemeinkosten	23.903	142.700	60.610	18.183	
Einzelkosten	217.300	170.000	–	–	553.903
Bestandsveränderungen					-190.243
Herstellkosten d. Umsatzes					363.660
Zuschlagsbasis	217.300	170.000	363.660	363.660	
Zuschlagssätze	23.903 : 217.300 • 100	142.700 : 170.000 • 100	60.610 : 363.660 • 100	18.183 : 363.660 • 100	
	11,00 %	83,94 %	16,67 %	5,00 %	

03. Was ist der Unterschied zwischen Istgemeinkosten und Normalgemeinkosten?

- **Istgemeinkosten** sind die in einer Periode **tatsächlich** anfallenden Kosten; sie dienen zur Ermittlung der **Ist-Zuschlagssätze** (vgl. Beispiel 02.: 11,00 %, 83,94 % usw.).
- **Normalgemeinkosten** sind statistische Mittelwerte der Kosten zurückliegender Perioden; sie dienen zur Ermittlung der Normal-Zuschlagssätze. Dies bewirkt eine Vereinfachung im Rechnungswesen. Kurzfristige Kostenschwankungen werden damit ausgeschaltet.

04. Wie wird die Kostenüber- bzw. Kostenunterdeckung ermittelt?

Am Ende einer Abrechnungsperiode werden die Normalgemeinkosten (auf der Basis von Normal-Zuschlagssätzen) mit den Istgemeinkosten (auf der Basis der Ist-Gemeinkostenzuschläge) verglichen. Es gilt:

MERKE

Normalgemeinkosten > Istgemeinkosten → Kostenüberdeckung

Normalgemeinkosten < Istgemeinkosten → Kostenunterdeckung

Berechnung der Normalgemeinkosten:

1. Normalmaterialgemeinkosten = Istkosten/Material • Normalzuschlag
2. Normalfertigungsgemeinkosten = Istkosten/Fertigung • Normalzuschlag
3. Normalverwaltungsgemeinkosten = Normalkosten/Herstellung • Normalzuschlag
4. Normalvertriebsgemeinkosten = Normalkosten/Herstellung • Normalzuschlag

Berechnung der Istgemeinkosten:

1. Istmaterialgemeinkosten = Istkosten/Material • Istzuschlag
2. Istfertigungsgemeinkosten = Istkosten/Fertigung • Istzuschlag
3. Istverwaltungsgemeinkosten = Istkosten/Herstellung • Istzuschlag
4. Istvertriebsgemeinkosten = Istkosten/Herstellung • Istzuschlag

Beispiel

Das Unternehmen kalkuliert mit bestimmten Normalzuschlagssätzen auf der Basis der Einzelkosten; in der Abrechnungsperiode wurden folgende Istgemeinkosten sowie ein Minderbestand von 10.000 € ermittelt:

	Material	Fertigung	Verwaltung	Vertrieb
Normal-Zuschlagssätze	50 %	120 %	20 %	10 %
Einzelkosten	50.000	140.000		
Istgemeinkosten	30.000	154.000	84.480	46.080

Es ist die Kostenüber-/Kostenunterdeckung der Kostenstellen zu ermitteln und zu kommentieren.

Bearbeitungsschritte:

1. Berechnung der Ist-Zuschlagssätze; dabei sind die Herstellkosten des Umsatzes auf Istkostenbasis zu ermitteln.
2. Berechnung der Normalgemeinkosten mithilfe der Normal-Zuschlagssätze; dabei sind die Herstellkosten des Umsatzes auf Normalkostenbasis zu ermitteln.
3. Berechnung der Über-/Unterdeckung je Kostenstelle und Analyse der Ergebnisse.

		Material	Fertigung	Verwaltung	Vertrieb	Summe
Kalkulation auf Istkostenbasis	Ist-Gemeinkosten	30.000	154.000	84.480	46.080	314.560
	Zuschlagsgrundlage	50.000	140.000	384.000[1]	384.000[1]	
	Ist-Zuschlagssätze	60 %	110 %	22 %	12 %	
Kalkulation auf Normalkostenbasis	Normalgemeinkosten	25.000	168.000	78.600	39.300	310.900
	Zuschlagsgrundlage	50.000	140.000	393.000[2]	393.000[2]	
	Normalzuschlagssätze	50 %	120 %	20 %	10 %	
Überdeckung (+)			14.000			
Unterdeckung (-)		5.000		5.880	6.780	3.660

[1] Istkosten/Herstellung:

	FEK	140.000
+	FGK, 110 %	154.000
	MEK	50.000
+	MGK, 60 %	30.000
+	Minderbestand	10.000
=	HKU	384.000

[2] Normalkosten/Herstellung

	FEK	140.000
+	FGK, 120 %	168.000
	MEK	50.000
+	MGK, 50 %	25.000
+	Minderbestand	10.000
=	HKU	393.000

Analyse der Wirtschaftlichkeit (Kostenüber-/Kostenunterdeckung) der einzelnen Kostenstellen:

1. Die **Kostenunterdeckung** (Normalgemeinkosten < Istgemeinkosten) **im Materialbereich** könnte beruhen auf, z. B.: höhere Lagerkosten.
2. Die **Kostenüberdeckung** (Normalgemeinkosten > Istgemeinkosten) **im Fertigungsbereich** könnte beruhen auf, z. B.: wirtschaftliche Losgrößenfertigung, optimale Instandhaltung, geringer Verschleiß der Werkzeuge.
3. Die **Kostenunterdeckung im Verwaltungsbereich** könnte beruhen auf, z. B.: höhere Gemeinkosten, höhere Abschreibung aufgrund von Rationalisierungsinvestitionen.
4. Die **Kostenunterdeckung im Vertriebsbereich** könnte beruhen auf, z. B.: höhere Gemeinkostenlöhne, höhere Energiekosten.

5.1.5 Prinzipien der Prozesskostenrechnung

01. Von welchem gedanklichen Ansatz geht die Prozesskostenrechnung aus?

Die Prozesskostenrechnung (PKR) sieht das gesamte betriebliche Geschehen als eine Folge von Prozessen (Aktivitäten). Zusammengehörige Teilprozesse werden kostenstellenübergreifend zu Hauptprozessen zusammengefasst.

02. Welche Bezugsgrößen wählt die Prozesskostenrechnung zur Verteilung der Gemeinkosten?

Die PKR ist eine Vollkostenrechnung und gliedert die Prozesse in

1. leistungsmengeninduzierte Aktivitäten (lmi) → mengenvariabel zum Output
   z. B. Materialbeschaffung:
   Bestellvorgang, Transport, Ware prüfen
2. leistungsmengenneutrale Aktivitäten (lmn) → mengenfix zum Output
   z. B. Materialwirtschaft: Leitung der Abteilung
3. prozessunabhängige Aktivitäten (pua) → unabhängig vom Output
   z. B. Kantine, Arbeit des Betriebsrates

Primäre Aufgabe der PKR ist die Ermittlung der sog. „Kostentreiber" (Cost-Driver) je leistungsmengeninduzierter Aktivität.

03. Welchen Kennzahlen eignen sich zur Beurteilung interner Prozesse?

- Entwicklungszeiten für neue Produkte
- Durchlaufzeiten
- durchschnittlicher Nutzungsgrad der Anlagen (unter Berücksichtigung von Ausfallzeiten)

- Lagerbestände, Lagerflächen
- Losgrößen
- Bestellmengen
- Häufigkeit von Nachbesserungen/Rückrufaktionen (Wert der ...)
- Kapazitätsauslastung
- Lieferzeiten
- Bearbeitungszeiten
- Vergleichswerte intern und extern (Benchmarking).

04. Weshalb wird die Kostenverrechnung mit Prozesskosten durchgeführt?

Da sich bei hohen Gemeinkostenprozentsätzen falsche Ergebnisse ergeben, wird hier die Prozesskostenrechnung angewandt. Die Gründe für die falschen Ergebnisse sind,

- Serienprodukte werden mit zu hohen Gemeinkosten berechnet, obwohl durch große Stückzahlen der Gemeinkostenaufwand pro Teil sinkt.
- Erzeugnisse mit kleinen Produktionsstückzahlen werden mit zu geringen Gemeinkosten berechnet und erscheinen dadurch wirtschaftlich.

Daher ist es das Ziel der Prozesskostenrechnung Gemeinkosten wie z. B. Beschaffung, Lager, Versand oder Arbeitsvorbereitung nicht mit prozentualen Zuschlägen zu verrechnen, sondern deren Prozesse verursachungsgerecht zu ermitteln und kostenmäßig zu erfassen. Die Ermittlung der benötigten Daten ist hierbei jedoch aufwendig.

05. In welchen Schritten läuft eine Prozesskostenanalyse ab?

Die typischen Ablaufschritte sind

- Untersuchungsbereich festlegen
- Grobgliederung der Prozessorganisation
- Tätigkeitsanalyse durchführen und Maßgrößen bei Kostenstellen festlegen
- Zeiten, Kosten und Kostensätze der Prozesse ermitteln
- kostentreibende Teilprozesse ermitteln
- Ansätze zur Prozessoptimierung darstellen
- kostensparende Maßnahmen einführen.

06. Was sind die Ziele der Prozesskostenrechnung?

Im Idealfall schafft es die **Prozesskostenrechnung** die folgenden Ziele zu erreichen:

- strategische Entscheidungen unterstützen
- eine bessere Kalkulationsgrundlage liefern

- Einsparmöglichkeiten finden
- unwirtschaftliche Prozessabläufe aufdecken
- Kostenstellen von Gemeinkosten transparent und damit steuerbar machen.

5.2 Anwenden von Kalkulationsverfahren

5.2.1 Kalkulationsverfahren

01. Welche Kalkulationsverfahren muss der Industriemeister anwenden können?

Je nach Produktionsverfahren werden verschiedene Kalkulationsverfahren angewendet. Die Grundregel lautet:

Das Produktionsverfahren bestimmt das Kalkulationsverfahren.

Der Rahmenstoffplan nennt folgende, ausgewählte Verfahren der Kalkulation:

Kalkulationsverfahren – ausgewählte Beispiele –

Zuschlagskalkulation	Divisionskalkulation
► Summarische Zuschlagskalkulation ► Differenzierte Zuschlagskalkulation ► Zuschlagskalkulation mit Maschinenstundensätzen	► Einstufige Divisionskalkulation ► Mehrstufige Divisionskalkulation ► Divisionskalkulation mit Äquivalenzziffern

02. Wie ist das Verfahren bei der einstufigen Divisionskalkulation?

Voraussetzungen:

- Massenfertigung; Einproduktunternehmen (z. B. Energieerzeuger: Stadtwerke, Wasserwerke)
- einstufige Fertigung
- keine Kostenstellen
- keine Aufteilung in Einzel- und Gemeinkosten
- produzierte Menge = abgesetzte Menge; $x_P = x_A$.

Berechnung:
Die Stückkosten (k) ergeben sich aus der Division der Gesamtkosten (K) durch die in der Abrechnungsperiode produzierte und abgesetzte Menge (x).

$$\text{Stückkosten} = \frac{\text{Gesamtkosten}}{\text{Ausbringungsmenge}}$$

$$k = \frac{K}{x} \text{ €/Stk.}$$

Beispiel

Ein Einproduktunternehmen produziert und verkauft im Monat Januar 1.200 Stk. bei 360.000 € Gesamtkosten. Die Stückkosten betragen:

$$k = \frac{K}{x} \text{ €/Stk.} = \frac{360.000 \text{ €}}{1.200 \text{ Stk.}} = 300 \text{ €/Stk.}$$

03. Wie ist das Verfahren bei der mehrstufigen Divisionskalkulation?

Voraussetzungen:

- Massenfertigung; Einproduktunternehmen
- zwei oder mehrstufige Fertigung
- produzierte Menge ≠ abgesetzte Menge; $x_P \neq x_A$
- Aufteilung der Gesamtkosten (K) in Herstellkosten (K_H) sowie Vertriebskosten ($K_{Vertr.}$) und Verwaltungskosten ($K_{Verw.}$)
- die Herstellkosten werden auf die produzierte Menge (x_P) bezogen, die Vertriebs- und Verwaltungskosten auf die abgesetzte Menge (x_A).

Berechnung:
Bei einer zweistufigen Fertigung ergibt sich folgende Berechnung:

$$\text{Stückkosten} = \frac{\text{Herstellkosten}}{\text{produzierte Menge}} + \frac{\text{Vertriebs- und Verwaltungskosten}}{\text{abgesetzte Menge}}$$

$$\text{Stückkosten} = \frac{K_H}{x_P} + \frac{K_{Vertr.} + K_{Verw.}}{x_A}$$

Beispiele

Beispiel 1
Ein Betrieb produziert im Monat Januar 1.200 Stk., von denen 1.000 verkauft werden. Die Herstellkosten betragen 240.000 €, die Vertriebs- und Verwaltungskosten 120.000 €.

$$\text{Stückkosten} = \frac{240.000\ €}{1.200\ \text{Stk.}} + \frac{120.000\ €}{1.000\ \text{Stk.}} = 200\ €/\text{Stk.} + 120\ €/\text{Stk} = 320\ €/\text{Stk.}$$

Beispiel 2
Die Herstellkosten betrugen im Juni d. J. 400.000 €, die Vertriebs- und Verwaltungskosten 100.000 €. Die produzierte und abgesetzte Menge war 50.000 €. Im Oktober d. J. trat eine Absatzschwäche auf, sodass – unter sonst gleichen Bedingungen – 30 % der Fertigung auf Lager genommen werden musste. Zu ermitteln ist, um wie viel sich die Selbstkosten pro Einheit verändert haben.

Im Juni d. J. gilt:

$$k = \frac{K}{x}\ €/E = \frac{500.000\ €}{50.000\ E} = 10\ €/E$$

Im Oktober d. J. gilt:

$$\text{Stückkosten} = \frac{K_H}{x_p} + \frac{K_{Vertr.} + K_{Verw.}}{x_A} = \frac{400.000}{50.000} + \frac{100.000}{35.000} = 10{,}86\ €/E$$

Die Produktion, die im Oktober d. J. zum Teil auf Lager genommen werden musste, erhöhte die Stückkosten um 8,6 % und verschlechterte die Liquidität.

Analog geht man bei einer **n-stufigen Fertigung** vor: Die Kosten je Fertigungsstufe werden auf die entsprechenden Stückzahlen bezogen:

$$\text{Stückkosten} = \frac{K_{H1}}{x_{P1}} + \frac{K_{H2}}{x_{P2}} + \ldots + \frac{K_{Hn}}{x_{Pn}} + \frac{K_{Vertr.} + K_{Verw.}}{x_A}$$

04. Wie ist das Verfahren bei der Divisionskalkulation mit Äquivalenzziffern?

Voraussetzungen:

- Sortenfertigung (gleichartige, aber nicht gleichwertige Produkte), z. B. Bier, Zigaretten, Ziegelei, Walzen von Blechen.
- Die Stückkosten der einzelnen Sorten stehen langfristig in einem konstanten Verhältnis; man geht aus von einer Einheitssorte (Bezugsbasis), die die Äquivalenzziffer 1 erhält; alle anderen Sorten erhalten Äquivalenzziffern im Verhältnis zur Einheitssorte; sind z. B. die Stückkosten einer Sorte um 40 % höher als die der Einheitssorte, so erhält sie die Äquivalenzziffer 1,4 usw. Äquivalenzziffern werden durch Messungen, Beobachtungen, Beanspruchung der Kosten entsprechend den betrieblichen Bedingungen ermittelt.
- produzierte Menge = abgesetzte Menge; $x_P = x_A$.

Beispiel

In einem chemischen Betrieb werden drei Sorten hergestellt. Die Gesamtkosten betragen in der Abrechnungsperiode 104.400 €. Die produzierten Mengen sind: 30.000, 15.000, 20.000 kg. Das Verhältnis der Kosten beträgt 1 : 1,4 : 1,8.

Sorte	Produzierte Menge (in kg)	Äquivalenzziffer	Recheneinheiten	Stückkosten (in €/kg)	Gesamtkosten (in €)
	(1)	(2)	(3)	(4)	(5)
I	30.000	1,0	30.000	1,20	36.000
II	15.000	1,4	21.000	1,68	25.200
III	20.000	1,8	36.000	2,16	43.200
Summe			87.000		104.400

Rechenweg:

1. Ermittlung der Äquivalenzziffern bezogen auf die Einheitssorte.
2. Die Multiplikation der Menge je Sorte mit der Äquivalenzziffer ergibt die Recheneinheit je Sorte (= Umrechnung der Mengen auf die Einheitssorte).
3. Die Division der Gesamtkosten durch die Summe der Recheneinheiten (RE) ergibt die **Stückkosten der Einheitssorte:** 104.000 € : 87.000 RE = 1,20 €/kg.
4. Die Multiplikation der Stückkosten der Einheitssorte mit der Äquivalenzziffer je Sorte ergibt die Stückkosten je Sorte: 1,20 • 1,4 = 1,68
5. Spalte (5) zeigt die anteiligen Gesamtkosten je Sorte (z. B.: 1,68 • 15.000 = 25.200). Die Summe muss den gesamten Produktionskosten entsprechen (rechnerische Probe der Verteilung).

05. Wie ist das Verfahren bei der summarischen Zuschlagskalkulation?

Voraussetzungen:

- Die summarische Zuschlagskalkulation ist ein sehr einfaches Verfahren, das bei Serien- oder Einzelfertigung angewendet wird.
- Die Gesamtkosten werden in Einzel- und Gemeinkosten getrennt. Dabei werden die Einzelkosten der Kostenartenrechnung entnommen und dem Kostenträger direkt zugeordnet.
- Die Gemeinkosten werden als eine Summe („summarisch"; en bloc) erfasst und den Einzelkosten in einem Zuschlagssatz zugerechnet.
- Es gibt nur eine Basis zur Berechnung des Zuschlagssatzes: entweder das Fertigungsmaterial oder die Fertigungslöhne oder die Summe (Fertigungsmaterial + Fertigungslöhne).

Beispiel

In dem nachfolgenden Fallbeispiel wird angenommen, dass ein Unternehmen Rührwerke in Einzelfertigung herstellt. Die verwendeten Einzel- und Gemeinkosten wurden in der zurückliegenden Abrechnungsperiode ermittelt und sollen als Grundlage zur Feststellung des Gemeinkostenzuschlages dienen:

Fall A:

$$\text{Gemeinkostenzuschlag} = \frac{\text{Gemeinkosten}}{\text{Fertigungsmaterial}} \cdot 100$$

z. B.:

$$\text{Gemeinkostenzuschlag} = \frac{120.000\ €}{340.000\ €} \cdot 100 = 35{,}29\ \%$$

Fall B:

$$\text{Gemeinkostenzuschlag} = \frac{\text{Gemeinkosten}}{\text{Fertigungslöhne}} \cdot 100$$

z. B.:

$$\text{Gemeinkostenzuschlag} = \frac{120.000\ €}{260.000\ €} \cdot 100 = 46{,}15\ \%$$

Fall C:

$$\text{Gemeinkostenzuschlag} = \frac{\text{Gemeinkosten}}{\text{Fertigungsmaterial} + \text{Fertigungslöhne}} \cdot 100$$

z. B.:

$$\text{Gemeinkostenzuschlag} = \frac{120.000 \text{ €}}{340.000 \text{ €} + 260.000 \text{ €}} \cdot 100 = 20{,}0 \text{ \%}$$

Es ergeben sich also unterschiedliche Zuschlagssätze – je nach Wahl der Bezugsbasis:

Fall	Zuschlagsbasis	Gemeinkostensatz
A	Fertigungsmaterial	35,29 %
B	Fertigungslöhne	46,15 %
C	Fertigungsmaterial + Fertigungslöhne	20,00 %

In der Praxis wird man die summarische Zuschlagskalkulation nur dann einsetzen, wenn relativ wenig Gemeinkosten anfallen; im vorliegenden Fall darf das unterstellt werden.

Als Basis für die Berechnung des Zuschlagssatzes wird man **die Einzelkosten** nehmen, **bei denen der stärkste Zusammenhang zwischen Einzel- und Gemeinkosten gegeben ist** (z. B. proportionaler Zusammenhang zwischen Fertigungsmaterial und Gemeinkosten).

Beispiel

Das Unternehmen hat einen Auftrag zur Anfertigung eines Rührwerks erhalten. An Fertigungsmaterial werden 3.400 € und an Fertigungslöhnen 2.200 € anfallen. Es sollen die Selbstkosten dieses Auftrages alternativ unter Verwendung der unterschiedlichen Zuschlagssätze (siehe oben) ermittelt werden (Kostenangaben in Euro).

Fall A:

	Fertigungsmaterial		3.400,00
+	Fertigungslöhne		2.200,00
=	Einzelkosten		5.600,00
+	Gemeinkosten	35,29 %	1.199,86
=	Selbstkosten des Auftrags		6.799,86

Fall B:

	Fertigungsmaterial		3.400,00
+	Fertigungslöhne		2.200,00
=	Einzelkosten		5.600,00
+	Gemeinkosten	46,15 %	1.015,30
=	Selbstkosten des Auftrags		6.615,30

Fall C:

	Fertigungsmaterial		3.400,00
+	Fertigungslöhne		2.200,00
=	Einzelkosten		5.600,00
+	Gemeinkosten	20,00 %	1.120,00
=	Selbstkosten des Auftrags		6.720,00

Ergebnisbewertung:
Man erkennt an diesem Beispiel, dass die Selbstkosten bei Verwendung alternativer Zuschlagssätze ungefähr im Intervall (6.600 ; 6.800) streuen – ein Ergebnis, das durchaus befriedigend ist. Die Ursache für die verhältnismäßig geringe Streuung ist in den relativ geringen Gemeinkosten zu sehen.

Bei höheren Gemeinkosten (im Verhältnis zu den Einzelkosten) wäre die beschriebene Streuung größer und könnte zu der Überlegung führen, dass eine summarische Zuschlagskalkulation betriebswirtschaftlich nicht mehr zu empfehlen wäre, sondern **ein Wechsel auf die differenzierte Zuschlagskalkulation vorgenommen werden muss**.

06. Wie ist das Verfahren bei der differenzierten Zuschlagskalkulation?

Die differenzierte Zuschlagskalkulation (auch: selektive Zuschlagskalkulation) liefert i. d. R. genauere Ergebnisse als die summarische Zuschlagskalkulation (vgl. oben). Voraussetzung dafür ist eine Kostenstellenrechnung. Die Gemeinkosten werden nach Bereichen getrennt erfasst und die Zuschlagssätze differenziert ermittelt:

Bereich	Gemeinkosten	Zuschlagsbasis
Materialbereich	Materialgemeinkosten	Materialeinzelkosten
Fertigungsbereich	Fertigungsgemeinkosten	Fertigungseinzelkosten
Verwaltungsbereich	Verwaltungsgemeinkosten	Herstellkosten des Umsatzes
Vertriebsbereich	Vertriebsgemeinkosten	Herstellkosten des Umsatzes

Demzufolge werden die differenzierten Zuschlagssätze folgendermaßen ermittelt.

$$\text{Materialgemeinkostenzuschlag} = \frac{\text{Materialgemeinkosten}}{\text{Materialeinzelkosten}} \cdot 100$$

$$\text{Fertigungsgemeinkostenzuschlag} = \frac{\text{Fertigungsgemeinkosten}}{\text{Fertigungseinzelkosten}} \cdot 100$$

$$\text{Verwaltungsgemeinkostenzuschlag} = \frac{\text{Verwaltungsgemeinkosten}}{\text{Herstellkosten des Umsatzes}} \cdot 100$$

$$\text{Vertriebsgemeinkostenzuschlag} = \frac{\text{Vertriebsgemeinkosten}}{\text{Herstellkosten des Umsatzes}} \cdot 100$$

Für die differenzierte Zuschlagskalkulation wird bei dem Gesamtkostenverfahren folgendes **Schema verwendet:**

Zeile		Kostenart	Abkürzung	Berechnung (Z = Zeile)
1		Materialeinzelkosten	MEK	direkt
2	+	Materialgemeinkosten	MGK	Z 1 • MGK-Zuschlag
3	=	Materialkosten	MK	Z 1 + Z 2
4		Fertigungseinzelkosten	FEK	direkt
5	+	Fertigungsgemeinkosten	FGK	Z 4 • FGK-Zuschlag
6	+	Sondereinzelkosten der Fertigung	SEKF	direkt
7	=	Fertigungskosten	FK	∑ Z 4 bis 6
8	=	Herstellkosten der Fertigung/Erzeugung	HKF	Z 3 + Z 7
9	-	Bestandsmehrung, fertige/unfertige Erzeugnisse	BV+	direkt
10	+	Bestandsminderung, fertige/unfertige Erzeugnisse	BV-	direkt
11	=	Herstellkosten des Umsatzes	HKU	∑ Z 8 bis 10
12	+	Verwaltungsgemeinkosten	VwGK	Z 11 • VwGK-Zuschlag
13	+	Vertriebsgemeinkosten	VtGK	Z 11 • VtGK-Zuschlag
14	+	Sondereinzelkosten des Vertriebs	SEKV	direkt
15	=	Selbstkosten des Umsatzes	SKU	∑ Z 11 bis 14

Hinweise zur Berechnung:

Zeile 6:
Sondereinzelkosten der Fertigung fallen nicht bei jedem Auftrag an, z. B. Einzelkosten für ein spezielles Werkzeug.

Zeile 9 - 10:
Bestandsmehrungen an fertigen/unfertigen Erzeugnissen haben zum Umsatz nicht beigetragen, sie sind zu subtrahieren (werden auf Lager genommen).

Bestandsminderungen an fertigen/unfertigen Erzeugnissen haben zum Umsatz beigetragen, sie sind zu addieren (werden vom Lager genommen und verkauft).

Zeile 14:
Sondereinzelkosten des Vertriebs (analog zu Zeile 6) fallen nicht generell an und werden dem Auftrag als Einzelkosten zugerechnet, z. B. Kosten für Spezialverpackung.

Beispiel

Wir kehren noch einmal zurück zum Hersteller des Rührwerks (vgl. Beispiel „summarische Zuschlagskalkulation" zu Frage 05.): Das Unternehmen will den vorliegenden Auftrag über das Rührwerk nun mithilfe der differenzierten Zuschlagskalkulation berechnen.

Folgende Daten liegen aus der zurückliegenden Abrechnungsperiode vor:

Fertigungsmaterial	340.000 €
Fertigungslöhne	260.000 €

Aus dem BAB ergaben sich folgende Gemeinkosten:

Materialgemeinkosten	60.000 €
Fertigungsgemeinkosten	30.000 €
Verwaltungsgemeinkosten	10.000 €
Vertriebsgemeinkosten	20.000 €

Für den Auftrag werden 3.400 € Fertigungsmaterial und 2.200 € Fertigungslöhne anfallen. Bestandsveränderungen sowie Sondereinzelkosten liegen nicht vor. Zu kalkulieren sind die Selbstkosten des Auftrags.

1. Schritt:
Ermittlung der Zuschlagssätze für Material und Lohn

$$\text{MGK-Zuschlag} = \frac{\text{MGK}}{\text{MEK}} \cdot 100 \quad = \frac{60.000}{340.000} \cdot 100 = 17{,}65\ \%$$

$$\text{FGK-Zuschlag} = \frac{\text{FGK}}{\text{FEK}} \cdot 100 = \frac{30.000}{260.000} \cdot 100 = 11{,}54\ \%$$

2. Schritt:
Ermittlung der Herstellkosten des Umsatzes als Grundlage für die Berechnung des Verwaltungs- und des Vertriebsgemeinkostensatzes

	Materialeinzelkosten	340.000,00
+	Materialgemeinkosten	60.000,00
+	Fertigungseinzelkosten	260.000,00
+	Fertigungsgemeinkosten	30.000,00
=	**Herstellkosten des Umsatzes**	**690.000,00**

$$\text{VwGK-Zuschlag} = \frac{\text{VwGK}}{\text{HKU}} \cdot 100 = \frac{10.000}{690.000} \cdot 100 = 1{,}45\ \%$$

$$\text{VtGK-Zuschlag} = \frac{\text{VtGK}}{\text{HKU}} \cdot 100 = \frac{20.000}{690.000} \cdot 100 = 2{,}90\ \%$$

3. Schritt:
Kalkulation der Selbstkosten des Auftrages mithilfe des Schemas

	Materialeinzelkosten		3.400,00
+	Materialgemeinkosten	17,65 %	600,10
=	**Materialkosten**		4.000,10
	Fertigungseinzelkosten		2.200,00
+	Fertigungsgemeinkosten	11,54 %	253,88
=	**Fertigungskosten**		2.453,88
	Herstellkosten der Fertigung		6.453,98
=	**Herstellkosten des Umsatzes**		6.453,98
+	Verwaltungsgemeinkosten	1,45 %	93,58
+	Vertriebsgemeinkosten	2,90 %	187,17
=	**Selbstkosten (des Auftrags)**		**6.734,73**

Bewertung des Ergebnisses:
Man kann an diesem Beispiel erkennen, dass die Selbstkosten auf Basis der differenzierten Zuschlagskalkulation nur wenig von denen auf Basis der summarischen Zuschlagskalkulation abweichen. Die Ursache ist darin zu sehen, dass wir im vorliegenden Fall einen Kleinbetrieb mit nur sehr geringen Gemeinkosten haben. Es lässt sich zeigen,

dass bei hohen Gemeinkosten die differenzierte Zuschlagskalkulation eindeutig zu besseren Ergebnissen als die summarische Zuschlagskalkulation führt.

07. Wie werden Maschinenstundensätze (im Rahmen der differenzierten Zuschlagskalkulation) berechnet?

Die Kalkulation mit Maschinenstundensätzen ist eine **Verfeinerung der differenzierten Zuschlagskalkulation:**

In dem oben dargestellten Schema der differenzierten Zuschlagskalkulation (vgl. Frage 05.) wurden in Zeile 2 die Fertigungsgemeinkosten als Zuschlag auf Basis der Fertigungseinzelkosten berechnet:

Bisher:

	Fertigungseinzelkosten (z. B. Fertigungslöhne)
+	Fertigungsgemeinkosten
=	**Fertigungskosten**

Bei dieser Berechnungsweise **wird übersehen, dass die Fertigungsgemeinkosten bei einem hohen Automatisierungsgrad nur noch wenig von den Fertigungslöhnen beeinflusst sind**, sondern vielmehr vom Maschineneinsatz verursacht werden. Von daher sind die Fertigungslöhne bei zunehmender Automatisierung nicht mehr als Zuschlagsgrundlage geeignet.

Man löst dieses Problem dadurch, indem die **Fertigungsgemeinkosten aufgeteilt werden** in maschinenabhängige und maschinenunabhängige Fertigungsgemeinkosten.

- Die **maschinenunabhängigen Fertigungsgemeinkosten** bezeichnet man als „Restgemeinkosten"; als Zuschlagsgrundlage werden die **Fertigungslöhne** genommen.
- Bei den **maschinenabhängigen Fertigungsgemeinkosten** werden als Zuschlagsgrundlage die Maschinenlaufstunden genommen. Es gilt:

$$\text{Maschinenstundensatz} = \frac{\text{maschinenabhängige Fertigungsgemeinkosten}}{\text{Maschinenlaufstunden}}$$

Das bisher verwendete Kalkulationsschema (vgl. Zeile 2) modifiziert sich. Es gilt:

Neu:

	Fertigungslöhne
+	Restgemeinkosten (in Prozent der Fertigungslöhne)
+	Maschinenkosten (Laufzeit des Auftrages • Maschinenstundensatz)
=	**Fertigungskosten**

MERKE

Fertigungsgemeinkosten bei der Maschinenstundensatzkalkulation

Maschinenabhängige Fertigungsgemeinkosten (Maschinenkosten)	**Maschinen*un*abhängige** Fertigungsgemeinkosten (Restgemeinkosten)
Bezugsbasis: Maschinenlaufstunden	Bezugsbasis: Fertigungslöhne

Beispiele für maschinenabhängige Fertigungsgemeinkosten:

- kalkulatorische Abschreibung (AfA; Absetzung für Abnutzung)
- kalkulatorische Zinsen
- Energiekosten
- Raumkosten
- Instandhaltung, Werkzeuge.

ACHTUNG

Beachten Sie bitte, dass bei der kalkulatorischen AfA die **Wiederbeschaffungs**kosten (WW; falls vorhanden) und bei den kalkulatorischen Zinsen die **Anschaffungs**kosten (AW) als Bezugsbasis genommen werden. Ein evtl. Restwert (RW) ist dabei zu berücksichtigen (Zinsen = (AW + RW) : 2 • p/100; AfA = (WW - RW) : n). Außerdem sind bei der Berechnung der maschinenabhängigen Kosten die Zeiträume einheitlich zu wählen (z. B. pro Jahr, pro Monat, pro Laufstunde).

Beispiel

Zuschlagskalkulation mit Maschinenstundensatz
Auf einer NC-Maschine (Fräsmaschine) wird ein Werkstück bearbeitet. Die Bearbeitungsdauer beträgt 86 Minuten; der Materialverbrauch liegt bei 160 €. Der anteilige Fertigungslohn für die Bearbeitung beträgt 40 € (Einrichten, Nacharbeit). Es sind Materialgemeinkosten von 80 % und Restgemeinkosten von 60 % zu berücksichtigen. Zu kalkulieren sind die Herstellkosten der Fertigung.

1. Schritt: Berechnung des Maschinenstundensatzes
Zur Berechnung des Maschinenstundensatzes wird auf folgende Daten der vergangenen Abrechnungsperiode zurückgegriffen:

- Anschaffungskosten der NC-Maschine: 100.000 €
- Wiederbeschaffungskosten der NC-Maschine: 120.000 €
- Nutzungsdauer der NC-Maschine: 10 Jahre
- kalkulatorische Abschreibung: linear
- kalkulatorische Zinsen: 6 % vom halben Anschaffungswert
- Instandhaltungskosten: 2.000 € p. a.
- Raumkosten:
  - Raumbedarf: 20 m^2
  - Verrechnungssatz je m^2: 10 €/m^2/Monat
- Energiekosten:
  - Energieentnahme der NC-Maschine: 11 Kwh
  - Verbrauchskosten: 0,12 €/Kwh
  - Jahresgrundgebühr: 220 €
- Werkzeugkosten: 6.000 € p. a., Festbetrag
- Laufzeit der NC-Maschine: 1.800 Std. p. a.

Berechnung:

1.
$$\text{Kalkulatorische Zinsen} = \frac{\text{Anschaffungskosten} + \text{Restwert}}{2} \cdot \frac{\text{Zinssatz}}{100}$$

$$= \frac{100.000 + 0}{2} \cdot \frac{6}{100} = 3.000\ €$$

2.
$$\text{Kalkulatorische Abschreibung} = \frac{\text{Wiederbeschaffungskosten - Restwert}}{\text{Nutzungsdauer}}$$

$$= \frac{120.000 - 0}{10} = 12.000\ €$$

3.
$$\text{Raumkosten} = \text{Raumbedarf} \cdot \text{Verrechnungssatz}/m^2/\text{Monat} \cdot 12\ \text{Monate}$$

$$= 20\ m^2 \cdot 10\ €/m^2/\text{Mon.} \cdot 12\ \text{Mon.} = 2.400\ €$$

4.
$$\text{Energiekosten} = \text{Energieverbrauch/Std.} \cdot €/\text{Kwh} \cdot \text{Laufleistung p. a.} + \text{Grundgebühr}$$

$$= 11\ \text{kwh} \cdot 0{,}12\ €/\text{Kwh} \cdot 1.800\ \text{Std. p. a.} + 220\ € = 2.596\ €$$

5. Instandhaltungskosten = Festbetrag p. a. = 2.000 €
6. Werkzeugkosten = Festbetrag p. a. = 6.000 €

Daraus ergibt sich folgender Maschinenstundensatz:

$$\text{Maschinenstundensatz} = \frac{\text{maschinenabhängige Fertigungsgemeinkosten}}{\text{Maschinenlaufstunden}}$$

$$= \frac{27.996\text{ €}}{1.800\text{ Std.}} = 15{,}55\text{ €/Std.}$$

Lfd. Nr.	Maschinenabhängige Fertigungsgemeinkosten	€/Jahr
1	kalk. Zinsen	3.000
2	kalk. Abschreibung	12.000
3	Raumkosten	2.400
4	Energiekosten	2.596
5	Instandhaltungskosten	2.000
6	Werkzeugkosten	6.000
	∑	27.996
	Maschinenstundensatz	
	= 27.996 € : 1.800 Std. =	**15,55 €/Std.**

2. Schritt: Kalkulation der Herstellkosten der Fertigung

	Materialeinzelkosten		160,00
+	Materialgemeinkosten	80 %	128,00
=	**Materialkosten**		**288,00**
	Fertigungslöhne		40,00
+	Restgemeinkosten	60 %	24,00
=	Maschinenkosten	86 min • 15,55 €/Std. : 60 min	22,29
=	**Fertigungskosten**		**86,29**
	Herstellkosten der Fertigung		**374,29**

Im vorliegenden Fall gilt:

Herstellkosten der Fertigung/Erzeugung = Herstellkosten des Umsatzes

08. Wie wird der Minutensatz bei der Kalkulation mit Maschinenstundensätzen ermittelt?

Der Maschinenstundensatz bezieht sich auf 60 Minuten. Der Minutensatz der Maschinenkosten ist:

$$\text{Minutensatz} = \frac{\text{Maschinenstundensatz €/Std.}}{\text{60 min/Std.}}$$

z. B.: = 15,55 : 60 = 0,2592 €/min

Für die auftragsbezogenen Maschinenkosten gilt:

$$\text{Maschinenkosten}_{\text{Auftrag}} = \text{Minutensatz} \cdot \text{Belegungszeit}$$

z. B.: = 0,2592 €/min • 86 min = 22,29 €

5.2.2 Wirtschaftliche Beachtung der Kalkulationsergebnisse

01. Welchen Zweck verfolgt die Vorkalkulation?

Mit der Vorkalkulation findet die Vorausberechnung für ein Angebot oder einen Verkaufspreis statt. Die Berechnung basiert auf Größen wie Materialkosten, Fertigungslöhnen und Gemeinkosten. Eine Vorkalkulation ist entscheidend in der Phase der Auftragsfertigung, bei einer beabsichtigten Aufnahme der Anfertigung eines neuen Produkts und bei Verfahrensänderungen und Investitionsentscheidungen. Die Vorkalkulation bietet letztendlich nur Anhaltswerte, die jedoch möglichst genau berechnet werden sollten.

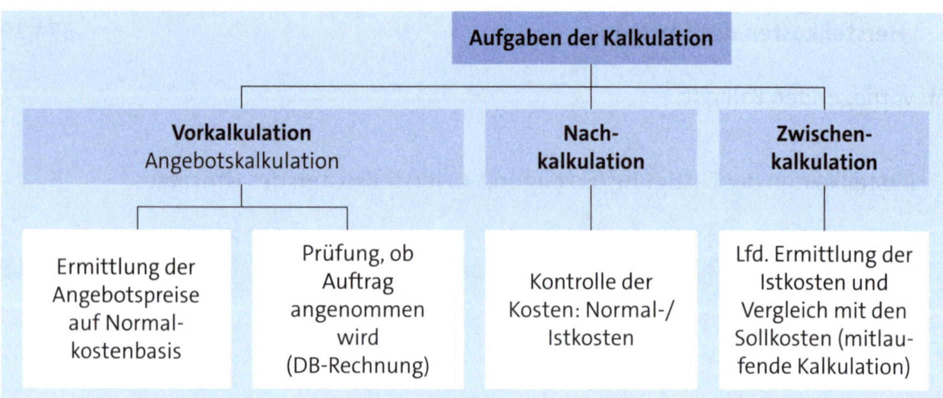

02. Weshalb ist es sinnvoll eine Zwischenkalkulation durchzuführen?

Während der Ausführung eines Auftrags, insbesondere bei Aufträgen, die sich über längere Zeiträume erstrecken und auch während eines Produktionsprozesses können Zwischenkalkulationen (Mitkalkulationen) sinnvoll sein. Sie lassen erkennen, ob es Abweichungen von den in der Vorkalkulation berechneten Werten gibt. Gegebenenfalls kann mithilfe der Zwischenkalkulationen derartigen Abweichungen rechtzeitig entgegengesteuert werden.

03. Weshalb ist die Nachkalkulation so wichtig?

Die Nachkalkulation erfolgt erst nach Abschluss eines Auftrags bzw. nach Abschluss eines Produktionsprozesses. Abweichungen zwischen Vor- und Nachkalkulation sind in der Praxis üblich. Im Rahmen eines Controllings ist es wichtig, diese Abweichungen zu analysieren, Gründe aufzudecken und damit eine bessere Basis für kommende Vorkalkulationen zu finden. Mit einer Nachkalkulation können nicht nur die Berechnungen der Vorkalkulation kontrolliert werden. Auch Entscheidungen durch die Unternehmensführung können anhand der Zahlen geprüft und analysiert werden. Zudem stellt sich durch die Nachkalkulation heraus, ob ein Produkt bzw. ein Auftrag einen angemessenen Gewinn erwirtschaftet hat. Mithilfe der Nachkalkulation kann durch den Vergleich der effektiven Kosten mit erzielten Erlösen die genaue Ist-Gewinnspanne benannt werden. Sogenannte Kostentreiber werden erkannt und zukünftige Vorkalkulationen können auf dieser Basis besser durchgeführt werden.

Die Aufgaben der Nachkalkulation sind:

- Kostenermittlung sowie Controlling der Kosten bereits produzierter Güter bzw. fertiggestellter Aufträge
- Kontrolle der Vorkalkulation
- Überprüfung von Entscheidungen der Unternehmensführung
- Prüfung der Ist-Gewinnspanne
- Kontrolle der Wirtschaftlichkeit von Produkten und/oder Dienstleistungen
- Basis für eine möglichst exakte Berechnung bei künftigen Vorkalkulationen.

Für eine möglichst exakte und aussagekräftige Nachkalkulation müssen alle tatsächlich angefallenen Kosten für die Produktherstellung oder zur Ausführung eines Auftrags berücksichtigt werden. Ganz konkret bedeutet dies, dass alle Materialentnahmescheine, Stundenzettel, Gemeinkostenscheine usw. gesammelt und ausgewertet werden müssen. Die daraus hervorgehenden tatsächlichen Kosten können dann mit den Berechnungen der Vorkalkulation verglichen werden.

5.3 Ermitteln von Zielgrößen, insbesondere Betriebsergebnis, Deckungsbeitrag und Kennzahlen

5.3.1 Zielgrößenermittlung und -formulierung

01. In welche Teilgebiete wird das Rechnungswesen gegliedert?

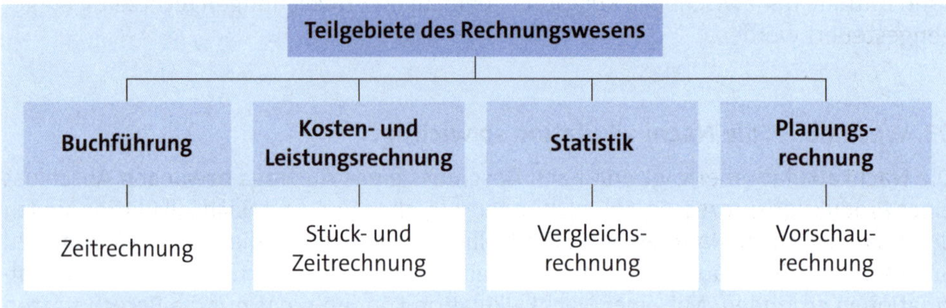

1. **Buchführung:**
   - **Zeitrechnung:**
     Alle Aufwendungen und Erträge sowie alle Bestände der Vermögens- und Kapitalteile werden für eine bestimmte Periode erfasst (Monat, Quartal, Geschäftsjahr).
   - **Dokumentation:**
     Aufzeichnung aller Geschäftsvorfälle nach Belegen; die Buchführung liefert damit das Datenmaterial für die anderen Teilgebiete des Rechnungswesens.
   - **Rechenschaftslegung:**
     Nach Abschluss einer Periode erfolgt innerhalb der Buchführung ein Jahresabschluss (Bilanz und Gewinn- und Verlustrechnung), der die Veränderung des Vermögens und des Kapitals sowie des Unternehmenserfolges darlegt.
2. **Kostenrechnung (auch: Kosten- und Leistungsrechnung, KLR):**
   - **Stück- und Zeitrechnung:**
     Erfasst pro Kostenträger (Stückrechnung) und pro Zeitraum (Zeitrechnung) den Werteverzehr (Kosten) und den Wertezuwachs (Leistungen), der mit der Durchführung der betrieblichen Produktion entstanden ist.
   - **Überwachung der Wirtschaftlichkeit:** Die Gegenüberstellung von Kosten und Leistungen ermöglichkeit die Ermittlung des Betriebsergebnisses und die Beurteilung der Wirtschaftlichkeit.

MERKE

Betriebsergebnis = Leistungen - Kosten

$$\text{Wirtschaftlichkeit} = \frac{\text{Leistungen}}{\text{Kosten}}$$

3. **Statistik:**
   - **Auswertung:**
     Verdichtet Daten der Buchhaltung und der KLR und bereitet diese auf (Diagramme, Kennzahlen).
   - **Vergleichsrechnung:**
     Über Vergleiche mit zurückliegenden Perioden (innerbetrieblicher Zeitvergleich) oder im Vergleich mit anderen Betrieben der Branche (Betriebsvergleich) wird die betriebliche Tätigkeit überwacht (Daten für das Controlling) bzw. es werden Grundlagen für zukünftige Entscheidungen geschaffen.
4. **Planungsrechnung:**
   Aus den Istdaten der Vergangenheit werden Plandaten (Sollwerte) für die Zukunft entwickelt. Diese Plandaten haben Zielcharakter. Aus dem Vergleich der Sollwerte mit den Istwerten der aktuellen Periode können im Wege des Soll-Ist-Vergleichs Rückschlüsse über die Realisierung der Ziele gewonnen werden bzw. es können angemessene Korrekturentscheidungen getroffen werden.

02. Welche Aufgaben hat die Kosten- und Leistungsrechnung (KLR)?

Aus dem Hauptziel der KLR, der periodenbezogenen Ermittlung des Betriebsergebnisses, ergeben sich folgende Aufgaben:

Aufgaben Kosten- und Leistungsrechnung

Kalkulationsaufgaben	Planungsaufgaben	Kontrollaufgaben
► Selbstkosten und Leistungen je Abrechnungsperiode ► Selbstkosten je Einheit (Stückkosten) ► Ermittlung der Verkaufspreise ► Bewertung der unfertigen/fertigen Erzeugnisse (Lagerbestände)	► Grundlage für die Unternehmensplanung (Sollvorgaben) ► Grundlagen der Unternehmensentscheidungen (z. B. Investitionen)	► Kontrolle der Wirtschaftlichkeit (Controlling)

03. Wie wird das Betriebsergebnis ermittelt? → A 2.5.2

- Innerhalb der Buchführung wird das **Gesamtergebnis** ermittelt und in der GuV-Rechnung ausgewiesen (sog. Rechnungskreis I).
- Innerhalb der KLR wird das **Betriebsergebnis** ermittelt (sog. Rechnungskreis II).

- Das Betriebsergebnis unterscheidet sich vom Gesamtergebnis durch:
  - die kalkulatorischen Kosten
  - die neutralen Ergebnisse der Abgrenzungsrechnungen.

→ Bitte wiederholen Sie ggf. die Grundbegriffe der Kostenrechnung unter → A 2.5.2 (Aufwendungen, Kosten, kalkulatorische Kosten usw.).

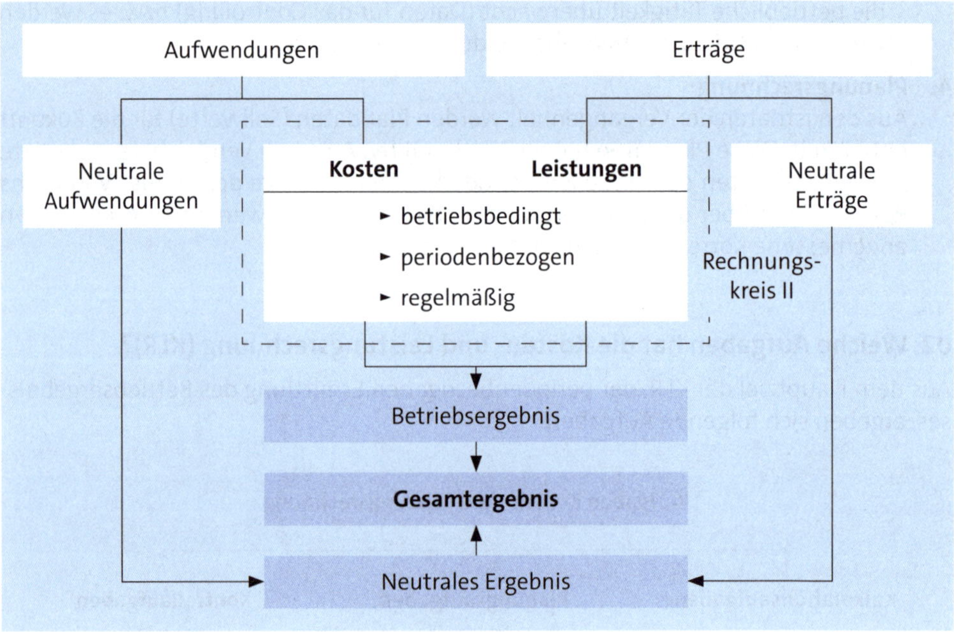

04. Wie ist die Kosten- und Leistungsrechnung strukturiert?

Die Stufen der KLR sind:

Stufen der Kosten- und Leistungsrechnung		
1.	**Welche** Kosten sind entstanden?	**Kostenartenrechnung**
2.	**Wo** sind die Kosten entstanden?	**Kostenstellenrechnung**
3.	**Wer** hat die Kosten zu tragen?	**Kostenträgerrechnung**

05. Welche Systeme der Kostenrechnung gibt es?

- Die **Vollkostenrechnung** verrechnet alle Kosten auf die Kostenträger. Sie kann durchgeführt werden als
  - **Istkosten**rechnung
  - **Normalkosten**rechnung
  - **Plankosten**rechnung.

- Die **Teilkostenrechnung** bezieht nur die variablen Kosten auf die Kostenträger. Sie bedient sich
  - der **Istkosten**
  - der **Plankosten**.

  → Beide Systeme arbeiten mit der Kostenarten-, Kostenstellen- und Kostenträgerrechnung.
- **Istkosten** sind tatsächlich entstandene Kosten (vergangenheitsbezogen). Im einfachen Fall gilt:

  Istkosten = Istmenge • Istpreis
- **Normalkosten** sind Durchschnittswerte der Vergangenheit (der Istkosten); sie dienen der Vorkalkulation.

Beispiel

Eine Komponente wurde viermal pro Jahr beschafft. Nachstehend sind die Preise und Mengen dargestellt:

	1. Beschaffung	2. Beschaffung	3. Beschaffung	4. Beschaffung	Summe
Menge	20	25	30	20	95
Stückpreis (€)	125	130	140	125	
Menge • Stückpreis (€)	2.500	3.250	4.200	2.500	12.450

Der **Normalkostensatz** (= gewogener Durchschnitt) beträgt: 12.450 € : 95 = 131,05 €.

- **Plankosten** werden ermittelt aufgrund der Erfahrungen der Vergangenheit und der Erwartungen an zukünftige Entwicklungen. Es gilt:

  Plankosten = Planmenge • Planpreis

Beispiel

Ein Mitarbeiter erhält zur Zeit ein Gehalt von 4.100 €. Für die Sozialversicherung ist ein Zuschlag von 21,1 % zu berücksichtigen. Die außertarifliche Erhöhung ist mit 4 % geplant.

Das Plangehalt beträgt daher:

Istgehalt • SV-Planzuschlag • Zuschlag/Planerhöhung

= 4.100 € • 1,211 • 1,04 = 5.163,70 €

- **Systeme der Kostenrechnung** im Überblick:

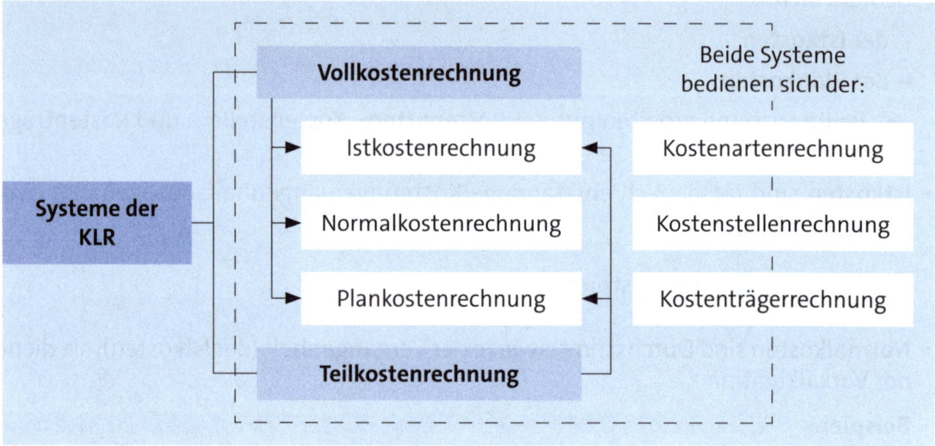

06. Wie ist das System der Vollkostenrechnung weitergehend gegliedert?

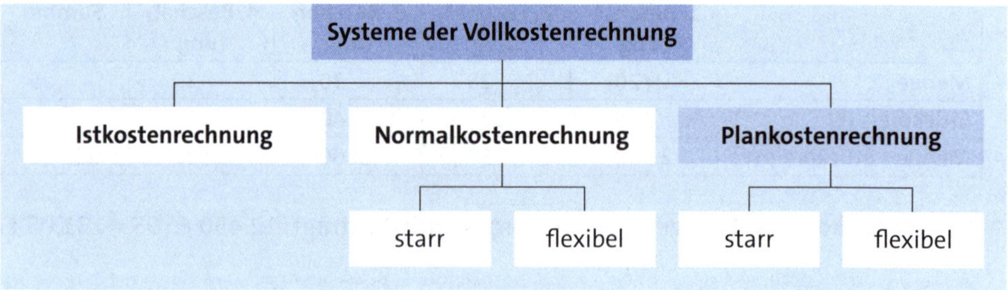

07. Wie ist das Verfahren bei der starren Plankostenrechnung?

- **Merkmale:**
  - Sie führt keine Auflösung der Kosten in fixe und proportionale Bestandteile durch.
  - Die Vorgabe der Kosten (Planwerte) erfolgt primär auf der Basis zukünftiger Entwicklungen (Erwartungen).
- **Vorteile:**
  - Das Verfahren ist relativ einfach.
- **Nachteile:**
  - Der Beschäftigungsgrad wird nicht berücksichtigt.
  - Bei Beschäftigungsschwankungen ist keine exakte Kostenkontrolle möglich.
  - Abweichungen (Soll - Ist) können nur als Ganzes dargestellt werden.

Es gelten bei der starren Plankostenrechnung folgende Beziehungen (Formeln):

Starre Plankostenrechnung (Formeln):

$$\text{Plankosten} = \text{Planmenge} \cdot \text{Planpreis}$$

$$\text{Istkosten} = \text{Istmenge} \cdot \text{Planpreis}$$

$$\text{Plankostenverrechnungssatz} = \frac{\text{Plankosten}}{\text{Planbeschäftigung}}$$

$$\text{Verrechnete Plankosten} = \text{Istbeschäftigung} \cdot \text{Plankostenverrechnungssatz}$$

$$\text{Verrechnete Plankosten} = \text{Beschäftigungsgrad} \cdot \text{Plankosten}$$

$$\text{Beschäftigungsgrad} = \frac{\text{Istbeschäftigung}}{\text{Planbeschäftigung}} \cdot 100$$

$$\text{Abweichung} = \text{Istkosten} - \text{verrechnete Plankosten}$$

ACHTUNG

Die Istkosten der Plankostenrechnung unterscheiden sich von den Istkosten der Istkostenrechnung:

Istkostenrechnung:

$$\text{Istkosten} = \text{Istmenge} \cdot \text{Istpreis}$$

Plankostenrechnung:

$$\text{Istkosten} = \text{Istmenge} \cdot \text{Planpreis}$$

Beispiel

Starre Plankostenrechnung
Für die Kostenstelle 23031 betragen die Plankosten 50.000 € bei einer Planbeschäftigung von 5.000 Stunden. Die Istbeschäftigung lag bei 4.000 Stunden, die Istkosten bei 30.000 €.

1.	Plankostenverrechnungssatz	=	50.000 € : 5.000 Std.	=	10 €/Std.
2.	verrechnete Plankosten	=	4.000 Std. • 10 €/Std.	=	40.000 €
3.	Abweichung	=	30.000 € - 40.000 €	=	-10.000 €

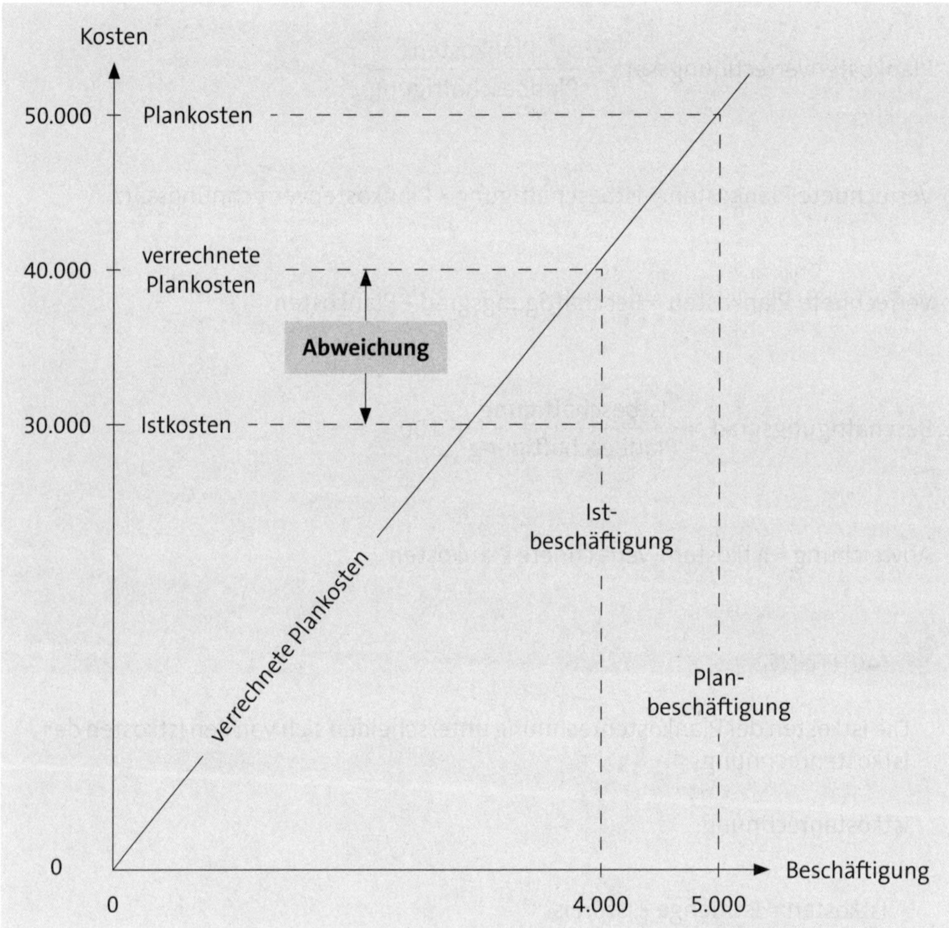

Bei der **flexiblen Plankostenrechnung** erfolgt eine Aufspaltung der Kosten in fixe und variable Bestandteile. Dadurch lässt sich während der laufenden Rechnungsperiode eine Anpassung an die jeweils vorliegende Istbeschäftigung vornehmen.

08. Unter welchen Bedingungen ist der Einsatz der Plankostenrechnung sinnvoll?

- Die **starre Plankostenrechnung** liefert dann gute Ergebnisse, wenn keine oder nur geringe Beschäftigungsschwankungen vorliegen.

  Beispiele: Massenfertigung oder Großserienfertigung
- Die **flexible Plankostenrechnung** liefert dort gute Ergebnisse, wo innerhalb der laufenden Periode Beschäftigungsschwankungen berücksichtigt werden müssen. Voraussetzung ist eine Kostenrechnung, die eine Auslösung der Kosten in fixe und variable Bestandteile durchführt.

Beide Systeme sind nur dann zweckmäßig, wenn aufgrund der Auftragslage stabile Fertigungsstrukturen für mindestens eine Periode die Einrichtung von Plandaten zweckmäßig erscheinen lässt.

Für Betriebe mit Einzel- und Kleinserienfertigung ist die Plankostenrechnung ungeeignet.

09. Wie ist das Verfahren bei der flexiblen Plankostenrechnung?

- **Merkmale:**
  - Sie führt eine Auflösung der Kosten in fixe und proportionale Bestandteile durch.
  - Durch die Einführung der **Sollkosten** lässt sich die Gesamtabweichung differenziert in die Verbrauchsabweichung und die Beschäftigungsabweichung darstellen.
- **Vorteile:**
  - Die Kostenkontrolle ist wirksam – in der Kostenarten- und auch in der Kostenstellenrechnung.
  - Durch die Berücksichtigung von Beschäftigungsschwankungen während der laufenden Periode wird erreicht:
    - Die Genauigkeit der Kalkulation wird verbessert.
    - Die Abweichung kann differenziert als Verbrauchs- und als Beschäftigungsabweichung ermittelt werden.
- **Nachteil:**
  Die fixen Kosten haben die gleichen Bezugsgrößen wie die variablen Kosten („erzwungene Proportionalisierung").
- **Vorgehensweise:**
  1. Errechnung der **Plankosten je Kostenstelle**.
  2. **Aufspaltung der Plankosten** in fixe und variable Bestandteile.

		Kostenart	Erläuterung und Zuordnung
1	**Personalkosten**		
	1.1	Fertigungslöhne	Zeit-/Leistungslöhne; direkte Zuordnung durch Beleg
	1.2	Hilfslöhne	Fertigungshilfslöhne; sonst. Hilfslöhne; Gemeinkosten
	1.3	Gehälter	Angestelltenvergütung; Einzel- oder Gemeinkosten
	1.4	Sozialkosten	AG-Anteile zu RV, AV, PV, KV, UV; freiwillige Leistungen; Einzelkosten → Fertigungslöhne; Gemeinkosten → UV
	1.5	Ausbildungsvergütung	Einzelkosten
2	**Materialkosten**		
	2.1	Fertigungsstoffe	Hauptbestandteil des Produkts; Materialeinzelkosten
	2.2	Hilfs-/Betriebsstoffe	Nebenbestandteil des Produkts; Gemeinkostenmaterial
	2.3	Sonstige Kosten	Beschaffung, Lagerung: als Zuschlag auf Materialeinzelkosten
3	**Betriebsmittelkosten**		
	3.1	Kalkulatorische AfA	Fixe oder proportionale Kosten: Zeitliche oder verbrauchsbedingte AfA
	3.2	Instandhaltung	Großreparaturen: Verteilung über die Planperiode
	3.3	Mieten, Leasing	Fixe Kosten
	3.4	Kalkulatorische Zinsen	Fixe Kosten
4	**Gebäudekosten**		
	4.1	Kalkulatorische AfA	Werden unter der Bezeichnung „Raumkosten" direkt zugeordnet oder als Gemeinkosten umgelegt – je nach betrieblicher Situation; Raumkosten sind fixe Kosten.
	4.2	Instandhaltung	
	4.3	Steuern, Versicherungen	
5	**Energiekosten**		
	5.1	Strom	Bestehen aus fixen und variablen Bestandteilen (z. B. Grundgebühr + Verbrauch); Verbrauch: meist direkte Zuordnung; fixe Bestandteile werden umgelegt aufgrund von Erfahrung.
	5.2	Treibstoffe	
6	**Kapitalkosten**		
	6.1	Kalkulatorische Zinsen	Umlage als Gemeinkosten nach geeignetem Schlüssel; Berechnungsbasis ist das betriebsnotwendige Kapital.
	6.2	Sonstige Kapitalkosten	
7	**Kosten für Fremdleistungen**		
	7.1	Fremdfertigung	Einzel- oder Gemeinkosten – je nach Sachverhalt; überwiegend variable Kosten.
	7.2	Transporte	
	7.3	Bewirtungs-/Reisekosten	
8	**Umlagekosten**		Gemeinkosten, die zusätzlich umgelegt werden müssen, z. B. Kosten der Geschäftsleitung, der Stabsstellen, des Vertriebs, der Verwaltung usw.

Es gelten bei der flexiblen Plankostenrechnung folgende Beziehungen (Formeln):

1.1

$$\text{Proportionaler Plankostenverrechnungssatz} = \frac{\text{Proportionale Plankosten}}{\text{Planbeschäftigung}}$$

1.2

$$\text{Fixer Plankostenverrechnungssatz} = \frac{\text{Fixe Plankosten}}{\text{Planbeschäftigung}}$$

1.3

Plankostenverrechnungssatz (gesamt) bei Planbeschäftigung = Proportionaler Plankostenverrechnungssatz + Fixer Plankostenverrechnungssatz

$$\text{Plankostenverrechnungssatz (gesamt) bei Planbeschäftigung} = \frac{\text{Plankosten}}{\text{Planbeschäftigung}}$$

2.

Verrechnete Plankosten = Istbeschäftigung • Plankostenverrechnungssatz

Verrechnete Plankosten = Plankosten • Beschäftigungsgrad

3.

Sollkosten = Fixe Plankosten + Proportionaler Plankostenverrechnungssatz • Istbeschäftigung

Sollkosten = Fixe Plankosten + Proportionale Plankosten • Beschäftigungsgrad

4.

Beschäftigungsabweichung (BA)
Abweichung, die auf einer Beschäftigungsänderung basiert = Sollkosten - Verrechnete Plankosten[1]

5.

Verbrauchsabweichung (VA)
Abweichung, die **nicht** auf einer Beschäftigungsänderung basiert = Istkosten - Sollkosten[1]

Verbrauchsabweichung (VA)
Abweichung, die **nicht** auf einer Beschäftigungsänderung basiert = (Istverbrauch • Planpreis) - (Sollverbrauch • Planpreis)

[1] Die Definition der BA und der VA sind in der Literatur nicht einheitlich; ebenso: vgl. *Olfert, 2013, S. 245* sowie *Däumler/Grabe, 2013, S. 31, 321*; anders: *Schmolke/Deitermann, 2017, S. 485* (hier wird allerdings das Vorzeichen in Klammern gesetzt). **Merke:** Entscheidend ist nicht das Vorzeichen der Abweichung, sondern die richtige Interpretation.

6.

$$\text{Gesamtabweichung (GA)} = \text{Istkosten - Verrechnete Plankosten}$$

$$\text{Gesamtabweichung (GA)} = \text{Verbrauchsabweichung} + \text{Beschäftigungsabweichung}$$

Beispiel

Flexible Plankostenrechnung
Für die Kostenstelle 23031 existieren nach Ablauf einer Periode folgende Werte:

Kostenstelle: 23031		**Monat: ...**		
		Gesamt	**Fixe Kosten**	**Proportionale Kosten**
Plan	Plankosten (in €)	300.000	100.000	200.000
	Planbeschäftigung (in Std.)	10.000	–	–
Ist	Istkosten	250.000	–	–
	Istbeschäftigung	9.000	–	–

Flexible Plankostenrechnung (Beispiel)

1.1

$$\text{Proportionaler Plankostenverrechnungssatz} = \frac{\text{Proportionale Plankosten}}{\text{Planbeschäftigung}}$$

$$= \frac{200.000\ €}{10.000\ \text{Std.}} = 20\ €/\text{Std.}$$

1.2

$$\text{Fixer Plankostenverrechnungssatz} = \frac{\text{Fixe Plankosten}}{\text{Planbeschäftigung}}$$

$$= \frac{100.000\ €}{10.000\ \text{Std.}} = 10\ €/\text{Std.}$$

1.3

$$\text{Plankostenverrechnungssatz} = \text{Proportionaler Plankostenverrechnungssatz} + \text{Fixer Plankostenverrechnungssatz}$$

$$= 20\ €/\text{Std.} + 10\ €/\text{Std.} = 30\ €/\text{Std.}$$

$$\text{Plankostenverrechnungssatz} = \frac{\text{Plankosten}}{\text{Planbeschäftigung}}$$

$$= \frac{300.000\ €}{10.000\ \text{Std.}} = 30\ €/\text{Std.}$$

2.

Verrechnete Plankosten = Istbeschäftigung • Plankostenverrechnungssatz

= 9.000 Std. • 30 €/Std. = 270.000 €

Verrechnete Plankosten = Plankosten • Beschäftigungsgrad

$$= \frac{300.000\ € \cdot 90}{100} = 270.000\ €$$

3.

Sollkosten = Fixe Plankosten + Proportionaler Plankostenverrechnungssatz • Istbeschäftigung

= 100.000 + 20 €/Std. • 9.000 Std. = 280.000 €

Sollkosten = Fixe Plankosten + Proportionale Plankosten • Beschäftigungsgrad

$$= \frac{100.000 + 200.000 \cdot 90}{100} = 280.000\ €$$

4.

Beschäftigungsabweichung (BA) = Sollkosten - Verrechnete Plankosten

= 280.000 € - 270.000 € = 10.000 €

5.

Verbrauchsabweichung (VA) = Istkosten - Sollkosten

= 250.000 € - 280.000 € = - 30.000 €

6.

Gesamtabweichung (GA) = Istkosten - Verrechnete Plankosten

= 250.000 € - 270.000 € = - 20.000 €

Gesamtabweichung (GA) = Verbrauchsabweichung + Beschäftigungsabweichung

= - 30.000 € + 10.000 € = - 20.000

Analyse:

1. **Beschäftigungsabweichung:**
   Bei einem Beschäftigungsgrad von 90 % betragen die variablen Plankosten 180.000 € und es hätten 100.000 € fixe Kosten berücksichtigt werden müssen. Tatsächlich wurden verrechnet: 180.000 € variable Kosten (200.000 • 90 %) und (nur) 90.000 fixe Kosten (100.000 • 90 %), sodass 10.000 € fixe Kosten zu wenig verrechnet wurden.
2. **Verbrauchsabweichung** = -30.000 €, d. h. es wurden 30.000 € weniger Kosten verbraucht.

Die Abbildung zeigt die grafische Lösung des Beispiels:

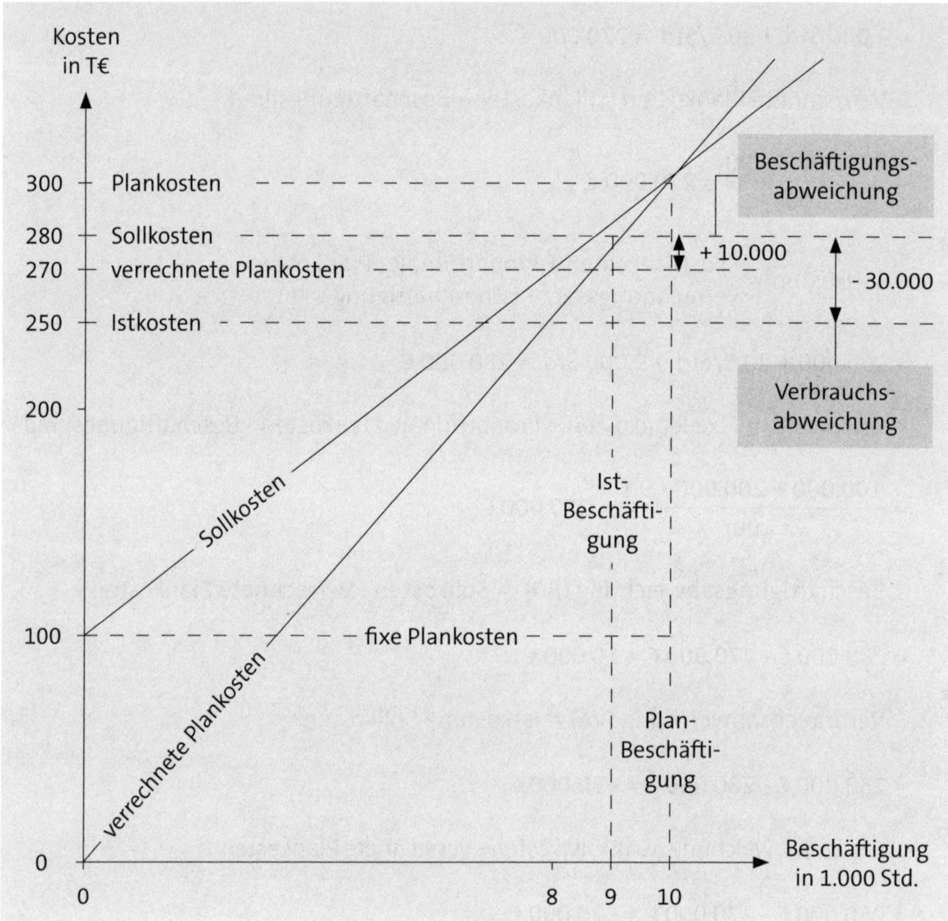

Generell gilt:

1. **Istbeschäftigung = Planbeschäftigung:** Verrechnete Plankosten = Sollkosten; → Schnittpunkt der Sollkostenfunktion mit der Funktion der verrechneten Plankosten.
2. **Istbeschäftigung < Planbeschäftigung:** Plankosten < Sollkosten; ein Teil der fixen Kosten wird nicht verrechnet.
3. **Istbeschäftigung > Planbeschäftigung:** Plankosten > Sollkosten; es werden mehr fixe Kosten verrechnet als nach Plan anfallen sollen.

10. Welche betrieblichen Funktionen (Funktionsbereiche) werden unterschieden? → A 2.1.2

Der in der Betriebswirtschaftslehre verwendete Begriff „Funktion" bezeichnet **die Betätigungsweise und die Leistung von Organen/Bereichen/Teilbereichen** eines Unternehmens. Man unterscheidet im Wesentlichen folgende Hauptfunktionen:

- Leitung (= Management, Unternehmensführung)
- Beschaffung (Logistik)
- Materialwirtschaft
- Produktions- bzw. Fertigungswirtschaft
- Forschung und Entwicklung
- Absatzwirtschaft
- Transport (Logistik)
- Personalwirtschaft
- Finanzwirtschaft
- Informationswirtschaft.

11. Wie erfolgt die Gliederung der Kostenbereiche nach Funktionen?

Die einfachste Form der Aufteilung der Kostenbereiche ist die Gliederung des Gesamtbetriebes in **vier Kostenbereiche**, die sich aus den Funktionen des Betriebes ableitet:

Kostenbereiche nach Funktionen:

1. Materialbereich
2. Fertigungsbereich
3. Verwaltungsbereich
4. Vertriebsbereich.

Für kleine Betriebe genügt i. d. R. eine Kostenstelle je Kostenbereich. In größeren Betrieben erfolgt eine weitere Aufteilung in mehrere Kostenstellen – hierarchisch gegliedert – z. B. nach

- Abteilungen
- Gruppen
- einheitlichen Tätigkeitsfeldern (Funktionsfelder).

Neben der Funktionsorientierung kann eine Berücksichtigung interner, räumlicher Gegebenheiten oder objektbezogener Gliederungsmerkmale erforderlich sein, z. B. Werk 1, Werk 2 bzw. Fertigung Produkt 1/2 bzw. Fertigung Ersatzteile usw.

12. Was sind funktionsfeldbezogene Kosten?

Es sind die Einzel- und Gemeinkosten, die von einem Funktionsfeld direkt und indirekt verursacht und verantwortet werden müssen.

Die Bildung von Funktionsfeldern/Kostenstellen hängt von der Größe des Betriebes, seinem Fertigungsprogramm und der notwendigen Genauigkeit der Kostenrechnung ab. In der Regel ist **ein Funktionsfeld ein einheitliches Tätigkeitsfeld**, z. B. Montage (bzw. Montage 1, Montage 2), Vorrichtungsbau, Gießerei, Schweißerei, Lackiererei, Blechfertigung u. Ä.

13. Welche Stufen sind beim Aufbau der Plankostenrechnung erforderlich?

Der **Aufbau einer Plankostenrechnung** umfasst:

- Die **Kostenartenrechnung:**
  Planung der Kostenarten: Erfassung aller zu erwartenden Kosten in der Planperiode (z. B. für das kommende Geschäftsjahr).
- Die **Kostenstellenrechnung:**
  Zuordnung der zukünftig anfallenden Kosten auf die Kostenstellen (Festlegung der Plankosten je Kostenart und Kostenstelle).
- **Soll-Ist-Vergleich:**
  Gegenüberstellung geplanter und tatsächlich entstandener Kosten als Hauptziel der Plankostenrechnung.
- **Kostenträgerrechnung:**
  Durchführung der Kostenträgerzeitraumrechnung bzw. der Kostenträgerstückrechnung auf der Basis von Plankosten; Ermittlung der Abweichungen bei einem Kostenträger je Periode bzw. Vergleich der Plankalkulation (auf Basis von Plankosten) mit der Nachkalkulation (auf Basis tatsächlich entstandener Istkosten).

14. Welche Kosten sind für die zukünftige Periode zu planen?

Die Struktur der funktionsfeldbezogenen Plankosten ist unterschiedlich – je nach Betriebsgröße und -art; die nachfolgende Abbildung enthält ein Beispiel zur Gliederung der wichtigsten Plankosten einer Kostenstelle. Dabei werden die einzelnen Kostenarten kurz erläutert (siehe Abbildung nächste Seite).

15. Wie werden die Kostenarten im Rahmen der Plankostenrechnung erfasst bzw. berechnet? → A 2.5.5

Im Folgenden werden die wichtigsten Methoden der Kostenerfassung im Rahmen der Plankostenrechnung dargestellt.

1. **Personalkosten:**
   Personalkosten sind alle Kosten, die durch den Einsatz von Arbeitnehmern entstehen. Der kalkulatorische Unternehmerlohn gehört nicht dazu. Personalkosten lassen sich folgendermaßen aufteilen:

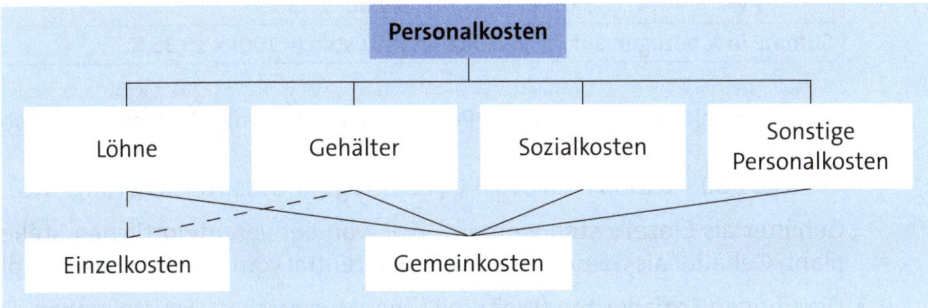

Ermittlung der **Arbeitszeit:**
Zentraler Bestandteil ist die Planung der Arbeitszeit für die zukünftige Periode. Im Ein-Schicht-Modell wird z. B. die **Standard-Arbeitszeit** ermittelt, indem die jährlichen Arbeitstage (mithilfe eines Planungskalenders für die Planperiode) durch 12 dividiert werden:

z. B.: $\frac{240 \text{ Arbeitstage}}{12} = 20 \text{ Arbeitstage/Standardmonat}$

1.1 **Gehälter** sind Einzel- oder Gemeinkosten (Einzelkosten, wenn die Mitarbeiter ausschließlich für ein Produkt tätig sind, ansonsten Gemeinkosten); es sind die Plangehälter für die Planungsperiode zu bestimmen; dabei sind zu erwartende Gehaltsanpassungen (tariflich/betrieblich) sowie die voraussichtlichen Sätze der Sozialversicherungsbeiträge zu planen:

z. B.:

$$\text{Istgehalt}_n + \text{betriebliche Anpassung} + \text{tarifliche Anpassung} = \text{Plangehalt}_{n+1}$$

3.000 + 3 % aufgrund Umgruppierung + 2 % Tariferhöhung = Plangehalt_{n+1}

3.000 + 90[1]+ 61,80 = 3.151,80 €

1 Zum Beispiel Umgruppierung von E7 mit 2 Jahren in der Gruppe nach E7 mit 4 Jahren in der Gruppe/Tarifvertrag der chemischen Industrie.

Bei Gehältern als Einzelkosten werden die gesetzlichen SV-Beiträge (Arbeitgeberanteile) direkt addiert – unter Beachtung der in der Planungsperiode geltenden, gesetzlichen Beiträge (vgl. dazu ausführlich: → A 3.3.5):

z. B.:

	Istjahr	Planungsjahr (AG-Anteil)
KV	14,6 %	Anstieg auf 7,3 % (+ ggf. Zusatzbeitrag)
RV	18,6 %	Anstieg auf 9,3 %
AV	2,4 %	Senkung auf 1,20 %
PV	3,05 %	Anstieg auf 1,53 %
Summe in % bezogen auf die Personalgrundkosten (= 100) = 19,33 %		

→ Plangehalt • Faktor (direkte Personalzusatzkosten) = Bruttogehaltskosten

3.151,80 • 1,1933 = 3.761,04 € (+ Beitrag zur Unfallversicherung - BG)

Gehälter als Einzelkosten werden i. d. R. von der verantwortlichen Stelle geplant; Gehälter als Gemeinkosten werden zentral vom Personalwesen geplant.

1.2 Die übrigen **Sozialkosten** (Weiterbildung, Mutterschaft, Freistellungen, Feiertage, freiwillige Sozialleistungen usw.) werden aufgrund von Erfahrungssätzen als Gemeinkosten geplant und betragen in Deutschland ca. 60 % (bezogen auf die Grundkosten) je nach Betriebsgröße und der Sozialpolitik des Unternehmens, d. h. insgesamt beträgt der Zuschlag der Personalzusatzkosten in der BRD rd. 80 %.

1.3 ► **Fertigungslöhne** sind Einzelkosten und werden direkt zugerechnet:

Zeitlohn = Plan-Lohnsatz je Zeiteinheit • Anzahl der Plan-Zeiteinheiten

z. B.:

= 18 • 7,5 • 22,20 Arbeitstage • 13,5 Monate • 1,1933

= 48.280,32 € Jahres-Bruttoarbeitslohnkosten

► **Leistungslöhne** werden von der verantwortlichen Kostenstelle geplant unter Berücksichtigung der Planungsvorgaben (Absatzplan, Fertigungsplan, Personalbedarfsplan, Lohnart: Akkord-/Prämienlohn, Zuschläge usw.).

2. **Materialkosten:**

2.1 **Materialeinzelkosten** werden auf der Basis des Mengengerüstes aus den Stücklisten und den Planpreisen (oder innerbetrieblichen Verrechnungspreisen) berechnet:

Plan-Materialeinzelkosten = $\text{Materialmenge}_{\text{Plan}}$ in Einheiten • $\text{Preis}_{\text{Plan}}$ je Einheit

2.2 **Gemeinkostenmaterial** wie Hilfs- und Betriebsstoffe sowie **Materialgemeinkosten** (Beschaffungskosten, Lagerkosten) werden als Zuschlag auf die geplanten Materialeinzelkosten berechnet.

3. **Betriebsmittelkosten:**

3.1 **Kalkulatorische Abschreibungen** sind fixer Natur bei einem Werteverzehr nach Zeiteinheiten (Zeitverschleiß); sie sind proportional bei einem Werteverzehr nach Gebrauchseinheiten (Gebrauchsverschleiß).

Die Abschreibungsmethode ist so zu wählen, dass am Nutzungsende ausreichend Abschreibungsgegenwerte vorhanden sind, um die Ersatzinvestition zu tätigen; zu den Abschreibungsmethoden (lineare Abschreibung, Leistungsabschreibung) vgl. ausführlich unter → A 2.1.5; es gilt:

$$\text{AfA-Betrag} = \frac{\text{Bezugswert}^{1,2}}{\text{Nutzungsdauer in Jahren}}$$ „Zeitverschleiß“

$$\text{AfA-Betrag} = \frac{\text{Bezugswert}^{1} \cdot \text{Jahresleistung}}{\text{Geschätzte Gesamtleistung}}$$ „Gebrauchsverschleiß“

3.2 **Instandhaltungskosten:**

- **Kleinreparaturen** werden von der Maschinenbedienung meist selbst vorgenommen und gehen als Hilfslöhne in die Planung ein.
- **Großreparaturen** werden gesondert geplant und auf die Nutzungsdauer des Betriebsmittels verteilt.
- Das Mengengerüst für **Wartungs- und Inspektionsarbeiten** wird den Hinweisen des Herstellers entnommen bzw. den betriebsinternen Plänen; bei Durchführung mit eigenem Personal erfolgt eine Bewertung mit Planstundensätzen. Bei Ausführung durch Fremdpersonal wird mit den vertraglichen Konditionen der Fremdfirma geplant.

3.3 **Kalkulatorische Zinsen** (für Betriebsmittel; abnutzbares Anlagevermögen): Für die Kapitalbindung der Betriebsmittel wird eine Durschnittsverzinsung angesetzt, d. h. der Anschaffungswert (AW) wird mit dem halben Wert und dem aktuellen Marktzins für Kapitalanlagen pro Jahr verzinst; ggf. muss ein vorhandener Restwert (RW) addiert werden:

$$\text{kalkulatorische Zinsen} = \frac{AW + RW}{2} \cdot \frac{i}{100}$$

$$\text{z. B.} = \frac{100.000}{2} \cdot \frac{6}{100} = 3.000 \text{ € pro Jahr}$$

---

[1] Als **Bezugswert** werden verwendet:

1. Nettoanschaffungs- bzw. Nettoherstellungskosten (inkl. Beschaffungs- und sonstigen Nebenkosten)
2. Wiederbeschaffungskosten, netto (= Nettoanschaffungskosten • Preismultiplikator); **Beispiel:** Der Anschaffungswert von 10.000 € (netto) unterliegt einer jährlichen Kostensteigerung von 2 % bezogen auf das Vorjahr; daraus ergibt sich ein Wiederbeschaffungswert 10.000 € • 1,21899 = 12.189,9 € (vgl. Finanzmathematische Tabellen).

[2] Es sind die **Abschreibungstabellen** des Bundesfinanzministeriums zu berücksichtigen (AV-Tabellen).

4. **Gebäudekosten:**
   Gebäudekosten umfassen u. a. Instandhaltungskosten, kalkulatorische Abschreibung, Gebäudereinigung und sind fixe Kosten. Sie werden als „Raumkosten" entsprechend der genutzten Fläche über einen Plankostenverrechnungssatz (PKV; auch: Raumkosten-Deckungssatz) geplant:

   z. B.:
   Gebäudefläche aller Kostenstellen = 80.200 m^2
   Summe aller Gebäudekosten p. a. = 196.000 €

   $$\rightarrow \text{PKV} = \frac{196.000}{80.200} = 2{,}444\ €/\text{m}^2/\text{Jahr}$$

   Analog gilt dies für die Verwendung einer kalkulatorischen Miete pro m^2:

   $$\text{Raumkosten der Kostenstelle p. a.} = \text{Flächennutzung in m}^2 \cdot \text{kalkulatorische Miete/m}^2 \cdot 12$$

   z. B.:
   $= 200\ \text{m}^2 \cdot 6\ €/\text{m}^2 \cdot 12 = 14.400\ €$ p. a.

5. **Energiekosten:**
   Die Energiekosten sind ihrer Natur nach Mischkosten (Grundgebühr = fixe Kosten; Verbrauchskosten = variable Kosten). Die kostenstellenweise Erfassung der Energiekosten ist in der Praxis oft schwer bzw. teuer (Vielzahl an Messeinrichtungen). Daher werden die Energiekosten oft geplant aufgrund von Erfahrungswerten der Vergangenheit und über geeignete Verteilungsschlüssel den Kostenstellen zugerechnet. Ist eine Einzelberechnung pro Kostenstelle möglich, erfolgt die Berechnung in der Form:

   $$\text{Energiekosten} = \text{Planverbrauch (kWh)} \cdot \text{Arbeitspreis (€/kWh)} + \text{ant. Grundkosten}$$

Die Gliederungstiefe der Organisationsstruktur bzw. der Kostenstellenstruktur hängt von der Größe des Unternehmens und dem notwendigen Genauigkeitsgrad der Kostenstellenrechnung ab. Denkbar ist z. B. eine Struktur der Kostenstellengliederung in folgender Tiefe bei großen Unternehmen:

<table>
<tr><th colspan="4">Funktionsfeld (Fertigung)</th></tr>
<tr><td colspan="3">Teilfunktion 1 (Fertigung 1)</td><td>Teilfunktion 2 (Fertigung 2)</td></tr>
<tr><td colspan="2">Gruppe 1
Blechbearbeitung</td><td>Gruppe 2
Lackieranlage</td><td></td></tr>
<tr><td>Arbeitsplatz 1
Zuschneiden</td><td>Arbeitsplatz 2
Formen</td><td></td><td></td></tr>
</table>

16. Welche Prinzipien gelten bei der Bildung von Kostenstellen?

Die Kostenstellenrechnung muss ihrer besonderen Kontrollfunktion gerecht werden: Die Kostenabweichungen müssen dort ermittelt werden, wo sie tatsächlich entstehen. Aus diesem Grunde müssen **drei Prinzipien bei der Bildung von Kostenstellen** eingehalten werden:

1. Es müssen genaue Maßstäbe als **Bezugsgröße** zur Kostenverursachung festgelegt werden. Als Bezugsgrößen kommen z. B. infrage: Der Fertigungslohn, die Fertigungszeit, die Erzeugniseinheit. Die Bezugsgröße sollte zur Leistung der Kostenstelle proportional sein.
2. Jede Kostenstelle ist ein **eigenständiger Verantwortungsbereich**.
3. Kostenbelege müssen je Kostenstelle **problemlos gebucht** werden können.

17. Welche Kostenbereiche werden im Betriebsabrechnungsbogen gebildet?

Meist werden folgende Kostenbereiche im Betriebsabrechnungsbogen eines Industrieunternehmens gebildet:

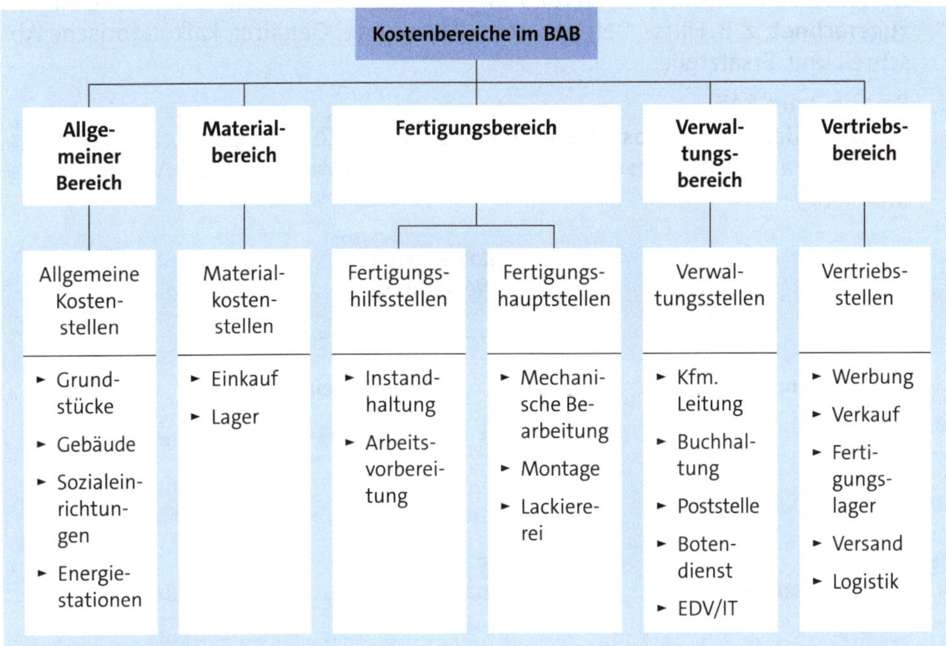

- **Allgemeiner Bereich:**
  Er enthält die Kostenstellen, die keiner der vier Funktionen (Material, Fertigung, Verwaltung, Vertrieb) zugeordnet werden können.
- **Hauptkostenstellen:**
  Hier wird direkt an der Produktherstellung gearbeitet.

- **Unterkostenstellen:**
  Sie werden in großen Betrieben gebildet und sind eine weitere Unterteilung von Hauptkostenstellen.
- **Hilfskostenstellen:**
  Sie leisten nur einen mittelbaren Beitrag zur Produktion und dienen z. B. der Vorbereitung und Aufrechterhaltung der Fertigung.
- Gelegentlich werden **Nebenkostenstellen** geführt:
  Sie erfassen z. B. Kosten von Neben-/Ergänzungsprodukten, z. B.: Abfallverwertung; Wäscherei in einem Waschmittelwerk; Verkauf von Sägespänen bei der Holzverarbeitung.

18. Wie erfolgt die Verrechnung der Kostenarten auf die Kostenstellen im Betriebsabrechnungsbogen (BAB)?

A. **Einzelkosten** aus der Kostenartenrechnung **werden direkt dem Kostenträger zugerechnet**; sie müssen nicht im BAB aufgeführt sein. Achtung: Häufig werden die Einzelkosten trotzdem zu Informationszwecken in den BAB übernommen, da sie Basis für die Berechnung der Gemeinkostenzuschläge sind.

B. Bereich 1 des BAB:
Kostenstellen-Einzelkosten werden aufgrund von Belegen **den Kostenstellen direkt zugerechnet**, z. B. Hilfs-, Betriebsstoffe, Hilfslöhne, Gehälter, kalkulatorische Abschreibung, Ersatzteile.

C. Bereich 2 des BAB:
Kostenstellen-Gemeinkosten werden nach verursachungsgerechten **Verteilungsschlüsseln** auf die Kostenstellen **umgelegt**, z. B. Raumkosten, Steuer, Versicherungsprämien.

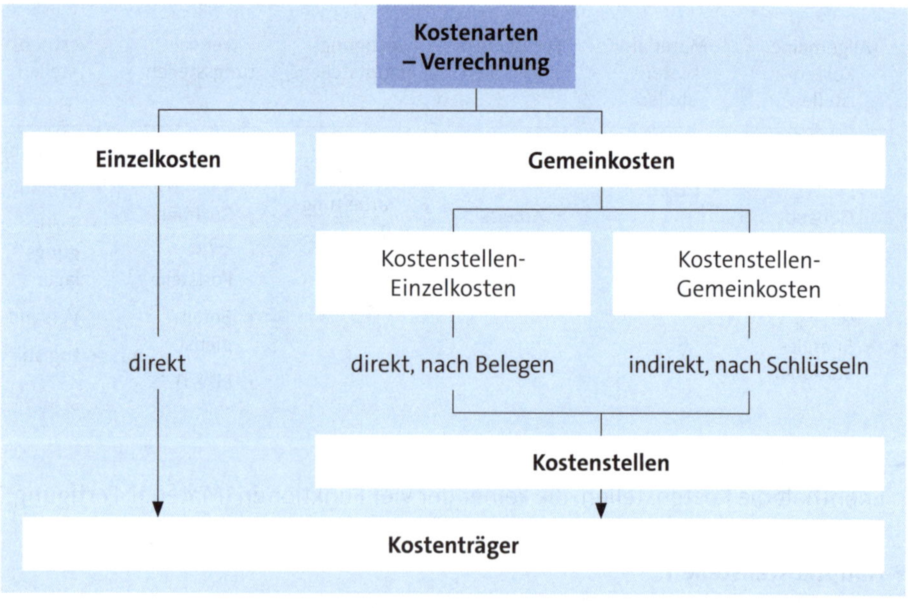

Die Reihenfolge der Verrechnung nach dem Stufenleitersystem (auch Treppenverfahren) ist dabei zu beachten:

1. Umlage der Allgemeinen Kostenstelle auf die Hilfs- und Hauptkostenstellen
2. Umlage der Hilfskostenstellen (= Vorkostenstellen) auf die Hauptkostenstellen
3. Es werden die Summen der Hauptkostenstellen (= Stellenendkosten) ermittelt.

D. **Bereich 3 des BAB:**
Durch Gegenüberstellung der Einzelkosten und der Summe der Gemeinkosten je Kostenstelle werden die **Zuschlagssätze** für die Kostenträgerrechnung ermittelt.

z. B.

$$\text{Materialgemeinkostenzuschlag} = \frac{\text{Materialgemeinkosten}}{\text{Materialeinzelkosten}} \cdot 100$$

<table>
<tr><td rowspan="2"></td><td colspan="6">Kostenstellen</td></tr>
<tr><td>Allgemeiner Bereich</td><td>Material-bereich</td><td colspan="2">Fertigungsbereich</td><td>Verwaltungs-bereich</td><td>Vertriebs-bereich</td></tr>
<tr><td>Kostenarten</td><td>Allgemeine Kostenstellen</td><td>Material-kostenstellen</td><td>Fertigungs-hilfsstellen</td><td>Fertigungs-hauptstellen</td><td>Verwaltungs-stellen</td><td>Vertriebs-stellen</td></tr>
<tr><td>Verrechnung der Kostenstellen-Einzelkosten</td><td colspan="6">Bereich 1 des BAB: Verrechnung nach Belegen</td></tr>
<tr><td>Verrechnung der Kostenstellen-Gemeinkosten</td><td colspan="6">Bereich 2 des BAB: Verrechnung nach Verteilungsschlüsseln</td></tr>
<tr><td>Summe der Hauptkosten-stellen</td><td></td><td>...</td><td>...</td><td>...</td><td>...</td><td>...</td></tr>
<tr><td rowspan="2"></td><td colspan="6">Bereich 3 des BAB: Ermittlung der Zuschlagssätze für die Erzeugniskosten</td></tr>
<tr><td></td><td>$\frac{MGK}{MEK} \cdot 100$</td><td colspan="2">$\frac{FGK}{FEK} \cdot 100$</td><td>$\frac{VwGK}{HKU} \cdot 100$</td><td>$\frac{VtrGK}{HKU} \cdot 100$</td></tr>
</table>

19. Welche Erfassungsgrundlagen bzw. Verteilungsschlüssel sind für die Verrechnung der Gemeinkosten auf die Kostenstellen geeignet?

Ausgewählte Beispiele:

Gemeinkosten	Verrechnung		Verrechnungsgrundlage – Beispiele
	direkt	indirekt	
Hilfslöhne	x		Lohnbelege, -listen
Gehälter	x		Gehaltslisten
Hilfsstoffe	x		Entnahmescheine
Betriebsstoffe	x		Entnahmescheine
Fremdleistungen	x		Eingangsrechnungen
Kalkulatorische Abschreibungen	x		Anlagenkartei/-datei
Kalkulatorische Zinsen (Betriebsmittel)	x		Anschaffungswerte, Kapitalbindung
Raumkosten, Mieten		x	Flächennutzung in m^2
Gesetzliche Sozialleistungen	x		Lohn-/Gehaltslisten
Freiwillige Sozialleistungen		x	Anzahl der Mitarbeiter je Kostenstelle
Heizung		x	Raumgröße in m^3
Elektrische Energie		x	Anzahl der Verbraucher/Verbrauch je kWh
Sachversicherungen		x	Anlagendatei, Anlagenwerte
Steuern		x	Kapitalbindung

20. Was ist der Soll-Ist-Vergleich?

Der Soll-Ist-Vergleich ist der Hauptzweck der Plankostenrechnung: Den geplanten Kosten werden die tatsächlich entstandenen Kosten gegenübergestellt. In der Praxis wird der Kostenstellenverantwortliche einen monatlichen Report erhalten, der die Istkosten und die Sollkosten – einzeln je Monat und meist auch aktuell aufgelaufen – enthält. In der Praxis wird der Soll-Ist-Vergleich nicht nur in absoluten Werten, sondern auch in Prozentwerten ausgewiesen. In größeren Betrieben besteht für den Kostenstellenverantwortlichen eine interne Vorgabe, Abweichungen, die einen bestimmten Prozent-Wert überschreiten, schriftlich zu kommentieren, z. B. Abweichung > 5 %.

MERKE

Der Vorgesetzte hat Kostenabweichungen seiner Kostenstelle zu verantworten!

Eine Ausnahme bilden die Abweichungen, die durch Fehlplanungen oder durch nicht planbare Ereignisse aufgetreten sind.

MERKE

Abweichung absolut = Ist - Soll

→ Ist - Soll > 0 Kostenüberschreitung!

→ Ist - Soll ≤ 0 Kostenunterschreitung bzw. Einhaltung der Kostenvorgabe!

$$\text{Abweichung in \%} = \frac{\text{Ist - Soll}}{\text{Soll}} \cdot 100$$

21. Welche Abweichungen werden unterschieden?

Abweichungen

Preisabweichung (PA)	**Verbrauchsabweichung (VA)**	**Beschäftigungs-abweichung (BA)**
	Materialab-weichung | Lohnab-weichung	
Istmenge • **Istpreis** - Istmenge • **Planpreis**	Istkosten - Sollkosten Dabei gilt: Istkosten = Istmenge • Planpreis	Sollkosten - Verrechnete Plankosten

- Die **Preisabweichung** (PA) ergibt sich als Differenz zwischen Sollkosten und Istkosten; die Differenz ergibt sich aus der Unterschiedlichkeit von Planpreis und Istpreis. Es gilt:

  Es gilt:

  PA > 0 → Es sind Mehrkosten entstanden!

  PA < 0 → Es wurden zu hohe Kosten verrechnet!

Beispiel

PA = Istmenge • Istpreis - Istmenge • Planpreis

= 1.000 • 10 - 1.000 • 12 = - 2.000

Es sind Mehrkosten von 2.000 € entstanden aufgrund des Unterschiedes von Plan- und Istpreis.

- Die **Verbrauchsabweichung** (VA) ergibt sich als Differenz von Istkosten und Sollkosten innerhalb der flexiblen Plankostenrechnung.

  VA > 0 → Istkosten > Sollkosten:
  Verbrauch ist höher als geplant!

  VA < 0 → Istkosten < Sollkosten:
  Verbrauch ist niedriger als geplant!

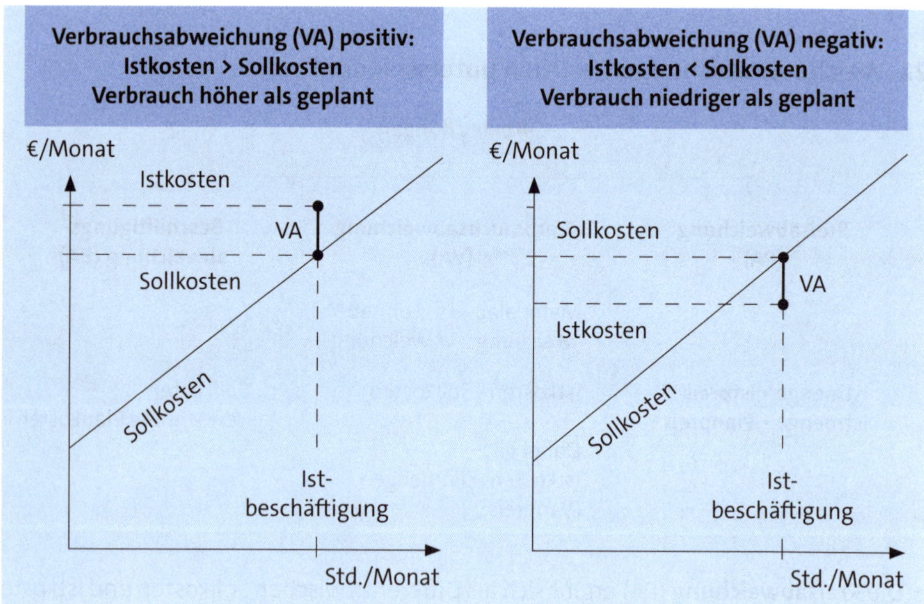

Das Problem besteht darin, dass vor der Ermittlung der VA die anderen Abweichungen bekannt sein müssen. Die VA ist somit eine Restgröße, die sich aus der Gesamtabweichung minus Preis-, Beschäftigungs- und ggf. Verfahrensabweichung[1] ergibt. Die VA kann weiter gegliedert werden in Material- und Lohnabweichungen.

- Die **Beschäftigungsabweichung** (BA) ist die Differenz zwischen Sollkosten und verrechneten Plankosten innerhalb der flexiblen Plankostenrechnung.

[1] Auf die Verfahrensabweichung im Rahmen der mehrfach flexiblen Plankostenrechnung wird hier nicht eingegangen.

Die BA ist im Grunde genommen keine echte Kostenabweichung, sondern sie wird als **Verrechnungsdifferenz** ermittelt: Bei Unterbeschäftigung werden zu wenig, bei Überbeschäftigung zu viele fixe Kosten verrechnet.

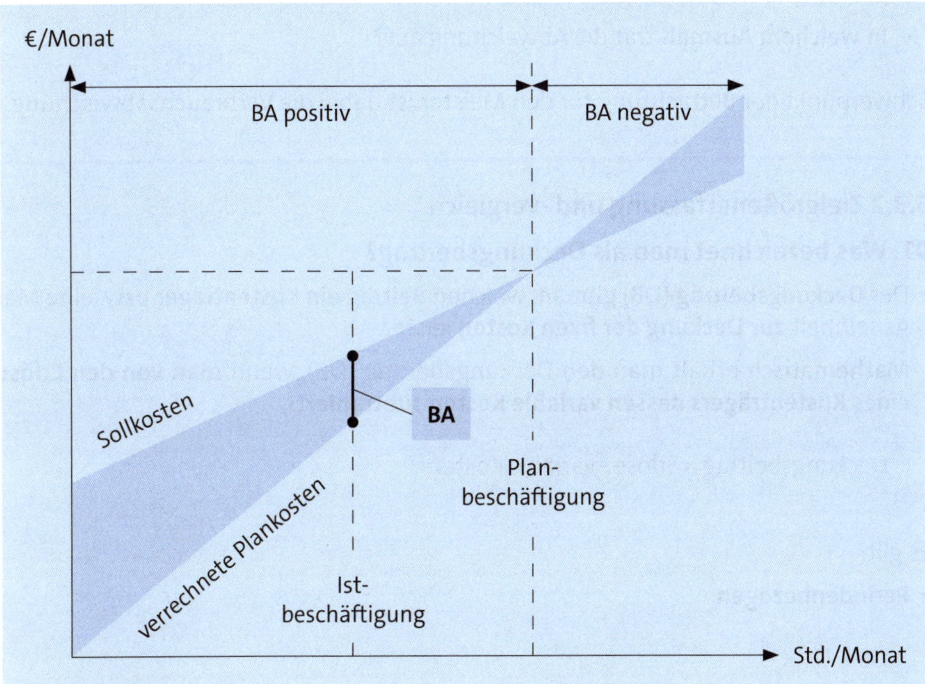

22. In welchen Arbeitsschritten erfolgt der Soll-Istvergleich?

Die Systematik beim Soll-Ist-Vergleich ist identisch mit dem „Regelkreis des Controllings“:

1. **Sollwerte** festlegen.
2. **Istwerte** ermitteln:
   - sachlich zutreffend
   - zeitnah
   - zeitraumbezogen (Woche, Monat, Quartal, Jahr).
3. **Soll-Ist-Vergleich** ermitteln.
4. **Abweichung analysieren** und bewerten.
5. Gegebenenfalls **Korrekturmaßnahmen** festlegen/vereinbaren und durchführen.
7. Beabsichtigte **Wirkung der Korrekturmaßnahmen überprüfen**.

Die zentralen Fragen des Meisters beim Soll-Ist-Vergleich lauten:

→ **Wann** trat die Abweichung auf?

→ **Wo** trat die Abweichung auf?

→ **In welchem Ausmaß** trat die Abweichung auf?

Schwerpunkt der Betrachtung für den Meister ist dabei die Verbrauchsabweichung.

5.3.2 Zielgrößenerfassung und -vergleich

01. Was bezeichnet man als Deckungsbeitrag?

- Der **Deckungsbeitrag** (DB) gibt an, welchen Beitrag ein Kostenträger bzw. eine Mengeneinheit **zur Deckung der fixen Kosten** leistet.

  Mathematisch erhält man den Deckungsbeitrag (DB), wenn man **von den Erlösen eines Kostenträgers dessen variable Kosten subtrahiert:**

  Deckungsbeitrag = Erlöse - variable Kosten

Es gilt:

- **Periodenbezogen**

$$DB = U - K_v$$

$$DB = x \cdot p - x \cdot k_v$$

- **Stückbezogen**

$$db = U_{Stk.} - k_v$$

$$db = \frac{x \cdot p}{x} - \frac{x \cdot k_v}{x}$$

$$db = p - k_v$$

mit

U = Umsatz, Erlöse
p = Preis
x = Menge
K_v = variable Kosten
k_v = variable Stückkosten

- **Grafisch** lässt sich der Deckungsbeitrag folgendermaßen veranschaulichen:

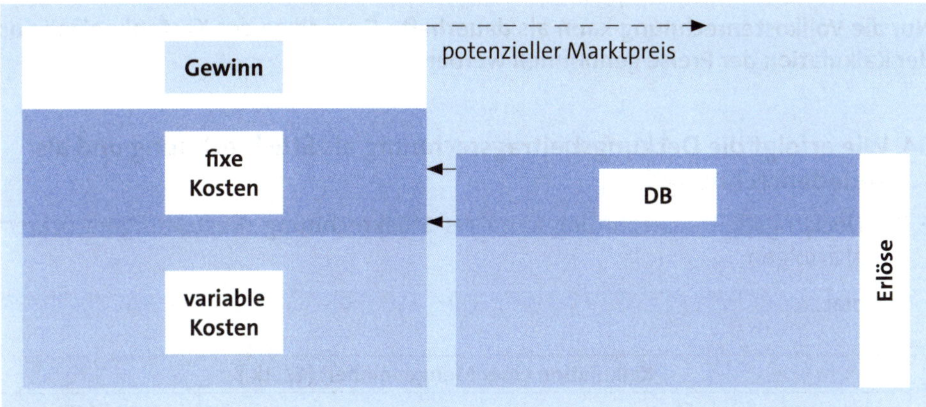

02. Welche Merkmale sind für die Deckungsbeitragsrechnung (DBR) charakteristisch?

1. Auflösung der Kosten jeder Kostenart in
   - fixe (beschäftigungsunabhängige) Kostenbestandteile und
   - variable (beschäftigungsabhängige) Kostenbestandteile.
2. Verzicht auf die Umlage der Fixkosten auf einzelne Mengeneinheiten.
3. Verrechnung der Kostenarten mit ihren fixen und variablen Bestandteilen nur auf die Kostenstellen, Abteilungen oder Unternehmensbereiche bzw. auf die Kostenträger oder Kostenträgergruppen, denen sie als Einzelkosten zugeordnet werden können (Verzicht auf die Aufteilung von Gemeinkosten).

03. Welche Aufgabe erfüllt die Deckungsbeitragsrechnung als Instrument der Teilkostenrechnung?

Die Kalkulationsverfahren gehen von dem **Vollkostenprinzip** aus, d. h. fixe **und** variable Kosten werden bei der Kalkulation (z. B. Ermittlung des Angebotspreises im Rahmen der Vorkalkulation) insgesamt berücksichtigt.

Die Deckungsbeitragsrechnung (DBR) ist eine **Teilkostenrechnung** und geht von der Überlegung aus, dass es **kurzfristig** und vorübergehend von Vorteil sein kann, **nicht alle Kosten** bei der Preisberechnung zu berücksichtigen.

Die Kosten werden unterteilt in fixe und variable Kosten (Voraussetzung der DBR). Die fixen Kosten entstehen, gleichgültig, ob der Betrieb produziert oder ruht. Das Unternehmen kann also kurzfristig die Entscheidung treffen, einen Einzelauftrag unter dem Marktpreis anzunehmen, wenn der Auftrag einen positiven DB liefert, d. h. die variablen Kosten dieses Auftrags abgedeckt werden und **zusätzlich ein Beitrag zur „Deckung der fixen Kosten entsteht“**.

Langfristig gilt jedoch:

Nur die Vollkostenrechnung kann als dauerhafte Grundlage der Kostenkontrolle und der Kalkulation der Preise genommen werden.

04. Wie erfolgt die Deckungsbeitragsrechnung als Stückrechnung und als Periodenrechnung?

- Die Deckungsbeitragsrechnung kann als **Stückrechnung** (Kostenträgerstückrechnung) erfolgen:

Beispiel

Kalkulation einer Mengeneinheit (€/Stk.)			
	Verkaufspreis je Stück	p	54,00
-	variable Stückkosten	k_v	28,00
=	**DB pro Stück**	**db**	**26,00**
-	fixe Kosten pro Stück	k_f	16,00
=	Betriebsergebnis pro Stück	$BE_{Stk.}$	10,00

- Die Deckungsbeitragsrechnung kann als **Periodenrechnung** (Kostenträgerzeitrechnung) durchgeführt werden (Beispiel: 2-Produkt-Unternehmen):

DBR als Periodenrechnung (Beispiel 2-Produkt-Unternehmen)							
Produkt 1				**Produkt 2**			
	Erlöse	$x_1 \cdot p_1$	100.000		Erlöse	$x_2 \cdot p_2$	200.000
-	variable Kosten	K_{v1}	-40.000	-	variable Kosten	K_{v2}	-120.000
=	Deckungsbeitrag	DB_1	60.000	=	Deckungsbeitrag	DB_2	80.000
	Gesamtdeckungsbeitrag	GDB	140.000				
-	fixe Gesamtkosten	$\sum K_i$	-70.000				
=	**Gesamt-Betriebsergebnis**	**BE**	**-70.000**				

05. Wie ist das Produktionsprogramm unter dem Aspekt der Vollkosten- und der Teilkostenrechnung zu bewerten?

Beispiel

Betrachtung eines Mehrproduktunternehmens
Ein Unternehmen stellt drei Produkte her. In der zurückliegenden Periode wurden die dargestellten Werte ermittelt.

(1) **Produktionsentscheidung auf Basis der Vollkostenrechnung:**

Betriebsergebnis auf Basis der Vollkostenrechnung					
		Produkt 1	**Produkt 2**	**Produkt 3**	**Summe**
	Erlöse	200.000	320.000	300.000	820.000
-	Selbstkosten	-190.000	-350.000	-260.000	-800.000
=	**Betriebsergebnis**	10.000	-30.000	40.000	**20.000**

Nach der Vollkostenrechnung würde die Entscheidung über das Produktionsprogramm entsprechend dem jeweiligen Beitrag zum Betriebsergebnis zu treffen sein und demzufolge lauten:

Produkt 3 – Produkt 1 – Produkt 2

Der Schluss liegt nahe, das Produkt 2 aus dem Programm zu nehmen; dies würde das Betriebsergebnis auf den Wert 50.000 anheben (10.000 + 40.000). Diese Entscheidung wäre jedoch nur dann richtig, wenn alle Kosten variabel wären, d. h. die Einstellung des Produkts 2 würde nicht nur zu einer Umsatzreduzierung von 320.000, sondern auch zu einer Kostenreduzierung von 350.000 führen.

Betriebsergebnis auf Basis der Vollkostenrechnung – ohne Produkt 2 (?)					
		Produkt 1	**Produkt 2**	**Produkt 3**	**Summe**
	Erlöse	200.000		300.000	500.000
-	Selbstkosten	-190.000		-260.000	-450.000
=	**Betriebsergebnis**	10.000		40.000	**50.000**

Da die Vollkostenrechnung jedoch keine Aussage über das Verhalten der Kosten bei Beschäftigungsänderungen macht, lässt sie die beschriebene Entscheidung gar nicht zu.

(2) **Produktionsentscheidung auf Basis der Teilkostenrechnung (einstufige Deckungsbeitragsrechnung):**

Selbstverständlich stimmen die ermittelten Betriebsergebnisse in beiden Verfahren überein.

Betriebsergebnis auf Basis der Teilkostenrechnung					
		Produkt 1	**Produkt 2**	**Produkt 3**	**Summe**
	Erlöse	200.000	320.000	300.000	820.000
-	variable Kosten	-130.000	-220.000	-160.000	-510.000
=	Deckungsbeitrag	70.000	100.000	140.000	310.000
-	fixe Kosten				-290.000
=	**Betriebsergebnis**				**20.000**

Nach der Teilkostenrechnung würde die Entscheidung über das Produktionsprogramm entsprechend der jeweiligen Höhe des Deckungsbeitrages zu treffen sein und demzufolge lauten:

Produkt 3 – Produkt 2 – Produkt 1

Würde man nun die Entscheidung treffen, Produkt 1 aus dem Programm zu nehmen, hätte dies ein Betriebsergebnis von -50.000 zur Konsequenz:

Betriebsergebnis auf Basis der Teilkostenrechnung – ohne Produkt 1 (?)					
		Produkt 1	**Produkt 2**	**Produkt 3**	**Summe**
	Erlöse		320.000	300.000	620.000
-	variable Kosten		-220.000	-160.000	-380.000
=	Deckungsbeitrag		100.000	140.000	240.000
-	fixe Kosten				-290.000
=	**Betriebsergebnis**				**-50.000**

Die Ergebnisrechnung würde um die variablen Kosten von Produkt 1 entlastet werden. Die übrigen Kostenträger müssten jedoch allein zur Deckung der fixen Kosten beitragen, was im vorliegenden Fall zu einem negativen Betriebsergebnis führt.

Aus dem dargestellten Sachverhalt lässt sich ableiten:

Solange ein Kostenträger einen positiven Deckungsbeitrag leistet, ist es im Allgemeinen unwirtschaftlich, ihn aus dem Produktionsprogramm zu nehmen.

Für Entscheidungen über das Produktionsprogramm ist das Betriebsergebnis und der Deckungsbeitrag je Kostenträger relevant.

(3) **Produktionsentscheidung auf Basis der Teilkostenrechnung mit stufenweiser Fixkostendeckung:**

Im Fall (2) wurden die fixen Kosten keiner näheren Betrachtung unterzogen, sondern en bloc von der Summe der Einzeldeckungsbeiträge subtrahiert. In der Praxis wird man jedoch die fixen Kosten weiter untergliedern, um die Entscheidung über das Produktionsprogramm zu verbessern. Man unterscheidet[1]:

- **Erzeugnisfixe Kosten:**
  Der Teil der fixen Kosten, der sich dem Kostenträger direkt zuordnen lässt, z. B. Kosten einer spezifischen Fertigungsanlage, Spezialwerkzeuge.
- **Erzeugnisgruppenfixe Kosten:**
  Der Teil der fixen Kosten, der sich zwar nicht einem Kostenträger, jedoch einer Kostenträgergruppe (Erzeugnisgruppe) zuordnen lässt.
- **Unternehmensfixe Kosten:**
  Ist der restliche Fixkostenblock, der sich weder einem Erzeugnis noch einer Erzeugnisgruppe direkt zuordnen lässt, z. B. Kosten der Geschäftsleitung/der Verwaltung.

1 Eine weitere Untergliederung ist möglich.

Demzufolge arbeitet man in der mehrstufigen Deckungsbeitragsrechnung mit einer modifizierten Struktur von Deckungsbeiträgen:

	Erlöse
-	variable Kosten
=	**Deckungsbeitrag I**
-	erzeugnisfixe Kosten
=	**Deckungsbeitrag II**
-	erzeugnisgruppenfixe Kosten
=	**Deckungsbeitrag III**
-	unternehmensfixe Kosten
=	**Betriebsergebnis**

Beispiel

Das Beispiel aus Fall (2) wird entsprechend variiert; die fixen Kosten in Höhe von 290.000 € sollen folgendermaßen aufteilbar sein:

Betriebsergebnis auf Basis der Teilkostenrechnung – mehrstufige Deckungsbeitragsrechnung –					
		Produkt 1	**Produkt 2**	**Produkt 3**	**Summe**
	Erlöse	200.000	320.000	300.000	820.000
-	variable Kosten	-130.000	-220.000	-160.000	-510.000
=	Deckungsbeitrag I	70.000	100.000	140.000	310.000
-	erzeugnisfixe Kosten	-20.000	-90.000	-60.000	-170.000
=	Deckungsbeitrag II	50.000	10.000	80.000	140.000
-	erzeugnisgruppenfixe Kosten		-40.000	–	-40.000
=	Deckungsbeitrag III		20.000	80.000	100.000
-	unternehmensfixe Kosten				-80.000
=	**Betriebsergebnis**				**20.000**

Analyse des Ergebnisses:

- Produkt 2 liefert den geringsten DB II, da seine erzeugnisfixen Kosten relativ hoch sind.
- Sein Beitrag zur Deckung der übrigen Fixkosten beträgt nur noch 10.000 €.
- Die Reihenfolge für das Produktionsprogramm würde daher lauten: P3 – P1 – P2

- Würde man sich entschließen, Produkt 2 einzustellen, ergäbe sich folgendes Betriebsergebnis:

Betriebsergebnis auf Basis der Teilkostenrechnung – mehrstufige Deckungsbeitragsrechnung – ohne Produkt 2 (?)					
		Produkt 1	**(Produkt 2)**	**Produkt 3**	**Summe**
	Erlöse	200.000		300.000	500.000
-	variable Kosten	-130.000		-160.000	-290.000
=	Deckungsbeitrag I	70.000		140.000	210.000
-	erzeugnisfixe Kosten	-20.000		-60.000	-80.000
=	Deckungsbeitrag II	50.000		80.000	130.000
-	erzeugnisgruppenfixe Kosten	-40.000		–	-40.000
=	Deckungsbeitrag III	10.000		80.000	90.000
-	unternehmensfixe Kosten				-80.000
=	**Betriebsergebnis**				**10.000**

Ergebnis:

- Eine Einstellung des Produkts 2 hätte eine Vermeidung der abhängigen Kosten in Höhe von 310.000 € zur Folge. Es würde jedoch der DB II zur Deckung der übrigen Fixkosten in Höhe von 10.000 € fehlen; dies hätte dann eine Verminderung des Betriebsergebnisses um genau diesen Betrag zur Folge.
- Der DB II sagt jedoch noch nichts darüber aus, welchen Deckungsbeitrag ein Stück des Produkts 2 erbringt.

Beispiel

Der DB II pro Stück (= db II) ergibt folgendes Ergebnis (es werden 1.000 – 100 – 1.000 Stück angenommen):

Betriebsergebnis auf Basis der Teilkostenrechnung – mehrstufige Deckungsbeitragsrechnung – – Ermittlung des Stückdeckungsbeitrages –					
		Produkt 1	**Produkt 2**	**Produkt 3**	**Summe**
	Erlöse	200.000	320.000	300.000	820.000
-	variable Kosten	-130.000	-220.000	-160.000	-510.000
=	Deckungsbeitrag I	70.000	100.000	140.000	310.000
-	erzeugnisfixe Kosten	-20.000	-90.000	-60.000	-170.000
=	Deckungsbeitrag II	50.000	10.000	80.000	140.000
→	DB II pro Stück = **db II**	50.000 : 1.000 **= 50**	10.000 : 100 **= 100**	80.000 : 1.000 **= 80**	

Ergebnis:
Obwohl der DB II gering ist, ergibt sich aufgrund des Stückdeckungsbeitrags db II ein Produktionsprogramm in der Rangfolge P2 – P3 – P1.

06. Wie kann kurzfristig das optimale Produktionsprogramm bei einem Engpass ermittelt werden?

Liegt ein Engpass vor, kann nicht mit dem (absoluten) Deckungsbeitrag gearbeitet werden, da die Fertigungszeiten zu berücksichtigen sind. Man ermittelt daher den relativen Deckungsbeitrag. Er ist der Deckungsbeitrag, der pro Engpasszeiteinheit erwirtschaftet wird (im vorliegenden Fall die Fertigungszeit in min/Stück).

$$\text{Relativer Stückdeckungsbeitrag} = \frac{\text{(absoluter) Deckungsbeitrag pro Stück}}{\text{Engpass-Fertigungszeit pro Stück}}$$

Beispiel

Ein Unternehmen stellt drei Produkte her. Es existiert ein Engpass: Die verfügbare Kapazität beträgt nur 3.000 Stunden.

Produkt	**Fertigungszeit** (min/Stück)	**Erwarteter Absatz** (Stück/Monat)	**Verkaufspreis** (€/Stück)	**Variable Kosten** (€/Stück)	**Deckungsbeitrag pro Stück** (€/Stück)
A	40	8.000	150	160	10
B	20	10.000	270	180	90
C	10	4.000	300	250	50

Im vorliegenden Fall ergibt sich für Produkt B und C:

Relativer $db_{\text{Produkt B}}$	= (absoluter) db : min/Stück	= 90 : 20 = 4,50 €/min = 270,00 €/h
Relativer $db_{\text{Produkt C}}$		= 50 : 10 = 5,00 €/min = 300,00 €/h

Anhand der relativen Deckungsbeiträge wird das Produktionsprogramm in eine Rangfolge (Priorität) gebracht. Die begrenzte Kapazität ist entsprechend der Rangfolge zu verteilen: Von Produkt C wird die erwartete Absatzmenge hergestellt; von B können nur noch 7.000 Stück produziert werden.

	Produkt A	Produkt B	Produkt C
(absoluter) db	10	90	50
benötigte Fertigungszeit (min/Stück)	40	20	10
relativer db (€/min)	0,25	4,50	5,00
Priorität/Reihenfolge	**3**	**2**	**1**
erwarteter Absatz	8.000	10.000	4.000
zugewiesene Fertigungsminuten	0	140.000	40.000
Produktionsmenge	0	7.000	4.000
Deckungsbeitrag je Produkt	0	630.000	200.000
Deckungsbeitrag insgesamt			830.000

07. Wie lässt sich der Zusammenhang von Erlösen, Kosten und alternativen Beschäftigungsgraden darstellen (Break-even-Analyse)?

- **Der Break-even-Punkt** ist die Beschäftigung, bei der das Betriebsergebnis gleich Null ist (Erlöse = Kosten). Die Break-even-Analyse erstreckt sich i. d. R. nur auf eine Produktart.
- Voraussetzungen:
  - **konstante Fixkosten**
  - **konstanter Preis**
  - **konstantes Leistungsprogramm**
  - **keine Lagerhaltung**
  - **linearer Gesamtkostenverlauf.**
- Die Break-even-Analyse kann zur Ermittlung der Gewinnschwelle sowie zur Gewinnplanung eingesetzt werden.

1. **Ermittlung der Gewinnschwelle:**

   Rechnerisch gilt im Break-even-Punkt:

   Betriebsergebnis = BE = 0 bzw. U = K
   Erlöse = Kosten

   $U = \text{Menge} \cdot \text{Preis} = x \cdot p$
   $K = \text{fixe Kosten} + \text{variable Kosten} = K_f + K_v$

   Daraus ergibt sich für die kritische Menge (= die Beschäftigung, bei der das Betriebsergebnis BE gleich Null ist):

   $BE = U - K = x\,(p - k_v) - K_f$

Da im Break-even-Punkt BE = 0 ist gilt:

$$K_f = x\,(p - k_v)$$

$$x = \frac{K_f}{p - k_v}$$

Da die Differenz aus Preis und variablen Stückkosten der Deckungsbeitrag pro Stück ist ($DB_{Stk.}$ = db), gilt:

$$x = \frac{K_f}{db}$$

In Worten:
Im Break-even-Punkt ist die Beschäftigung (kritische Menge) gleich dem Quotienten aus den fixen Gesamtkosten K_f und dem Deckungsbeitrag pro Stück db.

2. **Planung des Gewinns** (BE) mithilfe der Break-even-Analyse:

$$\begin{aligned} BE &= U - K_f - x \cdot k_v \\ &= x \cdot p - K_f - x \cdot k_v \end{aligned}$$

$$x^* = \frac{K_f + BE^*}{db}$$

In Worten:
Für das geplante Betriebsergebnis BE* muss notwendigerweise eine Menge von x* realisiert werden; sie ergibt sich als Quotient aus (Fixkosten + Betriebsergebnis) dividiert durch den Deckungsbeitrag pro Stück db.

Beispiel

Ein Unternehmen verkauft in einer Abrechnungsperiode eine Menge x zu einem Preis von 50 € pro Stück bei fixen Gesamtkosten von 1 Mio. € und variablen Stückkosten von 25 €.

1. Ermittlung der Gewinnschwelle:

$$x^* = \frac{K_f}{p - k_v} = \frac{1\text{ Mio. €}}{50 - 25} = 40.000\text{ Stück}$$

Die kritische Stückzahl liegt bei 40.000; die Erlöse sind im Break-even-Punkt gleich den Gesamtkosten und betragen im vorliegenden Fall 2 Mio. €.

2. **Gewinnplanung** mithilfe der Break-even-Analyse:
   Angenommen, das Unternehmen plant einen Gewinn von 500.000 €, so müssen 60.000 Stück produziert und abgesetzt werden.

$$x^* = \frac{K_f + BE^*}{db} = \frac{1\text{ Mio. €} + 0{,}5\text{ Mio. €}}{25} = 60.000\text{ Stück}$$

Grafisch gilt im Break-even-Punkt (bei linearen Kurvenverläufen):

- Das Lot vom Schnittpunkt der Erlösgeraden mit der Gesamtkostengeraden auf die x-Achse zeigt die kritische Menge (= Beschäftigung im Break-even-Punkt), bei der das Betriebsergebnis gleich Null ist (BE = 0 bzw. U = K), in diesem Fall bei x = 40.000 Stück.
- Oberhalb dieses Beschäftigungsgrades wird die Gewinnzone erreicht; unterhalb liegt die Verlustzone. Der Maximalgewinn wird bei Erreichen der Kapazitätsgrenze von 100.000 Stück realisiert.
- Die fixen Gesamtkosten verlaufen für alle Beschäftigungsgrade parallel zur x-Achse (= konstanten Verlauf); hier bei K_f = 1.000.000 €.

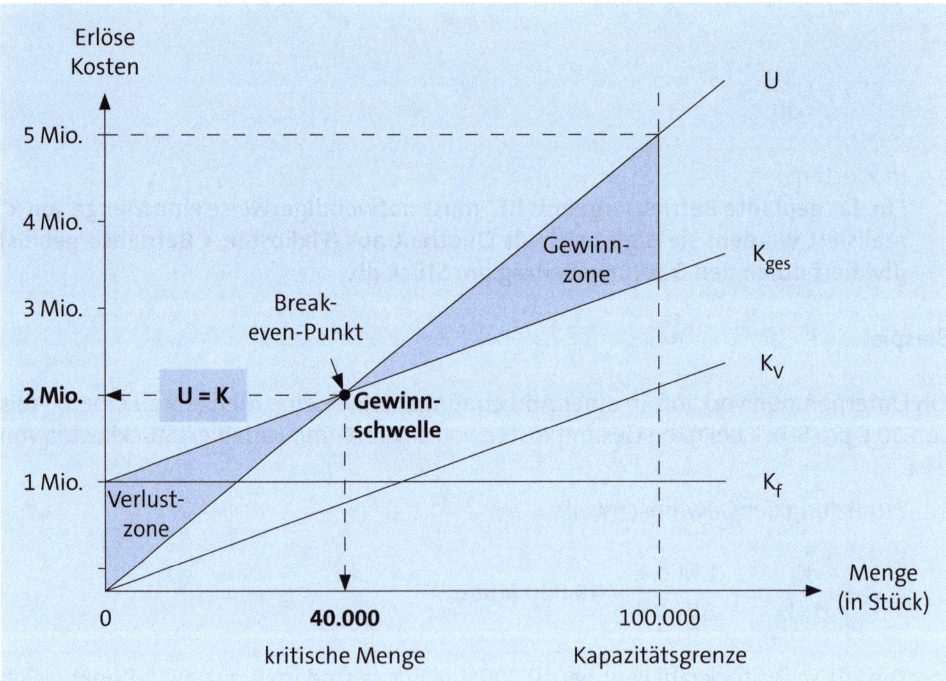

08. Welche Aussagekraft hat die Ermittlung der „kritischen Menge“ im Rahmen der Kostenvergleichsrechnung?

- Die **kritische Menge**[1] (auch: Grenzstückzahl) ist die Menge, bei der zwei verschiedene Fertigungsverfahren mit gleichen Kosten arbeiten.
- Allgemein gilt für die kritische Stückzahl x:

$$K_1 = K_2$$

1, 2: Verfahren 1, 2

$$K_{f1} + x \cdot k_1 = K_{f2} + x \cdot k_2$$

$$x = \frac{K_{f1} - K_{f2}}{k_2 - k_1} = \frac{K_{f2} - K_{f1}}{k_1 - k_2}$$

In Worten:

$$\text{Grenzstückzahl} = \frac{\text{Fixkosten 1 - Fixkosten 2}}{\text{variable Stückkosten 2 - variable Stückkosten 1}}$$

Betrachtet man die Formel, so lässt sich leicht erkennen, dass die Errechnung der kritischen Menge auf der Differenz der Fixkosten und der Differenz der variablen Stückkosten beruht.

Beispiele

Beispiel 1: Wahl des Fertigungsverfahrens
Für einen Auftrag stehen zwei Maschinen mit folgenden Daten zur Verfügung:

Wahl des Fertigungsverfahrens			
Kostenart		Verfahren 1	Verfahren 2
		CNC-Maschine	Bearbeitungsautomat
K_f	Rüstkosten	50 €	300 €
k_v	Materialkosten	3 €/Stk.	3 €/Stk.
	Fertigungslohn	10 €/Stk.	5 €/Stk.

$$x = \frac{K_{f1} - K_{f2}}{k_2 - k_1} = \frac{300\text{ €} - 50\text{ €}}{10\text{ €/Stk.} - 5\text{ €/Stk.}} = 50\text{ Stk.}$$

[1] Im Rahmen der Break-even-Analyse ist die kritische Menge erreicht, wenn U = K (vgl. Frage 07.). Im Gebiet der statischen Investitionsrechnung bezeichnet man als kritische Menge die Menge, bei der eine Investition gerade vorteilhaft wird (vgl. ausführlich → A 2.5.8).

Die kritische Menge liegt bei 50 Stück; oberhalb von 50 Stück ist Verfahren 2 kostengünstiger.

Grafische Lösung:

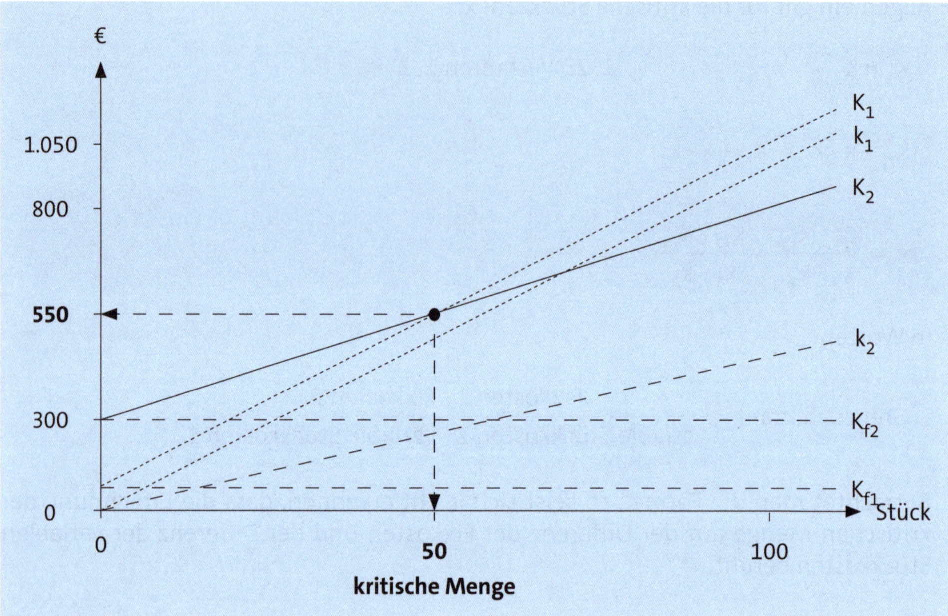

Legende:
k = variable Kosten; Kf = fixe Kosten; K = Gesamtkosten; 1, 2 = Verfahren 1, 2

Ergebnis:
Bei Überschreiten der kritischen Menge ist das kostengünstigere Verfahren zu wählen; es ist das Verfahren, das zwar höhere Fixkosten, aber geringere variable Kosten hat.

Beispiel 2: Eigen- oder Fremdfertigung
Für die Fertigung werden Blechgehäuse Typ T2706 seit längerer Zeit fremd zugekauft. Der Lieferant hat zu Jahresbeginn seine Konditionen angehoben und bietet Ihnen jetzt folgende Bedingungen an: Listeneinkaufspreis 100 € je Stück, 10 % Rabatt und 3 % Skonto innerhalb von 10 Tagen oder 30 Tage ohne Abzug. Die Bezugskosten betragen 2,70 € pro Stück.

Aufgrund der Preisanhebung soll geprüft werden, ob die Eigenfertigung des Blechgehäuses unter Kostengesichtspunkten vertretbar ist. Der Jahresbedarf wird bei rd. 1.800 Stück liegen. Für die Eigenfertigung wurden folgende Plandaten ermittelt: Anschaffung einer Fertigungslinie (Stanzen, Pressen, Lackieren) zum Preis von 400.000 €; die Anlage soll auf zehn Jahre linear abgeschrieben werden mit einem Restwert von 50.000 €. Der

Zinssatz für die kalkulatorische Abschreibung wird mit 8 % angenommen (Eigenfinanzierung). Sonstige Fixkosten p. a. in Höhe von 9.000 € sind zu berücksichtigen. Der Fertigungslohn beträgt 25 € je Stück, die Materialkosten 15 € je Stück.

Zu ermitteln ist rechnerisch und grafisch, bei welcher Stückzahl die kritische Menge liegt und welche Kostendifferenz sich bei dem geplanten Jahresbedarf ergibt.

Rechnerische Lösung:

Stückkalkulation					
Fremdbezug			**Eigenfertigung**		
	Listeneinkaufspreis	100,00		kalkulatorische Abschreibung: (400.000 - 50.000) : 10	35.000,00
-	10 % Rabatt	-10,00	+	kalkulatorische Zinsen: (400.000 + 50.000) : 2 • 8 : 100	18.000,00
=	Zieleinkaufspreis	90,00	+	sonstige Fixkosten	9.000,00
-	3 % Skonto	-2,70	=	**Fixkosten, gesamt**	**62.000,00**
=	Bareinkaufspreis	87,30		Fertigungslohn pro Stk.	25,00
+	Bezugskosten	2,70	+	Materialkosten pro Stk.	15,00
=	**Einstandspreis**	**90,00**	=	**variable Stückkosten, gesamt**	**40,00**

$$x = \frac{K_{f2} - K_{f1}}{k_1 - k_2}$$

2: Eigenfertigung
1: Fremdfertigung

modifiziert sich zu

$$x = \frac{K_f\text{ (Eigenfertigung)}}{\text{Bezugspreis} - k_v\text{ (Eigenfertigung)}}$$

mit
K_f (Fremdfertigung) = 0
k_1 = Bezugspreis

$$= \frac{62.000\ €}{90\ €/\text{Stk.} - 40\ €/\text{Stk.}} = 1.240\ \text{Stück}$$

Die kritische Menge liegt bei 1.240 Stück. Oberhalb dieser Menge ist die Eigenfertigung kostengünstiger, da die variablen Stückkosten niedriger sind.

Für die Planmenge p. a. ergibt sich

- bei **Eigenfertigung:** 1.800 Stk. • 40 €/Stk. + 62.000 € = 134.000 €
- bei **Fremdbezug:** 1.800 Stk. • 90 €/Stk. = 162.000 €

Kosteneinsparung p. a. durch den Wechsel von Fremdbezug zur Eigenfertigung = 28.000 €

Grafische Lösung:

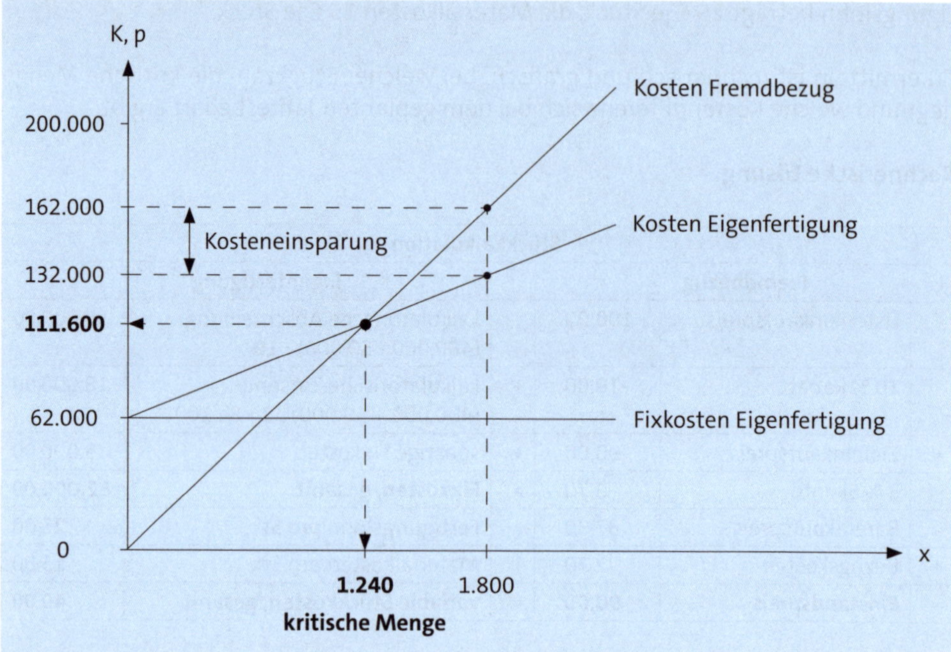

Beispiel 3: Eigen- oder Fremdfertigung

Fremdbezug:	Einkaufspreis	= 18 € bei 900 Stück
Eigenfertigung:	Fertigungsmaterial/Stück	= 4 €/Stück
Fertigungszeit/Stück		= 7 min
Lohnkosten/Stunde		= 18 €/Std.
Maschinenkosten/Std.		= 36 €/Std.
Fixkosten der Fertigung		= 4.000 €

Zunächst sind die variablen Kosten pro Stück zu berechnen:

$$\text{Lohnkosten} = \frac{7\ \text{min/Stk.} \cdot 18\ \text{€/Std.}}{60\ \text{min}} = 2{,}10\ \text{€/Stk.}$$

$$\text{Maschinenkosten} = \frac{7\ \text{min/Stk.} \cdot 36\ \text{€/Std.}}{60\ \text{min}} = 4{,}20\ \text{€/Stk.}$$

Daraus ergeben sich variable Stückkosten von: 4,00 + 2,10 + 4,20 = 10,30 €/Stk.

Im Break-even-Punkt gilt:

$$x = \frac{K_f}{p - k_v} = \frac{4.000\ €}{18 - 10{,}30\ €} = 520 \text{ Stück.}$$

Ergebnis: Die Eigenfertigung ist günstiger.

5.4 Durchführen von Kostenkontrollen

5.4.1 Kosten

01. Welche Zielsetzung ist mit der Budgetierung verbunden?

- **Begriff:**
  Der Begriff „Budget“ kommt aus dem Französischen und bedeutet übersetzt „Haushaltsplan, Voranschlag“. Im Controlling kann **Budgetierung** gleichgesetzt werden mit **Planung**. Für den Meister bedeutet das, in seinem Bereich ein Gerüst von Zahlen zu erstellen (Planung), die für ihn Gradmesser des Erfolges sind.

- **Arten:**
  In der betrieblichen Praxis sind zwei Arten von Budgets geläufig:

Budgetierung – Arten

Kostenbudget = Costcenter-Prinzip	**Ergebnisbudget** = Profitcenter-Prinzip

Ein Costcenter, z. B. Forschung, Verwaltung, werkärztliche Abteilung, betreibt keine Markttätigkeit und hat daher kein Gewinnziel, sondern es soll ein vorgegebenes Kostenbudget nicht überschreiten. Ein Profitcenter, z. B. Produktion, Vertrieb, hat dagegen Eigenverantwortung für Gewinne, Kosten und Erträge.

Allgemein enthält ein Budget Planzahlen für Kosten, Leistungen und Erfolge. Aber: Für die Struktur von Budgets gibt es keine allgemeingültigen Regeln; das Budget kann differieren:

- in **zeitlicher** Hinsicht, z. B.:
  Monats-, Quartals-, Jahresbudget
- in **sachlicher** Hinsicht, z. B.:
  Kostenbudget/Ergebnisbudget (vgl. oben), auf einen Bereich bezogen oder eine einzelne Kostenstelle usw.
- in **funktioneller** Hinsicht, z. B.:
  Produktionsbudget, Absatzbudget, Finanzbudget, Investitionsbudget.

Welche Daten letztendlich in einem bestimmten Budget zusammengestellt werden, hängt von der betrieblichen Funktion (z. B. Lager, Fertigung, Montage, Logistik usw.) und dem Verantwortungsbereich des Vorgesetzten ab.

Beispiel

Kostenbudget
Das nachfolgende Beispiel zeigt die Budgetierung der Kostenstelle 23031 für das kommende Planjahr (Kostenbudget; vereinfachte Darstellung auf der Basis der starren Plankostenrechnung, d. h. die Abweichungen werden en bloc ermittelt; Angaben in T€):

Kostenstelle 23031	Plan 20.. (in T€)
Materialkosten	300
Personalkosten	288
Sondereinzelkosten	84
Sachkosten	36
Betriebsumlage	60
Gesamtkosten	768

Bei einer gleichmäßigen Verteilung über das Gesamtjahr kann das **Jahresbudget** in ein **Monatsbudget** aufgesplittet werden (vereinfacht: Division durch 12), sodass im Verlauf des kommenden Jahres die Monatsergebnisse im Ist mit den Plandaten verglichen werden können; aufwendige Budgetkontrollen nehmen folgende Vergleiche vor:

- Soll-Ist, monatlich
- Soll-Ist, aufgelaufen (z. B. kumulierte Werte von Januar bis Mai)
- Ist-Ist, monatlich
- Ist-Ist, kumuliert.

02. Welche Kostenarten sollte der Meister im Rahmen der Budgetkontrolle besonders überwachen?

Für den Meister ist insbesondere die Kontrolle folgender Kostenarten bzw. folgender Daten/Kennzahlen relevant:

1. **Materialkosten**, z. B.:
   - **Materialeinstandspreise:**
     → Senkung der Materialkosten, z. B. durch Angebotsvergleiche/Lieferantenauswahl
   - **Änderungen in der Konstruktion:**
     → Senkung der Materialkosten durch Substitution (Verwendung anderer kostengünstigerer Materialien)

     → Veränderung/Überprüfung der notwendigen Materialeigenschaften

  → Überprüfung der notwendigen Abmessungen, Toleranzen, Dimensionierungen

- **Änderungen im Produktionsablauf:**
  → Kostenvergleich von Eigen- und Fremdfertigung
  → Verringerung der Bestellkosten durch Änderung des Bestellverfahrens, der Lagerhaltung (z. B. JiT, Kanban).

2. **Kosten der Anlagen**, z. B.:
   - Beschäftigungsgrad/Kapazitätsauslastung
   - Maschinenproduktivität
   - Energiekosten
   - Instandhaltungskosten
   - Sondereinzelkosten der Fertigung
   - Werkzeugkosten
   - Kosten des Umweltschutzes
3. **Qualitätskosten**, z. B.:
   - Prüfkosten
   - Fehlerverhütungskosten
   - Fehlerkosten
4. **Lohnkosten**, z. B.:
   - Arbeitsproduktivität
   - Ausfallzeiten (Absentismus).

Die **Umlagekosten** enthalten Gemeinkosten, mit denen die Kostenstellen des Betriebes nach einem ermittelten Schlüssel belastet werden, z. B. Kosten für Kommunikation, Verwaltung, Zinsen, Energiekosten u. Ä. Auf diese Umlagekosten hat der Meister i. d. R. keinen Einfluss, da sie von der Geschäftsleitung/dem Rechnungswesen ermittelt und vorgegeben werden.

5.4.2 Produktivität

01. Durch welche Steuerungsmaßnahmen kann der Meister die Einhaltung der budgetierten Vorgaben beeinflussen?

Die Produktivität ist eine Mengenkennziffer:

$$\text{Produktivität} = \frac{\text{Mengenergebnis der Faktorkombination}}{\text{Faktoreinsatzmengen}}$$

1. Grundsätzlich ist eine Verbesserung der Produktivität möglich durch:
   - Reduzierung der Faktoreinsatzmenge bei gleichem Mengenergebnis
   - Verbesserung des Mengenergebnisses bei gleicher Faktoreinsatzmenge
   - Reduzierung der Fehlleistungen.

   1.1 Die Arbeitsproduktivität

   $$\text{Arbeitsproduktivität} = \frac{\text{Erzeugte Menge}}{\text{Arbeitsstunden}}$$

   lässt sich verbessern durch:
   - Anstieg der Menge bei gleichem Einsatz an Arbeitsstunden
   - Reduzierung der Arbeitsstunden bei konstantem Mengenergebnis
   - Kombination beider Maßnahmen
   - Minimierung der Rüstzeiten
   - Reduzierung der Instandsetzungs- und Wartungszeiten.

   Geeignete **Steuerungsmaßnahmen** des Meisters sind z. B.:
   - Reduzierung der Fehlzeiten der Mitarbeiter
   - optimaler Mitarbeitereinsatz
   - Qualifizierung der Mitarbeiter
   - optimale betriebliche Rahmenbedingungen (Klima, Beleuchtung, Arbeitsmittel usw.)
   - Verbesserung/Optimierung der Fertigungstechnik/-verfahren
   - optimale Kombination von Mensch – Maschine (Maßnahmen der Rationalisierung)

   1.2 Die Materialproduktivität (= erzeugte Menge : Materialeinsatz) lässt sich verbessern durch:
   - Anstieg der Menge bei gleichem Materialeinsatz (mengenmäßig)
   - Reduzierung des Materialeinsatzes (mengenmäßig) bei konstantem Mengenergebnis
   - Kombination beider Maßnahmen.

   1.3 Für die Maschinenproduktivität (= erzeugte Menge : Maschinenstunden) gelten die Aussagen zur Arbeitsproduktivität analog.

   1.4 Die Rentabilität (= Rendite) einer Rationalisierungsmaßnahme lässt sich überprüfen:

   Beispiel

   Bei einem Fertigungsprozess lässt sich die Zerspanungsleistung von 40.000 € pro Jahr um 25 % durch eine Investition in Höhe von 60.000 € reduzieren. Die

AfA pro Jahr ist 3.000 €. Die Rendite bzw. die Amortisationsdauer (= Kapitalrückflusszeit; vgl. → A 2.5.12) der Investition beträgt daher:

$$\text{Rendite} = \frac{\text{Kosteneinsparung (= Gewinn)}}{\text{Investitionskosten}} \cdot 100$$

$$= \frac{40.000\ € \cdot 0{,}25}{60.000\ €} \cdot 100 = 16{,}67\ \%$$

$$\text{Amortisationsdauer} = \frac{\text{Investition}}{\text{durchschnittl. Gewinn + AfA p. a.}} \cdot 100$$

$$= \frac{60.000\ €}{10.000\ € + 3.000\ €} \cdot 100 = 4{,}6\ \text{Jahre}$$

02. Welche Einflussgrößen bestimmen die Kapazitätsplanung?

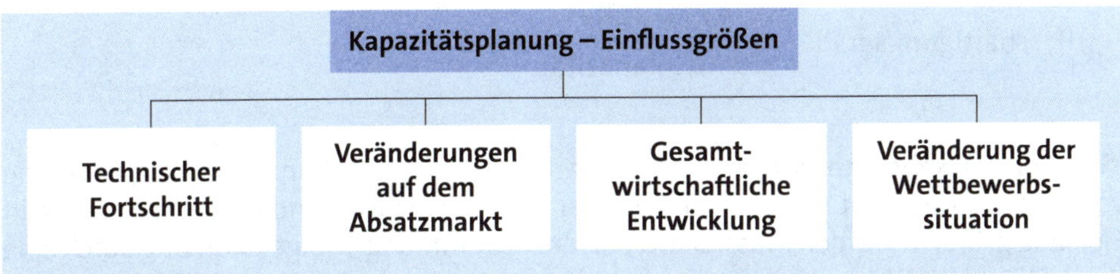

Beispiele:

- Der **technologische Fortschritt** der Produktions-/Fertigungstechnik kann zu einer Erhöhung des Kapazitätsbestandes führen: Der Einsatz verbesserter Fertigungstechnologie führt zu einem höheren Leistungsangebot pro Zeiteinheit (z. B. Ersetzung halbautomatischer durch vollautomatische Anlagen).
- **Veränderungen auf dem Absatzmarkt** können zu einem Nachfrageanstieg bzw. -rückgang führen mit der Folge, dass das Kapazitätsangebot erhöht bzw. gesenkt werden muss.
- Die Kapazitätsplanung steht in **Abhängigkeit zur gesamtwirtschaftlichen Entwicklung:** Bei einem Konjunkturaufschwung wird tendenziell die Notwendigkeit einer Kapazitätserhöhung bestehen; umgekehrt wird man bei einem Abschwung die angebotene Kapazität mittelfristig nach unten korrigieren.
- Analog gilt dies für **Veränderungen der Konkurrenzsituation:** Die Zunahme von Wettbewerb kann zu einem Rückgang der Kundennachfrage beim eigenen Unternehmen führen und mittelfristig eine Reduzierung des Kapazitätsbestandes zur Folge haben.

03. Durch welche Steuerungsmaßnahmen kann der Meister die Einhaltung der budgetierten Kapazitätsauslastung beeinflussen?

- **Definition:**
  Mit **Kapazität** (auch: Beschäftigung) bezeichnet man das technische Leistungsvermögen in Einheiten pro Zeitabschnitt. Sie wird bestimmt durch die Art und Menge der derzeit vorhandenen Produktionsfaktoren (Stoffe, Betriebsmittel, Arbeitskräfte). Die Kapazität kann sich auf eine Fertigungsstelle, eine Fertigungsstufe oder auf das gesamte Unternehmen beziehen.

- Der **Auslastungsgrad** (auch: Beschäftigungsgrad) ist das Verhältnis von Kapazitätsbedarf und Kapazitätsbestand in Prozent des Bestandes:

$$\text{Auslastungsgrad} = \frac{\text{Kapazitätsbedarf}}{\text{Kapazitätsbestand}} \cdot 100$$

auch:

$$\text{Beschäftigungsgrad} = \frac{\text{eingesetzte Kapazität}}{\text{vorhandene Kapazität}} \cdot 100$$

oder:

$$\text{Beschäftigungsgrad} = \frac{\text{Ist-Leistung}}{\text{Normal-Kapazität}} \cdot 100$$

Mit **Kapazitätsabstimmung** bezeichnet man die kurzfristige Planungsarbeit, in der die vorhandene Kapazität mit den vorliegenden und durchzuführenden Werkaufträgen in Einklang gebracht werden muss. Die Kapazitätsabstimmung erfolgt kurzfristig durch eine **Kapazitätsabgleichung** bzw. kurz- oder mittelfristig durch eine **Kapazitätsanpassung**.

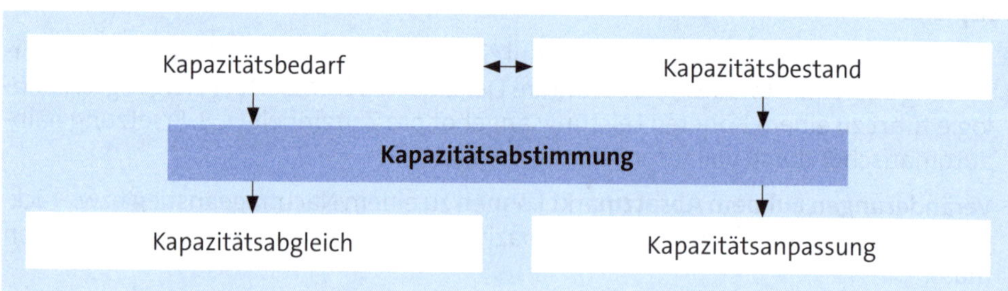

- **Kapazitätsabgleich:**
  Bei unverändertem Kapazitätsbestand wird versucht, die (kurzfristigen) Belegungsprobleme zu optimieren (z. B. Ausweichen, Verschieben, Parallelfertigung).

- **Kapazitätsanpassung:**
  Anpassung der Anlagen und ihrer Leistungsfähigkeit (kurz-/mittelfristiges Angebot) an die Nachfrage (Kundenaufträge). Kapazitätsanpassung durch Erhöhung der Kapazität:
  - kurzfristig:
    - Überstunden/Mehrarbeit
    - zusätzliche Schichten
    - Veränderung der Wochenarbeitszeit/Samstagsarbeit (Betriebsvereinbarung)
    - verlängerte Werkbank
  - mittelfristig:
    - Kauf/Bau neuer Anlagen, Gebäude
    - Fertigungstiefe verändern
    - Personalneueinstellungen.

Einen vollständigen Überblick über die Maßnahmen zur Anpassung der Normalkapazität an den Kapazitätsbedarf zeigt die nachfolgende Abbildung:

Anpassung der Normalkapazität an den Kapazitätsbedarf – Verfahren und Beispiele

Kapazitätsanpassung mittel-/langfristig	**Auftragsanpassung**	**Terminanpassung**	**Verfahrensanpassung**
► Kapazitätserweiterung ► Kapazitätsverminderung ► Kapazitätsumstrukturierung	► Vergabe von Aufträgen ► Einholen von Lohnaufträgen ► Losteilung	► Vorziehen ► Zurückverlegen	► Anpassung - des Arbeitsplatzes - des Arbeitsgangs - der Arbeitsreihenfolge ► Verbesserung der Vorrichtungen ► Wertanalyse ► Ergonomie ► verbesserte Fertigungstechnologie

04. Wie wird der Soll-Ist-Vergleich im Rahmen der Budgetkontrolle konkret durchgeführt?

Nachfolgend ein vereinfachtes **Beispiel des Soll-Ist-Vergleiches** zu dem dargestellten Budget 20..:

Anfang April des lfd. Jahres erhält der Meister den folgenden Report seiner Kostenstelle über die zurückliegenden drei Monate Januar bis März (Abweichung absolut: [Ist - Soll]; Abweichung in Prozent = [Ist - Soll] : Soll • 100):

Kostenstelle	**23031**		**Budget**				**20..**	
Kostenart	**Plan (Soll)**		**Ist**				**Abweichung (Ist - Soll)**	
	p. a.	**aufgel.**	**Jan.**	**Feb.**	**März**	**aufgel.**	**absolut**	**in %**
Materialkosten	300	75	25	32	28	85	10	13,33
Personalkosten	288	72	24	25	26	75	3	4,17
Sondereinzelkosten	84	21	4	4	2	10	-11	-52,38
Sachkosten	36	9	3	2	2	7	-2	-22,22
Umlage	60	15	5	5	5	15	0	0,00
Gesamtkosten	**768**	**192**				**192**	**0**	**0,00**

Abweichungsanalyse und Beispiele für **Korrekturmaßnahmen zur Budgeteinhaltung**; dabei werden die Schlüsselfragen des Controllings eingesetzt (Wo? Wann? In welchem Ausmaß?):

Abweichung	**Mögliche Ursache – Beispiele**	**Korrekturmaßnahme – Beispiele**
1. Materialkosten um 10 T€ bzw. rd. 13 % überschritten	▸ Preisanstieg:	→ Lieferantenwechsel → Änderung des Bestellverfahrens (Menge, Zeitpunkt) → Verhandlung mit dem Lieferanten → ggf. Wechsel des Materials
	▸ Mengenanstieg:	→ erhöhter Materialverbrauch (Störungen beim Fertigungsprozess: menschbedingt, maschinenbedingt) → Mängel in der Materialausnutzung
	▸ Anstieg der Gemeinkosten:	→ z. B. Materialgemeinkosten, kalkulatorische Kosten
	▸ zu geringer Planansatz:	→ ggf. Korrektur des Planansatzes

Abweichung	Mögliche Ursache – Beispiele	Korrekturmaßnahme – Beispiele
2. Personalkosten um 3 T€ bzw. rd. 4 % überschritten	► Anstieg der Fertigungslöhne: außerplanmäßige Lohnerhöhung (Tarif oder Einzelmaßnahme)	→ Analyse der Lohnkosten/Lohnstruktur; ggf. Rationalisierung, Verbesserung der Produktivität, Verbesserung des Ausbildungsniveaus usw.
	► Anstieg der Sozialkosten (KV, RV, AV, PV, freiwillige Sozialkosten):	→ ggf. längerfristige Korrektur im Bereich der betrieblichen Sozialleistungen oder Rationalisierung
	► Verschiebungen im Personaleinsatz:	→ ggf. „zu teure Mitarbeiter" eingesetzt, Korrekturen im Mitarbeitereinsatz
	► zu geringer Planansatz:	→ ggf. Korrektur des Planansatzes
3. Unterschreitung der Sondereinzelkosten und der Sachkosten	► ggf. zeitliche Verschiebung der Ausgaben	→ weiterhin beobachten und ggf. Feinanalyse der betreffenden Kostenart
	► zu geringer Planansatz:	→ ggf. Korrektur des Planansatzes

Insgesamt zeigt die Analyse einen **klaren Handlungsbedarf im Bereich der Materialkosten**; die Abweichung im Bereich der Personalkosten ist weder absolut noch relativ besonders kritisch; die Entwicklung sollte aufmerksam beobachtet werden.

Neben den oben dargestellten Möglichkeiten der Kostenabweichung sind weitere **Ursachen** generell denkbar, z. B.:

- Abweichungen im Beschäftigungsgrad (Änderung der fixen Stückkosten)
- erhöhte Kosten durch fehlende/falsche Planung und Durchführung der Instandhaltung
- erhöhte Personalkosten pro Stück durch hohen Krankenstand
- Veränderung der Rüstzeiten, Vorgabezeiten usw.

5.5 Einleiten von Maßnahmen zur Kostenbeeinflussung

5.5.1 Fertigungskosten bezogen auf Arbeitsplätze und Anlagen

01. Welche Erkenntnisse und Maßnahmen zur Kostenreduzierung kann der Meister aus der Kostenstellenrechnung ableiten?

Beispiele für geeignete Fragestellungen/Analysen:

1. Entspricht die **Gliederung der Kostenstellen** den betrieblichen Funktionen und der Fertigungsstruktur?
2. Ist eine verursachergerechte **Zuordnung der Gemeinkosten** gewährleistet? Entsprechen die gewählten **Verteilungsschlüssel** noch der Inanspruchnahme der Ressourcen (Auswertung des BAB)?
3. Überprüfen der Kostenentwicklung der Kostenstelle: Wird das **Kostenbudget eingehalten**?

Wo, in welchem Ausmaß und zu welchem Zeitpunkt treten Kostenüberschreitungen ein?

Mit welchen **Maßnahmen** muss gegengesteuert werden?

4. Werden den verrechneten **Normalkosten** die **Istkosten** gegenübergestellt? Ergeben sich im **Soll-Ist-Vergleich** Kostenüber-/Kostenunterdeckungen? Ist eine Korrektur der Normalzuschläge erforderlich?

02. Welche Erkenntnisse und Maßnahmen zur Kostenreduzierung kann der Meister aus der Kostenträgerrechnung ableiten?

Beispiele für geeignete Fragestellungen/Analysen:

1. Kostenträgerzeitraumrechnung:
   Auswertung des Kostenträgerblattes je Periode (BAB II): Welchen Ergebnisbeitrag liefern die einzelnen Leistungen/Produkte? Sind Korrekturmaßnahmen erforderlich?
2. Welche Erkenntnisse liefert die **Nachkalkulation** (auf **Istkosten**basis) im Verhältnis zur Vorkalkulation (auf **Normalkosten**basis)? Wie kann die Nachkalkulation genutzt werden, um zukünftige Gewinnschmälerungen zu vermeiden?
3. Bei welchen Aufträgen ist eine **mitlaufende Kalkulation** erforderlich?
4. Entspricht das gewählte **Kalkulationsverfahren** (z. B. Zuschlags-/Divisionskalkulation) noch dem Fertigungsverfahren?
5. Muss von der **summarischen Zuschlagskalkulation** auf die **differenzierte** gewechselt werden?
6. Ist aufgrund der zunehmenden Automatisierung die **Kalkulation mit Maschinenstundensätzen** erforderlich?
7. Müssen bei der Divisionskalkulation mit **Äquivalenzziffern** die Verhältniswerte zur Einheitssorte geändert werden, weil sich die Fertigungsbedingungen geändert haben?

03. Welche Erkenntnisse und Maßnahmen zur Kostenreduzierung kann der Meister aus der Deckungsbeitragsrechnung ableiten?

Beispiele für geeignete Fragestellungen/Analysen:

1. Welchen **Deckungsbeitrag** (DB) leistet das einzelne **Produkt**? Ist der DB noch ausreichend oder müssen Änderungen des Fertigungssortiments vorgenommen werden?
2. In welchen Fällen kann ein **Auftrag** angenommen werden, obwohl er nicht alle Fixkosten deckt (z. B. bei Unterbeschäftigung)?
3. Wie kann eine Senkung der Fixkosten realisiert werden, um den Deckungsbeitrag eines Auftrages zu verbessern?
4. Welche variablen Kosten können beeinflusst werden, um den Deckungsbeitrag eines Auftrages zu verbessern?

5.5.2 Möglichkeiten der Kostenbeeinflussung

01. Welche Kostenarten müssen vom Meister beachtet und gesteuert werden? Welche Methoden der Kostenbeeinflussung sind für den Meister besonders relevant?

Ausgewählte Maßnahmen/Methoden der Kostenbeeinflussung

- Optimierung der **Arbeitsplatzgestaltung** →
  - Werkzeuge, Maschinen, Hilfsmittel
  - Weiterbildung der Mitarbeiter
- Beeinflussung der **Materialkosten** →
  - Beeinflussung der Materialbestände:
    - Lagermaterial
    - Halb-/Fertigfabrikate
    - Make-or-Buy-Entscheidung
  - alternative Materialien
- Beeinflussung der **Logistikkosten** →
  - Materialfluss
  - interner Transport
  - externer Transport
- Veränderung der **Fertigungstiefe** →
  - Einsatz von Multibearbeitungssystemen
  - Fertigungsinseln (Komplettbearbeitung)
  - Outsourcing
- Vereinfachung der **Verwaltungsmaßnahmen** →
  - technischer Art
  - organisatorischer Art
  - prozessorientiert
- Ergebnisse aus **zeitwirtschaftlichen** Überlegungen →
  - Aufgabenintegration
  - Gruppenentlohnung

02. Durch welche Maßnahmen zur Optimierung der Arbeitsplatzgestaltung können die Kosten beeinflusst werden?

Zur Wiederholung:
Das Arbeitssystem umfasst folgende Elemente: **→ A 2.1.3**

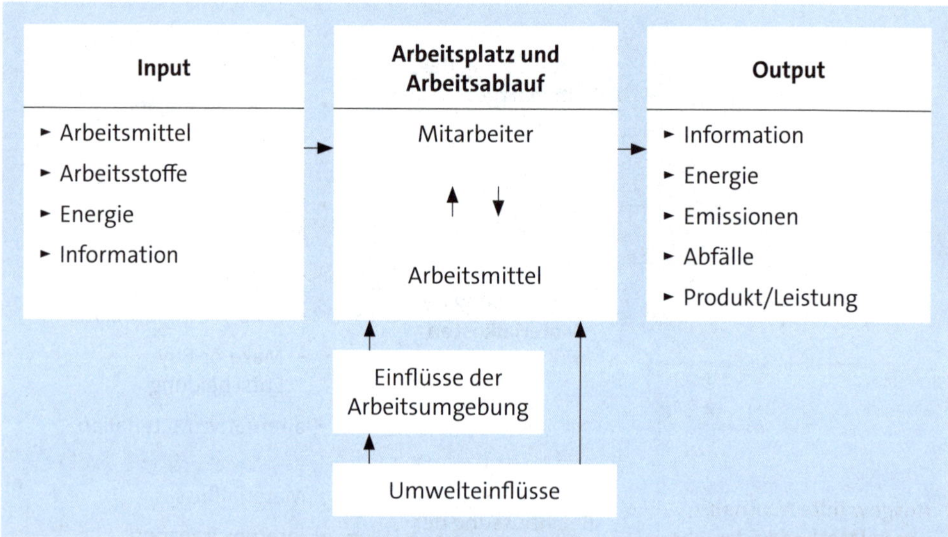

Das Arbeitssystem bzw. die Arbeitsplatzgestaltung kann – im Sinne der Kostenbeeinflussung – durch folgende Maßnahmen optimiert werden:

1. **Einsatz verbesserter Arbeits- und Betriebsmittel** (Werkzeuge, Maschinen, Hilfsmittel), z. B.:
   - Entlastung der eingesetzten Körperkräfte durch Maschinen und Hilfsmittel
   - Einsatz von Vorrichtungen zum Heben von Lasten
   - Einsatz von Fördereinrichtungen
   - ergonomische Gestaltung der Arbeitsmittel (Griffmulden, Gewicht, Farbgestaltung, Sicherheitsbestimmungen).
2. **Ergonomische Gestaltung der Arbeitsplätze**, z. B.: **→ A 2.2.7, → A 2.4, → A 4.2.2**
   - Einhalten der Arbeitssicherheit und der Arbeitsschutzbestimmungen
   - Einsatz der REFA-Systematik zur Gestaltung von Arbeitssystemen
   - Gestaltung der Arbeitsplätze (Beachtung der Körpermaße, Raum- und Sitzbedarf, Arbeitsflächen, Greifraum, Sehbereich)
   - Gestaltung der Arbeitsumgebung (Raumklima, Lüftung, Farbgebung, Beleuchtung, Lärmschutz, Brandschutz).

Vgl. zum Thema „Ergonomische Arbeitsplatzgestaltung" auch die folgende Übersicht (mehrfache Überschneidung im Rahmenplan).

Aspekte ergonomischer Arbeitsplatzgestaltung

Anthropometrische (Beachtung der Körpermaße)	z. B.: Arbeitshöhe (sitzend/stehend) Arbeitstisch/-stuhl, Griffbereich, Bildschirm
Physiologische (Beachtung der Körperkräfte)	z. B.: Verbesserung des Wirkungsgrades der Muskelkraft, Vermeidung statischer Muskelarbeit, Körperhaltung, Arbeitsgeschwindigkeit
Psychologische	z. B.: Farbgebung, Licht, Raumklima, Geräusche
Informationstechnische (Wahrnehmung und Übertragung optischer/akustischer Signale am Arbeitsplatz)	z. B.: Gestaltung der Bedienungselemente, der Anzeigeinstrumente; Kommunikationstechnik
Sicherheitstechnische (Beachtung des Unfallschutzes)	z. B.: Sicherheitsfarben nach DIN 4844, Kennzeichnungsfarben nach DIN 2403
Organisatorische	z. B.: Aufbau- und Ablaufstrukturen, Maßnahmen der Arbeitsstrukturierung, Einzel-/Gruppenarbeitsplätze

3. **Weiterbildung der Mitarbeiter**, z. B.:
   - Verbesserung der Qualifikationen
   - KVP (Kontinuierlicher Verbesserungsprozess)
   - BVW (Betriebliches Vorschlagswesen).

Zusammenfassung: Die **Basisfaktoren der menschlichen Arbeitsleistung** sind (vgl. → A 4.2.2):

- die Arbeitsfähigkeit (das „Können")
- die Arbeitsbereitschaft (das „Wollen")
- die Arbeitsbedingungen (das „Ermöglichen").

Die optimale Gestaltung der Arbeitsplätze und der Arbeitsumgebung soll die menschliche Arbeitsleistung fördern und zur Zufriedenheit der Mitarbeiter beitragen (vgl. *Maslow/Herzberg*). Fehlentwicklungen auf diesem Sektor beeinflussen die Kostenentwicklung negativ, z. B.: Fluktuation, Fehlzeiten, Arbeitsunfälle, Minderleistung, sinkende Qualität/Reklamationskosten, verminderte Leistungsbereitschaft und ähnliche, unerwünschte Folgen.

03. Durch welche Maßnahmen können die Materialkosten beeinflusst werden?

- **Materialeinstandspreise:**
  → Senkung der Materialkosten, z. B. durch Angebotsvergleiche/Lieferantenauswahl
- **Änderungen in der Konstruktion:**
  → Senkung der Materialkosten durch Substitution (Verwendung anderer kostengünstigerer Materialien)
  → Veränderung/Überprüfung der notwendigen Materialeigenschaften
  → Überprüfung der notwendigen Abmessungen, Toleranzen, Dimensionierungen
  → Verbesserung der Montageeigenschaften.

04. Durch welche Maßnahmen können die Materialbestände/-kosten beeinflusst werden?

- Überprüfung der Bedarfsermittlung (verbrauchsgesteuerte/auftragsorientierte Materialbedarfsermittlung)
- Verringerung der Bestellkosten durch Änderung des Bestellverfahrens (Bestellmengenoptimierung)
- Veränderung der Lagerhaltung (z. B. JiT, Kanban)
- Verringerung der Lagerbestände bei B- und C-Teilen
- Überprüfung der Höhe der Sicherheitsbestände
- Anwenden des Fifo-Prinzips bei verfallskritischen Verbrauchsstoffen, z. B. Kühlschmiermittel
- Vermeidung von Ausschuss, Reduzierung der Schrottmenge.

05. Mit welchen Maßnahmen der Veränderung der Fertigungstiefe können die Kosten beeinflusst werden?

- Kostenvergleich von Eigen- und Fremdfertigung (Make-or-Buy-Analyse)
- Outsourcing („verlängerte Werkbank“)
- Einsatz von Multibearbeitungssystemen (flexible Bearbeitungszentren, Mehrmaschinensysteme)
- Optimierung der Fertigungs- und Montagestrukturen, z. B. Einrichtung von Formen der Gruppenfertigung (Fertigungsinseln, teilautonome Gruppen).

06. Welche Maßnahmen der Zeitwirtschaft sind geeignet, die Kosten zu beeinflussen?

- Optimierung der Belegungszeit der Betriebsmittel
- Verbesserung des Leistungsgrades (Qualifizierung, Arbeitsplatzgestaltung)
- „Neue Formen der Zusammenarbeit“ (NFZ), z. B. Autonomie/Teilautonomie der Fertigungsgruppen
- Überprüfen der Vorgabezeiten bei Veränderung der Fertigungsbedingungen
- Einführung geeigneter Entlohnungsformen (Einzel-/Gruppenakkordlohn, Einzel-/Gruppenprämienlohn, Pensumlohn)
- Gestaltung von Prämien (Mengen-, Ersparnis-, Anwesenheitsprämie u. Ä.; vgl. ausführlich: → A 2.4.2)
- Einführung motivierender Führungsmodelle (MbO, KVP; vgl. ausführlich: → A 4.5).

07. Durch welche Maßnahmen können die Logistikkosten beeinflusst werden?

INFO

Die nachfolgende Abbildung zeigt den Fertigungsprozess in Verbindung mit den vor- und nachgelagerten Bereichsprozessen (Beschaffungs- und Absatzprozess sowie der integrative Logistikprozess) und ordnet die Möglichkeiten der Kostenbeeinflussung den einzelnen Bereichsprozessen zu. Anschließend werden die unterschiedlichen Methoden der Kostenbeeinflussung im Einzelnen betrachtet.

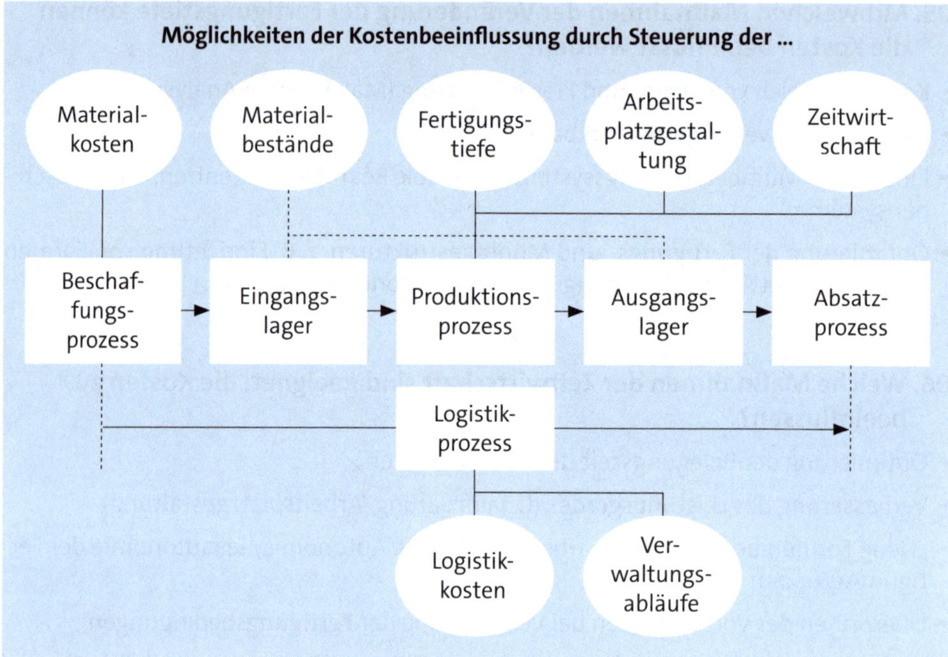

- **Optimierung der Produktionslogistik**, z. B. durch
  - Gestaltung der Fertigungsstrukturen
  - Gestaltung der Produktionsabläufe
  - Einsatz von CAX-Verfahren
  - Vermeidung von Ausfällen und a. o. Abschreibungen der Anlagen durch vorbeugende Instandhaltung.
- **Optimierung der Beschaffungslogistik**, z. B. durch
  - Lieferantenauswahl/-bewertung
  - Steuerung der Fertigungstiefe
  - Produktionssynchrone Anlieferung (JiT)
  - Global Sourcing, Modular Sourcing
  - Reduzierung von Leistungsstörungen im Beschaffungsprozess, z. B. durch geeignete Vertragsgestaltung mit dem Lieferanten.
- **Optimierung der Absatzlogistik**, z. B. durch
  - Verbesserung der Auftragsabwicklung
  - Vergleich: Transport durch Eigen- oder Fremdleistung
  - Optimierung der internen und externen Transportwege und -mittel
  - Einsatz von Telekommunikation zur Steuerung des externen Transports (DSL, GPS)
  - Zusammenfassung von Transportmaßnahmen.

08. Wie können Verwaltungsabläufe vereinfacht werden?

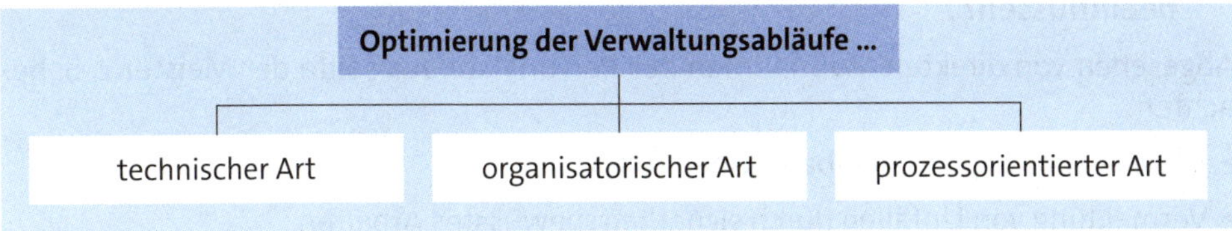

- **Optimierung der Verwaltungsabläufe technischer Art**, z. B.:
  NC-Programmierung, SPS, Qualitäts-/Werkstoffprüfung, Erstellen von Zeichnungen und Stücklisten.

  → Geeignete Maßnahmen, z. B.:

  - IT-gestützte Informationsverarbeitung
  - Einsatz integrierter Systeme der Konstruktion, Fertigung usw.

- **Optimierung der Verwaltungsabläufe organisatorischer Art**, z. B.:
  Bearbeiten von Kundenanfragen, Angebotserstellung, Berichtswesen, Schichtpläne, Maschinenbelegung, Kapazitätsplanung, Personaleinsatz, Urlaubsplanung, Vorbereitung von Meetings, Reklamationsbearbeitung, Rechnungsschreibung.

  → Geeignete Maßnahmen, z. B.:

  - IT-gestützte Auftragsabwicklung
  - IT-gestütztes Berichtswesen (Intranet, Internet)
  - Personalinformationssystem (PIS)
  - Checklisten, Musterschreiben, Textverarbeitungs-/Grafiksoftware.

- **Optimierung der Verwaltungsabläufe prozessorientierter Art**, z. B.:
  Bereichsprozesse, Gruppenprozesse, Einzelarbeitsprozesse.

  → Geeignete Maßnahme:

  - Analyse der Prozesse und Optimierung unter den Aspekten Zeit, Kosten, Effizienz, Wirtschaftlichkeit und Zielbeitrag
  - Einsatz geeigneter Analyse- und Entscheidungstechniken (vgl. → A 3.2).

09. Wie können die Gemeinkosten am Arbeitsplatz beeinflusst werden?

Kostenbewusster Umgang:

- **mit Verbrauchs- und Hilfsstoffen** (Schmiermittel, Putzwolle, Arbeits- und Sicherheitsbekleidung)
- **mit Energie** (Heizung, Klima, Druckluft, Energierückgewinnung, Brauchwasseraufbereitung, LED-Leuchten, Vermeidung von Leckagen)
- **mit Kommunikationseinrichtungen** (Porto, Telefon, Internet usw.)
- **mit Büromaterial**.

10. Welche Maßnahmen sind geeignet, um die Personalkosten zu beeinflussen?

Abgesehen von direkten Maßnahmen des Personalabbaus sollte der Meister z. B. beachten:

- keine Anordnung vermeidbarer Überstunden
- Vermeidung von Unfällen durch sicherheitsbewusstes Arbeiten
- beachten und ggf. reduzieren des Krankenstandes (z. B. Rückkehrgespräche, Betreuung)
- Vermeidung von Fehlern und Nacharbeiten
- gegebenenfalls Einsatz flexibler Arbeitszeitmodelle vorschlagen/einführen
- effektive Nutzung der Regelarbeitszeit.

11. Welche kalkulatorischen Wagniskosten kann der Meister beeinflussen?

- **Anlagewagnis:** Vermeidung fehlerhafter Maschinenbedienung, nachlässiger/fehlender Wartung
- **Beständewagnis:** Vermeidung von Diebstahl, Überalterung, Verderb, Schwund
- **Fertigungswagnis:** Vermeidung von Nacharbeit, Mehrarbeit, Mehrverbrauch.

5.5.3 Qualifizierung von Mitarbeitern zur Kostenbeeinflussung

01. Wie ist es der Arbeitsorganisation möglich, die Kosten zu beeinflussen?

Die Arbeitsorganisation wird in die Bereiche Arbeitsgang-, Arbeitsplatz- und Arbeitsablauforganisation gegliedert.

Ganz grundsätzlich versteht man unter **Arbeitsgangorganisation** die Zusammenfassung von Teilaufgaben zu betrieblich angepassten Arbeitsabläufen. Dabei sind folgende Punkte zu berücksichtigen:

- Art der Anlagen
- Art der Maschinen
- Kenntnisse und Ausbildung der Mitarbeiter
- Bestimmung des Automatisierungsgrades.

Die **Arbeitsplatzorganisation** befasst sich mit der Zuordnung der konkreten Stellen, Arbeitsplätze und Maschinen. Des Weiteren umfasst sie die Beschreibung der Hilfsmittel, Sachmittel, Werkzeuge und Software, die zur Versorgung und Verrichtung des Ablaufschritts notwendig sind.

Die **Arbeitsablauforganisation** regelt die parallel oder hintereinander geschaltete Ausführung der Teilarbeiten. Ziel ist, die Durchlaufzeiten mit den zugehörigen Rüstzeiten zu minimieren.

02. Welche Zusammenhänge zwischen Kosten und Leistungen bezogen auf eine Kostenstelle muss der Mitarbeiter kennen?

Die Kostenstellen im Fertigungsbereich unterliegen dem Prinzip der Wirtschaftlichkeit; vereinfacht man die Zusammenhänge so gilt:

Kostenstelle 33061			
Kosten, Klasse 6, 7		**Erträge (Leistungen), Klasse 5**	
Fertigungskosten: Fertigungseinzelkosten Fertigungsgemeinkosten Sondereinzelkosten		**Umsatzerlöse** **Mehrbestände**	
Materialkosten: Materialeinzelkosten Materialgemeinkosten			
Gemeinkostenumlage: Verwaltungskosten Vertriebskosten Kapitalkosten: Arbeitsplatz, Anlagen	**260.000**		
Betriebsergebnis	**40.000**		**300.000**
	300.000		**300.000**

1. **Kosten:**
   Im Rahmen des Fertigungsprozesses werden Ressourcen in Anspruch genommen und führen betriebswirtschaftlich zu **Kosten** (Fertigungskosten, Materialkosten sowie Gemeinkosten, mit denen die Kostenstelle in Form der Umlage belastet wird, z. B. Verwaltungs-, Vertriebs-, Kommunikationskosten u. Ä.).
2. **Leistungen:**
   Die von der Kostenstelle erbrachten **Leistungen** werden verkauft bzw. auf Lager genommen – führen also betriebswirtschaftlich zu Umsatzerlösen bzw. (Lager) Mehrbeständen.
3. **Betriebsergebnis = Leistungen - Kosten**
   Per Saldo ergibt sich aus der Gegenüberstellung von Kosten und Leistungen das Betriebsergebnis (+/-) einer Kostenstelle.

Geht man davon aus, dass die Gemeinkostenumlage für den Meister eine kurzfristig nicht zu beeinflussende Größe ist, so bedeutet dies:

→ Jede Maßnahme, die zu einer Verschlechterung der Leistung pro Zeiteinheit führt, hat bei sonst konstanten Bedingungen eine Verschlechterung des Betriebsergebnisses der Kostenstelle zur Folge.

→ Analog gilt dies für jede Entwicklung/Maßnahme, die zu einem Kostenanstieg pro Auftrag, pro Vorgang usw. führt.

Diese Zusammenhänge muss der Meister den Mitarbeitern seines Verantwortungsbereichs verdeutlichen!

Weiterhin sollte der Vorgesetzte die Mitarbeiter über den grundsätzlichen Aufbau des Betriebsabrechnungsbogens informieren sowie den Zweck des BAB erläutern. Außerdem sollte er sie einbeziehen in die Bewertung von Soll-Ist-Abweichungen, das Erkennen von Ursachen und die Entwicklung von Maßnahmen zur Gegensteuerung bei Kostenüberschreitungen.

Beispiel

Die nachfolgende Tabelle zeigt den (vereinfachten) Kostenreport (das Kostenbudget) der Kostenstelle 33061 (Meisterbereich Fertigung) für den Monat Juni (alle Angaben in Euro). Die Kostenstelle war zu 100 % ausgelastet. Der Kostenstellenverantwortliche, Herr Hubert Kantig, hat die Aufgabe, die dargestellten Abweichungen mit seinen Mitarbeitern zu besprechen, d. h. die Abweichungen zu bewerten, die Ursachen zu erkennen und geeignete Korrekturmaßnahmen zu vereinbaren. Dabei werden Verantwortlichkeiten und Termine im Ergebnisprotokoll notiert.

Bevor Herr Kantig mit der eigentlichen Analyse des Kostenreports beginnt, erläutert er seinen Mitarbeitern die „4 klassischen Fragen des Controllers“:

1. Wo war die Abweichung?
2. Wann war die Abweichung?
3. In welchem Ausmaß war die Abweichung?
4. Welche Korrekturmaßnahmen sind erforderlich?

Außerdem verdeutlicht er „seinen Leuten“, dass es im Controlling nicht darum geht, „Erbsen zu zählen“ und „Schuldige zu finden“, sondern gravierende Fehlentwicklungen zu erkennen und abzustellen.

Meisterbereich:	Fertigung		**Monat:**	Juni
Leiter:	Kantig, Hubert			
Kostenstelle:	33061			
Kostenart	**Sollkosten**	**Istkosten**	**Abweichung**	
			absolut **Ist - Soll**	**in %** (Ist - Soll) : Soll • 100
Fertigungslöhne	120.000	126.000	6.000	5,00
Hilfslöhne	10.000	12.000	2.000	20,00
Gehälter	12.000	12.000	0	0,00
Werkstoffe	8.000	7.000	- 1.000	- 12,50
Energiekosten	8.000	9.200	1.200	15,00
Instandhaltung	3.000	2.500	- 500	- 16,67

Meisterbereich:	Fertigung		**Monat:**	Juni
Leiter:	Kantig, Hubert			
Kostenstelle:	33061			
Kostenart	**Sollkosten**	**Istkosten**	**Abweichung**	
			absolut **Ist - Soll**	**in %** (Ist - Soll) : Soll • 100
Werkzeugkosten	2.000	3.000	1.000	50,00
Raumkosten	5.000	5.000	0	0,00
Kalk. Abschreibungen	14.000	14.000	0	0,00
Kalk. Zinsen	4.000	4.000	0	0,00
Summe	186.000	194.700	8.700	4,68

Das Ergebnis der Besprechung finden Sie auf der nächsten Seite.

Außerdem stellt Herr Kantig mit seinen Mitarbeitern Überlegungen an, mit welchen allgemeinen Maßnahmen die Fertigungskosten reduziert werden könnten. Man kommt zu folgenden Ergebnissen (Maßnahmen):

- das betriebliche Vorschlagswesen intensivieren
- den kontinuierlichen Verbesserungsprozezess (KVP) einführen bzw. verbessern
- in den Besprechungen Wege der Kostensenkung ermitteln und diskutieren
- die Mitarbeiter in den Prozess der Zielvereinbarung mit einbeziehen.

Die Besprechung führt zu folgenden Ergebnissen (ausgewählte Beispiele; verkürzt):

Ergebnisprotokoll:	Besprechung vom 10.07.20..	**Teilnehmer: ...**
Thema:	Analyse des Kostenreports Meisterbereich Fertigung	
Kostenart	**Bewertung der Abweichung**	**Korrekturmaßnahme** V: Verantwortlich; T: Termin
Fertigungslöhne	Obwohl die Kostenüberschreitung nur 5 % beträgt, besteht Handlungsbedarf, da die Kostenüberschreitung absolut bei 6 T€ liegt.	Herr Kantig vermutet, dass die Abweichung auf drei „vorgezogene" Umgruppierungen zurückzuführen ist. Er wird dies im Gespräch mit der Abt. Kostenrechnung klären. V: Herr Kantig T: bis 15.07
Hilfslöhne	Die Abweichung ist absolut zwar nicht gravierend, muss jedoch bei einer Höhe von 20 % beachtet werden.	Ist erledigt, war nicht vermeidbar. Wegen Erkrankungen mussten kurzfristig zwei Aushilfskräfte von einem Zeitarbeitsunternehmen eingestellt werden.

Ergebnisprotokoll:	Besprechung vom 10.07.20..	**Teilnehmer: ...**
Thema:	Analyse des Kostenreports Meisterbereich Fertigung	
Kostenart	**Bewertung der Abweichung**	**Korrekturmaßnahme** V: Verantwortlich; T: Termin
Werkstoffe	Es muss in Erfahrung gebracht werden, ob der geringe Werkstoffverbrauch „zufällig“ war oder sich maßnahmenbedingt ergeben hat.	Der Werkstoffverbrauch im Monat Juni soll analysiert werden; Liegt eine Mengen- oder eine Wertänderung vor? Welche Rückschlüsse können abgeleitet werden? V: Herr Kurz T: bis zur nächsten Besprechung
Energiekosten	Die Betriebsleitung hat Herrn Kantig bereits mitgeteilt, dass sich der Fixkostenanteil in den Energiekosten erhöht hat (Anhebung der Umlage); für die zukünftigen Monate wird das Rechnungswesen den Sollwert korrigieren.	Ist erledigt; war nicht vermeidbar. Planwert wird korrigiert. V: – T: –
Instandhaltung	vgl. Kostenart „Werkstoffe“	Die Zentrifuge N48K musste außerplanmäßig repariert werden. Maßnahmen: keine
Werkzeugkosten	vgl. Kostenart „Hilfslöhne“	Abweichung ist bekannt: Mit Genehmigung der Betriebsleitung wird das dringend erforderliche Spezialwerkzeug RADO KX beschafft.
Summer	Die Kostenüberschreitung ist mit rd. 5 % noch relativ vertretbar, trotzdem sind geeignete Maßnahmen zur Gegensteuerung zu gestalten. Würde sich diese Entwicklung – bei sonst unveränderten Bedinungungen – fortsetzen, hätte die Kostenstelle eine Ergebnisreduzierung von insgesamt rd. 61.000 € zu vertreten (= 7 • 8.700 €).	In der nächsten Sitzung mit der Betriebsleitung wird Herr Kantig die Abweichung kommentieren und über die eingeleiteten Maßnahmen berichten. V: Herr Kantig T: 26.07.

6. Verantwortliches Handeln im Betrieb (Responsible Care)

INFO

Prüfungsanforderungen

Im Qualifikationsschwerpunkt Verantwortliches Handeln im Betrieb (Responsible Care) soll die Fähigkeit nachgewiesen werden, die Vernetzung ökonomischer, ökologischer und sozialer Faktoren berücksichtigen zu können. Dazu gehört, in den Bereichen Arbeits- und Anlagensicherheit sowie Gesundheits- und Umweltschutz im Rahmen gesetzlicher Vorschriften und betrieblicher Vorgaben verantwortlich handeln zu können.

Qualifikationsschwerpunkt Verantwortliches Handeln im Betrieb (Überblick)

6.1 Überprüfen und Gewährleisten der Arbeits- und Anlagensicherheit sowie des Gesundheits- und Umweltschutzes

6.2 Erkennen von Schwachstellen im Bereich Arbeits- und Anlagensicherheit, Gesundheits- und Umweltschutz sowie Einleiten vorbeugender Maßnahmen

6.3 Fördern des verantwortlichen Handelns von Mitarbeitern und Mitarbeiterinnen im Betrieb

6.4 Planen und Durchführen von Unterweisungen zur Arbeits- und Anlagensicherheit sowie zum Gesundheits- und Umweltschutz

6.5 Gewährleisten des Informationsaustausches über sicherheits- und umweltrelevante Vorgänge

6.1 Überprüfen und Gewährleisten der Arbeits- und Anlagensicherheit sowie des Gesundheits- und Umweltschutzes

6.1.1 Arbeitssicherheit und Arbeitsschutz → A 1.3.4

01. Welche Bedeutung hat der Arbeitsschutz in Deutschland?

Das **Grundgesetz** der Bundesrepublik Deutschland sieht das Recht der Bürger auf **Schutz der Gesundheit und körperliche Unversehrtheit** als ein **wesentliches Grundrecht** an. Die Bedeutung dieses Grundrechtes kommt auch dadurch zum Ausdruck, dass es in der Abfolge der Artikel des Grundgesetzes schon an die zweite Stelle gesetzt wurde.

RECHTSGRUNDLAGEN

Art. 2 Abs. 2 GG
Jeder hat das Recht auf Leben und körperliche Unversehrtheit.

02. Warum ist der Arbeitgeber der Hauptgarant für die Arbeitssicherheit und den Arbeitsschutz der Mitarbeiter?

Alle wesentlichen Normen des Arbeitsschutzrechtes wenden sich an den **Arbeitgeber** als Adressaten. Dies ist die logische Folge dessen, dass das Rechtssystem der Bundesrepublik Deutschland streng dem sog. „Verursacherprinzip" folgt.

Im Arbeitsschutzrecht bedeutet dies konkret, dass **dem Arbeitgeber** vom Gesetzgeber **öffentlich-rechtliche Pflichten** zum Schutz der Arbeitnehmer **auferlegt werden**, weil er

- mit dem Geschäft, das auf seine Rechnung läuft, **die Ursachen** für die Gefährdungen setzt und
- seiner Stellung gemäß das **Direktionsrecht** ausübt.

Dem Arbeitgeber/Unternehmer wird damit vom Gesetz her eine sog. „Garantenstellung" **gegenüber** seinen Mitarbeitern zugewiesen. Insofern kann man das „Arbeitsschutzrecht" auch als „Arbeitnehmerschutzrecht" bezeichnen. Die Schutzrechte für die Arbeitnehmer gelten als Bestandteile der Arbeitsverhältnisse und sind somit arbeitsrechtlich verpflichtend.

03. Wie ist das deutsche Arbeitsschutzrecht gegliedert?

Es gibt kein einheitliches, in sich geschlossenes Arbeitsschutzrecht in Deutschland. Es umfasst eine Vielzahl von Vorschriften. Grob unterteilen lassen sich die Arbeitsschutzvorschriften in:

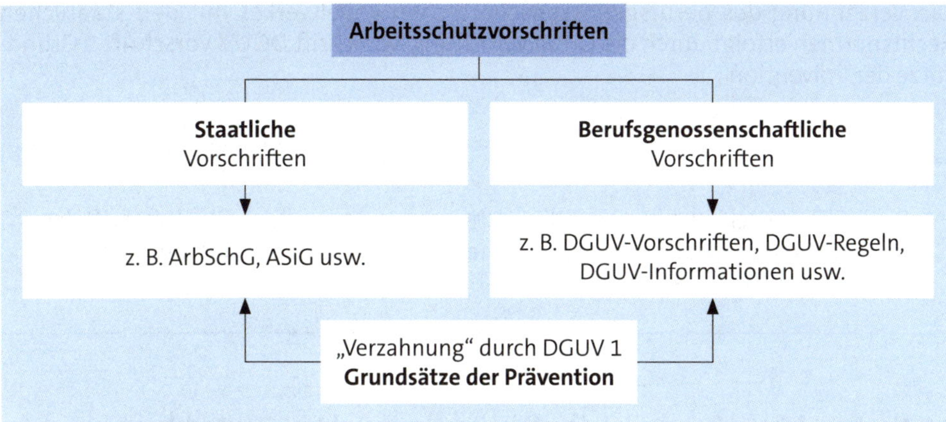

- **Staatliche Vorschriften**, z. B.:

- Arbeitsschutzgesetz	ArbSchG
- Arbeitssicherheitsgesetz (Gesetz über Betriebsärzte, Sicherheitsingenieure und andere Fachkräfte für Arbeitssicherheit)	ASiG
- Betriebssicherheitsverordnung	BetrSichV
- Verordnung zur Arbeitsmedizinischen Vorsorge	ArbMedV
- Arbeitsstättenverordnung (2015)	ArbStättV
- Gefahrstoffverordnung	GefStoffV
- Produktsicherheitsgesetz	ProdSG
- Chemikaliengesetz	ChemG
- Bundesimmissionsschutzgesetz	BImSchG
- Jugendarbeitsschutzgesetz	JArbSchG
- Mutterschutzgesetz	MuSchG
- Betriebsverfassungsgesetz	BetrVG
- Sozialgesetzbuch Siebtes Buch (Gesetzliche Unfallversicherung)	SGB VII
- Sozialgesetzbuch Neuntes Buch (Rehabilitation und Teilhabe behinderter Menschen)	SGB IX
- EU-Richtlinien	

- **Berufsgenossenschaftliche Vorschriften**, z. B.:

- Berufsgenossenschaftliche Vorschriften (früher: Unfallverhütungsvorschriften)	DGUV-Vorschriften (**D**eutsche **G**esetzliche **U**nfall**v**ersicherung)
- Berufsgenossenschaftliche Regeln	DGUV-Regeln
- Berufsgenossenschaftliche Informationen	DGUV-Informationen
- Berufsgenossenschaftliche Grundsätze	DGUV-Grundsätze

Die Verzahnung des berufsgenossenschaftlichen Regelwerkes mit den staatlichen Rechtsnormen erfolgt durch die Unfallverhütungsvorschrift DGUV Vorschrift 1 Grundsätze der Prävention.

INFO

Die DGUV Vorschrift 1 ist somit die wichtigste und grundlegende Vorschrift der Berufsgenossenschaften und kann daher als „Grundgesetz der Prävention" bezeichnet werden.

04. Nach welchem Prinzip ist das Arbeitsschutzrecht in Deutschland aufgebaut?

Der Aufbau des Arbeitsschutzrechtes in Deutschland folgt streng dem „Prinzip vom Allgemeinen zum Speziellen". Diese Rangfolge ist ein wesentlicher Grundgedanke in der deutschen Rechtssystematik und wird vom Gesetzgeber deswegen durchgängig verwendet:

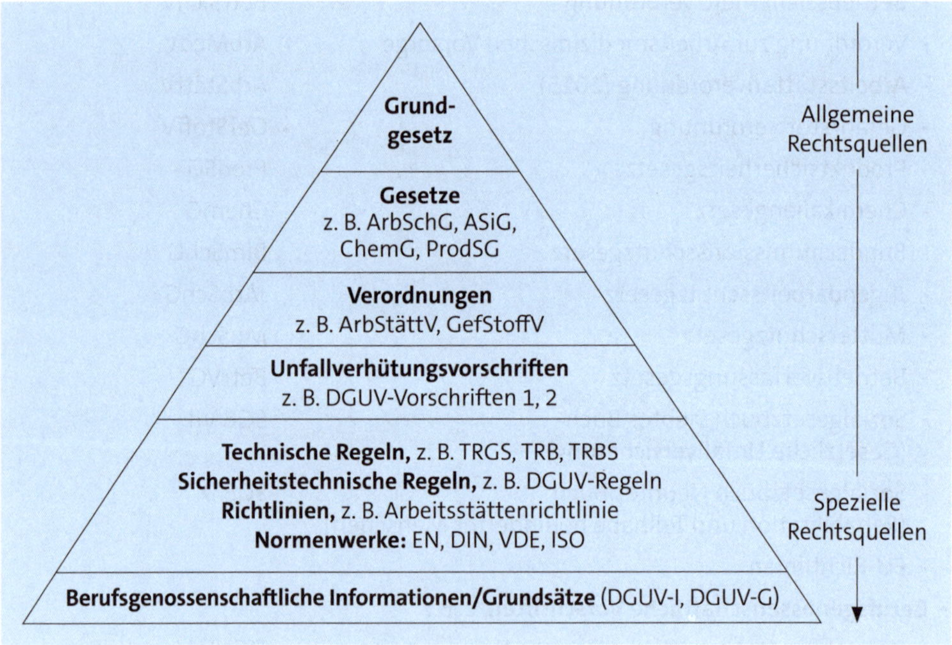

Den allgemeinen Rechtsrahmen stellt das Grundgesetz dar. Alle gesetzgeberischen Akte, auch die gesetzlichen Regelungen für den Arbeitsschutz, müssen sich am Grundgesetz messen lassen. Ebenso muss jede nachfolgende Rechtsquelle mit der übergeordneten vereinbar sein (**Rangprinzip**). Die Gesetze und Vorschriften unterteilen sich in Regeln des **öffentlichen Rechts** (regelt die Beziehungen des Einzelnen zum Staat) und allgemein anerkannte Regeln des **Privatrechts** (Rechtsbeziehungen der Bürger untereinander). Der Arbeitnehmerschutz und die Arbeitssicherheit gehören zum öffentlichen Recht.

05. Welche Schwerpunkte hat der Arbeitsschutz?

Die Schwerpunkte des Arbeitsschutzes sind:

- **Unfallverhütung** (klassischer Schutz vor Verletzungen)
- Schutz vor **Berufskrankheiten**
- Verhütung von **arbeitsbedingten Gesundheitsgefahren**
- Organisation der **Ersten Hilfe.**

06. Wie lässt sich der Arbeitsschutz in Deutschland unterteilen?

Arbeitsschutz in Deutschland – Gliederung

Unfallverhütung	Gesundheitsschutz	Sozialer Arbeitsschutz
► Allgemeine Arbeitssicherheit ► Technischer Arbeitsschutz/ Maschinensicherheit ► Brandschutz ► Explosionsschutz	► Arbeitsmedizinische Vorsorge ► Gesundheitsfürsorge ► Arbeitsgestaltung ► Ergonomie ► Raumgestaltung ► Klima-, Licht- und Lärmschutz	► Arbeitszeitschutz, z. B. Arbeitspausen, Nachtarbeit ► Schutz für besondere Gruppen von Beschäftigten, z. B. Kinder, Jugendliche, Frauen, behinderte Menschen

07. Wer überwacht die Einhaltung der Vorschriften und Regeln des Arbeitsschutzes?

Das Arbeitsschutzsystem in Deutschland ist dual aufgebaut. Man spricht vom „Dualismus des deutschen Arbeitsschutzsystems". Diese Struktur ist in Europa einmalig:

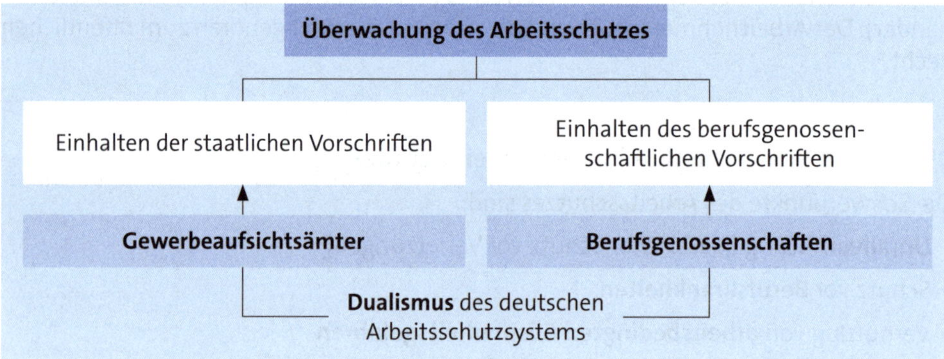

- Dem dualen Aufbau folgend wird die **Einhaltung der staatlichen Vorschriften von den staatlichen Gewerbeaufsichtsämtern** überwacht. Die Gewerbeaufsicht unterliegt der Hoheit der Länder.
- **Die Einhaltung der berufsgenossenschaftlichen Vorschriften wird von den Berufsgenossenschaften überwacht.** Die Berufsgenossenschaften sind Körperschaften des öffentlichen Rechts und agieren hoheitlich wie staatlich beauftragte Stellen.

  Die Berufsgenossenschaften sind nach Branchen gegliedert. Sie liefern Prävention und Entschädigungsleistungen aus „einer Hand". Sie arbeiten als bundesunmittelbare Verwaltungen, d. h. sie sind entweder bundesweit oder aber zumindest in mehreren Bundesländern tätig.

08. Welche Zielsetzung hat das Arbeitsschutzgesetz?

Die Zielsetzung des Arbeitsschutzgesetzes (ArbSchG) kommt bereits in der „Langfassung" des Namens deutlich zum Ausdruck: Es ist das Gesetz über die Durchführung von Maßnahmen des Arbeitsschutzes zur Verbesserung der Sicherheit und des Gesundheitsschutzes der Beschäftigten bei der Arbeit.

09. Welchen Inhalt hat das Arbeitsschutzgesetz?

Das Gesetz ist in fünf Abschnitte gegliedert:

Abschnitt	§	Inhalt
Erster Abschnitt **Allgemeine Vorschriften**	§ 1	Zielsetzung und Anwendungsbereich
	§ 2	Begriffsbestimmungen
Zweiter Abschnitt **Pflichten des Arbeitgebers**	§ 3	Grundpflichten des Arbeitgebers
	§ 4	Allgemeine Grundsätze
	§ 5	Beurteilung der Arbeitsbedingungen
	§ 6	Dokumentation
	§ 7	Übertragung von Aufgaben
	§ 8	Zusammenarbeit mehrerer Arbeitgeber
	§ 9	Besondere Gefahren
	§ 10	Erste Hilfe und sonstige Notfallmaßnahmen
	§ 11	Arbeitsmedizinische Vorsorge
	§ 12	Unterweisung
	§ 13	Verantwortliche Personen
	§ 14	Unterrichtung und Anhörung der Beschäftigten des öffentlichen Dienstes
Dritter Abschnitt **Pflichten und Rechte der Beschäftigten**	§ 15	Pflichten der Beschäftigten
	§ 16	Besondere Unterstützungspflichten
	§ 17	Rechte der Beschäftigten
Vierter Abschnitt **Verordnungsermächtigungen**	§ 18	Verordnungsermächtigungen
	§ 19	Rechtsakte der Europäischen Gemeinschaften und zwischenstaatliche Vereinbarungen
	§ 20	Regelungen für den öffentlichen Dienst
Fünfter und sechster Abschnitt **Gemeinsame deutsche Arbeitsschutzstrategie und Schlussvorschriften**	§ 20a	Gemeinsame deutsche Arbeitsschutzstrategie
	§ 20b	Nationale Arbeitsschutzkonferenz
	§ 21	Zuständige Behörden; Zusammenwirken mit den Trägern der gesetzlichen Unfallversicherung
	§ 22	Befugnisse der zuständigen Behörden
	§ 23	Betriebliche Daten; Zusammenarbeit mit anderen Behörden; Jahresbericht
	§ 24	Ermächtigung zum Erlass von allgemeinen Verwaltungsvorschriften
	§ 25	Bußgeldvorschriften
	§ 26	Strafvorschriften

10. Welcher Unterschied besteht zwischen Rechtsvorschriften und Regelwerken im Arbeitsschutz?

- **Rechtsvorschriften** (Gesetze, Verordnungen) schreiben allgemeine **Schutzziele** vor.
  - Dabei sind Gesetze ihrer Natur gemäß mit einem weitaus höheren Allgemeinheitsgrad versehen als Verordnungen.
  - Verordnungen sind vom Gesetzgeber schon etwas spezieller formuliert. Aus Anwendersicht sind sie jedoch immer noch sehr allgemein gehalten und eng am Schutzziel orientiert.
  - Die DGUV-Vorschriften der Berufsgenossenschaften sind lediglich eine besondere Form von Rechtsvorschriften und im Range von Verordnungen zu sehen.

  Die **Befolgung der Forderungen** von Gesetzen und Verordnungen ist **zwingend**.

- **Regelwerke:**
  Um dem Anwender Hilfestellung zu geben, auf welche Weise er die Vorschriften einhalten kann, werden von staatlich oder berufsgenossenschaftlich autorisierten Ausschüssen **Regelwerke** erarbeitet. Sie geben dem Unternehmer **Orientierungshilfen**, die ihm die **Erfüllung** seiner Pflichten im Arbeitsschutz **erleichtern**.

  Beachtet der Unternehmer die im Regelwerk angebotenen Lösungen, löst dies die sog. **Vermutungswirkung aus. Es wird in diesem Fall vermutet**, dass er die ihm obliegenden **Pflichten** im Arbeitsschutz **erfüllt** hat, weil er die Regel befolgt hat.

  Anders als es die Gesetzesvorschrift oder die Verordnung notwendig macht, muss der Unternehmer dem Regelwerk jedoch **nicht zwingend** folgen. Er kann **in eigener Verantwortung** genau die **Maßnahmen auswählen**, die er in seinem Betrieb für geeignet erachtet. Dass der Unternehmer von der Regel abweichen kann, ist vom Gesetzgeber gewollt, weil dazu die Notwendigkeit besteht. Diese Möglichkeit, **von der Regel abweichen** zu können, ist sehr wichtig, um den **wissenschaftlichen und technischen Fortschritt nicht** zu **behindern**.

- **Normenwerke:**
  Die Aussagen über die Regelwerke gelten gleichermaßen für die in den bekannten Normenwerken festgehaltenen technischen und sicherheitstechnischen Regeln.

  Die Fachausschüsse für Prävention der **Berufsgenossenschaften** haben eine Fülle von **Regeln für Sicherheit und Gesundheit** bei der Arbeit erarbeitet, die den Unternehmern im konkreten Fall Orientierungshilfen bei der Erfüllung der Unfallverhütungsvorschriften geben können.
  - TRBS:
    Die vom Bund autorisierten **Ausschüsse für Betriebssicherheit** ermitteln regelmäßig **Technische Regeln für Betriebssicherheit** (TRBS), um Orientierungshilfen zur Erfüllung der **Betriebssicherheitsverordnung** zu geben.
  - TRGS:
    Die Ausschüsse für Gefahrstoffe ermitteln regelmäßig **Technische Regeln** für den sicheren **Umgang mit Gefahrstoffen** (TRGS), die dem Unternehmer helfen, die **Gefahrstoffverordnung** richtig anzuwenden.

- DGUV-R:
  Die berufsgenossenschaftlichen Ausschüsse für Prävention bereiten die Rechtsetzung der Unfallverhütungsvorschriften vor und ermitteln berufsgenossenschaftliche Regeln (DGUV-R).

Sowohl in den berufsgenossenschaftlichen als auch in den staatlich autorisierten Ausschüssen ist dafür gesorgt, dass alle relevanten gesellschaftlichen Gruppen an der Regelfindung beteiligt sind. So sind in den Gremien Arbeitgeber, Gewerkschaften, die Wissenschaft und die Behörden angemessen vertreten.

11. Welche Berufsgenossenschaft ist für die Industrie tätig?

Die Berufsgenossenschaft Holz und Metall ist der Unfallversicherer für Betriebe der Metall und Holzindustrie. Die Berufsgenossenschaft Energie Textil Elektro Medienerzeugnisse (BG ETEM) ist für Betriebe der Elektroindustrie zuständig. Die BG Rohstoffe und Chemische Industrie ist für Betriebe der Chemie zuständig. Sie erledigen als moderner Dienstleister nicht nur die **Unfallversicherung**, sondern arbeiten, wie der Gesetzgeber es vorschreibt, mit allen geeigneten Mitteln an der **Prävention** von **Arbeitsunfällen**, **Berufskrankheiten** und **arbeitsbedingten Gesundheitsgefahren**.

12. Was ist ein Arbeitsunfall?

Ein **Arbeitsunfall** liegt vor, wenn

- eine **versicherte Person** bei einer
- **versicherten Tätigkeit** durch ein
- **zeitlich begrenztes, von außen** her einwirkendes Ereignis
- einen **Körperschaden** erleidet.

Beispiel

► Ein Facharbeiter arbeitet in der Produktion der Firma.	→	**Versicherte Person (Facharbeiter)** **Versicherte Tätigkeit**
		+
► Er klemmt sich an einem Mannlochdeckel die Hand.	→	**Unfallereignis**
		+
► Die Hand wird leicht gequetscht und blutet.	→	**Körperschaden**

→ **Der Unfall des Facharbeiters war ein Arbeitsunfall.**

13. Was ist ein Wegeunfall?

Unfälle auf dem Weg zur Arbeitsstelle und auf dem Weg zurück zur Wohnung sind dem Arbeitsunfall gleichgestellt. Sie werden von den Berufsgenossenschaften **wie Arbeitsunfälle** entschädigt und tragen die Bezeichnung **Wegeunfälle**.

14. Wann liegt eine Berufskrankheit vor?

Eine **Berufskrankheit** liegt vor, wenn

- eine versicherte Person durch ihre berufliche Tätigkeit
- gesundheitlich geschädigt wird und
- die Erkrankung in der Berufskrankheiten-Verordnung (BeKV) der Bundesregierung ausdrücklich als Berufskrankheit bezeichnet ist.

Beispiel

► Ein Facharbeiter arbeitet viele Jahre in einem Stahlwerk und führt Reparaturarbeiten an Elektrolichtbogenöfen aus, die extreme Lärmpegel von bis zu 120 dB(A) erzeugen.	→ **Versicherte Person** (Facharbeiter) + **langjährige Lärmeinwirkung am Arbeitsplatz** + **versicherte Tätigkeit**
► Lärm gilt ab einem Pegel von 85 dB(A) als gesundheitsschädigend. Der Schlosser wird infolge des gesundheitsschädigenden Lärms an seinem Arbeitsplatz schwerhörig. (vgl. neue Lärm- und Vibrationsschutzverordnung)	→ **Körperschaden**
► Die **Lärmschwerhörigkeit** ist eine der wichtigsten und **häufigsten Berufskrankheiten** in der Industrie und im Handwerk. Sie gilt schon sehr lange als Berufskrankheit und ist in der BeKV ausdrücklich verzeichnet.	→ **in der BeKV erfasst**

→ **Bei dem Facharbeiter liegt eine Berufskrankheit vor.**

Der wesentliche **Unterschied** zwischen Arbeitsunfällen und Berufskrankheiten ist im **Zeitfaktor** zu sehen. Während der **Körperschaden** beim Arbeitsunfall **plötzlich** verursacht wird, geschieht dies bei der **Berufskrankheit** über **längere Zeiträume** hinweg.

15. Welche Pflichten hat der Arbeitgeber im Rahmen des Arbeits- und Gesundheitsschutzes? → ArbSchG

Der Arbeitgeber trägt – vereinfacht formuliert – die Verantwortung dafür, dass „seine Mitarbeiter am Ende des Arbeitstages möglichst genauso gesund sind, wie zu dessen Beginn". Er hat dazu alle erforderlichen Maßnahmen zur Verhütung von

- Arbeitsunfällen,
- Berufskrankheiten und
- arbeitsbedingten Gesundheitsgefahren sowie für
- wirksame Erste Hilfe

zu ergreifen.

Das **Arbeitsschutzgesetz** (ArbSchG) legt die **Pflichten des Arbeitgebers im Arbeits- und Gesundheitsschutz** als Umsetzung der Europäischen Arbeitsschutz-Rahmenrichtlinie fest. **Die Grundpflichten des Unternehmers sind also Europa weit harmonisiert**. Nach dem Arbeitsschutzgesetz kann man die Verantwortung des Arbeitgebers für den Arbeitsschutz in Grundpflichten, besondere Pflichten und allgemeine Grundsätze gliedern:

- **Grundpflichten des Arbeitgebers** nach § 3 ArbSchG:
  Die Grundpflichten des Unternehmers sind im § 3 des Arbeitsschutzgesetzes genau beschrieben. Danach muss der Unternehmer
  - alle notwendigen Maßnahmen des Arbeitsschutzes treffen,
  - diese Maßnahmen auf ihre Wirksamkeit überprüfen und ggf. anpassen,
  - dafür sorgen, dass die Maßnahmen den Mitarbeitern bekannt sind und beachtet werden,
  - für eine geeignete Organisation im Betrieb sorgen und
  - die Kosten für den Arbeitsschutz tragen.
- **Besondere Pflichten des Arbeitgebers** nach §§ 4 - 14 ArbSchG, z. B.:
  Um sicherzustellen, dass wirklich geeignete und auf die Arbeitsplatzsituation genau zugeschnittene wirksame Maßnahmen ergriffen werden, schreibt § 5 des Arbeitsschutzgesetzes vor, dass der Arbeitgeber
  - die Gefährdungen im Betrieb ermittelt und
  - die Gefährdungen beurteilen muss.

  Der Arbeitgeber ist verpflichtet, **Unfälle** zu **erfassen**. Dies betrifft insbesondere **tödliche Arbeitsunfälle**, Unfälle mit **schweren Körperschäden** und Unfälle, die dazu geführt haben, dass der Unfallverletzte **mehr als drei Tage arbeitsunfähig** war. Für Unfälle, die diese Bedingungen erfüllen, besteht gegenüber der Berufsgenossenschaft eine **Anzeigepflicht**. Der Arbeitgeber muss für eine **funktionierende Erste Hilfe** und die erforderlichen **Notfallmaßnahmen** in seinem Betrieb sorgen (§ 10 ArbSchG).

- **Allgemeine Grundsätze** nach § 4 ArbSchG:
  Der Arbeitgeber hat bei der Gestaltung von Maßnahmen des Arbeitsschutzes folgende allgemeine Grundsätze zu beachten:
  1. Eine Gefährdung ist möglichst zu vermeiden; eine verbleibende Gefährdung ist möglichst gering zu halten.
  2. Gefahren sind an ihrer Quelle zu bekämpfen.
  3. Zu berücksichtigen sind: Stand der Technik, Arbeitsmedizin, Hygiene sowie gesicherte arbeitswissenschaftliche Erkenntnisse.
  4. Technik, Arbeitsorganisation, Arbeits- und Umweltbedingungen sowie soziale Beziehungen sind sachgerecht zu verknüpfen.
  5. Individuelle Schutzmaßnahmen sind nachrangig.
  6. Spezielle Gefahren sind zu berücksichtigen.
  7. Den Beschäftigten sind geeignete Anweisungen zu erteilen.
  8. Geschlechtsspezifische Regelungen sind nur zulässig, wenn dies biologisch zwingend ist.

Pflichten des Arbeitgebers nach dem ArbSchG (Überblick)		
Grundpflichten § 3 ArbSchG	**Besondere Pflichten** §§ 5 - 14 ArbSchG	**Allgemeine Grundsätze** § 4 ArbSchG
► Maßnahmen treffen ► Wirksamkeit kontrollieren ► Verbesserungspflicht ► Vorkehrungs-/Bereitstellungspflicht ► Kostenübernahme	► Gefährdungsbeurteilung, Analyse, Dokumentation §§ 5 - 6 ► sorgfältige Aufgabenübertragung § 7 ► Zusammenarbeit mit anderen Arbeitgebern § 7 ► Vorkehrungen bei besonders gefährlichen Arbeitsbereichen § 9 ► Erste Hilfe § 10 ► arbeitsmedizinische Vorsorge § 11 ► Unterweisung der Mitarbeiter § 12	► Gefährdungsvermeidung ► Gefahrenbekämpfung ► Überprüfen des Technikstandes ► Planungspflichten ► Schutz besonderer Personengruppen ► Anweisungspflicht ► Diskriminierungsverbot

16. Welche Bedeutung hat die Übertragung von Unternehmerpflichten nach § 7 ArbSchG?

Dem Unternehmer/Arbeitgeber sind vom Gesetzgeber Pflichten im Arbeitsschutz auferlegt worden. Diese Pflichten obliegen ihm **persönlich**. Im Einzelnen sind dies (vgl. Frage 15., Grundpflichten)

- die Organisationsverantwortung
- die Auswahlverantwortung (Auswahl der „richtigen" Personen)
- die Aufsichtsverantwortung (Kontrollmaßnahmen).

Je größer das Unternehmen ist, desto umfangreicher wird natürlich für den Unternehmer das Problem, die sich aus der generellen Verantwortung ergebenden Pflichten im betrieblichen Alltag persönlich wirklich wahrzunehmen.

In diesem Falle überträgt er seine persönlichen Pflichten auf **betriebliche Vorgesetzte** und/oder **Aufsichtspersonen**. Er beauftragt sie mit seinen Pflichten und bindet sie so in seine Verantwortung mit ein.

- § 13 der Unfallverhütungsvorschrift DGUV-Vorschrift 1 „Grundsätze der Prävention" legt fest, dass der **Verantwortungsbereich** und die **Befugnisse**, die der Beauftragte erhält, um die beauftragten Pflichten erledigen zu können, vorher **genau festgelegt** werden müssen. Die **Pflichtenübertragung** bedarf der **Schriftform**. Das Schriftstück ist vom Beauftragten zu unterzeichnen. Dem Beauftragten ist ein Exemplar auszuhändigen.
- Die Pflichten von Beauftragten, also Vorgesetzten und Aufsichtspersonen, bestehen jedoch rein rechtlich auch ohne eine solche schriftliche Beauftragung, also unabhängig von § 13 DGUV-Vorschrift 1. Dies ist deswegen der Fall, weil sich die **Pflichten des Vorgesetzten** bzw. der Aufsichtsperson aus deren **Arbeitsvertrag** ergeben. Alle Vorgesetzten, und dazu gehören insbesondere die **Industriemeister**, sollten ganz genau wissen, dass sie ab **Übernahme der Tätigkeit** in ihrem Verantwortungsbereich nicht nur für einen geordneten Arbeits- und Produktionsablauf **verantwortlich** sind, sondern auch für die **Sicherheit der unterstellten Mitarbeiter**.
- Um dieser Verantwortung gerecht zu werden, räumt der Unternehmer dem Vorgesetzten **Kompetenzen** ein. Diese **Kompetenzen** muss der Vorgesetzte **konsequent einsetzen**. Aus der **persönlichen Verantwortung** erwächst immer auch die **persönliche Haftung**. Eine wichtige Regel für den betrieblichen Vorgesetzten lautet:

  „3-K-Regel" nach Nordmann:
  „Wer **Kompetenzen** besitzt und diese **Kompetenzen** nicht nutzt, muss im Ernstfall mit **Konsequenzen** rechnen, die er gegebenenfalls ganz allein zu tragen hat."

17. Welche Pflichten sind den Mitarbeitern im Arbeitsschutz auferlegt? → §§ 15 f. ArbSchG, → DGUV-Vorschrift 1

► **Rechtsquellen:**

- Die Pflichten der Mitarbeiter sind in § 15 ArbSchG allgemein beschrieben.
- § 16 ArbSchG legt **besondere Unterstützungspflichten** der Mitarbeiter dem Unternehmer gegenüber fest. Natürlich sind alle Mitarbeiter verpflichtet, im innerbetrieblichen Arbeitsschutz aktiv mitzuwirken.
- Die §§ 15 und 18 der berufsgenossenschaftlichen Vorschrift „Grundsätze der Prävention" (DGUV-Vorschrift 1) regeln die diesbezüglichen Verpflichtungen der Mitarbeiter im betrieblichen Arbeitsschutz. Das 3. Kapitel der berufsgenossenschaftlichen Unfallverhütungsvorschrift DGUV-Vorschrift 1 „Grundsätze der Prävention" regelt die Pflichten der Mitarbeiter ausführlich.

► **Pflichten der Mitarbeiter im Arbeitsschutz:**

- Die Mitarbeiter müssen die Weisungen des Unternehmers für ihre Sicherheit und Gesundheit befolgen. Die **Maßnahmen**, die der Unternehmer getroffen hat, um für einen wirksamen Schutz der Mitarbeiter zu sorgen, sind von den Mitarbeitern **zu unterstützen**. Sie dürfen sich bei der Arbeit nicht in einen Zustand versetzen, durch den sie sich selbst oder andere gefährden können (**Pflicht zur Eigensorge und Fremdsorge**). Dies gilt insbesondere für den Konsum von Drogen, Alkohol, anderen berauschenden Mitteln sowie die Einnahme von Medikamenten (§ 15 Abs. 1 ArbSchG).

  § 15 der DGUV-Vorschrift 1 sieht in der neuesten Fassung von November 2013 derartige Handlungen als Ordnungswidrigkeiten an. Deswegen ist es möglich, dass Mitarbeiter, die bei der Arbeit unter Alkohol- bzw. Drogeneinfluss stehen, durch die Berufsgenossenschaft mit einem **Bußgeld** belegt werden können.
- Die Mitarbeiter müssen **Einrichtungen**, Arbeitsmittel und Arbeitsstoffe **sowie Schutzvorrichtungen bestimmungsgemäß benutzen** und dürfen sich an gefährlichen Stellen im Betrieb nur im Rahmen der ihnen übertragenen Aufgaben aufhalten; die persönliche Schutzausrüstung ist bestimmungsgemäß zu verwenden (§ 15 Abs. 2 ArbSchG).
- Gefahren und Defekte sind vom Mitarbeiter unverzüglich zu melden (§ 16 ArbSchG).
- Die Mitarbeiter haben gemeinsam mit dem Betriebsarzt (BA) und der Fachkraft für Arbeitssicherheit (Sifa) den Arbeitgeber in seiner Verantwortung zu unterstützen; festgestellte Gefahren und Defekte sind dem BA und der Sifa mitzuteilen (§ 16 Abs. 2 ArbSchG).

18. Wann sind Sicherheitsbeauftragte (Sibea) zu bestellen und welche Aufgaben haben sie? → § 20 DGUV-Vorschrift 1

► **Pflicht zur Bestellung von Sicherheitsbeauftragten:**
Wann Sicherheitsbeauftragte (Sibea) zu bestellen sind, ist durch § 20 der DGUV-Vorschrift 1 „Grundsätze der Prävention" sowie § 22 SGB VII genau geregelt:

Sicherheitsbeauftragte sind vom Arbeitgeber zu bestellen, wenn im **Betrieb mehr als 20 Mitarbeiter** beschäftigt werden, d. h. die Verpflichtung, Sicherheitsbeauftragte zu bestellen, erwächst dem Unternehmer genau dann, wenn er den **21. Mitarbeiter** einstellt.

Es hat sich in größeren Betrieben als sehr praktisch erwiesen, Sicherheitsbeauftragte speziell für die einzelnen Abteilungen, Werkstätten bzw. den kaufmännischen Bereich zu bestellen. Die Anzahl der zu bestellenden Sicherheitsbeauftragten richtet sich danach, in welche Gefahrklasse der Gewerbezweig eingestuft ist.

Es gilt grob die Regel:

Je **gefährlicher** der **Gewerbezweig**, desto **mehr Sicherheitsbeauftragte** müssen bestellt werden.

- **Aufgaben der Sicherheitsbeauftragten:**
  Sie haben die **Aufgabe**, den **Arbeitgeber** bei der Durchführung des Arbeitsschutzes über das normale Maß der Pflichten der Mitarbeiter im Arbeitsschutz hinaus zu unterstützen.
  - Die Sicherheitsbeauftragten arbeiten ehrenamtlich und wirken auf kollegialer Basis auf die Mitarbeiter des Betriebsbereiches ein, für den sie bestellt worden sind.
  - Der Sicherheitsbeauftragte ist in der betrieblichen Praxis ein wichtiger Partner für den Industriemeister und hinsichtlich der Erfüllung der Pflichten des Meisters im Arbeitsschutz ein wichtiges Bindeglied zu den Mitarbeitern.
  - Das erforderliche Grundwissen für die Tätigkeit im Unternehmen erwirbt sich der Sicherheitsbeauftragte in einem kostenfreien Ausbildungskurs der Berufsgenossenschaft.

    Weiterhin bieten die Berufsgenossenschaften **Fortbildungskurse** für Sicherheitsbeauftragte an und stellen zahlreiche **Arbeitshilfen** zur Verfügung.

19. Wann sind Sicherheitsfachkräfte (Sifa) zu bestellen und welche Aufgaben haben sie? → § 5 ASiG, → DGUV-Vorschrift 2

- **Pflicht zur Bestellung von Sicherheitsfachkräften:**
  Fachkräfte für Arbeitssicherheit (Sicherheitsfachkräfte; Sifa) muss grundsätzlich **jedes Unternehmen**, das **Mitarbeiter beschäftigt**, bestellen. Der Grundsatz der Bestellung sowie die Forderungen an die Fachkunde der Sicherheitsfachkräfte werden in einem **Bundesgesetz**, dem **Arbeitssicherheitsgesetz** (ASiG), geregelt.

  Regeln für die betriebliche Ausgestaltung der Bestellung liefert die **DGUV-Vorschrift 2** „Betriebsärzte und Fachkräfte für Arbeitssicherheit".

  Die Berufsgenossenschaften legen hier fest, wie viele Sicherheitsfachkräfte für welche Einsatzzeit im Unternehmen tätig sein müssen. Wichtigste Anhaltspunkte für diese Einsatzgrößen sind die **Betriebsgröße** und der **Gewerbezweig** (Gefährlichkeit der Arbeit).

  Weitere Anhaltspunkte ergeben sich aus den notwendigen Arbeiten in den Tätigkeitsfeldern der Fachkräfte, die sich aus den speziellen Gefährdungen ergeben.

Die Berufsgenossenschaften eröffnen kleinen Unternehmen in dieser Unfallverhütungsvorschrift die Wahlmöglichkeit zwischen der sog. **Regelbetreuung** durch eine Sicherheitsfachkraft oder **alternativen Betreuungsmodellen**, bei denen der Unternehmer des Kleinbetriebes selbst zum Akteur werden kann.

► **Aufgaben der Sicherheitsfachkraft:**

- Die Sicherheitsfachkraft ist für den Unternehmer beratend tätig in allen Fragen des Arbeits- und Gesundheitsschutzes und schlägt Maßnahmen zur Umsetzung vor.
- Die Sicherheitsfachkraft ist darüber hinaus in der Lage, die **Gefährdungsbeurteilung** des Unternehmens **systematisch** zu betreiben, zu dokumentieren, konkrete Vorschläge zur Umsetzung der notwendigen Maßnahmen zu unterbreiten und deren **Wirksamkeit** im Nachgang zielorientiert zu überprüfen.
- Der **Industriemeister ist gut beraten, das Potenzial** der Sicherheitsfachkraft für seine Arbeit zu nutzen und eng mit ihr zusammen zu arbeiten.
- Die Sicherheitsfachkraft ist **weisungsfrei** tätig. Sie trägt demzufolge **keine Verantwortung** im Arbeitsschutz; diese hat der Arbeitgeber. Die Sicherheitsfachkraft muss jedoch die Verantwortung dafür übernehmen, dass sie ihrer Beratungsfunktion richtig und korrekt nachkommt.
- Sicherheitsfachkräfte müssen entweder einen **Abschluss als Ingenieur, Techniker oder Meister** erworben haben (§ 5 Abs. 1 ASiG). Erst damit besitzen sie die **Zugangsberechtigung** zur Teilnahme an einem berufsgenossenschaftlichen oder staatlichen **Ausbildungslehrgang** zur Fachkraft für Arbeitssicherheit. Mit dem Abschluss eines solchen Ausbildungslehrganges erwirbt die Sicherheitsfachkraft ihre **Fachkunde**; sie ist die gesetzlich geforderte Mindestvoraussetzung, um als Sicherheitsfachkraft tätig sein zu dürfen.
- Die Ausbildungslehrgänge zum **Erwerb der Fachkunde** umfassen **drei Ausbildungsstufen:**
  - die **Grundausbildung**
  - die **vertiefende Ausbildung**
  - die **Bereichsausbildung**.

  Ein begleitendes Praktikum und eine schriftliche sowie mündliche **Abschlussprüfung** runden die Ausbildung ab. **Wichtigster Ausbildungsträger** für diese Ausbildung sind die **gewerblichen Berufsgenossenschaften**.
- Die Sicherheitsfachkraft muss dem Unternehmer regelmäßig über die Erfüllung ihrer übertragenen Aufgaben **schriftlich berichten**.
- Die Sicherheitsfachkraft kann **im Unternehmen angestellt** sein (Regelfall in Großbetrieben, häufigster Fall für den Industriemeister) oder sie kann extern vom Unternehmen vertraglich verpflichtet werden. Externe Sicherheitsfachkräfte sind **entweder freiberuflich tätig** oder **Angestellte** sicherheitstechnischer Dienste. **Diese** bieten ihre Dienstleistungen sowohl **regional** als auch **überregional** an.

20. Wann muss ein Arbeitsschutzausschuss gebildet werden, wie setzt er sich zusammen und wie oft muss er tagen? → § 11 ASiG

Der **Arbeitsschutzausschuss** (ASA) nach § 11 ASiG vereint alle Akteure des betrieblichen Arbeitsschutzes und dient der Beratung, Harmonisierung und Koordinierung der Aktivitäten im Unternehmen.

Sind in einem Unternehmen **mehr als 20 Mitarbeiter** beschäftigt, ist ein Arbeitsschutzausschuss zu bilden. Er setzt sich wie folgt zusammen:

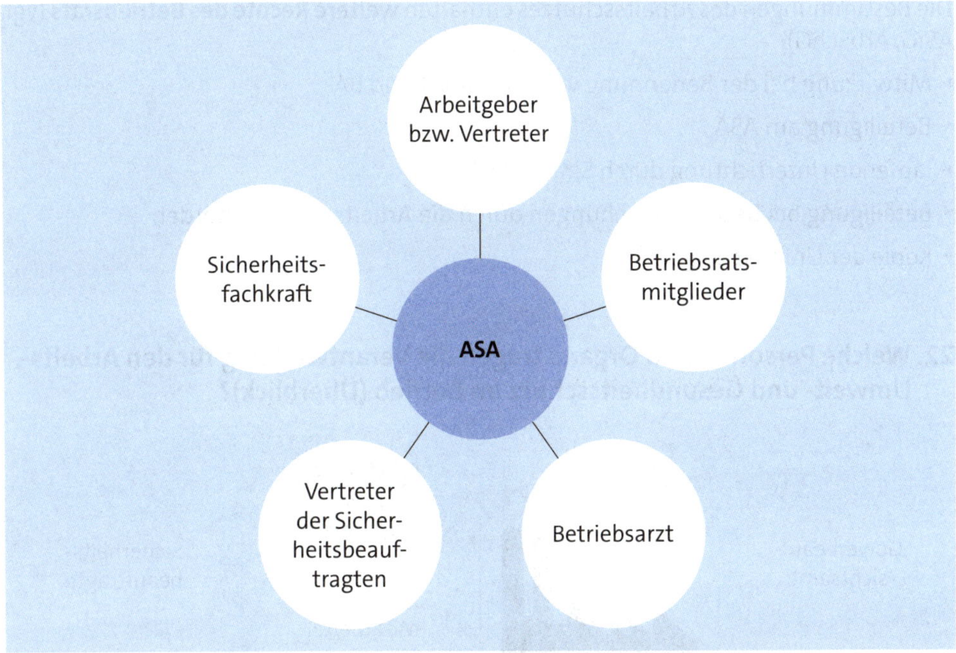

Das Arbeitssicherheitsgesetz schreibt vor, dass der Arbeitsschutzausschuss einmal **vierteljährlich** tagt.

21. Ist der Betriebsrat zur Mitarbeit im Arbeits- und Gesundheitsschutz verpflichtet und welche Rechte hat er? → BetrVG

Nach dem Betriebsverfassungsgesetz hat der Betriebsrat folgende Rechte und Pflichten:

- § 80 Abs. 1 Nr. → **Einhaltung der Gesetze**
  verpflichtet den Betriebsrat darüber zu wachen, dass die einschlägigen Gesetze, also auch die Regelwerke des Arbeitsschutzes, eingehalten werden.
- § 87 Abs. 1 Nr. 7 BetrVG → **Mitbestimmungsrecht**
  räumt dem Betriebsrat ein Mitbestimmungsrecht hinsichtlich aller betrieblichen Regelungen zur Verhütung von Arbeitsunfällen, Berufskrankheiten und zum Gesundheitsschutz ein.

- § 89 Abs. 1 BetrVG → **Pflicht zur Unterstützung**
  verpflichtet den Betriebsrat darüber hinaus ausdrücklich, sich dafür einzusetzen, dass die vorgeschriebenen Arbeits- und Gesundheitsschutzmaßnahmen im Betrieb umgesetzt werden.
- §§ 90, 91 BetrVG → **Unterrichtungs-, Beratungs- und Mitbestimmungsrecht**
  Diese Bestimmungen des BetrVG räumen dem Betriebsrat weitgehende Unterrichtungs-, Beratungs- und Mitbestimmungsrechte ein, wenn Arbeitsplätze, Arbeitsabläufe und die Arbeitsumgebung gestaltet werden.

Die Bestimmungen des Arbeitsschutzes enthalten **weitere Rechte des Betriebsrats** (vgl. ASiG, ArbSchG):

- Mitwirkung bei der Benennung von Sifa, Sibea und BA
- Beteiligung am ASA
- laufende Unterrichtung durch Sifa und BA
- Beteiligung bei Betriebsbegehungen durch die Arbeitsschutzbehörden
- Kopie der Unfallanzeigen.

22. Welche Personen und Organe tragen die Verantwortung für den Arbeits-, Umwelt- und Gesundheitsschutz im Betrieb (Überblick)?

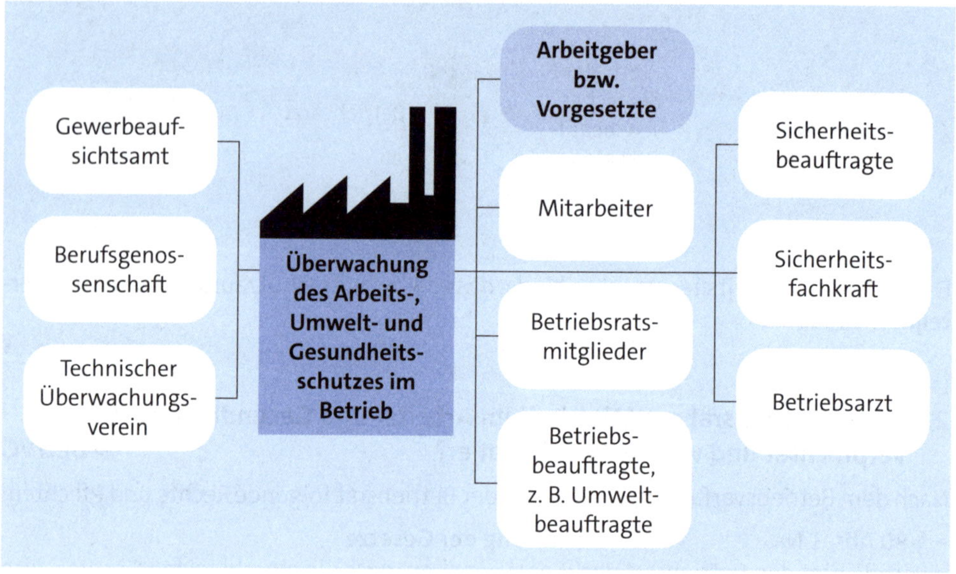

23. Wie unterscheiden sich die Maßnahmen der unmittelbaren, mittelbaren und hinweisenden Sicherheitstechnik?

Sicherheitstechnik		
Unmittelbare Sicherheitstechnik	ist konstruktiv integrierte Sicherheitstechnik, die Gefährdungen ausschließt.	**Beispiele** konstruktiv vermiedene Scher- und Klemmstellen; Einsatz möglichst geringer Kräfte und Energien.
Mittelbare Sicherheitstechnik	Es besteht eine Gefährdung, aber durch technische Einrichtungen wird das Unfallereignis vermieden.	**Beispiele** mechanische Schutzabdeckung, Auffangen wegfliegender Teile durch Schutzvorrichtungen; räumliche Absperrung.
Hinweisende Sicherheitstechnik	gilt für Restgefährdungen und beinhaltet die Sicherheits- oder Gesundheitsschutzkennzeichnung mithilfe eines Schildes, einer Farbe eines Leucht- oder Schallzeichens, aber auch der Sprache oder eines Handzeichens.	**Beispiele** Gefahrstoffsymbole, Verbotszeichen, Warnzeichen, Piktogramme, Betriebs-/Bedienungsanweisung usw.

24. Welche Richtlinien bilden die Grundlage der Sicherheit von Maschinen und Anlagen im Europäischen Wirtschaftsraum (EWR)?

Dies sind im Wesentlichen folgende Richtlinien:

Zentrale Richtlinien zur Sicherheit von Maschinen und Anlagen im EWR			
EG-Maschinenrichtlinie (MRL) ↓ ▸ CE-Kennzeichnung ▸ ProdSG	**EG-Niederspannungsrichtlinie**	**EMV-Richtlinie**	**Arbeitsschutz-Richtlinien** gem. Art. 137 EG-Vertrag

25. Welche zentralen Bestimmungen enthält die EG-Maschinenrichtlinie (MRL)?

Die wichtigste Richtlinie für den Industriesektor des Maschinenbaus ist die Richtlinie 98/37/EG des Europäischen Parlamentes und Rates vom 22.06.1998 zur Angleichung der Rechtsvorschriften der Mitgliedstaaten für Maschinen. Diese Richtlinie wird im normalen Sprachgebrauch „EG-Maschinenrichtlinie", kurz MRL, genannt. Sie zählt zu den wichtigsten sog. „Binnenmarktrichtlinien" im EWR und soll dafür sorgen, dass Maschinen und Anlagen im EWR frei gehandelt werden können. Die MRL hat sich im Laufe der Jahre durchaus bewährt. Teilweise zeigte sich jedoch, dass Änderungen und Ergänzungen notwendig waren. Diese Diskussionen haben dazu geführt, dass zum 17.05.2006 die **neue Maschinenrichtlinie 2006/42/EG** mit umfangreichen Änderungen unterzeichnet und am 09.06.2006 im Amtsblatt der Europäischen Union veröffentlicht wurde. Sie **musste** ohne Übergangsfrist **bis zum 29.06.2008 in nationales Recht umgesetzt werden**.

MERKE

Seit 2009 müssen alle Produkte die Anforderungen der neuen MRL 2006/42/EG erfüllen.

- Die neue Maschinenrichtlinie 2006/42/EG hat den Begriff der **„Gefahrenanalyse" durch den Begriff „Risikobeurteilung" ersetzt**.
- **Für alle Phasen der Lebensdauer** einer Maschine oder Anlage müssen
  - die möglichen Gefahrstellen und die dort vorhandenen Gefährdungen bei bestimmungsgemäßer Verwendung ermittelt werden
  - für jede identifizierte Gefährdung eine Risikobeurteilung durchgeführt werden
  - Schutzziele formuliert, Schutzmaßnahmen ausgewählt und Restrisiken ermittelt werden.
- Die voraussichtliche Lebensdauer eine Maschine umfasst:

1. Bau und Herstellung		
2. Transport und Inbetriebnahme	► Aufbau ► Installation ► Tests ► Messungen	► Einstellungen ► Versuche ► Probeläufe
3. Einsatz/Gebrauch (Verwendung)	► Einrichten ► Umrüsten ► Einstellen ► Programmieren ► Testen	► Betrieb ► Fehlersuche ► Störungsbeseitigung ► Reinigung ► Instandhaltung
4. Außerbetriebnahme, Demontage, ggf. Entsorgung		

- Der Gesetzgeber führt dabei im Anhang I der Maschinenrichtlinie (in Deutschland Maschinenverordnung) genau aus, was er vom Hersteller (Vertreiber, Importeur) hinsichtlich der Berücksichtigung der Risikobeurteilung bei Konstruktion und Bau der Maschine verlangt:

Der Hersteller (Vertreiber, Importeur) muss	
die Grenzen der Maschine bestimmen	Dies schließt die Definition der bestimmungsgemäßen Verwendung und auch die vernünftigerweise vorhersehbare Fehlanwendung ein.
die Gefährdungen ermitteln	inkl. möglicher Gefährdungssituationen, die von der Maschine ausgehen können
die Risiken abschätzen	unter Berücksichtigung der möglichen Schwere der Verletzungen, Gesundheitsschäden und Wahrscheinlichkeit des Eintritts
die Risiken bewerten	Stimmen sie mit den Zielen der Maschinenrichtlinie überein oder ist eine Minderung der Risiken erforderlich?
die Gefährdungen ausschalten	durch Anwendung probater Schutzmaßnahmen; dabei gilt ein Vorrangprinzip für die technischen, vom Konstrukteur mit der sicheren Konstruktion zu schaffenden Maßnahmen.

26. Welche Aussage ist mit der CE-Kennzeichnung von Maschinen/Anlagen verbunden?

Äußeres Zeichen dafür, dass eine Maschine den grundlegenden Forderungen der Maschinenrichtlinie entspricht, ist das gut sichtbare dauerhaft angebrachte und leserliche CE-Zeichen. Der Anhang III der Richtlinie beschreibt genau, wie die vorschriftsmäßige Kennzeichnung aussehen muss.

Ist die CE-Kennzeichnung vorhanden, muss der Richtlinie folgend eine ausführliche Dokumentation zur Maschine vorhanden sein, die auch die Angaben zur Risikobeurteilung enthält.

Zur Maschine gehört stets die Technische Dokumentation und eine Betriebsanleitung.

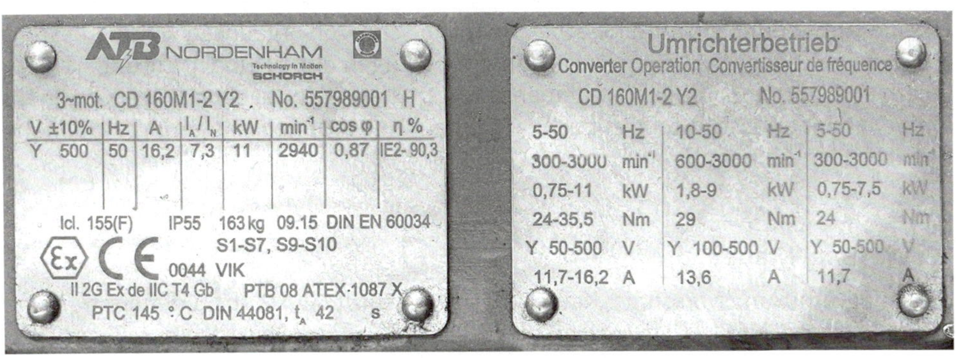

Typenschild einer Maschine mit CE-Kennzeichnung, Quelle: Stefan Schroll

MERKE

Wer eine Maschine ohne CE-Kennzeichnung in Verkehr bringt oder ein CE-Kennzeichen anbringt, ohne die Durchführung einer Risikobezeichnung nachweisen zu können, handelt grundsätzlich rechtswidrig. Wer die Konformitätsverantwortung trägt, muss in diesen Fällen mit Rechtsfolgen rechnen. Dies gilt immer besonders dann, wenn ein Sicherheitsmangel die Ursache für einen schweren Unfall ist.

Es sollte immer daran gedacht werden, dass die Inbetriebnahme einer Eigenbaumaschine überall im EWR ein Inverkehrbringen im Sinne der Maschinenrichtlinie ist.

Weitere Ausführungen finden sich dazu z. B. in der DGUV-I 209-066. Ausgenommen von der CE-Kennzeichnungspflicht sind z. B. Lebensmittel, Gefahrstoffe und Fahrzeuge (die verkehrsrechtlichen Vorschriften unterliegen).

27. In welchen Fällen ist beim Führen von Transport- und Verkehrseinrichtungen eine arbeitsmedizinische Vorsorgeuntersuchung vorgeschrieben?

- Beim Führen/Steuern von Kraft- oder Schienenfahrzeugen jeglicher Art, Flurförderfahrzeugen mit Fahrsitz/-stand, mitgängergesteuerten Flurförderfahrzeugen mit Hubeinrichtung, Regalbedienungsgeräte, Hebezeugen und Kranen, Hubarbeitsbühnen, Montagewinden und selbstfahrenden Baumaschinen ist eine arbeitsmedizinische Vorsorgeuntersuchung (geistige und körperliche Eignung) vorgeschrieben.
- Keine Notwendigkeit für eine arbeitsmedizinische Vorsorgeuntersuchung besteht u. a. bei mitgängergesteuerten Flurförderfahrzeugen ohne Hubeinrichtung, Schleppern und fahrbaren Arbeitsmaschinen geringer Leistung, ortsgebundenen Kranen für die Maschinenbestückung, einfachen Winden, Hebebühnen mit geringer Hubhöhe und kleinen Abmessungen.

28. Was sind Krane?

Die Unfallverhütungsvorschrift „Krane“, DGUV Vorschrift 52, § 2 Abs. 1 definiert: *„Krane im Sinne dieser Unfallverhütungsvorschrift sind Hebezeuge, die Lasten mit einem Tragmittel heben und zusätzlich in eine oder in mehrere Richtungen bewegen können.“*

29. Welche Anforderungen werden an Kranführer gestellt?

An den Kranführer werden hohe Anforderungen gestellt. Die Unfallverhütungsvorschrift „Krane“, DGUV Vorschrift 52, trägt dem Rechnung und fordert deshalb vom Unternehmer § 29 Abs. 1 der DGUV:

Der Unternehmer darf mit dem selbstständigen Führen (Kranführer) oder der Instandhaltung eines Kranes nur Versicherte beschäftigen,

- die das 18. Lebensjahr vollendet haben
- die körperlich und geistig geeignet sind
- die im Führen oder Instandhalten des Kranes unterwiesen sind und ihre Befähigung hierzu ihm nachgewiesen haben
- von denen zu erwarten ist, dass sie die ihnen übertragenen Aufgaben zuverlässig erfüllen.

Der Unternehmer muss Kranführer und Instandhaltungspersonal mit ihren Aufgaben beauftragen. Bei ortsveränderlichen kraftbetriebenen Kranen muss der Unternehmer den Kranführer **schriftlich beauftragen**. Die genannten Bestimmungen gelten nicht für handbetriebene Krane.

Der DGUV-Grundsatz „Auswahl, Unterweisung und Befähigungsnachweis von Kranführern" (DGUV-G 309-003) enthält Maßstäbe für die Auswahl geeigneter Personen und Hinweise zu deren Ausbildung (Unterweisung), um sie zum sicheren Führen von Kranen zu befähigen. Als Nachweis für die Befähigung und Beauftragung haben viele Betriebe einen Kranführerschein eingeführt.

30. Was sind Flurförderfahrzeuge?

Flurförderfahrzeuge im Sinne der Unfallverhütungsvorschriften sind Fördermittel, die

- mit Rädern auf Flur laufen
- frei lenkbar sind
- sich auf Wegen zwischen den gelagerten Gütern bewegen
- sich zum Befördern, Ziehen und Schieben von Lasten eignen
- überwiegend innerbetrieblich eingesetzt werden.

Stapler sind die am häufigsten eingesetzten Flurförderfahrzeuge. Bei ihnen erfolgt der Lastangriff außerhalb der Radbasis.

31. Welche Anforderungen werden an Gabelstaplerfahrer gestellt?

Gabelstaplerfahrer müssen

- mindestens 18 Jahre alt sein
- geistig und körperlich geeignet sein
- theoretisch und praktisch ausgebildet sein
- eine Fahrprüfung erfolgreich abgelegt haben
- vom Unternehmer mit der Führung des Staplers schriftlich beauftragt sein (innerbetrieblicher Fahrausweis).

Die Eignung zum Fahren eines Gabelstaplers soll vom Arzt nach dem Berufsgenossenschaftlichen Grundsatz für arbeitsmedizinische Vorsorgeuntersuchungen (G25 „Fahr-, Steuer- und Überwachungstätigkeiten"; vgl. Frage 01.) festgestellt werden.

Vgl. zu weiteren Einzelheiten die Unfallverhütungsvorschrift „Flurförderfahrzeuge" DGUV D27.

32. Was sind Hubarbeitsbühnen?

Die DIN EN 280 definiert eine fahrbare Hubarbeitsbühne als fahrbare Maschine, die dafür vorgesehen ist, Personen zu Arbeitsplätzen zu befördern, an denen sie von der Arbeitsbühne aus Arbeiten verrichten. Die Arbeitsbühne darf nur an einer festgelegten Zugangsstelle betreten und verlassen werden.

Hubarbeitsbühnen sind je nach der konstruktiven Ausbildung des Fahrgestells im Gelände, auf Straßen und/oder auf Schienen einsetzbar und dienen der Durchführung von Arbeiten an hoch gelegenen Arbeitsplätzen.

Hubarbeitsbühnen bestehen i. d. R. aus:

- einer Abstützvorrichtung
- einem Untergestell
- einer Hubeinrichtung
- einem Arbeitskorb mit Steuereinrichtung.

33. Welche Anforderungen werden an die Bedienperson einer fahrbaren Hubarbeitsbühne gestellt?

An die Bedienperson einer fahrbaren Hubarbeitsbühne werden folgende Voraussetzungen gestellt: Sie muss

- das 18. Lebensjahr vollendet haben
- sowohl in der Bedienung der entsprechenden Hubarbeitsbühne als auch über die mit ihrer Arbeit verbundenen Gefährdungen und Schutzmaßnahmen unterwiesen sein
- ihre Befähigung zum Bedienen der Hubarbeitsbühne nachgewiesen haben
- eine schriftliche Beauftragung zum Bedienen der speziellen Hubarbeitsbühne besitzen
- im Besitz der notwendigen Fahrerlaubnis bei Teilnahme am Straßenverkehr sein
- für Arbeiten im Baumdienst entsprechende Fachkunde nachweisen, welche z. B. in einem einwöchigen Lehrgang bei der Gartenbau-Berufsgenossenschaft erlangt werden kann.

Weitere grundsätzliche Anforderungen für eine schriftliche Beauftragung sind, dass die Bedienperson

- körperlich und geistig geeignet ist
- gut räumlich sehen kann, um die Arbeitsbühne im freien Raum sicher an die vorgesehenen Arbeitsplätze heranzuführen
- gut hören kann, um akustische Warnsignale rechtzeitig wahrnehmen zu können
- schnell und sicher reagieren kann.

Um diese Voraussetzungen abzuklären empfiehlt sich eine arbeitsmedizinische Vorsorgeuntersuchung.

Vgl. zu weiteren Einzelheiten die DGUV-I 2018-019 „Sicherer Umgang mit fahrbaren Hubarbeitsbühnen".

34. Welche Vorschriften müssen für Verkehrswege eingehalten werden?

- Verkehrswege müssen **freigehalten** werden, damit sie jederzeit benutzt werden können.
- In Räumen mit mehr als 1.000 m^2 Grundfläche besteht die gesetzliche Verpflichtung zur **Kennzeichnung der Verkehrswege**. Es empfiehlt sich, Fahr- und Gehwege zu trennen.

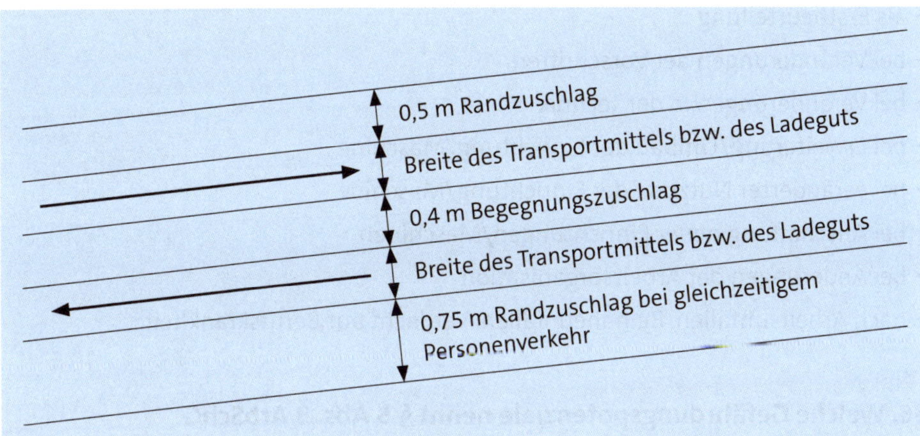

- Verkehrswege sind kein **Ersatz für Lagerflächen**! Verkehrswege müssen ausreichend breit angelegt sein. Bei Benutzung durch kraftbetriebene oder schienengebundene Beförderungsmittel müssen zwischen der äußeren Begrenzung der Beförderungsmittel und der Grenze des Verkehrsweges Sicherheitsabstände von mindestens 0,5 m auf beiden Seiten vorhanden sein. Bei gleichzeitigem Personenverkehr sind die Sicherheitsabstände zu vergrößern.
- An Ausgängen und Treppenaustritten zu Verkehrswegen mit Fahrzeugverkehr ist ein Abstand von 1 m erforderlich; andernfalls muss eine Absicherung durch Umgehungsschranken erfolgen.

35. Wie hat der Arbeitgeber die Gefährdungsbeurteilung nach § 5 ArbSchG durchzuführen?

Um sicherzustellen, dass wirklich geeignete und auf die Arbeitsplatzsituation genau zugeschnittene wirksame Maßnahmen ergriffen werden, schreibt § 5 ArbSchG vor, dass der Arbeitgeber (vgl. Frage 15.)

- die **Gefährdungen** im Betrieb **ermitteln** und
- die **Risiken bewerten** muss.

Dazu ist vorgeschrieben, dass die **Beurteilung** der Gefährdungen **nach Art** der einzelnen **Tätigkeiten**, die im Unternehmen ausgeübt werden, vorgenommen werden muss. Das **Ergebnis** der Gefährdungsbeurteilung **muss dokumentiert** werden. Die Unterlagen, in denen die Gefährdungsbeurteilung dokumentiert ist, muss der Unternehmer so vorhalten, dass sie von den überwachenden Stellen, z. B. der Berufsgenossenschaft, auf Wunsch eingesehen werden können. Die Gefährdungsbeurteilung muss immer dann überarbeitet werden, wenn sich die betrieblichen Gegebenheiten so geändert haben, dass sich die **Gefährdungslage** ganz oder teilweise verschoben hat. Dies bezieht sich nicht nur auf eine **Erhöhung des Niveaus der Gefahren**, sondern gilt auch besonders dann, wenn **neue** oder **andere Gefährdungen** in den Arbeitsablauf Eingang gefunden haben. Zusammengefasst ist eine Gefährdungsbeurteilung also in folgenden Fällen durchzuführen bzw. zu überarbeiten:

- als Erstbeurteilung
- bei Veränderungen der Vorschriften
- bei Veränderungen in der Technik
- bei Erweiterung/Umbau der Einrichtung/Maschine
- bei veränderter Nutzung der Einrichtung/Maschine
- bei Anschaffung neuer Einrichtungen/Maschinen
- bei Änderungen der Arbeitsorganisation
- nach Arbeitsunfällen, Beinaheunfällen, Verdacht auf Berufskrankheit.

36. Welche Gefährdungspotenziale nennt § 5 Abs. 3 ArbSchG (Gefährdungsbeurteilung)?

Gefährdungspotenziale nach § 5 Abs. 3 ArbSchG	
1. Arbeitsstätte	z. B. Sauberkeit, Platz, Beleuchtung
2. Einwirkungen	z. B. physikalisch, chemisch, biologisch
3. Arbeitsmittel	Gestaltung/Auswahl/Einsatz und Umgang von/mit Arbeitsmitteln: z. B. Stoffe, Maschinen, Geräte, Anlagen
4. Arbeits-/Fertigungsverfahren	Gestaltung/Zusammenwirken von Arbeits-/Fertigungsverfahren sowie Arbeitsabläufen/-zeiten
5. Beschäftigte	z. B. unzureichende Qualifikation, unzureichende Unterweisung

Beispiel

Gefährdungspotenziale bei der Bedienung einer Drehmaschine

Gefährdungspotenziale – Schwerpunkte	Einzelaspekte
Gefährdung durch	
1. Arbeitsstätte/ Arbeitsplatz:	► Arbeitsumfeld, z. B.: - Sauberkeit? - ausreichender Platz zur Maschinenbedienung? - ordnungsgemäße Materiallagerung? - ausreichende Beleuchtung? - ausreichender Abstand zum Fahrverkehr? - lenkt das Arbeitsumfeld den Maschinenbediener ab?
2. Einwirkungen:	► Physikalisch/chemisch/biologisch, z. B.: - Lärm? - Luft/Klima? - Gefahrstoffe, z. B. Schmierstoffe, Werkstückbeschichtung usw.?
3. Arbeitsmittel:	► Maschine/Anlage, z. B.: - sicherer Zustand der Drehmaschine? - sichere Spannvorrichtung? - Späneschutzvorrichtung? ► Stoffe/Werkstücke, z. B.: - sichere Entnahme aus dem Zwischenlager? - sichere Ablage nach der Bearbeitung? - Materialfehler, Grate usw.?
4. Arbeitsverfahren/ -abläufe:	► Arbeitsablauf, z. B.: - ergonomisch? - Ablenkung des Mitarbeiters, z. B. durch benachbarte Arbeitsplätze? ► Arbeitszeit, z. B.: - ausreichend? - Stressbelastung?

Gefährdungspotenziale – Schwerpunkte	Einzelaspekte
Gefährdung durch	
5. Beschäftigte:	► Qualifikation, z. B.: - vorgeschriebene Ausbildung? - ausreichende Erfahrung in der Bedienung der Drehmaschine? ► Unterweisung, z. B.: - ordnungsgemäß durchgeführt? - Kenntnis der Gefährdungspotenziale? ► Einhaltung der Sicherheitsvorschriften, z. B.: - Verwendung der Schutzvorrichtung? - Tragen geeigneter Kleidung? - Tragen der PSA?

37. Welcher Unterschied besteht zwischen der direkten und der indirekten Gefährdungsbeurteilung?

Gefährdungsbeurteilung nach § 5 ArbSchG

Direkte Gefährdungsbeurteilung (prospektiv)	**Indirekte Gefährdungsbeurteilung (retrospektiv)**
Soll-Ist-Vergleich durch **Betriebsbegehung** vor Ort	Beurteilung des Ist-Zustandes durch **Auswerten von Unfällen**, Beinaheunfällen, Erkrankungen und Statistiken
► nicht objektorientiert ► arbeitsablauforientiert ► vertiefende spezielle Ermittlungen	

38. In welchen methodischen Einzelschritten ist die Gefährdungsbeurteilung durchzuführen?

Methodische Einzelschritte der Gefährdungsbeurteilung		
1.	Abgrenzung des **Betrachtungsobjekts**	► Arbeitsbereich ► Arbeitstätigkeit ► Person
2.	Ermittlung der **Gefährdungen**	anhand der Gefährdungspotenziale: ► direkte Gefährdungsbeurteilung ► indirekte Gefährdungsbeurteilung
3.	**Schutzziele ermitteln** und festlegen, ggf. Risikobewertung	entsprechend den ► Gesetzen ► Regelwerken/Normen
4.	Erforderliche **Schutzmaßnahmen** ableiten, planen und durchführen	in der Reihenfolge STOP: ► Substitution ► technisch ► organisatorisch ► personenbezogen
5.	Maßnahmen auf **Wirksamkeit** überprüfen; Erreichen der Schutzziele sicherstellen	Kontrolle der Maßnahmen: ► Durchführung ► Wirksamkeit Kontrolle der Schutzziele: ► Erreichung ► Erhaltung

39. Welche Inhalte hat die Gefährdungsbeurteilung?

Inhalte der Gefährdungsbeurteilung:

- Arbeitsplatzbeschreibung
- Art der Belastungen/Anforderungen
- Beurteilung der Anlagen und der persönlichen Schutzausrüstung (PSA)
- Auswirkungen auf den/die Mitarbeiter
- Ergebnis der Gefährdungsbeurteilung
- festgelegte Maßnahmen (Art/Termin)
- Nennung des Verantwortlichen
- Dokumentation.

40. Welche Brandschutzmaßnahmen hat der Arbeitgeber zu treffen? → DGUV-Vorschrift 1, → §§ 13, 55 ArbStättV, → GefStoffV

Entsprechend der DGUV-Vorschrift 1 „Grundsätze der Prävention" hat der Arbeitgeber alle erforderlichen Maßnahmen zu treffen, um die Beschäftigten vor Brandgefährdungen zu schützen. Einzelheiten dazu enthält u. a. die ASR A2.2 (bisher BGR 133) „Ausrüstung von Arbeitsstätten mit Feuerlöschern" in Verbindung mit § 13 ArbStättV.

Zu den Brandschutzmaßnahmen gehören vor allem:

1. **Bereitstellung von Feuerlöschern bzw. Feuerlöscheinrichtungen:**
   - Die Anzahl der Feuerlöscher richtet sich nach der Brandgefahr und der Größe des Betriebes; die Berufsgenossenschaft berät den Arbeitgeber. Dies gilt ebenso für Art/Inhalt der Feuerlöscher (z. B. Pulverlöscher in Büroräumen, Kohlesäurelöscher bei EDV-Anlagen).
   - Die Feuerlöscher müssen an gut sichtbarer Stelle im Betrieb angebracht und regelmäßig gewartet werden.

   - Es empfiehlt sich, den Umgang mit Feuerlöschern in geeigneten Zeitabständen zu üben; meist wird die Wirkungsdauer der Feuerlöscher von ungeübten Personen überschätzt (kurze Löschzeiten).

2. **Aufstellung eines Alarmplans:**
   - Der Inhalt des Alarmplans ist vorgeschrieben, z. B. Verhalten im Brandfall, Meldung an entsprechende interne/externe Stellen mit Telefonangaben.
   - Muster dazu hält die Berufsgenossenschaft bereit (vgl. DGUV-I 205-001).

Verhalten bei Unfällen Ruhe bewahren	
1. Unfall melden	Wo geschah es? Was geschah? Wie viele Verletzte? Welche Arten von Verletzungen? Warten auf Rückfragen!

Verhalten im Brandfall Ruhe bewahren	
1. Brand melden	Feuerwehr Telefon Nr. Wer meldet? Was ist passiert? Wie viele sind betroffen/verletzt? Wo ist es passiert? Warten auf Rückfragen!

Verhalten bei Unfällen Ruhe bewahren	
2. Erste Hilfe	Absicherung des Unfallortes Versorgen der Verletzten Anweisungen beachten
3. Weitere Maßnahmen	Krankenwagen oder Feuerwehr einweisen Schaulustige entfernen

Verhalten im Brandfall Ruhe bewahren	
2. In Sicherheit bringen	Gefährdete Personen mitnehmen Türen schließen Gekennzeichnetem Fluchtweg folgen Keinen Aufzug benutzen Auf Anweisungen achten
3. Löschversuch unternehmen	Feuerlöscher benutzen

3. **Kennzeichnung der Flucht- und Rettungswege** (§ 55 ArbStättV)

4. **Kennzeichnung der feuergefährlichen Stoffe** (vgl. GefStoffV) **und Beschilderung der Rauchverbote**

41. Welche Bestimmungen gelten für Flucht- und Rettungswege im Rahmen des Brandschutzes?

- Türen (Fluchtwege) müssen gekennzeichnet, immer zugänglich und ohne Hilfsmittel zu öffnen sein.
- Fluchtwege müssen in sichere Bereiche führen.
- Flucht- und Rettungswege müssen ausgehängt werden.
- Die Zufahrtswege für die Rettungsfahrzeuge müssen frei gehalten werden.

42. Welche Regelungen enthält die novellierte Fassung der Arbeitsstättenverordnung (ArbStättV)?

Wie eine Arbeitsstätte eingerichtet und betrieben werden muss, regelt die **Arbeitsstättenverordnung**.

- Geregelt werden:
  - Einrichten und Betreiben von Arbeitsstätten
  - besondere Anforderungen (spezielle Arbeitsstätten)
  - Nichtraucherschutz (völlig neue Regelung)
  - Arbeits- und Sozialräume.
- Ein **Anhang** in fünf Abschnitten konkretisiert die Verordnung zu:
  - allgemeinen Anforderungen (Abmessungen von Räumen, Luftraum, Türen, Tore, Verkehrswege)
  - Schutz vor besonderen Gefahren (Absturz, Brandschutz, Fluchtwege, Notausgänge)
  - Arbeitsbedingungen (Beleuchtung, Klima, Lüftung)
  - Sanitär-, Pausen-, Bereitschaftsräume, Erste-Hilfe-Räume, Unterkünfte, Toiletten
  - Arbeitsstätten im Freien (z. B. Baustellen).

Die Regelungen der neuen Arbeitsstättenverordnung sind mit mehr Flexibilität und mehr Gestaltungsspielraum versehen worden.

- Für den Praktiker waren bislang die **Arbeitsstättenrichtlinien** (ASR) wichtig, die die Verordnung konkretisieren. Diese Richtlinien sind noch nicht erneuert worden und deshalb momentan noch gültig.
- In der Neugestaltung befindet sich ein **„Regelwerk Arbeitsstätten“**. Der Ausschuss „Arbeitsstätten“ erarbeitet dieses Regelwerk und ist beauftragt, es aktuell zu halten. Die derzeitig gültigen Arbeitsstättenrichtlinien werden nach und nach durch das neue Regelwerk ersetzt.

Die Novellierung der ArbStättV mit Wirkung zum 01.01.2015 brachte folgende Änderungen:

- Anpassung an andere Arbeitsschutz-Verordnungen (z. B. Gefahrstoffverordnung, Biostoffverordnung), um Doppelregelungen zu vermeiden.
- Die BildscharbV fließt komplett in die ArbStättV ein und tritt mit Inkrafttreten der neuen ArbStättV außer Kraft.
- Die Regelungen für Telearbeitsplätze werden mit in die neue ArbStättV aufgenommen.

43. Welche Befugnisse haben Behördenvertreter im Rahmen des Arbeitsschutzes?

Die Befugnisse der Behördenvertreter (z. B. Mitarbeiter des Gewerbeaufsichtsamtes, TÜV und Dekra) sind weitreichender als die der zuständigen Berufsgenossenschaft. Der 5. Abschnitt des ArbSchG enthält u. a. folgende Bestimmungen:

Auszug aus dem ArbSchG – Fünfter Abschnitt
Die Überwachung des Arbeitsschutzes nach diesem Gesetz ist staatliche Aufgabe. Die zuständigen Behörden haben die Einhaltung dieses Gesetzes und der aufgrund dieses Gesetzes erlassenen Rechtsverordnungen zu überwachen und die Arbeitgeber bei der Erfüllung ihrer Pflichten zu beraten.
Die zuständige Behörde kann vom Arbeitgeber oder von den verantwortlichen Personen die zur Durchführung ihrer Überwachungsaufgabe erforderlichen Auskünfte und die Überlassung von entsprechenden Unterlagen verlangen.
Die mit der Überwachung beauftragten Personen sind befugt, zu den Betriebs- und Arbeitszeiten Betriebsstätten, Geschäfts- und Betriebsräume zu betreten, zu besichtigen und zu prüfen sowie in die geschäftlichen Unterlagen der auskunftspflichtigen Person Einsicht zu nehmen, soweit dies zur Erfüllung ihrer Aufgaben erforderlich ist. Außerdem sind sie befugt, Betriebsanlagen, Arbeitsmittel und persönliche Schutzausrüstungen zu prüfen, Arbeitsverfahren und Arbeitsabläufe zu untersuchen, Messungen vorzunehmen und insbesondere arbeitsbedingte Gesundheitsgefahren festzustellen und zu untersuchen, auf welche Ursachen ein Arbeitsunfall, eine arbeitsbedingte Erkrankung oder ein Schadensfall zurückzuführen ist. Sie sind berechtigt, die Begleitung durch den Arbeitgeber oder eine von ihm beauftragte Person zu verlangen. Das Grundrecht der Unverletzlichkeit der Wohnung (Artikel 13 des Grundgesetzes) wird insoweit eingeschränkt.
Die zuständige Behörde hat, wenn nicht Gefahr im Verzug ist, zur Ausführung der Anordnung eine angemessene Frist zu setzen.

6.1.2 Anlagensicherheit

01. Welche Stoffe gelten als Gefahrstoffe?

Welche Stoffe als Gefahrstoffe gelten, regelt die Gefahrstoffverordnung (GefStoffV). Nicht nur **reine Stoffe** sind Gefahrstoffe, auch **Zubereitungen** aus mehreren Stoffen können Gefahrstoffe sein. Gefahrstoffe können aber auch erst **im Prozess während der Herstellung** aus zunächst ungefährlichen Stoffen entstehen.

Gefahrstoffe können explosionsfähig sein, aber auch krebserregend, erbgutverändernd oder fruchtbarkeitsgefährdend. Gefahrstoffe sind Stoffe, die ein oder mehrere Gefährlichkeitsmerkmale aufweisen. Die Gefährlichkeitsmerkmale sind in § 3 der Gefahrstoffverordnung und in § 3a des Chemikaliengesetzes genau beschrieben.

Einstufung, Kennzeichnung und Verpackung von Stoffen und Gemischen richten sich nach der EG-Verordnung 1272/2008 (EG-CLP-Verordnung).

02. Welche Gefährlichkeitsmerkmale gibt es?

Bislang weisen Chemikaliengesetz und Gefahrstoffverordnung den Gefahrstoffen 15 verschiedene Gefährlichkeitsmerkmale zu. Dies sind im Einzelnen die Merkmale:

Gefährlichkeitsmerkmal		Kennbuchstabe	Gefährlichkeitsmerkmal		Kennbuchstabe
1.	explosionsgefährlich	O	10.	reizend	Xi
2.	brandfördernd	E	11.	sensibilisierend	
3.	hochentzündlich	F+		► beim Einatmen	Xn
4.	leichtentzündlich	F		► über die Haut	Xi
5.	entzündlich	F	12.	krebserzeugend	T
6.	sehr giftig	T+	13.	fortpflanzungs-gefährdend	T
7.	giftig	T			
8.	gesundheitsschädlich	X	14.	erbgutverändernd	T
9.	ätzend	C	15.	umweltgefährlich	N

INFO

Für krebserzeugende, erbgutverändernde, fortpflanzungsgefährdende und sensibilisierende Eigenschaften gibt es keine eigenen Symbole und Gefahrenbezeichnungen.

03. Welche Gefahrenpiktogramme gibt es?

Es gibt neun (neue) international festgelegte Gefahrenpiktogramme als Warnzeichen. Sie weisen auf die Hauptgefahren hin, die von einem Stoff oder Gemisch ausgehen. Sie sind **weiß** und **rot umrandet**; der Druck des eigentlichen Piktogramms ist **schwarz**.

GHS01
Explodierende Bombe
z. B. Explosive Stoffe

GHS02
Flamme
z. B.

- Entzündbare Feststoffe, Flüssigkeiten, Aerosole, Gase
- Pyrophore Stoffe
- Organische Peroxide

	**GHS03** **Flamme über einem Kreis** ► Oxidierende Feststoffe ► Oxidierende Flüssigkeiten ► Oxidierende Gase		**GHS04** **Gasflasche** Gase unter Druck
	**GHS05** **Ätzwirkung** ► Hautätzend, Kat. 1 ► Schwere Augenschädigung, Kat. 1 ► Korrosiv gegenüber Metallen, Kat. 1		**GHS06** **Totenkopf mit gekreuzten Knochen** ► Akute Toxizität, Kat. 1 - 3
	**GHS07** **Ausrufezeichen** z. B. ► Akute Toxizität, Kat. 4 ► Hautreizend, Kat. 2		**GHS08** **Gesundheitsgefahr** z. B. ► Karzinogenität, Kat. 1A/B, 2 ► Aspirationsgefahr ► Atemwegssensibilisierend ► Spezifische Zielorgantoxizität
	**GHS09** **Umwelt** ► Gewässergefährdend		

04. Wie werden Gefahrstoffe eingestuft und gekennzeichnet?

Die bislang gültigen europäischen Regeln zur Einstufung, Kennzeichnung und Verpackung von Chemikalien wurden 2015 unter Federführung der Vereinten Nationen durch ein weltweit harmonisiertes System abgelöst.

Das System trägt den Namen:

„Globalisiertes System zur Einstufung und Kennzeichnung von Chemikalien; die Kurzbezeichnung lautet GHS."

Das GHS wird in Europa durch die EG-Verordnung Nr. 1272/2008 über die Einstufung, Kennzeichnung und Verpackung von Stoffen und Gemischen – kurz CLP-Verordnung – umgesetzt.

Sie gilt seit 20.01.2009 und ist seither rechtsverbindlich.

Der Industriemeister wird teilweise auch nach 2015 noch Chemiekaliengebinde mit den gewohnten (alten) 15 Gefährlichkeitsmerkmalen und auch den gewohnten alten Gefahrensymbolen in der Betriebspraxis antreffen. Gleichermaßen ist zu erwarten, dass mehr und mehr die neu eingeführten 28 Gefahrenklassen, die wiederum in Gefahrenkategorien unterteilt sind, sich in der Praxis durchsetzen.

Die Einstufung erfolgt in Gefahrenklassen und Gefahrenkategorien:

Gefahrenklasse	
Art der ► physikalischen Gefahr ► Gefahr für die menschliche Gesundheit ► Gefahr für die Umwelt	z. B. Gefahrenklasse ► Akute Toxizität (3.1) ► Sensibilisierung der Atemwege oder Haut (3.4) ► Entzündbare Flüssigkeiten (2.6) ► Korrosiv gegenüber Metallen (2.16)

Gefahrenkategorie	
► untergliedert die Gefahrenklassen hinsichtlich der Schwere der Gefahr	z. B. in die Gefahrenklasse Akute Toxizität (3.1) ► Kategorie 1 ► Kategorie 2 ► Kategorie 3 ► Kategorie 4

Signalworte	weisen auf das Ausmaß der Gefahr hin. ► Das Signalwort „Gefahr“ weist auf schwerwiegende Gefahren hin. ► Das Signalwort „Achtung“ kennzeichnet weniger schwerwiegende Gefahrenkategorien.
Gefahrenhinweise	sind Textaussagen; sie erklären Art und Schweregrad der vom Stoff ausgehenden Gefahr.
Sicherheitshinweise	sind Textaussagen, die geeignete Maßnahmen empfehlen, die helfen, schädliche Wirkungen zu vermeiden.
Gefahren-piktogramme	vermitteln die Information über die betreffende Gefahr optisch auffallend auf dem Etikett der Gebinde. Die Piktogramme werden mit einem Signalwort oder mit zwei Signalwörtern ergänzt „Achtung“ oder „Gefahr“.
Gefährlichkeits-merkmale	werden durch Gefahrenklassen und Gefahrenkategorien beschrieben.
H-Sätze	beschreiben die gefährlichen Eigenschaften der Chemikalien näher.
P-Sätze	geben Hinweise zum sicheren Umgang mit den Chemikalien.

Beispiel

Etikett für das Lösungsmittel Methanol

Name und Produktidentifikatoren

Methanol (Lösungsmittel)
(Index-Nr.: 603-001-00-X)
Flüssigkeit und Dampf leicht entzündbar.
Giftig bei Verschlucken
Giftig bei Hautkontakt
Giftig bei Einatmen
Schädigt den Sehnerv
Von Hitze/Funken/offener Flamme/ heißen Oberflächen fernhalten.
Nicht Rauchen
An einem gut belüfteten Ort lagern
Behälter dicht verschlossen halten.
Schutzhandschuhe/Schutzkleidung tragen.
Bei Berührung mit der Haut: Mit reichlich Wasser und Seife waschen.
Bei Verschlucken: Sofort Giftinformationszentrum oder Arzt rufen.
Unter Verschluss lagern

Piktogramme

Nennmenge, wenn Stoff oder Gemisch der breiten Öffentlichkeit zugänglich gemacht wird → **200 L**

Gefahr ← Signalwort

Name, Anschrift, Telefonnummer des Lieferanten → Muster-Chemie AG Musterstadt • Telefon +49(0)8888-99-3333

Findet der Industriemeister Kennzeichnungen von Gebinden nach altem Recht, so gibt es im Internetauftritt der Berufsgenossenschaft „Rohstoffe und Chemische Industrie" einen praktischen „GHS-Konverter". Mit diesem erhält er sichere Kenntnisse und Informationen nach neuem Recht (GHS/CLP).

- Die **Kennzeichnung** der Gebinde muss enthalten:
  1. Name des Stoffes, Produktidentifikatoren
  2. deutlich sichtbares Gefahrenpiktogramm
  3. H-Sätze
  4. P-Sätze
  5. Name, Anschrift, Telefon des Herstellers/Einführers oder Vertreibers in der EU
  6. Signalwort.

- **Verpackung:** Chemikalien müssen **sicher verpackt** sein. Jede Einzelverpackung ist zu kennzeichnen.
- **Sicherheitsdatenblatt nach § 5 GefStoffV:**
  Jeder Liefereinheit müssen geeignete **Sicherheitsinformationen**, insbesondere das sog. **Sicherheitsdatenblatt** beigefügt sein. Das Sicherheitsdatenblatt enthält z. B. folgende Informationen: Stoffbezeichnung, Zusammensetzung, Gefahren, Handhabung/Transport/Lagerung, notwendige PSA, Hinweis auf H- und P-Sätze.

  Stoffe, die für jedermann erhältlich sind (Einzelhandel) und die nach T+, T oder C eingestuft sind, müssen auf der Verpackung zusätzlich eine genaue und verständliche **Gebrauchsanweisung** tragen.

05. Was ist ein Gefahrstoffkataster? → § 6 Abs. 10 GefStoffV

Jeder Arbeitgeber hat ein vollständiges **Verzeichnis der im Betrieb verwendeten Gefahrstoffe** zu führen. Dies bestimmt § 6 Abs. 10 GefStoffV. Dieses Verzeichnis enthält alle Informationen über den Stoff, wie und wo er im Betrieb verwendet wird und welche Mengen verbraucht werden. Die Informationen über den Stoff aus dem Sicherheitsdatenblatt sind Bestandteil des betrieblichen **Gefahrstoffkatasters**. Das Verzeichnis muss allen Beschäftigten und deren Vertretern zugänglich sein. Unternehmen, die eine große Anzahl von Gefahrstoffen verarbeiten, führen die Gefahrstoffkataster rechnergestützt.

Informationen über die im jeweiligen Meisterbereich verwendeten Gefahrstoffe sind für den Industriemeister meist über die **Sicherheitsfachkraft** des Betriebes erhältlich. Sehr große Unternehmen verfügen über betriebliche Spezialisten, die sich ausschließlich mit Gefahrstoffen befassen.

06. Was ist eine Betriebsanweisung? → § 14 GefStoffV, → TRGS 555

Betriebsanweisungen sind Anweisungen des Betreibers von Einrichtungen, technischen Anlagen, Arbeitsverfahren und damit des Anwenders von Stoffen und Zubereitungen **an seine Mitarbeiter mit dem Ziel, Unfälle und Gesundheitsrisiken zu vermeiden**. Sie sind grundsätzlich **schriftlich** abzufassen. Ganz klar einbezogen ist der Umweltschutz. Betriebsanweisungen werden oft mit Betriebsanleitungen verwechselt, obwohl es zwischen beiden Begriffen einen großen Unterschied gibt. Das Wort Betriebsanleitung klingt nur ähnlich, es hat mit der Betriebsanweisung wenig zu tun.

Betriebsanleitungen sind Anleitungen des Herstellers an den Betreiber. Sie sind dem Sinne nach eigentlich Benutzerinformationen.

Der § 14 der Gefahrstoffverordnung legt fest, dass für die Beschäftigten, die mit Gefahrstoffen umgehen, **schriftliche Betriebsanweisungen** erstellt werden müssen. Die Betriebsanweisungen müssen für die Beschäftigten **in Form und Sprache verständlich** abgefasst werden. Die Betriebsanweisungen für den Umgang mit Gefahrstoffen müssen mindestens folgenden **Inhalt** haben:

- Informationen über den Stoff, wie Bezeichnung, Kennzeichnung und Gefährdungen
- Informationen über Vorsichtsmaßregeln und Schutzmaßnahmen, Tragen und Benutzen persönlicher Schutzausrüstungen
- Informationen über Maßnahmen bei Betriebsstörungen, Unfällen und Notfällen für die Beschäftigten selbst und für Rettungsmannschaften
- Hygienevorschriften
- Informationen zur Verhütung von Expositionen
- Informationen zum Tragen und Verwenden von PSA.

Die Betriebsanweisung muss **an den Arbeitsplätzen**, an denen Gefahrstoffe verwendet werden oder entstehen, **zur Verfügung** stehen. Die Betriebsanweisung ist die **Grundlage der Unterweisung** für die Mitarbeiter. Die Betriebsanweisungen sind meist kurz und knapp abgefasst. Die Größe einer DIN A4-Seite hat sich als zweckmäßig erwiesen und ist heute Standard.

In der Metall- und Elektroindustrie, aber auch in anderen Branchen hat sich ein Formblatt mit einheitlicher Gliederung durchgesetzt. **Das Formblatt für Betriebsanweisungen für den Umgang mit Gefahrstoffen ist leuchtend orange gerändert** und so gut als solches erkennbar.

Das Formblatt für Betriebsanweisungen für das Betreiben von Maschinen und Anlagen ist dagegen blau gerändert.

Beispiel einer **Betriebsanweisung für Säuren und Laugen:**

- Sauberkeit am Arbeitsplatz
- Spritzschutz anbringen
- sofortige Möglichkeit der Augenspülung
- Beachtung der Gebots- und Verbotszeichen
- möglichst Abzüge benutzen
- schwere Teile nur mit Hebezeug bewegen
- ausreichende Distanz einhalten (Exposition vermindern)
- Gefahrenbereich absperren
- PSA anlegen (z. B. Brille)
- Reste entsorgen
- nur geeignete Gefäße verwenden.

Die Berufsgenossenschaften bieten in ihren Internet-Auftritten eine Vielzahl gängiger Betriebsanweisungen zum kostenfreien Download an. Zusätzlich enthält die jährlich zu erscheinende Präventions-DVD der Berufsgenossenschaften eine große Menge an gängigen Beispielen.

07. Wie erfolgt die Unterrichtung und Unterweisung der Beschäftigten, die mit Gefahrstoffen umgehen?

- Die Beschäftigten, die mit Gefahrstoffen umgehen, müssen anhand des Inhalts der Betriebsanweisung vor Beginn der Tätigkeit und regelmäßig, **mindestens** jedoch **einmal jährlich**, arbeitsplatzbezogen unterwiesen werden.
- Die Unterweisung muss **schriftlich dokumentiert** werden.
- Die unterwiesenen Mitarbeiter müssen die Unterweisung **schriftlich quittieren**.
- Die Beschäftigten und ihre Vertreter müssen über die Verwendung von Gefahrstoffen durch den Unternehmer unterrichtet werden.

08. Wie können die Gefährdungen, die von Gefahrstoffen ausgehen, beurteilt werden und woher nimmt der Praktiker die Informationen, um die Gefährdungen zu ermitteln?

Leider lässt sich die Gefährlichkeit von Stoffen mit den menschlichen Sinnen (Geschmack, Geruch, Aussehen) nur in ganz seltenen Fällen exakt erkennen. Aus diesem Grund gibt es in Europa schon sehr lange die **Richtlinie 91/155/EWG**, die besagt, dass der Lieferant, Hersteller bzw. Importeur für den Gefahrstoff, mit dem er handelt, ein Sicherheitsdatenblatt zu erstellen hat.

Dieses Sicherheitsdatenblatt muss jeder Liefereinheit kostenlos beigegeben werden. Es enthält folgende **Informationen:**

- Stoff-/Zubereitungs- und Firmenbezeichnung
- Zusammensetzung/Angaben zu Bestandteilen
- mögliche Gefahren
- Erste-Hilfe-Maßnahmen
- Maßnahmen zur Brandbekämpfung
- Maßnahmen bei unbeabsichtigter Freisetzung
- Handhabung und Lagerung
- Expositionsbegrenzung und persönliche Schutzausrüstungen
- physikalische und chemische Eigenschaften
- Stabilität und Reaktivität
- Angaben zur Toxikologie

- Angaben zur Ökologie
- Hinweise zur Entsorgung
- Angaben zum Transport
- Vorschriften
- sonstige Angaben.

Der berufsmäßige Verwender bekommt mit dem Sicherheitsdatenblatt alle notwendigen Daten vermittelt, um die für den Gesundheitsschutz, die Sicherheit am Arbeitsplatz und natürlich den Umweltschutz notwendigen Maßnahmen treffen zu können. Alle sicherheitsrelevanten Angaben für den Umgang mit dem Stoff oder der Inhalte sind im Sicherheitsdatenblatt enthalten.

09. Was gilt als „Lagern"?

Lagern ist das Aufbewahren zur späteren Verwendung bzw. Abgabe an andere. Die Gefahrstoffverordnung legt die Grundsätze zur Lagerung von Gefahrstoffen in § 8 fest.

10. Wie muss die Lagerung von Gefahrstoffen organisiert sein? → § 8 GefStoffV

- Die Lagerung von Gefahrstoffen muss stets so erfolgen, dass die menschliche Gesundheit und die Umwelt **nicht gefährdet** werden können. Missbrauch und Fehlgebrauch sind zu verhindern.
- Die mit der Verwendung verbundenen Gefahren müssen auch während der Lagerung durch **Kennzeichnung** erkennbar sein.
- Gefahrstoffe dürfen nicht in **Behältern** aufbewahrt werden, durch deren Form der Inhalt mit Lebensmitteln verwechselt werden kann.
- Sie müssen **übersichtlich gelagert** werden (z. B. separater Lagerraum Gefahrstoffschrank).
- Gefahrstoffe dürfen **nicht in unmittelbarer Nähe** von Arzneimitteln, Lebens- oder Futtermitteln gelagert werden.
- Gefahrstoffe, die nicht mehr benötigt werden und Behälter die geleert worden sind, müssen vom Arbeitsplatz entfernt werden (**Einlagerung oder Entsorgung**).
- Als Maximalmenge von Gefahrstoffen **am Arbeitsplatz** gilt die Menge, die in der Arbeitsschicht verarbeitet werden kann.
- Diese Bestimmungen legen fest, dass für die Lagerung von Gefahrstoffen im Betrieb **spezielle Lagerräume** eingerichtet werden müssen, die den allgemeinen und speziellen Anforderungen der Stoffe genügen müssen.

11. Welche wichtigen Einzelbestimmungen enthält das Jugendarbeitsschutzgesetz (JArbSchG)?

Wichtige Einzeltatbestände sind:

Kinderarbeit	Die Beschäftigung von Kindern (< 15 Jahre) ist verboten; es gelten Ausnahmen.
Gefahrstoffe, gefährliche Arbeiten	Das Jugendarbeitsschutzgesetz bestimmt, dass Jugendliche schädlichen Einwirkungen von Gefahrstoffen nicht ausgesetzt werden dürfen; Einzelheiten regelt § 22 Abs. 1 Nr. 5 - 6 JArbSchG (bitte lesen).
	Verbot der Beschäftigung mit gefährlichen Arbeiten.
	Vor Beginn der Beschäftigung und in regelmäßigen Abständen hat eine Unterweisung über Gefahren zu erfolgen.
Arbeitszeit	8 Stunden täglich, die tägliche Arbeitszeit kann auf 8 $\frac{1}{2}$ Stunden erhöht werden, wenn an einzelnen Tagen weniger als 8 Stunden gearbeitet wird.
	40 Stunden wöchentlich.
Ruhepausen	Bei mehr als 4 $\frac{1}{2}$ bis 6 Stunden eine Pause von 30 Minuten, bei mehr als 6 Stunden eine Pause von 60 Minuten; Pausen betragen mindestens 15 Minuten und müssen im Voraus festgelegt werden.
Samstagsarbeit	Jugendliche dürfen an Samstagen nicht beschäftigt werden; Ausnahmen sind z. B. offene Verkaufsstellen, Gaststätten, Verkehrswesen; mindestens 2 Samstage sollen beschäftigungsfrei sein, dafür aber Freistellung an einem anderen berufsschulfreien Arbeitstag.
Sonntagsarbeit	Jugendliche dürfen an Sonntagen nicht beschäftigt werden; Ausnahmen sind z. B. im Gaststättengewerbe. Mindestens zwei Sonntage im Monat müssen beschäftigungsfrei sein. Bei Beschäftigung an Sonntagen ist Freistellung an einem anderen berufsschulfreien Arbeitstag derselben Woche sicherzustellen.
Urlaub	Mindestens 30 Werktage, wer zu Beginn des Kalenderjahres noch nicht 16 Jahre alt ist; mindestens 27 Werktage, wer noch nicht 17 Jahre alt ist; mindestens 25 Werktage, wer noch nicht 18 Jahre alt ist. Bis zum 1. Juli voller Jahresurlaub, ab 2. Juli $\frac{1}{12}$ pro Monat.
Berufsschulbesuch	Jugendliche sind für die Teilnahme am Berufsschulunterricht freizustellen und nicht zu beschäftigen: ► an einem vor 9:00 Uhr beginnenden Unterricht, ► an einem Berufsschultag mit mehr als 5 Unterrichtsstunden von mindestens je 45 Minuten Dauer einmal in der Woche, ► in Berufsschulwochen mit Blockunterricht von 25 Stunden an 5 Tagen; Berufsschultage werden mit 8 Stunden auf die Arbeitszeit angerechnet.
Freistellungen	Freistellung muss erfolgen für die Teilnahme an Prüfungen und an dem Arbeitstag, der der schriftlichen Abschlussprüfung unmittelbar vorangeht.

Nachtruhe	Jugendliche dürfen nur in der Zeit von 6:00 - 20:00 Uhr beschäftigt werden, im Gaststättengewerbe bis 22:00 Uhr. In mehrschichtigen Betrieben dürfen nach vorheriger Anzeige an die Aufsichtsbehörde Jugendliche über 16 Jahren ab 5:30 Uhr oder bis 23:30 Uhr beschäftigt werden, soweit sie hierdurch unnötige Wartezeiten vermeiden können.
Feiertags-beschäftigung	Am 24.12. und 31.12. nach 14:00 Uhr und an gesetzlichen Feiertagen keine Beschäftigung. Ausnahmen bestehen für Gaststättengewerbe, jedoch nicht am 25.12., 01.01., am ersten Ostertag und am 01.05..
Ärztliche Untersuchungen	Beschäftigungsaufnahme nur, wenn innerhalb der letzten 14 Monate eine erste Untersuchung erfolgt ist und hierüber eine Bescheinigung vorliegt. Ein Jahr nach Aufnahme der ersten Beschäftigung Nachuntersuchung; sie darf nicht länger als 3 Monate zurückliegen (nur bis zum 18. Lebensjahr).
Aushänge	Auszuhändigen sind: Jugendarbeitsschutzgesetz, Mutterschutzgesetz, Anschrift der Berufsgenossenschaft, tägliche Arbeitszeit; es ist ein Verzeichnis der beschäftigten Jugendlichen mit Angabe deren täglicher Arbeitszeit zu führen.

12. Welchen besonderen Schutz genießen Frauen?

Gleichbehand-lungsgrundsatz	► Art. 3,6 GG ► Allgemeines Gleichbehandlungsgesetz (AGG)
Förderung	► Frauenförderungsgesetz (FFG)
Mutterschutz	► Mutterschutzgesetz (MuSchG) ► Mutterschutzverordnung (MuSchV) ► Bundeselterngeld- und Elternzeitgesetz (BEEG)

Der Schutz im Zusammenhang mit der Geburt und Erziehung eines Kindes ist im Mutterschutzgesetz und im Bundeselterngeld- und Elternzeitgesetz geregelt. Insbesondere finden sich folgende Bestimmungen:

- Das MuSchG gilt für alle Frauen, die in einem Arbeitsverhältnis stehen.
- Der Arbeitsplatz ist besonders zu gestalten (Leben und Gesundheit der werdenden/stillenden Mutter ist zu schützen).
- Es existiert ein relatives und ein **absolutes Beschäftigungsverbot** für werdende Mütter.
- Anspruch auf Arbeitsfreistellung für die Stillzeit
- Entgeltschutz: Verbot finanzieller Nachteile
- absolutes Kündigungsverbot (während der Schwangerschaft und vier Monate danach)
- Es besteht Anspruch auf Elterngeld und Elternzeit (vgl. BEEG).

13. In welchen Zuständen liegen Gefahrstoffe vor?

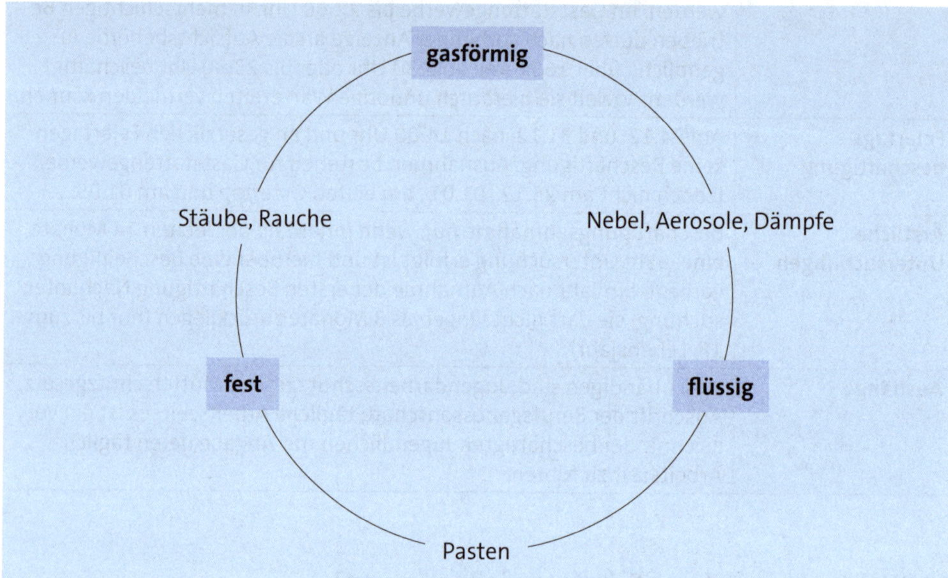

14. Wie gelangen Gefahrstoffe in den menschlichen Körper?

Feste, flüssige und **pastöse** Gefahrstoffe gelangen über die **Mundöffnung** in den **Verdauungstrakt**. **Stäube, Rauche, Nebel, Aerosole, Dämpfe** und **Gase** werden über die **Atmungsorgane** aufgenommen. **Flüssige** Gefahrstoffe gelangen **über die Haut** in den Körper, wenn sie hautresorptiv sind (z. B. Benzol im Ottokraftstoff). Unfälle, bei denen Gefahrstoffe in fester Form in den menschlichen Körper gelangen, sind selten. Die **Aufnahme von gefährlichen Flüssigkeiten** ist **häufiger** anzutreffen. Beide Arten von Unfällen geschehen leider immer dann, wenn Gefahrstoffe in Behältnissen, die eigentlich für die Aufbewahrung von Lebensmittel vorgesehen sind, aufbewahrt werden. Deswegen verbietet die Gefahrstoffverordnung dies streng.

- **Arbeitsplatzgrenzwert:**
  Der mit Abstand **häufigste Weg in den menschlichen Körper** führt über die **Atmungsorgane** in die **Lunge** des Menschen. Daher sind die meisten **Grenzwerte Luftgrenzwerte**, also Werte, bei denen arbeitsmedizinische Erkenntnisse darüber vorliegen, dass der Beschäftigte im Allgemeinen gesund bleibt, wenn diese Werte dauerhaft eingehalten werden. Gemessen wird die Konzentration eines Gefahrstoffes in der Luft am Arbeitsplatz. Sie wird meist in den Einheiten mg/m^3 Luft oder ppm angegeben. Dieser Wert heißt „Arbeitsplatzgrenzwert“.

- **Biologischer Grenzwert:**
  Daneben gibt es den „biologischen Grenzwert“. Gemessen wird bei diesem Grenzwert die **Konzentration** von Gefahrstoffen oder ihrer Metaboliten **in Körperflüssigkeiten**. Wird dieser biologische Grenzwert eingehalten, bleibt der Beschäftigte nach arbeitsmedizinischen Erkenntnissen im Allgemeinen gesund.

Die Grenzwerte sind in Grenzwertlisten zusammengefasst und werden vom sog. Ausschuss für Gefahrstoffe (AGS) verbindlich festgelegt und ständig angepasst.

Mit der Einführung der o. g. „Arbeitsplatzgrenzwerte“ und der „biologischen Grenzwerte“ **hat sich der Gesetzgeber von den Jahrzehnte lang geltenden**

- MAK-Werten (Maximale Arbeitsplatzkonzentration),
- BAT-Werten (Biologische Arbeitsstoff-Toleranz-Werte) und
- TRK-Werten (Technische Richtkonzentration)

abgewendet.

Diese Werte hatten z. T. keine arbeitsmedizinische, sondern eine technische Begründung für ihre Grenzwertbedeutung. Eine derartige technische Sichtweise gilt im modernen Europa als überholt und hat sich nunmehr mit der Umsetzung der EU-Gefahrstoffrichtlinien auch in Deutschland durchgesetzt.

MERKE

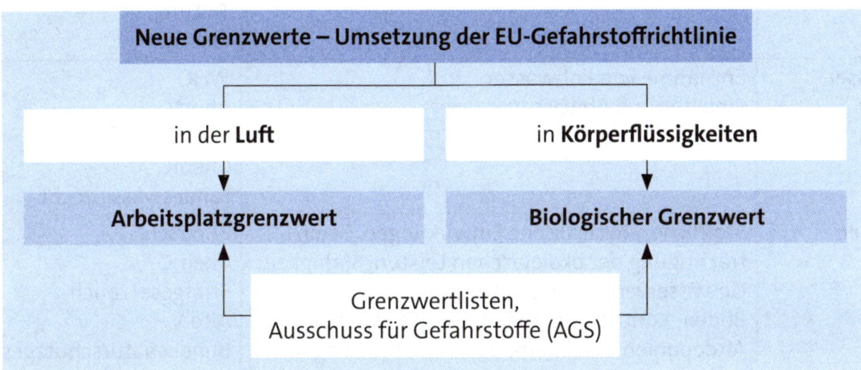

15. Welcher Unterschied besteht zwischen allgemeinen und arbeitsspezifischen Umweltbelastungen?

Man unterscheidet zwischen allgemeinen und arbeitsspezifischen Umweltbelastungen:

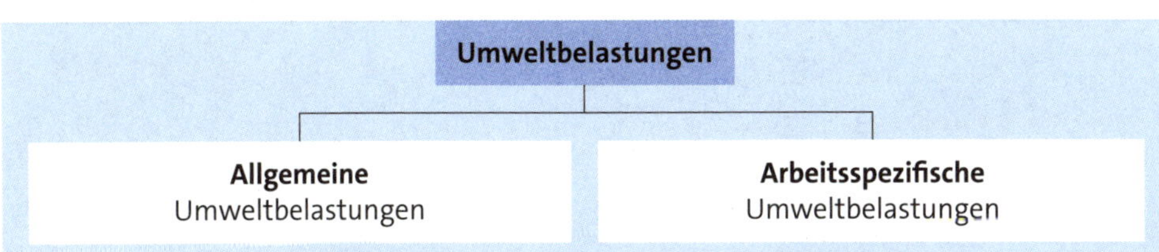

- **Allgemeine Umweltbelastungen**
sind diejenigen, die in den einschlägigen Gesetzen beschrieben sind – meist in Form von Oberbegriffen und Generalklauseln, z. B. Luft: → allgemeine Umweltbelastungen durch Immissionen; Boden: → allgemeine Umweltbelastungen durch Altöle.

- **Arbeitsspezifische Umweltbelastungen**
sind konkrete, arbeitsplatz-/betriebsspezifische Belastungen, deren Vermeidung der Meister in seinem Verantwortungsbereich zu beachten hat, z. B. Wasser/Boden: → Vermeidung der Kontaminierung des Bodens und des Wassers durch unsachgemäß entsorgte Putzlappen, Nichtbeachten der Abwasservorschriften.

16. Welche allgemeinen Umweltbelastungen gibt es? Welche wichtigen, einschlägigen Gesetze und Verordnungen sind zu beachten?

Gegenstand/ Medium	Allgemeine Umweltbelastungen	Gesetze, Verordnungen, – Beispiele
Luft	Emissionen, Immissionen (Gase, Dämpfe, Stäube)	BImSchG ChemG StörfallV TA Luft TA Lärm
Wasser	Entnahme von Rohwasser; Einleiten von Abwasser	WHG AbwAG WRMG ChemG Landeswasserrecht
Boden	Stoffliche/physikalische Einwirkungen, Beeinträchtigung der ökologischen Leistungsfähigkeit; Gewässerverunreinigung durch kontaminierte Böden; Kontaminierung durch Immissionen, Altdeponien und ehemalige Industrieanlagen	BBodSchG ChemG Strafgesetzbuch AltölV Bundesnaturschutzgesetz Ländergesetze
Abfall	Fehlende/fehlerhafte Abfallvermeidung, Abfallverwertung, Abfallentsorgung	KrWG AltölV BestbüAbfV NachwV ElektroG (neu!)
Natur	Beeinträchtigung des Naturhaushalts und des Landschaftsbildes durch Bauten, deren wesentliche Änderung und durch den Bau von Straßen	Bundesnaturschutzgesetz Bauleitplanung Bebauungspläne Flächennutzungspläne

17. Welche zentralen Bestimmungen enthalten die wichtigen Umweltschutzgesetze? → A 1.5

- **Bundesimmissionsschutzgesetz** (BImSchG):
  - Schutz von Menschen, Tieren, Pflanzen, Boden, Wasser und Luft vor Immissionen
  - regelt den Betrieb genehmigungsbedürftiger Anlagen
  - regelt die Pflichten der Betreiber.
- **Bundes-Bodenschutzgesetz** (BbodSchG):
  - Sicherung der Beschaffenheit des Boden bzw. Wiederherstellung
  - Bodenverunreinigungen sind unter Strafe gestellt.
- **Kreislaufwirtschaftsgesetz** (KrWG):
  - Förderung der Kreislaufwirtschaft
  - Vermeidung von Abfällen bzw. Sicherung der umweltverträglichen Verwertung.
- **Wasserhaushaltsgesetz** (WHG):
  - Vermeidung von Schadstoffeinleitungen in Gewässer.

18. Welche Bestimmungen im Wasserhaushaltsgesetz (WHG) sind für die Industrieunternehmen wichtig (Sorgfaltspflichten)?

- Die Schadstofffracht des Kühlwassers muss so gering gehalten werden, wie dies bei Einhaltung der jeweils in Betracht kommenden Verfahren nach dem Stand der Technik möglich ist (§ 7a WHG).
- Eine Vergrößerung und Beschleunigung des Wasserabflusses zu vermeiden.
- Die Erlaubnis gewährt nur die widerrufliche Befugnis, ein Gewässer zu benutzen. Sie kann daher widerrufen werden (§ 7 WHG).

19. Welche wesentlichen Bestimmungen enthält das Kreislaufwirtschaftsgesetz?

Mit dem neuen Kreislaufwirtschaftsgesetz (KrWG) von 2012 wird das bestehende deutsche Abfallrecht umfassend modernisiert. Ziel des neuen Gesetzes ist eine nachhaltige Verbesserung des Umwelt- und Klimaschutzes sowie der Ressourceneffizienz in der Abfallwirtschaft durch Stärkung der Abfallvermeidung und des Recyclings von Abfällen.

Hersteller und Vertreiber tragen die **Produktionsverantwortung** mit folgenden Zielvorgaben:

- Erzeugnisse sollen mehrfach verwendbar, technisch langlebig, umweltverträglich und nach Gebrauch schadlos verwertbar sein.
- Bei der Herstellung sind vorrangig verwertbare Abfälle und sekundäre Rohstoffe einzusetzen.

- Hersteller und Vertreiber müssen hinweisen auf:

  Rückgabe-, Wiederverwendungs-, Verwertungs- und Beseitigungsmöglichkeiten oder -pflichten und Pfandregelungen durch entsprechende Kennzeichnung der Erzeugnisse (§23, Abs. 2 KrWG).

20. Welche wesentlichen Bestimmungen enthält das Bundesimmissionsschutzgesetz (BImSchG)?

Das **Bundesimmissionsschutzgesetz** (BImSchG; Gesetz zum Schutz vor schädlichen Umwelteinwirkungen durch Luftverunreinigungen, Geräusche, Erschütterungen und ähnliche Vorgänge) ist die **bedeutendste Rechtsvorschrift auf dem Gebiet des Umweltschutzes**. Es bestimmt den Schutz vor **Immissionen** und regelt den **Betrieb genehmigungsbedürftiger Anlagen** (früher in der Gewerbeordnung enthalten) sowie die Pflichten der Betreiber von nicht genehmigungsbedürftigen Anlagen.

- **Zweck** des Gesetzes ist es,
  Menschen, Tiere und Pflanzen, den Boden, das Wasser, die Atmosphäre sowie Kultur- und Sachgüter vor schädlichen Umwelteinwirkungen zu schützen sowie vor den Gefahren und Belästigungen von Anlagen.
- **Geltungsbereich:**
  Die Vorschriften des Gesetzes gelten für
  - die Errichtung und den Betrieb von Anlagen
  - das Herstellen, Inverkehrbringen und Einführen von Anlagen, Brennstoffen und Treibstoffen
  - die Beschaffenheit, die Ausrüstung, den Betrieb und die Prüfung von Kraftfahrzeugen und ihren Anhängern und von Schienen-, Luft- und Wasserfahrzeugen sowie von Schwimmkörpern und schwimmenden Anlagen
  - den Bau öffentlicher Straßen sowie von Eisenbahnen und Straßenbahnen.

21. Welche Bestimmungen zum Bodenschutz gibt es?

- Das Bundes-Bodenschutzgesetz (**BbodSchG**) soll die Zielsetzung erfüllen, die Beschaffenheit des Bodens nachhaltig zu sichern bzw. wiederherzustellen.
- **Strafgesetzbuch:** Bodenverunreinigungen sind unter Strafe gestellt nach § 324 StGB.
- Weitere Gesetze: Der Schutz des Bodens ist mittelbar geregelt durch das Bundesnaturschutzgesetz, durch die Naturschutz- und Landschaftsschutzgesetze der Länder.

22. Welchen wesentlichen Inhalt hat das Gesetz über die Umweltverträglichkeit von Wasch- und Reinigungsmitteln (WRMG)?

Die zentralen Vorschriften der WRMG sind:

- Vermeidbare Beeinträchtigungen der Gewässer oder Kläranlagen durch Wasch- und Reinigungsmittel.
- Der Einsatz von Wasch-/Reinigungsmitteln, Wasser und Energie ist vom Verbraucher zu minimieren.
- Waschmittelverpackungen müssen Hinweise zur Dosierung enthalten.
- Wasserversorgungsunternehmen haben den Verbraucher über den Härtegrad des Wassers zu unterrichten.
- Wasch- und Reinigungsmittel müssen Mindestnormen über die biologische Abbaubarkeit und den Phosphatgehalt erfüllen.

23. Welche Rechtsgrundlagen regeln den Strahlenschutz?

- **Atomgesetz:**
  Zweck des Gesetzes ist die friedliche Verwendung der Kernenergie und der Schutz gegen ihre Gefahren.
- **Strahlenschutzvorsorgegesetz:**
  Zweck des Gesetzes ist es, die Radioaktivität in der Umwelt zu überwachen. Die Überwachung dient dazu, die Strahlenexposition der Bevölkerung und der Umwelt möglichst gering zu halten.
- **Strahlenschutzverordnung:**
  Die Strahlenschutzverordnung regelt den Umgang und den Verkehr mit radioaktiven Stoffen (Genehmigungstatbestände für Ein-/Ausfuhr, Beförderung, Beseitigung, Errichtung von Anlagen). Kern der Strahlenschutzverordnung ist das Strahlenvermeidungsgebot sowie das Strahlenminimierungsgebot. Weiterhin sind Dosisgrenzwerte zum Schutz der Bevölkerung festgelegt.

24. Welche arbeitsspezifischen Umweltbelastungen sollte der Meister kennen und vermeiden?

Dazu ausgewählte Beispiele: Vermeidung arbeitsspezifischer Umweltbelastungen durch:

- Lösemittel
- Kunststoffe
- Asbest
- Lärm
- PVC
- Aluminium
- Farben/Lacke
- saure Belastungsstoffe

- basische Belastungsstoffe
- FCKW
- Auslaufen schädigender Flüssigkeiten (z. B. Öle, Treibstoffe)
- Elektroschrott
- Spraydosen
- Kühl-/Schmierstoffe.

TIPP

Bilden Sie im Lehrgang Arbeitsgruppen. Ermitteln Sie potenzielle, spezifische Umweltbelastungen in Ihrem Verantwortungsbereich und beschreiben Sie Maßnahmen zur Vermeidung.

25. Welches Konzept verfolgt die überarbeitete Gefahrstoffverordnung?

ACHTUNG

Die Gefahrstoffverordnung wurde 2010 völlig überarbeitet und ist neu gestaltet worden. Sie gehört für die Praxis in der chemischen Industrie zu einer sehr wichtigen Verordnung im Themenkreis Arbeits- und Umweltschutz.

Die (neue) GefStoffV setzt die Gefahrstoffrichtlinie der EU für Deutschland um. Sie ergänzt das Arbeitsschutzgesetz und baut auf dessen Schutzzielen auf. Die Verordnung enthält **Maßnahmen in gefährdungsorientierter Abstufung und schließt in das Schutzkonzept auch Stoffe ohne Grenzwert ein**.

Im Gegensatz zur alten Verordnung beruht das Grenzwertkonzept nur noch auf gesundheitsbasierenden Luftgrenzwerten. Vorsorgeuntersuchungen auf Wunsch der Beschäftigten werden möglich. Ausgangspunkt aller Schutzkonzepte und Schutzmaßnahmen ist die Gefährdungsbeurteilung gem. § 6 GefStoffV und § 5 ArbSchG.

Die Beurteilung der Gefährdungen wird im Betrieb nach folgenden Gesichtspunkten durchgeführt:

1. gefährliche Eigenschaften der Stoffe (auch Zubereitungen physikalisch-chemische Wirkungen)
2. Informationen des Herstellers (auch Inverkehrbringers) zum Gesundheitsschutz (Sicherheitsdatenblatt)
3. Art und Ausmaß der Exposition, Expositionswege, Messwerte, andere Ermittlungen

4. Möglichkeit des Ersatzes von Gefahrstoffen durch weniger gefährliche oder ungefährliche Stoffe
5. Arbeitsbedingungen, Arbeitsmittel, Menge der Gefahrstoffe
6. Grenzwerte
7. Wirksamkeit der Schutzmaßnahmen
8. medizinische Erkenntnisse, Ergebnisse der medizinischen Vorsorge.

26. Welche Schutzmaßnahmen schreibt die neue GefStoffV vor?

Grundlage aller Handlungen, die der Unternehmer in Gang setzen muss, ist, wie im Arbeitsschutzgesetz gefordert, die **Gefährdungsbeurteilung**. Sie muss **dokumentiert werden**.

Die anzuwendenden Schutzmaßnahmen ergeben sich aus dem Gefährdungsgrad, der im Rahmen der Gefährdungsbeurteilung ermittelt wurde.

Die Schutzstufen umfassen

- allgemeine Schutzmaßnahmen (§ 8 GefStoffV)
- zusätzliche Schutzmaßnahmen (§ 9 GefStoffV)
- besondere Schutzmaßnahmen (§ 10 GefStoffV).

- **Allgemeine Schutzmaßnahmen:**
  § 8 GefStoffV beschreibt die Grundmaßnahmen, die in jedem Fall ergriffen werden müssen. Die Reihenfolge der Maßnahmen gliedert sich in:
  - Beseitigung der Gefährdung
  - Verringerung der Gefährdung auf ein Mindestmaß
  - Substitution des Stoffes durch weniger gefährliche Stoffe.

  Greifen diese Maßnahmen nicht oder nicht ausreichend, müssen
  - technische oder verfahrenstechnische Maßnahmen nach dem Stand der Technik ergriffen werden
  - kollektive Schutzmaßnahmen in Gang gesetzt werden und organisatorische Maßnahmen als Ergänzung umgesetzt werden
  - individuelle Schutzmaßnahmen (persönliche Schutzausrüstungen, PSA) ergänzen die vorstehend aufgeführten.

  Die Schutzmaßnahmen umfassen:
  - Arbeitsplatzgestaltung, Organisation
  - Bereitstellung geeigneter Arbeitsmittel
  - Begrenzung der Anzahl der Mitarbeiter
  - Begrenzung der Dauer und Höhe der Exposition

- Hygienemaßnahmen, Reinigung der Arbeitsplätze
- Begrenzung der Menge des Gefahrstoffs am Arbeitsplatz
- Anwendung geeigneter Arbeitsm ethoden und -verfahren (Gefährdung so gering wie möglich)
- Vorkehrungen zur sicheren Handhabung, Lagerung und sicherem Transport (inkl. der Abfälle).

Es besteht die Pflicht zu ermitteln, ob die Arbeitsplatzgrenzwerte eingehalten werden. In Arbeitsbereichen, in denen eine Kontamination besteht, darf nicht gegessen, getrunken oder geraucht werden. Es müssen besondere Maßnahmen ergriffen werden, wenn Arbeiten mit Gefahrstoffen von Mitarbeitern allein ausgeführt werden müssen.

- **Zusätzliche Schutzmaßnahmen:**

  Sie geht von **Tätigkeiten mit hoher Gefährdung** aus. Hier sind zusätzliche Schutzmaßnahmen notwendig wie

  - Verwendung in geschlossenen Anlagen und Systemen
  - technische Maßnahmen der Luftreinhaltung
  - besondere Entsorgungstechniken
  - Messen von Gefahrstoffkonzentrationen
  - Bereitstellung von besonders geeigneter PSA
  - Evtl. müssen getrennte Aufbewahrungsmöglichkeiten für Arbeits- bzw. Schutzkleidung und Straßenkleidung bereitgestellt werden.
  - Reinigung der kontaminierten Kleidung muss durch den Arbeitgeber zu seinen Lasten veranlasst werden.
  - wirksame Zutrittsbeschränkungen zu gefährdeten Arbeitsbereichen
  - Aufsicht (auch Aufsicht unter Zuhilfenahme technischer Mittel).

  Insbesondere Tätigkeiten, bei denen mit Überschreitungen von Grenzwerten zu rechnen ist, erfordern **zusätzliche** Schutzmaßnahmen.

- **Besondere Schutzmaßnahmen** bei Tätigkeiten mit krebserzeugenden, erbgutverändernden und fruchtbarkeitsgefährdenden Gefahrstoffen:

  Hier werden zusätzlich sehr wirksame technische Lösungen, besondere Schutzkleidungen usw. notwendig und die Dauer der Exposition für die Beschäftigten darf nur ein absolutes Minimum darstellen. Abgesaugte Luft darf unabhängig von ihrem Reinigungsgrad nicht wieder an den Arbeitsplatz zurückgeführt werden.

  Besondere Schutzmaßnahmen sind im Einzelnen:

  - exakte Ermittlung der Exposition (schnelle Erkennbarkeit von erhöhten Expositionen muss möglich sein, z. B. bei unvorhersehbaren Ereignissen, Unfällen)
  - Gefahrbereiche sicher begrenzen (z. B. Verbotszeichen für Zutritt, Rauchverbot)
  - Beschränkung der Expositionsdauer
  - PSA mit besonders hoher Schutzwirkung (Tragepflicht für die Mitarbeiter während der gesamten Expositionsdauer)

- keine Rückführung abgesaugter Luft an den Arbeitsplatz
- Aufbewahrung der genannten Stoffe unter Verschluss.

► **Besondere Schutzmaßnahmen** gegen physikalische und chemische Einwirkungen – insbesondere Brand- und Explosionsgefährdungen:

Ergibt sich aus der Gefährdungsbeurteilung, dass besondere Schutzmaßnahmen gegen physikalische und chemische Einwirkungen – insbesondere Brand- und Explosionsgefährdungen – notwendig sind, eignen sich folgende Schutzmaßnahmen:

- Tätigkeiten vermeiden und verringern
- gefährliche Mengen und Konzentrationen vermeiden
- Zündquellen vermeiden
- Schädliche Auswirkungen von Bränden und Explosionen auf die Sicherheit der Mitarbeiter und anderer Personen verringern. Dies geschieht i. d. R. durch besondere technische Einrichtungen, die durch organisatorische Maßnahmen unterstützt werden.

Im Überblick: **Die Schutzmaßnahmen der neuen GefStoffV 2010:**

§ 7	**Grundpflichten** bei der Durchführung von Schutzmaßnahmen			
	§ 8	+ **Allgemeine Schutzmaßnahmen**, die bei geringer und „normaler“ Gefährdung ausreichen		
		§ 9	**+ Zusätzliche Schutzmaßnahmen bei „erhöhter“ Gefährdung**	
			§ 10	+ **Besondere Schutzmaßnahmen** bei Tätigkeiten mit krebserzeugenden, erbgutverändernden und fruchtbarkeitsgefährdenden Gefahrstoffen der Kategorie 1 oder 2 + **Besondere Schutzmaßnahmen** gegen physikalische und chemische Einwirkungen – insbesondere Brand- und Explosionsgefährdungen

27. Wie ist die arbeitsmedizinische Vorsorge beim Umgang mit Gefahrstoffen geregelt?

Spezielle arbeitsmedizinische Vorsorgeuntersuchungen sind vom Arbeitgeber auf dessen Rechnung zu veranlassen. Sie gliedern sich gemäß der Verordnung zur arbeitsmedizinischen Vorsorge (ArbMedVV) in **Plicht- und Angebotsuntersuchungen**.

► Der Arbeitgeber muss **Pflichtuntersuchungen** in regelmäßigen Abständen als Erst- und Nachuntersuchung veranlassen. Ein Anhang der ArbMedVV bestimmt genau, wann Pflichtuntersuchungen angeboten werden müssen.

Im Anhang „Arbeitsmedizinische Pflicht- und Angebotsuntersuchungen und Maßnahmen der arbeitsmedizinischen Vorsorge“ sind im Teil I die Pflichtuntersuchungen bei Tätigkeiten mit bestimmten Gefahrstoffen alphabethisch geordnet (von Acrylnitril bis Xylol).

Pflichtuntersuchungen sind z. B. zwingend vorgeschrieben, wenn:

- der Arbeitsplatzgrenzwert nicht eingehalten wird
- die Gefahrstoffe durch die Haut in den Körper eindringen können (hautresorptiv)
- bei Feuchtarbeit über vier Stunden am Tag
- Schweißen und Trennen von Metallen mit drei oder mehr mg/m³ Schweißrauch in der Atemluft
- Tätigkeiten mit Exposition gegenüber Isocyanaten, bei denen ein regelmäßiger Hautkontakt nicht vermieden werden kann oder eine Luftkonzentration von 0,05 Milligramm pro Kubikmeter überschritten wird (PUR-Schäume, PUR-Lache)
- Exposition gegenüber unausgehärteten Epoxidharzen.

► Auch Angebotsuntersuchungen sind derzeit genau aufgelistet. Sie sollten auch dann angeboten werden, wenn die Grenzwerte nicht überschritten werden.

Beispiele

► Schweißrauchkonzentration unter 3 mg/m³ Luft

► Tätigkeiten im Zusammenhang mit Begasungen.

Darüber hinaus müssen alle arbeitsmedizinische Vorsorgeuntersuchungen aber auch für die Beschäftigten auf deren Wunsch angeboten werden. Der Arbeitgeber muss eine **Vorsorgekartei** führen und die **Untersuchungsergebnisse** bis zur Beendigung der Tätigkeit wie Personalunterlagen aufbewahren.

6.1.3 Gesundheitsschutz

01. Welche generelle Bedeutung hat der Gesundheitsschutz?

Gesundheitsschutz wird in allen Ländern Europas als **gesamtstaatliche Gemeinschaftsaufgabe** angesehen und ist somit als gesamtgesellschaftliche Zielstellung systematisch im gesellschaftlichen Gefüge fest verankert.

Gesundheit ist weit **mehr, als** das **Fehlen von Krankheiten**. Gesundheit umfasst

► **körperliches**,

► **geistiges**,

► **seelisches** und

► **soziales Wohlbefinden** des Menschen.

Der Schutz der Gesundheit wird demzufolge von **vielen Einflussfaktoren** tangiert und ist komplexer Natur. Der Schutz der menschlichen Gesundheit wird

► **bevölkerungsbezogen**,

► **umweltbezogen**,

- **architekturbezogen** und
- **arbeitsplatzbezogen**

betrieben.

Der arbeitsplatzbezogene Gesundheitsschutz findet seinen Ansatzpunkt in den Arbeitsbedingungen. Sie haben eine überragende Bedeutung für die Gesundheit des arbeitenden Menschen. Insofern ist es für den künftigen Industriemeister wichtig, die wesentlichen Einflussfaktoren der Arbeit auf den arbeitenden Menschen und die Grundbegriffe einer menschengerechten Arbeitsgestaltung zu kennen, um sie in seiner zukünftigen Tätigkeit als Orientierungshilfe in der Betriebsorganisation erfolgreich nutzen zu können.

02. Welche Bedeutung hat der Gesundheitsschutz für das Unternehmen?

Grundvoraussetzung für den **Erfolg eines Unternehmens** sind **Gesundheit und Einsatzbereitschaft** seiner Mitarbeiter.

- Nur gesunde Mitarbeiter schaffen ein **„gesundes Unternehmen"**.
- Nur gesunde Mitarbeiter können einen wirksamen Beitrag zur Wettbewerbsfähigkeit leisten.
- Nur mit gesunden und leistungsfähigen Mitarbeitern kann der **Arbeitsprozess** ständig **optimiert** werden.
- Die innerbetrieblichen Arbeitsprozesse sind in modernen Industrieunternehmen so eng miteinander verzahnt, dass der **Ausfall von Mitarbeitern** sehr schnell zum **Erliegen der Prozesse** führen kann.

Der Industriemeister ist in der Führung eines Betriebes das wichtigste Bindeglied zwischen der Betriebsleitung und den Mitarbeitern. Er organisiert täglich die Arbeitsprozesse vor Ort und hat es zu einem großen Teil selbst in der Hand, den Produktionsprozess gesundheitsförderlich zu lenken.

Der Schutz der Gesundheit der Mitarbeiter wird zunehmend zu einem wichtigen Faktor der **Zukunfts- und Standortsicherung der Unternehmen**.

03. Welche Elemente des Arbeitssystems berühren den Gesundheitsschutz? → A 2.1.3

Der künftige Industriemeister muss wissen, dass der betriebliche **Gesundheitsschutz** ein **wesentlicher Teil** des **Arbeitsschutzes** ist und ständig an Bedeutung gewinnt.

Moderne **Arbeitssysteme** besitzen sehr komplexe **Wechselwirkungen** der **Maschinen** und **Anlagen** untereinander; **Wechselwirkungen** zwischen **Menschen** und **Maschinen** aber auch Wechselwirkungen von **Menschen** untereinander (vgl. im Detail: „Elemente des Arbeitssystems", → A 2.1.3).

Aus allen Wechselwirkungen entstehen **Belastungen** für den Mitarbeiter. Diese **Belastungen** nimmt der Mitarbeiter als **Beanspruchung** wahr. Können die Belastungen des Mitarbeiters nicht so in das Arbeitssystem eingeordnet werden, dass die **Beanspruchungen** im Normalfall die **Erträglichkeitsgrenzen** des Mitarbeiters nicht **dauerhaft** überschreiten, besteht die Möglichkeit, dass Arbeit krank machen kann.

MERKE

- Wechselwirkungen im Arbeitssystem
- Belastungen für den Mitarbeiter
- bei dauerhaftem Überschreiten der Erträglichkeitsgrenzen Möglichkeit der Gesundheitsschädigung („Die Arbeit macht krank!").

Die **Beanspruchung** des Mitarbeiters äußert sich natürlich sehr unterschiedlich, da die **Erträglichkeitsgrenzen** der Menschen individuell angelegt sind.

Fehlbeanspruchungen, die krank machen, treten in der betrieblichen Praxis nicht nur als **Überforderung** auf. Auch ständige **Unterforderung kann krank machen**.

04. Welches Ziel verfolgt der betriebliche Gesundheitsschutz?

Der betriebliche Gesundheitsschutz sieht sein Ziel darin, die Gesundheit der Mitarbeiter zu **schützen** und zu **fördern**.

Dabei wird das gesamte Belastungsspektrum der Arbeitswelt konkret auf die betrieblichen Belange bezogen, analysiert und die Gefährdung ermittelt.

- Gefährdungen für die Gesundheit sollen vermieden oder minimiert werden.
- Die Arbeitsbedingungen sollen vorausschauend gesundheitsgerecht gestaltet werden.
- Gesunde und sichere Arbeitsplätze sind das Ziel des Gesundheitsschutzes.

Der Gesundheitsschutz erfordert eine effektive Organisation und eine systematische Arbeitsweise aller betrieblichen Akteure. Sie müssen mit den Einrichtungen des **außerbetrieblichen** Arbeits- und Gesundheitsschutzes eng **zusammen arbeiten**, um erfolgreich zu sein.

05. Was versteht man unter arbeitsbedingten Gesundheitsgefahren?

Arbeitsbedingte Gesundheitsgefahren sind **Einwirkungen** bei der Arbeit oder aus der Arbeitsumwelt, die **Gesundheitsstörungen nachvollziehbar** verursachen, begünstigen oder in sonstiger Weise beeinflussen können.

Der **Grad der Gesundheitsstörung** ist im Ergebnis dieser Gefahren meist **geringer**, als es bei den **Berufskrankheiten** der Fall ist.

Im Sozialgesetzbuch VII ist den Berufsgenossenschaften per Gesetz auferlegt, aktiv die Prävention von arbeitsbedingten Gesundheitsgefahren in den Betrieben voranzutreiben. Sie sind dabei beauftragt, eng mit den Krankenkassen zusammenzuarbeiten.

Zu den **Belastungen**, die mit arbeitsbedingten Gesundheitsgefahren verbunden sind, gehören z. B.:

- Belastungen des Stütz- und Bewegungsapparates durch Heben und Tragen von Lasten
- Belastungen der Atemorgane durch Arbeitsstoffe in der Luft am Arbeitsplatz
- Belastungen durch Haut schädigende Stoffe am Arbeitsplatz oder Lärmbelastungen
- Zunehmende Tendenzen zeigen psychische Belastungen der Mitarbeiter und auch soziale Belastungen. Belastende Arbeitszeiten, Zeitdruck, hektische Arbeitsabläufe, häufige Änderungen der Organisation, Konflikte mit Vorgesetzten, aber auch unter den Mitarbeitern sowie Arbeitsverdichtung können, wenn sie dauerhaft sind, Stressreaktionen hervorrufen, deren Folge arbeitsbedingte Erkrankungen sein können.
- Ein breites Spektrum an arbeitsbedingten Erkrankungen kann durch unergonomische Bildschirmarbeit hervorgerufen werden.

Als **arbeitsbedingte Erkrankungen** treten am **häufigsten Muskel- und Skeletterkrankungen** (Rückenkrankheiten) auf. Immer häufiger werden psychische Beschwerden registriert. Die jährlichen **Verluste** durch **Fehlzeiten** in **Folge arbeitsbedingter Erkrankungen** in der gewerblichen Wirtschaft der Bundesrepublik Deutschland werden von der Bundesanstalt für Arbeitsschutz und Arbeitsmedizin mit **ca. 30 Mrd. €** beziffert.

06. Welche gesetzlichen Bestimmungen enthalten Regelungen zum Gesundheitsschutz am Arbeitsplatz?

Den groben Rahmen, die Verpflichtung des Arbeitgebers, für die Gesundheit der Mitarbeiter Sorge zu tragen, setzt das **Arbeitsschutzgesetz**.

Die wesentlichen, unmittelbaren Gesundheitsgefahren im modernen Produktionsbetrieb sind bei

- der manuellen Handhabung von Lasten,
- den Bedingungen der Arbeitsstätten mit ihren Wechselwirkungen auf den Menschen,
- der Arbeit am Bildschirm und
- letztlich auch bei der Benutzung persönlicher Schutzausrüstungen bei der Arbeit

zu finden.

Abgeleitet aus diesen Gefahren gelten als Umsetzung europäischer Einzelrichtlinien des Arbeitsschutzes die

- Lastenhandhabungsverordnung LasthandhabV
- Arbeitsstättenverordnung ArbStättV
- Bildschirmarbeitsverordnung[1] BildscharbV und die
- PSA-Benutzungsverordnung PSA-BV.

Das Arbeitsschutzgesetz sowie die vorstehend genannten Verordnungen sind sehr moderne, kurze und prägnante Regelungen.

INFO

Bitte lesen Sie den Text des Arbeitsschutzgesetzes und der gen. Verordnungen. Sie sind wenige Seiten kurz und über das Bundesministerium für Wirtschaft und Arbeit günstig als Broschüre erhältlich

Die **Unfallverhütungsvorschrift DGUV-Vorschrift 1** und die dazugehörige **BG-Regel** „DGUV-R 100-001, Grundsätze der Prävention" enthalten ebenfalls allgemeine Regelungen zum Gesundheitsschutz.

Der Gesundheitsschutz wird aber auch wesentlich durch das **Arbeitssicherheitsgesetz** (ASiG) tangiert. Hier ist ein wichtiges Anliegen des Gesetzgebers auf dem Gebiet des Gesundheitsschutzes, die arbeitsmedizinische Betreuung der Mitarbeiter geregelt.

Bestimmungen zum Gesundheitsschutz sind auch wesentlicher Bestandteil der kürzlich novellierten Arbeitsstättenverordnung (ArbStättV) als Rahmenvorschrift. Technische Regeln für Arbeitsstätten (ASR) geben den Stand der Technik, Arbeitshygiene und Arbeitsmedizin sowie sonstige arbeitswissenschaftliche Erkenntnisse für das Einrichten und Betreiben von Arbeitsstätten wieder und konkretisieren die Arbeitsstättenverordnung.

Technische Regeln werden vom **Ausschuss für Arbeitsstätten** ermittelt und vom Bundesministerium für Arbeit und Soziales bekannt gemacht. Seit der Novellierung der Arbeitsstättenverordnung sind die Arbeitsstättenregel A 1.3 Sicherheits- und Gesundheitsschutzkennzeichnung sowie die Arbeitsstättenregel A 2.3 Fluchtwege, Notausgänge, Flucht- und Rettungsplan bekannt gemacht worden.

Die DGUV-Vorschrift 2 „Betriebsärzte und Fachkräfte für Arbeitssicherheit" der Berufsgenossenschaften konkretisiert die Forderungen des Arbeitssicherheitsgesetzes für die Anwendung in den Industriebetrieben.

[1] Die BildscharbV wurde in die ArbStättV integriert.

Rechtsvorschriften zum Gesundheitsschutz (Überblick):

Gesetze	Verordnungen	Vorschriften/Richtlinien/Regeln
► ArbSchG ► ASiG	► LasthandhabV ► ArbStättV ► BildscharbV ► DGUV-Vorschrift 1 ► DGUV-Vorschrift 2 ► PSA-BV	► ASR ► DGUV-R 100-001

07. Wann muss ein Betriebsarzt bestellt werden? → § 2 ASiG, → DGUV V1

Grundsätzlich **muss jedes Unternehmen**, das **Mitarbeiter beschäftigt**, einen Betriebsarzt bestellen. Diese **Verpflichtung** erwächst dem Unternehmer, genau wie die Verpflichtung zur Bestellung von Sicherheitsfachkräften, aus dem **Arbeitssicherheitsgesetz** (vgl. §§ 2 ff. ASiG).

Die Berufsgenossenschaften regeln mit der DGUV-Vorschrift 2 „Betriebsärzte und Fachkräfte für Arbeitssicherheit", wie viele Betriebsärzte für welche Einsatzzeit bestellt werden müssen und konkretisieren damit die Rahmenbedingungen für die betriebsärztliche Tätigkeit.

Sehr **kleinen Unternehmen** räumt die DGUV V2 die **Möglichkeit** ein, anstelle der Bestellung eines Betriebsarztes (Regelmodell) ein **alternatives Betreuungsmodell** zu wählen.

08. Wer darf als Betriebsarzt bestellt werden? → § 4 ASiG

Als Betriebsarzt darf nur ein Mediziner bestellt werden, der über die **arbeitsmedizinische Fachkunde** verfügt; in der Regel ist der Betriebsarzt **Facharzt für Arbeitsmedizin**.

Betriebsärzte sind, sofern sie nicht Angestellte des Unternehmens sind, für das sie arbeiten, entweder freiberuflich tätig oder in Arbeitsmedizinischen Diensten angestellt. Diese arbeiten sowohl regional als auch überregional – große Dienste sogar bundesweit.

Große Unternehmen verfügen über **angestellte Betriebsärzte**, in sehr großen Unternehmen arbeiten sogar mehrere Betriebsärzte in firmeninternen arbeitsmedizinischen Einrichtungen. **Kleine und mittlere Unternehmen haben** in der Regel Betriebsärzte **vertraglich verpflichtet**.

09. Welche Aufgaben haben die Betriebsärzte?

Die Betriebsärzte (BA) haben die Aufgabe, den Unternehmer/Arbeitgeber und die Fachkräfte in allen Fragen des betrieblichen Gesundheitsschutzes zu unterstützen. Sie sind bei dieser Tätigkeit genauso **beratend tätig** wie die Fachkräfte für Arbeitssicherheit.

- Betriebsärzte sind gehalten, im Rahmen ihrer Tätigkeit Arbeitnehmer zu **untersuchen, arbeitsmedizinisch zu beurteilen und zu beraten** sowie die Untersuchungsergebnisse auszuwerten und zu dokumentieren.
- Sie sollen die Durchführung des Arbeitsschutzes im Betrieb beobachten und sind eine wichtige Hilfe für den Unternehmer bei der **Beurteilung der Arbeitsbedingungen**.
- Sie eröffnen dem Unternehmer die Thematik **aus arbeitsmedizinischer Sicht** und unterstützen ihn natürlich bei der **Organisation der Ersten Hilfe** im Betrieb.
- Sie arbeiten in der Regel eng mit den Sicherheitsfachkräften zusammen und sind für den **Industriemeister ein wichtiger Partner**.

Zu den Aufgaben des Arbeitsmediziners gehört es **ausdrücklich nicht**, **Krankmeldungen** der Arbeitnehmer auf ihre Berechtigung **zu überprüfen**.

10. Was muss der Unternehmer/Arbeitgeber für die Erste Hilfe tun?

→ § 10 ArbSchG, → DGUV-Vorschrift 1, → DGUV-R 100-001

Die Pflicht, für eine wirksame Erste Hilfe zu sorgen, erwächst dem Unternehmer allgemein aus § 10 ArbSchG, der die allgemeine Fürsorgepflicht des Unternehmers vertieft.

Die Unfallverhütungsvorschrift „Grundsätze der Prävention" DGUV-Vorschrift 1 beschreibt die **Unternehmerpflichten für die Erste Hilfe** genauer:

- Der 3. Abschnitt dieser Vorschrift gibt dem Unternehmer auf, dass er in seinem Unternehmen Maßnahmen
  - zur Rettung aus Gefahr und
  - zur Ersten Hilfe

  treffen muss.
- Er hat dazu
  - die erforderlichen Einrichtungen und Sachmittel sowie
  - das erforderliche Personal

  zur **Verfügung** zu stellen und organisatorisch deren **funktionelle Verzahnung** zu gewährleisten.

- Er muss weiterhin dafür sorgen, dass
  - nach einem Unfall unverzüglich Erste Hilfe geleistet wird
  - Verletzte sachkundig transportiert werden
  - die erforderliche ärztliche Versorgung veranlasst
  - die Erste Hilfe dokumentiert wird.

Die **BG-Regel** „Grundsätze der Prävention" DGUV-R 100-001 beschreibt als Orientierungshilfe genau, was zu tun ist, was zu den notwendigen Einrichtungen und Sachmitteln zählt und was zu veranlassen sowie zu dokumentieren ist.

11. Wie viele Ersthelfer müssen bestellt werden und wie werden sie aus- und fortgebildet?

- Arbeiten in einem Unternehmen **2 bis 20 Mitarbeiter**, muss ein **Ersthelfer** zur Verfügung stehen.
- Bei mehr als **20 Mitarbeitern** müssen **5 % der Belegschaft** als Ersthelfer zur Verfügung stehen, wenn der Betrieb ein **Verwaltungs- oder Handelsbetrieb** ist.
- In **Handwerks- und Produktionsbetrieben**, hierzu zählen die Betriebe der Metall- und Elektroindustrie, müssen **10 % der Belegschaft** Ersthelfer sein.

Ersthelfer sind Personen, die bei einer von der Berufsgenossenschaft zur Ausbildung von Ersthelfern ermächtigten Stelle ausgebildet worden sind.

Ausbildende Stellen sind z. B. das Deutsche Rote Kreuz, der Arbeiter-Samariter-Bund, die Johanniter-Unfallhilfe sowie der Malteser Hilfsdienst. Die Ausbildung in einem Erste-Hilfe-Lehrgang dauert acht Doppelstunden.

INFO

Die kurze Schulung (Sofortmaßnahmen am Unfallort), die Führerscheinbewerber nach § 19 Abs. 1 der Fahrerlaubnis-Verordnung (FeV) erhalten, reicht als Ausbildung **nicht** aus!

Der Unternehmer muss dafür sorgen, dass die Ersthelfer **in Zeitabständen von zwei Jahren fortgebildet** werden. Die Fortbildung besteht aus der Teilnahme an einem vier Doppelstunden dauernden Erste-Hilfe-Training. Wird die 2-Jahres-Frist überschritten, ist ein neuer Lehrgang erforderlich. Die gewerblichen **Berufsgenossenschaften übernehmen die Kosten** für Ersthelfer-Lehrgänge und -trainings.

12. Welche Einrichtungen und Sachmittel zur Ersten Hilfe müssen im Betrieb vorhanden sein (Erste-Hilfe-Ausrüstung)? → DGUV-Vorschrift 1, → DGUV-R 100-001, → DIN 13169, 13175

§ 25 der Unfallverhütungsvorschrift „Grundsätze der Prävention" DGUV-Vorschrift 1 schreibt allgemein die erforderlichen Einrichtungen und Sachmittel vor; in der Regel DGUV-R 100-001 sind sie näher bezeichnet:

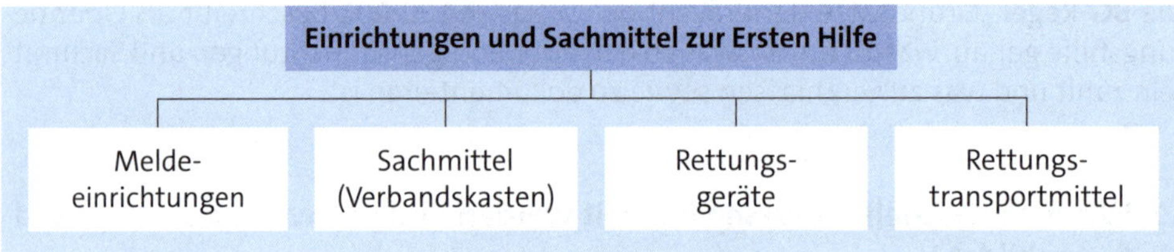

- Wesentliche Einrichtungen sind die **Meldeeinrichtungen**. Über sie wird sichergestellt, dass
  - Hilfe herbeigerufen und
  - an den Einsatzort geleitet werden kann.

  Zu den **Meldeeinrichtungen** zählen vor allem die allgemein gebräuchlichen, mittlerweile in ihrer Ausführung breit gefächerten modernen **Kommunikationsmittel** bis hin zu Personen-Notsignal-Anlagen.
- Zu den wichtigsten **Sachmitteln** gehören die allgemein bekannten **Verbandskästen**. Sie enthalten Erste-Hilfe-Material in leicht zugänglicher Form und in ausreichend gegen schädigende Einflüsse schützender Verpackung. Die Baugrößen, die der Vertrieb bereithält, sind in Deutschland genormt.
  - Es gibt den „kleinen" Verbandskasten nach DIN 13157 und
  - den „großen" Verbandskasten nach DIN 13169.

  Richtwerte, wann der „kleine" und wann der „große" Verbandskasten zur Anwendung kommen muss, liefert die berufsgenossenschaftliche **Regel** DGUV-R 100-001 (bisher BGR A1). Wichtigste Hilfsgrößen zur Ermittlung sind dabei die Anzahl der Mitarbeiter und die Art des Betriebes (Verwaltung, Handwerk/Produktion, Baustelle).
- **Rettungsgeräte** kommen zum Einsatz, wenn bei besonderen Gefährdungen besondere Maßnahmen erforderlich werden. Beispiele dafür sind:
  - **Gefahrstoffunfälle**
  - **Höhenrettung**
  - **Rettung aus tiefen Schächten**
  - **Gefahren durch extrem heiße oder kalte Medien**.

  Zu den **Rettungsgeräten** gehören z. B.:
  - **Notduschen**
  - **Rettungsgurte**

- **Löschdecken**
- **Sprungtücher**
- **Atemschutzgeräte**.

- ▸ Wichtige Sachmittel sind auch **Rettungstransportmittel**. Sie dienen dazu, den Verletzten dort hin zu transportieren, wo ihn der Rettungsdienst übernehmen kann. Die **einfachsten** Rettungstransportmittel sind **Krankentragen**.

13. Wann muss ein Sanitätsraum vorhanden sein?

- ▸ Ein **Sanitätsraum** muss vorhanden sein, wenn in einer Betriebsstätte **mehr als 1.000 Beschäftigte** arbeiten.
- ▸ Gleichfalls muss ein Sanitätsraum vorhanden sein, wenn in der Betriebsstätte nur zwischen **100 und 1.000 Mitarbeiter** tätig sind, aber die Art und Schwere der zu erwartenden Unfälle einen solchen gesonderten Raum erfordern.
- ▸ Arbeiten auf einer **Baustelle mehr als 50 Mitarbeiter**, schreibt die Unfallverhütungsvorschrift DGUV-Vorschrift 1 ebenfalls einen Sanitätsraum vor.

Der **Sanitätsraum** muss mit Rettungstransportmitteln **leicht erreichbar** sein.

14. Wann muss ein Betriebssanitäter zur Verfügung stehen und wie werden Betriebssanitäter ausgebildet? → DGUV-G 304-002

- ▸ Arbeiten in einer Betriebsstätte **mehr als 1.500 Mitarbeiter**, muss ein **Betriebssanitäter** zur Verfügung stehen.
- ▸ Gleiches gilt für Betriebsstätten zwischen **250 und 1.500 Mitarbeitern,** wenn die Art und Schwere der zu erwartenden Unfälle den Einsatz von Sanitätspersonal erfordern.
- ▸ Arbeiten mehr als **100 Mitarbeiter auf einer Baustelle**, muss ein **Sanitäter** zur Verfügung stehen.

Betriebssanitäter nehmen an einer Grundausbildung von 63 Unterrichtseinheiten und einem Aufbaulehrgang von 52 Unterrichtseinheiten teil. Die Anforderungskriterien sind im berufsgenossenschaftlichen Grundsatz DGUV-G 304-002 „Aus- und Fortbildung für den betrieblichen Sanitätsdienst" zusammengefasst.

15. Wie ist die Erste Hilfe zu dokumentieren? → § 24 Abs. 6 DGUV-Vorschrift 1, → DGUV-I 204-020

Die Erste-Hilfe-Leistungen sind **lückenlos** zu dokumentieren. Die Dokumentation ist gemäß § 24 Abs. 6 der DGUV-Vorschrift 1 „Grundsätze der Prävention" **fünf Jahre lang** aufzubewahren. Für die Dokumentation eignet sich das sog. **Verbandsbuch**. **Verbandsbücher** sind im Fachhandel erhältlich.

ACHTUNG

Die Daten sind vertraulich zu behandeln und müssen gegen den Zugriff Unbefugter gesichert werden.

---

16. Auf welche Art und Weise trägt die arbeitsmedizinische Vorsorge zum Gesundheitsschutz bei?

Arbeitsmedizinische Vorsorgeuntersuchungen zielen darauf ab,

- bei **gesundheitsgefährdenden Arbeiten** oder
- beim **Umgang mit gefährlichen Stoffen**

vorbeugenden Gesundheitsschutz zu betreiben und rechtzeitig gesundheitliche Beeinträchtigungen zu erkennen.

17. Welche Arten von arbeitsmedizinischer Vorsorge gibt es?

→ ArbMedV, → ArbSchG, → ASiG

Arbeitsmedizinische Vorsorge – Arten

Allgemeine arbeitsmedizinische Vorsorge	**Spezielle** arbeitsmedizinische Vorsorge

Die Forderungen für die **allgemeine arbeitsmedizinische Vorsorge** sind im Arbeitssicherheitsgesetz sowie in § 11 des Arbeitsschutzgesetzes geregelt. Die wichtigsten speziellen Forderungen enthält die Verordnung zur arbeitsmedizinischen Vorsorge (ArbMedV) aber auch einige andere Gesetzesvorschriften, z. B. die GefStoffV, die BioStoffV oder die LärmVibrations-ArbschV, nehmen auf die arbeitsmedizinische Vorsorge Bezug.

18. Wer führt die allgemeine arbeitsmedizinische Vorsorge und die speziellen arbeitsmedizinischen Vorsorgeuntersuchungen durch?

Die **allgemeine arbeitsmedizinische Vorsorge** erfolgt in der Regel durch den **Betriebsarzt**. Wie in Frage 08. und 09. dargestellt ist der Betriebsarzt ein Facharzt für Arbeitsmedizin, also entsprechend ausgebildet und befähigt. Zur allgemeinen arbeitsmedizinischen Vorsorge gehört die Beurteilung der Arbeitsplätze aus arbeitsmedizinischer und ergonomischer Sicht.

Der Betriebsarzt berät aufgrund der von ihm durchgeführten Beurteilung der Arbeitsplätze den Arbeitgeber, die Vorgesetzten, die Sicherheitsfachkraft, den Betriebsrat aber auch den Mitarbeiter.

19. Welchen Umfang hat die spezielle arbeitsmedizinische Vorsorge? → ArbMedV

Den Umfang der **speziellen arbeitsmedizinische Vorsorge** regelt die Verordnung zur arbeitsmedizinischen Vorsorge. Sie kommt für alle Beschäftigten in Betracht, die bestimmten gesundheitsgefährdenden Einwirkungen ausgesetzt sind oder waren.

Nach der Art der Gefährdung unterscheidet die Verordnung:

- **Pflichtuntersuchungen**
- **Angebotsuntersuchungen**
- **Wunschuntersuchungen**.

Dabei gilt:

- Pflichtuntersuchungen muss der Arbeitgeber veranlassen.
- Angebotsuntersuchungen sind anzubieten.
- Wunschuntersuchungen sind gem. § 11 ArbSchG zu ermöglichen.

Die arbeitsmedizinischen Vorsorgeuntersuchungen sind jedoch auch in weiteren Regelungen des staatlichen Rechts verankert, wie z. B. die arbeitsmedizinische Vorsorge bei Tätigkeiten im Lärm. Hier gelten z. B. die Maßgaben der Lärm- und Vibrations-Arbeitsschutzverordnung.

Nach dem Zeitpunkt der Durchführung gibt drei Arten der Untersuchung:

Spezielle arbeitsmedizinische Vorsorgeuntersuchung – Arten

Erst- untersuchung	**Nach-** untersuchung	**Nachgehende** Untersuchung

- **Erstuntersuchung:**
  Sie erfolgt nicht später als 12 Wochen vor Aufnahme der Tätigkeit, um zu prüfen, ob gesundheitliche Bedenken bestehen.

  Beispiel

  Es ist wissenschaftlich belegt, dass sich 25 % der Berufsanfänger in der Freizeit schon vor Beginn ihrer Ausbildung einen erheblichen Gehörschaden zugezogen haben (Disco, MP3-Player bzw. Smartphone).

In der Industrie und im Handwerk gibt es nach wie vor die Gefährdung durch gesundheitsgefährliche Lärmpegel. Es ist deshalb nicht ratsam, dass ein junger Mensch, der bereits einen Gehörschaden „mitbringt", eine Tätigkeit in der Industrie antritt.

- **Nachuntersuchung:**
  Es wird geprüft, ob die gesundheitliche Unbedenklichkeit fortbesteht. Die Nachuntersuchungsfristen sind je nach Gefährdung unterschiedlich lang.

Beispiel

Bei der Gehörvorsorgeuntersuchung, die normalerweise alle drei Jahre erfolgt, stellt der Arzt eine geringfügige Verschlechterung des Gehörs fest. Der Arzt verkürzt zur Sicherheit die Frist auf 12 Monate.

- **Nachgehende Untersuchung:**
  Sie erfolgen nach Aufgabe der Tätigkeit, z. B. durch Arbeitsplatzwechsel, Berentung u. Ä. und finden z. B. Anwendung, wenn der Beschäftigte mit krebserzeugenden Stoffen oder Asbest gearbeitet hat. Die Berufsgenossenschaften kommen für diese nachgehenden Untersuchungen auf und haben dafür spezielle Einrichtungen geschaffen. Beschäftigte, die mit Krebs erzeugenden Stoffen gearbeitet haben, werden im Rahmen des Organisationsdienstes für nachgehende Untersuchungen (ODIN) betreut. ODIN ist bei der Berufsgenossenschaft Rohstoffe und chemische Industrie (RCI) in Heidelberg angesiedelt.

  Beschäftigte, die Umgang mit Asbest hatten, werden nachgehend durch die GVS (Zentrale Dienstleistungsorganisation der gewerblichen Berufsgenossenschaften für die gesundheitliche Vorsorge; vormals ZAS) betreut. Die GVS befindet sich bei der Berufsgenossenschaft Energie, Textil, Elektro und Medienerzeugnisse (ETEM) in Augsburg.

20. Welche Ärzte führen spezielle arbeitsmedizinische Vorsorgeuntersuchungen durch?

Den Auftrag, arbeitsmedizinische Vorsorgeuntersuchungen, die nach der ArbMedV, der Gefahrstoffverordnung (GefStoffV), der Biostoffverordnung (BioStoffV) bzw. der Lärm- und Vibrations-ArbeitsschutzVerordnung (LärmVibrationsArbSchV) durchgeführt werden müssen, darf der Arbeitgeber nur Ärzten erteilen, die Fachärzte für Arbeitsmedizin sind oder die Zusatzbezeichnung „Betriebsmedizin" führen.

21. Welche Gruppen von Beschäftigten sind durch den Gesetzgeber besonders geschützt?

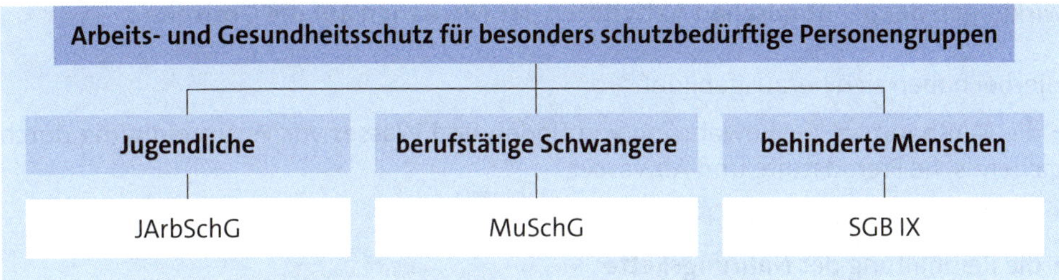

22. Welche Regelungen enthält das Produktsicherheitsgesetz (ProdSG)?

Das Produktsicherheitsgesetz (ProdSG) enthält Regelungen zu den Sicherheitsanforderungen von technischen Arbeitsmitteln und Verbraucherprodukten vor. Es ersetzt ab Dezember 2011 das Geräte- und Produktsicherheitsgesetz (GPSG).

Das Produktsicherheitsgesetz (ProdSG) ist ein umfassendes Gesetz für die Sicherheit technischer Produkte. Es umfasst nicht nur **technische Arbeitsmittel** sondern auch **Gebrauchsgegenstände**. Es dient sowohl dem **Schutz von Verbrauchern** als auch dem **Schutz der Beschäftigten**.

Kernpunkt ist die Sicherheit der technischen Arbeitsmittel und der Verbraucherprodukte. Diese müssen so beschaffen sein, dass sie bei **bestimmungsgemäßer Verwendung** den Benutzer **nicht gefährden**. In die Pflicht genommen werden Hersteller, Inverkehrbringer (auch Importeure) und Aussteller der Produkte. Auf Grundlage des neuen Gesetzes hat der Bund inzwischen eine ganze Reihe **spezieller Verordnungen** zum ProdSG (ProdSV) erlassen.

6.1.4 Umweltschutz

01. Was versteht man unter dem Begriff „Umweltschutz"?

Der Umweltschutz umfasst alle Maßnahmen zur Erhaltung der natürlichen Lebensgrundlagen von Menschen, Pflanzen und Tieren.

Der Umweltschutz ist in Deutschland ein Staatsziel. Er ist deshalb in Art. 20a des Grundgesetzes festgeschrieben. Im Gegensatz zum Arbeitsschutzrecht zielt der Begriff nicht nur auf den Schutz von Menschen als Lebewesen, sondern schließt den Schutz von Tieren und Pflanzen sowie den Schutz des Lebensraumes der Bürger ein.

02. Welche Aufgabe verfolgt die Umweltpolitik?

Aufgabe der Umweltpolitik im engeren Sinne ist der **Schutz vor den schädlichen Auswirkungen der ökonomischen Aktivitäten des Menschen auf die Umwelt**.

Hierbei haben sich herausgebildet:

- die Maßnahmen zur Bewahrung von **Boden und Wasser** vor Verunreinigung durch chemische Fremdstoffe und Abwasser
- die Reinhaltung der **Luft**
- die Reinhaltung der **Nahrungskette**
- die **Lärmbekämpfung**
- die **Müllbeseitigung**, die Wiedergewinnung von Abfallstoffen (**Recycling**)
- mit besonderer Aktualität der **Strahlenschutz.**

Ferner gehören hierzu Vorschriften und Auflagen zur Erreichung größerer Umweltverträglichkeit von **Wasch- und Reinigungsmitteln**. In der Textilindustrie und dem Handel kommt deshalb dem Umweltschutz eine große und vielfältige Bedeutung zu.

03. Nach welchen Gesichtspunkten lässt sich der Umweltschutz unterteilen?

Unterteilen kann man den Umweltschutz in die **Bereiche:**

- **Medialer** Umweltschutz:
  → Schwerpunkt ist der Schutz der Lebenselemente Boden, Wasser und Luft.
- **Kausaler** Umweltschutz:
  → Schwerpunkt ist die Prävention von Gefahren.
- **Vitaler** Umweltschutz:
  → Naturschutz, Landschaftsschutz und Waldschutz zählen zum vitalen Umweltschutz.

04. Welche Sachgebiete des Umweltschutzes gibt es?

Als Sachgebiete des Umweltschutzes gelten:

- Immissionsschutz
- Landschaftspflege
- Gewässerschutz
- Abfallwirtschaft und Abfallentsorgung
- Naturschutz
- Strahlenschutz
- Wasserwirtschaft.

05. Welche Prinzipien gelten im Umweltschutz und daraus folgend im Umweltrecht?

Prinzipien im Umweltschutz

Verursacherprinzip	**Vorsorgeprinzip**	**Kooperationsprinzip**	**Gemeinlastprinzip**
Der Verursacher hat für die Beseitigung der von ihm verursachten Umweltsachschäden zu sorgen und die Kosten dafür zu tragen.	Vorbeugende Maßnahmen müssen ergriffen werden, damit Umweltschäden erst gar nicht entstehen.	Zwischen Betreibern umweltgefährdender Anlagen und den zuständigen Behörden ist die Zusammenarbeit vorgeschrieben. Gleichzeitig müssen Nachbarländer bei grenzüberschreitenden Problemen zusammenarbeiten.	Die Kosten der Beseitigung von Umweltschäden werden von der Allgemeinheit getragen (Bund, Länder, Gemeinden). Dies gilt bei Altlasten, wenn der Verursacher nicht zu ermitteln ist oder wenn die Kosten die wirtschaftliche Leistungsfähigkeit des Verursachers/Betreibers übersteigen.

Beispiele für technische Maßnahmen der ...	
Vorsorge	Reduzierung des Energie- und Stoffverbrauch (Abwärmerückgewinnung, Änderung der Energieart, Kaskadenspülung), Stoffsubstitution (z. B. Einsatz wasserlöslicher Lacke), Abfallvermeidung/-verminderung, Mehrwegverpackung/Verpackungsrücknahme, geänderte Produktpolitik (z. B. Einsatz unproblematischer Rohstoffe)
Nachsorge	Einsatz von Filteranlagen (Rauchgas, Staub) und chemischer Reaktionen (Fällung, Neutralisation), Kläranlagen

06. Welche Rechtsvorschriften prägen das Umweltrecht?

Umweltrecht

Richtlinien, Verordnungen der EU	Gesetze von Bund und Ländern	Verordnungen	Verwaltungsvorschriften, z. B.: TA Luft, TA Abfall	Nicht hoheitliche Regelwerke, z. B.: DIN, VDE, VDI

07. Was unterscheidet Emissionen von Immissionen?

Nach dem Bundes-Immissionsschutzgesetz (BImSchG) sind:

- **Emissionen** alle von einer Anlage **ausgehenden** Luftverunreinigungen, Geräusche, Erschütterungen, Licht, Wärme, Strahlen und ähnliche Erscheinungen
- **Immissionen** sind auf Menschen, Tiere und Pflanzen, den Boden, das Wasser sowie die Atmosphäre **einwirkende** Luftverunreinigungen, Geräusche und ähnliche Belastungen.

08. Welcher Zusammenhang lässt sich zwischen Produktion, Konsum und Umweltbelastungen herstellen?

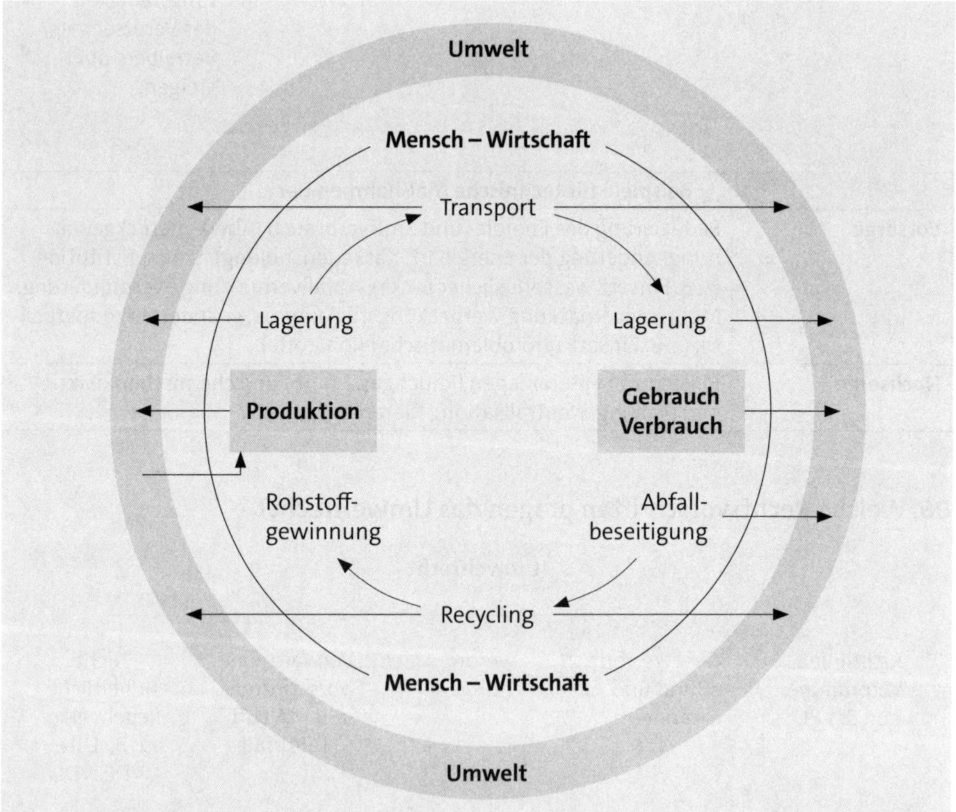

09. Welches ist der wesentliche Berührungspunkt zwischen Umweltschutz und Arbeitsschutz?

Die Immissionen, also die **Einwirkungen** von Belastungen **aus der Umwelt** (hier Arbeitsumwelt) **auf die Menschen**, ist der wesentliche Berührungspunkt zwischen Arbeitsschutz und Umweltschutz.

Berührungspunkte in der Praxis der Produktion sind:

- **Luftverunreinigungen**, die von Arbeitsprozessen verursacht werden.

  Beispiel

  Schweißrauche in der Industrie wirken als Schadstoffe auf die Atmungsorgane der Schweißer.

- **Lärm**, der durch den Arbeitsprozess verursacht wird.

  Beispiel

  Lärm, der durch Pressen und Stanzen in der Fertigung entsteht, wirkt langfristig schädigend auf das Hörvermögen der Mitarbeiter – die Berufskrankheit Lärmschwerhörigkeit kann entstehen.

  Immissionsschutz und Arbeitsschutz haben besonders in der Industrie einen engen Zusammenhang.

10. Warum ist ein betriebliches Umweltmanagement erforderlich und was versteht man darunter? → EU-Öko-Audit-Verordnung, → DIN EN ISO 14001, → EMAS-Verordnung

Es hat sich gezeigt, dass das Vorhandensein **gesetzlicher Bestimmungen** der Unternehmen zum Umweltschutz **allein nicht ausreichend** ist. Umweltschutz muss in das Management integriert werden. Weiterhin zeigt die Erfahrung, dass der betriebliche Umweltschutz nur sicher und wirtschaftlich gelenkt werden kann, wenn er **systematisch** betrieben wird.

Umweltmanagement ist eine besondere Form der Betriebsorganisation, bei der alle Mitarbeiter dem Ziel der Verbesserung des betrieblichen Umweltschutzes verpflichtet werden (Öko-Audit). Damit sich das Engagement der Mitarbeiter nicht in kurzfristigen Aktionen erschöpft und über einen längeren Zeitraum aufrecht erhalten werden kann, soll das Umweltmanagementsystem als automatisch ablaufender Prozess im Unternehmen integriert werden. Kriterien für ein fortschrittliches Umweltmanagement enthalten die EU-Öko-Audit-Verordnung und die DIN EN ISO 14001.

Das Umweltmanagement **berücksichtigt** bei der Planung, Durchsetzung und Kontrolle der Unternehmensaktivitäten in allen Bereichen **Umweltschutzziele** zur Verminderung und Vermeidung der Umweltbelastungen und **zur langfristigen Sicherung der Unternehmensziele**. Mit der EMAS-Verordnung der EU und der ISO 14000-Normenreihe wurde eine umfassende, systematische Konzeption für das betriebliche Umweltmanagement vorgelegt und zugleich normiert. Der Grundgedanke der Verordnung ist Ausdruck einer geänderten politischen Haltung: Weg von Verboten und Grenzwerten, **hin zu marktwirtschaftlichen Anreizen**. Betriebliche **Eigenverantwortung** und **Selbststeuerung** sollen (aufgrund der besseren Ausbildung aller Mitarbeiter) in Zukunft für globale Veränderungen (Verbesserungen) mehr bewirken als unflexible staatliche Top-down-Steuerungen.

Modern geführte Industrieunternehmen haben schon lange Umweltschutzmanagementsysteme implementiert, die der Norm DIN EN ISO 14001 entsprechen.

Zwischen der EG-Öko-Audit-Verordnung (EMAS) und der DIN ISO 14001 ff. gibt es viele Gemeinsamkeiten, aber auch Unterschiede:

Merkmale	EMAS	DIN ISO 14001 ff.
Gültigkeit	europaweit, bestimmte Wirtschaftszweige	weltweit, alle Wirtschaftszweige
staatliche Anerkennung	ja	nein
Geltung	EU	weltweit
Struktur	im Inhalt ausformuliert	ablauforientiert gegliedert
Branchen	produzierendes Gewerbe (Dienstleistung in Vorbereitung)	alle Branchen
Information	Umwelterklärung ist verpflichtend	Umwelterklärung ist formal nicht verpflichtend
Werbung	mit EG-Öko-Audit-Zeichen nicht zulässig	ist zulässig

11. Was sind integrierte Managementsysteme?

Integrierte Managementsysteme fassen zwei oder **mehrere einzelne Managementsysteme** zusammen, um **Synergieeffekte** zu erzielen. Sehr häufig werden Arbeitsschutz- und Umweltmanagementsysteme zusammengefasst. Durch die natürlichen Berührungspunkte zwischen beiden Gebieten ist diese Variante sehr praktikabel.

Voll integrierte Managementsysteme fassen das Qualitätsmanagement, das Umwelt- und das Arbeitsschutzmanagement für das gesamte Unternehmen in einem System zusammen und erzielen damit **sehr hohe Synergieeffekte**.

Praktisch ist dabei, dass sich die Methoden der einzelnen Managementsysteme sehr gleichen. Qualitäts- und Umweltmanagementsysteme sind weltweit genormt. Für Arbeitsschutzmanagementsysteme gibt es bislang nur Ansätze von einzelnen wenigen nationalen Normungsgremien. Harmonisierte EN-Normen gibt es für Arbeitsschutzmanagementsysteme bisher nicht.

12. Warum muss bei der Betrachtung der Kosten des Umweltschutzes zwischen betriebswirtschaftlicher und volkswirtschaftlicher sowie kurz- und langfristiger Sichtweise differenziert werden?

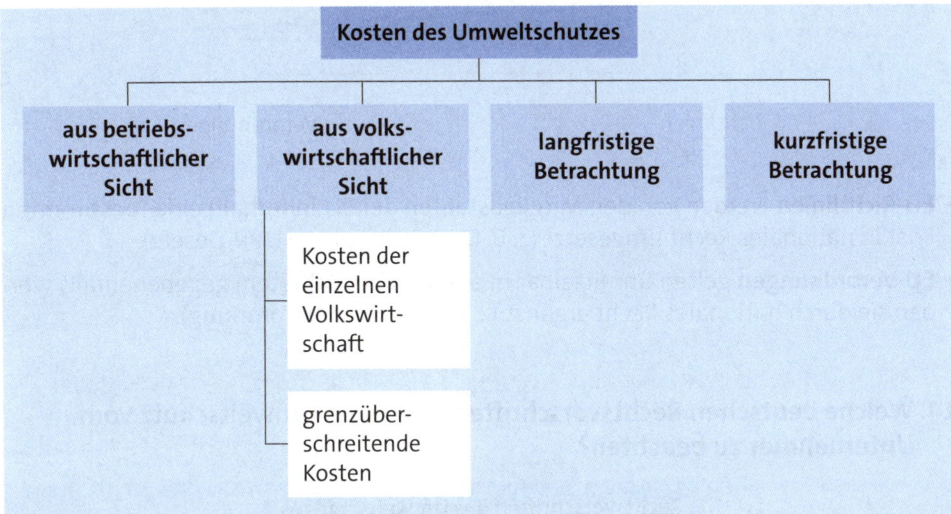

Dazu einige Thesen:

Maßnahmen des Umweltschutzes

- sind **betriebswirtschaftlich** zunächst Kosten bzw. führen zu einem Kostenanstieg; dies kann kurzfristig zu einer Wettbewerbsverzerrung führen
- können **langfristig** vom Betrieb als Wettbewerbsvorteil genutzt werden – bei verändertem Verhalten der Endverbraucher (z. B. Gütesiegel, Blauer Engel, chlorarm, ohne Treibgas, biologisch abbaubar)
- **werden z. T. nicht verursachergerecht umgelegt** – je nach den politischen Rahmenbedingungen, z. B.:
  - Die Nichtbesteuerung von Flugbenzin wird beklagt.
  - Es wird argumentiert, dass die durch die Lkws verursachten Straßenschäden nicht verursachergerecht belastet werden und es deshalb zu einer Wettbewerbsverzerrung zwischen „Straße und Schiene“ kommt.
- **werden nicht in erforderlichem Umfang durchgeführt;** das führt kurzfristig zu einzelwirtschaftlichen Gewinnen und langfristig zu volkswirtschaftlichen Kosten (z. B.: Atomenergie und die bis heute ungeklärten Kosten der Entsorgung von Brennstäben; Altlastensanierung der industriellen Produktion in den Gebieten der ehemaligen DDR).

13. Welche Bedeutung hat das europäische Umweltrecht?

Die Umweltpolitik besitzt innerhalb der EU eine hohe Bedeutung. Mit dem Vertrag von Maastricht wurden der EU umfangreichere Regelungskompetenzen übertragen. Zurzeit existieren etwa 200 **europäische Rechtsakte** mit umweltpolitischem Bezug. Diese Rechtsakte regeln nicht nur das Verhältnis zwischen den Staaten, sondern sie sind auch verbindlich für den einzelnen Bürger und die Unternehmen. Die europäischen Rechtsakte haben allerdings einen sehr unterschiedlichen Verbindlichkeitscharakter:

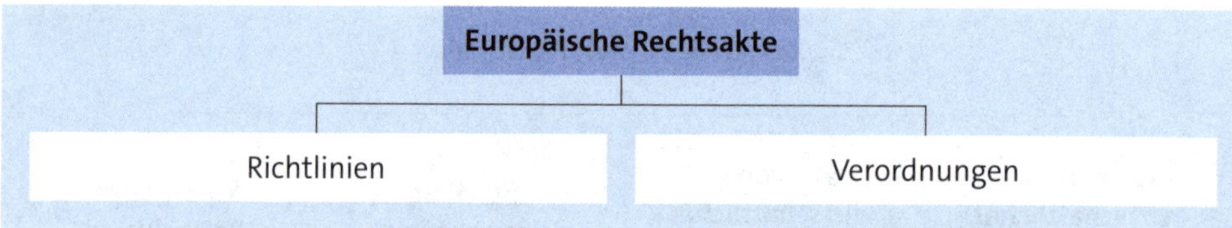

- **EU-Richtlinien** werden von den Mitgliedstaaten der EU innerhalb einer bestimmten Frist in nationales Recht umgesetzt (z. B. UVP-Richtlinie → UVP-Gesetz).
- **EU-Verordnungen** gelten unmittelbar in allen Mitgliedstaaten; gegebenenfalls werden sie durch nationales Recht ergänzt (z. B. Öko-Audit-Verordnung).

14. Welche deutschen Rechtsvorschriften sind beim Umweltschutz vom Unternehmer zu beachten?

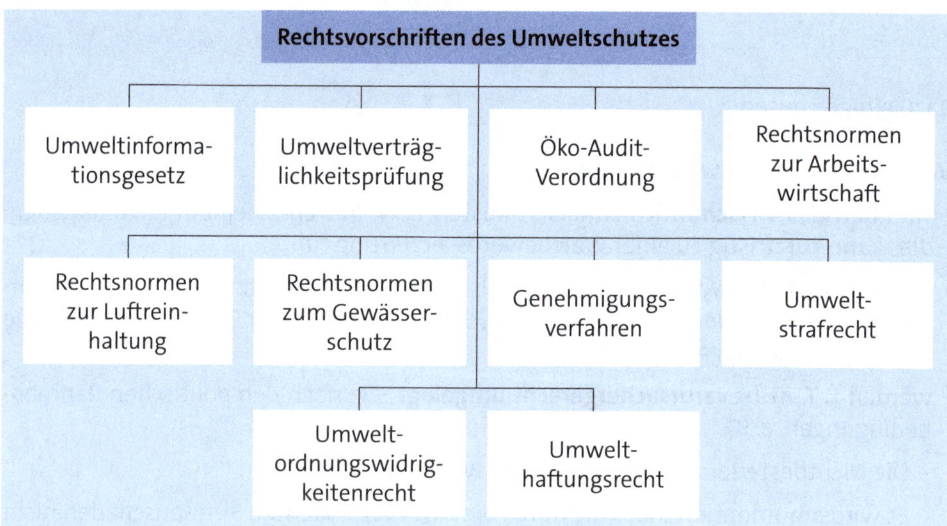

15. Welchen Inhalt hat das Umwelthaftungsrecht?

Es regelt die **zivilrechtliche Haftung bei Umweltschädigungen**. Hier können auch **juristische Personen** verklagt und in Anspruch genommen werden. Die Ansprüche gliedern sich in drei **Bereiche:**

- Gefährdungshaftung
- Verschuldenshaftung
- nachbarrechtliche Ansprüche.

16. Welchen Inhalt hat das Umweltstrafrecht?

Das Umweltstrafrecht wurde 1980 in das Strafgesetzbuch eingearbeitet. **Bestraft werden können nur natürliche Personen**. Straftatbestand kann ein bestimmtes Handeln, aber auch ein bestimmtes Unterlassen sein. Die Geschäftsleitung haftet stets in umfassender Gesamtverantwortung.

Bestraft werden z. B. folgende Tatbestände:

- Verunreinigung von Gewässern
- Boden- und Luftverunreinigung
- unerlaubtes Betreiben von Anlagen
- Umwelt gefährdende Beseitigung von Abfällen.

17. Welche Rechtsnormen existieren im Bereich der Luftreinhaltung?

Rechtsnormen zur Luftreinhaltung	Stichworte zum Inhalt
► Bundesimmissionsschutzgesetz	Leitgesetz zur Luftreinhaltung
► Verordnung über genehmigungsbedürftige Anlagen	Spezielle Regelungen
► Emissionserklärungsverordnung	Spezielle Regelungen
► Verordnung über das Genehmigungsverfahren	Konkretisierung des Genehmigungsverfahrens
► Verordnung über Immissionsschutz undStörfallbeauftragte	Spezielle Regelungen
► TA Luft	Verwaltungsvorschrift (Emissions-/Immissionswerte)

18. Welche Rechtsnormen existieren im Bereich des Gewässerschutzes?

Rechtsnormen zum Gewässerschutz	Stichworte zum Inhalt
► Wasserhaushaltsgesetz	Nutzung von Gewässern
► Klärschlammverordnung	Aufbringen von Klärschlamm, Grenzwerte
► Abwasserabgabengesetz	Abgabe für Direkteinleiter
► Allgemeine Rahmenverwaltungsvorschrift über Mindestanforderungen an das Einleiten von Abwasser in Gewässer	Konkretisierung von Anforderungen

19. Welche Rechtsnormen existieren im Bereich der Abfallwirtschaft?

Rechtsnormen der Abfallwirtschaft	Stichworte zum Inhalt
► Kreislaufwirtschaftsgesetz	Leitgesetz für den Abfallbereich
► Verordnung über Betriebsbeauftragte für Abfall	Pflicht zur Bestellung eines Beauftragten
► Verpackungsverordnung	Verpflichtung zur Rücknahme von Verpackungen
► Abfallbestimmungsverordnung	Zusammenstellung spezieller Abfallarten
► Reststoffbestimmungsverordnung	Zusammenstellung spezieller Reststoffe
► TA Abfall, Teil 1	Vorschriften zur Lagerung, Behandlung, Verbrennung usw.

20. Welchen wesentlichen Zweck und Inhalt haben die Vorschriften zur Vermeidung von Arbeits- und Verkehrslärm?

→ BImSchG, IV. Teil, → A-Lärm, → ArbStättV

- Lärm vermindert die Konzentration, macht krank und kann zur Schwerhörigkeit führen.

  Weitere Einzelaspekte:
  - die akustische Verständigung wird durch Lärm behindert
  - Schreckreaktionen können zu Unfällen führen
  - die kritische Grenze liegt bei 80 dB(A), ab 85 dB(A) wirkt Lärm gesundheitsschädigend
  - ab 85 dB(A) sind Gehörschutzmittel zu verwenden; außerdem besteht die Verpflichtung zu Gehörvorsorgeuntersuchungen.
- Vorschriften über den Lärmschutz finden sich:
  - im BImSchG, IV. Teil (Betrieb von Fahrzeugen, Verkehrsbeschränkungen, Verkehrslärmschutz)
  - in der technischen Anleitung zum Schutz gegen Lärm (TA-Lärm; sie dient dem Schutz der Allgemeinheit und legt Richtwerte für das Betreiben von Anlagen fest)
  - in der Arbeitsstättenverordnung

- in der Lärm- und Vibrations-Arbeitsschutz-Verordnung (LärmVibraArbSchV); sie kennt hinsichtlich des Lärms sog. Auslösewerke; unterer Auslösewert = 80 dB(A), oberer Auslösewert = 85 dB(A)
- ab 85 dB(A) sind Gehörschutzmittel zu verwenden; außerdem besteht die Verpflichtung zu Gehörvorsorgeuntersuchungen.

► Der Vorgesetzte sollte es sich daher zur Aufgabe machen, den Lärmpegel in der Produktion so gering wie möglich zu halten, z. B.:

- durch technische Maßnahmen (z. B. beim Neukauf von Anlagen; nur lärmarme Maschine)
- durch Schallschutzmaßnahmen (z. B. Einsatz von Schallschutzhauben)
- durch organisatorische Maßnahmen (zeitliche Verlagerung lärmintensiver Arbeiten; Vermeidung von Lärm während der Nachtarbeit)
- durch persönliche Schutzausrüstungen (Gehörschutz).

21. Welchen wesentlichen Zweck und Inhalt hat das Chemikaliengesetz?

Das Chemikaliengesetz (ChemG; Gesetz zum Schutz vor gefährlichen Stoffen) gilt sowohl für den privaten als auch für den gewerblichen Bereich und soll Menschen und Umwelt vor gefährlichen Stoffen und gefährlichen Zubereitungen schützen. Stoffe bzw. Zubereitungen sind dann gefährlich, wenn sie folgende Eigenschaften haben (§ 4 GefStoffV): explosionsgefährlich, brandfördernd, giftig, sehr giftig, reizend, entzündlich, hoch entzündlich usw.

Hersteller und Handel

► haben die Eigenschaften der in Verkehr gebrachten Stoffe zu ermitteln und

► entsprechend zu verpacken und zu kennzeichnen.

Mit der Einführung der (neuen) **Arbeitsplatzgrenzwerte** und der (neuen) **biologischen Grenzwerte** hat sich der Gesetzgeber von den Jahrzehnte lang geltenden MAK-Werten (Maximale Arbeitsplatzkonzentration), BAT-Werten (Biologische Arbeitsstoff-Toleranz-Werte) und TRK-Werten (Technische Richtkonzentration) abgewendet.

► **Arbeitsplatzgrenzwert:**
Der mit Abstand häufigste Weg in den menschlichen Körper führt über die Atmungsorgane in die Lunge des Menschen. Daher sind die meisten Grenzwerte Luftgrenzwerte, also Werte, bei denen der Beschäftigte im Allgemeinen gesund bleibt.

► **Biologischer Grenzwert:**
Gemessen wird bei diesem Grenzwert die Konzentration von Gefahrstoffen oder ihrer Metaboliten in Körperflüssigkeiten. Wird dieser biologische Grenzwert eingehalten, bleibt der Beschäftigte nach arbeitsmedizinischen Erkenntnissen im Allgemeinen gesund.

Auch zum ChemG gibt es ein umfangreiches Regelwerk, z. B.:

ChemVerbotsV	Die Chemikalienverbotsverordnung untersagt das Inverkehrbringen bestimmter Stoffe, z. B. Asbest, DDT, Formaldehyd, Dioxin.
ChemOzon-SchichtV	Die Chemikalien-Ozonschichtverordnung verfolgt die Zielsetzung, den Einsatz ozonschädigender Stoffe zu reduzieren, z. B. die Verwendung von Kohlenwasserstoffverbindungen als Kältemittel in Kühl- und Klimaanlagen.
GefStoffV	Die Gefahrstoffverordnung ist die bedeutendste Regel für den sicheren Umgang mit gefährlichen Arbeitsstoffen für Industrie und Handwerk in Deutschland. Die Gefahrstoffverordnung ist dem deutschen Chemikaliengesetz als Leitvorschrift nachgeordnet.
EU-Verordnung Nr. 1907/2006 „Reach"	Am 1.07.2007 ist eine der bedeutensten Vorschriften im Bereich des Chemikaliengesetzes unter dem Namen REACH in Kraft getreten (Registration, Evaluation and Authorisation of Chemicals; dt.: Registrierung, Bewertung, Zulassung und Beschränkung chemischer Stoffe). Diese Verordnung, die unmittelbar auf die Mitgliedstaaten wirkt, hat die Zielsetzung, alle vor 1981[1] in der EU hergestellten und in Verkehr gebrachten, chemischen Stoffen zu registrieren und deren Zulassung zu prüfen. Nach dem Motto „No Data, No Market" dürfen künftig nur noch Stoffe in Verkehr gebracht und verwendet werden, zu denen ein umfangreicher Datensatz vorliegt. Das heißt konkret: Etwa 30.000 im Handel erhältliche Stoffe müssen in der europäischen Chemikalienagentur in Stockholm erfasst werden und bis zu 1.500 besonders kritische Chemikalien werden zulassungspflichtig.

22. Wann ist ein Umweltschutzbeauftragter zu bestellen?
→ BImSchG, → WHG, → KrWG, → StörfallV

In verschiedenen Gesetzen und Verordnungen ist die schriftliche Bestellung von **Betriebsbeauftragten** unter bestimmten Bedingungen vorgeschrieben:

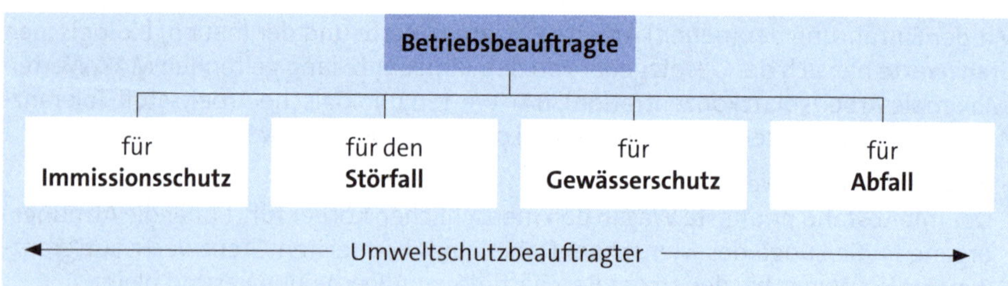

[1] Stoffe, die nach 1981 produziert und in Verkehrgebracht wurden, unterlagen bereits einem Zulassungsrecht.

- **Betriebsbeauftragter für Immissionsschutz** nach § 53 BImSchG sowie 5. BImSchV:
  → muss bestellt werden, wenn eine in der Verordnung bezeichnete genehmigungsbedürftige Anlage betrieben wird (vgl. Anhang zur 5. BImSchV).

  Der Immissionsschutzbeauftragte hat einen Sonderkündigungsschutz. Er kann nicht ordentlich, sondern nur außerordentlich gekündigt werden (aus wichtigem Grund).
- **Betriebsbeauftragter für den Störfall** nach § 58 a BImSchG sowie 5. BImSchV:
  → muss bestellt werden, wenn in der genehmigungsbedürftigen Anlage bestimmte Stoffe vorhanden sein können oder ein Störfall entstehen kann (Störfallverordnung).
- **Betriebsbeauftragter für Gewässerschutz** nach § 64 WHG:
  → ist zu bestellen, wenn mehr als 750 m^3 Abwässer täglich in öffentliche Gewässer eingeleitet werden.
- **Betriebsbeauftragter für Abfall** nach § 59 KrwG:
  → muss bestellt werden, wenn im Betrieb regelmäßig überwachungsbedürftige Abfälle anfallen (z. B. Abfälle, die luft- oder wassergefährdend, brennbar usw. sind).

Der **Umweltschutzbeauftragte** ist als Begriff in den einschlägigen Gesetzen und Verordnungen nicht genannt, sondern hat sich als Terminus der Praxis herausgebildet. Er ist der „Betriebsbeauftragte für alle Fragen des Umweltschutzes" im Betrieb (Abfall-, Gewässer-, Immissionsschutz usw.).

23. Welche Rechte und Pflichten hat der Umweltschutzbeauftragte?

Der Umweltschutzbeauftragte hat nach dem Gesetz **keine Anordnungsbefugnis**, sondern er **berät** die Leitung/den Betreiber sowie die Mitarbeiter in allen Fragen des Umweltschutzes und **koordiniert** die erforderlichen Maßnahmen. Seine Aufgaben werden von einem **fachkundigen Mitarbeiter** des Unternehmens oder einem **Externen** wahrgenommen.

Die Bestellung des Beauftragten ist der Behörde anzuzeigen. Sie prüft, ob der Beauftragte **zuverlässig und fachkundig** ist. Bei der Fachkunde wird z. B. in der 5. BImSchV die Qualifikation näher bestimmt (Abschluss als Ingenieur der Fachrichtung Chemie oder Physik, Teilnahme an vorgeschriebenen Lehrgängen und 2-jährige Praxis an der Anlage).

Neben der umfassenden Beratung des Betreibers und der Mitarbeiter hat der Umweltschutzbeauftragte folgende **Rechte und Pflichten:**

- Der Beauftragte muss frühzeitig und umfassend in alle Entscheidungen, die den Umweltschutz tangieren, einbezogen werden.
- Der Beauftragte ist zu Investitionsentscheidungen zu hören.
- Er hat jährlich einen Bericht über seine Tätigkeit vorzulegen.
- Lehnt die Geschäftsleitung Vorschläge des Betriebsbeauftragten ab, muss sie ihm diese Ablehnung begründen.
- Geschützt wird der Betriebsbeauftragte durch ein Benachteiligungsverbot und eine besondere Kündigungsschutzregelung.

6.2 Erkennen von Schwachstellen im Bereich Arbeits- und Anlagensicherheit, Gesundheits- und Umweltschutz sowie Einleiten vorbeugender Maßnahmen

6.2.1 Schwachstellen

01. Welche Rangfolge gibt es bei den Schutzmaßnahmen?

Die **Rangfolge** der Schutzmaßnahmen folgt der **Wirksamkeit** der Maßnahmen. Aus diesem Grunde sind **technische Schutzmaßnahmen stets vorrangig** vor organisatorischen oder personenabhängigen Schutzmaßnahmen zu ergreifen.

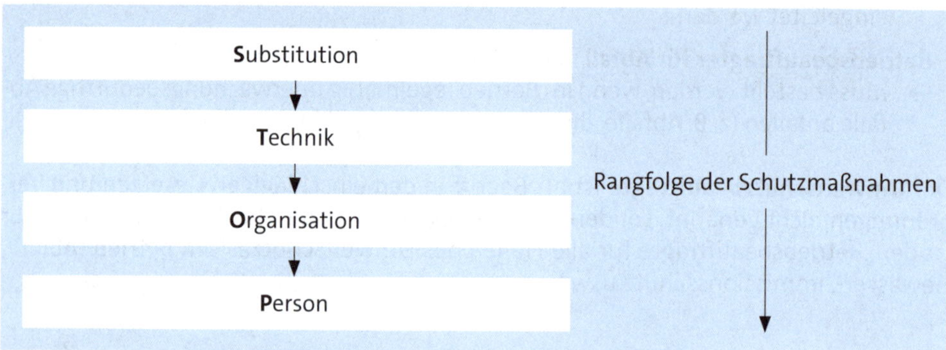

Die Rangfolge „S-T-O-P" ist seit Jahrzehnten **Grundlage des deutschen Arbeitsschutzes. Technische Maßnahmen wirken direkt**, organisatorische und personenabhängige Maßnahmen sind sehr stark vom Menschen abhängig. Aufgrund der i. d. R. guten technischen und organisatorischen Standards ist heute der **Mensch** im Industriebetrieb **der größte Risikofaktor** bei der Wirksamkeit von Schutzmaßnahmen.

6.2.2 Vorbeugende Maßnahmen in Arbeitssicherheit und Gesundheitsschutz

01. Welchen Zweck haben persönliche Schutzausrüstungen?

Persönliche Schutzausrüstungen gehören zu den **personengebundenen Schutzmaßnahmen**. Sie sind **in der Wirkung** technischen und organisatorischen Maßnahmen **nachrangig**. Sie sind vom Wissen, Wollen und Können des Benutzers sehr stark abhängig. Sie sind **jedoch unverzichtbar** zur **Abdeckung der Restrisiken** und schließen oft Lücken, die die technischen und organisatorischen Schutzmaßnahmen lassen. Auch in der Freizeit werden zum Körperschutz persönliche Schutzausrüstungen selbstverständlich verwendet.

02. Welche gesetzlichen Regeln gibt es für persönliche Schutzausrüstungen (PSA)?

Die gesetzlichen Anforderungen an die persönlichen Schutzausrüstungen sind durch eine EU-Richtlinie, die sog. PSA-Richtlinie, europaweit einheitlich geregelt. In den Mitgliedstaaten dürfen nur PSA gehandelt werden, die dieser Richtlinie entsprechen. Einheitlich sind

- sicherheitstechnische Merkmale
- Prüf- und Zertifizierungsverfahren.

03. Welchen Kategorien werden persönlichen Schutzeinrichtungen zugeordnet?

Es gibt die Kategorien I, II und III. Je höher das Risiko, bei dem die PSA zum Einsatz kommt, je höher ist die Kategorie. Sie reicht von Kategorie I (einfach) bis zur Kategorie III (tödliche Gefahren). Die PSA der Kategorien II und III erkennt man daran, dass hinter dem CE-Zeichen der PSA eine vierstellige Zahlenfolge angebracht ist. Diese dient zur Identifizierung der Prüfstelle, die die jeweilige PSA geprüft hat.

04. Wer bezahlt die persönliche Schutzausrüstung?

Persönliche Schutzausrüstungen müssen zur Verfügung gestellt werden, wenn die Gefährdung im Betrieb besteht und das Restrisiko der Verletzung von Körperteilen besteht. Existiert die Gefahr von Kopfverletzungen, muss Kopfschutz zur Verfügung gestellt werden, besteht die Gefahr von Augenverletzungen, müssen Schutzbrillen zur Verfügung gestellt werden usw. Die Kosten müssen vom Unternehmer getragen werden.

05. Welches sind die wichtigsten persönlichen Schutzausrüstungen in der Industrie?

Schutzhandschuhe, Schutzbrillen, Schutzhelme, Schutzschuhe und Gehörschutzmittel gehören im Industrieunternehmen zu den wichtigsten persönlichen Schutzausrüstungen.

Die nachfolgende Aufstellung zeigt beispielhaft einige Zuordnungen von „Arbeitsplatz und vorgeschriebener PSA“:

Arbeitsplatz	Sicherheitsschuhe	Sicherheitshelm	Schutzbrille	Handschuhe	Atemschutz	Gehörschutz	Gesichtsschutz	Schürze
Spritzlackierer	x	x	x	x	x			
Universaldreher	x		x			x		
Universalschleifer	x		x	x		x	x	
Betriebsschlosser	x	x	x	x		x		
Werkzeugmacher	x		x	x		x		x
Universalschweißer	x	x	x	x		x	x	x
Blechschlosser	x	x	x	x		x		x

06. Was ist entscheidend für die Wirksamkeit der persönlichen Schutzausrüstung?

Die persönlichen Schutzausrüstungen (PSA) wirken nur unter der Voraussetzung, dass die Person, die geschützt werden soll, sie auch wirklich verwendet. Es ist eine wesentliche Aufgabe des Vorgesetzten, dafür zu sorgen, dass die PSA am Arbeitsplatz auch getragen wird. Der Meister muss ständig dafür sorgen, dass die oftmals kostenintensiven PSA, die vom Unternehmer kostenfrei zur Verfügung zu stellen sind, auch getragen werden und so ihren vorgesehenen Zweck erfüllen.

MERKE

PSA, die nicht verwendet werden, erzeugen Kosten, ohne Nutzen zu stiften.

07. Welche Ursachen können dazu führen, dass persönliche Schutzausrüstungen nicht verwendet werden?

Das entscheidende Merkmal für die **Akzeptanz**, die die Mitarbeiter einer bestimmten PSA entgegenbringen, ist die **Tragequote**. An dieser Quote kann der Meister in seinem Verantwortungsbereich schnell erkennen, welche PSA von den Mitarbeitern akzeptiert wird und welche nicht.

Persönliche Schutzausrüstungen bieten generell den **Vorteil**, dass sie den Körper der Mitarbeiter vor Verletzungen schützen. Dazu sind sie konstruiert und gefertigt.

Neben diesem ganz wesentlichen Merkmal besitzen jedoch alle persönliche Schutzausrüstungen auch **Nachteile**; sie äußern sich immer in den **Trage- und Verwendungseigenschaften**. Grundsätzlich ist jeder zusätzliche Ausrüstungsgegenstand, den der Mitarbeiter für seine Arbeit benutzen muss, hinderlich. Außerdem kann der Mitarbeiter den **Nutzen der PSA** nicht immer unmittelbar erkennen.

Beispiel

Gehörschutz ist für den Mitarbeiter sehr wichtig. Aber: Selbst wenn man den „besten" Gehörschutz verwendet – mit Gehörschutz ist es immer ein wenig unbequemer als ohne. Es dauert etwa zwei bis drei Wochen bis man sich an den Gehörschutz gewöhnt hat. Der Vorteil beim Tragen ist für den Mitarbeiter nicht unmittelbar erkennbar, denn er wird ja nicht sofort lärmschwerhörig, sondern erst nach sehr langer Zeit. Insgesamt motiviert dies den Mitarbeiter nicht, Gehörschutz zu tragen. Die Akzeptanz ist also primär gering.

Daneben muss gesagt werden, das sich die persönlichen Schutzausrüstungen, die am Markt angeboten werden, hinsichtlich ihrer Trage- und Verwendungseigenschaften mitunter deutlich unterscheiden. Nicht selten lassen sich gute und weniger gute Eigenschaften am Preis festmachen. Die Auswahl von persönlichen Schutzausrüstungen nur nach preislichen Gesichtspunkten stellt sich oft als Fehlentscheidung heraus.

08. Was muss der Vorgesetzte tun, damit die persönlichen Schutzausrüstungen von den Mitarbeitern verwendet werden?

- Der Vorgesetzte muss **konsequent** sein. Er muss das Tragen der PSA ständig einfordern.

MERKE

Wenn der Meister in seinem Verantwortungsbereich duldet, dass die PSA nicht verwendet wird, dann wird sie von vielen Mitarbeitern auch nicht verwendet!

- Die Verwendung der PSA muss **ständig kontrolliert** werden. Der Meister darf **keine Ausnahmen** zulassen und muss jedem Mitarbeiter konsequent klar machen, dass er es nicht duldet, wenn gegen die Tragepflicht verstoßen wird.
- Der Meister muss in diesen Angelegenheiten aber auch immer **gut argumentieren** können. Wichtig ist, dass er dabei den **persönlichen Vorteil**, den der Mitarbeiter hat, wenn er die Schutzausrüstung verwendet, **argumentativ überzeugend herausstellen** kann.
- Der Meister sollte **Rückmeldungen seiner Mitarbeiter**, die sich auf die Trage- und Verwendungseigenschaften der persönlichen Schutzausrüstungen beziehen, **sehr ernst nehmen** und dies den Mitarbeitern gegenüber auch zeigen.
- In modern geführten Unternehmen werden die **Mitarbeiter an der Auswahl** der persönlichen Schutzausrüstungen beteiligt und die Ausrüstungen werden vor Einführung am Arbeitsplatz **ausreichend erprobt**. Stellt es sich heraus, dass eine bestimmte Schutzausrüstung extrem schlechte Eigenschaften hat, muss der Vorgesetzte bei seiner übergeordneten Führungsebene darauf drängen, dass besser geeignete beschafft werden.
- Der Einkauf besserer, möglicherweise sogar preiswerterer persönlicher Schutzausrüstungen ist eine sehr anspruchsvolle Arbeit. Der Markt für persönliche Schutzausrüstungen ist groß, die Zahl der Anbieter und der Produkte ebenso. Das Sortiment ist schwer zu überschauen. Hilfe erhält der Meister bei der Auswahl der geeigneten Ausrüstungen von der Sicherheitsfachkraft des Unternehmens. Sie verfügt über genügend spezielles Fachwissen und Kenntnisse hinsichtlich der aktuellen Angebote und Anbieter. Die Anbieter von persönlichen Schutzausrüstungen sind gerne bereit, für die Unternehmen auch sehr spezielle, individuelle Lösungen anzubieten.

09. Was muss der Vorgesetzte tun, wenn er den Mitarbeiter bei der Arbeit ohne die vorgeschriebene PSA antrifft?

1. Die Arbeit des Mitarbeiters sofort unterbrechen.
2. Dem Mitarbeiter die Maßnahme erklären und Folgen des Nichttragens der PSA nennen.
3. Gegebenenfalls Abmahnung.
4. Vorfall für die nächste Unterweisung zum Anlass nehmen.

10. Welche Folgen kann das Nichttragen der PSA haben?

Das Nichttragen der PSA kann insbesondere bei einem Unfall zu folgenden Konsequenzen führen:

- Folgekosten für den Betrieb, z. B.
  Ausfall des Mitarbeiters und evtl. Neueinstellung eines anderen Mitarbeiters – bei lang andauernder Krankheit; Erhöhung der Umlage der Berufsgenossenschaft; Geldbuße für den Arbeitgeber
- Arbeitsrechtliche Folgen für den Mitarbeiter, z. B.
  Abmahnung oder ggf. Kündigung
- Gesundheitliche Folgen für den Mitarbeiter, z. B.
  ggf. bleibende, körperliche Beeinträchtigung
- Finanzielle Folgen für den Mitarbeiter, z. B.
  ggf. Einschränkung der berufsgenossenschaftlichen Leistung (z. B. geringere Erwerbsunfähigkeitsrente)

11. Was versteht man unter Brandschutz?

Unter Brandschutz versteht man die Einheit aller Maßnahmen von Brandverhütung und Brandbekämpfung. Oft bezeichnet man die Brandverhütung auch als vorbeugenden Brandschutz, die Brandbekämpfung als abwehrenden Brandschutz.

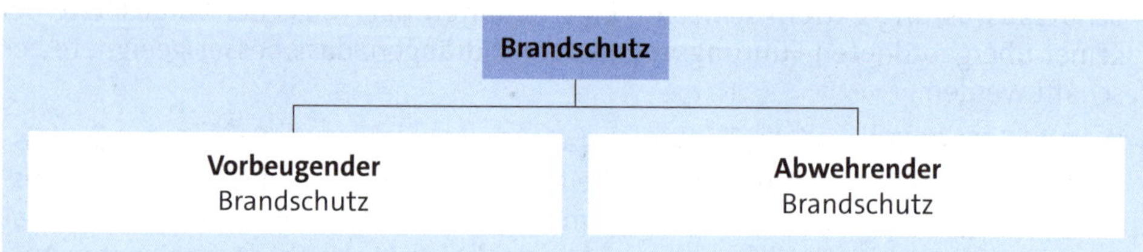

12. Was ist vorbeugender Brandschutz (Brandverhütung)? → DIN EN ISO 13943

Zum vorbeugenden Brandschutz gehören alle Vorkehrungen, die der Brandverhütung sowie der Verhinderung der Ausbreitung von Bränden dienen. Auch alle Vorbereitungen zum Löschen von Bränden und zum Retten von Menschen und Tieren gehören dazu. Im Einzelnen sind dies:

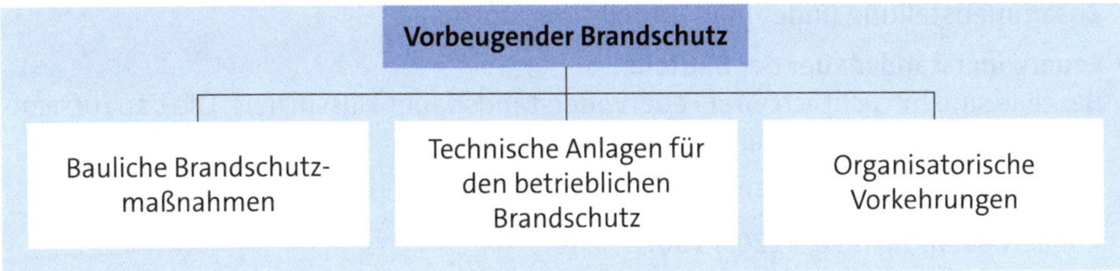

Die Terminologie der Brandsicherheit ist international genormt (DIN EN ISO 13943).

13. Welche baulichen Brandschutzmaßnahmen sind wesentlich?

- Bauliche Brandschutzmaßnahmen erfassen alle dem Brandschutz dienenden **Anforderungen** an
  - Baustoffe
  - Bauteile
  - Bauarten.
- Ebenfalls zum baulichen Brandschutz zählen die Bildung von **Brandabschnitten** und die Schaffung von Rettungswegen.

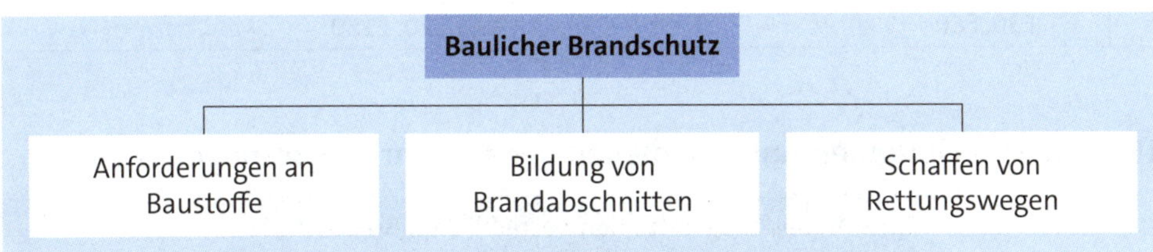

Der bauliche Brandschutz ist in den Bauordnungen der Länder genau geregelt und mit einer Fülle nationaler Normen und EU-Normen unterlegt.

14. Welche Anforderungen werden an Baustoffe und Bauteile gestellt?
→ DIN 4102, Teil 2, → DIN EN 1363 - 1365, → DIN EN 13501

- **Brandverhalten der Baustoffe:**
  Die **Baustoffe** werden nach ihrem **Brandverhalten** in Klassen eingeteilt. Die bauaufsichtliche Benennung der Baustoffklassen sind entweder
  - nicht brennbare Baustoffe (A, A1, A2) oder
  - brennbare Baustoffe (B, B1, B2, B3).

Die **brennbaren Baustoffe** unterteilen sich in schwer entflammbare (B1), normal entflammbare (B2) und leicht entflammbare Baustoffe (B3). Die Zuordnung der einzelnen Baustoffe zu den Baustoffklassen ist in der Normenreihe DIN 4102 genormt, eine Zusammenstellung findet man im Teil 4 der Norm.

- **Feuerwiderstandsdauer der Bauteile:**
  Bauteile sind hinsichtlich ihrer Feuerwiderstandsdauer klassifiziert. Die bauaufsichtliche Benennung der Bauteile ist entweder
  - feuerhemmend (F30, F60) oder
  - feuerbeständig (F90, F120, F180).

  Die Zahlangabe hinter dem „F" **ist die Feuerwiderstandsdauer in Minuten**. In der Norm DIN 4102, Teil 2, findet man die Klassifizierung vieler gebräuchlicher Baustoffe. Die **Prüfung** der **Bauteile** erfolgt nach EU-Normen für die Feuerwiderstandsprüfung (DIN EU 1363 - 1366, DIN EN 13501).

Im Überblick:

Anforderungen an Baustoffe/Bauteile				
1.	**Brandverhalten der Baustoffe: Einteilung in Brandklassen**			
	nicht brennbar	**brennbar**		
	A, A1, A2	schwer entflammbar B1	normal entflammbar B2	leicht entflammbar B3
2.	**Brandverhalten der Bauteile: Klassifizierung der Feuerwiderstandsdauer**			
	feuerhemmend	**feuerbeständig**		
	F30, F60	F 90, F120, F180		

15. Welche technischen Anlagen dienen der Abwehr von Brandgefahren?

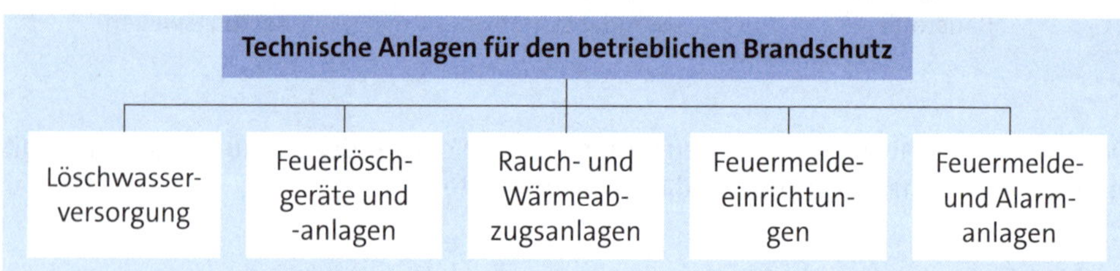

Zu den technischen Brandschutzmaßnahmen zählt die **Löschwasserversorgung**. Sie umfasst die Gewinnung, Bereitstellung und Förderung von Löschwasser. Sehr wichtig ist die Bereitstellung von geeigneten **Feuerlöschern** in der erforderlichen Anzahl. Spezielle technische Anlagen für den Brandschutz sind **ortsfeste Feuerlöschanlagen**. Sie sollen ermöglichen, Brände in **besonders gefährdeten Räumen** sofort nach dem Ausbruch sicher zu löschen. Die **Auslösung** kann von **Hand** oder **automatisch** erfolgen.

16. Welchen Anwendungsbereich haben tragbare Feuerlöscher?

→ ArbStättV, → ArbSchG

Tragbare Feuerlöscher dienen der Bekämpfung von **Entstehungsbränden**. Sie sind als technische Einrichtung zur Selbsthilfe von den im Betrieb anwesenden Personen zu sehen. Nur Brände in der Entstehungsphase sollen mit tragbaren Feuerlöschern bekämpft werden. Ausgedehnte Brandereignisse überschreiten die Einsatzgrenzen von Selbsthilfekräften bei Weitem und gefährden die Sicherheit dieser Menschen, die ja nicht zur Brandbekämpfung ausgebildet sind und auch im Moment des Brandes nicht entsprechend ausgerüstet sind. Ausgedehnte Brände zu bekämpfen ist der Feuerwehr vorbehalten.

- § 4 Abs. 3 ArbStättV fordert in allen Betrieben tragbare Feuerlöscheinrichtungen.
- Aus den §§ 9 f. ArbSchG leitet sich ab, dass die Mitarbeiter über die Benutzung der tragbaren Feuerlöscher unterwiesen sein müssen. Hierfür bietet sich unbedingt an, die Handhabung der Löscher im Rahmen einer Unterweisung zu trainieren.

17. Welche Feuerlöscherarten müssen im Betrieb vorhanden sein? Welche Brandklassen gibt es?

→ DIN EN 2

Feuerlöscher sind tragbare Kleinlöschgeräte, deren Gewicht 20 kg im Allgemeinen nicht überschreitet. Sie sind aufgrund ihrer **Löschwirkung**, die im Wesentlichen vom **Löschmittel** abhängig ist, nur zum Löschen ganz **bestimmter Arten von Bränden** geeignet.

Um dem Anwender im Ernstfall die richtige Wahl zu erleichtern, hat man die **Arten** der möglichen Brände in Brandklassen eingeteilt. Die **Brandklassen**, für die ein **Feuerlöscher** geeignet ist, sind **auf jedem Feuerlöscher abgebildet**. Zusätzlich ist ein **Piktogramm** angebracht, aus dem die Verwendbarkeit einfach abzuleiten ist. Normiert sind europaweit die Brandklassen A, B, C, D und F. Den Brandklassen nach DIN EN 2 sind folgende Löschmittel zugeordnet:

	Brandklasse	Beispiel	Löschmittel
A	**Feste Stoffe/Glutbildung**	Holz, Kohle, Papier, Textilien	Wasser, ABC-Pulver, Schwerschaum
B	**Flüssige Stoffe** (auch flüssig werdende Stoffe)	Benzin, Alkohol, Teer, z. T. Kunststoffe, Wachs	Schaum, ABC-Pulver, BC-Pulver, CO_2
C	**Gase**	Ethin, Wasserstoff, Erdgas	ABC-Pulver, BC-Pulver
D	**Metalle**	Aluminium, Magnesium, Natrium	Metallbrand-Pulver (D-Pulver), Sand, Gussspäne
F[1]	**Speisefette und -öle in Frittier- und Fettbackgeräten**	Speiseöl, Speisefett	Topfdeckel, Speziallöschmittel (F-Handfeuerlöscher)

[1] Die Brandklasse F wurde mit Erscheinen der neuesten Norm DIN EN 2 im Januar 2005 neu gebildet und aufgrund des hohen Gefahrenpotenzials wurden von der Feuerlöschindustrie Löscher mit einem speziellen Löschmittel für diese Brandklasse entwickelt. Das offizielle Piktogramm der Brandklasse F zeigt eine rauchende Bratpfanne.

Die Brandklasse E gibt es mit dem Erscheinen der DIN EN 2 nicht mehr. Sie war früher für Brände an elektrischen Anlagen bis 1000 V vorgesehen. Mit den heute verwendeten Feuerlöschern und modernen Löschmitteln sind Brandbekämpfungen an elektrischen Anlagen möglich, wenn die Mindestabstände eingehalten werden. Insofern wurde die Brandklasse E entbehrlich.

18. Wie wird die erforderliche Anzahl der Feuerlöscher für eine Betriebsstätte ermittelt? → ASR A 2.2, → DGUV-R 133

Jeder Feuerlöscher hat ein ganz bestimmtes **Löschvermögen**; es ist nicht immer abhängig von der Löschmittelmenge im Löscher. Deswegen und aus anderen Gründen wurde für die Ermittlung des Bedarfs eine **Rechenhilfsgröße**, die **Löschmitteleinheit** LE, eingeführt. In die Berechnung der erforderlichen Anzahl geht die **Brandgefährdung** des Betriebsbereiches, der bestückt werden soll, ein. Sie wird in zwei **Brandgefährdungsklassen** eingeteilt:

- geringe Brandgefährdung (z. B. mechanische Werkstatt) und
- große (hohe) Brandgefährdung (z. B. Materiallager mit hoher Brandlast).

Als weitere Rechengröße dient die **Grundfläche** des Betriebsbereiches. Wenn diese drei Rechengrößen bestimmt sind, kann man mithilfe der Arbeitsstättenregel A 2.2 oder der DGUV-R 133 sehr einfach den Bedarf errechnen.

Ergeben sich spezielle Fragen, hilft die örtliche Feuerwehr gerne weiter; auch bei den Landesfeuerwehrverbänden ist fast jede gewünschte Information zum Thema erhältlich.

19. Welches sind die richtigen Aufstellungsorte für Feuerlöscher?

Feuerlöscher sollen:

- **gut sichtbar** an Stellen, die auch im Brandfall gut erreichbar sind sowie
- **an zentralen Punkten** der Rettungswege positioniert werden.

Wichtige Aufstellungsorte sind besonders brandgefährdete Arbeitsplätze.

20. Wie oft müssen Feuerlöscher geprüft werden?

- Feuerlöscher müssen alle zwei Jahre geprüft werden. Dies regelt die Arbeitsstättenregel ASR A 2.2 „Maßnahmen gegen Brände“.
- Die Prüfung sichert die Funktionsfähigkeit im Notfall und muss durch einen Fachmann (befähigte Person) erfolgen. In der Regel übernehmen dies örtliche Service-Unternehmen der Löschgerätehersteller und/oder deren Vertriebsorganisationen bzw. Partner.
- Erkennbar ist die letzte Prüfung an einer Prüfplakette, die der Prüfer am Löscher anbringt.

- Die Prüfung eines Löschers selbst dauert etwa 15 Minuten. Kontrolliert werden die Qualität des Löschmittels, der innen oder außen liegende Treibmittelbehälter, die Dichtungen und der Stahlmantel.

21. Welche Arten von ortsfesten Löschanlagen sind gebräuchlich?

Am häufigsten werden **Sprinkleranlagen** verwendet. Daneben gibt es ortsfeste Schaumlöschanlagen, Pulverlöschanlagen und CO_2-Löschanlagen (werden manchmal auch als Kohlensäure-Löschanlagen bezeichnet).

Wenn die ortsfesten Löschanlagen im Gefahrfall selbsttätig (automatisch) wirken und Arbeitnehmer dadurch gefährdet werden können, müssen die Anlagen mit ebenfalls selbsttätig wirkenden **Warneinrichtungen** versehen sein. Die Vorwarnzeit muss so bemessen sein, dass die Arbeitnehmer den gefährdeten Bereich ohne Hast verlassen können, bevor der Raum geflutet wird. Sehr wichtig ist diese technische Schutzmaßnahme bei CO_2-Löschanlagen und besonders dann, wenn tiefer gelegene Räume, z. B. Ölkeller die zu schützenden Objekte sind.

22. Was versteht man unter Explosionsschutz?

Alle Maßnahmen zum Schutz vor Gefahren durch Explosionen werden als Explosionsschutz bezeichnet. Die wichtigsten Maßnahmen sind:

- Verhinderung oder Einschränkung der Bildung von explosionsfähigen Atmosphären
- Verhinderung der Entzündung von gefährlichen explosionsfähigen Atmosphären
- Beschränkung der Auswirkungen von möglichen Explosionen auf ein ungefährliches Maß.

Zur Anwendung gelangen diese Maßnahmen in der betrieblichen Praxis sowohl einzeln als auch in Kombination miteinander.

23. Was ist eine Explosion?

Als Explosionen werden sehr schnell verlaufende Oxidations- oder Zerfallsreaktionen bezeichnet. Diese Reaktionen sind stets mit einem ebenfalls extrem schnellen Temperatur- und Druckanstieg verbunden. Die Volumenausdehnung der Explosionsgase setzt sehr kurzfristig hohe Energiemengen frei und verursacht eine Druck- oder Detonationswelle. Der Ausgangspunkt sind explosionsfähige Atmosphären, die von einer Zündquelle gezündet werden.

Technische Zündquellen sind in der Industrie in sehr mannigfaltiger Form vorhanden, z. B. heiße Oberflächen, durch elektrische Entladungen ausgelöste Funken, Funken reißende Werkzeuge und offene Flammen.

24. Was sind explosionsfähige Atmosphären?

Explosionsfähige Atmosphären umfassen **Gemische** von Gasen, Nebeln, Dämpfen oder Stäuben **mit Luft** (einschließlich der üblichen Beimengungen, wie z. B. Luftfeuchte), die unter atmosphärischen Bedingungen explosionsfähig sind.

25. Welche sicherheitstechnischen Kennzahlen beschreiben die Explosionsfähigkeit der Arbeitsstoffe?

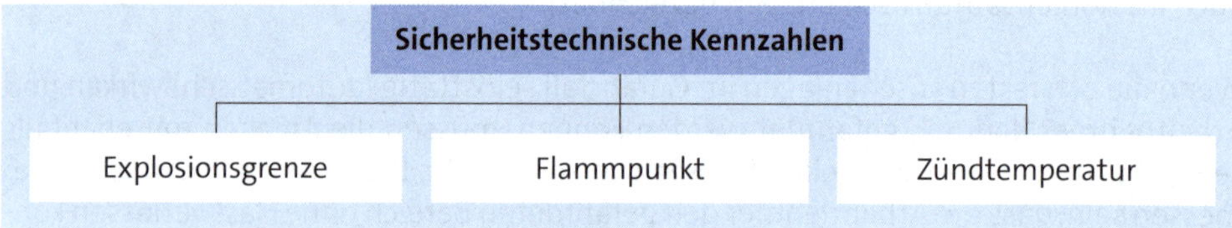

- Die **untere und die obere Explosionsgrenze**
(auch Zündgrenzen genannt) geben den Bereich an, in dem ein Gemisch explosionsfähig ist. Diesen Bereich nennt man **Explosionsbereich**. Unterhalb der unteren und oberhalb der oberen Explosionsgrenze ist eine Explosion nicht möglich (Gemisch zu mager/zu fett). Einen sehr großen Zünd- oder Explosionsbereich, das sollte der Industriemeister wissen, hat Acetylen, das wichtigste Schweiß- und Brennschneidgas.
- Der **Flammpunkt** von brennbaren Flüssigkeiten ist die **niedrigste Temperatur**, bei der eine brennbare Flüssigkeit ein **entflammbares** Gemisch bildet.
- Die **Zündtemperatur** eines brennbaren **Gases oder** einer **Flüssigkeit** gibt die **niedrigste Temperatur** einer **heißen Fläche** an, die gerade noch in der Lage ist, eine Flammerscheinung anzuregen.
- Die **Zündtemperatur** eines **Staub-/Luftgemisches** gibt die **niedrigste Temperatur**, an der das Gemisch entzündet und zur Verbrennung oder Explosion gebracht werden kann.

Mit diesen Größen besitzt der betriebliche Praktiker genügend Informationen, um gemeinsam mit den Fachleuten die richtigen Maßnahmen zur Gefahrenabwehr konzipieren zu können.

26. Was sind explosionsgefährdete Bereiche?

Explosionsgefährdete Bereiche sind Betriebsbereiche, in denen eine explosionsfähige Atmosphäre auftreten kann. Dies ist z. B. der Fall im Inneren von Apparaturen, in engen Räumen, Gruben oder Kanälen.

In der Industrie sind explosionsgefährdete Bereiche besonders dort anzutreffen, wo Beschichtungsstoffe zerstäubt werden (Lackiererei, Farbgebung), wo mit Kraftstoffen oder technischen Gasen umgegangen wird, aber auch dort, wo explosive Metallstäube erzeugt werden (z. B. Schleifen von Aluminium, Bearbeitung von Magnesium und entsprechenden Legierungen).

27. Wie werden explosionsgefährdete Bereiche in Zonen eingeteilt?

→ § 5 BetrSichV

Gemäß § 5 der Betriebssicherheitsverordnung (BetrSichV) muss der Unternehmer die in seinem Betrieb vorhandenen explosionsgefährdeten Bereiche in sog. **Zonen** einteilen. Im Anhang 3 der Betriebssicherheitsverordnung sind diese Zonen genau definiert:

- Handelt es sich bei den Atmosphären um Gemische aus Luft und brennbaren Gasen, Nebeln oder Dämpfen, wird in die Zonen 0, 1 und 2 eingeteilt.
- Handelt es sich bei den Atmosphären um Luftgemische von brennbaren Stäuben heißen die Zonen 20, 21, 22.

Atmosphäre	Zone	Bereich	Zone	Atmosphäre
Gemische aus Luft und brennbaren Gasen, Nebeln oder Dämpfen	**0**	Eine explosionsgefährdete Atmosphäre ist ständig (über Langzeiträume) oder häufig vorhanden.	**20**	Luftgemische aus brennbaren Stäuben
	1	Im Normalbetrieb bildet sich gelegentliche eine explosionsgefährdete Atmosphäre.	**21**	
	2	Im Normalbetrieb tritt eine explosionsgefährdete Atmosphäre normalerweise nicht oder nur kurzfristig auf.	**22**	

Entsprechend der Zoneneinteilung sind Explosionsschutzmaßnahmen zu treffen und gemäß § 6 der Betriebssicherheitsverordnung im **Explosionsschutzdokument** zu dokumentieren.

28. Welche Vorschriften regeln den Schutz vor Explosionen?

- Die Vorschriften zum Schutz der Arbeitnehmer vor den Gefährdungen chemischer Arbeitsstoffe sind europaweit einheitlich in der **Richtlinie 98/24/EG** geregelt.
- Der betriebliche Explosionsschutz wird durch die **Richtlinie 1999/92/EG** geregelt.
- In das deutsche Arbeitsschutzrecht wurde diese Richtlinie so umgesetzt, dass die **Gefahrstoffverordnung** (GefStoffV) im Anhang V Nr. 8 konkrete Vorschriften zum Schutz vor Brand- und Explosionsgefahren enthält.

  Die Gefahrstoffverordnung bestimmt im **Anhang V Nr. 8**, wie die **Bildung** explosionsfähiger Atmosphären **verhindert** werden soll. Darüber hinaus sind im Anhang V auch Regeln enthalten, die zur Anwendung gelangen können, wenn explosionsfähige Atmosphären **beseitigt** werden müssen.
- Alle Maßnahmen hingegen, die ergriffen werden müssen, wenn die Bildung gefährlicher explosionsfähiger Atmosphären **nicht sicher verhindert** werden kann, sind Bestandteil der **Betriebssicherheitsverordnung** (BetrSichV). Für den Industriemeister ist die Kenntnis der §§ 5 f. BetrSichV besonders relevant.

29. Welche Bestimmungen enthält die Betriebssicherheitsverordnung (BetrSichV)?

- Die **Betriebssicherheitsverordnung** regelt Sicherheit und Gesundheitsschutz
  - bei der Bereitstellung von Arbeitsmitteln,
  - bei der Benutzung von Arbeitsmitteln bei der Arbeit sowie
  - die Sicherheit beim Betrieb überwachungsbedürftiger Anlagen.
- Die **Betriebssicherheitsverordnung regelt vor allem folgende Einzeltatbestände:**
  - Gefährdungsbeurteilung
  - Anforderungen an die Bereitstellung und Benutzung von Arbeitsmitteln
  - Explosionsschutz inkl. Explosionsschutzdokument
  - Anforderungen an die Beschaffenheit von Arbeitsmitteln
  - Schutzmaßnahmen
  - Unterrichtung/Unterweisung
  - Prüfung der Arbeitsmittel
  - Betrieb überwachungsbedürftiger Anlagen (Druckbehälter, Aufzüge, Dampfkessel).
- In der Neufassung der Betriebssicherheitsverordnung (BetrSichV) vom 01.06.2015 wird die **Gefährdungsbeurteilung in den Vordergrund** gerückt:
  - Die für den Arbeitsschutz maßgeblichen materiellen Anforderungen sind jetzt als Schutzziele formuliert worden (§§ 4, 5, 6, 8 und 9 der BetrSichV 2015). Die Anforderungen gelten für alte, neue und selbst hergestellte Arbeitsmittel gleichermaßen, so dass eine besondere Bestandsschutzregelung nicht mehr nötig ist.
  - Die Arbeitgeberpflichten bei der Bereitstellung und Prüfung binnenmarktkonformer Arbeitsmittel werden in der neuen Betriebssicherheitsverordnung 2015 eindeutiger und klarer formuliert. Daher ist die bisher schwierige Unterscheidung zwischen „Änderung" und „wesentlicher Veränderung" bei Arbeitsmitteln künftig nicht mehr notwendig.
  - Die Prüfpflichten für die aufgrund ihrer Gefährlichkeit besonders prüfpflichtigen Arbeitsmittel bzw. Anlagen wie z. B. Aufzugsanlagen, Druckanlagen und Krananlagen werden anlagenbezogen zusammengefasst und transparent in den Anhängen der Betriebssicherheitsverordnung 2015 geregelt.
  - Für Personen-Aufzugsanlagen ist jetzt grundsätzlich eine Prüffrist von höchstens zwei Jahren maßgeblich. Dies gilt auch für Aufzugsanlagen, die nach der Maschinenrichtlinie in Verkehr gebracht werden und für die in der bisherigen Fassung der Betriebssicherheitsverordnung eine Prüffrist von vier Jahren galt.

30. Welche Maßnahmen zur Beachtung des Umwelt- und Gesundheitsschutzes sind bei der Demontage einer Maschine erforderlich?

Eine Stanzmaschine für Anlasserritzel (Halbautomat mit automatischer Zuführung der Kühlflüssigkeit) hat nur noch Schrottwert und soll demontiert werden.

Beispiele für Schutzmaßnahmen:

1. **Gesundheitsschutz:**
   - präzise Einweisung der Mitarbeiter in die Aufgabe
   - Unterweisung der Mitarbeiter (Sicherheitsmerkblatt)
   - PSA tragen (Kontrolle)
   - Sicherheitsvorschriften für Leckagen beachten
   - Vorschriften beim Umgang mit Gefahrstoffen (Kühlflüssigkeit);
→ GefStoffV, BG-Vorschriften und -Regeln
   - Demontage der Elektrik: nur Fachpersonal einsetzen
   - Betriebsanweisung beachten
   - geeignete Behälter und Transportmittel für die Entsorgung der Stoffe einsetzen.
2. **Umweltschutz:**
   - Sortenreine Trennung und Entsorgung der Stoffe (z. B. Metalle, Öle, ölverschmierte Lappen und Handschuhe, Kühlflüssigkeit); vorgeschriebene Behälter verwenden; → KrWG, BbodSchG, WHG.
   - Prüfen, welche Stoffe ggf. betriebsintern recycelt werden können (z. B. verbrauchtes Öl, Alttextilien/Putzlappen); ansonsten Vorbereitung für externes Recycling (sortenrein trennen und in gesonderte Behälter füllen: z. B. Metallabfälle, Metallspäne, Elektroschrott).

31. Welche Rechtsfolgen ergeben sich bei Verstößen und Ordnungswidrigkeiten im Rahmen des Arbeitsschutzes?

- **Ordnungswidrig handelt**, wer vorsätzlich oder fahrlässig gegen Verordnungen des Arbeitsschutzes verstößt (betrifft Arbeitgeber und Beschäftigte; § 25 ArbSchG).
- **Ordnungswidrigkeiten** werden mit Geldstrafe bis zu 5.000 €, in besonderen Fällen bis zu 25.000 € geahndet (§ 25 ArbSchG).
- Wer dem Arbeitsschutz zu wider laufende Handlungen beharrlich wiederholt oder durch vorsätzliche Handlung **Leben oder Gesundheit** von Beschäftigten gefährdet, wird mit **Freiheitsstrafe bis zu einem Jahr oder mit Geldstrafe** bestraft.
- Auch seitens der Berufsgenossenschaften sind Rechtsfolgen zu erwarten, weil auch die Unfallverhütungsvorschriften z. T. **bußgeldbewehrt** sind. Neben der Ahndung von Verstößen gegen Unfallverhütungsvorschriften (OWiG) kann die Berufsgenossenschaft **Personen in Regress nehmen,** die einen schweren Arbeitsunfall vorsätzlich

oder grob fahrlässig herbeigeführt haben. Gemäß § 110 SGB VII kann die Berufsgenossenschaft in einem solchen Fall alle ihre Aufwendungen für den einzelnen Versicherungsfall von der Person, der das Verschulden nachgewiesen wird, fordern. Das Verschulden bezieht sich sowohl auf Handeln als auch auf Unterlassen.

Der angehende Industriemeister, der in seinem Meisterbereich die Verantwortung für Arbeitssicherheit und Gesundheitsschutz trägt, sollte wissen und beachten, dass auch die Herbeiführung eines schweren oder tödlichen Arbeitsunfalls mit einer Freiheitsstrafe geahndet werden kann.

32. Welche Aufgaben ergeben sich für den Industriemeister aus der Betriebssicherheitsverordnung?

- **Gefährdungsbeurteilung** organisieren.
- Feststellen, welche Arbeitsmittel wie oft und wann wie geprüft werden müssen (**Prüfkataster** für „normale“ und überwachungsbedürftige Arbeitsmittel). Anhaltspunkte sind die Umstände, die die Beschaffenheit der Arbeitsmittel bei der Benutzung negativ beeinflussen.
- **Befähigte Personen**, die die Prüfung durchführen können, ermitteln und beauftragen.
- **Unterweisungen** für den Umgang mit Arbeitsmitteln organisieren.
- **Nachrüstbedarf** ermitteln, Instandhaltung organisieren.
- **Explosionssicherheit** prüfen, Organisation des Ex-Schutzes prüfen.
- **Koordination** der Maßnahmen überprüfen.
- **Ex-Schutz-Dokument** erstellen.
- **Aufzeichnungen** über die Prüfungen erstellen und bereithalten.

Für die Industriemeister haben die §§ 10 und 11 der Betriebssicherheitsverordnung eine besondere Bedeutung. § 10 beschreibt die notwendigen Prüfungen von Arbeitsmitteln und die Aufzeichnungen, die über die Prüfung erstellt werden müssen.

Die Prüfung von Arbeitsmitteln wird durch **befähigte Personen** vorgenommen. Welche Eigenschaften und welche Ausbildung, Fähigkeiten und Fertigkeiten eine solche befähigte Person auszeichnen, ist Bestandteil einer Regel zur Betriebssicherheitsverordnung.

Die Regeln für Betriebssicherheit werden vom Ausschuss für Betriebssicherheit ermittelt und erstellt. Die Prüfung überwachungsbedürftiger Anlagen erfolgt durch sog. „Zugelassene Überwachungsstellen“. Bekannte, derzeit zugelassene Überwachungsstellen sind z. B. der TÜV und andere bislang unter dem Begriff „Sachverständigenorganisationen“ bekannte Unternehmen. Die Prüffristen ermittelt grundsätzlich der Betreiber der Anlage. Er zeigt diese der Aufsichtsbehörde an. Die Aufsichtsbehörde überprüft die Frist und korrigiert sie gegebenenfalls.

33. Wann ist die Prüfung von Arbeitsmitteln, die nicht überwachungsbedürftig sind, fällig?

1. Wenn die sichere Funktion des Arbeitsmittels von der ordnungsgemäßen Montage abhängt:
   - nach der Montage
   - vor der ersten Inbetriebnahme
   - nach jeder neuen Montage, z. B. auf einer neuen Baustelle
   - an einem neuen Standort.
2. Wenn Schäden verursachende Einflüsse vorhanden sind:
   - nach außergewöhnlichen Ereignissen mit schädigenden Auswirkungen
3. Sind Instandsetzungsarbeiten durchgeführt worden, die Rückwirkungen auf die Sicherheit haben könnten, muss das Arbeitsmittel geprüft werden.

34. Welchen Inhalt muss ein Explosionsschutzdokument haben?

- Betriebsbereich, Erstellungsdatum
- Verantwortliche für diesen Bereich
- bauliche und geografische Gegebenheiten (Lageplan)
- Verfahrensparameter (wo wird versprüht, wo entstehen Funken, wo greifen Mitarbeiter ein)
- Stoffdaten (Sida-Blätter)
- Gefährdungsbeurteilung, Entscheidung Ex-Schutz ja/nein
- Schutzkonzept (Technik, Zoneneinteilung, organisatorische Maßnahmen, Koordinierung der Schutzmaßnahmen).

6.2.3 Vorbeugende Maßnahmen zur Anlagensicherheit und zum Umweltschutz

01. Wodurch ist eine genehmigungsbedürftige Anlage gekennzeichnet?

Zu den genehmigungsbedürftigen Anlagen zählen insbesondere Industriebetriebe bzw. Gewerbe, die hohe Emissionen ausweisen. Sie müssen besondere technische und umweltrechtliche Anforderungen erfüllen und über ihre Emissionen berichten. Die 4. BImSchV (Vierte Verordnung zur Durchführung des Bundes-Immissionsschutzgesetzes) legt abschließend fest, welche Anlagen einer Genehmigungspflicht durch die Behörde unterliegen.

02. Welche Bedeutung hat das Bundesimmissionsschutzgesetz?

Das Bundesimmissionsschutzgesetz (BImSchG) regelt das Genehmigungsrecht für Industrie- und Gewerbeanlagen. Es wurde seit seiner erstmaligen Veröffentlichung vielfach verändert, in seinem Regelungsumfang erweitert und in der Regelungstechnik verfeinert.

Ansatzpunkt des Gesetzes sind bestimmte Formen der Umwelteinwirkungen. § 3 Abs. 1 des BImSchG definiert schädliche Umwelteinwirkungen als Immissionen (lat. immittere = hineinsenden), die nach Art, Ausmaß und Dauer geeignet sind, Gefahren, erhebliche Nachteile oder erhebliche Belästigungen für die Allgemeinheit oder die Nachbarschaft herbeizuführen. Nach § 3 Abs. 2 des BImSchG sind Immissionen auf Menschen, Tiere und Pflanzen, den Boden, das Wasser, die Atmosphäre sowie auf Kultur- und Sachgüter einwirkende Luftverunreinigungen, Geräusche, Erschütterungen, Licht, Wärme, Strahlen und ähnliche Umwelteinwirkungen.

Um gefährliche Einwirkungen auf die Umwelt auszuschließen wurden MIK-Werte (Maximale Immissionskonzentrationen) festgelegt. Werden diese unterschritten, sind Gefahren für die Umwelt begrenzt oder ausgeschlossen.

Immissionen lassen sich vorrangig dadurch begrenzen, dass Emissionen (lat. emittere = hinaussenden) begrenzt werden.

Emissionen gehen von vielen Industriebetrieben, von Haushalten und vom Kraftfahrzeugverkehr aus. Zu den emissionsrelevanten Stoffen zählen z. B. Stickoxide, Halogene, Schwefeldioxid, Lärm oder Staub. Emissionsrelevante Stoffe werden in bestimmten Abständen kontrolliert. Die entsprechenden Grenzwerte werden als MEK-Werte (Maximale Emissionskonzentrationen) bezeichnet. Die gesetzliche Begrenzung von Emissionen stellt immer einen Eingriff in die Handlungs- und damit in die Gewerbefreiheit dar. Deswegen dürfen sie nicht „um ihrer selbst willen“ begrenzt werden, sondern nur nach dem Maßstab ihrer Schädlichkeit, d. h. ihrer Einwirkung auf die Umwelt und die menschliche Gesundheit. Das Gesetz bezweckt sowohl die Abwehr bestehender oder bevorstehender Gefahren als auch – bei genehmigungsbedürftigen Anlagen – die Vorsorge.

03. Wie verläuft das Genehmigungsverfahren für eine neue Anlage ab?

Das Genehmigungsverfahren nach dem Bundesimmissionsschutzgesetz ist ein sehr anspruchsvolles Verfahren, weil darin sämtliche Umweltauswirkungen einer Anlage berücksichtigt und gewürdigt werden müssen. Dies bedeutet, dass im Genehmigungsverfahren die Einhaltung aller öffentlich-rechtlichen Vorschriften überprüft wird, die für die Anlage einschlägig sind. Sozusagen im Gegenzug ersetzt eine immissionsschutzrechtliche Genehmigung die meisten anderen erforderlichen Genehmigungen wie beispielsweise eine Baugenehmigung. Eine Ausnahme machen allerdings wasserrechtliche Vorschriften und solche, die ein Planfeststellungsverfahren verlangen. Das Genehmigungsverfahren für die Neuerrichtung bestimmter Anlagen ist grundsätzlich öffentlich. Dies bedeutet, dass der Antrag auf eine Genehmigung öffentlich bekannt gemacht wird und die Gelegenheit besteht, bei der Genehmigungsbehörde Einwendungen gegen das Vorhaben zu erheben. Für andere Neuanlagen ist das Genehmigungsverfahren nicht öffentlich. Bei Änderungen bestehender Anlagen kann der Antragsteller unter gewissen Voraussetzungen beantragen, das Verfahren ohne Beteiligung der Öffentlichkeit durchzuführen.

Die Genehmigung gewährt dem Anlagenbetreiber Rechtssicherheit nicht nur in öffentlich-rechtlicher, sondern auch in privatrechtlicher Hinsicht. Mit ihrer Erteilung sind die nachbarrechtlichen Ansprüche auf Beseitigung und Unterlassung von Immissionen beschränkt, der vom Betrieb der genehmigten Anlage beeinträchtigte Nachbar kann die Einstellung des Betriebes nicht mehr verlangen. Er kann aber, sofern für ihn Gefahren aus der Beschaffenheit oder dem Betrieb der Anlage entstehen, von der zuständigen Behörde verlangen, dass sie dem Anlagenbetreiber Abwehrmaßnahmen auferlegt.

Anders als bei Genehmigungen nach dem Baurecht ist der Betreiber einer genehmigungsbedürftigen Anlage nach dem BImSchG nicht auf Dauer vor neuen Anforderungen an die immissionsschutzrechtliche Sicherheit geschützt. Nach dem BImSchG können auch noch nach der Genehmigung Anordnungen getroffen werden, um die Betreiberpflichten (sog. Grundpflichten) durchzusetzen. Dies umfasst insbesondere die Pflicht, schädliche Umwelteinwirkungen und sonstige Gefahren und Belästigungen abzuwehren, aber auch die Pflicht, schädlichen Umwelteinwirkungen und sonstigen Gefahren und Belästigungen vorzubeugen. Gerade die Vorbeugepflicht ist technologiebezogen, d. h. die Maßnahmen zur Gefahrenvorsorge müssen dem jeweiligen Stand der Technik entsprechen. Da sich dieser mit dem technischen Fortschritt ständig verändert (bessert), verändert sich auch der Inhalt der Vorsorgepflicht, weshalb diese Pflicht als dynamische Pflicht bezeichnet wird. Damit können mit jeder Verbesserung der Vorsorgetechnologien in Verbindung mit der Vorsorgepflicht neue, dem neuen Stand der Technik angepasste, nachträgliche Anordnungen ergehen, die so eine dynamische Anpassung der Beschaffenheit und des Betriebes der Anlage an den technischen Fortschritt auf dem Gebiet der Gefahrenvorsorge ermöglichen. Das Gleiche gilt in abgeschwächter Form für nicht genehmigungsbedürftige Anlagen.

Das Gesetz selbst regelt nur die grundsätzlichen Anforderungen. Die für die Praxis wesentlichen, überwiegend technischen Einzelheiten sind in zahlreichen Durchführungsverordnungen geregelt, die konkrete Anforderungen an bestimmte Typen von Anlagen definieren sowie Einzelheiten zum Genehmigungsverfahren und zur Überwachung von Anlagen enthalten.

04. Was versteht man unter dem Energie- und Stoffverbund?

Beim Energie- und Stoffverbund (häufig auch als Energie- und Stoffstrommanagement bezeichnet) steht oft die Vermeidung von Abfällen, Abwasser und vermeidbarem Energieeinsatz im Vordergrund (Zielsetzung der sog. Cleaner Production). Außerdem natürlich auch die damit einhergehenden wirtschaftlichen Vorteile, durch weniger Rohstoffeinsatz bzw. weniger Entsorgung von Stoffen. Zielsetzungen des Stoffstrommanagements sind u. a.:

- Erhöhung der Ressourcenproduktivität
- absolute Verringerung des Verbrauches an Ressourcen
- Vermeidung und Verringerung von Emissionen und Abfällen
- Vermeidung und Verringerung des Einsatzes ökologisch bedenklicher Stoffe
- Erhöhung des Einsatzes von Sekundärstoffen
- Erhöhung der Recyclingfähigkeit von Produkten und Reststoffen.

05. Welche vorbeugenden organisatorischen Maßnahmen zur Anlagensicherheit und zum Umweltschutz sind relevant?

Da nicht alle Gefahren durch technische, zwangsläufig wirksame Maßnahmen vollständig vermieden werden können, ist das Verhalten der Beschäftigten wesentlich für einen sicheren Umgang mit der Technik. Die Notwendigkeit für den Schutz des Menschen, seiner körperlichen Unversehrtheit und der Umwelt kann als fester Bestandteil im Bewusstsein der Beschäftigten vorausgesetzt werden. Jeder Mensch muss daher nicht nur privat, sondern auch beruflich Verantwortung für sich selbst, seine Mitmenschen und die Umwelt übernehmen. Um dies zu unterstützen, müssen jedem Beschäftigtem die betrieblichen Gefahrenpotenziale für die Lebensgrundlagen in Bezug auf das eigene Verhalten aufgezeigt werden.

Gründe für sicherheitswidriges Verhalten im Betrieb sind z. B.:

- fehlendes Wissen
- nicht erkannte Gefahren
- falsch eingeschätzte Risiken
- mangelnde Routine
- Vergessen von Anweisungen, Vorschriften usw.
- Einfluss von anderen
- schlechte Gewohnheiten
- falsche Reaktionen (z. B. unter Stress).

Hier muss der Industriemeister ansetzen und seine Mitarbeiter vor der Beschäftigung und danach in regelmäßigen Abständen umfassend über die bei ihren Tätigkeiten auftretenden Gefahren sowie über die Maßnahmen zu ihrer Abwendung (Schutzeinrichtungen, Schutzmaßnahmen) unterweisen. Wie oft und detailliert eine Unterweisung durchgeführt werden muss, ist abhängig von den Gefahren am Arbeitsplatz und von der Qualifikation der Mitarbeiter.

Grundlage für die Unterweisungspflicht sind diverse Vorschriften, wie das Arbeitsschutzgesetz, die Betriebssicherheitsverordnung, die Unfallverhütungsvorschrift DGUV Vorschrift 1 „Grundsätze der Prävention“, das Jugendarbeitsschutzgesetz, die Gefahrstoffverordnung, das Betriebsverfassungsgesetz usw.

6.3 Fördern des verantwortlichen Handelns von Mitarbeitern und Mitarbeiterinnen im Betrieb

6.3.1 Mitarbeiterbewusstsein und dessen Einfluss auf Anlagensicherheit, Arbeitssicherheit, Umwelt- und Gesundheitsschutz

01. Welche Gefahrenpotenziale für das Entstehen von Unfällen werden unterschieden?

Je nach Gefahrenpotenzial wäre ggf. die Erweiterung zur STOP-Regel möglich. Man würde dann versuchen, gefahrbringende Stoffe zu substituieren, also gegen einen weniger gefährlichen Stoff zu ersetzen.

Beispiele für Schutzmaßnahmen nach der TOP-Regel	
T echnik	absaugen, abkapseln, beschichten, Einrichten von Auffangwannen, Gestaltung der Maschine als geschlossene Anlage (z. B. Roboterbetrieb)
O rganisation	Beschränkung des Zugangs, Festlegen der Verantwortlichkeit, Erstellen von Betriebsanweisungen, ordnungsgemäße Kennzeichnung von Gefahrstoffen, Anlegen von Gefahrstoffkatastern
P ersonenverhalten	regelmäßige Sicherheitsunterweisungen, Einsatz der PSA (Atem-, Körper-, Handschutz, Sicherheitsschuhe usw.)

02. Welche Bedeutung haben die einzelnen Gefahrenpotenziale für das Unfallgeschehen in der Industrie?

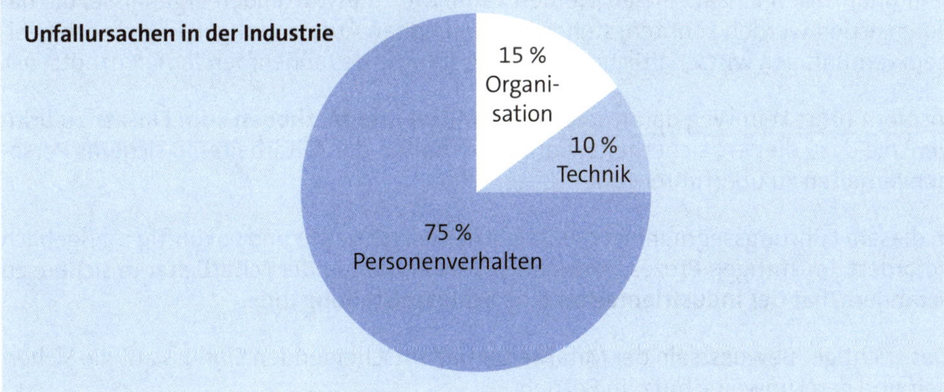

Der Anteil der Unfälle, deren Ursache in fehlerhafter Technik zu suchen ist, ist im letzten Jahrzehnt auf einen sehr geringen Anteil von 10 % an der Gesamtzahl aller Unfälle gesunken.

Mit 15 % ebenfalls relativ gering sind die Ursachen, die sich aus der (fehlerhaften) Organisation des Unternehmens ergeben.

Mehr als 75 %, in Teilen der Industrie sogar **über 80 %**, aller Arbeitsunfälle sind also auf **sicherheitswidriges Personenverhalten** zurückzuführen.

03. Warum ist der Anteil der Unfälle aufgrund sicherheitswidriger Technik so stark zurück gegangen bzw. warum ist der Anteil der Unfälle, bei denen sicherheitswidriges Personenverhalten die maßgebliche Ursache liefert, so hoch?

Die **Technik** ist in den letzten Jahrzehnten **immer sicherer** gestaltet worden. Die sichere Konstruktion und Ausführung von Maschinen, Geräten und Anlagen ist für die Kunden der modernen Maschinenbauunternehmen zu einem **wesentlichen Marktargument** geworden. Die **technische Sicherheit** ist für moderne Maschinenbauer eine **Selbstverständlichkeit**. **Unsichere Technik** ist in Europa **kaum** noch **marktgängig**.

Aus diesem Grunde hat sich der **Schwerpunkt** der Unfallursachen zwangsläufig zum **sicherheitswidrigen Personenverhalten** hin verschoben.

04. Welche Ansatzpunkte gibt es für das Management in der Industrie, um die Arbeitssicherheit sowie den Arbeits-, Umwelt- und Gesundheitsschutz wirksam zu verbessern?

Das Management muss in der Gestaltung seiner Schutzmaßnahmen und Verbesserungen natürlich immer **dort** ansetzen, wo die **größten Verbesserungspotenziale** liegen.

Dies ist eindeutig im Bereich **„Personenverhalten" zu sehen**. Aber nicht nur das übergroße Verbesserungspotenzial bestimmt die notwendige Konzentration der Kräfte auf dieses Segment. Ganz wesentlich ist auch die Tatsache, dass die weitere Steigerung der Maschinen- und Anlagensicherheit über das heute übliche Maß nur noch mit verstärktem finanziellen Einsatz erzielt werden kann. Die zu erwartenden Ergebnisse, die dadurch erzielt werden könnten, stehen mit den hohen Aufwendungen kaum noch in einem vernünftigen wirtschaftlichen Verhältnis (Prinzip des abnehmenden Grenznutzens).

Insofern führt kein Weg daran vorbei, **alle Mittel und Methoden zum Einsatz** zu **bringen**, die dazu dienen, sicherheitswidriges Verhalten der Mitarbeiter in **sicheres Personenverhalten** zu überführen.

In diesem Führungssegment ist der Industriemeister heute und zukünftig maßgeblich gefordert. Im stetigen Prozess, unsichere Gewohnheiten der Mitarbeiter in sichere zu verändern, hat der **Industriemeister** eine **Schlüsselstellung** inne.

Das „richtige" Bewusstsein der Mitarbeiter hat entscheidenden Einfluss auf die Sicherheit und den Umweltschutz im Betrieb.

05. Welche Körperteile werden in der Industrie am häufigsten verletzt?

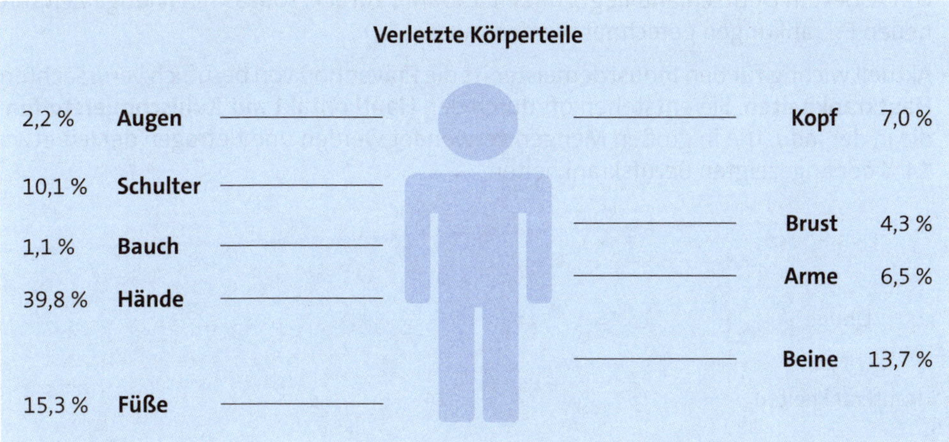

Dies lässt erkennen:
Rund 70 % der Verletzungen in der Industrie entstehen an Händen, Beinen und Füßen.

06. Welche Ursachen führen dazu, dass der Anteil der Verletzungen an Händen, Beinen und Füßen so hoch ist?

Die Arbeitsprozesse in der Industrie haben einen sehr hohen Automatisierungsgrad erreicht. Dennoch erfordern **Beschickungs- oder Bedienungsarbeiten** unabhängig davon immer noch den **Körpereinsatz der Mitarbeiter**.

Ein besonders intensiver Körpereinsatz ist bei **Wartungs- und Instandhaltungstätigkeiten** notwendig. Sie **zählen** deshalb in der Industrie **zu den Tätigkeiten mit den höchsten Unfallrisiken**. Verletzungen der Beine und Füße werden naturgemäß häufig auf betrieblichen Wegen im Arbeitsprozess verursacht. Die Zahl der notwendigen Handhabungstätigkeiten ist und bleibt trotz aller Automation in der Fertigung, ganz besonders aber bei Wartungs- und Instandhaltungsarbeiten, sehr hoch, sodass die Verletzungen von Händen und Armen fast die Hälfte aller Fälle repräsentieren.

07. Welche Berufskrankheiten treten in der Industrie und im Handwerk am häufigsten auf?

Bezogen auf 1.000 Mitarbeiter gehen jährlich etwa fünf Verdachtsanzeigen auf eine Berufskrankheit bei den Berufsgenossenschaften ein.

- 27 % der Anzeigen betreffen die **Schwerhörigkeit durch Lärm**.
- 32 % beziehen sich auf teilweise sehr schwere **Erkrankungen der Atemwege** durch die Einwirkung von Asbest. Die Asbesterkrankungen sind eine **Folge lang zurückliegender Arbeitsbedingungen** in der Metallindustrie, die es schon lange nicht mehr gibt. Zwischen dem Ausbruch der Krankheiten Asbestose, asbestinduziertem Lungenkrebs sowie der Mesotheliome durch Asbestkontakt und der beruflichen Einwirkung

von Asbest liegen häufig Zeiträume von bis zu 30 Jahren. Das Verbot der Verwendung von Asbest in Deutschland liegt zur Zeit 15 Jahre zurück, sodass noch lange Zeit mit neuen Erkrankungen gerechnet werden muss.

- Aktuell wichtig für den Industriemeister ist die Prävention von beruflich verursachten **Hautkrankheiten**. Sie entstehen oft durch den **Hautkontakt mit Kühlschmierstoffen**, die in der Industrie in großen Mengen verwendet werden und betragen derzeit etwa 14 % der angezeigten Berufskrankheiten.

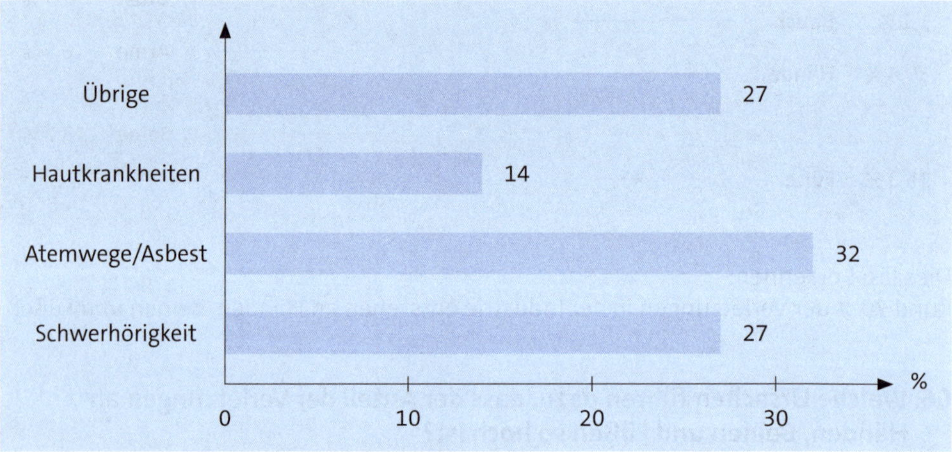

Berufskrankheiten in Industrie und Handwerk

6.3.2 Maßnahmen zur Förderung des Mitarbeiterbewusstseins

01. Warum muss das Mitarbeiterbewusstsein gefördert werden?

Dauerhaft sichere Verhaltensweisen der Mitarbeiter sind **vom Mitarbeiterbewusstsein direkt abhängig**. Die Sicherstellung von Arbeitssicherheit und Gesundheitsschutz aber auch des Umweltschutzes gehören zu den wesentlichen Aufgaben der Führungskräfte.

Die Führungsaufgabe „Arbeitssicherheit/Gesundheitsschutz/Umweltschutz" hat das Ziel

- sicherheitswidrige Verhaltensweisen der Mitarbeiter **zu korrigieren**
  → **kurzfristiges Ziel**

  und

- in **sichere Verhaltensweisen** bei der Arbeit zu überführen
  → **mittel- und langfristiges Ziel**.

Der Industriemeister sollte daher mit

- den Modellvorstellungen zum Mitarbeiterverhalten,
- den Grundsätzen des menschlichen Handelns,

- den Motivationsprozessen sowie
- den Möglichkeiten, das Mitarbeiterverhalten nachhaltig zu ändern,

vertraut sein (Einzelheiten dazu unter Frage 03. ff.).

02. Welche Maßnahmen sind geeignet, das Mitarbeiterbewusstsein bezüglich der Arbeitssicherheit und des betrieblichen Arbeits-, Umwelt- und Gesundheitsschutzes zu fördern (Überblick)?

Maßnahmen zur Förderung des Mitarbeiterbewusstseins	
Information der Mitarbeiter	► Geeignete Hilfsmittel einsetzen, z. B.: Plakate, Videosequenzen, Broschüren der Berufsgenossenschaft ► Ausbildungsveranstaltungen der Berufsgenossenschaft nutzen und umsetzen ► Betriebliche Arbeitsschutzlehrgänge zur Weiterbildung umsetzen ► Unterweisungen, Sicherheitskurzgespräche durchführen
Auswertung von Unfällen und Beinaheunfällen	► Unfallberichte, Verbandsbuch, Statistiken u. Ä.
Zentrale Führungsaufgaben des Meisters	► Einfordern der Mitarbeiterpflichten sowie Kontrolle ► Vorbildfunktion des Vorgesetzten ► Beteiligung der Mitarbeiter an Problemlösungen ► Gezielte Verhaltensänderung der Mitarbeiter

- **Information** der Mitarbeiter zum Arbeits-, Umwelt- und Gesundheitsschutz:
  - Neben den Unfallverhütungsvorschriften, die die Berufsgenossenschaften den Betrieben kostenlos zur Verfügung stellen, geben der Informationsdienst der BG sowie der zuständigen Behörden geeignete Materialien und Hilfsmittel heraus: Plakate, Filme, Videos, Zeitschriften, Broschüren usw.
  - Zur eigenen Aus- und Weiterbildung sowie die der Mitarbeiter sollte der Meister die kostenlosen speziellen Schulungen der BG nutzen. Diese Kurse vermitteln das notwendige Wissen zur Sicherheit und zum Gesundheitsschutz am Arbeitsplatz.
  - Der Meister hat als Vertreter des Arbeitgebers die erforderlichen Unterweisungen in der Arbeitssicherheit sowie im Arbeits-, Umwelt- und Gesundheitsschutz durchzuführen.
- **Auswertung von Unfällen und Beinaheunfällen:**
  Entsprechend der DGUV-Vorschrift 1 „Prävention" sollte das Auffinden von Gefährdungspotenzialen natürlich nicht vorrangig in der Auswertung eingetretener Unfälle sein; trotzdem ist die Unfallanalyse notwendig. Sie kann sich beziehen auf die Auswertung der betrieblichen Unfallstatistik bzw. externer Statistiken und/oder auf die Auswertung des Verbandsbuchs. Selbstverständlich müssen aktuelle Unfälle bzw. Beinaheunfälle sofort analysiert werden. Dazu einige Merkpunkte:
  - Im Vordergrund steht bei der Unfallanalyse nicht die Ermittlung „eines Schuldigen", sondern das Erkennen der Ursachen und die Einleitung geeigneter Maßnahmen zur Vermeidung.

- Wichtige Betrachtungspunkte bei der Unfall-Analyse sind:
  - **Was hat sich ereignet?**
    → Keine Vermutungen, sondern Tatsachen und Zeugen sind relevant.
  - **Warum hat sich der Unfall ereignet?**
    → Ursachen erkennen und den Gefährdungspotenzialen zuordnen (Technik, Organisation, Personenverhalten; vgl. oben)
  - **Wäre der Unfall vermeidbar gewesen?**
    → Welche Maßnahmen sind zur Vermeidung einzuleiten?

    Dabei werden untersucht:

    → Situation/Organisation/Umgebungseinflüsse am Arbeitsplatz?

    → Vorhandensein der erforderlichen Betriebsanweisung/Betriebsanleitung?

    → Sicherheit der Technik?

    → Verhalten des Mitarbeiters/der Kollegen/des Vorgesetzten?

► **Zentrale Führungsaufgaben des Meisters:**
Arbeits-, Umwelt- und Gesundheitsschutz ist Chefsache. Dazu muss der Meister

- die diesbezüglichen **Pflichten der Mitarbeiter konsequent einfordern und kontrollieren**; die Duldung eines sicherheitswidrigen Zustandes oder eines sicherheitswidrigen Verhaltens der Mitarbeiter ist eine Pflichtverletzung des Vorgesetzten; sie wird vom Mitarbeiter als „Zustimmung" wahrgenommen und führt fatalerweise zur Stabilisierung unerwünschter Verhaltensmuster (vgl. Frage 03. ff.). Erkennt der Meister bestehende Sicherheitsmängel, muss er sofort eingreifen und die Arbeit des Mitarbeiters unterbrechen. Für den Mitarbeiter gilt beim Erkennen von Sicherheitsmängeln die „3-M-Regel":

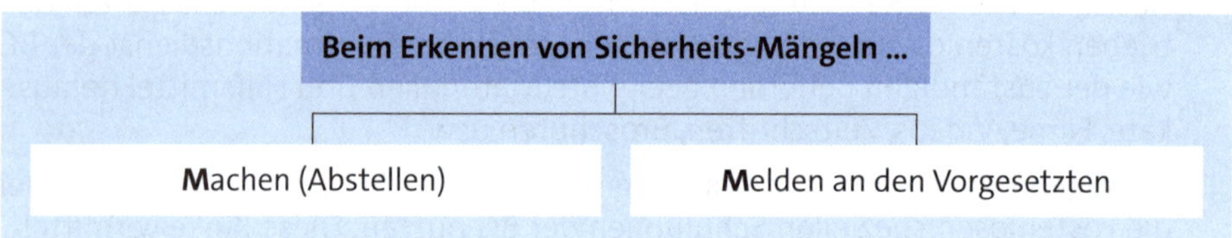

3-M-Regel

- **die Mitarbeiter in geeigneter Weise beteiligen**, z. B.:
  besonders langjährige Mitarbeiter kennen ihren Arbeitsbereich und die Gefährdungspotenziale. Daher: Einbindung der Mitarbeiter bei der Entwicklung und Verbesserung von Sicherheitsmaßnahmen; Mitarbeiter zu Wort kommen lassen, ihre Vorschläge einfordern, ernst nehmen und mit ihrer Beteiligung umsetzen. Dies erhöht die nachhaltige Wirksamkeit getroffener Maßnahmen. Es gilt die bekannte Regel: „Mache die Betroffenen zu Beteiligten!"
- **stets Vorbild in Sachen Arbeits-, Umwelt- und Gesundheitsschutz sein** (vgl. dazu Frage 07.)

- **die psychologischen Grundlagen der Verhaltensänderung kennen und gezielt anwenden:**
  Dieses Thema wird nachfolgend ausführlich behandelt, da die Stabilisierung erwünschter (sicherer) Verhaltensweisen und die Vermeidung unerwünschter (sicherheitswidriger) Verhaltensmuster eine zentrale Rolle in der Führungsaufgabe „Arbeitssicherheit/Gesundheitsschutz/Umweltschutz" ist.

03. Was muss der Industriemeister über das Verhalten der Mitarbeiter wissen?

Grundsätzlich ist jede betriebliche Situation mit **Risiken** bzw. **Herausforderungen** für den Mitarbeiter verbunden. Der Mitarbeiter ist – bewusst oder unbewusst – in jeder betrieblichen Situation gezwungen, das **Maß der Herausforderung** für ihn persönlich bzw. das **Risiko** der Situation **einzuschätzen** und seine Handlungen entsprechend darauf einzustellen.

Dabei nimmt er die Situation über **seine Sinne** wahr und muss sie im Anschluss **bewerten**. Zur Bewertung der Situation dienen ihm

- sein Wissen,
- seine Motivation,
- seine Erwartungen an die Situation,
- seine gegenwärtige emotionale Verfassung,
- seine Erfahrungen und
- seine persönlichen Einstellungen (z. B. Risikobereitschaft).

Der Mitarbeiter muss jedes Mal unter Beachtung der Handlungsmöglichkeiten darüber entscheiden, wie er sich verhält und wie er handelt. Das **Handeln** hat immer **Folgen**. Diese **Handlungsfolgen** gehen dann wiederum in sein Wissen, seine Erfahrungen und auch in seine Einstellung ein. Auf diese Weise **entwickeln** sich Wissen, Motivation, Erfahrungen und Erwartungen, aber auch die persönlichen Einstellungen des Mitarbeiters stetig fort.

Die Folgen des Mitarbeiterhandelns können für ihn persönlich **positiv** aber auch **negativ** sein. Wesentlich in diesem Zusammenhang sind zwei **Erkenntnisse der Psychologie:**

Verhaltensweisen, die **positive Folgen** haben, werden **wiederholt**. Menschen **verändern Verhaltensweisen**, wenn sie **negative Folgen** haben.

Weiterhin gilt:

Der Mensch und sein Verhalten wird vorwiegend von der **Hoffnung auf Erfolg** gesteuert. Sie ist **das stärkste Motiv** zum Handeln.

Angst vor Strafe tritt im Bewusstsein des Menschen hinter das steuernde Element Hoffnung auf Erfolg weit zurück.

Beispiel

Schon immer werden Bankräuber schwer bestraft. Die Strafandrohung verhindert nicht, dass immer wieder eine neue Bankräubergeneration heranwächst, die die Hoffnung auf den „großen Coup“ in sich trägt.

Darüber hinaus haben sich folgende „Regeln“ menschlichen Verhaltens (Erkenntnisse der Psychologie) bestätigt:

Regel 1: Menschen benötigen i. d. R. Herausforderungen („Kick“).

Beispiel

Wenn der persönliche oder berufliche Alltag mutmaßlich wenige Herausforderungen bietet, suchen sich Menschen in der Freizeit derartige Herausforderungen, z. B. üben sie sehr gefährliche Sportarten aus.

Regel 2: Menschen tragen im Allgemeinen die „Illusion der Unverletzlichkeit“ der eigenen Person in sich.

Beispiel

Man muss sich nur einmal selbst überprüfen, um festzustellen, dass man persönlich immer der Meinung ist, dieses oder jenes Böse könnte nur „den anderen“ zustoßen, nicht aber der eigenen Person.

Regel 3: In der Regel bewerten Menschen Ereignisse in der Gegenwart sehr viel höher als mögliche Ereignisse in ferner Zukunft.

Beispiel

Den gegenwärtigen Genuss des Tabaks bewerten die Raucher sehr viel höher, als die Gefahr z. B. 30 Jahre später schwer zu erkranken.

Es ist wichtig, dass der Industriemeister diese wichtigen verhaltensbestimmenden Eigenschaften des Menschen kennt. Dieses Wissen ist notwendig, wenn er sich der **Aufgabe** stellen muss, **Änderungen des Verhaltens** seiner Mitarbeiter zunächst zu **initiieren** und sie danach zu **verstetigen**.

INFO

Vgl. dazu auch ausführlich unter → A 4.1.2.

04. Wie kann der Industriemeister sicherheitswidriges Verhalten der Mitarbeiter nachhaltig in sichere Verhaltensweisen überführen?

Der Industriemeister muss sich Wissen über das menschliche Verhalten zu Eigen machen und die grundsätzlichen „Regeln/Erkenntnisse" konsequent nutzen. Wenn diese Grundregeln im betrieblichen Alltag beim Umgang mit den Mitarbeitern beachtet werden, bleibt der Erfolg nicht aus. Folgende Empfehlungen zur Führungsarbeit des Meisters haben sich bewährt:

- *„Verhaltensweisen, die positive Folgen haben, werden wiederholt."*
  → Der Meister muss **loben/anerkennen**, wenn sich der Mitarbeiter **sicher verhält**.
  - Es muss vorteilhaft sein, sich sicher zu verhalten.
  - Es darf **keine Nachteile sicheren Verhaltens** geben.
- *„Menschen verändern ihre Verhaltensweise, wenn sie zu negativen Folgen führt."*
  → Gegen sicherheitswidrige Handlungen der Mitarbeiter muss der Vorgesetzte **sofort einschreiten**, d. h. **negative Folgen** müssen für den Mitarbeiter **sofort erlebbar** sein.

  Vorteile des sicherheitswidrigen Verhaltens **müssen** „zerstört" **werden**.
- *„Der Mensch ist erfolgsgesteuert."*
  → Der Meister muss dafür Sorge tragen, dass der Mitarbeiter **Erfolg erlebt**, wenn er **sicher arbeitet** (z. B. materieller/immaterieller Erfolg).
- *„Der Mensch ist nicht gesteuert von Angst vor Strafe."*
  → Es nutzt nicht viel, Strafen anzudrohen, insbesondere dann nicht, wenn der Meister die angedrohten Sanktionen nicht ausführt.
- *„Der Mensch benötigt Herausforderungen."*
  → **Sicher arbeiten** kann als **Herausforderung** dargestellt werden.
- *„Die Illusion der eigenen Unverletzlichkeit ist fester Bestandteil des menschlichen Denkens und Handelns."*
  → Diese Illusion muss vom Meister ständig gestört werden.

05. Wie erreicht der Industriemeister, dass sich die Mitarbeiter trotz der Illusion der eigenen Unverletzbarkeit sicher verhalten?

Der rigorose Abbau dieser Illusion ist schlecht möglich, weil sie für jeden normalen Menschen lebensnotwendig ist. Möglich und erforderlich ist es jedoch, dass ständig und immer wieder

- **Gefahrenpotenziale angesprochen** und bewusst gemacht werden,
- die **Folgen** und Konsequenzen sowie die Tragweite sicherheitswidrigen Verhaltens aufgezeigt werden und
- **Unfälle** von Personen, zu denen die Mitarbeiter einen persönlichen Bezug haben, als **Beispiele** für die „sehr wohl vorhandene Verletzbarkeit" dargestellt werden.

Noch wichtiger ist es, eindeutige und begründete **Regeln/Normen** für den Betrieb aufzustellen:

- Regeln basieren auf der Erfahrung, dass Menschen dazu tendieren, sich und ihre Fähigkeiten zu überschätzen.
- Den Regeln müssen ermittelte Gefährdungen zugrunde liegen.
- Regeln sind wichtige Handlungs- und Orientierungshilfen. Sie legen einfach und verständlich fest, welches Risiko akzeptiert wird und welches Risiko als inakzeptabel gilt.

INFO

Der Vorgesetzte setzt in seinem Verantwortungsbereich die Normen!

Beispiel

Für die Durchführung der Inventurarbeiten im Januar des Jahres beschäftigt Ihr Unternehmen Leiharbeiter. Bei Ihrem Rundgang durch das Lager sehen Sie, wie einer der Leiharbeitnehmer auf einer Palette steht und sich von einem Gabelstapler zum oberen Lagerfach anheben lässt, um dort die Mengenzählung zu erfassen. Ihre einzig richtige und notwendige Reaktion ist: Sie untersagen sofort das sicherheitswidrige Verhalten und verwarnen beide Leiharbeiter. Sie führen eine Kurzunterweisung über die Gefahren durch, erstellen ein Protokoll und lassen sich dieses von beiden Arbeitern bestätigen. Außerdem informieren Sie den verantwortlichen Leiter des Leiharbeitsunternehmens (vgl. u. a.: § 11 Abs. 6 AÜG; bitte lesen).

06. Wann prägen Verhältnisse im Betrieb das sichere Verhalten der Mitarbeiter?

Die Verhältnisse im Betrieb prägen das sichere Verhalten der Mitarbeiter dann, wenn

- Mitarbeiter **laufend** im Erkennen und Einschätzen von Gefahren **geschult und unterwiesen** werden,
- betriebliche Situationen **so gestaltet werden**, dass sicher **gearbeitet werden kann**,

- **sicheres Verhalten gefördert** wird und
- **sicherheitswidriges Verhalten geahndet** und entsprechend unterbunden wird.

Werden diese Regeln stetig konsequent angewendet, wird sich **langsam** eine sicherheitsgerechte Einstellung der Mehrzahl der Mitarbeiter entwickeln.

07. Was ist am Verhalten des Vorgesetzten wesentlich für den Mitarbeiter?

Der Vorgesetzte muss konsequent sein. Viel wichtiger noch ist, dass der Vorgesetzte sich selbst sicher verhält, dass er ein Vorbild ist.

Erfahrung aus der Praxis:

Die Mitarbeiter beobachten die Führungskraft ganz genau. Dabei bewerten sie sehr hoch, was der Vorgesetzte tut. Das Handeln des Vorgesetzten wirkt sehr viel schwerer, als sein Wort. **Der Mitarbeiter orientiert sich sehr stark am Tun des Vorgesetzten, weniger an seinen Worten**.

6.4 Planen und Durchführen von Unterweisungen zur Arbeits- und Anlagensicherheit sowie zum Gesundheits- und Umweltschutz

6.4.1 Planung von Unterweisungen

01. Wer muss die Mitarbeiter unterweisen?

Die Unfallverhütungsvorschrift DGUV-Vorschrift 1 „Grundsätze der Prävention" regelt, dass **der Unternehmer/Arbeitgeber** die Mitarbeiter über die bei ihrer Arbeit auftretenden Gefahren und über die Maßnahmen zu ihrer Abwendung **unterweisen** muss.

Bei der **Unterweisungspflicht** handelt es sich also um eine **Unternehmerpflicht**. Der Unternehmer kann diese Pflicht im Allgemeinen nicht selbst ausüben. Deswegen fällt die Unterweisung der Mitarbeiter im modernen Industriebetrieb normalerweise an den Meister. Ihm wird die Unternehmerpflicht „Unterweisung" übertragen.

Besondere Unterweisungspflichten für die Mitarbeiter regelt darüber hinaus die Gefahrstoffverordnung. Hier werden besondere Gefahren bei der Verwendung von gefährlichen Stoffen vom Gesetzgeber besonders hervorgehoben.

INFO

Die **Unterweisung der Mitarbeiter** gehört im Allgemeinen zum **Tagesgeschäft des Industriemeisters**.

02. In welchen Einzelphasen wird ein Unterweisungskonzept erstellt und durchgeführt?

Ermittlung des Unterweisungsbedarfs

- Häufigkeit
- Anlässe
- Arten
- Inhalte

Planung der Unterweisung

- betroffene Mitarbeiter
- Gruppengröße
- Themen/Konzept
- Rahmen (Ort/Raum, Zeit, Bindungen)
- Methoden, Arbeitshilfen
- Nachweis organisieren, Visualisierung

Durchführung der Unterweisung

- adressatengerecht
- methodengerecht
- Lernprinzipien beachten
- mehrere Kommunikationskanäle
- Gestik, Mimik, Sprache
- Unterweisungshilfen nutzen

Sicherstellung des Unterweisungserfolgs

- Evaluierung der Lernziele
- Evaluierung der Methoden
- Transfermaßnahmen

Dokumentation der Unterweisungen

- Unterweisungsthemen
- Unterschrift
- Information an zuständige Stellen

03. Wie oft müssen die Mitarbeiter unterwiesen werden?

Grundsätzlich müssen die Mitarbeiter

- **vor Aufnahme der Tätigkeit** und
- **mindestens einmal jährlich** unterwiesen werden,

so verlangen es die gesetzlichen Regelungen.

INFO

Der Industriemeister sollte aus dieser gesetzlichen Regelung, die lediglich ein **unteres Mindestmaß** markiert, für seine Tätigkeit keinesfalls ableiten, dass eine Unterweisung im Jahr ausreichend ist.

04. Warum ist eine einmalige, lang andauernde Unterweisung im Jahr unvorteilhaft und nicht ausreichend?

- Überlegen Sie bitte selbst: Die **Inhalte** – nämlich die wichtigsten Gefahrenmomente bei der Arbeit sind **sehr zahlreich**. Die **Zusammenhänge** der einzelnen Gefährdungen im Betrieb sind oft **sehr komplex**. Der Umfang der Unterweisung müsste demzufolge **sehr groß** werden.
- Nun prüfen Sie bitte selbst: Wollen Sie als Vorgesetzter eine Unterweisungsveranstaltung von etwa zwei Stunden Dauer oder länger vorbereiten, durchführen und nachbereiten?
- Prüfen Sie gedanklich weiter: Würden Sie als Mitarbeiter gern an einer solchen „Mammutveranstaltung" teilnehmen? Wie viel könnten Sie vom vorgetragenen Stoff behalten?

Erfahrungen der Berufsgenossenschaften belegen sehr eindeutig:

- Der Verständnis- und Behaltenseffekt ist bei wenigen Unterweisungen mit jeweils längerer Dauer sehr gering.
- Durch die lange Zeitdauer von bis zu 12 Monaten zwischen den einzelnen Unterweisungen verblasst die Erinnerung an die Inhalte schon nach wenigen Wochen auf ein sehr geringes Maß.

Dies bedeutet:

- Lange Unterweisungen verbrauchen viel Zeit.
- Liegt ein großer Zeitraum zwischen den einzelnen Unterweisungen, sind den Mitarbeitern die Inhalte schnell nicht mehr geläufig.

Daraus folgt:

Wenige lang andauernde **Unterweisungen** kosten **viel Zeit** und erzielen **keinen** nachhaltigen **Nutzen**. Sie sind **teuer, aufwendig und nicht effektiv**.

Die Erfahrungen der Berufsgenossenschaften zeigen:
- Zwischen den Unterweisungen sollten **nicht mehr als vier Wochen** liegen.
- Die **Zeitdauer einer Unterweisung** sollte die Zeit von 15 Minuten nicht wesentlich übersteigen.

05. Welche Anforderungen stellt die Unterweisung an die Fähigkeiten und Fertigkeiten des Meisters?

Die Unterweisung zielt auf **Verhaltensbeeinflussung** ab. Die Mitarbeiter sollen **Wissen** (Informationen, Daten, Regeln) aber auch **Können** und **Fertigkeiten** erlangen, um sich am Arbeitsplatz sicher verhalten zu können. Sie sollen aber auch **zum sicheren Verhalten motiviert** werden. Die **Wirkung** der Unterweisung zielt also auf das **Wollen, Können und Wissen** der Mitarbeiter ab. Das verlangt natürlich vom Meister, dass er zentrale **Elemente des Lehrens und Lernens anwenden muss**. Er sollte sich dazu die wichtigsten Fähigkeiten und Fertigkeiten aneignen, um erfolgreich unterweisen zu können. Einzelheiten dazu enthält insbesondere die AEVO.

06. Wie plant der Industriemeister eine Unterweisung?

Der **Planungs- und Organisationsaufwand** ist **anfangs erheblich**. Gut geplante Unterweisungen sind grundsätzlich wirksamer als nicht geplante. Sie bringen Erfolg für den Unterweiser und „Gewinn" für die Mitarbeiter und das Unternehmen.

Wesentliche Arbeitsschritte bei der Planung einer Unterweisung sind:
- Festlegung der **Themen:**
  Ausgangspunkt sind Gefährdungen an Arbeitsplätzen/Arbeitsmitteln, durch Arbeitsstoffe und bestimmte Tätigkeiten (z. B. Gebrauch der PSA, Heben von Lasten, Einhalten von Sicherheitsabständen, elektrotechnische Sicherheitsunterweisung).
- betroffene Mitarbeiter
- Erarbeitung des **Konzeptes**
- Festlegung des **Rahmens** (Zeit, Ort/Raum, Bedingungen)
- Überlegungen zu **Methoden, Arbeitshilfen und zur Visualisierung**
- **Nachweis** organisieren.

6.4.2 Durchführung von Unterweisungen

01. Welche Anlässe für Unterweisungen gibt es?

- Die wesentlichsten **Anlässe** sind:
  - Einstellungen, Umsetzungen im Betrieb
  - im Betriebsablauf sind völlig neue Tätigkeitsbilder entstanden
  - Aufnahme von Arbeiten mit besonders hohen Risiken
  - Umgang mit Gefahrstoffen
  - neue Maschinen/Verfahren im Betrieb
  - nach aktuellen Unfallereignissen im Betrieb.
- Bei **grundlegenden Unterweisungen** (Einführung neuer Mitarbeiter) informieren Sie über:
  - allgemeine Regelungen im Betrieb
  - Vorstellen von Kollegen, Vorgesetzte und dem zuständigen Sicherheitsbeauftragten
  - Rettungswege, Fluchtwege, Warnsignale, Brandschutz, Erste Hilfe
  - Verhalten bei Unfällen.
- Bei **arbeitsbezogenen Unterweisungen** informieren Sie über:
  - Arbeitsverfahren und spezielle Gefahren der zugewiesenen Maschinen
  - Benutzung von Sicherheitseinrichtungen, Werkzeugen und PSA
  - Verbot gefährlicher Arbeiten.

02. Welche Arten von Unterweisungen gibt es?

- **Einzelunterweisungen:**
  → **Einzelne Personen** werden unterwiesen.
- **Sonderunterweisungen:**
  → Dies sind Unterweisungen, die nicht regelmäßig durchgeführt werden und sich in der Regel an besonders schweren **Unfällen**, aber auch an **Schadensfällen** im Betrieb orientieren.
- **Regelunterweisungen:**
  → Bei Regelunterweisungen handelt es sich um die bekannten regelmäßig **nach Plan** durchgeführten Unterweisungen.

03. Welche Zeitpunkte sind für die Unterweisung günstig?

Unterweisungen finden grundsätzlich **während der Arbeitszeit** statt. **Ungünstig** ist immer das **Schichtende**. Die Leistungsfähigkeit der Mitarbeiter ist nach Schichtende nicht mehr gegeben. Es wurde häufig beobachtet, dass die Mitarbeiter während der Unterweisung sogar zeitweilig eingeschlafen sind.

Vor Beginn der Schicht liegt der **günstigste Zeitpunkt** für die Unterweisung. Der Beginn einer bestimmten, besonderen Arbeit bietet sich ebenfalls als günstiger Zeitpunkt an. Muss eine Unterweisung in Zeiträume von Arbeitsunterbrechungen gelegt werden, sollte die Unterweisung immer **nach einer Pause** erfolgen – **nie davor**.

04. Wie sollte eine Unterweisung gestaltet werden?

Eine Unterweisung sollte immer sehr lebendig gestaltet werden und die bekannten Methoden der AEVO berücksichtigen.

- Bei der **Vorbereitung** bedenken Sie bitte genau:
  - Ziel/Thema
  - persönliche Eigenarten der Mitarbeiter
  - Argumente, mögliche Gegenargumente
  - Beweggründe der Mitarbeiter
  - Art der Durchführung und Abschluss.
- Bei der **Durchführung** beachten Sie bitte:
  - Immer bei Tatsachen bleiben!
  - Stellen Sie offene Fragen!
  - Stellen Sie die Vorteile des sicheren Verhaltens in den Vordergrund!
  - Halten Sie die Ergebnisse fest (Visualisierung, Sichtprotokoll)!
- **Gestaltungsprinzipien** sind u. a.:
  - Benutzen Sie so viele Kanäle der Kommunikation wie möglich, nicht nur die Sprache.
  - Der Einsatz von Mimik, Körpersprache, Gestik sowie
  - die Visualisierung der Inhalte und
  - die aktive Mitgestaltung der Mitarbeiter sichern den Erfolg.

05. Welcher Ort ist für die Unterweisung am günstigsten?

Sehr gute Lernerfolge bieten Unterweisungen direkt am Arbeitsplatz. **Am Arbeitsplatz** ist es möglich, sichere Verhaltensweisen **vor Ort** zu **üben**. Solche praktischen Unterweisungen sind deswegen meist sehr erfolgreich. Störender Lärm und Unruhe durch die

Fertigungs- oder Logistikprozesse sorgen aber leider häufig dafür, dass eine Unterweisung direkt am Arbeitsplatz nicht möglich ist. Störender Lärm sollte auf alle Fälle vermieden werden.

Der Raum sollte ausreichend groß sein; frische, sauerstoffreiche Luft ist wichtig. Der Raum sollte zweckmäßig eingerichtet sein. Oft bieten Pausenräume, manchmal aber auch das Meisterbüro einen guten Rahmen.

Große Unternehmen verfügen häufig über Schulungsräume. Sind solche vorhanden, reservieren Sie den Raum rechtzeitig und nutzen Sie die guten Bedingungen, auch wenn der Weg dorthin vielleicht etwas länger ist.

06. Wie groß sollte die Gruppe sein?

Ideal sind Gruppen zwischen **6 bis 10 Personen**. Es ist bei dieser Gruppengröße noch gut möglich, auf den Einzelnen einzugehen und im Dialog zu arbeiten. Wenn der Meisterbereich sehr groß ist, teilen Sie die Belegschaft zur Unterweisung in kleinere Gruppen auf.

07. Wie geht man zweckmäßig bei der Durchführung der Unterweisung vor? → A 3.3

- Die **Mitarbeiter müssen** für das Thema **interessiert** werden. Der Unterweiser darf nicht nur informieren, sondern muss auch motivieren.
- Die Aussagen sollte man immer begründen.
- Der Unterweiser sollte **den Mitarbeitern stets Fachkompetenz zugestehen**.
- Es ist zweckmäßig, die Auswirkungen sicherheitswidriger Arbeit auf die Lebensqualität in den Mittelpunkt zu stellen.
- Es muss **Aufmerksamkeit erzeugt werden**; dies erreicht man durch eine gute Präsentation.
- Die Mitarbeiter müssen **aktiviert** werden. Dazu sollte man sie **immer wieder einbeziehen**, zur Stellungnahme anhalten, Vorschläge einholen, zur Diskussion auffordern sowie Ergänzungen und Fragen von den Mitarbeitern **abfordern**.
- Wichtig ist es auch, immer wieder die Sichtweise zu wechseln, die Hintergründe der Maßnahmen zu besprechen.
- Schutzmaßnahmen sollten **geübt** werden.
- Der Abschluss einer Unterweisung sollte stets eine **Vereinbarung** sein. Der Mitarbeiter muss **symbolisch verpflichtet werden, künftig sicher zu arbeiten**.

08. Was sind Sicherheitskurzgespräche (Methode der moderierten Kurzunterweisung)?

Modern geführte Unternehmen der Industrie wenden das **Sicherheitskurzgespräch als Unterweisungsmethode** an und sind damit sehr erfolgreich. Die **Grundideen** sind:

- Es wird **öfter** (mindestens einmal monatlich) und **kurz** unterwiesen.
- Die **Mitarbeiter** werden sehr eng in die Unterweisung **einbezogen**; Betroffene werden zu Beteiligten.
- Der Unterweisende moderiert ein etwa **15-minütiges Sicherheitsgespräch mit den Mitarbeitern**.
- Das Sicherheitskurzgespräch wird von den Mitarbeitern selbst **mitgestaltet**.
- Das Sicherheitskurzgespräch hat ein festes Gesprächsraster, das sich an folgenden **Fragen** orientiert:
  - Was kann passieren?
    → Gefährdung
  - Wie kann es verhindert werden?
    → Lösungsvorschläge
  - Welche Maßnahmen werden abgeleitet?
    → · technische Maßnahmen
    · organisatorische Maßnahmen
    · Verhaltensregeln.

Die **Vorteile** dieser Methode sind:

- Das Sicherheitskurzgespräch ist schnell und effektiv.
- Die Mitarbeiter beschäftigen sich selbst mit der Optimierung betrieblicher Regeln.
- Die Auseinandersetzung im Gespräch führt zu einer intensiven Beschäftigung mit den Gefährdungen der eigenen Tätigkeiten.
- Die Mitarbeiter ermitteln selbst vielfach sehr gut realisierbare Verbesserungsideen und entwickeln selbst Sicherheitsstandards.
- Die Akzeptanz von verhaltensbezogenen Sicherheitsregeln steigt deutlich, weil sie selbst erarbeitet wurden.
- Durch die systematische Auseinandersetzung mit Gefährdungen und der Erarbeitung von Verhaltensregeln durch die Mitarbeiter selbst wird das vorausschauende Denken gefördert.
- Die Eigenverantwortung der Mitarbeiter wird gefördert.
- Weil die Mitarbeiter selbst mitgestalten können, sind die erlernten Inhalte langanhaltend präsent und der Wissenserwerb ist nachhaltig.
- Das Potenzial der Mitarbeiter wird durch ständiges Fordern gefördert („Fördern heißt fordern!).

09. Wie kann der Industriemeister Kenntnisse und Fertigkeiten für erfolgreiches Unterweisen erwerben?

Die Berufsgenossenschaften bieten **Seminare** zum Thema Unterweisung für Führungskräfte, insbesondere für die Meisterebene der Industriebetriebe an. In diesen Seminaren wird nicht nur Wissen erworben, sondern die **Unterweisung** wird in Übungsunterweisungen mit Videounterstützung **trainiert**. Die Unterweisungspraxis steht in diesen Seminaren im Vordergrund. Die theoretischen Grundlagen sind auf das notwendige Minimum beschränkt. Die Methode des Sicherheitskurzgespräches als modernste Form der Unterweisung steht dabei im Mittelpunkt.

10. Wo gibt es Hilfen für den Unterweisenden?

Die Berufsgenossenschaften stellen den Mitgliedsunternehmen gerne **Unterweisungshilfen** zur Verfügung. Über die **örtlichen Präventionsdienste** kann der Industriemeister interessante Druckschriften zu den unterschiedlichsten Themenbereichen erhalten, um seine Unterweisung gut vorzubereiten. Gerne leihen die Präventionsdienste aber auch **DVD-Medien** aus, mit denen die Unterweisung medial angereichert werden kann. Eine ganze Reihe von Fakten zum Thema Unterweisung findet man natürlich auf der **Präventions-CD** der Berufsgenossenschaften, die die Mitgliedsunternehmen jährlich aktuell erhalten.

6.4.3 Dokumentation von Unterweisungen

01. Warum ist es wichtig, die Unterweisungen zu dokumentieren?

Die Dokumentation der Unterweisung hat den Vorteil, dass die Führungskraft den Nachweis darüber führen kann, welche Inhalte wann unterwiesen wurden. Die Dokumentation kann im rechtlichen Sinne für den Vorgesetzten sehr wichtig werden, wenn die Arbeitsschutzbehörden, die Berufsgenossenschaften oder sogar die Staatsanwaltschaft im Rahmen einer Unfalluntersuchung prüft, inwieweit der Vorgesetzte seiner gesetzlichen Unterweisungspflicht nachgekommen ist.

Sehr vorteilhaft ist es in solchen Fällen, wenn die Dokumentation von den Mitarbeitern, die unterwiesen worden sind, mit einer Unterschrift versehen worden ist. **Eine generelle gesetzlich verankerte Dokumentationspflicht mit Unterschriftsleistung gibt es jedoch nicht.**

Es bleibt der Führungskraft vorbehalten, die Vorteile einer solchen Verfahrensweise zu nutzen, der erfahrene Meister tut es mit Sicherheit. In modernen Betrieben der Industrie existieren natürlich betriebliche Regelungen, die die Unterweisungszyklen regeln.

Nur bezüglich der Unterweisungen zum sicheren Umgang mit Gefahrstoffen gibt es eine gesetzliche Pflicht zur Dokumentation der Unterweisung. Diese Pflicht ergibt sich aus § 14 Abs. 2 der GefStoffV. Das Gesetz legt genau fest, dass Inhalt und Zeitpunkt der Unterweisung festzuhalten sind und die Unterweisung vom Unterwiesenen durch Unterschrift zu bestätigen ist.

02. Welche Anforderungen sollte ein geeignetes System zur Dokumentation der Unterweisungen erfüllen?

- Übersichtlich
- griffbereit
- gültig
- aktuell
- vollständig
- Darstellung der Verantwortlichkeiten.

6.5 Gewährleisten des Informationsaustausches über sicherheits- und umweltrelevante Vorgänge

6.5.1 Informationsbeschaffung

01. Wie kann man Nachrichten, Informationen und Daten unterscheiden?

- **Nachrichten** sind Aussagen und Hinweise ohne eine besondere Anforderung an Form und Inhalt.

  Auch: Nachrichten sind die regelmäßigen Informationen im Hörfunk bzw. Fernsehen.
- **Informationen** sind Nachrichten, die aus einem Inhalt und einer Darstellung bestehen. Eine Information ist **zweckorientiertes Wissen** über Personen, Sachen oder Sachverhalte.
- **Daten** sind Informationen aus Ziffern, Buchstaben und Sonderzeichen, z. B. 2706gwf+.

02. Welche Bedeutung haben Informationen für Geschäftsprozesse?

Der Zweck von Informationen besteht in der Regel darin, Handlungen vorzubereiten, durchzuführen und zu kontrollieren. Informationen reduzieren den Unsicherheitsgrad von Entscheidungssituationen.

03. In welcher Form werden Informationen in Unternehmen verwertet?

Informationen sind sowohl **Instrument** als auch Gegenstand des Handelns. Informationen als Führungsinstrument besitzen Lenkungscharakter und sind geeignet, Unternehmensprozesse zu steuern.

Informationen als Gegenstand des Handels sind Wirtschaftsgüter, die einen Marktpreis besitzen und einer Kosten-Nutzen-Analyse unterworfen werden. Beispiele für die Zuordnung von Informationen in den Bereich eines Wirtschaftsgutes sind alle Statistiken und Informationsblätter, die der Informationsgewinnung dienen.

04. Welche Einsatzgebiete lassen sich heute für die IT-gestützte Informationsverarbeitung nennen?

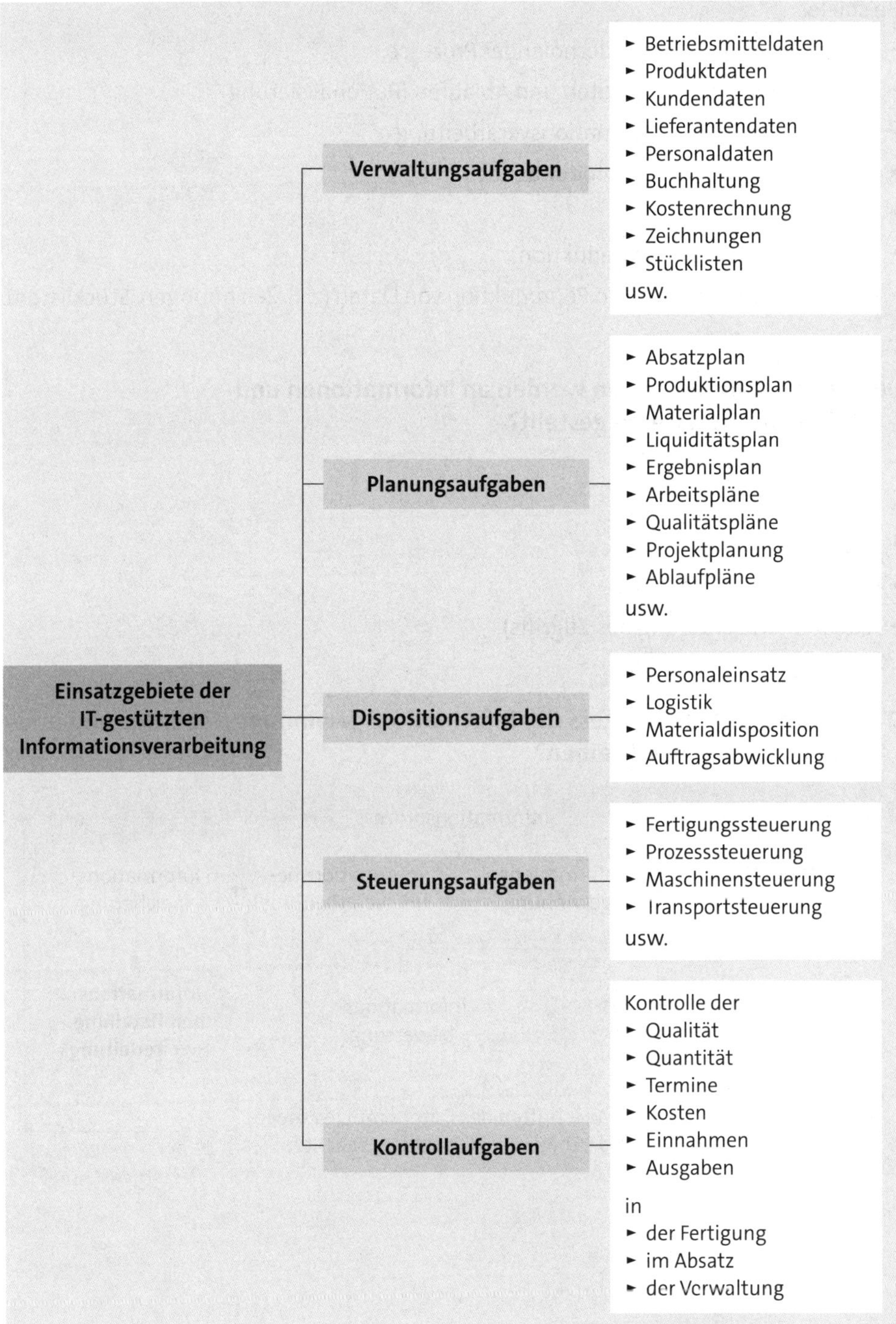

05. Welchen Nutzen kann die IT-gestützte Informationsverarbeitung aus betrieblicher Sicht bieten?

Beispiele:

- Automatisierung sich wiederholender Prozesse
- Vereinfachung von Tätigkeiten und Abläufen (Rationalisierung)
- Beschleunigung der Informationsverarbeitung
- Verbesserung der Arbeitsproduktivität
- Reduzierung der Kosten
- Möglichkeit der Personalreduktion
- exakte Dokumentation und Reproduktion von Daten (z. B. Zeichnungen, Stücklisten).

06. Welche Anforderungen werden an Informationen und Informationssysteme gestellt?

- Vollständigkeit
- Eindeutigkeit
- Aktualität
- Benutzerfreundlichkeit
- Aktivität (Erleichterung des Zugriffs).

07. Wie lässt sich der Prozess der Informationsgewinnung, -speicherung und -weiterleitung beschreiben?

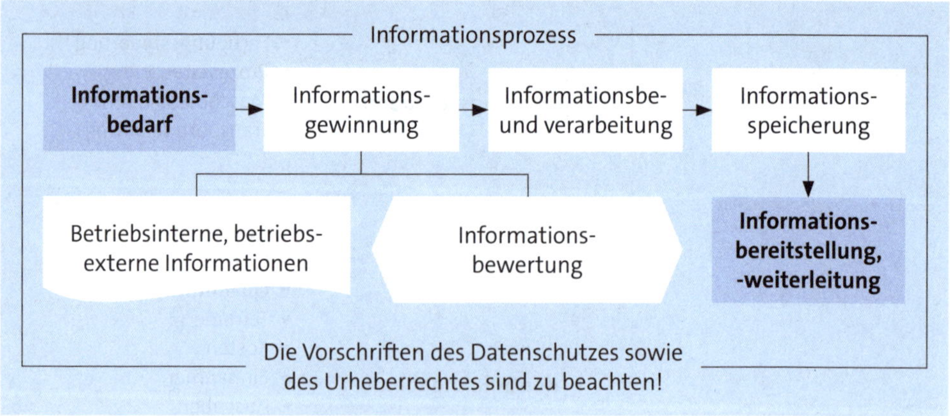

08. Was versteht man unter dem Informationsbedarf?

Informationsbedarf ist die Menge von Informationen, die von einem oder mehreren Entscheidungsträgern zur Lösung anstehender Probleme benötigt wird.

09. Was sind Informationsquellen?

Informationsquellen sind sämtliche Personen, Gegenstände und Prozesse, die Informationen liefern. Es kommt daher darauf an, dass ein Unternehmen über die richtigen, d. h. für seine Zwecke notwendigen und geeigneten Informationsquellen verfügt und damit alle benötigten Informationen in der richtigen **Zeit** und **Menge** beschaffen kann.

Beispiel

Führungskräfte in der Produktion müssen ihr Wissen über den laufenden Stand der Technik ständig aktualisieren; geeignete Möglichkeiten sind z. B.: Fachzeitschriften, Informationsmaterialien/Messen der Hersteller, Fachtagungen, Erfahrungsaustausch mit Kollegen.

10. Was ist das Problem der Informationsbeschaffung?

Die Güte einer Entscheidung hängt wesentlich von der Eignung und Qualität der verfügbaren Informationen ab. Der Verarbeiter von Informationen muss daher über genügend Fachwissen und Gespür für die Bewertung seiner Informationen und deren Aussagekraft besitzen, wenn er nicht Gefahr laufen will, seine Entscheidungen auf falschen oder unvollständigen Informationen aufzubauen.

11. Welche Bereiche sind für eine Informationsbeschaffung besonders wichtig und aussagefähig?

- Die Absatzregion und ihre Eigenheit
- Bedarf und Nachfrage am Markt
- die Konkurrenzverhältnisse
- Produkt- und Programmpolitik für den Markt
- Distribution zum und auf dem Markt
- Kontrahierungspolitik für die anzubietenden Produkte.

12. Auf welche Weise wird die Informationsbeschaffung vorgenommen?

Zunächst müssen die erforderlichen Informationsquellen (externe, interne) ausgewählt werden und sodann müssen Umfang, Genauigkeit und Häufigkeit der zu beschaffenden Informationen festgelegt werden. Diese orientieren sich am Informationsbedarf.

13. Welche Arten der Informationsbearbeitung werden unterschieden?

Man unterscheidet

a) die **verwender- und die nicht verwenderorientierte Informationsbeschaffung**, wobei die verwenderorientierte Informationsbeschaffung als Informationsnachfrage und die nicht verwenderorientierte Beschaffung als Informationsangebot bezeichnet werden

b) nach dem Ort der Entstehung unterscheidet man zwischen

- **betriebsinterner** und
- **betriebsexterner** Informationsbeschaffung.

14. Wie lassen sich betriebsinterne Informationen beschaffen und auswerten?

Bei betriebsinternen Informationen werden Daten weiterverwendet, die aus anderen Anlässen anfallen. Beispiele sind die Kosten, die der betrieblichen Kostenrechnung entnommen werden, und Personaldaten, die von der Personalabteilung zur Verfügung gestellt werden. Allerdings ist in jedem Fall darauf zu achten, dass die Datengrundlagen übereinstimmen, um nicht methodisch zu falschen Ergebnissen zu gelangen.

15. Was sind externe Quellen der Informationsbeschaffung?

Betriebsexterne Daten lassen sich über selbstständige Institute und statistische Ämter und anderen Institutionen (Kammern, Verbände) oder freien Anbietern oder einfach aus statistischen Quellen beschaffen.

16. Was versteht man unter einer Informationsbewertung?

Oftmals können Informationen nur unter erheblichen Kosten beschafft werden. In jedem Fall ist eine **Kosten-Nutzen-Analyse** anzustellen, um sicherzustellen, dass die Kosten nicht höher sind als der durch die Informationsbeschaffung erreichte Nutzen.

6.5.2 Informationsverarbeitung

01. Welchen Arbeiten sind im Rahmen der Informationsbe- und -verarbeitung auszuführen?

Die im Wege der Informationsbeschaffung gewonnenen Informationen/Daten liegen in der Regel nicht in der für den Betrieb erforderlichen Form und Darstellungsart vor. Daher ist eine Be- und Verarbeitung der Informationen notwendig:

- **Aufbereitung** der Informationen, z. B.:
  - selektieren
  - ordnen
  - zusammenfassen, verdichten
- **Speichern** der ausgewählten Informationen
- **Pflege** und Aktualisierung der Informationen/Datenbestände.

02. Wie werden Informationen weitergeleitet?

Informationen erfordern einen Informationsträger in Form von Nachrichten oder Daten, die ihrerseits durch Datenträger wie Signale oder Schriftstücke dargestellt werden.

03. Welche Informationsträger lassen sich unterscheiden?

Informationen können auf verschiedenen Trägern (auch: Datenträger, Speichermedien) erfasst, bearbeitet, gespeichert und weitergeleitet werden – manuell oder maschinell:

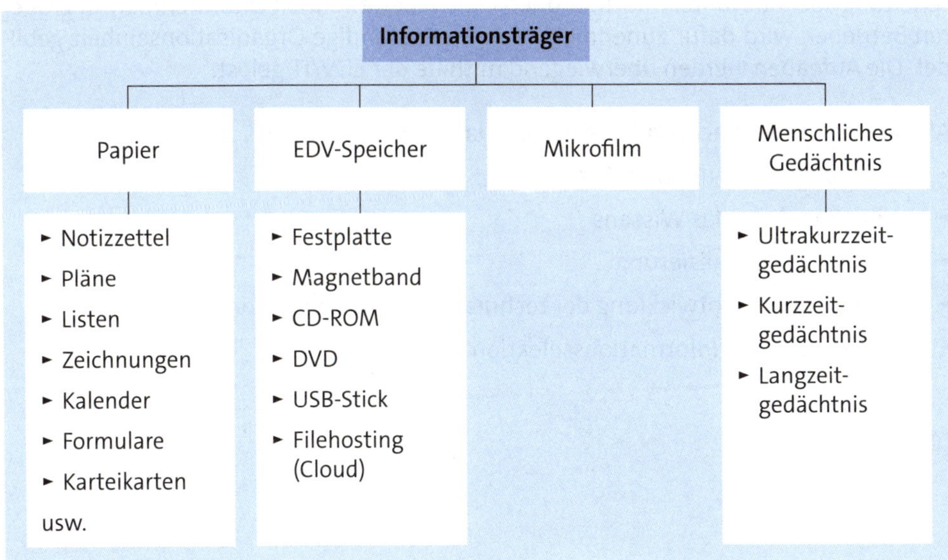

Man kann daher **EDV-verwaltete Informationen** und **Nicht-EDV-verwaltete Informationen** unterscheiden. Die steigenden Anforderungen an das Informationsmanagement bezüglich Geschwindigkeit, Qualität, Menge, Sektion, Vernetzung und Wirtschaftlichkeit der Datenbearbeitung und -bereitstellung führen zu einer weiteren Zunahme der IT-gestützten Informationsbe- und -verarbeitung.

04. Wer benötigt Informationen aus dem Unternehmensbereich?

- die Gesellschafter
- der Aufsichtsrat
- der Betriebsrat
- die Gläubiger (Lieferanten, Kreditgeber, Banken)
- die Finanzbehörden zur Feststellung der Steuerlast
- die Öffentlichkeit über die Bedeutung, die Produkte, die Beschäftigungslage, die konjunkturelle Lage und die Umweltpolitik
- die statistischen Ämter
- die Institute, die sich mit Betriebsvergleichen befassen.

05. Welche Aufgabe und Bedeutung hat das Informationsmanagement aus betrieblicher Sicht?

Informationen sind heute eine wichtige Ressource eines Unternehmens. Die Aufgabe des Informationsmanagements ist die planmäßige Gewinnung, Verarbeitung und Weiterleitung aller relevanter Informationen in dem betreffenden Unternehmen. In größeren Betrieben wird dafür zunehmend eine eigenständige Organisationseinheit gebildet. Die Aufgaben werden überwiegend mithilfe der EDV/IT gelöst.

Als Gründe für die wachsende Bedeutung lassen sich nennen:

- Verdichtung von Raum und Zeit
- rasante Zunahme des Wissens
- zunehmende Globalisierung
- rasch wachsende Entwicklung der technischen Kommunikationsmittel
- Notwendigkeit der Informationsselektion.

Ein Informationsmanagementsystem muss folgende Schwerpunkte in vernetzter Form bearbeiten und betriebsbezogene Lösungen bereitstellen:

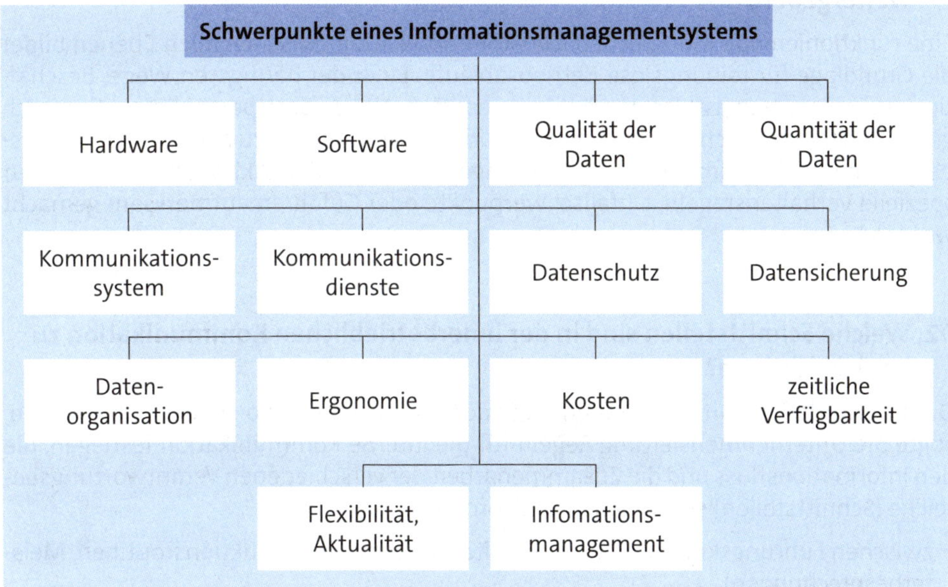

Das Informationsmanagement muss sich auf alle **Planungsebenen** beziehen:

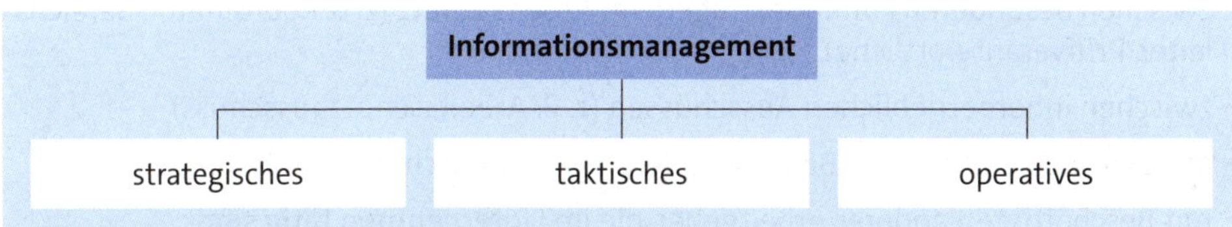

- **Strategisches Informationsmanagement:**
  Grundsätzliche, langfristige Planungen und Entscheidungen der Informationsbeschaffung, -verarbeitung und -weiterleitung (z. B. grundsätzliche Entscheidungen zur EDV-Technologie und -struktur).
- **Taktisches Informationsmanagement:**
  Mittelfristige Planungen und Entscheidungen, die aus dem strategischen Informationsmanagement abgeleitet werden (z. B. Wahl einer bestimmten Rechnertechnologie und Entscheidungen zur innerbetrieblichen Vernetzung).
- **Operatives Informationsmanagement:**
  Kurzfristige Planungsarbeiten und Entscheidungen unter Nutzung der vorliegenden Informationsstrukturen (z. B. IT-gestützte Generierung der Auftragsdaten, Erzeugen von Reports zur Kostenkontrolle).

6.5.3 Informationsweitergabe

01. Wie kann der Industriemeister Informationen an seine Mitarbeiter weitergeben?

Eine funktionierende innerbetriebliche Kommunikation zwischen allen Ebenen bildet die Grundlage für reibungslose Betriebsabläufe. Einer der häufigsten Wege, Beschäftigte zu informieren, ist das persönliche Gespräch. Neben dem persönlichen Gespräch gibt es weitere Möglichkeiten der Informationsvermittlung. Dazu gehören z. B. Arbeitsbesprechungen, regelmäßige Unterweisungen und besondere Aktionen, mit denen auf spezielle Verhaltensregeln, Unfallschwerpunkte oder Gefahren aufmerksam gemacht werden kann.

02. Welche Schnittstellen sind in der innerbetrieblichen Kommunikation zu berücksichtigen?

Damit erforderliche Informationen stets dorthin gelangen, wo sie benötigt werden, sollte die Unternehmensleitung Regeln für die interne Kommunikation festlegen, die den Informationsfluss und die Zusammenarbeit der verschiedenen Verantwortungsbereiche (Schnittstellen) sicherstellen und fördern:

- zwischen Führungskräften und deren Mitarbeitern (z. B. Produktionsroutinen, Meisterbesprechungen),
- bei Produktionsbesprechungen aus besonderem Anlass (z. B. Reparaturen, Instandsetzung, Havarien, Unfälle, Einsatz von Fremdfirmen, neue Arbeitnehmer)
- zwischen besonderen Funktionsträgern im Arbeitsschutz (z. B. Koordinator, Bereichsleiter, Prüfverantwortliche)
- zwischen innerbetrieblichen Ausschüssen (z. B. Arbeitsschutzausschuss)
- mit externen Stellen (z. B. Behörden, Berufsgenossenschaften, Prüfstellen)
- mit Beschäftigten anderer Arbeitgeber, die im Unternehmen tätig sind.

03. Was versteht man unter einem Informationssystem?

Informationssysteme wie z. B. das Internet, das Intranet oder innerbetriebliche Datenbanksysteme sind Systeme, die der Bereitstellung von Informationen und der Kommunikation dienen. Sie können zur Erfassung, Speicherung, Verarbeitung, Pflege, Analyse, Benutzung, Verbreitung, Disposition, Übertragung und Anzeige von Information in Papierform oder elektronischer Form genutzt werden.

Die notwendige Kommunikation beim Einsatz von Informationssystemen beschränkt sich meist auf technische Vorgänge, ohne auf die daran beteiligten Personen stärker einzugehen. Dies kann Probleme in der zwischenmenschlichen Kommunikation vermeiden, aber solche auch verursachen.

04. Weshalb ist die Dokumentation ein so wichtiger Schritt bei sicherheits- und umweltrelevanten Vorgängen?

Unter Dokumentation versteht man grundsätzlich die Nutzbarmachung von Informationen zur weiteren Verwendung. Ziel der Dokumentation ist es, dokumentierte Objekte (z. B. Fachbücher, Druckschriften, Arbeitsanweisungen, Betriebsanweisungen, Begehungsprotokolle, aber auch Bilder, Filme u. ä.) gezielt auffindbar zu machen. Informationen stehen durch systematische Dokumentation unabhängig vom Wissen einzelner Personen zur Verfügung und sind schneller greifbar, wenn sie benötigt werden.

Das Erfordernis der betrieblichen Dokumentation vor allem bei sicherheits- und umweltrelevanten Vorgängen basiert teilweise auf gesetzlichen Bestimmungen und soll damit auch für Außenstehende (z. B. Berufsgenossenschaft, Gewerbeaufsichtsamt, externe Auditoren) nachvollziehbar werden.

Im Falle von Unfällen oder Störfällen ist somit ein Nachweis von bestimmungsgemäßen Zuständen oder durchgeführten Wartungen, Überprüfungen usw. belegbar und für die Ermittlungsbehörden nachvollziehbar. Einige Betrieb schrecken immer noch vor solchen Dokumentationspflichten zurück, da er ihnen als bürokratische Hürde erscheint. Die Erfahrung zeigt jedoch, dass gut sortierte Unterlagen die Arbeit insgesamt erleichtern – auch wenn das Erstellen der Unterlagen zuerst zusätzliche Arbeit bedeutet.

7. Qualitätsmanagement

INFO

Prüfungsanforderungen

Im Qualifikationsschwerpunkt Qualitätsmanagement soll die Fähigkeit nachgewiesen werden, Methoden und Techniken anwenden zu können, um qualitätsbewusst handeln und das Qualitätsmanagement weiterentwickeln zu können.

Qualifikationsschwerpunkt Qualitätsmanagement (Überblick)

7.1 Umsetzen von Kundenanforderungen in Qualitätsziele und Qualitätsvorgaben

7.2 Berücksichtigen rechtlicher und betrieblicher Vorgaben und Qualitätsnormen sowie deren Einhaltung im eigenen Verantwortungsbereich sicherstellen

7.3 Beschreiben betrieblicher Prozesse und Vorbereiten von Audits und Zertifizierungen

7.4 Nutzen von Instrumenten des Qualitätsmanagements zur kontinuierlichen Qualitätsverbesserung und Prozessoptimierung

7.1 Umsetzen von Kundenanforderungen in Qualitätsziele und Qualitätsvorgaben

7.1.1 Bedeutung und Einflussgrößen der Qualität

01. Was ist Qualität?

Die DIN EN ISO 8402 definiert die Qualität als *„realisierte Beschaffenheit einer Einheit bezüglich der Einzelanforderungen an diese"*.

Der Qualitätsbegriff vereint also die Begriffe **Beschaffenheit, Einheit** und **Qualitätsanforderung**.

Qualität ist demnach **nicht** das Maximum an Realisierbarkeit, sondern **die korrekte Realisierung der für eine Einheit definierten Qualitätsforderungen**.

$$\text{Qualität}_{\text{Einheit}} = \frac{\text{Realisierte Beschaffenheit}}{\text{Qualitätsforderung}} \cdot 100$$

→ Hierbei beträgt der Wert für die Qualitätsforderung **immer** 100.
→ Ist $\text{Qualität}_{\text{Einheit}} < 100$ %, ist die Qualitätsforderung **nicht** erfüllt.

02. Was ist eine Einheit?

Eine **Einheit** ist der **Gegenstand** und die **Basis aller Qualitätsbetrachtungen**.

Einheit	**Beispiel**
Materielles Produkt	▸ Einzelteil (Zahnrad) ▸ Baugruppe (Getriebe) ▸ Angebotsprodukt (Auto)
Immaterielles Produkt	Dienstleistung (Raumreinigung, Beratung, Software)
Prozess	Fertigungsprozess (Montage einer Kamera)
Verfahren	Arbeitsverfahren (Blechumformung)
Organisation	Servicebereich (Informationsfluss)
Person	Monteur, Dreher, Abteilungsleiter

03. Was ist ein Qualitätsmerkmal?

Ein Qualitätsmerkmal ist die Eigenschaft einer Einheit, auf deren Grundlage die Qualität dieser Einheit beurteilt werden kann.

Eine Einheit kann mehrere Qualitätsmerkmale beinhalten.

Beispiel

Eine gedrehte Welle besitzt die Qualitätsmerkmale Längenmaß, Durchmesser und Oberflächenrauheit.

04. Wodurch sind die Anforderungsmerkmale gekennzeichnet?

Anforderungsmerkmal = Beschaffenheitsmerkmal

Merkmalsklassen (in Anlehnung an DIN EN ISO 9000:2015)	
Funktionale Merkmale	Geschwindigkeit, erreichbare Temperatur
Ergonomische Merkmale	Anwendungsfreundlichkeit, Handhabungssicherheit
Physische Merkmale	stoffliche Beschaffenheit, Eigenschaften
Sensorische Merkmale	audio und visuell, Geruch, Berührung, Geschmack
Verhaltensbezogene Merkmale	Personenbezogen: Offenheit, Ehrlichkeit Objektbezogen: Veränderungsverhalten bei geänderten Bedingungen
Ökonomische Merkmale	Beschaffungs-, Betriebs-, Entsorgungskosten
Umweltbezogene Merkmale	Gefahrstoff, Schadstoffemission, Umweltverträglichkeit
Statusbezogene Merkmale	Markenbewusstsein, Image
Zeitraumbezogene Merkmale	Zuverlässigkeit, Lebensdauer, Wartungsfreundlichkeit
Zeitpunktbezogene Merkmale	Verfügbarkeit, Pünktlichkeit

05. Welche Faktoren beeinflussen den Prozess im Arbeitssystem?

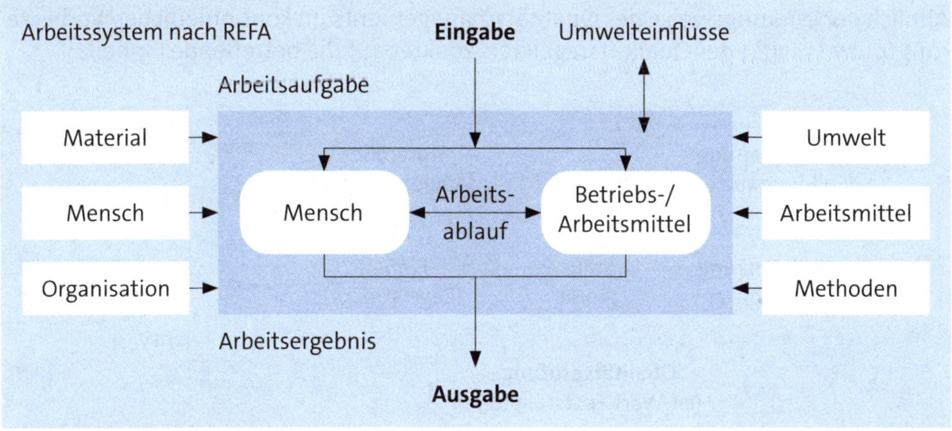

06. Wer definiert die Qualitätsforderungen an eine Einheit?

Forderer	Ursachen
Kunde (z. B. Handel, Endkunde, Verbraucher)	► Entwicklungs- und Modetrends ► Geändertes Anspruchsdenken ► Preisbewusstsein ► Zeitgeist ► Mangelhafter Service
Markt	► Moralischer Verschleiß des Produktes ► Konkurrenzvergleich ► Anpassung an Regionalmärkte ► Neue Technologien und Materialien
Produktlebenszyklus	► Erforderliche Produktverbesserung ► Materialsubstitution ► Rationalisierung der Prozesse
Gesetzliche Regelungen	► Umweltgesetze ► Zulassungs- und Betriebsbestimmungen ► Arbeitsschutzvorschriften

07. Was ist ein Qualitätsregelkreis?

Der **Qualitätsregelkreis** ist ein Prozessablauf zur Feststellung von Anforderungsabweichungen und Einleitung von Regulierungsmaßnahmen für eine Einheit.

08. Wie ist die Wirkungsweise eines Qualitätsregelkreises?

Ähnlich der Wirkungsweise des Qualitätsmanagements im kontinuierlichen Verbesserungsprozess wirkt der Qualitätsregelkreis konkret auf die betreffende Einheit:

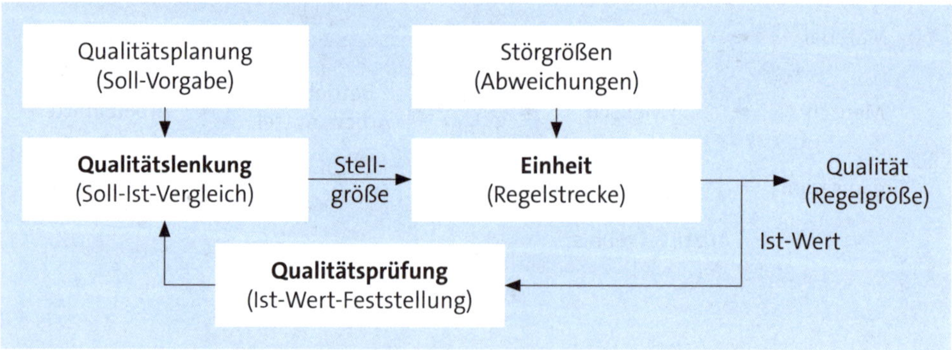

09. Welcher Zusammenhang besteht zwischen Wirtschaftlichkeit und Qualitätsmanagement?

Alle Prozesse eines Unternehmens unterliegen den Anforderungen des Prinzips „Wirtschaftlichkeit".

Diese Anforderungen kennzeichnen die Qualität der Prozesse.

Die durch Störungen entstehenden Abweichungen und deren Beseitigung führen zu (ungeplanten) Mehrkosten und beeinträchtigen damit die Wirtschaftlichkeit der Prozesse.

Abweichungen von den Anforderungen

- ↓ **Kosten für die Beseitigung der Abweichungen**
- ↓ **Kosten für die Beseitigung der Abweichungsursachen**

↓ **Unwirtschaftlichkeit durch Kostenerhöhungen**

Die Wirtschaftlichkeit eines Unternehmens wird durch die konsequente Anwendung des Qualitätsmanagements nachhaltig verbessert.

10. Wann beginnt die Beeinflussung des Unternehmens durch das Qualitätsmanagement?

Durch seine umfassende, auf die gesamte Organisation bezogene Wirkungsweise nimmt das Qualitätsmanagement bereits auf die Zielsetzungen eines Unternehmens direkten Einfluss:

Qualitätsmanagement – Zielsetzungen

Kunde	**Innovation**	**Finanzen**	**Prozess**	**Mitarbeiter**
► günstiger Preis ► Termintreue ► geringe Fehlerquote ► Kundenzufriedenheit	► Produktinnovation ► Prozessinnovation	► niedrige Kosten ► hoher Umsatz ► hoher Gewinn	► Kapazitätsauslastung ► hohe Produktivität ► geringe Fehlerquote ► Vorgabeerfüllung	► Qualifizierung

11. Was sind Qualitätskosten?

Qualitätskosten sind – in Anlehnung an DGQ (Deutsche Gesellschaft für Qualität) und DIN ISO 11843 – die **Summe aller Kosten zur Fehlerverhütung, Kosten der planmäßigen Qualitätsprüfungen, Fehlerkosten, Fehlerfolgekosten** und **Darlegungskosten.**

- **Fehlerverhütungskosten** sind Kosten für die vorbeugende Qualitätssicherung, z. B.:
  - Qualitätsmanagement
  - Fähigkeitsuntersuchungen
  - Durchführbarkeitsuntersuchungen
  - Lieferantenbeurteilungen
  - Qualitätsförderungsmaßnahmen
  - Prüfplanung.
- **Prüfkosten** sind Kosten für alle planmäßigen Qualitätsprüfungen in den laufenden Prozessen, z. B.:
  - Wareneingangsprüfung
  - Fertigungsbegleitende Prüfung
  - Endprüfung
  - Abnahmeprüfung
  - Prüfdokumentationen
  - Prüfmittel
  - Instandhaltung und Überprüfung von Prüfmitteln
  - Qualitätsuntersuchungen und -gutachten.
- **Fehlerkosten** sind Kosten, die durch Abweichungen von den Qualitätsanforderungen an eine Einheit entstehen, z. B.:
  - fehlerbedingte Ausfallzeiten
  - Ausschuss
  - Wertminderung.

- **Fehlerfolgekosten** sind Kosten, die aus der Fehlerbehebung und Fehlerauswertung entstehen, z. B.:
  - Nacharbeit, innerhalb und außerhalb des Unternehmens
  - Aussortieren
  - Garantieleistungen
  - Rückrufaktionen
  - Fehlerursachenanalyse.
- **Darlegungskosten** sind Kosten für externe Qualitätsaudits und Zertifizierungen.

12. Wie lassen sich Qualitätskosten durch das Qualitätsmanagement reduzieren?

Die **Erfassung und Auswertung der Qualitäts(kosten)kennzahlen** gibt Auskunft über die Wirksamkeit des Qualitätsmanagements. Aus den Ergebnissen werden Trends und Ansatzpunkte erkennbar, die auf technische, organisatorische oder personelle Schwachstellen hinweisen. Durch **Kostenanalysen** werden diese Schwachstellen identifiziert und durch Maßnahmen der Qualitätslenkung bereinigt.

13. Wie lassen sich Qualitätskosten strukturiert darstellen?

- **Zeitliche Zusammenfassung:**
  Darstellung der Qualitätskosten eines definierten Zeitraumes (Woche, Monat, Jahr)
- **Zeitliche Entwicklung:**
  Darstellung der Zusammenfassungen über eine Zeitschiene (Monatsvergleich, Quartalsvergleich)
- **Zusammenfassung nach Struktureinheiten:**
  Darstellung der Qualitätskosten von Struktureinheiten (Geschäftsbereiche, Abteilungen, Kostenstellen)
- **Schwerpunkt-Betrachtung:**
  Darstellung der Qualitätskosten bestimmter Schwerpunkte (Anlieferqualität, Nacharbeit, Ausschuss)

Für den Vergleich von Qualitätskosten, z. B. von Kostenstellen, ist es unbedingt erforderlich, eine einheitliche Bezugsbasis zu verwenden, z. B. gleicher Erfassungszeitraum.

14. Was ist ein Fehler?

Nach DIN EN ISO 9000:2015 ist ein Fehler die **„Nichterfüllung einer Anforderung"**.

Dabei kann der Begriff „Nichterfüllung" eine oder auch mehrere Qualitätsmerkmale umfassen, einschließlich Zuverlässigkeitsmerkmale sowie auch deren Nichtvorhandensein.

15. Welche Fehlerarten gibt es?

Die DIN 40 080 definiert folgende Fehlerarten:

- **Kritischer Fehler:**
  Ist – **personenbezogen** – ein Fehler, von dem anzunehmen oder bekannt ist, dass er für Personen, die mit der fehlerhaften Einheit umgehen (z. B. Benutzung oder Instandhaltung), **gefährliche oder unsichere Situationen** schafft.

  Ist – **sachbezogen** – ein Fehler, von dem anzunehmen oder bekannt ist, dass er die **Erfüllung der Funktion** einer größeren Einheit (z. B. Lokomotive oder Schiff) **verhindert**.
- **Hauptfehler:**
  Ist ein **nicht kritischer** Fehler, der voraussichtlich die **Brauchbarkeit** der betreffenden Einheit für den eigentlichen Verwendungszweck **wesentlich herabsetzt** oder zu einem **Ausfall** der Einheit führt.
- **Nebenfehler:**
  Ist ein Fehler, der voraussichtlich den **Gebrauch** oder den **Betrieb** der Einheit nur **geringfügig beeinflusst** oder den Verwendungszweck nur **unwesentlich herabsetzt**.

16. Was sind mögliche Fehlerursachen?

Ursachen-Beispiele, die zu einem Fehler führen können:
Bedienungsfehler, Beschädigung, Einstellfehler, Korrosion, falsche Arbeitsunterlagen, falscher Arbeitsablauf, fehlende Schmierung, Materialermüdung, Unachtsamkeit, Verschleiß.

17. Was sind mögliche Fehlerfolgen?

Beispiele von Fehlerauswirkungen:
Ausschuss, Brandgefahr, erhöhter Verbrauch, Funktionsaussetzer, Kurzschluss, Leistungsabfall, Maßabweichung, Nacharbeit, Risse, Stillstand, Undichtheit, Verunreinigung.

18. Was bezeichnet man als „Null-Fehler-Strategie"?

Es ist praktisch unmöglich, dauerhaft eine 100%ige Fehlerfreiheit zu erreichen. Dazu sind viele der Einflussfaktoren wenig oder gar nicht kalkulierbar.

Die Null-Fehler-Strategie versucht, im Rahmen des Qualitätsmanagementsystems, alle Maßnahmen zu ergreifen, um sich in einem permanenten Prozess diesem Ziel (100 % Fehlerfreiheit) **weitestgehend zu nähern**.

19. Was bedeutet 99,9 % Fehlerfreiheit?

99,9 % Qualität bedeutet,[1]

- eine Stunde je Monat unsauberes Wasser trinken müssen
- 500 falsch vorgenommene chirurgische Eingriffe pro Woche
- 16.000 verlorene Postsendungen pro Tag
- 19.000 bei ihrer Geburt vom Arzt fallen gelassene Neugeborene pro Jahr
- 20.000 falsche Medikamentenverordnungen pro Jahr
- 22.000 von falschen Konten gebuchte Überweisungen pro Stunde

oder, ganz allgemein gültig, dass der Herzschlag eines Menschen 32.000 Mal im Jahr aussetzen würde.

20. Wodurch unterscheiden sich Fehlerverhütung und Fehlerentdeckung?

- Die **Fehlerverhütung** beinhaltet alle Maßnahmen, die Fehlerursachen von vorn herein ausschließen und eine Fehlerentstehung verhindern. Sie wird vorrangig bei der Produktplanung und Entwicklung sowie im Rahmen der Vorbereitung und Umsetzung des Produkt-Realisierungsprozesses betrieben.
- Die **Fehlerentdeckung** ist das Erkennen oder Bemerken eines bereits vorhandenen Fehlers. Damit ist die Fehlerentdeckung die letzte Möglichkeit, die sich für eine Fehlerbeseitigung bietet. Der schlimmste Fall ist hierbei die Fehlerentdeckung durch den Kunden.

21. Wie stellen sich die Fehlerkosten im Produktentstehungs- und Realisierungsprozess dar?

Je früher in einem Produktentwicklungsprozess die Fehlermöglichkeiten beeinflusst und reduziert oder vermieden werden, desto geringer werden die Fehlerkosten sein. Die „teuersten" Fehler sind die, die durch den Kunden entdeckt werden.

[1] Die Beispiele nach *J. Dewar, QCI International* basieren auf Erhebungsdaten der USA.

Hier gilt beispielhaft die **Zehnerregel** der Fehlerkosten (nach *Pfeifer*):

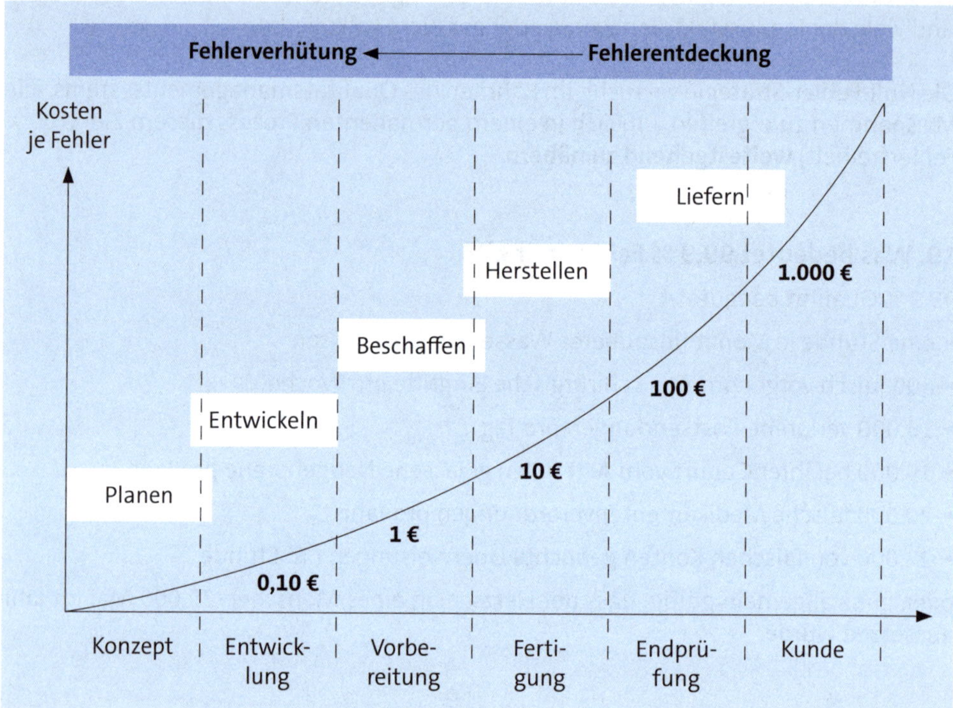

22. Worauf basieren Qualitätsmanagementsysteme (QM-Systeme)?

Qualitätsmanagementsysteme basieren auf nationalen oder internationalen Normen und Standards. Diese sind branchenbezogen oder allgemein anwendbar. Eine Verknüpfung unterschiedlicher Normen zu einer gemeinsamen Basis für ein Qualitätsmanagementsystem eines definierten Unternehmens ist möglich und in bestimmten Branchen, z. B. der Fahrzeugindustrie, gefordert. Daraus wird erkennbar, dass die angestrebte **Qualitätsphilosophie** in der Regel das **Totale Qualitätsmanagement (TQM)** ist.

Nach der Definition der Deutschen Gesellschaft für Qualität (DGQ) ist das TQM eine *„... auf der Mitwirkung aller Mitglieder beruhende Führungsmethode einer Organisation, die Qualität in den Mittelpunkt stellt ...“.*

23. Welchen Inhalt haben die Normen der ISO 9000:2015 bis 9004:2008?

- **DIN EN ISO 9000:2015**
  beschreibt die Grundlagen für QM-Systeme und legt die Terminologie fest.
- **DIN EN ISO 9001:2015**
  legt Anforderungen an QM-Systeme fest, die für interne Anwendungen oder für Zertifizierungs- bzw. Vertragszwecke verwendet werden können.

- **DIN EN ISO 9004:2009**
  ist der „Leitfaden zur Leistungsverbesserung von QM-Systemen“ (Erläuterungen und Ergänzungen zur ISO 9001:2015).
- **DIN EN ISO 19011:2011**
  stellt eine Anleitung für das Auditieren von Qualitäts- und Umweltmanagementsystemen bereit.

24. Welche allgemein gültigen Normen sind für ein QM-System maßgebend?

Norm	Erläuterung
DIN EN ISO 9000:2015 bis 9004:2009; umgangssprachlich wird nur der Begriff „ISO 9000“ verwendet.	Abgestuftes, universelles internationales Normenwerk als Grundlage und Leitfaden zur Realisierung eines wirksamen QM-Systems. Gilt als weltweite qualitätsbezogene Bewertungsbasis von Unternehmen.
DIN EN ISO 14001	International gültiger Forderungskatalog für ein systematisches Umweltmanagement (UM). Wird im Rahmen des TQM voll in das Qualitätsmanagement integriert.

25. Was sind Branchenstandards?

Branchenstandards sind Normen mit branchenbezogener Anwendung, die nationale oder internationale Gültigkeit besitzen können. Sie wirken häufig in Verbindung/auf der Grundlage der allgemeingültigen Qualitätsnormen.

Beispiel

Fahrzeugbranche (auch für Zulieferer relevant)

Norm	Erläuterung
QS 9000	Qualitätsstandard der amerikanischen und europäischen Automobilindustrie.
VDA 6.1	Deutsches Regelwerk der Automobilindustrie. Es basiert auf der Norm QS 9000 und bezieht sich auf die Zulieferer der Branche. Es beinhaltet u. a. umfassende Auditierungen (Überprüfungen) von Prozessen **und** Produkten.
IATF 16949:2016	Weltweit einheitlicher technischer Standard (TS) zur Realisierung einheitlicher QM-Systeme in der Automobilindustrie. Er basiert auf der DIN EN ISO 9001:2015.

26. Warum ist die ISO 9001:2015 von zentraler Bedeutung für QM-Systeme?

Die ISO 9001:2015 stellt mit ihren Anforderungen den direkten Bezug zur Umsetzung eines QM-Systems im Unternehmen dar.

In dieser Norm werden definiert:

- das **Qualitätsmanagementsystem** als solches,
- dessen grundlegende Dokumentation, das **„Qualitätsmanagementhandbuch“**,
- die **Verantwortung der Leitung**,
- das **Management von Ressourcen**,
- die **Produktrealisierung** und
- die **Messung, Analyse und Verbesserung**.

27. Wie werden die unterschiedlichen Qualitätsmanagement-Anforderungen der Unternehmen in der ISO 9001:2015 berücksichtigt?

Die Unternehmen haben unterschiedliche Voraussetzungen, die eine vergleichbare Anwendung eines QM-Systems mit einheitlichen Anforderungen erschweren. Diese Voraussetzungen können z. B. bedingt sein durch die Betriebsstruktur, die Produktpalette oder die Einbindung des Unternehmens in übergeordnete Organisationsstrukturen.

In der ISO 9001:2015 werden diese unterschiedlichen Voraussetzungen durch drei entsprechende Anwendungsmodule berücksichtigt. Unternehmen, die ein QM-System anwenden wollen, müssen sich gemäß der Definition dieser Module einordnen.

28. Wodurch sind die drei Module der ISO 9001:2015 gekennzeichnet?

Die ISO 9001:2015 unterscheidet die Module **E, D** und **H** mit folgenden Anwendungsbereichen eines Unternehmens oder einer Organisation:

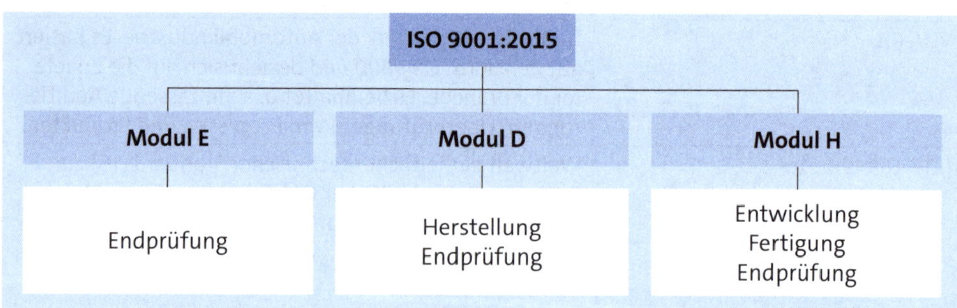

Beispiele

1. Ein Unternehmen, dessen Organisationsstruktur alle Bereiche (Entwicklung, Fertigung, Endprüfung) umfasst, hat das **QM-System entsprechend Modul H** anzuwenden und die betreffenden Anforderungen zu erfüllen.
2. Ein Unternehmen, das z. B. ein reiner Montagebetrieb ist und keinen eigenen Entwicklungsbereich hat, kann sein **QM-System** „nur" **entsprechend Modul D** anwenden.
3. Bietet ein Unternehmen Dienstleistungen an, bei denen nur die Endergebnisse kontrolliert werden, so ist das **QM-System nach Modul E** anzuwenden.

29. Wie ist die Prozessvalidierung nach ISO 9001:2015 definiert?

Die Prozessvalidierung ist die **Feststellung der Zuverlässigkeit** eines Prozesses. Sie ist also ein **Fähigkeitsnachweis** darüber, dass der Prozess in der Lage ist, die geplanten Ergebnisse dauerhaft und reproduzierbar zu erreichen.

30. Was ist das EFQM-Modell und wodurch ist es gekennzeichnet?

Das EFQM-Modell ist das TQM-Modell der **E**uropean **F**oundation For **Q**uality **M**anagement (Europäische Gesellschaft für Qualitätsmanagement).

Das Modell definiert sich über die Unterscheidung zwischen „Befähiger" und „Ergebnisse". Es weist damit der Unternehmensführung die Schlüsselrolle als „Befähiger" zu. Weiterhin enthält es eine festgelegte prozentuale Bewertungsmatrix, deren maximale Erreichbarkeit 100 % beträgt. Dieses Ziel ist praktisch kaum erreichbar.

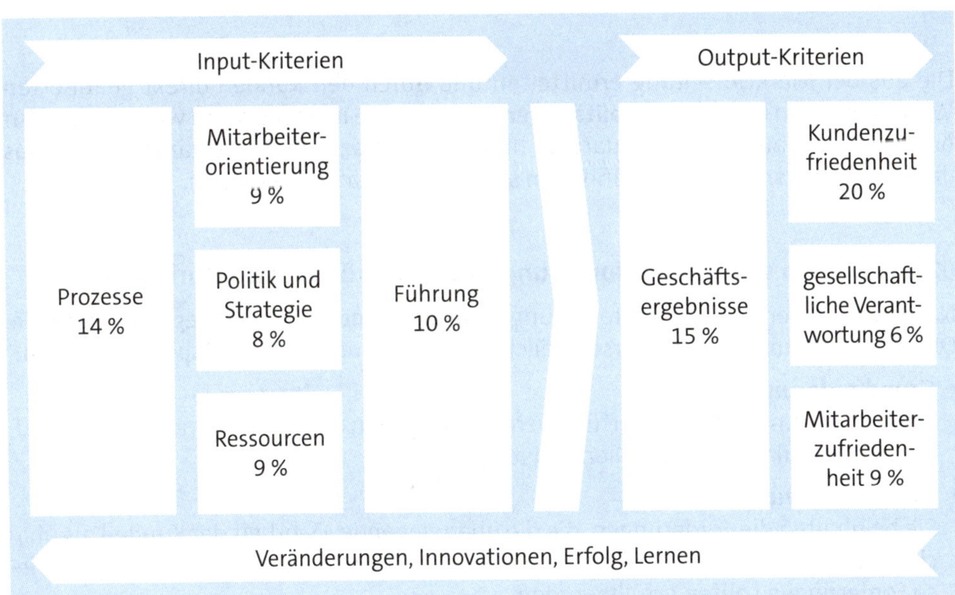

31. Worin unterscheiden sich die DIN EN ISO 9000:2015 ff. und das EFQM-Modell?

DIN EN ISO 9000:2015 ff.	EFQM-Modell
► Konkret formulierte, allgemein gültige Anforderungen ► Stellt festgeschriebene Mindestanforderungen dar ► Weltweite Verbreitung und Anwendung	► Weniger konkretisiert, aber umfassender im Ansatz ► Wirkt als dynamisches Bewertungssystem ► Geringere Verbreitung, vorwiegend im EU-Raum

Die Bewertungsergebnisse beider QM-Systeme sind **nicht vergleichbar**. Da das EFQM-Modell schon in der Systemstruktur von der ISO 9000:2015 ff. grundlegend abweicht, würde im direkten Vergleich der Erfüllungsgrad nach ISO 9000:2015 ff. dem Erfüllungsgrad des EFQM-Modells nur zu etwa 30 % entsprechen.

7.1.2 Anforderungen von Kunden bezüglich Qualitätszielen und -vorgaben

01. Wodurch werden die ersten Qualitätsmerkmale eines Produktes bestimmt?

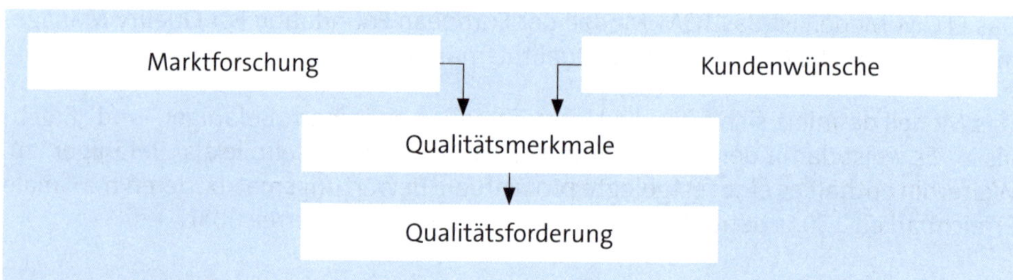

Die aus der Marktforschung ermittelten und durch den Kunden direkt geäußerten Wünsche stellen die **ersten Qualitätsmerkmale** dar, die in der Regel im weiteren Verlauf bis zur Auftragsauslösung und darüber hinaus noch präzisiert bzw. ergänzt werden. Aus diesen Qualitätsmerkmalen definieren sich die Qualitätsforderungen.

02. Wie lassen sich Kundenforderungen an ein Produkt strukturieren?

Nach **Kano** lassen sich Kundenforderungen **an ein Produkt** in drei Kategorien einteilen. Diese Kategorien können unterschiedliche Einflüsse auf die Qualitätsplanung haben:

- **Grundforderungen:**
  Diese Forderungen **müssen** erfüllt werden. Sie stellen die grundlegenden Eigenschaften des Produktes oder der Dienstleistung dar.
- **Normalforderungen:**
  Sie beinhalten die Forderungen, die die überwiegende Mehrheit der Kunden als üblichen Standard ansehen oder die dem allgemeinen Zeitgeschmack entsprechen. Diese Forderungen **sollten** erfüllt werden.

- **Begeisterungsforderungen:**
  Die Funktion dieser Forderungskategorie liegt darin, die Kaufentscheidung des Kunden zielführend zu beeinflussen. Häufig sind die Begeisterungsmerkmale die einzigen Unterschiede in einer gleichartigen Produktpalette mehrerer Wettbewerber. Die Begeisterungsforderungen **können** erfüllt werden.

Diese Anforderungen lassen sich im **Kano-Modell** im Verhältnis zu Zufriedenheit und Erfüllungsgrad abbilden.

Beispiel

Kaffeemaschine

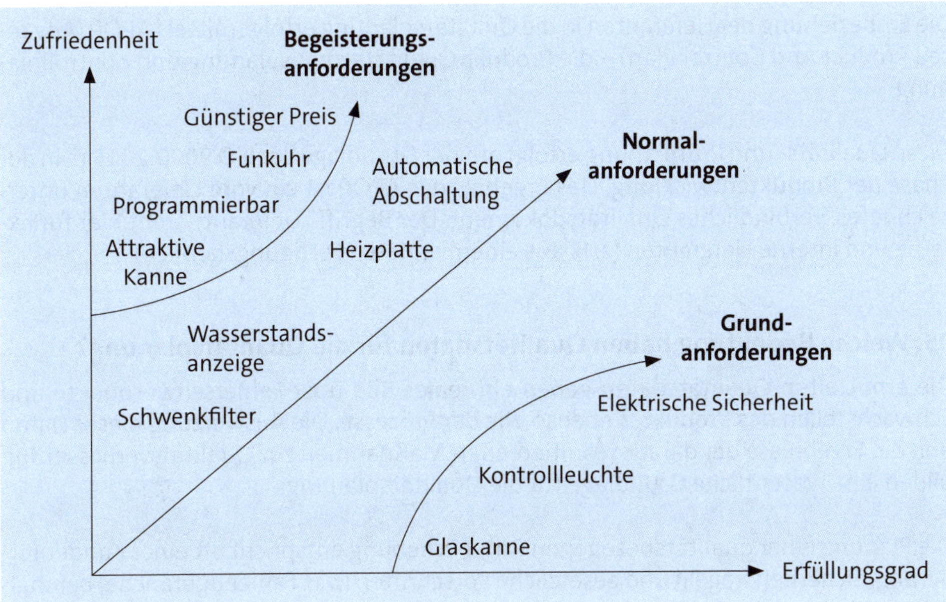

03. Worin ist die unterschiedliche Beeinflussung der Qualitätsplanung durch die Forderungskategorien begründet?

In der Praxis wird kaum zwischen Normal- und Grundforderungen unterschieden. Die Grundforderungen werden eher als fundamentaler Bestandteil der Normalforderungen betrachtet.

Die für die Realisierung der Normalforderungen (einschließlich Grundforderungen) notwendigen Prozesse orientieren sich am Auftrags- bzw. Marktvolumen und definieren sich über Planungseinheiten (z. B. Stückzahl, Hektoliter, Kubikmeter usw.) in einer bestimmten Planungsperiode. Dementsprechend variieren Umfang und Inhalt der Qualitätsplanung für das betreffende Produkt.

Das Auftrags- bzw. Marktvolumen der Begeisterungsforderungen liegt üblicherweise unter dem Volumen der Normalforderungen. Es werden z. B. mehr PKW eines Typs in Normalausstattung verkauft, als der gleiche Typ mit Sonderausstattung. Die Qualitätsforderungen der Begeisterungskategorie liegen aber meist höher, als die der Normalkategorie, bei niedrigerem Auftragsvolumen. Die Folge davon kann ein Einsatz anderer Materialien sein oder andere Realisierungsprozesse und Technologien. Damit ändert sich der Umfang und Inhalt des betreffenden Teils der Qualitätsplanung.

04. Wie werden Lieferanten in die Qualitätsplanung mit einbezogen?

Die Einbeziehung der Lieferanten in die Qualitätsplanung erfolgt mittels APQP (Advanced Product And Control Plan) – die Produkt-Qualitätsvorausplanung und Kontrollplanung.

Diese Qualitäts- und Prüfplanung erfolgt auf der Grundlage der ISO 9000:2015 ff. in der Phase der Produktentwicklung. Das Ergebnis des APQP ist ein vom Lieferanten unterzeichnetes, verbindliches Qualitätsdokument. Der Begriff „Lieferant" steht hier für externe und interne Lieferanten (z. B. aus einem anderen Fertigungsbereich).

05. Welche Bedeutung haben Qualitätsdaten für die Qualitätsplanung?

Die ermittelten Qualitätsdaten geben ein reales Bild über Fehlerschwerpunkte und Schwachstellen des Produktes ebenso wie der Prozesse. Die Auswertung dieser Daten und die Ergebnisse der daraus resultierenden Maßnahmen zur Qualitätsverbesserung bilden eine wesentliche Grundlage für die Qualitätsplanung.

Die Planung einer qualitätsbezogenen Datenerhebung entspricht oft einer Kundenforderung. Sicherheitsregeln und gesetzliche Vorschriften (z. B. Fahrzeugbranche) beinhalten ebenfalls solche Forderungen. Im Rahmen der Qualitätsplanung ist genau zu definieren und ggf. mit dem Kunden abzustimmen, welche Daten in welcher Form erfasst und abgelegt/archiviert werden sollen. Nicht selten ergeben sich daraus Auswirkungen auf die Investitionsplanung.

Beispiel

Ein Behälter ist nach einem Fügeprozess auf Dichtheit zu prüfen. Der Kunde fordert die dem konkreten Teil zugeordnete Erfassung der Istwerte des Prüfdruckes und das Prüfergebnis (i. O./n. i. O.) mit den Abweichungen vom Solldruck. Diese Qualitätsdaten sind in einem Prüfprotokoll dem Teil bei der Lieferung beizulegen.

Im Rahmen der Qualitätsplanung ist in diesem Beispiel nicht nur der Prüfplan zu erstellen, sondern auch die Art und Weise der Prüfdatenerfassung, -zuordnung und -verarbeitung zu planen.

06. Wie sollte das Unternehmen mit Kundenreklamationen umgehen?

Um den Anforderungen der ISO 19011 (Leitfaden zur Auditierung von Managementsystemen, z. B. von QM-Systemen nach ISO 9001) zu entsprechen, sollten Unternehmen den Prozess des Beschwerdemanagements nach den folgenden vier Phasen aufbauen:

1. Beschwerdeanregung
   Beschwerdemanagement beginnt mit einer Beschwerdeanregung. Die Beschwerdeanregung kann eine Kundenumfrage sein, in der die Kunden befragt werden, wie diese mit den Leistungen des Unternehmens zufrieden sind. Diese kann telefonisch oder schriftlich via Fragebogen, alternativ auch im persönlichen Gespräch erfolgen.

2. Beschwerdeannahme
   Die Beschwerdeannahme entscheidet bereits mit über den weiteren Verlauf der Kundenbeziehung. Deshalb erfolgt sie idealerweise über eine Person mit hoher fachlicher und sozialer Kompetenz.

3. Beschwerdebearbeitung
   Beschwerden seitens des Kunden dürfen keinesfalls ins Leere laufen. Die ISO 9001:2015 schreibt in Kapitel 10.2 bereits vor, dass Unternehmen auf Reklamationen unbedingt reagieren müssen.

   Für die Bearbeitung einer Beschwerde ist es wichtig, dass sie immer gleich abläuft, unabhängig von der Person, die sie bearbeitet. Dafür braucht es verbindlich vorgegebene Prozesse. Ziel jeder Beschwerdebearbeitung sollte es immer sein, dass der Kunde zufriedengestellt wird – die Kundenbeziehung also aufrechterhalten wird.

4. Beschwerdeauswertung
   Beschwerdemanagement hört nicht mit der erfolgreichen Bearbeitung der Kundenbeschwerde auf. Die durch die Beschwerde aufgedeckten Schwächen in den Produkten und Dienstleistungen sollten ausgewertet und für kommende Entscheidungen zur Verfügung stehen. Intern müssen also Maßnahmen ergriffen werden, um die Ursachen zu beseitigen und, falls erforderlich, Änderungen im QM-System veranlasst werden.

7.1.3 Planung und Umsetzung der Qualitätsziele

01. Durch welche Elemente ist das Qualitätsmanagement gekennzeichnet?

Die einzelnen **Elemente des Qualitätsmanagements** lassen sich im Wesentlichen **in drei Gruppen** einteilen. Hierbei gelten die Führungselemente nach DIN ISO 11843 als das Regelwerk für die Umsetzung der Qualitätspolitik in einem Unternehmen. Die prozessbezogenen Gruppen orientieren sich auf die Prozesse der Produktentstehung und des Produktlebenslaufes.

Qualitätsmanagement

Führungselemente	Prozessübergreifende Elemente	Prozessbegleitende Elemente
► Verantwortung der Leitung ► Schulung ► Produktsicherheit	► QM-System ► Lenkung von Dokumenten ► Kennzeichnung und Rückverfolgbarkeit der Einheiten ► Lenkung fehlerhafter Einheiten ► Korrektur- und Vorbeugungsmaßmahmen ► Qualitätsplanung ► Qualitätsprüfung ► Qualitätslenkung ► Prüfmittelüberwachung ► Lenkung von Qualitätsaufzeichnungen ► Interne Qualitätsaudits ► Statistische Methoden	► Vertragsprüfung ► Designlenkung ► Beschaffung ► Lenkung vom Kunden beigestellter Einheiten ► Prozesslenkung ► Qualitätsprüfung ► Wartung/Instandhaltung

02. Warum stellen die Führungselemente die bedeutsamste Gruppe dar?

Die Führungselemente kennzeichnen deutlich die **Verantwortung der obersten Leitung** für eine nachvollziehbare, reproduzierbare Qualitätspolitik.

Die **Verantwortlichkeit der Leitung** für das Personal hinsichtlich **Schulung** ist ebenfalls ein wesentliches Führungselement. Hierbei wird der Schulungsbedarf der Mitarbeiter **aller** Ebenen eines Unternehmens, von der Unternehmensleitung bis zum Produktionsbereich, ermittelt, dokumentiert und geplant.

03. Worin liegt die Bedeutung der Produktsicherheit?

Die **Produktsicherheit** als Führungselement erhält ihre Bedeutung durch die technische Dokumentation, in der der Bezug zu Sicherheitsbestimmungen, Gesetzen, Vorschriften und Normen herzustellen ist. Die Bedeutung wird erkennbar, wenn z. B. durch Unklarheiten in Bedienungs- oder Instandhaltungsanweisungen gefährliche Situationen für die betreffende Person entstehen können bzw. Fehlinterpretationen zum Funktionsausfall des Produktes führen.

04. Welche Dokumentationsebenen gibt es in einem QM-System?

Ebene	Art der Dokumentation
Oberste Leitungsebene	Qualitätsmanagementhandbuch
Führungsebene	Verfahrensanweisungen
Ausführungsebene	Arbeitsanweisungen
Alle Ebenen	Qualitätsaufzeichnungen

05. Durch welches Instrumentarium wird die Wirksamkeit des Qualitätsmanagements auf das gesamte Unternehmen erreicht?

Durch das **Qualitätsmanagementhandbuch**.

06. Wozu dient das Qualitätsmanagementhandbuch?

Das QM-Handbuch bildet als **Führungs- und Dokumentationsinstrument** die dokumentarische Grundlage des QM-Systems. In ihm sind enthalten:

- die **Qualitätspolitik** des Unternehmens
- die **Qualitätsziele**
- der **Anwendungsbereich** des QM-Systems (Einzelheiten und Begründung für Ausschlüsse einzelner Orga-Einheiten)
- die **Organisation** zur Sicherstellung einer wirkungsvollen Planung, Lenkung und Durchführung der Prozesse, sowie der erforderlichen **Dokumente**
- die für diese Prozesse definierten **Zuständigkeiten und Verantwortlichkeiten**
- **dokumentierte Verfahren** für das QM-System
- die **Beschreibung der Wechselwirkungen der Prozesse** des QM-Systems.

07. Was ist unter „dokumentierten Verfahren" zu verstehen und wozu dienen sie?

Dokumentierte Verfahren sind Verfahren des Qualitätsmanagements, die hinsichtlich der Erreichung der Qualitätsziele und der Bewertung der Ergebnisse in ihrer Gesamtheit zu dokumentieren sind.

Diese Verfahren dienen der Festlegung von Anforderungen, um

- potenzielle Fehler festzustellen
- Fehlerursachen zu ermitteln
- das Auftreten von Fehlern zu verhindern
- dazu geeignete Maßnahmen festzulegen
- die erzielten Ergebnisse aufzuzeigen
- die Maßnahmen auf ihre Wirksamkeit zu beurteilen.

08. Ist die Erstellung eines Qualitätsmanagementhandbuches erforderlich?

Ja! Jedes Unternehmen, das mit einem QM-System arbeitet, ist verpflichtet, ein Qualitätsmanagementhandbuch zu erstellen und es permanent, entsprechend den Verbesserungs- bzw. Veränderungsprozessen, zu aktualisieren.

09. In welcher Form ist das Qualitätsmanagementhandbuch aufgebaut?

Das Managementhandbuch für Qualität ist heute meist prozessorientiert aufgebaut. Der Umfang wird vom Unternehmen festgelegt. Der Detaillierungsgrad ist in der Regel kurz und prägnant. Das Handbuch muss in schriftlicher Form erstellt werden. Es ist dem Unternehmen freigestellt, es z. B. als Datei im Intranet zu veröffentlichen.

Beispiel

1. Inhalt, Inkraftsetzung, Ausschließung
2. Vorstellung Unternehmen
3. Begriffe Übersichten (Liste aller Dokumente)
4. Dokumente (Lenkung Dokumente und Aufzeichnungen)
5. Verantwortung der Leitung
   - Zielvorgaben
   - QM-Bewertung
   - QM-Review
6. Mittelplanung und Personal (Schulungen, Material, Arbeitsumgebung)

7. Produktion, Entwicklung
   - Produktfreigabe, Auftragsannahme
   - Arbeitsvorbereitung
   - Beschaffung, Lieferantenauswahl und -bewertung, MFU
   - Prüfmittelverwaltung, Planung
   - Fertigung, Montage, Maschinen und Instandhaltung/Wartung
   - Kennzeichnung der Produkte, Prozessüberwachung
   - Wareneingang
   - Verpackung, Lagerung, Versand
8. Analyse und Verbesserung
   - Prozessfähigkeit (PFU), Reklamationen, Korrekturmaßnahmen
   - Vorbeugemaßnahmen, Internes Audit, Lenkung fehlerhafter Produkte
   - Umgang mit Kundeneigentum.

10. Worin unterscheiden sich Verfahrensanweisungen von Arbeitsanweisungen?

Eine **Verfahrensanweisung** regelt die Anwendung eines definierten Verfahrens nach einer bestimmten Methodik und die Verantwortlichkeit.

Die **Arbeitsanweisung** ist eine Untersetzung der Verfahrensanweisung bezüglich der Anwendung der Methodik mit der dazu gehörigen Verantwortlichkeit.

11. Was sind Qualitätsaufzeichnungen?

Qualitätsaufzeichnungen sind ein wesentlicher Bestandteil der Qualitätsdokumentation. Sie bilden den Nachweis über die Erfüllung der Qualitätsanforderungen und die Effektivität des QM-Systems.

Beispiele

Fehlererfassungslisten, Prüfberichte, Auditberichte, Reviews, Qualitätsauswertungen, Gutachten, Datenbänke EDV-mäßig erfasster Qualitätsdaten.

12. Was ist unter Designlenkung zu verstehen?

Die **Lenkung des Produktentstehungsprozesses** ist ein komplexer Ablauf und beinhaltet in großem Umfang eine zum Teil sehr intensive Zusammenarbeit mit dem Kunden. Dieser Prozess kennzeichnet die Phase eines Produktes zur Erlangung der Serienreife. Hier wird der Lebenslauf des Produktes entscheidend beeinflusst.

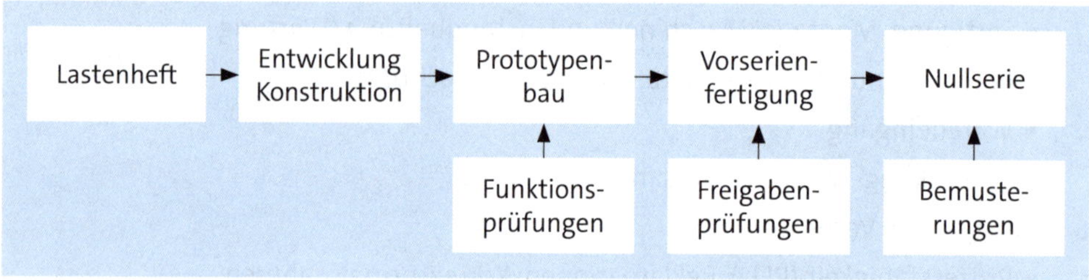

13. Wodurch beeinflusst die Designlenkung den Produktlebenslauf?

Die Beeinflussung ist durch die Qualität des Lenkungsprozesses gekennzeichnet. Wird z. B. der Produktentstehungsprozess so gelenkt, dass das Produkt die Kundenanforderungen nicht oder nur teilweise erfüllt, aber trotzdem zur Serienreife gelangt, kann das dazu führen, dass der Kunde das Produkt ablehnt.

Im schlechtesten Fall (**Worst Case**) muss das Produkt durch Rückrufaktionen nachgebessert oder ganz vom Markt genommen werden. Der geplante Produktlebenszyklus wird dadurch vorzeitig beendet; das Produkt erwirtschaftet Verluste.

14. Welcher Zusammenhang besteht zwischen der Ausfallrate eines Produkts und dem Produktlebenslauf?

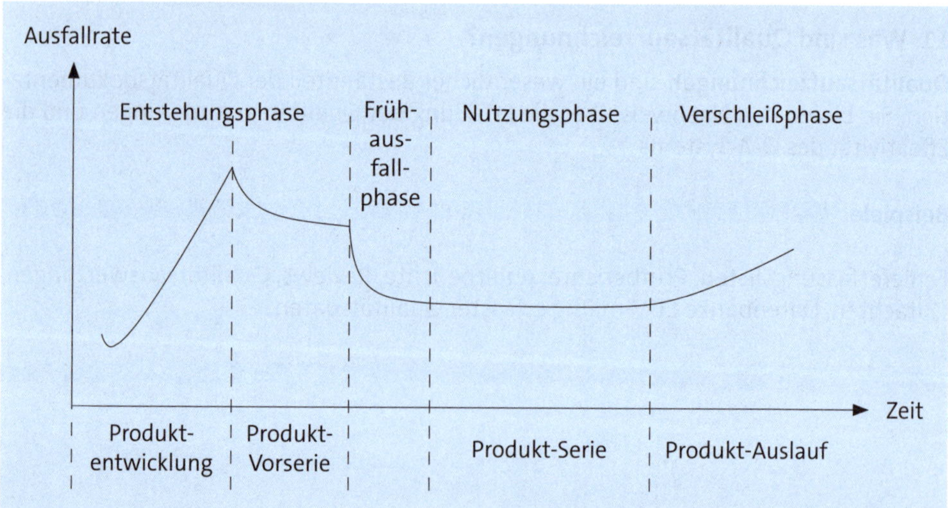

Die für den Kunden relevanten „Lebensabschnitte" eines Produktes sind die **Produkt-Serie** und der **Produkt-Auslauf**. Hier ist die Ausfallrate das Maß der Zuverlässigkeit des Produktes.

Unabhängig von der wieder ansteigenden Ausfallwahrscheinlichkeit in der Verschleißphase kann, bezogen auf die **Produktgruppe**, ein „moralischer Verschleiß" entstehen, bei dem das Anforderungsmerkmal „Attraktivität des Produktes" für den Kunden nicht mehr vorhanden ist.

15. Welche Elemente des Qualitätsmanagements sind für den Herstellungsprozess von vorrangiger Bedeutung?

- **Qualitätsplanung** ist die grundlegende Festlegung der qualitativen Produkteigenschaften durch Spezifizierung der Qualitätsmerkmale und deren Realisierungsprozesse.

  Sie bezieht sich auf drei Komplexe:

  1. das QM-System
  2. die Produkte
  3. die Abläufe und technischen Prozesse.
- **Qualitätsprüfung** ist die Feststellung der Übereinstimmung der Anforderungen mit dem realisierten Zustand einer Einheit.
- **Qualitätslenkung** wird nach DIN EN ISO 8402 realisiert durch *„die Arbeitstechniken und Tätigkeiten, die zur Erfüllung der Qualitätsforderungen angewendet werden".*
- **Qualitätssicherung** beinhaltet im umgangssprachlichen Sinne alle Maßnahmen, um eine dauerhafte Erfüllung der Qualitätsforderungen einer Einheit zu erzielen.

  Gemäß DIN EN ISO 8402 und DGQ ist unter Qualitätssicherung die **„Qualitätsmanagementdarlegung"** zu verstehen. Es sind *„alle geplanten und systematischen Tätigkeiten"* **darzulegen**, die ein *„angemessenes Vertrauen schaffen, dass eine Einheit die Qualitätsforderungen erfüllen wird".*

16. Was ist unter Qualitätsprüfung zu verstehen?

Nach DGQ ist die Qualitätsprüfung die Feststellung, *„inwieweit eine Einheit die Qualitätsforderung erfüllt"*. Durch den Prüfprozess erfolgt **keine Fehlervermeidung, sondern eine Fehlerfeststellung**. Dazu haben **Qualitätsaufzeichnungen** zu erfolgen. Diese dienen der Auswertung der Ergebnisse der Qualitätsprüfung und bilden u. a. die Grundlage für Maßnahmen zur Fehlervermeidung im Rahmen der Qualitätsplanung.

Ausgehend von den Qualitätsanforderungen ist zur Durchführung der Qualitätsprüfung gegebenenfalls die Anwendung entsprechender **Prüftechnik** erforderlich.

17. Wie lautet der oberste Grundsatz der Qualitätsprüfung?

Für die Qualitätsprüfung gilt der oberste Grundsatz:

Qualität wird nicht erprüft, sondern hergestellt.

18. Bezieht sich die Qualitätsprüfung nur auf materielle Produkte?

Nein! Entsprechend der Definition des Begriffes „Einheit" bezieht sich die Qualitätsprüfung auf **materielle und immaterielle Produkte, Verfahren und Prozesse, Organisation und Personen**.

19. Wo ist die klassische Form der Qualitätsprüfung am ausgeprägtesten?

Die klassische Form der Qualitätsprüfung findet man in ihrer ausgeprägtesten Form in der Fertigung. So erstreckt sich der Wirkungsbereich der produktbezogenen Qualitätsprüfung von der Wareneingangskontrolle über prozessorientierte oder prozessbegleitende Prüfungen bis zur Endkontrolle und Versandprüfung.

20. Welche Funktion hat die Qualitätsprüfung im QM-System?

Erst die Einführung eines QM-Systems erweitert die Qualitätsprüfung auf die Gesamtheit der vor- und nachgelagerten Bereiche.

21. Welche grundlegenden Arten der Qualitätsprüfung gibt es?

Qualitätsprüfung

Vergleichende Prüfung	Messende Prüfung
Prüfen von Anforderungen durch Beurteilung, Lehren, Vergleichen, teilweise unter Verwendung von Prüfmitteln (Grenzlehrdorn, Vergleichsnormale, Checklisten), nach dem **Gut-Schlecht-Prinzip**	Prüfen von numerisch definierten Anforderungen (Durchmesser, Gewicht, Druck), mittels Messmittel (Messschieber, Feinwaage, Kraftmessdose) auf ihre Einhaltung innerhalb vorgegebener Toleranzen

22. Welche Ausrüstung rechnet man zur Prüftechnik?

Unter Prüftechnik versteht man die Gesamtheit der zur Qualitätsprüfung erforderlichen technischen Ausrüstung, einschließlich zugehöriger Software.

Die ISO 9001:2015 definiert diese Ausrüstung als „Überwachungs- und Messmittel" zur „Verwirklichung von Überwachungen und Messungen".

Ausgehend von den grundlegenden Arten der Qualitätsprüfung lässt sich die Prüftechnik folgendermaßen unterteilen:

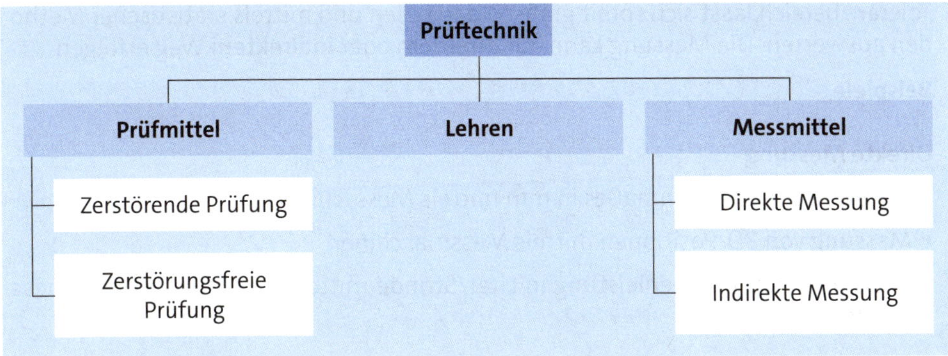

23. Worin besteht der Unterschied zwischen Prüf- und Messmitteln?

- **Prüfmittel** dienen zur Beurteilung oder zum Vergleich von Qualitätsergebnissen innerhalb vorgegebener Toleranzbereiche, ohne deren genauen Wert zu ermitteln. Je nach Art der Qualitätsanforderungen kann das erreichte Ergebnis **zerstörungsfrei** oder nur durch **Zerstörung der Einheit** festgestellt werden.

  Beispiele

  Zerstörungsfreie Prüfung

  - Ultraschallprüfung von Schweißnähten
  - Digitale Bildverarbeitung zur Prüfung auf Vorhandensein von Merkmalen
  - Sensorabfrage zur Unterscheidung von falschen und richtigen Teilen.

  Zerstörende Prüfung

  - Ausknöpfprobe von Punktschweißungen durch Auseinanderreißen der geschweißten Teile
  - Schleifprobe zur Materialanalyse
  - Auflösen von Materialien bei chemischen Analysen.

- **Lehren** werden zur Abweichungsfeststellung nach dem Gut-Schlecht-Prinzip verwendet. Es wird geprüft, ob sich ein Prüfmerkmal Einheit innerhalb vorgegebener Grenzen (Toleranzen) befindet, ohne dessen genauen Wert zu ermitteln. Die Einhaltung der Qualitätsforderung wird nur in „Gut“ oder „Schlecht“ unterschieden. Dies ist eine vereinfachte Form der Prüfung, die weniger Kosten verursacht. Eine differenzierte Beurteilung der Prozessqualität ist nicht mehr möglich.

- **Messmittel** werden zur Feststellung des genauen Ist-Ergebnisses eingesetzt. Durch Messung kann der Ist-Wert und dessen Abweichung vom Soll-Wert exakt festgestellt werden. Die Lage des Ist-Wertes im Bezug zum Soll-Wert und seinem vorgegebenen Toleranzbereich lässt sich somit grafisch darstellen und mittels statistischer Methoden auswerten. Die Messung kann auf **direktem** oder **indirektem** Weg erfolgen.

Beispiele

Direkte Messung

- Messung eines Längenmaßes in mm mittels Messschieber
- Messung von 3D-Positionen mittels Messmaschine
- Messung einer Pumpenleistung in Liter/Stunde mittels Durchflussmengenmessgerätes.

Indirekte Messung

- Digitale Bildverarbeitung zur Messung von Abständen
- Dickenmessung der Bodendicke von Clinchpunkten mittels Ultraschallsensoren
- Geschwindigkeitsmessung mittels Lasertechnik.

24. Wodurch wird die Auswahl der Prüftechnik bestimmt?

Die Auswahl und Anwendung der Prüftechnik ergibt sich aus der Art der erforderlichen Prüfung und aus der konkreten Prüfungsaufgabe.

Bei der Prüfung mit Messmitteln ist weiterhin die Größenordnung des Soll-Wertes und die geforderte Genauigkeit (Toleranz) für die Auswahl bestimmend.

Beispiele

Soll-Wert	Messmittel
Durchmesser 12,3 ± 0,007 mm	Bügelmessschraube
Länge 65 ± 2 mm	Stahllineal
Gewicht 98,5 ± 0,3 g	Feinwaage

25. Wer prüft die Prüftechnik?

Die Prüftechnik unterliegt ebenfalls einem Verschleiß und ist in festgelegten Abständen auf ihre Genauigkeit und Funktionsfähigkeit zu überprüfen (z. B. nachkalibrieren, neu eichen). Dies erfolgt ggf. durch den Hersteller der Prüftechnik, durch zertifizierte

Prüflabore oder den TÜV; der Vorgang wird dokumentiert. Es wird dabei die Messunsicherheit bestimmt und die Rückführbarkeit auf nationale Normen sichergestellt.

26. Welche Maßnahmen müssen weiterhin getroffen werden, um die Funktionsfähigkeit der Prüftechnik zu gewährleisten?

Zum Beispiel:

- die Prüftechnik wird an zentraler Stelle im Betrieb gelagert und überwacht,
- es werden nur funktionsfähige Prüfmittel ausgegeben,
- für jedes Werkzeug der Prüftechnik wird eine Prüfkarte geführt,
- benutzte Prüfmittel und Messwerkzeuge werden bei Rückgabe überprüft (ggf. ausgesondert).

27. Welche statistischen Methoden zur Qualitätsüberwachung gibt es?

Übersicht über wesentliche statistische Methoden:

- **Fehlerbaumanalyse:**
  Ist nach DIN 25424, Teil 1 die systematische Fehleruntersuchung zur Erkennung möglicher Fehlerursachen und die Ermittlung deren Eintrittshäufigkeiten.
- **Maschinenfähigkeitsuntersuchung** (MFU):
  Untersuchung eines Arbeitsmittels auf seine Prozessfähigkeit. Wird auch häufig als „Kurzzeitfähigkeit" betrachtet.
- **Messsystemanalyse:**
  Bewertung der Messfähigkeit und Messunsicherheit von Messsystemen unter Anwendungsbedingungen.
- **Prozessfähigkeitsuntersuchung:**
  Untersuchung der Fähigkeit eines Prozesses hinsichtlich seiner Stabilität bei der Erfüllung der Anforderungen.
- **Six Sigma:**
  Dient als statistische Methode der Feststellung des Null-Fehler-Status. Dabei bedeutet **6 Sigma** 3,4 Ausfälle bei einer Million Möglichkeiten (3,4 ppm) oder einen Qualitätsgrad von 99,9997 %. Wird auch als allgemeine „Qualitätsphilosophie" und Bewertungsmethodik angewandt.
- **Statistische Prozesskontrolle** (SPC):
  Statistical Process Control, Bewertung der Prozessstabilität über die Zeit mittels Qualitätsregelkarten.
- **Statistische Toleranzrechnung:**
  Verfahren zur Bestimmung von Toleranzbereichen.
- **Stichprobenprüfung:**
  Ermittlung der Fehleranteile einer Grundgesamtheit durch Untersuchung einer repräsentativen Stichprobe.

- **Versuchsplanung** (DoE):
  Design of Experiments, ist die Planung und Auswertung von Versuchen mittels statistischer Methoden, vorrangig nach **Shainin** oder **Taguchi**. Das Ziel liegt darin, mit möglichst wenigen Versuchen Daten mit hohem Aussagegehalt zu erreichen.

28. Was beinhaltet die Demingsche Reaktionskette?

Bei der Demingschen Reaktionskette geht es vor allem um die Kosten und nicht um das Image der Firma. Es wird davon ausgegangen, dass die Erfüllung eines Schrittes immer den nächsten ermöglicht bzw. verstärkt. Die aufeinanderfolgenden Schritte sind:

1. Qualitätsverbesserung, dadurch
2. Produktivitätsverbesserung, dadurch
3. Kostenreduktion bei der Herstellung des Produktes, dadurch
4. Preisreduktion, dadurch
5. Steigerung des Marktanteils, dadurch
6. Sicherung der Position des Unternehmens, dadurch
7. Sicherung der Arbeitsplätze, und dadurch letztlich
8. Sicherung des Gewinns.

7.2 Berücksichtigen rechtlicher und betrieblicher Vorgaben und Qualitätsnormen sowie deren Einhaltung im eigenen Verantwortungsbereich sicherstellen

7.2.1 Qualitätsmanagementsysteme

01. Was ist ein Qualitätsmanagementsystem?

Die Einführung eines Qualitätsmanagementsystems ist eine strategische Entscheidung für eine Organisation. Ein Qualitätsmanagement ist die festgelegte Methode der Unternehmensführung, an der sich das Qualitätsmanagement orientiert. Ein QM-System stellt sicher, dass die Qualität der Prozesse und Verfahren geprüft und kontinuierlich verbessert wird. Ziel eines QM-Systems ist die dauerhafte Verbesserung der Prozesse innerhalb des Unternehmens.

02. Was ist das Ziel eines Qualitätsmanagementsystems?

- Steigerung der Unternehmens-Effizienz und der Qualitätsfähigkeit in allen Bereichen und Prozessen des Unternehmens
- Schaffung von umfassenden Voraussetzungen zur Realisierung einer anforderungsgerechten Produktbeschaffenheit
- Festigung des Qualitätsgedankens bei allen Mitarbeitern
- Verbesserung der Kundenzufriedenheit.

03. Was ist die Aufgabe eines Qualitätsmanagementsystems?

Durchsetzung des Qualitätsmanagements zur Verbesserung der Produktqualität durch:

- gezielte Fehlervermeidung
- frühzeitige Ermittlung möglicher Fehlerursachen und ganzheitliche Fehlererfassung und Auswertung
- umfassende Fehlererkennung und effektive Fehlerbeseitigung.

04. Welche Bedeutung hat ein Qualitätsmanagementsystem für das Unternehmen?

- **Interne Bedeutung:**
  - eindeutige Organisationsstruktur
  - klare Verantwortlichkeiten und Zuständigkeiten
  - geregelte Abläufe und Verfahren.
- **Externe Bedeutung:**
  - Erhöhung der Akzeptanz des Unternehmens auf dem Markt und bei den Kunden
  - Imagesteigerung
  - verbesserte Auftragsvergabe an zertifizierte Unternehmen.

Die führenden Branchen in der Anwendung von Qualitätsmanagementsystemen sind weltweit die Unternehmen der Luftfahrt- und Fahrzeugindustrie sowie ihre Zulieferer, wie z. B. Webasto (Fahrzeugheizungen, Schiebedächer), Bosch (Steuergeräte), Hella (Elektrik, Leuchten) u. a.

05. Welchen Einfluss hat das Qualitätsmanagementsystem auf die Kunden-Lieferanten-Kette?

Die Globalität eines Qualitätsmanagementsystems schließt sämtliche Kunden-Lieferanten-Beziehungen mit ein und wirkt als permanente, intensive Wechselbeziehung zwischen ihnen.

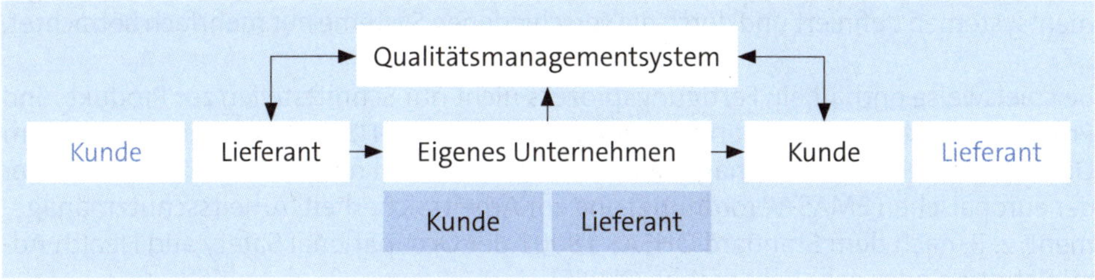

06. Aus welchen Teilen besteht die DIN EN ISO 9000?

Die Norm DIN EN ISO 9001:2015 stellt die Prozessorientierung sowie Risiken und Chancen in den Vordergrund. Die Bestandteile sind:

- DIN EN ISO 9000:
  Definiert Grundlagen und Begriffe zu Qualitätsmanagementsystemen.
- DIN EN ISO 9001 (zertifizierbare Norm):
  Legt die Anforderungen an ein Qualitätsmanagementsystem (QM-System) für den Fall fest, dass eine Organisation ihre Fähigkeit darlegen muss, Produkte bereitzustellen, welche die Anforderungen der Kunden und allfällige behördliche Anforderungen erfüllen, und anstrebt, die Kundenzufriedenheit zu erhöhen.
- DIN EN ISO 9004:
  Stellt einen Leitfaden bereit, der sowohl die Wirksamkeit als auch die Effizienz des Qualitätsmanagementsystems betrachtet. Dieser enthält Anleitungen zur Ausrichtung eines Unternehmens in Richtung TQM (Total Quality Management), ist aber keine Zertifizierungsgrundlage. Die DIN EN ISO 9004 stellt somit eher eine „Managementphilosophie“ als ein Managementsystem dar.
- DIN EN ISO 19011:
  Stellt eine Anleitung für das Auditieren von Qualitäts- und Umweltmanagementsystemen bereit.

07. Aus welchen Bestandteilen besteht ein Integriertes Managementsystem (IMS)?

Hat sich ein Unternehmen zur Einhaltung mehrerer Managementsystemnormen verpflichtet, ist es empfehlenswert die Umsetzung der verschiedenen Normforderungen in einem Integrierten Managementsystem zusammenzufassen.

Das Integrierte Managementsystem (IMS) fasst Anforderungen aus verschiedenen Bereichen (z. B. Qualität, Umwelt- und Arbeitsschutz, Sicherheit) in einer einheitlichen Struktur zusammen. Durch Nutzung von Synergien und die Bündelung von Ressourcen ist – im Vergleich zu einzelnen, isolierten Managementsystemen – ein schlankeres, effizienteres Management möglich.

Beim prozessorientierten Ansatz werden die Prozesse unabhängig von den Managementsystemen definiert und durch die verschiedenen Systeme nur mehrfach betrachtet.

Beispielsweise enthält ein Fertigungsprozess nicht nur Schnittstellen zur Produkt- und Prozessqualität (Qualitätsmanagement, z. B. nach DIN EN ISO 9001), sondern auch zum Umweltschutz (Umweltmanagement, z. B. international nach DIN EN ISO 14001 oder der europäischen EMAS-Verordnung) und zur Arbeitssicherheit (Arbeitsschutzmanagement, z. B. nach dem Standard OHSAS 18001 der Occupational Safety and Health Administration oder dem bayerischen OHRIS).

Darüber hinaus können weitere Konzepte integriert werden, z. B. Risikomanagement (wie im deutschen KontraG gefordert), Datenschutz (siehe Bundesdatenschutzgesetz) usw.

7.2.2 Vorgaben

01. Welche rechtlichen Vorgaben muss der Betreiber einer chemischen Anlage beachten?

Die Vorschriften und Gesetze, welche hier zu beachten sind, unterscheiden sich, je nach eingesetzten Mengen und Stoffen, Standort, Verfahren usw. Daher ist eine allgemeine Erfassung aller relevanten Vorgaben für verschiedene Unternehmen nicht möglich. Jedoch wurde z. B. durch die Einführung von **REACH** (Europäische Chemikalienverordnung zur Registrierung, Bewertung, Zulassung und Beschränkung chemischer Stoffe) das bisherige Chemikalienrecht grundlegend harmonisiert und vereinfacht. Zudem wurden diverse, bisher gültige Erlasse durch REACH ersetzt. REACH schafft es so, für Klarheit und Bündelung von notwendigen und aktuellen Regularien zu sorgen.

Eingerichtet wurde REACH im Jahre **2007** mit dem Ziel, Gesundheit und Umwelt zu schützen, außerdem den freien Verkehr von Chemikalien auf dem Binnenmarkt zu gewährleisten sowie Wettbewerbsfähigkeit und Innovation zu fördern. Hersteller, Importeure und nachgelagerte Anwender sollten Verantwortung übernehmen. REACH änderte einen äußerst wichtigen Aspekt: Bis 2007 gab es keine systematisch erhobenen Informationen. Diese mussten vom Hersteller erst geliefert werden, wenn Behörden bei Prüfung eine Informationslücke auffiel oder es Anzeichen von Umwelt- oder Gesundheitsgefährdung gab. Heute besteht eine Bringschuld der Unternehmen. Die Hersteller sind verpflichtet, schon bei der Registrierung entsprechende Daten vorzulegen und etwaige Risiken selbst zu bewerten. Hier ist es also für das Unternehmen ganz entscheidend, den Überblick auf Neuheiten, Änderungen und Aktualisierungen zu behalten.

REACH regelt auch die Weitergabe von Daten innerhalb der Lieferkette sowie die Substitution von besonders besorgniserregenden Stoffen. Außerdem ist in REACH das Auskunftsrecht für Konsumenten festgehalten.

02. Was beinhalten die Good Laboratory Practice (GLP) Vorgaben?

Die Good Laboratory Practice (gute Laborpraxis) definiert **Anforderungen an ein Qualitätssicherungssystem für nicht klinische gesundheits- und umweltrelevante Sicherheitsprüfungen**. Die GLP soll die Qualität der Ergebnisse nicht klinischer Laborstudien sicherstellen. Das betrifft insbesondere Laborstudien, die die Sicherheit folgender Produktekategorien nachweisen sollen:

- Arzneimittel
- Medizinprodukte
- Lebensmittelzusatzstoffe
- Pflanzenschutzmittel
- kosmetische Artikel
- elektronische Produkte.

In verschiedenen Rechtsbereichen (z.B. EU, USA/FDA) unterscheidet sich diese Liste geringfügig.

Die Untersuchungen betreffen nicht nur die genannten Produkte selbst, sondern vor allem die „Prüfgegenstände", die in diesen Produkten enthalten sind.

Die Good Laboratory Practice haben nichts mit der Herstellung des Produkts zu tun. Hierfür sind die GMP-Richtlinien anzuwenden.

Die GLP beschreibt also ein Qualitätssicherungssystem, das einerseits übliche Anforderungen an Qualitätsmanagementsysteme beinhaltet, wie die Verantwortung der Leitung und die Dokumentenlenkung, andererseits die Spezifika der Laborpraxis umfasst.

03. Was beinhalten die Good Manufacturing Practice (GMP) Vorgaben?

Good Manufacturing Practice (Gute Herstellungspraxis) gilt für die **Herstellung von Arzneimitteln**.

GMP stellt sicher, dass Patienten Arzneimittel in kompromisslos hoher Qualität erhalten. Diese Qualitätsansprüche müssen während der Herstellung, Verarbeitung, Verpackung und Lagerung von Arzneimitteln erfüllt werden. Betriebe müssen weltweit die GMP-Vorschriften befolgen, um eine Herstellungserlaubnis zu bekommen. Diese Vorschriften werden von Regierungen, Ministerien und internationalen Organisationen erlassen.

Gemeinsames Ziel ist es, **sichere, wirksame und unbedenkliche Arzneimittel** auf den Markt zu bringen. Alle, die an der Herstellung von Arzneimitteln oder Wirkstoffen beteiligt sind, müssen die GMP-Regularien einhalten. Dabei spielt es keine Rolle, ob die Person in den Bereichen Geschäftsleitung, Qualitätsmanagement, Herstellung, Qualitätskontrolle oder Technik eines pharmazeutischen Unternehmens oder bei Lieferanten tätig ist. Alle Mitarbeitenden müssen die GMP-Vorgaben kennen, befolgen und in die Praxis umsetzen. Selbst kleine Fehler können bei der Herstellung von Arzneimitteln verheerende Folgen haben.

Die **behördlichen Sanktionen** umfassen neben Vertriebsstopps und Schließungen von Betrieben auch die strafrechtliche Verfolgung verantwortlicher Personen. Die große Herausforderung ist es, alle Anforderungen zu kennen, richtig zu interpretieren und fristgerecht umzusetzen. Ein Unternehmen muss also nicht nur die richtige Organisation, die passenden Prozesse und die korrekte Dokumentation umsetzen, sondern dies alles auch stets aktuell halten, fortwährend überprüfen und anpassen.

04. Was bedeutet die Good Distribution Practice (GDP)?

Die Herstellung qualitativ hochwertiger und sicherer Arzneimittel ist erklärtes Ziel jedes pharmazeutischen Unternehmens und unterliegt den GMP-Regeln (siehe Frage 03.). Ein fertiges Arzneimittel sollte nach der Herstellung eine einwandfreie Qualität aufweisen, aber das ist noch nicht das Ende der Kette. Auch auf dem Transport zu den Endverbrauchern sind einige Hürden zu überwinden. Dieser Abschnitt entzieht sich jedoch meist der Kontrolle durch den herstellenden Betrieb. In unserer immer stärker vernetzten, schnelllebigen Welt und mit der Zunahme des Versandhandels erhält daher die Good Distribution Practice (gute Vertriebspraxis) eine umso größere Bedeutung. Man versteht darunter die **Summe der Maßnahmen, die durch eine Kontrolle der Vertriebskette sicherstellt, dass die Qualität und die Unversehrtheit von Arzneimitteln aufrechterhalten wird bis zum Endverbraucher**. Diese Bewusstseinsänderung ist sowohl bei Behördeninspektionen als auch in den Qualitätssicherungsabteilungen der pharmazeutischen Unternehmen zu beobachten.

05. Welche internen Leitlinien werden häufig von Unternehmen der Chemieindustrie vorgegeben?

In Deutschland existiert die vom BAVC (Bundesarbeitgeberverband Chemie), VCI (Verband der Chemischen Industrie) und der IG BCE (Industriegewerkschaft Bergbau, Chemie, Energie) getragene **Nachhaltigkeitsinitiative Chemie**. Die Allianzpartner haben es sich zum Ziel gesetzt, Nachhaltigkeit als Leitbild in der chemischen Industrie zu verankern. Eine nachhaltige Entwicklung sehen sie dabei nicht nur als Verpflichtung gegenüber zukünftigen Generationen, sondern auch als Chance für eine Zukunftsstrategie der Branche, die wirtschaftlichen Erfolg mit sozialer Gerechtigkeit und ökologischer Verträglichkeit verbindet.

Im Zentrum von Chemie stehen die „Leitlinien zur Nachhaltigkeit für die chemische Industrie in Deutschland". Sie dienen der Branche als Leitbild und unterstützen Unternehmen und Beschäftigte dabei, ihre Beiträge zur Nachhaltigkeit auszubauen. Die folgenden 12 Leitlinien haben sich die Unternehmen dabei zum Ziel gesetzt:

1. strategische Verankerung von Nachhaltigkeit
2. Investitionen: Einsatz innovativer nachhaltiger Technologien
3. internationale Wettbewerbsfähigkeit und globale Zusammenarbeit
4. F&E-Strategie und Innovationsmanagement
5. Implementierung durch Regeln, Prozesse und Standards
6. gute Arbeit, Sozialpartnerschaft, Tarifpolitik
7. Demografiemanagement, Bildung, Fachkräftesicherung und Diversity
8. Schutz von Mensch, Umwelt und biologischer Vielfalt
9. Energie-, Ressourcenmanagement und Klimaschutz
10. gesellschaftliches Engagement
11. Transparenz und Integrität
12. Kommunikationsstrategie, Beteiligung und Dialog.

7.2.3 Maßnahmen zur Einhaltung von Qualitätsnormen

01. Welche Inhalte besitzt ein Prüfplan?

Sind die Qualitätsmerkmale im Rahmen der Qualitätsplanung festgelegt, wird bei der Prüfplanung die Qualitätsprüfung im gesamten Produktionsablauf vom Wareneingang bis zum Versand eines Produkts geplant. Alle geforderten Prüfungen werden im **Prüfplan** dokumentiert. Der Inhalt des Prüfplans liefert dabei Antworten auf die folgenden acht Fragen:

- Was? Beschreibung der Prüfmerkmale, z. B. Längenmaß, Rundheit, Härte, Farbe
- Wie? Festlegung der Prüfmethode, z. B. Attributsprüfung oder Variablenprüfung
- Womit? Auswahl des Prüfmittels, z. B. digitaler Messschieber, Rockwell-Härteprüfgerät
- Wieviel? Festlegung des Prüfumfangs, z. B. Stichprobenprüfung, 100 %-Prüfung
- Wann? Festlegung des Prüfzeitpunkts, z. B. Eingangs-, Zwischen- oder Endprüfung
- Wer? Auswahl der Person, die prüfen soll, z. B. Werker, Fachmann aus dem QM-Bereich
- Wo? Festlegung des Prüforts, z. B. direkt an der Maschine, im Mess- und Prüfraum
- Was geschieht mit den Prüfdaten? z. B. statistische Auswertung, Form und Umfang der Prüfprotokolle.

02. Welche Anforderungen werden an ein Prüfmittel gestellt?

Um die Qualität eines **Prüfmittels** sicherzustellen, müssen

- Prüfmittel eindeutig gekennzeichnet werden, so dass sie jederzeit eindeutig identifizierbar sind
- sämtliche gesetzlichen und behördlichen Anforderungen eingehalten werden
- Prüfmittel regelmäßig dahingehend überprüft werden, ob sie die definierten Anforderungen erfüllen, d. h. sie müssen regelmäßig kalibriert (und ggf. justiert werden)
- Prüfmittel, die zur Kalibrierung benutzt werden, sich auf nationale oder internationale Normale zurückführen lassen
- Prüfmittel so gehandhabt werden, dass deren Eigenschaften nicht beeinträchtigt werden, sie müssen also auch richtig gelagert werden.

Um diesen Anforderungen gerecht zu werden, muss ein Prüfmittelmanagementsystem eingeführt werden, das auch den weiteren betrieblichen Aufgaben gerecht wird.

03. Welche Faktoren beeinflussen die Prüfnotwendigkeit?

Ziel der Prozessprojektierung ist immer die Gestaltung eines beherrschten Prozesses, bei dem sich die qualitätsrelevanten Merkmale nicht oder nur in bekannter Weise bzw. Grenzen ändern. Es ist unnötig, Eigenschaften am Werkstück zu prüfen, wenn das Vorhandensein der betrachteten Eigenschaft bereits durch die Gegebenheit der Fertigung gesichert ist. Entscheidend für die Einordnung einer Prüfung sind unter anderem folgende Faktoren:

- Die Qualitätsanforderungen an das Produkt bezogen auf die Funktion, Gestaltung, Sicherheit und Zuverlässigkeit.
- Die Qualitätsfähigkeit des Prozesses, die durch die Prozessparameter, Maschinenfähigkeit und Prozessfähigkeit beschrieben wird.
- Das Umfeld mit seinen qualitätsbeeinflussenden Faktoren.

04. Weshalb beurteilen Unternehmen die Prüfnotwendigkeit häufig falsch?

Da Prüfungen zuerst Kosten verursachen und dadurch keine Wertsteigerung generiert wird, neigen Unternehmen teilweise dazu die betriebswirtschaftlichen Einflussfaktoren den fachlichen vorzuziehen. Dadurch wird häufig eine zu niedrige Prüfnotwendigkeit festgelegt.

Die Notwendigkeit der Prüfung eines Merkmals kann sich ergeben aus:

- gesetzlichen Vorschriften,
- Kundenanforderungen,
- Kostenrisiken im Fehlerfall oder
- bei sicherheitsrelevanter Bedeutung von Bauteilen oder Tätigkeiten.

7.3 Beschreiben betrieblicher Prozesse und Vorbereiten von Audits und Zertifizierungen

7.3.1 Prozesse im Qualitätsmanagement

01. Was ist unter Qualitätslenkung zu verstehen?

Nach DIN EN ISO 8402 versteht man unter **Qualitätslenkung** *„Arbeitstechniken und Tätigkeiten, die zur Erfüllung von Qualitätsforderungen angewendet werden“.*

Diese Definition wurde durch die ISO 9000:2015 entsprechend dem Anliegen eines Qualitätsmanagementsystems neu formuliert:

Qualitätslenkung ist der „Teil des Qualitätsmanagements, der auf die Erfüllung von Qualitätsanforderungen gerichtet ist.“

02. Wie stellt sich die Qualitätslenkung als Teil des Qualitätsmanagements dar?

Der Zusammenhang wird durch den Regelkreis der Qualitätslenkung erkennbar:

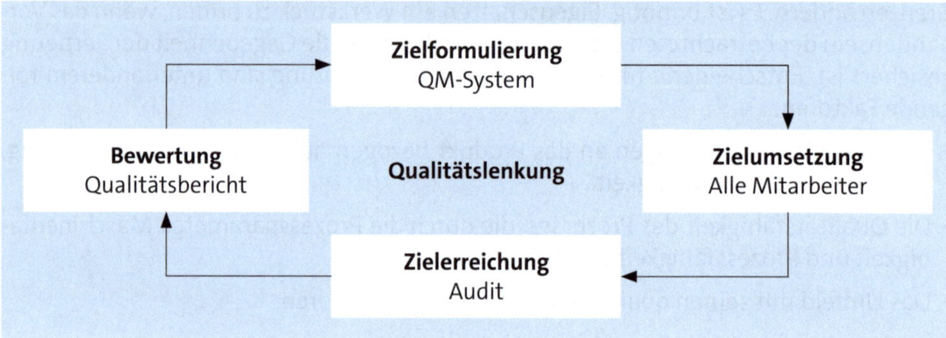

Die Qualitätslenkung ist somit das „Handwerkszeug" des Qualitätsmanagements, um die gestellten Ziele dauerhaft zu erreichen. Sie dient der Umsetzung der Qualitätsplanung.

03. Welche Funktion hat die Qualitätslenkung in der Fertigung?

- **Aufgabe:**
  Die positive Beeinflussung eines Prozesses bei Einwirkung von Störgrößen.
- **Ziel:**
  Die Regulierung des Prozesses, um die weitere Realisierung der Qualitätsforderungen zu gewährleisten oder zu verbessern.

Die Systematik der Qualitätslenkung wird in der ISO 9001:2015 u. a. auch im Punkt 7.6 „Lenkung von Überwachungs- und Messmitteln" und Punkt 8.3 „Lenkung fehlerhafter Produkte" dargestellt.

04. Welches sind die wesentlichen Grundbegriffe der Qualitätslenkung?

Begriff	**Erläuterung**
Dokumentenlenkung	Regelung des Umganges und der Verwaltung von Qualitätsdokumenten.
Qualitätsbezogene Kosten	Kosten der Gesamtheit des Qualitätsmanagements.
Qualitätssicherung	„Teil des Qualitätsmanagements, der auf das Erzeugen von Vertrauen darauf gerichtet ist, dass Qualitätsanforderungen erfüllt werden." (ISO 9000:2015).
Qualitätsüberwachung	Ständige Überwachung und Verifizierung (Bestätigung durch Nachweisführung) sowie die Analyse von Qualitätsaufzeichnungen zur Sicherstellung der Erfüllung der festgelegten Qualitätsanforderungen.

Begriff	Erläuterung
Qualitätsverbesserung	Vorbeugende, überwachende und korrigierende Maßnahmen zur Erhöhung der Qualität von Produkten und Prozessen.
Reklamations-management	Der geordnete Umgang mit Reklamationen (interne, Lieferanten- und Kundenreklamationen) mit Optimierung bereichsübergreifender Prozesse und Erhöhung der Kundenzufriedenheit.
SPC	Statistische Fähigkeitsbewertung von Prozessen.
Statistische Qualitätslenkung	Ist der Teil der Qualitätslenkung, bei dem statistische Verfahren zur Anwendung kommen.

Beispiele für **Maßnahmen der Qualitätslenkung:**

Maßnahmen	Zielsetzung/Wirkung – Beispiele
Sicherung der Produktqualität	Kundenzufriedenheit, Image, Weiterempfehlung des Unternehmens und der Produkte
Sicherung der Prozessqualität	Vermeidung von Ausfallzeiten, Verminderung von Ausschuss, Verringerung der betrieblichen Unfälle
Sicherung der Qualifikation der Mitarbeiter	hohes Qualitätsbewusstsein der Mitarbeiter, Beachtung von Arbeitsschutz und -sicherheit, Zufriedenheit der Mitarbeiter und Identifikation mit der Aufgabe und dem Unternehmen

7.3.2 Wirksamkeit eines Qualitätsmanagementsystems

01. Was sind Risikoanalysen?

Risikoanalysen sind Methoden zur frühzeitigen Fehlererkennung und -vermeidung. Sie gehören zu den vorbeugenden Maßnahmen.

02. Welche vorbeugenden Methoden der Qualitätsverbesserung (Risikoanalyse) gibt es?

Bekannte und häufig angewandte Methoden sind die FMEA, das Ursache-Wirkungs-Diagramm, die Fehlerbaumanalyse, Poka Yoke, Regelkarte, KVP und Inspektion/Nacharbeit.

03. Wie ist der methodische Ansatz beim Ursache-Wirkungs-Diagramm?

Das Ursache-Wirkungs-Diagramm (auch Fischgräten- oder Ishikawa-Diagramm genannt) **ist eine Methode zur Problemanalyse**. Die Ursachen (7-M-Einflussfaktoren) werden in Bezug zu ihrer Wirkung (Problem) gebracht.

Die **7-M-Einflussfaktoren** sind:
Management, Maschine, Material, Mensch, Messbarkeit, Methode und Milieu (Mitwelt/Umwelt).

Allgemeines Beispiel eines **Ishikawa-Diagrammes:**

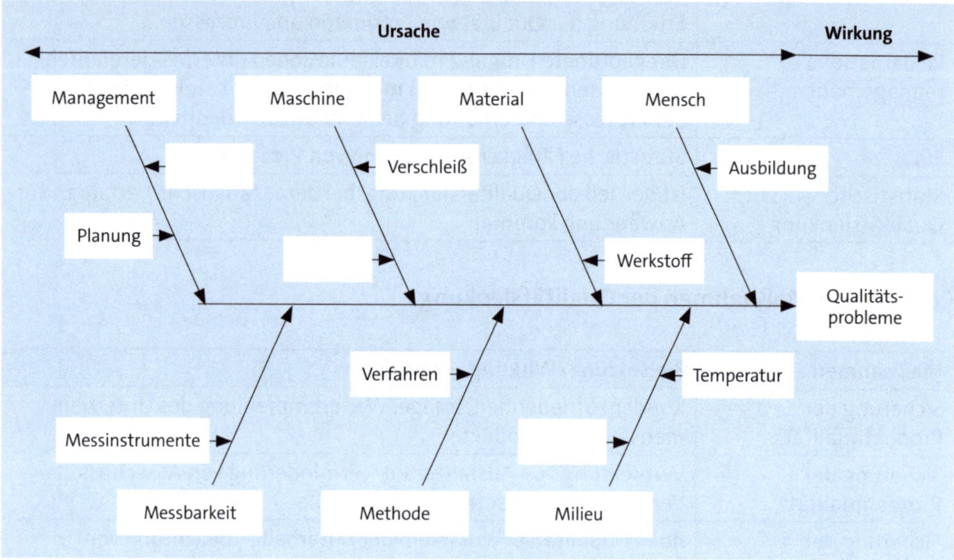

Die Haupteinflussfaktoren werden durch die weitere systematische Analyse mit ihren möglichen Nebenursachen ergänzt. Potenzielle Probleme und Fehler werden auf diese Weise erkennbar und können durch entsprechende Maßnahmen rechtzeitig vermieden werden.

04. Wodurch unterscheidet sich die Fehlerbaumanalyse vom Ishikawa-Diagramm?

Die **Fehlerbaumanalyse** ist nach DIN 24524 Teil 1 ebenfalls eine Methode zur systematischen Fehleruntersuchung.

Ziel: Ermittlung der Fehlerursachen mit ihren Häufigkeiten.

Die Methodik entspricht der des Ishikawa-Diagrammes, allerdings werden zur Darstellung des Fehlerbaumes **Symbole** verwendet. Im Prinzip entsteht bei einer 90°-Drehung des Ishikawa-Diagrammes ebenfalls ein Fehlerbaum.

05. Was ist Poka Yoke?

Poka (unbeabsichtigter Fehler) **Yoke** (Verminderung) ist eine japanische Methode zur Vermeidung von (menschlichen) Fehlhandlungen durch eine irrtumssichere und fehlhandlungssichere Gestaltung von Fertigungseinrichtungen und Prozessen. Sie basiert auf der These „Irren ist menschlich", also müssen menschliche Fehler methodisch möglichst ausgeschlossen werden.

Beispiele für typische unbeabsichtigte menschliche Fehler:

- Fehlbedienung von Fertigungseinrichtungen
- Einrichtungs- und Einstellfehler
- Auslassen von Arbeitsgängen
- Verbauen von falschen Teilen
- Teile vergessen zu montieren
- Verwendung von falschem Material.

06. Welche Vor- und Nachteile haben folgende Maßnahmen der Qualitätssicherung: FMEA, Regelkarte, Poka-Yoke und KVP?

	Vorteile – Beispiele	Nachteile – Beispiele
FMEA	► Fehler können frühzeitig entdeckt werden ► Einsparung von Kosten	► zeitaufwendig ► subjektives Verfahren
Regelkarte	► Fehlerteile können erkannt werden ► Dokumentierung der Ergebnisse	► Mitarbeiter müssen die Regelkarte exakt dokumentieren ► lfd. Überwachung
Poka-Yoke	► Fehlerfreiheit	► kostenaufwendig
KVP	► kleine Fehler werden lfd. behoben	► Integration in die Fertigung ► Identifikation der Mitarbeiter

07. Welcher Zusammenhang besteht zwischen Instandhaltung und Qualitätslenkung?

Die **planmäßige, vorbeugende Instandhaltung** (PVI; vgl. auch: TPM = Total-Productive-Maintenance) zählt zu den vorbeugenden Maßnahmen mit einem wesentlichen Einfluss auf die Qualitätssicherung und -verbesserung. Sie ist Bestandteil des Qualitätsmanagements und in den Regelkreis der Qualitätslenkung integriert.

Nach DIN 31051 wird Instandhaltung als „Maßnahme zur Bewahrung und Wiederherstellung des Sollzustandes sowie zur Feststellung und Beurteilung des Istzustandes von technischen Mitteln eines Systems“ definiert.

- **Ziele:**
  - Sicherung der technischen Realisierungsgrundlagen zur Erfüllung der Qualitätsforderungen,
  - Erhaltung und Verbesserung der Funktionserfüllung der Fertigungssysteme,
  - Erhöhung der Sicherheit der Fertigungssysteme und Prozesse.

- Die PVI beinhaltet **drei Aufgabengebiete:**

Planmäßige, vorbeugende Instandhaltung		
Wartung	**Inspektion**	**Vorbeugende Instandsetzung**
In festgelegten Zeiträumen (Wartungsplan) durchzuführende Maßnahmen zur **Beibehaltung des Sollzustandes** eines Objekts.	**Erfassung des gesamten Istzustandes** eines Objekts einschließlich der Mängel- und Schadensaufnahme.	**Wiederherstellen des technischen Sollzustands** eines Objekts.
Beispiele Reinigen, Hilfsstoffe auffüllen, Ölen/Schmieren, technische Kontrolle	**Beispiele** Feststellen von Verschleiß, Abweichungen von Soll-Einstellungen, Erkennen nicht mehr voll funktionsfähiger Teile	**Beispiele** Austausch von definierten Verschleißteilen, Austausch fehlerhafter Teile und Baugruppen

08. Wie ist die Prüfmittelverwaltung in die Qualitätslenkung integriert?

Die Prüfmittelverwaltung beinhaltet die Verwaltung der gesamten Prüftechnik und ist in sechs Kategorien unterteilt:

1. **Beschaffung**
   Auswahl erfolgt entsprechend der damit zu realisierenden Prüfaufgabe.
2. **Erfassung**
   Eindeutige Kennzeichnung (z. B. Nummerncode) und Registrierung.
3. **Freigabe**
   Erstellung von Prüfmittelüberwachungsplänen und Freigabe zum Einsatz in Unternehmen.
4. **Lagerung**
   Lagerbedingungen entsprechend den Herstellerangaben. Meist bei Raumtemperatur (20 - 21°C) und konstanter Luftfeuchtigkeit oder in klimatisierten Räumen (z. B. Messmaschinen).
5. **Überwachung**
   Ähnlich der Instandhaltung dient sie der Sicherstellung der geforderten Genauigkeiten und Feststellung von Verschleiß. Sie erfolgt auf der Basis der Prüfmittelüberwachungspläne.
6. **Aussonderung**
   Ist die Prüftechnik irreparabel verschlissen, erfolgt die Sperrung zur Verwendung und die Aussonderung (häufig mit anschließender Verschrottung).

Im Rahmen der Qualitätslenkung ist besonders Punkt „5. Überwachung“ relevant.

09. In welcher Form erfolgt die Qualitätsüberwachung innerhalb der Qualitätslenkung?

Die Grundlage für die Qualitätsüberwachung bilden die **Qualitätsaufzeichnungen**. In einem ständigen Prozess werden die Ist-Daten mit den Soll-Daten verglichen. Werden

Überschreitungen der zulässigen Toleranzgrenzen festgestellt, ist es die Aufgabe der Qualitätslenkung, Maßnahmen zur Wiedererlangung bzw. Einhaltung der Qualitätsforderungen einzuleiten und deren Wirksamkeit zu kontrollieren.

10. Wann müssen Abweichungen von den Qualitätsforderungen durch die Qualitätslenkung korrigiert werden?

Die Korrektur von Abweichungen ist dann erforderlich, wenn Toleranzgrenzen überschritten werden oder wenn durch eine zunehmend breiter werdende Streuung innerhalb des Toleranzbereiches eine bevorstehende Überschreitung erkennbar wird.

11. Mit welchen Maßnahmen der Qualitätslenkung können Abweichungen korrigiert werden?

Die Art der Maßnahmen zur Korrektur der Qualitätsabweichungen ist abhängig von der Art des Fehlers und seiner Ursache. Es können sowohl **organisatorische** wie auch **technische** Maßnahmen erforderlich werden.

Beispiele

- Organisatorische Maßnahmen:
  - Umstellung der Arbeitsgangreihenfolge bzw. des Arbeitsablaufes
  - 8D-Methode
  - Förderung des Vorschlagswesens.
- Technische Maßnahme:
  - Reparatur oder Austausch eines Messsensors in einer prozessintegrierten Prüfeinrichtung
  - Einsatz einer speziellen Prüfvorrichtung.

12. Was ist die 8D-Methode?

Die **8D-Methode** (8 Disziplinen) ist eine teamorientierte Methode zur systematischen, schrittweisen Problemlösung. Ihre Anwendung erfolgt dort, wo die Fehler- bzw. Problemursachen vorerst **unbekannt** sind. Sie vereint in sich drei einander ergänzende Aufgabenstellungen:

- als Standardmethode
- als Problemlösungsprozess
- als eine Berichtsform.

- Als **Standardmethode** (nach VDA) basiert sie auf zwei Schwerpunkten. Sie ist ein faktenorientiertes System auf der Grundlage realer Daten und sie zielt auf die Abstellung der Grundursachen.

  1. **Gehe das Problem im Team an!**
     Teambildung mit kompetenten Mitarbeitern mit entsprechenden Produkt- und Prozesskenntnissen.
  2. **Beschreibe das Problem!**
     Beschreibung des Problems und dessen Quantifizierung auf der Basis ermittelter (statistischer) Daten, sowie die Ermittlung des Ausmaßes des Problems.
  3. **Veranlasse temporäre Maßnahmen zur Schadensbegrenzung!**
     Sofortmaßnahmen zur Schadensbegrenzung, um die Auswirkungen des Problems möglichst vom Kunden fern zu halten. Ihre Wirksamkeit gilt bis zur Findung einer Dauerlösung. Sie ist ständig zu überprüfen.
  4. **Ermittle die Grundursache und beweise, dass es wirklich die Grundursache ist!**
     Suche nach den möglichen Ursachen. Ermittlung, ob die gefundene(n) Ursache(n) wirklich die Grundursache(n) ist/sind. Das Ergebnis ist durch Tests zu beweisen.
  5. **Lege Abstellmaßnahmen fest und beweise ihre Wirksamkeit!**
     Festlegung von dauerhaften Abstellmaßnahmen mit Nachweisführung durch Versuche, dass das Problem endgültig und ohne unerwünschte Nebenwirkung gelöst ist.
  6. **Führe die Abstellmaßnahmen ein und kontrolliere ihre Wirksamkeit!**
     Einführung der Maßnahmen und Festlegung des Aktionsplanes zur Kontrolle ihrer Wirksamkeit. Evtl. sind flankierende Maßnahmen durchzuführen.
  7. **Bestimme Maßnahmen, die ein Wiederauftreten des Problems verhindern!**
     Anpassung der Management- und Steuerungssysteme zur dauerhaften Vermeidung des Wiederauftretens gleicher oder ähnlich gelagerter Probleme.
  8. **Würdige die Leistung des Teams!**
     Abschluss der Problemlösung, Beendigung der Teamarbeit mit Sicherung der Erfahrungen und Anerkennung des Erfolges.

  Entsprechend den Ergebnissen der Wirksamkeitsprüfung müssen die Disziplinen 4. und 5. ggf. wiederholt werden.

- Als **Problemlösungsprozess** ist die 8D-Methode eine definierte Aktivitätenfolge, die durchlaufen werden sollte, sobald ein Problem auftritt.
- Als **Berichtsform** dient sie der Fortschrittskontrolle. Noch offene Aktionen werden daraus ersichtlich. Die einzelnen Disziplinen können nur dann abgeschlossen werden, wenn die entsprechenden Ergebnisse vorliegen. Erst dann kann mit der folgenden Disziplin begonnen werden.

13. Welche Informationen muss eine vollständige Produktkennzeichnung enthalten?

Die Gestaltung der Kennzeichnungen unterscheidet sich je nach Produkt. Grundsätzlich gliedert sie sich aber meist in drei Teilbereiche auf:

- alle notwendigen Verbraucherinformationen
- Name und Kontaktinformationen des Herstellers bzw. des Importeurs
- alle relevanten Kennzeichnungen und Symbole, welche zur Identifikation des Produktes gehören.

Darüber hinaus ist die physische Beschaffenheit der Produktkennzeichnung gesetzlich geregelt. Im Wesentlichen besagt die Vorschrift, dass die Produktkennzeichnung fest auf dem Produkt bzw. der Verpackung angebracht sein muss. Das bedeutet, dass sie sich weder durch normales Handling während des Transportes zum Endverbraucher noch durch Witterungseinflüsse vom Produkt trennen darf. Daher sind z. B. abwaschbare Farben oder Etiketten mit wasserlöslichem Klebstoff für Pflichtangaben auf Produkten unzulässig.

14. Weshalb ist eine Rückverfolgbarkeit von Produkten so wichtig für Unternehmen?

Grundsätzlich können gesetzliche Vorgaben eine Rückverfolgbarkeit von Produkten fordern, wie z. B. im Lebensmittelbereich. Aber auch bei der Erhöhung der Produkt- und Prozesssicherheit spielt der Einsatz eines Rückverfolgungs-Systems eine bedeutende Rolle. Aufgrund einer durchgehenden Dokumentation aller wesentlichen Prozessschritte können die Risiken im Falle eines Fehlers niedrig gehalten sowie genauer abgegrenzt werden. Des Weiteren sorgt die Aufzeichnung von Produktions- und Prozessdaten zu einer höheren Prozesstransparenz, welche zu einer ständigen Optimierung und somit zu einer Effizienzsteigerung führt. Außerdem können diese Vorteile auch zu Kosteneinsparungen führen, da die Prozesse einer kontinuierlichen Verbesserung unterliegen und die Reklamationsquote dadurch reduziert wird.

7.3.3 Audits

01. Wie wird die Realisierung und Einhaltung der QM-Ziele kontrolliert?

Die Kontrolle der QM-Ziele erfolgt durch ein **Audit**. Audits haben einen sehr hohen Stellenwert, da sie von den Normen des Qualitäts- und Umweltmanagements zwingend gefordert werden. Die Zertifizierung eines Unternehmens nach DIN EN ISO 9000:2005 ff. ist nur nach einer erfolgreichen, externen Auditierung möglich.

02. Was ist ein Audit?

Ein **Audit** ist eine **qualitätsorientierte Bewertungsmethode**, durch Befragung (Audit-Fragenkatalog), Anhörung und Untersuchung von definierten Einheiten die Erreichung der jeweiligen Forderungen festzustellen.

Die ISO 9000 definiert das Audit folgendermaßen:

„Audit ist ein systematischer, unabhängiger und dokumentierter Prozess zur Erlangung von Auditnachweisen (Aufzeichnungen, Feststellungen und andere Informationen, Anm. d. Verf.) und zu deren objektiven Auswertung, um zu ermitteln, inwieweit Auditkriterien (QM-Ziele, Anm. d. Verf.) erfüllt sind."

03. Wer darf Auditierungen durchführen?

Audits dürfen nur durch speziell ausgebildete, offiziell geprüfte Qualitätsexperten, den **Auditoren**, durchgeführt werden. Die DIN EN ISO 19011 stellt eine Anleitung für das Auditieren von Qualitäts- und Umweltmanagementsystemen bereit.

04. Welche Auditarten gibt es?

Grundsätzlich unterscheidet man Audits nach ihrer Objektbezogenheit und ihrer organisatorischen Art. Prinzipiell ist zu jeder Einheit ein Audit möglich. Die Wesentlichsten sind in den nachfolgenden Tabellen enthalten:

- **Objektbezogene Audits:**

Audit	Aufgabe
System-Audit	Prüfung der Organisation eines Unternehmens
Produkt-Audit	Prüfung eines Produktes oder einer Produktgruppe
Prozess-Audit	Prüfung der Prozesse und/oder technologischen Verfahren
Umwelt-Audit (Öko-Audit)	Prüfung des Umweltmanagements eines Unternehmens
Arbeitsplatz-Audit	Prüfung der Arbeitsbedingungen und Ergonomie an einem Arbeitsplatz oder bei Arbeitsplatzgruppen
Logistik-Audit	Prüfung der Logistik eines Unternehmens

- **Audits nach ihrer organisatorischen Art:**

Audit	Inhalt
Externes Audit	wird durch externe Auditoren („neutrale Dritte") durchgeführt
Lieferanten-Audit	der Kunde prüft die Qualitätsfähigkeit des Lieferanten
Kunden-Audit	der Lieferant wird durch den Kunden geprüft
Zertifizierungs-Audit	Audit, in dessen Ergebnis über die Erstzertifizierung bzw. Wiederzertifizierung des Unternehmens entschieden wird
Überwachungs-Audit	Audit im Zeitraum zwischen den Zertifizierungsaudits
Internes Audit	wird durch Auditoren des eigenen Unternehmens durchgeführt

05. Wie wird ein Audit vorbereitet?

Ein professioneller Auditplan hilft dabei, den genauen Ablauf festzuhalten und strukturiert vorzugehen. Alle Beteiligten erhalten diesen Plan als Agenda vorab, um sich personell und auch inhaltlich bestmöglich vorbereiten zu können. Alle für einen bestimmten Prüfpunkt benötigten Daten sollten bereitgelegt und so aufbereitet werden, dass sie einen schnellstmöglichen Zugriff und Einstieg ins Thema ermöglichen. Hierbei helfen strukturierte Checklisten für jeden betroffenen Bereich, damit möglichst nichts vergessen wird.

06. Wie wird ein Audit durchgeführt?

Basis für die einzelnen durchzuführenden Audits ist das Auditprogramm. Im Auditprogramm ist festgelegt, wie die Audits durchgeführt werden: In welcher organisatorischen Einheit, in welchem Zeitraum, der spezifische Zweck und die Art des Audits (System-, Prozess-, Produkt-Audit). Grundsätzlich lässt sich ein Audit in die folgenden Phasen unterteilen:

Auditphasen					
Veranlassen	**Prüfung der Dokumentation**	**Vorbereitung Audittätigkeiten**	**Audittätigkeiten vor Ort**	**Auditbericht und Abschluss**	**Auditende**
► Auditleiter benennen ► Auditziele, Auditumfang und Auditkriterien festlegen ► Auditdurchführbarkeit ermitteln ► Auditteam auswählen ► Erstkontakt herstellen	► Managementsystemdokumente bewerben ► Konformität hinsichtlich Auditkriterien ermitteln ► weiterführen/unterbrechen	► Auditplan erstellen ► Aufgaben im Auditteam vorstellen ► Arbeitsdokumente vorbereiten	► Eröfffnungsbericht durchführen ► im Audit kommunizieren ► Rollen von Betreuer und Beobachter beachten ► Informationen erfassen/verifizieren ► Auditfeststellungen treffen ► Auditschlussfolgerungen erarbeiten ► Abschlussbesprechung durchführen	► Auditbericht erstellen ► Auditbericht genehmigen und verteilen	Auditmaßnahmen durchführen

7.4 Nutzen von Instrumenten des Qualitätsmanagements zur kontinuierlichen Qualitätsverbesserung und Prozessoptimierung

7.4.1 Ausgewählte Werkzeuge und Methoden des Qualitätsmanagements

01. Was ist Statistik und worin besteht ihre Zielsetzung?

Statistik ist „die Lehre von der Zustandsbeschreibung" mittels geeigneter Methoden.

Zielsetzung (im Rahmen des Qualitätsmanagements):
Überprüfung und Bewertung von Qualitätsergebnissen durch Anwendung statistischer Methoden bei der Datenermittlung, Datenaufbereitung und Datenanalyse.

Es werden zwei Gebiete der Statistik unterschieden:

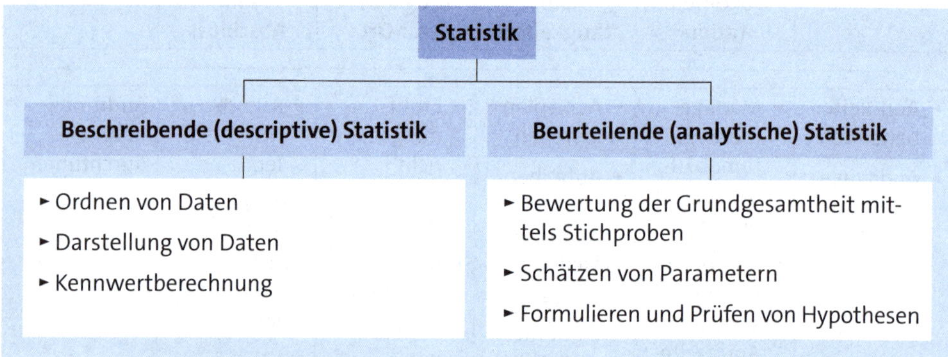

02. Wodurch ist die statistische Qualitätsprüfung gekennzeichnet?

Die statistische Qualitätsprüfung ermöglicht auf der Grundlage der – durch die Prüfverfahren ermittelten – Daten die gewichtete Aussage über Abweichungen von Qualitätsmerkmalen, deren Häufigkeiten und Auftretenswahrscheinlichkeiten.

Mit der statistischen Qualitätsprüfung lässt sich anhand einer Stichprobe die Fehlerwahrscheinlichkeit in einer Gesamtmenge (Grundgesamtheit) bestimmen.

03. Welches sind die sieben klassischen Qualitätswerkzeuge (Q7)?

Werkzeug	Anwendung
1. **Flussdiagramm**	In einem Flussdiagramm werden alle Ereignisse, Aktivitäten und Entscheidungen eines Prozesses skizziert.
2. **Korrelationsdiagramm** (auch Streudiagramm genannt)	In einem Korrelationsdiagramm kann die Beziehung zwischen zwei Merkmalen grafisch dargestellt werden.
3. **Fehlersammelkarte**	Geordnete Fehlererfassung mittels Strichliste
4. **Darstellung** der Auswertungsergebnisse	Übersichtliche Ergebnisdarstellung, z. B. durch **Histogramme**, Kurven, Ablaufpläne.
5. **Pareto-Analyse**	Visuelle Darstellung der Fehlerhäufigkeiten von Merkmalsfehlern nach ihrer Bedeutung.
6. **Ursache-Wirkungs-Diagramm** (nach Ishikawa)	Erfassung möglicher Fehlerursachen und ihre Wirkung auf die Qualitätsanforderung.
7. **Regelkarten**	Erfassung der Abweichungen vom Soll-Wert und ihre grafische Darstellung.

04. Wie werden Abweichungen in der Qualitätsprüfung definiert?

Abweichungen vom Soll-Wert liegen praktisch immer vor, da es nahezu unmöglich ist, den absoluten Soll-Wert mit einer Abweichung ± 0 zu erreichen. Deshalb ist es zwingend erforderlich, zusammen mit den Soll-Werten zulässige Abweichungen zu definieren und sie, zugeordnet, zu dokumentieren. **Die Gesamtheit der zulässigen Abweichungen ist die Toleranz**.

05. Was kennzeichnet die Toleranz?

Die Toleranz kennzeichnet die **Differenz zwischen der kleinsten zulässigen Abweichung und der größten zulässigen Abweichung** in Bezug zum Soll-Wert.

Wird durch die Qualitätsprüfung festgestellt, dass der **Ist-Wert** die Unter- oder die Obergrenze überschreitet, liegt ein **Fehler** vor.

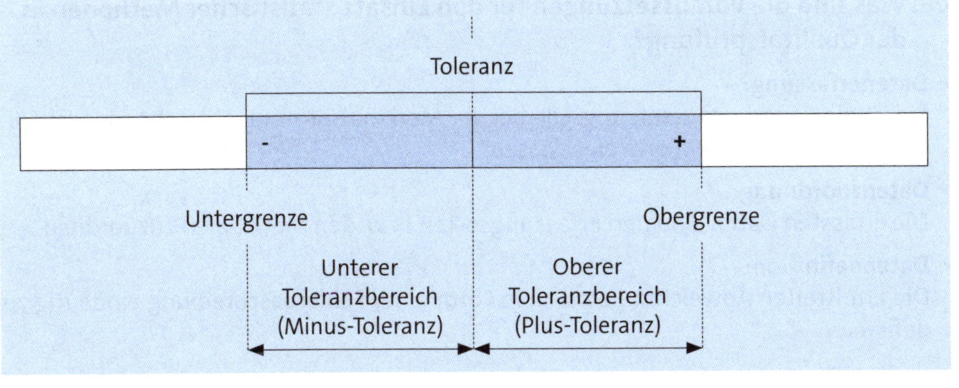

Die Toleranzbereiche können, entsprechend den Anforderungen, unterschiedliche Größe haben. Es wird nur ein Toleranzbereich angegeben, wenn die Abweichungen nur in eine Richtung zulässig sind.

Beispiel

Soll-Wert	Gemessener Ist-Wert	Ergebnis
125 ± 0,7	125 + 0,3 125 - 0,6	Gut Gut
98 - 0,5	98 - 0,5	Gut
247 + 0,3	247 + 0,4	Fehler

06. Inwieweit stellt die Statistik ein wesentliches Hilfsmittel zur Qualitätsverbesserung dar?

Durch die Auswertung der ermittelten Daten mithilfe geeigneter statistischer Methoden wird die Qualitätssituation exakt dargestellt. Daraus lassen sich Fehlerschwerpunkte eindeutig erkennen und gewichten. Auf dieser Grundlage erfolgt die Festlegung gezielter Maßnahmen zur Qualitätsverbesserung.

07. Worin liegen die Grenzen der statistischen Qualitätsprüfung?

- In der Wirtschaftlichkeit der Anwendung von statistischen Methoden
- in den Auftrags- bzw. Losgrößen bezüglich der statistisch erforderlichen Datenmenge
- im personellen bzw. zeitlichen Aufwand für die Ermittlung der erforderlichen Daten und der statistisch erforderlichen Datenmenge
- in der Kompliziertheit der Prüfmerkmale
- in den Kosten für Prüftechnik hinsichtlich der Datenermittlung.

08. Was sind die Voraussetzungen für den Einsatz statistischer Methoden in der Qualitätsprüfung?

- **Datenerfassung:**
  Sie ist die Grundvoraussetzung. Die bei der Merkmalsprüfung entstehenden Ist-Daten sind in geeigneter Form zu erfassen.
- **Datenzuordnung:**
  Die erfassten Daten sind den Erfassungsorten bzw. den Merkmalen zuzuordnen.
- **Datendefinition:**
  Die ermittelten Abweichungen sind in Form einer **Fehlerbeschreibung** eindeutig zu definieren.

- **Datenmenge:**
  Für eine gesicherte statistische Aussage ist eine ausreichende Datenmenge eines Merkmals erforderlich. Ist diese nicht vorhanden, ist der Aussagegehalt der statistischen Ergebnisse fraglich.
- **Qualifikation:**
  Das Qualitätspersonal ist für die Arbeit mit der Prüftechnik und der Anwendung der statistischen Methoden ausreichend zu qualifizieren.

09. Mit welchen Möglichkeiten (Techniken/Instrumenten) lassen sich Qualitätsdaten erfassen?

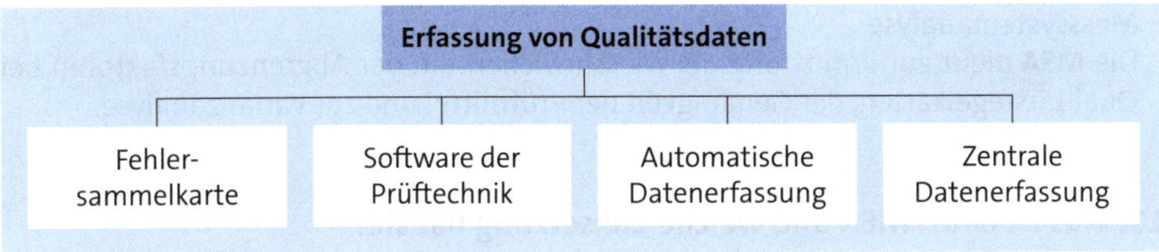

- Die **Fehlersammelkarte** ist ein Formular zur handschriftlichen Eintragung von Fehlern mit ihrer Häufigkeit in Form einer Strichliste. Die Eintragungen erfolgen für einen definierten Zeitraum und werden anschließend nach den Fehlerarten geordnet aufsummiert.
- Die mitunter in der Prüftechnik enthaltene **Software** beinhaltet auch Module zur Datenerfassung und Auswertung.
- **Automatische Datenerfassung** durch den Einsatz von Sensoren, Kameras oder Tastern, die die ermittelten Ergebnisse an einen Computer weiterleiten, wo sie in einer Datenbank zugeordnet abgelegt werden. Von hier aus können sie zur Auswertung abgerufen werden.
- **Zentrale Datenerfassung** über ein Netzwerk. Die an unterschiedlichen Orten ermittelten Qualitätsdaten werden in einer zentralen Datenbank abgelegt. Diese ermöglicht einen Zugriff auf die Daten vom Arbeitsplatz der Qualitätsmitarbeiter aus. Bei entsprechender Datenorganisation lassen sich die Daten in vorhandene Statistiksoftware übernehmen und zur Auswertung weiterbearbeiten.

10. Welche statistischen Methoden sind speziell für die Prozesslenkung relevant?

Die wesentlichsten statistischen Methoden für die Prozesslenkung sind:

- **Stichprobenprüfung:**
  Eine 100 %-Prüfung ist bei einer größeren Menge gleicher Einheiten wirtschaftlich nicht sinnvoll. Über eine definierte Anzahl von Einheiten aus dieser Gesamtmenge (**Grundgesamtheit**) wird die Stichprobengröße (**Stichprobenumfang**) festgelegt. Hier-

bei wird von der Annahme ausgegangen, die in der Stichprobe ermittelten Abweichungen lassen den Rückschluss auf die Fehlerhaftigkeit der Gesamtmenge zu.

- **SPC:**
  Die **Statistische Prozessregelung** dient zur Überwachung der Wirksamkeit der Fertigungsanlagen durch prozessbegleitende Fehlererkennung. Sie basiert auf der Anwendung von **Qualitätsregelkarten**. Ihr Einsatz erfolgt vorrangig in der Großserienfertigung. Durch rechtzeitige Eingriffe in den Prozess bei Überschreitung der Prozesseingriffsgrenzen erfolgt eine systematische Prozessverbesserung.
- **Prozessfähigkeit:**
  Bei der Prozessfähigkeit wird in **Kurzzeitfähigkeit** und **Langzeitfähigkeit** unterschieden. Sie liefert Aussagen über die Beherrschung des Prozesses und seine Stabilität.
- **Messsystemanalyse:**
  Die **MSA** dient zur Ermittlung der Messunsicherheit, der Abgrenzungsfaktoren bei Qualitätsregelkarten, der Genauigkeit der Prüfmittel und zur Varianzanalyse.

11. Was ist eine FMEA und welche Zielsetzung hat sie?

Die **FMEA** (**F**ehler-**M**öglichkeits- und **E**influss-**A**nalyse) ist ein Werkzeug zur systematischen Fehlervermeidung bereits im Entwicklungsprozess eines Produktes.

Ziele:

- Frühzeitige Erkennung von Fehlerursachen, deren Auswirkungen und Risiken
- Festlegung von Maßnahmen zur Fehlervermeidung und Fehlererkennung
- Risikoanalyse durch Bewertung und Gewichtung der möglichen Fehlersituation mithilfe eines einheitlichen Punktesystems
- hohe Kundenzufriedenheit
- stabile Prozessabläufe mit höchster Prozesssicherheit.

INFO

Das harmonisierte AIAG VDA FMEA Handbuch (2019) ersetzt die früheren RPZ- und Risikomatrixansätze durch die Aufgabenpriorität (AP). Die AP macht eine Aussage über die Notwendigkeit zusätzlicher Verbesserungsmaßnahmen in Form von hoch, mittel oder niedrig (keine Zahl mehr). Sie behebt die Schwachstellen der früheren Herangehensweisen und betrachtet alle Kombinationen aus B, A und E. Einige weitere Anpassungen, wie z. B. beim Formblatt wurden zusätzlich durchgeführt. Da jedoch keine Verpflichtung zur Anpassung der bestehenden FMEA besteht, ist aktuell der Großteil der FMEA in der Praxis noch nach den bisherigen Regeln (vgl. Fragen 11. - 19.) erstellt worden.

12. Welche Arten der FMEA werden unterschieden?

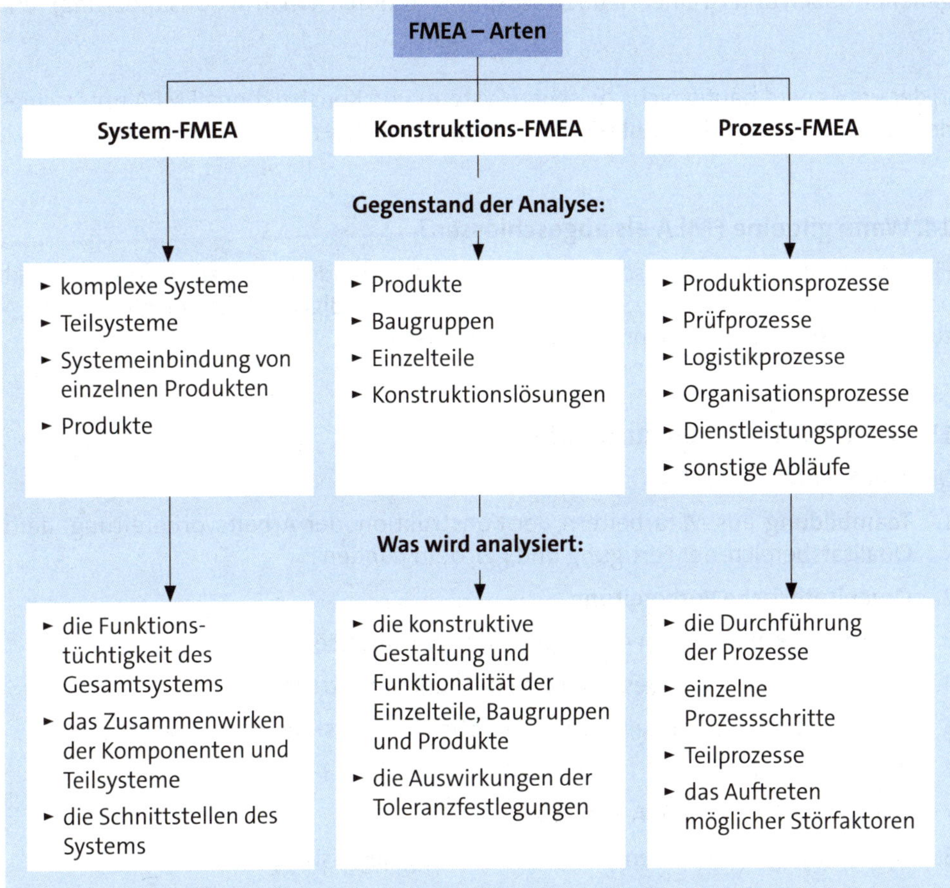

13. Wie stellen sich die Zusammenhänge der unterschiedlichen FMEA dar?

Die einzelnen Arten der FMEA bauen aufeinander auf und bilden ein äußerst komplexes System. Die jeweils vorhergehende FMEA bildet die Grundlage für die nachfolgende:

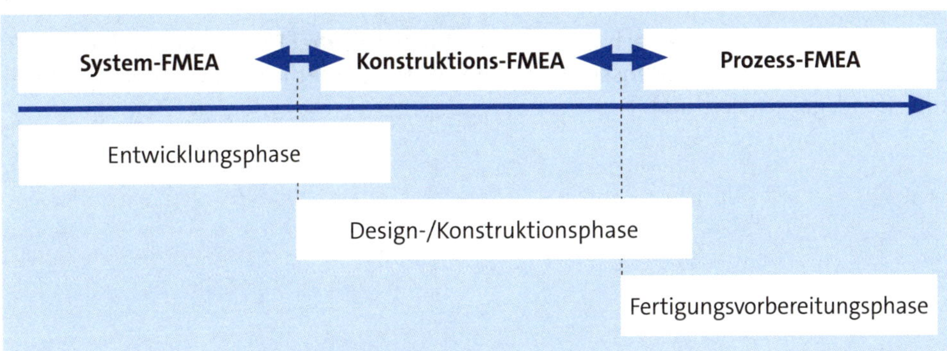

Ebenso können die Ergebnisse der nachfolgenden FMEA Auswirkungen auf die vorhergehende haben und zu einer Neubetrachtung (z. B. durch Konstruktionsänderung) führen.

In der Praxis wird häufig nicht zwischen System- und Konstruktions-FMEA unterschieden. Unter dem Begriff **Produkt-FMEA** werden beide Arten zusammengefasst.

14. Wann gilt eine FMEA als abgeschlossen?

Eine FMEA gilt dann als abgeschlossen, wenn keine Veränderungen am System, Produkt oder Prozess mehr auftreten. Sobald Veränderungen erfolgen, ist die betreffende FMEA zu überprüfen und ggf. entsprechend zu aktualisieren.

15. Wie wird eine FMEA durchgeführt?

Die acht Schritte der FMEA:

1. **Teambildung** aus Mitarbeitern der Konstruktion, der Arbeitsvorbereitung, dem Qualitätsbereich, der Fertigung und ggf. dem Kunden
2. **Organisatorische Vorbereitung**
3. **Systemstruktur** erstellen mit Abgrenzung des Analyseumfanges
4. **Funktionsanalyse** und Beschreibung der Funktionsstruktur
5. **Fehleranalyse** mit Darstellung der Ursache-Wirkungs-Zusammenhänge
6. **Risikobewertung**
7. **Dokumentation im FMEA-Formblatt**
8. **Optimierung** durchführen mit Neubewertung des Risikos.

16. Wodurch ist die Struktur einer FMEA gekennzeichnet?

Die **Struktur einer FMEA** ist ein Datenmodell zur Darstellung aller für die FMEA relevanten Informationen. Sie stellt die Objekte des Modells und ihre Beziehungen und Verknüpfungen untereinander dar.

Eine FMEA-Struktur sollte nach QS 9000 **nicht mehr als drei Ebenen** beinhalten. Die 3. Ebene ist durch die **5 M** (Mensch, Maschine, Material, Methode und Mitwelt), soweit zutreffend, gekennzeichnet.

Beispiel

Systemstruktur einer Prozess-FMEA

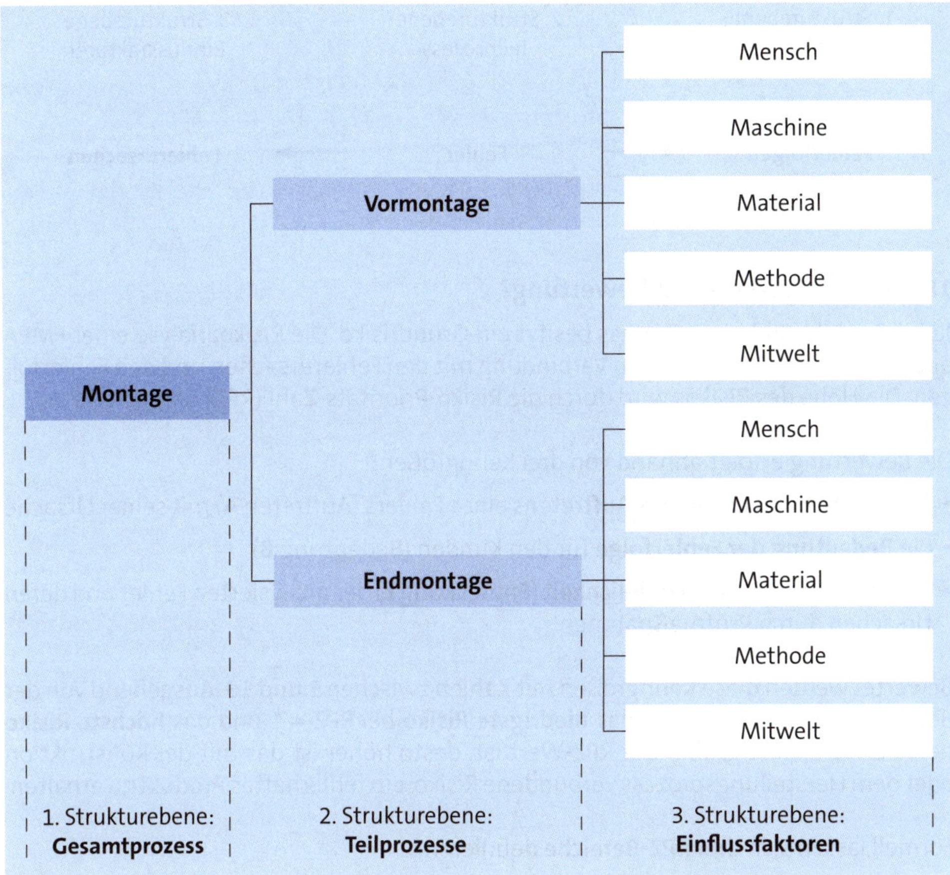

Besteht in der 3. Ebene ein weiterer Teilprozess (z. B. für eine weitere Unterbaugruppe), ist dafür eine neue Teilstruktur zu erstellen und mit der übergeordneten zu verbinden.

17. Wie ist der Zusammenhang zwischen Fehlerursache und Fehlerfolge?

Ausgehend vom obigen Beispiel entstehen die Fehler in den Teilprozessen der 2. Ebene. Die Fehlerursachen liegen in den Prozessmerkmalen. Die Folgen der Fehler wirken auf das Produkt.

Nur das Erreichen der **Prozess**merkmale stellt das Erreichen der **Produkt**merkmale sicher.

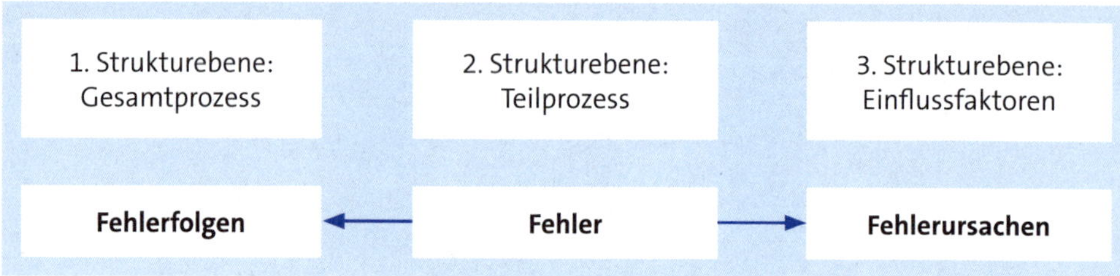

18. Wie erfolgt die Risikobewertung?

Jedes Produkt und jeder Prozess besitzt ein Grundrisiko. Die Risikoanalyse einer FMEA quantifiziert das Fehlerrisiko in Verbindung mit den Fehlerursachen und den Fehlerfolgen. Die Höhe des Risikos wird durch die **R**isiko-**P**rioritäts-**Z**ahl (RPZ) dargestellt.

Die Bewertung erfolgt anhand von drei Kenngrößen:

- die **Wahrscheinlichkeit des Auftretens** eines Fehlers (**A**uftreten **A**) mit seiner Ursache
- die **Bedeutung der Fehlerfolge** für den Kunden (**B**edeutung **B**)
- die **Entdeckungswahrscheinlichkeit** (**E**ntdeckung **E**) der analysierten Fehler und deren Ursachen durch Prüfmaßnahmen.

Bewertet werden diese Kenngrößen mit Zahlen zwischen 1 und 10. Ausgehend von der Bewertungssystematik liegt das **niedrigste Risiko** bei RPZ = 1 und das **höchste Risiko** bei RPZ = 1.000. Je größer der RPZ-Wert ist, desto höher ist das mit der Konstruktion oder dem Herstellungsprozess verbundene Risiko, ein fehlerhaftes Produkt zu erhalten.

Formell lassen sich **drei RPZ-Bereiche** definieren:

- (RPZ < 40)
  → Es liegt ein beherrschbares Risiko vor.
- (41 ≤ RPZ ≤ 125)
  → Risiken sind weitgehend beherrschbar, Optimierungsmaßnahmen sind einem vertretbaren Aufwand gegenüberzustellen.
- (RPZ > 125)
  → Es sind zwingend geeignete Abstellmaßnahmen festzulegen, deren Abarbeitung und Ergebnisse zu protokollieren sind.

Praktisch gibt es unternehmens- oder branchenbezogen weitere Restriktionen, die je nach Bewertung **einer** Kenngröße bereits Abstellmaßnahmen als zwingend erforderlich vorschreiben.

19. Wie entsteht die Risiko-Prioritäts-Zahl?

Die RPZ ergibt sich aus der Multiplikation der Bewertungsfaktoren der drei Kenngrößen:

RPZ = Bedeutung • Auftretenswahrscheinlichkeit • Entdeckungswahrscheinlichkeit
RPZ = B • A • E

Somit kann der Wert der Risiko-Prioritäts-Zahl zwischen 1 (= 1 • 1 • 1) und 1.000 (= 10 • 10 • 10) liegen.

Beispiel

Bewertungstabelle einer Prozess-FMEA

Bewertungszahl für die **Bedeutung** B	Bewertungszahl für die **Auftretens-wahrscheinlichkeit** A	Bewertungszahl für die **Entdeckungs-wahrscheinlichkeit** E
Sehr hoch 10 9 Sicherheitsrisiko, Nichterfüllung gesetzlicher Vorschriften.	**Sehr hoch** 10 9 Sehr häufiges Auftreten der Fehlerursache, unbrauchbarer, ungeeigneter Prozess.	**Sehr gering** 10 9 Entdecken der aufgetretenen Fehlerursache ist unwahrscheinlich, die Fehlerursache wird oder kann nicht geprüft werden.
Hoch 8 7 Funktionsfähigkeit des Produktes stark eingeschränkt, Funktionseinschränkung wichtiger Teilsysteme.	**Hoch** 8 7 Fehlerursache tritt wiederholt auf, ungenauer Prozess.	**Gering** 8 7 Entdecken der aufgetretenen wahrscheinlich nicht zu entdeckenden Fehlerursache, unsichere Prüfung.
Mäßig 6 5 4 Funktionsfähigkeit des Produktes eingeschränkt, Funktionseinschränkung von wichtigen Bedien- und Komfortsystemen.	**Mäßig** 6 5 4 Gelegentlich auftretende Fehlerursache, weniger genauer Prozess.	**Mäßig** 6 5 4 Entdecken der aufgetretenen Fehlerursache ist wahrscheinlich, Prüfungen sind relativ sicher.
Gering 3 2 Geringe Funktionsbeeinträchtigung des Produktes, Funktionseinschränkung von Bedien- und Komfortsystemen.	**Gering** 3 2 Auftreten der Fehlerursache ist gering, genauer Prozess.	**Hoch** 3 2 Entdecken der aufgetretenen Fehlerursache ist sehr wahrscheinlich, Prüfungen sind sicher, z. B. mehrere voneinander unabhängige Prüfungen.

Bewertungszahl für die **Bedeutung** B		Bewertungszahl für die **Auftretenswahrscheinlichkeit** A		Bewertungszahl für die **Entdeckungswahrscheinlichkeit** E	
	Sehr gering		**Sehr gering**		**Sehr hoch**
1	Sehr geringe Funktionsbeeinträchtigung, nur vom Fachpersonal erkennbar.	1	Auftreten der Fehlerursache ist unwahrscheinlich.	1	Aufgetretene Fehlerursache wird sicher entdeckt.

Die Entscheidung, welche Bewertungszahl innerhalb einer Risiko-Kategorie zutreffend ist, erfolgt innerhalb des FMEA-Teams nach Abwägung aller Risiken.

Beispiel

Nach Durchführung einer FMEA ergibt sich eine Bewertungszahl für die Entdeckungswahrscheinlichkeit von 8. Daraus folgt: Die Wahrscheinlichkeit, den Fehler im Produktionsprozess zu entdecken, ist gering. Es kann der schlechteste Fall eintreten, dass der Fehler erst beim Kunden entdeckt wird.

Die RPZ (vgl. oben) ergibt sich als Multiplikation der Bewertungsfaktoren B, A, E:

$$\text{RPZ} = \text{Bedeutung} \cdot \text{Auftretenswahrscheinlichkeit} \cdot \text{Entdeckungswahrscheinlichkeit}$$

Sollte sich aufgrund der Gewichtung mit den Faktoren B und A (bei E = 8) eine RPZ ≥ 125 ergeben, sind geeignete Abstellmaßnahmen (vgl. unten, Frage 20.) festzulegen und zu dokumentieren.

20. Welches sind geeignete Abstellmaßnahmen zur Systemoptimierung?

Beispiele für typische Abstellmaßnahmen:

- Materialänderungen
- konstruktive Veränderungen
- Lebensdaueruntersuchungen vor der Material- oder Konstruktionsfreigabe
- Lieferantenvereinbarungen
- redundante technische Lösungen
- prozessbegleitende Qualitätsprüfungen
- statistische Prozessüberwachung

- Wareneingangs- und Endprüfungen
- Produkt- und Prozessaudits.

21. Worin besteht das Ziel der statistischen Versuchsplanung DoE?

Das Ziel der DoE (Design of Experiments) besteht darin, mit einer **geringen Anzahl von Versuchen Daten mit hohem Aussagegehalt** über das zu untersuchende System zu erhalten. Das ist nur durch die Anwendung **systematischer und rationeller Methoden** erreichbar.

22. Welche Versuchsmethoden gibt es?

Versuchsmethode	Definition
Taguchi	Die **Taguchi-Methode** ist eine Methode zur statistischen Versuchsplanung, deren hauptsächlicher Einsatzbereich vor allem die Entwicklung ist. Die Strategie dieser Versuchsmethodik zielt darauf ab, Erkenntnisse zu gewinnen, welche Einflussfaktoren mit welcher Stärke auf den Prozess einwirken. Er ist (kostenneutral) auf die kleinstmögliche Streuung der Merkmalswerte auszurichten und die dazu erforderlichen Versuche sind auf eine effektive Anzahl zu reduzieren. Das **Ziel** liegt in robusten Prozessen mit geringer Anfälligkeit gegenüber Störgrößen.
Pareto	Die **Pareto-Analyse** ist eine einfache Methode, um mit minimalem Aufwand wesentliche Einflussgrößen oder Fehler von unwesentlichen zu unterscheiden. Fehlerschwerpunkte werden übersichtlich dargestellt und Abarbeitungsprioritäten festgelegt. Der Einsatz qualitätssichernder Maßnahmen erfolgt in der Praxis oft nicht zuerst dort, wo die meisten Fehler auftreten, sondern die höchsten Kosten entstehen.
Kaizen	**Kaizen** geht von der Erkenntnis aus, dass in einem Unternehmen jedes System einem allgemeinen Verschleiß unterliegt. Die Philosophie besteht darin, diese Probleme in einem **ständigen** Verbesserungsprozess zu lösen. Die Verbesserungen der Qualität der Produkte und Prozesse sowie die Senkung der Kosten münden letztendlich in einer höheren Kundenzufriedenheit.

7.4.2 Einsatz von statistischen Methoden

01. Welche Begriffe werden in der Fachsprache der Statistik verwendet?

- Als **Grundgesamtheit**
  (= statistische Masse) bezeichnet man die Gesamtheit der statistisch erfassten gleichartigen Elemente (z. B. alle gefertigten Teile für Auftrag X).
- **Bestandsmassen**
  sind diejenigen Massen, die sich auf einen **Zeitpunkt** beziehen (z. B. 01.07. des Jahres).
- **Bewegungsmassen**
  sind auf einen bestimmten **Zeitraum** bezogen (z. B. 01.01. bis 30.06. d. J.).

- **Abgrenzung der Grundgesamtheit:** Je nach Fragestellung ist die Grundgesamtheit abzugrenzen. Vorherrschend sind folgende **Abgrenzungsmerkmale:**
  - **sachliche** Abgrenzung (z. B. Baugruppe Y)
  - **örtliche** Abgrenzung (z. B. Montage I)
  - **zeitliche** Abgrenzung (im Monat Januar)
- Als **Merkmal**
  bezeichnet man die Eigenschaft, nach der in einer statistischen Erfassung gefragt wird (z. B. Alter, gute Teile/schlechte Teile).
- **Merkmalsausprägungen**
  nennt man die Werte, die ein bestimmtes Merkmal annehmen können (z. B. gut/schlecht; männlich/weiblich; 48, 50, 55 usw.).
- **Diskrete Merkmale**
  können **nur abzählbar viele Werte annehmen** (z. B. Anzahl der Kinder, der fehlerhaften Stücke).
- **Stetige Merkmale**
  können jeden Wert (= überabzählbar) annehmen (z. B. Körpergröße, Durchmesser einer Welle).
- **Qualitative Merkmale**
  erfassen Eigenschaften/Qualitäten eines Merkmalsträgers (z. B. Geschlecht eines Mitarbeiters: weiblich - männlich oder Ergebnis der Leistungsbeurteilung: 2 – 4 – 6 – 8 usw.).
- **Quantitative Merkmale**
  sind Merkmale, deren **Ausprägungen in Zahlen** angegeben werden – mit Benennung der Maßeinheit, z. B. Stück, kg, Euro.
- **Ordinalskala:**
  Erfolgt eine Festlegung der **Rangfolge** der Merkmalsausprägungen, so spricht man von Ordinalskalen (z. B. gut/schlecht/unbrauchbar) – ansonsten von
- **Nominalskalen** (z. B. männlich/weiblich; gelb/rot/grün).
- **Häufigkeit:**
  Anzahl der Messwerte einer Messreihe zu einem bestimmten Messwert x_i.

02. In welchen Schritten erfolgt die Lösung statistischer Fragestellungen?

1. **Analyse der Ausgangssituation**,
2. **Erfassen** des Zahlenmaterials,
3. **Aufbereitung**, d. h. Gruppierung und Auszählung der Daten und Fakten,
4. **Auswertung**, d. h. Analyse des Zahlenmaterials nach methodischen Gesichtspunkten.

03. Wie wird das statistische Zahlenmaterial aufbereitet?

Das Zahlenmaterial kann erst dann ausgewertet und analysiert werden, wenn es in aufbereiteter Form vorliegt. Dazu werden die Merkmalsausprägungen **geordnet** – z. B. nach Geschlecht, Alter, Beruf, Region, gut/schlecht, Länge, Materialart usw.).

Grundsätzliche **Ordnungsprinzipien** im Rahmen der Aufbereitung sind:

- **Ordnen** des Zahlenmaterials **in einer Nominalskala**.
- **Ordnen** des Zahlenmaterials **in einer Kardinalskala** ($x_1 = 1, x_2 = 5, x_3 = 7 \ldots$) oder einer **Ordinalskala** (x_i = nicht ausreichend, x_i = ausreichend, x_i = befriedigend, x_i = gut, ...).
- Unterscheidung in **diskrete** und **stetige Merkmale**.
- Ggf. Aufbereitung in Form einer **Klassenbildung.**
- Aufbereitung ungeordneter Reihen **in geordnete Reihen**.
- Bildung absoluter und relativer Häufigkeiten (**Verteilungen**).

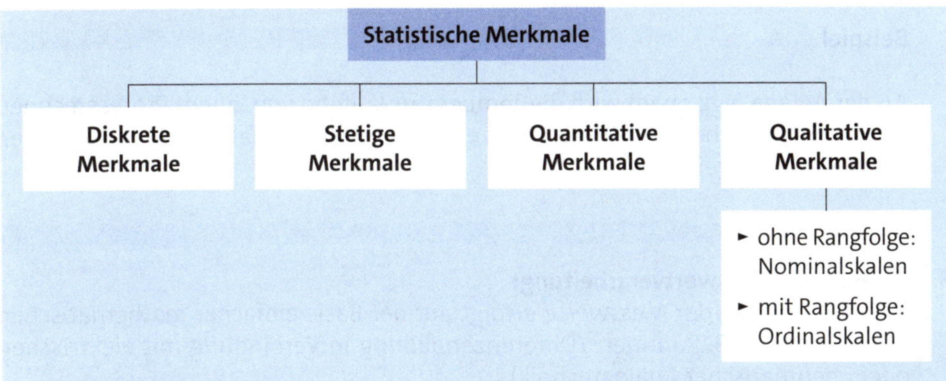

Beispiele

Quantitative und qualitative Prüfmerkmale

Prüfmerkmale			
qualitative		quantitative	
ordinal	**nominal**	**stetig**	**diskret**
gut/schlecht	grün/gelb	Durchmesser einer Welle	unbrauchbare Teile
Note 1, Note 2, ...	i.O/n. i.O	Umfang eines Körpers	Fehltage pro Monat
Güteklassen 1 ... 5	männlich/weiblich	Länge des Werkstücks	Ausfallzeiten

04. Wie erfolgt die Erfassung und Verarbeitung technischer Messwerte?

Die Erfassung und Verarbeitung technischer Messwerte kann unterschiedlich komplex sein; folgende Arbeitsweisen können unterschieden werden:

1. Die Erfassung der Daten erfolgt über eine **einfache Messeinrichtung** (z. B. Thermometer, Druckmesser); die **Prozesssteuerung** bzw. ggf. notwendige Eingriffe in den Prozess erfolgen **manuell**.

   Beispiel

   An einer Anlage wird die Temperatur mithilfe eines Thermometers gemessen; wird ein bestimmter Temperaturgrenzwert überschritten, erfolgt eine manuell eingeleitete Kühlung der Anlage durch den Mitarbeiter.

2. Die Messwerte werden durch die Messeinrichtung erfasst, **innerhalb der Messeinrichtung verarbeitet** und der **Prozess wird** „automatisch" **gesteuert** (z. B. über Prozessrechner).

   Beispiel

   An der Anlage (vgl. oben) wird die Temperatur laufend von einem Prozessrechner erfasst. Bei Erreichen des Grenzwertes erfolgt ein Warnsignal und die Kühlung der Anlage wird ausgelöst.

3. **Elementare Messwertverarbeitung:**
   Die Verarbeitung der Messwerte erfolgt auf der Basis einfacher mathematischer Operationen (z. B. Summen-/Differenzenbildung in Verbindung mit elektrischer oder pneumatischer Analogtechnik).

4. **Höhere Messwertverarbeitung:**
   Die Verarbeitung der Messwerte erfolgt auf der Basis komplexer mathematischer Operationen (z. B. Integral-/Differenzialrechnung in Verbindung mit Digitalrechnern).

   Hinsichtlich der **Form** der Datenverdichtung wird weiterhin unterschieden:

   - **Signalanalyse:**
     Es wird der Verlauf von Messsignalen untersucht (z. B. Verlauf von Schwingungen).
   - **Messdatenverarbeitung:**
     Aufbereitung, Verknüpfung, Prüfung und Verdichtung von Messdaten.

Unterschiede in der Erfassung und Verarbeitung technischer Messwerte

Art der Messeinrichtung	Art der mathematischen Operationen	Art der Informationsverdichung
► einfache Messeinrichtung und manuelle Prozesssteuerung ► Verarbeitung innerhalb der Messeinrichtung und automatische Prozesssteuerung	► elementare Messwertverarbeitung ► höhere Messwertverarbeitung	► Signalanalyse ► Messdatenverarbeitung

05. Lassen sich Fehler bei der Erfassung von Messwerten vermeiden?

In der Praxis ist jede Messung von Daten **mit Fehlern behaftet**. Man unterscheidet zwischen **systematischen** und **zufälligen** Fehlern:

- **Systematische Fehler** sind **Fehler in der Messeinrichtung**, die sich gleichmäßig auf alle Messungen auswirken. Sie lassen sich durch eine verbesserte Messtechnik beheben.

  Beispiel

  Fehlerhafter Messstab, nicht ausreichende Justierung einer Waage usw.

- **Zufällige Fehler** entstehen durch unkontrollierbare Einflüsse während der Messung; sie sind bei jeder Messung verschieden und unvermeidbar.

  Beispiel

  Bei der Prüfung von Wellen in der Eingangskontrolle stellt man fest, dass von 50 Stück drei fehlerhaft sind; die Wiederholung der Stichprobe kommt zu einem anderen Ergebnis, obwohl die Messverfahren gesichert sind und die Versuchsdurchführung nicht geändert wurde.

Messfehler – Arten

Systematische Fehler	Zufällige Fehler

06. Wie erfolgt die Aufbereitung von Messstichproben?

Mithilfe der Stichprobentheorie lässt sich von Teilgesamtheiten (z. B. einer Stichprobe) auf Grundgesamtheiten schließen.

Im Allgemeinen benutzt man bei der Kennzeichnung von Maßzahlen der **Grundgesamtheit griechische** und bei der Kennzeichnung von Maßzahlen der **Stichprobe lateinische Buchstaben:**

x_i alle Messwerte/Merkmalsausprägungen der Urliste/Stichprobe (i = 1, ..., n)
x_j die verschiedenen Messwerte/Merkmalsausprägungen der Urliste/Stichprobe (j = 1, ..., r)
μ Mittelwert der Grundgesamtheit
N Umfang der Grundgesamtheit
M_z Median (= Zentralwert)
M_o Modalwert (= Modus = häufigster Wert)
R Spannweite
σ^2 Varianz der Grundgesamtheit
σ Standardabweichung der Grundgesamtheit
$\bar{x}$ Mittelwert der Stichprobe
n Umfang der Stichprobe
s^2 Varianz der Stichprobe
s Standardabweichung der Stichprobe
$\sum$ Summenzeichen

- Bei **kleinen Stichproben** (z. B. n = 10) ist es ausreichend, die Werte der Größe nach zu ordnen:

Beispiel

Urliste: 5, 3, 9, 1, 3, 2, 8, 4, 6, 12
Geordnete Urliste: 1, 2, 3, 3, 4, 5, 6, 8, 9, 12

- Bei **großen Stichproben** werden gleiche Werte zusammengefasst und deren Häufigkeit in einer **Strichliste** notiert:

Beispiel

Es liegt folgende ungeordnete Messwertreihe vor:

4,35	4,80	3,75	4,95	4,20	5,10	4,65	6,00	4,05	5,25
5,10	4,50	3,15	5,25	4,65	3,45	5,85	4,50	5,55	4,80
6,45	4,05	3,00	4,20	5,10	3,15	5,40	4,65	5,10	4,50

Man ordnet die verschiedenen Werte in aufsteigender Reihenfolge und notiert die Häufigkeit ihres Auftretens; auf diese Weise erhält man die Strichliste; zur Weiterbearbeitung der Werte wird die Häufigkeit in der nächsten Spalte der Tabelle in Zahlen angegeben:

Messwerte	Strichliste	Häufigkeit
x_j		n_j
3,00	|	1
3,15	||	2
3,45	|	1
3,75	|	1
4,05	||	2
4,20	||	2
4,35	|	1
4,50	|||	3
4,65	|||	3
4,80	||	2
4,95	|	1
5,10	||||	4
5,25	||	2
5,40	|	1
5,55	|	1
5,85	|	1
6,00	|	1
6,45	|	1
∑		30

- Man bezeichnet diese Tabelle als **Häufigkeitstabelle**.

  Der Wert n_j gibt die **absolute Häufigkeit** der verschiedenen Merkmalsausprägungen der Stichprobe wieder; z. B. hat der Wert n_{22} die absolute Häufigkeit 4. Die Summe der absoluten Häufigkeiten in einer Stichprobe ist immer gleich dem Stichprobenumfang. Es gilt:

  $$\sum n_j = n$$

  j = 1, 2, ..., r

- Dividiert man die absolute Häufigkeit n_j durch den Stichprobenumfang n (im Beispiel: n = 30), so erhält man die **relative Häufigkeit** (in Prozent oder absolut). Die relative Häufigkeit ist eine nicht negative Zahl, die höchstens gleich 1 sein kann:

  $$\frac{n_j}{n} = \text{relative Häufigkeit}$$

  j = 1, 2, ..., r

Im Beispiel:

$$\frac{n_{22}}{30} = \frac{4}{30} = 0{,}1333$$

Die Summe der relativen Häufigkeit ist immer gleich 1:

$$\sum \frac{n_j}{n} = 1$$

$j = 1, 2, ..., r$

- Eine weitere Verbesserung der Aussagekraft der Tabelle erhält man, indem die relativen Häufigkeiten schrittweise aufaddiert werden; es ergeben sich die **kumulierten relativen Häufigkeiten** (auch: relative Summenhäufigkeiten).

Beispiel

Die nachfolgende Tabelle zeigt die Messwerte absolut, relativ und kumuliert relativ:

Messwerte	Häufigkeit (absolut)		Häufigkeit (relativ)	
x_j			einfach	kumuliert
3,00	|	1	0,0333	0,0333
3,15	||	2	0,0666	0,0999
3,45	|	1	0,0333	0,1332
3,75	|	1	0,0333	0,1665
4,05	||	2	0,0666	0,2331
4,20	||	2	0,0666	0,2997
4,35	|	1	0,0333	0,3330
4,50	|||	3	0,1000	0,4330
4,65	|||	3	0,1000	0,5330
4,80	||	2	0,0666	0,5996
4,95	|	1	0,0333	0,6329
5,10	||||	4	0,1333	0,7662
5,25	||	2	0,0666	0,8328
5,40	|	1	0,0333	0,8661
5,55	|	1	0,0333	0,8994
5,85	|	1	0,0333	0,9327
6,00	|	1	0,0333	0,9660
6,45	|	1	0,0333	1,0000
∑		30	1,0000	

07. Wie wird das Histogramm bei klassierten Daten erstellt?

Enthält eine Stichprobe sehr viele, zahlenmäßig verschiedene Werte, so ist die oben dargestellte Häufigkeitstabelle noch sehr unübersichtlich. Man führt daher eine Vereinfachung durch, indem man eine sog. **Gruppierung** oder **Klassenbildung** vornimmt:

1. Schritt: **Ermittlung der Klassen** k

$$k = \sqrt{n}$$

Im Beispiel: $k = \sqrt{30} \approx 5$

2. Schritt: **Ermittlung der Klassenbreite** w

$$w = \frac{R}{k}$$

mit R = Spannweite (= Range) = $x_{max} - x_{min}$ = (Maximalwert - Minimalwert)

Im Beispiel: $w = \dfrac{6{,}45 - 3{,}00}{5} \approx 0{,}7$

3. Schritt: **Bildung der Klassen**; nach Möglichkeit sollten alle Klassen gleich breit sein.

Bei k = 5 und w = 0,7 ergibt sich folgende Klasseneinteilung:

Klassen
3,0 bis unter 3,7
3,7 bis unter 4,4
4,4 bis unter 5,1
5,1 bis unter 5,8
5,8 bis unter 6,5

4. Schritt: **Zuordnung der Stichprobenwerte zu den einzelnen Klassen**

Es ist üblich, dass die Klassenobergrenze nicht mit zur betreffenden Klasse hinzugerechnet wird; es werden also Klassenintervalle i. d. R. in folgender Form gebildet:

10 bis unter 11 bzw. ($10 \leq x_j < 11$)

11 bis unter 12 ($11 \leq x_j < 12$) usw.

Klassen	Strichliste	absolute Häufigkeit
3,0 bis unter 3,7	||||	4
3,7 bis unter 4,4	||||| |	6
4,4 bis unter 5,1	||||| ||||	9
5,1 bis unter 5,8	||||| |||	8
5,8 bis unter 6,5	|||	3
	$\sum$	30

5. Schritt: **Zeichnen des Histogramms**

→ Das Histogramm ist die grafische Darstellung der Häufigkeiten eines klassierten, quantitativen Merkmals durch rechteckige Flächen über den Klassen; dabei entspricht die Größe der Flächen der Häufigkeit der jeweiligen Klasse.

→ Sind alle Klassen gleich breit, können die Häufigkeiten durch die Höhe der Fläche dargestellt werden (häufig gewählter Fall in der Praxis).

Klassen	Strichliste	absolute Häufigkeit	absolute Häufigkeit, kumuliert	relative Häufigkeit	relative Häufigkeit, kumuliert
3,0 bis unter 3,7	||||	4	4	0,1333	0,1333
3,7 bis unter 4,4	||||| |	6	10	0,2000	0,3333
4,4 bis unter 5,1	||||| ||||	9	19	0,3000	0,6333
5,1 bis unter 5,8	||||| |||	8	27	0,2666	0,8999
5,8 bis unter 6,5	|||	3	30	0,1000	1,0000
∑		30		1,0000	

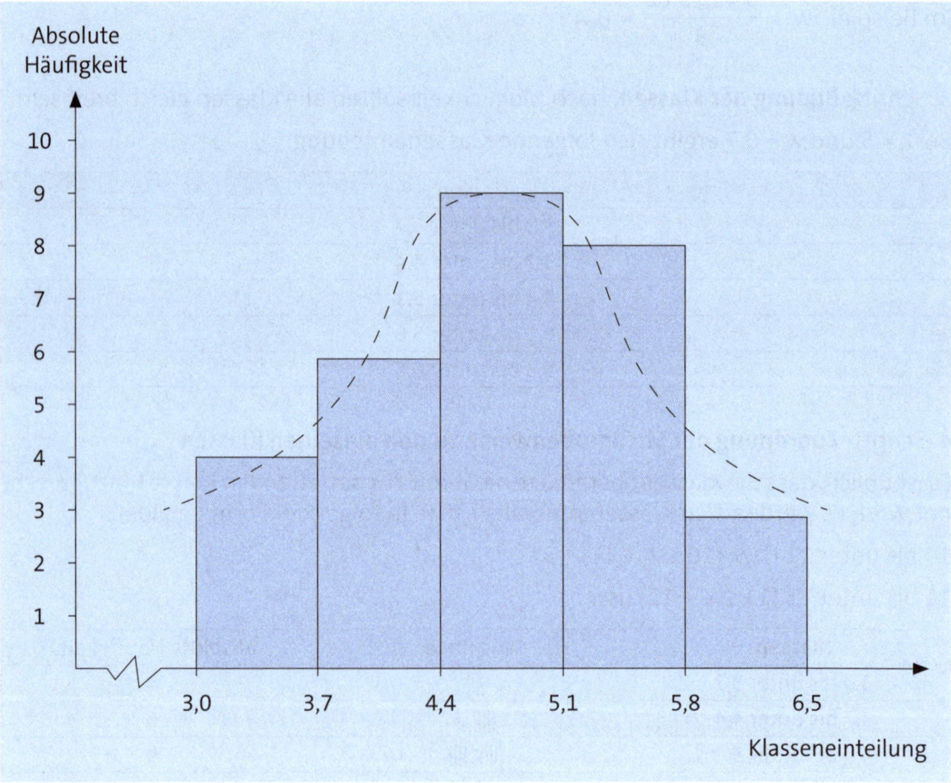

Im vorliegenden Fall hat das Histogramm annähernd die Form einer Normalverteilung (vgl. dazu im Einzelnen weiter unten).

08. Was versteht man unter einer Häufigkeitsverteilung bzw. einer Verteilungsfunktion?

Teilt man den geordneten Merkmalsausprägungen die entsprechenden Häufigkeiten zu (absolute oder relative), so erhält man die **Häufigkeitsverteilung** (kurz: Verteilung) des betreffenden Merkmals.

Die Darstellung der Verteilung eines Merkmals kann

- **tabellarisch** (vgl. oben) oder
- **grafisch** erfolgen, z. B. als
  - Stabdiagramm
  - Histogramm
  - Kreisdiagramm
  - Säulendigramm
  - Liniendiagramm
  - Piktogramm.

Man unterscheidet in der Statistik spezielle Verteilungen, u. a.:

1. **Diskrete Verteilungen**, z. B.:
   - Binomialverteilung
   - Poisson-Verteilung
   - Hypergeometrische Verteilung
2. **Stetige Verteilungen**, z. B.: Normalverteilung (= Gauss-Verteilung).

Insbesondere die Normalverteilung spielt in der Prüfstatistik eine besondere Rolle (vgl. unten, Frage 13. ff.).

Die **Häufigkeitsfunktion** (auch: Verteilungsfunktion) ist die mathematische Beschreibung der Verteilung eines Merkmals.

Es sei: $x_1, x_2, ..., x_r$ Die verschiedenen Werte (r) einer Stichprobe vom Umfang n aus einer Grundgesamtheit mit der Größe N.

$h_1, h_2, ..., h_r$ Die dazugehörigen relativen Häufigkeiten der Werte x_1 bis x_r.

Dabei gilt:

$$h_j = \frac{n_j}{n}$$

mit j = 1, 2, ..., r

Die **Verteilungsfunktion** f(x) hat für x_1 den Wert h_1, für x_2 den Wert h_2 usw. und für jede Zahl x, die nicht in der Stichprobe vorkommt, ist sie gleich null; in Formeln:

$$f(x) = \begin{cases} h_j \text{ für} & x = x_j \\ 0 \text{ für} & \text{alle übrigen } x \end{cases}$$

mit j = 1, 2, ..., r

09. Welche Maßzahlen sind relevant zur Charakterisierung einer Verteilungsfunktion?

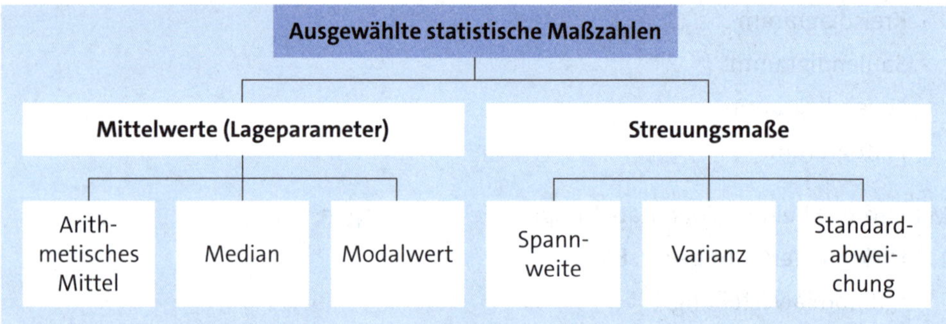

10. Wie werden Maßzahlen der Grundgesamtheit berechnet?

Die Beispielrechnungen gehen von folgender Messwertreihe (vgl. oben) aus:

4,35	4,80	3,75	4,95	4,20	5,10	4,65	6,00	4,05	5,25
5,10	4,50	3,15	5,25	4,65	3,45	5,85	4,50	5,55	4,80
6,45	4,05	3,00	4,20	5,10	3,15	5,40	4,65	5,10	4,50

Zu berechnen sind folgende Parameter der Messreihe:

a) das arithmetische Mittel
b) der Median
c) der Modalwert
d) die Spannweite
e) die Varianz
f) die Standardabweichung.

a) **Das arithmetische Mittel** μ
einer Häufigkeitsverteilung ist die Summe aller Merkmalsausprägungen dividiert durch die Anzahl der Beobachtungen:

- μ, **ungewogen:**

$$\mu = \frac{\sum x_i}{N}$$

$i = 1, 2, ..., N$

- μ, **gewogen:**

$$\mu = \frac{\sum N_j x_j}{N}$$

$j = 1, 2, ..., r$

Beispiel

										∑
4,35	4,80	3,75	4,95	4,20	5,10	4,65	6,00	4,05	5,25	47,10
5,10	4,50	3,15	5,25	4,65	3,45	5,85	4,50	5,55	4,80	46,80
6,45	4,05	3,00	4,20	5,10	3,15	5,40	4,65	5,10	4,50	45,60
∑										**139,50**

$$\mu = \frac{139{,}5}{30} = 4{,}65$$

b) **Median M_z (= Zentralwert):**
Ordnet man die Werte einer Urliste der Größe nach, so ist der Median dadurch gekennzeichnet, dass 50 % der Merkmalsausprägungen kleiner/gleich und 50 % der Merkmalsausprägungen größer/gleich dem Zentralwert M_z sind. Der Median teilt also die der Größe nach geordneten Werte in zwei gleiche Hälften:

- **bei N = gerade**
ist der Median das arithmetische Mittel der in der Mitte stehenden Werte:

$$M_z = \frac{1}{2} \; (x_{N/2} + x_{N/2+1})$$

Beispiel

Da N = 30 ist, wird das arithmetischen Mittel aus dem 15. und 16. Wert der (geordneten) Häufigkeitstabelle gebildet:

x_j	3,00	3,15	3,45	3,75	4,05	4,20	4,35	4,50	**4,65**	$\sum N_j$
N_j	1	2	1	1	2	2	1	3	3	*16*
x_j	4,80	4,95	5,10	5,25	5,40	5,55	5,85	6,00	6,45	
N_j	2	1	4	2	1	1	1	1	1	*14*
$\sum N_j$										***30***
j = 1, ..., 18										

- **bei N = ungerade**
  ist der Median der in der Mitte stehende Wert der geordneten Urliste:

$$M_z = x_{(N+1)/2}$$

Beispiel

Angenommen, man würde die vorliegende Messreihe von 30 Werten um den Wert x_{31} = 6,55 ergänzen, so erhält man als Median den Wert x_{16}:

$$M_z = x_{(31+1)/2} = x_{16} = 4{,}65$$

Da es sich beim Median um einen **relativ „groben" Lageparameter** zur Charakterisierung einer Verteilung handelt, sollte er **nur bei einer kleinen Messreihe** ermittelt werden. Im vorliegenden Fall von 30 Urlistenwerten ist er eher nicht zu empfehlen.

c) Als **Modalwert** M_o (= dichtester Wert = Modus)
bezeichnet man innerhalb einer Häufigkeitsverteilung die Merkmalsausprägung mit **der größten Häufigkeit** (soweit vorhanden):

x_j	3,00	3,15	3,45	3,75	4,05	4,20	4,35	4,50	4,65	$\sum N_j$
N_j	1	2	1	1	2	2	1	3	3	*16*
x_j	4,80	4,95	**5,10**	5,25	5,40	5,55	5,85	6,00	6,45	
N_j	2	1	**4**	2	1	1	1	1	1	*14*
$\sum N_j$										***30***
j = 1, ..., 18										

Beispiel

Aus der vorliegenden Häufigkeitstabelle lässt sich der Modalwert direkt ablesen: Es ist die Merkmalsausprägung mit der maximalen Häufigkeit.

$N_j = 4$
$M_o = 5{,}10$

Mittelwerte, die die Lage einer Verteilung beschreiben, reichen allein nicht aus, um eine Häufigkeitsverteilung zu charakterisieren. Es wird nicht die Frage beantwortet, wie weit oder wie eng sich die Merkmalsausprägungen um den Mittelwert gruppieren.

Man berechnet daher sog. **Streuungsmaße,** die kleine Werte annehmen, wenn die Merkmalsbeträge stark um den Mittelwert konzentriert sind bzw. große Werte bei weiter Streuung um den Mittelwert.

d) Die **Spannweite** R (= Range) ist das **einfachste Streuungsmaß**.
Sie wird als die **Differenz zwischen dem größten und dem kleinsten Wert** definiert. Die Aussagekraft der Spannweite ist sehr gering und sollte daher nur für eine kleine Anzahl von Messwerten berechnet werden (im vorliegenden Beispiel also eher nicht geeignet).

$$R = x_{max} - x_{min}$$

oder bei geordneter Urliste:

$$R = x_N - x_1$$

Beispiel

$R = x_{30} - x_1 = 6{,}45 - 3{,}00 = 3{,}45$

e) **Mittlere quadratische Abweichung** σ^2 (= Varianz):
Bei der Varianz σ^2 wird das jeweilige Quadrat der Abweichungen zwischen der Merkmalsausprägung x_i und dem Mittelwert berechnet. Durch den Vorgang des Quadrierens erreicht man, dass große Abweichungen stärker und kleine Abweichungen weniger berücksichtigt werden. Die Summe der Quadrate wird durch N dividiert.

- σ^2, **ungewogen:**

$$\sigma^2 = \frac{\sum (x_i - \mu)^2}{N}$$

$i = 1, 2, ..., N$

- σ^2, **gewogen:**

$$\sigma^2 = \frac{\sum (x_j - \mu)^2 \cdot N_j}{N}$$

$j = 1, 2, ..., r$

Durch Umrechnung gelangt man zu folgender Formel; damit lässt sich die Varianz leichter berechnen:

$$\sigma^2 = \frac{1}{N} \sum N_j \, x_j^2 - \mu^2$$

Bei einer hohen Zahl von Messwerten empfiehlt sich eine Arbeitstabelle zur Berechnung der Varianz:

x_j	N_j	x_j^2	$N_{j\,x}j^2$	$x_j - \mu$	$(x_j - \mu)^2$	$(x_j - \mu)^2 N_j$
3,00	1	9,00	9,00	- 1,65	2,72	2,72
3,15	2	9,92	19,84	- 1,50	2,25	4,50
3,45	1	11,90	11,90	- 1,20	1,44	1,44
3,75	1	14,06	14,06	- 0,90	0,81	0,81
4,05	2	16,40	32,80	- 0,60	0,36	0,72
4,20	2	17,64	35,28	- 0,45	0,20	0,40
4,35	1	18,92	18,92	- 0,30	0,09	0,09
4,50	3	20,25	60,75	- 0,15	0,02	0,06
4,65	3	21,62	64,87	0,00	0,00	0,00
4,80	2	23,04	46,08	0,15	0,02	0,04
4,95	1	24,50	24,50	0,30	0,09	0,09
5,10	4	26,01	104,04	0,45	0,20	0,80
5,25	2	27,56	55,12	0,60	0,36	0,72
5,40	1	29,16	29,16	0,75	0,56	0,56
5,55	1	30,80	30,80	0,90	0,81	0,81
5,85	1	34,22	34,22	1,20	1,44	1,44
6,00	1	36,00	36,00	1,35	1,82	1,82
6,45	1	41,60	41,60	1,80	3,24	3,24
∑	30		668,97			20,26

Beispiel

$$\sigma^2 = \frac{\sum (x_j - \mu)^2 \cdot N_j}{N} = \frac{20,26}{30} = 0,68$$

bzw.

$$\sigma^2 = \frac{1}{N} \sum N_j \, x_j^2 - \mu^2 = \frac{668,97}{30} - 21,6225 = 0,68$$

f) Die **Standardabweichung** σ (kurz: „Streuung") ist die positive Wurzel aus der Varianz; sie ist das wichtigste Streuungsmaß:

$$\sigma = \sqrt{\sigma^2}$$

Beispiel

$\sigma = \sqrt{0,68} = 0,82$

11. Wie werden Maßzahlen der Stichprobe berechnet?

Die oben dargestellten Formeln zur Berechnung der Maßzahlen sind – bis auf die **Berechnung der Varianz** – **analog**. Zur Kennzeichnung von Stichprobenparametern wird

$\overline{x}$ statt μ,

n statt N,

s^2 statt σ^2 und

s statt σ verwendet

▸ somit modifizieren sich die Formeln für den Mittelwert zu:

$$\overline{x} = \frac{\sum x_i}{n}$$

bzw.

$$\overline{x} = \frac{\sum x_j \, n_j}{n}$$

- Bei der Berechnung der **Varianz einer Stichprobe** wird – genau genommen – keine mittlere quadratische Abweichung berechnet, sondern man verwendet die Formel

$$s^2 = \frac{\sum (x_i - \bar{x})^2}{n - 1}$$

Man dividiert also die Summe der Quadrate durch den um Eins verminderten Stichprobenumfang (= sog. **empirische Varianz**). Für die Standardabweichung s gilt Entsprechendes. Es lässt sich mathematisch zeigen, dass diese Berechnungsweise notwendig ist, wenn von der Varianz der Stichprobe auf die Varianz der Grundgesamtheit geschlossen werden soll.

TIPP

Praxistipp
Funktionsrechner und Statistik-Software verwenden häufig den Faktor $^1/_{n-1}$ anstatt $^1/_n$. Bitte beachten Sie dies bei der Berechnung von Varianzen, die **nicht** aus einer Stichprobe stammen.

12. Welche Prüfmethoden werden im Rahmen der Qualitätskontrolle eingesetzt?

Bei der Qualitätskontrolle bedient man sich vor allem der drei folgenden Methoden, die wiederum verschiedene Unterarten verzeichnen:

Prüfmethoden – Übersicht

- **statistische Qualitätskontrolle**
  - Normalverteilung
- **(einfache) Methoden der Betriebspraxis**
  - Strichliste
  - Kontrollkarte
  - Stichprobenpläne
- **computergestützte Qualitätssicherung (CAQ)**

13. Wie erfolgt die statistische Qualitätskontrolle unter der Annahme der Normalverteilung?

Untersucht man eine große Anzahl von Einheiten eines gefertigten Produktes hinsichtlich der geforderten Qualitätseigenschaften (Stichprobe aus einem Los), so lässt sich mathematisch zeigen, dass die „schlechten Werte" in einer bestimmten Verteilungsform vom Mittelwert (dem Sollwert) abweichen: Es entsteht bei hinreichend großer Anzahl von Prüfungen das Bild einer Gauss'schen Normalverteilung (sog. symmetrische Glockenkurve):

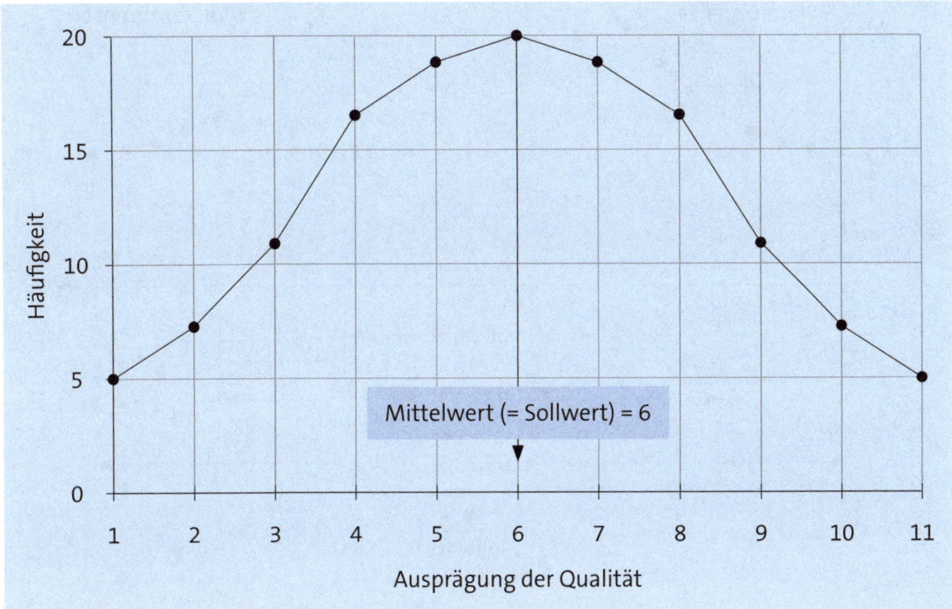

Es lässt sich mathematisch zeigen, dass – bei Vorliegen einer Normalverteilung der Qualitätseigenschaften –

- ungefähr **68,0 %** (68,26 %)
  aller Ausprägungen streuen im Bereich(Mittelwert +/- 1 • Standardabweichung)
- ungefähr **95,0 %** (95,44 %)
  aller Ausprägungen streuen im Bereich(Mittelwert +/- 2 • Standardabweichung)
- ungefähr **99,8 %** (99,73 %)
  aller Ausprägungen streuen im Bereich(Mittelwert +/- 3 • Standardabweichung)

Die nachfolgende Abbildung zeigt den dargestellten Zusammenhang:

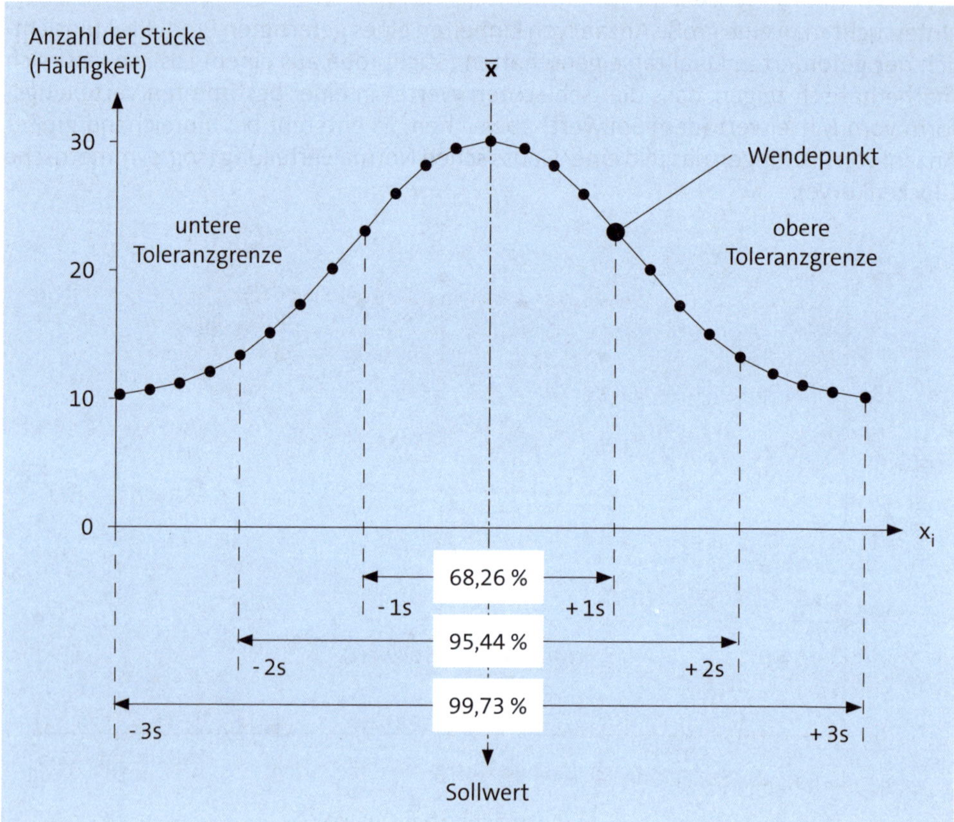

Diese Erkenntnis der Gauss'schen Normalverteilung (bei einer großen Anzahl von Untersuchungseinheiten) macht man sich bei der statistischen Qualitätskontrolle zu Nutze:

Man zieht eine zufällig entnommene Stichprobe aus der produzierten Losgröße und schließt (vereinfacht gesagt) von der Zahl der **schlechten Stücke in der Stichprobe auf die Zahl der schlechten Stücke in der Grundgesamtheit** (gesamte Losgröße).

→ DIN 53804-1, → DGQ 1631

14. Wie wird der Fehleranteil im Prüflos und in der Grundgesamtheit berechnet?

Aus einem Losumfang (= Grundgesamtheit) von N wird eine hinreichend große Stichprobe mit dem Umfang n zufällig entnommen. Man erhält in der Stichprobe n_f fehlerhafte Stücke (= Überschreitung des zulässigen Toleranzbereichs):

Der **Anteil der fehlerhaften Stücke** Δx_f **der Stichprobe** ist

$$\Delta x_f = \frac{n_f}{n}$$ oder in Prozent: $$= \frac{n_f}{n} \cdot 100$$

Beispiel

Es werden aus einem Losumfang von 4.000 Wellen 10 % überprüft. Die Messung ergibt 20 unbrauchbare Teile.

Es ergibt sich bei n = 400 und $n_f = 20$

$$\Delta x_f = \frac{n_f}{n} = \frac{20}{400} = 0{,}05 \text{ bzw. } 5\,\%$$

Bei hinreichend großem Stichprobenumfang und zufällig entnommenen Messwerten kann angenommen werden, dass der Anteil der fehlerhaften Stücke in der Grundgesamtheit N_f wahrscheinlich dem Anteil in der Stichprobe entspricht (Schluss von der Stichprobe auf die Grundgesamtheit); es wird also gleichgesetzt:

$$\frac{n_f}{n} \cdot 100 = \frac{N_f}{N} \cdot 100$$

Das heißt, es kann angenommen werden, dass die Zahl der fehlerhaften Wellen in der Grundgesamtheit 200 Stück beträgt (5 % von 4.000).

Bezeichnet man die Anzahl der fehlerhaften Stücke als „NIO-Teile" (= „Nicht-in-Ordnung-Teile") so lässt sich in Worten folgender Schluss von der Stichprobe auf die Grundgesamtheit formulieren:

$$\frac{\text{NIO-Teile der Stichprobe}}{\text{Stichprobenumfang}} \longrightarrow \frac{\text{NIO-Teile der Grundgesamtheit}}{\text{Losumfang}}$$

15. Wie hoch ist die Wahrscheinlichkeit bei der zufälligen Entnahme von Werkstücken, ein fehlerhaftes Teil zu erhalten (Fehlerwahrscheinlichkeit)?

Beispiel

In einem Behälter befinden sich 500 Werkstücke; davon weisen 20 Werkstücke einen Maßfehler auf. Wie hoch ist die Wahrscheinlichkeit, bei der zufälligen Entnahme eines Werkstückes ein fehlerhaftes Teil zu erhalten (= Ereignis A)?

Definition der Wahrscheinlichkeit nach *Laplace:*
Die Wahrscheinlichkeit eines Ereignisses P(A) ist der Quotient aus der Anzahl der für das Eintreten von A günstigen Fälle (g) zur der Anzahl der möglichen Fälle (m).

$$P(A) = \frac{g}{m}$$

mit: g = Anzahl der günstigen Fälle
m = Anzahl der möglichen Fälle

$$P(A) = \frac{20}{500} = 0{,}04 \text{ bzw. } 4\,\%$$

Die Wahrscheinlichkeit für das Ereignis A (bei der zufälligen Entnahme eines Werkstückes ein fehlerhaftes Teil zu erhalten mit g = 20 und m = 500) beträgt also 4 %.

16. Wie kann mithilfe des Wahrscheinlichkeitsnetzes auf das Vorliegen einer Normalverteilung des Prüfmerkmals geschlossen werden?

Die Normalverteilung wurde bereits oben/13. behandelt. Das **Wahrscheinlichkeitsnetz** (auch: Wahrscheinlichkeitspapier) ist ein funktionales Papier, bei dem die Ordinatenskala (= y-Achse) so verzerrt ist, dass sich **die s-förmige Kurve der Verteilungsfunktion einer Normalverteilung auf diesem Papier zu einer Geraden streckt**.

Die nachfolgende Abbildung zeigt die prinzipielle **Entstehung des Wahrscheinlichkeitsnetzes:**

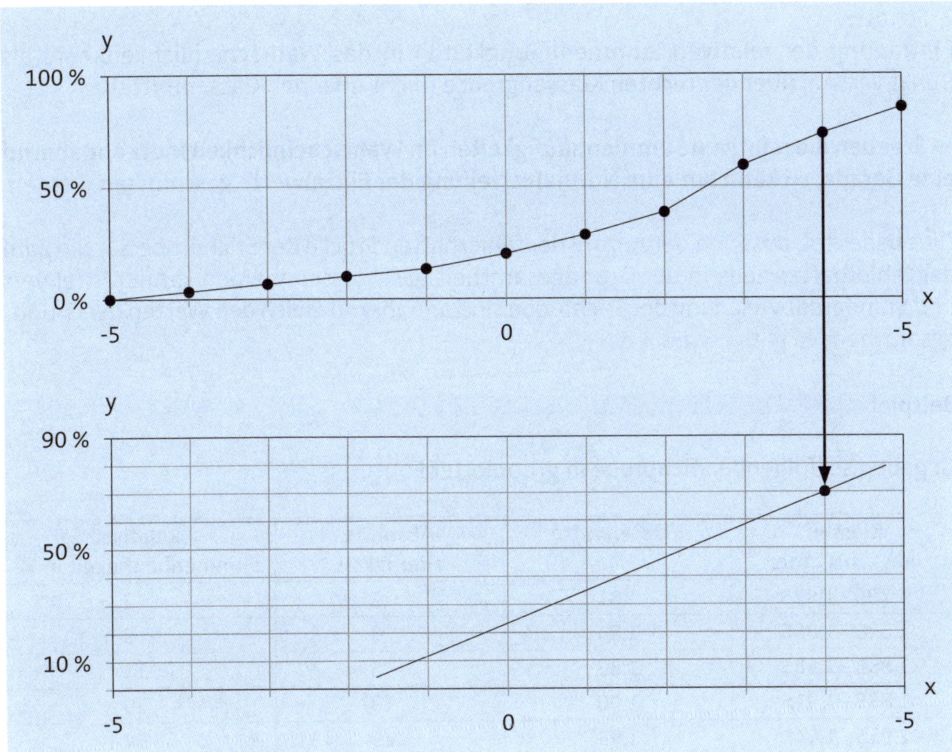

Wie man erkennen kann, nehmen die Ordinatenabstände von der 50 %-Linie nach oben und nach unten hin zu.

Die Summenlinie im Wahrscheinlichkeitsnetz ist eine einfache, grafische Methode, **um zu prüfen, ob das betrachtete Merkmal einer Normalverteilung unterliegt**. Man geht in folgenden Schritten vor:

1. Schritt:
Aufbereitung der Messwerte in gruppierter Form.

2. Schritt:
Berechnung der relativen Summenhäufigkeit (= kumulierte relative Häufigkeit) je Klasse in Prozent.

3. Schritt:
Eintragung der relativen Summenhäufigkeiten in das Wahrscheinlichkeitsnetz als Punkt vertikal **über der rechten Klassengrenze** (nicht über der Klassenmitte!).

→ **Ergeben die relativen Summenhäufigkeiten im Wahrscheinlichkeitsnetz annähernd eine Gerade, so kann auf eine Normalverteilung der Einzelwerte geschlossen werden.**

Dies bedeutet, dass von der Anzahl der fehlerhaften Stücke der Stichprobe auf die Zahl der fehlerhaften Teile in der Grundgesamtheit geschlossen werden kann; Mittelwert und Standardabweichung der Stichprobe sind annähernd gleich den Werten der Grundgesamtheit; es gilt: $\overline{x} \approx \mu$; $s \approx \sigma$

Beispiel

Gegeben sei folgende Stichprobe in gruppierter Form:

Klassen von ... bis unter	Klassenmitte	Absolute Häufigkeit	Relative Summenhäufigkeit in %
1,795 - 1,825	1,81	2	2
1,825 - 1,855	1,84	3	5
1,855 - 1,885	1,87	6	11
1,885 - 1,915	1,90	18	29
1,915 - 1,945	1,93	25	54
1,945 - 1,975	1,96	18	72
1,975 - 2,005	1,99	14	86
2,005 - 2,035	2,02	11	97
2,035 - 2,065	2,05	3	100
$\sum$		100	

Überträgt man die relativen Summenhäufigkeiten in das Wahrscheinlichkeitsnetz – wie oben beschrieben – ergibt sich folgendes Bild:

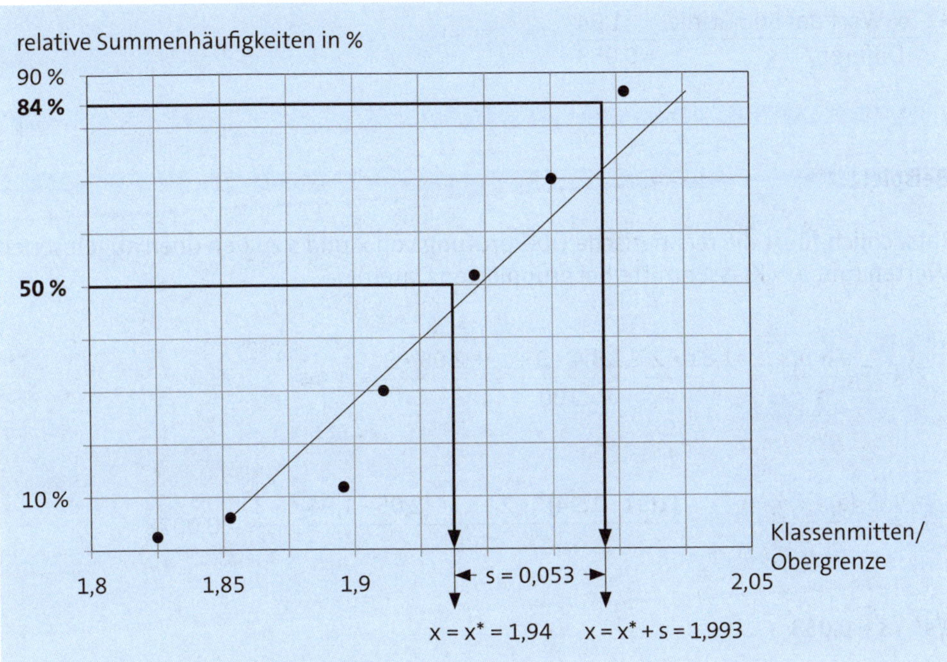

Die relativen Summenhäufigkeiten ergeben annähernd eine Gerade; es kann auf eine Normalverteilung des Merkmals geschlossen werden.

Außerdem können bei einer Stichprobe aus einer normalverteilten Grundgesamtheit aus dem Wahrscheinlichkeitsnetz Mittelwert und Standardabweichung abgelesen werden (vgl. Abb. oben).

→ **Die Ausgleichsgerade schneidet die 50 %-Linie im Punkt $x = \overline{x}$.**

Beispiel

In diesem Fall: x = 1,94; $\overline{x}$ der Stichprobe ist gleich μ der Grundgesamtheit.

→ Betrachtet man die Schnittpunkte der Ausgleichsgeraden mit der 50 %-Linie und **der 84 %-Linie** und nimmt von den entsprechenden x-Werten die Differenz, **so erhält man s, die Standardabweichung der Stichprobe**; von s kann näherungsweise auf σ (= Standardabweichung der Grundgesamtheit) geschlossen werden.

Beispiel

	x-Wert der 84 %-Linie	= 1,993
-	x-Wert der 50 %-Linie	= 1,94
	Differenz = s	= 0,053

Beispiel

Tatsächlich führt die rechnerische Überprüfung von $\overline{x}$ und s zu den oben abgelesenen Werten (mit a_j = Klassenmitte bei gruppierten Daten):

$$\overline{x} = \sum \frac{a_j \cdot n_j}{n} = \frac{1{,}81 \cdot 2 + 1{,}84 \cdot 3 + \ldots + 2{,}05 \cdot 3}{100} = 1{,}94$$

$$s^2 = \frac{\sum (a_j - \overline{x})^2 \cdot n_j}{n - 1} = \frac{(1{,}81 - 1{,}94)^2 \cdot 2 + \ldots + (2{,}05 - 1{,}94)^2 \cdot 3}{99} = 0{,}0028$$

$$\sqrt{s^2} = s \approx 0{,}053$$

17. Welche (einfachen) Prüfmethoden werden außerdem in der Qualitätskontrolle eingesetzt?

Neben dem Verfahren der „Statistischen Qualitätskontrolle“ (vgl. oben) gibt es in der Betriebspraxis noch einfache und doch sehr wirkungsvolle Prüfverfahren; drei dieser Methoden werden hier beispielhaft genauer behandelt:

(einfache) Prüfmethoden der Betriebspraxis

- Strichliste
- Kontrollkarte
- Stichprobenpläne

18. Wie wird eine Strichliste erstellt?

Bei der **Strichliste** werden die Ergebnisse einer Prüfstichprobe auf einem Auswertungsblatt festgehalten: Dazu bildet man **Messwertklassen** und trägt pro Klasse ein, wie häufig ein bestimmter Messwert beobachtet wurde. Die Anzahl der Klassen sollte i. d. R. zwischen 5 und 20 liegen; die **Klassenbreite ist gleich groß** zu wählen (vgl. Fragen 07.).

Es gilt:

Anzahl der Klassen: $k = \sqrt{n}$

Klassenbreite: $w = \frac{R}{k}$

Relative Häufigkeit: $h_j = \frac{n_j}{n}$

mit $R = x_{max} - x_{min}$
und $j = 1, 2, \ldots r$
sowie $\sum n_j = n$.

Beispiel

Angenommen, wir befinden uns in der Fertigung von Ritzeln für Fördereinrichtungen. Der Sollwert des Ritzeldurchmessers soll bei 250 mm liegen. Aus einer Losgröße von 1.000 Einheiten wird eine Stichprobe von 40 Einheiten gezogen, die folgendes Ergebnis zeigt:

Strichliste		Aufnahme am:	25.10..
Auftrag:	**47333**	Losgröße:	**1.000**
Werkstück:	**Ritzel**	Prüfmenge:	**40**
Messwertklassen (in mm)	Häufigkeiten, absolut		Häufigkeiten, in %
≤ 248,0	||	2	5,0
≤ 248,5	||	2	5,0
≤ 249,0	|||||	5	12,5
≤ 249,5	||||| ||	7	17,5
≤ 250,0	||||| ||||| ||	12	30,0
≤ 250,5	||||| |	6	15,0
≤ 251,0	|||	3	7,5
≤ 251,5	||	2	5,0
≤ 252,0	|	1	2,5
∑		40	100,0

Die Auswertung der Strichliste erfolgt dann wiederum mithilfe der „Statistischen Qualitätskontrolle" (vgl. oben Fragen 13. - 16.).

19. Wie werden Qualitätsregelkarten zur Überwachung von Prozessen eingesetzt?

Kontrollkarten (auch: **Qualitätsregelkarten QRK bzw. kurz: Regelkarten; auch:** „Statistische Prozessregelung") werden in der industriellen Fertigung dafür benutzt, die Ergebnisse aufeinanderfolgender Prüfstichproben festzuhalten. Durch die Verwendung von Kontrollkarten **lassen sich Veränderungen des Qualitätsstandards im Zeitablauf beobachten**; z. B. kann frühzeitig erkannt werden, ob Toleranzen bestimmte Grenzwerte über- oder unterschreiten. Es gibt eine Vielzahl unterschiedlicher Qualitätsregelkarten (je nach Prüfmerkmal, Qualitätsanforderung und Messtechnik).

Häufige Verwendung finden sog. zweispurige QRK, die gleichzeitig einen Lageparameter (Mittelwert oder Median) und einen Streuungsparameter (z. B. Standardabweichung/x-s-Karte oder Range = Spannweite/x-R-Karte) anzeigen.

Beispiele

Beispiel 1
Die nachfolgende Abbildung zeigt den Ausschnitt einer Kontrollkarte:

1. Der **Fertigungsprozess ist sicher**, wenn die Prüfwerte innerhalb der oberen und unteren Warngrenze liegen.
2. Werden die **Warngrenzen** überschritten, ist der Prozess „nicht mehr sicher", **aber** „fähig".
3. Werden die **Eingriffsgrenzen** erreicht, muss der Prozess wieder sicher gemacht werden (z. B. neues Werkzeug, Neujustierung, Fehlerquelle beheben).
4. Erfolgt beim Erreichen der Eingriffsgrenzen **keine Korrekturmaßnahme**, so ist damit zu rechnen, dass es zur Produktion von „Nicht-in-Ordnung-Teilen" (**NIO-Teile**) kommt.

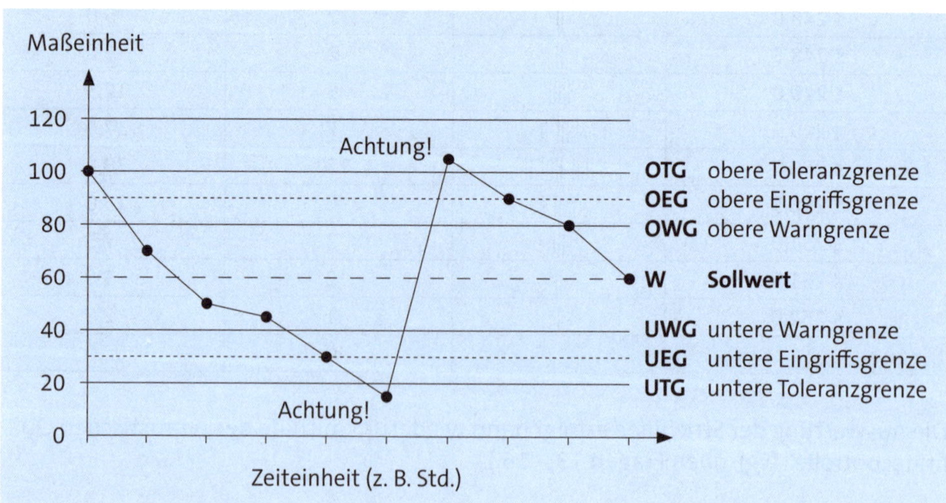

Beispiel 2

Die Stichprobe einer Fertigung zeigt folgende Fehleranzahl auf der Regelkarte:

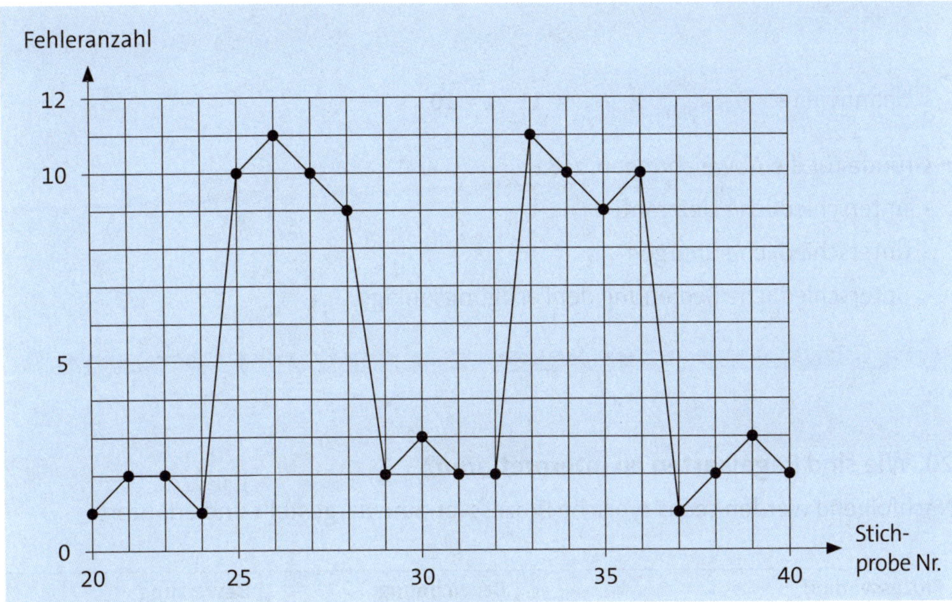

- Ermitteln Sie den Mittelwert der Fehleranzahl der 20. bis 40. Stichprobe.
- Ermitteln Sie den Mittelwert der Fehleranzahl der Grundgesamtheit mit N = 800 und n = 120..
- Ermitteln Sie die Spannweite der 20. bis 40. Stichprobe.
- Nennen Sie zwei Ursachen für die auffälligen Abweichungen der 20. bis 40. Stichprobe.

Lösung:

- $$\bar{x} = \frac{\sum x_i}{n} = \frac{1 + 2 + 2\ 1 + \ldots + 1 + 2 + 3 + 2}{20} = 5{,}15$$

- $$\frac{x}{n} = \frac{5{,}15}{120} = 4{,}29\ \%$$

  Der durchschnittliche Fehleranteil in der Grundgesamtheit beträgt daher 4,29 % von 800:

  = 4,29 % von 800 = 34,33

$$= \frac{\bar{x}}{\frac{n}{N}} = \frac{\bar{x} \cdot N}{n} = \frac{5{,}15 \cdot 800}{120} = 34{,}33$$

► Spannweite = R = $x_{max} - x_{min}$ = 11 - 1 = 10

► Gründe für die Abweichungen, z. B.:
- unterschiedliche Lieferanten
- unterschiedliche Chargen
- unterschiedliche Bedienung der Fertigungsanlage.

20. Wie sind Regelkarten zu interpretieren?

Nachfolgend werden sechs typische Prozessverläufe dargestellt und erläutert.

Prozessverlauf Grafische Darstellung	**Bezeichnung** Erläuterung	**Bewertung** Maßnahmen
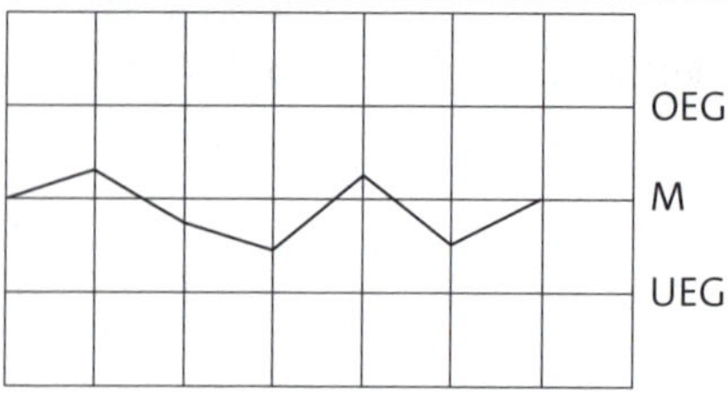	**Natürlicher Verlauf** ⅔ der Werte liegen innerhalb des Bereichs ± s; OEG bzw. UEG werden nicht überschritten.	**Prozess in Ordnung!** Kein Eingriff erforderlich.
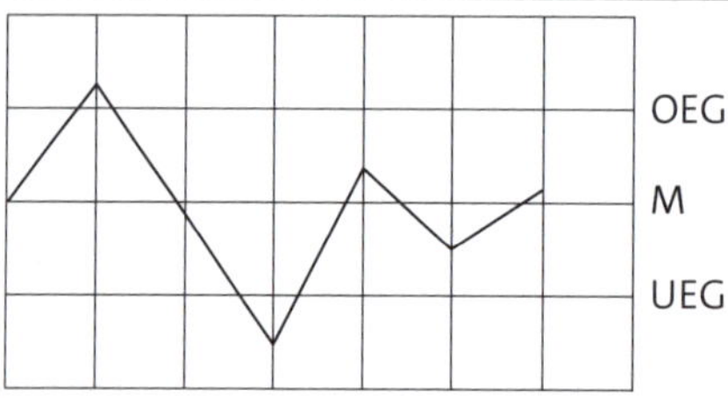	**Überschreiten der Grenzen** Die obere und/oder untere Eingriffsgrenze ist überschritten.	**Prozess nicht in Ordnung!** Eingriff erforderlich; Ursachen ermitteln.
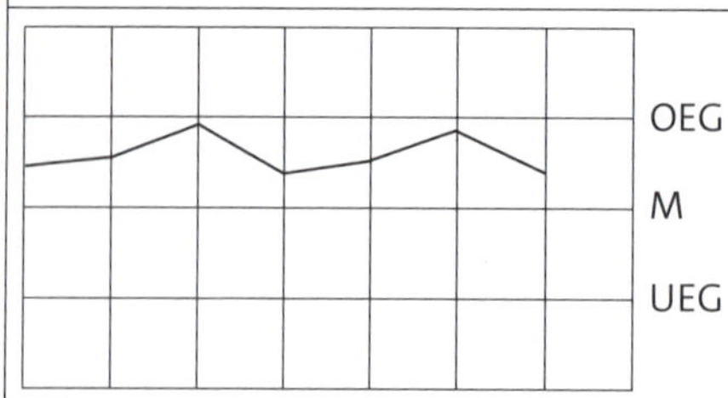	**Run** Mehr als sechs Werte liegen in Folge über/unter M.	**Prozess noch in Ordnung!** Verschärfte Kontrolle; Verlauf deutet auf systematischen Fehler hin, z. B. Werkzeugverschleiß.

Prozessverlauf Grafische Darstellung	**Bezeichnung** Erläuterung	**Bewertung** Maßnahmen
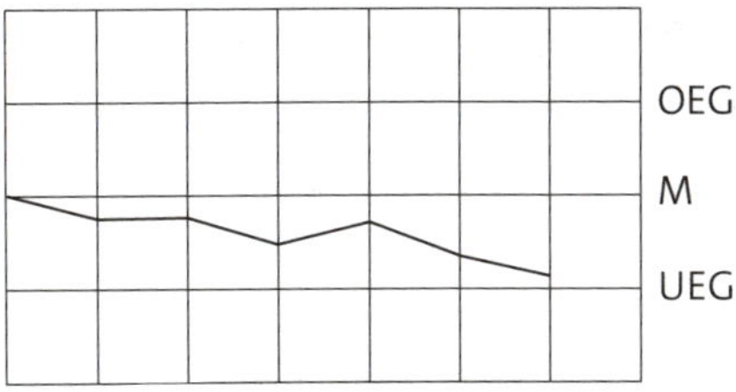	**Trend** Mehr als sechs Werte in Folge zeigen eine fallende/steigende Tendenz.	**Prozess nicht in Ordnung!** Eingriff erforderlich; Ursachen ermitteln, z. B. Verschleiß der Werkzeuge, Vorrichtungen, Messgeräte.
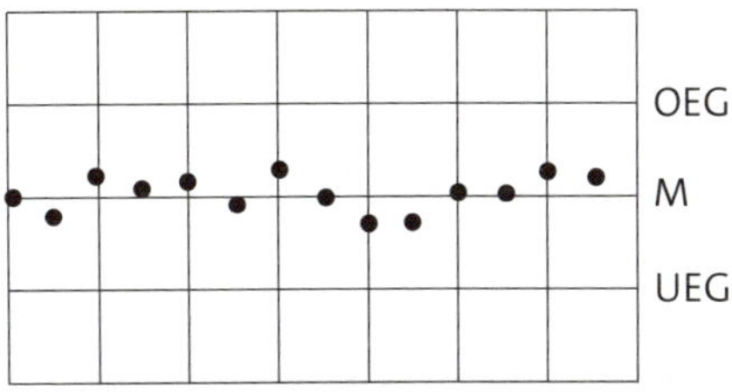	**Middle Third** 15 oder mehr Werte liegen in Folge innerhalb von ± s (= im mittleren Drittel).	**Prozess in Ordnung!** Kein Eingriff erforderlich; aber: Ursachen für Prozessverbesserung ergründen bzw. Prüfergebnisse verstärkt kontrollieren.
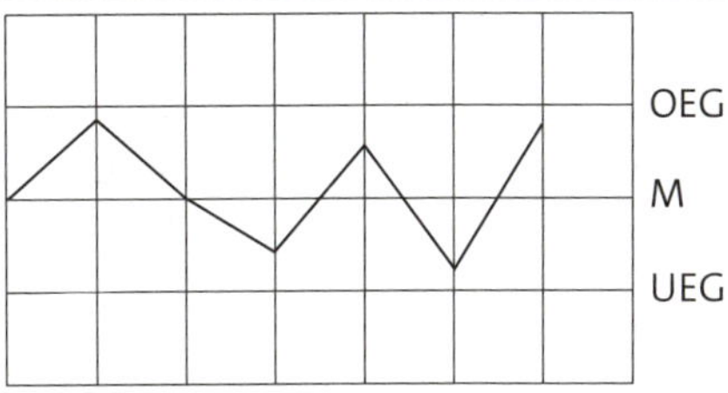	**Perioden** Die Werte wechseln periodisch um den Wert M; es liegen mehr als $^2/_3$ der Werte außerhalb des mittleren Drittels zwischen OEG und UEG.	**Prozess nicht in Ordnung!** Eingriff erforderlich; es ist ein systematischer Fehler zu vermuten.

21. Was bezeichnet man als „Fähigkeit" bzw. als „Beherrschung" von Maschinen/Prozessen?

- Die „Fähigkeit" C einer Maschine/eines Prozesses ist ein Maß für die Güte – bezogen auf die Spezifikationsgrenzen. Eine Maschine/ein Prozess wird demnach als „fähig" bezeichnet, wenn seine Einzelergebnisse **innerhalb der Spezifikationsgrenzen** liegen.

  C = **Streuungs**kennwert

- Eine Maschine/ein Prozess wird als „beherrscht" bezeichnet, wenn seine Ergebnismittelwerte in der Mittellage liegen.

  C = **Lage**kennwert

In der Praxis wird sprachlich nicht immer zwischen Kennwerten der Streuung und der Beherrschung unterschieden; man verwendet meist generell den Ausdruck „Fähigkeitskennwert" und unterscheidet durch den Index m bzw. p Maschinen- bzw. Prozessfähigkeiten sowie durch den Zusatz k die Kennzeichnung der Lage.

- Die Untersuchung der **Maschinenfähigkeit** C_m, C_{mk} ist eine **Kurzzeituntersuchung**.
- Die Untersuchung der **Prozessfähigkeit** C_p, C_{pk} ist eine **Langzeituntersuchung**.
- Beide Untersuchungen verwenden die gleichen Berechnungsformeln; es werden jedoch andere Formelzeichen verwendet. Es gilt:

Merkmale	**Maschinenfähigkeit**	**Prozessfähigkeit**
Untersuchungszeitraum	Kurzzeituntersuchung	Langzeituntersuchung
Untersuchungsgegenstand	Komponenten einer Maschine	Prozesselemente, z. B.: ► Maschinen ► Menschen ► Material ► Methoden ► Verfahren
Stichprobendurchführung	Einmalige, große Stichprobe unter idealen Bedingungen; $n \geq 50$	Kleinere Stichproben über einen längeren Zeitraum; $\sum n_i \geq 100$
Streuungskennwert	$\mathbf{C_m}$	$\mathbf{C_p}$
Lagekennwert	$\mathbf{C_{mk}}$	$\mathbf{C_{pk}}$

Beispiel

Anschauungsbeispiel
zur Unterscheidung des Streuungskennwertes C_m, C_p und des Lagekennwertes C_{mk}, C_{pk}:

Die Breite eines Garagentores sei stellvertretend für geforderte Toleranz: T = OTG - UTG. Die Breite des Pkws soll die Standardabweichung s darstellen; die gefahrene Spur des Pkws entspricht dem Mittelwert $\overline{x}$.

- **Beurteilung der Streuung/Fähigkeit des Prozesses:**
  Je kleiner s im Verhältnis zu T ist, desto größer wird der Fähigkeitskennwert C;

  Beispiel: „Bei C = 1 muss der Pkw sehr genau in die Garage gefahren werden, wenn keine Schrammen entstehen sollen."

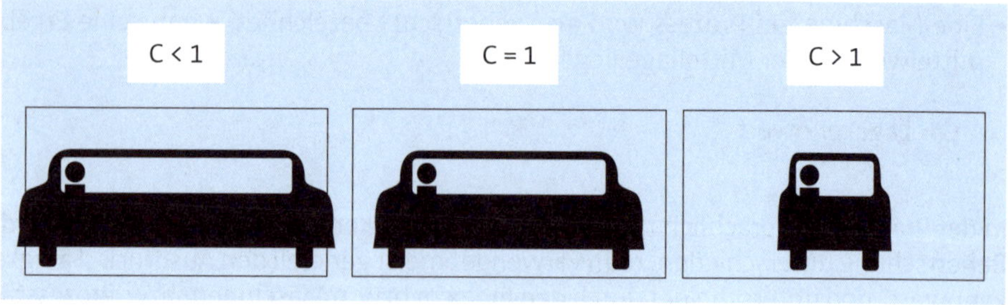

- **Beurteilung der Qualitätslage/Beherrschung des Prozesses:**
  Ist der Mittelwert $\overline{x}$ optimal (Spur des Pkws), so ist $C = C_k$; bei einer Verschiebung des Mittelwertes (in Richtung OTG bzw. UTG) wird C_k kleiner, man läuft also Gefahr, die linke oder rechte Seite des Garagentores zu berühren.

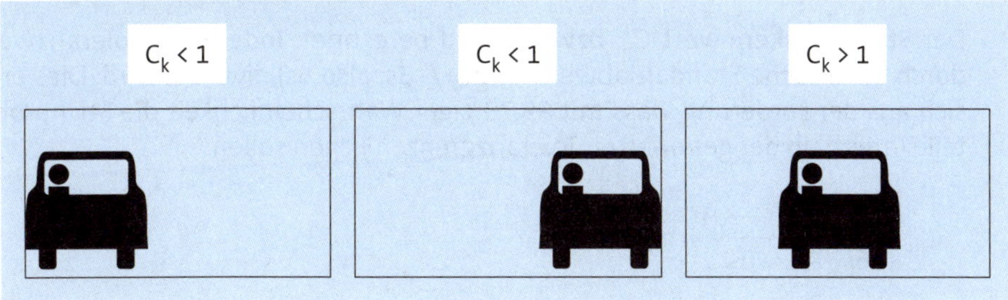

22. Welchen Voraussetzungen müssen für die Ermittlung von Fähigkeitskennwerten vorliegen?

Die Merkmalswerte müssen **normalverteilt** sein. Der Prozess muss demnach **frei von systematischen Fehlern** sein; Schwankungen in den Messergebnissen sind also **nur noch zufallsbedingt**.

INFO

Meist hat man heute durch die stetig anwachsende Komplexität der Prozesse und Maschinen nicht unbedingt normal verteilte Merkmale. Um trotzdem die Fähigkeitskennwerte zu berechnen wird überwiegend eine Statistik-Software verwendet.

23. Wie werden Fähigkeitswerte ermittelt?

1. **Mittelwert** x und **Standardabweichung** s der Stichprobe werden berechnet.
2. Der **Toleranzbereich** T (= OTG - UTG) wird ermittelt; er ist der Bauteilzeichnung zu entnehmen.
3. Der **Streuungskennwert** C_m bzw. C_p wird berechnet, indem der Toleranzwert T durch die 6-fache Standardabweichung (+/- 3s, also 6s) dividiert wird. Dies ergibt sich aus der Forderung, dass mit 99,73%iger Wahrscheinlichkeit die Stichprobenteile innerhalb der geforderten Toleranzgrenzen liegen sollen.

$$C_m = \frac{T}{6s} = \frac{OTG - UTG}{6s}$$

bzw.

$$C_p = \frac{T}{6s} = \frac{OTG - UTG}{6s}$$

4. Der **Lagekennwert** C_{mk} bzw. C_{pk} wird berechnet, indem Z_{krit} durch die 3-fache Standardabweichung s dividiert wird:

$$C_{mk} = \frac{Z_{krit}}{3s}$$

bzw.

$$C_{pk} = \frac{Z_{krit}}{3s}$$

Dabei ist Z_{krit} der kleinste Abstand zwischen dem Mittelwert und der oberen bzw. unteren Toleranzgrenze, d. h. es gilt:

$$Z_{krit} = \min(OTG - \bar{x}; \bar{x} - UTG)!$$

$$Z_{krit} = OTG - \bar{x}$$

bzw.

$$Z_{krit} = \bar{x} - UTG$$

24. Welche Grenzwerte gelten für Fähigkeitskennzahlen?

In der Industrie gelten bei der Beurteilung der Fähigkeitskennzahlen folgende Grenzwerte (vgl. z. B. die Empfehlungen der DGQ; in der Automobilindustrie liegen zum Teil strengere Grenzwerte vor):

Maschinenfähigkeit, MFU		**Prozessfähigkeit, PFU**	
Erfassung des kurzzeitigen Streuverhaltens/ des Bearbeitungsergebnisses einer Fertigungsmaschine unter gleichen Randbedingungen		Erfassung des langfristigen Streuverhaltens-/ des Bearbeitungsergebnisses einer Fertigungsmaschine unter realen Prozessbedingungen	
Streuung, C_m	**Lage, C_{mk}**	**Streuung, C_p**	**Lage, C_{pk}**
$C_m \geq 2{,}00$	$C_{mk} \geq 1{,}66$	$C_p \geq 1{,}33$	$C_{pk} \geq 1{,}33$
Hinweis: Einige Tabellenwerke enthalten veraltete Werte!			

Beispiele

Beispiel 1

Die Stichprobe aus einem Los von Stahlteilen ergibt eine mittlere Zugfestigkeit von $\overline{x} = 400\ N/mm^2$ und eine Standardabweichung von $s = 14\ N/mm^2$. Es ist eine Toleranz von $160\ N/mm^2$ vorgegeben. Zu ermitteln ist, ob die eingesetzte Maschine „fähig" ist; dazu ist der Maschinenfähigkeitskennwert C_m zu berechnen:

$$C_m = \frac{T}{6s} = \frac{160\ N/mm^2}{6 \cdot 14\ N/mm^2} = 1{,}9048$$

Die Maschine ist nicht fähig, da $C_m < 2{,}00$.

Beispiel 2

Für ein Fertigungsmaß gilt: $100 \pm 0{,}1$ $\rightarrow T = 0{,}2$

Aus der Stichprobe ist bekannt: $s = 0{,}015$

$\overline{x} = 99{,}92$

Zu ermitteln sind C_m, C_{mk}:

$$C_m = \frac{T}{6s} = \frac{0{,}2}{0{,}09} = 2{,}22$$

Da $C_m \geq 2{,}0$ gilt: Die Maschine ist fähig; die Streuung liegt innerhalb der Toleranzgrenzen.

$$C_{mk} = \frac{Z_{krit}}{3s} = \frac{0{,}02}{0{,}045} = 0{,}04$$

$OTG - \overline{x} = 100{,}1 - 99{,}92 = 0{,}18$
$\overline{x} - UTG = 99{,}92 - 99{,}9 = 0{,}02$
$Z_{krit} = \min (= OTG - \overline{x}; \overline{x} - UTG)$

$\rightarrow Z_{krit} = 0{,}02$

Da $C_{mk} < 1{,}66$ gilt: Die Maschine ist nicht beherrscht; die Qualitätslage ist zu weit vom Mittelwert versetzt; die Einstellung der Maschine muss korrigiert werden.

25. Wie wird eine Annahme-Stichprobenprüfung durchgeführt?

Stichprobenpläne werden sehr häufig eingesetzt, wenn fremd beschaffte Teile geprüft werden. Der Stichprobenplan wird üblicherweise zwischen Käufer und Verkäufer **fest vereinbart**. **Dazu werden drei Größen eindeutig festgelegt:**

Festlegung von drei Kenngrößen im Stichprobenplan

Losgröße (N)	Stichprobengröße (n)	Annahmezahl (c)
bis 150	13	0
151 - 1.200	50	1
1.201 - 3.200	80	2
3.201 - 10.000	125	3
usw.	usw.	usw.

Solange die Annahmezahl c ≤ dem angegebenen Grenzwert ist, wird die Lieferung angenommen. Man spricht davon, dass die Lieferung die „Annehmbare Qualitätslage" (AQL = Acceptable Quality Level) erfüllt. Zum Beispiel dürfen bei einer Lieferung von 2.000 Einheiten maximal zwei fehlerhafte Einheiten in der Stichprobe mit n = 80 sein (vgl. Tabelle oben).

In der Praxis werden sogenannte **Leittabellen** verwendet, die entsprechende Stichprobenanweisungen enthalten; die relevanten Parameter sind: Losgröße N, Prüfschärfe (normal/verschärft), Annahmezahl c, Rückweisezahl d, AQL-Wert (z. B. 0,40).

Beispiele

Beispiel 1
Das Unternehmen erhält regelmäßig Bauteile in Lösgrößen von N = 250. Mit dem Lieferanten wurde eine Annahme-Stichprobenprüfung als Einfach-Stichprobe bei Prüfniveau II und einem AQL-Wert von 0,40 vereinbart (vgl. DIN ISO 2859-1).

1. **Ermittlung des Kennbuchstabens für den Stichprobenumfang;** nachfolgend ist ein Ausschnitt aus Tabelle I dargestellt:

Losumfang N			Besondere Prüfniveaus				Allgemeine Prüfniveaus		
			S-1	S-2	S-3	S-4	I	II	III
...	...	...							
51	bis	90	B	B	C	C	C	E	F
91	bis	150	B	B	C	D	D	F	G
151	bis	280	B	C	D	E	E	**G**	H
281	bis	500	B	C	D	E	F	H	J
501	bis	1.200	C	C	E	F	G	J	K
...	...	...							

DIN ISO 2859-1

Für einen Losumfang von N = 250 und einem allgemeinen Prüfniveau II wird der Kennbuchstabe G ermittelt.

2. **Ermittlung des Stichprobenumfangs n und der Annahmezahl c** bei AQL 0,40 aus Tabelle II-A (Einfach-Stichproben für normale Prüfung; vgl. unten, Ausschnitt aus der Leittabelle):

Tabelle II-A Einfachstichprobenanweisung für normale Prüfung

Kern-buch-stabe	n	Annehmbare Qualitätsgrenzlage (normale Prüfung) AQL								
...	...	...	0,10	0,15	0,25	0,40	0,65	1,00	1,50	2,50	...
...	...	...	c d	c d	c d	c d	c d	c d	c d	c d	...
...	...	...	...	...	...	...	...	...	...	...	...
D	8	...						↓	0 1	↑	...
E	13	...					↓	0 1	↑	↓	...
F	20	...				↓	0 1	↑	↓	1 2	...
G	32	...			↓	**0 1**	↑	↓	1 2	2 3	...
H	50	...		↓	0 1	↑	↓	1 2	2 3	3 4	...
J	80	...	↓	0 1	↑	↓	1 2	2 3	3 4	5 6	...
...	...	...	...	...	...	...	...	...	...	...	...

DIN ISO 2859-1

Ergebnis: Bei G/Tabelle II-A ist n = 32, c = 0 und d = 1.

Das ergibt die Prüfanweisung: Bei regelmäßigen Losgrößen von N = 250, Prüfniveau II und normaler Prüfung darf die Stichprobe vom Umfang n = 32 keine fehlerhaften Teile enthalten; ist c ≥ 1, wird die Lieferung zurückgewiesen.

Beispiel 2
Es wird für den o. g. Sachverhalt unterstellt, dass die achte und neunte Lieferung zurückgewiesen werden muss, da c ≥ 1. Die zehnte Lieferung ist verschärft zu prüfen. Wie verändert sich unter diesen Bedingungen die Prüfanweisung?

Es wird Tabelle II-B herangezogen (verschärfte Prüfung):

Tabelle II-B Einfachstichprobenanweisung für verschärfte Prüfung

Kern-buch-stabe	n	Annehmbare Qualitätsgrenzlage (normale Prüfung) AQL																	
...	...	...	0,10		0,15		0,25		0,40		0,65		1,00		1,50		2,50		...
...	...	...	c	d	c	d	c	d	c	d	c	d	c	d	c	d	c	d	...
...	...	...	...		...		...		...		...		...		...		...		...
D	8	...													↓		0	1	...
E	13	...											↓		0	1			...
F	20	...									↓		0	1			↓		...
G	32	...							↓		0	1			↓		1	2	...
H	50	...					↓		**0**	**1**			↓		1	2	2	3	...
J	80	...	↓		↓		0	1	↓		↓		1	2	2	3	3	4	...
...	...	...	...		...		...		...		...		...		...		...		...

DIN ISO 2859-1

Ergebnis:
Der Stichprobenumfang muss von n = 32 auf n = 50 erhöht werden; die Tabelle II-B zeigt: c = 0 und d ≥ 1, d. h. die Stichprobe bei verschärfter Prüfung vom Umfang n = 50 darf keine fehlerhaften Teile enthalten.

7.4.3 Sichern der Qualitätsziele durch Qualifizierung der Mitarbeiter

01. Was kennzeichnet das qualitätsbewusste Handeln der Mitarbeiter?

- Die Mitarbeiter **wirken aktiv** in der Qualitätsarbeit mit.
- Begangene Fehler werden nicht verschwiegen oder vertuscht, sondern dem Vorgesetzten oder Qualitätsmitarbeiter gemeldet und so für deren Bereinigung gesorgt.
- Die Mitarbeiter beteiligen sich im Vorschlagswesen und tragen so mit ihren Verbesserungsvorschlägen zur Qualitätssteigerung bei. Die Vergütung hat motivierenden Charakter.

02. Wodurch werden die Mitarbeiter zu einem qualitätsbewussten Handeln motiviert?

- Die Nichtbestrafung des Mitarbeiters für einen begangenen Fehler (ausgenommen rechtliche Konsequenzen) führt zur weiteren Motivation und Ehrlichkeit hinsichtlich der Meldung eigener Fehler.
- Der Mitarbeiter sollte im Rahmen der Möglichkeiten an der Fehlerbeseitigung beteiligt werden bzw. sie vollständig selbst durchführen.
- Steigt bei einem Mitarbeiter die Fehlerhäufigkeit, sollten die persönlichen Ursachen in einem Gespräch ermittelt werden.
- Bei der Einarbeitung in neue Arbeitsaufgaben sollte der Mitarbeiter den Sinn seiner Tätigkeit erkennen und ihm die Auswirkung von Fehlern erläutert werden.
- Ihm sollte die Möglichkeit gegeben werden, seine Fähigkeiten und Fertigkeiten zu verbessern bzw. durch Übertragung anderer Arbeitsaufgaben besser zu nutzen.
- Die Visualisierung von Qualitätsergebnissen wirkt auf die Mitarbeiter informierend und trägt zur Motivationssteigerung bei.

03. Welche Bedeutung hat ein Fehlermanagementsystem?

Beim **Fehlermanagement** geht es um die Analyse und das Lernen aus konkreten, bereits stattgefundenen Fehlern. Das Ziel ist, eine Wiederholung des Fehlers zu vermeiden, indem eine vorbeugende Maßnahme eingeleitet wird. Ganz allgemein wird unter dem Begriff Fehler das Auftreten eines „unerwünschten Ereignisses" verstanden. Ein unerwünschtes Ereignis ist ein schädliches Vorkommnis, es kann vermeidbar oder unvermeidbar sein. Zum richtigen Umgang mit Fehlern gehört ein strukturiertes Management. Kernpunkte eines solchen Managements sind:

- Fehlermeldung
- Fehlererfassung
- Fehlerbewertung
- Fehlerbearbeitung
- Fehlerkommunikation
- Fehlervermeidung.

04. Wie findet die Messung der Kundenzufriedenheit in Unternehmen statt?

Neben anderen Kennzahlen muss das Unternehmen auch die **Kundenzufriedenheit** ermitteln. Das Unternehmen muss dabei festlegen, wie das geschehen soll und auch nachweisen, dass dies so geschehen ist. Die Art und Weise der Kundenzufriedenheitsermittlung bleibt allerdings dem Unternehmen freigestellt und die ISO 9001 weist direkt darauf hin, dass dies nicht zwangsweise mittels einer schriftlichen Kundenbefragung stattfinden muss, sondern es auch andere Mittel und Wege dafür gibt. Die Kennzahlen und auch die Kundenzufriedenheit müssen dabei nicht nur ermittelt werden, sondern (um einen Mehrwert für das Unternehmen zu schaffen) müssen diese selbstverständlich auch analysiert und bewertet werden. Der Vorteil für das Unternehmen liegt darin, dass die Kunden dem Unternehmen detaillierte Anregungen für kontinuierlich bessere Produkte oder Dienstleistungen liefern. Das Unternehmen sollte diese Vorschläge ernst nehmen und bei der Entwicklung neuer Produkte einfließen lassen, um langfristig erfolgreich zu sein.

05. In welcher Form können Mitarbeiter in die Qualitätsverbesserung einbezogen werden?

- Qualitätsschulungen
- Integration in **KVP**-Teams (KVP = **K**ontinuierlicher **V**erbesserungs**p**rozess)
- Durchführung von Qualitätszirkeln
- Selbstprüfersystem
- Realisierung von Gruppenarbeit und Übertragung von Entscheidungskompetenzen
- Mitwirkung bei Entscheidungen und Problemlösungen sowie in QM-Projekten
- Visualisierung von Qualitätsergebnissen, z. B. Darstellung von Qualitätskennzahlen auf Plakaten/Infowänden, Einsatz der Metaplantechnik, Vergleichsdiagramme, Audiosysteme (Foto, Film, Video u. Ä.)
- Förderung durch Anerkennung und Prämien
- Teilnahme an Präsentationen und Messebesuchen.

06. Was ist das Ziel von Qualitätsschulungen?

Ein Mitarbeiter kann nur dann Qualität produzieren, wenn er weiß, **warum** er die Tätigkeit ausführt, wie sie in den Gesamtablauf **eingeordnet** ist und welche **Folgen** sie hat.

Ziele der Qualitätsschulung:

- Kennenlernen der Gesamtzusammenhänge
- Verständnis bekommen für vorgegebene Abläufe
- Darstellung und Diskussion der aktuellen Qualitätssituation
- Hilfestellung zur Bewältigung von Qualitätsproblemen
- Motivation zur Qualitätsverbesserung.

07. Wodurch ist der Kontinuierliche Verbesserungsprozess (KVP) gekennzeichnet?

Durch die Integration der Mitarbeiter in das KVP-Team erhalten sie die Möglichkeit, ihre Erfahrungen und Ideen zur Verbesserung des Prozesses direkt beizutragen und umzusetzen. Dabei wirkt der KVP in **drei Zielrichtungen**, die jede für sich, aber auch zusammengefasst, Gegenstand einer KVP-Aufgabenstellung sein können.

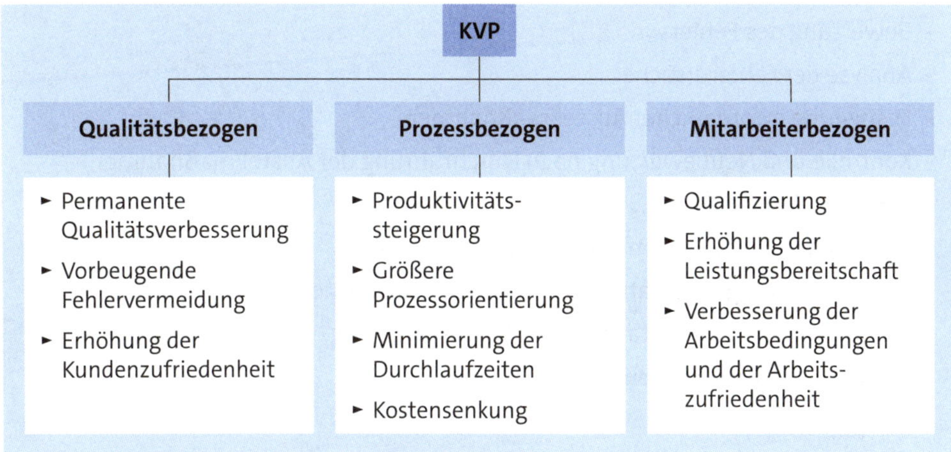

08. Worin ist die Notwendigkeit von Qualitätszirkeln begründet?

Qualitätszirkel, auch unter den Begriffen Qualitätsarbeitskreis oder Qualitätskreis bekannt, finden in regelmäßigen Abständen statt und dienen entsprechend ISO 9001:2015 der Erhöhung der Wirksamkeit des QM-Systems. Sie haben im Wesentlichen die aktuelle Qualitätsproblematik zum Inhalt.

- **Ziele:**
  - Förderung des Qualitätsbewusstseins der Mitarbeiter
  - Einbeziehen der Mitarbeiterkenntnisse und -erfahrungen sowie Verbesserung der Mitarbeitermotivation (Erfolge erleben lassen, Mitverantwortung)
  - gemeinsame Lösung aktueller Qualitätsprobleme
  - Festlegung von operativen, kurz- und langfristigen Maßnahmen zur Fehlervermeidung mit Termin und Verantwortlichkeit (Protokoll)
  - Kontrolle der festgelegten Maßnahmen und erreichten Ergebnissen.
- **Teilnehmer:**
  - Fertigungsleiter
  - Fertigungstechnologe/Arbeitsvorbereiter
  - Qualitätsmitarbeiter

  - Konstrukteur/Serienbetreuer
  - Meister
  - Mitarbeiter der betreffenden Fertigungsbereiche.
- **Vorgehensweise:**
  - Festlegung des Funktionsmerkmals
  - Ermittlung des Fehlers
  - Bewertung des Fehlers
  - Analyse der Fehlerursache
  - Festlegung erforderlicher Abstellmaßnahmen
  - Kontrolle und Neubewertung nach Durchführung der Abstellmaßnahmen.
- **Methoden**, **Techniken**, z. B.:
  - Kreativitäts- und Problemlösungsmethoden
  - Rhetorik und Argumentationstechniken des Moderators
  - Q7 und Methoden der statistischen Prozessregelung
  - Prozess- und Kundenorientierung.

09. Wodurch ist die Selbstprüfung charakterisiert?

Die Selbstprüfung ist mitarbeiterbezogen. Der Mitarbeiter führt an **seinem** Arbeitsplatz die Qualitätsprüfung **seines** Arbeitsergebnisses **selbst** durch.

10. Welche Zielsetzung hat die Selbstprüfung?

- Stärkung des Qualitätsbewusstseins des Mitarbeiters
- Durchführung der Prüfung direkt im Fertigungsprozess
- Verkürzung der Durchlaufzeiten durch Entfall von separaten Prüfprozessen
- Reduzierung der Qualitätskosten
- Steigerung der Motivation des Mitarbeiters.

11. Welche Voraussetzungen müssen beim Mitarbeiter für die Durchführung der Selbstprüfung vorliegen bzw. geschaffen werden?

- Zuverlässigkeit und Ehrlichkeit
- Qualifikation hinsichtlich Qualitätsprüfung
- Kenntnisse über die Anwendung geeigneter Prüftechnik
- Kenntnisse über die Auswirkungen von Fehlern
- Kenntnisse im Umgang mit Prüfanweisungen.

12. Welche Besonderheiten sind für die Gruppenarbeit von Bedeutung?

- Der **Gruppensprecher** sollte nicht vom Vorgesetzten bestimmt werden, sondern **von den Gruppenmitgliedern** gewählt werden.

  Hierbei gibt es zwei Varianten:

  - der Gruppensprecher wird **auf Zeit** gewählt, z. B. vierteljährlich, dann wird ein anderes Gruppenmitglied gewählt. So wird jeder einmal der „Bestimmer".
  - der Gruppensprecher wird **auf unbestimmte Dauer** gewählt.
- Die **Kompetenzen** des Gruppensprechers sind genau zu definieren.
- Die **Gruppengröße** sollte „überschaubar" sein. Sozial-psychologische Untersuchungen nennen als optimale Gruppengröße 5 bis 6 Mitarbeiter. In der Praxis orientiert sich die Gruppengröße an den betrieblichen Fertigungsbedingungen und liegt oftmals höher.
- Das **Entlohnungssystem** sollte für die Gruppenarbeit spezifiziert sein.

13. Wie kann die Mitwirkung der Mitarbeiter bei Entscheidungen zur Qualitätsverbesserung gestaltet sein?

Die Mitarbeiter entwickeln nicht nur Vorschläge und Lösungen zur Qualitätssteigerung, sondern erarbeiten auf dieser Grundlage im Rahmen der Maßnahmen zur Qualitätsverbesserung entscheidungsreife Vorlagen.

Die Qualität dieser Vorlagen wird bestimmt durch die Erarbeitung und Gegenüberstellung von Lösungs**varianten**.

14. Ist die Einbeziehung von Mitarbeitern aus der Fertigung in die Projektarbeit sinnvoll?

Ja! Die Nutzung der praktischen Erfahrungen aus der Fertigung kann einen wesentlichen Beitrag zur Verbesserung des Produktes und der Fertigungsprozesse darstellen. Die Mitarbeit in einem Projekt führt zur Motivationssteigerung und trägt zur Erhöhung des Qualitätsbewusstseins bei.

15. Über welche Fähigkeiten/Kompetenzen sollten Mitarbeiter verfügen, die in Qualitätszirkeln/Projekten mitarbeiten?

- Einschlägige **Fachkenntnisse** über die zu bearbeitenden Themen
- **Sozialkompetenz**, z. B.:
  - Konfliktfähigkeit
  - Zuhören können

- **Methodenkompetenz**, z. B.:
  - Moderationsfähigkeit
  - Dialogfähigkeit
  - Techniken der Kreativität
  - Fähigkeiten der Problemlösung
- **Persönliche Eigenschaften**, z. B.:
  - Kreativität
  - Motivation zur Zusammenarbeit.

16. Worin besteht das Erfordernis, die Mitarbeiter qualitätsseitig zu qualifizieren?

Die ISO 9000:2015 definiert *„Qualifikation als nachgewiesene Fähigkeit, Wissen und Fertigkeiten anzuwenden"*.

Das gesamtheitliche Anliegen eines Qualitätsmanagementsystems erfordert die Einbeziehung **aller** Mitarbeiter eines Unternehmens. Die qualitätsbezogene Qualifizierung der Mitarbeiter festigt den Qualitätsgedanken. Jeder Mitarbeiter muss wissen was er tut, warum er es tut und welche Auswirkung sein Tun hat.

17. Welche Formen der Qualifizierungsmaßnahmen gibt es?

Qualifizierungsmaßnahmen

Interne Maßnahmen	Externe Maßnahmen
► Allgemeine Mitarbeiterschulung ► Spezielle Teamschulungen ► FMEA-Schulung ► REFA-Schulung ► Teilnahme an Problemlösungen (Learning By Doing)	► Auditorenlehrgänge ► Bedienerlehrgang (Messtechnik) ► FMEA-Moderatorenausbildung ► Speziallehrgänge ► REFA-Seminare ► DGQ-Lehrgänge

18. Wann ist eine Qualifizierung der Mitarbeiter erforderlich?

Allgemeine interne Qualitätsschulungen sind in regelmäßigen Abständen sinnvoll. In ihnen sollte die jeweilige aktuelle Qualitätslage im Mittelpunkt stehen.

Wird im Rahmen der Qualitätsüberwachung ein konzentrierter Anstieg der Fehlerhäufigkeit erkennbar, kann sich aus der Ursachenermittlung (z. B. nach der 8D-Methode) als Folgemaßnahme eine **qualitätsbezogene Mitarbeiterschulung** (bereichs- oder teambezogen) ergeben.

FMEA-Schulungen sind für den betreffenden Mitarbeiterkreis nach der Erstqualifizierung dann erforderlich, wenn sich beispielsweise aus Kundenforderungen ergibt, dass die FMEA nach der Systematik des Kunden zu erfolgen hat.

Erfolgt die **Anschaffung von Messtechnik**, z. B. einer 3D-Messmaschine, ist das für die Bedienung ausgewählte Personal selbstverständlich zu qualifizieren. Meist bieten die Hersteller entsprechende Lehrgänge im Paket mit dem Produkt an.

Werden geeignete Mitarbeiter in einem anderen Arbeitsbereich eingesetzt, ist eine umfassende und gründliche **Einarbeitung** die Mindestvoraussetzung zur Einhaltung der Qualitätsvorgaben. **Learning by doing** ist nur eine Methode der Einarbeitung. Häufig ist eine weitere zielgerichtete interne oder externe Qualifizierung erforderlich.

Bei Fertigungssystemen mit großer Variantenvielfalt und schwankenden Los- bzw. Auftragsgrößen kommt der flexiblen Einsetzbarkeit der Mitarbeiter eine besondere Bedeutung zu. Je mehr Mitarbeiter an möglichst vielen unterschiedlichen Arbeitsplätzen eingesetzt werden können, desto flexibler lässt sich die Auftragsplanung mit der Schicht- oder Arbeitsplatzbesetzungsplanung in Einklang bringen. Es erhöht sich dadurch auch der Auslastungsgrad der Fertigungsmittel. Zur Erlangung dieser **Mitarbeiterflexibilität** ist ebenfalls eine **Qualifizierung** durch eine gründliche Einarbeitung mit entsprechendem Training erforderlich.

Auch weiterbildende **Fachlehrgänge und Seminare** dienen letztendlich der Erhöhung der Prozesssicherheit und der Erreichung der Qualitätsziele.

19. Wie lässt sich der Schulungsbedarf ermitteln?

Es gibt mehrere Möglichkeiten, den Schulungsbedarf zu ermitteln:

- durch Ermittlung des aktuellen Qualifikationsstandes (= Vergleich von Anforderungsprofil und Eignungsprofil)
- durch Mitarbeiterbefragung
- durch Vorgesetzteneinschätzung
- bei steigender Fehlerhäufigkeit
- bei Investitionen von Fertigungseinrichtungen.

Der Schulungsbedarf bzw. der Qualifikationsstand lässt sich in einer **Qualifikationsmatrix** darstellen.

Beispiel

Qualifikationsmatrix

	Arbeitsplatz A	Arbeitsplatz B	Maschine 1	Maschine 2
Frau C	X	X		X
Herr A	X	X	X	X
Herr G			X	X

Aus der Matrix wird ersichtlich, welche Mitarbeiter für welche Arbeitsplätze qualifiziert (einsetzbar) sind und welche ggf. noch Qualifikationsdefizite haben.

20. Wie muss die Qualifizierung der Mitarbeiter dokumentiert werden?

Der in der ISO 9000:2015 geforderte Nachweis über die Qualifikation ist in entsprechenden **Dokumenten** darzulegen. Er wird im Rahmen von externen Auditierungen und Kundenaudits abgefragt. Die durch die Qualifizierungsmaßnahmen erbrachten **Nachweisdokumente** (Teilnahmebescheinigungen, Zeugnisse u. Ä.) liegen normalerweise in der Personalabteilung vor. Interne Qualifikationen sind mindestens in Form einer Teilnehmerliste mit Angabe der Thematik zu dokumentieren. Auch die o. g. **Qualifikationsmatrix** ist ein entsprechendes Nachweisdokument.

8. Information und Kommunikation

INFO

Prüfungsanforderungen

Im Qualifikationsschwerpunkt Information und Kommunikation soll die Fähigkeit nachgewiesen werden, Methoden und Systeme der Information und Kommunikation im Betrieb anwenden zu können.

Qualifikationsschwerpunkt Information und Kommunikation (Überblick)

8.1 Einsetzen von Planungs- und Steuerungssystemen zur Produktions-, Mengen-, Kapazitäts- und Terminplanung

8.2 Vermitteln von Informationen und Anweisungen der Betriebsleitung

8.3 Durchführen von Unterweisungen und Qualifizierungsmaßnahmen

8.4 Kommunizieren mit Kunden

8.5 Schaffen und Sicherstellen von Rahmenbedingungen für die effiziente Kommunikation in der Gruppe

8.1 Einsetzen von Planungs- und Steuerungssystemen zur Produktions-, Mengen-, Kapazitäts- und Terminplanung

8.1.1 Produktions-/Fertigungsplanung und -steuerung als Teilsystem der Unternehmensfunktionen

01. Welcher Unterschied besteht zwischen Produktion und Fertigung?

- **Produktion** umfasst **alle Arten** der betrieblichen Leistungserstellung. Produktion erstreckt sich somit auf die betriebliche Erstellung von **materiellen** (Sachgüter/Energie) und **immateriellen** Gütern (Dienstleistungen/Rechte).
- **Fertigung** meint nur die Seite der **industriellen** Leistungserstellung, d. h. der materiellen, absatzreifen Güter und Eigenerzeugnisse.

INFO

Der Unterschied zwischen diesen Begriffen muss hier vernachlässigt werden, da er im Rahmenplan ebenfalls keine Berücksichtigung findet (zum Teil synonyme Verwendung).

02. Welche Hauptaufgaben bearbeitet die Produktionswirtschaft? Welche „Nebenaufgaben" muss sie dabei berücksichtigen?

Die Hauptaufgaben der Produktionswirtschaft sind – entsprechend dem Management-Regelkreis:

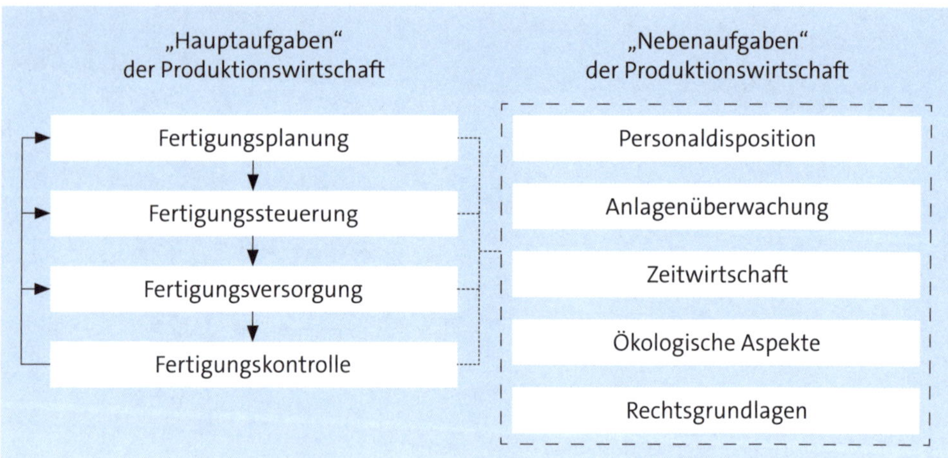

03. Wie wird der Produktionsplan (das Produktvolumen) im Rahmen der Unternehmens-Gesamtplanung abgeleitet?

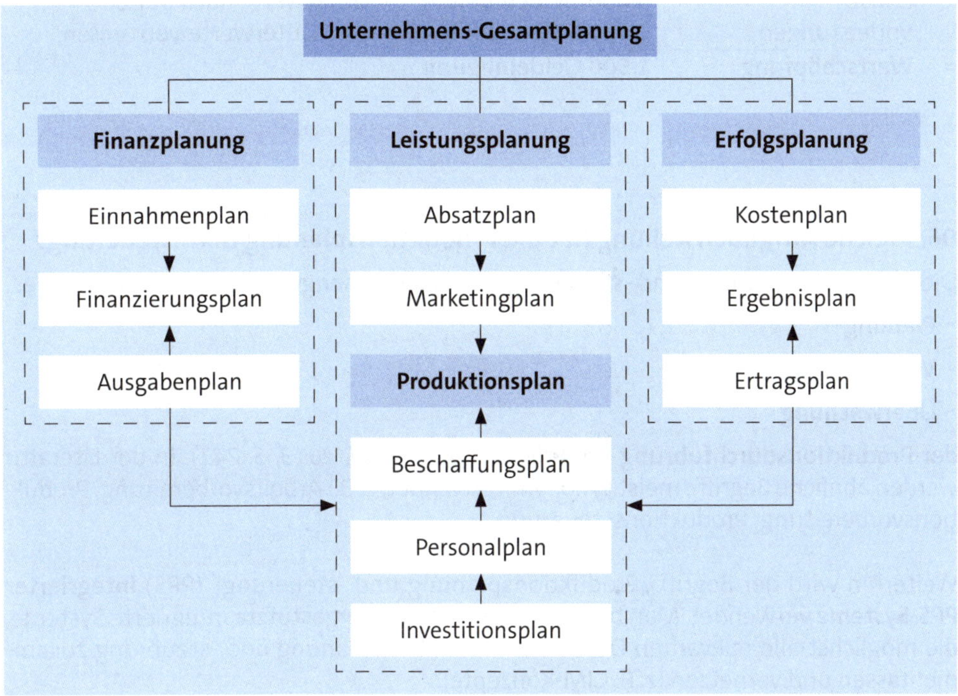

04. Welche betriebliche Kernfunktion erfüllt die industrielle Produktion?

Die Produktion ist das **Bindeglied** zwischen den betrieblichen Funktionen **„Beschaffung“** (Input) und **„Absatz“** (Output). Im Prozess der betrieblichen Leistungserstellung erfüllt sie die Funktion der **„Transformation“** (Throughput): Der zu beschaffende Input wird transformiert in den am Markt anzubietenden Output.

05. Welche Bedeutung hat die Produktion/Fertigung für einen Industriebetrieb?

Die Produktion/Fertigung ist in Industriebetrieben die Funktion, mit der der Hauptbeitrag zur Wertschöpfung realisiert wird. Als **betriebliche Wertschöpfung** bezeichnet man den wertmäßigen Unterschied zwischen den **Vorleistungen** anderer Wirtschaftseinheiten (z. B. Materialaufwand), die der Betrieb zur Erzeugung/Veredlung seiner Leistungen braucht und den vom Betrieb erzeugten und abgesetzten **Leistungen:**

Beispiel

	Erlöse	4.000 Geldeinheiten	Güterwerte **nach** außen →
-	Vorleistungen	2.500 Geldeinheiten	← Güterwerte **von** außen
=	**Wertschöpfung**	**1.500 Geldeinheiten**	

06. Welche Aufgabenstellung hat die Produktionsplanung und -steuerung?

Die Produktionsplanung und -steuerung umfasst die **mengen- und terminbezogene:**

- **Planung**
- **Veranlassung**
- **Überwachung**

der Produktionsdurchführung (in Anlehnung an: *Ebel, 2013, S. 241*). In der Literatur werden ähnliche Begriffe meist synonym verwendet, z. B.: Arbeitsvorbereitung, Produktionsvorbereitung, Produktionssteuerung.

Weiterhin wird der Begriff „Produktionsplanung und -steuerung" (PPS) **integrierter PPS-Systeme** verwendet. Man bezeichnet damit rechnergestützte integrierte Systeme, die möglichst alle relevanten Daten der Produktionsplanung und -steuerung zusammenfassen und vernetzen (z. B. CIM-Konzepte).

07. Welche Aufgaben umfasst die Produktionsplanung im engeren Sinn?

Die Produktionsplanung wird im Allgemeinen als ein geschlossenes System gesehen. Betrachtet man die Produktionsplanung isoliert, so ergeben sich folgende Aufgaben:

1. Aufgaben der Produktionsplanung – **nach Fristigkeiten:**
   Die Aufgaben der Produktionsplanung können nach Planungshorizonten unterschieden werden:
   - **kurzfristige** Produktionsplanung:
     ca. 1 - 12 Monate, z. B. unmittelbare Vorbereitung der Produktion: Materialbereitstellung, Personaleinsatzplanung
   - **mittelfristige** Produktionsplanung:
     ca. 1 - 4 Jahre, z. B. mittelfristige Investitions- und Personalplanung
   - **langfristige** Produktionsplanung:
     > 4 Jahre, z. B. langfristige Planung der Fertigungstechnologie, der Produktprogramme.

   Bei der Verwendung des Begriffes „Produktions-/Fertigungsplanung und -steuerung" wird in der Regel der kurzfristige Planungszeitraum betrachtet.

2. **Generelle Aufgaben der Produktionsplanung:**
Vernachlässigt man den Aspekt „Fristigkeiten", so rechnet man insgesamt zu den Aufgaben der Produktionsplanung:

Aufgaben der Produktionsplanung	
Produktionsprogramm-planung	**Strategische Programmplanung**, z. B.: ► Planung der Produktfelder auf der Basis von Marktprognosen ► Investitionsplanung ► Planung der Fertigungstechnologie/-tiefe
	Taktische Programmplanung, z. B.: ► Konkretisierung der Produktfelder ► Grobplanung der Produktkapazitäten
	Operative Programmplanung, z. B.: ► Feinplanung der Kapazitäten ► Produktart ► Menge ► Termin usw. ► Werkstattsteuerung
Produktionsbedarfs-planung (auch Ressourcenplanung)	► Personal-, Material,- Betriebsmittelbedarf ► Planung der Eigen-/Fremdfertigung
Produktionsablaufs-planung	► Arbeits- und Zeitplanung ► Planung der Fertigungsfolgen ► Termin-, Mengen-, Transportplanung
Kostenplanung	► Vorkalkulation ► mitlaufende Kalkulation ► Nachkalkulation
Fertigungsvorbereitung (auch: Arbeitsvorbereitung)	► Auftragsumwandlung/-koordination ► Losgrößenplanung ► Erstellen der Stücklisten ► Datenverwaltung ► Arbeitspläne

08. Welche Zielsetzung hat die Produktionsplanung und -steuerung und welche Zielkonflikte können dabei auftreten?

- **Zielsetzungen**, z. B.:
  - hohe Kapazitätsauslastung
  - Einhaltung der Termine
  - Einhaltung der Qualitätsstandards
  - Minimierung der Lagerbestände (Lagerkosten)
  - Optimierung des Materialflusses
- **Zielkonflikte**, z. B.:
  - Lieferfähigkeit ⟷ Kapazitätsauslastung
  - Vorratshaltung im Lager ⟷ Minimierung der Herstellkosten.

09. Welche Aufgaben hat die Produktions-/Fertigungssteuerung?

Die Produktions-/Fertigungssteuerung hat operativen Charakter. Sie ist der Übergang von der Produktionsplanung zur Produktionsdurchführung. Im Gegensatz zur Produktions-/Fertigungsplanung befasst sich die Fertigungssteuerung unmittelbar mit der **Lenkung und Überwachung der Fertigungsdurchführung**.

Die Aufgaben der Fertigungssteuerung sind:

- Strukturierung der Arbeitsvorgänge
- Veranlassen der Fertigung
- unmittelbares Bereitstellen der Produktionsfaktoren
- Lenken der Fertigungsabläufe (Arbeits-, Transport- und Informationsplanung)
- Überwachen/Sichern der Fertigung.

Die Fertigungssteuerung ist vom Charakter her ein geschlossener Regelkreis, der die Elemente Fertigungsplanung (das Soll) mit der Fertigungsdurchführung (das Ist) im Wege der Fertigungskontrolle (der Soll-Ist-Vergleich) miteinander verbindet.

Immer dann, wenn die Fertigungsdurchführung vom Plan abweicht (Termine, Qualitäten, Mengen usw.) – wenn also Störungen im Prozess erkennbar sind – müssen über Korrekturmaßnahmen/Maßnahmenbündel die Störungen beseitigt und (möglichst) zukünftig vermieden werden; mitunter kommt es aufgrund von Soll-Ist-Abweichungen auch zu Änderungen in der (ursprünglichen) Planung:

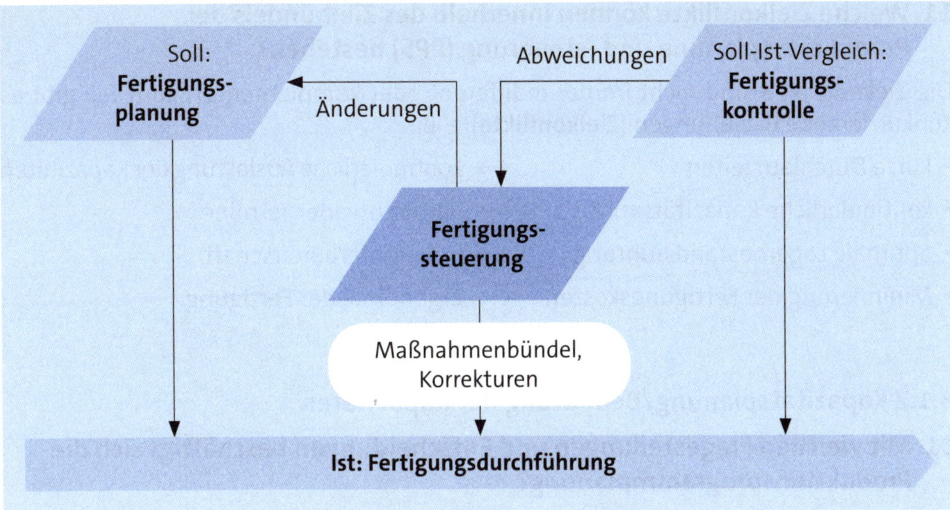

10. Welche Ziele hat die Produktionsplanung und -steuerung?

INFO

Wegen der Überschneidung der Prozesse innerhalb der Produktionsplanung und -steuerung (PPS) werden die Ziele der Produktionsplanung und die der Produktionssteuerung nicht isoliert betrachtet.

Die **Ziele der Produktionsplanung und -steuerung** leiten sich aus den Unternehmenszielen ab und sind auf ihre Vereinbarkeit mit diesen zu gestalten:

- Minimierung der Fertigungskosten
- kontinuierliche Auslastung der Kapazitäten
- kurze Durchlaufzeiten
- hoher Nutzungsgrad der Betriebsmittel
- hohe Lieferbereitschaft
- Einhaltung der Termine
- optimale Lagerbestandsführung
- Gewährleistung der Sicherheit am Arbeitsplatz
- Ergonomie der Fertigung.

Die optimale Realisierung dieser Ziele verschafft Wettbewerbsvorteile am Absatzmarkt und gehört daher zu den **Erfolgsfaktoren der industriellen Fertigung**.

11. Welche Zielkonflikte können innerhalb des Zielbündels der Produktionsplanung und -steuerung (PPS) bestehen?

Die Ziele der PPS sind nicht immer indifferent oder komplementär; zum Teil gibt es konkurrierende Beziehungen (**Zielkonflikte**), z. B.:

- kurze Durchlaufzeiten ↔ kontinuierliche Auslastung der Kapazitäten
- kontinuierliche Kapazitätsauslastung ↔ Einhaltung der Termine
- optimale Lagerbestandsführung ↔ hohe Lieferbereitschaft
- Minimierung der Fertigungskosten ↔ Ergonomie der Fertigung.

8.1.2 Kapazitätsplanung/Bedeutung der Kapazitäten

01. Mit welchen Fragestellungen und Entscheidungen beschäftigt sich die Produktionsprogrammplanung?

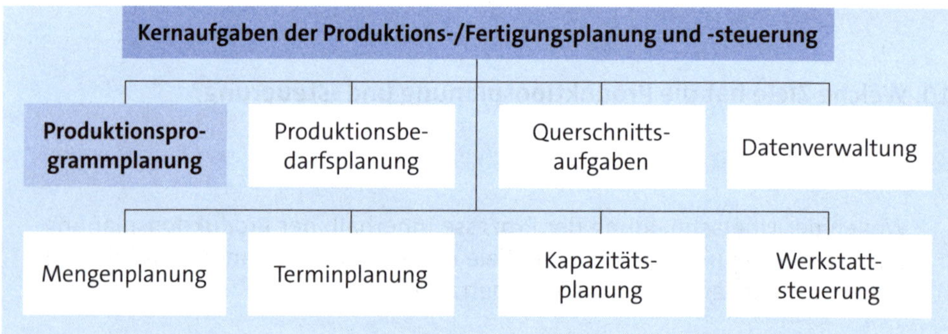

Die Produktionsprogrammplanung beschäftigt sich vor allem mit den Fragen:

- Welche Erzeugnisse sollen
- in welchen Mengen,
- zu welchen Terminen,
- mit welchen Verfahren,
- bei welchen Kapazitäten,
- mit welchem Personal

gefertigt werden?

Jeder Industriebetrieb will selbstverständlich alle Güter, die er produziert, auch verkaufen. Es sollen deshalb nur solche Güter hergestellt werden, die auch absetzbar sind.

Das Fertigungsprogramm ist damit entscheidend für den Erfolg und das wirtschaftliche Überleben eines Unternehmens.

MERKE

Die Planung des Fertigungsprogramms hat damit eine Schlüsselstellung innerhalb aller Planungsfelder.

Wichtige Merkmale der Produktions-/Fertigungsprogrammplanung sind:

Fertigungsprogrammplanung

Programmarten	Anpassungsformen	Programminhalte	Programmdimensionen	Stufen der Programmplanung
► langfristig ► mittelfristig ► kurzfristig	► Korrekturprogramme ► Alternativprogramme ► gleitende Programme	► Erzeugnisse ► Termine ► Mengen	► Programmumfang ► Programmbreite ► Programmtiefe	► Vorbereitung ► Ausarbeitung ► Optimierung

02. Die Produktions-/Fertigungsprogrammplanung wird in langfristige, mittelfristige und kurzfristige Programmpläne aufgeteilt. Welchen Inhalt haben diese unterschiedlichen Teilpläne?

- Themen der **langfristigen** (strategischen) **Programmplanung** sind z. B.:
  - Festlegen der Produktfelder, der Produktlinien, der Produktideen
  - Strategie der Produktentwicklung, z. B.:
  - Innovation
  - Verbesserung
  - Diversifikation
  - Variation
- Themen der **mittelfristigen** (taktischen) **Programmplanung** sind z. B.:
  - Entwurf/Konstruktion des Produktes
  - Eigen-/Fremdfertigung (Make-or-Buy-Analyse)
  - Altersstruktur, Lebenszyklus

- Themen der **kurzfristigen** (operativen) Programmplanung sind z. B.:
  - Welche Menge,
  - in welchen Fertigungszeiträumen werden gefertigt?

Zwischen der kurzfristigen Produktions-/Fertigungsprogrammplanung und -steuerung und der Fertigungsvorbereitung besteht ein fließender Übergang.

03. Welche Aufgaben hat die Produktionsbedarfsplanung?

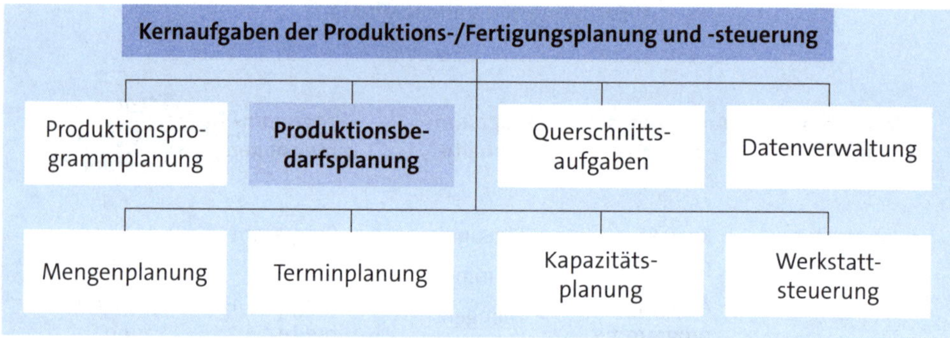

Die Produktionsbedarfsplanung (auch: Ressourcenplanung, Fertigungsversorgung) hat die **Aufgabe** den Bedarf an

- Personal,
- Betriebsmittel,
- Material und
- Informationen/Daten

zu ermitteln. Dabei ist zwischen

- **auftragsneutraler** und → allgemeiner Bedarf ohne Bezug auf konkrete Aufträge
- **auftragsbezogener** → spezieller Bedarf aufgrund der vorliegenden Aufträge

Produktionsbedarfsplanung zu unterscheiden.

04. Welche Aufgaben hat die Betriebsmittelplanung?

Aufgabe der Betriebsmittelplanung ist die Planung

- des Betriebsmittel**bedarfs**
- der Betriebsmittel**beschaffung**
  (Auswahl der Lieferanten; Finanzierung durch Kauf, Miete oder Leasing; Beschaffungszeitpunkte usw.)
- des Betriebsmittel**einsatzes**
- der **Einsatzbereitschaft** der Betriebsmittel.
  (Instandhaltung, Instandsetzung).

Bei der Planung der **Betriebsmittel** sind folgende **Objekte** zu berücksichtigen:

- Grundstücke und Gebäude
- Ver- und Entsorgungsanlagen
- Maschinen und maschinelle Anlagen
- Werkzeuge, Vorrichtungen
- Transport- und Fördermittel
- Lagereinrichtungen
- Mess-, Prüfmittel, Prüfeinrichtungen
- Büro- und Geschäftsausstattung.

Neben der Anzahl der Betriebsmittel (**quantitative Betriebsmittelplanung**) ist zu entscheiden, welche Eigenschaften und welche Leistungsmerkmale die Betriebsmittel haben müssen (**qualitative Betriebsmittelplanung**).

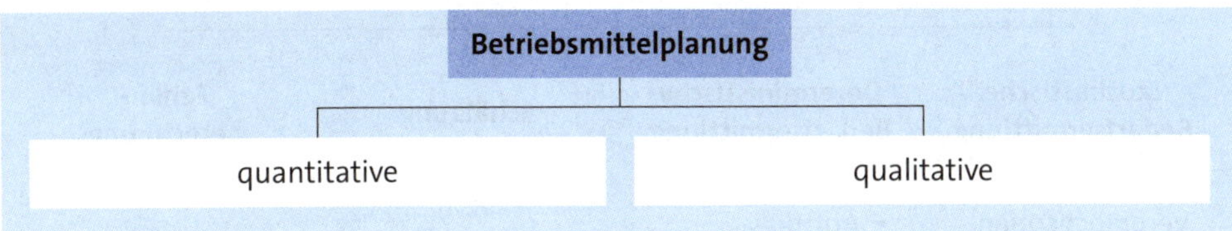

Bei der **qualitativen Betriebsmittelplanung** geht es z. B. um folgende Fragestellungen:

- handgesteuerte oder teil- bzw. vollautomatische Maschinen
- Bearbeitungszentren und/oder flexible Fertigungszellen/-systeme/-Transferstraßen
- Größendegression der Anlagen (Senkung der Kosten bei Vollauslastung)
- Spezialisierungsgrad der Anlagen (Spezialmaschine/Universalanlage)
- Grad der Umrüstbarkeit der Anlagen
- Aufteilung des Raum – und Flächenbedarfs in Fertigungsflächen, Lagerflächen, Verkehrsflächen, Sozialflächen und Büroflächen.

8.1.3 Mengenplanung

01. Welche Aufgaben hat die Materialplanung?

Aufgabe der Materialplanung ist insbesondere die Planung

- des Material**bedarfs**
  (z. B. Methoden der Bedarfsermittlung)
- der Material**beschaffung**, vor allem:
  - Lieferantenauswahl
  - Beschaffungszeitpunkte

- Bereitstellungsprinzipien (Bedarfsfall, Vorratshaltung, JiT usw.)
- Bereitstellungssysteme/Logistik (Bring-/Holsysteme).

Bei den Werkstoffen wird unterschieden in:

- **Rohstoffe** = **Hauptbestandteil** der Fertigungserzeugnisse, z. B. Holz bei der Möbelherstellung
- **Hilfsstoffe** = **Nebenbestandteile** der Fertigerzeugnisse, z. B. Leim bei der Möbelherstellung
- **Betriebsstoffe** = gehen nicht in das Produkt ein, sondern **werden** bei der Fertigung **verbraucht**, z. B. Energie (Strom, Dampf, Luftdruck).

02. Welche Verfahren der Bedarfsermittlung gibt es?

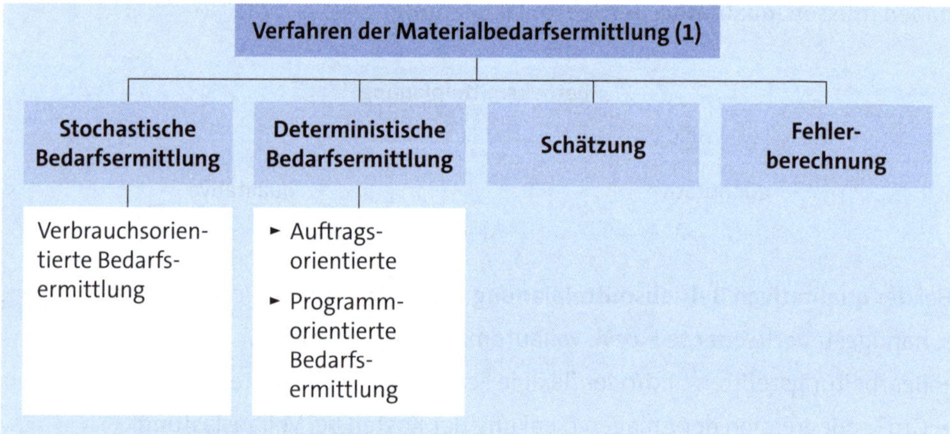

- Die (subjektive) **Schätzung** dient der Ermittlung des Bedarfs geringwertiger Güter. Sie wird angewandt, wenn weder Informationen über das Produktionsprogramm, noch eine ausreichende Anzahl von Vergangenheitswerten vorliegen. Bei der Einführung eines neuen Produktes bleibt häufig nur das Instrument der subjektiven Schätzung. Nach dem Vorliegen erster Verbrauchswerte kann dann auf die stochastischen Verfahren zurückgegriffen werden.

  Man unterscheidet folgende Arten der Schätzung:

  - **Analogschätzung:**
    Der zukünftige Bedarf wird analog zu vergleichbaren Materialien geschätzt.
  - **Intuitivschätzung:**
    Der Bedarf wird intuitiv von einer Person (Lagerleiter, Disponent o. Ä.) geschätzt.

- **Methoden zur Fehlerberechnung in der Disposition**, z. B.:
  - Varianz; mittlere quadratische Abweichung: $\sigma^2 = \sum (x_i - \mu)^2 : N$
    bzw. die positive Quadratwurzel daraus, Standardabweichung; $\sigma = \sqrt{\sigma^2}$
  - Mittlere absolute Abweichung; $d = \sum |x_i - \mu| : N$

03. Welche zentralen Unterschiede bestehen zwischen der deterministischen und der stochastischen Bedarfsermittlung?

Verfahren der Materialbedarfsermittlung (2)		
	Stochastische Bedarfsermittlung	**Deterministische Bedarfsermittlung**
Bezugs-basis	**Verbrauchsorientiert**	**Auftragsorientiert** auch: programmgesteuert
	Der Bedarf wird ohne Bezug zur Produktion aufgrund von Vergangenheitswerten ermittelt. Relevant sind: ► Vorhersagezeitraum ► Vorhersagehäufigkeit ► Verlauf der Vergangenheitswerte	Der Bedarf wird aufgrund des Produktionsprogramm exakt ermittelt.
Vor-, Nachteile	► einfaches Verfahren ► kostengünstig ► kann mit Fehlern behaftet sein	► sorgfältiges und genaues Verfahren ► kostenintensiv und zeitaufwendig
Informa-tionsbasis	► auf der Basis von Lagerstatistiken ► bestellt wird bei Erreichen des Lagerbestandes	1. Produktionsprogramm: ► Lageraufträge ► Kundenaufträge 2. Erzeugnisstruktur ► Stücklisten ► Verwendungsnachweise ► Rezepturen
Anwen-dung	► Tertiär- und Zusatzbedarf – wenn deterministische Verfahren nicht anwendbar oder nicht wirtschaftlich sind.	Bei allen Roh- und Hilfsstoffen lässt sich ein direkter Zusammenhang zum Primärbedarf herstellen; meist IT-gestützt.
Dispo-sitions-verfahren	Verbrauchsgesteuerte Disposition: ► Bestellpunktverfahren ► Bestellrhythmusverfahren	Programmgesteuerte Disposition: ► auftragsgesteuerte Disposition ► plangesteuerte Disposition
Methoden	Mittelwertbildung: ► arithmetischer Mittelwert - gewogen/ungewogen ► gleitender Mittelwert - gewogen/ungewogen	Analytische Materialbedarfsauflösung → Stücklisten
	Regressionsanalyse: ► lineare ► nicht lineare	Synthetische Materialbedarfsauflösung → Verwendungsnachweise
	Exponentielle Glättung: ► 1. Ordnung ► 2. Ordnung	

04. Welche Verfahren der analytischen Materialbedarfsauflösung gibt es?

- **Fertigungsstufen-Verfahren:**
  Die Teile des Erzeugnisses werden in der Reihenfolge der Fertigungsstufen aufgelöst.
- **Das Renetting-Verfahren**
  ist geeignet, den Mehrfachbedarf von Teilen zu berücksichtigen; hat in der Praxis nur geringe Bedeutung.
- **Das Dispositionsstufen-Verfahren**
  wird eingesetzt, wenn gleiche Teile in mehreren Erzeugnissen/Fertigungsstufen vorkommen. Alle gleichen Teile werden auf die unterste Verwendungsstufe (Dispositionsstufe) bezogen und nur einmal aufgelöst.
- **Das Gozinto-Verfahren**
  verwendet mathematische Methoden zur Bedarfsauflösung. Der Gozinto-Graf zeigt die Erzeugnisstruktur.

05. Wie werden der gleitende Mittelwert und der gewogene, gleitende Mittelwert berechnet?

1. **Gleitender Mittelwert V:**

$$V = \frac{\sum T_i}{n}$$

i = 1, ..., n
n = Anzahl der Perioden
V = Vorhersagewert der nächsten Perioden
T_i = Materialbedarf der einzelnen Perioden

2. **Gewogener gleitender Mittelwert V:**

$$V = \frac{\sum T_i \cdot G_i}{\sum G_i}$$

i = 1, ..., n
n = Anzahl der Perioden
V = Vorhersagewert der nächsten Perioden
T_i = Materialbedarf der einzelnen Perioden
G_i = Gewichtung der einzelnen Perioden

06. Wie erfolgt die stochastische Bedarfsermittlung unter Anwendung der Methode der exponentiellen Glättung?

$$V_n = V_a + \alpha (T_i - V_a)$$

i = 1, ..., n
V_n = neue Vorhersage
V_a = alte Vorhersage
T_i = tatsächlicher Bedarf der abgelaufenen Periode
α = Glättungsfaktor

07. Welche Gesichtspunkte sind bei einer Make-or-Buy-Analyse zu berücksichtigen?

- Die **Eigenfertigung** hat z. B. dann Vorrang, wenn
  - freie Kapazitäten vorliegen oder
  - Fertigungs-Know-how erforderlich ist, das nur im eigenen Unternehmen zur Verfügung steht.
- Die **Fremdfertigung** wird z. B. bevorzugt, wenn
  - die eigenen Kapazitäten ausgeschöpft sind,
  - der Fremdbezug preiswerter ist oder
  - das erforderliche Fertigungs-Know-how nur beim Lieferanten vorhanden ist.

Generell können folgende Kriterien zur Entscheidung „Make-or-Buy" herangezogen werden:

Vorteile der Eigenfertigung	Vorteile der Fremdfertigung
► Transportkosten entfallen	► Einstandspreis < Selbstkosten
► direkte Steuerung der Produktqualität	► Spezialisten arbeiten rationeller
► Nutzung der eigenen Kapazitäten	► Senkung der Lagerkosten (Just in Time)
► kein Know-how-Verlust	► keine Finanzierung von Kapazitätserweiterungen
► Senkung der Fixkosten	► Imageverbesserung bei Zukauf von Markennamen
► Qualitätsimage	► variable Bedarfsdeckung
► höhere Informationsdichte	► gezielte Sortimentspflege
► Betriebsgeheimnisse gehen nicht verloren	
► Sicherung der Arbeitsplätze	

Bei der Kosten-Gewinn-Analyse werden im Regelfall gegenübergestellt:

Eigenfertigung	Fremdfertigung
► Fixe Kosten - **Entwicklungskosten** - **Einführungskosten** ► Variable Kosten pro Stück	► Fixe Kosten: = Einführungskosten ► Variable Kosten pro Stück

Beispiel

Von einem Bauteil werden 10.000 Stück benötigt. Der Lieferant verlangt dafür 3,80 €/Stück. Zu entscheiden ist, ob die Teile fremdbezogen oder in Eigenregie hergestellt werden. Für die Eigenfertigung entstehen folgende Kosten:

Fertigungszeit:	1,5 min pro Stück
einmalige Vorrichtungskosten:	3.500 €
Rüstzeit:	2,0 Stunden
Stundenlohn:	45 €/Std.
Maschinenstundensatz:	120 €/Std.

Lösung:

$K_f = 3.500\ €$

$$K_v = (120\ \text{min} + 10.000\ \text{Stk.} \cdot 1{,}5\ \text{min/Stk.}) \cdot \frac{165\ €}{60\ \text{min}} = 41.580\ €$$

$$K = K_f + K_v \quad = 41.850\ € + 3.500\ € = 45.080\ €$$

$$\frac{K}{x} = \text{Stückkosten} \quad = \frac{45.080\ €}{10.000\ \text{Stk.}} \approx 4{,}51\ €/\text{Stk.}$$

Es ist günstiger die Teile fremd zu beziehen.

08. Was ist Aufgabe der Mengenplanung?

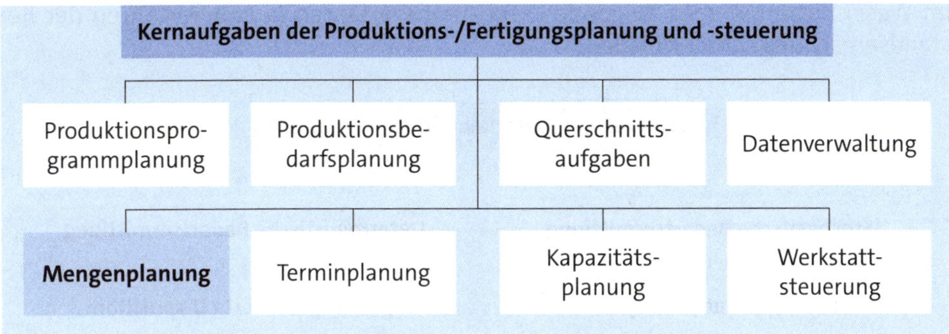

Die **Mengenplanung** (auch: Materialbedarfsrechnung) stellt sicher, dass alle für ein Erzeugnisprogramm notwendigen Einzelteile und Baugruppen in der richtigen Anzahl termingerecht zur Verfügung stehen. Dazu erfolgt eine Auflösung der Stücklisten, sodass Dispositionsentscheidungen des Einkaufs möglich werden und ggf. gleichartige Bedarfe zusammengefasst werden können; die **Dispositionsstückliste** weist alle zu beschaffenden Teile separat aus.

Bei der **bedarfsgesteuerten Beschaffung** (bei höherwertigen Teilen) wird der Bedarf auf der Basis der Stücklistenauflösung korrigiert um die vorhandenen Lagerbestände und die bereits getätigten Bestellbestände:

	Bedarf auf Basis der Stücklistenauflösung
-	Lagerbestände
-	Bestellbestände
=	Beschaffungsmenge

Die Einhaltung der Lieferungen muss zeitlich, mengen- und qualitätsmäßig überprüft werden, da Abweichungen die Realisierung der eigenen Produktionsprogramme gefährden. Die zeitliche Kontrolle der Liefertermine kann z. B. über entsprechende Zeitraster erfolgen.

09. Welche Dispositionsverfahren werden unterschieden?

Im Wesentlichen werden folgende Dispositionsverfahren (auch: Verfahren der Bestandsergänzung) unterschieden:

Verfahren der Materialbedarfsermittlung (3)

Stochastische Bedarfsermittlung	Deterministische Bedarfsermittlung
1. Verbrauchsgesteuerte Disposition:	**2. Programmgesteuerte Disposition:**
1.1 Bestellpunktverfahren	2.1 Auftragsgesteuerte Disposition
1.2 Bestellrhythmusverfahren	2.2 Plangesteuerte Disposition
	→ Soll-Eindeckungstermin
	→ Ist-Eindeckungstermin

1. **Verbrauchsgesteuerte Disposition:**
   Der Bestand eines Lagers wird zu einem bestimmten Termin oder bei Erreichen eines bestimmten Lagerbestandes ergänzt. Das Verfahren ist nicht sehr aufwendig. Die Ergebnisse sind jedoch ungenau. Es ist mit erhöhten Sicherheitsbeständen zu planen. Voraussetzung für diese Dispositionsverfahren sind eine aktuelle und richtige Fortschreibung der Lagerbuchbestände.

   1.1 **Bestellpunktverfahren:**
   Hierbei wird bei jedem Lagerabgang geprüft, ob ein bestimmter Bestand (Meldebestand oder Bestellpunkt) erreicht oder unterschritten ist.

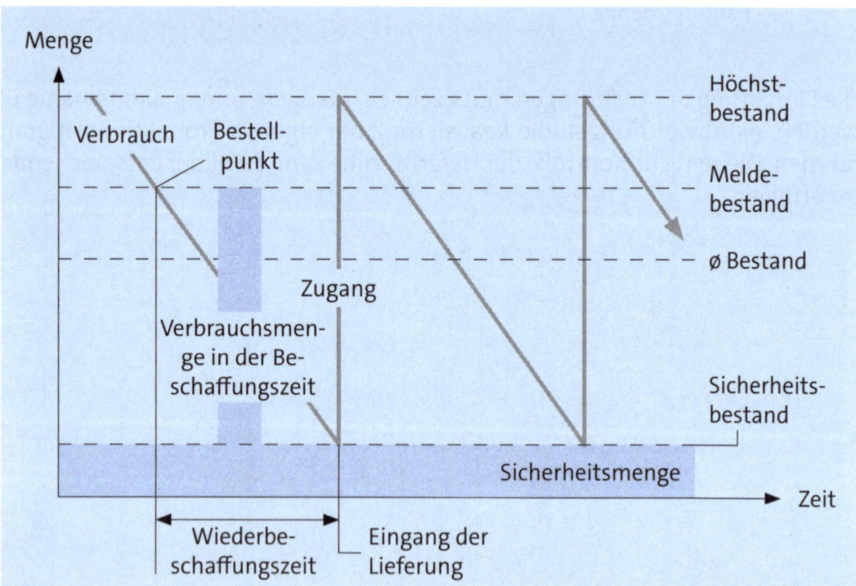

Merkmale:

- feste Bestellmengen
- variable Bestelltermine.

Ermittlung des Bestellpunktes:

Bestellpunkt (Meldebestand) = (ø Verbrauch pro Zeiteinheit • Beschaffungszeit) + Sicherheitsbestand

BP = (DV • BZ) + SB

1.2 **Bestellrhythmusverfahren (Terminverfahren):**

Hierbei wird der Bestand in festen zeitlichen Kontrollen überprüft. Er wird dann auf einen vorher fixierten Höchstbestand aufgefüllt.

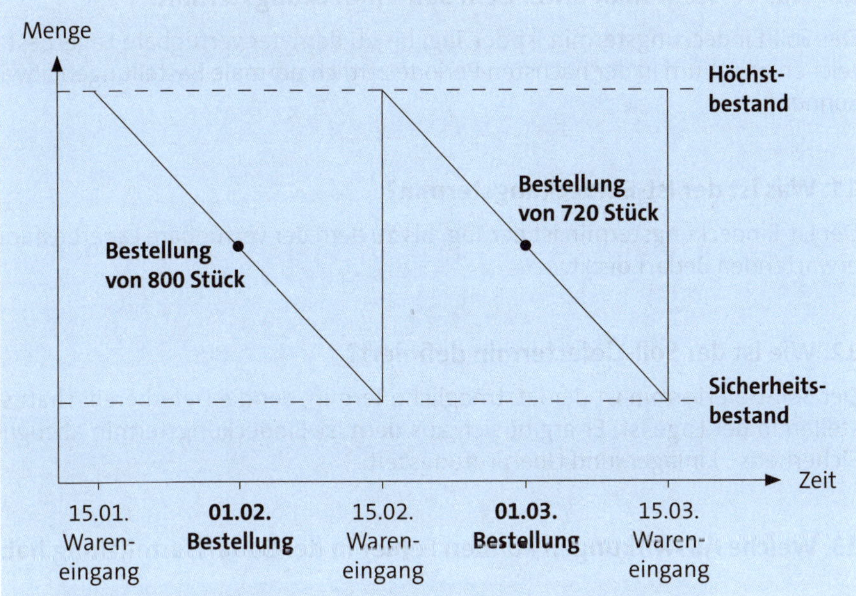

Merkmale:

- feste Bestelltermine
- variable Bestellmengen.

Berechnung des Höchstbestandes:

Höchstbestand = ø Verbrauch pro Zeiteinheit • (Beschaffungszeit + Überprüfungszeit) + Sicherheitsbestand

HBV = DV • (BZ + ÜZ) + SB

2. **Programmgesteuerte Disposition:**

   2.1 **Auftragsgesteuerte Disposition:**
   Bestelltermine und Bestellmengen werden entsprechend der Auftragssituation festgelegt. Bestellmengen sind fast immer identisch mit den Bedarfsmengen. In der Regel gibt es keine Sicherheitsbestände, da es weder Überbestände noch Fehlmengen geben kann. Zu unterscheiden ist weiterhin in:

   - Einzelbedarfsdisposition
   - Sammelbedarfsdisposition.

   2.2 **Plangesteuerte Disposition:**
   Ausgehend von einem periodifizierten Produktionsplan und dem deterministisch ermittelten Sekundärbedarf wird der Nettobedarf unter Berücksichtigung des verfügbaren Lagerbestandes ermittelt.

10. Was versteht man unter dem Soll-Eindeckungstermin?

Der Soll-Eindeckungstermin ist der Tag, bis zu dem der verfügbare Lagerbestand ausreichen muss, um in der nächsten Periode zeitlich normale Bestellungen abwickeln zu können.

11. Was ist der Ist-Eindeckungstermin?

Der Ist-Eindeckungstermin ist der Tag, bis zu dem der verfügbare Lagerbestand den zu erwartenden Bedarf deckt.

12. Wie ist der Soll-Liefertermin definiert?

Der Soll-Liefertermin ist der letztmögliche Termin, der die Lieferbereitschaft sicherzustellen in der Lage ist. Er ergibt sich aus dem Ist-Eindeckungstermin abzüglich einer Sicherheits-, Einlager- und Überprüfungszeit.

13. Welche Auswirkungen können Fehler in der Bedarfsermittlung haben?

Fehler in der Materialbedarfsermittlung und mögliche Folgen

Vorhersagewert zu hoch:	**Vorhersagewert zu niedrig:**
► Bestände steigen ► Lagerhaltungskosten steigen ► Liquidität sinkt	► Fehlmengenkosten ► Zusatzkäufe ► Kundennachfrage wird nicht befriedigt ► Absatzrückgang
↓ **Gefährdung der Wirtschaftlichkeit**	↓ **Gefährdung der Leistungsfähigkeit**

14. Welchen Einflussfaktoren unterliegt die Bestellmenge?

Bestellmenge – Einflussfaktoren			
Materialpreise	Lagerhaltungskosten	Beschaffungskosten	Bestellkosten
Rabatte	Losgrößeneinheiten	Fehlmengenkosten	Finanzvolumen

- **Bestell(abwicklungs)kosten** sind die Kosten, die innerhalb eines Unternehmens für die Materialbeschaffung anfallen. Sie sind von der **Anzahl der Bestellungen abhängig**, nicht dagegen von der Beschaffungsmenge.
- **Fehlmengenkosten** entstehen, wenn das beschaffte Material den Bedarf der Fertigung nicht deckt, wodurch der Leistungsprozess teilweise oder ganz unterbrochen wird. Die **Folgen** sind:
  - **mögliche Preisdifferenzen**
  - **entgangene Gewinne**
  - **Konventionalstrafen (Vertragsstrafe bzw. Pönale)**
  - **Goodwill-Verluste (Verlaust an Geschäftswert einer Firma).**

15. Mit welchen Verfahren lässt sich die Beschaffungsmenge (Bestellmenge) optimieren?

→ A 2.2.9

Optimierung der Beschaffungsmenge

- Klassische Losgrößenformel
- Gleitendes Bestellmengenverfahren
- Kostenausgleichsverfahren

16. Wie lautet die Formel zur Berechnung der optimalen Bestellmenge nach Andler?

$$x_{opt} = \sqrt{\frac{200 \cdot M \cdot K_B}{E \cdot L_{HS}}}$$

x_{opt} = optimale Beschaffungsmenge
M = Jahresbedarfsmenge
E = Einstandspreis pro ME
K_B = Bestellkosten pro Bestellung
L_{HS} = Lagerhaltungskostensatz in %

Bei größeren Bestellmengen x sinken die Bestellkosten je Stück, erhöhen aber die Lagerkosten und umgekehrt. Bestellkosten und Lagerkosten entwickeln sich also gegenläufig. Die optimale Bestellmenge x_{opt} ist grafisch dort, wo die Gesamtkostenkurve aus Bestellkosten und Lagerkosten ihr Minimum hat:

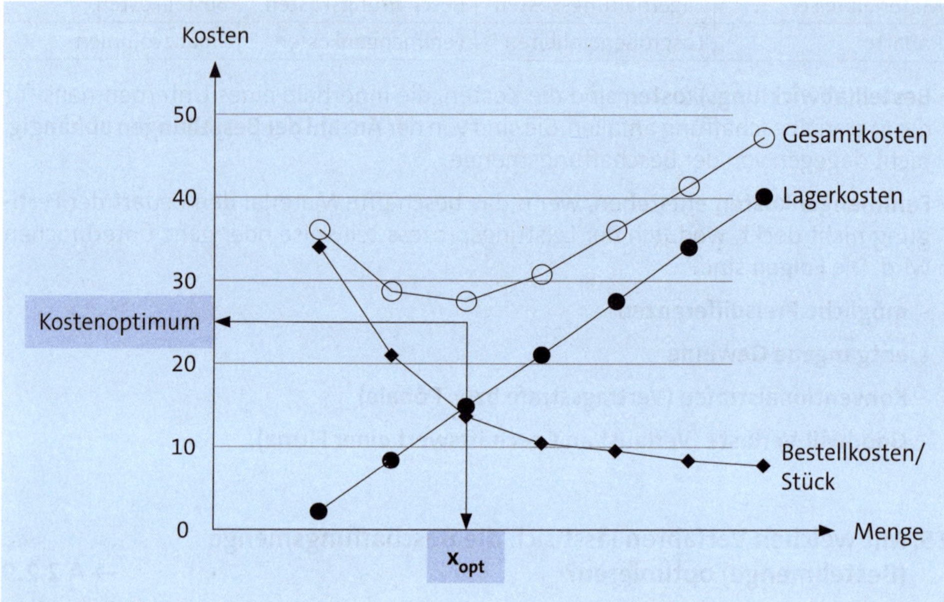

17. Wie lässt sich die optimale Bestellhäufigkeit errechnen?

Die optimale Bestellhäufigkeit lässt sich in Abwandlung der Andler-Formel wie folgt errechnen:

$$N_{opt} = \sqrt{\frac{M \cdot E \cdot L_{HS}}{200 \cdot K_B}}$$

Dabei ist:

N_{opt} = optimale Beschaffungshäufigkeit
M = Jahresbedarfsmenge
E = Einstandspreis pro ME
K_B = Bestellkosten pro Bestellung
L_{HS} = Lagerhaltungskostensatz in %

Ferner gilt auch:

$$N_{opt} = \frac{M}{x_{opt}}$$

mit:

M = Jahresbedarfsmenge
x_{opt} = Optimale Bestellmenge

Aus der Formel von Andler lässt sich direkt erkennen, dass folgende Beziehungen gelten:

Die optimale **Bestellmenge** nach Andler **erhöht sich**

- bei steigendem Jahresbedarf (Zähler des Bruches)
- bei fallendem Zinssatz (Nenner des Bruches).

Die optimale **Bestellmenge** nach Andler **verringert sich**

- bei fallenden Bestellkosten/Bestellung (Zähler des Bruches)
- bei steigendem Einstandspreis pro ME (Nenner des Bruches)
- bei steigendem Lagerkostensatz (Nenner des Bruches).

18. Wie ist die Vorgehensweise bei der Bestellmengenoptimierung unter Anwendung des gleitenden Beschaffungsmengenverfahrens?

Die Ermittlung der optimalen Bestellmenge erfolgt in einem schrittweisen Rechenprozess, indem die Summe der anfallenden Bestell- und Lagerhaltungskosten pro Mengeneinheit für jede einzelne Periode ermittelt wird. Die Kosten werden für jede Periode miteinander verglichen. In der Periode mit den geringsten Kosten wird die Rechnung abgeschlossen. Der bis dahin aufgelaufene Bedarf ist die optimale Beschaffungsmenge.

19. Wie ist der Sicherheitsbestand definiert?

Der Sicherheitsbestand, auch eiserner Bestand, Mindestbestand oder Reserve genannt, ist der Bestand an Materialien, der normalerweise nicht zur Fertigung herangezogen wird. Er stellt einen Puffer dar, der die Leistungsbereitschaft des Unternehmens bei Lieferschwierigkeiten oder sonstigen Ausfällen gewährleisten soll.

20. Welche Funktion hat der Sicherheitsbestand?

Er dient zur Absicherung von Abweichungen verursacht durch:

- Verbrauchsschwankungen
- Überschreitung der Beschaffungszeit
- quantitative Minderlieferung
- qualitative Mengeneinschränkung
- Fehler innerhalb der Bestandsführung
- Lieferschwierigkeiten.

21. Welche Folgen können aus einem zu ungenau bestimmten Sicherheitsbestand entstehen?

- Der Sicherheitsbestand ist im Verhältnis zum Verbrauch **zu hoch:**
  → Es erfolgt eine unnötige Kapitalbindung.
- Der Sicherheitsbestand ist im Verhältnis zum Verbrauch **zu niedrig:**
  → Es entsteht ein hohes Fehlmengenrisiko.

22. Wie kann der Sicherheitsbestand bestimmt werden?

- Bestimmung aufgrund subjektiver Erfahrungswerte
- Bestimmung mittels grober Näherungsrechnungen:
  - durchschnittlicher Verbrauch je Periode • Beschaffungsdauer
  - errechneter Verbrauch in der Zeit der Beschaffung + Zuschlag für Verbrauchs- und Beschaffungsschwankungen
  - längste Wiederbeschaffungszeit:
  - herrschende Wiederbeschaffungszeit • durchschnittlicher Verbrauch je Periode
  - arithmetisches Mittel der Lieferzeitüberschreitung je Periode • durchschnittlicher Verbrauch je Periode
- mathematisch nach dem Fehlerfortpflanzungsgesetz
- Bestimmung durch eine pauschale Sicherheitszeit
- Festlegung eines konstanten Sicherheitsbestandes
- Festlegung eines konstanten Sicherheitsbestandes nach dem Fehlerfortpflanzungsgesetz
- statistische Bestimmung des Sicherheitsbestandes.

8.1.4 Terminplanung/Planung der Durchlaufzeiten

01. Welche Aufgaben hat die Terminplanung? Welche Techniken werden eingesetzt?

→ A 3.2

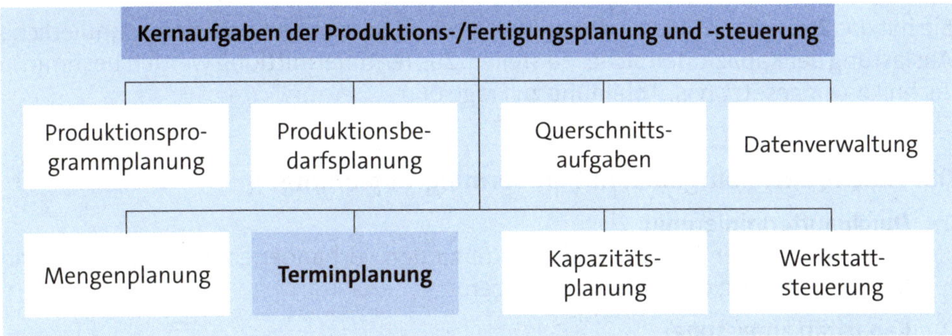

Die Terminplanung (auch: Terminierung, Terminermittlung, Timing) ermittelt die Anfangs- und Endtermine der einzelnen Aufträge, die in der betreffenden Planungsperiode fertiggestellt werden müssen. Man unterscheidet

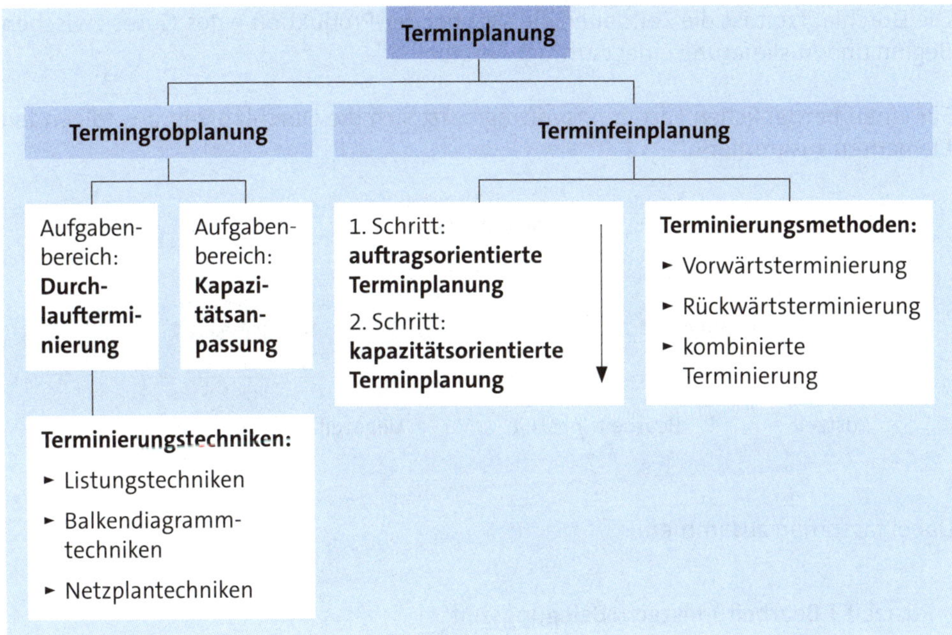

02. Welches Ziel hat die Termingrobplanung?

Die Termingrobplanung wird im Allgemeinen bei größeren Aufträgen bzw. Großprojekten durchgeführt.

Sie hat das **Ziel**, Ecktermine der Produktion grob zu bestimmen und die kontinuierliche Auslastung der Kapazitäten sicher zu stellen. Zur Terminermittlung werden bestimmte Techniken eingesetzt (vgl. Abbildung zu Frage 06.).

03. Welche Einzelaufgaben hat die Termingrobplanung?

1. **Durchlaufterminierung:**
   Terminierung der Projekte/Teilprojekte zu den vorhandenen Ressourcen – ohne Berücksichtigung der Kapazitätsgrenzen.
2. **Kapazitätsanpassung:**
   Einbeziehung der Kapazitätsgrenzen in die Durchlaufterminierung; ggf. Kapazitätsabstimmung.

04. Aus welchen Elementen setzt sich die Durchlaufzeit zusammen?

Die Durchlaufzeit ist die Zeitdauer, die sich bei der Produktion eines Gutes zwischen Beginn und Auslieferung eines Auftrages ergibt.

Für einen betrieblichen Fertigungsauftrag setzt sich die Durchlaufzeit aus folgenden Elementen zusammen:

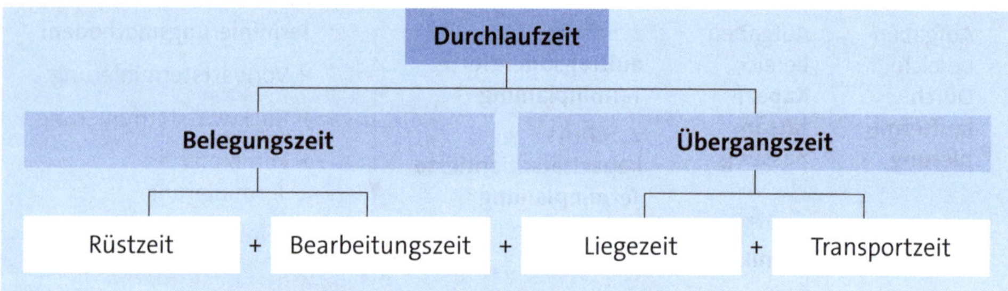

Dabei fasst man zusammen:

Rüstzeit + Bearbeitungszeit = Belegungszeit

Transportzeit + Liegezeit = Übergangszeit

- Die **Rüstzeit** ist das Vor- und Nachbereiten einer Maschine oder eines Arbeitsplatzes; z. B. Einspannen des Bohrers in das Bohrfutter, Demontage des Bohrfutters, Ablage des Bohrers.

- Die **Bearbeitungszeit** ergibt sich aus der Multiplikation von Auftragsmenge mal Stückzeit mal Leistungsgrad.

Bearbeitungszeit = Auftragsmenge • Stückzeit • Leistungsgrad

- Die **Transportzeit** ist der Zeitbedarf für die Ortsveränderung des Werkstücks. Es gilt:

Transportzeit = Förderzeit + Übergangszeit

- Die **Liegezeit** ergibt sich aus den Puffern, die sich daraus ergeben, dass ein Auftrag nicht sofort begonnen wird bzw. transportiert wird. Ursachen dafür sind:
  - Nicht alle Einzelvorgänge können exakt geplant werden.
  - Es gibt kurzzeitige Störungen.
  - Es gibt notwendige (geplante) Puffer zwischen einzelnen Arbeitsvorgängen (sog. Arbeitspuffer).

Beispiel

Die Firma erhält einen Auftrag über 20 Stück eines Getriebeteiles. Nachfolgend ist die Erzeugnisgliederung des Getriebeteiles dargestellt:

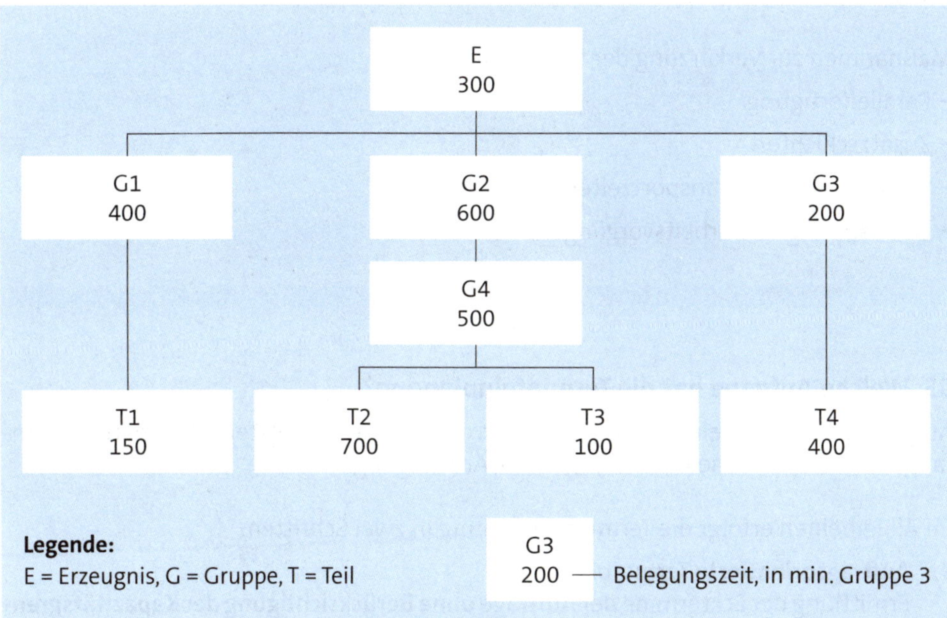

Hinweis zum Fertigungsablauf: Jede Fertigung erfolgt an unterschiedlichen Arbeitsplätzen. Nach jedem Fertigungsabschnitt (E, G, T) ist eine Übergangszeit (= Transport- + Liegezeit) in Höhe von 20 % zur Belegungszeit zu berücksichtigen. Es ist grafisch darzustellen, welche Fertigungsabschnitte auf dem kritischen Weg liegen; die Durchlaufzeit des Auftrages ist zu berechnen. Mit welchen Maßnahmen könnte eine Verkürzung der Durchlaufzeit realisiert werden?

Lösung:

Durchlaufzeit_E	$= 1{,}2 \cdot 300$	$= 360$ min
$\text{Durchlaufzeit}_{G2}$	$= 1{,}2 \cdot 600$	$= 720$ min

usw.

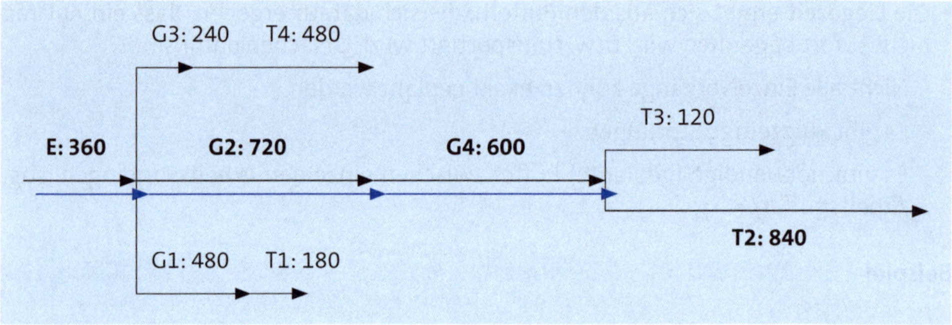

Kritischer Weg: E, G2, G4, T2
Durchlaufzeit des Auftrages = 20 (360 + 720 + 600 + 840) = 50.400 min

Maßnahmen zur Verkürzung der Durchlaufzeit, z. B.:

- Parallelfertigung
- Zusatzschichten
- Verringerung der Transportzeiten
- Überlappung von Arbeitsvorgängen.

05. Welche Aufgabe hat die Terminfeinplanung?

Aufgabe der Terminfeinplanung ist die Ermittlung der frühesten und spätesten Anfangs- und Endtermine der Aufträge bzw. Arbeitsgänge.

Im Allgemeinen erfolgt die Terminfeinplanung in zwei Schritten:

1. **Auftragsorientierte** Terminplanung:
   Ermittlung der Ecktermine der Aufträge **ohne Berücksichtigung der Kapazitätsgrenzen** auf der Basis der Durchlaufzeiten.
2. **Kapazitätsorientierte** Terminplanung:
   Im zweiten Schritt werden die vorhandenen Kapazitäten des Betriebes beachtet; es kann dabei im Wege der Kapazitätsabstimmung (vgl. Frage 07. ff.) zu Terminverschiebungen kommen.

In jedem Fall orientiert sich die Terminplanung an den Kundenterminen und der optimalen Kapazitätsauslastung (Zielkonflikt).

06. Welche Methoden der Terminermittlung werden eingesetzt?

→ A 3.2.4

Methoden der Terminermittlung

- Vorwärtsterminierung
- Rückwärtsterminierung
- kombinierte Terminierung

► **Vorwärtsterminierung** (auch: progressive Terminierung):
Ausgangsbasis der Zeitplanung ist der **Starttermin** des Auftrags: Die Arbeitsvorgänge (100, 110, 120, ...) werden entsprechend dem festgelegten Ablauf fortschreitend abgearbeitet.

Vorteile:

- Terminsicherheit
- einfache Methode.

Nachteile:

- keine Möglichkeit der Verkürzung der Durchlaufzeit
- ggf. Kapazitätsengpässe → Verschiebung des Endtermins
- ggf. höhere Lagerkosten.

Beispiel

Vorwärtsterminierung
(5 Arbeitstage pro Woche; 1-Schicht-System; frühester Starttermin ist der 09.08.):

Vorwärtsterminierung →

Vorgang	geplanter Start	geplantes Ende	Dauer in Tagen	32. KW 20..					33. KW 20..				
				9.	10.	11.	12.	13.	16.	17.	18.	19.	20.
100	09.08.20..	17.08.20..	7										
110	09.08.20..	13.08.20..	5						Puffer				
120	09.08.20..	11.08.20..	3				Puffer						
130	18.08.20..	19.08.20..	2										

Kritischer Pfad = Ende 17.08.

Der Auftrag mit den Vorgängen 100 ... 130 kann Ende des 19.08.20.. fertiggestellt werden.

- **Rückwärtsterminierung** (auch: retrograde Terminierung):
  Ausgangspunkt für die Zeitplanung ist der späteste Endtermin des Auftrags: Ausgehend vom spätesten Endtermin des letzten Vorgangs werden die Einzelvorgänge rückschreitend den Betriebsmitteln zugewiesen. Sollte der so ermittelte Starttermin in der Vergangenheit liegen, muss über Methoden der Durchlaufzeitverkürzung eine Korrektur erfolgen.

Beispiel

Rückwärtsterminierung
(5 Arbeitstage pro Woche; 1-Schicht-System; der Auftrag mit den Vorgängen 100 ... 130 muss spätestens bis Ende des 26.08. 20.. fertiggestellt werden.):

← ***Rückwärtsterminierung***

Vorgang	geplanter Start	geplantes Ende	Dauer in Tagen	32. KW 20..					33. KW 20..					34. KW 20..			
				9.	10.	11.	12.	13.	16.	17.	18.	19.	20.	23.	24.	25.	26.
100	16.08.20..	24.08.20..	7														
110	18.08.20..	24.08.20..	5						Puffer								
120	20.08.20..	24.08.20..	3						Puffer								
130	25.08.20..	26.08.20..	2														

Starttermin → | Kritischer Pfad = Ende 24.08.

Der Auftrag mit den Vorgängen 100 ... 130 muss spätestens am 16.08.20.. (zu Schichtbeginn) begonnen werden.

- **Kombinierte Terminierung:**
  Ausgehend von einem Starttermin wird in der Vorwärtsrechnung der früheste Anfangs- und Endtermin je Vorgang ermittelt. In der Rückwärtsrechnung wird der späteste Anfangs- und Endtermin je Vorgang berechnet. Aus dem Vergleich von frühesten und spätesten Anfangs- und Endterminen können die Pufferzeiten sowie der kritische Pfad ermittelt werden. Das Verfahren der kombinierten Terminierung ist aus der Netzplantechnik bekannt.

8.1.5 Produktionsplanung

01. Welche Bedeutung und welche Aufgaben hat die Kapazitätsplanung?

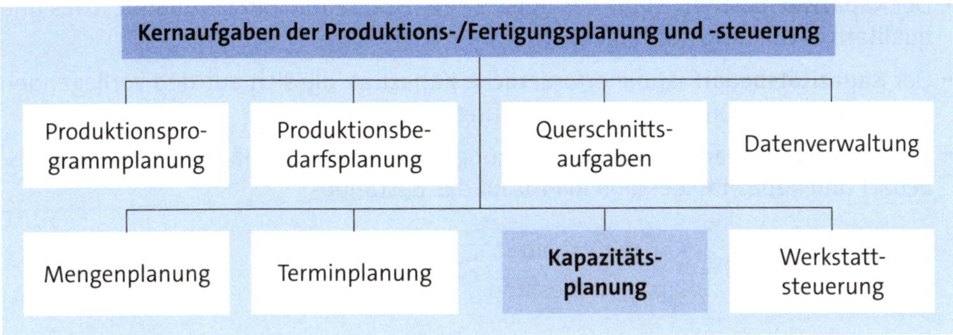

- **Definition:**
  Als **Kapazität** (auch: Beschäftigung) wird das technische Leistungsvermögen in Einheiten pro Zeitabschnitt bezeichnet. Sie wird bestimmt durch die Art und Menge der derzeit vorhandenen Produktionsfaktoren (Stoffe, Betriebsmittel, Arbeitskräfte). Die Kapazität kann sich auf eine Fertigungsstelle, eine Fertigungsstufe oder auf das gesamte Unternehmen beziehen.

- **Aufgabe** der Kapazitätsplanung:
  Ist die Gegenüberstellung der erforderlichen und der verfügbaren Kapazität (Kapazitätsbedarf ⟺ Kapazitätsbestand).

- **Bedeutung** der Kapazitätsplanung:
  Ist die verfügbare Kapazität auf Dauer höher als die erforderliche Kapazität, so führt dies zu einer Minderauslastung. Es werden mehr Ressourcen zur Verfügung gestellt als notwendig. Die Folge ist u. a. eine hohe Kapitalbindung mit entsprechenden Kapitalkosten (Wettbewerbsnachteil).

  Im umgekehrten Fall besteht die Gefahr, dass die Kapazität nicht ausreichend ist, um die Aufträge termingerecht fertigen zu können (Gefährdung der Aufträge und der Kundenbeziehung).

02. Welcher Unterschied besteht zwischen quantitativen und qualitativen Kapazitätsmerkmalen?

- **Quantitative Kapazitätsmerkmale** sind messbare Größen:
  Zeiten, Mengen oder Werte je Mensch oder Betriebsmittel/Betriebsstätte. Meist wird in Zeitmaßstäben gerechnet.

- Zu den **qualitativen Kapazitätsmerkmalen** gehören die nicht direkt messbaren Faktoren wie z. B.:
  - Leistungspotenzial der Mitarbeiter: Ausbildung, Motivation, Erfahrung usw.
  - Leistungsvermögen der Betriebsmittel: Ausstattung, Zustand der Technik, Präzision usw.
  - Leistungsmerkmale der Betriebsstätte: Standort, Beschaffenheit der Gebäude, innerbetriebliche Logistik usw.

03. Wie ist der Zusammenhang zwischen Kapazitätsbedarf, Kapazitätsbestand und Auslastungsgrad?

- Der **Kapazitätsbestand** ist die verfügbare Kapazität (= maximales quantitatives und qualitatives Leistungsvermögen).
- Der **Kapazitätsbedarf** ist die erforderliche Kapazität, die sich aus den vorliegenden Fertigungsaufträgen und der Terminierung ergibt.
- Der **Auslastungsgrad** (auch: Beschäftigungsgrad) ist das Verhältnis von Kapazitätsbedarf und Kapazitätsbestand in Prozent des Bestandes:

$$\text{Auslastungsgrad} = \frac{\text{Kapazitätsbedarf}}{\text{Kapazitätsbestand}} \cdot 100$$

auch:

$$\text{Beschäftigungsgrad} = \frac{\text{eingesetzte Kapazität}}{\text{vorhandene Kapazität}} \cdot 100$$

oder:

$$\text{Beschäftigungsgrad} = \frac{\text{Ist-Leistung}}{\text{Kapazität}} \cdot 100$$

Beispiel

Eine Fertigungsstelle hat pro Periode einen Kapazitätsbestand von 3.000 Stunden; der Kapazitätsbedarf beträgt laut Planung 2.400 Stunden. Der Auslastungsgrad ist in diesem Fall also 80 %:

$$\text{Auslastungsgrad} = \frac{2.400 \text{ Std.}}{3.000 \text{ Std.}} \cdot 100 = 80\ \%$$

04. Wie wird der Planungsfaktor P ermittelt?

Bei der Planung des Kapazitätsbestandes werden weitere Kapazitätsgrößen unterschieden:

Technische Kapazität: z. B. 1.000 E (Einheiten)
→ Die Anlagen laufen mit der höchsten Geschwindigkeit – ohne Pausen.

Maximalkapazität auch **Theoretische Kapazität:** z. B. 800 E
→ Die Anlagen laufen mit der höchsten Geschwindigkeit – inkl. Pausen.

Realkapazität: z. B. 500 E
→ Tatsächlich mögliche Mengenproduktion bei normaler Geschwindigkeit und durchschnittlichem Krankenstand der Mitarbeiter.

Da die Planung des Kapazitätsbestandes realistisch sein sollte, korrigiert der Planungsfaktor die maximale Kapazität (auch: theoretische Kapazität); er ist die Rechengröße aus dem Verhältnis von realer zu theoretischer Kapazität:

$$\text{Planungsfaktor} = \frac{\text{reale Kapazität}}{\text{theoretische Kapazität}}$$

Beispiel

$$\text{Planungsfaktor} = \frac{500\ \text{E}}{800\ \text{E}} = 0{,}625$$

05. Was bezeichnet man als Kapazitätsabstimmung?

Mit **Kapazitätsabstimmung** bezeichnet man die kurzfristige Planungsarbeit, in der die vorhandene Kapazität mit den vorliegenden und durchzuführenden Werkaufträgen in Einklang gebracht werden muss. Die Kapazitätsabstimmung erfolgt kurzfristig durch eine **Kapazitätsabgleichung** bzw. kurz- oder mittelfristig durch eine **Kapazitätsanpassung**.

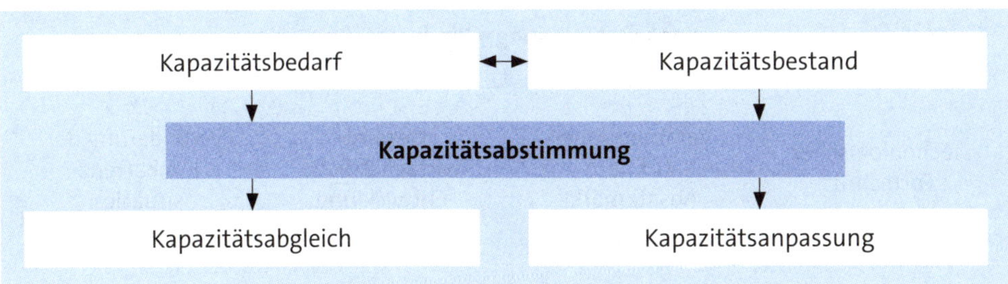

- **Kapazitätsabgleich:**
  Bei unverändertem Kapazitätsbestand wird versucht, die (kurzfristigen) Belegungsprobleme zu optimieren (z. B. Ausweichen, Verschieben, Parallelfertigung)
- **Kapazitätsanpassung:**
  Anpassung der Anlagen und ihrer Leistungsfähigkeit (kurz-/mittelfristiges Angebot) an die Nachfrage (Kundenaufträge).

Beispiel

Kapazitätsanpassung durch Erhöhung der Kapazität

kurzfristig:

- Überstunden/Mehrarbeit, Zeitarbeit, Umsetzung, Neueinstellung
- zusätzliche Schichten
- Veränderung der Wochenarbeitszeit/Samstagsarbeit (Betriebsvereinbarung)
- verlängerte Werkbank
- Optimierung der Abläufe
- Verlagerung von Wartung und Reparatur.

mittelfristig:

- Kauf/Bau neuer Anlagen, Gebäude
- Fertigungstiefe verändern
- Personalneueinstellungen.

Die Abbildung auf der nächsten Seite zeigt die grundsätzlichen Möglichkeiten der Kapazitätsabstimmung.

06. Welche Einflussgrößen bestimmen die Kapazitätsplanung?

Aufgabe der Kapazitätsplanung ist die Gegenüberstellung der erforderlichen und der verfügbaren Kapazität. Diese Aufgabe wird von einer Reihe interner und externer Einflussgrößen bestimmt; dazu ausgewählte Beispiele:

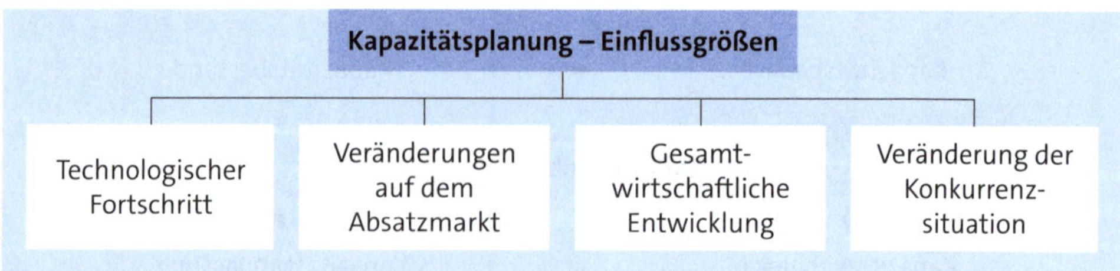

- Der **technologische Fortschritt** der Produktions-/Fertigungstechnik kann zu einer Erhöhung des Kapazitätsbestandes führen: Der Einsatz verbesserter Fertigungstechnologie führt zu einem höheren Leistungsangebot pro Zeiteinheit (z. B. Ersetzung halbautomatischer durch voll automatische Anlagen).
- **Veränderungen auf dem Absatzmarkt** können zu einem Nachfrageanstieg bzw. -rückgang führen mit der Folge, dass das Kapazitätsangebot erhöht bzw. gesenkt werden muss.
- Die Kapazitätsplanung steht in **Abhängigkeit zur gesamtwirtschaftlichen Entwicklung:** Bei einem Konjunkturaufschwung wird tendenziell die Notwendigkeit einer Kapazitätserhöhung bestehen; umgekehrt wird man bei einem Abschwung die angebotene Kapazität mittelfristig nach unten korrigieren.
- Analog gilt dies für **Veränderungen der Konkurrenzsituation:** Die Zunahme von Wettbewerb kann zu einem Rückgang der Kundennachfrage beim eigenen Unternehmen führen und mittelfristig eine Reduzierung des Kapazitätsbestandes zur Folge haben.

Anpassung der Normalkapazität an den Kapazitätsbedarf – Arten und Beispiele

Kapazitätsanpassung	**Terminanpassung**	**Auftragsanpassung**	**Verfahrensanpassung**
► Kapazitätserweiterung ► Kapazitätsverminderung ► Kapazitätsumstrukturierung	► Vorziehen ► Zurückverlegen	► Vergabe von Aufträgen ► Einholen von Lohnaufträgen ► Losteilung	► Anpassung - des Arbeitsplatzes - des Arbeitsgangs - der Arbeitsreihenfolge ► Verbesserung - der Vorrichtungen - der Fertigungstechnologie ► ergonomische Maßnahmen ► Wertanalyse

Beispiel

Veränderung des Beschäftigungsgrades in Abhängigkeit von der Jahreskapazität
Das Unternehmen fertigt an 230 Tagen, im 1-Schicht-System bei einer täglichen Arbeitszeit von 8,0 Stunden lt. Tarif. Die Grundzeit je Einheit beträgt 150 Sekunden, die Verteilzeit 10 %. Pro Schicht ist eine Rüstzeit von 0,5 Stunden erforderlich. Das Jahreslos lag bisher im 1-Schicht-System bei 30.000 Einheiten (E). Zu ermitteln ist der Beschäftigungsgrad beim 1-, 2- und 3-Schicht-System, da mit ansteigendem Auftragseingang zu rechnen ist. Man rechnet beim 2- Schicht-Betrieb mit einer Planbeschäftigung von 70.000 E p. a. und beim 3-Schicht-Betrieb mit 100.000 E p. a.

Anzahl Schichten	Arbeitstage p. a.	Ausführungszeit/ Schicht[1]		Ausführungszeit p. a.	vorhandene Kapazität	Beschäftigungsgrad[2]
		in Std.	in sek	in sek	in E	in %
1-Schicht	230	7,5	7,5 • 60 • 60 = 27.000	27.000 • 230 = 6.210.000	6.210.000 : 165 = 37.637	79,7
2-Schicht	230	7,5	7,5 • 60 • 60 • 2 = 54.000	27.000 • 230 • 2 = 12.420.000	75.273	93,0
3-Schicht	230	7,5	81.000	18.630.000	112.909	88,6

[1] Auftragszeit/Schicht = Rüstzeit + Ausführungszeit
= 0,5 Std. + Grundzeit + Verteilzeit
= 0,5 Std. + 8,0 Std.

→ Ausführungszeit/Schicht = 8,0 Std. - 0,5 Std. = 7,5 Std.

Ausführungszeit/E = Grundzeit + Verteilzeit
= 150 sek + 15 sek = 165 sek

[2] $\text{Beschäftigungsgrad}_{\text{1-Schicht}}$ = eingesetzte Kapazität : vorhandene Kapazität • 100
= 30.000 E : 37.637 E • 100 = 79,7 %

$\text{Beschäftigungsgrad}_{\text{2-Schicht}}$ = 70.000 E : 75.273 E • 100 = 93,0 %

$\text{Beschäftigungsgrad}_{\text{3-Schicht}}$ = 100.000 E : 112.909 • 100 = 88,6 %

Im Fall des 1- und 3-Schicht-Betriebes sollten zusätzliche Aufträge eingeholt werden, um den Beschäftigungsgrad nicht unter 90 % sinken zu lassen (Fixkostenbelastung).

07. Welche Arbeiten sind im Rahmen der Werkstattsteuerung zu planen und umzusetzen?

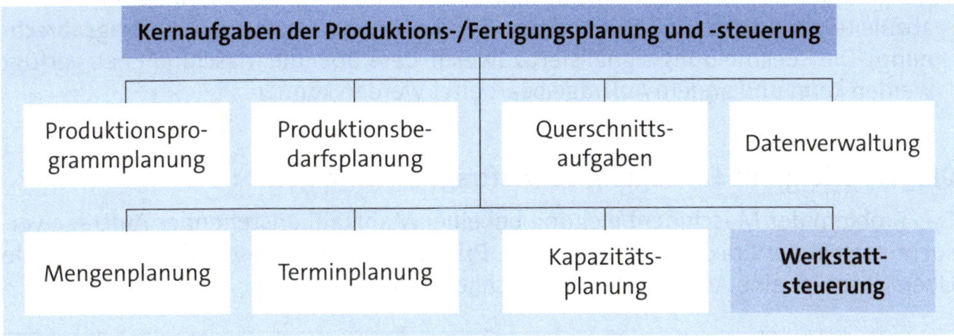

Als **Werkstattsteuerung** bezeichnet man die operative (kurzfristige) unmittelbare Vorbereitung, Lenkung und Überwachung der für einen Auftrag notwendigen Arbeitsvorgänge.

Der Ablauf der Werkstattsteuerung lässt sich schematisch folgendermaßen darstellen:

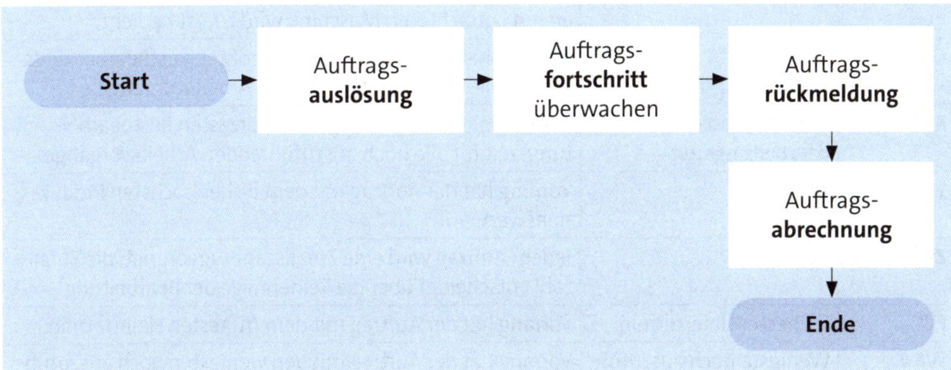

- Die **Auftragsauslösung** wird durch die Auftragsfreigabe erreicht. Diese setzt voraus: Die Verfügbarkeit über die nötige Kapazität, das Vorhandensein aller benötigten Daten und die Verfügbarkeit über das erforderliche Material.
- Die **Überwachung des Auftragsfortschritts** bezieht sich auf folgende Steuerungsgrößen:
  - Mengen
  - Qualität
  - Betriebsmittel
  - Termine
  - Kosten
  - Arbeitsbedingungen.

- Die **Auftragsrückmeldung** sagt aus, in welcher Weise die Aufträge erledigt worden sind. Sie muss jeweils kurzfristig, fehlerfrei und vollständig erfolgen, um bei Erledigung des Auftrages aus der Auftragsnummer die weiteren kaufmännischen Schritte abzuleiten und aus der aufgewendeten Zeit die Löhne zu errechnen (**Auftragsabrechnung**). Die Rückmeldung signalisiert zugleich, dass über die Maschinen neu verfügt werden kann und andere Aufträge bearbeitet werden können.

08. Wie erfolgt die Festlegung der Auftragsreihenfolge?

Das Problem der Maschinenbelegung bei einer Mehrzahl anstehender Aufträge versucht man in der Praxis meist durch sog. **Prioritätsregeln** zu lösen; die nachfolgende Übersicht zeigt eine Auswahl der gebräuchlichsten Regeln:

Prioritätsregeln		
Kurzbezeichnung	**Regel**	**Beschreibung**
KOZ	Kürzeste Operationszeit	Der Auftrag mit der kürzesten Bearbeitungszeit auf der ersten betrachteten Maschine wird zuerst bedient.
LOZ	Längste Operationszeit	Der Auftrag mit der längsten Bearbeitungszeit auf der ersten betrachteten Maschine wird zuerst bedient.
GRB	Größte Restbearbeitungszeit	Priorität hat der Auftrag mit der größten Restbearbeitungszeit für alle noch auszuführenden Arbeitsvorgänge.
KRB	Kürzeste Restbearbeitungszeit	Priorität hat der Auftrag mit der kürzesten Restbearbeitungszeit für alle noch auszuführenden Arbeitsvorgänge.
WT	Wert	Vorrang hat der Auftrag mit dem bisher höchsten Produktionswert.
ZUF	Zufall	Jedem Auftrag wird eine Zufallszahl zugeordnet; die Zufallszahl entscheidet über die Reihenfolge der Bearbeitung.
FLT	Frühester Liefertermin	Vorrang hat der Auftrag mit dem frühesten Liefertermin.
WAA	Wenigste noch auszuführende Arbeitsvorgänge	Vorrang hat der Auftrag mit den wenigsten noch auszuführenden Arbeitsvorgängen.
MAA	Meiste noch auszuführende Arbeitsvorgänge	Vorrang hat der Auftrag mit den meisten noch auszuführenden Arbeitsvorgängen.
FCFS	First come first served	Vorrang hat der Auftrag, der zuerst an der Bearbeitungsstufe ankommt.
GR	Geringste Rüstzeit	Vorrang hat der Auftrag mit der geringsten Rüstzeit.
EP	Externe Priorität	Es gelten externe Prioritätsvorgaben, Höhe der Konventionalstrafe, Fixtermine, Bedeutung aus der Sicht des Kunden.
SZ	Schlupf-Zeit-Regel	Der Auftrag mit der kleinsten Differenz zwischen dem Liefertermin und der bleibenden Bearbeitungszeit, sein Schlupf, wird als erster bearbeitet. Prioritätskriterium: Fertigstellungs- bzw. Liefertermin.

Beispiel

Anwendung der Prioritätsregeln KOZ, LOZ, FLT
An drei Maschinen (M1, M2, M3) liegen drei Aufträge (A1, A2, A3) vor. Die Bearbeitungsfolge ist für alle Aufträge: M1 → M2 → M3. Die Arbeitszeit pro Tag beträgt sieben Stunden. Für die Aufträge sind folgende Daten vorgegeben:

	Fertigungszeiten je Auftrag in Stunden			
Maschinen	**A1**	**A2**	**A3**	**∑**
M1	6	4	3	**13**
M2	2	3	5	**10**
M3	3	6	2	**11**
∑	**11**	**13**	**10**	**34**
Liefertermin in Tagen	**2,5**	**2**	**1,5**	
Kosten für Verzug je angefangenem Tag in €	**100**	**150**	**200**	

1. Prioritätsregel KOZ, Kürzeste Operationszeit: A3 → A2 → A1

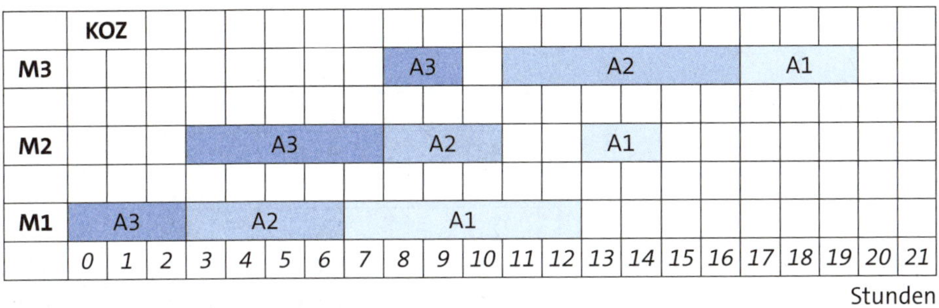

2. Prioritätsregel LOZ, Längste Operationszeit: A2 → A1 → A3

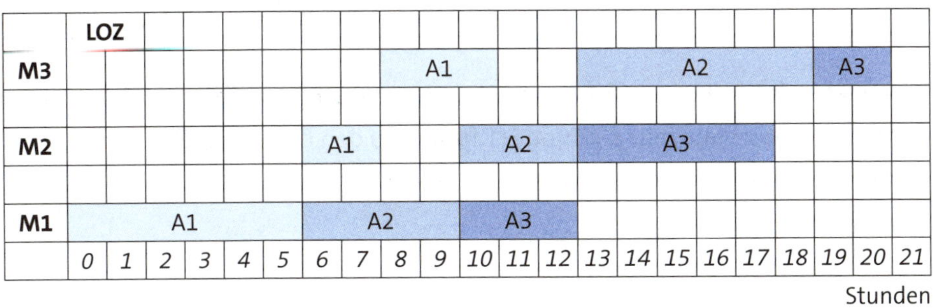

3. Prioritätsregel FLT, Frühester Liefertermin: A3 → A2 → A1

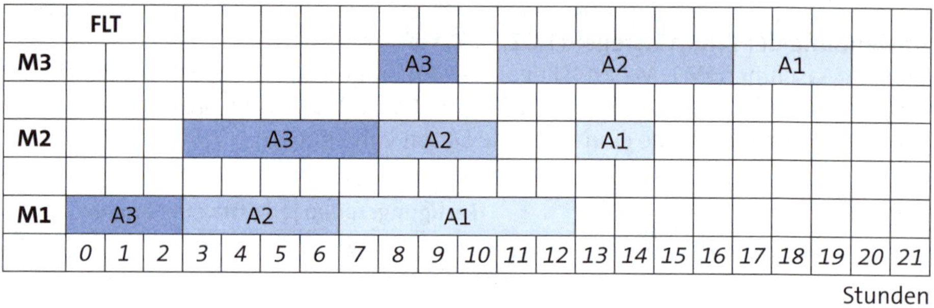

Die nachfolgende Tabelle stellt die Ergebnisse der drei Prioritätsregeln gegenüber:

Prioritätsregeln (Vergleich)				
Betrachtungs-merkmal	Maschine/ Auftrag	Regeln		
		KOZ	**LOZ**	**FLT**
Durchlaufzeit (für alle 3 Aufträge):		**20**	21	**20**
Stillstandszeiten je Maschine:	M1	0	0	0
	M2	5	8	5
	M3	9	10	9
	∑	**14**	18	**14**
Liegezeiten je Auftrag:	A1	9	0	9
	A2	4	6	4
	A3	0	11	0
	∑	**13**	17	**13**
Kosten für Verzug je Auftrag:	A1	100,00	0,00	100,00
	A2	150,00	150,00	150,00
	A3	0,00	400,00	0,00
	∑	**250,00**	550,00	**250,00**

Im vorliegenden Fall zeigen sich hinsichtlich der angestrebten Ziele folgende Ergebnisse:

- minimale Durchlaufzeit: KOZ und FLT führen zu den besten Ergebnissen
- Stillstandszeiten: → KOZ und FLT
- Liegezeiten: → KOZ und FLT
- Verzugskosten: → KOZ und FLT.

In der Praxis wird die KOZ-Regel bzw. die Kombination von KOZ- und WT-Regel bevorzugt, da sie sich als besonders wirtschaftlich erwiesen haben.

Die Einhaltung von Prioritätsregeln kann generell nicht zu einer optimalen Lösung des Problems führen. Sie verhindert jedoch, dass nach subjektiven Interessen einzelner Mitarbeiter oder Führungskräfte in einer Produktion verfahren wird.

8.2 Vermitteln von Informationen und Anweisungen der Betriebsleitung

8.2.1 Verantwortung bei der Vermittlung von Informationen und Anweisungen

01. Welche Verantwortung trägt der Industriemeister bei der Übermittlung von Informationen?

Dem Industriemeister kommt bei der Information und Kommunikation eine sehr wichtige Rolle zu. So tritt er als Mittler zwischen der Betriebsleitung und den ihm unterstellten Mitarbeitern auf, indem er Informationen in beide Richtungen transportiert. Dabei obliegt es seiner Verantwortung, die Informationen inhaltlich so aufzubereiten, zu gestalten und zu übermitteln, dass der jeweilige Empfänger sie auch verstehen kann, ohne dass die ursprüngliche Nachricht damit verändert wird.

8.2.2 Organisation der Kommunikation

01. Wie sollte der Industriemeister die Kommunikation in seinem Bereich organisieren?

In Zeiten steigender Informationsbedarfe muss die Kommunikationsorganisation oder das Informationsmanagement beispielsweise darauf achten, dass Berichte bzw. Anweisungen nicht zu umfangreich und die Arbeitsunterlagen nicht veraltet oder überholt sind. Auch unvollständige oder falsche Informationen sowie stockende oder unterbrochene Informationsflüsse können Probleme darstellen. Es ist eine wichtige Aufgabe des Industriemeisters, für effektive Informationsflüsse innerhalb seines Zuständigkeitsbereiches sowie zwischen diesem und anderen Unternehmensbereichen zu sorgen. Hierzu müssen die Informationsbedarfe der jeweiligen Stellen und Bereiche ermittelt werden, um die benötigten Informationen entsprechend anzupassen und aufzubereiten. Anschließend sind geeignete Informationsmedien auszuwählen und es ist die Informationsverteilung, ggf. auch die Archivierung zu definieren.

02. Was versteht man unter dem betrieblichen Informationsbedarf?

Der Informationsbedarf wird durch die nachfolgenden Fragestellungen erfasst:

- Welche Daten werden benötigt? (Mengen, Termine, Sachverhalte, Ergebnisse usw.)
- Wer benötigt die Information? (Mitarbeiter, Kollegen, Abteilungsleiter, Vorstand usw.)
- Wann soll informiert werden? (regelmäßig, bei Bedarf usw.)

- Wo soll informiert werden? (Empfängerarbeitsplatz, Besprechungszimmer usw.)
- Wie soll die Information erfolgen? (mündlich, schriftlich)
- Welche Informationsart ist sinnvoll? (Präsentation, Telefon, Fax, E-Mail usw.

03. Wie kann die Informationsgewinnung erfolgen?

Unter Berücksichtigung des Informationsbedarfs und des Verwendungszwecks wird die Informationsgewinnung geklärt, d. h.:

- Welche Information wird erfasst?
- Wer erfasst sie?
- In welchem Umfang wird sie erfasst?
- Wo wird die Information erfasst?
- Wann wird sie erfasst?
- Wie erfolgt diese Erfassung?

Zur Übermittlung von Informationen sind, je nach Inhalt, geeignete Personen, Medien sowie Wege auszuwählen bzw. zu definieren und zu beauftragen.

04. Wie erfolgt die Archivierung von Informationen?

Um Informationen auch zukünftig auswerten, ändern oder aktualisieren zu können, müssen ihre wesentlichen inhaltlichen Aussagen archiviert werden. Hierzu muss ein eindeutiges Ordnungssystem geschaffen werden, das ein schnelles, unkompliziertes und sicheres Auffinden dieser Informationen gewährleistet. Bei der Gestaltung solcher Ablagesysteme sollten einige wesentliche Gesichtspunkte beachtet werden. So ist eine aufgabengerechte Archivierungsart mit einer einfachen Ordnungssystematik wichtig. Die Lagerdauer muss definiert sein und der Ablageort sollte vor Datenverlust bzw. Datenmissbrauch gesichert sein. Außerdem ist es sinnvoll festzulegen, welche Mitarbeiter mit der Archivierung beauftragt sind und welche Personen Zugriffsrechte besitzen.

8.2.3 Aufbereitung der Informationen und Anweisungen

01. Wie sollte die Aufbereitung von Informationen erfolgen?

Es sollten folgende Gestaltungsregeln für Informationen eingehalten werden:

1. Einfachheit: z. B. kurze Sätze mit geläufigen Worten verfassen
2. Verständlichkeit und Klarheit: z. B. in Umfang und Ausdruck angepasst
3. Kürze und Prägnanz: z. B. sich auf Wesentliches beschränken
4. Anschaulichkeit: z. B. visualisieren mit Grafiken und Statistiken
5. Stimulierung: z. B. mit Farbe und Beispielen

6. sachlich-thematische Gliederung und Ordnung:
   - Einleitung mit Überblick und Thematisierung
   - Hauptteil vom Wesentlichen in die Details strukturieren
   - Fazit als zusammenfassende Abschlusserklärung.

Um ziel- und bedarfsgerechte inhaltliche Aussagen treffen zu können, ist zunächst der Informationsbedarf abzuklären. Die Aufbereitung der Inhalte anhand der vorgenannten Gestaltungsregeln unterstützt die Aussagekraft und Verständlichkeit. Dies gilt besonders für die Darstellung abstrakter Inhalte, bei denen zur Visualisierung Bilder, Grafiken, Diagramme oder Beispiele angewandt werden sollten.

Beim Verfassen schriftlicher Informationen müssen die Gestaltungsregeln besonders beachtet werden, da eine Nachfrage bei Verständnisschwierigkeiten aufwendig oder gar nicht realisierbar ist. Zudem müssen fehlende Betonungsmöglichkeiten durch die Formulierung und den Satzbau aufgefangen werden.

02. Welche Mittel der schriftlichen betrieblichen Information und Kommunikation werden genutzt?

In der betrieblichen Praxis nutzt der Industriemeister z.B. die folgenden Mittel:

- Protokoll: Gesprächsbericht in Kurzform
- Notiz: das Wesentliche in rekonstruierbaren Stichpunkten (roter Faden)
- Aktennotiz: zu archivierende Dokumentation in Protokollform ohne Wertung
- Aktenvermerk: bewertete Aktennotiz
- Hausbrief: gezielt adressierte schriftliche interne Information an einzelne Mitarbeiter
- Aushang: allgemein zugängliche schriftliche interne Information an alle Mitarbeiter
- Bericht: kurze oder detaillierte Darstellung von Sachverhalten oder Ergebnissen
- Präsentationsfolie: kurze, informative und einprägsame Darstellung wichtiger Punkte
- Grafik/Diagramm: visualisierte Darstellung von Kenngrößen
- Statistik: übersichtliche Zusammenfassung und Darstellung von Daten
- Formular: standardisierte Dokumentation in vorgegebener Form
- Arbeitsanweisung: standardisierte schriftliche Beschreibung von Arbeitsaufgaben
- Betriebsanweisung: standardisierte Beschreibung von spezifischen Verhaltensregeln.

03. Wie sind betriebliche Schriftstücke aufgebaut?

Der Grundaufbau betrieblicher Schriftstücke besteht aus:

- Benennung: Name bzw. Titel der Information
- Empfänger: Informationsempfänger
- Verteiler: die weiteren Empfänger werden genannt, wegen eventueller Antworten, Korrekturen oder Aktualisierungen
- Betreff: Nennung des Titels oder Themas
- Datum: Erstellungsdatum, um den Aktualisierungsstand zu erkennen
- Absender: um Antworten und Rückfragen zu ermöglichen
- Anlagen: zur Prüfung auf Vollständigkeit.

8.2.4 Vermittlung

01. Wie kann der Industriemeister Informationen vermitteln?

Es gibt zwei grundsätzlich unterschiedliche Möglichkeiten der Übermittlung:

- **Mündliche Übermittlung** findet in Form von Gesprächen, Anrufen, Unterweisungen, Vorträgen oder Präsentationen statt und kann durch einen Medieneinsatz unterstützt werden. Mögliche Medien sind z. B. ActivBoard/ActivPanel o. ä., LCD-Projektor (Beamer), Whiteboard, Flipchart oder Pinnwand.
- Bei der **schriftlichen Übermittlung** werden die Informationen beispielsweise verteilt durch Hauspost (Rundschreiben, Aktennotizen usw.), Internet/Intranet (E-Mails usw.), Anschlagtafeln (Aushänge, Statistiken usw.) oder Bücher (Schicht- oder Rapportbuch, Wartungsbuch usw.).

Der Vermittlungserfolg solcher Informationsübermittlungen beruht auf drei Stufen:

1. Empfang der Information
2. Abdeckung des Informationsbedarfs
3. Verständlichkeit des Inhalts.

Zur Überprüfung können beigefügte Empfangsbestätigungen eingesetzt werden. Zudem ermöglichen standardisierte Fragebögen oder Feedbackgespräche eine Erfolgskontrolle, bei der festgestellt werden kann, ob der Informationsbedarf abgedeckt wurde und die Übermittlung verständlich war.

8.3 Durchführen von Unterweisungen und Qualifizierungsmaßnahmen

8.3.1 Planung

01. Wie sollten Unterweisungen und Qualifizierungsmaßnahmen geplant werden?

Grundlage jeder betrieblichen Tätigkeit ist die Planung, dies gilt auch für Unterweisungen und Qualifizierungsmaßnahmen. Die dazu notwendigen Aktivitäten lassen sich aus dem Problemlösungszyklus ableiten.

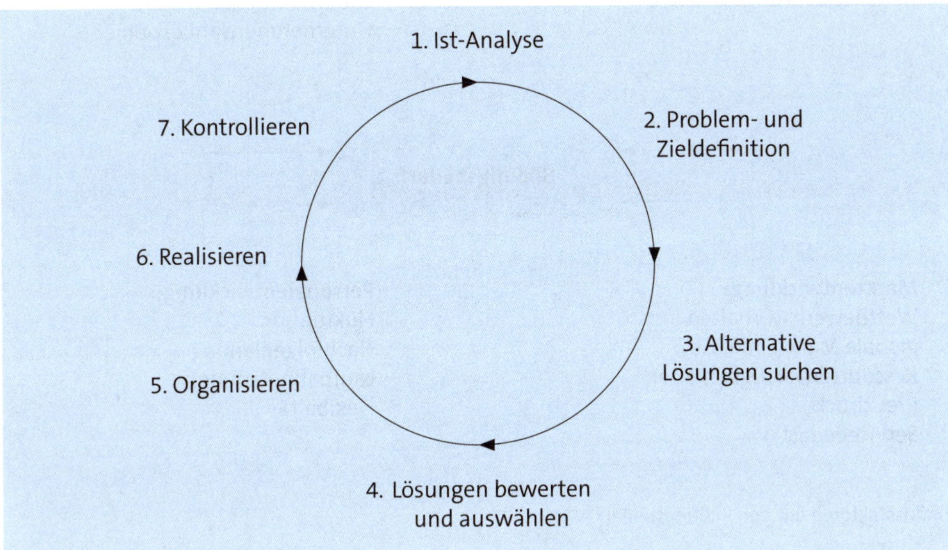

Problemlösungszyklus

Während der Phase der Ist-Analyse werden der Bildungsbedarf und das vorhandene Mitarbeiterpotenzial ermittelt. Aus den sich daraus ergebenden Differenzen wird in der nächsten Phase die Zielsetzung der Qualifizierungsmaßnahme entwickelt und festgelegt. Anschließend werden in der 3. Phase geeignete Bildungsmaßnahmen überlegt. In der 4. Phase werden diese Alternativen nach geeigneten Kriterien (ZDF = Zahlen, Daten, Fakten) bewertet und die sowohl effektivste als auch wirtschaftlichste Lösungsmöglichkeit wird ausgewählt. Die Umsetzung dieser Bildungsmaßnahme wird dann in der 5. Phase organisiert und in der 6. Phase realisiert. Abschließend wird in der 7. Phase – z. B. durch das Einholen von Feedback – der Bildungserfolg evaluiert, wobei im Bedarfsfall entsprechende Korrekturmaßnahmen eingeleitet werden müssen.

02. Wie kann der Bildungsbedarf der Mitarbeiter eines Unternehmens ermittelt werden?

Der Bildungsbedarf eines Unternehmens befindet sich aufgrund verschiedener innerer und äußerer Einflüsse in einem ständigen Wandel. Einige der wichtigsten dieser Einflusssphären sind in der nachfolgenden Abbildung aufgeführt.

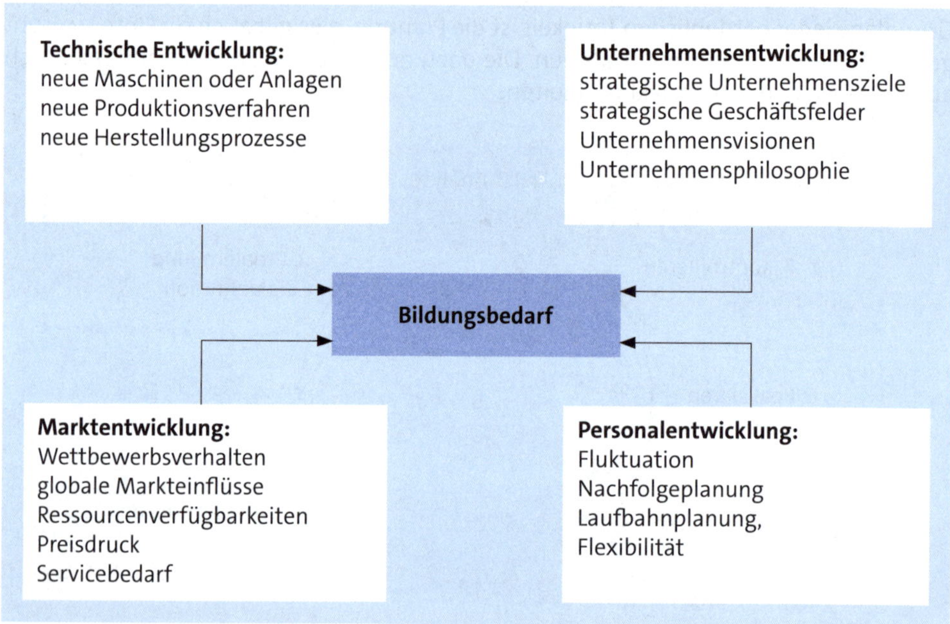

Einflussfaktoren auf den Bildungsbedarf

Alle diese Einflüsse stellen neue oder veränderte Anforderungen an die Qualifikation der Mitarbeiter. Im Rahmen der Ist-Analyse wird überprüft, welche Anforderungen im Detail vorliegen, ob der vorhandene Qualifikationsstand diese abdeckt oder ob Defizite zu identifizieren sind. Bestehen Defizite, so wird von einem Bildungsbedarf gesprochen.

Auch aus Änderungen der Arbeitsabläufe bzw. -aufgaben, aus der Mängelbehebung, fehlerhaften Ausführungen oder aufgrund von Urlaubs- bzw. Stellvertretungen entstehen Bildungsbedarfe. Nicht zuletzt führt die betriebliche Ausbildung zu entsprechendem Bildungsbedarf bei den Auszubildenden.

Der Bildungsbedarf wird definiert in Stellenbeschreibungen, Arbeitsplänen, Anforderungsprofilen, in der Ausbildereignungsverordnung (AEVO) oder in den Ausbildungsrahmenplänen.

03. Welche Ziele verfolgen die durchgeführten Qualifizierungsmaßnahmen?

Qualifizierungsmaßnahmen dienen dazu, die Fähigkeiten der Mitarbeiter an die sich ständig verändernden Anforderungen anzupassen. Zur Definition von Bildungszielen reicht diese Formulierung jedoch nicht aus, da nach Abschluss einer Qualifizierungsmaßnahme der Bildungserfolg zu überprüfen bzw. zu evaluieren ist. Diese Evaluierung besteht darin, den Grad der Übereinstimmung von Bildungsbedarf und -stand anhand von Vorgaben zu ermitteln. Deshalb ist eine genaue Beschreibung der Bildungsziele nötig.

04. Was beinhaltet ein Bildungsplan und welche Fragestellungen beantwortet er?

Um die pädagogisch und wirtschaftlich optimale Maßnahme zur Deckung des Bildungsbedarfs zu ermitteln, müssen verschiedene mögliche Qualifizierungsmaßnahmen miteinander verglichen werden. Die ausgewählte Bildungsmaßnahme muss dann, mit allen dazu notwendigen Details, organisiert werden. Das Ergebnis dieser Planung wird in einem Bildungsplan definiert, terminiert und fixiert.

Bei der Erstellung eines Bildungsplans sind folgende Fragen von Bedeutung:

- Welche Maßnahmen werden durchgeführt?
- Welche Lehr- bzw. Lernmethoden sollen angewandt werden?
- Welche Medien bzw. Lehrmittel sollen zum Einsatz kommen?
- Wer erstellt die benötigten Unterlagen?
- Wo werden diese Maßnahmen erfolgen?
- Wie groß müssen die Räume sein?
- Welche Bestuhlungsformen sind angebracht?
- Wer führt diese Maßnahmen durch?
- Wer nimmt an diesen Maßnahmen teil?
- Wann werden diese Maßnahmen stattfinden?
- Wie lange dauern die Maßnahmen?
- Wer vertritt die Teilnehmer während der Maßnahme an ihren Arbeitsplätzen?
- Wie hoch werden die Kosten der Maßnahmen sein?

8.3.2 Durchführung

01. Was muss der Industriemeister bei der Durchführung von Qualifizierungsmaßnahmen beachten?

Um den gewünschten Lernerfolg zu erzielen, müssen Bildungsmaßnahmen, soweit wie möglich, an die Vorbildung und Interessenlage der Teilnehmer angepasst werden. Dies wird als zielgruppengerechte Aufbereitung und Darbietung des Lernstoffes bezeichnet. Die Ermittlung der Vorkenntnisse und Interessenlagen der Teilnehmer während der Potenzialanalyse, sowie eine darauf aufbauende homogene Zusammensetzung der Lerngruppen schaffen hierfür notwendige Voraussetzungen. Bei der Umsetzung unterstützen die nachfolgenden Punkte den Lernerfolg:

- Abholen am aktuellen Wissensstand, um auf vorhandenem Grundwissen aufzubauen
- neues Wissen, aufbauend auf den Vorkenntnissen, vermitteln
- mit praxisnahen Beispielen das Verständnis fördern
- durch Auseinandersetzung mit dem Lernstoff Zusammenhänge schaffen
- Lernplateaus im Lehrplan berücksichtigen.

02. Welche Methoden stehen für die Qualifizierungsmaßnahmen zur Verfügung?

Die zur Auswahl stehenden Möglichkeiten können in verschiedene Gruppen eingestuft werden:

- Training into the job: Hierbei ist Lernen die Aufgabe. Beispiele sind Ausbildung, Einweisung, Trainee Programme oder Coaching.
- Training on the job: Durch die Arbeit selbst wird gelernt. Beispiele hierfür sind Learning by Doing, Job Enrichment, Job Enlargement, Job Rotation, Arbeitsunterweisung, Erfahrungslernen, das Assistentenmodell oder die Stellvertretung.
- Training near the job: Das Lernen findet mit Bezug zur Arbeit statt. Hier wären Lernwerkstatt, Entwicklungsarbeit oder Qualitätszirkel zu nennen.
- Training off the job: Hierbei findet das Lernen außerhalb der Arbeit statt, beispielsweise in internen/externen Seminaren, beim Messebesuch oder beim Selbststudium.

03. Was muss hinsichtlich der Medienauswahl beachtet werden?

Visualisierungen fördern das Verständnis und die Behaltensquote, wodurch sich der Lernstoff bzw. die Informationen leichter vermitteln lassen.

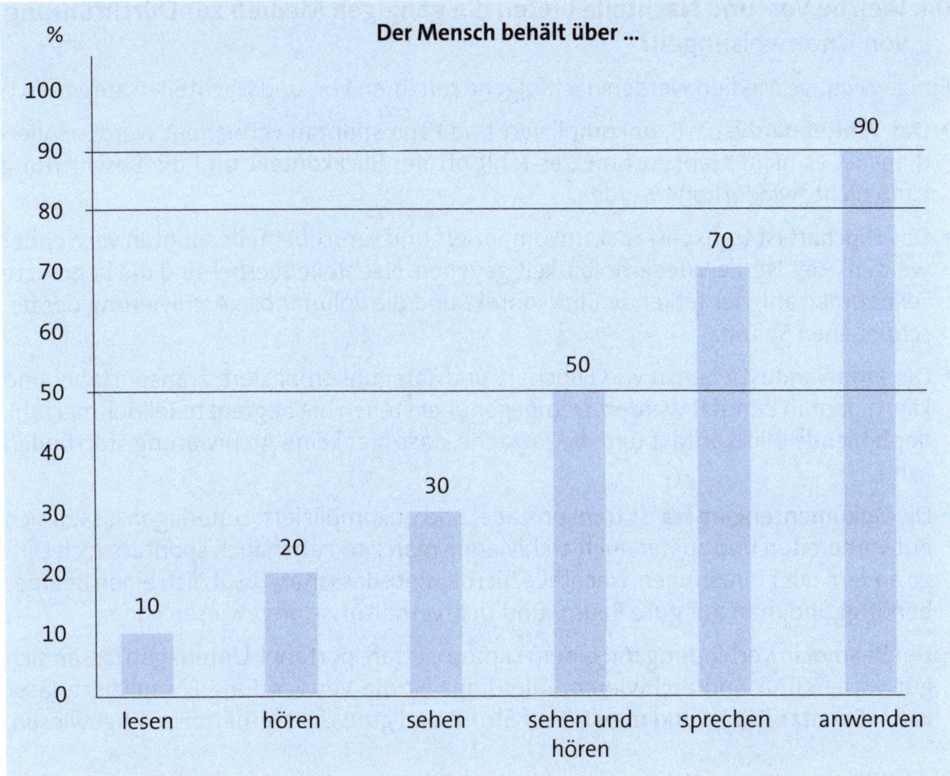

Menschliche Behaltensquote

Mit Lehr- bzw. Unterrichtsmedien können Visualisierungen vorgenommen werden, wobei auf einen maßvollen Einsatz, sowohl in der Art als auch in der Menge der verwendeten Medien, geachtet werden muss. So muss z. B. pro Präsentationsfolie von einer Darbietungszeit von ca. zwei Minuten ausgegangen werden. Wechselt man die Folien zu schnell, lässt sich die Präsentation nicht nachvollziehen und es kann leicht Verwirrung entstehen. Dagegen unterstützt eine langsame, aufeinander aufbauende und visualisierte Entwicklung des Themas das Verständnis der Teilnehmer.

Bei der Auswahl der Medien müssen folgende Kriterien berücksichtigt werden:

- Darstellbarkeit: Ist das Medium für dieses Thema geeignet?
- Lesbarkeit: Ist das Medium für die Raumgröße bzw. Teilnehmerzahl geeignet?
- Bedienbarkeit: Müssen Teilnehmer mit dem Medium arbeiten?
- Interaktivität: Sollen Ergänzungen bzw. Änderungen während der Präsentation vorgenommen werden?
- Archivierbarkeit: Müssen die Daten bzw. Informationen dauerhaft erhalten bleiben?
- Wiederholbarkeit: Muss die Präsentation öfter durchgeführt werden?
- Transportierbarkeit: Wechseln die Veranstaltungsorte der Präsentation?

04. Welche Vor- und Nachteile bieten die gängigen Medien zur Durchführung von Unterweisungen?

Einige wichtige Medien werden nachfolgend mit ihren Vor- und Nachteilen aufgeführt:

- Das **Whiteboard** ist z. B. unkompliziert und kann spontan verwendet werden. Allerdings ist es nicht transportabel, es fehlt oft der Blickkontakt und die Beschriftung kann nicht „wiederholt" werden.
- Das **Flipchart** ist transportabel, unkompliziert und kann ebenfalls spontan verwendet werden. Hier ist die Wiederholbarkeit gegeben. Nachteile hierbei sind die begrenzte Teilnehmerzahl, der fehlende Blickkontakt und die voluminöse Archivierung der beschriebenen Seiten.
- Die **Pinnwand** ist ebenso wie Flipchart und Tafel unkompliziert, transportabel und kann spontan benutzt werden. Demgegenüber stehen die begrenzte Teilnehmerzahl, der fehlende Blickkontakt und die Tatsache, dass hier keine Archivierung stattfinden kann.
- Die **Dokumentenkamera** ist transportabel und unkompliziert. Unterlagen lassen sich gut vorbereiten und später auch archivieren, man kann aber auch spontan noch Dinge ändern oder hinzufügen. Nachteile hierbei sind, dass man zusätzlich einen Beamer benötigt und man auf gute Raum- und Lichtverhältnisse angewiesen ist.
- Der **Beamer** in Verbindung mit einem Laptop ist transportabel, Unterlagen lassen sich gut vorbereiten und archivieren. Allerdings ist die Verwendung kompliziert, lässt kaum Spontanität zu und man ist auf Strom und gute Lichtverhältnisse angewiesen.

Des Weiteren gibt es mittlerweile auch eine Vielzahl an **Selbstlernmedien** wie z. B.:

- **schriftgestützte** Medien: Informationen zum Selbstlesen (z. B. Fachartikel oder -bücher)
- **audiogestützte** Medien: Informationen zum Hören (z. B. Podcasts, Hörbücher)
- **videogestützte** Medien: Informationen zum Sehen und Hören (z. B. Lehrfilme)
- **computergestützte** Medien (Computer Based Training, CBT): interaktive Lernprogramme zum selbstständigen Bearbeiten am PC
- **internetgestützte** Medien (Web Based Training, WBT): interaktive Lernprogramme mit breiter Web-Plattform zum selbstständigen Bearbeiten.

05. Was bestimmt den Lernerfolg einer Maßnahme?

Von Lernerfolg spricht man, wenn die Teilnehmer einer Qualifizierungsmaßnahme den fachlichen Inhalt verstanden haben und in der Lage sind, diesen praktisch am Arbeitsplatz anzuwenden. Sollte dieses Ziel nicht erreicht worden sein, werden Korrekturmaßnahmen notwendig. Deshalb ist es nötig, Qualifizierungsmaßnahmen auf der Grundlage der definierten Ziele zu evaluieren, d. h. deren Wert bzw. Nutzen zu bestimmen. Dabei sollte jedoch nicht nur die pädagogische Seite einer erfolgreichen Stoffvermittlung, sondern auch die Wirtschaftlichkeit der durchgeführten Maßnahme bewertet werden. Für aussagekräftige Ergebnisse muss eine dem Thema und der Zielgruppe angepasste **Feedbackmethode** ausgewählt werden. Mögliche Methoden sind:

- **Teilnehmerinterviews:** Abschlussgespräch, Frage- oder Bewertungsbögen usw.
- **Leistungsanalysen:** Abschlusstest, Arbeitsproben, Planspiele usw.
- **Kostenanalyse:** Soll-Ist-Vergleich usw.

8.3.3 Nachbereitung

01. Weshalb ist die Nachbereitung von Qualifizierungsmaßnahmen wichtig?

Qualifizierungsmaßnahmen sollen abschließend nachbereitet werden, wobei sowohl Angaben zu den Teilnehmern als auch die wesentlichen thematischen Inhalte erfasst, dokumentiert und archiviert werden. Diese Nachbereitung soll zukünftige Bedarfsbeurteilungen und Potenzialanalysen unterstützen.

Die **Erfassung der Teilnehmer** kann durch Formblätter erfolgen, in denen der Name der Veranstaltung, das behandelte Thema sowie das Datum eingetragen werden. In einer Namensliste kann die Teilnahme durch Abhaken oder Unterschrift bestätigt werden.

Die Art der **Dokumentation** ergibt sich aus der **gewünschten Aussagekraft**. So besteht bei manchen Qualifizierungsmaßnahmen eine Dokumentationspflicht, die sich aus bestimmten Vorschriften, Normen oder Gesetzen ergibt. Hierzu zählen z. B. das ArbSchG oder die DIN ISO 9000 ff. Bei solchen Dokumenten steht die Aussage, wer wann an welcher Maßnahme teilgenommen hat, im Vordergrund.

Für diese Dokumentation eignen sich z. B. die oben angesprochenen Formblätter. Ist es das Ziel, den zeitlichen Verlauf von Maßnahmen zu erkennen, so kann die Dokumentation z. B. in Form tabellarischer Listen erfolgen.

Archivierte Daten oder Dokumente müssen sicher gelagert und schnell aufgefunden werden können. Die Art der Lagerung ergibt sich einerseits aus dem Schutzbedarf der Informationen und andererseits aus der benötigten Aufbewahrungsfrist.

Das Datenschutzgesetz bzw. die **DSGVO** bezieht sich im Wesentlichen auf den Schutz persönlicher Daten. Die wichtigsten Regelungen im Zusammenhang mit der Datenspeicherung und -archivierung sind Zugangskontrollen (Unbefugten muss der Zugang zu den Daten unmöglich sein). Benutzerkontrolle (Einsicht, Kenntnisnahme und Änderung darf nur Befugten ermöglicht werden), Zugriffskontrolle (Befugten ist nur der Zugriff auf ihnen erlaubte Daten zu gewähren), Eingabekontrollen (eine Identifikation der eingebenden Mitarbeiter muss gewährleistet sein) und Organisationskontrollen (Gewährleisten der organisatorischen Umsetzung des Datenschutzgesetzes).

Die **Ablagesystematik** richtet sich nach den Aussagen der Dokumente. Persönliche Teilnahmebestätigungen werden z. B. in der Personalakte archiviert. Teilnehmerübersichten werden am besten in entsprechenden Lehrgangsordnern abgelegt.

8.4 Kommunizieren mit Kunden

8.4.1 Kommunikation in Kundenbeziehungen

01. Welche Bedeutung hat die Kommunikation mit Kunden für das Unternehmen?

In Unternehmen treten interne und externe Kunden auf. Die externen Kunden sind als Abnehmer der Leistungen von maßgebender Bedeutung für den marktwirtschaftlichen Erfolg. Damit die betrieblichen Leistungen dauerhaft abgenommen werden und somit der Betriebserfolg gesichert werden kann, muss das angebotene Leistungsspektrum die Kunden ansprechen. Dieses Leistungsangebot besteht neben der Erfüllung der Kundenforderungen und -bedürfnisse aus einem guten Preis-Leistungs-Verhältnis, aus hoher Qualität, Zuverlässigkeit, Termintreue sowie einem hohen Servicegrad. Unter Servicegrad wird die materielle Unterstützung des Kunden verstanden, ebenso wie schnelle und zuverlässige Informations- bzw. Kommunikationsflüsse. Kollegen an ihren Arbeitsplätzen sind als Abnehmer innerbetrieblicher Leistungen ebenso auf Qualität, Zuverlässigkeit, Termintreue und schnelle, zuverlässige Informationen angewiesen, weshalb sie auch als interne Kunden bezeichnet werden.

Als Service werden zusätzlich zur Hauptleistung gewährte immaterielle, den Kunden unterstützende Leistungen betrachtet. Die **Servicekultur** umfasst:

- **Garantieleistungen**, z. B. Garantieumfang und -dauer
- **Lieferleistung**, z. B. Lieferbereitschaft und -zuverlässigkeit
- **Kundendienstleistungen**, z. B. Montage, Schulung, Wartung und Entsorgung
- **Zusatznutzen**, z. B. Rundumbetreuung.

Der Service soll dem Kunden Vertrauen in das Unternehmen und dessen Leistungen vermitteln. Damit die Leistung und der Service an die Bedürfnisse des Kunden angepasst werden können, müssen in offenen, persönlichen Gesprächen seine spezifischen Interessen und Bedarfe ausgelotet werden.

Die meisten Unternehmen agieren heutzutage in Käufermärkten, in denen die Nachfrager unter einer großen Anzahl an Anbietern auswählen können. Damit steigt die Bedeutung des Preis-Leistungs-Verhältnisses und der Zuverlässigkeit. Durch Service kann – bei gleichbleibenden Kosten – der Kundennutzen gesteigert werden. Zusätzlich erhält man dabei die Möglichkeit, sich vom Wettbewerb abzuheben sowie das Firmenimage und das Preis-Leistungs-Verhältnis zu verbessern.

8.4.2 Kundenbeziehungen und Servicegedanke

01. Wie sollte die Beratung und der Service gegenüber dem Kunden aufgebaut sein?

Fach- und problemgerechte Beratung ist ein wesentlicher Teilbereich des Service. Um Kunden in gezielten Beratungen angemessene und praktikable Lösungen anzubieten, müssen dessen konkrete Problemstellungen ermittelt werden. Um zweckmäßige Lösungen finden zu können, muss man die Aufgaben und Probleme genau kennen. Deshalb müssen in einer Ist-Analyse die Ursachen, Beweg- oder Hintergründe sowie weitere Sachverhalte ermittelt werden. Kundengespräche basieren dabei auf der **BAR-Regel:** Beteiligung, Anteilnahme und Respekt der Gesprächsteilnehmer. Daraus lassen sich einige **Grundverhaltensweisen in Kundengesprächen** ableiten:

1. Verhalte dich stets ehrlich und zurückhaltend!
2. Passe deine Fragenformulierung dem Intellekt der Gesprächsteilnehmer an!
3. Formuliere zwar fachlich kompetente, aber einfache, beantwortbare Fragen!

- Mit **Fragewörtern** können Sachverhalte eindeutig abgeklärt werden: wer, wo, wie, was, wann, womit, wie lange, wie oft, warum?
- **Offene Fragen** ermutigen zu Redebeiträgen der Gesprächsteilnehmer, z. B. „Wie ist Ihre Meinung zu diesem Thema?". Geschlossene Fragen dagegen erlauben nur „Ja" oder „Nein" als Antwort.
- Durch **Wiederholungen in Frageform** kann überprüft werden, ob man selbst die Aussagen richtig verstanden hat. Wiederholende Fragen signalisieren zudem ein aktives Zuhören und motivieren damit den Redner zu weiteren Ausführungen: „Lassen Sie mich nochmals zusammenfassen, Sie sagten ..."
- Mit **richtungsweisenden Fragen** können Gespräche gesteuert werden. Dazu werden die Aussagen der Gesprächspartner in die gewünschte Richtung interpretiert und hinterfragt: „Sie meinen also, dass ..."
- Bei **suggestiven Fragen** wird die gewünschte Antwort durch die Fragestellung schon vorgegeben oder initiiert. Diese Art von Fragestellung sollte vermieden werden, da so Antworten manipuliert werden: „Sie sind doch auch der Meinung, dass ..."

Das **Vorgehen zur Problemlösung erfolgt gemäß dem Problemlösezyklus**. Auf der Grundlage der während der Kundenbefragung ermittelten Sachverhalte erfolgt eine Ist-Analyse, aus der problemgerechte Lösungsmöglichkeiten erarbeitet werden. Die fachliche und sachliche Qualität dieser Lösungsalternativen bildet einen wesentlichen Teil des Service. Die Auswahl der Lösung erfolgt durch den Kunden.

02. Was bedeutet eine Bestellung durch den Kunden?

Das Ergebnis eines guten Leistungsangebots und Service ist ein Vertragsabschluss. Dieser kommt durch eine übereinstimmende Willenserklärung zustande. Rechtlich betrachtet ist eine Bestellung eine einseitige Willenserklärung, die erst durch ein entsprechend gleichlautendes, verbindliches Angebot oder durch eine Auftragsbestätigung zur

Übereinstimmung kommt. Bestellungen müssen erfasst und archiviert werden, wobei eine gemeinsame Archivierung von Angebot, Bestellung und Auftragsbestätigung anzuraten ist.

Zum Erstellen eines verbindlichen Angebots oder einer Auftragsbestätigung muss die Bearbeitung des Auftrags eingeplant werden. Dies betrifft die termingerechte Verfügbarkeit der benötigten Rohstoffe, Betriebsmittel, Betriebsstätten und der menschlichen Arbeitskräfte.

Die elektronische Datenverarbeitung ermöglicht den leichten Austausch von Daten und Informationen. Damit kann der Aufwand für Übertragungen und Anpassungen ebenso minimiert werden wie das Auftreten eventueller Fehlerquellen. Voraussetzung hierfür sind mindestens gemeinsame Datenformate, außerdem aufeinander abgestimmte gemeinsame Datenbasen und Datenschnittstellen, die sich möglichst entlang der gesamten Prozesskette vom Lieferanten bis zum Kunden erstrecken sollten.

03. Wie verläuft eine Kundenreklamation?

Da Lagerbestände sehr gering gehalten werden, führen mangelhafte Lieferungen schnell zu Produktionsstörungen oder gar Lieferengpässen bei den Kunden. Außerdem kann durch Mängel ein zusätzlicher Aufwand entstehen, der sich z. B. in Änderungen und Sonderaktionen oder in Mängelrügen äußern kann. Berechtigte Reklamationen stellen somit große Risiken für Unternehmen dar, da sie das Vertrauen und die Zufriedenheit der Kunden ernsthaft gefährden. Um das Geschäftsklima zu erhalten, müssen Reklamationen zügig und unbürokratisch bearbeitet werden.

In der ersten Phase von Reklamationsgesprächen muss dem Kunden Gelegenheit gegeben werden, seinen Unmut auszudrücken („Dampf ablassen“). Bei der anschließenden Kundenbefragung ist eine kundenorientierte Argumentation wichtig. Es sollten Formulierungen gewählt werden, die dem Stellenwert des Kunden gerecht werden und das Bedauern über die Reklamation ausdrücken. Es müssen alle wesentlichen Informationen und Sachverhalte zur Reklamation aufgenommen werden. Hierfür haben sich vorgefertigte Checklisten bewährt. Großzügige Garantie- bzw. Kulanzregelungen helfen, eine angeschlagene Kundenbindung wieder zu verfestigen.

Ungelöste Konflikte haben die unangenehme Eigenschaft zu eskalieren, und Konflikte mit Kunden belasten die Geschäftsbeziehung. Aus diesen Gründen sollten nach Möglichkeit Konflikte von vorneherein vermieden werden. Leider lässt sich dieses Ziel nicht immer erreichen. Die **Lösungsansätze für Konflikte sind von deren Eskalationsstufe abhängig**. Abhängig von der Eskalationsstufe muss unterschiedlich interveniert werden. Grundlegend gilt, dass Konflikte auf niedrigen Eskalationsstufen leichter und schneller zu lösen sind als weiter fortgeschrittene.

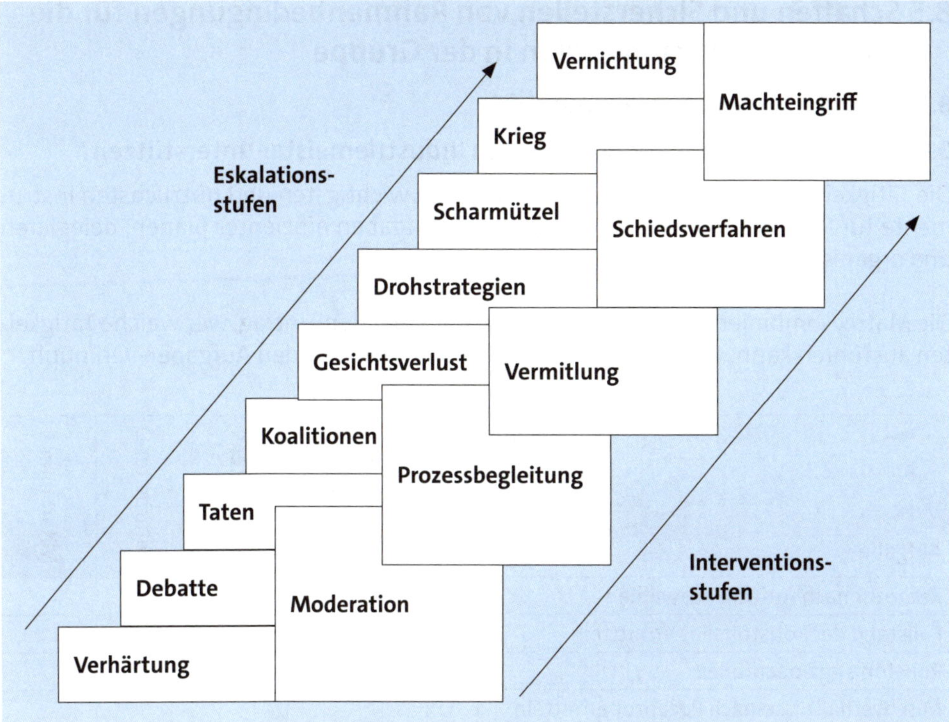

Eskalations- und Interventionsstufen bei Konflikten

Speziell bei Kundenkonflikten gibt es folgende mögliche **Interventionsmaßnahmen:**

- **Moderation:** Seitens des Verkäufers sollte versucht werden, ggf. unter Zuziehung eines internen Moderators, die Situation in einer Art Selbstheilungsprozess zu bereinigen.
- **Prozessbegleitung:** Fixierungen und Ausweitungen müssen aufgelöst bzw. vermieden werden, hierzu eignet sich ein psychologisch erfahrender Vorgesetzter des Verkäufers.
- **Vermittlung:** Moderiert durch einen kompetenten Vorgesetzten des Verkäufers, sollten Kompromisse ausgearbeitet werden.
- **Schiedsverfahren:** Vorgesetzte beider Seiten unterbreiten einen Kompromiss.
- **Machteingriff:** Vorgesetzte beider Seiten setzen – auch gegen den Willen der Konfliktgegner – eine Entscheidung durch.

8.5 Schaffen und Sicherstellen von Rahmenbedingungen für die effiziente Kommunikation in der Gruppe

8.5.1 Tätigkeits- und Aufgabenmatrix

01. Wie kann eine Aufgabenmatrix den Industriemeister unterstützen?

Die Tätigkeits- und Aufgabenmatrix ist eines der wichtigsten und nützlichsten Instrumente für Führungskräfte. Damit lassen sich Aufgaben effizienter planen, delegieren und organisieren.

Die Matrix kombiniert Aufgaben und Personen. Über den Eintrag, wer welche Tätigkeiten ausführen kann, werden die handelnden Personen mit den Aufgaben verknüpft.

Aufgabe \ Mitarbeiter	Mitarbeiter A	Mitarbeiter B	Mitarbeiter C	Mitarbeiter D	Mitarbeiter E
Rezeptur nach Auftrag auswählen	x				
Füllstand der Rohstoffsilos ermittteln		x			
Rohstoffe ggf. nachfüllen		x			
Mischverhältnisse nach Rezeptur ermitteln	x				
Anlage anfahren	x				
Überprüfen der Produktfähigkeiten			x		
Korrektur der Mischungsverhältnisse	x				
Freigabe der Produktion			x		
Anlagenüberwachung im Betrieb				x	
Anlagenwartung und -reinigung					x

Tätigkeits- und Aufgabenmatrix

8.5.2 Kommunikationsregeln

01. Was versteht man unter „Moderation"?

Moderation kommt aus dem Lateinischen (= **moderatio**) und bedeutet, das „**rechte Maß finden, Harmonie herstellen**". Im betrieblichen Alltag bezeichnet man damit eine **Technik**, die hilft,

- Einzelgespräche,
- Besprechungen und
- Gruppenarbeiten (Lern- und Arbeitsgruppen)

so zu steuern, dass das Ziel erreicht wird.

02. Welche Aufgaben hat der Moderator?

Das Problem bei der Moderation liegt darin, dass die traditionellen Strukturen der Gruppenführung noch nachhaltig wirksam sind. Die Mitarbeiter sind es gewohnt, Anweisungen zu erhalten; die Vorgesetzten verstehen sich in der Regel als Leiter einer Gruppe mit hierarchischer Kompetenz und Anweisungsbefugnissen.

Bei der Moderation von Gruppengesprächen müssen diese traditionellen Rollen abgelegt werden:

Der Vorgesetzte als Moderator einer Besprechung steuert mit Methodenkompetenz den Prozess der Problemlösung in der Gruppe und nicht den Inhalt! Der Moderator ist der erste Diener der Gruppe!

Der Meister als Moderator ist **kein** „Oberlehrer", der alles besser weiß, sondern er ist **primus inter pares** (Erster unter Gleichen). Er beherrscht das „Wie" der Kommunikation und kann Methoden der Problemlösung und der Visualisierung von Gesprächsergebnissen anwenden. In fachlicher Hinsicht muss er nicht alle Details beherrschen, sondern einen Überblick über Gesamtzusammenhänge haben.

Eine der schwierigsten Aufgaben für den Moderator ist die Fähigkeit zu erlangen, **seine eigenen Vorstellungen** zur Problemlösung denen der Gruppe **unterzuordnen**, sich selbst zurückzunehmen und ein erforderliches Maß an **Neutralität** aufzubringen. Dies verlangt ein Umdenken im Rollenverständnis des Meisters.

Der Moderator hat somit folgende **Aufgaben:**

1. **Er steuert den Prozess und sorgt für eine Balance** zwischen Individuum, Gruppe und Thema!
   Ablauf der Besprechung, Kommunikation innerhalb der Gruppe, roter Faden der Problembearbeitung, Anregungen, Zusammenfassen, kein Abschweifen vom Thema, verschafft allen Gruppenmitgliedern Gehör.
2. **Er bestimmt das Ziel** und den Einsatz der **Methodik** und der **Techniken**!
   Die Gruppe bestimmt vorrangig die Inhalte und Lösungsansätze.
3. Er sorgt dafür, dass **Spannungen und Konflikte thematisiert** werden!
   Sachliche Behandlung.
4. Er **spielt sich nicht (inhaltlich) in den Vordergrund**!
   Zuhören, ausreden lassen, kein Besserwisser, Geduld haben.

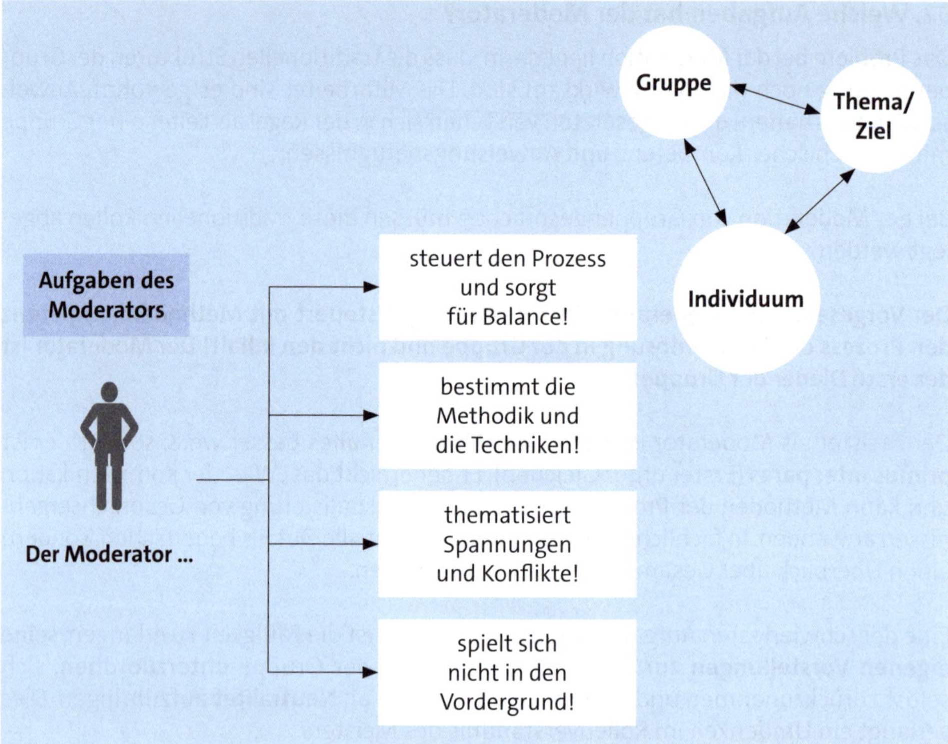

03. Wie ist die Moderation vorzubereiten?

1. **Inhaltliche Vorbereitung**, z. B.:
   - Hat der Moderator sich einen Überblick über das Thema verschafft?
   - Sind Schlüsselfragen/Strategiefragen vorbereitet?
   - Wer muss eingeladen werden, damit alle erforderlichen Kompetenzen abgedeckt sind?
   - Sind die Teilnehmer ausreichend über das Thema informiert – z. B. anhand von Unterlagen? Präzise Formulierung des Besprechungsziels?
   - Sollen die Teilnehmer Materialien zur Sitzung mitbringen?
2. **Methodische Vorbereitung**, z. B.:
   - Welche Methoden können/müssen eingesetzt werden?
   - Beherrscht der Moderator die Methoden?
   - Welche Instruktionen muss er der Gruppe geben, damit die Methoden verstanden werden?

3. **Organisatorische Vorbereitung**, z. B.:
   - Raum:
     ausreichende Größe, ohne Störungen, Lichtverhältnisse, geeignete Sitzordnung usw.

     ggf. Unterbringung von Teilnehmern/Gästen im Hotel o. Ä.
   - Zeit:
     Planung der Rüstzeiten und der Durchführungszeiten; Zeiten je Besprechungs- und Arbeitsphase usw.

     Rechtzeitige Einladung der Teilnehmer?
   - Technik:
     Bereitstellung der Technik und Hilfsmittel; vollständig und funktionsfähig?
   - Pausen:
     Kaffeepausen; Mahlzeiten; Getränke im Raum?
4. **Persönliche Vorbereitung**, z. B.:
   - Ausreichend Schlaf am Vortag!
   - Kein Alkohol!
   - Rechtzeitig vor Sitzungsbeginn erscheinen!
     (Pufferzeit, falls noch Änderungen oder Komplikationen auftreten; sich mit den Räumlichkeiten vertraut machen)
   - Sich positiv einstimmen: Auf das Thema und die Teilnehmer freuen und sich den persönlichen Nutzen verdeutlichen!
   - Lernen, mit dem Lampenfieber fertig zu werden!
     (Entspannung, Atmung, Ablenken, sich einen Fehler erlauben u. Ä.)

04. Welche Punkte sind bei Durchführung und Beendigung der Moderation zu beachten?

Durchführung, z. B.:
- die Diskussion der Teilnehmer ausgewogen (neutral) lenken
- Fragen stellen
- die eigene Meinung zurückhalten
- Ergebnisse visualisieren
- Ziel der Sitzung und Zeitrahmen beachten.

Beendigung, z. B.:
- Protokoll anfertigen (lassen) und verteilen
- Aufgabenerledigung überwachen
- zuständige Stellen informieren.

05. Wann empfiehlt sich die Moderation zu zweit?

Die Steuerung von Kleingruppen bei einfach strukturierten Problemen lässt sich von einem geübten Moderator allein bewältigen.

Insbesondere bei Großgruppen und/oder komplexen Themen bietet die **Moderation zu zweit** (auch: geteilte Moderation, Teammoderation) **Vorteile**, da die Vielzahl der Wahrnehmungs- und Steuerungsprozesse eine Person überfordern kann.

Vorteile der Teammoderation:

- **Arbeitsteilung**, z. B.:
  - Ein Moderator steuert den Gruppenprozess, der andere visualisiert.
  - Ein Moderator leitet die Diskussion in der Gruppe, der andere bereitet die nächste-Moderationsphase vor (z. B. Kartenabfrage, Kleingruppenarbeit, Auswertung)
- **Stimulanz**, z. B.:
  Die Gruppe erlebt zwei Personen mit ihren unterschiedlichen Erfahrungen und Verhaltensweisen: Fach- und Methodenkenntnisse, Persönlichkeit, Sprache, Einsatz von Techniken u. Ä.

  Dies schafft zusätzliche Aufmerksamkeit und regt zur Mitarbeit an. Man kennt diese Erfahrung aus dem „Lehren zu zweit" (Team-Teaching).
- **Unterstützung, Hilfe, Coaching**, z. B.:
  Die Steuerung der Gruppenprozesse verlangt vom Leiter permanent eine präzise Wahrnehmung der Vorgänge bei hoher Konzentration. Dies führt zu einer psychischen Ermüdung mit der Gefahr, den roten Faden zu verlieren. Beide Moderatoren können sich hier wechselseitig unterstützen bzw. dem anderen Hilfestellung leisten.

  Gruppensteuerung im Team bietet einem weniger erfahrenen Moderator die Möglichkeit, von dem anderen zu lernen. Im Anschluss an die Veranstaltung können beide gemeinsam über den Prozessablauf reflektieren und Verbesserungsansätze besprechen (Coaching-Ansatz).

Voraussetzung für die Moderation zu zweit ist, dass sich beide Personen gut kennen und den Ablauf gemeinsam vorbereitet haben. Die unterschiedlichen Arbeitsbeiträge müssen im Grundsatz abgesprochen sein. Die Chemie zwischen beiden muss stimmen; sie müssen den anderen in seiner persönlichen Eigenart respektieren. Falsches Konkurrenzdenken kann schnell zum Misserfolg der Moderation zu zweit führen.

06. Was bezeichnet man als „Entscheidungsfähigkeit"?

- **Als Entscheidung bezeichnet man die Wahl einer Handlung aus einer Menge von Alternativen.**

Beispiel

Für die Besetzung einer freiwerdenden Stelle in der Fertigung I stehen zur Wahl:

1. Versetzung eines Mitarbeiters aus der Fertigung II
2. Besetzung der Stellung von außen
3. Übernahme eines Auszubildenden im Anschluss an die Ausbildung

Aufgrund bestimmter Merkmale (Maßstab!) entscheidet man sich für die Alternative 3.

- **Der Entscheidungsprozess erfolgt in fünf Phasen:**

Entscheidungsprozess →

1. Problem erkennen	→	2. Ziel setzen	→	3. Alternativen suchen	→	4. Alternativen bewerten	→	5. **Wahl der besten Alternative** = Entscheidung

- **Mit Entscheidungsfähigkeit der Gruppe ist also die Befähigung (das Können) gemeint**, den Entscheidungsprozess methodisch zu beherrschen und zu sachlich zutreffenden Entscheidungen zu gelangen.

07. Wie kann der Moderator die Entscheidungsfähigkeit von Gruppen analysieren und beurteilen?

Entscheidungsprozesse in der Gruppe können mit Defiziten behaftet sein, z. B.:

- Der Zeitaufwand ist unangemessen hoch.
- Es beteiligen sich nur wenige Mitglieder.
- Die Suche nach Alternativen fällt schwer.
- Das Problem wird nicht hinreichend erkannt.
- Es werden nicht alle für die Entscheidung relevanten Faktoren berücksichtigt.

Im Ergebnis ist die Quantität und/oder Qualität der Entscheidung mit Mängeln behaftet. Der Moderator muss derartige Schwächen in der Entscheidungsfähigkeit der Gruppe erkennen und Maßnahmen zur Verbesserung einleiten.

Die Entscheidungsfähigkeit der Gruppe hängt von einer Vielzahl von Variablen (auch: Einflussfaktoren) ab; sie stehen zum Teil in wechselseitigen Abhängigkeit. Die nachfolgende Aufstellung beschreibt einige dieser Variablen und gibt dem Meister entsprechende Handlungsempfehlungen:

Beispiel

Variablen für die Entscheidungsfähigkeit der Gruppe

1. **Variablen der Persönlichkeit**

   1.1 **Bei den Gruppenmitgliedern:**
   Der Gruppe oder einzelnen Mitgliedern fehlt aufgrund der Persönlichkeit und/oder mangelnder Erfahrung der Reifegrad, im Team zu arbeiten, z. B. unangemessenes Dominanzstreben, Respektieren der Meinung anderer usw.

   → **Handlungsempfehlung**, z. B.:
   Bewusstmachen der negativen Verhaltensmuster; Vorzüge wirksamen Verhaltens zeigen und trainieren; Vereinbarung von Regeln der Zusammenarbeit.

   Die Gruppe entscheidet sich häufig nicht für die „beste", sondern für die „einfachste" Lösung.

   → **Handlungsempfehlung**, z. B.:
   Risikobereitschaft der Gruppe trainieren; Konsequenzen „einfacher" Lösungen aufzeigen; Rückhalt für „unbequeme" Entscheidungen in der Organisation suchen (beim Vorgesetzten, in der Geschäftsleitung).

   1.2 **Beim Moderator:**
   Unwirksame Verhaltensmuster des Moderators dominieren die Meinung der Mitglieder; die Beteiligung an der Entscheidungsfindung wird eingeschränkt.

   → **Handlungsempfehlung**, z. B.:
   Erkennen des eigenen Verhaltens; Ziele der Verhaltensänderung erarbeiten; ggf. Coaching durch einen erfahrenen Moderator (z. B. den eigenen Vorgesetzten).

2. **Variablen der Kommunikation**, z. B.:
   Die Gruppenmitglieder zeigen keine Rededisziplin, haben nicht gelernt zuzuhören, die Argumente der anderen werden nicht einbezogen, die Beteiligung ist nicht ausgewogen u. Ä.

   → **Handlungsempfehlung**, z. B.:
   Schwachstellen in der Kommunikation bewusst machen; wirksame Kommunikation in der Gruppe trainieren; Spielregeln der Kommunikation erarbeiten und beachten.

3. **Variablen der Techniken**, z. B.:
   Die Gruppe beherrscht Techniken der Ideenfindung nicht ausreichend; die Suche nach Alternativen fällt schwer, dauert unangemessen lang, die Lösungsalternativen sind dem Problem nicht angemessen.

Die Gruppe kann sich über geeignete Maßstäbe bei der Bewertung von Alternativen nicht verständigen und beherrscht Techniken der Entscheidungsfindung nicht ausreichend.

→ **Handlungsempfehlung**, z. B.:
Erläutern und Trainieren der notwendigen Techniken.

4. **Variablen der Organisation**, z. B.:
Entscheidungen kommen unter (echtem oder vermeintlichem) Zeitdruck zustande. Die Mitglieder der Gruppe oder die Organisation erkennen nicht den Zeitbedarf bei komplexen Problemen.

   Das Unternehmen verlangt „schnelle Lösungen". Die Arbeits- und Rahmenbedingungen beeinträchtigen die Suche nach angemessenen Alternativen (Krisenstimmung, Unruhe/Unsicherheit im Unternehmen aufgrund genereller Veränderungen u. Ä.).

   → **Handlungsempfehlung**, z. B.:
   Der Vorgesetzte/der Moderator muss die notwendigen Umfeldbedingungen für die Gruppenarbeit absichern: Gespräche mit dem Management, Ergebnisse und Nutzen dokumentieren und informieren; Bedeutung aufzeigen u. Ä.

5. **Variablen der Wertekultur**, z. B.:
Das Management schenkt den Ergebnissen der Gruppenarbeit wenig Beachtung und setzt Ergebnisse nicht oder nur zögerlich um.

   Einige Mitglieder erscheinen nicht oder mit Verspätung zu den Teamsitzungen; übernommene Aufgaben aus den Gruppengesprächen werden nicht erledigt.

   → **Handlungsempfehlung**, z. B.:
   Bedeutung der Ergebnisse aufzeigen (vgl. oben, Punkt 4. Variablen der Organisation). Den Mitgliedern die Notwendigkeit einer konstruktiven Teilnahmeethik verdeutlichen; Konsequenzen erläutern für andere: Warten, Verärgerung, ungenutzte Zeit u. Ä. Regeln vereinbaren und auf deren Einhaltung drängen.

Die Abbildung zeigt die Variablen (Einflussgrößen) der Entscheidungsfähigkeit von Gruppen im Überblick:

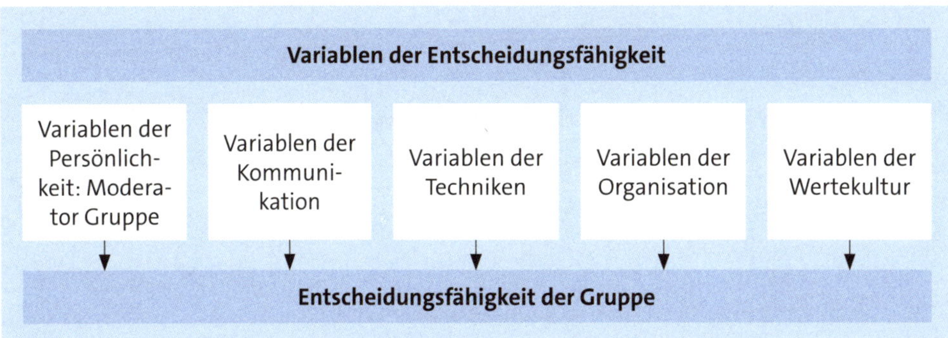

08. Was ist Kreativität?

Als Kreativität bezeichnet man die Fähigkeit eines Menschen, **neue Problemlösungen hervor zu bringen**. Voraussetzung dafür ist die Fähigkeit/Bereitschaft, **von alten Denkweisen abzurücken** und zwischen bestehenden Erkenntnissen neue Verbindungen herzustellen. Man unterscheidet u. a. zwei Arten der Kreativität:

Kreativität – Arten

Assoziative Kreativität	**Originäre Kreativität**
Assoziieren = Verbinden, Zuordnen, Verknüpfen	Originär = etwas völlig Neues schaffen

Beispiele

Assoziative Kreativität
Der Mitarbeiter verbessert den Ablauf bei der Motormontage und stützt sich dabei auf seine bisherige Erfahrung und betriebliche Erkenntnisse.

Originäre Kreativität
Der Mitarbeiter einer Druckerei entwickelt ein völlig neues Verfahren, um bei der Bearbeitung und dem Transport von Papierbögen die elektromagnetische Aufladung des Papiers zu verringern.

09. Welche Kreativitätstechniken und Methoden der Ideenfindung lassen sich in der Praxis einsetzen? → A 3.2.2, → A 4.5.8

Dazu ausgewählte **Beispiele** (die Aufzählung kann nicht erschöpfend sein):

Bezeichnung	Kurzbeschreibung	Anwendung
Brainstorming	„Gedankensturm": Ideen werden gesammelt und visualisiert; die Phase der Bewertung erfolgt später:	Kleingruppe: 5 - 12
Brainwriting auch: **Pinnwandtechnik**	analog zum Brainstorming; die Ideen werden auf Karten notiert, gesammelt, dann bewertet usw.	Kleingruppe: 5 - 12
Synektik	Durch geeignete Fragestellungen werden Analogien gebildet. Durch Verfremdung des Problems will man zu neuen Lösungsansätzen kommen. **Beispiel:** „Wie würde ich mich als Kolben in einem Dieselmotor fühlen?"	Kleingruppe: 5 - 12; auch Einzelarbeit
Bionik	Ist die Übertragung von Gesetzen aus der Natur auf Problemlösungen. **Beispiel:** „Echo-Schall-System der Fledermaus → Entwicklung des Radarsystems".	
Morphologischer Kasten	Die Hauptfelder eines Problems werden in einer Matrix mit x Spalten und y Zeilen dargestellt. Zum Beispiel erhält man bei einer „4 × 4-Matrix" 16 grundsätzliche Lösungsfelder.	Kleingruppe; auch Einzelarbeit
Assoziieren	Einem Vorgang/einem Begriff werden einzeln oder in Gruppenarbeit weitere Vorgänge/Begriffe zugeordnet; z. B.: „Lampe": Licht, Schirm, Strom, Birne, Schalter, Fuß, Hitze.	Kleingruppe; auch Einzelarbeit
Methode 635	**6** Personen entwickeln **3** Lösungsvorschläge; jeder hat pro Lösungsvorschlag **5** Minuten Zeit.	Kleingruppe; einfache Handhabung
CNB-Methode	Es wird ein gemeinsames Notizbuch angelegt (**C**ollective **Note**book): In einer Expertengruppe erhält jeder ein CNB und trägt einzeln, über einen Monat lang seine Ideen ein. Der Moderator fasst alle Ideen aller CNBs zusammen. Danach erfolgt eine gemeinsame Arbeitssitzung.	Einzelarbeit + Gruppenarbeit; lange Phase der Ideensammlung
Pareto-Analyse, IO-Analyse	Vgl. Fragen 10. und 11.	

10. Wie wird die IO-Methode eingesetzt?

Die IO-Methode (= **I**nput-**O**utput-Methode) ist ein analytischer Weg, der hauptsächlich auf komplizierte dynamische Systeme angewendet wird (z. B. Bewegung, Energie, Konstruktion). Die Bearbeitung des Problems erfolgt in vier Stufen:

Stufen	Vorgang	Beispiel
Stufe 1	Das erwünschte Ergebnis wird festgesetzt.	
	= Output	Warnsignal bei Feuer!
Stufe 2	Die gewünschte Ausgangsbasis wird festgelegt.	
	= Input	Zu hohe Wärme!
Stufe 3	Man fügt die Nebenbedingungen hinzu ohne den Fluss der Kreativität einzuschränken.	z. B.: Das Warnsignal muss wartungsfrei sein; die Kosten dürfen nicht ...
Stufe 4	Es werden Lösungen entwickelt.	?

11. Welche Erkenntnisse liefert die Pareto-Analyse?

Das **Pareto-Prinzip** (Ursache-Wirkungs-Diagramm; auch: Pareto-Analyse; benannt nach dem italienischen Volkswirt und Soziologen Vilfredo Pareto, 1848 - 1923) besagt, dass wichtige Dinge normalerweise einen kleinen Anteil innerhalb einer Gesamtmenge ausmachen. Diese Regel hat sich in den verschiedensten Bereichen betrieblicher Fragestellungen als sog. **80:20-Regel** bestätigt:

80:20-Regel:
20 % der Kunden „bringen" 80 % des Umsatzes
20 % der Fehler „bringen" 80 % des Ausschusses

Beispiel

Bei der Untersuchung eines Fertigungsprozesses werden fünf Fehlerarten mit folgenden Häufigkeiten erkannt:

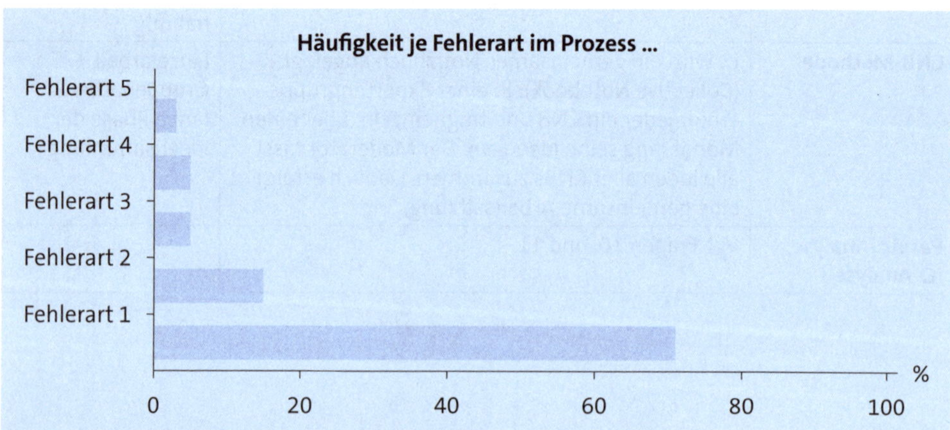

Darstellung als Säulendiagramm, Häufigkeiten in Prozent

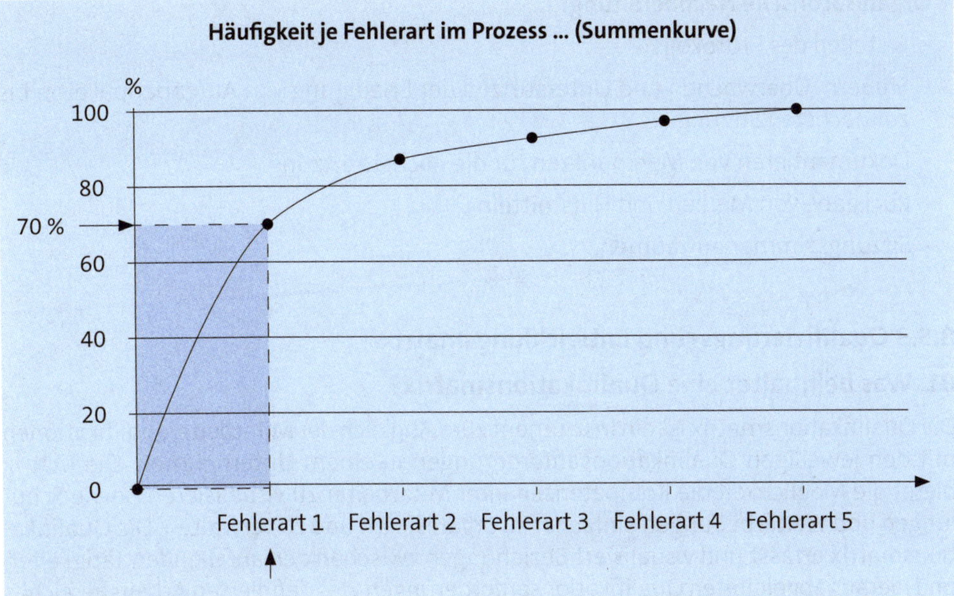

Darstellung als Säulendiagramm, Häufigkeiten kumuliert in Prozent: (sog. **Summenkurve**)

Das Diagramm zeigt, dass 20 % der Fehler mit einer Häufigkeit von rd. 70 % vertreten sind (1 : 5 • 100 = 20 %); mit anderen Worten: Behebt man durch geeignete Maßnahmen die Ursachen für Fehlerart 1, so erreicht man bereits eine Reduzierung der Fehlerhäufigkeit um rd. 70 %.

12. Wie erfolgt die Nachbereitung der Moderation?

Die Moderation ist persönlich und organisatorisch nachzubereiten:

- **Persönliche Nachbereitung:**
  Der Moderator wird über seine Rolle, die eigene Wirkung im Moderationsprozess und das Ergebnis der Gruppensitzung reflektieren (vgl. oben, Frage 03.):
  - War die Vorbereitung ausreichend?
  - Wie war die Wirkung des Moderators?
    Sprache, Verhalten, Beherrschen der Techniken
  - Wurde das gesetzte Ziel erreicht?

  Das Ergebnis dieser Analyse wird einzeln oder mit dem Co-Moderator durchgeführt und mündet in Verbesserungsaktionen für die nächste Sitzung.

- **Organisatorische Nachbereitung:**
  - Erstellen des Protokolls
  - Steuern, Überwachen und Unterstützen der Erledigung von Aufgabenpaketen bis zur nächsten Sitzung
  - Dokumentieren von Merkpunkten für die nächste Sitzung
  - Rückgabe von Medien und Hilfsmitteln
  - Sitzungszimmer aufräumen.

8.5.3 Qualifizierungs- und Entwicklungsmatrix

01. Was beinhaltet eine Qualifikationsmatrix?

Die Qualifikationsmatrix ist ein Instrument zum Abgleich der Mitarbeiterqualifikationen mit den jeweiligen Qualifikationsanforderungen in einem Unternehmen. Die Matrix bietet die Möglichkeit die Kompetenzen ihrer Mitarbeiter zu visualisieren, sowie Schulungen und Weiterbildungen einfacher zu organisieren und zu verwalten. Die Qualifikationsmatrix erfasst und visualisiert Beziehungen zwischen den anfallenden Tätigkeiten und hieraus abgeleiteten Qualifikationsanforderungen, des definierten Arbeitsbereiches und den Mitarbeitern einer Anlage oder Abteilung. Die Qualifikationsanforderungen werden von den Führungskräften identifiziert und falls erforderlich beschrieben. Aus dem Abgleich dieser Anforderungen mit den tatsächlichen Qualifikationen Ihrer Mitarbeiter ergibt sich der notwendige Schulungsbedarf. Dies ist die Grundlage für eine gezielte Steuerung der Mitarbeiterqualifikationen.

02. Welchen Zweck verfolgt eine Entwicklungsmatrix?

In vielen Unternehmen werden zwar Mitarbeitergespräche geführt und entsprechende Ziele vereinbart. Die langfristige Dokumentation, Analyse und Nachverfolgung dieser wichtigen Informationen ist jedoch oft aufwendig und wird daher oft vernachlässigt. Eine Entwicklungsmatrix setzt hier an und ermöglicht die strategische Planung der Personalentwicklung und Weiterbildung in Unternehmen.

03. Welche Kompetenzfelder gibt es?

Kompetenz hat hier die Bedeutung von „Befähigung“; bezogen auf die Befähigungsinhalte unterscheidet man folgende Kompetenzfelder:

- **Fachkompetenz:**
  = fachliche Qualifikationen/Sachkenntnisse, z. B.: Schweißverfahren; Grundlagenkenntnisse der Hydraulik und Pneumatik; Beherrschen von Drehautomatensystemen; Grundlagen der Instandhaltung.
- **Methodenkompetenz:**
  = überfachliche Qualifikationen = Beherrschen von Methoden und Techniken der Präsentation, Moderation, Entscheidungsfindung, Analyse, Problemlösung usw., z. B.: Wertanalyse, Mindmapping, Techniken der Visualisierung, Moderation von Gruppengesprächen, Präsentationstechnik.

- **Sozialkompetenz:**
  = soziale Qualifikationen = nicht fachliche Qualifikationen = Fähigkeit, mit anderen konstruktiv in Kontakt zu treten, z. B.: Fähigkeit zur Kommunikation, Kooperation, Integration; soziale Verantwortung für das eigene Handeln übernehmen; Führungskompetenz ist Teil der Sozialkompetenz.
- **Handlungskompetenz:**
  Umschließt als Obergriff die Fach-, Methoden- und Sozialkompetenz und bezeichnet die Fähigkeit, sich beruflich und privat sachlich angemessen sowie individuell und gesellschaftlich verantwortungsvoll zu verhalten.

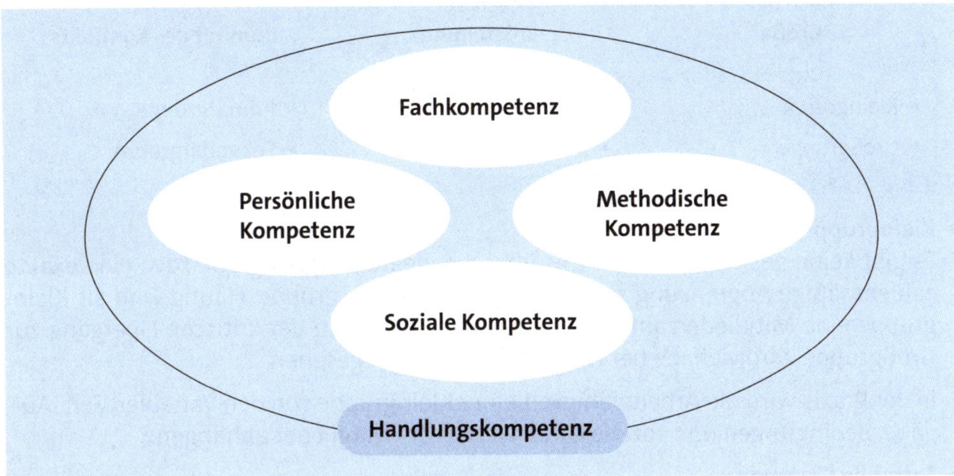

Handlungskompetenz nach Hülshoff

8.5.4 Selbststeuerung des Teams

01. Welche Merkmale hat eine soziale Gruppe? → A 4.3

In der Soziologie, der Wissenschaft zur Erklärung gesellschaftlicher Zusammenhänge, bezeichnet man als soziale Gruppe mehrere Individuen mit einer bestimmten Ausprägung sozialer Integration (Eingliederung, Zusammenschluss).

In diesem Sinne hat eine **Gruppe** folgende **Merkmale:**

1. direkter Kontakt zwischen den Gruppenmitgliedern (Interaktion)
2. physische Nähe
3. Wir-Gefühl (Gruppenbewusstsein)
4. gemeinsame Ziele, Werte, Normen
5. Rollendifferenzierung, Statusverteilung
6. gegenseitige Beeinflussung
7. relativ langfristiges Überdauern des Zusammenseins.

Eine zufällig zusammentreffende Mehrzahl von Menschen (z. B. Fahrgäste in einem Zugabteil, Zuschauer im Theater) ist daher keine Gruppe im Sinne dieser Definition; ihr fehlen z. B. die Merkmale 3, 5 und 7.

02. Welche Gruppenarten unterscheidet man in der Soziologie?

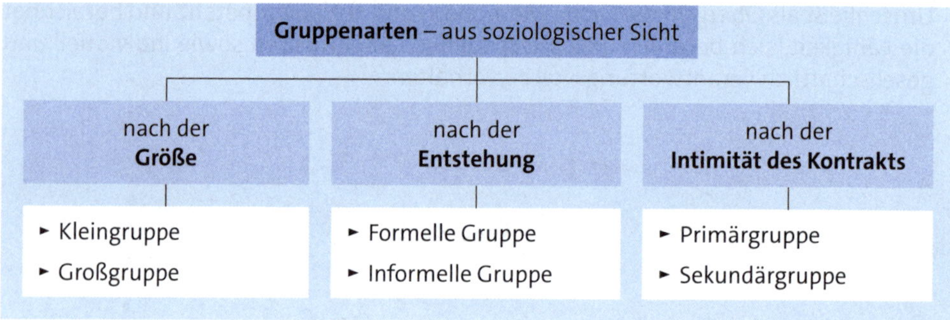

- **Kleingruppe/Großgruppe:**
  Es gibt keine gesicherte Erkenntnis über die ideale Gruppengröße bzw. eine exakte zahlenmäßige Abgrenzung zwischen Klein- und Großgruppe. Häufig wird als Kleingruppe eine Mitgliederzahl von drei bis sechs genannt; der kritische Übergang zur Großgruppe wird vielfach bei 20 bis 25 Mitgliedern gesehen.

  In der Praxis wird die Arbeitsfähigkeit einer Kleingruppe von den Variablen Zeit, Aufgabe, Bedingungen und soziale Qualifikation der Mitglieder abhängen.

- **Formelle Gruppen**
  entstehen durch bewusste Planung und Organisation; im Betrieb entsprechen diese Gruppen den festgelegten Organisationseinheiten: die Arbeitsgruppe in der Montage von Produkt X, die Abteilung Z, die Hauptabteilung Y. Die Verhaltensweisen der Mitglieder sind von außen vorgegeben und normiert, z. B. Arbeitszeit, Arbeitsort, Arbeitsmenge und -qualität.

  Formelle Gruppen können auf Dauer (Abteilung) oder befristet (Projektgruppe) gebildet werden.

- **Informelle Gruppen**
  können innerhalb oder neben formellen Gruppen entstehen. **Gründe** für die Bildung informeller Gruppen sind die Bedürfnisse der Menschen nach Kontakt, Nähe, Freundschaft, Sicherheit, Anerkennung, Orientierung und Geborgenheit. **Anlässe** zur Bildung informeller Gruppen können sein:

  - **Im Betrieb:**
    Organisatorische Gelegenheiten und Vorgaben fördern die Entstehung informeller Gruppen; z. B.:

    - Fünf der zwanzig Montagemitarbeiter nehmen regelmäßig ihre Mahlzeit gemeinsam in der Kantine ein.
    - Innerhalb einer Projektgruppe (formelle Gruppe) bildet sich im Verlauf mehrerer Sitzungstermine eine informelle Gruppe: Die Gruppenmitglieder stehen regel-

mäßig in den Sitzungspausen beieinander und unterhalten sich; sie begrüßen sich zu jedem Sitzungsbeginn betont herzlich und suchen bei ihrer Sitzordnung physische Nähe.

- **Außerhalb des Betriebes:**
  Gemeinsame Interessen, Ziele oder Nutzenüberlegungen führen zur Bildung informeller Gruppen; Beispiele: Fahrgemeinschaft, Sportgruppe, private Treffen und Feiern.

  Der Einfluss informeller Gruppen auf das Betriebsgeschehen kann positiver oder negativer Natur sein.

- **Primärgruppen**
  sind Kleingruppen mit besonders stabilen, meist lang andauernden und intimen Kontakten. Es besteht eine hohe emotionale Bindung und eine starke Prägung der Verhaltensmuster der Mitglieder durch die Gruppe. Als Beispiel für eine Primärgruppe wird als Erstes die Familie angeführt; denkbar sind jedoch auch: Freundschaften aus der Militärzeit, Cliquen aus der Jugendzeit, Freundschaften aus langjähriger Zusammenarbeit im Arbeitsleben.

- Die **Sekundärgruppe**
  ist nicht organisch gewachsen, sondern bewusst extern vorgegeben und organisiert. Es besteht keine oder nur eine geringe emotionale Bindung der Mitglieder untereinander.

03. Welche Bedeutung hat die betriebliche Arbeitsgruppe für den Prozess der Leistungserstellung gewonnen?

Die betriebliche Arbeitsgruppe ist eine formell gebildete Sekundärgruppe zur Bewältigung einer gemeinsamen Aufgabe; sie kann eine Klein- oder Großgruppe sein.

→ Zum Begriff „Team als Sonderform der Arbeitsgruppe" vgl. Frage 04.

Bis etwa 1930 interessierte man sich in der Betriebswirtschaftslehre und der Führungsstillehre überwiegend für den arbeitenden Menschen als Einzelperson: Es wurde untersucht, unter welchen Bedingungen der Mitarbeiter zur Leistung bereit und fähig ist und wie diese Arbeitsleistung gesteigert werden kann.

Erst schrittweise wurden Erkenntnisse der Soziologie in die Betriebswirtschaftslehre übertragen: Man begann den arbeitenden Menschen weniger als Individuum, sondern mehr als Gruppenmitglied zu begreifen. **Die Bildung und Führung von Gruppen als Instrument zur Verbesserung der Produktivität und der Zufriedenheit der Mitglieder wurde zum zentralen Gegenstand.**

In der Folgezeit entwickelte die Betriebswirtschaftslehre sowie die Führungsstillehre eine Vielzahl fast unüberschaubarer Formen betrieblicher Arbeitsgruppen (vgl. Frage 05. ff.). Der Glaube an die Überlegenheit der Gruppenarbeit gegenüber der Einzelarbeit geht teilweise auch heute noch soweit, **dass Arbeit in Gruppen als Allheilmittel aller betrieblichen Effizienz- und Produktivitätsprobleme betrachtet wird** (vgl. *Staehle, 2018, S. 241 ff.*).

Hier ist Skepsis angebracht:
Gruppenarbeit ist nicht nur mit Vorteilen verbunden, sondern birgt auch Risiken in sich!

Gruppenarbeit führt nur dann zu einer Verbesserung der Produktivität des Arbeitssystems und der Zufriedenheit der Mitarbeiter, wenn die notwendigen Voraussetzungen vorliegen!

Beispiele für notwendige Voraussetzungen: Klare Zielsetzung und Zuweisung der Verantwortlichkeiten, passende Aufgabenstellung, Umgebungsbedingungen, Führung der Gruppe u. Ä.; zu den Einzelheiten vgl. Frage 07.

04. Was ist ein Team?

Der Oberbegriff ist Gruppenarbeit. **Das Team ist eine Sonderform der Gruppenarbeit.**

Das Team ist eine Kleingruppe

- mit intensiven Arbeitsbeziehungen und einem ausgeprägten Gemeinschaftssinn, der nach außen hin auch gezeigt wird,
  → **Wir sind ein Team!**
- mit spezifischer Arbeitsform und
  → **Teamwork!**
- einem relativ starken Gruppenzusammenhalt
  → **Teamgeist!**

Beispiel

Informelle Teambildung
Im Versand für Kleinartikel arbeiten vier Frauen (Arbeitsgruppe Versand). Im Laufe der Zusammenarbeit entwickelt die Arbeitsgruppe ohne äußere Einflüsse, aber mit Zustimmung des Vorgesetzten, eine spezielle Form der Zusammenarbeit:

Die Einzelarbeiten werden entsprechend dem Ablauf auch nach Neigung und Fähigkeit der Gruppenmitglieder zugeordnet. Die Vertretung bei kurzer Abwesenheit wird selbstständig geregelt. Telefonanrufe anderer Abteilungen werden von der Mitarbeiterin entgegengenommen, die gerade Zeit hat; die Gruppenmitglieder verstehen sich gut untereinander und treten nach außen hin geschlossen auf; sie sind stolz auf ihre reibungslose Zusammenarbeit und das Arbeitsergebnis ihrer Gruppe. Bei auftretenden Problemen helfen sie sich untereinander.

Umgangssprachlich werden diese Unterschiede von Gruppenarbeit und Teamarbeit nicht immer eingehalten.

Im Rahmen der Organisationsentwicklung wird versucht, die Gruppenarbeit zur Teamarbeit zu gestalten (extern initiierte Teamentwicklung) in der Überzeugung, dass Teamarbeit die allgemeinen Vorzüge der Gruppenarbeit weiter steigern kann (weniger Reibung, mehr Effizienz, mehr Zufriedenheit u. Ä.).

05. Welche Chancen und Risiken können mit der Gruppenarbeit verbunden sein?

Gruppenarbeit führt **nicht automatisch** zu bestimmten Vorteilen (vgl. oben, Frage 03.). Ebenso wenig ist jede Gruppenarbeit immer mit Nachteilen verbunden. Deshalb werden hier die Begriffe Chancen und Risiken verwendet. Die in der nachfolgenden Tabelle dargestellten Aussagen sind im Sinne von „möglich, tendenziell" zu bewerten. Die Aufstellung ist nicht erschöpfend:

Gruppenarbeit	
Chancen – Beispiele	**Risiken – Beispiele**
► Breites Erfahrungsspektrum ► Unterschiedliche Qualifikationen ► Korrektur von Einzelmeinungen, weniger Fehlentscheidungen ► Formen der Beteiligung führen zu mehr Akzeptanz der Lösungen und Identifikation mit den Ergebnissen. ► Die Erfahrung der Mitglieder wird erweitert. ► Training der Sozial- und der Methodenkompetenz; Gruppe als lernende Organisation. ► Stimulanz im Denken, mehr Assoziationen ► „Wir-Gefühl" entsteht; Leistungsausgleich/-unterstützung; Kontakt; Geborgenheit in der Gruppe.	► Gefahr von Konflikten ► Hoher Koordinierungsaufwand ► Gefahr risikoreicher Entscheidungen bei unklarer Verantwortlichkeit: „Keiner muss die Folgen der Entscheidung verantworten." ► Intelligente Lösungen werden unterdrückt. Die „unfähige Mehrheit dominiert." ► Spielregeln werden nicht eingehalten. Folgen: hoher Zeitaufwand, geringe Qualität der Lösung u. Ä. ► Informelle Gruppennormen stören betriebliche Normen. ► Unvereinbarkeit der Erwartungen der Gruppenmitglieder

06. Welche Formen von Arbeitsgruppen werden in der Betriebswirtschaftslehre unterschieden?

Die Formen der **Gruppenarbeit** unterscheiden sich im Wesentlichen hinsichtlich folgender **Merkmale:**

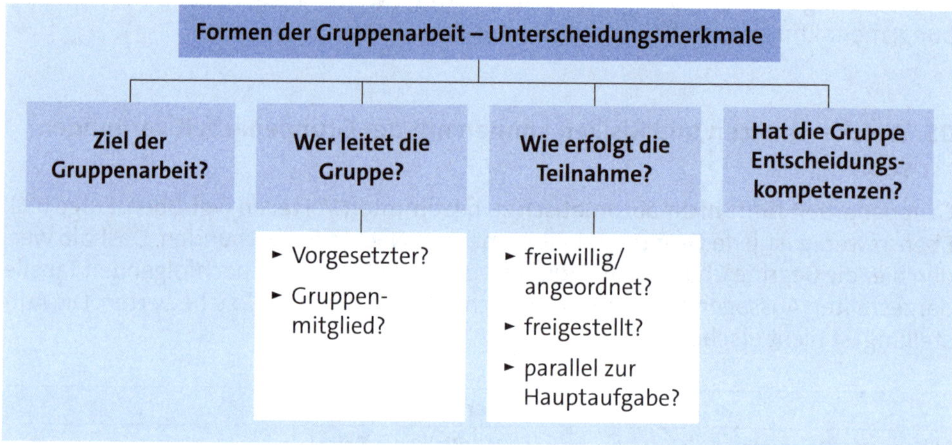

Aus betriebswirtschaftlicher Sicht werden Formen der Gruppenarbeit (auch: Konzepte/Modelle der Gruppenarbeit) meist nach drei Merkmalen differenziert. Es gibt dabei Überschneidungen:

1. Unterscheidung **nach der betrieblichen Funktion:**
   Betriebliche Arbeitsgruppen kann es in der Fertigung, der Montage, der Instandhaltung, im Versand usw. geben. In der Fertigung wurden spezielle Formen der Gruppenarbeit entwickelt (Gruppenfertigung); sie sind der Versuch, die Vorteile der Werkstatt- und der Fließfertigung zu verbinden und die Nachteile zu mildern: Gegenüber der Werkstattfertigung werden geringere Transportzeiten und eine höhere Übersichtlichkeit realisiert; gegenüber der Fließfertigung steigt die Flexibilität.

   Bekannte Formen der Gruppenfertigung sind:

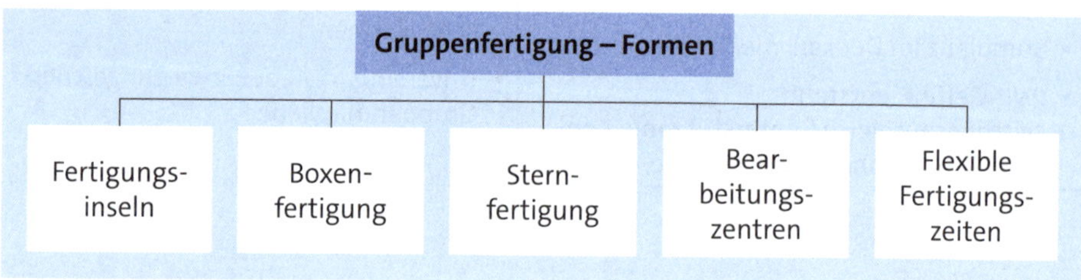

   - **Fertigungsinseln:**
     Bestimmte Arbeitspakete (z. B. Motorblock) werden – ähnlich der ursprünglichen Werkstattfertigung – gebündelt. Dazu werden die notwendigen Maschinen und Werkzeuge zu sog. Inseln zusammengefügt. Erst nach Abschluss mehrerer Arbeitsgänge verlässt das (Zwischen-)Erzeugnis die Fertigungsinsel.

- Bei der **Boxen-Fertigung** werden bestimmte Fertigungs- oder Montageschritte von einer oder mehreren Personen – ähnlich der Fertigungsinsel – räumlich zusammengefasst. Typischerweise wird die Boxen-Fertigung bzw. -Montage bei der Erzeugung von Modulen/Baugruppen eingesetzt (z. B. in der Automobilproduktion).
- Die **Stern-Fertigung** ist eine räumliche Besonderheit der Fertigungsinsel bzw. der Boxen-Fertigung, bei der die verschiedenen Werkzeuge und Anlagen nicht insel- oder box-förmig, sondern im Layout eines Sterns angeordnet werden.
- **Bearbeitungszentren:**
  Nicht nur die Bearbeitungsmaschine arbeitet computergesteuert, sondern auch der Wechsel der Arbeitsstücke sowie der Werkzeuge erfolgt automatisch. Es lassen sich damit komplexe Teile in Kleinserien bei relativ hoher Fertigungselastizität herstellen. Die Überwachung mehrerer Bearbeitungszentren kann von einem Mitarbeiter oder einer Gruppe durchgeführt werden.
- **Flexible Fertigungszellen** haben zusätzlich zum Automatisierungsgrad der Bearbeitungszentren eine automatische Zu- und Abführung der Werkstücke in Verbindung mit einem Pufferlager. Diese System können auch in Pausenzeiten der Belegschaft weiterlaufen.

2. Unterscheidung nach der **Eingliederung in die Arbeitsorganisation bzw. den -ablauf:**

2.1 **Arbeitsgruppen** sind in den Prozess der betrieblichen Leistungserstellung integriert.

- **(Teil)Autonome Arbeitsgruppen** sind ein mehrstufiges Modell, das den Mitgliedern Entscheidungsfreiräume ganz oder teilweise zugesteht; u. a.:
  - selbstständige Verrichtung, Einteilung und Verteilung von Aufgaben (inklusive Anwesenheitsplanung: Qualifizierung, Urlaub Zeitausgleich usw.)
  - selbstständige Einrichtung, Wartung, teilweise Reparatur der Maschinen und Werkzeuge
  - selbstständige (Qualitäts-)Kontrolle der Arbeitsergebnisse.

2.2 Es gibt daneben Formen der Gruppenarbeit, die **aus dem eigentlichen Leistungsprozess ausgegliedert sind**, z. B.:

- **Projektgruppen:**
  Im Unterschied zu Kollegien stellen Projektgruppen fachliche Kriterien in den Vordergrund und werden für einen befristeten Zeitabschnitt gebildet. Projektgruppen werden bei komplexeren, besonders wichtigen und interdisziplinären Aufgabenstellungen gebildet.

Formen der Gruppenarbeit – Unterscheidung nach ...	
1.	**der betrieblichen Funktion**, z. B.: ► Gruppenarbeit in der Fertigung ► Gruppenarbeit in der Montage ► Gruppenarbeit in der Instandhaltung

Formen der Gruppenarbeit – Unterscheidung nach ...	
2.	**der Eingliederung in die Arbeitsorganisation**, z. B.: ► integriert (z. B. Arbeitsgruppen, teilautonome Gruppen) ► nicht integriert (z. B. Zirkel, Projektgruppen)
3.	**der vorherrschenden Zielsetzung**, z. B.: ► Qualifizierung (z. B. Lernstatt, Lerngruppen) ► Problemlösung (z. B. Kollegien, Gremien, Task Force, Wertanalysegruppen) ► Auftragserfüllung (z. B. Arbeitsgruppen, Werkstattgruppen) ► Prozessverbesserung (z. B. TQM-Gruppen, KVP-Gruppen)

- **Zirkel:**
  Mitarbeiter eines Arbeitsbereiches beschäftigen sich hier – im direkten Kontakt mit einer Führungskraft – mit Verbesserungen betrieblicher Zustände und Abläufe. Zeitweise kommt es zum Rollentausch (z. B. Arbeiter im Zirkel sind höher angesiedelt als ihre Kollegen und Meister im Arbeitsbereich), mit der Folge, dass Zirkel-Mitglieder z. T. weit über ihren Bereich hinaus Maßnahmen zur Verbesserung anregen können. Traditionell bekannt sind die Qualitäts-Zirkel aus der Zeit, als insbesondere in der industriellen (Massen-) Fertigung die Produkt-Qualität zum höchsten Kunden-Anspruch erhoben wurde. Der Werkstattzirkel unter Leitung des Meisters oder Vorarbeiters befasst sich mit Problemstellungen vor Ort (z. B. Ausschussverringerung, Transportabläufe). Mittlerweile wird dieses Gruppenmodell auch zu weiteren Anlässen herangezogen, z. B. bei der Suche nach Kostensenkungspotenzialen.

3. Unterscheidung **nach der vorherrschenden Zielsetzung:**

3.1 **Lernstatt-Gruppen/Lerngruppen:**
Das Ziel der Qualifizierung steht z. B. bei Lernstatt-Gruppen und Lerngruppen in innerbetrieblichen Seminaren im Vordergrund.

Lernstattgruppen stellen noch stärker als die Problemlösegruppen (Aufgaben-Orientierung) und Werkstattgruppen (technische Ablauf-Orientierung) die Person und das Potenzial des Mitarbeiters in den Vordergrund. Sie sind ein Instrument der Personalentwicklung und lösen den Mitarbeiter für die Teilnahmezeiten ganz aus dem betrieblichen Pflichtenkreis heraus. Ziel der Lernstattgruppen ist die planvolle Höherqualifizierung von Mitarbeitern aller Hierarchiestufen zur Vorbereitung auf anspruchsvollere Aufgaben. Im Gegensatz zu Zirkel-Tätigkeiten stehen hier das Erlernen allgemeiner Analyse-, Problemlösungs- und Kommunikationsfähigkeiten sowie die sozio-kulturelle Persönlichkeitsentwicklung im Vordergrund.

3.2 **Problemlösegruppen:**
Sie dienen der Problembewältigung (Aufgaben-Orientierung). Ihr Ziel ist das Aufzeigen von Lösungen und Verbesserungen:

- **Kollegien** werden aus mehreren Personen der gleichen oder unterschiedlichen Hierarchiestufen zeitlich befristet gebildet. Bestehen sie aus
  - Vertretern höherer Hierarchiestufen, dann heißen sie **Gremien**
  - Vertretern der unteren Ebenen nennt man sie dagegen schlicht **Arbeitsgruppen**.

Nur zu den Tagungszeitpunkten werden die Mitglieder vollständig von anderen Tätigkeiten befreit. Kollegien sollen die direkte Kooperation zwischen verschiedenen Abteilungen und Bereichen erhöhen. Außerdem werden sie immer dann eingesetzt, wenn bestimmte fachübergreifende Probleme regelmäßig auftreten. Am bekanntesten sind das Entscheidungs-Gremium (z. B. für Investitionen) und die Qualitäts-Zirkel (Sonderfall der Arbeitsgruppen).

- **Gremien:**
  Sie sind dauerhaft oder ad hoc eingerichtete Gruppen, die in regelmäßigen Abständen tagen. In Abhängigkeit vom Rang der Teilnehmer werden sie auch als Komitees, Kommissionen und Ausschüsse bezeichnet. Gremien dienen verschiedenen Zwecken, abhängig von der Phase des Lösungsprozesses. Es gibt
  - Informationsaustausch-Gremien
  - Beratungs-Gremien
  - Entscheidungs-Gremien
  - Ausführungs-Gremien.
- **Task Force:**
  Als Sonderfall der Projektgruppen gehen Task-Forces – als „Aufgaben-(bewältigungs)-Kräfte“ – einen Schritt weiter: Sie beinhalten generell die Aufhebung der Herrschaftsdifferenzen während der Projektzeit und sind damit ein erster Schritt in Richtung Teamarbeit – alle Mitglieder haben eine gleichwertige Stimme. Typischerweise werden Task-Forces in Krisenfällen gebildet, bei denen unter höchstem Zeitdruck Lösungen herbeizuführen sind.
- **Wertanalysegruppen** (auch: Wertanalyseteams):
  Im Vordergrund stehen Rationalisierungs- und Kostensenkungsmaßnahmen. Die Vorgehensweise ist stark normiert und orientiert sich an quantifizierten Zielen.

3.3 Weiterhin gibt es Formen der Gruppenarbeit, bei denen die **Ausführung des Auftrages im Vordergrund steht** verbunden mit einer Optimierung des Arbeitssystems:

- Arbeitsgruppen
- Werkstattgruppen

3.4 Ansätze zur **Verbesserung aller Prozesse** eines Unternehmens werden mit den Konzepten „TQM-Gruppen“ und „KVP-Gruppen“ verfolgt.

07. Welche Maßstäbe sind geeignet, um den Erfolg von Gruppenarbeit zu messen?

1. **Zielerfolg:**
   Gruppenarbeit ist dann erfolgreich, wenn die übertragene Aufgabe umfassend bewältigt und das vereinbarte Ziel erreicht wurde. In Verbindung damit wird meist zusätzlich die Verbesserung des Arbeitssystems gefordert. z. B. Mengen-, Qualitäts-, Ablaufverbesserung, Senkung der Kosten usw.

2. Mit **Individualerfolg**
   ist gemeint, dass die (berechtigten) Erwartungen der Gruppenmitglieder erfüllt werden, z. B. Kontakt, Respektieren der Meinung, gerechte Entlohnung beim Gruppenakkord u. Ä.

3. **Erhaltungserfolg:**
   Neben dem Ziel- und Individualerfolg ist der Zusammenhalt der Gruppe durch geeignete Maßnahmen zu sichern.

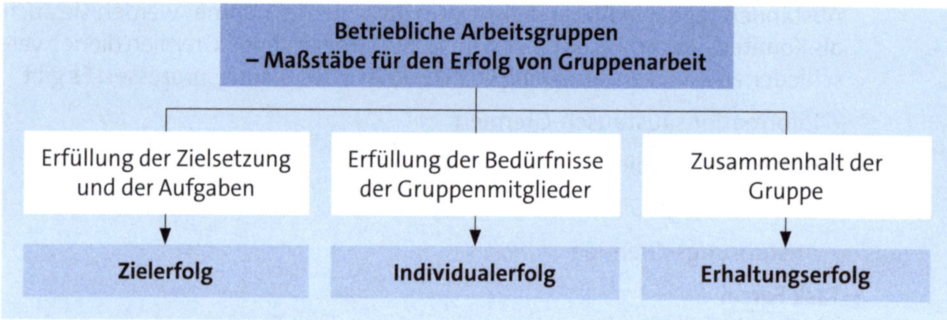

08. Welche Bedingungen muss der Meister gestalten, um Gruppenarbeit zum Erfolg zu führen?

Damit betriebliche Arbeitsgruppen erfolgreich sein können, müssen

1. die **Ziele** messbar formuliert sowie die **Aufgabenstellung** klar umrissen sein, z. B.
   - Art und Schwierigkeitsgrad der Aufgabe?
   - Befugnisse der Gruppe bzw. Restriktionen?
   - Befugnisse einzelner Gruppenmitglieder?
   - ausgewogene fachliche Qualifikation der Gruppenmitglieder im Hinblick auf die Gesamtaufgabe (Alter, Geschlecht, Erfahrungshintergrund)?
   - laufende Information über Veränderungen im Betriebsgeschehen?
2. die **Bedürfnisse der Gruppenmitglieder** berücksichtigt werden, z. B.
   - Sympathie/Antipathie?
   - bestehende informelle Strukturen berücksichtigen und nutzen?
   - gegenseitiger Respekt und Anerkennung?
3. Maßnahmen zum inneren **Zusammenhalt der Gruppe** gesteuert werden, z. B.
   - Größe der Gruppe?
   - Solidarität untereinander?
   - Bekanntheit und Akzeptanz der Gruppe im Betrieb (Gruppensprecher)?
   - Stellung der Gruppe innerhalb der Organisation?

- Arbeitsstrukturierung (Mehrfachqualifikation, Rotation, Springer)?
- Förderung der Lernbereitschaft und der Teamfähigkeit durch den Führungsstil des Vorgesetzten.

09. Welches Sozialverhalten der Gruppenmitglieder ist für eine effiziente Zusammenarbeit erforderlich?

Effektiv heißt, die richtigen Dinge tun! → Hebelwirkung
Effizient heißt, die Dinge richtig tun! → Qualität

Eine formell gebildete Arbeitsgruppe ist nicht grundsätzlich „aus dem Stand heraus" effizient in ihrer Zusammenarbeit. **Gruppen- bzw. Teamarbeit entwickelt sich in der Regel nicht von allein, sondern muss gefördert und erarbeitet werden**.

Neben den notwendigen **Rahmenbedingungen** der Gruppenarbeit

- Zielfestlegung
- klare Aufgabenbeschreibung
- Zuweisung von Kompetenzen und Ressourcen
- ergonomische Arbeitsbedingungen

müssen die Mitglieder der Arbeitsgruppe **Verhaltensweisen** beherrschen/erlernen, um zu einer echten Teamarbeit zu gelangen:

Grundsätze und Spielregeln der Zusammenarbeit:

1. Jedes Teammitglied muss nach dem **Prinzip** handeln:
   Nicht jeder für sich allein, sondern alle gemeinsam und gleichberechtigt!
2. Jedes Teammitglied muss die **Ausgewogenheit/Balance** zwischen dem Ziel der Aufgabe, der Einzelperson und der Gesamtgruppe anstreben!

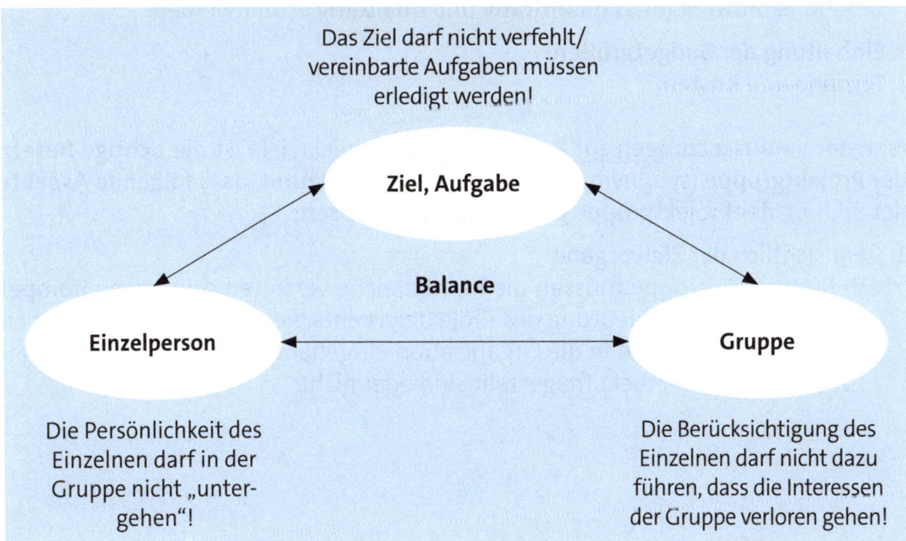

3. Jedes Teammitglied respektiert das andere Gruppenmitglied im Sinne von *„Ich bin o. k., du bist o. k.!"*
4. Fehler können gemacht werden! Jeder Fehler nur einmal! Aus Fehlern lernt man! Ziel ist das Null-Fehler-Prinzip!
5. Jedes Teammitglied erarbeitet mit den anderen schrittweise **Regeln** der Zusammenarbeit und der Kommunikation, die eingehalten werden, solange sie gelten, z. B.:

   Regeln für Gruppenmitglieder bei der Moderation:
   - Jeder ist für den Erfolg (mit-)verantwortlich!
   - Vereinbarte Termine und Zusagen werden eingehalten!
   - Jeder hat das Recht, auszureden!
   - Jede Meinung ist gleichberechtigt! Jeder kommt zu Wort!
   - Jeder spricht zu den Anwesenden, nicht über sie!
   - Keine langen Monologe!
   - Es gibt keine dummen Fragen!
   - Störungen haben Vorrang!
   - Kritik wird konstruktiv und in der Ich-Form vorgebracht!
6. Jedes Teammitglied verfügt über die Bereitschaft, gemeinsam verabschiedete **Veränderungen mitzutragen**.

10. Wie wird eine Projektgruppe richtig besetzt? → A 3.5

Die Ziele von Projektmanagement sind immer:

- **Erfüllung des Sachziels:**
  Der Projektauftrag muss **quantitativ** und **qualitativ** erfüllt werden.
- **Einhaltung der Budgetgrößen:**
  Termine und **Kosten**.

Eine der Voraussetzungen zur Realisierung der Projektziele ist **die richtige Besetzung der Projektgruppe** (synonym: Projektteam). Dies bedeutet, dass **folgende Aspekte** bei der Bildung der Projektgruppe **geprüft werden müssen:**

1. Hinsichtlich der **Zielvorgabe:**
   In der Projektgruppe müssen die Fachbereiche vertreten sein, deren **Kompetenz** gefordert ist. Die Bedeutung des Projektziels entscheidet u. a. darüber, in welcher Form das Projektteam in die Organisation eingebunden ist und ob die Mitglieder für die Arbeit im Projekt freigestellt sind oder nicht.

2. **In personeller Hinsicht:**
   - Anzahl der Mitglieder?
     Bei großen, komplexen Projekten sind ggf. ein **Kernteam** (vier bis sieben Mitglieder), **spezielle Fachteams** und/oder **Ad-hoc-Teams** (fallweise Inanspruchnahme) zu bilden.
   - Freistellung der Mitglieder oder nicht?
   - Erforderliche Fach-, Methoden- und Sozialkompetenz vorhanden?
3. In **sachlicher Hinsicht:**
   - Sind die entsprechenden betrieblichen Funktionen vertreten, deren
     - Kompetenz benötigt wird (Experten)?
     - Entscheidung benötigt wird (Leiter)?
     - Bereich von Veränderungen betroffen ist?
   - Sind Mentoren und Machtpromotor erforderlich?
   - Verfügt das Projektteam über ausreichende Befugnisse?
4. **In finanzieller Hinsicht:**
   - Ist die Gruppe mit finanziellen Mitteln angemessen ausgestattet?
     Mittel zur Fremdvergabe? Reisekosten? Beschaffung von Sachmitteln? usw.
5. **In zeitlicher Hinsicht:**
   Stehen Projektaufwand und -komplexität in ausgewogenem Verhältnis zur Kapazität des Projektteams?

Beispiel

Bildung eines Projektteams (verkürztes Beispiel)
Die Tronk GmbH (160 Mitarbeiter) stellt Stoffe der Bauchemie her und beliefert den Großhandel mit eigenem Fuhrpark. Die Geschäftsleitung erteilt den Projektauftrag „Tronk-Logistik 20..“. Ziel ist die Prozessoptimierung der Annahme, Ausführung und Auslieferung der Kundenaufträge. Das Projekt ist von existenzieller Bedeutung für das Unternehmen. Die Kapazitätsbedarf des Projekts wird mit 36 Mitarbeitermonaten (MM) veranschlagt; die Projektdauer darf neun Monate nicht überschreiten. In mehreren Entscheidungsrunden wird folgendes Projektteam gebildet:

Struktur der personellen Ressourcen		Kommentar
Projektleiter:	Herr Gerd Herder, Leiter der EDV	Er verfügt über die erforderliche Fach-, Methoden- und Sozialkompetenz und kennt das Unternehmen seit neun Jahren; wird durch einen Stellvertreter für die Dauer des Projekts entlastet. Vor zwei Jahren hat H. bereits das interne Projekt „Umstellung auf SAP“ erfolgreich geleitet.

Struktur der personellen Ressourcen		Kommentar
Projektmitglieder: hauptamtlich:	1 Mitarbeiter – Einkauf	zu 50 %
	1 Mitarbeiter – Rechnungswesen	zu 50 %
	1 Mitarbeiter – Fertigung	Assistent des Betriebsleiters; kennt aufgrund eines Job-Rotation-Programms alle Funktionsfelder der Fertigung Meister; Mitglied des Betriebsrats
	1 Mitarbeiter – Fertigung	zu 50 %
	1 Mitarbeiter – Fuhrpark	zu 50 %
	1 Mitarbeiter – Verkauf	
nebenamtlich:	Fallweise stehen interne Experten aus den Fachbereichen zur Verfügung. Für komplexe Fragen wurde eine externe Consultingfirma (Logistikexperten) verpflichtet.	
	Der kaufmännische Geschäftsführer hat sich zur Teilnahme an Projektsitzungen verpflichtet, in denen wichtige Arbeitspakete abgeschlossen werden.	Verpflichtung eines Machtpromotors

Der überschlägige Vergleich von Kapazitätsbedarf und personeller Ausstattung ergibt, dass das Projektteam in personeller Hinsicht hinreichend ausgestattet ist (die Kapazität des Projektleiters sowie des externen Beraters bleibt bei der Berechnung unberücksichtigt):

$$\frac{\text{Kapazitätsbedarf}}{\text{Mitarbeiteranzahl}} = \text{Projektdauer (geplant)}$$

$$\frac{36\ \text{MM}}{2 \cdot 100\,\% + 4 \cdot 50\,\%} = 9\ \text{Monate}$$

11. Welche Phasen der Teamentwicklung werden unterschieden?

Wenn eine Arbeits- oder Projektgruppe gebildet wird, so benötigen Menschen immer eine hinreichende Entwicklungszeit, um zu einer effizienten Zusammenarbeit zu gelangen. Der amerikanische Psychologe Tuckmann teilt den Prozess der Gruppenbildung in vier Phasen ein:

Der Gruppenentwicklungsprozess – Phasen der Teamentwicklung nach Tuckmann			
Forming	**Storming**	**Norming**	**Performing**
Kontaktaufnahme, Kennenlernen, Höflichkeit, Unsicherheiten	Machtkämpfe, Egoismus, Frustrationen, Konflikte, Statusdemonstrationen	Lernprozesse, Spielregeln, Vertrauen und Offenheit, sachliche Auseinandersetzung	Reifephase: Entwicklung zu einem leistungsfähigen Team
Formende Phase	Stürmische Phase	Regelungsphase	Phase der Zusammenarbeit

Der Vorgesetzte und Moderator muss diese Entwicklungsphasen kennen; die Prozesse sind bei jeder Gruppenbildung mehr oder weniger ausgeprägt und gehören zur „Normalität". Der Zeitaufwand, „bis die Gruppe sich gefunden hat" ist notwendig und muss eingeplant werden.

Es kann in der Praxis auch vorkommen, dass Gruppen die Phasen 1 bis 2 nicht überwinden und sehr ineffizient arbeiten; ggf. muss dann die Gruppe neu gebildet werden, wenn die Voraussetzungen einer Teamarbeit nicht gegeben sind.

12. Wie kann der Vorgesetzte den Gruppenbildungsprozess fördern?

Der Vorgesetzte/der Moderator kann z. B. in der

Phase 1 → den Kontakt, das Kennenlernen fördern (Übungen, Vorstellungsrunde)

Phase 2 → die Ursachen und Hintergründe von Machtkämpfen bewusst machen und die Konsensbildung fördern

Phase 3 → motivieren, Fortschritte in der Kooperation verdeutlichen, bei der Erarbeitung von Spielregeln der Zusammenarbeit helfen

Phase 4 → der Gruppe mehr Freiräume zugestehen; Selbststeuerung zulassen; die Gruppe fordern; Sachziele realisieren und Erfolge erleben lassen.

13. Nach welchen (soziologischen) Regeln bilden sich Gruppen?

1. **Interaktionsregel:**
   Im Allgemeinen gilt: Je häufiger Interaktionen zwischen den Gruppenmitgliedern stattfindet, umso mehr werden Kontakt, „Wir-Gefühl" und oft sogar Zuneigung/Freundschaft gefördert. Die räumliche Nähe beginnt an Bedeutung zu gewinnen.
2. **Angleichungsregel:**
   Mit längerem Bestehen einer Gruppe gleichen sich Ansichten und Verhaltensweisen der Einzelnen an. Die Gruppen-Normen stehen im Vordergrund.
3. **Distanzierungsregel:**
   Sie besagt, dass eine Gruppe sich nach außen hin abgrenzt – bis hin zur Feindseligkeit gegenüber anderen Gruppen (vgl. dazu die Verhaltensweisen von sog. Fußballfan-Gruppen). Zwischen dem „Wir-Gefühl" (Solidarität) und der Distanzierung besteht oft eine Wechselwirkung. „Wir-Gefühl" entsteht über die Abgrenzung zu anderen (z. B. *„Wir nach dem Kriege, wir wussten noch ..., aber heute – die junge Generation ..."*).

14. Welche (soziologischen) Erkenntnisse gibt es über Gruppenbeziehungen?

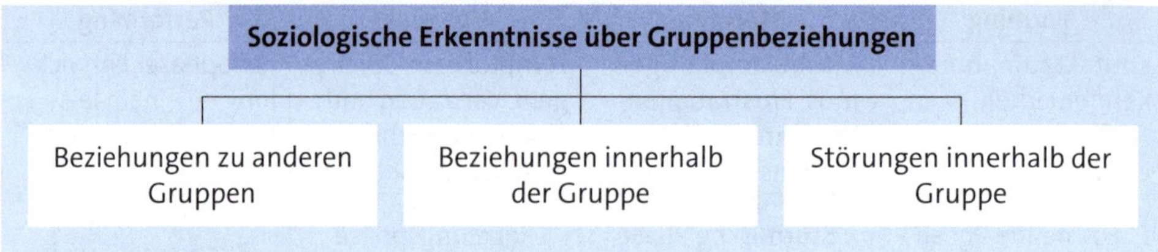

- **Beziehungen zu anderen Gruppen**
  können sich positiv oder negativ gestalten. Die Unterschiede hinsichtlich der Normen und Verhaltensmuster können gravierend oder gering sein – bis hin zu Gemeinsamkeiten. Von Bedeutung ist auch die Stellung einer Gruppe innerhalb des Gesamtbetriebes (z. B. Gruppe der Leitenden). Im Allgemeinen beurteilen Menschen **das Verhalten der eigenen Gruppenmitglieder positiver als das fremder Gruppenmitglieder** (vgl. auch oben, Frage 13., Punkt 3, „Distanzierung"). Auch die Leistung der Fremdgruppe wird im Allgemeinen geringer bewertet (z. B. Mitarbeiter der Personalabteilung Angestellte versus Personalabteilung Arbeiter). Bedrohung der eigenen Sicherheit kann zu feindseligem Verhalten gegenüber der anderen Gruppe oder einzelnen Mitgliedern dieser Gruppe führen.

- **Beziehungen innerhalb der Gruppe:**
  Innerhalb einer Gruppe, die über längere Zeit existiert, entwickelt sich **neben der formellen Rangordnung** (z. B. Vorgesetzter – Mitarbeiter) **eine informelle Rangordnung** (z. B. informeller Führer). Die informelle Rangordnung ist geeignet, die formelle Rangordnung zu stören.

- **Störungen innerhalb der Gruppe:**
  Massive Störungen in der Gruppe (z. B. erkennbar an: häufige Beschwerden über andere Gruppenmitglieder, verbale Aggressionen, Cliquenbildung, Absonderung, Streit, Fehlzeiten) sollten vom Vorgesetzten bewusst wahrgenommen werden. Er muss die Störungsursache „diagnostizieren" und entgegenwirken. Zunehmende Störungen und nachlassender Zusammenhalt können zum **Zerfall einer Gruppe** führen.

15. Welche besonderen Rollen werden zum Teil von einzelnen Gruppenmitgliedern wahrgenommen? Welcher Führungsstil ist jeweils angebracht? → A 4.3.1

Dazu ausgewählte Beispiele:

- Der „Star" ist meist der informelle Führer der Gruppe und hat einen hohen Anteil an der Gruppenleistung.
  → fördernder Führungsstil, Anerkennung, tragende Rolle des Gruppen-„Stars" nutzen und einbinden in die eigene Führungsarbeit, Vorbildfunktion des Vorgesetzten ist wichtig.

- Der „Freche": Es handelt sich hier meist um extrovertierte Menschen mit Verhaltenstendenzen wie Provozieren, Aufwiegeln, „Quertreiben", unangemessenen Herrschaftsansprüchen (Besserwisser, Angeber, Wichtigtuer usw.).

→ Sorgfältig beobachten, Grenzen setzen, mitunter auch Strenge und vor allem Konsequenz zeigen; Humor und Geduld nicht verlieren.

- Der „Intrigant“:
  → Negatives Verhalten offen im Dialog ansprechen, bremsen und unterbinden, auch Sanktionen „androhen“.
- Der „Problembeladene“:
  → Ermutigen, unterstützen, Hilfe zur Selbsthilfe leisten, (auch kleine) Erfolge ermöglichen, Verständnis zeigen („Mitfühlen aber nicht mitleiden“).
- Der „Drückeberger“:
  → Fordern, Anspornen und Erfolg „erleben“ lassen, zu viel Milde wird meist ausgenutzt.
- Der „Neuling“:
  → Maßnahmen zur Integration, schrittweise einarbeiten, Orientierung geben durch klares Führungsverhalten, in der Anfangsphase mehr Aufmerksamkeit widmen und betreuen.
- Der „Außenseiter“:
  → Versuchen, den Außenseiter mit Augenmaß und viel Geduld zu integrieren, es gibt keine Patentrezepte, mitunter ist das vorsichtige Aufspüren der Ursachen hilfreich.

Nachfolgend ein Überblick über Empfehlungen zum Führungsverhalten bei Gruppenmitgliedern, die eine spezielle Rolle wahrnehmen (Quelle: in Anlehnung an *Rahn, 2010, S. 70 f.*); die Hinweise können nur eine grobe Orientierung sein:

Spezielle Rolle des Gruppenmitglieds	Führungsempfehlung
▸ Überehrgeizige ▸ Intriganten ▸ Freche ▸ Clowns	→ bremsen, Grenzen aufzeigen
▸ Stars ▸ Leistungsstarke	→ fördern; Vorsicht: Gleichbehandlung der anderen beachten
▸ Drückeberger ▸ Faule	→ fordern, anspornen, Erfolge erleben lassen
▸ Außenseiter ▸ Neulinge	→ integrieren, Kontakte vermitteln
▸ Schüchterne ▸ Problembeladene	→ ermutigen, unterstützen, Hilfe zur Selbsthilfe
▸ Frohnaturen ▸ Ausgleichende	→ anerkennen, wertschätzen

16. Welche „Signale" können Hinweise auf Störungen im Gruppenprozess sein?

Störungen im Gruppenprozess sind u. a. erkennbar an folgenden „Signalen":

- unverhältnismäßig hoher Zeitaufwand bei der Bearbeitung gestellter Aufgaben
- geringe Produktivität der Leistung
- nicht ausreichende Qualität der Leistung
- Beschwerden der Gruppenmitglieder und Unzufriedenheit
- verbale Aggression, Streit
- Cliquenbildung
- Absonderung
- fehlende Mitarbeit
- Absentismus.

17. Welche Arten von Störungen im Gruppenprozess können auftreten?

Störungen im Gruppenprozess lassen sich folgenden Ebenen zuordnen (Variablen = Störungsursachen):

Störungen im Gruppenprozess – Ebenen und Variablen		
Ebene		**Variablen – Beispiele**
1	**Persönlichkeit des Einzelnen**	Persönlichkeit einzelner Gruppenmitglieder; Persönlichkeit des Moderators: Interrollenkonflikte
2	**Beziehung zwischen zwei Gruppenmitgliedern**	Sympathie; Antipathie; Rivalität; Konkurrenz; Sachkonflikte; Beziehungskonflikte; Kommunikation; Vorurteile
3	**Beziehung zwischen dem Einzelnen und der Gruppe**	Rollen; Intrarollenkonflikte; Erwartungen; Normen; Kommunikation; Einzelziele versus Gruppenziele
4	**Beziehung zwischen der Gruppe und dem Moderator**	Personale und fachliche Autorität; gegenseitige Erwartungen; Kommunikation; Befugnisse; informeller Führer
5	**Beziehung von Gruppen untereinander**	Konflikte zu anderen Gruppen; Konflikte innerhalb der Gruppe; Cliquenbildung; Gruppengröße
6	**Beziehung der Gruppe zur Organisation (Unternehmen)**	Werte; Normen; Erwartungen; Ziele; Stellung der Gruppe in der Organisation; Restriktionen, Auflagen; Führungskultur

18. Wie lassen sich Störungen in der Gruppenarbeit bearbeiten/lösen?

Der Vorgesetzte/Moderator hat verschiedene **Instrumente** und **Verhaltensweisen**, um Störungen im Gruppenprozess zu bearbeiten; es folgen ausgewählte Beispiele:

Ebene 1:	z. B.:	**Einzelgespräch**; Einsicht in fehlerhaftes Verhalten erzeugen; vgl. auch Frage 15. (Rollen von Gruppenmitgliedern)
Ebene 2:	z. B.:	vgl. **Strategien der Konfliktbearbeitung**
Ebene 3:	z. B.:	**Einzelgespräch**; Klären und Vermitteln; vgl. Strategien der Konfliktbearbeitung
Ebene 4:	z. B.:	**Reflexion über das eigene Verhalten**; Sichern der fachlichen Autorität; Beherrschen der Techniken; Aussprache mit der Gruppe: Konflikt thematisieren (**Methode** „Blitzlicht")
Ebene 5:	z. B.:	**Gemeinsame Sitzung** der rivalisierenden Teams: Konflikt thematisieren, Erwartungen klären, Regeln der Zusammenarbeit vereinbaren
Ebene 6:	z. B.:	**Erwartungen der Gruppe** an das Management **formulieren** und vortragen; unterschiedliche Werthaltungen thematisieren und Konsens anstreben; Stellung der Gruppe in der Organisation klären; Unterstützung im Management suchen.

19. Warum muss der Vorgesetzte über das Ergebnis von Gruppenprozessen reflektieren?

Über den Ablauf der Arbeit in Gruppen zu reflektieren, heißt sich Gruppenprozesse bewusst zu machen. Stärken bzw. Schwachstellen im Gruppenprozess zu erkennen und zu analysieren bietet die Möglichkeit, bewusst positive Entwicklungen zu stärken und bei negativen gegen zu steuern. Dazu wird der Vorgesetzte/der Moderator sein **Instrumentarium** einsetzen, z. B.:

- seine Persönlichkeit und Erfahrung
- das Beherrschen der Moderations- und Kommunikationstechniken
- Kenntnisse über Gruppenprozesse und die „Gütekriterien" erfolgreicher Gruppenarbeit
- Strategien zur Konfliktbearbeitung.

8.5.5 Kontinuierlicher Verbesserungsprozess

01. Welcher Ansatz verbirgt sich hinter dem Begriff „KVP"?

Der **kontinuierliche Verbesserungsprozess** (KVP), der insbesondere im Automobilbau im Einsatz ist, erfordert einen neuen Typ von Mitarbeitern und Vorgesetzten:

Abgeleitet aus der japanischen Firmenkultur der **starken Einbindung der Mitarbeiter**, das heißt, ihrer Ideen und Kenntnisse vor Ort, die dem Wissen jeder Führungskraft regelmäßig überlegen sind, hat der **Kaizen-Gedanke** auch in europäischen Industriebetrieben Einzug gehalten (KAIZEN = „Vom Guten zum Besseren"; japanisch: Kai = der Wandel, zen = das Gute).

Die Idealvorstellung ist der qualifizierte, aktive, eigenverantwortliche und kreative Mitarbeiter, der für seinen Einsatz eine differenzierte und individuelle Anerkennung und Entlohnung findet. **Fehler sind nichts Schlechtes, sondern notwendig um das Unternehmen weiter zu entwickeln**.

KVP bedeutet, die eigene Arbeit ständig neu zu überdenken und Verbesserungen entweder sofort selbst, mit dem Team oder unter Einbindung der Vorgesetzten umzusetzen. Gerade kleine Verbesserungen, die wenig Geld und zeitlichen Aufwand kosten, stehen im Vordergrund. In der Summe werden aus allen kleinen Verbesserungen dann doch deutliche Wettbewerbsvorteile.

KVP wird entweder in **homogenen Teams** (aus demselben Arbeitsgebiet/derselben Abteilung) **oder in heterogenen** (unterschiedliche betriebliche Funktionen und/oder Hierarchien) gestaltet.

In den Zeiten der Fahrzeugbau-Krise, Anfang der 90er-Jahre, gelangte der **KVP-Workshop** zum Einsatz, bei dem ein Moderator (Facharbeiter, Angestellter oder eine Führungsnachwuchskraft) im direkten (Produktion) oder indirekten Bereich (z. B. Vertrieb, Personalwesen, Logistik usw.) Linienabschnitte oder Prozesse auf Verbesserungspotenziale hin untersuchte. **Noch während des Workshops setzen die Mitglieder eigene Ideen um**. Dienstleister (Planer, Logistiker, Instandhalter, Qualitätssicherer usw.) und Führungskräfte müssen sich im Hintergrund zur Verfügung halten, um bei Bedarf in die Workshop-Diskussion hereingerufen zu werden. Dort **schreiben sie sich erkannte Problemfelder auf und verpflichten sich zusammen mit einem Workshop-Teilnehmer als Paten zur Umsetzung**. Klare Verantwortlichkeiten werden namentlich auf Maßnahmenblättern festgehalten. Der Workshop-Moderator fasst am Ende die – in Geld bewerteten – Ergebnisse zusammen. Workshop-Teilnehmer präsentieren am Ende der Woche vor dem Gesamtbereich und dritten Gästen das Workshop-Resultat.

Das besondere Kennzeichen der KVP-Workshops ist die zeitweilige Umkehr der Hierarchie für die Woche: **Die Gruppe trifft Entscheidungen, die Führung setzt um**. Die Verbesserungsvorschläge dürfen sich beim KVP auf die Produktbestandteile, Prozesse und – indirekt – auf Organisationsstrukturen beziehen. Kultur- und Strategie-Änderungen dürfen nicht angeregt werden.

Kostenreduktion, Erhöhung der Produktqualität und Minimierung der Durchlaufzeiten sowie die Verbesserung der Mitarbeitermotivation sind die wichtigsten Faktoren von KVP. Vor allem letzteres soll durch eine stärkere Integration der Basis in Entscheidungsprozesse erreicht werden – eine weitgehend **optimierte Form des betrieblichen Vorschlagswesens sozusagen**.

Als Initiator dieses Denkens in den westlichen Chefetagen gilt der Japaner Masaahii Imai, der in seinem Buch „Kaizen“ beschrieb, was die „Japan AG“ so stark machte – nämlich die **uneingeschränkte Kundenorientierung** und die **Mitarbeiter im Mittelpunkt der Innovation**.

KVP im Überblick – charakteristische Merkmale:

- Alle **Mitarbeiter stehen im Zentrum** der Optimierungsprozesse. Sie sind die **Experten** für laufende Veränderungsprozesse und erhalten in ihrer neuen Rolle einen **höheren Freiheitsgrad**. Probleme werden als Chance begriffen und prozessorientiert bearbeitet.
- Im Vordergrund stehen **kleine und permanente Verbesserungen**, die in der Summe Wettbewerbsvorteile erbringen. Standards werden also in kleinen Schritten verbessert; die Zahl der Standards wird laufend erhöht. Kleine Nutzenfortschritte haben Vorrang vor großen, spektakulären Lösungen.
- Der Vorrang der vertikalen Informationswege wird aufgehoben; seitwärts gerichtete (**laterale**) **Kommunikation** ist erwünscht.
- **Das Management muss umdenken:** Es übernimmt die Rolle des Wegbereiters und schafft die Rahmenbedingungen für erarbeitete Verbesserungen.

02. Wie ist der Ablauf in einem KVP-Workshop?

Workshop bedeutet „Arbeitstagung“. Ein Moderator (Facharbeiter, Angestellter oder Führungsnachwuchskraft) untersucht mit der Gruppe Prozesse im direkten oder indirekten Bereich (Produktion bzw. Vertrieb, Personalwesen, Logistik usw.) auf Verbesserungspotenziale.

Noch während des Workshops setzen die Mitglieder eigene Ideen um. **Dienstleister** (Planer, Logistiker, Instandhalter, Qualitätssicherer usw.) und **Führungskräfte** müssen sich im Hintergrund zur Verfügung halten, um bei Bedarf in die Workshop-Diskussion hereingerufen zu werden. Dort schreiben sie sich erkannte Problemfelder auf und verpflichten sich zusammen mit einem Workshop-Teilnehmer als Paten zur Umsetzung. Klare Verantwortlichkeiten werden namentlich auf Maßnahmenblättern festgehalten: *„Wer macht was, bis wann – mit wem gemeinsam?“* Der Workshop Moderator fasst am Schluss die – in Geld bewerteten – Ergebnisse zusammen. Workshop-Teilnehmer präsentieren am Ende der Woche vor dem Gesamtbereich und Gästen das Workshop-Resultat.

Die Arbeitsweise des Teams orientiert sich am **Deming-Zyklus:**

Plan → Do → Check → Act

03. In welchen Einzelschritten wird der PDCA-Zyklus nach Deming durchgeführt?

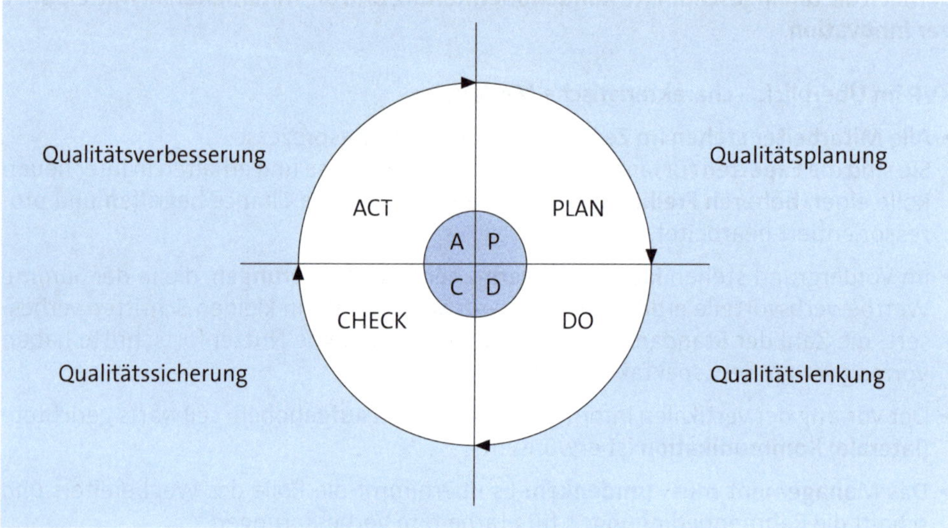

Plan

- Zielsetzung/Inhalte festlegen, z. B. Reduzierung der Liegezeiten
- Daten sammeln
- Daten analysieren
- Lösungsideen sammeln
- Lösungsansätze bewerten
- Lösungen und Methoden auswählen
- Realisierungsschritte planen:
  Wer? Was? Wie? Wann? Wo?

Do

- Realisierungsschritte/Aktionspläne umsetzen
- Zwischenergebnisse dokumentieren

Check

- Ergebnisse dokumentieren
- Erreichung der Ziele überprüfen

Act

- Aktionen zusammenfassen und als Standards verabschieden
- Ergebnisse visualisieren
- nächste Zielsetzung wählen.

04. In welcher Reihenfolge wird ein Verbesserungsvorschlag bearbeitet?

1. Abgabe des Verbesserungsvorschlags
2. anonyme Weitergabe zum Gutachter
3. Ablehnung oder Bewertung des Nutzens
4. Rückmeldung an den Mitarbeiter und Anerkennung
5. abschließende Kosten-Nutzen-Analyse.

05. Wie ist der Ablauf bei der Bearbeitung von Verbesserungsvorschlägen im Rahmen des Betrieblichen Vorschlagswesens?

Die Regelungen des Betrieblichen Vorschlagswesens sind im Allgemeinen in einer **Betriebsvereinbarung** festgeschrieben. Das nachfolgende Diagramm zeigt den typischen Verlauf der Bearbeitung von Verbesserungsvorschlägen (VV) und die daran beteiligten Personen/Ausschüsse:

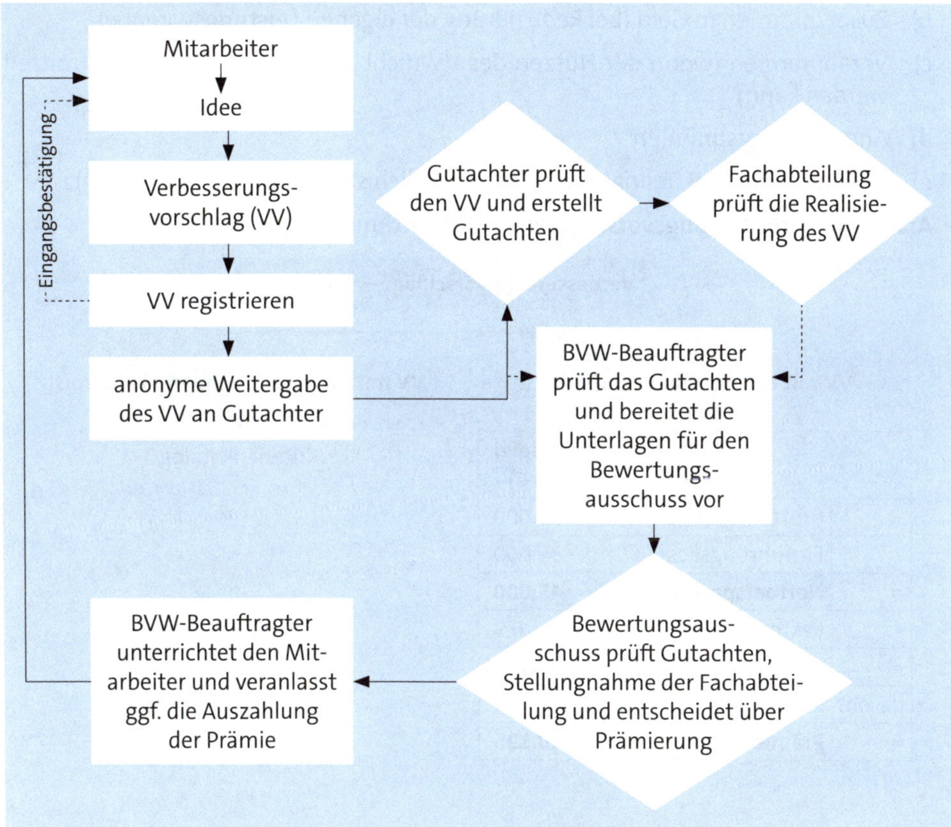

06. Wie werden Prämien im Rahmen des Betrieblichen Vorschlagswesens honoriert?

Jedes Unternehmen, das ein Betriebliches Vorschlagswesen einführt, wird dies nach seinen speziellen Erfordernissen und **unter Beachtung der Mitbestimmung** entwickeln. Nachfolgend wird eine mögliche Form der Gestaltung beschrieben (sinngemäßer Auszug aus der Betriebsvereinbarung eines großen Unternehmens):

- **Prämienberechtigt** sind alle Belegschaftsmitglieder
- **Nicht prämienberechtigt** sind
  - Vorschläge, die in den eigenen Aufgabenbereich fallen
  - Vorschläge, deren Lösungen bereits nachweislich gefunden wurden
  - Vorschläge des BVW-Beauftragten
  - Vorschläge von leitenden Mitarbeitern.
- **Prämienarten:**
  a) Geldprämien
  b) Zusatzprämien in Geld (bei Reduzierung der eigenen Leistungsvorgabe)
  c) Vorabprämien (wenn der Nutzen des VV nicht in angemessener Zeit ermittelt werden kann)
  d) Anerkennungsprämien
  e) Anerkennung (z. B. Teilnahme an einer jährlich stattfindenden Verlosung)
- **Arten von Verbesserungsvorschlägen** und Ermittlung der Prämie:

Verbesserungsvorschläge – Arten

VV mit errechenbarer Ersparnis

		Beispiel (in €)
	Bruttoersparnis	80.000
-	Einführungskosten	- 35.000
=	**Nettoersparnis**	**45.000**
•	Faktor	0,9
=	korr. Nettoersparnis	40.500
davon:	25 %	
=	**Prämie**	**10.125**

VV mit nicht errechenbarer Ersparnis

Kriterienkatalog

a) Bei VV mit **errechenbarem Nutzen** wird die **Nettoersparnis** zugrunde gelegt:

Nettoersparnis = Bruttoersparnis$_{\text{(z. B. im 1. Jahr)}}$ - Einführungskosten

Ggf. wird die Nettoersparnis noch mit einem **Faktor** multipliziert, der die Stellung des Mitarbeiters berücksichtigt, z. B.:

Faktor 1,0 → für Auszubildende
Faktor 0,9 → für Tarifangestellte
Faktor 0,8 → für AT-Angestellte

Von dem so ermittelten Wert (= korrigierte Nettoersparnis) wird eine Prämie von 25 % ausgezahlt.

b) Bei VV mit **nicht errechenbarem Nutzen** wird die Prämie über einen **Kriterienkatalog** ermittelt (vgl. dazu Beispiel unten):

- **Kriterienkatalog bei der Ermittlung nicht berechenbarer VV** (Beispiel):

1. Schritt: Jeder VV ist nach folgender **Tabelle** zu bewerten („Vorschlagswert"):

Vorschlagswert	**einfache Verbesserung**	**gute Verbesserung**	**sehr gute Verbesserung**	**wertvolle Verbesserung**	**ausgezeichnete Verbesserung**
Anwendung einmalig	1	4	10	25	53
Anwendung in kleinem Umfang	1,5	5	13	32	63
Anwendung in mittlerem Umfang	2,5	7	18	41	75
Anwendung in großem Umfang	4	10	25	**53** ← **Beispiel**	90
Anwendung in sehr großem Umfang	6	14	35	70	110

2. Schritt: Für jeden VV ist die Summe der Punkte folgender Merkmale zu ermitteln („Merkmalswert“):

Merkmalsliste	Punkte	Beispiel
1. Neuartigkeit:		
Gedankengut ...		
► übernommen	2	
► neuartig	4	
► völlig neuartig	7	**7**
2. Durchführbarkeit:		
Durchführbar ...		
► sofort	4	**4**
► mit Änderungen	2	
► mit erheblichen Änderungen	1	
3. Einführungskosten:		
► keine	4	
► geringe	3	**3**
► beträchtliche	2	
► sehr hohe	1	
Summe		**14**

3. Schritt: Bei jedem VV ist die **Stellung des Mitarbeiters** zu berücksichtigen (vgl. oben):

Faktor 1,0 → für Auszubildende

Faktor 0,9 → für Tarifangestellte (Beispiel)

Faktor 0,8 → für AT-Angestellte

4. Schritt: Maßgeblich für die Ermittlung des Geldwertes ist der **Ecklohn** des Mitarbeiters lt. Tarif.

Im Beispiel wird ein Ecklohn von 12 € pro Stunde angenommen.

5. Schritt: **Berechnung der Prämie:**

Prämie = Vorschlagswert • Merkmalswert • $\text{Faktor}_{(\text{Stellung})}$ • Ecklohn

= 53 • 14 • 0,9 • 12 = **8.013,60 €**

8.5.6 Führungskultur

01. Was wird unter wertorientierter Führung verstanden?

Darunter wird die aufgabenbezogene Organisation und Strukturierung, die Aktivierung und Kontrolle der Mitarbeiter verstanden. Daher wird diese Dimension im Deutschen als aufgabenbezogenes Verhalten bezeichnet. Dieses Vorgehen äußert sich z. B. durch folgende Verhaltensweisen:

- Er bemüht sich, langsam arbeitende unterstellte Mitarbeiter zu größeren Leistungen zu ermuntern.
- Er weist seinen unterstellten Mitarbeitern spezifische Aufgaben zu.
- Er reißt durch seine Aktivität seine unterstellten Mitarbeiter mit.
- Er passt die Arbeitsgebiete genau den Fähigkeiten und Leistungsmöglichkeiten seiner unterstellten Mitarbeiter an.

02. Was beinhaltet die mitarbeiterorientierte Führung?

Dieses Führungsverhalten erfasst Wärme, Vertrauen, Freundlichkeit, Achtung der Mitarbeiter und wird deshalb als mitarbeiterorientiertes Verhalten definiert.

Dieses Vorgehen äußert sich z. B. durch folgende Verhaltensweisen:

- Er behandelt seine Mitarbeiter als gleichberechtigte Partner.
- In Gesprächen mit seinen unterstellten Mitarbeitern schafft er eine gelöste Stimmung, sodass sie sich frei und entspannt fühlen.
- Er ist freundlich und man hat leicht Zugang zu ihm.
- Auch wenn er Fehler entdeckt, bleibt er freundlich.

03. Was wird unter einer Vertrauenskultur im Unternehmen verstanden?

Der Begriff Vertrauenskultur bezeichnet eine Kultur in Unternehmen, die von wechselseitigem Vertrauen geprägt ist und in der die Mitarbeiter hierarchie- und funktionsübergreifend offen miteinander kommunizieren und sich angstfrei eine Rückmeldung über ihre Leistung, ihr Verhalten und ihre Wirkung geben. So können Mitarbeiter ihren Vorgesetzten auch über Fehler oder Versäumnisse berichten, ohne dass sie Kritik oder Nachteile befürchten müssen. Andererseits kann sich der Vorgesetzte hier darauf verlassen, dass ihm nichts verheimlicht wird und die Mitarbeiter ihm jederzeit wahrheitsgemäß Rückmeldungen geben.

9. Syntheseplanung

INFO

Prüfungsanforderungen

Im Wahlpflichtqualifikationsschwerpunkt Syntheseplanung soll die Fähigkeit nachgewiesen werden, chemische Reaktionen optimieren zu können.

Wahlpflichtqualifikationsschwerpunkt Syntheseplanung (Überblick)

9.1 Planen von Synthesen

9.2 Beurteilen der Abläufe von elektrochemischen Reaktionen und Mechanismen organischer Reaktionen

9.3 Beurteilen von Möglichkeiten zur Beeinflussung von chemischen Reaktionen

9.4 Beschreiben der Abläufe bei homogener und heterogener Katalyse

9.1 Planen von Synthesen

9.1.1 Konzepte der Syntheseplanung

01. Was versteht man unter Synthese?

In der Chemie bezeichnet die Synthese ein Verfahren, mit welchem aus Elementen eine Verbindung oder aus einfacher gebauten Verbindungen ein komplizierter zusammengebauter Stoff hergestellt wird. Als Totalsynthese bezeichnet man die Herstellung eines Naturstoffes, ohne dass hierbei auf Zwischenprodukte zurückgegriffen wird, die in Organismen durch Biosynthese gebildet wurden.

Die bei einer chemischen Synthese eingesetzten Rohstoffe bezeichnet man häufig auch als Reagenzien oder Edukte. Durch eine geeignete Wahl der Reaktionsbedingungen, wie Temperatur, Druck, Katalysator, Konzentration, pH-Wert und Lösungsmittel, kann die Ausbeute an dem Produkt beträchtlich beeinflusst werden. Die wichtigsten chemischen Synthesereaktionen dienen entweder zur Herstellung eines Rohstoffs (z. B. Haber-Bosch-Verfahren zur Synthese von Ammoniak; Gabriel-Synthese zur Herstellung von Aminen, Herstellung von Methylchlorsilanen, als Zwischenprodukt für die Herstellung von Silikonen) oder zur Herstellung eines Wirkstoffs (z. B. Merrifield-Synthese zur Herstellung von Insulin; Synthese von Acetylsalicylsäure aus Phenol).

02. Welche Bedingungen beeinflussen die Synthese?

Durch eine geeignete Gestaltung der Reaktionsbedingungen, wie Temperatur, Druck, Mischungsverhältnis, Katalysatoren, pH-Wert und Lösungsmittel, kann die Ausbeute an einem Produkt beträchtlich beeinflusst werden. Die bei einer chemischen Synthese eingesetzten Rohstoffe bezeichnet man häufig auch als Reaktanden, Reagenzien oder veraltet als Edukte, das Ergebnis als Produkt.

03. Wie kann eine Literaturrecherche in chemischen Datenbanken durchgeführt werden?

Musste vor einigen Jahrzehnten noch mühsam in Fachzeitschriften recherchiert werden, ist dies heute relativ bequem über (Online-)Datenbanken möglich.

Literatur-Datenbanken können in zwei Gruppen unterteilt werden: Bibliografische Datenbanken enthalten nur Literaturzitate und – i. d. R. – Zusammenfassungen. Die Einträge sind mit Schlagworten versehen und verweisen auf die entsprechenden Quellen. Ist die gesamte Arbeit verfügbar, handelt es sich um eine Volltext-Datenbank. Hier können auch die Daten und Abbildungen aus der Publikation enthalten sein.

Kostenfreie Möglichkeiten zur Recherche bietet z. B. **www.chemweb.com** oder auf Deutsch einige Bereiche von **www.dechema.de**. Viele andere Anbieter stellen kostenpflichtige Inhalte zur Verfügung.

04. Was sind Syntheseplanungsprogramme?

1969 erschien von *Corey* und *Wipke* mit **OCSS** das erste Syntheseplanungsprogramm. Sein Nachfolger **LHASA** wird allgemein als erstes Programmsystem angesehen, das in transformbasierter Weise Vorstufen eines vorgegebenen Zielmoleküls generiert. Neben LHASA, das von *Corey* betreut wird, entstand aus OCSS unter Federführung von *Wipke* ein weiteres Programmsystem namens **SECS**. Dieses wurde später von einem Konsortium schweizer und deutscher Unternehmen zum Programmsystem **CASP** weiterentwickelt, dessen Transformbibliothek eine Größe von ca. 6.000 Einträgen erreichte. Seit gut zehn Jahren sind die Arbeiten an CASP allerdings eingestellt, wobei die Hauptgründe dafür in den Nachteilen wissensbasierter Systeme bestanden, wesentlich war vor allem der enorme Aufwand für den Aufbau der Wissensbasis.

Im Folgenden werden einige Programmsysteme vorgestellt, mit denen sich auf dem Gebiet der computergestützten Syntheseplanung unterschiedliche Konzepte zeigen lassen. Alle genannten Systeme werden gegenwärtig noch weiterentwickelt:

- Die Weiterentwicklung von **LHASA** (**L**ogic and **H**euristic **A**pplied to **S**ynthesis **A**nalysis) wird momentan von drei Arbeitsgruppen betrieben. LHASA arbeitet ausschließlich in retrosynthetischer Richtung. Die Synthesestrategie für eine eingegebene Zielverbindung wird interaktiv mit dem Benutzer erarbeitet, d. h. der Benutzer entscheidet, welche der von LHASA vorgeschlagenen Strategien verwendet werden.
- Das japanische Syntheseplanungsprogramm **AIPHOS** (**A**rtificial **I**ntelligence for **P**lanning and **H**andling **O**rganic **S**ynthesis) stammt aus der Gruppe um *K. Funatsu*. Ausgangspunkt der Entwicklung von AIPHOS war es, ein System zu schaffen, das die Vorzüge des logisch-orientierten und des wissensbasierten Ansatzes miteinander vereint. In der aktuellen Version von AIPHOS wird für die Entwicklung einer Synthesestrategie stufenweise direkt mit dem Benutzer interagiert. Die Synthesevorstufen werden immer aus den Molekülen des zuvor durchgeführten Schritts bestimmt.
- **KOSP** (**K**nowledgebase-**O**riented **S**ynthesis **P**lanning) ist ein weiteres Programmsystem zur Syntheseplanung aus der Gruppe von *K. Funatsu*. Es versucht automatisch, ohne Interaktion mit dem Benutzer, mögliche Muster strategischer Bindungen im Zielmolekül zu erkennen. Dies erfolgt mithilfe möglichst ähnlicher Reaktionsschemen aus der Reaktionswissensbasis (RKB) von AIPHOS. Innerhalb bestimmter Regeln werden anschließend systematisch verschiedene Kombinationen aller auf diese Weise als strategisch eingestuften Bindungen gebrochen. Die entstehenden Molekülfragmente werden wie in AIPHOS mithilfe der Abgangsgruppen-Wissensbasis (LGKB) in mögliche Vorstufen umgewandelt.
- Das **SYNCHEM**-Projekt (**Syn**thetic **Chem**istry-Projekt) wurde in den frühen siebziger Jahren durch *H. Gelernter* und seiner Gruppe begonnen. Neben der Entwicklung von Methoden zur Planung organischer Synthesen entstand SYNCHEM auch aus der Idee heraus, dass computergestützte Syntheseplanung eine ideale Plattform bietet, um Konzepte auf dem Gebiet der „Künstlichen Intelligenz“ zu erarbeiten. Konzipiert wurde SYNCHEM als ein Werkzeug für organische Chemiker, das selbstständig geeignete Synthesestrategien für eine vorgegebene Zielverbindung sucht, ohne dass dabei eine Beeinflussung durch den Anwender notwendig wird.

SYNCHEM gehört zur Gruppe der wissensbasierten Systeme. Seine Wissensbasis besteht aus einer Reaktionsbibliothek mit ca. 1.000 Transforms (sog. Transform-Operatoren), mit denen bekannte Reaktionen verschlüsselt werden.

Selbstverständlich existieren noch weitere Systeme, wie z. B. SYNGEN, WODCA usw.

05. Was beschreibt der retrosynthetische Ansatz?

Um einschätzen zu können, wie sich eine organische Verbindung chemisch verhält, war während der ersten hundert Jahre organischer Chemie die Sichtweise des Chemikers auf die Struktur der Ausgangsverbindung gerichtet, d. h. welcher Substanzklasse gehörte eine Verbindung an und welche Umsetzungsreaktionen sind möglich. Reaktionstypen wurden anhand der Edukte definiert, die einen bestimmten Reaktionstyp eingehen können, z. B. Esterkondensation, Glycol-Spaltung oder aromatische Substitution. Allgemein wurden Reaktionen immer in Richtung des Reaktionsverlaufs, d. h. von den Edukten zu den Produkten, betrachtet. Der retrosynthetische Ansatz konzentriert sich dagegen immer auf strukturelle Eigenschaften des Produkts einer Reaktion. Synthesen werden nicht mehr unter dem Aspekt der Namensreaktionen gesehen, sondern unter dem einer globalen Gerüsttransformation. Allgemein wird das Muster von Ladungen und Polaritäten betrachtet, ohne darauf zu achten, durch welche Art von Substituenten dieses Ladungsmuster tatsächlich geprägt ist.

Strukturen werden grundsätzlich entgegengesetzt der tatsächlichen Syntheserichtung modifiziert. Aus diesem Grund wird diese Richtung als antisynthetisch oder retrosynthetisch bezeichnet, der Vorgang selbst als Antithese oder Retrosynthese. Das Ziel einer Retrosynthese bzw. einer retrosynthetischen Analyse ist es, das gewünschte Produkt einer Synthese, das Syntheseziel, sukzessive in einfachere Strukturen zu zerlegen. Dazu ist es erforderlich, das Syntheseziel nach einer genauen und rationalen Analyse einer retrosynthetischen Operation zu unterziehen, deren Ergebnis zu einem logisch begrenzten Satz neuer Strukturen führt. Dieser Struktursatz muss sich durch eine einzelne Operation in synthetischer Richtung, d. h. durch eine chemische Reaktion, wieder zur Zielverbindung umsetzen lassen. Jede Struktur dieses Struktursatzes wird nacheinander in gleicher Weise selbst analysiert, wodurch jeweils eine weitere retrosynthetische Operation ausgeführt bzw. eine synthetische Operation entfernt wird. Dieser Vorgang wird wiederholt, bis einer oder mehrere mögliche Synthesepfade, ausgehend von verfügbaren Ausgangsmaterialien, bis zum Syntheseziel gefunden sind.

06. Was beschreibt ein Synthesebaum?

Ein Synthesebaum ist die grafische Darstellung der Ergebnisse einer retrosynthetischen Analyse. Dabei ist die Zielverbindung (T, „Target") die Wurzel des Baums, der auf dem Kopf stehend dargestellt wird. Durch Anwendung eines Transforms auf die Zielverbindung verzweigt sich der Baum zu korrespondierenden Synthesevorstufen (P_1 und P_2, „Precursor"). Dem Synthesebaum wird eine neue Ebene hinzugefügt. Werden auf die Zielverbindung verschiedene Transforms angewendet, kann sich der Synthesebaum auch zu alternativen Synthesestrategien verzweigen. Analog zur Zielverbindung kann sich der Baum auch an jeder Vorstufe (P_n) zusätzlich verzweigen. Ein Übergang zwischen zwei Ebenen im Baum beschreibt einen retrosynthetischen Schritt bzw. in Syntheserichtung einen Reaktionsschritt. Jede Verzweigung des Baums endet schließlich mit einer bekannten Ausgangsverbindung (S_n, „Starting Materials").

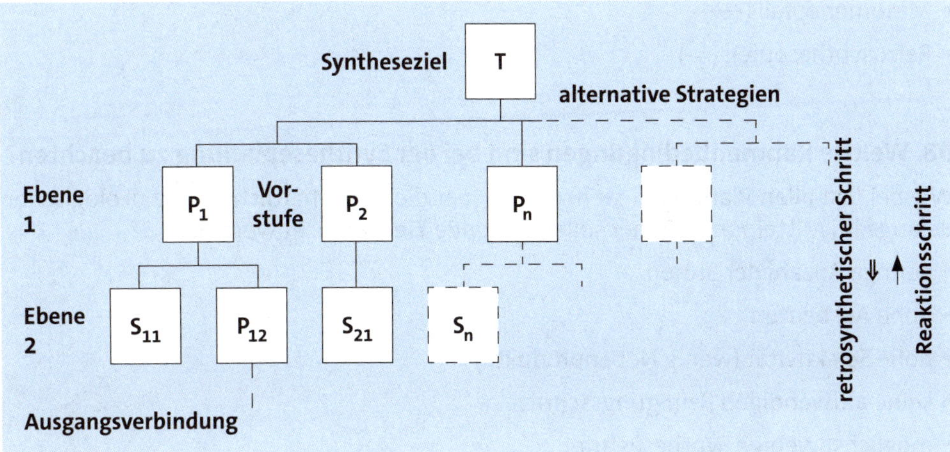

Synthesebaum

07. Wie ist eine Reaktionsgleichung aufgebaut?

Auf der linken Seite stehen die chemischen Summenformeln der Ausgangsstoffe (Edukte) – auf der rechten die Summenformeln der Produkte. Dazwischen wird ein Reaktionspfeil geschrieben, der kennzeichnet, in welche Richtung die Reaktion abläuft. Vor die Formeln setzt man zudem groß geschriebene Zahlen. Diese stöchiometrischen Koeffizienten der beteiligten Stoffe geben an, wie viele Moleküle des jeweiligen Stoffes oder wie viel Stoffmenge (in Mol) jeweils benötigt, verbraucht oder erzeugt werden. Sie müssen so gewählt werden, dass die Stoffmengen-Verhältnisse der Reaktionspartner (ihre stöchiometrischen Bedingungen) korrekt wiedergegeben werden: Für jedes chemische Element müssen auf der linken Seite einer Reaktionsgleichung gleich viele Atome wie auf der rechten Seite vorhanden sein (Der Faktor „Eins" als stöchiometrischer Koeffizient taucht daher z. B. nicht als Faktor auf). Diese „stöchiometrischen Koeffizienten" werden in DIN 32642 die stöchiometrischen Zahlen genannt. Zur Verdeutlichung werden, sofern nicht für den betrachtenden Fall unerheblich, die Phasen der Reaktanden in Kurzbeschreibung im Reaktionsschema mit angegeben. Über den Pfeil schreibt man gegebenenfalls die Reaktionsbedingungen, wie z. B. das Zuführen von Aktivierungsenergie. Die entstehende oder aufgewendete Reaktionsenergie wird auf die Seite geschrieben, wo sie anfällt bzw. aufgewendet werden muss. Für thermodynamische Berechnungen wird häufig die Reaktionsenthalpie mit angegeben. Hier ist es wesentlich, dass die Phase der an der Reaktion beteiligten Substanzen mit angegeben wird, da bei den Phasenübergängen ebenfalls Energie umgesetzt wird. Die Reaktionswärme ΔH wird üblicherweise bei 25 °C angegeben. Ein positiver Wert von ΔH bezeichnet endotherme Reaktionen, ein negativer Wert exotherme Reaktionen.

In der Chemie werden in **Reaktionsgleichungen verschiedene Pfeile** verwendet, deren Bedeutung genau festgelegt ist:

- Reaktionspfeil (→)
- Gleichgewichtspfeil (⇌)
- Mesomeriepfeil (↔)
- Retrosynthesepfeil (⇒).

08. Welche Rahmenbedingungen sind bei der Syntheseplanung zu beachten?

Wie bei fast allen Planungen stehen auch hier die wirtschaftlichen und ökologischen Belange im Mittelpunkt. Daher sollen folgende **Ziele** erreicht werden:

- geringe Anzahl der Stufen
- hohe Ausbeuten
- hohe Selektivität (wenig Nebenprodukte)
- keine aufwendigen Reinigungsschritte
- möglichst wenige Synthesestufen
- Abfallreduzierung
- Verwendung nachwachsender Rohstoffe.

Des Weiteren sollten folgende Gesichtspunkte mit bedacht werden:

- Preis und Verfügbarkeit der Edukte
- Sicherheitsaspekte (z. B. Toxizität, Wassergefährdung, Gefahrstoffe)
- die zum Einsatz kommenden Lösungsmittel.

09. Was unterscheidet die lineare und die konvergente Synthese?

Bei der linearen Synthese wird eine Zielverbindung aus einem Edukt sequenziell aufgebaut. Bei der konvergenten Synthese dagegen werden unabhängig synthetisierte Fragmente auf einer möglichst späten Stufe miteinander verknüpft. Der Ausbeutegrad ist bei der konvergenten Variante meist auch deutlich höher.

10. Was beschreiben die Ähnlichkeitskriterien?

Unter Ähnlichkeitskriterien wird verstanden, dass manche Umsetzungen nach dem gleichen Mechanismus ablaufen. Werden z. B. Alkohole mit konzentrierten Mineralsäuren (Schwefelsäure oder Phosphorsäure) in der Siedehitze umgesetzt, so entstehen unter Wasserabspaltung Alkene.

11. Was bezeichnet die Isomerie?

Isomere sind chemische Verbindungen der gleichen Summenformel, aber unterschiedlicher chemischer Struktur und teilweise auch mit unterschiedlichen chemischen, physikalischen und biologischen Eigenschaften. Isomerasen sind die Enzyme der Zelle, die Isomere ineinander umwandeln. Es gibt eine Reihe sehr unterschiedlicher Formen der Isomerie – sie reichen von im Grunde völlig verschiedenen Verbindungen bis zu sehr subtilen Unterschieden.

Man kann alle Formen in zwei Gruppen einteilen, die Konstitutionsisomere und die Stereoisomere. **Konstitutionsisomere** besitzen die gleiche Summenformel, aber eine andere Struktur (Konstitution). **Stereoisomere** haben grundsätzlich die gleiche Struktur (Konstitution) – und damit auch die gleiche Summenformel – unterscheiden sich aber durch die räumliche Anordnung (Konfiguration) der Atome.

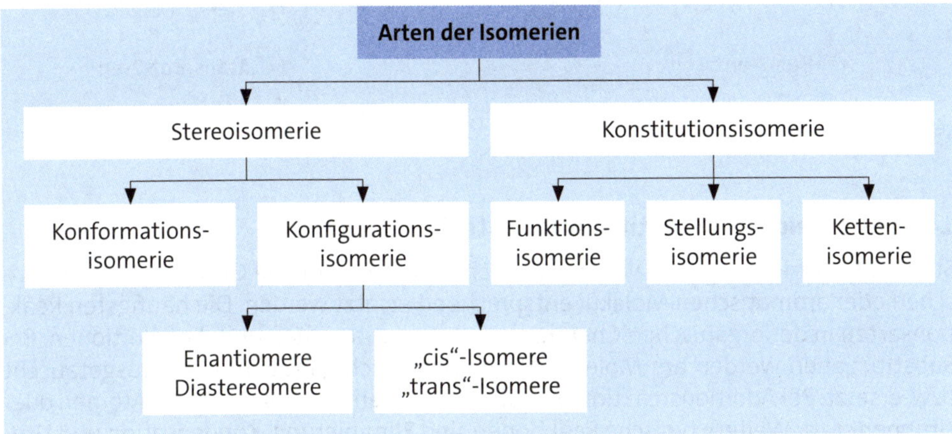

Isomerien

12. Was bezeichnet man als Enantiomere und Diastereomere?

Ein außerordentlich wichtiger Spezialfall der Stereoisomere sind **Enantiomere**, die sich wie Bild und Spiegelbild zueinander verhalten und keine Symmetrieebene aufweisen. Enantiomere unterscheiden sich deshalb in allen Chiralitätszentren (Atome, die aufgrund von vier unterschiedlichen Substituenten unter diesen zwei verschiedene Reihenfolgen erlauben). Wichtige Beispiele sind Zucker und Aminosäuren.

Alle Stereoisomere, die keine Enantiomere sind, bezeichnet man als **Diastereomere**. Ein Spezialfall ist die cis-trans-Isomerie an Doppelbindungen.

13. Was bezeichnet die cis-trans-Isomerie?

Die cis-trans-Isomerie oder (Z)-(E)-Isomerie bzw. Konfigurationsisomerie bezeichnet in der Chemie eine spezielle Form der Isomerie, bei der sich die Moleküle nur hinsichtlich der relativen Stellung von zwei Substituenten bezüglich einer Referenzebene unterscheiden. Falls es mehr als zwei Substituenten gibt, betrachtet man jene beiden, welche nach der Cahn-Ingold-Prelog-Konvention (diese dient zur eindeutigen Beschreibung der räumlichen Anordnung der unterschiedlichen Substituenten an Atomen oder an Doppelbindungen) die höchste Priorität besitzen. Von einer cis- bzw. (Z)-Anordnung spricht man, wenn sich beide Substituenten auf der gleichen Seite der Referenzebene befinden. Von einer trans- bzw. (E)-Anordnung spricht man, wenn sich beide Substituenten auf entgegengesetzten Seiten der Referenzebene befinden.

cis-trans-Isomerie

14. Was bezeichnen Substitutionsmuster?

Substitutionsmuster geben vor, nach welcher Art funktionelle Gruppen am aliphatischen oder aromatischen Molekül entsprechend ersetzt werden. Die häufigsten Reaktionsarten in der organischen Chemie sind die Substitutionen und die Additionen. Bei Substitutionen werden am Molekül Atome oder auch ganze Gruppen ausgetauscht bzw. ersetzt. Bei Additionsreaktionen findet eine Zusammenlagerung von Atomen oder Gruppen statt. Weitere typische Reaktionen sind Eliminierung, Kondensation und Umlagerung.

All diese Reaktionen haben eines gemeinsam: Es müssen Atome bzw. Moleküle zusammenstoßen. Man unterteilt die Reaktion in **zwei Hauptschritte:**

1. Es müssen Bindungen im Molekül getrennt werden.
2. Neue Bindungen werden geknüpft. Um nun Bindungen zu trennen, muss Energie zugeführt werden. Bei der Ausbildung neuer Bindungen wird Energie freigesetzt. Von dieser Energiebilanz ist es abhängig, ob eine Reaktion exotherm oder endotherm ablaufen wird. Die Spaltung einer kovalenten Bindung ist abhängig von folgenden Faktoren:
   - Molekülbau (räumliche Struktur)
   - Polarisierung der Bindungen
   - Reaktionsbedingungen (Temperatur, Druck, Katalysator, Belichtung, Art des Lösemittels usw.).

Es gibt zwei unterschiedliche **Arten der Spaltung:** die **homolytische** und die **heterolytische Spaltung**. Bei beiden entstehen reaktionsfähige Teilchen, die dann weiter reagieren.

15. Was beschreibt die homolytische Spaltung?

Bei der homolytischen Spaltung wird eine kovalente Bindung zweier Atome durch äußere Einflüsse, wie z. B. hochfrequentem Licht, Druck oder Wärme, gespalten. Hierbei verbleibt je die Hälfte der Bindungselektronen nach der Spaltung bei einem der vorherigen Bindungspartner, es entstehen Radikale. Die Bildung von Radikalen findet in unpolarem Milieu statt (z. B. Ozon im unpolaren Milieu der Luft), da sich in polarem Milieu Ionen des Ausgangsmoleküls/-atoms bilden würden.

16. Was beschreibt eine heterolytische Spaltung?

Unter einer heterolytischen Spaltung versteht man das Auftrennen zweier Bindungspartner, wobei die Bindungselektronen bei einem der Partner bleiben und nicht aufgeteilt werden, wie es bei der homolytischen Spaltung der Fall ist. Resultat dieser Spaltung sind Ionen: ein Kation und ein Anion. Das elektronegativere Element nimmt hierbei die negative Ladung auf.

17. Welche Arten von Additionsreaktionen werden unterschieden?

Die chemische Additionsreaktion, auch als Anlagerungsreaktion bezeichnet, ist eine der typischen Reaktionen in der organischen Chemie. Bei dieser Reaktion werden mindestens zwei Moleküle zu einem vereinigt, wobei eine oder mehrere Mehrfachbindungen aufgespalten werden. Die Addition ist die Umkehrung der Eliminierung, bei der von einem Molekül, z. B. unter Bildung von Mehrfachbindungen, Moleküle abgespalten werden. Es wird unterschieden:

- Die **elektrophile Addition** (AE) ist ein Reaktionsmechanismus der organischen Chemie, bei der ungesättigte Kohlenwasserstoffe (Alkene oder Alkine) mit verschiedenen Stoffklassen reagieren.
- Die **nukleophile Addition** ist ein Reaktionsmechanismus in der organischen Chemie, bei dem ein Nukleophil (Anion oder Lewis-Base) eine Mehrfachbindung angreift. Das Nukleophil wird der angegriffenen Verbindung hinzugefügt (Addition). Es findet kein Austausch von Atomen oder Atomgruppen statt.
- Die **radikalische Addition** ist ein Reaktionsmechanismus der organischen Chemie, bei dem einem Molekül mit einer Kohlenstoff-Kohlenstoff-Doppelbindung Atome oder Atomgruppen hinzugefügt (addiert) werden. Diese chemische Reaktion wird durch Radikale gestartet und verläuft, sofern sie nicht gestoppt wird, als Radikalkettenreaktion. Der Ablauf ist analog zur radikalischen Substitution.

18. Welche Arten von Substitutionsreaktionen werden unterschieden?

In der Chemie bezeichnet die Substitution eine chemische Reaktion, bei der Atome oder Atomgruppen (Substituenten) in einem Molekül durch ein anderes Atom oder eine andere Atomgruppe ersetzt werden, wodurch neue Stoffe entstehen. Es werden unterschieden:

- Die **elektrophile Substitution** ist eine Reaktionsklasse in der organischen Chemie. Sie bezeichnet den Ersatz eines Atoms oder einer Atomgruppe durch ein elektrophiles Teilchen. Sowohl die eintretende als auch die austretende Gruppe sind i. d. R. kationisch. Die elektrophile Substitution ist an aromatischen Verbindungen (z. B. Benzol) oder an wenigen Systemen mit C=C-Doppelbindungen (z. B. Enolen) möglich.
- Die **nukleophile Substitution** ist ein wichtiger Reaktionstypus in der organischen Chemie. Hierbei reagiert ein Nukleophil in Form einer Lewis-Base (Elektronenpaardonator) mit einer organischen Verbindung vom Typ R-X (R bezeichnet einen Alkyl- oder Arylrest, X ein elektronenziehendes Heteroatom). Das Heteroatom wird dabei durch das Nukleophil ersetzt. Auch in der anorganischen Chemie ist dieser Typus anzutreffen, ein Beispiel ist die Hydrolyse von Siliciumtetrachlorid.
- Die **radikalische Substitution** ist ein Reaktionsmechanismus der organischen Chemie, bei dem gesättigte Kohlenwasserstoffe (Alkane) mit Halogenen reagieren. Die Reaktion verläuft als Radikalkettenreaktion nach drei Reaktionsschritten ab:
  - Startreaktion
  - Kettenreaktion
  - Abbruchreaktion.

Die radikalische Substitution erfolgt nur, wenn Radikale gebildet werden können. Die zur Bildung der Radikale benötigte Energie wird meist durch Licht aufgebracht. Die Reaktion läuft daher umso schneller ab, je heller die Umgebung ist.

19. Was beschreiben Eliminierungsreaktionen?

Die Eliminierungsreaktion ist eine Reaktion der organischen Chemie. Es handelt sich um den speziellen Typ eines Reaktionsmechanismus einer chemischen Reaktion, bei der aus dem Molekül eines Ausgangstoffes zwei Atome oder Atomgruppen abgespalten (eliminiert) werden. Den Spezialfall, dass zwei Wasserstoffatome abgespalten werden, nennt man Dehydratisierung. Die weitaus am häufigsten vorkommende Eliminierung betrifft zwei im Ausgangsmolekül benachbarte, aneinander gebundene Atome, wobei danach eine Doppel- oder Dreifachbindung zwischen diesen entsteht.

20. Was beschreiben Umlagerungsreaktionen?

Bei der Umlagerungsreaktion erfolgt eine Wanderung von Atomen bzw. Atomgruppen innerhalb eines Moleküls. Diese laufen über Kation-, Anion- oder radikalartige Zwischenprodukte ab. Am häufigsten sind Umlagerungen über Carbeniumionen und andere Teilchen mit Elektronenmangel. Dabei kann es zu einem weitgehenden Umbau des Kohlenstoffgerüstes einer Verbindung kommen.

21. Welche Substitutionen können an Aromaten durchgeführt werden?

Die sechs Wasserstoffatome am Benzolkern können durch andere Gruppen ersetzt werden. Es handelt sich hierbei um eine elektrophile Substitution an den Aromaten. An Aromaten lassen sich folgende wichtige elektrophile Substitutionen durchführen:

- Halogenierung
- Sulfonierung
- Nitrierung
- Alkylierung
- Acylierung.

Siehe auch in der folgenden Grafik:

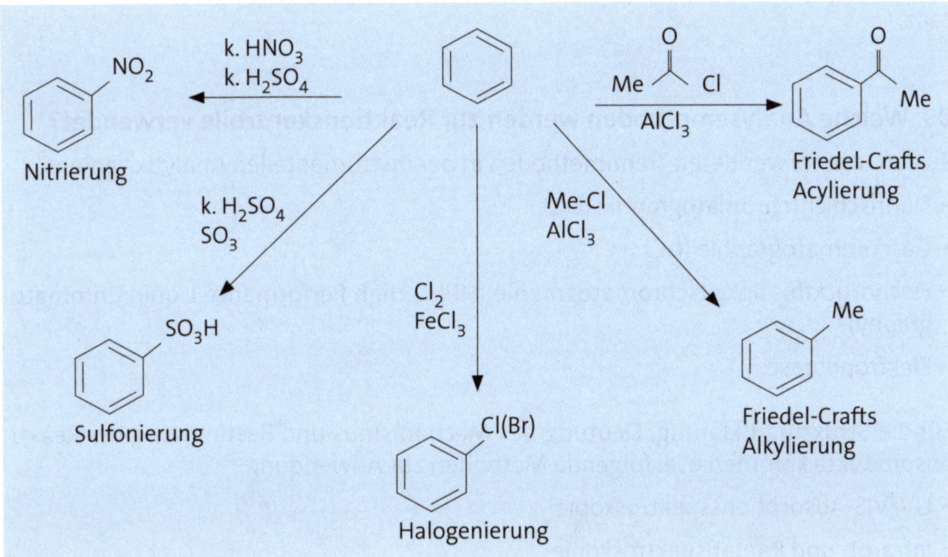

Substitutionen an Aromaten

22. Was beschreibt der Isotopenaustausch?

Er beschreibt Vorgänge, die zur Veränderung der Isotopenzusammensetzung in einer Substanz führen.

Beispiel:

$$H_2S + HDO \Rightarrow HDS + H_2O$$

(H = „normaler" Wasserstoff, D = Deuterium „schwerer" Wasserstoff). Das Gleichgewicht wird durch die unterschiedlichen relativen Atommassen beeinflusst.

9.1.2 Synthese von Zielmolekülen

01. Was beschreibt die Selektivität?

Die Selektivität einer chemischen Umsetzung oder eines Reaktors gibt an, welcher Anteil des insgesamt umgesetzten Ausgangsstoffes unter Berücksichtigung der Stöchiometrie in das gewünschte Zielprodukt umgesetzt wurde. In der Regel setzen sich nicht alle Moleküle zu dem gewünschten Produkt um, da durch Folge oder Konkurrenzreaktionen andere Produkte entstehen können.

02. Was gibt die Reaktivität eines Stoffes an?

In der Chemie ist Reaktivität die Fähigkeit eines Stoffes, eine chemische Reaktion einzugehen. Sie ist weder eine thermodynamische noch eine kinetische Größe, sondern eine qualitative Bezeichnung für die Stabilität oder Reaktionsfreudigkeit einer Substanz.

03. Welche Analysemethoden werden zur Reaktionskontrolle verwendet?

Zu den u. a. verwendeten Trennmethoden in der instrumentellen Analytik zählen:

- Dünnschichtchromatographie (DC)
- Gaschromatographie (GC)
- Hochdruckflüssigkeitschromatographie (HPLC, High Performance Liquid Chromatography)
- Elektrophorese.

Für die Strukturaufklärung, Deutung des Mechanismus und Bestimmung der Reaktionsprodukte kommen u. a. folgende Methoden zur Anwendung:

- UV/VIS-Absorptionsspektroskopie
- Infrarot- und Ramanspektroskopie
- NMR-Spektroskopie
- Massenspektroskopie.

04. Was beschreibt das Schutzgruppenverfahren?

Bei vielen Synthesen ist es notwendig, durch geeignete Verfahren die funktionelle Gruppe vor nicht gewollten Reaktionen zu schützen bzw. durch den Schutz in die gewollte Reaktion zu lenken. Insbesondere fallen die funktionellen Gruppen darunter, die leicht angreifbar sind und entsprechende Reaktionen eingehen. Dazu zählen die Amine, Alkohole, Carbonsäuren, Carbonylverbindungen, Alkene und Alkine. Bei der Auswahl der Schutzgruppen sind folgende Kriterien berücksichtigt: Eine Schutzgruppe sollte

- sich gut einführen lassen,
- selektiv leicht zu entfernen sein,

- hohe Ausbeuten liefern,
- bei der Entfernung keine Veränderung am Molekül bewirken und
- Stabilität gegenüber anderen Reagenzien, die verwendet werden, zeigen.

Des Weiteren sollten die notwendigen Chemikalien zur Schutzfunktion leicht zugänglich sein.

9.1.3 Technische Umsetzbarkeit

01. Wie kann der Syntheseplan bewertet werden?

Jede Bewertung eines Syntheseplans ist abhängig von den Zielvorgaben, unter denen der Plan entwickelt und die Synthese durchgeführt wurde. Kriterien sind etwa:

- der kürzeste Weg (Zeitaufwand)
- der billigste Weg (Materialkosten)
- der neuartigste Weg (Patentfähigkeit)
- der umweltfreundlichste Weg (keine Abfall- und Koprodukte)
- der gesundheitlich unbedenklichste Weg (keine toxischen Reagenzien oder Zwischenprodukte)
- der zuverlässigste Weg (Risiko von Fehlschlägen und Nebenreaktionen).

Sieht man von diesen äußeren Kriterien ab, könnte es auch immanente Bewertungskriterien geben, wie z. B. die benötigte Stufenzahl. Eine Synthese, die das Ziel mit weniger Stufen erreicht, ist besser als eine, die eine höhere Stufenzahl erfordert. Jede Synthese benötigt obligatorische Schritte, nämlich die, die das Molekülgerüst aufbauen. Insofern geben die Zahl der Bindungen im Bindungssatz in etwa eine Untergrenze der Stufenzahl einer Synthese an. Zu den gerüstaufbauenden Schritten kommen noch die Umfunktionalisierungs- und Schutzgruppenschritte hinzu.

Der Bindungssatz allein sagt also noch nicht viel über die Stufenzahl (und damit möglicherweise die Güte) einer Synthese aus.

02. Wie erfolgt die technische Umsetzung der Synthese?

Bei der Umsetzung der Synthese in den technischen Maßstab sind verschiedene Fachbereiche der Chemietechnik mit eingebunden, z. B. Verfahrenstechnik, Mess- und Regeltechnik, Apparatebau, Prozesselektronik. Bis es überhaupt zur Entscheidung kommt, ob ein technisches Verfahren entwickelt wird, sind im Vorfeld schon Projektstudien durchgeführt worden, die die Wirtschaftlichkeit, Herstellkosten, Absatzmärkte, Mengen usw. untersucht haben. Die nachstehende Abbildung soll einen verkürzten Eindruck über den Weg zur technischen Umsetzung geben.

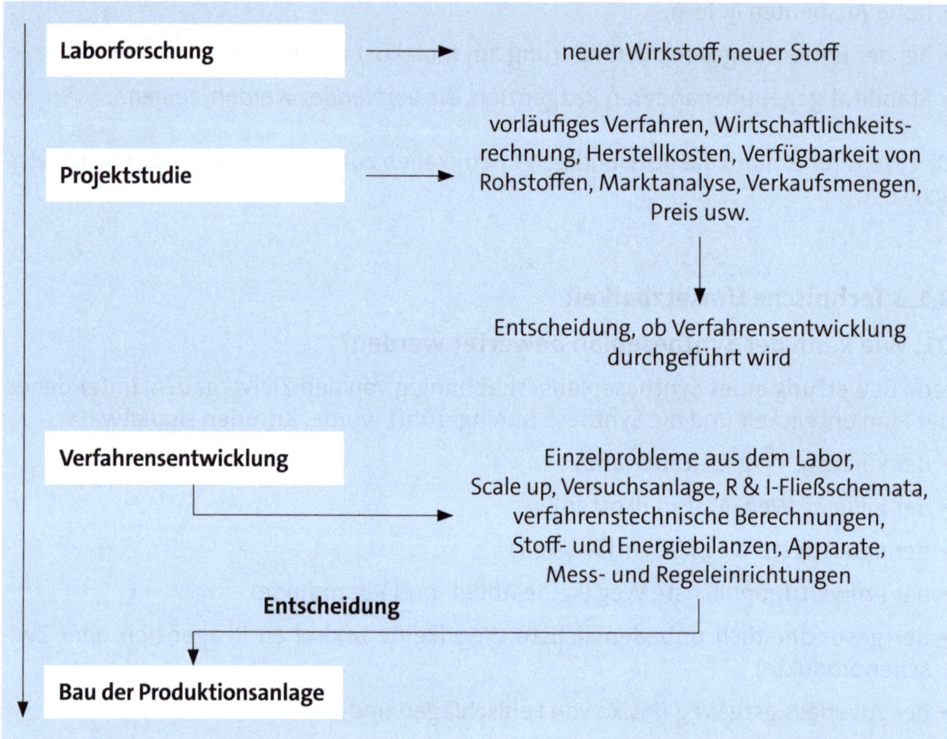

Technische Umsetzung der Synthese

03. Was ist beim Scale up im Rahmen der Prozessentwicklung zu beachten?

Üblicherweise wird ein Verfahren im Labor entwickelt und dann im Technikum oder auch in Miniplants zur Produktionsreife weiterentwickelt. Beim Scaling up (vergrößern, erweitern) können eine ganze Reihe von Problemen auftauchen. Ein Beispiel ist die Temperaturentwicklung. Im Labormaßstab kann ein Prozess endotherm, im Prozessmaßstab aber ganz im Gegenteil exotherm verlaufen. Auch das Regelverhalten von Parametern, wie z. B. Durchflüssen, Temperaturen usw., im Zusammenspiel mit der Peripherie ändert sich in vielen Fällen mit dem Produktionsmaßstab. Die chemische Prozessentwicklung und das Scale up vom Labor zum kommerziellen Maßstab ist mit Problemen in den Bereichen Technik, Sicherheit und Wirtschaftlichkeit verbunden. Persönliche Erfahrungen und empirische Daten können zwar in gewissem Maße verwendet werden, allerdings erfordert eine Untersuchung die Einbeziehung verschiedener Disziplinen, beispielsweise die Gerätecharakterisierung, die Erforschung der Prozessthermodynamik, das Mischen und Massentransferstudien sowie die Erforschung der Reaktionskinetik und des Gefahrenpotenzials. Außerdem ist das Scale up eines Prozesses abhängig von der Wärmeübertragung und -abführung. Reaktionskalorimetrie in Verbindung mit Inline-Überwachung durch Prozessanalysentechnik beschleunigt das Scale up eines chemischen Prozesses. Ein wichtiger Bestandteil des Scale up in der Entwicklung chemischer Prozesse ist ein tiefgehendes Verständnis des Mischprozesses. Die

Mischeffizienz ist abhängig von den physikalischen Eigenschaften des zu mischenden Materials, vom Design des Rührers und des Reaktors, von der Mischdrehzahl, von der Position der Zufuhrleitung und von den Betriebsbedingungen. An den chemischen Reaktionen in einem Rührkesselreaktor können Reagenzien mit mehr als einer Phase und/oder mehr als einem Zustand (gasförmig, flüssig oder fest) beteiligt sein. Diese Reaktionen erfordern intensive Grenzflächenkontakte zur Erleichterung eines optimalen Massentransfers. Unsauberes oder schlechtes Mischen kann zu einer geringen Reaktionsgeschwindigkeit, einer geringen Ausbeute, schlechter Selektivität oder einem erhöhten Verunreinigungsgrad führen, wodurch die Fertigungskosten beträchtlich steigen. Die Wärmeableitung in einem Rührkesselreaktor ist entscheidend für das Scale up und für den sicheren Betrieb eines chemischen Prozesses. In der chemischen und pharmazeutischen Industrie sind Batch und Semi-Batch-Reaktoren immer noch die am häufigsten eingesetzte Reaktorarten. Abweichungen bei der Wärmeübertragung können sich auf das Scale up eines chemischen Prozesses, auf das Design des Anlagenbehälters, auf das Kühlsystem und potenzielle Sicherheitsüberlegungen auswirken. Eine chemische Reaktion wird durch viele Parameter beeinflusst, beispielsweise Konzentration, Additionsrate, Temperatur, Lösungsmittel, Katalysator und pH-Wert. Außerdem können Reaktionen von der Rührerart und -drehzahl beeinträchtigt werden. Diese Parameter haben Auswirkungen auf den Massentransfer und wirken sich somit auf das Resultat des Experiments aus. Anstatt also die „Versuch und Irrtum"-Methode anzuwenden, bei der jeder Parameter einzeln untersucht wird und Interaktionen zwischen den Parametern nur schwer erkennbar sind, können Wissenschaftler in Laboren für synthetische organische Chemie die statistische Versuchsplanung (DoE – Design of Experiments) nutzen.

9.2 Beurteilen der Abläufe von elektrochemischen Reaktionen und Mechanismen organischer Reaktionen

9.2.1 Elektrochemische Reaktionen/Zusammenhänge

01. Was bezeichnen elektrochemische Reaktionen?

Elektrochemie bezeichnet mehrere verschiedene Teilgebiete innerhalb der Chemie. Sie ist zum einen eine Synthesemethode, präparative Elektrochemie oder Elektrosynthese, zum anderen ist sie ein Teilgebiet der physikalischen Chemie, welches sich mit dem Zusammenhang zwischen elektrischen und chemischen Vorgängen befasst. Weiterhin gibt es elektrochemische Methoden in der analytischen Chemie. Die technische Chemie kennt neben großtechnisch angewandten elektrochemischen Synthesemethoden noch die Batterie- und Brennstoffzellentechnik sowie die Galvanotechnik. Wenn eine chemische Reaktion mit einem elektrischen Strom verknüpft ist, so ist dies ein elektrochemischer Vorgang. Entweder wird die Redoxreaktion durch eine von außen angelegte elektrische Spannung erzwungen (Elektrolyse) oder es wird durch die chemische Reaktion geeigneter Substanzen eine messbare Spannung hervorgerufen (galvanisches Element). Diese Spannungen sind charakteristisch für die jeweiligen Reaktionen und sind auf einer Skala dokumentiert, der elektrochemischen Spannungsreihe. Der direkte Elektronenübergang zwischen Molekülen, Ionen oder Atomen, ist kein elektrochemischer Vorgang. Typisch für die Elektrochemie ist die räumliche Trennung von Oxidation und Reduktion.

02. Wo werden in der Chemie elektrochemische Reaktionen angewandt?

Sie werden angewendet zur Herstellung chemischer Substanzen mittels Reduktion von Metallsalzen, zur Herstellung unedler Metalle, vor allem durch Schmelzelektrolyse, z. B. zur Herstellung von Lithium, Natrium, Kalium, Calcium, Magnesium und Aluminium. Der elektrische Strom wirkt hier als Reduktionsmittel. Da die Spannung variiert werden kann, kann die Reduktionskraft angepasst werden. Der elektrische Strom ist das stärkste Reduktionsmittel der Chemie, mit dem auch die Kationen der unedelsten Metalle reduziert werden können. Die elektrolytische Metallabscheidung wird auch in der Galvanotechnik genutzt. Außerdem zur Oxidation von Anionen, z. B. von Halogeniden, etwa zur Herstellung von Fluor und Chlor. Der elektrische Strom erlaubt Redoxreaktionen ohne die Zugabe von Reduktions- oder Oxidationsmitteln. Viele weitere Redoxreaktionen können daher elektrolytisch besonders elegant ausgeführt werden oder werden erst ermöglicht.

03. Was beschreibt ein galvanisches Element?

Eine galvanische Zelle (auch galvanische Kette oder galvanisches Element) ist ein Aufbau, bei dem chemische in elektrische Energie umgewandelt wird. Eine galvanische Zelle besteht dabei aus zwei verschiedenen Elektroden (Anode, Kathode) und einer leitfähigen Flüssigkeit, dem Elektrolyten.

Besonders bekannt ist das sog. Daniell-Element, das aus einer Zink- und einer Kupferelektrode besteht. Im galvanischen Element findet eine Redoxreaktion statt, die freiwillig abläuft. Es werden also Elektronen übertragen. Dabei sind die Orte der Teilreaktionen, also der Reduktion und der Oxidation, voneinander getrennt. Damit Strom fließen kann, sind beide Orte elektrisch leitend über einen Draht miteinander verbunden. Der allgemeine Aufbau einer galvanischen Zelle sieht folgendermaßen aus. Ein galvanisches Element hat zwei verschiedene Elektroden:

- negativ geladene Anode: Minuspol (-)
- positiv geladene Kathode: Pluspol (+).

ACHTUNG

Bei einer **Elektrolyse** ist die Anode der Pluspol und die Kathode der Minuspol! Dabei handelt es sich sozusagen um die Umkehrreaktion der galvanischen Zelle, bei der aus elektrischer Energie chemische Energie gewonnen wird.

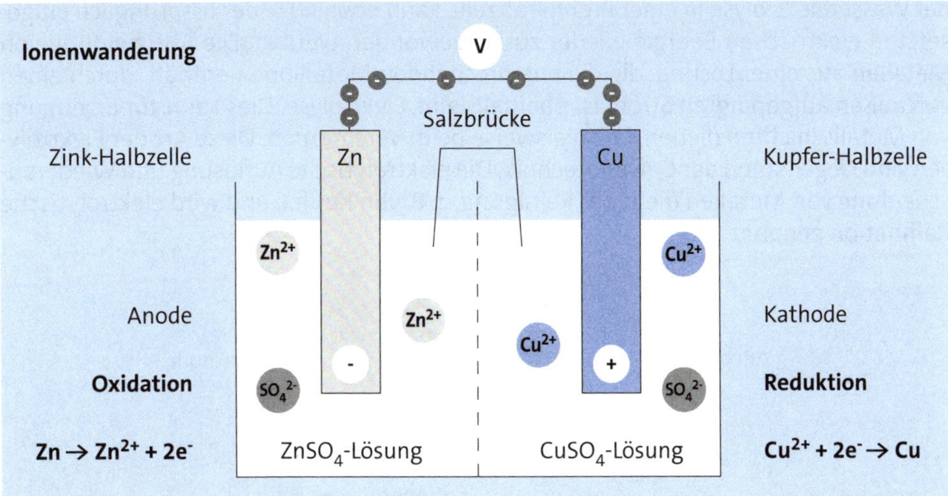

Daniell-Element

04. Was besagt die elektrochemische Spannungsreihe?

Die elektrochemische Spannungsreihe ist eine Auflistung von Redoxpaaren nach ihrem Standardelektrodenpotenzial (Redoxpotenzial unter Standardbedingungen). Vor allem bei Metallen wird sie auch Redoxreihe genannt. In dieser Reihe werden nebeneinander die oxidierte und reduzierte Form, sowie die Anzahl der übertragenen Elektronen und das Standardpotenzial eines Redoxpaares aufgeführt. Die einzelnen Redoxpaare werden entweder nach aufsteigendem oder absteigendem Standardelektrodenpotenzial geordnet. Jede Redoxreaktion kann man so durch zwei Paare beschreiben und aus der elektrochemischen Spannungsreihe die Richtung von Reaktionen voraussagen. Die Werte lassen sich allen gängigen Tabellenwerken entnehmen.

05. Was beschreibt der Vorgang der Elektrolyse?

Beim chemischen Prozess der Elektrolyse erzwingt elektrischer Strom eine Redoxreaktion (ein Reaktionspartner überträgt Elektronen auf einen anderen Reaktionspartner). Mithilfe von Elektrolyse können z. B. Wasserstoff, Aluminium, Chlor und Natronlauge gewonnen werden.

Eine Elektrolyse erfordert eine Gleichspannungsquelle, welche die elektrische Energie liefert und die chemischen Umsetzungen vorantreibt. Ein Teil der elektrischen Energie wird in chemische Energie umgewandelt. Genau dem umgekehrten Zweck, der Umwandlung von chemischer Energie in elektrische, dienen Batterien, Akkumulatoren oder Brennstoffzellen: sie dienen als Stromquelle. Wenn man einen Akkumulator lädt, läuft eine Elektrolyse ab, die die chemischen Vorgänge während der Entladung rückgängig macht. Elektrolysen können daher der Energiespeicherung dienen, beispielsweise bei der Elektrolyse von Wasser, die Wasserstoff und Sauerstoff ergibt, die als Energieträger einer Wasserstoffwirtschaft vorgeschlagen wurden. Durch die Umkehrung der Wasserelektrolyse in einer Brennstoffzelle kann etwa 40 % der ursprünglich eingesetzten elektrischen Energie wieder zurückgewonnen werden. Die Abscheidung von Metallen aus einer Lösung, die die entsprechenden Metallionen enthält, durch einen von außen aufgeprägten Strom ist ebenfalls eine Elektrolyse. Dies kann zur Erzeugung von Metallschichten dienen, beispielsweise beim Verchromen. Diese Art der Elektrolysen sind Gegenstand der Galvanotechnik. Die elektrolytische Auflösung und Wiederabscheidung von Metallen dient der Reinigung, z. B. von Kupfer, und wird elektrolytische Raffination genannt.

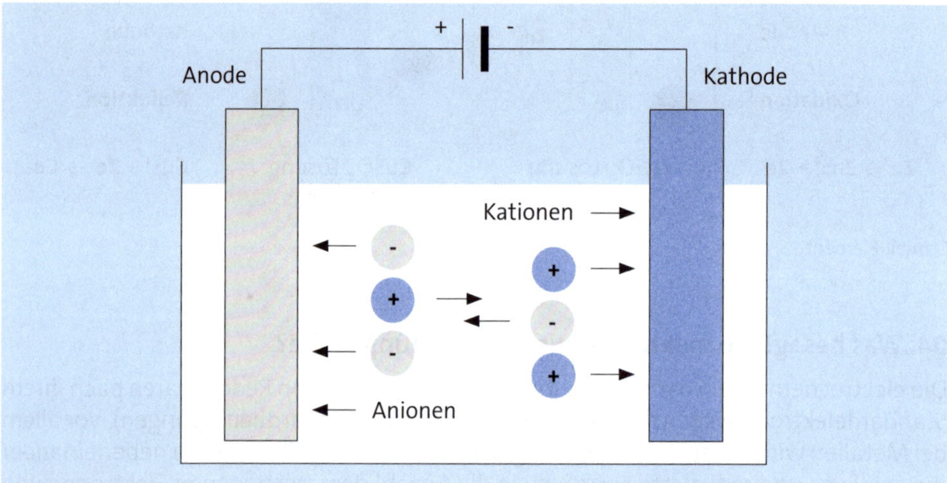

Elektrolyse

06. Was versteht man unter Galvanisieren?

Das Galvanisieren (auch Galvanotechnik) ist ein Verfahren aus der Oberflächen- und Schichttechnik zum elektrochemischen Abscheiden von Metallen auf metallische oder metallisierte Oberflächen unter Verwendung eines Elektrolyten und Gleichstroms. Die galvanische Beschichtung dient meist zum Korrosionsschutz der Werkstücke oder der Steigerung der Verschleißfestigkeit ihrer Oberfläche. Besonders oft findet das Verfahren Anwendung für die Beschichtung von Stählen mit Metallen eines geeigneten Eigenschaftsprofils. Solche metallischen Überzüge haben ein breites Anwendungsfeld, da sie das metallische Aussehen der Werkstücke und die elektrische Leitfähigkeit erhalten.

07. Was versteht man unter Eloxieren?

Das Eloxieren ist ein Verfahren zur Oberflächenbehandlung von Aluminium. Mittels anodischer Oxidation lässt sich eine Schutzschicht auf dem Metall erzeugen, die die natürliche, unkontrollierte Oxidation des Metalls durch die Reaktion mit Sauerstoff aus der Umgebungsluft verhindert. Die Besonderheit des Verfahrens liegt darin, dass anders als etwa beim Galvanisieren keine Schicht aufgetragen wird, sondern eine Umwandlung der obersten Aluminiumschicht stattfindet. Diese Schicht dient nicht nur dem Korrosionsschutz, sie lässt sich mittels eines zusätzlichen Prozessschritts auch einfärben. Durch die geeignete Wahl der Prozessparameter können Beständigkeit und Optik der Eloxalschicht beeinflusst werden.

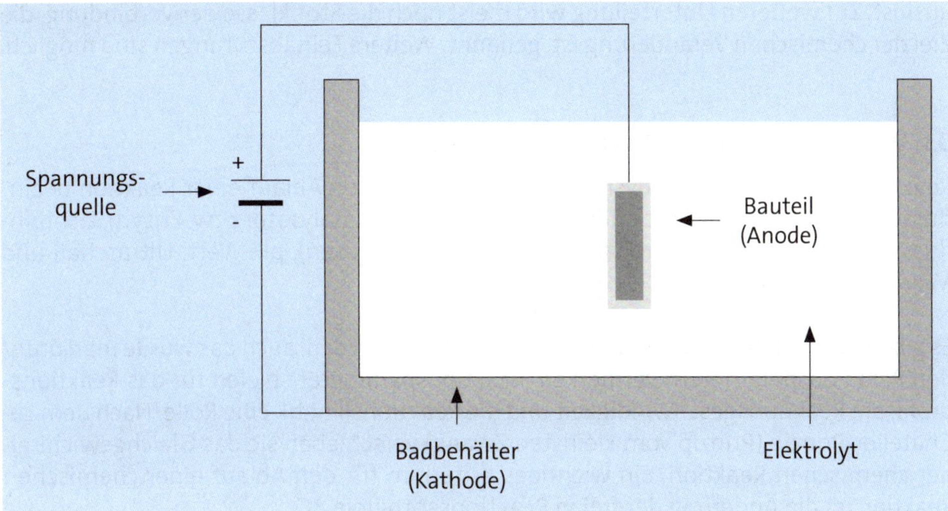

Eloxieren

9.2.2 Organische Reaktionen/Einsetzbarkeit von Reaktionswegen

01. Was versteht man unter funktionellen Gruppen?

In der Chemie versteht man unter funktionellen Gruppen Atomgruppen in organischen Verbindungen, die die Stoffeigenschaften und das Reaktionsverhalten der sie tragenden Verbindungen maßgeblich bestimmen. Chemische Verbindungen, die die gleichen funktionellen Gruppen tragen, werden aufgrund ihrer oft ähnlichen Eigenschaften zu Stoffklassen zusammengefasst. Funktionelle Gruppen werden aufgrund der beteiligten Atome in funktionelle Gruppen mit Heteroatomen (z. B. Ether) und solche ohne Heteroatome (z. B. C=C Doppelbindungen, C≡C Dreifachbindungen oder Aromaten) eingeteilt. Letztere werden manchmal nicht als „vollwertige" funktionelle Gruppen betrachtet, weil sie zum einen nur als Strukturbausteine betrachtet werden, die zum anderen wenig bis gar nicht reaktiv sind. Im Fall von anorganischen oder metallorganischen Verbindungen werden auch einfache Alkyl- oder Arylgruppen als funktionelle Gruppen angesehen. Alle organischen Seitenketten und funktionellen Gruppen werden dann unter der allgemeinen Bezeichnung Organylgruppe zusammengefasst.

02. Was bezeichnet der Reaktionsmechanismus?

Als Reaktionsmechanismus bezeichnet man die Abfolge elementarer Schritte innerhalb einer chemischen Reaktion. Ein Elementarschritt kann z. B. in der Gasphase aus einem reaktiven Stoß oder in Lösung aus einer reaktiven Begegnung bestehen, muss aber nicht unbedingt etwas mit der Stöchiometrie der Gesamtreaktion zu tun haben. In der organischen Chemie können die meisten Reaktionen den Grundmechanismen zugeordnet werden. Der Einfachheit halber erfolgt die Einteilung vorwiegend anhand der Art des Angriffs des einen Eduktes und der Aktion, die dieser Angriff am zweiten Edukt auslöst. Zur weiteren Unterteilung wird meist noch die Stoffklasse der Verbindung, die Ziel der chemischen Veränderung ist, genannt. Weitere Feinabstufungen sind möglich.

03. Was bezeichnen die Reaktionsparameter?

Reaktionsparameter sind physikalische Größen, die den Ablauf einer Reaktion beeinflussen. Dazu gehören: Druck, Temperatur, Volumen, Katalysator bzw. Enzym, Lichteinfluss, Stoffmenge, Lösungsmittel, Partialdruck (bei Gasen), pH-Wert, Ultraschall und Mikrowellen etc.

Es gibt Reaktionen, die unter Inertgas durchgeführt werden, auch das würde man unter den Reaktionsparametern vermerken. Reaktionsparameter spielen für das Reaktionsprofil, die Reaktionsgeschwindigkeit und die Reaktionskinetik eine Rolle. Nach dem Le-Chatelier-Prinzip (Prinzip vom kleinsten Zwang) verschieben sie das Gleichgewicht einer chemischen Reaktion. Ein wichtiges Kriterium für den Ablauf einer chemischen Reaktion ist die Änderung der freien Reaktionsenthalpie ΔG.

04. Was beschreiben Nebenreaktionen?

Im chemischen Reaktor finden häufig neben der gewünschten Umsetzung von Ausgangsstoffen, also Edukten zu Zielprodukten (bzw. Produkten) oft noch unerwünschte Nebenreaktionen statt, wie z. B. Parallelreaktionen und Folgereaktionen, welche sich jedoch chemisch/verfahrenstechnisch nicht verhindern lassen.

05. Was versteht man unter einem Zwischenprodukt?

Unter einem Zwischenprodukt (oder Intermediat) versteht man in der Chemie das Produkt einer chemischen Reaktion, das aus chemischen, technischen oder wirtschaftlichen Gründen nicht isoliert oder in Verkehr gebracht, sondern weiter umgesetzt wird. Entscheidend ist die Sichtweise des Herstellers. Verarbeitet er beispielsweise Dextrin weiter, so ist es ein Zwischenprodukt, er könnte es aber auch verkaufen, dann ist es ein Endprodukt. Dextrin entsteht nämlich als Zwischenprodukt bei der Umwandlung von Stärke in Monosaccharide, wie beispielsweise Glucose, Paraffin ist ein Zwischenprodukt bei der Destillation von Petroleum. Die begrifflichen Grenzen zwischen Rohstoff, Zwischenprodukt und Endprodukt sind oftmals willkürlich und hängen von der jeweiligen Perspektive ab. So ist beispielsweise Harnstoff für einen Hersteller, der dieses Produkt an einen Dritten abgibt, ein Endprodukt. Verwendet der Dritte den Harnstoff zur Herstellung von Melamin, so ist es für ihn ein Rohstoff. Verarbeitet der Harnstoff-Produzent das Produkt selbst weiter, so ist es für ihn ein Zwischenprodukt.

06. Was bezeichnet der induktive Effekt?

Der induktive Effekt, Hahn-Effekt oder HI-Effekt ist in der organischen Chemie ein ladungsverändernder Effekt, der sowohl als +I-Effekt („elektronenschiebend“) als auch als -I-Effekt („elektronenziehend“) auftritt. Er wird durch funktionelle Gruppen oder auch durch einzelne Atome ausgelöst. Er wird in der Chemie beobachtet, wenn Elektronegativitätsunterschiede zwischen Atomen oder funktionellen Gruppen eines Moleküls Atombindungen polarisieren. Der Begriff dient in der Chemie zur Charakterisierung von Elektronenpaarbindungen.

07. Was bezeichnet der mesomere Effekt?

Nach einer Substitutionsreaktion an Molekülen, die eine Mesomerie enthalten, kann es passieren, dass der Substituent an der Mesomerie teilnehmen kann. Dadurch wird das mesomere System vergrößert. In diesem Fall hat der Substituent einen Mesomeren Effekt (kurz: M-Effekt). Mesomere Effekte beeinflussen jede weitere Reaktion an dem betreffenden Molekül. Sie bestimmen, an welcher Position – also an welchem Atom – eine weitere Reaktion wahrscheinlich ablaufen wird. Außerdem ergeben sich mehr mesomere Grenzformeln, wodurch das Molekül stabilisiert wird.

08. Was bezeichnet der +M-Effekt?

Der Substituent hat ein freies Elektronenpaar, das er für die Mesomerie zur Verfügung stellen kann. Bei +M-Effekten erhöht sich die Elektronendichte des mesomeren Systems. Eine eventuelle Zweitsubstitution wird dadurch begünstigt, der +M-Effekt wirkt somit aktivierend in Bezug auf Reaktivität (außer Halogene).

Beispiel

Reaktion von Brom und Benzol
Benzol enthält ein mesomeres System und Brom hat drei freie Elektronenpaare. Nach der Substitution ist Brom mit einer Einfachbindung an ein Kohlenstoffatom des Benzols gebunden. Ein freies Elektronenpaar des Broms kann in die Mesomerie einbezogen werden, wodurch sich neue mesomere Grenzstrukturen ergeben.

09. Was bezeichnet der -M-Effekt?

Der Substituent hat eine Doppel- oder Dreifachbindung, sodass er dem mesomeren System Elektronenpaare entzieht. Das erschwert weitere Substitutionen bzw. setzt die Aktivierungsenergie, die dazu nötig ist, herauf. Der -M-Effekt wirkt also aus reaktionskinetischer Sicht deaktivierend. Bei -M-Effekten verringert sich die Elektronendichte des mesomeren Systems.

9.3 Beurteilen von Möglichkeiten zur Beeinflussung von chemischen Reaktionen

9.3.1 Einflussgrößen

01. Was beeinflusst die Reaktionsbereitschaft?

Bei jeder Reaktion müssen Bindungen aufgebrochen und neue gebildet werden. Diese Vorgänge sind mit Energieumwandlungen verbunden. Wie schnell Stoffe miteinander reagieren, ist abhängig von der Geschwindigkeit, mit der diese Vorgänge ablaufen. Viele Stoffe reagieren sofort miteinander, sobald sie gemischt werden, manchmal sogar explosionsartig, z. B. Wasserstoff und Fluor. Doch gibt es auch Stoffe, die erst bei entsprechenden Reaktionsbedingungen miteinander reagieren. Die Reaktionsbereitschaft hängt in diesen Fällen von der Temperatur, dem Druck, der Konzentration oder dem Zusatz eines Katalysators ab. So lässt sich beispielsweise die Reaktionsgeschwindigkeit verdoppeln, wenn die ablaufende Reaktionstemperatur um 10 °C erhöht wird. Je nach Beteiligung der Energie lassen sich verschiedene Reaktionen unterscheiden, z. B. exotherme und endotherme Reaktionen.

02. Welche Regeln gelten für das Formulieren von Reaktionsgleichungen?

Für das Formulieren von Reaktionsgleichungen sind folgende Regeln festgelegt:

- Bei exothermen Reaktionen ist die Reaktionsenthalpie negativ.
- Bei endothermen Reaktionen ist die Reaktionsenthalpie positiv.
- Der Aggregatszustand aller beteiligten Substanzen ist mit (g) für gasförmig, (s) für fest und (l) für flüssig anzugeben.
- Die Angaben der ΔH-Werte beziehen sich auf 25 °C und 1.013 hPa, wenn nicht anders angegeben.

In der Literatur findet man in Tabellenwerken die Bildungsenthalpien für viele Stoffe.

03. Was bezeichnet die Aktivierungsenthalpie?

Die Aktivierungsenergie ist die Energie, die erforderlich ist, um ein Teilchen (Molekül, Atom, Elektron, usw.) aus einem bestimmten Energieniveau (getrennte Energie) in ein höheres Energieniveau zu überführen, in dem das Teilchen eine zuvor nicht gegebene „Aktivität" erhält. Die freie Aktivierungsenthalpie ist die bestimmende Größe für die Reaktionsgeschwindigkeit.

04. Was bezeichnet die Reaktionsenthalpie?

Die Reaktionsenthalpie ΔH_R ist die Energie bei konstantem Druck. Sie gibt den Energieumsatz einer bei konstantem Druck durchgeführten Reaktion an. Hierbei ist egal, auf welchem Wege die Reaktion stattfindet oder in welcher Form (Wärme, Arbeit) Energie während der Reaktion aufgenommen oder abgegeben wird (Regel von *Hess*). Die Reaktionsenthalpie ist immer die Differenz der Enthalpien des Produkts und des Edukts. Da Stoffe je nach Temperatur und Druck verschiedene Energien haben, (Beispiel: Ein Gas hat unter hohem Druck viel mehr Energie gespeichert als unter niedrigem Druck.) können Energiebilanzen verschiedener Reaktionen nur dann direkt miteinander verglichen werden, wenn man sich auf gleiche Außenbedingungen bezieht. Dazu verwendet man meist Standardbedingungen, seltener Normalbedingungen. Die Reaktionsenthalpie unter Standardbedingungen heißt Standardreaktionsenthalpie.

05. Was beschreibt die Reaktionsgeschwindigkeit?

Reaktionen können unterschiedlich schnell ablaufen. Die sog. Reaktionsgeschwindigkeit gibt an, wie viele Teilchen in einem betrachteten Volumen pro Zeit reagieren. Eine Explosion beispielsweise ist eine chemische Reaktion, bei der die Edukte in sehr kurzer Zeit reagieren. Das heißt, die Reaktionsgeschwindigkeit einer Explosion ist sehr hoch. Andere Reaktionen hingegen laufen sehr langsam ab. Wie hoch die Reaktionsgeschwindigkeit ist, hängt von einigen Faktoren ab. Grundsätzlich kommt eine chemische Reaktion zustande, wenn Teilchen der Ausgangsstoffe (Edukte) zusammenstoßen. Das wird auch Stoßtheorie genannt. Dabei müssen sie genug Energie in sich tragen, um zu reagieren, nämlich die sog. Aktivierungsenergie. Diese Änderung der Konzentration der reagierenden Stoffe in einer bestimmten Zeiteinheit ist folglich ein Maß für die Geschwindigkeit, mit der eine chemische Reaktion verläuft. Je schneller sich die Konzentration der reagierenden Stoffe ändert, desto höher ist die Reaktionsgeschwindigkeit. Je langsamer sich die Konzentration der reagierenden Stoffe ändert, desto geringer ist die Reaktionsgeschwindigkeit.

In der anorganischen Chemie ist die Reaktionsgeschwindigkeit ein wichtiger Parameter. Angewendet wird dieser Parameter z. B. bei der RGT-Regel (Reaktionsgeschwindigkeit-Temperatur-Regel) oder dem Massenwirkungsgesetz.

9.3.2 Gleichgewichtsreaktionen/Möglichkeiten zur Beeinflussung von Gleichgewichten

01. Was beschreiben Gleichgewichtsreaktionen?

Viele chemische Umsetzungen verlaufen nicht vollständig, sondern es stellt sich ein dynamisches Gleichgewicht zwischen den Edukten und den Produkten ein. Das bedeutet, dass sich ständig die gleiche Menge an Reaktionsprodukten bildet, die wiederum in die entsprechenden Edukte zerfällt. Die Lage des Gleichgewichtes (Verhältnis von Ausgangsstoffen zu Reaktionsprodukten) ist von den Reaktionsbedingungen abhängig (Druck, Temperatur und Konzentration der einzelnen Stoffe). Diese Gleichgewichtsreaktionen werden mit einem Doppelpfeil in der Reaktionsgleichung gekennzeichnet.

02. Was beschreibt der Gleichgewichtszustand?

Obwohl Hin- und Rückreaktion beständig ablaufen, also Edukte in Produkte und diese wiederum in Edukte umgewandelt werden, verändern sich im Gleichgewicht die Konzentrationen der Edukte und Produkte nicht. Das Verhältnis der Gleichgewichtskonzentrationen der Edukte und Produkte ist bei einer bestimmten Temperatur konstant und für jede Reaktion charakteristisch. Im Gleichgewicht ist die Geschwindigkeit der Hinreaktion gleich der Geschwindigkeit der Rückreaktion.

03. Was besagt das Massenwirkungsgesetz?

Die Geschwindigkeit einer chemischen Reaktion ist direkt proportional zur Aktivität der Edukte: Je höher die Aktivität der Edukte ist, desto schneller läuft die Reaktion ab. Im Verlauf einer Gleichgewichtsreaktion nimmt die Aktivität der Edukte ständig ab. Dadurch verringert sich auch die Geschwindigkeit der Hinreaktion. Gleichzeitig nimmt die Aktivität der Produkte ständig zu. Dadurch vergrößert sich die Geschwindigkeit der Rückreaktion. Sind schließlich beide Reaktionsgeschwindigkeiten gleich, wird in gleichen Zeitspannen ebenso viel Produkt wie Edukt gebildet: Das Gleichgewicht ist erreicht. Eine Reaktion befindet sich also im Gleichgewicht, wenn der Quotient aus dem Produkt der Konzentrationen der Reaktionsprodukte und dem Produkt der Konzentrationen der Edukte einen für diese Reaktion charakteristischen Wert, d. h. eine Konstante, erreicht hat. Bei einer gegebenen Reaktion ist die Gleichgewichtskonstante K von der Temperatur und dem Druck abhängig.

04. Welchen Einfluss übt ein Katalysator auf die Gleichgewichtsreaktion aus?

Ein Katalysator beschleunigt bzw. bremst Hin- und Rückreaktion auf die gleiche Weise. Er verändert damit nicht die Gleichgewichtskonzentrationen der Edukte und Produkte, bewirkt aber, dass sich der Gleichgewichtszustand schneller einstellt. Ein Katalysator setzt die Aktivierungsenergie herauf oder herab. Zudem verlässt er den Vorgang unverändert.

05. Was besagt das „Prinzip vom kleinsten Zwang"?

Wird ein chemisches Gleichgewicht gestört, dann läuft diejenige Reaktion beschleunigt ab, die diese Störung wieder rückgängig macht. Dies nennt man deswegen auch das „Prinzip vom kleinsten Zwang" (bzw. Prinzip von Le Chatelier): Der „Zwang", der dem Gleichgewicht durch die Störung auferlegt wird, wird durch die beschleunigte Reaktion kompensiert.

Störungen sind:

- Zufuhr bzw. Entzug von Wärme
- Änderung des Volumens bei Gasreaktionen
- Änderungen der Stoffmengen.

06. Was beschreibt die Gleichgewichtskonstante?

Die Gleichgewichtskonstante K, auch Equilibriumskonstante genannt, gibt ein Verhältnis von Mengen der bei einer chemischen Reaktion beteiligten Stoffe wieder, für das ein Nettofluss durch die chemische Reaktion energetisch unmöglich wird. Liegen die Edukte und Produkte der Reaktion in dem durch die Gleichgewichtskonstante gegebenen Verhältnis vor, so befindet sich die Reaktion im chemischen Gleichgewicht. Dann findet kein Nettofluss durch die Reaktion statt. Der Fluss durch die Hinreaktion ist gleich dem Fluss durch die Rückreaktion.

9.4 Beschreiben der Abläufe bei homogener und heterogener Katalyse

9.4.1 Prinzipien katalytischer Reaktionen

01. Was beschreiben katalytische Reaktionen?

Viele chemische Umsetzungen werden erst durch den Einsatz von Katalysatoren wirtschaftlich. Dies gilt sowohl für den biotechnologischen Bereich als auch für die großtechnischen Verfahren. Beispiele hierfür sind:

- Ammoniak-Synthese
- Ostwald-Verfahren zur Erzeugung von Salpetersäure
- Doppelkontakt-Verfahren zur Erzeugung von Schwefelsäure
- Crack-Prozesse in der Petrochemie
- Oxoalkohol-Synthese zur Erzeugung von Butanal und Butanolen.

Je nachdem, in welchen Aggregatzuständen sich die zur Reaktion gebrachten Stoffe und der Katalysator befinden, wird zwischen homogener und heterogener Katalyse unterschieden.

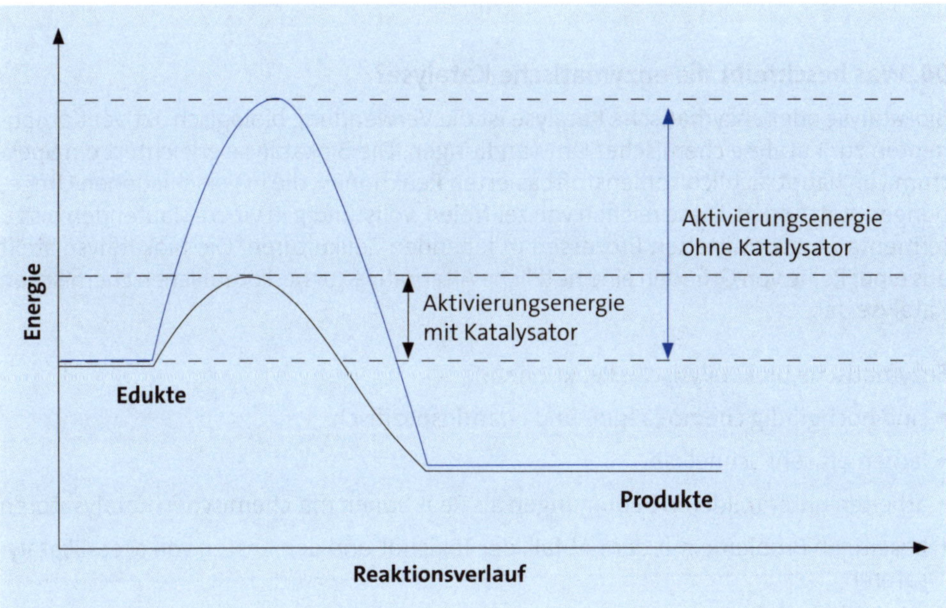

Chemische Reaktionen

02. Was beschreibt die homogene Katalyse?

Von einer homogenen Katalyse wird gesprochen, wenn bei einer chemischen Reaktion der Katalysator und die Edukte im selben Aggregatzustand vorliegen. Im strengeren

Sinne laufen auch säure-/basekatalysierte Reaktionen wie beispielsweise Veresterungen homogenkatalytisch ab. Vorteile der homogenen Katalyse gegenüber der heterogenen Katalyse sind die oft weniger drastischen Reaktionsbedingungen (Druck und Temperatur) und die im Vergleich bessere Selektivität. Nachteilig ist jedoch die schwierige Abtrennung des Katalysators vom Reaktionsgemisch, da sich beide in der gleichen Phase befinden.

03. Was beschreibt die heterogene Katalyse?

Von einer heterogenen Katalyse wird gesprochen, wenn bei einer chemischen Reaktion der Katalysator und die reagierenden Stoffe in unterschiedlichen Aggregatzuständen vorliegen. Der bei weitem am häufigsten eingesetzte Aggregatzustand heterogener Katalysatoren ist die feste Form. Hierbei besteht der Katalysator (oder auch Kontakt) entweder vollständig aus der aktiven Komponente (sog. Vollkatalysatoren) oder die eigentlich wirksame aktive Komponente wird auf ein Trägermaterial aufgebracht (der häufigste Fall). Oft werden diese Feststoffkatalysatoren zweiphasig (mit nur flüssigen oder nur gasförmigen Edukten + dem festen Katalysator) oder dreiphasig (gasförmiges Edukt + flüssiges Edukt + fester Katalysator) in Kontakt gebracht. Bei den Feststoffkatalysatoren kann man grob in Pulver-, Formkörper- und Monolithkatalysatoren unterscheiden.

04. Was beschreibt die enzymatische Katalyse?

Biokatalyse oder enzymatische Katalyse ist die Verwendung biologisch aktiver Komponenten zur Katalyse chemischer Umwandlungen. Die Biokatalyse erleichtert ein Spektrum von hauptsächlich kohlenstoffbasierten Reaktionen, die in verschiedenen Umgebungen stattfinden. Diese reichen von zellfreien, vollständig in vitro ablaufenden bis zu fermentationsvermittelten Prozessen in lebenden Zellkulturen. Die Biokatalyse stellt aus einer Reihe von Gründen eine nützliche Alternative zur herkömmlichen chemischen Katalyse dar.

Enzymatische biokatalytische Reaktionen:

- sind hochgradig chemo-, regio- und enantiospezifisch
- laufen oft sehr schnell ab
- arbeiten unter milderen Bedingungen als Reaktionen mit chemischen Katalysatoren
- beseitigen Probleme mit dem Abfall, der Toxizität und den Kosten von Metallkatalysatoren
- verringern den mit chemischen Reaktionen verbundenen Energiebedarf.

Die gezielte Entwicklung von Biokatalysatoren verbessert die Stabilität in Lösungsmitteln bei hohen Temperaturen und ermöglicht so eine breite Anwendung der Biokatalyse in der pharmazeutischen, chemischen, Biokraftstoff- und Lebensmittelindustrie.

Die Biokatalyse wird mit der „grünen", nachhaltigen und kostengünstigen Herstellung chemischer Produkte in Verbindung gebracht. Im Vergleich zur Chemokatalyse bieten Biokatalysatoren inhärente Vorteile für die Synthese, darunter:

- erhebliche Vielfalt an Verbindungen aus natürlichen oder gentechnisch veränderten Quellen, um ein breites Spektrum an chemischen Umwandlungen zu ermöglichen
- Spezifität biokatalytischer Reaktionen, welche die Notwendigkeit bestimmter klassischer chemischer Synthese-/Verarbeitungsstrategien wie die Verwendung von Blockierungs-/Entblockierungsgruppen, die Trennung von Enantiomerengemischen und die Aufarbeitung zur Entfernung unerwünschter Nebenprodukte verringern
- Vereinfachung der Infrastruktur und des Rohstoffbedarfs, da viele Biokatalyseprozesse in Eintopfreaktionen durchgeführt werden können und die bei der herkömmlichen chemischen Katalyse erforderlichen Reaktionsschritte entfallen.

05. Was beschreibt die Autokatalyse?

Die Autokatalyse bezeichnet eine Selbstbeschleunigung bei bestimmten katalytisch gesteuerten Reaktionen, bei denen der Katalysator ein Produkt der von ihm selbst katalysierten chemischen Umwandlung ist. Im Verlauf der Reaktion häufen sich die katalytisch wirkenden Produkte als Reaktionsprodukte vermehrt an, sodass die Reaktionsgeschwindigkeit exponentiell zunimmt bzw. in Extremfällen auch lawinenhaft ansteigt. Autokatalyse gibt es sowohl in der nicht lebenden Welt (z. B. Beschleunigung der Titration von Oxalsäure mit Kaliumpermanganat durch die bei der Reaktion entstehenden Mn^{2+}-Ionen) als auch in lebenden Systemen bei enzymatisch gesteuerten Reaktionen (Enzyme).

06. Welche Aufgabe haben Inhibitoren?

Der Begriff Inhibitor bedeutet Hemmstoff und ist die von Inhibition (= Hindern, Hemmen, Einhalten, Verbot) abgeleitete Bezeichnung für eine Substanz, die eine Reaktion oder mehrere Reaktionen chemischer, biologischer oder physiologischer Natur dahingehend beeinflusst, dass diese verlangsamt, gehemmt oder verhindert wird bzw. werden. Damit sind Inhibitoren insbesondere Stoffe, die die Aktivität von Enzymen hemmen.

9.4.2 Katalytische Reaktionen/technische Umsetzung katalytischer Verfahren

01. Was bezeichnet die Festbettkatalyse?

Bei der Festbettkatalyse wird der Katalysator auf Horden gelagert (Hordenreaktor) und von den reagierenden Edukten durchströmt. Wichtig hierbei ist die Gasdurchlässigkeit der Katalysatorschüttung. Diese technische Anordnung wird z. B. zur Herstellung von Schwefeltrioxid nach dem Doppelkontakt-Verfahren verwendet. Ausgehend von elementarem Schwefel wird dieser zunächst mit Luft zu Schwefeldioxid verbrannt. Ein

Festbettreaktor bezeichnet eine besondere Form eines Reaktors, bei dem ein oder mehrere Fluide durch eine feste Schüttung oder Packung strömen. Das Festbett dient dabei oft der Fixierung heterogener Katalysatoren oder – bei Bioreaktoren – der Mikroorganismen. Der chemische oder biologische Katalysator kann dabei in Form von oberflächlichen beschichteten aber festen Körpern (oftmals Kugeln aber auch Zylinder und komplexere Geometrien) oder ebensolcher poröser Medien vorliegen. Festbettreaktoren können von den Fluiden sowohl von oben als auch von unten sowie in gegensätzlicher Richtung durchströmt werden. Speziell im Fall einer flüssigen und einer gasförmigen Phase wird von Rieselbetten oder Rieselbettreaktoren gesprochen. Hier durchströmt die flüssige Phase den Reaktor von oben nach unten und die gasförmige ist die kontinuierliche Phase. Im Gegensatz hierzu wird von gepackten Blasensäulen gesprochen, wenn das Gas die Packung von unten nach oben durchströmt und die flüssige Phase die kontinuierliche ist. Andere Stoffstromkombinationen bilden in der Industrie die Ausnahmen. Der Hauptvorteil des Festbettreaktors gegenüber Reaktoren mit gelöstem Katalysator ist, dass der Katalysator nicht vom Produkt abgetrennt werden muss und somit ein Filtrationsschritt entfällt. Der Hauptnachteil gegenüber Reaktoren mit gelöstem Katalysator ist, dass zusätzliche Widerstände insbesondere im Stofftransport und im Wärmetransport auftreten.

02. Was bezeichnet die Fließbettkatalyse?

Das Fließbettverfahren (auch Wirbelschichtverfahren) ist ein Verfahren zur Förderung von Stoff und Wärme bei der Umsetzung großer Feststoffmengen. Es wird für Reaktionen von Gasen oder leicht verdampfbaren Flüssigkeiten mit festen Stoffen angewandt, z. B. im Winkler-Generator zur Herstellung von Generator- oder Wassergas, beim katalytischen Cracken, bei der Kellogg-Synthese (Fischer-Tropsch-Synthese), beim Abrösten sulfidischer Erze mit Luft, zur Reduktion oxidischer Erze, beim Brennen von Kalk, zur Reduktion von Gips zu Calciumsulfid. Es wurde bereits 1921 von *Winkler* entwickelt und in seiner ursprünglichen Form zur Kohlevergasung eingesetzt.

03. Was beschreibt die Elektrokatalyse?

Die Elektrokatalyse ist eine heterogene Katalyse, durch die die Aktivierungsenergie elektrochemischer Reaktionen an einer Elektrodenoberfläche gesenkt wird. Sie gestattet in elektrochemischen Vorgängen hohe Ströme bei geringen Überspannungen. Bekannte Elektrokatalysatoren sind Platin und seine Metall-Legierungen, etwa für die Verwendung in Brennstoffzellen. Im Vergleich zur Elektrokatalyse, bei der eine chemische Wechselwirkung zwischen einem Edukt und einem Katalysator den Elektrodenprozess erleichtert, stellt die elektrochemische Katalyse genau den umgekehrten Fall dar. Hier katalysiert die Übertragung einer positiven oder negativen Ladung auf ein Edukt unter milden Bedingungen eine redoxneutrale Reaktion, die andernfalls extreme Bedingungen und/oder den Einsatz von Reagenzien erfordern würde.

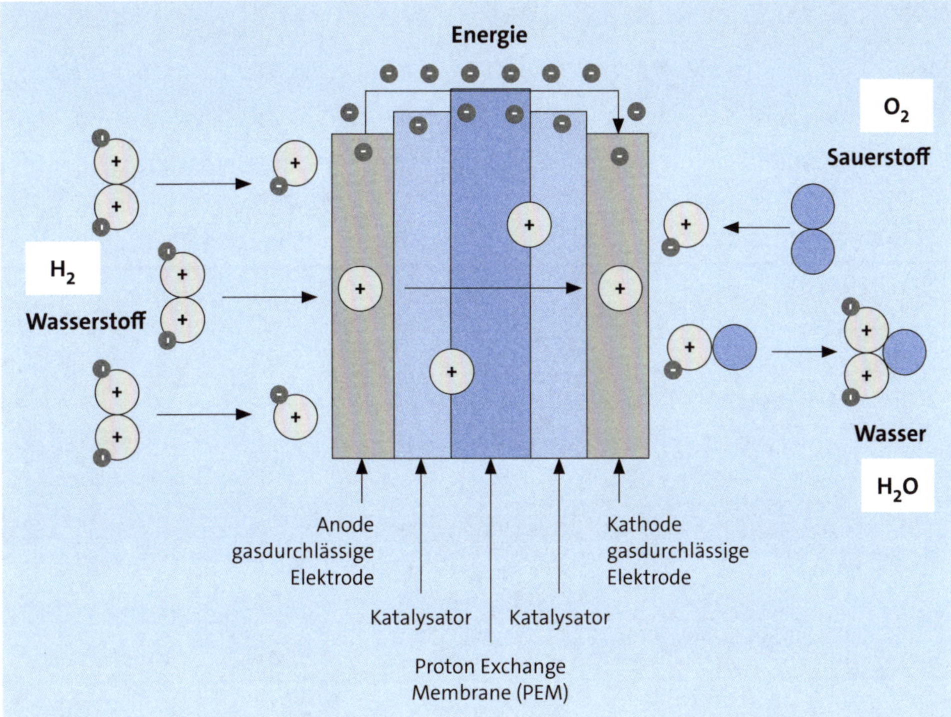

Wasserstoff-Brennstoffzelle

10. Automatisierungs- und Prozessleittechnik

INFO

Prüfungsanforderungen

Im Wahlpflichtqualifikationsschwerpunkt Automatisierungstechnik und Prozessleittechnik soll die Fähigkeit nachgewiesen werden, Prozessleitsysteme zur Produktion oder Verarbeitung von Stoffen und Stoffgemischen einsetzen und optimieren zu können.

Wahlpflichtqualifikationsschwerpunkt Syntheseplanung (Überblick)

10.1 Mitwirken bei der Auswahl von Steuerungs-, Regelungs- und Prozessleitsystemen

10.2 Sicherstellen der Kommunikation an der Schnittstelle zwischen Verfahrenstechnik und Prozessleittechnik unter Beachtung der Hierarchieebenen des Systems

10.3 Optimieren von Steuerungs-, Regelungs- und Prozessleitsystemen

10.1 Mitwirken bei der Auswahl von Steuerungs-, Regelungs- und Prozessleitsystemen

10.1.1 Kriterien

01. Was ist ein Prozessleitsystem (PLS)?

Ein Prozessleitsystem (PLS) ist ein digitales automatisiertes industrielles Kontrollsystem (ICS), das verteilte Regelkreise in einer Fabrik, einer Maschine oder einem Kontrollbereich verwendet. Im Gegensatz zu einem zentralen Kontrollsystem, das alle Maschinen steuert, kann bei einem PLS jeder Abschnitt einer Maschine über einen eigenen Controller verfügen, der den Betrieb leitet. Ein PLS verfügt über mehrere lokale Controller, die über ein Hochgeschwindigkeits-Kommunikationsnetz miteinander verbunden sind. Während jeder Controller autonom arbeitet, gibt es eine zentrale Kontrolleinheit, die von einem Bediener geleitet wird.

Prozessleitsysteme werden eingesetzt, um industrielle Prozesse zu steuern und deren Sicherheit, Wirtschaftlichkeit und Zuverlässigkeit zu erhöhen. PLS werden häufig **in verschiedenen Prozessen eingesetzt**, z. B.:

- chemische Anlagen
- Petrochemie (Öl) und Raffinerien
- Kraftwerke
- Wasseraufbereitungsanlagen
- Kläranlagen
- Lebensmittelverarbeitung
- Herstellung von Kraftfahrzeugen
- pharmazeutische Produktion.

Ein PLS umfasst sowohl Software- als auch Hardwareelemente. Die Installationskosten werden durch die Einfachheit der lokalen Installation der meisten Controller minimiert. Die Zuverlässigkeit wird durch die automatisierte Kontrolle vor Ort mit geringer Latenzzeit verbessert. Für zentrale Kontrollfunktionen und Fernsteuerungsoptionen ist eine menschliche Aufsicht möglich. Einzelne Prozesse haben ihre eigenen Steuerungen mit separaten CPUs, sodass andere Prozesse im Gegensatz zu einem zentralen Kontrollsystem bei einem individuellen Ausfall weiterlaufen können.

Prozessleitsysteme werden meist für größere Anlagen eingesetzt und bestehen üblicherweise aus einem Paket, das **folgende Mechanismen** beinhaltet:

- prozessnahe Komponente (PNK) zur Steuerung von Aktoren und Aufnahme der Messwerte
- Alarmsystem
- Anlagenvisualisierung
- Kurvenaufzeichnung von analogen Messwerten

- Benutzerverwaltung
- Möglichkeiten des Engineering.

Meist sind auch folgende **zusätzliche Mechanismen** erhältlich:

- Batch-System zur Rezeptfahrweise
- Routensystem für die Auswahl von Förderwegen
- technische Diagnosemöglichkeiten
- Datenschnittstellen zu externen Systemen
- Recheneinheiten für anspruchsvollere Regelungstechnik
- Systeme zur Datensicherung.

Bekannte und weitverbreitete PLS-Anwendungen sind z. B. Siemens SIMATIC PCS 7, Emerson DeltaV, ABB Freelance 800F/ABB 800xA.

02. Weshalb werden Prozessleitsysteme eingesetzt?

Vorteile einer automatisierten Anlage sind:

- Verbesserung der Qualität und Erhöhung der Quantität der Produktion mit geringstmöglichem Einsatz an Material, Energie und Personal
- Verminderung des Betriebsrisikos für Mensch, Anlage und Umwelt
- Erhöhung der Anlagenzuverlässigkeit und Anlagenverfügbarkeit
- Sicherung von geeigneten Arbeitsbedingungen und angemessenen Arbeitsbeanspruchungen für das Bedienpersonal
- bessere Dokumentation der Produktion.

03. Was wird unter konventioneller Gerätetechnik verstanden?

Bei der konventionellen MSR-Technik wird jede wichtige Betriebsmessgröße von einem Messfühler erfasst, nach der Umformung von einem Anzeigegerät in der Messwarte angezeigt, in einem Regler bzw. einer Steuerung, die aus Hardwaregeräten aufgebaut wurde, verarbeitet und das Stellsignal in einem Stellgerät ausgeführt.

Alle wichtigen Betriebsmessgrößen einer Chemieanlage besitzen solch einen direkten Signalstrang, der unabhängig von den Signalsträngen der anderen Betriebsgrößen arbeitet. Man nennt diese Instrumentierung auch die parallele Gerätetechnik. Sie zeichnet sich durch eine hohe Zuverlässigkeit aus. Störungen im MSR-System sind relativ leicht aufzufinden und zu beseitigen, da sie direkt einem Signalstrang zuzuordnen sind. Da Kraftwerke oder Chemieanlagen eine sehr große Anzahl an Messgrößen besitzen, wird diese Methode für den Bediener sehr schnell unübersichtlich, da er hier sehr viele einzelne Anzeigegeräte bzw. Regler im Blick haben muss.

04. Wie ist ein Prozessleitsystem (PLS) aufgebaut?

Ein Prozessleitsystem ist ein komplexes System, das die unterschiedlichen Bereiche und Ebenen eines Betriebes miteinander verknüpft. Die wesentlichen Komponenten eines Prozessleitsystems sind:

- die prozessnahen Komponenten (Automatisierungseinheiten) auf der prozessnahen Ebene in Systemschränken im Feld (PNK)
- die Anzeige- und Bedienkomponenten (ABK) in der Leitwarte oder vor Ort
- der Leitrechner (Server) im MSR-Raum
- die Datensammelleitungen, auch Busse genannt, über welche die Einheiten und Stationen verknüpft sind.

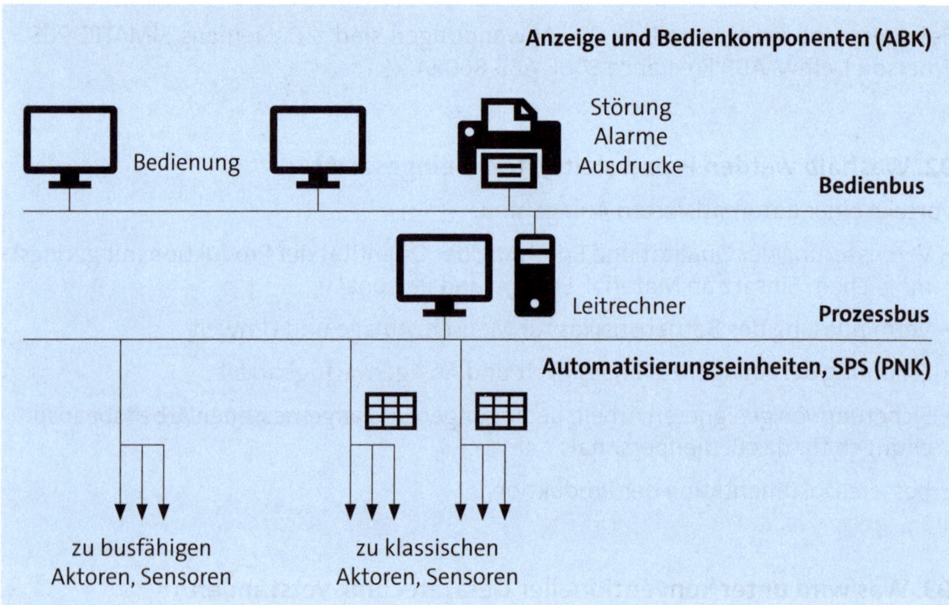

Aufbau eines PLS

Die Verbindung zum Prozess stellen die Messgeräte (Sensoren) und Stellgeräte (Aktoren) her, welche die Betriebsmessgrößen erfassen und durch Stellsignale verändern.

05. Welche Aufgaben übernimmt die prozessnahe Komponente (PNK)?

Bei der Automatisierung einer Chemieanlage mit einem Prozessleitsystem werden die Messsignale aller Betriebsmessgrößen über eine Datensammelleitung, den Datenbus, nacheinander einer prozessnahen Komponente (PNK) zugeführt, dort verarbeitet und die gebildeten Stellsignale an die einzelnen Stellgeräte ausgegeben. Die Bearbeitung der einzelnen Betriebsmessgrößen erfolgt nacheinander, auch zyklisch oder seriell genannt, weil sie nach Bearbeitung aller Betriebsmessgrößen wieder von vorne beginnt. Die Bearbeitung eines Regelkreises erfolgt in wenigen Millisekunden, sodass der Durchlauf aller Regelkreise einer Anlage sich spätestens im Sekundentakt wiederholt. Die Regelung ist deshalb praktisch stetig. In Ausnahmen kann wenigen sicherheitsrelevanten Messgrößen eine besondere höhere Priorität zugeordnet werden, sodass diese Größen bevorzugt bearbeitet werden.

Die prozessnahe Komponente kann auch Steuerungsfunktionen wie Ablauf- oder Verknüpfungssteuerung, Dosierung oder Überwachung der Betriebsmessgrößen mit Meldungen übernehmen. Die Bearbeitung der einzelnen Größen erfolgt hierbei ebenfalls zyklisch, abhängig von der Anzahl der Messungen im Sekundenzyklus. Alle Funktionen des Prozessleitsystems, z. B. die Reglerfunktionen, die Steuerungsfunktionen, die Dosierungen, die Überwachungsfunktionen und die Bedienfunktionen sind in der Systemsoftware des Prozessleitsystems als Software-Bausteine (Module) gespeichert. Sie werden entsprechend dem eingegebenen Programm bei der zyklischen Bearbeitung der einzelnen Regelkreise und Steuerketten aufgerufen und eingesetzt.

06. Welche Aufgaben übernimmt die Anzeige- und Bedienkomponente (ABK)?

Die Kommunikation mit dem Prozess in der Chemieanlage erfolgt in der Leitwarte oder vor Ort über Anzeige- und Bedienkomponenten (ABK). Sie bestehen aus Monitoren, Tastaturen und Maus. Auf den Farbmonitoren kann der Anlagenfahrer Fließbilder der Anlage aufrufen, in denen die Betriebsmessgrößenwerte an der entsprechenden Stelle eingeblendet sind. Sie ermöglichen ihm einen Überblick über das Prozessgeschehen in der Anlage. Alarme und Grenzwertmeldungen machen ihn auf Störungen aufmerksam. Die Betriebsmessgrößenwerte werden zudem gespeichert und können in Trends als Diagramme und Kurven dargestellt oder als Protokoll ausgedruckt werden. Der Eingriff durch den Anlagenfahrer in das Prozessgeschehen erfolgt mit verschiedenen Bedienelementen, hauptsächlich aber nach wie vor mit Tastatur und Maus.

07. Welche wirtschaftlichen Kriterien sind bei der Auswahl von PLS-Technik zu beachten?

Seit einigen Jahren sind einfache Personalcomputer (PC) für Bedienstationen und Leitrechner (Industrie-Standard) völlig ausreichend. Kosten entstehen in erster Linie für Lizenzen der Hersteller. Im Bereich der prozessnahen Komponenten, in dem die speicherprogrammierbaren Steuerungen (SPS) bzw. Automatisierungseinheiten (speziell für die Automatisierung gebaute Computer) noch vorherrschen, werden bereits Industrie-PCs, auf Basis normaler PC-Komponenten, eingesetzt. Eigentlicher Kostenträger des Leitsystems sind Sensor- und Aktorhardware, Verdrahtungsaufwand und Programmierung.

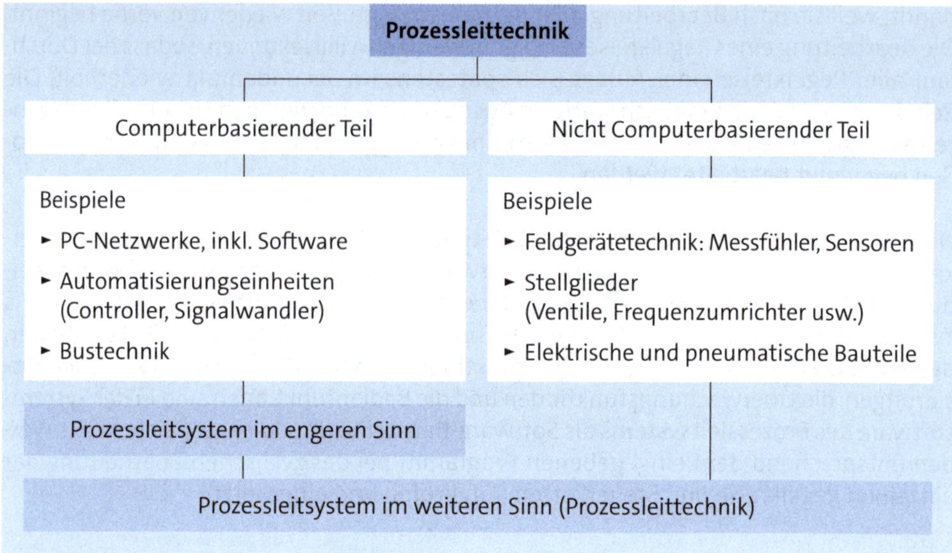

Prozessleittechnik

Im Bereich des Verdrahtungsaufwands bringt die flächendeckende Einführung der Feldbustechnik Erleichterung. Die in den letzten Jahren unternommenen ersten Ansätze zur Kommunikation mittels WLAN-Technik werden in vielen Branchen kritisch gesehen, da die Zuverlässigkeit der Verbindung leider nicht gegeben ist. Der Planungs- und Programmierungsaufwand wird durch den Einsatz standardisierter CAE-Technik erleichtert. Nur im Bereich der Sensor- und Aktorhardware wird es in den nächsten Jahren wahrscheinlich keine signifikanten Kostenerleichterungen geben. Allerdings wird auch hier, durch z. B. universell einsetzbare Sensoren (z. B. Temperatur und Durchfluss in einer Hardware verbaut), an Preissenkungen gearbeitet.

10.1.2 Entscheidungsvorlage

01. Weshalb sind für die Einführung eines Prozessleitsystems Kenntnisse des Projektmanagements hilfreich?

Die Einführung eines Prozessleitsystems ist ein größeres, oft einmaliges und komplexes Vorhaben, an dessen Planung, Gestaltung und Steuerung sowie Durchführung im Allgemeinen mehrere Bereiche eines Betriebes bzw. mehrere Unternehmen beteiligt sind. Anfang und Ende sind definiert. Dies entspricht der Definition eines Projekts nach DIN 69901.

02. Was wird im Lastenheft festgelegt?

Der Auftraggeber möchte vom späteren Auftragnehmer die Lösung für ein Problem erhalten. Dazu beschreibt er seine Vorstellung von der Problemlösung (in diesem Fall der Funktionsumfang eines PLS) in einem Lastenheft.

Das Lastenheft enthält die Gesamtheit aller Forderungen des Auftraggebers an die Lieferungen und Leistungen eines Auftragnehmers. Das Lastenheft beschreibt die Forderungen aus Anwendersicht einschließlich aller Randbedingungen. Diese sollen qualifizierbar und prüfbar sein.

Randbedingungen sind z. B. technische Leistungsfähigkeit, einzuhaltende Normen, vertragliche Konditionen (Gewährleistung), Dokumentation usw.

03. Was wird im Pflichtenheft festgelegt?

Der Auftragnehmer arbeitet das Lastenheft zu einem Pflichtenheft um. Im Pflichtenheft werden die Anwendervorgaben detailliert und in einer Erweiterung beschrieben. Zu den darin beschriebenen Leistungen verpflichtet er sich. Das Pflichtenheft macht also Aussagen über zu erbringende Leistungen und einzuhaltende Beschränkungen. Es ist alleinige Grundlage und Abnahmedokument für den Liefervertrag. Der Kreativitätsspielraum des Auftragnehmers muss bewusst kalkuliert werden. Zu detaillierte Leistungsbeschreibungen schränken den Spielraum eventuell zu stark ein. Expertenwissen kann so nicht genügend gefordert werden. Andererseits muss der Auftragnehmer unscharfe Leistungsbeschreibungen nach eigenen Vorstellungen ausfüllen. Es besteht die Gefahr, dass der Auftraggeber nicht genau die gewünschte Lösung erhält. Daher ist es durchaus sinnvoll, im Pflichtenheft z. B. die Hersteller der jeweiligen Komponenten festzulegen.

04. Wie kann eine Nutzwertanalyse ein Projekt unterstützen?

Die Nutzwertanalyse dient im Projektmanagement dazu, Alternativen aufzuzeigen und zu bewerten. Im Gegensatz zu einer klassischen Pro-/Contra-Liste werden die Punkte hier nicht nur aufgeführt, sondern auch prozentual bewertet und gewichtet. Bei einer reinen Aufzählung von Vor- und Nachteilen kann es passieren, dass zwar auf einer Seite mehr Punkte aufgeführt sind, die Punkte auf der anderen Seite aber mehr Bedeutung haben. Die Nutzwertanalyse eignet sich für alle nicht direkt quantifizierbaren Kriterien, also alles qualitativ vergleichbare, z. B. zur Bewertung von Produkten, Produktentwicklungen, Angeboten oder Maßnahmen.

Eine Nutzwertanalyse wird im Normalfall in Form einer **Tabelle** erstellt. Meist geht man dabei wie folgt vor:

1. **Relevante Kriterien festlegen**

   In der linken Spalte legt man die wichtigsten qualitativen Kriterien wie Bedienungsfreundlichkeit, Qualität, Innovationsgrad, nachhaltige Produktion usw. fest.

2. **Gewichtungsfaktor festlegen**

   In der nächsten Spalte legt man nun den prozentualen Faktor fest, wie hoch das einzelne Kriterium in der Gesamtbewertung gewichtet werden soll.

   Zum Beispiel, ob der Faktor „Qualität“ mit 20 % oder 30 % gewichtet werden soll.

3. **Bewertungsmaßstab festlegen**

   Bevor die weiteren Spalten ausgefüllt werden, wird ein Punktesystem festgelegt, das als Bewertung herangezogen wird.

Zum Beispiel: 5 Punkte (= sehr gut), 4 Punkte (= gut), 3 Punkte (= befriedigend), 2 Punkte (= ausreichend) bis hin zu 1 Punkt (= mangelhaft).

4. **Alternativen auflisten und mit Punktesystem bewerten**

   Nun füllt man die weiteren Spalten in der Tabelle auf, indem die einzelnen zu bewertenden Alternativen aufgelistet und mit dem Punktesystem bewertet werden. Dann rechnet man den dazugehörigen Wert aus.

   Zum Beispiel: Eine Produktalternative wird mit 4 Punkten in der Kategorie Langlebigkeit bewertet, der wiederum mit 30 % gewichtet werden soll. Daraus folgt: 4 • 0,3 = 1,2 Punkte

5. **Ausrechnen und Gesamtsumme**

   Wenn man pro Alternative die einzelnen Kriterien mit Punkten bewertet und mit dem Gewichtungsfaktor ausgerechnet hat, berechnet man abschließend die Gesamtsumme pro Alternative. Die Alternative mit der höchsten Gesamtsumme schneidet am besten ab.

Die Bewertung der Methode ist sehr subjektiv. Denn sowohl die Gewichtung als auch die Vergabe der Punkte erfolgt nach dem persönlichen Empfinden. Daher ist es ratsam, die Nutzwertanalyse in einem Gruppenmeeting anzuwenden. Verschiedene Menschen bringen verschiedene Sichtweisen ein, was das Gesamtergebnis ausgewogener und objektiver macht.

05. Welche Unterstützung liefert ein Projektstrukturplan?

Der Projektstrukturplan schafft Übersicht über das Projekt. Er unterteilt die Verantwortung für Detailplanung, Bearbeitung und Durchführung. Die Strukturierung erfolgt nach Objekten, Tätigkeiten, zeitlichen Phasen oder einer Kombination davon.

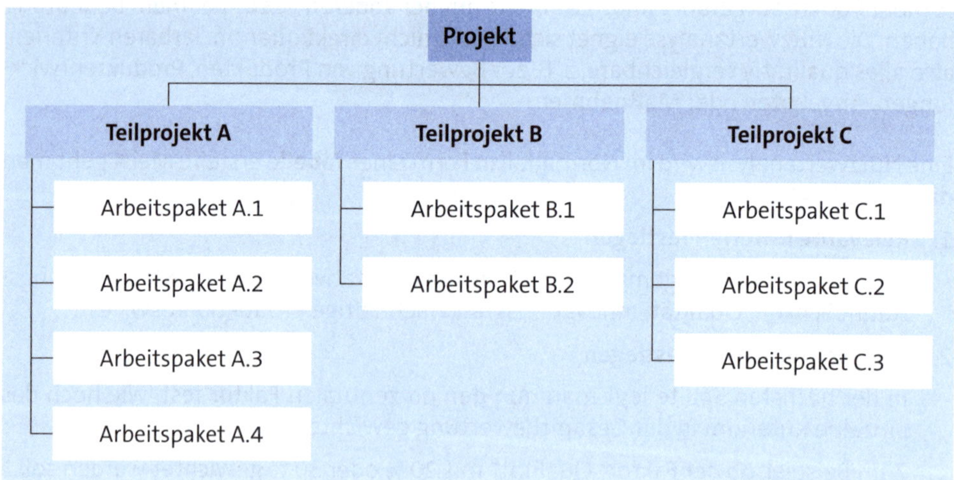

Projektstrukturplan

06. Wie wird das Projekt überwacht?

Während seiner gesamten Laufzeit muss das Projekt hinsichtlich der Erfolgsparameter Zeit, Kosten und Qualität überwacht werden. Dieses sog. Projektcontrolling beschreibt alle Tätigkeiten, die notwendig sind, um ein Projekt über seine gesamte Laufzeit hinweg zu steuern. Es umfasst die konkrete Projektkalkulation, Terminierung sowie Kommunikation und Finanzierung von Projekten im Unternehmen. Weitere Teilaufgaben sind die Investitionsplanung, die Steuerung wie auch die Abrechnung. Die Projekte werden dabei als einmalige betriebliche Vorhaben mit terminiertem Start- und Endtermin angesehen. Das Projektcontrolling zählt zu einem Unterthema des Projektmanagements. Während das Controlling sich mit der Realisierung des Projektziels und Ressourcennutzung befasst, zielt das Projektmanagement u. a. auf Zeiterfassung und Personalplanung ab. Hauptziel des Projektcontrollings ist das Erreichen des zuvor festgelegten Ziels mithilfe der Verwendung von begrenzten Ressourcen zu einem bestimmten Zeitpunkt. Des Weiteren stellen der wirtschaftliche Gebrauch der Ressourcen wie auch der Finanzmittel zwei wesentliche Bestandteile des Projektcontrollings dar. Folglich ist die kontinuierliche Überwachung und Aktualisierung der Projektparameter notwendig, um den Verlauf des Projekts gezielt steuern und optimieren zu können.

Die Kontrolle der Projektparameter erfolgt ganzheitlich und kontinuierlich. Dies umfasst das Tätigkeitsfeld des Reportings. Hierfür verlassen sich die Unternehmen meist auf die digitale Erfassung der Daten durch die Verwendung von spezialisierten Software-Lösungen. Auf diese Weise lassen sich einzelne Parameter automatisch auswerten und der gesamte Projektverlauf archivieren. Somit besteht für die Projektverantwortlichen die Möglichkeit, Schlüsse zu ziehen und diese für zukünftige Projekte zu nutzen (sog. Lessons-Learned).

10.2 Sicherstellen der Kommunikation an der Schnittstelle zwischen Verfahrenstechnik und Prozessleittechnik unter Beachtung der Hierarchieebenen des Systems

10.2.1 Prozessführung

01. Wie ist das Fünf-Ebenen-Modell aufgebaut?

Das Fünf-Ebenen-Modell wurde von einem NAMUR-Arbeitskreis („**N**ormen **A**rbeitskreis für **M**ess- **u**nd **R**egelungstechnik der chemischen Industrie", heute auch oft einfacher bezeichnet als „Interessengemeinschaft Automatisierungstechnik der Prozessindustrie") definiert. Es unterteilt sich in die folgenden fünf Ebenen:

- **Unternehmensleitebene**

  Die Unternehmensleitebene stellt die Spitze des Ebenen-Modells dar. Hier werden vor allem administrative, betriebswirtschaftliche und vertriebsorientierte Aufgaben eines Unternehmens gelöst. Dazu werden Großrechner oder entsprechend große Netzwerke als Unternehmensleitsystem eingesetzt.

- **Produktionsleitebene**

  Während in der Betriebsleitebene ein einzelner Produktionsbetrieb geführt wird, übernimmt die Produktionsleitebene die Führung einer ganzen Fabrik. Hier findet die Produktionsplanung, die Bestandsführung, die Bestandsdisposition und die Auftragsvergabe und Auftragskontrolle statt. In dem hier eingesetzten Produktionsleitrechner kann auch ein PPS-System (Produktions-Planungs-System) enthalten sein. Sind alle Ebenen, von Feld- bis Produktionsleitebene, mit entsprechenden Informationssystemen ausgestattet, kann man von einer computerintegrierten Produktion (CIP) sprechen.

- **Betriebsleitebene**

  Zu den Aufgaben der Betriebsleitebene gehören die innerbetrieblichen Dispositionen, die Bestandsführung, die Rezepturerstellung und Verwaltung, die Qualitätssicherung, die prozessnahe Bilanzierung, die Auswertung und Dokumentation von Produktionsdaten und die optimale Anlagenführung. Die Aufgaben der Betriebsleitebene werden von speziellen Betriebsleitsystemen gelöst.

- **Prozessleitebene**

  Über der Feldebene befindet sich die Prozessleitebene, in der sowohl PLT-Grundfunktionen als auch gehobene PLT-Funktionen ausgeführt werden. Zu den PLT-Grundfunktionen gehören Aufgaben wie das Aufzeichnen und Protokollieren von Daten und Ereignissen, das Auswerten und Überwachen von Signalen, das Eingreifen in den Prozessablauf, das Quittieren von Alarmen, das Steuern und Regeln von Abläufen und Zuständen, der Datenaustausch mit der Feldebene u. a. Zu den gehobenen PLT-Funktionen gehören z. B. das Regeln mit Prozessmodellen, modellgestützte Messverfahren und die Anwendung fortgeschrittener Methoden der Regelungstechnik. Die Anbindung der Prozessleitebene an die Feldebene erfolgt über prozessnahe Komponenten (PNK), die z. B. digitale Regler, Prozessstationen, Automatisierungsgeräte oder speicherprogrammierbare Steuerungen (SPS) sein können. Das Anzeigen von Informationen und das Bedienen des Prozesses geschehen über Anzeige- und Bedien-Komponenten (ABK). Für rechenintensive Aufgaben können zusätzlich Prozessrechner eingesetzt werden. Hier befindet sich auch die sog. Engineering Workstation (EWS) zur Programmierung des PLS.

- **Feldebene**

  Mit der untersten Ebene, der Feldebene, wird die Verbindung zwischen Prozess (Materialfluss) und Prozessleitsystem (Informationsfluss) hergestellt. Mit Sensoren werden Produkt- und Prozesseigenschaften durch Messungen erfasst und angezeigt. Grenzwertmelder signalisieren Alarmsituationen. Mit Aktoren (Stellgeräte) kann man in den Prozessablauf eingreifen. Geräte werden mit elektrischer oder pneumatischer Energie versorgt. Sensoren und Aktoren oder Feldmultiplexer (Remote-I/O-Systeme, die mehrere Messgrößen einschließlich Alarme und Störungen übertragen) tauschen analoge Daten aus. Für den Austausch digitaler Daten werden Feldbussysteme eingesetzt.

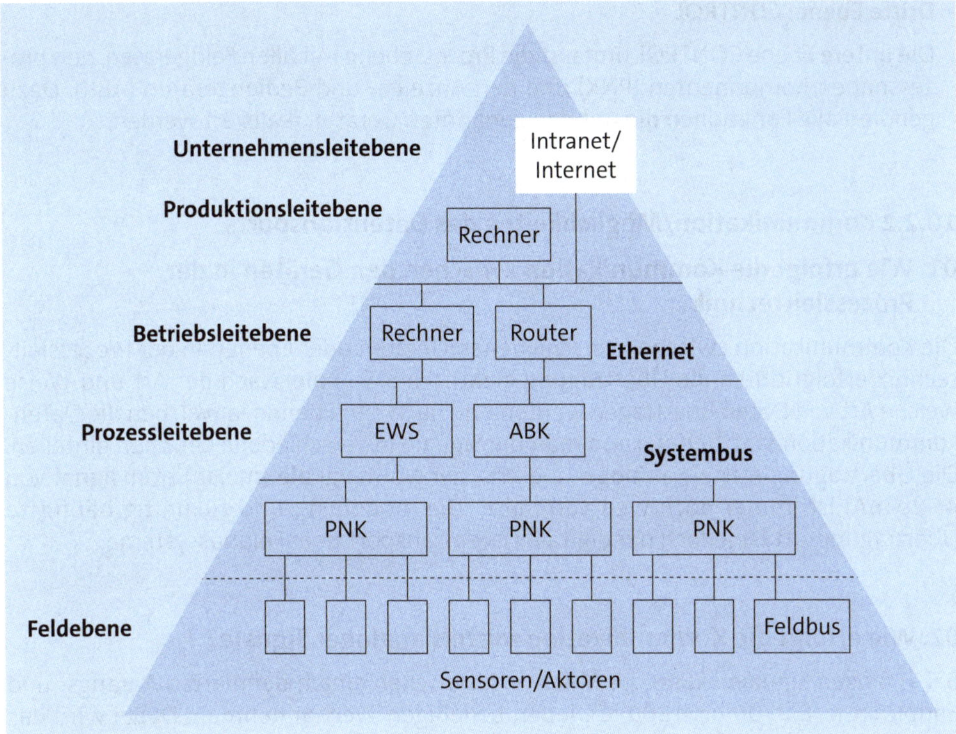

Fünf-Ebenen-Modell

02. Was beschreibt das Drei-Ebenen-Modell?

In letzter Zeit hat sich international und branchenübergreifend ein Ebenen-Modell mit nur drei Ebenen durchgesetzt:

- **Erste Ebene: ERP (Enterprise Ressource Planning)**

  Die oberste Ebene ERP umfasst vor allem die Software, die für die unternehmensweite Datenintegration und damit für Transparenz im Unternehmen sorgt. Das bekannteste Produkt in diesem Bereich stellt in Europa das System R/3 und die aktuelle Version S/4HANA von SAP dar. Hier werden neben betriebswirtschaftlichen Aufgaben, wie z. B. das Angebots- und Auftragswesen, die Kalkulation, die Warenwirtschaft u. Ä., vor allem die für das Unternehmen wichtige elektronische Verwaltung und die Archivierung von Dokumenten ermöglicht.

- **Zweite Ebene: MES (Manufacturing Execution System)**

  In der MES-Ebene werden vor allem die Aufgaben der Betriebsleitebene gelöst. Wesentliche Aufgaben sind neben der Vorbereitung und Überwachung von Batchprozessen die Dokumentation, die Qualitätssicherung und die Wartung.

- **Dritte Ebene: CONTROL**

  Die untere Ebene CONTROL umfasst die Prozessebene mit allen Feldgeräten, den prozessnahen Komponenten (PNK) und den Anzeige- und Bediengeräten (ABK). Dazu gehören alle Funktionen die mit den genannten Geräten realisiert werden.

10.2.2 Kommunikation/Möglichkeiten des Datentransports

01. Wie erfolgt die Kommunikation zwischen den Geräten in der Prozessleittechnik?

Die Kommunikation zwischen verschiedenen Geräten oder Ebenen in der Prozessleittechnik erfolgt durch die Übertragung elektrischer Signale. Nach der Art und Weise welche Art von Daten übertragen werden und nach den Ebenen in welchen die Datenkommunikation stattfindet, kann man die Signale in verschiedene Gruppen einteilen. Die Übertragung mittels analoger, elektrischer Normsignale (meist Stromsignal von 4 - 20 mA) ist immer noch weit verbreitet. Die modernste und zukünftig häufigste Übertragungsart ist jedoch der digitale Datentransport über Feldbussysteme.

02. Wie erfolgt die Kommunikation mittels analoger Signale?

Bei analogen Signalen kann der Messwert, zwischen einem definierten Anfangs- und Endpunkt (z. B. -100 bis +300 °C), jeden beliebigen Wert annehmen. Dabei wird das entsprechende Messsignal in ein Einheitssignal gewandelt. Das häufigste Einheitssignal in der chemischen Industrie ist das 4 - 20 mA-Stromsignal. Die enorme Verbreitung dieses Signales liegt in der Einfachheit der Handhabung und vor allem in der Störsicherheit. Ein Stromsignal besitzt eine höhere EMV-Störfestigkeit (**e**lektro**m**agnetische **V**erträglichkeit) als ein Spannungssignal, da elektromagnetische Störungen als Spannungssignale in die Signalleitung eingespeist werden und nur sehr geringe Stromänderungen verursachen.

Eine sehr breite Verwendung findet das Signal 4 - 20 mA in der Übertragung von Sensorwerten wie z. B. Temperatur und Druck. Hierbei wird das im Produktionsprozess zu messende Drucksignal eines Druckmessumformers 0 - 10 bar durch die Elektronik im Sensor auf 4 - 20 mA umgesetzt. Als Zweileitersignal wird 4 - 20 mA aufgrund der Ersparnis bei der Verkabelung und der einfacheren Fehlersignalisierung inzwischen gegenüber der Dreileiterversion bevorzugt. Ein Leitungsbruch wird hier durch Unterschreiten des Stromwertes von 3,8 mA und ein Kurzschluss des Sensors, z. B. aufgrund eines Elektronikdefektes, durch Überschreiten des Stromwertes von 20,5 mA erkannt (gemäß NAMUR). 4 - 20 mA in Dreileiterausführung wird nur noch für Geräte mit hohem Hilfsenergiebedarf verwendet. Man bezeichnet diese Besonderheit des 4 - 20 mA-Signals als lebenden Nullpunkt (Live Zero). Dies ist ein weiterer wichtiger Grund für die weite Verbreitung zur Signalübertragung.

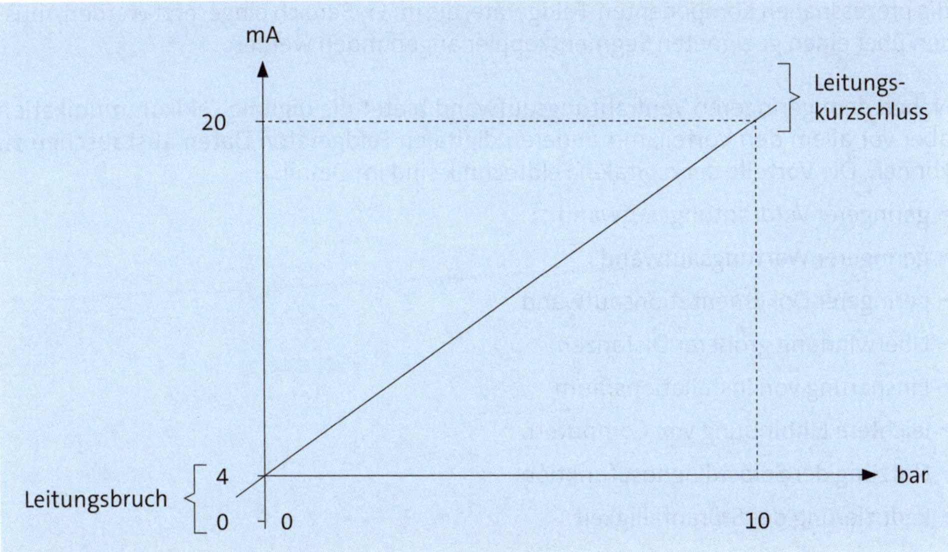

4 - 20 mA-Signal

Die **Vorteile** dieser analogen Technik sind:

- schnelle, direkte Signalübertragung
- Herstellerunabhängigkeit
- Hilfsenergie über die Signalleitung verfügbar.

Diesen Vorteilen stehen aber auch **Nachteile** gegenüber, die sich z. T. erst durch die Entwicklung auf dem Gebiet der Mikroelektronik/Computertechnik zeigten:

- hohe Verdrahtungskosten
- begrenzte Genauigkeit
- Störungsanfälligkeit
- Informationsübertragung nur in eine Richtung
- keine Nutzung der Vorteile digitaler Feldgeräte.

03. Wie erfolgt die Kommunikation mithilfe digitaler Signale?

Bei digitalen Signalen kann der Messwert nur bestimmte, diskrete Werte annehmen.

Die Anzahl der möglichen Werte zwischen zwei Grenzen ist abhängig von der Quantisierung und Aufgliederung. Ist diese sehr hoch (z. B. 48 kHz), ist das digitale Signal vom analogen praktisch nicht zu unterscheiden. Bei der modernen digitalen Feldkommunikation werden die analogen Messsignale bereits im Feldgerät (z. B. Widerstandsthermometer, Druckwandler usw.) in digitale Signale gewandelt und mit einem Buskoppler auf den Feldbus gegeben. An diesem Feldbus hängen auch die anderen Feldgeräte und die prozessnahen Komponenten. Feldgeräte, die im Ex-Bereich eingesetzt werden, müssen über einen geeigneten Segmentkoppler angebunden werden.

Neben dem geringeren Verdrahtungsaufwand bietet die digitale Feldkommunikation aber vor allem den Vorteil, mit anderen digitalen Feldgeräten Daten austauschen zu können. Die **Vorteile** der digitalen Feldtechnik sind im Detail:

- geringerer Verdrahtungsaufwand
- geringerer Wartungsaufwand
- geringerer Dokumentationsaufwand
- Überwindung größerer Distanzen
- Einsparung von Installationsraum
- leichtere Einbindung von Computern
- Nutzung der Selbstdiagnosefunktion
- Reduzierung der Störanfälligkeit.

Die **Nachteile** liegen

- im höheren Preis und
- im zusätzlichen Schulungsaufwand der Mitarbeiter, welche mit den digitalen Feldgeräten arbeiten sollen.

04. Wie erfolgt die Kommunikation mittels Remote I/O?

Neben den analogen und digitalen Kommunikationslösungen gibt es eine Zwischenlösung, das sog. Remote-I/O-System.

Das wichtigste **Unterscheidungsmerkmal** der verschiedenen Systeme ist der Ort an dem die Analog/Digital-Wandlung stattfindet.

- Bei der **analogen** (konventionellen) **Signalübertragung** erfolgt die A/D-Wandlung (**A**nalog/**D**igital-Wandlung) in den I/O-Baugruppen der prozessnahen Komponenten in den Schalträumen.
- Bei der reinen **Feldbuskommunikation** erfolgt die A/D-Wandlung schon direkt im Feldgerät.
- Bei der **Remote-I/O-Technik** erfolgt die A/D-Wandlung ebenfalls in den I/O-Baugruppen. Diese befinden sich aber nicht an den prozessnahen Komponenten in den MSR-Räumen, sondern in Schaltschränken im Feld in der Nähe der Feldgeräte, sodass hier schon wesentlich geringere Leitungslängen benötigt werden als bei der konventionellen Technik. Trotzdem erwarten bzw. liefern die Feldgeräte ein analoges 4 - 20 mA-Signal. Das bedeutet, dass diese Technik nicht den vollen Nutzen aus der Feldbustechnologie ziehen kann. Nachfolgend sind die Unterschiede dargestellt:

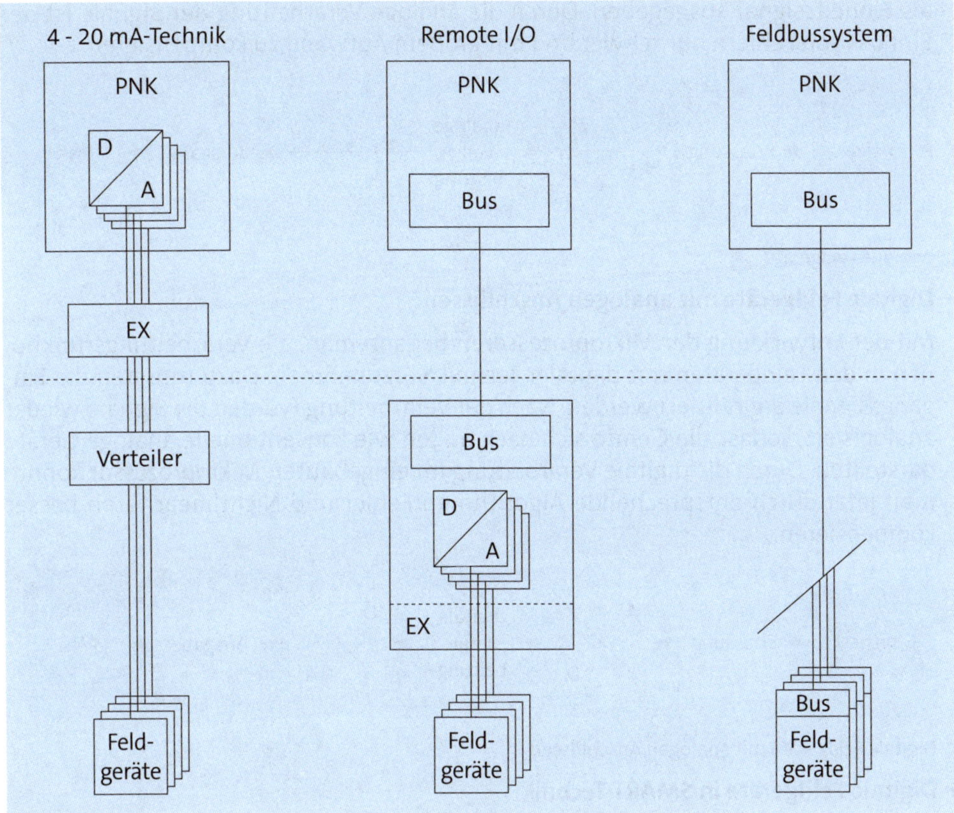

Signalübertragung

05. Wie werden Feldgeräte unterschieden?

Die Feldebene stellt die Verbindung zwischen Prozess und Prozessleitsystem her. Hier befinden sich die Sensoren und Aktoren. Sensoren erfassen Informationen aus dem Prozess und Aktoren beeinflussen den Prozess. Moderne Sensoren übertragen nicht nur Messwerte an das Prozessleitsystem, sondern es können auch Meldungen und Befehle vom Prozessleitsystem entgegengenommen werden. So ist z. B. bei modernen Sensorsystemen die Einstellung des Messbereichs vom Prozessleitsystem möglich oder auch die Kommunikation von Sensoren/Aktoren untereinander (z. B. Verriegelung).

Unterschieden werden:

- **Analoge Feldgeräte**

  In der konventionellen, rein analogen Technik wurden alle Funktionen in einem Sensor oder Aktor mit analogen Bausteinen realisiert. Dazu wurden elektronische Schaltungen, im Ex-Bereich auch pneumatische Einheiten, verwendet. Durch die Normung der Signale zu Einheitssignalen hat man eine Herstellerunabhängigkeit erreicht. Bei analogen Sensorsystemen wurden die Messwerte vom Sensorelement erfasst und als Einheitssignal ausgegeben. Durch die analoge Verarbeitung der Signale ist der Einfluss von Fehlern nur schwer und mit großem Aufwand zu kompensieren.

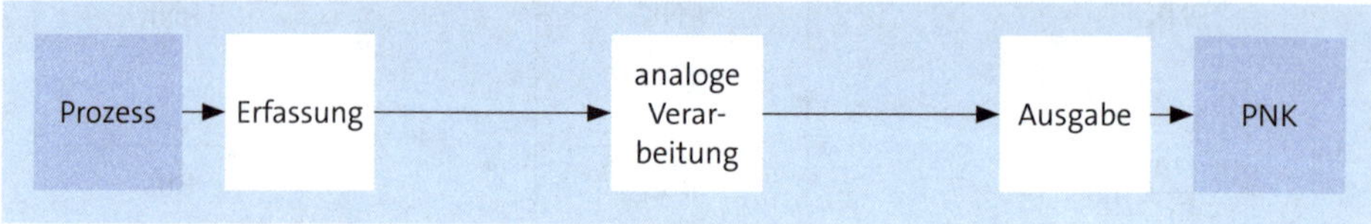

Analoge Feldgeräte

- **Digitale Feldgeräte mit analogen Anschlüssen**

Mit der Entwicklung der Mikroprozessoren begann man, die Verarbeitungsfunktionen in den Feldgeräten mit digitaler Technik vorzunehmen. Dazu mussten die Eingangssignale digitalisiert werden. Nach der Verarbeitung wurden die Signale wieder analogisiert, sodass die Geräte sich nach außen wie konventionelle analoge Geräte darstellten. Durch die digitale Verarbeitung im eingebauten Mikroprozessor konnte man jetzt durch entsprechende Algorithmen Fehler und Nichtlinearitäten besser kompensieren.

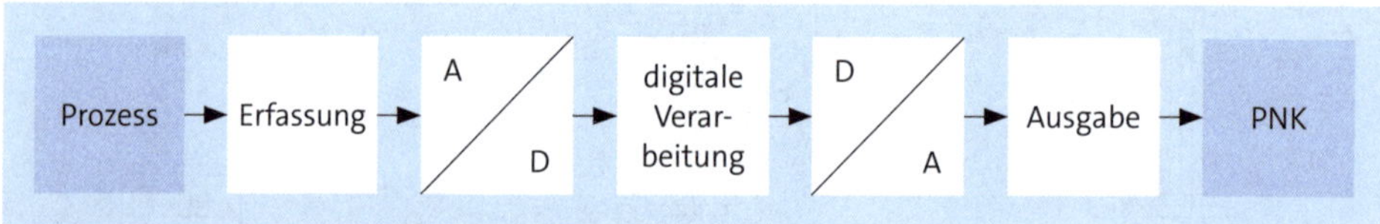

Digitale Feldgeräte mit analogen Anschlüssen

- **Digitale Feldgeräte in SMART-Technik**

Nach außen verhalten sich einfache digitale Feldgeräte wie normale analoge Geräte. Es ist nicht möglich, den im Gerät integrierten Mikroprozessor von außen zu parametrieren oder Daten mit ihm auszutauschen. Da die Normung für einen rein digitalen Feldbus bis vor Kurzem noch fehlte, wurde durch das sog. Hart-Protokoll eine Zwischenstufe realisiert, bei der man dem analogen Einheitssignal ein Wechselspannungssignal aufmodulierte, das die digitale Kommunikation ermöglichte. Geräte mit dieser hybriden Signaltechnik nennt man smarte Geräte.

Seit einigen Jahren ist es möglich eine digitale Kommunikation zwischen Gerät und Bedienterminal aufzubauen, wodurch eine ferngesteuerte Parametrierung und Inbetriebnahme möglich wird. Ein ganz wesentlicher Vorteil liegt in der Möglichkeit, in Altanlagen die rein analogen Geräte mit Geräten in SMART-Technik auszutauschen und so einen Teil der Digitaltechnik zu nutzen.

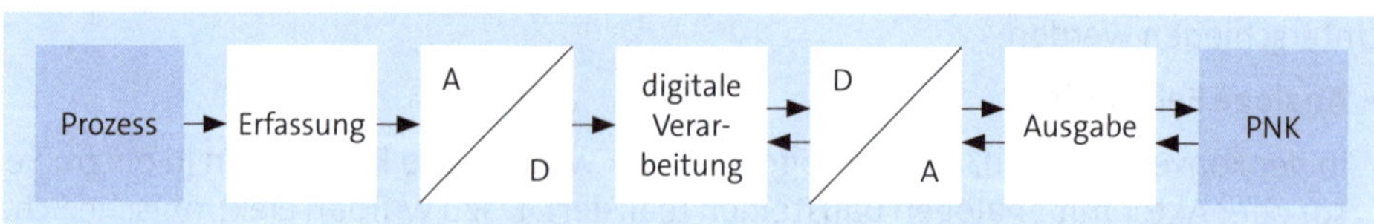

Digitale Feldgeräte in SMART-Technik

▸ Digitale Feldgeräte mit Feldbustechnik

Für die digitale Kommunikation zwischen intelligenten Geräten in der Feldebene stehen heute Sensor/Aktor-Systeme in Feldbustechnik zur Verfügung. Durch die Verwendung der Feldbustechnik stehen alle technischen Möglichkeiten offen, die sich durch rein digitale Kommunikation zwischen intelligenten Systemen ergibt.

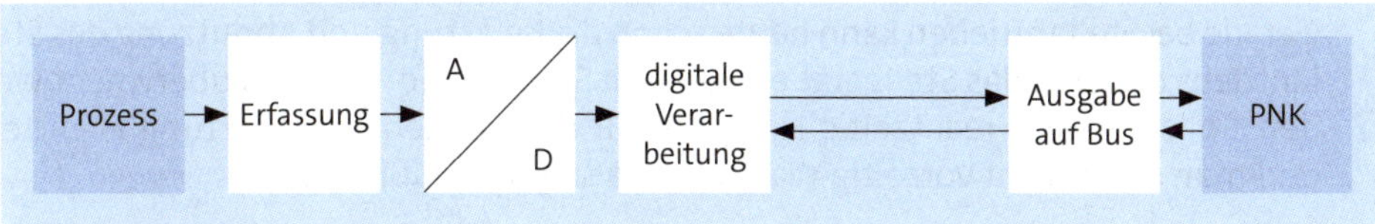

Digitale Feldgeräte mit Feldbustechnik

Die **Vorteile** dieser Technik sind:

- **Messabweichung bzw. Langzeitstabilität**

  Bei diesen Geräten ergeben sich Langzeitstabilitäten von 0,1 % vom Messbereichsendwert für eine Zeitspanne von 2 - 5 Jahren. Hierdurch können Nullpunkt und Messbereich über diese Zeitspanne eingestellt werden, ohne das Gerät auszubauen und neu kalibrieren zu müssen.

- **Multisensorsysteme**

  Bei digitalen Messgeräten werden außer der eigentlichen Messgröße noch weitere Größen gemessen (z. B. bei Durchflussmessgeräten auch Druck und Temperatur) und zur Fehlerkorrektur eingesetzt. Diese zusätzlichen Größen können auch ausgegeben werden.

- **größere Messbereichsspreizung**

  Bei analogen Geräten ist eine Messbereichsspreizung nur in einem geringen Maß möglich, da der Fehler hier auf den Messbereichsendwert bezogen ist. Wegen der größeren Genauigkeit von digitalen Messgeräten, durch Linearisierung und andere Fehlerkorrekturen, kann hier eine größere Messbereichsspreizung ohne Genauigkeitsverlust vorgenommen werden.

- **Diagnose und Fehlermeldungen**

  Durch Überprüfung der im Sensor anfallenden Daten kann die Funktionsfähigkeit kontrolliert werden. So können fehlerhafte Funktionsweisen dem Anlagenfahrer evtl. sogar mit einem Hinweis zur Behebung des Fehlers gemeldet werden. Dadurch steigt die Verfügbarkeit der Geräte an.

- **mögliche Integration von Funktionen in einem Gerät**

  Da das Feldgerät einen Mikroprozessor enthält, können Funktionen, die bisher in den prozessnahen Komponenten realisiert waren, jetzt im Gerät untergebracht werden. So kann z. B. im Sensor eine Grenzwertüberwachung oder sogar ein Regelalgorithmus programmiert werden.

- **Remote-Konfigurieren und Parametrieren**

  Up- und Download von Daten kann von jedem beliebigen Ort aus geschehen (z. B. MSR-Raum, Messwarte usw.). Dadurch können auch Geräte, die an unzugänglichen Orten eingebaut sind, bequem in Betrieb genommen werden.

- **Gerätedaten im Gerät verfügbar**

  Dadurch, dass die Gerätedaten im Datenspeicher des Feldgeräts abgelegt werden, kann die Historie der Gerätebeanspruchung und der erfolgten Instandsetzung- und Wartungsmaßnahmen verfolgt werden.

- **prädiktive statt präventive Wartung**

  Gerade bei Stellantrieben kann heute schon die Belastung und Abnutzung des Stellantriebs durch in das Stellgerät eingebaute Sensoren fortlaufend überwacht werden. So lassen sich rechtzeitig Hinweise für eine anstehende Wartung ermitteln und man muss nicht vorzeitig Wartungsmaßnahmen durchführen.

- **Online-Dokumentation**

  Da alle Konfigurierdaten und Parameterwerte der Feldgeräte dort gespeichert sind und diese Geräte im Verbund mit dem Prozessleitsystem auch an die CAE-Werkzeuge angeschlossen sind, kann die Dokumentation der PLT-Konfigurationen automatisch auf dem aktuellen Stand gehalten werden.

06. Wie erfolgte die Entwicklung zur Feldbus-Technik?

Der erste Schritt in der industriellen Kommunikation war die Parallelverdrahtung, bei der alle Teilnehmer einzeln mit der Regel- und Steuerebene verdrahtet wurden. Doch mit steigendem Automatisierungsgrad stieg auch die Anzahl der Teilnehmer, was zu einem hohen Verkabelungsaufwand führte. Mittlerweile wurde die Parallelverdrahtung von den kostengünstigeren und schnelleren Feldbus-Systemen und den Ethernet-basierten Kommunikationsnetzwerken weitgehend abgelöst. Die in den 1980er Jahren entstandenen Feldbus-Systeme sind heutzutage nicht mehr aus der Industrie wegzudenken. Als fester Bestandteil komplexer Maschinen und Anlagen werden sie vorrangig in der Fertigungsautomatisierung eingesetzt. Doch auch in der Prozess- oder Gebäudeautomatisierung sowie der Automotive-Technik findet der Feldbus Anwendung.

Mithilfe des leitungsgebundenen und seriellen Feldbusses werden Sensoren und Aktoren (die sog. Feldgeräte), wie Motoren, Schalter, Antriebe oder Lampen, mit speicherprogrammierbaren Steuerungen (SPS) und Leit- bzw. Prozessrechnern verbunden. Der Feldbus unterstützt folglich den schnellen Datenaustausch zwischen den einzelnen Systemkomponenten auch über große Distanzen. Selbst starke äußere Belastungen können dem robusten digitalen Signalübertragungssystem nichts anhaben. Da der Feldbus nur über ein Kabel kommuniziert, konnte der Verkabelungsaufwand im Vergleich zur Parallelverdrahtung deutlich gesenkt werden. Ein Feldbus funktioniert im sog. Master-Slave-Betrieb. Während der Master für die Steuerung der Prozesse zuständig ist, arbeiten die Slave-Stationen die einzelnen Teilaufgaben ab.

Feldbusse unterscheiden sich nach ihrer Topologie (Stern, Linie, Baum oder Ring), ihren Übertragungsmedien und – je nach Ausführung – verschiedenen Übertragungsprotokollen (nachrichtenorientiertes Verfahren oder Summenrahmenverfahren). Auch hinsichtlich der erreichbaren Kabellänge, der maximalen Anzahl von Datenbytes pro Telegramm und dem Funktionsumfang unterscheiden sich die einzelnen Feldbusse. So sind zusätzliche Funktionen wie Alarmhandling, Diagnose und Querverkehr zwischen einzelnen Busteilnehmern nicht bei jedem Feldbus möglich.

07. Wie erfolgt die digitale Datenübertragung?

In digitalen Systemen können Daten (Bits) parallel, d. h. nebeneinander oder seriell, d. h. hintereinander übertragen werden. Charakteristisch für die serielle Datenübertragung ist, dass die Bits über nur eine Datenleitung, zeitlich nacheinander (bitseriell), übertragen werden.

Da die Mikroprozessoren in den Geräten die Daten bitparallel verarbeiten, seriell erhalten, erfolgt beim Sender eine Parallel-Seriell-Umsetzung und beim Empfänger eine Seriell-Parallel-Umsetzung. In Abhängigkeit von der Richtung der Datenübertragung zwischen zwei Teilnehmern unterscheidet man verschiedene Methoden des Datenaustausches.

- **Simplex-** oder Richtungsverkehr:

  Hierbei gehen die Daten immer nur vom Sender zum Empfänger, also nur in eine Richtung. (z. B. keine Fernparametrierung möglich).

- **Halb-Duplex-** oder Wechselverkehr:

  Hierbei wird die Richtung der Verbindung zeitlich gesteuert umgeschaltet. Damit können Informationen in beide Richtungen übertragen werden.

- **Voll-Duplex-** oder Gegenverkehr:

  Hierbei gibt es für jede Übertragungsrichtung eine eigene Leitung. Damit können die Daten gleichzeitig in beide Richtungen übertragen werden.

Für die technische Übertragung von Daten stehen mehrere Übertragungsmedien zur Verfügung:

- **Elektrische** Verbindung:

  Bei dieser muss berücksichtigt werden, dass sie Ohmsche Widerstände in den Leitungen und Kapazitäten zwischen den Leitungen aufweist. Dadurch bildet sich ein elektrischer Tiefpass, der die Signale dämpft. Aus diesem Grund ist nur eine begrenzte Anzahl von Teilnehmern möglich und auch die Länge der Übertragungsleitung ist begrenzt bzw. es muss eine entsprechende Verstärkung erfolgen. Des Weiteren besteht die Gefahr von Störeinflüssen in der Nähe verlegter Energiekabel/-leitungen (elektromagnetische Störungen).

- **Optische** Verbindung:

  Hierbei werden Lichtimpulse durch Glasfasern geschickt und von Halbleitern fast verlustfrei erfasst. Dadurch können große Entfernungen überwunden und hohe Datenübertragungsraten erreicht werden. Des Weiteren ist das optische Signal unempfindlich gegen elektromagnetische Störungen. Bei der Verlegung und Verarbeitung von Glasfaserleitungen (Lichtwellenleiter – LWL) ist allerdings besonders behutsam vorzugehen. Kleinste Beschädigungen (z. B. durch nicht Einhalten des Biegeradius) führen evtl. zu Störungen in der Übertragung.

- **Drahtlose** Verbindung:

  Wenn das Verlegen von Kabeln nicht möglich ist, muss man Funk- oder Infrarot-Verbindungen aufbauen. Die möglichen Entfernungen und die Übertragungsrate sind abhängig von der Frequenz des Trägersignals. Bei drahtlosen Verbindungen besteht immer die Gefahr des Mithörens. In letzter Zeit hat sich hier auch die Übertragung über GSM-Netze weiterentwickelt.

  Digitale Daten werden als Binärinformationen mit „Null" und „Eins" dargestellt. Zur Darstellung verwendet man zwei unterschiedliche Signalzustände „Low" und „High".

  Von positiver Logik spricht man, wenn „Null" dem Zustand „Low" und „Eins" dem Zustand „High" entspricht. Von negativer Logik spricht man, wenn „Null" dem Zustand „High" und „Eins" dem Zustand „Low" entspricht.

08. Wie erfolgt die synchrone Datenübertragung?

Bei der synchronen Übertragung sind die Signale auf den Datenleitungen immer dann gültig, wenn ein von beiden Stationen genutztes Taktsignal einen bestimmten, vordefinierten Zustand einnimmt (z. B. taktflankengesteuert). Das Taktsignal muss entweder getrennt vom Datensignal auf einer zusätzlichen Leitung übertragen werden oder kann aus dem Datensignal abgeleitet werden.

09. Wie erfolgt die asynchrone Datenübertragung?

Bei der asynchronen Übertragung wird weder ein Taktsignal übertragen, noch kann ein Taktsignal aus dem Datensignal abgeleitet werden. Auch wenn Empfänger und Sender mit derselben Frequenz arbeiten, führt schon die geringste Differenz dazu, dass sie nach einiger Zeit nicht mehr synchron laufen. Vermieden wird dies, wenn sich der Empfänger in möglichst kurzen Abständen auf die Sendefrequenz synchronisiert. Dies geschieht zu Beginn eines jeden Zeichens, welches mit zusätzlichen Start- und Stopp-Bit gekennzeichnet wird. Mit der ersten Signalflanke des Startbits synchronisiert der Empfänger seinen internen Bit-Takt auf die Empfangsdaten. Die folgenden Bits tastet er jeweils in der zeitlichen Bit-Mitte ab. Nach den 8 Datenbits folgt ein zur Fehlererkennung eingefügtes Paritätsbit und zum Abschluss ein Stopp-Bit. Die Nachricht wird nur übernommen, wenn sowohl die Parität als auch die Polarität des Stopp-Bits den Formatvorgaben entsprechen.

10. Welche Arten von Kommunikationsnetzen werden aufgebaut?

Die Teilnehmer eines Datennetzes können entweder parallel oder seriell an das Übertragungskabel angeschlossen werden. Die Teilnehmer, die entsprechend dem Busprinzip parallel angeschlossen sind, verhalten sich passiv, indem sie die Daten auf dem Bus beobachten.

Im Gegensatz dazu, müssen die Teilnehmer, die nach dem Punkt-zu-Punkt-Prinzip seriell angeschlossen sind, die Daten aufnehmen und anschließend am Ausgang wieder abgeben. Sie sind also aktiv. Speziell bei Feldbussystemen ist die Datensicherheit von großer Bedeutung. Daher muss dafür gesorgt werden, dass auch wenn ein Segment des Feldbusses ausfällt, Daten übertragen werden können.

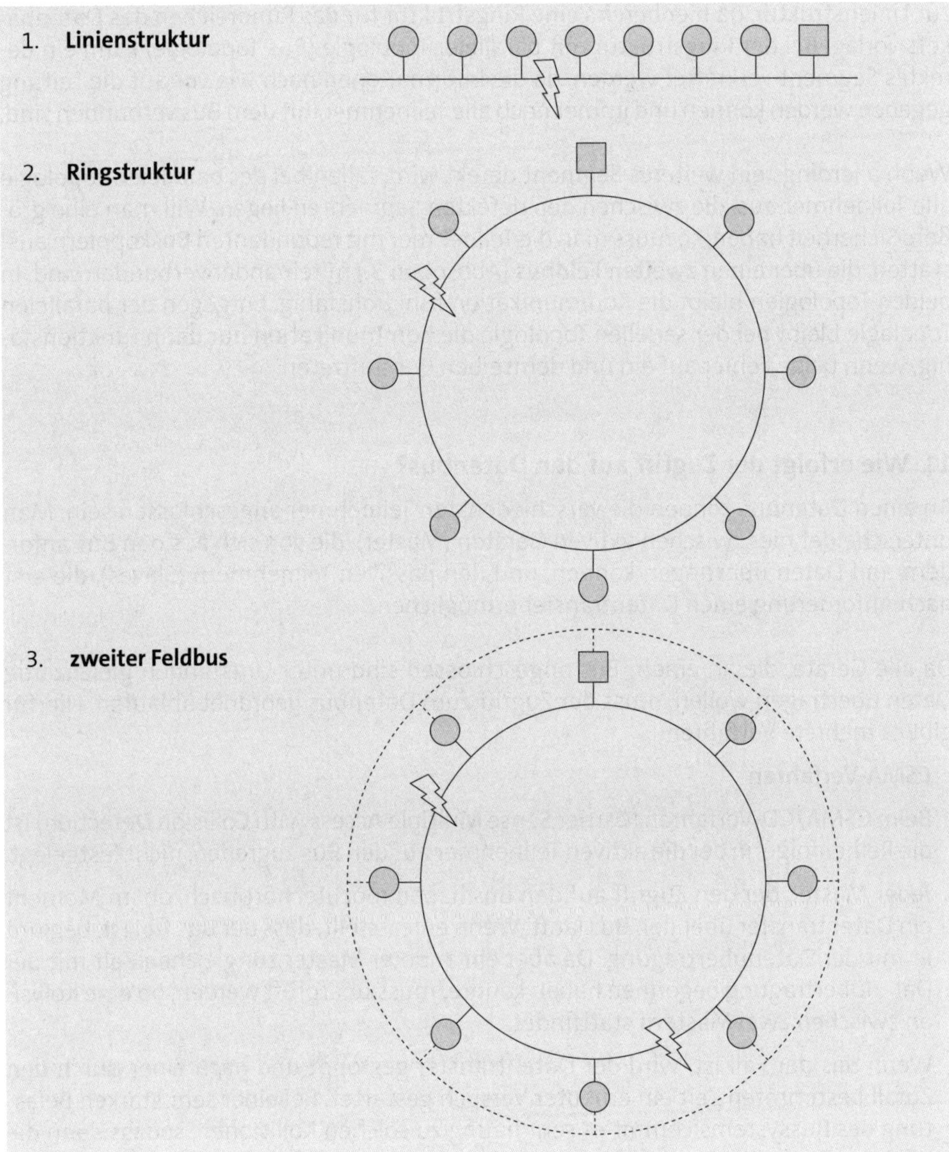

Bus-Topologien

In der **Linienstruktur** (Abb. oben 1.) würde bei Ausfall eines Segments nicht mehr jeder Teilnehmer erreicht werden können. Während bei der parallelen Topologie (Bustopologie) lediglich die Teilnehmer, die hinter dem defekten Segment liegen, nicht mehr erreicht werden können, bricht die Kommunikation bei der seriellen Topologie komplett zusammen, da das Datenpaket nicht mehr weitergereicht werden kann.

Die **Ringstruktur** (Abb. oben 2.) bei der seriellen Topologie bringt keinen Unterschied zur Linienstruktur, da hier bereits eine Ringstruktur für das Rundreichen des Datenpakets vorlag. Bei der Ringstruktur mit paralleler Topologie (Bus-Topologie) kann ein defektes Segment verkraftet werden, da die Informationen nach wie vor auf die Leitung gegeben werden können und immer noch alle Teilnehmer mit dem Bus verbunden sind.

Wenn allerdings ein weiteres Segment defekt wird, fallen bei der parallelen Topologie alle Teilnehmer aus, die zwischen den defekten Segmenten liegen. Will man eine größere Sicherheit haben, so muss man die Teilnehmer mit redundanten Buskopplern ausstatten, die über einen **zweiten Feldbus** (Abb. oben 3.) miteinander verbunden sind. In beiden Topologien bleibt die Kommunikation funktionsfähig. Entgegen der parallelen Topologie bleibt bei der seriellen Topologie die Kommunikation nur dann funktionsfähig, wenn beide Fehler auf ein und demselben Bus auftreten.

11. Wie erfolgt der Zugriff auf den Datenbus?

An einen Datenbus können die verschiedensten Teilnehmer angeschlossen sein. Man unterscheidet hier zwischen aktiven Geräten (Master), die von sich aus den Bus anfordern und Daten übertragen können, und den passiven Teilnehmern (Slaves), die erst nach Anforderung einen Datentransfer ermöglichen.

Da alle Geräte, die an einem Bus angeschlossen sind unter Umständen gleichzeitig Daten übertragen wollen, muss der Zugriff zum Datenbus geordnet ablaufen. Hierfür gibt es mehrere Verfahren:

- **CSMA-Verfahren**

  Beim CSMA/CD-Verfahren (**C**arrier **S**ense **M**ultiple **A**ccess with **C**ollision **D**etection) ist die Reihenfolge, in der die aktiven Teilnehmer auf den Bus zugreifen, nicht festgelegt.

  Jeder Master, der den Zugriff auf den Bus haben möchte, hört nach, ob im Moment ein Datentransfer über den Bus läuft. Wenn er feststellt, dass der Bus frei ist, beginnt er mit der Datenübertragung. Da aber ein anderer Master zur gleichen Zeit mit der Datenübertragung begonnen haben könnte, muss überprüft werden, ob eine Kollision zwischen zwei Mastern stattfindet.

  Wenn das der Fall ist, wird der Datentransfer gestoppt und nach einer durch den Zufall bestimmten Zeit ein erneuter Versuch gestartet. Bei einer sehr starken Belastung des Bussystems kommt es sehr häufig zu solchen Kollisionen, sodass dann die effektive Datenübertragungsgeschwindigkeit abnimmt.

  Es ist aber vor allem nicht sichergestellt, dass ein bestimmter Teilnehmer zu einer bestimmten Zeit über den Datenbus übertragen kann. Dieses Verfahren, das z. B. in dem bekannten Ethernet-System verwendet wird, ist deshalb für die Datenübertragung in Feldbussystemen wenig geeignet.

- **Master/Slave-Verfahren**

  Bei solchen Systemen gibt es zu einer bestimmten Zeit nur einen aktiven Teilnehmer im System, den sog. Master. Dieser kann von allen passiven Teilnehmern, den sog. Slaves, Daten anfordern. Diese Slaves dürfen also nur dann Daten übertragen, wenn vorher eine Anforderung von einem Master erfolgt ist.

  In einem Feldbussystem kommt man meist nicht mit nur einem Master aus. Um in einem Feldbussystem mehrere Master zuzulassen, wird ein sog. Token-Passing eingeführt. Dabei wird nach festgelegten Regeln (Zeit, Priorität) jedem zugriffsberechtigten Teilnehmer (Master) der Token übergeben, sodass dieser den Datenaustausch vornehmen kann. Wenn er fertig ist, geht der Token zum in der Reihenfolge nächsten Teilnehmer (Token-Passing). Wenn ein Teilnehmer in diesem Moment keine Daten zu übertragen hat, geht der Token sofort weiter. So geht der Token in festgelegter Reihenfolge an alle Teilnehmer, bis sich der Kreis wieder beim Ersten schließt (Token-Ring). Jeder Master, der den Token besitzt, kann mit den ihm zugeordneten Slaves kommunizieren.

- **HART-Kommunikation** (**H**ighway **A**ddressable **R**emote **T**ransducer = per Datenkabel ansprechbarer ferngesteuerter Transmitter)

  Die „Einsen“ und „Nullen“ eines digitalen Signals können auf ein elektrisches Signal auch aufmoduliert werden, indem auf elektronischem Wege eine eigentlich konstante Sinusschwingung zeitlich verändert wird. Frequenzerhöhung bedeutet dabei „Null“. Eine unveränderte niedrige Trägerfrequenz bedeutet „Eins“. Bei den in der Prozessleittechnik verwendeten SMART-Feldgeräten erfolgt die Umschaltung zwischen den Frequenzen 2.200Hz und 1.200Hz (2.200Hz = 0; 1.200Hz = 1). Die zugehörige internationale Norm heißt HART-Protokoll. Mithilfe dieser Modulationsart können Daten in die SMART-Feldgeräte einprogrammiert bzw. ausgelesen werden. Bei der Übertragung mit dem HART-Protokoll handelt es sich nicht um ein Bussystem, obwohl digital verschlüsselte Daten übertragen werden. Es ist immer nur für zwei Teilnehmer ein Datenaustausch vorgesehen. Man spricht auch von einem „Point-to-Point-Datenaustausch“ (engl. Punkt zu Punkt). Bei der HART-Kommunikation werden die digitalen Informationen mittels Frequenzmodulation, entsprechend auf das analoge Stromsignal 4 - 20 mA aufmoduliert. Dieses hochfrequente digitale Signal kann mit einem Modem wieder ausgefiltert (demoduliert) werden. Damit stellt das HART-Protokoll eine elegante Variante der Informationsübertragung dar, bringt jedoch speziell hinsichtlich des Wegfalls von Verkabelungsaufwand nicht die Vorteile wie die echten Feldbussysteme.

  Das HART-Protokoll bildet historisch gesehen die Vorstufe der digitalen Feldbussysteme. Es ermöglicht, neben der eigentlichen Übertragung von Mess- und Stellsignalen, auch andere Informationen zu den Messfühlern oder Stellorganen zu schicken oder von ihnen abzurufen.

  Da das konventionelle analoge Signal nach wie vor zur Verfügung steht, kann ein HART-Feldgerät ein älteres analoges Feldgerät ersetzen. Es wird genauso wie ein Analoggerät an die I/O-Karte einer PNK angeschlossen. Zusätzlich zur analogen Datenübertragung können nun Daten bidirektional zwischen einem Bedienterminal und dem HART-Feldgerät ausgetauscht werden. So kann z. B. das Feldgerät vom Bedienterminal aus parametriert oder diagnostiziert werden.

12. Was ist ein PROFIBUS (Prozess Feld Bus)?

Die Geschichte von PROFIBUS geht auf ein 1987 in Deutschland gestartetes öffentlich gefördertes Verbundvorhaben zurück, für welches 21 Firmen und Institute einen Projektrahmenplan „Feldbus" ausgearbeitet hatten. Ziel war die Realisierung und Verbreitung eines bitseriellen Feldbusses, wofür die Normung der Feldgeräteschnittstelle die Grundvoraussetzung schaffen sollte. Dazu verständigten sich einschlägige Mitgliedsfirmen, ein gemeinsames technisches Konzept für die Fertigungs- und Prozessautomatisierung zu unterstützen.

Der **PROFIBUS DP** (**D**ezentrale **P**eripherie) dient zur Ansteuerung von Sensoren und Aktoren durch eine zentrale Steuerung in der Fertigungstechnik. Die spezielle Eigenschaft dieses Feldbusses ist seine Geschwindigkeit. Weitere Einsatzgebiete sind die Verbindung von „verteilter Intelligenz", also die Vernetzung von mehreren Steuerungen (PNK) untereinander.

Die Variante **PROFIBUS-PA** (**P**rocess **A**utomation) ist speziell für die Verfahrenstechnik entwickelt worden. Die spezifischen Eigenschaften dieses Feldbusses sind die Eigensicherheit und die Busspeisung. Damit ist es möglich, diesen Bus auch in explosionsgefährdeten Bereichen (Ex-Bereiche) einzusetzen und die Feldgeräte über den Feldbus mit Energie zu versorgen. Die Anbindung des PROFIBUS-PA erfolgt über sog. Segmentkoppler an den PROFIBUS-DP.

13. Was ist ein FOUNDATION Fieldbus?

Der FOUNDATION Fieldbus ist genauso wie der PROFIBUS-PA ein ex-fähiges Feldbussystem. Der FOUNDATION Fieldbus wird hauptsächlich in den USA und anderen englischsprachigen Ländern eingesetzt, während in Kontinentaleuropa der PROFIBUS-PA weiterverbreitet ist.

Beide Systeme lassen sich sogar über sog. Bridges miteinander verbinden. Diese Bridges stellen aber eine Engstelle innerhalb der Kommunikation dar und es ist daher davon abzuraten, beide Systeme in einer Anlage parallel zu benutzen.

10.3 Optimieren von Steuerungs-, Regelungs- und Prozessleitsystemen

10.3.1 Einsatz von Steuerungen/Optimierungen

01. Was sind die Hauptfunktionen eines Prozessleitsystems?

Die Hauptfunktionen eines Prozessleitsystems sind:

- Steuern
- Regeln
- Überwachen
- Dokumentieren.

Steuerfunktionen beeinflussen die Stellwerte von Stellgeräten aufgrund vorgegebener Programme. Dies kann durch Verknüpfungssteuerungen wie Verriegelungen erfolgen oder durch Ablaufsteuerungen, die in der Rezeptfahrweise zur Anwendung kommen.

Regelungen dienen dazu, Prozesswerte auf einen vorgegebenen Sollwert zu bringen und dort zu halten. Hierbei gibt es zahlreiche Regelstrategien. Besonders das Parametrieren des Reglers ist eine wichtige Funktion, da die Güte der Regelung davon abhängt. Die häufigsten Regelgrößen in Chemieanlagen sind: Temperaturen, Drücke, Füllstände, Durchflüsse und Drehzahlen.

Überwachung ist beim Betreiben von chemischen Anlagen sehr wichtig, denn es kann zu Störungen, technischem oder menschlichem Versagen kommen. Um die Auswirkungen dieser Fehler so gering wie möglich zu halten, hat das Prozessleitsystem spezielle Überwachungsfunktionen. Diese können den bzw. die Bediener vor entsprechenden Abweichungen warnen oder sogar, in Form von sicherheitsgerichteten MSR-Funktionen, direkt in das Geschehen eingreifen. Solche Funktionen sind sehr wichtige Aufgaben moderner Prozessleitsysteme. Sicherheitsgerichtete MSR-Funktionen werden nicht durch ein Prozessleitsystem realisiert. Dafür sind sicherheitsgerichtete SPS (SSPS) oder verdrahtungsprogrammierte (Ausdruck aus der einschlägigen Norm) Systeme nötig, die mit einem Prozessleitsystem über Schnittstellen kommunizieren. SSPS sind Teil der Hardware eines Prozessleitsystems.

Dokumentation: Da moderne Prozessleitsysteme auf Computertechnik basieren, ist es heute möglich, eine Vielzahl von Daten in entsprechenden Datenbanken zu speichern. Die wichtigsten Daten sind der Verlauf der verschiedenen Messwerte und die Stellung der Aktoren bzw. die manuellen Eingriffe der Bediener.

02. Was ist das Funktionsprinzip einer Steuerung?

Steuern bedeutet das Ein- und Ausschalten bestimmter Apparate (Pumpen, Filter, Ventile usw.) nach einem vorgegebenen Ablauf- oder Zeitplan. Die Befehle beim Steuern lauten EIN oder AUS und laufen immer schrittweise ab. Der Arbeitsablauf wird bei gesteuerten Vorgängen durch Messungen (Rückmeldungen) verfolgt. Diese Messungen dienen dazu, den Arbeitsablauf zu kontrollieren, wirken aber nicht direkt auf den Steuervorgang ein. Man spricht deshalb von einer offenen Wirkungskette.

Eine automatische Steuerung erfolgt nach einem Programm, das von einem Computer (PNK) schrittweise abgearbeitet wird. Um von einem Schritt in den nächsten zu gelangen, muss eine Weiterschaltbedingung erfüllt sein. Diese Weiterschaltbedingung kann zeit- oder prozessabhängig sein. Bei der Steuerung erfolgt keine Rückwirkung der Steuergröße auf den Eingang der Steuereinrichtung. Aus diesem Grund ist eine Steuerung nicht in der Lage, durch Störungen hervorgerufene Abweichungen der Steuergröße auszugleichen, dies ist Regelungen vorbehalten.

03. Was ist Bestandteil der Steuerkette?

Das System der Steuerung einer Ausgangsgröße durch eine Eingangsgröße bezeichnet man als Steuerkette. Sie unterteilt sich in Steuereinrichtung und Steuerstrecke.

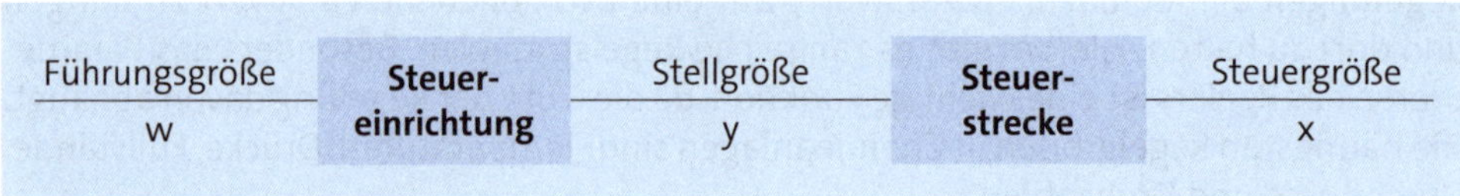

Steuerkette

Steuergröße x: Die Größe, welche durch Verändern der Eingangssignale beeinflusst wird, nennt man Steuergröße x (Istwert der zu steuernden Größe).

Stellgröße y: Die Größe, die als Ausgang der Steuereinrichtung auf die Steuerstrecke einwirkt (z. B. der Öffnungsgrad eines Ventils), nennt man Stellgröße y.

Führungsgröße w: Der Wert, zu dem sich die Steuergröße durch Wirkung der Steuerung hinbewegen soll (Sollwert der Steuerung), nennt man Führungsgröße w.

04. Welche Steuerungsarten werden unterschieden?

Grundsätzlich unterscheidet man in Handsteuerung und selbsttätige Steuerung. Die selbsttätige Steuerung gliedert sich in Verknüpfungs- und Ablaufsteuerung.

Verknüpfungssteuerung

Bei Verknüpfungssteuerungen werden den Eingangssignalen über logische Verknüpfungen bestimmte Signalzustände der Ausgangssignale zugeordnet. Verknüpfungssteuerungen werden häufig für sicherheitsrelevante Funktionen verwendet.

- **Verriegelungen**

  Gegeneinander verriegelte Funktionen können nur ausgeführt werden, wenn die entsprechenden Bedingungen erfüllt sind. Zum Beispiel lässt sich die Beheizung einer Rührwerksapparatur erst starten, nachdem der Rührer und das Kühlwasser für den Kondensator eingeschaltet worden sind.

- **Notabschaltungen**

  Klassische Anwendungen für Verknüpfungssteuerungen ist die Überwachung von Grenzwerten. Dazu gehören z. B. Überfüllsicherungen, die verhindern, dass der Behälter weiter befüllt wird, obwohl der maximale Füllstand bereits erreicht ist. Ebenso gehören dazu Abschaltungen, die verhindern, dass Pumpen trocken laufen, dass Maxdrücke überschritten werden usw.

- **Alarmierungen**

  Das Auslösen von akustischen oder optischen Alarmen ist ebenfalls über Verknüpfungssteuerungen zu realisieren. Hierbei wird die Entscheidung, welche Abwehrmaßnahme durchgeführt werden soll, dem Bediener überlassen.

Ablaufsteuerung
Ablaufsteuerungen haben einen zwangsläufig von Schaltwerten oder Zeiten gesteuerten Ablauf. Die kleinste funktionelle Einheit einer solchen Steuerung wird als Ablaufschritt bezeichnet.

Jedem Schritt wird ein Ablaufglied zugeordnet. Ein Ablaufglied ist ein Speicherglied mit den für die Programmverwirklichung notwendigen logischen Verknüpfungen. Die einzelnen Schritte werden zu Ablaufketten zusammengefasst.

Das Weiterschalten in den nächsten Schritt geschieht durch erfüllte Weiterschaltbedingungen. Diese können prozess- oder zeitgeführt sein. Dargestellt werden Ablaufsteuerungen in grafischer Form.

- **Schrittkette** (Funktionsplan)

  Der Gesamtsteuervorgang wird hierbei in einzelne Steuerschritte und Weiterschaltbedingungen zerlegt (siehe hierzu >> 3.5.2, ab Frage 11. ff., GRAFCET).

- **Schaltfolgediagramm** (Signal/Zeit-Diagramm)

  Im Signal/Zeit-Diagramm werden alle Signale (Mess- bzw. Stellsignal) auf einer gemeinsamen Zeitachse dargestellt.

  Das Vorhandensein eines Balkens bzw. das Aufspringen auf den 1-Level bedeutet, dass das Mess-/Stellsignal 1 ist bzw. AN/AUF ist. Das Fehlen des Balkens bzw. das Abfallen auf den 0-Level bedeutet, die Signale sind 0 bzw. ZU/AUS.

  Schaltfolgediagramme sind Hilfsmittel für die Planung einfacher Steuerungen. Bei komplexen Steuerungsaufgaben werden Schaltfolgediagramme schnell unübersichtlich.

Ablaufsteuerungen bilden die Grundlage für die Automation von Batch- oder Chargenprozessen, da auch diese immer prozess- und zeitgesteuert sind.

05. Wie können die chemischen Herstellungsprozesse unterteilt werden?

Die industriellen Herstellungsprozesse können allgemein klassifiziert werden als:

- kontinuierliche Prozesse
- Prozesse mit Stückfertigung oder Chargenprozesse.

Chargenprozesse führen zur diskontinuierlichen Herstellung von endlichen Mengen an Produkten (Chargen), indem Mengen von Einsatzstoffen unter Nutzung einer oder mehrerer Einrichtungen einer festgelegten Folge von Verarbeitungsaktivitäten unterzogen werden.

Für den automatisierten Betrieb chargenorientierter Produktionsanlagen werden **drei verschiedene Arten der Steuerung** definiert.

1. Zur **Basisautomatisierung** gehören all die Steuerungen, die erforderlich sind, um einen Produktionsprozess in einem bestimmten Betriebszustand zu halten.

2. Die eigentliche Steuerung einer Chargenproduktion wird von der **Prozedursteuerung** übernommen. Typisch für eine solche Steuerung ist, dass hier bestimmte Aktionen in einer bestimmten zeitlichen Abfolge ausgeführt werden. Es handelt sich also um Ablaufsteuerungen.

3. Die **Koordinierungssteuerung** legt die Nutzung der Einrichtungsobjekte (physische Einrichtungen mit ihren Einrichtungssteuerungen) fest und beeinflusst die Prozedursteuerung. In Anlagen mit mehreren Teilanlagen, in denen gleichzeitig mehrere Chargen verarbeitet werden, laufen folgende Aufgaben über eine Koordinierungssteuerung:
   - Koordinierung mehrerer, parallel laufender Prozeduren
   - Auswahl aus alternativen Wegen für die Charge
   - Konfliktauflösung auf Anlagenebene für optimierte Nutzung der Betriebsmittel.

06. Was kennzeichnet die Rezeptfahrweise von Anlagen?

Automatisierte Anlagen oder Anlagenteile können für die Produktion unterschiedlicher Produkte genutzt werden. In der Verfahrenstechnik spricht man von Multipurpose- oder Polyanlagen (Mehrzweck- oder vielseitige Anlagen). Um dies zu erreichen, müssen die Steuerungen der Anlagen unabhängig von den produzierten Produkten sein. Die Herstellung eines Produkts wird in einem Rezept beschrieben. In einem Unternehmen existieren mehrere Rezeptarten, deren Inhalt in Abhängigkeit von den Aufgaben der verschiedenen Unternehmensbereiche unterschiedlich ist.

Man unterscheidet dabei zwischen:

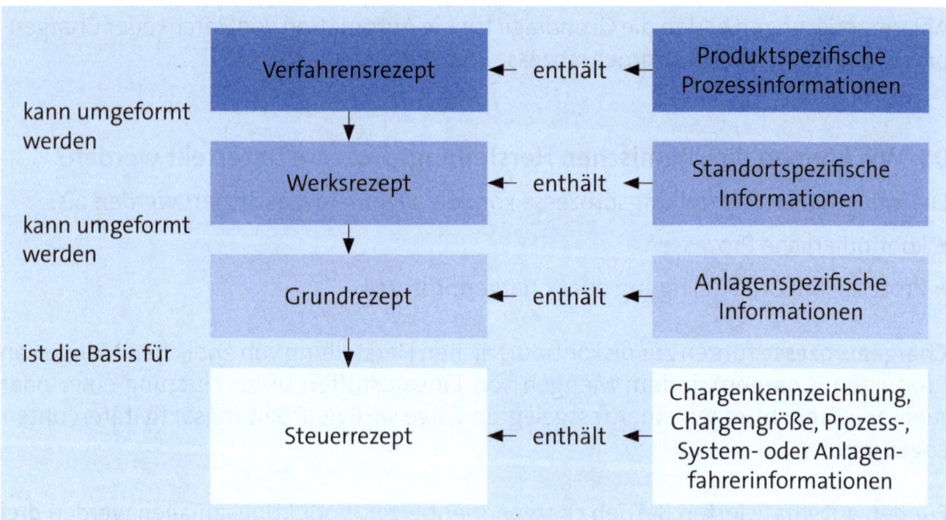

Rezeptarten

10.3.2 Einsatz von Regelungen

01. Was ist das Funktionsprinzip einer Regelung?

Das Wesen der Regelung besteht im ständigen Vergleich der gemessenen Regelgröße x (Istwert) mit einer vorgegebenen Führungsgröße w (Sollwert), um daraus eine Stellgröße y zu berechnen, mit deren Hilfe der Sollwert an die vorgegebene Führungsgröße angeglichen und danach konstant gehalten wird. Störgrößen z, die auf die Regelstrecke einwirken, wird somit also entgegengewirkt.

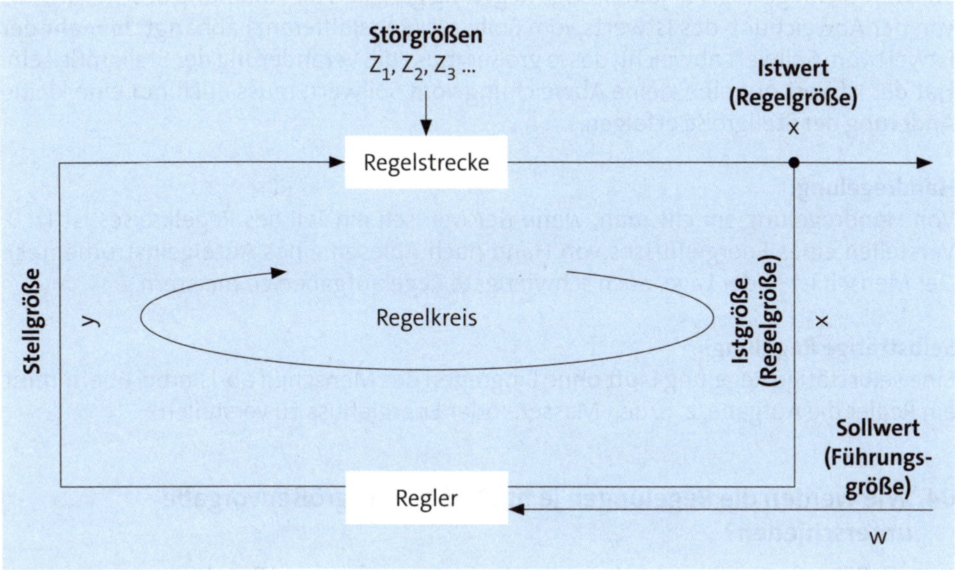

Regelkreis

INFO

Bitte beachten Sie hierzu auch >> 3.2.2 Einsatz von Regelungssystemen zur Prozessoptimierung.

02. Was kennzeichnet einen unstetigen Regler/Zweipunktregler?

Von unstetigen Reglern spricht man, wenn die Stellgröße y nur bestimmte Werte annehmen kann. Der Stellwert bewegt sich also nicht stetig zwischen zwei oder mehreren Zuständen.

Zweipunktregelungen arbeiten mit Stellorganen, die lediglich zwei Zustände einnehmen können, wie z. B. ein Bimetall-Temperatur-Regler.

Das Messsignal des Istwerts ist meist ein Analogsignal. Es kann aber auch als binäres Signal vorliegen, welches Informationen über zwei Grenzwerte gibt, bei denen das Stellorgan angesteuert werden soll.

03. Was kennzeichnet eine stetige Regelung?

Bei der stetigen Regelung kann das Stellgerät jedes beliebige Stellsignal von 0 - 100 % annehmen. Hierdurch wird eine bessere Regelgüte erreicht, d. h., die Abweichung vom Sollwert bleibt gering. Für jede stetige Regelung gilt, dass die Änderung des Stellsignals von der Abweichung des Istwerts vom Sollwert (Regeldifferenz) abhängt. Je mehr der Istwert vom Sollwert abweicht, desto größer muss die Veränderung der Stellgröße sein. Hat der Istwert nur eine kleine Abweichung vom Sollwert, muss auch nur eine kleine Änderung der Stellgröße erfolgen.

Handregelung:
Von Handregelung spricht man, wenn der Mensch ein Teil des Regelkreises ist (z. B. Verstellen eines Energieflusses von Hand nach Ablesen eines Anzeigeinstrumentes). Der Mensch ist in der Lage, auch schwierigste Regelaufgaben zu meistern.

Selbsttätige Regelung:
Eine selbsttätige Regelung läuft ohne Eingreifen des Menschen ab. Hierbei übernimmt ein Regler die Aufgabe, z. B. den Massen- oder Energiefluss zu verstellen.

04. Wie werden die Regelungen je nach Führungsgrößenvorgabe unterschieden?

Je nach Führungsgrößenvorgabe unterscheidet man folgende Regelungsarten:

Festwertregelung:
Bei dieser wird am sog. Leitgerät (des Reglers) ein feststehender Wert (Sollwert) für die Führungsgröße manuell eingestellt. Die Regelung versucht, diese feste Führungsgröße zu erreichen und zu halten.

Folgeregelung:
Bei dieser ändert sich der Sollwert der Regelgröße in Abhängigkeit von einer anderen Größe, die Führungsgröße folgt dieser Größe.

Kaskadenregelung:
Bei dieser werden zwei Regler so hintereinandergeschaltet, dass die Stellgröße des 1. Reglers den Sollwert des 2. Reglers erzeugt.

Auch die Split-Range-Regelung (siehe Frage 05.) und Kombinationen aus den einzelnen Regelungsarten zählen dazu.

05. Was kennzeichnet eine Split-Range-Regelung?

Die Split-Range-Regelung betrifft die Realisierung einer Stellgröße durch mehrere Aktoren mit beschränktem Wirkbereich. Beispielsweise werden zur Temperaturregelung in einem Batch-Reaktor sowohl eine elektrische Heizung als auch eine von einem Kühlmedium durchflossene Kühlschlange eingesetzt. Ein positives Stellsignal ist durch die Ansteuerung der Heizung zu realisieren. Ein negatives Stellsignal hingegen bedeutet die Anforderung von Kühlung, sodass die Heizung auszuschalten und stattdessen ein Ventil zu öffnen ist, um das Kühlmedium freizugeben.

Siehe auch >> 3.2.2 Frage 19.

06. Was kennzeichnet eine Störgrößenaufschaltung?

Falls eine Störgröße ziemlich am Anfang einer Regelstrecke angreift, dauert es wegen der in der Strecke wirksamen Verzögerungen oft ziemlich lange, bis sich diese Störung auf die Regelgröße auswirkt und dann eine entsprechende Reaktion des Reglers hervorruft.

Wenn es sich bei der Störung um eine messbare Störgröße handelt, kann ein von dieser Störgröße abgeleiteter Korrektureingriff schneller zur Ausregelung der Störung führen, da nicht erst eine Abweichung der Regelgröße am Ausgang der Strecke abgewartet werden muss.

Solche Regelschaltungen eignen sich zur Verbesserung des Störverhaltens des Regelkreises. Sie versagen aber, wenn die Störgröße messtechnisch nicht erfassbar ist oder mehrere einflussreiche Störgrößen vorhanden sind.

Siehe auch >> 3.2.2 Frage 20.

07. Was versteht man unter einer Hilfsgrößenaufschaltung?

Ist die Störgröße selbst nicht messbar, aber eine aus der Regelstrecke stammende Hilfsgröße, die sich wie die Regelgröße unter dem Einfluss der Störgröße ändert, aber ein schnelleres Zeitverhalten aufweist, so kann ein Aufschalten dieser Hilfsgröße die Regelgüte verbessern.

08. Was ist das Besondere an einem sog. Fuzzy-Regler?

Ein Fuzzy-Regler ist ein Regler, der auf der Fuzzylogik basiert. Die Fuzzylogik kommt vorzugsweise dann zur Anwendung, wenn ein technischer Prozess mit mehreren Ein- und Ausgangsgrößen bei stark wechselnden Parametern und nicht linearen Teilsystemen möglichst ohne menschlichen Eingriff (Anlagenfahrer) gesteuert werden soll. Im systemanalytischen Sinne ist ein Fuzzy Control System ein statisches nicht lineares Steuersystem, welches aus scharfen Eingangsgrößen eines komplexen Prozesses nach den Regeln einer Regelbasis unscharf definierte fuzzifizierte Steuergrößen und scharfe defuzzifizierte Wertesignale bildet, mit denen ein zufriedenstellendes Prozessergebnis erreicht wird. Unter der Fuzzifizierung einer scharfen physikalischen Eingangsgröße (Messwert) eines technischen Prozesses versteht man die Quantifizierung durch unscharfe Definitionen mit linguistischen Begriffen wie warm, kalt, viel, wenig, mehr, groß, klein. Über die sog. grafischen trapez- oder dreieckförmigen Fuzzy-Sets werden die Zugehörigkeitsgrade aus den scharfen Eingangssignalen innerhalb der Grundmengen (Variablen) ermittelt. Die den Variablen der Grundmengen zugehörigen Terme entsprechen vereinfacht den linguistischen Begriffen der Fuzzy-Sets. Die Zugehörigkeitsgrade wirken auf die mit Expertenwissen erstellten Regeln der Regelbasis und daraus werden unscharfe Stellgrößen und analoge defuzzifizierte scharfe Ausgangssignale gebildet, die statisch auf die Stellorgane eines Prozesses einwirken. Die Anpassung eines Fuzzy-Controllers ohne mathematisches Modell des Prozesses ist mit dem Expertenwissen von einem bekannten Prozess relativ unproblematisch. Fuzzy-Regler beziehen sich auf die Verfahren der Fuzzy-Controller, sind aber meist funktionelle Abwandlungen, Vereinfachungen oder Ergänzungen mit der Fuzzy-Logik.

Der prinzipielle Funktionsmechanismus einer Regelung beruht auf Rückführung der Regelgröße und Eingabe des invertierten Soll-Ist-Wert-Vergleichs in den Regler. Genaue Regelungen mit dem statischen Fuzzy-Controller sind nur in begrenzten Einsatzfällen von nicht linearen Regelstrecken-Arten möglich. Optimale Regelungen können durch Erweiterungen des Fuzzy-Controllers mit integralen und differenziellen Anteilen der Regelabweichung mithilfe empirischer Einstellungen erreicht werden. Sie haben zum Vergleich im Einsatz als Regler an linearen Eingrößen-Regelstrecken keine funktionellen Vorteile gegenüber den klassischen PID-Reglern.

09. Was bezeichnet man als instabiles Regelkreisverhalten?

Instabiles Regelkreisverhalten ist dadurch gekennzeichnet, dass die Regelgröße nach einer Störung keinen konstanten Wert anstrebt, sondern entweder stetig ansteigt bzw. abfällt oder schwingend bzw. aufschaukelnd außer Kontrolle gerät. Da bei einer Anlage die Regelstrecke vorgegeben ist, muss durch die richtige Auswahl des Reglers bzw. die richtige Parametrierung des Reglers ein stabiler Regelkreis erzielt werden.

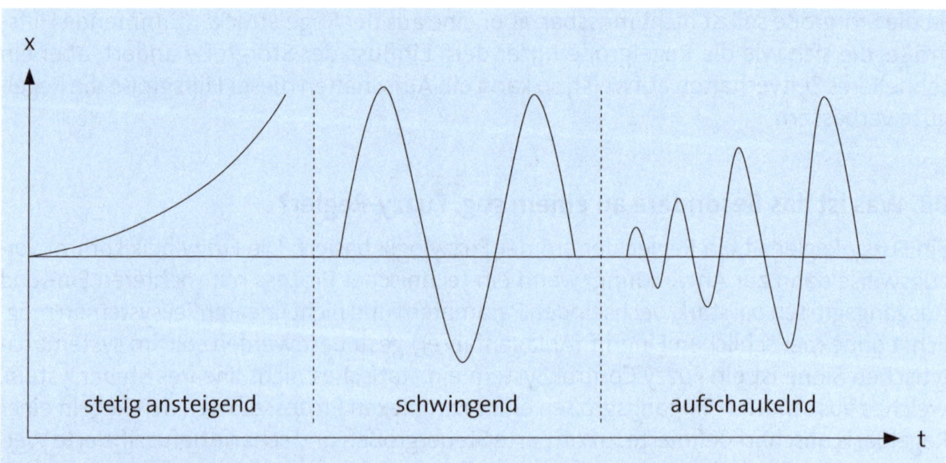

Instabiles Regelkreisverhalten

10. Welcher Reglertyp wird für welchen Einsatz verwendet?

Jeder Reglertyp hat ganz bestimmte Eigenschaften, die über seinen Einsatz entscheiden. Moderne Regler enthalten die Charakteristika aller Reglertypen. Welcher Reglertyp für eine bestimmte Regelaufgabe geeignet ist, hängt von vielen Faktoren ab. Der wichtigste Faktor ist das **Zusammenpassen von Reglertyp und Regelstrecke**. Hierbei gibt es einen Grundzusammenhang:

Schnelle Regelstrecken wie der Durchfluss, benötigen langsame Regler, um ein Aufschwingen zu vermeiden. Langsame Regelstrecken wie die Temperatur, benötigen schnelle Regler, damit das Einstellen des Sollwertes in akzeptabler Zeit geschieht.

Siehe auch >> 3.2.2 ab Frage 06. ff.

Regelgröße	Reglertyp				
	P-Regler	I-Regler	PI-Regler	PD-Regler	PID-Regler
Temperatur	bedingt geeignet	nicht geeignet	gut geeignet	bedingt geeignet	gut geeignet
Druck	bedingt geeignet	gut geeignet	gut geeignet	nicht geeignet	gut geeignet
Durchfluss	nicht geeignet	gut geeignet	bedingt geeignet	nicht geeignet	bedingt geeignet
Füllstand	gut geeignet	nicht geeignet	bedingt geeignet	nicht geeignet	bedingt geeignet

Einsatz von Reglertypen

11. Wie werden Regler eingestellt?

Ziel der Reglereinstellung ist es, diejenigen Einstellwerte für die Reglerparameter zu ermitteln, bei denen die auftretenden Regelabweichungen möglichst klein, die Dämpfung des Regelvorgangs möglichst groß und die Ausregelzeit möglichst kurz sind.

Vor dem Einstellen des Reglers muss der Regelkreis auf den richtigen Wirksinn überprüft werden, d. h. der Regler muss bei Störungen in Richtung einer Angleichung an den Sollwert reagieren. Einstellbar sind:

- bei einem P-Regler der Proportionalbeiwert K_{PR}
- bei einem PI-Regler der Proportionalbeiwert K_{PR} und die Nachstellzeit T_n
- bei einem PID-Regler der Proportionalbeiwert K_{PR}, die Nachstellzeit T_n und die Vorhaltzeit T_v.

Hauptaufgabe eines Reglers ist es, bei auftretenden Störungen dafür zu sorgen, dass die Regelgröße schnell wieder auf die Führungsgröße zurückgeführt wird. Die im praktischen Betrieb auftretenden Störungen zeigen einen sehr unterschiedlichen zeitlichen Verlauf.

Neben sprungförmigen Störgrößenänderungen gibt es wesentlich langsamer auftretende Störungen, sog. rampenförmige Störungen, sowie nur einmalige, impulsweise auftretende Störungen. Im Gegensatz dazu gibt es auch periodisch verlaufende Störungen, z. B. verursacht durch periodische Druck- und Durchflussänderungen in Rohrleitungen durch eine Verdrängerpumpe. In vielen Regelstrecken sind zusätzlich auch noch ganz unregelmäßig verlaufende Störungen kleiner Amplitude, sog. stochastische Störungen, vorhanden.

Die genannten Störungen können an verschiedenen Stellen des Regelkreises auftauchen. Das heißt, dass der Verlauf und der Angriffspunkt von Störungen unterschiedlich sind. Theorie und Praxis zeigen, dass es unter diesen Umständen keine allgemeingültigen, optimalen Reglereinstellungen geben kann. Die in der Literatur üblicherweise gemachten Angaben für optimale Reglereinstellung beziehen sich meist auf sprungweise Stör- oder Führungsgrößenänderungen.

Störungen werden am Anfang der Regelstrecke angenommen. Für eine solche sprungartige Störung bietet sich als Gütemaßstab die Überschwingweite x_m und die Ausregelzeit T_a an. Um die Ausregelzeit zu definieren, ist es erforderlich festzusetzen, wann der Regelvorgang als beendet anzusehen ist.

Zweckmäßig wird das Ausregeln einer Störung als beendet angesehen, wenn die Regelabweichung unterhalb von ± 1 % vom Sollwerteinstellbereich bleibt.

Reglerparameter, die eine kleine Überschwingweite und eine kurze Ausregelzeit erzeugen, haben also eine hohe Regelgüte. Experimente an Regelkreisen zeigen jedoch, dass es innerhalb bestimmter Grenzen nur möglich ist, entweder die Überschwingweite klein zu halten, dafür aber eine längere Ausregelzeit in Kauf zu nehmen oder umgekehrt eine größere Überschwingweite zuzulassen und dafür eine kürzere Ausregelzeit zu erhalten. Je nach Art der Regelgröße und Zweck der Anlage wird den angeführten Gütemaßstäben ein verschiedenes Gewicht beigemessen.

12. Wie erfolgt die Einstellung von Reglern nach dem Verfahren von *Ziegler-Nichols*?

In der Praxis werden Regler zumeist anhand von Erfahrungswerten eingestellt. Liegen diese nicht vor, muss das Streckenverhalten genau analysiert werden, um anschließend mithilfe verschiedenster theoretischer oder praktischer Auslegungsverfahren geeignete Reglerparameter festzulegen. Eine Möglichkeit dieser Festlegung bietet der Schwingungsversuch nach der Methode von *Ziegler-Nichols*. Er bietet eine einfache und für viele Fälle passende Auslegung. Dieses Einstellverfahren lässt sich jedoch nur bei Regelstrecken anwenden, die es erlauben, die Regelgröße zum selbsttätigen Schwingen zu bringen. Die **Vorgehensweise** ist dann folgende:

- K_P und T_d am Regler auf den kleinsten Wert und T_i auf den größten Wert einstellen (kleinstmögliche Wirkung des Reglers).
- Regelstrecke von Hand in den gewünschten Betriebspunkt bringen (Regelung anfahren).

- Stellgröße des Reglers auf den von Hand vorgegebenen Wert einstellen und auf Automatikbetrieb umschalten.
- K_P solange vergrößern (X_P verkleinern), bis harmonische Schwingungen der Regelgröße zu erkennen sind. Wenn möglich, so sollte während der K_P-Verstellung mithilfe kleiner sprunghafter Sollwertänderungen der Regelkreis zu Schwingungen angeregt werden.
- Den eingestellten K_P-Wert als kritischen Proportionalbeiwert $K_{P,krit.}$ notieren.
- Die Dauer einer ganzen Schwingung als $T_{krit.}$ bestimmen – eventuell per Stoppuhr unter Bildung des arithmetischen Mittels über mehrere Schwingungen.
- Die Werte von $K_{P,krit.}$ und $T_{krit.}$ mit den Multiplikatoren gemäß der nachfolgenden Tabelle multiplizieren und die so ermittelten Werte für $K_{P,}$ T_i und T_d am Regler einstellen.
- Falls erforderlich K_P und T_i leicht nachjustieren, bis die Regelung ein zufriedenstellendes Verhalten zeigt.

	K_p	T_i	T_d
P	$0{,}50 \bullet K_{p,\,krit.}$	-	-
PI	$0{,}45 \bullet K_{p,\,krit.}$	$0{,}85 \bullet T_{krit.}$	-
PID	$0{,}59 \bullet K_{p,\,krit.}$	$0{,}50 \bullet T_{krit.}$	$0{,}12 \bullet T_{krit.}$

Einstellwerte nach *Ziegler-Nichols*

13. Wie erfolgt die Einstellung von Reglern nach dem Verfahren von *Chien, Hrones* und *Reswick*?

Die Einstellregeln nach *Chien, Hrones* und *Reswick* sind eine 1952 entwickelte Vorgehensweise zur günstigen Einstellung von Reglern. Sie gelten als eine Weiterentwicklung der 2. Methode von *Ziegler* und *Nichols*. Vorteilhaft ist, dass die Regelparameter getrennt sind für ein günstiges Stör- und Führungsverhalten. Sie sind ebenso unterteilt für aperiodische oder periodische Regelungen. Voraussetzung zur Anwendung dieses Verfahrens ist, dass die Verzugszeit T_u und die Ausgleichszeit T_g einer Regelstrecke bekannt sind. Gleiches gilt für den Übertragungsbeiwert K_s.

Zur Regelstrecke gehören auch Stellglied und Messeinrichtung. Deshalb müssen T_u, T_g und K_s mit Stellglied und Messeinrichtung ermittelt werden. Es gelten die gleichen Einschränkungen wie bei der Methode von *Ziegler* und *Nichols*. Zur Bestimmung der Strecken-Kennwerte müssen Experimente am ungeregelten Prozess durchführbar sein, ohne dass dieser dadurch beschädigt wird. Die Einstellregeln für für den Proportionalbeiwert (Verstärkung) K_p, die Nachstellzeit T_n und die Vorhaltzeit T_v lauten wie in folgender Tabelle angegeben.

Regler		Aperiodischer Regelverlauf		Regelverlauf mit 20 % Überschwingen	
		Störung	Führung	Störung	Führung
P	K_p	$0{,}3 \cdot \frac{T_g}{T_u \cdot K_s}$	$0{,}3 \cdot \frac{T_g}{T_u \cdot K_s}$	$0{,}7 \cdot \frac{T_g}{T_u \cdot K_s}$	$0{,}7 \cdot \frac{T_g}{T_u \cdot K_s}$
PI	K_p	$0{,}6 \cdot \frac{T_g}{T_u \cdot K_s}$	$0{,}35 \cdot \frac{T_g}{T_u \cdot K_s}$	$0{,}7 \cdot \frac{T_g}{T_u \cdot K_s}$	$0{,}6 \cdot \frac{T_g}{T_u \cdot K_s}$
	T_n	$4 \cdot T_u$	$1{,}2 \cdot T_g$	$2{,}3 \cdot T_u$	$1 \cdot T_g$
PID	K_p	$0{,}95 \cdot \frac{T_g}{T_u \cdot K_s}$	$0{,}6 \cdot \frac{T_g}{T_u \cdot K_s}$	$1{,}2 \cdot \frac{T_g}{T_u \cdot K_s}$	$0{,}95 \cdot \frac{T_g}{T_u \cdot K_s}$
	T_n	$2{,}4 \cdot T_u$	$1 \cdot T_g$	$2 \cdot T_u$	$1{,}35 \cdot T_g$
	T_v	$0{,}42 \cdot T_u$	$0{,}5 \cdot T_u$	$0{,}42 \cdot T_u$	$0{,}47 \cdot T_u$

Einstellwerte nach *Chien, Hrones* und *Reswick*

14. Wie werden Regelarmaturen ausgelegt?

Aus Kostengründen und wegen der für die Regelfähigkeit erforderlichen Ventilautorität (Verhältnis bei Nennlast zwischen dem Differenzdruck des voll geöffneten Ventils (Δpv100) bei Nenndurchfluss und dem maximal auftretenden Differenzdruck des geschlossenen Ventils) wählt man die Nennweite von Regelarmaturen häufig ein oder zwei Nennweitenstufen kleiner als die Rohrleitung selbst. Häufig wird versucht mit nur wenigen Nennweiten in der gesamten Anlage auszukommen. Hier ergeben sich Vorteile in der Ersatzteilbevorratung.

Die notwendige Anpassung an die Strömungsverhältnisse erreicht man durch die Auswahl von Sitz und Kegel. In ein Ventilgehäuse passen unterschiedliche Sitz-Kegel-Kombinationen. Maßgebende Kennzahl ist der Ventildurchflusswert. Ferner muss untersucht werden, ob die maximale Geschwindigkeit im Extremfall unterhalb der Schallgeschwindigkeit bzw. im Regelfall unter wenigen Metern pro Sekunde liegt, um so Kavitation oder auch zu hohe Geräuschentwicklung zu vermeiden.

Regelventile haben meist eine gewisse Leckrate. In Anbetracht der Notwendigkeit der Energieeinsparung nimmt in der Gebäudetechnik jedoch die Bedeutung dichtschließender Ventile weiter zu, wobei dies im Falle von Dreiwegeventilen für alle drei Wege gilt. Die Einbauverhältnisse (eingeschweißt, eingeklemmt/Sandwichbauweise oder geflanscht) ergeben sich aus den Anforderungen der zugehörigen Rohrklasse.

15. Wie erfolgt der Antrieb von Regelarmaturen?

Der Antrieb von Stellventilen, Stellantrieb genannt, kann pneumatisch über eine Membran, elektrisch oder hydraulisch über einen Kolben erfolgen. Die Wahl des Stellantriebs hängt ab von der Anwendung und der Verfügbarkeit der notwendigen Hilfsenergie. In den meisten verfahrenstechnischen Anlagen gibt es ein Druckluftnetz (typisch 6 bar), daher sind pneumatisch angetriebene Regelventile weitverbreitet. In den meisten Fällen erzeugen mechanische Federn die notwendige Gegenkraft, beim Ausfall der Druckluft schließt das Ventil dann selbsttätig; in wenigen Fällen (z. B. für Kühlwasser) muss das umgekehrt sein, dann öffnet die Federkraft das Ventil. Pneumatische Antriebe haben den Vorteil einer hohen Stellgeschwindigkeit. Elektrische Antriebe hingegen haben den Vorteil, keine Versorgung mit Druckluft zu benötigen. Außerdem neigen Regelventile mit elektrischen Stellantrieben weit weniger zum unerwünschten Schwingen, da Druckänderungen im Medium wegen der Selbsthemmung des Getriebes praktische keinen Einfluss auf die Position des Ventilkegels nehmen können. Im Falle von gebäudetechnischen Anwendungen (Heizung, Klimatisierung) werden praktisch ausschließlich elektrische Ventilantriebe verwendet. Um die Ansteuerung des Regelventilantriebs zu standardisieren, werden häufig zusätzliche Stellungsregler eingesetzt.

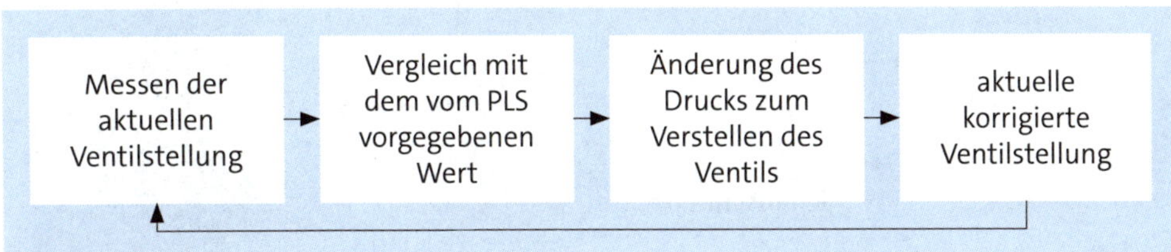

Aufgaben des Stellungsreglers

10.3.3 Einsatz von Prozessleitsystemen/Optimierungsmöglichkeiten

01. Was beinhaltet ein Prozessleitsystem (PLS)?

Prozessleitsysteme werden in den meisten chemischen Anlagen eingesetzt und bestehen üblicherweise aus einem Paket, das folgende Mechanismen beinhaltet:

- prozessnahe Komponente (PNK) zur Steuerung von Aktoren und Aufnahme der Messwerte
- Alarmsystem
- Anlagenvisualisierung
- Kurvenaufzeichnung von analogen Messwerten
- Benutzerverwaltung
- Möglichkeiten des Engineerings.

Meist sind auch folgende zusätzliche Mechanismen erhältlich:

- Batch-System zur Rezeptfahrweise
- Routensystem für die Auswahl von Förderwegen
- technische Diagnosemöglichkeiten
- Datenschnittstellen zu externen Systemen
- Recheneinheiten für anspruchsvollere Regelungstechnik
- Systeme zur Datensicherung.

Die prozessnahen Komponenten sind in Schaltschränken eingebaut, die sich in Schalträumen befinden. Sie erledigen die eigentlichen Steuerungs- und Regelungsaufgaben und sind mit Sensoren (z. B. Druckmessumformern) sowie Aktoren (z. B. Regelventilen) verbunden. Die Bedien- und Beobachtungsstationen dienen der Visualisierung der verfahrenstechnischen Anlage und befinden sich in der Schaltwarte, die ständig mit Anlagenfahrern besetzt ist. Prozessnahe Komponenten und Bedien- und Beobachtungsstationen sind über ein Bussystem miteinander verbunden.

Komponenten eines verteilten Prozessleitsystems

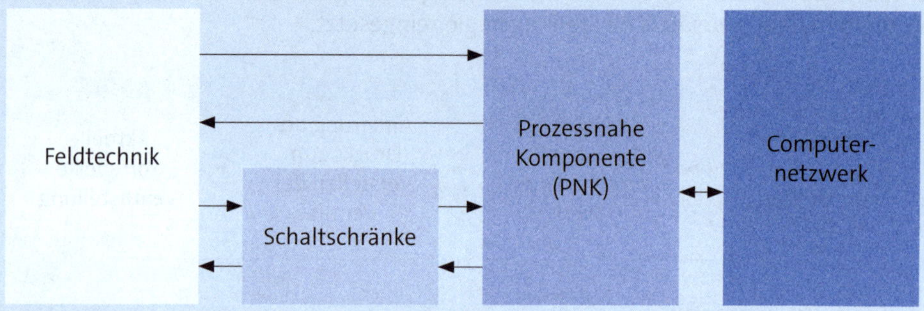

Räumliche Situation der Komponenten eines verteilten Prozessleitsystems

Feld (Anlage)	Schaltraum zwischen Feld und Messwarte	Schaltraum zwischen Feld und Messwarte	Messwarte

Hauptgruppen der Komponenten eines verteilten Prozessleitsystems

▸ Sensoren ▸ Aktoren	▸ Baugruppen zur galvanischen Trennung und zur Spannungsversorgung der Sensoren und Aktoren ▸ Relais ▸ Transmitter für einige der Sensoren	▸ Controller ▸ Wandler zum Digitalisieren ▸ Wandler zum Entdigitalisieren	▸ Arbeitsstationen ▸ Monitore ▸ Tastaturen ▸ Zeigegeräte

Bestandteile eines Leitsystems

02. Wie wird das Prozessgeschehen vom PLS dargestellt?

Bei Prozessleitsystemen wird das Prozessgeschehen in der Chemieanlage mit Farbbildern auf den Monitoren der Beobachtungs- und Bedienstationen dargestellt. Die Bilddarstellung der Prozessleitsysteme verschiedener Hersteller unterscheidet sich lediglich in Details. Es gibt grundsätzlich **zwei Arten von Bilddarstellungen:**

- **Anlagenspezifische Grafikbilder** geben eine Übersicht über die konkrete Anlage und das in ihr ablaufende Prozessgeschehen. Sie sind aus grafischen Symbolen für die Apparate, Armaturen und Rohrleitungen aufgebaut. In dieses statische Fließbild werden in der Nähe der Sensoren die aktuellen Betriebsmessgrößenwerte eingeblendet und die Aktoren sind mit sensitiven Flächen überlagert, die eine Mausbedienung ermöglichen. Sowohl Sensoren als auch Aktoren sind je nach Zustand in einer anderen Farbe dargestellt, um schnell einen Überblick über den Anlagenzustand zu erhalten.
- **Vorkonfektionierte Bilder** sind Bilder mit Informationen aus den Prozessen. Diese sind in Tabellen, Blöcken oder Feldern dargestellt. Um sowohl eine Prozessübersicht zu ermöglichen als auch Detailinformationen abrufen zu können, gibt es mehrere konfektionierte Bildarten.

  Zum Beispiel ist das **Strukturbild** eine spezielle Darstellungsart für Ablaufsteuerungen. In ihm wird der aktuelle Programmzustand einer Ablaufsteuerung in einem Funktionsplan dargestellt. Der gerade aktuelle Steuerschritt ist farblich unterlegt, die Informationen der nachfolgenden Schritte sind ohne Farbunterlegung aufgezeigt. Störungen, wie z. B. Zeitüberschreitungen oder nicht erfüllte Grenzwerte, werden durch Farbumschlag oder Rotunterlegung deutlich gemacht.

03. Welche Funktionen umfasst ein PLS?

Der Funktionsumfang, d. h. die Fähigkeiten, die ein Prozessleitsystem besitzt, sind sehr vielfältig. Außer der reinen Bedienung der Aktoren (Ventile und Motoren) und der Überwachung der Messstellen über den Bildschirm, laufen über das Leitsystem alle notwendigen Regel- und Steuerfunktionen. Darüber hinaus gibt es spezielle Programme zur Rezepturverarbeitung bei Chargenprozessen.

- **Regelfunktionen**

  Haupteinsatzgebiet der Regelungsfunktionen ist die sollwertorientierte Führung von Betriebsmessgrößen bei kontinuierlich betriebenen Prozessen.
- **Steuerfunktionen**

  Steuerungsfunktionen werden bevorzugt bei absatzweise betriebenen Chargenprozessen eingesetzt. Darüber hinaus dienen sie zum Anfahren bzw. kontrollierten Abschalten kontinuierlicher Prozesse.
- **Rezeptursteuerung**

  In Chargenprozessen werden verschiedene Endprodukte gemäß vorgegebenen Rezepturen in einzelnen Chargen produziert. Speziell für diese Aufgabe gibt es Steuerprogramme, die unter der Bezeichnung Rezeptursteuerungen oder rezepturabhängige Ablaufsteuerungen geführt werden.

- **Alarm- und Meldefunktionen**

  Die Überwachungsfunktionen eines Prozessleitsystems haben im Wesentlichen zwei Aufgaben:

  - die sofortige Alarmierung bei gefährlichen Betriebszuständen in der Chemieanlage
  - die Meldung von Störungen innerhalb des Prozessleitsystems und der MSR-Technik.

- **Trendbilder**

  Der zeitliche Verlauf von Prozessgrößen kann im Prozessleitsystem gespeichert und als Kurvenbild dargestellt werden. In einem Kurvenbild können mehrere Messgrößen mit unterschiedlichen Farblinien gezeigt werden.

04. Wie erfolgt die Bedienung des PLS?

Die Bedienung eines Prozessleitsystems erfolgt an der Beobachtungs- und Bedienstation in der Leitwarte oder vor Ort. Der Arbeitsplatz eines Anlagenfahrers (Operator) in der Leitwarte verfügt über mehrere Bildschirme mit Bedienelementen. Damit kann der Anlagenfahrer z. B. auf einem Bildschirm eine Übersicht der Anlage darstellen und auf dem zweiten Bildschirm Kurvenbilder des Trends darstellen. Der dritte Bildschirm dient z. B. für Alarmmeldungen oder als Reserve bei einem Bildschirmausfall. Zur Bedienung der Anlagen über ein Prozessleitsystem stehen (bei Chargenprozessen) zwei Möglichkeiten zur Verfügung:

- **Anlagenorientierte Bedienung**

  Bei anlagenorientierter Fahrweise steht dem Bediener ein Fließbild der Anlage zur Verfügung. In diesem Fließbild kann der Anlagenfahrer Aktoren auswählen und durch direkten Eingriff bedienen (z. B. öffnen/schließen, an-/abschalten, bestimmte Werte einstellen).

- **Ablauforientierte Fahrweise**

  Bei der ablauforientierten Fahrweise sind die durchzuführenden Tätigkeiten in Form von Grundfunktionen oder Grundoperationen bereits vorprogrammiert. Dies wird meist dann verwendet, wenn der Einsatz von Rezepten geplant ist oder bereits durchgeführt wird.

Weitere Tätigkeiten bei der Bedienung von Prozessleitsystemen sind:

- **Anwählen und Bedienen der MSR-Stellen und Regler** (Parametrieren), d. h. Einstellen oder Anpassen von Grenzwerten in Messstellen oder von Reglerparametern.
- **Quittieren und Bearbeiten von Störmeldungen und Alarmen**. Sobald ein Alarm im System auftaucht, muss dieser quittiert werden, um die akustische Meldung (Warnton oder Sprachmeldung) aufzuheben. Anschließend muss der Bediener die Gründe für die Alarmierung finden und entsprechende Maßnahmen zum Rückführen in den normalen Betrieb auslösen.
- Auslösen peripherer Geräte, wie z. B. Drucker zur Dokumentation.

05. Wie erfolgt die Konfiguration eines PLS?

Die Planung, Konfigurierung und Inbetriebnahme eines Prozessleitsystems und der damit verzahnten Aktivitäten gliedert sich in mehrere Schritte. Außer der verfahrenstechnischen und elektrotechnischen Planung gilt der Erstellung der Prozessleitsoftware besondere Aufmerksamkeit.

Bei der Software der digitalen Prozessleitsysteme handelt es sich um vorgefertigte Programme, die so konfiguriert werden können, dass sie in allen Anlagen der chemischen Industrie verwendet werden können. Die Programmteile können genutzt werden, um daraus, wie aus Steinen eines Baukastens, ein funktionsfähiges System zusammenzusetzen. Dies geschieht heutzutage meist durch eine grafische Benutzeroberfläche, die das Programmieren der einzelnen Teile des Prozessleitprogramms unterstützt. Ein solches Programmieren nennt man **C**omputer **A**ided **E**ngineering (CAE). Das Konfigurieren wird meist nicht vom Hersteller des Leitsystems selbst durchgeführt, sondern von mittelständischen Unternehmen der Automatisierungsbranche oder die Betreiberfirma baut eigenes Know-how für das Engineering auf.

Die Teilprogramme, mit welchen die Prozessleitsoftware erstellt wird, sind:

- ein Zeichenprogramm zur Erstellung der später bedienbaren Fließbilder, einschließlich der Möglichkeit, bereits vorher mit anderer Software erstellte Grafiken zu importieren
- Konfigurierprogramm zum Festlegen von Anzahl, Typ und Verwendung der erforderlichen Ein- und Ausgangssignale
- Programm zum Erstellen von rezepturbasierten Ablaufsteuerungen für Batchprozesse
- Konfigurierungsprogramm zur Vergabe der Adressen zur Teilnahme am Busdatenverkehr
- vorgefertigte Programme, z. B. Softwarebausteine für bestimmte, wiederkehrende Rechenoperationen, wie z. B. Regler, SPS-Steuerungen
- spezielle Bausteine für die Darstellung bestimmter Informationen, wie z. B. das Alarmfenster, die Trenddarstellung, Faceplates (Bildbausteine) für Messungen, Regler und Stellorgane.

11. Technologie

INFO

Prüfungsanforderungen

Im Wahlpflichtqualifikationsschwerpunkt Technologie soll die Fähigkeit nachgewiesen werden, die Entwicklung einer Produktionskette, ausgehend vom Rohstoff bis zum Produkt darstellen zu können.

Wahlpflichtqualifikationsschwerpunkt Technologie (Überblick)

11.1 Umsetzen vom Labor- in den Produktionsmaßstab (Scale up) und Entwickeln von Lösungsvorschlägen bei Problemen

11.2 Bewerten der Substitution von Roh-, Hilfs-, Betriebs- und Werkstoffen

11.3 Auswählen von geeigneten Verfahrensvorschlägen zum Führen von technologischen Prozessen sowie zur Produktaufarbeitung und -modifikation

11.1 Umsetzen vom Labor- in den Produktionsmaßstab (Scale up) und Entwickeln von Lösungsvorschlägen bei Problemen

11.1.1 Vorbereitung/Übergabedokumentation

01. Was versteht man unter Scale up?

Das Scale up ist eine aus dem Englischen übernommene Bezeichnung für die in der chemischen oder biochemischen Verfahrensentwicklung praktizierte Maßstabsvergrößerung der Herstellverfahren. Ziel ist der Bau einer technischen Produktionsanlage. Beim Scale up werden in einer maßstäblich verkleinerten Laborapparatur im Modellversuch sog. dimensionslose Kennzahlen, wie z. B. die Reynolds-Zahl, ermittelt, die unabhängig von den geometrischen Abmessungen sind. Die Kennzahlen ermöglichen die Auslegung der maßstäblich größeren Produktionsanlage. Typische Scale-up-Anwendungen sind die Auslegung des Rührantriebes oder des Temperiersystems für einen Reaktor. Im umgekehrten Fall, wenn man z. B. die Fehlfunktion einer großtechnischen Anlage durch entsprechende Modellversuche klären will, spricht man von Scale down.

02. Wie erfolgt die Entwicklung eines neuen Verfahrens?

Der Ablauf erfolgt in der chemischen Industrie häufig wie nachfolgend dargestellt:

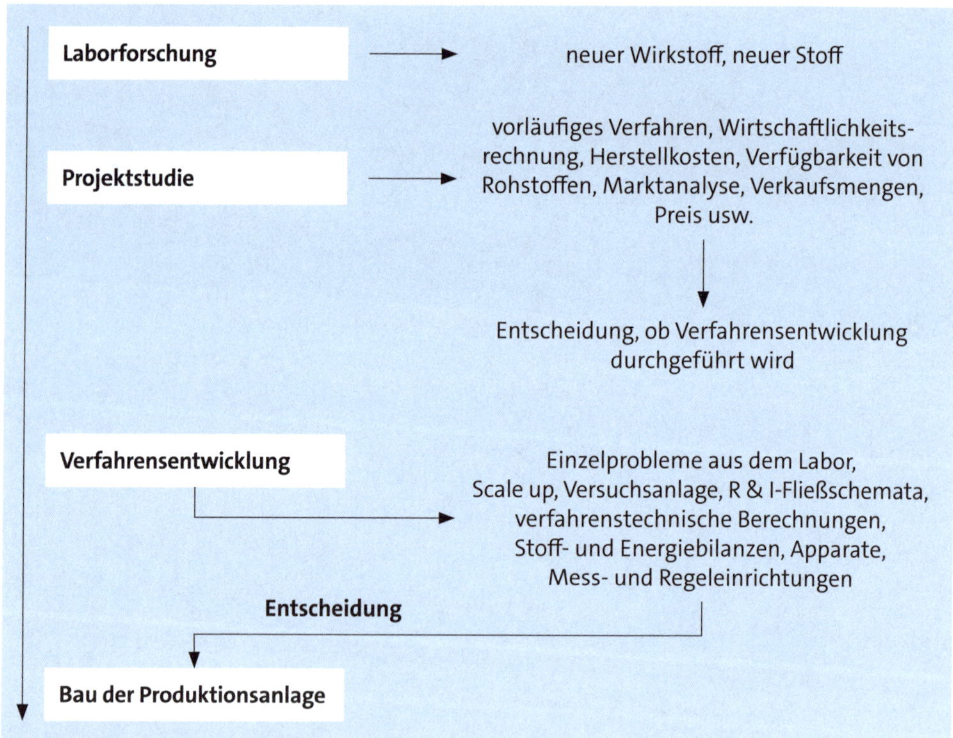

Ablauf der Entwicklung eines neuen Verfahrens

03. Welche chemischen und physikalischen Stoffdaten müssen berücksichtigt werden?

Für den Umgang mit und die Umsetzung von Stoffen und Stoffmischungen im Labor oder später in der Produktion ist es außerordentlich wichtig, die Eigenschaften und das Verhalten der zum Einsatz kommenden Edukte sowie die Zwischen- und Endprodukte zu kennen. In erster Linie sind hier die chemischen und physikalischen Eigenschaften zu nennen:

- Aggregatzustand
- Siedepunkt
- Schmelzpunkt
- giftig
- ätzend
- brennbar
- wasserlöslich
- pH-Wert bei flüssigen Stoffen.

04. Welche sicherheitstechnischen Kenndaten der Stoffe müssen berücksichtigt werden?

In der Gefahrstoffverordnung sind Kenndaten aufgeführt, die eine Aussage über das Gefahrenpotenzial des Stoffes bzw. der Stoffzubereitungen treffen (H+P-Sätze, Gefahrstoffsymbole, Wassergefährdungsklassen usw.). Neben diesen Informationen wurden weitere Kenndaten definiert, die eine Aussage hinsichtlich der Feuer- und Explosionsgefährlichkeit zulassen. Diese sicherheitstechnischen Kenndaten werden mit experimentellen Prüfmethoden bestimmt. Zu ihnen zählen:

- Flammpunkt
- Zündtemperatur
- untere und obere Explosionsgrenzen (Zündgrenzen)
- maximaler Explosionsdruck und Druckanstiegsgeschwindigkeit
- Zersetzungstemperatur
- toxikologische Daten.

Der Flammpunkt ist ausschlaggebend bei der Einstufung und Klassifizierung von brennbaren Flüssigkeiten als Gefahrstoff nach der Betriebssicherheitsverordnung (BetrSichV).

05. Was beschreibt die Zündtemperatur?

Die Zündtemperatur ist die Temperatur, bei der Stoffe an heißen Körpern Selbstentzündung zeigen – sie ist demnach die niedrigste Temperatur, bei der brennbare Gase,

Dämpfe, Stäube oder feinverteilte feste Stoffe unter Anwesenheit von Luftsauerstoff und einer aktiven Zündquelle (z. B. heiße Oberflächen) anfangen zu brennen.

06. Was bezeichnet die Explosionsgrenze?

Gemische aus brennbaren Gasen, Dämpfen oder Stäuben mit Sauerstoff oder Luft sind innerhalb bestimmter Mischungsverhältnisse explosionsfähig. Es gibt deshalb für diese explosionsfähigen Gemische eine obere Explosionsgrenze (OEG) und eine untere Explosionsgrenze (UEG). Die Explosionsgrenzen sind temperatur- und druckabhängig. Man bezeichnet den Bereich unterhalb der unteren Explosionsgrenze auch als mageres Gemisch und den Bereich oberhalb der oberen Explosionsgrenze als fettes Gemisch. Dabei kann ein fettes Gemisch unter weiterer Luftzufuhr verbrennen, es kommt jedoch zu keiner Explosion. Ein mageres Gemisch kann jedoch nicht zünden.

Wenn eine Gaskonzentration innerhalb der Explosionsgrenzen auftritt, wird dieses als explosionsfähige Atmosphäre bezeichnet. Sie stellt somit eine Mischung eines brennbaren Gases mit Sauerstoff oder Luft dar. Die jeweiligen Werte gehören zu den sicherheitstechnischen Kennzahlen und können entweder den Sicherheitsdatenblättern der einzelnen Stoffe entnommen werden oder sie müssen in Tabellenbüchern oder Datenbanken recherchiert werden.

07. Wie erfolgt die Einteilung in explosionsgefährdete Zonen?

Drei Elemente werden benötigt, um eine Explosion im explosionsgefährdeten Bereich auszulösen: Brennstoff (Gas oder Staub), Sauerstoff O_2 und eine Zündquelle (z. B. Funken, heiße Oberfläche, Kurzschluss usw.). Das Risiko einer Explosion basiert auf der Wahrscheinlichkeit des gleichzeitigen Auftretens von Brennstoffen (Konzentration zündfähiger Gase, Dämpfe oder Staubpartikel) und Sauerstoff über eine bestimmte Zeitspanne (definiert durch Zonen).

Für **gasexplosionsgefährdete Bereiche** sind dies die Zonen:

- **Zone 0**

  Bereich, in dem ständig oder langzeitig eine explosionsfähige Atmosphäre aus einem Gemisch von Luft mit brennbaren Substanzen in Form von Gas, Dampf oder Nebel vorhanden ist.

- **Zone 1**

  Bereich, in dem damit zu rechnen ist, dass eine explosionsfähige Atmosphäre aus einem Gemisch von Luft mit brennbaren Substanzen in Form von Gas, Dampf oder Nebel bei normalem Betrieb gelegentlich auftritt.

- **Zone 2**

  Bereich, in dem nicht damit zu rechnen ist, dass bei normalem Betrieb eine explosionsfähige Atmosphäre aus einem Gemisch von Luft mit brennbaren Substanzen in Form von Gas, Dampf oder Nebel auftritt, und wenn, dann nur selten und auch nur kurzzeitig.

Für Bereiche mit **brennbarem Staub** sind dies die Zonen:

- **Zone 20**

  Bereich, in dem eine explosionsfähige Atmosphäre in Form einer Wolke brennbaren Staubes in Luft ständig, langzeitig oder häufig vorhanden ist.

- **Zone 21**

  Bereich, in dem damit zu rechnen ist, dass eine explosionsfähige Atmosphäre in Form einer Wolke brennbaren Staubes in Luft bei Normalbetrieb gelegentlich auftritt.

- **Zone 22**

  Bereich, in dem bei Normalbetrieb nicht damit zu rechnen ist, dass eine explosionsfähige Atmosphäre in Form einer Wolke brennbaren Staubes in Luft auftritt, wenn sie aber dennoch auftritt, dann nur kurzzeitig.

08. Was besagt die Staubexplosionsklasse?

Die Staubexplosionsklasse wird zur Auslegung der konstruktiven Schutzmaßnahmen „Explosionsdruckentlastung“ bzw. „Explosionsunterdrückung“ an Apparaturen benötigt. Zur Bestimmung der Staubexplosionsklasse wird in einem geschlossenen Behälter (20-Liter-Staubexplosionskugel) der maximale zeitliche Druckanstieg bei optimaler Konzentration ermittelt.

Da der maximale zeitliche Druckanstieg volumenabhängig ist, geht in die Berechnung der Staubexplosionsklasse das Volumen des Versuchsbehälters ein. Es wurden drei Staubexplosionsklassen gebildet:

- Staubexplosionsklasse 1 bis 200 bar • m • s^{-1}
- Staubexplosionsklasse 2 über 200 bis 300 bar • m • s^{-1}
- Staubexplosionsklasse 3 über 300 bar • m • s^{-1}.

Die Staubexplosionsklasse ist kein Kriterium für die Wahrscheinlichkeit des Auftretens einer Staubexplosion oder die Wirkung einer Staubexplosion in einer Betriebsanlage (alle Explosionen sind mit teilweise erheblichen Schäden verbunden), sondern nur ein Hinweis, welches Schutzkonzept im Zusammenhang mit Staubexplosionen verfolgt werden kann bzw., wie Maßnahmen des konstruktiven Explosionsschutzes auszulegen sind.

09. Welche Werte sagen etwas über die Gesundheitsgefährdung eines Stoffes aus?

Um abzuklären, ob ein Stoff eingesetzt werden darf, ist es sehr wichtig, dessen Giftigkeit (Toxizität) zu kennen. Die wichtigsten toxikologischen Daten sind hier:

- LD50-Wert
- LC50-Wert

- MAK-Wert
- AGW-Wert
- TRK-Wert.

Die Abkürzung LD leitet sich von „letale Dosis" ab und ist die für ein bestimmtes Individuum tödliche Menge eines bestimmten Stoffs. Im Tierversuch wird der sog. **LD50-Wert** bestimmt: die Menge, die bei einmaliger Gabe den Tod von 50 % der Versuchstiere zur Folge hat. Der LD50-Wert ist ein Maß für die akute Toxizität einer Substanz und wird üblicherweise in mg/kg Körpergewicht angegeben. Da die Art der Verabreichung eine Rolle für die Giftigkeit spielt, ist auch diese anzugeben (z. B. oral, subkutan oder intravenös).

Der **LC50-Wert** leitet sich von der letalen Konzentration ab und beschreibt die Toxizität von Stoffen, die über die Atmung in Form von Dämpfen, Gasen oder Stäuben aufgenommen wurden. Der LC50-Wert ist die Konzentration in ppm oder in g/m^3, die nach der Aufnahme durch die Atmung während einer bestimmten Zeitdauer für 50 % der Versuchstiere innerhalb von 14 Tagen zum Tod führt.

Ein weiterer wichtiger Wert, der eine Aussage über mögliche Gesundheitsgefährdungen von Stoffen macht, ist die **Maximale Arbeitsplatz-Konzentration (MAK-Wert)**. Die MAK-Werte werden jährlich durch die Senatskommission zur Prüfung gesundheitsschädlicher Arbeitsstoffe von der Deutschen Forschungsgemeinschaft veröffentlicht und ggf. nach unten korrigiert. Der MAK-Wert gibt die maximal zulässige Konzentration eines Stoffes, Gases, Dampfes oder der Schwebstoffe in der Luft am Arbeitsplatz an, bei der kein Gesundheitsschaden zu erwarten ist, auch wenn jemand der Konzentration i. d. R. acht Stunden täglich, max. 40 Stunden (oder max. 42 Stunden im Schichtbetrieb) in der Woche ausgesetzt ist. Je niedriger der Grenzwert eines Stoffes ist, umso gesundheitsschädlicher ist er. Für krebserregende Stoffe gelten andere Regeln, hier erfolgt eine Einteilung in fünf Kategorien. Die MAK-Werte gelten für einzelne Stoffe. Sind mehrere Stoffe vorhanden, können aus den MAK-Werten nur sehr beschränkt Schlüsse gezogen werden, ob das Gemisch eine toxische Wirkung hat.

Seit dem 01.01.2005 besteht mit dem Inkrafttreten der neuen Gefahrstoffverordnung (GefStoffV) ein neues Grenzwertkonzept. Die neue GefStoffV kennt nur noch gesundheitsbasierte Grenzwerte, genannt **Arbeitsplatzgrenzwert (AGW)**. Der Arbeitsplatzgrenzwert (AGW) ist gemäß der Gefahrstoffverordnung (GefStoffV) der Grenzwert für die zeitlich gewichtete durchschnittliche Konzentration eines Stoffes in der Luft am Arbeitsplatz in Bezug auf einen gegebenen Referenzzeitraum. Er gibt an, bei welcher Konzentration eines Stoffes akute oder chronische schädliche Auswirkungen auf die Gesundheit im Allgemeinen nicht zu erwarten sind. Der AGW ist ein Schichtmittelwert für eine i. d. R. täglich achtstündige Exposition an fünf Tagen der Woche während der Lebensarbeitszeit.

Die **Technische Richtkonzentration (TRK-Wert)** gibt die Konzentration eines Stoffes als Gas, Dampf oder Schwebstoff in der Luft am Arbeitsplatz an, die nach Stand der Technik maximal erreicht werden darf. TRK-Werte werden nur für krebserzeugende, krebsverdächtige und erbgutverändernde Stoffe angegeben, für die kein MAK-Wert angegeben werden darf. Der TRK-Wert soll das Risiko eines Gesundheitsschadens minimieren, da auch bei eingehaltenem TRK-Wert eine Beeinträchtigung der Gesundheit des Menschen nicht ausgeschlossen ist. Dabei gelten die TRK-Werte für Personen, die gesund und im erwerbsfähigen Alter sind. Der TRK-Wert war ein Grenzwert der deutschen Gefahrstoffverordnung (GefStoffV) bis zum Inkrafttreten ihrer Neufassung vom 01.01.2005. Seit 01.01.2005 besteht mit dem Inkrafttreten der neuen Gefahrstoffverordnung ein neues Grenzwert-Konzept. Die neue GefStoffV kennt nur noch gesundheitsbasierte Grenzwerte, genannt Arbeitsplatzgrenzwert (AGW) und Biologischer Grenzwert (BGW). Die alten Bezeichnungen MAK-Werte und BAT-Werte können und sollen jedoch bis zur vollständigen Umsetzung der Verordnung als Richt- und Orientierungsgrößen weiterverwendet werden. Seit 2013 leitet der Ausschuss für Gefahrstoffe für krebserzeugende Stoffe in der Luft am Arbeitsplatz stoffspezifische Expositions-Risiko-Beziehungen (ERB) ab sowie stoffspezifische Akzeptanz- und Toleranzkonzentrationen (TRGS 910).

10. Was beschreibt die Reaktionskinetik?

Die Reaktionskinetik ist die Lehre von der Geschwindigkeit chemischer Reaktionen. Diese Reaktionsgeschwindigkeit wird von verschiedenen Faktoren beeinflusst, deren Erforschung und Kenntnis Auskunft darüber gibt, auf welche Weise die miteinander reagierenden Stoffe in die Endprodukte verwandelt werden. Die Kenntnis dieser Faktoren ermöglicht es im Prinzip, chemische Reaktionen zu steuern, d. h. gewünschte Endprodukte aus bestimmten Ausgangsstoffen herzustellen und nicht irgendwelche Produkte, aus denen die gewünschten erst herausgetrennt werden müssen. Da viele chemische Reaktionen eine intensive Energie- bzw. Enthalpiekomponente besitzen, ist auch deren Kenntnis wichtig, um Kosten zu sparen bzw. fehlgeleitete Reaktionen (Explosionen, Verpuffungen, Verbrennungen usw.) zu verhindern. Die genauere Beschreibung, wie eine Reaktion in welchen einzelnen Schritten abläuft, nennt man den Reaktionsmechanismus. Die meisten chemischen Reaktionen laufen nicht so ab, wie es die Reaktionsgleichung angibt, sie gehen in mehrstufigen Umwandlungen vor sich. Aussagen über Reaktionsmechanismen sind daher „nur" (Modell-)Vorstellungen über den Reaktionsablauf, deren Grundlagen auf kinetischen Untersuchungen beruhen, d. h. auf Konzentrationsänderungen in bestimmten Zeitintervallen.

Die Reaktionskinetik umfasst mehrere Teilgebiete:

1. die Reaktionsgeschwindigkeit
2. die Konzentrationsabhängigkeit der Reaktionsgeschwindigkeit
3. die Formulierung entsprechender Geschwindigkeitsgesetze
4. die Formulierung einer Hypothese über den detaillierten Ablauf, d. h. den Reaktionsmechanismus
5. die Temperaturabhängigkeit der Reaktionsgeschwindigkeit
6. der Einfluss anderer Stoffe auf die Reaktionsgeschwindigkeit: Katalyse und Inhibition.

11. Weshalb ist die Reaktionsenthalpie so wichtig?

Viele chemische Reaktionen setzen Wärmeenergie frei (exotherme Reaktion), die im Labormaßstab mitunter gering ist und problemlos abgeführt bzw. kontrolliert werden kann. Teilweise wird noch der veraltete Begriff der Wärmetönung in der Fachliteratur verwendet. Dieser bezeichnet die bei einer chemischen Reaktion aufgenommene (endotherme Reaktion, negative Wärmetönung) oder abgegebene (exotherme Reaktion, positive Wärmetönung) Wärmemenge. Wird dagegen im Technikums- bzw. industriellen Maßstab gearbeitet, bei denen mehrere Tonnen an Stoffen zur Reaktion kommen, werden Wärmeenergiemengen frei, die potenziell eine hohe Zerstörungskraft besitzen und damit eine nicht unerhebliche Gefahr beinhalten. Kann von den Kühlaggregaten die pro Zeiteinheit freigesetzte Wärmemenge nicht mehr ausreichend abgeführt werden, erwärmt sich das Reaktionsgemisch stetig und die Reaktionsgeschwindigkeit nimmt dadurch zu. Wird z. B. die Reaktionstemperatur um 10 °C erhöht, verdoppelt sich die Reaktionsgeschwindigkeit mit der Folge, dass immer mehr Wärmeenergie freigesetzt wird. Es kommt dann unweigerlich zur sog. thermischen Explosion, die aufgrund einsetzender Verdampfung von Stoffen und Gasentwicklung in den meisten Fällen mit hohem Druckaufbau verbunden ist. Dies wird als durchgehende Reaktion (Runaway Reaction) bezeichnet.

12. Was besagt die Akkumulation der Reaktanden?

Eine weitere Ursache für das Durchgehen einer Reaktion kann die Anreicherung von Reaktionsstoffen im Reaktor sein, die sog. Akkumulation der Reaktanden. Angenommen, der Stoff A wurde im Reaktor vorgelegt, die zweite Komponente wird zudosiert und dieser Vorgang geschieht zu schnell bzw. die Temperatur ist zu niedrig, damit die Stoffe miteinander reagieren können. Jetzt erwärmt sich das Reaktionsprodukt und der gesamte Reaktorinhalt kommt zur Reaktion. Hier wäre eine kontrollierte Abfuhr der entstehenden Reaktionswärme nicht mehr möglich. Folgende Ursachen können zur Akkumulation führen:

- zu tiefe (Start-)Temperatur, sodass die Reaktion (vorerst) nicht starten kann
- Reaktanten wurden zu schnell zudosiert
- Dosierung wurde in falscher Reihenfolge vorgenommen
- unzureichende Durchmischung der Reaktanten
- fehlender Katalysator
- Anwesenheit eines Inhibitors.

13. Welche Reaktionsbedingungen sind zu beachten bei der Überführung des Verfahrens vom Labor- in den Produktionsmaßstab?

Die Übertragung der Reaktionsbedingungen aus dem Labor in den Produktionsmaßstab lässt sich meist nicht ohne Weiteres hinsichtlich der Größe des Reaktors direkt übertragen. Hier sind in erster Linie die höheren Zeiten für das Aufheizen bzw. Kühlen des Reaktors gegenüber dem Glaskolben aus dem Labor zu berücksichtigen. Diese ergeben sich zwangsläufig durch die geringere Heiz- und Kühlfläche im Verhältnis zum Apparateinhalt. Die Beherrschung des Prozesses hinsichtlich exothermer Reaktion ist ebenfalls sehr wichtig. Ein weiterer Unterschied zum Labormaßstab sind die notwendigen Zeiten bei der Zugabe von flüssigen bzw. festen Reaktionsstoffen (Dosieraufgaben) sowie der Anfall größerer Mengen an festen, flüssigen und gasförmigen Stoffen hinsichtlich Entsorgung bzw. bei der Abluftreinigung.

14. Welche Informationen liefert die Verfahrensbeschreibung?

Aus der Verfahrensbeschreibung ist ersichtlich, wie die Produktionsanlage im Einzelnen zu betreiben ist. Berücksichtigt werden hier auch besondere Betriebszustände, wie das An- und Abfahren der Anlage, bei Stillstand bzw. Not-Aus, bei Reinigung, Revision, Reparaturen oder bei Eintritt einer Betriebsstörung. Darüber hinaus werden Angaben über die Art und die Handhabung der zum Einsatz kommenden Rohstoffe, Hilfsstoffe, Brennstoffe, Zwischen-, End- und Nebenprodukte gemacht.

Umwelttechnologische Angaben bezüglich Abwasser, Abfall und Vermeidung von Emissionen werden ebenfalls dokumentiert.

Des Weiteren sind sämtliche chemischen und physikalischen Stoffdaten zusammengestellt sowie die zum Einsatz kommenden Stoffmengen, der Umsetzungsgrad der einzelnen Reaktionen, deren Aufarbeitung, Reinigung und die Isolierung beschrieben.

Außerdem sind Angaben über charakteristische Arbeits- und Reaktionsbedingungen (wie Reaktionszeit, Dosierangaben, Verweildauer, Druck, Temperatur, Konzentrationsbereiche) sowie entsprechende Istwert-Vorgaben für Regelung und Steuerung der Anlage enthalten. Reaktionsenthalpien und deren Abhängigkeiten von Temperatur, Druck und Konzentration sind ebenfalls beschrieben und untersucht worden.

15. Welche Informationen liefern Fließbilder?

Das Fließbild ist ein Hilfsmittel in Form einer technischen Zeichnung innerhalb der Verfahrenstechnik. Es stellt in schematisierter Form die einzelnen Verfahrensabschnitte dar. Geregelt ist die Darstellung nach DIN EN ISO 10628. Innerhalb dieser Norm unterscheidet man je nach Grad der Abstraktion folgende Fließbildtypen:

- **Grundfließbild**

  Das Grundfließbild ist die Darstellung eines Verfahrens oder einer verfahrenstechnischen Anlage in einfacher Form. Die Darstellung erfolgt mithilfe von Rechtecken (Bedeutung: z. B. Verfahrensabschnitte, Grundoperationen, verfahrenstechnische Anlagen, Anlagenteile), deshalb auch Blockfließbild genannt, die durch Linien oder Pfeile (Bedeutung: Fließlinie für z. B. Stoffe, Energie, Energieträger) verbunden werden.

- **Verfahrensfließbild**

  Das Verfahrensfließbild ist die Darstellung eines Verfahrens mithilfe von grafischen Symbolen, die durch Linien verbunden sind. Die grafischen Symbole bedeuten Anlagenteile (Ausrüstungen und Maschinen), die Linien bedeuten Fließlinien für Stoffe und Energien bzw. Energieträger. Das Produktionsverfahren wird spezieller beschrieben, Apparate werden aufgezählt, mit Kürzeln spezifiziert und quantitative Angaben bereitgestellt. Betriebsdaten wie Stoff- und Energieströme können vermerkt werden. Wichtigste Planungsunterlage für den Anlagenbetrieb, Ausbau und die Kommunikation unter den Fachabteilungen, da die physikalische und chemische Funktion einer Anlage dokumentiert ist.

- **Rohrleitungs- und Instrumentierungsfließbild oder kurz R&I-Fließbild**

  Hier hat der Abstrahierungsgrad weiter abgenommen. Das R&I-Fließbild zeigt die Verknüpfung der Leitungen, die Flussrichtungen und sämtliche Einbauten einer Rohrleitung. Zusätzlich können Verbindungsarten wie Flansch- oder Schweißverbindung dargestellt sein. Die Rohrleitungen sind bezeichnet, die Bezeichnung lässt die Nennweite, das Medium (Fluid), die zu verwendende Rohrklasse und zuzuweisende Isolierung erkennen. Das R&I-Fließbild soll nach Möglichkeit den geometrischen Verlauf der Rohrleitung korrekt wiedergeben, Angaben für stetig fallende/steigende Leitungen und Leitungen mit Gefälle müssen für die Rohrleitungskonstruktion eingetragen sein. Die Höhen- und Größenverhältnisse der Apparate sollten erkennbar sein. Die Darstellung der Rohrleitungssymbole ist durch DIN 2429/EN ISO 10628 geregelt. Alle in die Rohrleitungen einzubauenden Messstellen sind eingezeichnet und bezeichnet. Außerdem werden sämtliche Wirklinien von Steuer- und Regelungsorganen nach DIN 19227 dargestellt. Der Übergang einer dargestellten Rohrleitung in ein anderes R&I-Fließbild wird wie beim Grundfließbild durch ein beschriftetes Kästchen, meistens in Pfeilform, gekennzeichnet. Im R&I-Fließbild werden i. d. R. keine Prozessparameter mehr gezeigt, die chemische und physikalische Arbeitsweise einer Chemieanlage bleibt also verborgen. Das R&I-Fließbild ist das maßgebliche Grunddokument für die Rohrleitungs- und Instrumentierungsplanung.

11.1.2 Technische Umsetzung

01. Von welchen Kriterien hängt die richtige Auswahl der Apparate ab?

Ein entscheidendes Kriterium stellt die Art der Reaktion dar. Es werden grundsätzlich folgende Reaktionsarten unterschieden:

- thermische Reaktionen
- selbstablaufende Reaktionen
- katalytische Reaktionen
- elektrochemische Reaktionen
- biochemische Reaktionen
- photochemische Reaktionen.

02. In welchen Apparaten werden die selbstablaufenden Reaktionen durchgeführt?

Chemische Reaktionen, welche von selbst ablaufen, werden üblicherweise in einfachen Rührbehältern durchgeführt. Diese haben mehrere Öffnungen (Mannloch), einen entsprechenden Rührer mit Antrieb und eine passende Vorrichtung, die zum Heizen bzw. Kühlen dient. Dies können ein Doppelmantel, aufgeschweißte Halb- und Vollrohrschlangen am Kesselmantel oder eine Innenrohrschlange sein. Für die thermischen Reaktionen kommen auch die o. g. Rührbehälter infrage. Ab einer Größenordnung von 400 °C werden diese Reaktionen in sog. Reaktionsöfen oder in Rohrreaktoren durchgeführt. Bekannte Reaktionen sind hier das Brennen von Kalk, Abrösten von sulfidischen Erzen oder das Calcinieren von Natriumhydrogencarbonat im Drehrohrofen.

03. In welchen Apparaten werden katalytische Reaktionen durchgeführt?

Die katalytischen Reaktionen werden meist in Rohrreaktoren, Schlaufenreaktoren oder Druckreaktoren durchgeführt. Beispiele sind hier die Ammoniaksynthese und die Oxidation von Schwefeldioxid zu Schwefeltrioxid im Hordenreaktor.

04. In welchen Reaktoren werden elektrochemische und biochemische Reaktionen durchgeführt?

Bei den elektrochemischen Verfahren, z. B. bei den wässrigen und nicht wässrigen Elektrolysen (Chloralkali) oder der Schmelzflusselektrolyse (Aluminium, Natrium), werden die Reaktionen in Elektrolysezellen durchgeführt. Biochemische Reaktionen verlaufen meistens drucklos und bei niedrigen Temperaturen, sodass hier ein klassischer Rührbehälter völlig ausreicht. In der Biochemie werden diese Behälter als Fermenter bezeichnet.

05. In welchen Stufen läuft ein Herstellverfahren meist ab?

Die meisten technologischen Verfahren lassen sich in **drei Stufen** unterteilen:

- Aufbereiten der Rohstoffe
- Reaktion der Einsatzprodukte
- Trennen und Aufarbeiten der Reaktionsprodukte.

Bei Untersuchung der meisten chemisch-technologischen Prozesse ist festzustellen, dass für die Aufbereitung der Edukte und für das Trennen und Nachbereiten der Umsetzungsprodukte die physikalischen Grundverfahren einen weitaus größeren Anteil einnehmen als die eigentliche chemische Stoffumwandlungsreaktion. Die Kriterien für die Auswahl der Apparate ergeben sich zunächst aus der Verfahrensbeschreibung. Hier sind die einzelnen Grundoperationen und ihre Verknüpfung miteinander festgelegt.

06. Welche Grundoperationen kommen in der Verfahrenstechnik zur Anwendung?

Die in der Verfahrenstechnik zur Anwendung kommenden Grundoperationen lassen sich in mechanische Grundoperationen, elektromagnetische Grundoperationen und thermische Grundoperationen einteilen. Die nachfolgende Tabelle verdeutlicht dies:

Verfahren	Mechanische Grundoperation	Thermische Grundoperation	Elektromagnetische Grundoperation
Trennen	► Klassieren ► Sortieren ► Dekantieren ► Flotieren ► Waschen ► Sedimentieren u. a.	► Trocknen ► Extrahieren ► Absorbieren ► Adsorbieren ► Verdampfen ► Destillieren u. a.	► Magnetabscheidung ► Elektroentstaubung
Vereinigen	► Mischen ► Kneten ► Vermengen	► Emulgieren ► Auflösen ► Suspendieren	
Zerteilen	► Schneiden ► Mahlen ► Brechen	► Versprühen ► Verperlen	► elektromagnetisches Zerteilen
Agglomerieren	► Formpressen ► Tablettieren ► Pelletieren		
Wärmeübertragung		► Erwärmen ► Abkühlen ► Schmelzen ► Verdampfen ► Kondensieren	
Fördern	► mechanisches Fördern ► hydraulisches Fördern ► pneumatisches Fördern		► elektromagnetisches Fördern
Lagern	► Lagern von Stückgut ► Lagern von Schüttgut ► Lagern von Gasen und Flüssigkeiten		

Verfahrenstechnische Grundoperationen

07. Welche Anforderungen werden an Werkstoffe in der Verfahrenstechnik gestellt?

Die verwendeten Werkstoffe müssen in aller Regel sein:

Korrosionsbeständig:

- in wässrigen oxidierenden/reduzierenden Mineralsäuren
- in Heißgas (oxidierende, aufkohlende, sulfidierende usw. Gase)
- unter geschmolzenem Salz und Metallablagerungen.

Beständig bei mechanisch/korrosiver Belastung:

- Spannungs- und Schwingungsrisskorrosionsbeständigkeit

Mechanisch beständig:

- Kurz- und Langzeitfestigkeiten
- Dauerschwingfestigkeit
- Duktilität
- thermische Stabilität
- Thermoschockbeständigkeit.

08. Welchen Einfluss haben die Legierungselemente auf die Werkstoffe?

In der Verfahrenstechnik sind in hohem Maße Legierungen auf Eisen- (Fe-) und Nickel- (Ni-)Basis anzutreffen.

Nickel-Basis-Legierungen
Nickel wird aufgrund seiner Beständigkeit vor allem gegenüber Alkalien und Gas- bzw. dampfförmigen Halogeniden in der Prozesstechnik eingesetzt.

Legierungselemente verbessern die Eigenschaften und das Werkstoffverhalten für besondere Applikationen:

- **Chrom**
  - verbessert das Oxidationsverhalten bis ca. 950 °C
  - verbessert das Sulfidierungsverhalten, hohe Chrom-Gehalte sind hilfreich für die Erhöhung der Korrosionsbeständigkeit
  - reduziert die Kohlenstoffeindiffusion in aufkohlenden Medien
  - verhält sich nachteilig in Fluor enthaltenden Medien bei hohen Temperaturen
  - verschlechtert die Aufstickungsbeständigkeit
  - verbessert die Warmfestigkeit.

- **Silizium**
  - verbessert die Beständigkeit in oxidierenden, aufkohlenden, aufstickenden und sulfidierenden Medien (synergetisch mit Chrom)
  - nachteilig in nicht oxidierenden halogenierenden Medien
  - fördert, auch gemeinsam mit Chrom, die Ausscheidung von topologisch dichtest gepackten Phasen (TCP-Phasen).
- **Molybdän/Wolfram**
  - verbessern die Warm- und Zeitstandfestigkeit
  - verbessern die Korrosionsbeständigkeit in reduzierenden, halogenierenden Medien
  - nachteilig in oxidierenden Medien bei hohen Temperaturen
  - fördern die Ausscheidung von TCP-Phasen.
- **Nickel**
  - verbessert die Aufkohlungs- und Aufstickungsbeständigkeit
  - vorteilhaft in halogenierenden Medien
  - nachteilig in sulfidierenden Medien bei hohen Temperaturen
  - verbessert die Gefügestabilität.
- **Kohlenstoff**
  - verbessert die Warm- und Zeitstandfestigkeit
  - reduziert die Aufkohlung
  - nachteilig in oxidierenden Medien.
- **Stickstoff**
  - erhöht die Streckgrenze und Festigkeit
  - reduziert die Aufstickung
  - verbessert die Beständigkeit, insbesondere in reduzierenden wässrigen Medien.
- **Seltene Erden (Yttrium, Cer, Lanthan usw.)**
  - verbessern die Oxidhaftung und erhöhen den Widerstand gegen Abplatzungen von Oxiden, hierdurch wird die Oxidationsbeständigkeit verbessert und ist damit auch vorteilhaft bei gleichzeitiger Anwesenheit von C-, N- und S-haltigen Spezies.
- **Aluminium**
  - verbessert die Oxidationsbeständigkeit alleine und synergetisch mit Chrom
  - nachteilig in aufstickenden Medien
  - verbessert das Korrosionsverhalten in oxidierend-sulfidierenden Medien.
- **Titan/Niob**
  - verbessern die Warm- und Zeitstandfestigkeit
  - nachteilig in aufkohlenden und aufstickenden Medien.

- **Mangan**
  - nachteilig für die Oxidationsbeständigkeit
  - erhöht die Stickstofflöslichkeit.
- **Cobalt**
  - verbessert die Sulfidierungsbeständigkeit
  - erhöht die Warm- und Zeitstandfestigkeit.

Eisen-Basis-Legierungen
Im Gegensatz zu Ni-Basis-Legierungen sind die Gehalte für viele Legierungselemente in ihrer Löslichkeit in Fe-Basis-Legierungen begrenzt und damit auch das Potenzial dieser Legierungsgruppe hinsichtlich seiner Korrosionsbeständigkeit und mechanischen Eigenschaften.

Sollte jedoch aus Kosten- und Verfügbarkeitsgründen eine Fe-Basis-Legierung bzw. ein Stahl gewählt werden, so ist neben dem beschriebenen Einfluss der Legierungselemente auch der Einfluss der Gitterstruktur der Legierungen bzw. Stähle zu berücksichtigen. Grundsätzlich können hierbei dann Stähle mit austenitischen, ferritischen und Duplexgefüge zum Einsatz kommen.

Folgende Vor- und Nachteile sind den einzelnen Gefügen zuzuordnen:

- **Austenitisches Gefüge:**
  - anfällig für Spannungsrisskorrosion (transkristallin)
  - positive Wirkung von Stickstoff auf die Loch- und Spaltkorrosion
  - hohe Löslichkeit für Kohlenstoff und Stickstoff, damit geringere Neigung zur Karbidausscheidung, dadurch geringere Neigung zur IK-Bildung (Interkristalline Korrosion)
  - hohe Verfestigung bei Kaltverformung
  - hohe Warm- und Zeitstandfestigkeit
  - geringe Neigung zur Ausbildung von duktilitätsmindernden intermetallischen Phasen.
- **Ferritisches Gefüge:**
  - geringe Neigung zur Spannungsrisskorrosion, höhere Umformkräfte
  - höhere Streckgrenze
  - starkes Kornwachstumsverhalten bei Schweißverbindungen im Schweißgut und der Wärmeeinflusszone
  - geringere Kohlenstoff- und Stickstofflöslichkeit in Kombination mit ca. 1.000-fach höherer Diffusionsgeschwindigkeit dieser Elemente führen zu Chromkarbiden auf den Korngrenzen und damit zur Gefahr von interkristalliner Korrosion
- **Duplexgefüge:**

  Als Duplexstahl bezeichnet man einen Stahl, der ein zweiphasiges Gefüge aufweist, das aus einer Ferrit-(α-Eisen-)Matrix mit Inseln aus Austenit (γ-Eisen) besteht.

Duplexstähle zeichnen sich durch ihre Kombination von Eigenschaften aus, die eine Mischung aus den Eigenschaften rostfreier Chromstähle (ferritisch oder martensitisch) und rostfreier Chrom-Nickel-Stähle (austenitisch) darstellen. Sie haben höhere Festigkeiten als die rostfreien Chrom-Nickel-Stähle, weisen dabei aber eine höhere Duktilität auf als rostfreie Chromstähle.

09. Welche Werkstoffe werden sehr häufig in der chemischen Industrie eingesetzt?

In der Regel werden in der chemischen Apparatetechnik die hoch legierten und nicht rostenden Stähle V2A (Werkstoff Nr. 1.4541) undV4A (Werkstoff Nr. 1.4571) eingesetzt. Es handelt sich hier um Chrom-Nickel-Titan-Legierungen. Weitere sehr korrosionsbeständige Werkstoffe sind die Nickel-Chrom-Molybdän-Wolfram-Legierungen (Hastelloy C-276), die für hohe Beständigkeitsanforderungen eingesetzt werden. Zu berücksichtigen ist allerdings auch die Preisrelation der Werkstoffe. Wird z. B. der Preis für V4A-Stahl als Faktor 1 gesetzt, ist für die Nickellegierungen (Hastelloy und Monell) bis ca. das 20-Fache einzuplanen. Für spezielle Werkstoffe wie Tantal ergibt sich ein Preisfaktor, der bei 100 - 130 liegt. Neben den klassischen Metallwerkstoffen gibt es auch eine Reihe von Kunststoffen, die Verwendung im Apparate-, Behälter- und Rohrleitungsbau finden. Die Wärmebeständigkeit und deren Festigkeit sowie die Brennbarkeit und die Unbeständigkeit z. T. gegenüber organischen Lösungsmitteln schränken hier den Einsatz jedoch je nach Anwendung evtl. stark ein.

10. Nach welchen Kriterien können chemische Prozesse unterteilt werden?

Die Einteilung chemischer Prozesse kann nach folgenden Kriterien erfolgen:

- „logistisches" Prinzip: kontinuierlich oder diskontinuierlich
- chemische Reaktion: z. B. Ester-Bildung, Oxidation, Reduktion
- Zweck des Prozesses
- physikalische Kenngrößen: Hochdruck- oder Niederdruck-Reaktionen
- Technologie, welche im Einsatz ist.

11. Was verfolgt der Ansatz der Miniplant-Technik?

Die Miniplant-Technik ermöglicht die Entwicklung von Produktionsanlagen vom Labor zur Großanlage, wobei der zeitaufwendige, kostenintensive Zwischenschritt über die Technikumsanlage entfällt. Der Aufbau erfolgt im kleinstmöglichen Maßstab, mit dem Dauerbetrieb möglich ist. Häufig werden auch Simulationsprogramme parallel mit einer Miniplant-Anlage betrieben, um Prozessparameter für den Industriemaßstab zu gewinnen oder zu optimieren.

12. Wie können Behälter und Wärmeaustauscher dimensioniert werden?

Bei der Übertragung der Laborvorschrift in den Produktionsmaßstab müssen Apparate und deren Dimensionen entsprechend ausgelegt werden. Zur Berechnung der jeweils nötigen Dimensionierung und Auslegung liefern die Tabellenwerke die benötigten Formeln und Daten.

13. Wie verhält sich das Gefährdungspotenzial beim Übergang in die Produktionsanlage?

Das Gefährdungspotenzial ist im Labor und den dort üblichen Ansatzgrößen, im Verhältnis zum Produktionsbetrieb gesehen, gering. Da im Produktionsbetrieb die Mengen der Stoffe größer sind, die Apparate andere Dimensionen aufweisen, das Potenzial an chemischer Energie der zur Reaktion gebrachten Stoffe erheblich höher ist, liegt hier auch das größere Gefährdungspotenzial. Daher ist es unumgänglich, eine Gefährdungsermittlung und -beurteilung durchzuführen, bevor ein Verfahren in der Produktionsanlage umgesetzt wird.

14. Welche Sicherheitseinrichtungen werden in verfahrenstechnischen Anlagen eingesetzt?

Aufgrund des hohen Gefahrenpotenzials verfahrenstechnischer Anlagen werden technische Systeme in den Prozessablauf integriert, welche die Reaktionsbedingungen (Temperatur, Druck, Konzentration, pH-Wert usw.) überwachen und ggf. bei Überschreitung der Grenzwerte automatisch Eingriffe des Überwachungssystems aktivieren. Möglichkeiten hierzu sind:

- Explosionsunterdrückungssysteme mit dynamischen Druckdetektoren
- IR-Detektoren zur Erkennung von Funken, glühendem Material, Flammen usw.
- Sprinkleranlagen
- Flammrückschlagsicherungen
- flammendurchschlagsichere Armaturen (sog. „Kito"-Roste) an Lagerbehältern bei brennbaren Flüssigkeiten
- Überfüllsicherungen
- Schnellschluss von Ventilen
- selbstüberwachende Inertisierung mit Stickstoff
- Druckentlastungseinrichtungen, z. B. Berstscheibe, Sicherheitsventile
- Notkühlung, Notablass zur Beseitigung der gefahrdrohenden Situation
- Sicherheitsverriegelungen im Prozessleitsystem, um unerlaubte Zustände zu verhindern
- Messung der Atmosphäre, ob diese im Explosionsbereich liegt
- Verwendung von geschlossenen und inertisierbaren Feststoff-Dosiersystemen.

Die jeweils notwendigen Einrichtungen für den konkreten Einsatzfall werden in der spezifischen Gefährdungsanalyse und -beurteilung ermittelt.

15. Welche sicherheitstechnischen gesetzlichen Vorgaben sind zu berücksichtigen?

Um sicherzustellen, dass wirklich geeignete und auf die Arbeitsplatzsituation genau zugeschnittene wirksame Maßnahmen ergriffen werden, schreibt § 5 ArbSchG vor, dass der Arbeitgeber

- die Gefährdungen im Betrieb ermitteln und
- die Risiken bewerten muss.

Dazu ist vorgeschrieben, dass die Beurteilung der Gefährdungen nach Art der einzelnen Tätigkeiten, die im Unternehmen ausgeübt werden, vorgenommen werden muss. Das Ergebnis der Gefährdungsbeurteilung muss dokumentiert werden. Die Unterlagen, in denen die Gefährdungsbeurteilung dokumentiert ist, muss der Unternehmer so vorhalten, dass sie von den überwachenden Stellen, z. B. der Berufsgenossenschaft, auf Wunsch eingesehen werden können. Die Gefährdungsbeurteilung muss immer dann überarbeitet werden, wenn sich die betrieblichen Gegebenheiten so geändert haben, dass sich die Gefährdungslage ganz oder teilweise verschoben hat. Dies bezieht sich nicht nur auf eine Erhöhung des Niveaus der Gefahren, sondern gilt auch besonders dann, wenn neue oder andere Gefährdungen in den Arbeitsablauf Eingang gefunden haben. Zusammengefasst ist eine Gefährdungsbeurteilung also in folgenden Fällen durchzuführen bzw. zu überarbeiten:

- als Erstbeurteilung
- bei Veränderungen der Vorschriften
- bei Veränderungen in der Technik
- bei Erweiterung/Umbau der Einrichtung/Maschine
- bei veränderter Nutzung der Einrichtung/Maschine
- bei Anschaffung neuer Einrichtungen/Maschinen
- bei Änderungen der Arbeitsorganisation
- nach Arbeitsunfällen, Beinaheunfällen, Verdacht auf Berufskrankheit.

16. Welche Vorschriften bzw. Richtlinien sind hinsichtlich der Arbeitssicherheit zu beachten?

Es gibt kein einheitliches, in sich geschlossenes Arbeitsschutzrecht in Deutschland. Es umfasst eine Vielzahl von Vorschriften. Grob unterteilen lassen sich die Arbeitsschutzvorschriften in:

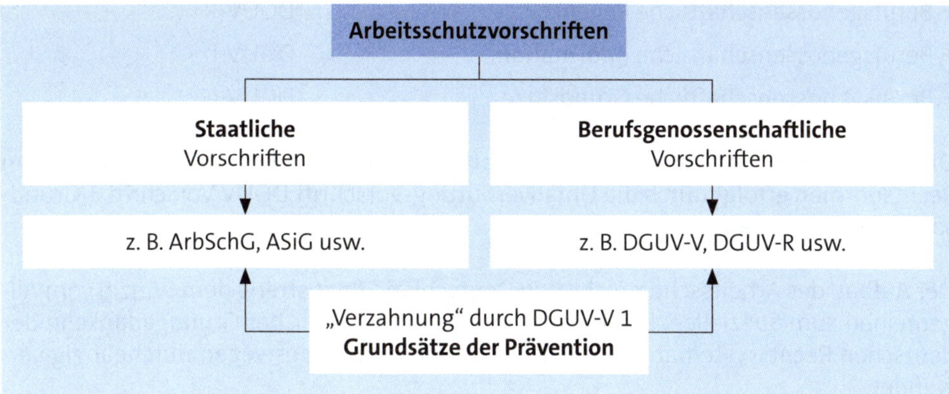

Staatliche Vorschriften, z. B.:

- Arbeitsschutzgesetz   ArbSchG
- Arbeitssicherheitsgesetz   ASiG
  (Gesetz über Betriebsärzte, Sicherheitsingenieure und andere Fachkräfte für Arbeitssicherheit)
- Betriebssicherheitsverordnung   BetrSichV
- Arbeitsstättenverordnung   ArbStättV
- Gefahrstoffverordnung   GefStoffV
- Produktsicherheitsgesetz   ProdSG
- Chemikaliengesetz   ChemG
- Bildschirmarbeitsverordnung   BildscharbV
- Bundesimmissionsschutzgesetz   BImSchG
- Jugendarbeitsschutzgesetz   JArbSchG
- Mutterschutzgesetz   MuSchG
- Betriebsverfassungsgesetz   BetrVG
- Sozialgesetzbuch Siebtes Buch   SGB VII
  (Gesetzliche Unfallversicherung)
- Sozialgesetzbuch Neuntes Buch   SGB IX
  (Rehabilitation und Teilhabe behinderter Menschen)
- EU-Richtlinien.

Berufsgenossenschaftliche Vorschriften, z. B.:

- Berufsgenossenschaftliche Vorschriften neu: DGUV Vorschriften
- (Unfallverhütungsvorschriften) gem. § 15 SGB VII   (Deutsche Gesetzliche Unfallversicherung)

- Berufsgenossenschaftliche Regeln DGUV-R
- Berufsgenossenschaftliche Informationen DGUV-I
- Berufsgenossenschaftliche Grundsätze DGUV-G.

Die Verzahnung des berufsgenossenschaftlichen Regelwerkes mit den staatlichen Rechtsnormen erfolgt durch die Unfallverhütungsvorschrift DGUV Vorschrift 1 Grundsätze der Prävention.

Der Aufbau des Arbeitsschutzrechtes in Deutschland folgt streng dem Prinzip vom Allgemeinen zum Speziellen. Diese Rangfolge ist ein wesentlicher Grundgedanke in der deutschen Rechtssystematik und wird vom Gesetzgeber deswegen durchgängig verwendet:

Den allgemeinen Rechtsrahmen stellt das Grundgesetz dar. Alle gesetzgeberischen Akte, auch die gesetzlichen Regelungen für den Arbeitsschutz, müssen sich am Grundgesetz messen lassen. Ebenso muss jede nachfolgende Rechtsquelle mit der übergeordneten vereinbar sein (Rangprinzip).

Die Gesetze und Vorschriften unterteilen sich in Regeln des öffentlichen Rechts (regelt die Beziehungen des Einzelnen zum Staat) und allgemein anerkannte Regeln des Privatrechts (Rechtsbeziehungen der Bürger untereinander). Der Arbeitnehmerschutz und die Arbeitssicherheit gehören zum öffentlichen Recht.

17. In welchen methodischen Einzelschritten ist die Gefährdungsbeurteilung durchzuführen?

Die Gefährdungsbeurteilung ist das zentrale Element im betrieblichen Arbeitsschutz. Sie ist die Grundlage für ein systematisches und erfolgreiches Sicherheits- und Gesundheitsmanagement. Eine Gefährdungsbeurteilung läuft typischerweise nach folgendem Schema ab:

Methodische Einzelschritte der Gefährdungsbeurteilung		
1.	Abgrenzung des **Betrachtungsobjekts**	▸ Arbeitsbereich ▸ Arbeitstätigkeit ▸ Person
2.	Ermittlung der **Gefährdungen**	anhand der Gefährdungspotenziale: ▸ direkte Gefährdungsbeurteilung ▸ indirekte Gefährdungsbeurteilung
3.	**Schutzziele ermitteln** und festlegen, ggf. Risikobewertung	entsprechend den ▸ Gesetzen ▸ Regelwerken/Normen
4.	Erforderliche **Schutzmaßnahmen** ableiten, planen und durchführen	in der Reihenfolge STOP: ▸ Substitution ▸ technisch ▸ organisatorisch ▸ personenbezogen
5.	Maßnahmen auf **Wirksamkeit** überprüfen; Erreichen der Schutzziele sicherstellen	Kontrolle der Maßnahmen: ▸ Durchführung ▸ Wirksamkeit Kontrolle der Schutzziele: ▸ Erreichung ▸ Erhaltung

18. Welche Vorgaben sind hinsichtlich umweltrelevanter Maßnahmen zu beachten?

Der Umweltschutz umfasst alle Maßnahmen zur Erhaltung der natürlichen Lebensgrundlagen von Menschen, Pflanzen und Tieren. Der Umweltschutz ist in Deutschland ein Staatsziel. Er ist deshalb in Art. 20a des Grundgesetzes festgeschrieben. Im Gegensatz zum Arbeitsschutzrecht zielt der Begriff nicht nur auf den Schutz von Menschen als Lebewesen, sondern schließt den Schutz von Tieren und Pflanzen sowie den Schutz des Lebensraumes der Bürger ein.

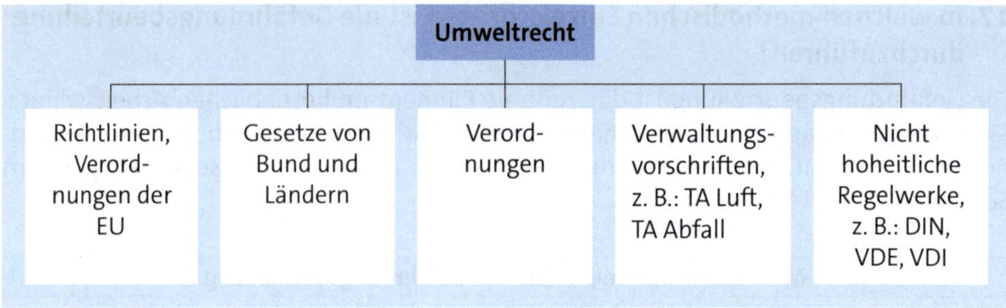

Rechtsnormen zur Luftreinhaltung	**Stichworte zum Inhalt**
► Bundesimmissionsschutzgesetz	Leitgesetz zur Luftreinhaltung
► Verordnung über das Genehmigungsverfahren	spezielle Regelungen
► Verordnung über genehmigungsbedürftige Anlagen	spezielle Regelungen
► Emissionserklärungsverordnung	Konkretisierung des Genehmigungsverfahrens
► Verordnung über Immissionsschutz und Störfallbeauftragte	spezielle Regelungen
► TA Luft	Verwaltungsvorschrift (Emissions-/Immissionswerte)

Rechtsnormen zum Gewässerschutz	**Stichworte zum Inhalt**
► Wasserhaushaltsgesetz	Nutzung von Gewässern
► Klärschlammverordnung	Aufbringen von Klärschlamm, Grenzwerte
► Abwasserabgabengesetz	Abgabe für Direkteinleiter
► Allgemeine Rahmenverwaltungsvorschrift über Mindestanforderungen an das Einleiten von Abwasser in Gewässer	Konkretisierung von Anforderungen

Rechtsnormen zur Abfallwirtschaft	**Stichworte zum Inhalt**
► Kreislaufwirtschaftsgesetz	Leitgesetz für den Abfallbereich
► Verordnung über Betriebsbeauftragte für Abfall	Pflicht zur Bestellung eines Beauftragten
► Verpackungsverordnung	Verpflichtung zur Rücknahme von Verpackungen
► Abfallbestimmungsverordnung	Zusammenstellung spezieller Abfallarten
► Reststoffbestimmungsverordnung	Zusammenstellung spezieller Reststoffe
► TA Abfall, Teil 1	Vorschriften zur Lagerung, Behandlung, Verbrennung usw.

11.1.3 Prozessführung

01. Woraus ergibt sich die Prozessführung?

Die Prozessführung ergibt sich aus der Betriebsvorschrift, die detailliert den Arbeitsablauf und die notwendigen Arbeitsschritte beschreibt. Des Weiteren sind Anfahr- und Abfahrvorschriften vorhanden. Damit ein Prozess optimal durchgeführt werden kann, sind möglichst viele Informationen zu sammeln, entsprechend zu dokumentieren und mit den Mitarbeitern abzusprechen. Hier ist gleichermaßen wichtig, dass die Mitarbeiter die einzelnen Apparate, deren Handhabung und die Funktion kennen und beherrschen. Gegebenenfalls ist das Personal zu qualifizieren, um Fehlbedienungen und somit Betriebsstörungen möglichst zu minimieren.

02. Wie sind Rührbehälter aufgebaut?

Der klassische Aufbau eines Rührbehälters ist:

- ein Behälter aus senkrechter zylindrischer Zarge und gewölbtem Boden (oft Korbbogenboden oder Klöpperboden)
- ein meist gewölbter Deckel, der mit einem Flansch an der Zarge befestigt ist
- ein Rührwerk mit Welle, Rührer und ggf. an der Wandung angebrachten Stromstörern
- eine sog. Laterne auf dem Deckel, in der Lager, Wellendichtungen, Getriebe und Antrieb zusammengefasst sind
- Flansche für Inspektion (Mannloch), Zu- und Abflüsse
- ein Doppelmantel oder Rohrschlangen für das Temperieren.

In der chemischen Industrie dominiert der aus Stahl gefertigte Rührkessel mit wenigen Kubikmetern Inhalt als Vielzweckreaktor. Er wird häufig chargenweise betrieben, aber auch mit kontinuierlichem Zu- und Abfluss in Reihe mit anderen Apparaten oder als Rührkesselkaskade. Rührkessel sind zum Schutz vor Korrosion häufig emailliert, mit Kunststoff-Linern ausgekleidet, verbleit oder aus Edelstahl, glasfaserverstärktem Kunststoff oder Glas gefertigt.

03. Welchem Zweck dienen Rührkessel?

Der Rührkessel dient

- als Reaktor für chemische oder biologische Reaktionen,
- zum Homogenisieren,
- zum Suspendieren,
- zum Emulgieren,
- zum Begasen und
- zur Wärmeübertragung

von Flüssigkeiten. In der Regel ist die Aufgabe eine Kombination aus den o. g. verfahrenstechnischen Grundoperationen.

04. Welche Rührer werden eingesetzt?

Es stehen zahlreiche Rührertypen zur Auswahl, die für bestimmte Medien oder Aufgaben besser oder schlechter geeignet sind. Grundsätzlich unterscheidet man axial (i. d. R. nach unten) oder radial (zur Seite) fördernde Rührer. Um das Mitrotieren der Flüssigkeit und die dabei auftretende Bildung von Tromben zu verhindern und höhere Turbulenz zu erzeugen, werden häufig Stromstörer (oder Strömungsstörer) an der Behälterwand installiert. Sie verbessern die Durchmischung bei gleichbleibender Rührerleistung, erhöhen jedoch die erforderliche Rührerleistung bei gleichbleibender Drehzahl.

Die Rührerauswahl richtet sich nach der Rühraufgabe, der Zähigkeit des Mediums, der Scherfestigkeit (Notwendigkeit der Schonung des Mediums) oder danach, welche Rührerleistung zur Verfügung steht.

05. Wie können Flüssigkeiten gefördert werden?

Sehr viele Prozesse der chemischen Industrie werden in flüssiger Phase durchgeführt. Das Fördern von Flüssigkeiten dient dem Transportieren z. B. von Edukten, Zwischenprodukten aus Lagertanks oder dem Dosieren von Prozessstoffen bei kontinuierlichen Verfahren.

Die nötige Druckdifferenz, um Flüssigkeiten in Rohrleitungen zu fördern, wird erzeugt durch: hydrostatischen Druck, Überdruck, Unterdruck oder durch Pumpen.

Bei der Förderung sind die spezifischen Eigenschaften einer Flüssigkeit (z. B. Dichte, Viskosität, Dampfdruck, Korrosionsverhalten) maßgebend bei der Auswahl der geeigneten Pumpen, Leitungen und Armaturen und deren Werkstoffe.

Sehr häufig trifft man beim Fördern von Flüssigkeiten auf Pumpen. Kenngrößen von Flüssigkeitspumpen sind der Förderstrom Q und die Förderhöhe H. Der Förderstrom Q gibt an, welches Volumen eine Pumpe in einer bestimmten Zeit fördern kann. Die Förderhöhe H gibt an, wie hoch eine Flüssigkeit von der Pumpe maximal angehoben werden kann. Sie ergibt sich aus Saughöhe und Druckhöhe. Die tatsächliche Förderhöhe ist um den Druckverlust der Rohrleitung niedriger.

Der Zusammenhang zwischen Förderhöhe H in (m) und Fördermenge Q in (l/s oder m^3/h) ist für jede Pumpe charakteristisch.

06. Was sind Pumpen und welche Arbeitsprinzipien sowie Bauarten werden unterschieden?

Pumpen sind **Arbeitsmaschinen**, bei denen die Energie des Fluids durch Aufbringen mechanischer Arbeit erhöht wird (Fluidenergiemaschinen).

Arbeitsprinzipien von Flüssigkeitspumpen – ausgewählte Beispiele					
Arbeitsprinzip		**Bauarten/Beispiele**	**Förderung**		**Einsatzbereich, Wirkungsgrad**
1	Verdränger-prinzip	**Kolbenpumpen** ▸ einfach-wirkend ▸ doppelt-wirkend	pulsierend bis schwach pulsierend	Förderstrom von der Förderhöhe unabhängig	Förderstrom: klein bis mittel Drücke: klein bis sehr hoch → ca. 95 %
		Zahnradpumpen			→ ca. 92 %
		Schraubenspindel-pumpen			
		Kreiskolbenpumpen			
2	Strömungs-prinzip	**Kreiselpumpen** ▸ radiale ▸ axiale	gleichförmig bis nahezu gleichförmig	Förderstrom von der Förderhöhe abhängig	Universalpumpe bei dünn-flüssigen Medien → ca. 70 - 90 %
		Seitenkanal-pumpen			kleine Förderströme, große Förderhöhen → ca. 50 %
3	Auftriebs-prinzip	Mammutpumpen			Förderung ist schonend → ca. 46 %
4	Reibungs-prinzip	Schneckenpumpen			bei zähen oder verschmutzten Medien → ca. 70 %
5	Strahl-prinzip	Strahlpumpen			zum Absaugen, Heben und Mischen → ca. 30 %

INFO

Entsprechend dem Rahmenplan werden nur die gekennzeichneten Pumpen-Bauarten behandelt.

07. Was sind Kolbenpumpen?

Kolbenpumpen können entsprechend dem Verdrängungsprinzip für alle vorkommenden Drücke gebaut werden. Da mit dem Kolbenhub nur der Zylinderinhalt verdrängt werden kann, sind die erreichbaren **Förderströme** im Vergleich zu den Kreiselpumpen **gering**.

In der Industrie werden Kolbenpumpen daher in erster Linie als Einspritzpumpen für Kühlwasser, als Anhebepumpen oder als Dosierpumpen verwendet. Sie sind außerdem als Dickstoffpumpen zur Abwasser- und Schmutzwasserförderung geeignet.

08. Wie unterscheiden sich einfach- und doppelt-wirkende Kolbenpumpen?

Je nachdem, ob nur eine Kolbenseite abwechselnd saugt und drückt oder ob beide Kolbenseiten abwechselnd saugen und drücken, werden die Pumpen als einfach-wirkende oder als doppelt-wirkende Kolbenpumpen bezeichnet.

Kolbenpumpen

- einfach-wirkende
- doppelt-wirkende

09. Wie ist der Aufbau und die Wirkungsweise von einfach-wirkenden Kolbenpumpen?

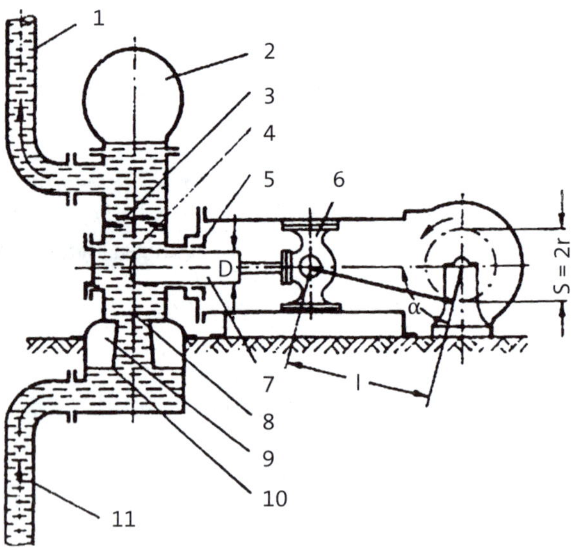

1 Druckleitung
2 Druckwindkessel
3 Druckventil
4 Pumpenraum
5 Stopfbuchse
6 Kreuzkopf
7 Tauchkolben
8 Saugventil
9 Saugwindkessel
10 Füllstand
11 Saugleitung

Einfach-wirkende Kolbenpumpe

Beim Antrieb der Kolbenpumpe macht der Kolben eine hin- und hergehende Bewegung. Bewegt er sich nach rechts (**Saughub**), dann erzeugt er im Pumpenraum ein Vakuum. Durch dieses Vakuum wird das Saugventil geöffnet, und die Flüssigkeit strömt infolge des äußeren, atmosphärischen Luftdrucks durch die Saugleitung in den Pumpenraum ein. Während dieses Saughubes bleibt das Druckventil durch den in der Druckleitung herrschenden Überdruck geschlossen. Bewegt sich der Kolben nach links (**Druckhub**), übt er auf die Flüssigkeit einen Druck aus, das Saugventil schließt, und der Kolben verdrängt die Flüssigkeit über das sich öffnende Druckventil in der Druckleitung.

MERKE

Die Kolbenpumpe muss vor ihrer Inbetriebnahme mit Flüssigkeit gefüllt sein.

Sowohl das Ansaugen als auch das Fördern der Flüssigkeit erfolgt bei einer Kolbenpumpe nicht gleichmäßig. Erstens wird nur beim Saughub angesaugt bzw. beim Druckhub gefördert, und zweitens ist auch während dieser Hübe der Flüssigkeitsstrom nicht konstant, weil die Kolbengeschwindigkeit ungleichmäßig ist.

Deshalb wird sowohl ein **Saug**- als auch ein **Druckwindkessel** angeordnet, dessen Luftpolster diese Schwankungen möglichst ausgleichen.

INFO

- Zur Vermeidung von Schäden muss jede Kolbenpumpe wegen des Verdrängungsprinzips druckseitig mit einem **Sicherheitsventil** versehen sein.
- Der **Platzbedarf** einer Kolbenpumpe ist im Allgemeinen **größer** als der einer Kreiselpumpe gleicher Leistung. Das gilt i. d. R. auch für den Anschaffungspreis und den Wartungsaufwand.

10. Wie ist der Aufbau und die Wirkungsweise von doppelt-wirkenden Kolbenpumpen?

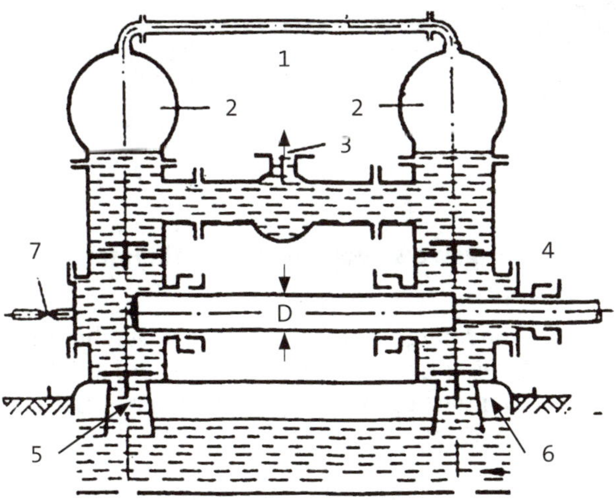

1 Verbindungsleitung
2 Druckwindkessel
3 Druckstutzen
4 Stopfbuchse
5 Saugstutzen
6 Saugwindkessel
7 Schnüffelventil

Doppelt-wirkende Kolbenpumpe mit Tauchkolben

Bewegt sich der Kolben nach rechts, dann wird im linken Pumpenteil angesaugt, im rechten dagegen gefördert. Geht der Kolben nach links, dann wird im rechten Pumpenteil angesaugt und im linken gefördert. Es wird also je Hub sowohl angesaugt als auch gefördert; die Pumpe ist demnach doppelt-wirkend.

Die doppelt-wirkende Ausführung hat den Vorteil einer relativ gleichmäßigen Antriebsarbeit und Fördermenge beim Hin- und Rückgang des Kolbens sowie eines relativ gleichmäßigen Förderstroms durch die beiden Windkessel. Beide Pumpenseiten haben meist einen gemeinsamen Saugwindkessel. Die Druckwindkessel sind durch eine Leitung miteinander verbunden.

11. Welche Funktion hat die Doppelstopfbuchse?

Die Abdichtung des Kolbens erfolgt durch zwei Stopfbuchsen, die bei dieser Ausführung von außen gut zu überwachen bzw. nachzustellen sind. Nachteilig ist jedoch, dass das Kolbenstück zwischen den beiden Stopfbuchsen mit der Außenluft in Berührung kommt. Um bei längerem Stillstand Korrosion zu vermeiden, baut man oft um das außen liegende Kolbenstück ein offenes Wasserbad. Dieser Nachteil fällt bei der **Doppelstopfbuchse** weg (vgl. Abb. unten). Außerdem presst bei dieser Konstruktion nur eine Packung direkt am Kolben.

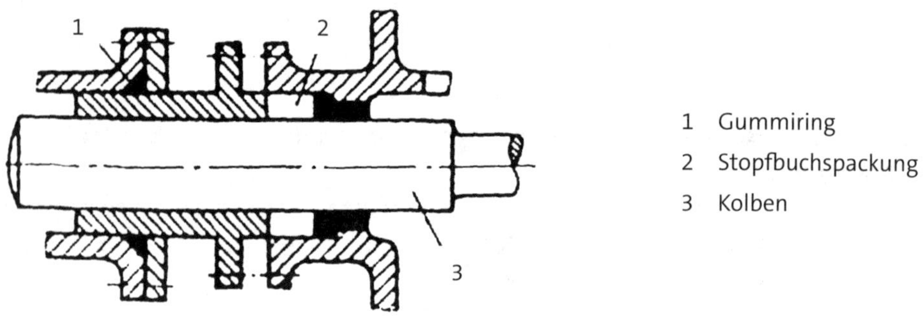

Doppelstopfbuchse

12. Wie ist der Aufbau und die Wirkungsweise von einfach-wirkenden Kolbenpumpen mit Windkesseln?

Das Fördermittel wird durch einen hin- und hergehenden Kolben vom Durchmesser D aus dem Zylinder verdrängt. Der Antrieb des Kolbens erfolgt mit einem Kurbeltriebwerk. Der Zylinder ist durch Saug- und Druckventile abgeschlossen. Durch den Flüssigkeitsstrom werden die Ventile selbstständig bewegt.

Während des **Saughubs** (Kolben bewegt sich von links nach rechts) bleibt das Druckventil durch den in der Druckleitung vorhandenen Überdruck geschlossen. Das Saugventil ist durch das beim Saughub im Zylinder entstehende Vakuum geöffnet. Die Flüssigkeit wird angesaugt und füllt den Zylinder.

Beim **Druckhub** (Kolben bewegt sich von rechts nach links) schließt das Saugventil durch den jetzt im Zylinder herrschenden Überdruck. Der Kolben verdrängt die Flüssigkeit über das sich öffnende Druckventil in den Druckwindkessel und in die Druckleitung.

Der Druckwindkessel hat die Aufgabe, die Flüssigkeitsbewegung auf der Druckseite weitgehend von der ungleichförmigen Kolbenbewegung unabhängig zu machen. Als Federungselement dient das im Windkessel gespeicherte Luftpolster. Je größer der Luftinhalt der Windkessel ist, umso gleichmäßiger ist der Förderstrom in der Saug- und Druckleitung und umso ruhiger ist der Gang der Pumpe.

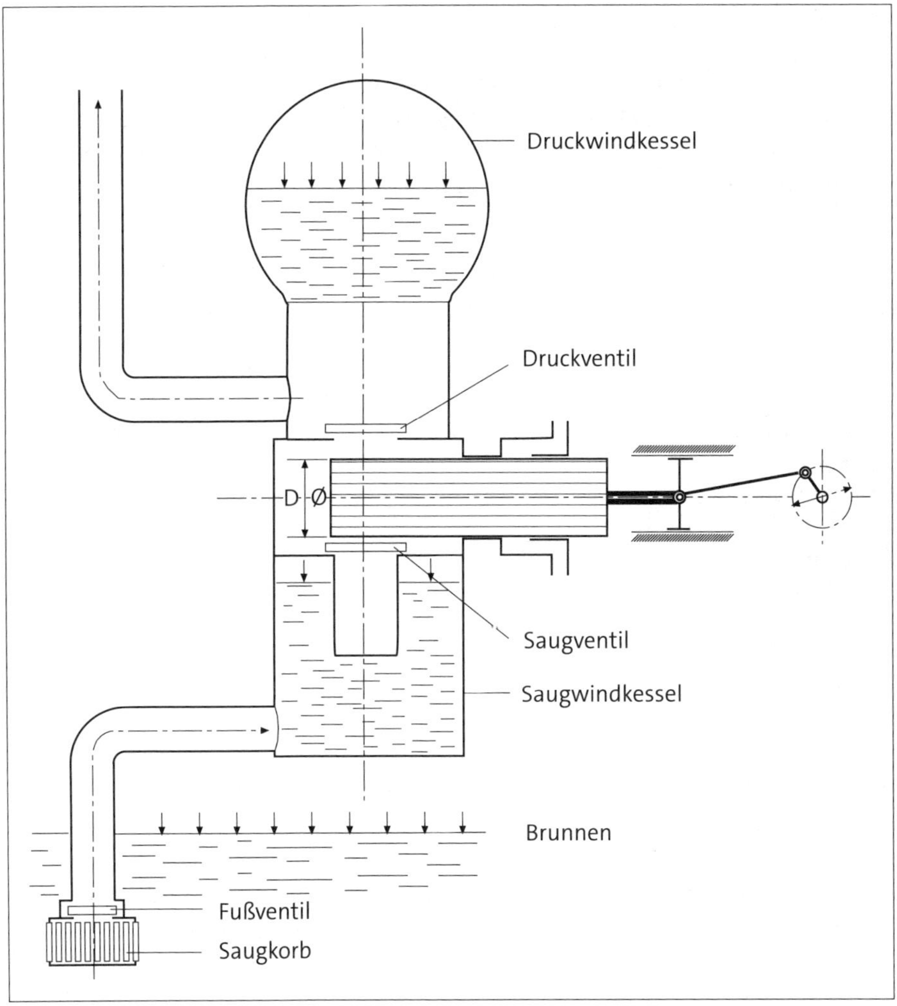

Aufbau einer einfach-wirkenden Kolbenpunpe mit Windkesseln

13. Aus welchen Hauptbauteilen bestehen Kolbenpumpen?

1. Der **Saugteil** besteht aus dem Saugkorb mit eingebautem Fußventil, der Saugleitung, dem Saugwindkessel und dem Saugventil.
2. Der **Pumpenteil** setzt sich aus dem Pumpenarbeitsraum mit dem Kolben, der Kolbenstange und den Stopfbuchsen zusammen.
3. Zum **Förderteil** gehören das Druckventil, der Druckwindkessel und die Druckleitung.
4. Das **Gestell** besteht aus dem Rahmen mit der Kreuzkopföffnung, dem Antrieb und den Armaturen (Schmierung, Leckleitungen usw.).

14. In welche Bauarten lassen sich Kolbenpumpen einteilen?

Kolbenpumpen lassen sich nach folgenden Merkmalen einteilen:

Einteilung der Kolbenpumpen nach der ...				
Wirkungsweise	**Art des Kolbens**	**Lage der Kolbenachse**	**Anzahl der Kolben**	**Art des Antriebs**
Saug- und Hubpumpen: nur bei Kolbenaufwärtsbewegung saugend und drückend	Scheibenkolben	liegende Pumpen (horizontale -)	Einkolbenpumpen	Handpumpen
Einfach-wirkende Kolbenpumpen: je Hub nur saugend oder drückend	Tauch- und Plungerkolben	stehende Pumpen (vertikale -)	Zweikolbenpumpen (Zwillings-)	Transmissionspumpen
Doppelt-wirkende Kolbenpumpen: je Hub saugend und drückend	Stufenkolben		Dreikolbenpumpen (Drillings-)	Motorpumpen
Stufenkolbenpumpen: saugseitig wie eine einfach-wirkende, druckseitig wie eine doppeltwirkende Pumpe	Ventilkolben			Dampfpumpen

15. Wie wird die Leistung von Kolbenpumpen geregelt?

Die **Förderstromregelung** bei Kolbenpumpen erfolgt durch Veränderung der Antriebsdrehzahl und somit der Hubzahl bzw. durch Veränderung der Hublänge mittels Sonderkonstruktion. Eine vergleichbare Abhängigkeit der Förderhöhe vom Förderstrom (Q-H-Kennlinie) – wie bei der Kreiselpumpe – gibt es bei Kolbenpumpen nicht.

Die Kolbenpumpe liefert bei gleicher Drehzahl bei nicht kompressiblen Medien (z. B. Wasser) einen konstanten Förderstrom. Dabei passt sich die Förderhöhe dem Gegendruck der Anlage an.

16. Welche Pumpen gehören zu den rotierenden Verdrängerpumpen?

Rotierende Verdrängerpumpen

- Zahnradpumpen
- Schraubenspindelpumpen

17. Wie ist der Aufbau und die Wirkungsweise von Zahnradpumpen?

Bei Zahnradpumpen bilden ineinander greifende Zähne eines Zahnradpaares das Verdrängungselement und zugleich auch das Trennelement. Sie liefern einen gleichmäßigen Förderstrom.

Zahnradpumpen benötigen weder Ventile noch besondere Maßnahmen für einen Massenausgleich und arbeiten mit einem Minimum an Wartung betriebssicher und wirtschaftlich. Ihr Einsatz ist vielfältig, z. B. in Kraftwerken: Sie finden dort Anwendung als Schmieröl-, Heizöl-, Zündöl- und Hydraulikpumpen.

Von Zahnradpumpen werden im Allgemeinen Förderströme bis zu etwa 30 m^3/h bei Förderdrücken von 1 - 20 bar gefordert. Sonderausführungen lassen sich für Förderdrücke über 100 bar bei einem Förderstrom von etwa 2 m^3/h mit einer Stufe bauen. Für diesen Bedarfsfall werden jedoch meist Schraubenspindelpumpen (vgl. Abbildung nächste Seite) verwendet. In einem Gehäuse wird ein Zahnrad von außen angetrieben und greift durch Abwälzen gleichzeitig in ein zweites Zahnrad. Der Zufluss vom Saug- zum Druckraum erfolgt am äußeren Umfang über die aus Zahnlücken und zylindrischen Gehäuseteilen gebildeten Räume. Damit die Spaltverluste zwischen Druck- und Saugraum gering bleiben, sind möglichst enge Spalten zwischen Zahnspitzen bzw. Zahnradstirnseiten und Gehäuse anzustreben. Der Förderstrom nimmt bei ansteigendem Gegendruck durch Spaltverluste ab, je nach den Eigenschaften des Fördermediums.

Damit bei Störungen in der zu betreibenden Anlage keine Überlastung des Pumpenaggregates oder der anschließenden Rohrleitungen eintritt, vielfach aber auch zur Mengenregulierung, wird auf der Druckseite ein Überströmventil installiert. Die Wellenlagerungen werden mit Gleit- oder Wälzlagern (meist Nadellager) ausgerüstet.

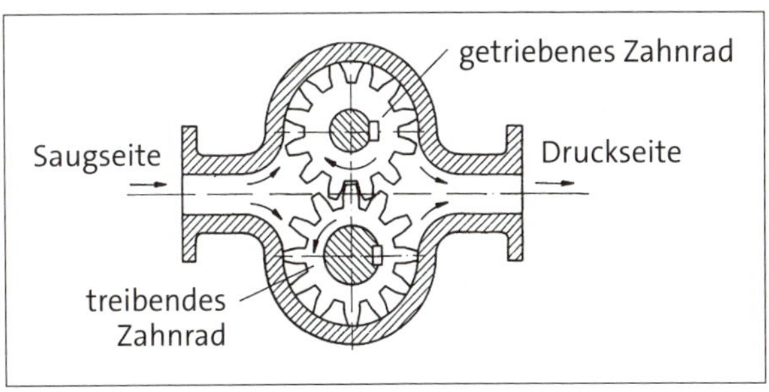

Förderprinzip der Zahnradpumpe

MERKE

Ist die Förderflüssigkeit zum Schmieren der Lager nicht geeignet, muss eine Pumpe mit Außenlagerung und Stopfbuchsen gewählt werden.

18. Wie ist der Aufbau und die Wirkungsweise von Schraubenspindelpumpen?

Ihre Anwendung findet diese Pumpenart z. B. zur Förderung von leichten und schweren Heizölen bei ölgefeuerten Kesselanlagen sowie für Hydraulikanlagen mit größeren Mengen und höheren Drücken. Zur Erreichung von hohen Drücken (über 100 bar) werden zwei Pumpen hintereinander geschaltet, da für eine einzelne Pumpe die Radiallagerbelastung zu groß werden könnte.

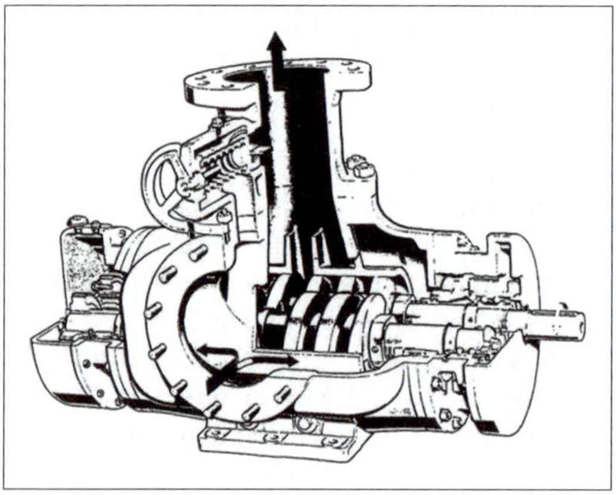

Schraubenspindelpumpe

Die Schraubenspindelpumpe gehört zur Bauart der Verdrängerpumpen. Es werden Spindeln verwendet, die ein Gewinde tragen: Es müssen mindestens zwei Spindeln miteinander in Eingriff stehen, damit Saug- und Verdrängungswirkung möglich werden und die Förderflüssigkeit nicht in den Gewindegängen von der Druckseite zur Saugseite zurückströmen kann.

Die **Hauptspindel** wird angetrieben, die **Nebenspindel** wird bei Förderdrücken bis etwa 35 bar von der Hauptspindel mitgenommen, bei höheren Drücken durch ein Stirnradpaar angetrieben. Bei Drücken bis etwa 10 bar wird die Hauptspindel zweigängig, die Nebenspindel dreigängig ausgeführt, bei höheren Drücken sind beide Spindeln eingängig. Für größere Förderströme wird die Pumpe auch mit mehreren Spindeln gebaut, wobei die Nebenspindeln konzentrisch um die Hauptspindeln angeordnet sind.

Schraubenspindelpumpen arbeiten praktisch wartungsfrei. Das hydraulische Verhalten ist dem der Zahnradpumpe sehr ähnlich (vgl. Kennlinienverhalten).

MERKE

Schraubenspindelpumpen haben keine Ventile. Der Förderstrom ist gleichmäßig.

Die **Spindeln** laufen mit relativ hohen Drehzahlen (bis 2.950 U/min). Die Hauptspindel wird i. d. R. direkt mit der Arbeitsmaschine gekuppelt. Bei der Förderung in einflutiger Richtung ist der gesamte Druckunterschied zwischen Druck- und Saugseite anzugleichen. Die Spindelstirnflächen auf der Saugseite können mit dem Pumpendruck beaufschlagt werden, damit eine dem Axialschub entgegengesetzte Kraft entsteht. Ein automatischer Schubabgleich ist durch gegenflutig angeordnete Spindeln möglich. Die Wellenabdichtung erfolgt mit Stopfbuchsen oder einfach-wirkenden Gleitringdichtungen.

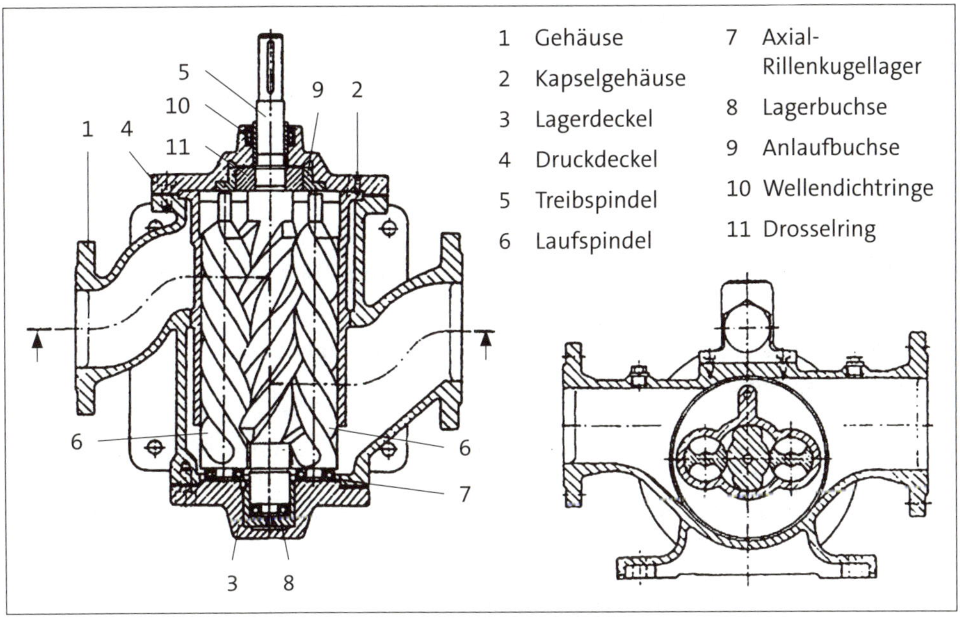

Querschnitt durch eine Schraubenspindelpumpe in Dreispindelausführung

19. Was sind Kreiselpumpen?

Kreiselpumpen sind **Strömungsmaschinen** zur Energieerhöhung mittels eines rotierenden Laufrades. Sie dienen der Förderung von Flüssigkeiten (z. B. Wasser), die durch Rohrleitungen fließen. Die Flüssigkeit, die in die Pumpe gelangt, wird vom rotierenden Pumpenrad mitgerissen und zunächst auf eine Kreisbahn gezwungen. Auf dieser Bahn treibt der durch Fliehkraft aufgebaute Druck die Flüssigkeit radial nach außen, wo sie durch den Ablauf abfließt.

MERKE

Die Arbeitsweise der Kreiselpumpe bezeichnet man als **hydrodynamisches Förderprinzip**.

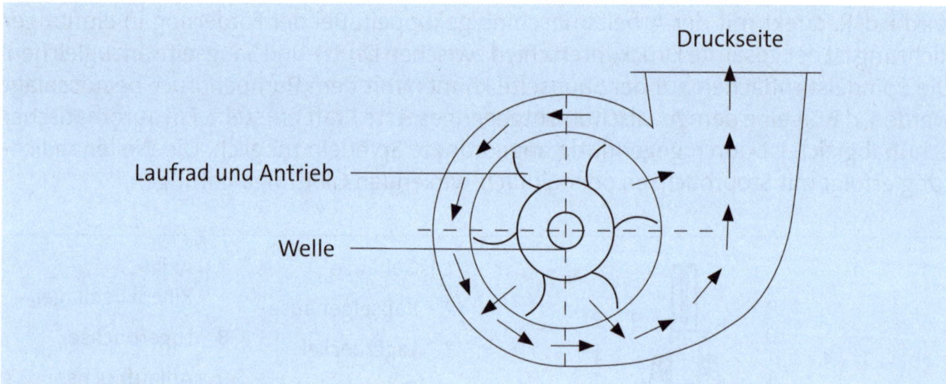

Prinzipskizze einer Kreiselpumpe

20. Was versteht man unter axialen bzw. radialen Kreiselpumpen?

Die zu fördernde Flüssigkeit kann bei Kreiselpumpen entweder hauptsächlich quer zur Achse des Antriebes bewegt werden (→ **radiale Strömung)** oder in Richtung der Achse (→ **axiale Strömung**; z. B. Propellerpumpen).

Bei entsprechender Gestaltung von Laufrad und Gehäuse können auch Flüssigkeiten mit Feststoffen gefördert werden (→ Abwasser). Eine Maßzahl der zulässigen Feststoffgröße ist der sog. **Kugeldurchgang**, angegeben als Durchmesser einer zu fördernden Kugel.

21. Was versteht man unter der Kennlinie einer Kreiselpumpe?

Die Kennlinie einer Kreiselpumpe beschreibt den **Zusammenhang zwischen Förderhöhe (Druck) und Fördermenge**. Der größte Druck wird normalerweise bei Fördermenge Null erzeugt. Praktisch bedeutet das einen verschlossenen Ablauf. Zusammen mit der Kennlinie des angeschlossenen Rohres ergibt sich der **Arbeitspunkt** aus der Kombination von Pumpe und Rohr (Anlagenkennlinie). Durch Hintereinanderschalten mehrerer Kreiselpumpen erhöht sich der Druck, durch Parallelschalten die Fördermenge.

MERKE

Ändert man die Drehzahl der Pumpen, verändert sich auch die Fördermenge sowie der Druck.

Kennlinie einer Kreiselpumpe und eines Rohres in einer ...

- offenen Anlage
- geschlossenen Anlage

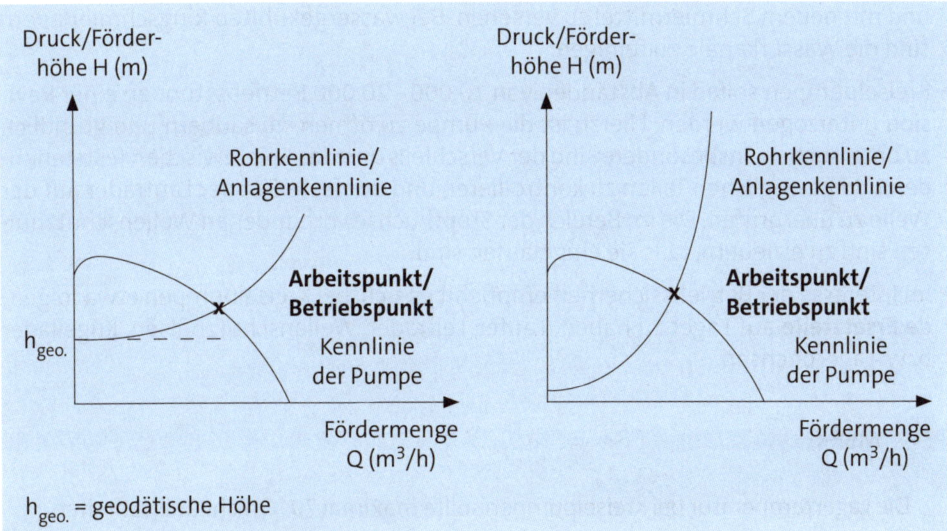

Kennlinien

MERKE

Übliche Kreiselpumpen sind nicht selbstansaugend, d. h., sie müssen stets mit Medium gefüllt sein oder mittels einer zusätzlichen Pumpe entlüftet werden, bevor sie fördern können.

---

22. Was ist hinsichtlich der Wartung, Revision und Überholung von Kreiselpumpen zu beachten?

- Einer regelmäßigen Wartung bedürfen hauptsächlich bei der Wellenabdichtung die **Stopfbuchsen**. Sie müssen so nachgezogen werden, dass im Betrieb etwas Leckwasser durchtreten kann. Bei **Stopfbuchsbrillenkühlung** ist die Kühlung zeitweilig abzustellen, um das Leckwasser der Stopfbuchse kontrollieren zu können. Lässt sich die Stopfbuchse nicht mehr nachziehen, ist ein weiterer Packungsring einzulegen bzw. neu zu verpacken. Rauchentwicklung bei frisch verpackten Stopfbuchsen ist auf zu strammes Anziehen der Stopfbuchsenbrille zurückzuführen.
- Die Wartung der **Lager** umfasst im Wesentlichen die Kontrolle einwandfreier Schmierung und Kühlung: Es ist auf ausreichende Schmierung zu achten und je nach Lagerkonstruktion Fett oder Öl regelmäßig zu ergänzen. Etwa jährlich bei durchlaufendem Betrieb sind die Lager vom Schmiermittel vollkommen zu säubern, auszuwaschen und mit neuem Schmiermittel zu versehen. Bei wassergekühlten Ringschmierlagern sind die Wasserkanäle zu reinigen.
- Kreiselpumpen sollen in Abständen von 10.000 - 20.000 Betriebsstunden einer **Revision** unterzogen werden. Hierzu ist die Pumpe zu öffnen, zu säubern und gründlich zu untersuchen. Insbesondere sind der Verschleiß und das Spiel zwischen feststehenden und beweglichen Teilen zu kontrollieren und der feste Sitz der Laufräder auf der Welle zu überprüfen. Die im Bereich der Stopfbuchse vorhandenen Wellenschutzhülsen sind zu erneuern, falls sie eingelaufen sind.
- Im Interesse der Betriebssicherheit empfiehlt es sich, bei Kreiselpumpen etwa folgende **Ersatzteile** auf Lager zu haben: Läufer, Leiträder, Wellenschutzhülsen, Kugellager bzw. Lagerbuchsen.

MERKE

Die Lagertemperatur bei Kreiselpumpen sollte maximal 70 °C nicht überschreiten.

23. Für welche Zwecke werden Kreiselpumpen eingesetzt?

- Pumpen zur Wasser- und Abwasserförderung
- Kondensatpumpen
- Kühlwasserpumpen
- Kesselspeisewasserpumpen in der Wärmeerzeugung
- Umwälzpumpen für flüssige Medien
- Säure- und Laugenpumpen.

24. Wie wird die Leistung von Kolbenpumpen berechnet?

Es gilt:

Druck:

$$p = \frac{F}{A}$$

Hubraum:

$$V = A \cdot s$$

Fläche:

$$A = \frac{\pi}{4} \cdot d^2$$

Volumenstrom:

$$V' = V \cdot n$$

Dabei ist:
A Fläche (dm^2)
s Weg (dm)
V Volumen (dm^3)
n Hubzahl (1/min)

Beispiele

Beispiel 1

Eine Pumpenanlage fördert in einer Stunde 10,8 m^3 Wasser 40 m hoch.

a) Wie groß ist die Hubleistung in kW?

b) Wie groß muss die der Pumpenanlage zugeführte elektrische Leistung sein, wenn der Wirkungsgrad 70 % beträgt?

Gegeben:
t = 1 h = 3.600 s
h = 40 m
V = 10,8 m^3 = 10.800 dm^3 → m = 10.800 kg
g = 9,81 N/kg

Gesucht:
P_{ab} (in kW)
P_{zu} (in kW)

a)

$$P_{ab} = \frac{W}{t}$$

$W = F_G \cdot h$
$= m \cdot g \cdot h$
$= 10.800 \text{ kg} \cdot 9{,}81 \text{ N/kg} \cdot 40 \text{ m} = 4.237.920 \text{ Nm}$

$$\rightarrow P_{ab} = \frac{4.237.920 \text{ Nm}}{3.600 \text{ s}} = 1{,}2 \text{ kW}$$

b) $P_{ab} = 1{,}2 \text{ kW} \rightarrow 70\ \%$
$\rightarrow P_{zu} = 1{,}71 \text{ kW} \rightarrow 100\ \%$

Beispiel 2
Wie groß muss die einer Pumpenanlage zugeführte elektrische Leistung sein, die in 10 Minuten 2,5 m^3 Heizöl um 3,5 m anheben soll, wenn ihr Wirkungsgrad 50 % beträgt?

Gegeben:
$t = 10 \text{ min} = 600 \text{ s}$
$V = 2{,}5 \text{ m}^3 = 2.500 \text{ dm}^3$
$h = 3{,}5 \text{ m}$
$\eta = 50\ \%$

Dichte von Heizöl = 0,83 kg/dm^3 (vgl. Tabellenbuch)

Gesucht:
P_{zu} (in kW)

$$P_{ab} = \frac{W}{t}$$

$W = m \cdot g \cdot h$
$= 2.500 \text{ l} \cdot 0{,}83 \text{ kg/dm}^3 \cdot 9{,}81 \text{ N/kg} \cdot 3{,}5 \text{ m} = 71.245{,}125 \text{ Nm}$

$$\rightarrow P_{ab} = \frac{71.245{,}125 \text{ Nm}}{600 \text{ s}} = 118{,}74 \text{ Nm/s}$$

$$\eta = \frac{P_{ab}}{P_{zu}} = 50\ \%$$

$\rightarrow P_{zu} = P_{ab} : 0{,}5 = 118{,}74 \text{ Nm/s} : 0{,}5 = 237{,}48 \text{ W} = 0{,}24 \text{ kW}$

25. Was gilt es hinsichtlich der Reaktionsenergie zu beachten?

Je nach Art der Reaktion wird Energie benötigt, um die Reaktion zu starten bzw. diese fortzuführen. Die größere Aufmerksamkeit gehört allerdings den exothermen Reaktionen. Wird z. B. die chemische Reaktion im Reaktor adiabatisch durchgeführt, d. h., es findet kein Wärmeaustausch mit der Umgebung statt, kann die freiwerdende Energie dazu genutzt werden, die Reaktion zu steuern. Dies kann z. B. über die Dosierungsgeschwindigkeit der Reaktanden, die miteinander reagieren sollen, erfolgen. Kann die Reaktion nicht adiabatisch durchgeführt werden, müssen folgende Maßnahmen zur Temperatursteuerung getroffen werden:

- Heizen oder Kühlen während der Reaktion, z. B. durch Zugabe von Inertmaterial (Lösemittel) oder Reaktionskomponenten, deren Wärmekapazitäten zur Temperatursteuerung genutzt werden
- indirekter Wärmeaustausch im Reaktor durch Austauschflächen wie Heiz- bzw. Kühlspiralen (isotherme oder polytrope Reaktionsführung)
- Zirkulation des gesamten oder eines Teils des Reaktionsgemisches durch einen äußeren, vom Reaktionsapparat getrennten Wärmetauscher.

26. Was gilt es bei der Vor- und Nachbereitung von Stoffen zu beachten?

Für die Umsetzung ist es mitunter notwendig, die zur Reaktion kommenden Stoffe entsprechend vorzubereiten. Dies kann bei festen Rohstoffen z. B. die Oberflächenvergrößerung sein oder ein Feststoff muss kompaktiert werden. Dazu wird in der Verfahrenstechnik eine Reihe von Mühlen und Apparaten zur Herstellung von Agglomeraten eingesetzt. Als Vorbereitung müssen Reaktionskomponenten gelöst werden, um diese dann besser zu dosieren, oder bei Verunreinigung vorab durch Umkristallisation, Umfällung, Destillation und Filtration usw. gereinigt werden.

27. Was versteht man unter einer Prozessoptimierung?

Bei der Prozessoptimierung geht es zunächst darum, eine verfahrenstechnische Verfeinerung der bestehenden Anlage vorzunehmen. Hierzu werden die gewonnenen Prozessdaten ausgewertet und ggf. korrigiert und es wird geprüft, ob sie sich auf die Produktionsanlage übertragen lassen. Dies wird allgemein zunächst als Fertigungsmitteloptimierung bezeichnet. Hier wird die strukturelle Konfiguration einer verfahrenstechnischen Anlage untersucht, mit dem Ziel, die Komponenten der Produktionsanlage, insbesondere auch die umfangreiche Messtechnik, so auszuwählen, dass daraus ein hohes Maß an Prozesssicherheit und Reproduzierbarkeit der Zwischen- und Endprodukte resultiert. Mit diesen Erkenntnissen werden gleichzeitig die optimalen Sollwerte, z. B. Temperatur, Druck, Reaktionszeit, Konzentration und pH-Wert, für die Prozessführung gewonnen. Bei der Optimierung einer Produktionsanlage stehen folgende Aspekte im Vordergrund:

- Wirtschaftlichkeit und Produktivität
- Qualität
- Bedienbarkeit und Anlagenstabilität

- Sicherheit
- Umweltschutz.

11.2 Bewerten der Substitution von Roh-, Hilfs-, Betriebs- und Werkstoffen

11.2.1 Kriterien für die Substitution

01. Was versteht man unter einer Rohstoff-Substitution?

Während einer Prozessoptimierung und auch zu einem späteren Zeitpunkt kann die Notwendigkeit auftreten, Rohstoffe, Betriebsstoffe, Rohrleitungen, Absperrarmaturen und Apparate aus bestimmten Werkstoffen durch andere Stoffe bzw. Werkstoffe zu ersetzen. Eine Rohstoffsubstitution ist im einfachsten Fall schon dadurch gegeben, wenn der bisherige Lieferant, aus welchen Gründen auch immer, durch einen anderen ersetzt wird. Die Rohstoffeingangskontrolle hat die Aufgabe, die Spezifikationen auf Veränderungen zu prüfen. Gerade bei sensiblen Produkten, z. B. Arzneimitteln, kann eine geringfügige Abweichung große Wirkung haben, welche in anderen Synthesen gar nicht ins Gewicht fällt. Eine Rohstoffsubstitution über einen anderen Syntheseweg kann eine Problematik im Syntheseverfahren lösen oder auch andere aufwerfen.

02. Welche Gründe können eine Substitution von Rohstoffen notwendig machen?

Die Notwendigkeit bzw. Dringlichkeit, eine Substitution vorzunehmen, kann verschiedene Gründe haben:

- gesetzliche Auflagen
- Neueinstufung von chemischen Stoffen, z. B. Krebspotenzial, Toxizität
- Rohstoffsituation, Verfügbarkeit und Preis
- Vermeidung bzw. Reduzierung von Emissionen
- wirtschaftliche Belange, wie z. B. Ausbeute
- besseres Recycling
- reduziertes Abfallaufkommen
- verändertes Verfahren
- verbesserter Katalysator
- geringere Nebenreaktionen
- Vermeidung von Kuppelprodukten.

11.2.2 Stoffbetrachtung

01. Welche Betrachtungen müssen angestellt werden, bevor man Stoffe ersetzen kann?

Sollen Rohstoffe durch alternative Edukte im Prozess ersetzt werden, muss der Stoff nicht nur hinsichtlich seiner physikalischen und chemischen Eigenschaften geprüft werden, sondern auch darauf, wie er sich in den Prozess und den kompletten Ablauf integrieren lässt. Entstehen Kuppelprodukte oder vermehrt Nebenreaktionen und deren Produkte, lassen sich diese problemlos isolieren und aufarbeiten? Sind dadurch andere Prozessparameter notwendig, z. B. höhere Drücke, andere Temperaturen oder längere Verweilzeiten, ist ein sorgfältiges Prüfen dieser Fragestellungen unbedingt notwendig. Diese Überlegungen gelten natürlich analog für alle Roh-, Hilfs-, Betriebs- und Werkstoffe, welche evtl. ersetzt werden sollen.

02. Wie können alternative Stoffe im Prozess eingesetzt werden?

Eine Möglichkeit, alternative Stoffe einzusetzen, ist bei der Nutzung nachwachsender Rohstoffe zu sehen. Viele organische Grundchemikalien wurden zunächst aus Kohle gewonnen. Im Laufe der Zeit wurde die Kohle durch den Rohstofflieferanten Erdöl verdrängt. Um die Ressource Erdöl zu schonen, wird zunehmend versucht, auf nachwachsende Rohstoffe auszuweichen. Aus nachwachsenden Rohstoffen, z. B. Pflanzenölen, tierischen Fetten, Cellulose aus Holz und Baumwolle, Latex von Wolfsmilchgewächsen, Pflanzenharzen und etherischen Ölen, werden Fettsäuren, Fettsäureester, Fettsäureamide, Celluloseester und -ether, Gummi sowie Terpene und andere Derivate gewonnen.

11.3 Auswählen von geeigneten Verfahrensvorschlägen zum Führen von technologischen Prozessen sowie zur Produktaufarbeitung und -modifikation

11.3.1 Herstellung von Produkten/geeignete Verfahren

01. Wie erfolgt die Herstellung von Harnstoff?

Harnstoff wird in großen Mengen industriell hergestellt (über 150 Mio. t weltweit) und dient z. B. als Stickstoffdünger oder als NO_x-Reduktionsmittel beim SCR-Verfahren (Abgasreinigung in Diesel-Lkw und -Pkw). In Ländern mit großen Erdgasvorkommen, die früher oft einfach abgefackelt wurden, wird Erdgas heute in Harnstoff umgewandelt. Dazu dienen große Anlagen, die aus Erdgas, Luft und Wasser in den Prozessschritten Wasserstoffherstellung → Ammoniakherstellung → Harnstoffsynthese schließlich Harnstoff herstellen. Dabei wird das bei der Wasserstoffherstellung anfallende CO_2 als Harnstoff gebunden und nicht in die Atmosphäre freigesetzt. Der zunächst in Lösung anfallende Harnstoff wird in Granulat umgewandelt und in Säcken oder auch lose vertrieben. Die größten Anlagen der Welt produzieren ca. 4.000 t Harnstoff am Tag.

Reaktionsgleichungen:

$$2\,NH_3 + CO_2 \rightarrow H_2N\text{-}CO\text{-}ONH_4$$

Ammoniak und Kohlenstoffdioxid reagieren zu Ammoniumcarbamat.

$$H_2N\text{-}CO\text{-}ONH_4 \rightarrow H_2N\text{-}CO\text{-}NH_2 + H_2O$$

Ammoniumcarbamat reagiert zu Harnstoff und Wasser.

Eine industrielle Weiterverwendung von Harnstoff ist die Herstellung von Melamin, das z. B. mit Formaldehyd zu Kunstharzen verarbeitet wird, und von Harnstoff-Formaldehyd-Harzen (Harnstoffharz, sog. UF-Harze), die z. B. zur Produktion von Spanplatten eingesetzt werden.

02. Wie erfolgt die Herstellung von Natriumcarbonat?

Das Solvay-Verfahren oder auch Ammoniak-Soda-Verfahren ist ein chemischer Prozess zur Herstellung von Natriumcarbonat Na_2CO_3. Es wurde 1865 von *Ernest Solvay* entwickelt und löste das bis dahin verwendete Leblanc-Verfahren ab.

Die einzelnen Schritte des Verfahrens:

1. Der Kalk wird gebrannt.
2. Kohlendioxid wird zusammen mit Ammoniak in eine konzentrierte Kochsalzlösung eingeleitet. Hierbei fällt Natron aus, das von der entstehenden Salmiaklösung getrennt wird.
3. Das Natron wird auf ca. 200 °C erhitzt, wobei Wasser und Kohlendioxid entweichen. Übrig bleibt dann das Produkt Soda. Dieser Vorgang wird als „Kalzination (Kalzinieren)" bezeichnet.
4. Im 4. Schritt wird das Ammoniak wiedergewonnen und Schritt 2 zugeführt.

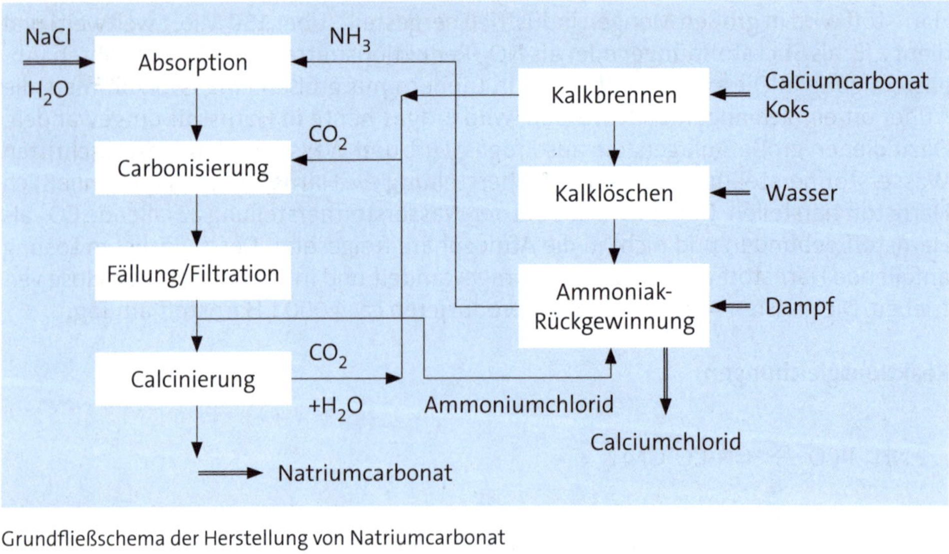

Grundfließschema der Herstellung von Natriumcarbonat

03. Wie erfolgt die Herstellung von Phenol und Aceton mithilfe des Cumol-Verfahrens?

Das Cumolhydroperoxid-Verfahren ist ein chemisches Verfahren zur Herstellung von Phenol und Aceton. Es ist auch unter den Namen **Hocksche Phenolsynthese** oder Hock-Verfahren bekannt und wurde nach seinem Entdecker *Heinrich Hock* benannt. Benzol und Propen werden zunächst durch eine Friedel-Crafts-Alkylierung (eine Reaktion in der Organischen Chemie, bei der an einem aromatischen Kohlenwasserstoff ein Wasserstoffatom gegen eine Alkylgruppe substituiert wird; dabei entstehen Alkylaromaten) im Sauren in Cumol, (Isopropylbenzol), überführt.

Cumol wird durch Luftsauerstoff oxidiert, wobei ein Hydroperoxid entsteht. Die darauffolgende saure Aufarbeitung bringt in einer Umlagerungsreaktion Phenol und Aceton hervor. Interessanterweise ist dieses Verfahren nur wirtschaftlich, weil ebenfalls Aceton entsteht.

04. Wie werden Chlormethane hergestellt?

Die Methanchlorierung zählt zu den Hauptabnehmern von Chlorgas. Das Methan stammt aus Erdgas und Erdölraffinerien. Die Reaktion von Methan mit Chlor ist eine exotherme Reaktion. Jedes Wasserstoffatom wird durch ein Chlor ersetzt. Dies führt zu vier verschiedenen Endprodukten.

Bei der Durchführung der Methanchlorierung sind **zwei Probleme** zu lösen:

- **Methan und Chlor bilden** im Bereich zwischen 12 Vol.-% und 58 Vol.-% Methan **explosive Gemische**.
- **Beherrschung der Reaktionsgeschwindigkeit:**

  Bei dieser Reaktion handelt es sich um eine Radikalkettenreaktion, die durch Chloratome eingeleitet wird. Erst oberhalb von 250 °C werden genügend Chlormoleküle in Chloratome gespalten, dass es zu einer merklichen Umsetzung kommt. Wird dabei die freiwerdende Reaktionswärme nicht schnell genug abgeführt, werden leicht Temperaturen von über 500 °C erreicht, bei denen es in erheblichem Maß zur Bildung von höhermolekularen Chlorierungsprodukten und Ruß kommt. Die Chlormethane werden heute überwiegend als Zwischenprodukte für den Einsatz in Folgeprozessen hergestellt. Die frühere Bedeutung der höher chlorierten Methane als nicht brennbare Lösemittel ist aus mehreren Gründen stark zurückgegangen:

  - mehr oder weniger starke Toxizität
  - biologisch schwer abbaubar (außer Methylchlorid)
  - Herstellung der Fluorchlormethane, die wegen ihrer schädigenden Wirkung auf die stratosphärische Ozonschicht nicht mehr produziert werden.

Als **Zwischenprodukte** sind in erster Linie Methylchlorid und Trichlormethan interessant. Methylchlorid dient in der organischen Synthese zur Einführung der Methylgruppe, z. B. zur Herstellung von Methylcellulose und Methylchlorsilanen. Trichlormethan wird überwiegend zu den Fluorchlormethanen weiterverarbeitet.

05. Wie erfolgt die Herstellung von Methanol?

Methanol ist ein einwertiger Alkohol, der sich vom einfachsten Alkan Methan durch Ersetzung eines Wasserstoffatoms durch die Hydroxylgruppe ableitet. Heutzutage wird Methanol großtechnisch aus Synthesegas hergestellt. Als Nebenprodukte fallen Ethanol und Dimethylether an. Die Weltjahresproduktion liegt aktuell bei über 30 Mio. t. Die aktuellen Verfahren zur Herstellung von Methanol unterscheiden sich durch den Reaktionsdruck. Die Verfahren können wie folgt klassifiziert werden:

- **Hochdruckverfahren**, 250 - 350 bar, 320 - 380 °C
- **Mitteldruckverfahren**, 100 - 250 bar, 220 - 300 °C
- **Niederdruckverfahren**, 50 - 100 bar, 200 - 300 °C.

Am wichtigsten ist das Niederdruckverfahren, das i. d. R. bei 230 - 250 °C ausgeführt wird.

Als Rohstoffe für die Methanolherstellung können Erdgas, Benzin, Rückstandsöle der Erdölaufarbeitung, Kohle oder auch Kohlenstoffdioxid und Wasserstoff verwendet werden. Bislang ist der wichtigste Grundstoff das Erdgas.

Es wurden mittlerweile aber auch Verfahren entwickelt, mit denen Methanol direkt und ohne Synthesegas aus Methan hergestellt werden kann. Ziel ist es, dass man Methanol auch aus CO_2 und Wasser unter Zuführung von elektrischem Strom herstellen kann und so ein „Recycling“ von CO_2 ermöglicht. Auf diesem Gebiet liegt bereits eine Vielzahl von Patenten vor, die aufzeigen, dass dies möglich ist. Das gegenwärtige Problem besteht darin, die notwendigen hohen Stromdichten für eine Großproduktion zu erzielen. Wirtschaftlich und energiepolitisch sind solche Verfahren jedoch äußerst fragwürdig, weil für das CO_2-Recycling mehr Energie aufgebracht werden müsste, als bei der vorhergehenden Verbrennung von C zu CO_2 gewonnen würde.

06. Welche Produkte werden durch Oxosynthese hergestellt?

Die Oxosynthese ist ein großtechnisches Verfahren zur **Herstellung von Aldehyden** (Aldehyde sind chemische Verbindungen, die als funktionelle Gruppe eine endständige Carbonylgruppe – genauer Aldehydgruppe, CHO – enthalten; die von den Alkanen abgeleitete Reihe der Aldehyde bildet die homologe Reihe der Alkanale) aus den Ausgangsstoffen CO (Kohlenmonoxid) und H_2 (Wasserstoff) sowie Alkenen. Dabei entstehen an einem Cobalt-Katalysator bei ca. 120 - 300 °C und einem Druck von mindestens 150 bar ein Wasserstoffradikal und eine radikalische COH-Gruppe. Die beiden Radikale können an der Doppelbindung von Alkenen angreifen. Dabei entsteht ein Isomerengemisch von Aldehyden. Die Aldehyde werden weiterverarbeitet, z. B. durch Hydrierung zu Alkoholen.

11.3.2 Aufarbeitung und Modifikation von Produkten/geeignete Vorgehensweisen

01. Was beschreibt die Aufarbeitung von Produkten?

Jedes Zwischenprodukt bzw. Endprodukt muss nach der abgeschlossenen chemischen Reaktion aufgearbeitet werden. Diese Aufarbeitung erfolgt i. d. R. durch eine Grundoperation, z. B. Trocknen, Kompaktieren, Einstellen, Mahlen oder entsprechend Formulieren und Verpacken.

Bei der Modifikation von Produkten wird ein bestehendes Chemieprodukt verändert. Nach diesem Prozess weist es neue physikalische und chemische Eigenschaften auf. Dies kann die Verbesserung der Viskosität, der Kaltlöslichkeit, der Wirksamkeit, der Verträglichkeit usw. sein.

02. Wie erfolgt die Modifikation von Arzneimitteln?

Ein Pharmawirkstoff ist nach der chemischen Reaktion noch kein Arzneimittel. Bevor dieser vom Verbraucher in der Apotheke erworben werden kann, muss er in eine entsprechende Form gebracht werden. Diese Form herzustellen, ist Aufgabe der **Galenik** (die Lehre von den Arzneiformen). Hier wird der Wirkstoff zu einer Darreichungsform wie Tablette oder Pulver umgesetzt.

03. Wie erfolgt die Modifikation von Kunststoffen?

Während der Herstellung von Kunststoffen werden sog. **Additive** zugesetzt. Mit der Beimischung können Materialeigenschaften auf die jeweiligen Bedürfnisse der Anwendung zugeschnitten werden. Gleichzeitig werden die **chemischen, elektrischen und mechanischen Eigenschaften verbessert**. Etwa zwei Drittel der weltweit hergestellten Additive werden für die Produktion von Polyvinylchlorid (PVC) aufgewendet, fast drei Fünftel der hergestellten Additive sind Weichmacher. Sie verringern die Sprödigkeit und Härte eines Kunststoffes und machen ihn so besser form- bzw. verarbeitbar. Je nach ihrem Anteil ist das Ergebnis z. B. Weich- oder Hart-PVC.

Weitere Zusätze sind sog. **Stabilisatoren**, die die Lebensdauer eines Kunststoffes erhöhen und **vor Oxidation, Strahlung und Wärme schützen**. **Lichtschutzmittel** schützen gegen eine Schädigung durch UV-Licht. Doppelbindungen zwischen Kohlenstoffatomen sind in der Lage, Licht dieser Wellenlänge zu absorbieren. Daher sind vor allem Kunststoffe durch UV-Licht gefährdet, die dieses Strukturelement aufweisen (z. B. Polyisopren). Weitere Lichtschutzmittel sind Ruß, der die Strahlung absorbiert, oder o-Hydroxibenzophenon, das die Energie in IR-Strahlung umwandelt.

Weitere Möglichkeiten, den Kunststoff zu modifizieren, ermöglichen **Wärmestabilisatoren** und sog. **Streckmittel** (Füllstoffe). Diese **verbessern die mechanischen Eigenschaften**. Zu den Füllstoffen zählen Kreide, Sand, Kieselgur, Glasfasern, Zinkoxid, Stärke, Grafit und Talkum.

12. Betriebscontrolling

INFO

Prüfungsanforderungen

Im Wahlpflichtqualifikationsschwerpunkt Betriebscontrolling soll die Fähigkeit nachgewiesen werden, betriebswirtschaftlich handeln zu können.

Wahlpflichtqualifikationsschwerpunkt Betriebscontrolling (Überblick)

12.1 Darstellen betriebswirtschaftlicher Abläufe anhand von Geschäftsprozessen und Wertschöpfungsketten sowie Entwickeln von Optimierungsvorschlägen

12.2 Nutzen betriebswirtschaftlicher Kennzahlen als Informations- und Steuerungsinstrument, insbesondere unter Beachtung von produktionswirtschaftlichen, personalwirtschaftlichen und logistischen Aspekten

12.3 Ergreifen von Maßnahmen zur Kosten- und Leistungsbeeinflussung

12.1 Darstellen betriebswirtschaftlicher Abläufe anhand von Geschäftsprozessen und Wertschöpfungsketten sowie Entwickeln von Optimierungsvorschlägen

12.1.1 Betriebswirtschaftliche Abläufe in den Funktionsbereichen

01. Was ist Controlling?

Das Controlling schafft die Entscheidungsgrundlage für die Unternehmensentwicklung, indem die Unternehmenszahlen überwacht und transparent gemacht werden – dabei stehen Controller der Unternehmensführung beratend zur Seite und geben auch Handlungsempfehlungen. Der Begriff leitet sich von „to control" ab, was hier nicht nur „kontrollieren" bedeutet, sondern viel eher „steuern" bzw. „navigieren". Die Basis dafür stellt der Controlling-Kreislauf dar: Planung, Information, Kontrolle/Analyse und Steuerung. Auch wenn das Controlling zum innerbetrieblichen Rechnungswesen gehört, darf es nicht mit der Buchhaltung verwechselt werden – es ist aber aus dem Bereich entstanden. Die Buchhaltung orientiert sich jedoch an vergangenen Prozessen und führt Buch darüber, während das Controlling zukunftsorientiert ist und sich mit der Kontrolle und Aufbereitung für das Management beschäftigt. Dabei unterstützt das Controlling bei der Zielerreichung und ist z. B. verantwortlich für die Steuerung und Planung von Projekten.

02. Was ist die Aufgabe des Controllings?

Controller beschäftigen sich im Allgemeinen damit, die Unternehmenszahlen für die Geschäftsleitung transparent zu machen. Damit liefern die Aufgaben im Controlling wertvolle Hinweise für die Planung und Zieldefinition des Unternehmens. Durch transparente Zahlen können die einzelnen Tochtergesellschaften oder Unternehmensbereiche leichter miteinander verglichen werden und bei Zielabweichungen entsprechende Korrekturen eingeleitet werden. Entsprechend dem Controlling-Kreislauf gliedern sich die einzelnen Aufgaben in die vier Abschnitte Planung, Information, Kontrolle/Analyse und Steuerung.

- **Planung:** Auf den Unternehmenszielen aufbauend, beschäftigt sich das Controlling mit der Budgetierung für Abteilungen und/oder Projekten und der Liquiditätsplanung.
- **Information:** Das Controlling erstattet regelmäßig Bericht über die aktuelle Unternehmensentwicklung. Im Führungscockpit werden die wichtigsten Kennzahlen des Unternehmens übersichtlich für das Management aufbereitet. Dabei handelt es sich vor allem um den Gewinn, die Rentabilität, den Deckungsbeitrag und den Unternehmenswert.
- **Kontrolle und Analyse:** Was bringen Pläne, wenn sie nicht eingehalten werden? Das Controlling beschäftigt sich auch mit der Zielabweichungsanalyse – wobei eine Abweichung nicht schlecht sein muss. Es geht viel eher darum, herauszufinden, wo und wieso die Abweichung entstanden ist. Denn ggf. müssen die Ziele neu definiert und/oder die Maßnahmen überarbeitet werden.

- **Steuerung:** Weichen die Ist-Werte von den Soll-Werten ab, sucht das Controlling nach den Gründen und leitet ggf. Maßnahmen ein, um gegenzusteuern. Um möglichst früh Abweichungen zu erkennen, erstellt das Controlling auch Prognosen über den Geschäftsverlauf.

Das Aufgabenfeld im Controlling ist sehr vielfältig und erfordert hohe Flexibilität. Die individuellen Aufgaben im Controlling sind auch abhängig von der Größe des Unternehmens. In kleinen und mittelständischen Unternehmen wird das Controlling häufig vom internen Rechnungswesen übernommen oder nur für Projekte eingesetzt – manchmal werden einzelne Aufgaben im Controlling auch an externe Berater vergeben. Hingegen haben große Unternehmen und internationale Konzerne eigene Controllingabteilungen. Oftmals sind diese sogar in verschiedene Teams untergliedert. Beispielsweise können in großen Unternehmen Teams für das Marketingcontrolling, Finanzcontrolling oder das Investitionscontrolling bestehen.

Zu den **typischen Aufgaben** im Controlling gehören daher vor allem:

- Überwachung der Unternehmenszahlen
- Aufbereitung der Zahlen für das Management
- Unterstützung des Managements bei der Zieldefinition und -erreichung
- Steuerung und Planung von Projekten
- Ergebnis- und Zielkontrolle (z. B. mithilfe von Soll-Ist-Vergleichen)
- Erstellung von Wirtschaftlichkeitsberechnungen
- Kostenstellen- und Kostenträgerrechnung
- Prozessoptimierungen.

03. Was sind typische Instrumente des Controllings?

Um die vielfältigen Aufgaben (siehe Frage 02.) erfüllen zu können, setzt das Controlling vielfältige Kontrollinstrumente ein. Je nachdem, ob es sich um das operative oder strategische Controlling handelt, unterscheiden diese sich etwas.

Instrumente des **operativen** Controllings:

- Break-even-Analyse
- ABC-Analyse
- Deckungsbeitragsrechnung
- Kosten- und Leistungsrechnung
- Budgetierung
- Soll-Ist-Vergleich
- Investitionsrechnung.

Instrumente des **strategischen** Controllings:

- Competitive Intelligence
- SWOT-Analyse
- Produktportfolio-Analyse
- Stakeholder-Analyse
- Six-Sigma
- Benchmarking
- Strategische Planung
- Wettbewerbsanalyse.

04. Welche betrieblichen Funktionen werden unterschieden?

In der betrieblichen Aufbauorganisation sind die zu erfüllenden Aufgaben nach dem Verrichtungsprinzip zusammengefasst, sodass eine Gliederung nach Funktionen entsteht. Häufig unterscheidet man dabei zwischen betrieblichen Grundfunktionen und Querschnitts- bzw. Servicefunktionen.

Grundfunktionen sind Aufgabengebiete, ohne die ein Betrieb nicht funktionieren kann:

- Die **Beschaffung** (bzw. Materialwirtschaft) befasst sich mit dem Einkauf von Roh-, Hilfs- und Betriebsstoffen (bei Produktionsbetrieben) und Fertigerzeugnissen (im Handel).
- Die **Produktion** beinhaltet die Erstellung von materiellen und immateriellen Gütern und/oder Dienstleistungen.
- Der **Vertrieb** (Absatz) befasst sich mit dem Verkauf der produzierten Güter und/oder Dienstleistungen am Markt.
- Die **Finanzierung** umfasst alle Prozesse, die sich auf die monetäre Versorgung und Steuerung zwischen Kapitalbeschaffung und Kapitalverwendung beziehen.

Die **Querschnitts- oder Servicefunktionen** weisen einen direkten Bezug zu den betrieblichen Grundfunktionen auf:

- Die **Unternehmensleitung** ist mit der Unternehmensführung betraut, ihr werden oft die Aufgaben der Organisation und Planung zugeordnet.
- Das **Personalwesen** befasst sich mit der Beschaffung, Betreuung und Verwaltung des Personals.
- Die **Verwaltung** ist mit administrativer Tätigkeit betraut.
- Die **Information** befasst sich mit der Informationsgewinnung und Informationsverarbeitung.
- Die **Forschung & Entwicklung** besitzt die Aufgabe, neue Produkte/Dienstleistungen zu erfinden und bestehende weiterzuentwickeln.

- Die **Logistik** soll für einen optimalen Zusammenfluss von Material-, Wert- und Informationsströmen sorgen.
- Die **Finanzierung** wird manchmal auch zu den Querschnittsfunktionen gezählt, weil argumentiert wird, dass sie den anderen Grundfunktionen diene.

05. Was bezeichnen die Produktionsfaktoren?

Allgemein werden unter Produktionsfaktoren alle Mittel verstanden, die Unternehmen benötigen, um ihre Produkte herzustellen. Dabei sind materielle Faktoren ebenso gemeint wie immaterielle Faktoren. Produktionsfaktoren lassen sich aus volkswirtschaftlicher Sicht in **Boden, Kapital, Arbeit und Wissen** aufgliedern. Unter betriebswirtschaftlichen Gesichtspunkten wird in dispositive und Elementarfaktoren unterschieden.

12.1.2 Geschäftsprozesse in der Materialwirtschaft

01. Wie wird der Materialbedarf ermittelt?

Ausgehend vom Produktionsplan ergibt sich ein Bedarf an Roh-, Hilfs- und Betriebsstoffen, welcher mit der Materialbedarfsplanung erfasst und über die Materialbeschaffung gedeckt wird. In diesen Ablauf ist auch das Lagerwesen integriert.

- Der **Primärbedarf** ergibt sich aus dem geplanten Absatzprogramm und beschreibt den Bedarf an zu produzierenden fertigen Produkten und die dazu benötigten und zu beschaffenden Waren.
- Der **Sekundärbedarf** erschließt sich aus dem Primärbedarf der Produktion (benötigte und zu beschaffende Waren) und umfasst den Bedarf an zu produzierenden oder zu beschaffenden Baugruppen, Einzelteilen bzw. Rohstoffen.
- Der **Tertiärbedarf** geht aus dem Sekundärbedarf der Produktion hervor und gibt den Bedarf an zu beschaffenden Hilfs- und Betriebsstoffen an.

Der Sekundär- und der Tertiärbedarf sind mithilfe von Stücklisten bzw. Rezepturen exakt zu bestimmen.

02. Was ist eine Stückliste?

Eine Stückliste ist eine Auflistung unterschiedlicher Bestandteile eines Produkts. Die Stückliste gibt die konkrete Zusammensetzung von Produkten an. Somit weiß man jederzeit, welche und wie viele Bestandteile in der Produktion oder einem anderen Unternehmensbereich benötigt werden. Somit dienen die Stücklisten zur Organisation der Produktion und insbesondere zur einwandfreien Funktion der Supply Chain.

03. Was sind Rezepturen?

Rezepturen werden für die Bedarfsermittlung beim Vorliegen von Flüssigkeiten, Gasen und Schüttgütern verwendet. Sie kommen in der chemischen oder in der Nahrungsmittelindustrie zur Anwendung und umfassen die gewichts- oder mengenmäßige Zusammensetzung von Produkten.

04. Welche Materialarten werden unterschieden?

Häufig werden die Materialien in Roh-, Hilfs- und Betriebsstoffe (sog. RHB-Stoffe) eingeteilt. Dabei handelt es sich um Bestandteile betrieblich erzeugter Produkte. Die Bestände werden im Rahmen der Inventur ermittelt und auf den entsprechenden Sachkonten gebucht.

- **Rohstoffe** sind Hauptbestandteil eines Erzeugnisses, z. B. Holz für einen Tisch.
- **Hilfsstoffe**, werden auch als Nebenbestandteil bezeichnet, z. B. der Leim für die Verbindung des Holzes.
- **Betriebsstoffe** werden im Herstellungsprozess verbraucht und gehen nicht in das Erzeugnis ein, z. B. Öl als Schmierstoff für die Sägemaschine.

Roh-, Hilfs- und Betriebsstoffe gehören zum Umlaufvermögen des Produktionsbetriebes und erscheinen auf der Aktivseite der Bilanz.

05. Wie erfolgt die Materialbedarfsermittlung?

Für die Materialbedarfsermittlung stehen folgende Methoden zur Verfügung:

- programmorientierte Bedarfsermittlung (deterministische Bedarfsermittlung)
- verbrauchsorientierte Bedarfsermittlung (stochastische Bedarfsermittlung)
- subjektive Schätzung (heuristische Bedarfsermittlung)
- regelbasierte Bedarfsermittlung.

Besonders weit verbreitet sind die ersten beiden Varianten.

06. Wie erfolgt die Lieferantenauswahl?

Damit ein Unternehmen den optimalen Anbieter findet und seine Beschaffung nicht wahllos betreibt, muss es einige Aufgaben durchführen. Hierbei ist es zunächst wichtig, eine Beschaffungsmarktforschung zu betreiben und somit potenzielle Lieferanten zu ermitteln.

Im Anschluss müssen die ermittelten Lieferanten anhand von Kriterien bewertet werden. Diese Kriterien werden vom beschaffenden Unternehmen individuell nach den eigenen Bedürfnissen festgelegt. Somit wird jedes Unternehmen zu einem anderen Ergebnis kommen.

Zum Abschluss erfolgt die Kontaktaufnahme zu den bestbewerteten Lieferanten, während der die Möglichkeiten einer Zusammenarbeit ausgelotet werden. Die Verhandlungen mit den Lieferanten erfolgen im Anschluss an den Prozess der Lieferantenauswahl.

07. Nach welchen Kriterien erfolgt die Lieferantenbewertung?

Im Anschluss an die Lieferantenermittlung werden die gewonnenen Listen der Lieferanten ausgewertet. Hierzu stellt das beschaffende Unternehmen Kriterien auf, anhand derer die Anbieter verglichen werden können.

Die Beurteilungskriterien können dabei messbar sein, wie beispielsweise der Preis, oder es kann sich um weiche Faktoren handeln, wie es bei der Flexibilität der Fall ist. Außerdem werden die Kriterien im Normalfall vorab gewichtet, sodass ein Unternehmen die für sich wichtigen Faktoren stärker hervorheben kann. Um messbare Ergebnisse zu erhalten, stehen diverse Methoden zur Verfügung. Häufig zur Anwendung kommen die **Nutzwertanalyse** oder das **Punkteverfahren**. Am Ende dieser Verfahren können die Lieferanten in Ranglisten nach Punkten oder Erfüllungsgraden aufgelistet werden, anschließend kann der Kontakt mit den potenziell besten Anbietern aufgenommen werden. Außerdem gibt es das **SCOPE-Konzept**, welches Informationen über Lieferanten kategorisiert.

Mögliche **Beurteilungskriterien:**

- Preis
- Qualität
- Entfernung
- Zuverlässigkeit
- Kulanzregelungen
- Kommunikation
- Bestellprozesse
- Zahlungsziele
- Innovation.

Methoden der **Lieferantenbewertung:**

- Scoring-Modell
- Profilanalyse
- SCOPE-Konzept
- Preisstrukturanalyse
- Checklistenverfahren
- Optimierungsverfahren.

08. Wie ermittelt sich die optimale Bestellmenge?

Bei einem Bestellvorgang wählt das Unternehmen i. d. R. die wirtschaftlich optimale Anzahl von Artikeln aus. Die optimale Bestellmenge ist dann erreicht, wenn Lager- sowie Bezugskosten, also die Gesamtkosten, möglichst minimal ausfallen. Bei der Berechnung der Größenordnung werden Bestellkosten, Mengenrabatt, Jahresabsatz sowie Lagerkosten mit einkalkuliert. Die optimale Bestellmenge kann variieren, da sie vom Herstellungs- und Vertriebsprozess abhängt. Werden Waren bei einem Lieferanten bestellt, dann werden zu den Produktpreisen zusätzlich Versandkosten berechnet. Ab einer bestimmten Bestellmenge erhält man evtl. einen Rabatt. Die Kosten für die Lagerung der Waren sind nicht auf der Rechnung aufgeführt. Allerdings sind diese Kosten Betriebsausgaben, die berücksichtigt werden müssen. Genauso wie Miete für die Räumlichkeiten, Strom und Arbeitszeit für die Ein- und Auslagerung sowie Aufbereitung der Artikel. Für die optimale Bestellmenge gibt es also vielerlei Gründe.

Optimale Bestellmenge (Andler-Formel)

$$x_{opt} = \sqrt{\frac{2 \cdot \text{Bestellkosten } (k_B) \cdot \text{Periodenbedarf } (x_{ges})}{\text{Einstandspreis (EP)} \cdot (\text{Lagerzinssatz } (i_L)/100)}}$$

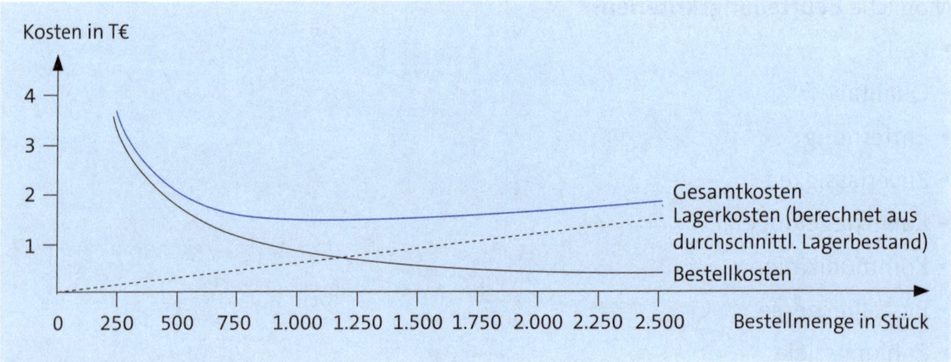

Kosten in Abhängigkeit der Bestellmenge

12.1.3 Geschäftsprozesse in der Produktion

01. Was bezeichnet man als Wertschöpfungskette?

In einer Wertschöpfungskette sind die Tätigkeiten, die in der Produktion anfallen, der Reihenfolge nach angeordnet. Diese Tätigkeiten sind in Prozessen miteinander verbunden, sie verbrauchen Ressourcen und schaffen Werte. Mit dem Begriff „Wertschöpfungskette" ist i. d. R. die Darstellung gemeint, beispielsweise als Diagramm. Im eigentlichen und im weiteren Sinn sind es aber die stattfindenden Prozesse, die die Wertschöpfungskette bilden. **Eine Wertschöpfungskette setzt sich zusammen aus einzelnen wertschaffenden Aktivitäten sowie der Marge (Gewinnspanne).** Bei den Aktivitäten handelt es sich um Tätigkeiten, die erbracht werden, um ein Produkt oder eine Dienstleistung zu erstellen. Die Marge bildet die Differenz zwischen dem vom Produkt oder von der Dienstleistung erbrachten Ertrag und der Ressourcen, die dafür eingesetzt wurden.

Man unterscheidet grundsätzlich zwischen **primären und unterstützenden Aktivitäten**. Bei den Primäraktivitäten handelt es sich um Tätigkeiten, die einen direkten wertschaffenden Beitrag leisten, um ein Produkt oder eine Dienstleistung zu erstellen.

Im Grundmodell umfassen die **Primäraktivitäten:**

- Eingangslogistik
- Produktion
- Ausgangslogistik
- Marketing und Vertrieb
- Kundenservice.

Bei den unterstützenden Aktivitäten handelt es sich um Tätigkeiten, die für die primären Aktivitäten notwendig und vorauszusetzen sind.

Diese **unterstützenden Aktivitäten** umfassen im Grundmodell:

- die Infrastruktur im Unternehmen
- die Personalwirtschaft
- die Entwicklung der Technologie
- die Beschaffung.

Die Wertschöpfungskette eines Unternehmens ist mit denen der Lieferanten und Kunden bzw. Abnehmer verknüpft. Gemeinsam bilden sie das Wertschöpfungskettensystem der jeweiligen Branche.

02. Was umfasst die Produktionsplanung?

Die Produktionsplanung umfasst die gesamte gedankliche Vorwegnahme des Produktionsprozesses.

Wesentliche **Elemente** der Produktionsplanung sind:

- die **Planung des Primärbedarfs**, also der nachgefragten Güter auf der Basis von Prognosen oder Kundenaufträgen (vom Produktportfolio bzw. bis hin zur Mengenplanung)
- die **Planung des Sekundärbedarfs** als Materialbedarfsplanung, welche die Bereitstellung aller zur Produktion nötigen Elemente (Einzelteile, Zwischenprodukte und Baugruppen sowie Roh-, Hilfs- und Betriebsstoffe) über die innerbetriebliche Logistik sicherstellen muss
- die **Produktionsprozessplanung** als Planung des konkreten Ablaufs bzw. der Durchführung inkl. der Planung von Losgrößen, Terminen und Kapazitäten.

Im Anschluss an die Produktionsplanung erfolgt nach der Auftragsfreigabe die Produktionssteuerung.

03. Was umfasst die Produktionssteuerung?

Von Produktionssteuerung wird gesprochen, wenn die bei der Produktionsplanung erarbeiteten Vorgaben umgesetzt werden. Sie stellt praktisch den Übergang von der Planung der Produktion zur eigentlichen Durchführung dar. Das Konzept, auf dem die Produktionssteuerung basiert, ist ein sog. geschlossener Regelkreis. Er stellt die Verbindung der Soll-Vorgaben aus der Produktionsplanung und den tatsächlichen Ist-Daten (Produktion) her. Zur Produktionssteuerung gehört natürlich auch die Kontrolle der Ergebnisse (Soll-Ist-Vergleich).

04. Was umfasst die Produktionskontrolle?

Bei der Produktionskontrolle werden die Daten der Planung, der Vorgabe und der vergleichenden Bewertung mit den Daten der vergangenen Perioden verglichen und die Abweichungsursachen analysiert. Durch die Produktionskontrolle wird kontrolliert, ob in den verschiedenen Bereichen alles planmäßig verläuft. Überwacht werden Termine und Fristen, Materialverbrauchsmengen sowie eingesetzte Betriebsmittel, Outputmengen, Produktionskosten, Material- und Produktqualität.

12.1.4 Geschäftsprozesse im Marketing

01. Was beinhaltet der Marketingmix?

Unter dem Begriff Marketingmix fasst man alle Handlungen und Entscheidungen zusammen, die für eine erfolgreiche Platzierung eines Unternehmens und seiner Produkte und/oder Dienstleistungen auf dem Markt bedeutend sind. Dabei unterscheidet man im klassischen Modell des Marketingmix (dem sog. 4P-Marketing) vier zentrale Bereiche. Diese vier Instrumente des Marketingmix sind: **Produktpolitik, Preispolitik, Distributionspolitik und Kommunikationspolitik**. Die gelungene Umsetzung dieser 4 Ps gilt als wesentliche Voraussetzung, um ein erfolgreiches Unternehmen zu führen.

Die Begriffe „4P-Marketing“ oder „4 Ps“ sind aus dem Englischen abgeleitet und setzen sich aus den jeweiligen Anfangsbuchstaben der Marketingmix-Instrumente zusammen: **P**roduct, **P**rice, **P**lace und **P**romotion.

02. Was beinhaltet die Produktpolitik?

Die Produktpolitik ist das Herzstück des Marketingmix und beeinflusst alle weiteren Marketingprozesse. Sie umfasst **sämtliche Bereiche rund um die Ausgestaltung des Produkts**, z. B. das Material, das Design, den Markennamen und auch die angebotenen Serviceleistungen rund um das Produkt.

Eine gute Produktpolitik setzt eine detaillierte Planung voraus. Zunächst muss man sich genau überlegen, welche Zielgruppe man ansprechen möchten und was deren spezielle Anforderungen an das Produkt sind. Dabei ist die Beantwortung folgender Fragen wichtig: Wie alt ist die Zielgruppe und durch welche Merkmale und Bedürfnisse zeichnet sie sich aus (z. B. Kaufkraft, Vorlieben, Lifestyle)? Ist es ein Frauen- oder Männerprodukt oder werden alle Geschlechter angesprochen? Ist es möglich, Produktvarianten anzubieten (beispielsweise verschiedene Ausführungen in unterschiedlichen Preisklassen oder geschlechtsspezifische Versionen)?

Im Rahmen der Produktpolitik legt man auch fest, welche Qualität das Produkt aufweisen soll und welche Funktionen es den Kunden bietet. Wichtig ist hierbei vor allem der konkrete Nutzen, den das Produkt bietet. Neben dem Nutzen und den grundlegenden Charakteristika eines Produkts umfasst die Produktpolitik allerdings noch weitere wichtige Bereiche, wie z. B. Produkt-Design oder Produkt-Service.

03. Was beinhaltet die Preispolitik?

Ein weiterer, wesentlicher Teilbereich ist die Preispolitik. Hier geht es um die **Preisgestaltung und das Preis-Leistungs-Verhältnis**. Unter dem Preis wird hier der Betrag verstanden, den der Kunde bei Erwerb des Produkts oder der Dienstleistung zahlt. Also muss an dieser Stelle entschieden werden, wie viel das Unternehmen verlangen kann, um gut genug zu verdienen, aber dem Kunden trotzdem das Gefühl zu geben, einen fairen Preis zu bezahlen.

Dabei gibt es unterschiedliche Herangehensweisen, die genutzt werden können. Ob mit der Penetrationsstrategie möglichst niedrige Preise anzubieten, mit der Skimmingstrategie zunächst möglichst hohe und exklusive Preise anzubieten oder mit der Preisdifferenzierungsstrategie unterschiedliche Preise zu kalkulieren, bleibt dem Unternehmen überlassen. Vor allem sollte diese Entscheidung zur jeweiligen Produktpolitik passen. Somit ergeben sich hier folgende Fragen: Zu welchem Preis verkaufe ich mein Produkt oder meine Dienstleistung? Wie sehen die Liefer- und Zahlungsbedingungen aus? Möchte ich Rabattaktionen ermöglichen?

04. Was beinhaltet die Distributionspolitik?

Die dritte Säule im Marketingmix und ein wesentliches Marketinginstrument ist die Distributionspolitik. Denn an dieser Stelle wird festgelegt, **über welche Wege die Kunden das Produkt oder die Dienstleistung erwerben können**.

Auch hier bestehen mehrere Möglichkeiten und diese sollten passend gewählt werden, damit sie perfekt zum Produkt und auch zum Preis passen. Soll der Kunde das Produkt direkt beim Unternehmen und ohne Zwischenhändler kaufen können? Oder bietet es sich an, das Produkt über Zwischenhändler zu vertreiben, sodass sich das Unternehmen allein auf die Produktion konzentrieren kann? Aber vielleicht ist auch die Multikanal-Struktur interessant, bei der mehrere Kanäle genutzt und somit direkte als auch indirekte Wege konzipiert werden. Zentrale Fragen sind also folgende: Kann ich meine Produkte gut und einfach lagern? Welcher Kanal passt zu meiner Zielgruppe? Ist mein Produkt erklärungsbedürftig und sollte daher durch Fachpersonal demonstriert werden? Welche Absatzwege nutzt die Konkurrenz?

05. Was beinhaltet die Kommunikationspolitik?

Damit möglichst viele Menschen vom Produkt erfahren, sollten Unternehmen in die Promotion investieren. Die Kommunikationspolitik bezeichnet dabei **alle Maßnahmen, um den Verkauf eines Produkts anzukurbeln und ein positives Marken- oder Unternehmensimage aufzubauen**. Klassischerweise gelingt dies über Werbe-, PR- und Marketingkampagnen, mit denen auf die Produkte des Unternehmens aufmerksam gemacht wird und die Zielgruppe zum Kauf animiert wird. Da Unternehmen ohne Promotion ihrer Produkte kaum Absatz erzielen werden, gehört die Kommunikationspolitik zu den unverzichtbaren Marketingmix-Instrumenten.

Mit Promotion sind letztlich alle Kommunikationsmaßnahmen gemeint, durch die die Zielgruppe nähere Informationen über das Produkt erhält. Die Promotion muss so gestaltet sein, dass sie potenzielle Kunden erreicht und gleichzeitig positiv aufgenommen wird. Neben den Vorlieben der Zielgruppe ist deshalb auch die Wahl der Kommunikationsplattform entscheidend. Mögliche **Kanäle für die Promotion** sind beispielsweise:

- **Offline-Werbemaßnahmen:** Fernsehen, Radio, Zeitung, Zeitschriften, Plakate usw.
- **Online-Werbemaßnahmen:** Display-Werbung, Video-Werbung (auf YouTube, Facebook oder als auf Webseiten eingebettete Videos) Social-Media-Advertising, Suchmaschinenwerbung, SEO (Suchmaschinenoptimierung) usw.
- **Persönliche Kommunikation:** Verkaufsgespräche zwischen Verkäufer und Kunden
- **Public Relations:** Kontakt zu öffentlichen Institutionen und Meinungsbildern (Parteien, Vereine, Zeitungsverlage) zur positiven Darstellung des Unternehmens
- **Internetkommunikation:** E-Mailings, Newsletter, Social-Media-Marketing.

Bei vielen der o. g. Plattformen und Kanäle kommt es insbesondere auf das Umfeld an, in dem auf das Produkt aufmerksam gemacht wird. Wenn ein TV-Spot geschaltet wird, dann sollte dieser in der Werbepause einer Sendung laufen, die überwiegend von der passenden Zielgruppe geschaut wird. Wenn das Unternehmen auf einer Messe vertreten ist, sollte diese auch einen großen Bezug zu den Produkten haben.

Zur Kommunikationspolitik zählt darüber hinaus die Verkaufsförderung (Sales Promotion). Diese bezeichnet zeitlich befristete Aktionen, mit denen das Produkt speziell promotet werden kann (etwa über kurzfristige Rabatte, Gewinnspiele, Probierstände u. ä.).

06. Wie könnten die einzelnen Bereiche des Marketingmix aussehen?

Die einzelnen Bereiche des 4P-Marketings sind nachfolgend zusammengefasst:

- **Product** (Produktpolitik)
  - Hauptprodukte: Frauen-, Männer- und Kindermode
  - Nebenprodukte: Accessoires
  - Spektrum: von sehr preiswerten, in Massenproduktion fabrizierten No-Name-Produkten bis hin zu individuell hergestellter, luxuriöser Haute-Couture-Mode
  - meist keine (aufwendige) Produktverpackung notwendig.

- **Price** (Preispolitik)
  - von extrem günstigen Preisen bei No-Name-Produkten bis hin zu überaus hohen Preisen bei maßgeschneiderten Designer-Stücken
  - Sale/Saisonschlussverkauf
  - Rabatte und Aktionen
- **Place** (Distributionspolitik)
  - Verkaufsort: eigene Filiale(n)/eigener Onlineshop und/oder Filialen und Onlineshops von Partnern im Einzelhandel
  - Lagerhaltung
  - Transport zum Verkaufsort über Direktversand/indirekten Versand via Vermittler/ Mischform zwischen direktem und indirektem Versand
- **Promotion** (Kommunikationspolitik)
  - klassische Werbekanäle: Printmedien (Werbeplakate, Anzeigen in Zeitschriften, Flyer zu bestimmten Rabattaktionen usw.), Radiowerbung, Fernsehwerbung
  - Videos auf der Website und YouTube
  - Blog
  - Social-Media-Marketing und -Advertising (z. B. Facebook, Instagram, Twitter)
  - Mund-zu-Mund-Propaganda.

07. Was bedeutet Marktforschung?

Überwiegend wird Marktforschung als eine systematische Sammlung von Daten, deren Aufbereitung und einer anschließenden Analyse über die Marktgegebenheiten verstanden, bei der bestimmte Situationen vom Unternehmen am Markt betrachtet werden.

Mit Marktforschung wird die systematische Forschung bzw. Analyse eines Marktes beschrieben. Dabei werden die Bedürfnisse der Beteiligten mit herangezogen, z. B. durch externe Informationsquellen. Im Gegensatz dazu handelt es sich bei der Markterkundung um eine unsystematische und gelegentliche Untersuchung des Marktes.

08. Was sind die Ziele der Marktforschung?

Zu den Zielen der Marktforschung gehören:

- das frühzeitige und rechtzeitige Erkennen von Markttrends, aber auch von Chancen und Risiken auf den Märkten, die für ein Unternehmen relevant sind
- Risikominimierung und Verhinderung von Fehlentscheidungen bei neuen Produkten und dadurch Erhöhung des Erfolgs
- Unterstützung von Entscheidungen am Markt
- Entwicklung von Strategien für das Marketing und den Vertrieb
- aktueller Informationsstand, um relevante Entscheidungen treffen zu können.

09. Welche Instrumente wendet die Marktforschung an?

Die Marktforschung wird in zwei Bereiche unterteilt: **Primärforschung** mit eigener Datenerhebung und **Sekundärforschung** mit der Auswertung von bereits vorhandenen Daten.

Primäre Marktforschung
Bei der Primärforschung steht eine neue Fragestellung bzw. ein bislang noch nicht untersuchter Forschungsgegenstand im Mittelpunkt. Nachdem die Forschungsfrage formuliert worden ist, werden eine oder mehrere passende Methoden für die Erhebung der Daten gewählt.

Vorteile der primären Marktforschung:

- Es werden exakt die Daten erhoben, die benötigt werden.
- Die Datenerhebung ist transparent.
- Die Daten sind aktuell.

Nachteile der primären Marktforschung

- Es entsteht ein höherer personeller, zeitlicher und finanzieller Aufwand.
- Durch methodische Fehler kann es zu einer Falschaussage oder einer mangelnden Aussagekraft kommen.
- Es bestehen noch keine Vergleichsdaten aus ähnlichen oder früheren Befragungen.

Sekundäre Marktforschung
Mit dem Begriff Sekundärforschung wird die Analyse von bereits bestehenden Daten verstanden. Diese wurden durch die Primärforschung erhoben, die im Vorfeld zu einer spezifischen Forschungsfrage ermittelt worden sind. Diese müssen sich aber nicht zwangsweise mit der Fragestellung der aktuellen Forschung decken.

Primärdaten lassen sich über unterschiedliche Quellen beziehen und können dann als Grundlage für eine eigene Studie benutzt werden. Solche Daten kann man oftmals käuflich erwerben.

Vorteile der sekundären Marktforschung:

- niedrige Kosten
- schnelle Verfügbarkeit.

Nachteile der sekundären Marktforschung:

- Daten sind oft nicht mehr aktuell.
- Daten sind nicht exklusiv.
- Oftmals fehlen Informationen über die Vorgehensweise, mit der die Daten erhoben worden sind.

10. Wie verläuft der Lebenszyklus eines Produktes?

Der Produktlebenszyklus zeigt den Verlauf von Absatz oder Umsatz, wie er für viele Produkte typisch ist. Dabei wird sichtbar, dass dieser Verlauf, die Kurve für den Produktlebenszyklus, in mehrere Phasen unterteilt werden kann. Es werden folgende Phasen unterschieden:

1. Markteinführung
2. Wachstum
3. Reife
4. Sättigung (Stagnation)
5. Verfall (Niedergang, Degeneration).

Entscheidend für die Einordnung in eine Lebenszyklusphase ist, wie stark sich Absatz, Umsatz oder Gewinn im Vergleich zum Vorjahr oder zum vorigen Quartal (je nach gewähltem Zeitraster) verändern, dies entspricht auch der Wachstumsrate bei Absatz oder Umsatz.

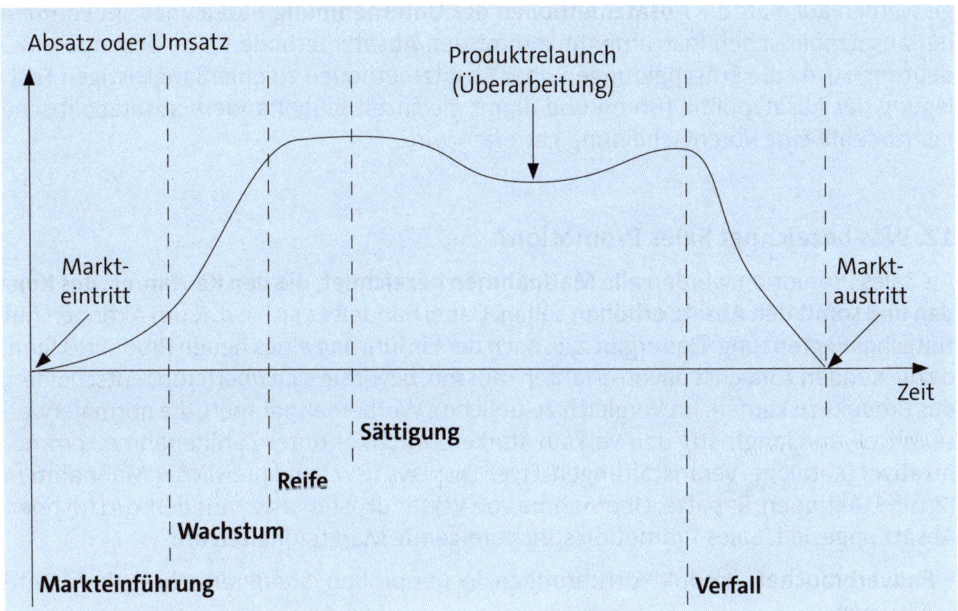

Produktlebenszyklus

11. Was beinhaltet die Vertriebspolitik?

Die Vertriebspolitik ist ein Teilgebiet der Distributionspolitik. Sie bezieht sich auf die Entscheidungen, die im Zusammenhang mit dem Weg eines Produktes zum Endverbraucher stehen. Sie umfasst sowohl die Wahl der Absatzkanäle als auch die physische Distribution der Produkte. Es handelt sich um **alle Maßnahmen, um die Absatzleistun-**

gen im richtigen Zustand, zum richtigen Zeitpunkt, in der gewünschten Menge am richtigen Ort zur Verfügung zu stellen.

Teilbereiche der Vertriebspolitik sind:

- **Absatzwegewahl:** Entscheidung, ob ein direkter Absatzweg vom Produzenten zum Kunden (direkter Absatz) oder der Weg über mehrere Handelsstufen, z. B. Groß- und Einzelhändler (indirekter Absatz), gewählt werden soll
- **Absatzmittlerwahl:** Entscheidung über den Einsatz von betrieblichen (Reisende) oder außerbetrieblichen (Handelsvertreter) Absatzpersonen
- **Marketing-Logistik:** Fragen der Absatzlagergestaltung (also z. B. Lagerstandort, Lagergröße oder Lagerhaltungssystem) sowie des Transports (wie Transportwegewahl und Wahl der Transportmittel). Hieraus resultieren Auswirkungen auf die Liefer- und Servicebereitschaft eines Anbieters.

Die Vertriebspolitik einer Unternehmung betrifft die Entscheidungen über das Vertriebssystem, die Absatzform, auch Vertriebsform genannt, und die Absatzwege, auch als Vertriebswege bezeichnet. Das Vertriebssystem, die Absatzform und die Absatzwege werden auch als die **Absatzmethoden der Unternehmung** bezeichnet. Im Rahmen der absatzpolitischen Instrumente kommt den Absatzmethoden eine besondere Bedeutung zu, da die Entscheidungen über Absatzmethoden zu einer langfristigen Festlegung der Absatzpolitik führen und damit gleichzeitig über andere absatzpolitische Instrumente eine Vorentscheidung getroffen wird.

12. Was bezeichnet Sales Promotion?

Als Sales Promotion werden **alle Maßnahmen bezeichnet, die den Kaufanreiz des Kunden und somit den Absatz erhöhen sollen**. Dabei handelt es sich i. d. R.um Aktionen mit zeitlicher Begrenzung. Das ergibt z. B. nach der Einführung eines neuen Produktes Sinn, da die Kunden zunächst davon erfahren müssen, bevor sie sich überhaupt entscheiden, das Produkt zu kaufen. Im Vergleich zu üblichen Werbemaßnahmen, die normalerweise mittel- und langfristig den Verkauf stärken, wird hier unter Zuhilfenahme kommunikativer (Kataloge, Veranstaltungen, Flyer, Displays usw.) und preislicher Maßnahmen (2-für-1-Aktionen, Rabatte, Übernahme von Versandkosten usw.) auf den kurzfristigen Absatz abgezielt. Sales Promotion spricht folgende Markteinheiten an:

- **Endverbraucher:** Produktvorführungen, Warenproben, Sonderangebote, befristete Aktionen
- **Außendienstmitarbeiter:** bei Verkäufern die Verkäuferschulung und -weiterbildung (Qualifikationssteigerung), umsatzbezogene Prämiensysteme (Motivationssteigerung), Ausstattung mit Verkaufsunterlagen
- **Händler:** Ausstattung mit Werbematerial, Händlerschulung, spezielle Rabattsysteme, umsatzbezogene Prämiensysteme.

13. Was versteht man unter Public Relations?

Unter Public Relations (PR) versteht man die **Öffentlichkeitsarbeit eines Unternehmens**. Ziel dieser Öffentlichkeitsarbeit ist es, Vertrauen in eine Marke aufzubauen. Public Relations richtet sich also an die gesamte Öffentlichkeit und soll das **Image des Unternehmens in der Bevölkerung positiv beeinflussen**. Auch wenn Absatzsteigerungen nicht hauptsächliches Ziel von Public Relations sind, kann die öffentliche Meinung Rückwirkungen auf den Absatz des Unternehmens haben.

14. Was sind typische PR-Maßnahmen?

Bei PR-Maßnahmen unterscheidet man zwischen externen Maßnahmen für die gesamte Bevölkerung und internen Maßnahmen für die Mitarbeiter des Unternehmens.

- **externe Maßnahmen:**
  - Pressemitteilungen und -konferenzen
  - Webauftritt
  - Social Media
  - Internet
  - öffentliche Veranstaltungen
  - Tag der offenen Tür
  - Newsletter
  - Broschüren und Kundenmagazine
  - Sponsoring
  - Messeauftritte
  - Interviews
- **interne Maßnahmen:**
  - Intranet
  - schwarzes Brett
  - Mitarbeiterveranstaltungen
  - Betriebsversammlungen
  - Rundschreiben
  - E-Mail an Mitarbeiter
  - Mitarbeiterbefragungen
  - Geschäftsberichte
  - Informationsmappen für neue Mitarbeiter.

12.1.5 Geschäftsprozesse im Bereich Finanzen

01. Was ist die Aufgabe der Finanzplanung?

Die Finanzplanung ist ein zentraler Prozess in Unternehmen, mit dessen Hilfe Einzahlungen und Auszahlungen überwacht, gesteuert und prognostiziert werden. Zu den wesentlichen Aufgaben der Finanzplanung gehört es, Geldbedarf und Geldüberschüsse sichtbar zu machen und so die Liquidität des Unternehmens zu sichern. Ziel ist, dass das Unternehmen jederzeit seinen Zahlungsverpflichtungen nachkommen und Investitionen tätigen kann – auch um wettbewerbsfähig zu bleiben.

02. Welche Unternehmensformen werden unterschieden?

Die Unternehmensformen (Rechtsformen von Unternehmen) in Deutschland lassen sich grundsätzlich in drei Kategorien einteilen. Zu den **Einzelunternehmen** zählen Einzelkaufleute, Kleingewerbetreibende und Freiberufler. Als **Personengesellschaften** werden GbR, OHG und KG bezeichnet. GmbH, UG, AG und Limited sind dagegen **Kapitalgesellschaften**. Daneben existieren Mischformen, wie z. B. die GmbH & Co KG und sonstige Formen, wie z. B. Genossenschaften.

Rechtsformen von Unternehmen

Einzelunternehmen	Personengesellschaft	Mischformen	Kapitalgesellschaft	Sonstige
	► GbR	► GmbH & Co KG	► AG	► Genossenschaft
	► OHG	► Betriebsaufspaltung	► GmbH	► VVaG
	► KG		► KGaA	► Stiftung
	► Stille Gesellschaft			
	► Partnerschaftsgesellschaft			

Rechtsformen von Unternehmen

03. Welche Finanzierungsformen werden unterschieden?

Unter Finanzierungsformen (Finanzierungsarten) versteht man die Möglichkeiten der Beschaffung, der Bereitstellung und des Einsatzes finanzieller Mittel zur Finanzierung jener Wirtschaftsgüter, die auf der Aktiv-Seite der Bilanz als Vermögenswerte des betreffenden Unternehmens ausgewiesen werden. Typische Finanzierungsformen sind die Einlagenfinanzierung, die Beteiligungsfinanzierung, die verschiedenen Möglichkeiten kurz- und langfristiger Fremdfinanzierung sowie die Formen der Innenfinanzierung.

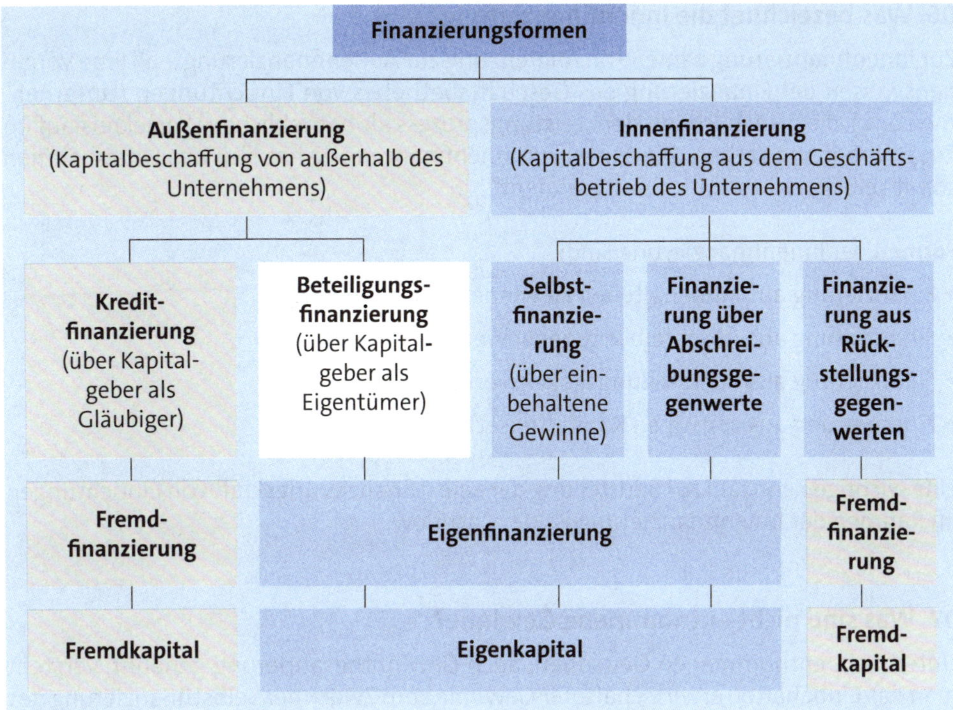

Finanzierungsformen

04. Was bezeichnet die Außenfinanzierung?

Als Außenfinanzierung bezeichnet man die Bereitstellung von finanziellen Mitteln, die einem Unternehmen von außen zugeführt werden. Diese Mittel entstammen somit nicht dem eigenen Betriebs- bzw. Umsatzprozess. Zur Außenfinanzierung gehören:

- die **Einlagenfinanzierung** der Gründer bzw. Eigner des Unternehmens
- die **Beteiligungsfinanzierung** neuer Gesellschafter
- die **Fremdfinanzierung** (Anleihen, Darlehen, Kredite, darunter auch Kredite im Rahmen von Förderprogrammen u. ä.)
- die **Zuschussfinanzierung** (Bereitstellung nicht rückzahlungspflichtiger Mittel der öffentlichen Hand).

05. Was versteht man unter Fremdfinanzierung?

Als Fremdfinanzierung werden alle Finanzierungsformen bezeichnet, bei denen einem **Unternehmen von außen fremde Mittel (= Fremdkapital) zufließen**. Dabei entsteht zwischen der Einrichtung als Schuldner und dem Fremdkapitalgeber als Gläubiger eine schuldrechtliche Beziehung, da die zugeflossenen Mittel – im Gegensatz zur Eigenfinanzierung – nicht in das Eigentum des Unternehmens übergehen (Außenfinanzierung).

06. Was bezeichnet die Innenfinanzierung?

Zur Innenfinanzierung zählen – in Abgrenzung zur Außenfinanzierung – all jene Vorgehensweisen der Finanzierung des Geschäftsbetriebes von Einrichtungen (Unternehmen u. a.), die ursächlich mit dem Leistungsprozess als betrieblichen Wertekreislauf im Zusammenhang stehen. Die Mittel zur Innenfinanzierung hat sich das Unternehmen somit selbst erwirtschaftet und „verdient".

Formen der Innenfinanzierung sind:

- Finanzierung aus einbehaltenen Gewinnen (nach Steuern)
- Finanzierung aus Abschreibungsgegenwerten
- Finanzierung aus Rückstellungsgegenwerten
- Finanzierung aus sonstigen Kapitalfreisetzungen.

Eine wichtige Kennzahl zur Beurteilung der Selbstfinanzierungskraft von Einrichtungen im Rahmen der Innenfinanzierung ist der Cashflow.

07. Was sind nicht entnommene Gewinne?

Unter nicht entnommenen Gewinnen, auch Gewinnthesaurierung genannt, versteht man das Einbehalten erwirtschafteter Gewinne zum Zweck der Selbstfinanzierung des Geschäftsbetriebes von Unternehmen.

08. Was bezeichnet man als Rückstellungen?

Rückstellungen sind der Sache nach ungewisse Verbindlichkeiten für Aufwendungen, die am Abschluss-Stichtag der Bilanz hinsichtlich ihrer Höhe und/oder hinsichtlich ihrer Fälligkeit noch nicht genau bekannt sind. Rückstellungen sind demnach Schulden und somit auf der Passiv-Seite der Bilanz auszuweisen.

Eine Passivierungspflicht besteht nach handelsrechtlichen Vorschriften (§ 249 HGB) für ungewisse Verbindlichkeiten (wie Steuernachzahlungen, Prozesskosten aus Gerichtsverfahren, Garantieverpflichtungen), drohende Verluste aus schwebenden Geschäften, unterlassene Instandhaltungsmaßnahmen, die im nachfolgenden Geschäftsjahr innerhalb von drei Monaten nachgeholt werden, Gewährleistungen ohne rechtliche Verpflichtung (wie Kulanzgewährleistungen).

Rückstellungen werden für Aufwendungen gebildet. Sie mindern damit die Ertragsteuer und den auszuschüttenden Gewinn. Rückstellungen verbessern damit die Liquidität des Unternehmens.

Rückstellungen müssen allerdings ertragswirksam aufgelöst werden, sobald sie ihren Zweck erfüllt haben.

09. Was versteht man unter Teilveräußerungen?

Kapital, welches zur Finanzierung herangezogen werden kann, lässt sich auch aus dem Verkauf nicht notwendiger Unternehmensbestandteile oder Unternehmenseinheiten (Vermögenseinheiten) beschaffen. Hierzu zählen:

- Grundstücke
- Gebäude
- Anlagen
- Maschinen
- Wertpapiere
- Patente
- Lizenzen.

Neuausrichtungen der Unternehmen, Produktumstellungen oder Rationalisierungen können solche nicht mehr benötigten Vermögenseinheiten zur Folge haben. Der gezielte Verkauf dieser Einheiten wirkt sich i. d. R. positiv auf die Liquiditätslage des Unternehmens aus.

12.1.6 Instrumente der Planung und Entscheidungsfindung zur Optimierung

01. Was bezeichnet ein Kennzahlensystem?

Kennzahlensysteme sind Grundschemata, die komplexere betriebswirtschaftliche Sachverhalte und Zusammenhänge adäquat in Form von Einzelkennzahlen und logischen Kennzahlenbeziehungen widerspiegeln. Es geht immer von einer bestimmten Ausgangskennzahl aus und entwickelt sich baumförmig weiter. Die Ausgangskennzahl bestimmt das Untersuchungsziel.

Kennzahlensysteme werden eingesetzt zur Bewertung von:

- Wirtschaftlichkeit
- Produktivität
- Rentabilität
- Liquidität.

Ein bekanntes Kennzahlensystem ist das **Du Pont-Kennzahlensystem**. Es beinhaltet einen Komplex inhaltlich zusammengehörender Kennzahlen, die letztlich auf die **Bestimmung der Kennzahl Return on Investment (ROI)** hinauslaufen.

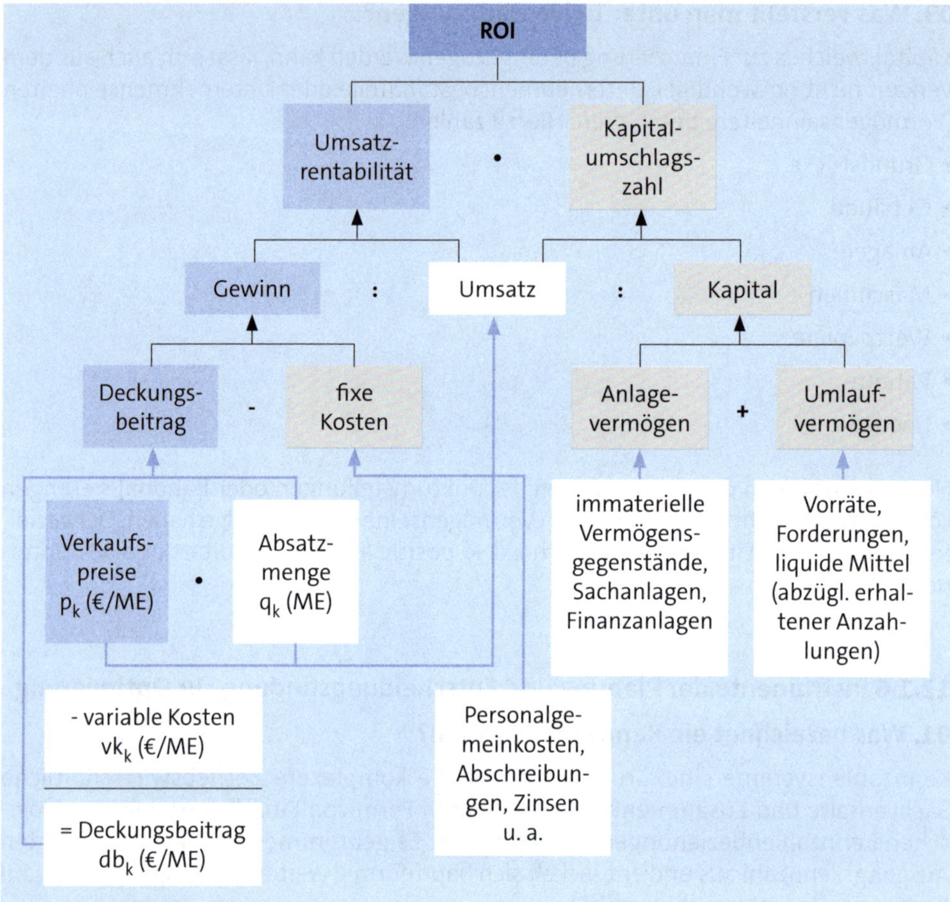

Zusammensetzung des ROI

02. Was ist die Balanced Scorecard (BSC)?

Die Balanced Scorecard ist das Ergebnis einer Studie aus den 1990ern, deren Ziel es war, ein Modell zu finden, das nicht nur finanzielle, sondern auch nicht monetäre Kennzahlen betrachtet. Das Besondere an der Balanced Scorecard ist, dass sie über die bis dahin einseitige Betrachtung der rein finanziellen Ebene eines Unternehmens hinausgeht. Die drei zusätzlichen Perspektiven der BSC (Kunden, Prozesse und Entwicklung) bringen die Ziele eines Unternehmens in Balance. Damit wird ein ausgewogenes, ganzheitliches und realistisches Bild eines Unternehmens gezeichnet.

Die Balanced Scorecard („ausgewogener Berichtsbogen") ist eine Methode, um strategische Ziele und Kennzahlen eines Unternehmens zu visualisieren. Sie analysiert und evaluiert Unternehmensaktivitäten und ihre Zusammenhänge. Sie dient als strategische Landkarte des Unternehmens, die bei der Umsetzung einer Strategie, Mission oder Vision unterstützt.

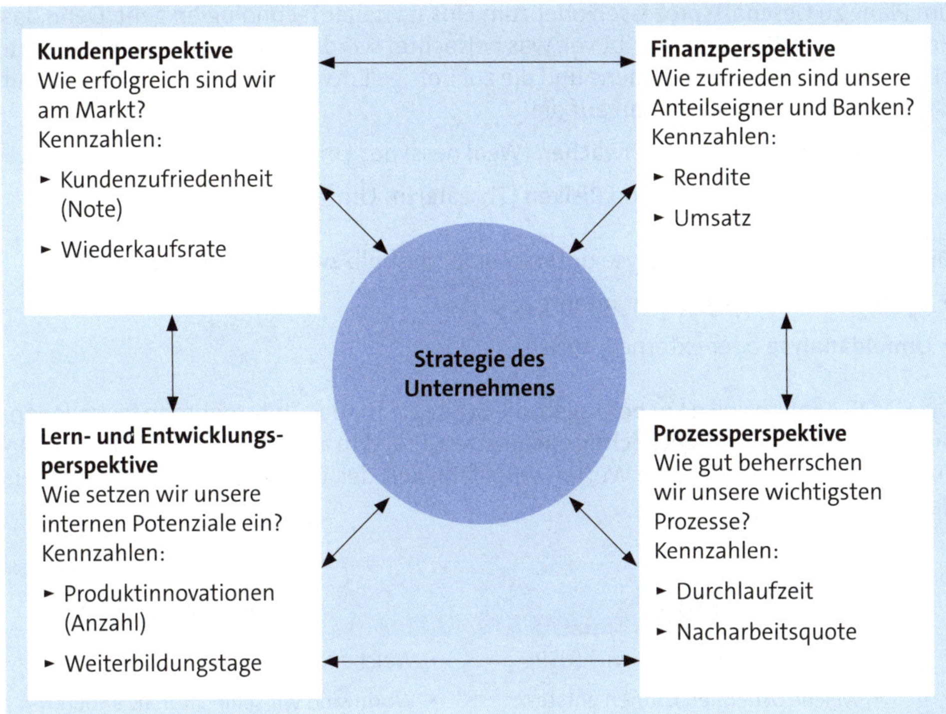

Balanced Scorecard

In der Praxis sollten für jede einzelne Perspektive mehrere Ziele gewählt werden. Hier ein Beispiel einer einfachen Balanced Scorecard in Form einer Tabelle mit jeweils einem Ziel pro Perspektive:

	Ziel	Kennzahl	Soll-Vorgabe	Maßnahme
Finanz- perspektive	Marktführer werden	Umsatz	+ 15 %	Marketing stärken
Kunden- perspektive	Kundentreue erhöhen	Wieder- kautrate	mind. 60 %	Bonussystem
Prozess- perspektive	Produktqualität verbessern	Kunden- bewertungen	mehr als 4,5 Googlesterne	Beschwerdemanagement einführen
Lern- perspektive	Wissenstransfer stärken	Anzahl Seminare	+ 50 %	Kooperation mit Bildungsunternehmen

Beispiel einer Balanced Scorecard mit Zielen

03. Was beinhaltet eine Stärken-Schwächen-Analyse (SWOT-Analyse)?

Die SWOT-Analyse (**S**trenghts, **W**eakness, **O**pportunities, **T**hreats) ist eine Methode der strategischen Planung. Sie ist der erste Schritt, wenn in einem Unternehmen eine Strategie formuliert oder ein Businessplan entwickelt wird. Sie ist zudem hilfreich, wenn es um Pläne zu Geschäftsprozessen oder zum Einsatz neuer Technologien geht. Denn das Ergebnis der SWOT-Analyse gibt vor, was betrachtet werden soll, wenn es um die aktuelle Situation des Unternehmens und die zukünftige Entwicklung im Umfeld geht. Mit der SWOT-Analyse schaut man auf die:

- **Stärken** (Strenghts) und **Schwächen** (Weakness) des Unternehmens
- **Chancen** (Opportunities) und **Risiken** (Threats) im Umfeld.

Die Methode der SWOT-Analyse unterscheidet deshalb **zwei Perspektiven**:

- **Unternehmensanalyse** oder interne Analyse
- **Umfeldanalyse** oder externe Analyse.

Die SWOT-Analyse soll dazu beitragen, die Strategie für das Unternehmen festzulegen, die Ressourcen und Budgets richtig einzusetzen, Projekte anzustoßen und Maßnahmen zu ergreifen. Damit kann die Wettbewerbsfähigkeit des Unternehmens gestärkt werden.

	Stärken	**Schwächen**
Interne Betrachtung	► Welche Vorteile bieten wir? (USP) ► Welche Synergien können entstehen? ► Welche Faktoren führen zum Erfolg? ► Worin sind wir einzigartig? ► Welche Ressourcen machen uns besser?	► Welche Nachteile haben wir? ► Worin sind wir schlechter als andere? ► Welche Schwächen gibt es? ► Welche Ressourcen fehlen uns?
	Chancen	**Risiken**
Externe Betrachtung	► Welche Trends gibt es? ► Welche Möglichkeiten sind noch ungenutzt? ► Gibt es positive gesellschaftliche Veränderungen? ► Hilfreiche Gesetzesänderungen in Aussicht? ► Gibt es neue Technologien?	► Was machen Mitbewerber? ► Gibt es Gesetze oder Vorschriften, die sich ändern können? ► Gibt es neue Technologien? ► Gibt es andere externe Faktoren, die ein Risiko darstellen? (Politik, Wirtschaftslage usw.)

SWOT-Analyse

04. Was beinhaltet die Portfolio-Analyse?

Portfolio-Analysen sind ein wichtiges Instrument der strategischen Unternehmensplanung. Die gängigste Form, welche am häufigsten mit der Portfolioanalyse assoziiert wird, ist die **Vier-Felder-Matrix** der Boston Consulting Group (BCG) aus dem Jahr 1970.

Portfolios sind im Marketing ein einfaches Analysetool, um komplexe Sachverhalte zu verstehen, Themen zu priorisieren und konkrete, datenbasierte Handlungsempfehlungen abzuleiten. Es müssen dafür auch z. B. nicht extra Kundenbefragungen durchgeführt werden. Nur ohnehin erhobene Daten werden in der Auswertung sinnvoll miteinander kombiniert. Einer der großen Vorteile der Portfolio-Analyse ist die Möglichkeit, sie individuell anzupassen und somit für verschiedenste Anwendungsfälle einzusetzen. Sie bieten ein Raster, um Berührungspunkte der zu analysierenden Geschäftseinheiten hinsichtlich mehrerer Dimensionen zu vergleichen und Optimierungsmaßnahmen zu priorisieren. Portfolioanalysen sollen einen Überblick über die Ist-Situation gewähren – etwa das aktuelle Produktsortiment sowie dessen Lebenszyklen. Letztendlich dienen die Analyseergebnisse im Controlling als Basis für strategische Entscheidungen und verdeutlichen Veränderungen auf dem Markt und unter Wettbewerbern.

Bei der angesprochenen Matrix der BCG werden verschiedene Geschäftsfelder eines Unternehmens in ein Koordinatensystem mit den Dimensionen relativer Marktanteil und Marktwachstum abgetragen. Hierbei fallen diese in vier Felder „Question Marks“, „Stars“, „Cash Cows“ und „Poor Dogs“. Die Reihenfolge entspricht einem typischen Produktlebenszyklus und ist jeweils mit einer Handlungsstrategie verknüpft. Es handelt sich somit um eine Analyse der Stärken und Schwächen eines Portfolios mit entsprechenden Handlungsempfehlungen. Dieser Ansatz lässt sich auf viele Bereiche übertragen. Die vier Felder mit den jeweiligen Handlungsstrategien lauten:

- **Question Marks (Nachwuchsprodukte):** Geringer relativer Marktanteil, hohes Marktwachstum. Diese Produkte oder Dienstleistungen bergen Potenzial, bringen aufgrund ihres geringen Marktanteils derzeit jedoch nicht viel Umsatz ein. Bei Produktneuheiten erfolgt oft nach Einführung zum gegebenen Zeitpunkt jedoch aufgrund schwacher Einnahmen eine Einstellung oder es müssen Investitionen getätigt werden, um den Marktanteil zu erhöhen. Das verleiht dieser Gruppe auch ihren Namen: Einstellen oder investieren?
- **Stars (Spitzenprodukte):** Hoher relativer Marktanteil, hohes Marktwachstum. Jedes Unternehmen möchte solche Produkte. Schließlich bringen sie Einnahmen und versprechen Wachstum. Um Deckungsbeiträge zu erhöhen und das wirtschaftliche Potenzial vollends auszuschöpfen, sind jedoch entsprechende Investitionen notwendig. Dann wird aus ihnen womöglich eine Cash Cow.
- **Cash Cows (Verkaufsprodukte):** Hoher relativerMarktanteil, geringes Marktwachstum. Hier handelt man nach dem Sprichwort „Die Kuh melken, solange sie noch Milch gibt“. Es handelt sich um etablierte und erfolgreiche Produkte, die aufgrund des bereits fortgeschrittenen Produktlebenszyklusses sowie der i. d. R. hohen Bekanntheit kein besonderes Investment mehr erfordern.

- **Poor Dogs (Problemprodukte):** Geringer relativer Marktanteil, geringes Marktwachstum. Weder die Einnahmen sind nennenswert noch die Investitionen. Die Einstellung des Produkts liegt entsprechend nahe. Dennoch können diese Produkte auf dem Markt vorteilhaft sein und verursachen nicht zwingend Aufwand und Kosten. Dazu zählen etwa Nischenprodukte zur Abrundung des Produktspektrums oder Vorgängermodelle technischer Geräte, also Auslaufgeräte.

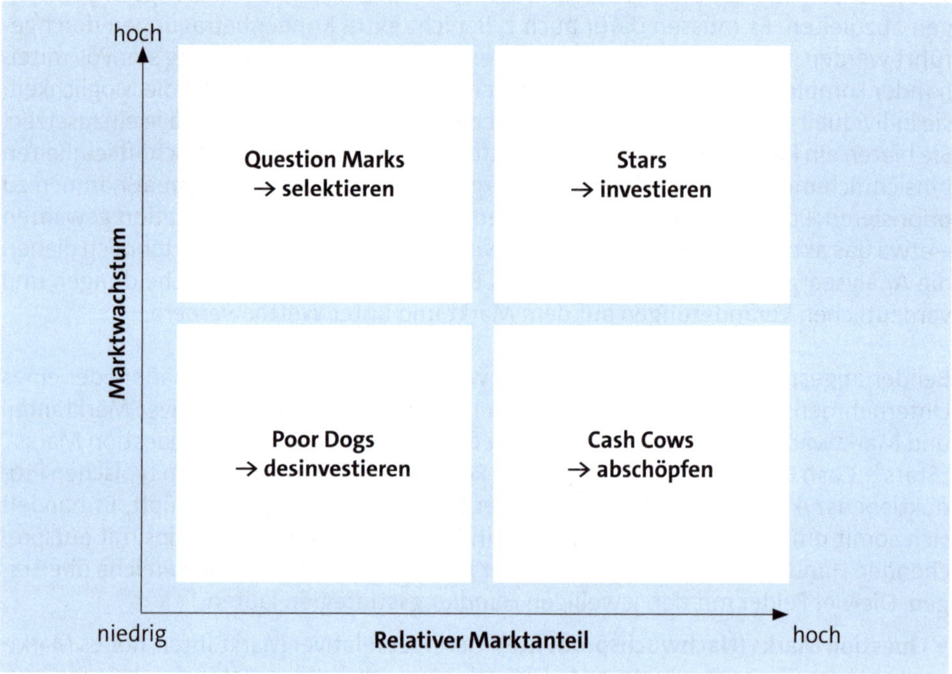

Portfolioanalyse mit der BCG-Matrix

05. Was beinhaltet eine Konkurrenzanalyse?

Die Konkurrenzanalyse kann einem Unternehmen helfen, einen erfolgreichen Platz unter den Wettbewerbern und im Bewusstsein der (potenziellen) Kunden zu finden. Sie vergleicht das eigene Profil mit den anderen im Markt bzw. im Einzugsgebiet tätigen Firmen oder Institutionen, die vergleichbare Produkte bereitstellen. Man analysiert deren Stärken und Schwächen und findet damit heraus, wie das eigene Produkt bzw. die eigene Dienstleistung im Markt positioniert werden muss. Eine Konkurrenzanalyse schärft das eigene Profil, weil man das in den Vordergrund stellt, wodurch man sich von anderen Anbietern unterscheidet. Ziel ist die Herausarbeitung eines „einzigartigen Verkaufsarguments".

12.2 Nutzen betriebswirtschaftlicher Kennzahlen als Informations- und Steuerungsinstrument, insbesondere unter Beachtung von produktionswirtschaftlichen, personalwirtschaftlichen und logistischen Aspekten

12.2.1 Betriebswirtschaftliche Kennzahlen

01. Welche Funktion haben betriebswirtschaftliche Kennzahlen?

Mit der Hilfe von Kennzahlen lassen sich periodische Vergleiche innerhalb des Unternehmens sowie Vergleiche zu anderen Unternehmen, Branchen usw. durchführen. Dabei können die Kennzahlen sowohl auf Planwerten als auch auf Ist-Werten beruhen. Da es eindeutig definierte und allgemein anerkannte Formeln für betriebswirtschaftliche Kennzahlen gibt, lassen sich diese in den meisten Fällen recht einfach aus der Buchhaltung bzw. aus der Unternehmensplanung ableiten. Viele moderne EDV-Systeme bieten Unterstützung für die Ermittlung solcher Kennzahlen.

Betriebswirtschaftliche Kennzahlen lassen sich grundsätzlich in absolute und relative Kennzahlen gliedern. Absolute Kennzahlen können betriebswirtschaftliche Einzelwerte, Summen oder Differenzen sein wie z. B. Cashflow oder Deckungsbeitrag. Bei relativen Kennzahlen werden zwei oder mehr betriebswirtschaftliche Werte miteinander verknüpft, um die Aussagekraft zu erhöhen.

Außerdem lassen sich Kennzahlen nach dem zugrunde liegenden Sachverhalt in Erfolgskennzahlen, Liquiditätskennzahlen, Rentabilitätskennzahlen sowie Kennzahlen zur Vermögensstruktur, zur Kapitalstruktur und zur Umschlagshäufigkeit gliedern. Nachfolgend sind einige unterschiedliche Bereiche von Kennzahlen dargestellt:

Kennzahlen	
	Beispiele
Kennzahlen der Wirtschaftlichkeit	$\text{Wirtschaftlichkeit} = \frac{\text{Leistung (€)}}{\text{Kosten (€)}}$
Kennzahlen der Produktivität/ Intensität	$\text{Produktivität} = \frac{\text{Umsatz (€)}}{\text{Personaleinsatz (Pers.)}}$
Kennzahlen der Rentabilität	$\text{Eigenkapitalrentabilität} = \frac{\text{Gewinn (€/Jahr)}}{\text{durchschnittliches EK (€/Jahr)}} \cdot 100$

Kennzahlen	
	Beispiele
Kennzahlen der Liquidität	$\text{Barliquidität} = \frac{\text{liquide Mittel (€)}}{\text{kurzfristige Schulden (€)}}$
Umschlagskennzahlen	$\text{Umschlagszahl des Kapitals} = \frac{\text{Umsatzerlöse (€/Jahr)}}{\text{durchschnittliches Kapital (€)}}$

02. Was sagt die Kennzahl EBIT aus?

Der EBIT (engl. **e**arnings **b**efore **i**nterest and **t**axes) ist eine absolute Kennzahl und heißt wörtlich übersetzt „Gewinn vor Zinsen und Steuern". Er weist den betrieblichen Gewinn eines Unternehmens in einem bestimmten Zeitraum aus. In der Praxis hat der EBIT, entgegen dem, was die Bezeichnung „Gewinn vor Zinsen und Steuern" vermuten lässt, jedoch die Bedeutung von „Gewinn vor Finanzergebnis, außerordentlichem Ergebnis und Steuern". Es werden also außerordentliche (einmalige) Kosten und Aufwendungen ebenso ignoriert wie Zinsen, sonstige Finanzierungsaufwendungen oder -erträge und Steuern, weil alle diese Positionen nicht durch die eigentliche betriebliche Tätigkeit entstanden sind.

Der EBIT ermittelt sich folgendermaßen:

	Umsatzerlös
-	Materialaufwand
-	Personalaufwand
-	sonstige betriebliche Aufwendungen
+	sonstige betriebliche Erträge
-	Abschreibungen auf das Anlagevermögen
+	Zuschreibungen zum Anlagevermögen
=	**EBIT**

Ermittlung des EBIT

Anhand des EBIT können Finanzanalysten und Controller z. B. den betrieblichen Gewinn verschiedener Geschäftsjahre, Quartale oder Unternehmensbereiche direkt vergleichen, ohne dass die Resultate durch schwankende Steuersätze, Zinsaufwendungen oder sonstige außerordentliche Faktoren verzerrt werden.

Eine verwandte Kennzahl ist der **EBITDA** (engl. **e**arnings **b**efore **i**nterest, **t**axes, **d**epreciation and **a**mortization). Hier werden zusätzlich die Abschreibungen eliminiert. Eine weitere verwandte, allerdings relative Kennzahl ist die EBIT-Marge. Die **EBIT-Marge** (englisch: EBIT margin) ist das Verhältnis von EBIT zu Umsatz. Ähnlich wie die Umsatzrendite sagt die EBIT-Marge etwas über die Rentabilität eines Unternehmens aus, ist aber wie das EBIT unabhängig von Finanzergebnis, außerordentlichen Positionen und Steuern. Die EBIT-Marge dient häufig als Grundlage für Rentabilitätsziele, z. B. Erreichen einer EBIT-Marge von mindestens 9 % innerhalb der kommenden zwei Geschäftsjahre.

03. Was beschreibt der Cashflow?

Der Cashflow ist eine absolute Kennzahl aus der Bilanzanalyse. Er stellt einen **Indikator für die Finanzkraft eines Unternehmens** dar, d. h. vor allem für dessen Möglichkeiten, aus eigener Kraft Investitionen zu finanzieren, Steuern zu bezahlen bzw. Schulden zu tilgen. Der Cashflow ist vermutlich die betriebswirtschaftliche Kennzahl mit der größten Verbreitung. Grundsätzlich unterscheidet man zwei Verfahren der Cashflow-Ermittlung, nämlich die direkte und die indirekte Ermittlung. Die direkte Ermittlung ist recht aufwendig. Die Berechnung erfolgt wie nachfolgend dargestellt:

	Bruttoumsatz
+	Bestandszunahme Halb- und Fertigprodukte
-	Bestandsabnahme Halb- und Fertigprodukte
-	Materialaufwand der Periode
-	Personalaufwand der Periode (abzüglich Pensionsrückstellungen)
-	Fremdleistungsaufwand der Periode
-	übriger Sachaufwand der Periode
-	freiwillige Zuwendungen (aus dem Ergebnis)
=	**CFBIT (cash flow before interest and taxes)**
-	Fremdzinsen
-	Ertragssteuern
=	**Netto-Cashflow**
-	Zunahme Debitorenbestand
-	Bestandszunahme Roh-, Hilfs- und Betriebsstoffe
+	Bestandsabnahme Halb- und Fertigprodukte
+	Zunahme kurzfristige zinsfreie Schulden
+	Fremdzinsen
-	Investitionen ins Anlagevermögen
+	Desinvestitionen des Anlagevermögens
=	**Free Cashflow**

Ermittlung des Cashflows

04. Was gibt die Umsatzrentabilität an?

Die Umsatzrentabilität gibt an, wie viel Prozent vom Umsatz als Gewinn übrig bleibt. Dies gibt gleichzeitig Aufschluss darüber, um wie viel Prozent die Preise sinken können, ohne in die Verlustzone zu geraten. Die Umsatzrentabilität errechnet sich durch die Division von Gewinn (ordentliches Betriebsergebnis) durch den Nettoumsatz.

Berechnungsformel:

$$UR = \frac{\text{ordentliches Betriebsergebnis}}{\text{Umsatz}}$$

05. Was beschreibt die Eigenkapitalquote?

Die wichtige Rating-Kennzahl **Eigenkapitalquote sagt aus, wie viel Prozent des gesamten Unternehmenskapitals bzw. der Vermögensgegenstände aus Eigenmitteln stammen**. Das Eigenkapital kann ausschließlich durch Ein- bzw. Auszahlungen in das Unternehmen sowie durch den erwirtschafteten Gewinn bzw. Verlust verändert werden. Daraus ergibt sich, dass die Höhe des Eigenkapitals das Risikopolster eines Unternehmens bestimmt. Das bedeutet, wie viel Verlust ein Unternehmen ertragen und noch immer ein positives Eigenkapital in der Bilanz ausweisen kann, ohne dass es zu Zuzahlungen der Gesellschafter kommen muss. Je höher die Eigenkapitalquote ist, desto besser ist die Beurteilung dieser Kennzahl.

Berechnungsformel:

$$EQ = \frac{\text{Eigenkapital}}{\text{Gesamtkapital}}$$

06. Was beschreibt das Working Capital?

Was zum Anlage- und Umlaufvermögen zählt, ist dem Unternehmer im Regelfall bekannt. Doch ist das **Anlage- und Umlaufvermögen im Betrieb optimal finanziert**? Darüber machen sich nur wenige Unternehmer Gedanken. Daher wurde hierzu ein Gradmesser entwickelt, das sog. Working Capital. Zur Berechnung des Working Capital ist zuerst das Umlaufvermögen durch Addition aller Waren, Geldbestände, Forderungen usw. zu ermitteln. Von diesem Umlaufvermögen müssen dann alle kurzfristigen Fremdmittel, wie z. B. die Lieferantenverbindlichkeiten oder die Kontokorrentkredite usw., abgezogen werden. Das Ergebnis ist dann das Working Capital. Ein positives Working Capital oder zumindest eines von null signalisiert, dass das Unternehmen im finanziellen Gleichgewicht ist.

Ein negatives Working Capital deutet darauf hin, dass Teile des Anlagevermögens kurzfristig finanziert sind, was ein grober Verstoß gegen die goldene Finanzierungsregel (Kapitalüberlassungsdauer stets größer als die Kapitalbindungsdauer) ist. Weil das kurzfristige Fremdkapital dann das Umlaufvermögen übersteigt, sollte baldmöglichst umgeschuldet werden.

07. Was beschreibt die Umschlagshäufigkeit des Vermögens?

Die Umschlagshäufigkeit des Vermögens (Kapitalumschlag) zeigt, in welchem Verhältnis der erzielte Umsatz zum eingesetzten Vermögen steht. Je höher die Umschlagshäufigkeit ist, je schneller sich das Vermögen dreht, je geringer also das gebundene Vermögen im Verhältnis zum Umsatz ist, desto besser ist es für die Spitzenkennzahl, den ROI. Der Kapitalumschlag errechnet sich durch Division des Nettoumsatzes durch das Gesamtkapital.

08. Was beschreibt die Schuldentilgungsdauer?

In welchem Zeitraum kann ein Unternehmen seine Schulden aus eigener Kraft begleichen, dies wird durch die Schuldentilgungsdauer angegeben. Diese wichtige Rating-Kennzahl wird berechnet, indem das Fremdkapital den freien liquiden Mitteln pro Jahr (dem Cashflow) gegenübergestellt wird. Eine geringe Schuldentilgungsdauer ist positiv zu werten, da sie auf geringe Inanspruchnahme von Fremdkapital und/oder auf eine hohe Ertragskraft zurückzuführen ist.

09. Was beschreibt die Bonität?

Die Bonität beschreibt allgemein die **Kreditwürdigkeit** einer Firma oder Person oder auch die **wirtschaftliche Leistungsfähigkeit** des Kreditnehmers. Sie ist bei Prüfung einer Kreditgewährung wichtig. Dabei spielen Vermögensverhältnisse, Einkommen, Höhe und Art der Schulden eine Rolle. Bei Unternehmen sind der Geschäftsverlauf, der Kundenstamm, die Branchensituation und die Entwicklungsmöglichkeiten derselben interessant. Zweck einer Bonitätsprüfung durch das Kreditinstitut ist die Minimierung des Kreditrisikos.

10. Was sagt die Liquidität eines Unternehmens aus?

Laut Definition ist Liquidität die **Zahlungsfähigkeit eines Unternehmens**. Das heißt, ein liquides Unternehmen kann fällige Zahlungen innerhalb einer Frist begleichen. Zu den Zahlungsverpflichtungen zählen z. B. Gehälter der Mitarbeiter, Miet- und Nebenkosten oder offene Verbindlichkeiten. Ist die Liquidität eines Unternehmens nicht ausreichend gegeben, so kann es Rechnungen nur verspätet oder gar nicht bezahlen. Das führt zur Zahlungsunfähigkeit des Unternehmens und im schlimmsten Fall zur Insolvenz. Daher ist die genaue Planung und die Sicherstellung der Zahlungsfähigkeit enorm wichtig. Für die Sicherstellung der Zahlungsfähigkeit und um frühzeitig mögliche Zahlungsschwierigkeiten zu erkennen, helfen berechenbare Kennzahlen. Eine Berechnung kann über **drei unterschiedliche Liquiditätsgrade** erfolgen.

- **Liquidität 1. Grades:** Diese Kennzahl setzt die liquiden Mittel (z. B. Kassenbestand) ins Verhältnis mit den kurzfristigen Verbindlichkeiten. Das schafft einen schnellen Überblick, ob kurzfristig anfallende Zahlungen allein durch die liquiden Mittel beglichen werden können.

- **Liquidität 2. Grades:** Im Unterschied zum 1. Grad kommen zu den liquiden Mitteln noch Wertpapiere und kurzfristige Forderungen hinzu. Auch hier wird das Verhältnis zu den kurzfristigen Verbindlichkeiten berechnet.
- **Liquidität 3. Grades:** Wieder fügen wir dem Verhältnis eine Erweiterung hinzu. Beim 3. Grad wird nun das gesamte Umlaufvermögen durch die kurzfristigen Verbindlichkeiten geteilt.

11. Was beschreibt der Beschäftigungsgrad?

Der Beschäftigungsgrad gibt in Prozent an, welcher Anteil der gesamten Kapazität genutzt wird.

Ein Beschäftigungsgrad von 50 % sagt z. B. aus, dass die Kapazität einer Maschine oder eines Unternehmens – gemessen z. B. anhand von Stückzahlen oder Arbeitsstunden – nur zur Hälfte genutzt wird. Ein hoher Beschäftigungsgrad führt zu niedrigeren Stückkosten (Herstellungskosten) und i. d. R. entsprechend höheren Gewinnen für das Unternehmen. Der Beschäftigungsgrad wird berechnet, indem die Ist-Auslastung durch die mögliche Auslastung (Kapazität) geteilt wird.

Die Kapazität gibt in diesem Zusammenhang die mögliche Leistung in einem bestimmten Zeitraum an. Diese Angabe kann sich auf das gesamte Unternehmen beziehen, aber z. B. auch auf eine Abteilung oder eine einzelne Maschine.

12. Was beschreibt der Nutzungsgrad?

Aus Wirtschaftlichkeitserwägungen liegt es prinzipiell nahe, die (maximal) verfügbaren Kapazitäten der Betriebsmittel (Maschinen, Anlagen) nach Möglichkeit vollständig auszunutzen. Als Kennzahl für den Grad der Nutzung der verfügbaren Betriebsmittelkapazitäten kann man das Verhältnis von tatsächlicher zur maximal möglichen Nutzung der Betriebsmittel heranziehen. Dieses Verhältnis wird als Nutzungsgrad bezeichnet. Zur Ermittlung des Nutzungsgrades greift man üblicherweise auf in Zeiteinheiten gemessene Betriebsmittelkapazitätsgrößen zurück. Der Nutzungsgrad ist dann der Quotient aus der Nettobetriebszeit und der geplanten Betriebszeit (auch: Planlaufzeit) des betrachteten Betriebsmittels. Zuweilen wird der Nutzungsgrad auch als Anlagenverfügbarkeit oder Verfügbarkeitsfaktor oder -grad bezeichnet.

13. Welche weiteren Kennzahlen existieren?

Grundsätzlich gibt es je nach Branche und Unternehmen noch sehr viele relevante Kennzahlen. Einige Kennzahlen, welche jedoch für fast alle Unternehmen zunehmen wichtig werden, sind

- spezifischer Wasserverbrauch,
- spezifischer Energieverbrauch,

- spezifisches Abfallaufkommen,
- Recyclingquote und
- weitere Kennzahlen des Umweltcontrollings.

12.2.2 Nutzung betriebswirtschaftlicher Kennzahlen zur Optimierung des Betriebsablaufs

01. Welchen Nutzen bieten Kennzahlen für ein Unternehmen?

Folgende Aspekte sprechen für die Verwendung von Kennzahlen im Unternehmen:

- Kennzahlen, welche periodisch erfasst und regelmäßig entsprechend aufbereitet bereitgestellt werden, ermöglichen eine Rückschau auf die abgelaufene Periode und zeigen Entwicklungstrends auf. Aus diesen Trends ist ein Ausblick auf die Zukunft möglich.
- Prognose, welche Auswirkung eine Entwicklung in der Vergangenheit für die Zukunft hat
- Aussage, welche Maßnahmen ergriffen werden müssen, um gute Entwicklungen weiter zu fördern oder negative Entwicklungen abzumildern oder zu stoppen
- Dokumentation über ergriffene Maßnahmen und ihre Auswirkungen in der Vergangenheit
- Einschätzung darüber, ob es Maßnahmen gab, die sich im innerbetrieblichen Zusammenhang oder im Verbund mit anderen Betriebseinheiten positiv oder negativ multiplizieren.

02. Wie gliedert sich die Kostenrechnung?

Die Kostenrechnung gehört zum betrieblichen Rechnungswesen. Der Prozess der Kostenrechnung ist dreigeteilt:

1. Erfassen der Kosten nach Kostenart (Kostenartenrechnung)
2. Verteilen der Kosten auf die Kostenstellen (Kostenstellenrechnung)
3. Verrechnen der Kosten auf die Kostenträger (Kostenträgerrechnung).

03. Welche Aufgaben und Ziele verfolgt die Kosten- und Leistungsrechnung?

Die Kosten- und Leistungsrechnung verfolgt das Ziel, zukünftige betriebliche Entscheidungen anhand eines Soll-Ist-Kostenvergleichs treffen zu können. Somit dient sie für Unternehmen als Basis für die Aufstellung eines Unternehmensplans. Die Aufgaben der Kostenrechnung beinhalten:

- Erfassung aller angefallenen Kosten und Leistungen (Ist-Kosten)
- Kostenkalkulation, also die Zuteilung der angefallenen Kosten zu beispielsweise Produkten oder Aufträgen

- Bewertung von Kostenträgern, z. B. Bewertung von Produkten oder Aufträgen und Erkennen von Gewinn oder Verlust
- Wirtschaftlichkeitskontrolle, beispielsweise anhand der angefallenen und geplanten Kosten (Soll-Ist-Vergleich)
- Bereitstellung von Informationen für unternehmensbezogene Entscheidungen.

12.3 Ergreifen von Maßnahmen zur Kosten- und Leistungsbeeinflussung

12.3.1 Möglichkeiten zur Beeinflussung der Zeitabläufe

01. Was beschreibt die Durchlaufzeit?

Die Durchlaufzeit (DLZ) beschreibt die Zeitspanne für die Bearbeitung von Aufträgen bzw. für den Verlauf von Prozessen innerhalb von Unternehmen. Die Durchlaufzeit in Produktionsbetrieben besteht aus folgenden **Komponenten** (teilweise optional):

- **Durchführungszeit:** Summe der Zeiten aller Ablaufabschnitte zur Durchführung der Aufgaben- oder Auftragsbearbeitung im Arbeitssystem.
- **Zusatzzeit:** Summe der Zeiten aller Ablaufabschnitte, die zusätzlich zur planmäßigen Durchführung von Aufgaben auftreten können. Treten Zusatzzeiten regelmäßig auf, so ist dies eine Indiz für Verbesserungspotenziale.
- **Transportzeit:** Summe der Zeiten aller Ablaufabschnitte, die der Weitergabe des Auftrags an das jeweils folgende Arbeitssystem dienen, z. B. Transportzeit von Fertigteilen aus der Montage in das Lager.
- **Liegezeit:** Summe der Zeiten aller Ablaufabschnitte, in denen der Auftrag zwischen zwei Arbeitssystemen auf seine weitere Durchführung wartet, z. B. gefertigte Einzelteile warten auf die Montage zum Fertigprodukt.
- **Lagerungszeit:** Summe der Zeiten aller Ablaufabschnitte, in denen Teile, Halb- und Fertigfabrikate eines Auftrags vor, zwischen oder nach der Durchführung in Lagerbereichen gelagert werden.

Ansätze zur Verkürzung der Durchlaufzeit sind:

- technische bzw. technologische Verbesserungen
- Vermeidung von Störungen
- Splitten bzw. Überlappen von (Teil-)Aufträgen
- Verbesserung von Arbeitsablauf und Informationsfluss
- Prozessoptimierung
- Abgleich der Kapazitäten der genutzten Betriebsmittel und der eingesetzten Mitarbeiter
- Information und Qualifikation der beteiligten Mitarbeiter.

02. Wie können Lager- und Transportzeiten optimiert werden?

Zur Optimierung von Transportstrecken, -zeiten und -kosten ist hier der Einsatz elektronischer Systeme zur Streckenplanung und Materialverfolgung unabdingbar. Oft werden erst durch eine exakte Aufnahme der aktuellen Situation Potenziale zur Optimierung sichtbar. Die Transportzeit als solches ist die Zeit ab Bereitstellung zum Transport bis zum Eintreffen am Bestimmungsort mit der Möglichkeit des Zugriffs für die weitere Bearbeitung. Da generell Transportzeiten negativ auf die Durchlaufzeit Einfluss haben, besteht hier eine große Möglichkeit der Optimierung, ebenso bei den Lagerzeiten. Mitentscheidend, welches Transportmittel zum Einsatz kommt, ist somit die für den Transport benötigte Zeitspanne. Ausgehend von der oben erwähnten Ist-Aufnahme, muss dann die für den jeweiligen spezifischen Anwendungsfall bestmögliche (wirtschaftlichste) Variante gewählt werden.

03. Welche Möglichkeiten der Durchlaufterminierung bestehen?

Die Aufgabe der Durchlaufterminierung ist es grundsätzlich, unter Beachtung technologischer Arbeitsabläufe für jeden Arbeitsvorgang die jeweilige Bearbeitungszeit festzulegen. Daraus lässt sich der Anfangs- und Endtermin für jeden Auftrag ableiten. In der Praxis können für die Ermittlung der frühest- bzw. spätestmöglichen Anfangszeiten für einen Fertigungsauftrag drei Terminierungsarten angewendet werden:

- Vorwärtsterminierung
- Rückwärtsterminierung
- Mittelpunktterminierung (kombinierte Terminierung).

Bei der **Vorwärtsterminierung** bildet die Ausgangsbasis der aktuelle Zeitpunkt bzw. der aktuelle Dispositionstermin. Vom aktuellen Zeitpunkt ausgehend werden nun die frühesten möglichen Start- und Endtermine festgelegt. Dabei werden die einzelnen Arbeitsgänge und Pufferzeiten mit berücksichtigt. Die Vorwärtsterminierung entspricht dem zeitlichen Ablauf in der Fertigung.

Die **Rückwärtsterminierung** geht von dem spätesten Fertigstellungstermin der Fertigungsaufträge aus. Damit ergibt sich der späteste zulässige Starttermin bzw. der späteste zulässige Endtermin.

Von **kombinierter Terminierung** spricht man, wenn man von einem fixen Mittelpunkt aus die Vorwärts- und Rückwärtsterminierung vornimmt. Ausgangspunkt ist der Punkt (Mittelpunkt), an dem ein Material- oder Kapazitätsengpass herrscht oder eintreten kann.

04. Wie können die betriebswirtschaftlichen Abläufe benutzerfreundlich angewandt werden?

Eine Prüfung des Unternehmens bzw. des Unternehmensbereichs auf einen reibungslosen und optimalen Ablauf hin, ist in gewissen Zeiträumen bzw. nach Umstellungsphasen durchzuführen. Eine grafische Darstellung (z. B. Flow-Chart) des Material- und des Informationsflusses zeigt alle eingebundenen Bereiche (Entscheidungsebenen, Fertigungsebenen, Serviceebenen usw.) mit deren Kompetenzen und deren Bedürfnissen bzw. Anforderungen. Die so erhaltenen Rückmeldungen stellen die Grundlage für Optimierungen und Korrekturen mit einer anschließenden erneuten Überprüfung dar. Grundsätzlich lässt sich festhalten:

- Gezieltes Eingreifen in die Zeitabläufe und Aufwände eines Produktionsprozesses sind Maßnahmen zur Kosten- und Leistungsbeeinflussung.
- Das Ermitteln und Auswerten der Betriebsabläufe stellt die Basis zur Beeinflussung der Aufwände in Bezug auf Material, Personal und Energie dar.
- Eine Analyse der Arbeitsabläufe zeigt die Effizienz der eingesetzten Ressourcen Mensch, Maschine und Material.

12.3.2 Möglichkeiten zur Beeinflussung der Aufwände

01. Was soll durch systematisches Kostenmanagement erreicht werden?

Die Forderung zur Kosteneinsparung führt bei den meisten Unternehmen zur Einführung des systematischen Kostenmanagements. Ziel ist die Steigerung des Unternehmenswertes. Dieses Ziel kann durch unterschiedliche Maßnahmen erreicht werden:

- Steigerung der Kapitalrendite
- Reduzierung der Kapitalbindung
- Ergebnisverbesserung im operativen Geschäft.

02. Wie können die Materialkosten beeinflusst werden?

Der in der Industrie vorherrschende hohe Materialkostenanteil führt zu einem Hebeleffekt auf den Unternehmenserfolg: Bereits geringe prozentuale Einsparungen bei den Materialkosten haben die gleiche Wirkung wie eine prozentual wesentlich höhere Umsatzsteigerung. Da letztere vor allem bei weitgehend gesättigten Absatzmärkten meist schwieriger zu realisieren ist, wird der Materialkostensenkung besondere Aufmerksamkeit geschenkt. Es gilt dabei:

- Die Materialkosten werden sowohl hinsichtlich der Verbräuche als auch hinsichtlich der Preise bestimmt.
- Alle Bereiche können daher Möglichkeiten finden, die Materialkosten zu senken, indem Anforderungen und Arbeitsweisen verändert werden.
- Durch die Zusammenarbeit der einzelnen Bereiche wird der Erfolg einer Materialkostensenkung wesentlich erhöht.

03. Wie können die Personalkosten beeinflusst werden?

Im Gegensatz zu den Materialkosten, die weitgehend variabel sind, stellen die Personalkosten i. d. R. überwiegend Fixkosten dar. Aus Sicht des Kostenmanagements ist dabei nachteilig, dass sich diese nur mit zeitlicher Verzögerung an Beschäftigungsschwankungen anpassen lassen. Bei rückläufiger Nachfrage entstehen dann ungenutzte Mitarbeiterkapazitäten. Zwar erhöht sich nicht das absolute Kostenniveau, wohl aber die Stückkosten, da die konstanten Fixkosten auf eine geringere Ausbringungsmenge verteilt werden müssen. Vor diesem Hintergrund kommt der Flexibilisierung des Personaleinsatzes eine hohe Bedeutung zu. Flexible Arbeitszeitmodelle leisten hierzu einen wichtigen Beitrag, indem sie die Dauer und/oder Lage der Arbeitszeit an Nachfrageschwankungen anpassen. Auch das Personalcontrolling liefert essenzielle Daten zur Erreichung dieses Zieles.

Das **operative Personalcontrolling** beschäftigt sich mit den „harten Kennzahlen" wie der Mitarbeiterzahl, der demografischen Entwicklung im Unternehmen, dem Ertrag, den Kosten/Aufwand und ähnlichen Kennzahlen, allerdings ausschließlich für den Bereich Personal. Dies sind immer kurz- bis mittelfristige Betrachtungen.

Das **strategische Personalcontrolling** widmet sich den „weichen" Kennzahlen, wie Motivation bzw. Zielen der Mitarbeiter, Fähigkeiten und Potenzialen der Mitarbeiter und die damit zusammenhängende Weiterbildung und Weiterentwicklung des Personals, um dadurch Strategien zu entwickeln, planen, durchzuführen und diese Durchführung dann zu überwachen. Es sind immer langfristige Betrachtungen, wodurch diese Funktion mittlerweile für die Personalleitung wichtiger ist als das operative Personalcontrolling, da Unternehmen im Laufe der letzten Jahre gelernt haben, dass ihre Ziele noch so gut geplant werden können und sie trotzdem nicht erreichbar sind, weil die Plangröße „Mitarbeiter" vergessen wurde.

Das Personalcontrolling stützt sich auch auf **Kennzahlen**. Eine Auswahl solcher Kennzahlen ist nachfolgend aufgeführt:

- Beschäftigungsgrad, -struktur
- prozentualer Personalabgang, -zugang
- Lohnquote
- Krankenquote
- durchschnittliche Arbeitszeit
- Fehlzeitenquote
- Leistung des Mitarbeiters
- Entlassungskoeffizient
- Unfallkoeffizient
- durchschnittlicher Stundenlohn.

04. Wie können die Energiekosten beeinflusst werden?

Eine Analyse des Energiebedarfs nach Art, Menge und Verteilung verdeutlicht die wertmäßige Bedeutung der im Unternehmen eingesetzten Ressourcen. Die sich daraus ergebenden Schwerpunkte sind die Grundlage, die energieverbrauchenden Einheiten hinsichtlich des Einsparungspotenzials zu prüfen. Eine Optimierung der Einheiten (Laufzeit, Auslastung, Kapazitätsanpassung), der Einsatz von Alternativenergien, die Möglichkeit der Energierückgewinnung oder letztendlich sogar der komplette Austausch der Einheiten kann durch entsprechende Kostenanalysen infrage kommen. Durch die knapper werdenden Energieressourcen und der damit verbundenen steigenden Energiepreise, erhalten die dadurch erreichten Kosteneinsparungen ein immer größeres Gewicht. Wie für das Controlling als Ganzes gilt auch für die Energiekennzahlen, dass die betriebsspezifische Ausgestaltung eine maßgebliche Voraussetzung für deren Nutzen ist. Dies bedeutet, dass jedes Unternehmen sein individuelles Kennzahlensystem entwickeln sollte. Die wichtigsten **Kennzahlen** sind:

- Gesamtenergieverbrauch
- Verbrauch der einzelnen eingesetzten Energieträger (Strom, Heizöl, Erdgas usw.)
- Energieverbrauch pro hergestellter Tonne Produkt (auch im Vergleich zu den Vorjahren).

Die Schärfung des Kostenbewusstseins der Mitarbeiter trägt ganz generell in jedem Bereich zur Kostenoptimierung bei.

Musterprüfungen

1. Prüfungsanforderungen der Industriemeister Chemie

Für die Prüfung der Industriemeister Chemie liegen bundeseinheitliche Rechtsvorschriften zugrunde, um sicherzustellen, dass an allen Industrie- und Handelskammern in gleicher Weise geprüft wird. Die von den Berufsbildungsausschüssen der einzelnen Industrie- und Handelskammern beschlossenen Prüfungen basieren auf dem derzeit gültigen Rahmenplan vom Juli 2005 (redaktionell überarbeitet im Juli 2021) sowie der Verordnung über die Prüfung vom 15. September 2004 zuletzt geändert durch die Verordnung vom 23. Juli 2010.

1.1 Zulassungsvoraussetzungen

RECHTSGRUNDLAGEN

§ 2 Umfang der Industriemeisterqualifikation und Gliederung der Prüfung

(1) Die Qualifikation zum Geprüften Industriemeister/zur Geprüften Industriemeisterin Fachrichtung Chemie umfasst:

1. Berufs- und arbeitspädagogische Qualifikationen,
2. Fachrichtungsübergreifende Basisqualifikationen,
3. Handlungsspezifische Qualifikationen.

In diesem Buch werden ausschließlich die Inhalte des 3. Prüfungsteils **„Handlungsspezifische Qualifikationen“** behandelt. Zur Vorbereitung auf den 2. Prüfungsteil wird verwiesen auf das bei Kiehl erschienene Buch: *Schroll, S., Die Prüfung der Industriemeister – Basisqualifikationen, 14. Auflage, Herne 2021*. Ebenfalls ausgeklammert wurde der berufs- und arbeitspädagogische Prüfungsteil, da hierzu ebenfalls ein eigenes Prüfungsbuch bei Kiehl erschienen ist: *Ruschel/Hankofer, Die Ausbildereignungsprüfung, 8. Auflage, Herne 2022*.

RECHTSGRUNDLAGEN

§ 3 Zulassungsvoraussetzungen

(1) Zur Prüfung im Prüfungsteil „Fachrichtungsübergreifende Basisqualifikationen“ ist zuzulassen, wer Folgendes nachweist:

1. eine mit Erfolg abgelegte Abschlussprüfung in einem anerkannten Ausbildungsberuf, der den Chemieberufen zugeordnet werden kann oder
2. eine mit Erfolg abgelegte Abschlussprüfung in einem sonstigen anerkannten Ausbildungsberuf und danach eine mindestens einjährige Berufspraxis oder
3. eine mindestens vierjährige Berufspraxis.

(2) Zur Prüfung im Prüfungsteil „Handlungsspezifische Qualifikationen“ ist zuzulassen, wer Folgendes nachweist:

1. das Ablegen des Prüfungsteils „Fachrichtungsübergreifende Basisqualifikationen“, das nicht länger als fünf Jahre zurückliegt, und
2. in den in Absatz 1 Nr. 1 bis 3 genannten Fällen zu den dort genannten Praxiszeiten mindestens ein weiteres Jahr Berufspraxis.

(3) Die Berufspraxis gemäß den Absätzen 1 und 2 soll wesentliche Bezüge zu den Aufgaben eines Geprüften Industriemeisters/einer Geprüften Industriemeisterin – Fachrichtung Chemie gemäß § 1 Abs. 3 haben.

(4) Abweichend von den in Absätzen 1 und 2 Nr. 2 genannten Voraussetzungen kann zur Prüfung auch zugelassen werden, wer durch Vorlage von Zeugnissen oder auf andere Weise glaubhaft macht, berufspraktische Qualifikationen erworben zu haben, die die Zulassung zur Prüfung rechtfertigen.

1.2 Prüfungsteile und -gliederung der Prüfung

RECHTSGRUNDLAGEN

§ 5 Handlungsspezifische Qualifikationen

(1) Der Prüfungsteil „Handlungsspezifische Qualifikationen“ umfasst die Handlungsbereiche:

1. Chemische Produktion
2. Organisation, Führung und Kommunikation
3. Spezialisierungsgebiete.

(2) Der Handlungsbereich „Chemische Produktion“ gliedert sich in folgende Qualifikationsschwerpunkte:

1. Verfahrens- und Anlagentechnik
2. Chemische Prozesse und Verfahren
3. Prozessleittechnik.

(3) Der Handlungsbereich „Organisation, Führung und Kommunikation“ gliedert sich in folgende Qualifikationsschwerpunkte:

1. Personalführung und -entwicklung
2. Betriebliches Kostenwesen
3. Verantwortliches Handeln im Betrieb (Responsible Care)
4. Qualitätsmanagement
5. Information und Kommunikation.

(4) Der Handlungsbereich „Spezialisierungsgebiete“ gliedert sich in folgende Wahlqualifikationsschwerpunkte:

1. Syntheseplanung
2. Automatisierungs- und Prozessleittechnik
3. Technologie
4. Betriebscontrolling.

INFO

Sie müssen sich für eines der vier Spezialisierungsgebiete entscheiden und dies bei der Anmeldung zur Prüfung angeben. Falls Sie einen klassischen Vorbereitungslehrgang bei einem Anbieter besuchen, ergibt sich die Festlegung häufig auch daraus, dass nicht alle Schwerpunkte, sondern nur ein oder zwei Möglichkeiten angeboten werden.

RECHTSGRUNDLAGEN

§ 5 Handlungsspezifische Qualifikationen

(5) Im Handlungsbereich „Chemische Produktion“ wird unter Berücksichtigung der fachrichtungsübergreifenden Basisqualifikationen die Situationsaufgabe I gemäß Absatz 6 und im Handlungsbereich „Organisation, Führung und Kommunikation“ unter Berücksichtigung der fachrichtungsübergreifenden Basisqualifikationen die Situationsaufgabe II gemäß Absatz 7 gestellt. Die Situationsaufgabe I und die Situationsaufgabe II sind so zu gestalten, dass die Qualifikationsschwerpunkte der Handlungsbereiche gemäß Absatz 1 Nr. 1 und 2 mindestens einmal thematisiert werden. Im Handlungsbereich „Spezialisierungsgebiete“ ist eine schriftliche Ausarbeitung gemäß Absatz 8 anzufertigen.

Die Prüfungsdauer für die Bearbeitung der schriftlichen Situationsaufgabe I beträgt mindestens **vier Stunden**. Die Prüfungsdauer für die Bearbeitung der schriftlichen Aufgabenstellung in der Situationsaufgabe II beträgt mindestens **zwei Stunden** und für das Fachgespräch **mindestens 30 Minuten, höchstens 45 Minuten**; für das Fachgespräch sind **45 Minuten Vorbereitungszeit** einzuräumen. Die Prüfungsdauer für die Situationsaufgaben I und II darf insgesamt nicht mehr als acht Stunden betragen. Die Prüfungsdauer für die schriftliche Ausarbeitung im Handlungsbereich „Spezialisierungsgebiete“ beträgt **mindestens 75 und höchstens 90 Minuten**.

INFO

Die Prüfungsdauer beträgt seit einigen Jahren für die jeweiligen Prüfungen:

- Situationsaufgabe I 240 Minuten
- Situationsaufgabe II 120 Minuten
- Spezialisierungsgebiete 90 Minuten
- Fachgespräch 30 - 45 Minuten (+ 45 Minuten Vorbereitungszeit)

RECHTSGRUNDLAGEN

§ 5 Handlungsspezifische Qualifikationen

(9) Ist in der schriftlichen Situationsaufgabe I gemäß Absatz 6 oder in der schriftlichen Ausarbeitung gemäß Absatz 8 eine mangelhafte Prüfungsleistung erbracht worden, ist eine mündliche Ergänzungsprüfung anzubieten. Bei einer oder mehrerer ungenügender schriftlicher Prüfungsleistungen ist eine Ergänzungsprüfung nicht anzubieten. Die Ergänzungsprüfung soll handlungsspezifisch und integriert durchgeführt werden und nicht länger als 20 Minuten dauern. Die Bewertung der schriftlichen Prüfungsleistung und die der mündlichen Ergänzungsprüfung werden zu einer Bewertung der Prüfungsleistung zusammengefasst. Dabei wird die Bewertung der schriftlichen Prüfungsleistung doppelt gewichtet.

Das Ergebnis der schriftlichen Leistung und der **mündlichen Ergänzungsprüfung** wird zu einer Note zusammengefasst (Mittelwertberechnung); dabei wird die schriftliche Leistung doppelt gewichtet.

Beispiel

Schriftliche Leistung: 40 Punkte
Mündliche Ergänzungsprüfung: 70 Punkte

40 Punkte • 2 =	80 Punkte
70 Punkte • 1 =	70 Punkte
Summe =	150 Punkte

150 Punkte : 3 = 50 Punkte → Note 4

RECHTSGRUNDLAGEN

§ 7 Bewerten der Prüfungsteile und Bestehen der Prüfung

(1) Die Prüfungsteile „Fachrichtungsübergreifende Basisqualifikationen" und „Handlungsspezifische Qualifikationen" sind gesondert nach Punkten zu bewerten.

(2) Für den Prüfungsteil „Fachrichtungsübergreifende Basisqualifikationen" ist eine Note aus dem arithmetischen Mittel der Punktebewertungen der Leistungen in den einzelnen Prüfungsbereichen zu bilden.

(3) Bei der Bewertung der Prüfungsleistungen in der Situationsaufgabe I und in der schriftlichen Aufgabenstellung in der Situationsaufgabe II sind die Gewichtungen der Handlungsbereiche gemäß § 5 Absatz 6 und 7 zugrunde zu legen. In der Situationsaufgabe II ist das Fachgespräch gesondert zu bewerten. Die Prüfungsleistungen in der schriftlichen Aufgabenstellung und im Fachgespräch sind gleichgewichtig zu bewerten und zu einer Punktebewertung zusammenzufassen. Die Prüfungsleistung in der schriftlichen Ausarbeitung im Handlungsbereich „Spezialisierungsgebiete" ist gesondert zu bewerten.

(4) Für den Prüfungsteil „Handlungsspezifische Qualifikationen" ist eine Note aus den Punktebewertungen der Prüfungsleistungen in den Situationsaufgaben I und II sowie in der schriftlichen Ausarbeitung zu bilden; dabei sind die Punktebewertungen im Verhältnis 45 zu 45 zu 10 zu gewichten.

(5) Die Prüfung ist bestanden, wenn der Prüfungsteilnehmer oder die Prüfungsteilnehmerin im Prüfungsteil „Fachrichtungsübergreifende Basisqualifikationen" in allen Prüfungsbereichen mindestens ausreichende Leistungen und im Prüfungsteil „Handlungsspezifische Qualifikationen" in den Situationsaufgaben I und II sowie in der schriftlichen Ausarbeitung jeweils mindestens ausreichende Leistungen erbracht hat.

(6) Über das Bestehen der Prüfung ist ein Zeugnis gemäß der Anlage 1 und ein Zeugnis gemäß der Anlage 2 auszustellen. In das Zeugnis gemäß der Anlage 2 sind die in den Prüfungsteilen „Fachrichtungsübergreifende Basisqualifikationen" und „Handlungsspezifische Qualifikationen" erzielten Noten und die Punktebewertungen in den einzelnen Prüfungsbereichen gemäß § 4 sowie die Punktebewertungen in den Situationsaufgaben I und II sowie in der schriftlichen Ausarbeitung einzutragen. Im Fall der Freistellung gemäß § 6 sind Ort und Datum sowie Bezeichnung des Prüfungsgremiums der anderweitig abgelegten Prüfung anzugeben. Der Nachweis über den Erwerb der berufs- und arbeitspädagogischen Qualifikationen gemäß § 2 Absatz 2 ist im Zeugnis einzutragen.

§ 8 Wiederholung der Prüfung

(1) Jeder nicht bestandene Prüfungsteil kann zweimal wiederholt werden.

(2) Wer an einer Wiederholungsprüfung teilnimmt und sich innerhalb von zwei Jahren, gerechnet vom Tage der Beendigung des nicht bestandenen Prüfungsteils an, zur Wiederholungsprüfung anmeldet, ist auf Antrag von der Prüfung in einzelnen Prüfungsbereichen, den einzeln zu prüfenden Situationsaufgaben I und II und der schriftlichen Ausarbeitung zu befreien, wenn die darin in einer vorangegangenen Prüfung erbrachten Leistungen ausgereicht haben.

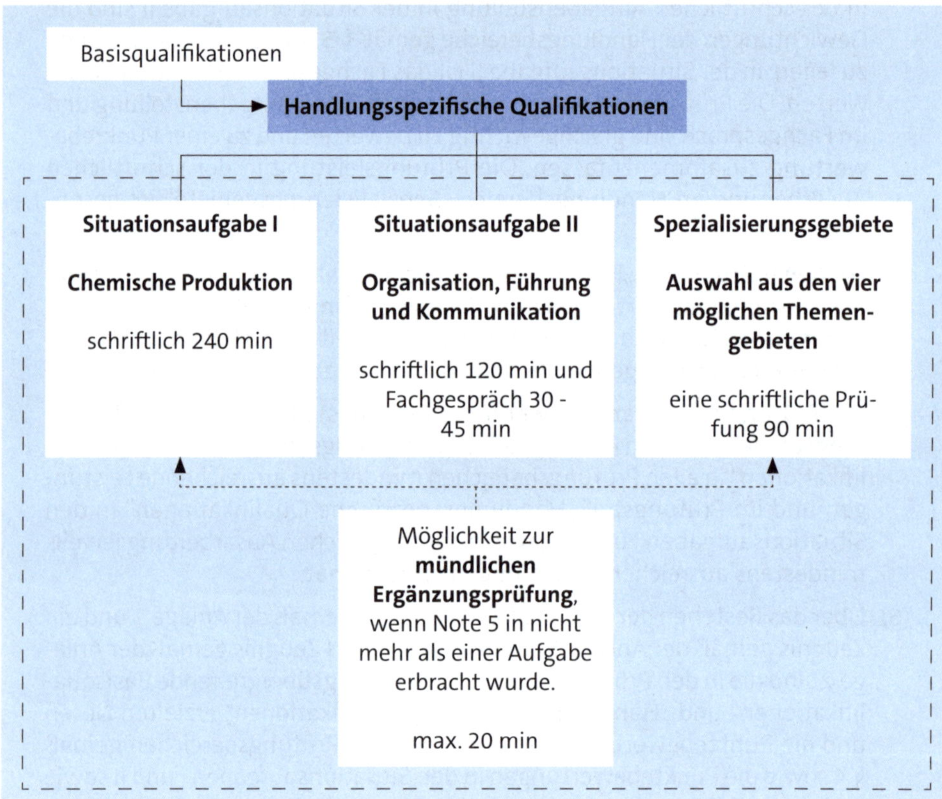

Die einzelnen Fächer und Inhalte teilen sich im Bereich der Handlungsspezifischen Qualifikationen auf, wie in der folgenden Tabelle dargestellt:

Handlungsbereich „Chemische Produktion"			Handlungsbereich „Organisation, Führung und Kommunikation"				
1. Verfahrenstechnik und Anlagentechnik	**2. Chemische Prozesse und Verfahren**	**3. Prozessleittechnik**	**4. Personalführung und -entwicklung**	**5. Betriebliches Kostenwesen**	**6. Verantwortliches Handeln im Betrieb (Responsible Care)**	**7. Qualitätsmanagement**	**8. Information und Kommunikation**
1.1 Erstellen von Mengenströmen und Energiebilanzen	2.1 Auswählen produktionstechnischer Einrichtungen und Verfahren unter Beachtung verschiedener Reaktionstypen	3.1 Bewerten und Optimieren des Einsatzes von Messeinrichtungen	4.1 Ermitteln des qualitativen und quantitativen Personalbedarfs	5.1 Erkennen und Beurteilen von Zusammenhängen des betrieblichen Rechnungswesens, insbesondere Kostenarten-, Kostenstellen-, Kostenträger-, Prozesskostenrechnung	6.1 Überprüfen und Gewährleisten der Arbeits- und Anlagensicherheit sowie des Gesundheits- und Umweltschutzes	7.1 Umsetzen von Kundenanforderungen in Qualitätsziele und Qualitätsvorgaben	8.1 Einsetzen von Planungs- und Steuerungssystemen zur Produktions-, Mengen-, Kapazitäts- und Terminplanung
1.2 Beurteilen von Aufbau, Funktionsprinzip und Einsatzmöglichkeiten von Apparaten, Maschinen und technischen Hilfseinrichtungen sowie deren sachgerechte Verwendung	2.2 Bewerten und Beurteilen von Stoffen und Stoffgemischen hinsichtlich ihrer Eigenschaften und ihres Gefährdungspotenzials	3.2 Einsetzen von Steuerungs- und Regelungssystemen zur Prozessoptimierung	4.2 Auswählen und Einsetzen von Mitarbeitern und Mitarbeiterinnen	5.2 Anwenden von Kalkulationsverfahren	6.2 Erkennen von Schwachstellen im Bereich Arbeits- und Anlagensicherheit, Gesundheits- und Umweltschutz sowie Einleiten vorbeugender Maßnahmen	7.2 Berücksichtigen rechtlicher und betrieblicher Vorgaben und Qualitätsnormen sowie deren Einhaltung im eigenen Verantwortungsbereich sicherstellen	8.2 Vermitteln von Informationen und Anweisungen der Betriebsleitung
1.3 Auswählen der Maschinen und Anlagebauteile unter Berücksichtigung von Wechselwirkungen zwischen Roh-, Hilfs-, Betriebsstoffen und Werkstoffen	2.3 Erfassen und Berechnen von Stoff- und Energiebilanzen	3.3 Veranlassen und Organisieren von Maßnahmen zur Behebung von Störungen	4.3 Führen von Mitarbeitern und Mitarbeiterinnen	5.3 Ermitteln von Zielgrößen, insbesondere Betriebsergebnis, Deckungsbeitrag und Kennzahlen	6.3 Fördern des verantwortlichen Handelns von Mitarbeitern und Mitarbeiterinnen	7.3 Beschreiben betrieblicher Prozesse und Vorbereiten von Audits und Zertifizierungen	8.3 Durchführen von Unterweisungen und Qualifizierungsmaßnahmen

Handlungsbereich „Chemische Produktion"			**Handlungsbereich „Organisation, Führung und Kommunikation"**				
1. Verfahrenstechnik und Anlagentechnik	**2. Chemische Prozesse und Verfahren**	**3. Prozessleittechnik**	**4. Personalführung und -entwicklung**	**5. Betriebliches Kostenwesen**	**6. Verantwortliches Handeln im Betrieb (Responsible Care)**	**7. Qualitätsmanagement**	**8. Information und Kommunikation**
1.4 Mitwirken bei der Auswahl von Maschinen, Apparaten, technischen Hilfseinrichtungen, Energien und Stoffen unter Beachtung von technischen und wirtschaftlichen Gegebenheiten	2.4 Einleiten von Maßnahmen zur rationellen Nutzung von Energie und Ressourcen sowie Führen von Energie- und Stoffströmen	3.4 Sicherstellen der Einhaltung von Vorschriften des Arbeits- und Umweltschutzes	4.4 Beurteilen von Mitarbeitern und Mitarbeiterinnen nach vorgegebenen Beurteilungssystemen	5.4 Durchführen von Kostenkontrollen	6.4 Planen und Durchführen von Unterweisungen zur Arbeits- und Anlagensicherheit sowie zum Gesundheits- und Umweltschutz	7.4 Nutzen von Instrumenten des Qualitätsmanagements zur kontinuierlichen Qualitätsverbesserung und Prozessoptimierung	8.4 Kommunizieren mit Kunden
1.5 Organisieren und Veranlassen von Maßnahmen zur Behebung von Störungen	2.5 Führen von chemischen Reaktionen und Auswählen geeigneter Methoden zur Prozesskontrolle	3.5 Darstellen von Steuerungs- und Regelungsprozessen	4.5 Durchführen von Mitarbeitergesprächen und Festlegen von Zielvereinbarungen	5.5 Einleiten von Maßnahmen zur Kostenbeeinflussung	6.5 Gewährleisten des Informationsaustausches über sicherheits- und umweltrelevante Vorgänge		8.5 Schaffen und Sicherstellen von Rahmenbedingungen für effiziente Kommunikation in der Gruppe
1.6 Veranlassen der vorbeugenden Instandhaltung sowie Organisieren, Überwachen und Koordinieren von Maßnahmen der Instandhaltung	2.6 Beurteilen der Auswirkung von Prozessen auf die Umwelt und Sicherstellen von Umweltschutzmaßnahmen; Auswählen und Einsetzen geeigneter Verfahren		4.6 Anfertigen von Stellenbeschreibungen				
1.7 Koordinieren und Optimieren des Anfahrens, Betreibens und Abfahrens von Anlagen			4.7 Ergreifen von Maßnahmen zur Qualifizierung der Mitarbeiter und Mitarbeiterinnen				

INFO

- Die schriftlichen Situationsaufgaben I und II und die Spezialisierungsgebiete werden bundeseinheitlich erarbeitet und an bundeseinheitlichen Terminen geprüft (derzeit: März und Oktober des Jahres).
- Für das Fachgespräch zur Situationsaufgabe II liegt die konkrete Form der Durchführung im Ermessen der prüfenden Kammer.
- Für alle Prüfungsteile gilt der 100-Punkte-Schlüssel:

  100 - 92 Punkte = Note 1

  91 - 81 Punkte = Note 2

  80 - 67 Punkte = Note 3

  66 - 50 Punkte = Note 4

  49 - 30 Punkte = Note 5

  29 - 00 Punkte = Note 6
- Seit einiger Zeit wird Ihnen mit den Prüfungsaufgaben von der IHK eine bundeseinheitliche Formelsammlung zur Verfügung gestellt. In der Regel sind auch Tabellenbücher und unkommentierte Gesetzestexte (z. B. Arbeitsgesetze, Umweltschutzgesetze, Arbeitssicherheitsgesetze, HGB, BGB) und ein nicht programmierbarer Taschenrechner zugelassen.

  Die endgültig zugelassenen Hilfsmittel erhalten Sie in Form einer Hilfsmittelliste mit der Einladung zu Ihrer Prüfung. Informieren Sie sich bitte rechtzeitig vor der Prüfung bei Ihrer zuständigen Industrie- und Handelskammer.

1.3 Schriftliche Prüfung

1.3.1 Struktur der schriftlichen Situationsaufgaben

In der **Situationsaufgabe I „Chemische Produktion“** ist die Verteilung der Punkte auf die jeweiligen Aufgaben wie folgt:

- Verfahrens- und Anlagentechnik — ca. 35 Punkte
- Chemische Prozesse und Verfahren — ca. 20 Punkte
- Prozessleittechnik — ca. 15 Punkte
- Handlungsbereich Organisation, Führung und Kommunikation — ca. 30 Punkte

In der **Situationsaufgabe II „Organisation, Kommunikation und Führung“** ist die Verteilung der Punkte auf die jeweiligen Aufgaben wie folgt:

- Personalführung und -entwicklung — ca. 30 Punkte
- Betriebliches Kostenwesen — ca. 10 Punkte

- Verantwortliches Handeln im Betrieb ca. 10 Punkte
- Qualitätsmanagement ca. 10 Punkte
- Information und Kommunikation ca. 10 Punkte
- Handlungsbereich Chemische Produktion ca. 30 Punkte

In den **Spezialisierungsgebieten** ist die Verteilung der Punkte wie folgt:

Syntheseplanung

- Planen von Synthesen ca. 35 Punkte
- Beurteilen der Abläufe von elektrochemischen Reaktionen und Mechanismen organischer Reaktionen ca. 35 Punkte
- Beurteilen von Möglichkeiten zur Beeinflussung von chemischen Reaktionen und
- Beschreiben der Abläufe bei homogener und heterogener Katalyse

insg. ca. 30 Punkte

Automatisierungs- und Prozessleittechnik

- Mitwirken an der Auswahl von Steuerungs-, Regelungs- und Prozessleitsystemen und
- Sicherstellen der Kommunikation an der Schnittstelle zwischen Verfahrenstechnik und Prozessleittechnik unter Beachtung der Hierarchieebenen des Systems

insg. ca. 20 Punkte

- Optimieren von Steuerungs-, Regelungs- und Prozessleitsystemen ca. 80 Punkte

Technologie

- Umsetzen vom Labor- in den Produktionsmaßstab (Scale up) und Entwickeln von Lösungsvorschlägen bei Problemen ca. 80 Punkte
- Bewerten der Substitution von Roh-, Hilfs-, Betriebs- und Werkstoffen und
- Auswählen von geeigneten Verfahrensvorschlägen zum Führen von technologischen Prozessen

insg. ca. 20 Punkte

Betriebscontrolling

- Darstellen betriebswirtschaftlicher Abläufe anhand von Geschäftsprozessen und Wertschöpfungsketten ca. 60 Punkte
- Nutzen betriebswirtschaftlicher Kennzahlen als Informations- und Steuerungsinstrument ca. 30 Punkte
- Ergreifen von Maßnahmen zur Kosten- und Leistungsbeeinflussung ca. 10 Punkte

1.4 Mündliche Prüfung

1.4.1 Situationsbezogenes Fachgespräch

Grundlage des Fachgesprächs ist die schriftlich gelöste Aufgabenstellung in der Situationsaufgabe II. Dabei soll unter Einsatz von Präsentationstechniken die Fähigkeit nachgewiesen werden, Arbeitsaufgaben zu analysieren, zu strukturieren und einer begründeten Lösung zuführen zu können.

Die Prüfungsordnung enthält damit für die Durchführung des Fachgesprächs keine detaillierten Vorgaben. Für den zuständigen Prüfungsausschuss ergeben sich damit Handlungsspielräume, die er gestalten kann. Die meisten Ausschüsse werden i. d. R. für die Durchführung ein Merkblatt zur Information der Teilnehmer herausgeben. Bitte machen Sie sich mit den Einzelheiten, die ihre zuständige Kammer festlegt, rechtzeitig vertraut. Da die Verordnung eine Vorbereitungszeit für das Fachgespräch von 45 Minuten vorgibt, wird das Fachgespräch üblicherweise so durchgeführt, wie nachfolgend beschrieben:

Durchführung mit Handlungsaufträgen:
Der zuständige Prüfungsausschuss erstellt für das Fachgespräch Handlungsaufträge. Die Anzahl richtet sich nach der Zahl der Teilnehmer. Der Ausschuss kann dabei die von der DIHK-Bildungs-GmbH erstellten Vorschläge nutzen und durch vertiefende Fragestellungen ergänzen. Jeder Teilnehmer erhält für das Fachgespräch einen Handlungsauftrag, welchen er bearbeiten muss.

Beispielhafte Handlungsaufträge sind auf Seite 1157 ff. im Übungsteil nach den schriftlichen Situationsaufgaben enthalten.

Durchführung:
Die mündliche Prüfung besteht aus zwei Teilen:

a) Der Teilnehmer präsentiert ungestört seine auf den Handlungsauftrag bezogene Lösung, ca. 10 - 15 Minuten.

b) Im Anschluss daran erfolgt das eigentliche Fachgespräch, ca. 20 - 30 Minuten.

Hinweise zur Präsentation:
Präsentieren heißt, eine Idee verkaufen. Im vorliegenden Fall besteht Ihre Aufgabe darin, den Prüfungsausschuss von Ihrer Lösung des Handlungsauftrages zu überzeugen. Sie werden dazu die Techniken der Präsentation vorbereiten und einsetzen. Wir empfehlen, sich zur Vorbereitung auf das Fachgespräch nochmals die Grundregeln einer erfolgreichen Präsentation bewusst zu machen (ausführlich dargestellt im Grundlagenband „Die Prüfung der Industriemeister - Basisqualifikationen“ im Kapitel 3.3.2). Kurzgefasst sollten Sie folgendermaßen vorgehen:

Vorbereitung der Präsentation:

Ausgangslage und Handlungsauftrag analysieren (Aufgabenstellung erfassen)

↓

Stoffsammlung für Lösungsansätze (Komplexität beachten)

↓

Stoffsammlung bewerten und strukturieren

↓

Feinkonzept erstellen

↓

Visualisierungsmedien erarbeiten (Karten für Pinnwand, Flipchart o. Ä.)

↓

Bei externer Vorbereitung: „Generalprobe" (Präsentation üben)

Durchführung der Präsentation:

(Noch vor dem Beginn) Spannungspause + Blickkontakt

↓

Sich vorstellen und Ausschuss begrüßen

↓

Thema + Ziel der Aufgabe + Gliederung nennen

↓

Einleitung

↓

Hauptteil

↓

Schluss (Zusammenfassung + prägnanter Schlusssatz)

Der Prüfungsausschuss wird Ihre Präsentation anhand folgender Merkmale bewerten:

1. Inhalt
2. Gliederung
3. persönliche Wirkung:
   - Sprache
   - Gestik, Mimik
4. Visualisierung
5. Zeit (einhalten, also nicht überziehen, aber auch nicht zu kurz).

Hinweise zum (eigentlichen) Fachgespräch:
Die Präsentation ist der Ausgangspunkt für das anschließende (eigentliche) Fachgespräch. Der Prüfungsausschuss wird z. B.:

- ergänzende Fragen zum Inhalt der Präsentation stellen (nachfassen, präzisieren lassen, benachbarte Themen ansprechen)
- zusätzliche Situationen/Probleme (im Rahmen des Handlungsauftrags) schildern und nach Lösungen fragen.

Im Gegensatz zur Präsentation gibt es hier kein allgemeingültiges Bewertungsschema. Trotzdem besteht Konsens, dass der Ausschuss vom Teilnehmer erwartet, dass er

- auf gestellte Fragen angemessen eingeht und sie prägnant beantwortet,
- Situationsbeschreibungen der Prüfer zutreffend erfasst und (Zusatz-)Informationen in seiner Antwort berücksichtigt,
- seine Argumente sachlich zutreffend und persönlich wirksam (Sprache, Gesamteindruck) vorträgt,
- zu eigenen Lösungen fähig ist und dabei erworbenes Wissen und seine Praxiserfahrung überzeugend einbringt,
- Fachkenntnisse und -begriffe professionell anwendet,
- auch bei kontroverser Diskussion ausgewogen bleibt und flexibel auf den Gesprächsverlauf reagiert.

Bewertung der Teilnehmerleistung:
Die Rechtsverordnung enthält dazu keine Vorgaben. Die Modalitäten liegen im Ermessen des Prüfungsausschusses. In vielen Kammern wurde für die mündliche Prüfung ein Bewertungsbogen erarbeitet, der insgesamt 100 Punkte „vergibt", davon entfallen 40 % auf die Präsentation und 60 % auf das (eigentliche) Fachgespräch. Auch aufgrund der zeitlichen Anteile (Präsentation ca. ⅓ und Fachgespräch ca. ⅔) bewerten viele Kammern bzw. Prüfungsausschüsse in dieser Größenordnung, also zwischen 30 und 40 % für die Präsentation und 60 - 70 % für das anschließende Fachgespräch.

2. Tipps und Techniken zur Prüfungsvorbereitung

Über die Frage der optimalen Prüfungsvorbereitung lassen sich ganze Bücher schreiben. An dieser Stelle sollen nur einige Empfehlungen wieder ins Gedächtnis gerufen werden:

Vor der Prüfung:

1. **Richtige Lerntechnik!**

   Beginnen Sie frühzeitig mit der Vorbereitung. Portionieren Sie den Lernstoff und wiederholen Sie wichtige Lernabschnitte. Setzen Sie inhaltliche Schwerpunkte: Insbesondere sollten Sie die Gebiete des Rahmenplans mit hoher Lernzieltaxonomie beherrschen. Es heißt dort u. a. „Wissen" (→ Kenntnisse), „Verstehen" (→ Zusammenhänge) und „Anwenden" (→ Handlungen). Lernen Sie nicht „bis zur letzten Minute vor der Prüfung". Dies führt meist nur zur „Konfusion im Kopf". Lenken Sie sich stattdessen vor der Prüfung ab und unternehmen Sie etwas, das Ihnen Freude bereitet.

2. **Körperlich und seelisch fit sein!**
   Sorgen Sie vor der Prüfung für ausreichend Schlaf. Stehen Sie rechtzeitig auf, sodass Sie „aufgeräumt" und ohne Stress beginnen können.

3. **Keine übertriebene Nervosität!**
   Akzeptieren Sie eine gewisse Nervosität und beschäftigen Sie sich nicht permanent mit Ihren Stresssymptomen. Eine maßvolle Anspannung ist sogar förderlich und aktiviert die Leistung des Kopfes.

Während der Prüfung:

4. **Zutreffende Bearbeitung der Klausuraufgaben!**

   Lesen Sie jede Fragestellung konzentriert und in Ruhe durch – am besten zweimal. Beachten Sie die Fragestellung, die Punktgewichtung und die Anzahl der geforderten Argumente.

   Beispiel

   - *„Nennen Sie fünf Verfahren der Personalauswahl ...".* Das bedeutet, dass Sie fünf(!) Argumente auflisten – am besten mit Spiegelstrichen – und ohne Erläuterung.
   - *„Erläutern Sie zwei Verfahren der Produktionstechnik und geben Sie jeweils ein Beispiel"* heißt, dass Sie zwei Verfahren nennen – jedes der Verfahren mit eigenen Worten beschreiben – (als Hinweis über den Umfang der erwarteten Antwort kann die Punktzahl nützlich sein) und zu jedem Argument ein eigenes Beispiel (keine Theorie) bilden.

5. **Richtige Technik der Beantwortung!**

   Wenn Sie eine Fragestellung nicht verstehen, bitten Sie die Prüfungsaufsicht um Erläuterung. Hilft Ihnen das nicht weiter, „definieren" Sie selbst, wie Sie die Frage verstehen; z. B.: *„Personalplanung wird hier verstanden als abgeleitete Planung innerhalb der Unternehmensgesamtplanung ...“*. Es kann auch vorkommen, dass eine Fragestellung recht allgemein gehalten ist und Sie zu der Aufgabe keinen Zugang finden. „Klammern“ Sie sich nicht an diese Aufgabe – Sie verlieren dadurch wertvolle Prüfungszeit – sondern bearbeiten Sie die anderen Fragen, die Ihnen leichter fallen.

6. **Antworten strukturieren!**

   Hilfreich kann mitunter auch folgendes Lösungsraster sein – insbesondere bei Fragen mit „offenen Antwortmöglichkeiten“: Sie strukturieren die Antwort nach einem allgemeinen Raster, das für viele Antworten passend ist:

   - interne/externe Betrachtung (Faktoren)
   - kurzfristig/langfristig
   - hohe/geringe Bedeutung
   - Arbeitgeber-/Arbeitnehmersicht
   - Vorteile/Nachteile
   - sachlogische Reihenfolge nach dem „Management-Regelkreis“: Ziele setzen, planen, organisieren, durchführen, kontrollieren
   - Unterschiede/Gemeinsamkeiten.

7. **Effektive Zeitverwendung**!

   Beachten Sie die Bearbeitungszeit: Wenn z. B. für einen Prüfungsabschnitt 240 Minuten zur Verfügung stehen, ergibt sich ein Verhältnis von 2,4 Minuten je Punkt, also haben Sie z. B. für eine Fragestellung mit fünf Punkten 12 Minuten Zeit.

8. **Laut Üben!**

   Speziell für die mündliche Prüfung gilt: Üben Sie zu Hause „laut“ die Beantwortung von Fragen bzw. die Durchführung der Präsentation. Bitten Sie Ihre Dozenten, die Prüfungssituation zu simulieren. Gehen Sie ausgeglichen in die mündliche Prüfung.

   Sorgen Sie für emotionale Stabilität, denn die Psyche ist die Plattform für eine überzeugende Rhetorik. Kurz vor der Prüfung: „Sprechen Sie sich frei“, z. B. durch lautes „Frage- und Antwort-Spiel“ im Auto auf dem Weg zur Prüfung. Damit werden die Stimmbänder aktiv und der Kopf übt sich in der Bildung von Argumentationsketten.

9. **Richtige Vorbereitung führt zum Erfolg!**

   Zum Schluss: Wenn Sie sich gezielt und rechtzeitig vorbereiten und einige dieser Tipps ausprobieren, ist ein zufriedenstellendes Prüfungsergebnis sehr wahrscheinlich.

   Die nachfolgenden „Musterklausuren“ liefern dazu reichlich Stoff zum Üben.

Der Autor wünscht Ihnen viel Erfolg bei der Vorbereitung und in den bevorstehenden IHK-Prüfungen!

Musterklausuren

INFO

Ausgangssituation zu allen Aufgaben der Situationsaufgaben I und II
Sie sind Betriebsmeister in einem Unternehmen, welches u. a. naturähnlichen Kautschuk herstellt und sind in ihrer Anlage mit ihrer Betriebsmannschaft für die Herstellung von 1-Brombutan zuständig. Zu Ihren Aufgaben gehören Steuerung und Überwachung des Produktionsprozesses, Qualitätsmanagement, Arbeitssicherheit, Kostenverantwortung sowie Personalführung.

Zu Ihrer Betriebsmannschaft gehören ein Chemielaborant für die Rohstoff- und Qualitätskontrolle, zwölf Chemikanten, ein Industriemechaniker und ein Elektroniker für anfallende Umbauarbeiten sowie vier angelernte Anlagenfahrer. Ihr Betrieb unterliegt der Störfallverordnung und ist nach der gültigen QM-Norm zertifiziert.

Verfahrensbeschreibung:
Im Rührbehälter BR 001 (siehe nachfolgendes Fließbild) werden 1000 l VE-Wasser vorgelegt. Unter Rühren werden 850 kg Natriumbromid über den Schneckenförderer ZE 010 eingetragen sowie 500 kg Butan-1-ol zugegeben.

Über die Pumpe PL 050 werden für die Erzeugung des Bromwasserstoffes 600 l Schwefelsäure, $w(H_2SO_4) = 0{,}96$, innerhalb von 90 Minuten zudosiert. Dabei steigt die Temperatur infolge der exothermen Reaktion an. Nach Zugabe der Schwefelsäure wird das Reaktionsgemisch vier Stunden am Rückfluss gehalten. Nach Ablauf der Reaktionszeit im BR 001 wird das entstandene 1-Brombutan mit Wasser als Azeotrop abdestilliert und im Kondensator WT 020 verflüssigt. Von dort werden die beiden Phasen im Abscheider SB 030 getrennt und im nachgeschalteten Abscheider SB 040 wird die organische Phase mit VE-Wasser gewaschen.

Die wässrigen Phasen aus den beiden Abscheidern werden der Abwasserreinigungsanlage zugeführt.

Das organische Rohprodukt wird durch Rektifikation in der Kolonne KO 400 gereinigt und anschließend in Fässer abgefüllt.

Die Reaktion verläuft nach folgender Reaktionsgleichung:

$$CH_3\text{-}CH_2\text{-}CH_2\text{-}CH_2\text{-}OH + NaBr + H_2SO_4 \rightarrow CH_3\text{-}CH_2\text{-}CH_2\text{-}CH_2\text{-}Br + NaHSO_4 + H_2O$$

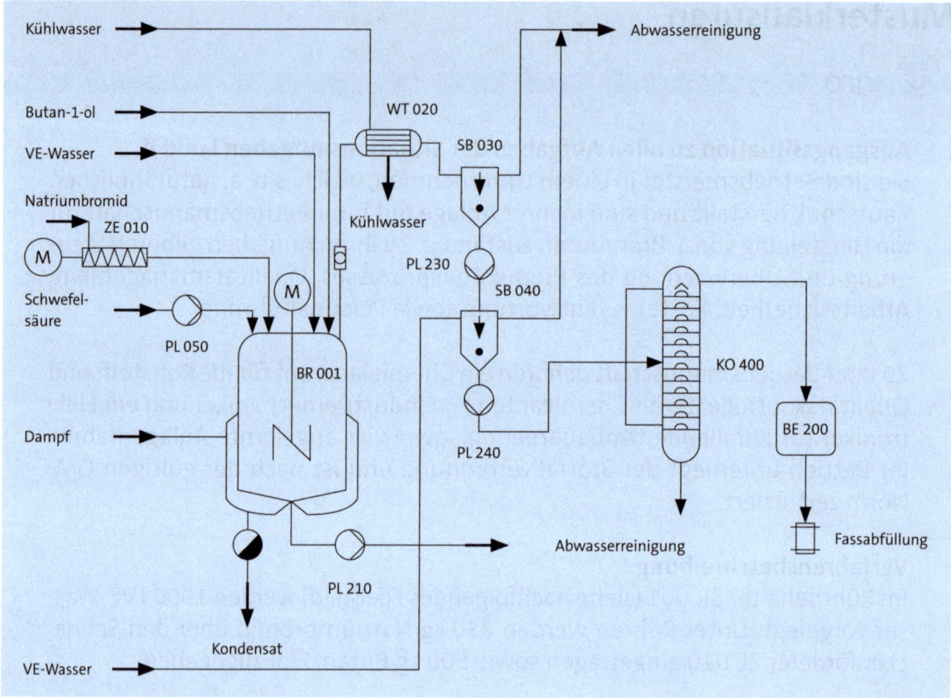

Vereinfachtes Fließbild ohne Armaturen und Messstellen

Situationsaufgabe I: Handlungsbereich Chemische Produktion

Bearbeitungszeit: 240 Minuten
Hilfsmittel: Tabellenbücher, IHK-Formelsammlung, Gesetzestexte, Taschenrechner
Gesamtpunktzahl: 100 Punkte

Aufgabe 1:

10 Punkte

Erstellen Sie das Grundfließschema für das in der Ausgangssituation beschriebene Verfahren mit den Zusatzinformationen der Stoff- und Energieströme und Apparatenummern.

Lösung s. Seite 1159

Aufgabe 2:

12 Punkte

Als Betriebsmeister haben Sie die erforderlichen Arbeits- und Gesundheitsschutzmaßnahmen zu organisieren.

a) Geben Sie den grundsätzlichen Aufbau einer Betriebsanweisung nach Gefahrstoffverordnung an.

(8 Punkte)

b) Begründen Sie, warum z. B. für Methanol eine solche Betriebsanweisung zu erstellen ist.

(4 Punkte)

Lösung s. Seite 1160

Aufgabe 3:

8 Punkte

Butan-1-ol wird mit Natriumbromid und Schwefelsäure nach der Reaktionsgleichung in der Ausgangssituation umgesetzt. Die Ausbeuteverluste betragen bei diesem Verfahren 42 %.

Berechnen Sie das Volumen in Liter an 1-Brombutan, das pro Ansatz erhalten wird.

Lösung s. Seite 1160

Aufgabe 4:

6 Punkte

Im Rahmen einer Unterweisung wollen Sie das Thema „Azeotrope Destillation“ behandeln. Insbesondere soll darauf eingegangen werden, dass 1-Brombutan mit Wasser ein azeotropes Gemisch mit einem Siedepunkt von ca. 82 °C bildet.

Begründen Sie, warum der Siedepunkt dieses Azeotrops deutlich unter den Siedepunkten der reinen Komponenten liegt.

Lösung s. Seite 1161

Aufgabe 5:

10 Punkte

Sie werden gebeten, bei der Auslegung eines Rohrbündelwärmetauscher mitzuwirken.

Ihnen liegen folgende Daten vor:

- zu übertragende Wärmemenge: Q = 250 MJ/h
- Wärmedurchgangskoeffizient: k = 700 (W/(m² • K))
- mittlere Temperaturdifferenz: $\Delta\vartheta$ = 25 °C
- Rohrlänge: l = 1,25 m
- Rohrdurchmesser: d_a = 20 mm
- Rohrwandstärke: s = 2,5 mm.

Wie viele Rohre benötigt der Rohrbündelwärmetauscher mindestens?

Lösung s. Seite 1161

Aufgabe 6:

10 Punkte

Mit einer Pumpe soll eine Polymer-Suspension aus einem Vorlagebehälter dem zugehörigen Reaktionsbehälter zugeführt werden. Zur schonenden Förderung und Vermeidung von Scherkräften sind laminare Strömungsverhältnisse in der Druckleitung der Pumpe notwendig.

- dynamische Viskosität der Polymer-Suspension: 30 mPas
- Die Reynoldszahl soll bei 230 liegen.

Ermitteln Sie den Rohrleitungsdurchmesser der Druckleitung bei einer Fördermenge von 1.000 kg/h Polymer-Suspension und nennen Sie die nächstgrößere gängige Nennweite.

Lösung s. Seite 1162

Aufgabe 7:

8 Punkte

Nennen Sie vier Größen, von denen die Leistungsaufnahme eines Rührantriebs abhängig ist.

Beschreiben und begründen Sie, wie deren Veränderung die Leistungsaufnahme beeinflusst.

Lösung s. Seite 1162

Aufgabe 8:

12 Punkte

Sie unterstützen die Betriebsleitung bei der Erstellung einer Gefährdungsbeurteilung für Ihren Betrieb.

Nennen Sie sechs relevante Gefährdungs- oder Belastungsfaktoren. Geben Sie jeweils ein konkretes Beispiel an.

Lösung s. Seite 1163

Aufgabe 9:

14 Punkte

Im Nachbarbetrieb wird eine Suspension in einem beheizbaren Drucknutschenfilter gefiltert. Sie diskutieren mit ihrem Kollegen hinsichtlich der korrekten Betriebsweise des Apparates.

a) Beschreiben Sie den Aufbau und die Funktionsweise eines Drucknutschenfilters.

   (7 Punkte)

b) Nennen Sie vier Vorteile des Drucknutschenfilters.

   (4 Punkte)

c) Geben Sie drei grundsätzliche Möglichkeiten an, um das Filtrationsverhalten zu beeinflussen.

   (3 Punkte)

Lösung s. Seite 1163

Aufgabe 10:

10 Punkte

In Ihrem Betrieb ist geplant, in Kürze eine komplett neue Version des Prozessleitsystems einzuführen. Während die Schulung der meisten jüngeren Mitarbeiter problemlos abläuft, zeigen sich bei zwei langjährigen Mitarbeitern erhebliche Widerstände.

a) Nennen Sie vier mögliche Ursachen für den Widerstand der beiden Mitarbeiter gegenüber den vorgesehenen Veränderungen.

   (4 Punkte)

b) Erläutern Sie drei Möglichkeiten, wie Sie als Meister diese Widerstände verringern bzw. abbauen können.

   (6 Punkte)

Lösung s. Seite 1164

Situationsaufgabe II: Handlungsbereich Organisation, Kommunikation und Führung

Bearbeitungszeit: 120 Minuten
Hilfsmittel: Tabellenbücher, IHK-Formelsammlung, Gesetzestexte, Taschenrechner
Gesamtpunktzahl: 100 Punkte

Aufgabe 1:

13 Punkte

Sie haben von Ihrem Betriebsleiter die Aufgabe bekommen eine Produktionserweiterung in Ihrem Betrieb vorzunehmen und wurden zum Projektleiter ernannt. Aus diesem Grund ist es notwendig geworden, einige Ihrer Aufgaben an die untere Führungsebene der Schichtführer und deren Vertreter zu delegieren.

a) Beschreiben Sie Ihre Vorgehensweise, um die Delegation optimal durchzuführen.

(10 Punkte)

b) Geben Sie drei Aufgaben an, die Sie nicht delegieren dürfen.

(3 Punkte)

Lösung s. Seite 1165

Aufgabe 2:

12 Punkte

Für den Einsatzstoff Schwefelsäure soll im Tanklager ein vorhandener, leer stehender und geeigneter Lagertank eingerichtet werden.

a) Nennen und beschreiben Sie vier, für den geplanten Einsatz notwendige mess- und regeltechnische Einrichtungen.

(8 Punkte)

b) Beschreiben Sie ausgehend von den Stoffeigenschaften der Schwefelsäure vier weitere Ausstattungsmerkmale des Lagertanks.

(4 Punkte)

Lösung s. Seite 1165

Aufgabe 3:

13 Punkte

Das Unternehmen kann für das kommende Jahr einen zusätzlichen Auftrag von 1.000 t akquirieren, wenn der Preis des Produktes geringfügig gesenkt wird. Die größere Produktionsmenge kann nur realisiert werden, wenn eine Erweiterung der Engpasskapazität vorgenommen wird. Dafür gibt es zwei Alternativen:

- **Produktionsverfahren A:**

  Erweiterung und Modernisierung des bisherigen Produktionsverfahrens mit variablen Kosten in Höhe von 1.620 €/t und fixen Kosten von 48.000 €/Monat.

- **Produktionsverfahren B:**

  Umstellung der Fertigung auf eine neue Prozesstechnologie mit variablen Kosten in Höhe von 1.440 €/t und fixen Kosten von 192.000 €/Monat.

a) Berechnen Sie die monatliche Ausbringungsmenge, bei der die Kosten beider Fertigungsverfahren gleich hoch sind.

   (3 Punkte)

b) Der Nettoverkaufspreis des Produktes beträgt 2.400 €/t.

   Berechnen Sie für eine Produktionsmenge von 1.000 t pro Monat nach dem Produktionsverfahren A

   - die Gesamtkosten für einen Monat
   - die Kosten je Tonne
   - den gesamten Deckungsbeitrag.

   (6 Punkte)

c) Ermitteln Sie die monatliche Break-even-Menge für beide Produktionsverfahren.

   (4 Punkte)

Lösung s. Seite 1166

Aufgabe 4:

9 Punkte

Sie erhalten von dem Qualitätsmanagementbeauftragten des Unternehmens die Information, dass bei einer demnächst anstehenden Rezertifizierung auch „Instrumente zur Prozessoptimierung" dargelegt werden sollen.

In einem Qualitätsgespräch sollen Sie Ihren Mitarbeitern die Pareto-Analyse erklären. Beschreiben Sie die Pareto-Analyse und erklären Sie in Stichpunkten die grundsätzliche Vorgehensweise.

Lösung s. Seite 1167

Aufgabe 5:

10 Punkte

In ihrem Betrieb soll eine neue Teil-Anlage in Betrieb genommen werden. Ihr Betriebsleiter beauftragt Sie, die notwendigen Gefährdungsbeurteilungen durchzuführen sowie die erforderlichen Maßnahmen abzuleiten und umzusetzen.

Erläutern Sie in fünf Schritten Ihre systematische Vorgehensweise.

Lösung s. Seite 1167

Aufgabe 6:

12 Punkte

Sie müssen einen neuen Stellvertreter einarbeiten. Die Produktionsplanung ist eine wichtige Aufgabe, welche Sie ihrem neuen Kollegen näherbringen wollen. Die strategische Produktionsplanung der verschiedenen Anlagen ist an den Aufträgen und Kosten ausgerichtet.

a) Beschreiben Sie die Grundausrichtungen einer kapazitätsbezogenen und einer kostenoptimalen Produktionsplanung.

   (8 Punkte)

b) Aus dem Produktionsplan werden verschiedene andere Planungen abgeleitet. Nennen Sie vier abgeleitete (weiterführende) Planungen.

   (4 Punkte)

Lösung s. Seite 1167

Aufgabe 7:

9 Punkte

Ihr Unternehmen konnte einen neuen Abnehmer für Kautschuk gewinnen. Dieser Neukunde möchte sich über die Qualitätsstandards in den Bereichen

- QM-Handbuch
- QM-Schulungen
- QM-Maßnahmen

informieren.

Nennen Sie dem Neukunden zu den angefragten Bereichen jeweils drei Inhalte Ihres Qualitätsmanagementsystems.

Lösung s. Seite 1168

Aufgabe 8:

10 Punkte

Ihr Bereich wurde bisher nur unter dem Aspekt der Produktivität beurteilt. Wenn es am Jahresende eine Prämie gab, wurde das mit dem guten Ergebnis des gesamten Unternehmens begründet. Sie als Meister möchten für Ihre Mitarbeiter ein Beurteilungssystem vorschlagen. Die Personalabteilung unterstützt Sie und bittet Sie, dieses beim nächsten Treffen der Führungskräfte vorzustellen.

a) Beschreiben Sie anhand von zwei Kriterien die Notwendigkeit eines Beurteilungssystems.

(4 Punkte)

b) Für das Beurteilungsverfahren möchten Sie einen ersten Entwurf eines Beurteilungsbogens vorlegen. Beschreiben Sie zwei mögliche Beurteilungssysteme.

(6 Punkte)

Lösung s. Seite 1169

Aufgabe 9:

12 Punkte

Bei der Produktion fallen Produkte mit unterschiedlichen Reinheitsgraden an. Die Monatsproduktion beträgt im laufenden Monat insgesamt 12.480 m^3 mit folgender Verteilung:

- Standard (P1) 4.800 m^3
- Rein (P2) 2.880 m^3
- Hochrein (P3) 3.200 m^3
- Ultrarein (P4) 1.600 m^3.

Die Gesamtkosten in diesem Monat betragen 5.248.000 €. Zu ihrer Verrechnung auf die vier Produkte werden die Äquivalenzziffern 0,80 : 1,00 : 1,25 : 1,50 (P1 : P2 : P3 : P4) verwendet.

Ermitteln Sie die Selbstkosten in Euro pro Liter für diese vier Produkte.

Lösung s. Seite 1169

Spezialisierungsgebiete

Bearbeitungszeit: 90 Minuten
Hilfsmittel: Tabellenbücher, IHK-Formelsammlung, Taschenrechner
Gesamtpunktzahl: 100 Punkte

Syntheseplanung

Aufgabe 1:

12 Punkte

Die großtechnische Herstellung von Schwefeltrioxid erfolgt in einer katalytischen Gleichgewichtsreaktion durch Oxidation von Schwefeldioxid mit Sauerstoff. Die Reaktionsenthalpie für 1 mol Schwefeltrioxid beträgt -99 kJ/mol. Als Katalysator fungiert festes Vanadiumpentoxid.

a) Formulieren Sie die vollständige Reaktionsgleichung.

(2 Punkte)

b) Beschreiben Sie das Katalyseprinzip der Reaktion.

(2 Punkte)

c) Wählen Sie für diese Reaktion einen geeigneten Reaktor aus und erläutern Sie Ihre Wahl.

(8 Punkte)

Lösung s. Seite 1171

Aufgabe 2:

10 Punkte

Berechnen Sie die Gleichgewichtskonstante K_C für folgende Reaktionen:
$2\,A + B \rightleftarrows 2\,C$

Im Gleichgewicht liegen folgende Konzentrationen vor:
c(A) = 0,15 mol/l; c(B) = 0,32 mol/l; c(C) = 0,080 mol/l

Lösung s. Seite 1171

Aufgabe 3:

16 Punkte

Die Summenformel C_3H_8O ist nicht sehr aussagekräftig, da es sich hierbei um verschiedene Isomere handeln kann.

a) Geben Sie drei Strukturisomere mit der Summenformel C_3H_8O als Halbstrukturformel an, nennen Sie die jeweilige Stoffklasse und benennen Sie die jeweiligen Verbindungen.

(6 Punkte)

b) Geben Sie für jedes der genannten Isomere einen Syntheseweg mit Halbstrukturformeln an.

(10 Punkte)

Lösung s. Seite 1171

Aufgabe 4:

8 Punkte

Je nach Reaktionsbedingungen können bei der Umsetzung von Toluol (Methylbenzol) mit Chlor im Verhältnis 1:1 unterschiedliche Produkte entstehen.

Formulieren Sie die beiden möglichen Reaktionen in Halbstrukturformeln unter Angabe der jeweiligen entscheidenden Reaktionsbedingungen.

Lösung s. Seite 1172

Aufgabe 5:

18 Punkte

Um elementares Magnesium zu gewinnen, wird in einer Schmelzflusselektrolyse wasserfreies Magnesiumchlorid zersetzt. Das Magnesiumchlorid wird in einer Redoxreaktion aus Magnesiumoxid, Kohle und Chlorgas hergestellt.

a) Formulieren Sie die Reaktionsgleichung zur Herstellung von Magnesiumchlorid und benennen Sie das Reduktionsmittel.

(3 Punkte)

b) Formulieren Sie die Teilgleichungen (Oxidation und Reduktion) der in a) formulierten Redoxreaktion.

(4 Punkte)

c) Berechnen Sie den Verbrauch an Kohle in Kilogramm (kg) zur Herstellung von 1,5 t $MgCl_2$.

(4 Punkte)

d) Formulieren Sie die Reaktionsgleichungen zur Elektrolyse von Magnesiumchlorid für die Vorgänge an der Anode und der Kathode.

(4 Punkte)

e) Erläutern Sie, warum bei der Schmelzflusselektrolyse wasserfreies Magnesiumchlorid eingesetzt werden muss und nicht das wesentlich kostengünstigere Magnesiumchloridhexahydrat möglich ist.

(3 Punkte)

Lösung s. Seite 1173

Aufgabe 6:

10 Punkte

Geben Sie insgesamt zehn ökonomische und/oder ökologische Aspekte an, die Sie bei der Planung einer chemischen Reaktion bedenken müssen.

Lösung s. Seite 1173

Aufgabe 7:

12 Punkte

Zur Beschleunigung von Reaktionen werden Katalysatoren eingesetzt. Nennen und erklären Sie drei Desaktivierungsmechanismen von Katalysatoren.

Lösung s. Seite 1174

Aufgabe 8:

14 Punkte

Viele Reaktionen sind Gleichgewichtsreaktionen, die sowohl in flüssigem als auch in gasförmigem Zustand ablaufen können.

a) Beschreiben Sie drei prinzipiell unterschiedliche Möglichkeiten, eine Gleichgewichtsreaktion zu der Produktseite zu verschieben.

(6 Punkte)

b) Beschreiben Sie vier Möglichkeiten, während der Reaktion die Konzentration eines Produkts niedrig zu halten und damit das Gleichgewicht zu verschieben.

(8 Punkte)

Lösung s. Seite 1174

Automatisierungs- und Prozessleittechnik

Aufgabe 1:

13 Punkte

In Ihrem Betrieb wird eine Anlage um eine Produktionseinheit erweitert. Die bisherigen Messsignale werden über 4 - 20 mA-Leitungen zum Prozessleitsystem in die Messwarte übertragen.

a) Schlagen Sie ein alternatives Signalübertragungsverfahren vor, bei dem die vorhandene Infrastruktur weiter genutzt werden kann und begründen Sie Ihren Vorschlag.

(5 Punkte)

b) Beschreiben Sie das von Ihnen vorgeschlagene Verfahren ausführlich.

(8 Punkte)

Lösung s. Seite 1175

Aufgabe 2:

21 Punkte

Das Verhalten eines Reglers (PI- oder PID-Regler) ist unbefriedigend und muss optimiert werden.

a) Geben Sie drei Informationen an, die Sie für die Optimierung im Vorfeld benötigen.

(3 Punkte)

b) Beschreiben Sie den Ablauf einer Optimierungsmethode ausführlich.

(18 Punkte)

Lösung s. Seite 1175

Aufgabe 3:

12 Punkte

In einer Schulungsmaßnahme sollen Sie auf die Einsatzgebiete und Merkmale von unterschiedlichen Reglern eingehen.

Nennen Sie je zwei Einsatzgebiete von P-Reglern, PI-Reglern sowie PID-Reglern und geben Sie jeweils zwei charakteristische Merkmale an.

Lösung s. Seite 1176

Aufgabe 4:

22 Punkte

Sie werden beauftragt, zur Absicherung eines neuen Verdichters den Funktionsplan der Verknüpfungssteuerung zu erstellen. Dafür erhalten Sie vom Hersteller folgende Vorgaben.

Einschalten:

- Mit dem Hauptschalter (E1) sollen zunächst die Ölpumpe und das Kühlwasser für den Kompressor (A1) eingeschaltet werden. Nach 10 Sekunden soll dann der Hauptantrieb des Kompressors (A2) eingeschaltet werden.
- Der Hauptantrieb des Kompressors (A2) soll nicht eingeschaltet werden können, wenn:
  - Öldruck MIN PSL1 (E2)
  - Druck nach Kompressor MAX PSH2 (E3)
  - Kühlwassermenge MIN FSL1 (E4).

Ausschalten:
Mit dem Hauptschalter (E1) werden die Ölpumpe, das Kühlwasser für den Kompressor (A1) und der Hauptantrieb des Kompressors (A2) gleichzeitig ausgeschaltet.

Anlagensicherung:
Der Hauptantrieb des Kompressors (A2) soll zwangsweise ausgeschaltet werden, wenn:

- Öldruck MIN PSL1 (E2)
- Druck nach dem Kompressor MAX PSH2 (E3)
- Kühlwassermenge MIN FSL1 (E4).

Lösung s. Seite 1177

Aufgabe 5:

10 Punkte

Sie erarbeiten eine neue Netzwerktopologie für die Erfassung und Auswertung von Daten für einen neuen Anlagenteil. Sie überlegen, dafür WLAN (drahtlose Signalübertragung) einzusetzen.

a) Beschreiben Sie zwei Vorteile beim Einsatz eines WLAN.

   (4 Punkte)

b) Nennen Sie drei Gesichtspunkte, die beim Einsatz eines WLAN im Vergleich zu einem drahtgebundenen Netz berücksichtigt werden müssen.

   (6 Punkte)

Lösung s. Seite 1177

Aufgabe 6:

12 Punkte

Eine neu zu beschaffende Kolonne soll über eine Temperaturregelung verfügen. Um bei verschiedenen Herstellern ein Angebot anfordern zu können, werden Sie gebeten, ein Lastenheft zu erstellen.

a) Benennen Sie sechs Anforderungskriterien für die Temperaturregelung, die Sie in das Lastenheft aufnehmen.

(6 Punkte)

b) Beschreiben Sie den Zweck eines Pflichtenheftes und geben Sie an, wer das Heft erstellt.

(6 Punkte)

Lösung s. Seite 1178

Aufgabe 7:

10 Punkte

Nennen Sie das Regelkonzept und erklären Sie die Funktionsweise der nachfolgend dargestellten Regelung.

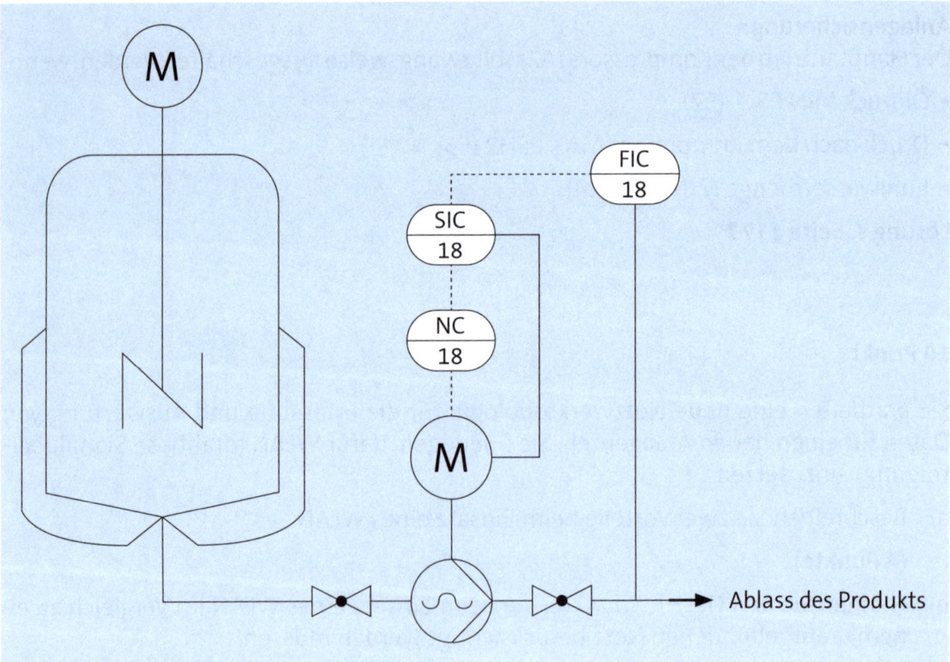

Lösung s. Seite 1178

Technologie

Aufgabe 1:

15 Punkte

Eine chemische Reaktion soll in einem Rohrreaktor im Fließbetrieb durchgeführt werden. Das Rohr des Reaktors hat einen Innendurchmesser von 500 mm. Aus Vorversuchen wurde eine notwendige mittlere Verweilzeit der Edukte von 1 Minute ermittelt.

Berechnen Sie die notwendige Rohrlänge des Reaktors in Metern, wenn die Strömungsgeschwindigkeit maximal 0,5 m/s betragen soll.

Lösung s. Seite 1179

Aufgabe 2:

10 Punkte

Bei der Herstellung von Produkten richtet sich die Verfahrensauswahl nach der Reaktion, die im Apparat ablaufen soll. In der Technologie werden z. B. folgende Reaktionsarten durchgeführt:

- katalytische Reaktion
- elektrochemische Reaktion
- biochemische Reaktion.

Wählen Sie eine der genannten Reaktionsarten aus. Beschreiben Sie dazu den Aufbau eines geeigneten Reaktionsapparates und nennen Sie ein Verfahrensbeispiel.

Lösung s. Seite 1179

Aufgabe 3:

18 Punkte

Das Ionenaustauschverfahren dient überwiegend zur Entfernung störender Bestandteile aus Flüssigkeiten.

a) Nennen und beschreiben Sie zwei Anwendungsbeispiele, bei denen das Ionenaustauschverfahren eingesetzt wird.

   (14 Punkte)

b) Geben Sie jeweils ein Medium an, mit dem man den Anionen- bzw. den Kationentauscher regenerieren kann.

   (4 Punkte)

Lösung s. Seite 1180

Aufgabe 4:

15 Punkte

Das Betreiben von Prozessanlagen, in denen chemische Reaktionen stattfinden, ist immer mit gewissen Gefahren verbunden, so z. B. exotherme Reaktionen, wenn die Gefahr der durchgehenden Reaktion gegeben ist. Aufgrund dieser Gefahren werden technische Systeme in den Prozessablauf integriert, die die Reaktionsbedingungen (Temperatur, Druck, Konzentration, pH-Wert usw.) überwachen und gegebenenfalls bei Überschreitung der Grenzwerte automatisch Eingriffe des Überwachungssystems aktivieren.

a) Beschreiben Sie außer den exothermen Reaktionen fünf weitere Möglichkeiten, die zu einer Erhöhung des Gefahrenpotenzials führen können.

   (10 Punkte)

b) Geben Sie fünf technische Maßnahmen an, die ggf. in den Prozessablauf integriert sind, um diesen zu überwachen bzw. bei Überschreitung der Grenzwerte in den Prozess einzugreifen.

   (5 Punkte)

Lösung s. Seite 1180

Aufgabe 5:

17 Punkte

In einem Ex-Schutzdokument wird ein Teil Ihres Betriebes als „Zone 1" eingestuft.

a) Erläutern Sie die Bedeutung der Angabe „Zone 1".

   (4 Punkte)

b) Erläutern Sie das Ziel des sekundären Explosionsschutzes und nennen Sie jeweils zwei organisatorische und technische Möglichkeiten des sekundären Explosionsschutzes.

   (8 Punkte)

c) Nennen Sie fünf mögliche Zündquellen.

   (5 Punkte)

Lösung s. Seite 1181

Aufgabe 6:

16 Punkte

Beim Trockenmischen von Feststoffen, z. B. im Trommelmischer, kann es zu Sicherheitsproblemen und zu arbeitstechnischen Problemen kommen, die unter Umständen den Trocknungsvorgang beeinflussen.

Erläutern Sie vier mögliche Probleme und geben Sie jeweils eine Abhilfemaßnahme an.

Lösung s. Seite 1182

Aufgabe 7:

9 Punkte

Berechnen Sie die optimale Drehzahl in Umdrehungen pro Minute (n_{opt} = 75 % von der kritischen Drehzahl) einer Kugelmühle mit dem Trommeldurchmesser von 80 cm.

Hinweis für den Prüfungsteilnehmer:
Zentrifugieren = kein Kugelfall = n_{krit} bei $F_G = F_Z$

$$F_Z = 4 \cdot m \cdot r \cdot \pi^2 \cdot n^2_{krit}$$

Lösung s. Seite 1183

Betriebscontrolling

Bitte beachten Sie: Für die Prüfung Betriebscontrolling sind keine Tabellenbücher erlaubt, sondern lediglich die IHK-Formelsammlung und der Taschenrechner.

Aufgabe 1:

16 Punkte

Der Beschaffungs- und Lagerhaltungsprozess für den Artikel „Absperrarmatur" soll unter Kostenaspekten untersucht werden.

Folgende Daten liegen Ihnen dazu vor:

- Jahresverbrauch 2.000 Stück
- Einstandspreis 500 € pro Stück
- Bestellkosten 70 € je Bestellung
- Lagerhaltungskostensatz 18 %.

a) Ermitteln Sie unter Verwendung der genannten Daten
   - die optimale Bestellmenge
   - die Beschaffungskosten pro Jahr bei einer Bestellmenge von 500 Stück.

   (10 Punkte)

b) Erläutern Sie, wie sich die Bestellkosten und die Lagerhaltungskosten bei einer höheren Bestellmenge entwickeln.

   (4 Punkte)

c) Berechnen Sie die durchschnittliche Lagerreichweite für die Absperrarmatur unter der Voraussetzung, dass kein Sicherheitsbestand erforderlich ist.

   (2 Punkte)

Lösung s. Seite 1184

Aufgabe 2:

18 Punkte

Mit der Wertschöpfungskette (supply chain) werden die verschiedenen Aufgaben zur Leistungserbringung beschrieben. Die Analyse der Wertschöpfungskette ist somit ein Instrument zur Optimierung eines Geschäftsmodells und liefert wichtigen Input zur Unternehmensplanung.

Sie werden beauftragt, anhand der Wertschöpfungskette das neu auf den Markt gekommene Produkt zu analysieren. Beschreiben Sie jeweils drei primäre und drei sekundäre Wertaktivitäten, die Sie in Ihre Analyse einfließen lassen wollen.

Lösung s. Seite 1185

Aufgabe 3:

18 Punkte

Ihr Unternehmen hat beschlossen, mehr in den Bereich Marktforschung und Marketing zu investieren.

a) Erläutern Sie den Begriff Marktforschung.

(4 Punkte)

b) Beschreiben Sie die Zielsetzung des Marketingmix und erläutern Sie die vier Elemente des Marketingmix.

(14 Punkte)

Lösung s. Seite 1185

Aufgabe 4:

8 Punkte

Zur Herstellung eines Produktes fallen insgesamt jährlich fixe Gesamtkosten in Höhe von 375.000 € an. Die variablen Kosten liegen bei 2,25 €/Stück. Die maximale Produktionsleistung beträgt 25.000 Stück/Jahr.

Berechnen Sie

a) die Gesamtkosten je Stück bei Vollauslastung und

(3 Punkte)

b) die relative Änderung der Gesamtkosten pro Stück, wenn die Produktion um 20 % sinkt.

(5 Punkte)

Lösung s. Seite 1186

Aufgabe 5:

20 Punkte

Sie sind Mitglied einer Projektgruppe, deren Aufgabe es ist, ein neues Kennzahlensystem aufzubauen.

a) Beschreiben Sie die Aufgabe von betriebswirtschaftlichen Kennzahlen in einem Industrieunternehmen.

(5 Punkte)

b) Nennen Sie fünf Anforderungen an Kennzahlen.

(5 Punkte)

c) Die Balanced Scorecard hat sich in der Unternehmenswelt als eines der Kennzahlensysteme durchgesetzt. Beschreiben Sie die Balanced Scorecard und gehen Sie dabei auch auf die vier Perspektiven der Balanced Scorecard ein.

   (10 Punkte)

Lösung s. Seite 1187

Aufgabe 6:

10 Punkte

In ihrem Unternehmen hat man sich entschieden, den Bereich des Betriebscontrollings auszubauen.

a) Erläutern Sie den Begriff „Controlling".

   (2 Punkte)

b) Beschreiben Sie zwei Aufgaben des Controllings.

   (4 Punkte)

c) Erläutern Sie die Unterschiede zwischen dem operativen Controlling und dem strategischen Controlling.

   (2 Punkte)

d) Bei dezentralem Controlling werden die Controllingaufgaben von den jeweiligen Fachbereichen wahrgenommen. Nennen Sie zwei verschiedene Controllingbereiche.

   (2 Punkte)

Lösung s. Seite 1188

Aufgabe 7:

10 Punkte

In Ihrem Unternehmen stellen die Materialkosten derzeit 50 % der Gesamtkosten dar. Ihr Unternehmen hat mit dem Ziel der Kostensenkung die Einführung eines Optimierungsprogramms beschlossen. In diesem Zusammenhang wurden Sie beauftragt, in Ihrem Betrieb die Materialeffizienz zu ermitteln.

a) Erläutern Sie, was unter dem Begriff Materialeffizienz zu verstehen ist.

   (4 Punkte)

b) Beschreiben Sie drei Maßnahmen, mit welchen sich die Materialeffizienz erhöhen lässt.

   (6 Punkte)

Lösung s. Seite 1188

Situationsbezogenes Fachgespräch: Handlungsbereich Führung/Personal

Vorbereitungszeit: 45 Minuten (anschließend 10 - 15 Minuten Zeit für die Präsentation und daran anschließend 20 - 30 Minuten Fachgespräch)

Handlungsauftrag 1 – Schwerpunkt: Neues Entlohnungsmodell

Die Vergütung der Mitarbeiter in der Produktion erfolgt bisher auf Zeitlohnbasis. Zur Verbesserung der Produktivität erwartet die Geschäftsleitung von Ihnen ein Konzept zur Entlohnung auf der Grundlage einer Leistungsvergütung.

Erstellen Sie einen Entwurf für ein leistungslohnbezogenes Vergütungssystem und beschreiben Sie, welche Auswirkungen auf das betriebliche Geschehen mit der Einführung dieses Konzepts verbunden sind.

Lösung s. Seite 1189

Handlungsauftrag 2 – Schwerpunkt: Personalentwicklungskonzept

Die Auftragslage der Chemie GmbH ist positiv. Auch mittelfristig wird mit ansteigenden Absatzzahlen gerechnet. Sorgen bereitet der Geschäftsleitung jedoch die Qualifikation der Arbeiter: Insbesondere die angelernten Mitarbeiter können den steigenden Anforderungen kaum noch gerecht werden. Bisher gab es keine systematischen Bildungsaktivitäten. Außerdem hat die Analyse ergeben, dass es auf der Meisterebene eine Vakanz geben wird.

Da Sie den Betrieb gut kennen, beauftragt Sie die Geschäftsleitung ein Personalentwicklungskonzept für die Ebene der Arbeiter und der Meister vorzulegen.

Lösung s. Seite 1190

Handlungsauftrag 3 – Schwerpunkt: Mehrarbeit

Aufgrund eines Großauftrags eines Kunden bittet Sie der technische Geschäftsführer, Mehrarbeit in erheblichem Umfang zu organisieren. Dazu soll u. a. eine Sonderschicht eingerichtet werden. Eine Betriebsvereinbarung über Mehrarbeit existiert nicht.

Beschreiben Sie, welche Maßnahmen Sie einleiten müssen.

Lösung s. Seite 1191

Handlungsauftrag 4 – Schwerpunkt: Probleme in der Arbeitsgruppe

Durch die erhöhte Belastung kommt es in der Sonderschicht verstärkt zu Problemen in der Zusammenarbeit der Mitarbeiter. Es häufen sich Beschwerden über eines der Gruppenmitglieder. Die Arbeitsleistung sinkt. Die Arbeitsgruppe hat einen Vorarbeiter, dem Sie disziplinarische Befugnisse übertragen haben.

Entwickeln Sie Maßnahmen zur Konfliktbearbeitung, zur Verbesserung der Zusammenarbeit und der Mitarbeitermotivation.

Lösung s. Seite 1192

Handlungsauftrag 5 – Schwerpunkt: Externe Personalbeschaffung, befristet

Aufgrund der guten Auftragslage der Chemie GmbH ist der Betrieb trotz Mehrarbeit nicht in der Lage, das Arbeitsvolumen mit eigenen Mitarbeitern zu bewältigen. Die Geschäftsleitung beauftragt Sie, acht geeignete Mitarbeiter über das Jobcenter der regionalen Arbeitsagentur zu beschaffen und auf drei Monate befristete Verträge abzuschließen.

Was müssen Sie beachten?

Lösung s. Seite 1193

INFO

Die nachfolgend dargestellten Lösungen sind lediglich als Lösungshinweise anzusehen, da es für viele Aufgaben keine echten Musterlösungen geben kann. Häufig sind auch alternative Lösungen möglich, daher stellen die vorgeschlagenen Lösungen stets nur eine Möglichkeit der Aufgabenlösung dar.

Situationsaufgabe I: Handlungsbereich Chemische Produktion

Lösung zu Aufgabe 1:

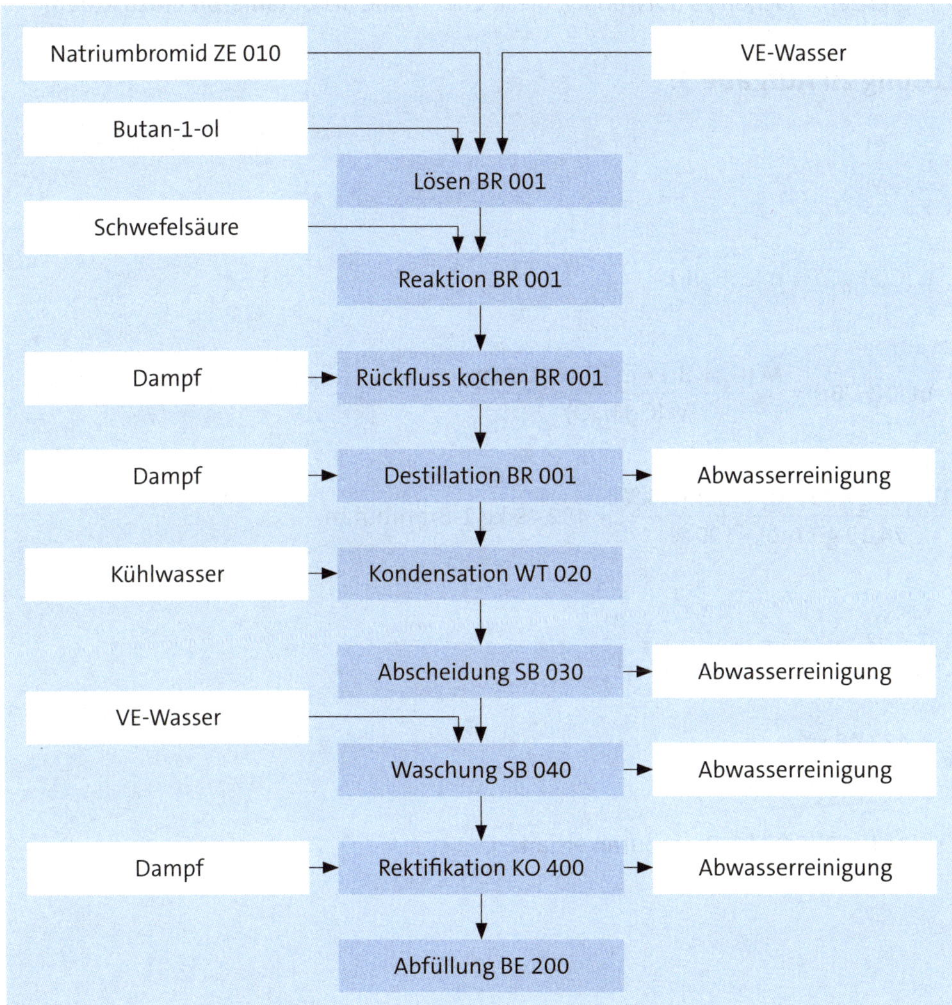

Lösung zu Aufgabe 2:

a) Grundsätzlicher Aufbau einer Betriebsanweisung, z. B. Betrieb/Abteilung/Tätigkeit:

1. Gefahrstoffbezeichnung
2. Gefahren für Mensch und Umwelt
3. Schutzmaßnahmen und Verhaltensregeln
4. Verhalten im Gefahrfall
5. Erste Hilfe
6. Sachgerechte Entsorgung.

b) Die sicherheitsrelevanten Daten von Methanol, wie z. B. der AGW, die Einstufung nach GHS (H-Sätze, P-Sätze), Flammpunkt, Zündtemperatur und die Explosionsgrenzen, machen es notwendig, diese Chemikalie als Gefahrstoff einzustufen.

Lösung zu Aufgabe 3:

$$n = \frac{m}{M}$$

$$n\,(C_4H_{10}O) = n\,(C_4H_9Br)$$

$$m\,(C_4H_9Br) = \frac{M\,(C_4H_9Br) \cdot m\,(C_4H_{10}O) \cdot \eta}{M\,(C_4H_{10}O)}$$

$$\frac{137{,}02\ \text{g} \cdot 450\ \text{kg} \cdot \text{mol} \cdot 58\ \%}{74{,}12\ \text{g} \cdot \text{mol} \cdot 100\ \%} = 482{,}49\ \text{kg 1-Brombutan}$$

$$\rho = \frac{m}{V} \qquad V = \frac{m}{\rho}$$

$$V = \frac{482{,}49\ \text{kg}}{1{,}28\ \text{kg/l}} = 376{,}95\ \text{l}$$

Es werden 376,95 l 1-Brombutan erhalten.

Lösung zu Aufgabe 4:

Es handelt sich um ein heterogenes azeotropes Gemisch zweier nicht ineinander löslicher Flüssigkeiten. Die Dampfdrücke der Komponenten addieren sich unabhängig von der Flüssigkeitszusammensetzung zum Gesamtdampfdruck. Dadurch liegt der Siedepunkt dieses Gemisches (82 °C) deutlich unter dem Siedepunkt des Leichtsieders (100 °C).

Lösung zu Aufgabe 5:

Berechnung der benötigten Austauschfläche:

$$A = \frac{Q}{k \cdot \Delta T} = \frac{250.000.000 \text{ J/h}}{3.600 \text{ s/h} \cdot 700 \text{ (W/(m}^2 \cdot \text{K))} \cdot 25 \text{ K}} = 3{,}968 \text{ m}^2$$

Berechnung der benötigten Rohranzahl:

$$n = \frac{A}{d \cdot \pi \cdot l}$$

$$n = \frac{A}{\left(\dfrac{d_a - d_i}{\ln\dfrac{d_a}{d_i}}\right) \cdot \pi \cdot l}$$

$$n = \frac{3{,}968 \text{ m}^2}{\left(\dfrac{0{,}02 - 0{,}015}{\ln \dfrac{0{,}02}{0{,}015}}\right) \cdot \pi \cdot 1{,}25 \text{ m}} = 58{,}14 \text{ Rohre}$$

Es werden mindestens 59 Rohre benötigt.

Lösung zu Aufgabe 6:

$$Re = \frac{v \cdot d \cdot \rho}{\eta} \quad \rightarrow \quad d = \frac{Re \cdot \eta}{v \cdot \rho} \qquad \text{für } v = \frac{V}{A}$$

$$d = \frac{Re \cdot \eta \cdot A}{V \cdot \rho} \qquad \text{für } V = \frac{m}{P}$$

$$d = \frac{Re \cdot \eta \cdot A}{V \cdot \rho} \qquad \text{für } A = \frac{d^2 \cdot \pi}{4}$$

$$d = \frac{Re \cdot \eta \cdot d^2 \cdot \pi}{m \cdot 4} \quad \rightarrow \quad \frac{m \cdot 4}{Re \cdot \eta \cdot \pi} = \frac{d^2}{d}$$

$$d = \frac{m \cdot 4}{Re \cdot \eta \cdot \pi} = \frac{1.000\ kg \cdot 4 \cdot s^2 \cdot m^2 \cdot 1\ h}{h \cdot 230 \cdot 0{,}030\ kg \cdot m \cdot s \cdot 3.600\ s \cdot \pi} = 0{,}051\ m$$

Die Rohrleitung muss also mind. 51 mm (Innen-)Durchmesser besitzen. Die nächstmögliche Größe wäre DN 50, da dies nach DIN EN ISO 6708 ein Rohr mit dem Außendurchmesser von 60,3 mm und einer Wanddicke von 3,65 mm (Innendurchmesser somit 53 mm) bezeichnet.

Lösung zu Aufgabe 7:

Größen, z. B.:

- Rührerdrehzahl:

  Je höher die Drehzahl des Rührers, umso größer ist der Strömungswiderstand, d. h., die erforderliche Leistung nimmt zu.

- Durchmesser des Rührorgans:

  Durch die größere Hebelwirkung nimmt das erforderliche Drehmoment zu, wodurch eine höhere Leistungsaufnahme begründet wird.

- Dichte des Mediums:

  Bei Flüssigkeiten mit großer Dichte ist die Masse, die verschoben werden muss, größer.

  Dies hat zur Folge, dass der Kraftaufwand zunimmt, wodurch die erforderliche Leistung ebenfalls zunimmt.

- Viskosität des Mediums:

  Um Flüssigkeiten mit großer Viskosität zu bewegen, sind größere Kohäsionskräfte zu überwinden. Hierzu ist ein größerer Kraftaufwand erforderlich und somit eine höhere Leistungsaufnahme.

  Die Viskosität beeinflusst außerdem das Strömungsverhalten und somit die Reynoldszahl. Diese ist wiederum Grundlage für die Ermittlung der Leistungskennzahl (Ne).

Lösung zu Aufgabe 8:

Gefährdungs- und Belastungsfaktoren, z. B.:

- mechanische Gefährdungen:
  - ungeschützte bewegte Maschinenteile, z. B. Antrieb des Schneckenförderers
  - Teile mit gefährlichen Oberflächen, z. B. scharfkantige Oberflächen
- elektrische Gefährdungen:

  gefährliche Körperdurchströmung, z. B. elektrische Installation, elektrostatische Aufladung
- Gefährdung durch ergonomische Faktoren:

  erschwerte Handhabung von Arbeitsmitteln, z. B. Verstopfung des Einfülltrichters
- Gefährdung durch Stoffe:

  gesundheitsschädliche Wirkung von Gasen/Dämpfen/Stäuben, z. B. ausgasende Produktreste beim Trocknen; Produktstaub
- Gefährdung durch physikalische Einwirkungen:

  Kontakt mit heißen Oberflächen, z. B. heiße Rohrleitungen, Armaturen
- Gefährdung durch Lärm/Vibrationen:

  z. B. Rührwerk, Antriebe
- Gefährdung durch Brände und Explosion:

  Gefahr durch explosionsfähige Atmosphäre, z. B. brennbare Flüssigkeiten und Gase.

Lösung zu Aufgabe 9:

a) **Aufbau:**

Die Drucknutsche besteht aus einem in der Mitte aufklappbaren, zylindrischen, doppelwandigen Behälter. Zwischen den Behälterteilen ist ein Siebeinsatz mit Filterbelägen eingebaut. Am Deckel befinden sich der Produktzulauf sowie die Anschlüsse für Druckluft (oder Stickstoff) und Waschwasser. Am zylindrischen Teil sind die Anschlüsse für Heizdampf und Kondensat (Heizmedium) montiert. Am unteren Teil (Boden) befindet sich der Filtratauslass. Zum schnelleren Wechsel und zum Entleeren der Nutsche sind beide Behälterteile mit Schnellverschlüssen versehen.

Funktionsweise:

Die Nutsche wird vorgeheizt und anschließend befüllt. Nach kurzer Absetzzeit (Bildung eines Filterkuchens) wird der Druck in der Nutsche langsam erhöht. Bei Abfallen des Drucks wird die Nutsche bis zu einem bestimmten Stand mit Waschwasser gefüllt, danach mit ansteigendem Druck der Filterkuchen gewaschen (ggf. Vorgang wiederholen → Probenahme). Anschließend wird der Filterkuchen mit Druckluft getrocknet. Danach wird die Nutsche geöffnet und der Filterkuchen entnommen.

b) **Vorteile des Drucknutschenfilters**, z. B.:
- geschlossenes System (wichtig z. B. bei Lösungsmitteln)
- beheizbar
- kompakte Bauform
- Produkt gut wasch- und trockenbar
- reines Filtrat durch Filterhilfsmittel
- große Druckdifferenz.

c) **Beeinflussung der Filtration**, z. B.:
- größere Druckdifferenz einstellen
- Filterhilfsmittel einsetzen bei schwer filtrierbaren Suspensionen
- Art des Filtermaterials ändern (Porengröße, Dicke)
- Größe der Filterfläche ggf. verändern
- Rührereinsatz zur gleichmäßigen Verteilung.

Lösung zu Aufgabe 10:

a) **Mögliche Ursachen für den Widerstand**, z. B.:
- Versagensängste, Angst vor Blamage
- Überforderung durch die neue Technik
- Neid wegen evtl. Bevorzugung jüngerer, flexiblerer Mitarbeiter
- fehlende Grundkenntnisse in Bezug auf technische Fortschritte/Änderungen.

b) **Möglichkeiten Widerstand verringern/abbauen**, z. B.:
- frühzeitiges Einbinden aller Mitarbeiter in die Veränderungen
- Erfahrungen der langjährigen Mitarbeiter berücksichtigen
- Schulungsplan erstellen, angepasst an die Leistungsfähigkeit der Mitarbeiter
- Lernerfolgskontrollen durchführen und ggf. persönlich unterstützen
- positives Feedback geben
- mögliche Vorbehalte der jüngeren Mitarbeiter gegenüber den langjährig Beschäftigten abbauen.

Situationsaufgabe II: Handlungsbereich Organisation, Kommunikation und Führung

Lösung zu Aufgabe 1:

a) **Vorgehensweise**, z. B.:

- Umfang der zu delegierenden Aufgaben dokumentieren, hierbei nicht delegierbare Aufgaben außen vorlassen
- gedankliche Selektion der infrage kommenden Mitarbeiter durchführen
- Einladung der infrage kommenden Mitarbeiter und im Gespräch die Situation und Notwendigkeit erläutern
- Frage an den Mitarbeiter, ob er die Delegation annehmen möchte; eventuelle Bedenken, Zweifel und Befürchtungen im Gespräch ausräumen bzw. minimieren
- Mitarbeiter zusichern, dass er jegliche Hilfe von meiner Seite bekommt
- eventuell erforderliche Qualifizierungsmaßnahme durchführen
- notwendige Ressourcen bereitstellen und Befugnisse erteilen, so z. B. Zugriff auf IT-Systeme
- Betriebsleiter und Mitarbeiter über die notwendig gewordene Delegation informieren
- Appell an die übrigen Mitarbeiter, den Mitarbeiter in seinen Delegationsaufgaben entsprechend zu unterstützen

b) Aufgaben, die Sie nicht delegieren dürfen sind z. B.:

- Führungsaufgaben, z. B. Ziele setzen, Planen, Entscheiden, Kontrolle
- außergewöhnliche Fälle, z. B. Entscheidungen mit großer Tragweite wie Standortentscheidungen, Außenauftritt (Corporate Identity), neue Produkte, Erweiterungsinvestitionen
- vertrauliche Angelegenheiten, z. B. Einstellung und Entlassung von Mitarbeitern.

Lösung zu Aufgabe 2:

a) **Mess- und regeltechnische Einrichtungen**, z. B.:

- Standmessung mit Hoch Alarmierung in der Tanktasse, um den Stand in der Tanktasse/Tanktassensumpf anzuzeigen
- Standmessung LIAH im Lagerbehälter zur Information über den Vorrat
- Stand Hoch LIS-Zulaufleitung zum Lagerbehälter wird geschlossen, um eine Überfüllung zu verhindern
- Temperatur TISH im Lagerbehälter, um die Temperatur im Lagertank zu kontrollieren
- Überdruckabsicherung mit Abgaswäsche, um Dämpfe kontrolliert, speziell bei der Befüllung, zu entsorgen.

b) Weitere **Ausstattungsmerkmale des Lagertanks**, z. B.:

- Der Lagertank muss in einer Tanktasse stehen.
- Die Tanktasse muss säureresistent ausgekleidet sein.
- Gasspürgerät für auftretende Leckagen
- manuell bedienbare Entleerungseinrichtung zum kontrollierten Leerpumpen der Tanktasse nach Prüfung
- Stickstoffüberlagerung, Wegnahme von Luftsauerstoff.

Lösung zu Aufgabe 3:

a) 1.620 €/t • x + 48.000 € = 1.440 €/t • x + 192.000 €

180 €/t • x = 144.000 €

x = 800 t

b) Gesamtkosten für einen Monat:

1.620 €/t • 1.000 t + 48.000 € = 1.620.000 € + 48.000 € = 1.668.000 €

Kosten je Tonne:

1.668.000 € : 1.000 t = 1.668 €/t

Gesamter Deckungsbeitrag pro Monat:

(2.400 € - 1.620 €) • 1.000 t = 780.000 €

c) Break-even-Menge für das Produktionsverfahren A:

2.400 €/t • x = 1.620 €/t • x + 48.000 €

780 €/t • x = 48.000 €

x = 61,54 t

Break-even-Menge für das Produktionsverfahren B:

2.400 €/t • x = 1.440 €/t • x + 192.000 €

960 €/t • x = 192.000 €

x = 200 t

Lösung zu Aufgabe 4:

Die Pareto-Analyse ist ein Hilfsmittel, um mit relativ geringem Aufwand große Wirkung hervorzurufen. Nur wenige Fehlerarten rufen den größten Teil aller Fehler hervor. Etwa 20 - 30 % der Fehlerarten sind für ca. 70 - 80 % aller Fehler verantwortlich.

Vorgehensweise:

- Sortieren der Fehlerarten nach absteigender Fehleranzahl
- Kumulieren der Fehlerzahlen, Ermitteln der kumulierten Fehlerhäufigkeit
- Bildung von Gruppen:
  - Das erste Drittel der Fehlerarten mit den meisten Fehlern bildet die A-Gruppe.
  - Das letzte Drittel bildet die C-Gruppe.
  - Der Rest dazwischen bildet die B-Gruppe.

Lösung zu Aufgabe 5:

Systematische Vorgehensweise, z. B.:

- Ermittlung der Gefährdungen bzw. Analyse
- Bewertung des Risikos nach Eintrittswahrscheinlichkeit und Schwere eines möglichen Schadens
- Festlegung einer Rangfolge der Schutzmaßnahmen nach ihrer Dringlichkeit
- Durchführung der Schutzmaßnahmen
- Überprüfung ihrer Wirksamkeit und Dokumentation der Durchführung.

Lösung zu Aufgabe 6:

a) Bei der kapazitätsbezogenen Planung wird auf eine gleichmäßig optimal ausgelastete Betriebsmittel- und Produktionskapazität geachtet. Die Bedarfsschwankungen werden dadurch ausgeglichen, dass bei Mindernachfrage auf Lager produziert wird. Dadurch entstehen zusätzliche Kosten wie z. B. Lagerkosten und es erfolgt eine Kapitalbindung durch die auf Lager stehenden Fertigwaren.

Bei der kostenbezogenen Produktionsplanung erfolgt die Reihenfolge der Fertigungsaufträge streng nach wirtschaftlichen Gesichtspunkten. Hierbei bekommen u. a. Fertigungsaufträge mit dem höheren Deckungsbeitrag Vorrang. Andererseits wird versucht, z. B. durch hintereinander gefertigte Variantenaufträge oder Sortenaufträge, die Rüstzeiten zu minimieren.

b) Der Produktionsplan ist die Arbeitsgrundlage für die Produktionsbedarfsplanung. Daraus geht z. B. hervor:

- Mengenplanung
- Betriebsmittelbedarfsplanung
- Personalbedarfsplanung
- Materialbedarfsplanung
- Planung der Hilfs- und Betriebsstoffe
- Bereitstellung von Informationen und Arbeitsunterlagen.

Lösung zu Aufgabe 7:

- **QM-Handbuch:**
  - Vorgaben der Leitung
  - Verantwortung des QM-Beauftragten
  - Verfahrensanweisungen
  - Arbeitsanweisungen
- **QM-Schulungen:**
  - Mitarbeiter auf QM-Merkmale schulen
  - Qualitätsgedanken implementieren
  - Prozessabläufe verständlich machen
  - Ausbildung interner Auditoren
- **QM-Maßnahmen:**
  - interne/externe Audits
  - Überprüfung durch oberste Leitung
  - ständige Überprüfung der Anweisungen auf Gültigkeit
  - Überprüfung der Messgeräte
  - Spezifikationen überprüfen
  - Dokumentation überprüfen.

Lösung z Aufgabe 8:

a) **Kriterien**, z. B.:

- Mitarbeiter brauchen eine Bestätigung für ihre Leistung. Dies dient der Motivation.
- Für eine leistungsgerechte Bezahlung bedarf es einer Beurteilung. Mit einer Beurteilung des vergangenen Zielzeitraumes können Zielvereinbarungen für den folgenden Zielzeitraum objektiver gestaltet werden.

b) **Mögliche Beurteilungssysteme**, z. B.:

- offene Beurteilung:

  Der Beurteiler entscheidet frei über die Wahl der Bewertungsmaßstäbe und -kriterien. Die Beurteilung erfordert eine schriftliche Darstellung, ähnlich einem Zeugnis. Damit ist sie zeitaufwendiger.

- geschlossene/numerische Beurteilung:

  Hier werden dem Beurteiler sowohl die Bewertungsmaßstäbe als auch die Bewertungskriterien vorgegeben. Damit wird die Beurteilung erleichtert. Ein Vergleich mit vergangenen Beurteilungen oder auch mit anderen Beurteilten ist einfach herzustellen.

Lösung zu Aufgabe 9:

Sorte	m^3	Äquivalenzziffer	Verrechnungseinheit	Gesamtkosten (€)	Kosten (€/Liter)
P1	4.800	0,80	3.840	1.536.000	0,32
P2	2.880	1,00	2.880	1.152.000	0,40
P3	3.200	1,25	4.000	1.600.000	0,50
P4	1.600	1,50	2.400	960.000	0,60
			13.120	**5.248.000**	

Wert je Verrechnungseinheit = 5.248.000 € : 13.120 = 400 €

Spezialisierungsgebiete

Syntheseplanung

Lösung zu Aufgabe 1:

a) $2\ SO_2 + O_2 \rightleftarrows 2\ SO_3$

b) Es handelt sich um eine heterogene Katalyse, da Edukte (hier gasförmig) und Katalysator (hier fest) in unterschiedlichen Aggregatzuständen vorliegen.

c) Da die Reaktion stark exotherm ist, wird sehr viel Wärme frei, was zur Erhöhung der Reaktionstemperatur führt. Bei hoher Reaktionstemperatur verlagert sich das chemische Gleichgewicht nach Le Chatelier aber wieder ungünstigerweise auf die Seite der Edukte. Somit darf die Reaktionstemperatur nicht zu hoch ansteigen.

Ein geeigneter Reaktor ist z. B. der Hordenreaktor. Ein Hordenreaktor ist ein Festbettreaktor für heterogen katalysierte Reaktionen, bei dem das Festbett in mehrere Abschnitte (Horden) unterteilt ist. Zwischen den Horden wird die Temperatur durch indirekten Wärmeaustausch oder durch Kaltgaseinspeisung gesenkt.

Lösung zu Aufgabe 2:

$$K_C = \frac{c^2(C)}{c^2(A) \cdot c(B)} = \frac{0{,}080^2 \cdot mol^2/l^2}{0{,}15^2 \cdot mol^2/l^2 \cdot 0{,}32\ mol/l} = 0{,}89\ l/mol$$

Lösung zu Aufgabe 3:

a)

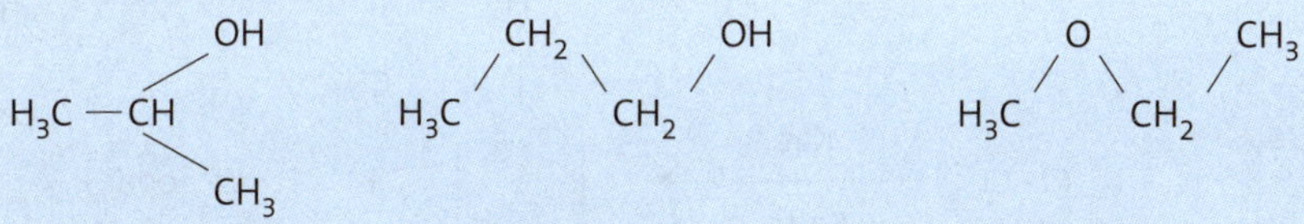

sekundärer Alkohol
2-Propanol

primärer Alkohol
1-Propanol

Ether (Alkoxyalkan)
Ethylmethylether (Methoxyethan)

b)

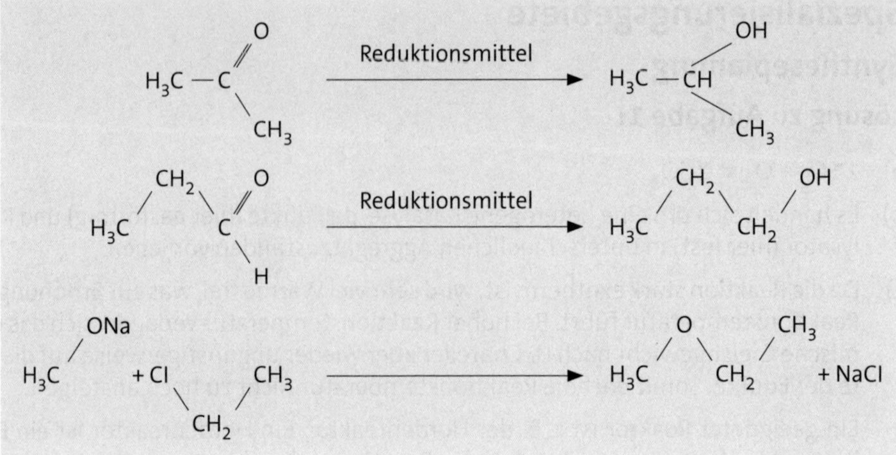

Lösung zu Aufgabe 4:

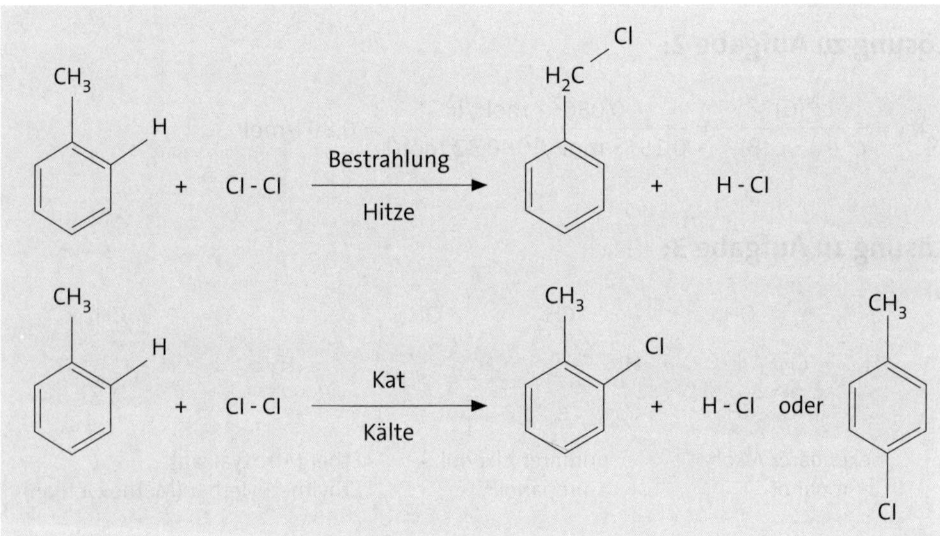

Lösung zu Aufgabe 5:

a) $2\,MgO + C + 2\,Cl_2 \rightarrow CO_2 + 2\,MgCl_2$

C ist das Reduktionsmittel.

b) **Oxidation:**

$$\overset{0}{C} \quad -4\,e \quad \rightarrow \quad \overset{+IV}{C}$$

Reduktion:

$$2\,\overset{0}{Cl_2} \quad +4\,e \quad \rightarrow \quad 4\,\overset{-I}{Cl}$$

c) $M\,(MgCl_2) = 95{,}2\ g/mol$

$$m(C) = \frac{m\,(MgCl_2) \cdot n\,(c) \cdot M\,(c)}{n\,(MgCl_2) \cdot M\,(MgCl_2)} = \frac{1.500\ kg \cdot 1\ mol \cdot 12\ g/mol}{2\ mol \cdot 95{,}2\ g/mol} = 94{,}5\ kg$$

d) Anode: $2\,Cl^- - 2\,e^- \rightarrow Cl_2$

Kathode: $Mg^{2+} + 2\,e^- \rightarrow Mg$

e) Beim Einsatz von Magnesiumchloridhexahydrat würden Konkurrenzreaktionen durch die Elektrolyse des vorhandenen Hydratwassers stattfinden (H_2-Entwicklung).

Lösung zu Aufgabe 6:

Ökonomische bzw. ökologische Aspekte, z. B.:

- möglichst geringe Anzahl an Synthesestufen
- Synthesewege mit hoher Ausbeute auswählen
- möglichst einfache Reinigungsschritte
- Preise der Edukte
- Verfügbarkeit der Edukte
- Synthesen mit hoher Selektivität auswählen
- Synthesen sollten möglichst wenig Abfälle erzeugen.
- Umweltverträglichkeit der Lösemittel
- Gefahrenpotenzial der Edukte beachten
- benötigte Apparate
- evtl. benötigte Schulungen
- Erfahrungen mit den Produkten.

Lösung zu Aufgabe 7:

- **Vergiftung:**

  Katalysatorgifte (z. B. CO) können mit der Oberfläche des Katalysators starke Bindungen eingehen und belegen somit dauerhaft die Oberfläche des Katalysators. Dadurch sind keine freien Plätze für weitere Katalysereaktionen mehr vorhanden.

- **Austrag des Katalysators über die Gasphase:**

  Der Katalysator geht mit Reaktionsprodukten leicht flüchtige Verbindungen ein. Dadurch wird der Katalysator aus dem Reaktionsbehälter über die Gasphase entfernt.

- **Erosion:**

  Katalysatorabtrag aufgrund strömender Gase

- **thermische Sinterung:**

  Entscheidend für die Aktivität eines Katalysators ist die Größe seiner Oberfläche. Durch thermische Sinterung bilden sich Agglomerate der kleinen Katalysatorteilchen, wodurch die Oberfläche des Katalysators und somit seine Aktivität verringert wird.

- **Ablagerung:**

  Verschmutzungen oder Nebenprodukte legen sich auf die Oberfläche des Katalysators und verringern dadurch die aktive Fläche des Katalysators.

Lösung zu Aufgabe 8:

a) Möglichkeiten, z. B.:
   - Erhöhung der Konzentration eines Edukts
   - Erniedrigung der Konzentration eines Produkts
   - bei exothermen Reaktionen: Wärmeabfuhr
   - bei endothermen Reaktionen: Wärmezufuhr
   - bei Reaktionen mit Volumenzunahme: Verringerung des Drucks
   - bei Reaktionen mit Volumenabnahme: Erhöhung des Drucks.

b) Möglichkeiten, z. B.:
   - Ausfällen des Produkts mit Fällungsmittel
   - geringe Löslichkeit des Produkts im Lösungsmittel
   - Abdestillieren eines Produkts
   - Zwei-Phasen-Gemisch und Extrahieren des Produkts in das Lösungsmittel, in dem die Reaktion selbst nicht abläuft
   - Weiterreaktion des Produkts zu einer Folgestufe.

Automatisierungs- und Prozessleittechnik

Lösung zu Aufgabe 1:

a) Vorschlag: Signalübertragungsverfahren Remote-IO (Digitalisierung, BUS-Systeme)

Begründung: Der Verkabelungsaufwand zwischen der Remote-Schnittstelle und der prozessnahen Komponente wird geringer. Damit ist dieses Verfahren kostengünstiger.

b) Bei dem Remote-I/O-Übertragungsverfahren ist die I/O-Baugruppe der Automatisierungseinheit in die Anlage bzw. das Feld ausgelagert worden. Der Messwert wird wie bei der konventionellen Technik im Messumformer in ein analoges Einheitssignal umgeformt und zur I/O-Baugruppe übertragen. Dort wird das Signal digitalisiert und dann mit vielen anderen über ein Koaxialkabel bzw. Lichtwellenleiter zur Automatisierungseinheit digital übertragen.

Lösung zu Aufgabe 2:

a) Informationen, die für die Optimierung im Vorfeld benötigt werden, z. B.:

- Art der Regelstrecke (Regelgröße)
- Zeitverhalten der Regelstrecke (träge, sehr träge)
- Optimierung nach Störverhalten oder Führungsverhalten (konti-/diskonti-Fahrweise)
- Kann die Regelung zum Schwingen gebracht werden? (wg. Methodenwahl)
- Können Regelabweichungen akzeptiert werden?
- Soll der Regler schnell reagieren?

b) **Optimierungsmethode nach *Ziegler/Nichols*:**

- die Regelung von HAND auf Sollwert einstellen
- den Regler als reinen P-Regler einstellen mit $K_P = 1$ (T_i auf Max., T_d auf Min. einstellen)
- den Regler auf AUTOMATIK einstellen
- geringe Sollwertänderungen vornehmen (Regelung sollte stabil bleiben.)
- stufenweise den K_P-Wert erhöhen und jeweils eine Sollwertänderung vornehmen
- Bei dem K_P-Wert, bei dem die Regelung anfängt, gleichmäßig zu schwingen, ist der kritische K_P-Wert $K_{Pkrit.}$ erreicht.
- aus einer kompletten Schwingungsamplitude die kritische Zeit $T_{krit.}$ ermitteln
- nach der Tabelle *Ziegler/Nichols* die Reglerkenngrößen berechnen
- neue Werte am Regler einstellen und Verhalten testen.

Alternative:

CHR-Verfahren (T_e/T_b-Methode nach *Chien, Hrones und Reswick*):

- die Stabilität der Regelung überprüfen (keine Störung liegt vor)
- die Regelung am Sollwert auf HAND einstellen
- den y-Wert von HAND sprunghaft um ca. 10 - 20 % verändern
- den Verlauf der Regelgröße aufzeichnen (konventioneller Schreiber oder Ausdruck PLS)
- den Kurvenverlauf auswerten (K_s, T_e und T_b ermitteln)
- aus der Tabelle (nach CHR) die Einstellwerte des Reglers nach Stör- oder Führungsverhalten berechnen.

Lösung zu Aufgabe 3:

- **P-Regler:**
  - Einsatzgebiete:
    - einfache Regelungen (z. B. Standhaltung, Drehfrequenzregelung)
    - Folgeregler (Hilfsregler) bei Kaskadenregelungen
    - alle Eingrößenregelungen L, F, P bis einfache Temperaturregelungen
  - Merkmale:
    - schnelles und stabiles Regelverhalten
    - bleibende Regelabweichung (ungenau)
- **PI-Regler:**
  - Einsatzgebiete:
    - Hauptregler (Führungsregler) bei Kaskadenregelungen
    - weitere Möglichkeiten: Folgeregler bei Verhältnisregelungen
    - Regler für Totzeitstrecken
  - Merkmale:
    - hohe Genauigkeit
    - langsames Ausregelverhalten
- **PID-Regler:**
  - Einsatzgebiete:
    - Regelstrecken höherer Ordnung
    - komplexe Regelaufgaben
    - Qualitätsregelungen
  - Merkmale:
    - schnelles Regelverhalten
    - hohe Genauigkeit.

Lösung zu Aufgabe 4:

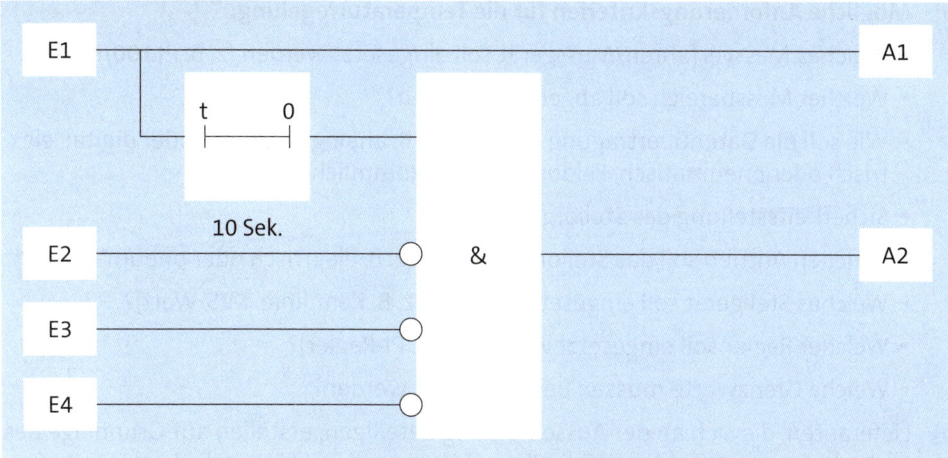

Einschaltverzögerung: 10 Sekunden, Ausschaltverzögerung: 0 Sekunden

Lösung zu Aufgabe 5:

a) **Vorteile beim Einsatz eines WLAN**, z. B.:

- geringerer Verdrahtungsaufwand
- Übertragung auf bewegte Einheiten ohne Zusatzeinrichtung möglich
- Erweiterungsfähigkeit von zusätzlichen Netzwerkteilnehmern ohne zusätzliche Verdrahtung.

b) Gesichtspunkte, die beim **Einsatz eines WLAN** berücksichtigt werden müssen, z. B.:

- Verschlüsselung
- Datensicherheit
- Router und Sendeleistung
- Strahlungsleistung (Dämpfung durch Stein- und Betonwände oder leitfähige Materialien in oder vor der Wand bzw. dem Raum)
- Datenrate
- Berücksichtigung von Störeinflüssen durch evtl. auftretende elektrostatische und elektromagnetische Felder.

Lösung zu Aufgabe 6:

a) **Mögliche Anforderungskriterien für die Temperaturregelung:**

- Welches Messverfahren/Messgerät soll eingesetzt werden (z. B. Pt100)?
- Welcher Messbereich soll abgedeckt werden?
- Wie soll die Datenübertragung erfolgen (z. B. analog 4 - 20 mA oder digital, elektrisch oder pneumatisch, Feldbus oder herkömmliche Technik)?
- Sicherheitsstellung des Stellorgans
- Welchen Antrieb soll das Stellorgan haben (z. B. elektrisch oder pneumatisch)?
- Welches Stellgerät soll eingesetzt werden (z. B. Kennlinie, KVS-Wert)?
- Welcher Regler soll eingesetzt werden (z. B. PI-Regler)?
- Welche Grenzwerte müssen berücksichtigt werden?

b) Lieferanten, die sich an der Ausschreibung beteiligen, erstellen auf Grundlage des Lastenheftes ein Pflichtenheft, in dem sie beschreiben, wie sie die konkrete Aufgabenstellung aus dem Lastenheft lösen. Neben dem Angebotspreis ist das Pflichtenheft eine Grundlage für den Vergleich der angebotenen Leistung und soll den Prozess zur Findung des Lieferanten mit dem optimalen Preis-Leistungs-Verhältnis unterstützen.

Lösung zu Aufgabe 7:

Es handelt sich um eine **Kaskadenregelung**.

Der Haupt-/Führungsregler ist der Durchflussregler FIC 018. Der Hilfs-/Folgeregler ist der Drehzahlregler SIC 018. Der Durchflussregler misst den Durchfluss in der Produktabflussleitung und gibt dem nachgeschalteten Drehzahlregler die Führungsgröße für die Pumpendrehzahl vor.

Der Drehzahlregler misst die Pumpendrehzahl und hält sie durch Frequenzumrichtung für den Antriebsmotor auf dem vorgegebenen Wert. Sowohl die Drehzahl als auch der Durchfluss werden in der Messwarte angezeigt.

Technologie

Lösung zu Aufgabe 1:

$$\dot{V} = \frac{v \cdot d^2 \cdot \pi}{4} = \frac{0{,}5\ m/s \cdot 0{,}5^2\ m^2 \cdot \pi \cdot 3.600\ s/h}{4} = 353\ m^3/h$$

$$V = t \cdot \dot{V} = \frac{1}{60}\ h \cdot 353\ m^3/h = 5{,}88\ m^3$$

$$V = \frac{d^2 \cdot \pi}{4} \cdot l\ (Reaktor)$$

$$l\ (Reaktor) = \frac{4 \cdot V}{d^2 \cdot \pi} = \frac{4 \cdot 5{,}88\ m^3}{0{,}5^2\ m^2 \cdot \pi} = 30\ m$$

Lösung zu Aufgabe 2:

- **Katalytische Reaktion:**

  Aufbau: meist kontinuierliche Rohrreaktoren oder Reaktionskolonnen

  Der Katalysator befindet sich stationär im Reaktor, z. B. auf einem Kolonnenboden/Packung oder schwebend in einem Wirbelbett.

  Er wird vom Reaktionsmedium umströmt (Prinzip: stationärer Mischer) und nutzt dabei die große Kontaktfläche aus. Bedingt durch die Stoffführung ist nicht zwingend ein Rührwerk erforderlich. Die Beheizung des Reaktionsmediums kann im Vorfeld durch einen separaten Wärmeaustauscher oder durch einen Heizmantel direkt im Reaktor erfolgen.

  Beispiele: Katalysator im Auto, bei der Ammoniakherstellung

- **Elektrochemische Reaktion:**

  Es werden kontinuierlich betriebene Elektrolysezellen eingesetzt. Die Elektrolysezelle besteht aus einer Wanne, in der sich der Elektrolyt befindet.

  Des Weiteren besteht die Zelle aus zwei Elektroden, der Anode und der Kathode. Die beiden Elektroden werden durch ein Diaphragma in einen Anoden- und einen Kathodenraum getrennt. Je nach Aufbau des Diaphragmas können die im Elektrolyt enthaltenen Anionen oder Kationen diese durchdringen.

  Im Anodenraum kommt es zu einer Reaktion der Anionen und im Kathodenraum zu einer Reaktion der Kationen. Die entstandenen Produkte werden je nach Aggregatzustand und Dichte oben oder unten aus der Elektrolysezelle abgezogen.

  Beispiel: Chlorherstellung (Diaphragmaverfahren)

- **Biochemische Reaktion:**

  Die biochemische Reaktion wird in einem Fermenter durchgeführt, der meist kontinuierlich betrieben wird. Der Fermenter besteht aus einem Behälter, meist mit einem Rührwerk. Je nach Reaktionsbedingungen werden die Temperatur und der pH-Wert über entsprechende Regelungen auf einem vorgegebenen Wert gehalten. Für die biochemische Reaktion sind Mikroorganismen erforderlich. Bei den biochemischen Reaktionen unterscheidet man zwischen denen, die Sauerstoff benötigen und denen, die ohne Sauerstoff ablaufen.

  Beispiele: Abwasserreinigung, Herstellung von Bioethanol, Insulinherstellung

Lösung zu Aufgabe 3:

a) **Anwendungsbeispiele:**

- **VE-Wasserherstellung/Wasserentsalzung:**

  Die Anlage besteht aus einem Kationentauscher und einem Anionentauscher, die jeweils auf einem Siebboden eine Schüttung aus Kationen- bzw. Anionentauscherkügelchen besitzen. Das Rohwasser durchströmt nacheinander die Ionentauscher. Dabei werden im Kationentauscher H^+-Ionen gegen Ca^{2+}-, Mg^{2+}-, Na^+-, K^+-Ionen usw. und im Anionentauscher OH^--Ionen gegen HCO_3^--, SO_4^{2-}-, Cl^--, NO_3^--Ionen usw. getauscht.

- **Wasserenthärtung zur Verhinderung von störenden Kesselsteinablagerungen:**

  Die Anlage besteht aus einem Kationentauscher, der auf einem Siebboden eine Schüttung aus Kationentauscherkügelchen besitzt. Das Rohwasser durchströmt den Ionentauscher. Dabei werden Na^+- oder H^+-Ionen gegen die im Wasser gelösten Erdalkali-Kationen Ca^{2+} und Mg^{2+} getauscht.

- **Abwasserentgiftung**, z. B. in Härtereien, Metallbeizereien, Galvanikbetrieben:

  Die Anlage besteht aus einem Ionentauscher, der auf einem Siebboden eine Mischschüttung aus Kationen- und Anionentauscherkügelchen besitzt. Das Abwasser durchströmt den Ionentauscher. Dabei werden H^+-Ionen, gegen die im Wasser gelösten Kationen, wie z. B. Cd^{2+}-, Zn^{2+}-, Pb^{2+}-Ionen, getauscht und OH^--Ionen gegen CrO_4^{2-}-(Chromate), CN^--(Cyanide), NO_2^--Ionen (Nitrit) getauscht.

b)
- Regeneration des Anionentauscherharzes mit Lauge, z. B. NaOH
- Regeneration des Kationentauscherharzes mit Säure, z. B. HCl.

Lösung zu Aufgabe 4:

a) **Möglichkeiten, die zu einer Erhöhung des Gefahrenpotenzials führen können**, z. B.:

- Handhabung und Förderung von toxischen, brennbaren und umweltgefährdenden Materialien, da diese bei Leckagen freigesetzt werden können
- Freisetzung und Ansammlung von brennbaren oder gefährlichen Stoffen in einer Anlage bei mangelhafter Füllstandsüberwachung der Lagerbehälter bzw. Reaktionsbehälter

- Korrosion oder Erosion, die die Festigkeit von Reaktoren, Behältern und Rohrleitungen gefährden kann
- Antriebsaggregate, die bei Ausfall weitere kritische Zustände erzeugen
- Reaktionen, die bei hohem Druck oder unter Vakuum durchgeführt werden
- Reaktionen mit chemischen Stoffen, deren Konzentrationen innerhalb der Explosionsgrenzen liegen
- Erzeugung von Stäuben durch Zerkleinerungsmaschinen, deren Förderung und Lagerung die Gefahr von Staubexplosionen in sich tragen.

b) **Technische Maßnahmen** sind z. B.:

- Explosionsunterdrückungssysteme mit dynamischen Druckdetektoren
- IR-Detektoren zur Erkennung von Funken, glühendem Material, Flammen usw.
- Sprinkleranlagen
- Flammenrückschlagsicherung („Kito"-Roste) an Lagerbehältern bei brennbaren Flüssigkeiten
- Überfüllsicherungen
- Schnellschluss von Ventilen
- selbstüberwachende Inertisierung mit Stickstoff
- Druckentlastungseinrichtungen, z. B. Berstscheibe, Sicherheitsventile
- Notkühlung, Notablass zur Beseitigung der gefahrdrohenden Situation
- Sicherheitsverriegelungen im PLS, um unerlaubte Zustände zu verhindern
- Messung der Atmosphäre, ob diese im Explosionsbereich liegt.

Lösung zu Aufgabe 5:

a) **„Zone 1":**

In diesem Bereich kann sich im Normalbetrieb gelegentlich eine gefährliche explosionsfähige Atmosphäre als Gemisch aus Luft, brennbaren Gasen, Dämpfen oder Nebeln bilden.

b) **Sekundärer Explosionsschutz** hat das Ziel, wirksame Zündquellen zu verhindern.

Technische Möglichkeiten sind z. B.:

- Einsatz von Mess- und Elektrogeräten mit entsprechender ATEX-Zulassung
- Blitzableiter
- Erdung
- Einsatz von funkenarmem Werkzeug.

Organisatorische Möglichkeiten sind z. B.:

- Rauchverbot
- Verbot von Zündquellen
- Unterweisung der Beschäftigten.

c) Bei der Gefährdungsbeurteilung zum Explosionsschutz müssen die folgenden **Zündquellen bewertet** werden:

- heiße Oberflächen
- Flammen oder heiße Gase
- mechanisch erzeugte Funken
- elektrische Anlagen
- statische Elektrizität
- elektromagnetische Strahlung
- Blitzschlag
- elektromagnetische Felder
- ionisierende Strahlung
- Ultraschall
- chemische Reaktionen
- adiabate Kompression
- elektrische Ausgleichsströme.

Lösung zu Aufgabe 6:

1. **Problem:** Gefahr von Verletzungen an rotierenden, ungesicherten Mischmaschinen; Gefahr beim Hineingreifen in laufende Maschinen oder beim Arbeiten an stillstehenden, aber gegen Wiedereinschalten ungesicherten Maschinen.

   Abhilfemaßnahme: Durch eine geschlossene Bauweise ist das Hineingreifen zu verhindern. Einbau von Schutzgittern oder Lichtschranken, die den Strom abschalten, wenn sich eine Person im Gefahrenbereich aufhält.

2. **Problem:** Gefahr der Entzündung brennbarer Stoffe durch Funkenbildung (elektrostatische Aufladung) oder Reibungswärme

   Abhilfemaßnahme: Erden des Mischers, Begasen des Mischraumes mit Inertgas, Absaugen des entstehenden Staubes bei Befüll- und Entleerungsvorgängen

3. **Problem:** Eine zu hohe Drehzahl des rotierenden Behälters bzw. Mischwerkzeuges bewirkt, dass das Mischgut nur im Kreis herumgeschleudert wird und die vorgesehenen Bewegungen nicht ausführen kann.

   Abhilfemaßnahme: Drehzahl reduzieren.

4. **Problem:** Zu hoher Füllgrad (> ⅔) im Behälter macht die erforderliche intensive Umwälzung des Mischgutes unmöglich.

   Abhilfemaßnahme: Mischer nicht überfüllen, sondern das Mischgut in mehreren Chargen mischen.

5. **Problem:** Bei hohem oder stark unterschiedlichem Feuchtigkeitsgehalt im Mischgut entstehen Zusammenballungen. Das Mischgut ist nicht mehr rieselfähig, bleibt an der Behälterwand bzw. am Mischwerkzeug kleben oder bildet mitlaufende Klumpen.

   Abhilfemaßnahme: Mischgut vor dem Mischvorgang oder bei entsprechender Ausrüstung des Mischers während des Mischens trocknen.

6. **Problem:** Extrem kleine Korngrößen ergeben einen hohen Reibungswiderstand und bedingen eine lange Mischzeit.

   Abhilfemaßnahme: Mischmethoden mit geringer mechanischer Reibung wählen (z. B. pneumatische Mischer).

Lösung zu Aufgabe 7:

$$F_G = F_Z$$

$$m \cdot g = 4 \cdot m \cdot r \cdot \pi^2 \cdot n^2_{krit}$$

$$n_{krit} = \sqrt{\frac{m \cdot g}{4 \cdot m \cdot r \cdot \pi^2}}$$

$$n_{krit} = \sqrt{\frac{g}{4 \cdot r \cdot \pi^2}} = \sqrt{\frac{9{,}81\ m/s^2}{4 \cdot 0{,}4\ m \cdot \pi^2}} = 0{,}788\ 1/s$$

100 % = 0,788 1/s
75 % = x
$n_{opt} = 0{,}788\ 1/s \cdot 0{,}75 = 0{,}591\ 1/s = 35{,}46\ 1/min$

Betriebscontrolling

Lösung zu Aufgabe 1:

a) ▸ optimale Bestellmenge

$$x_{opt} = \sqrt{\frac{2 \cdot k_B \cdot x_{ges}}{EP \cdot i_L}}$$

$$x_{opt} = \sqrt{\frac{2 \cdot 70 \cdot 2.000 \text{ Stück}}{500 \cdot 0{,}18}} = \sqrt{\frac{280.000 \text{ Stück}}{90}} = \sqrt{3.111{,}11} = 55{,}78 = 56 \text{ Stück}$$

▸ Materialkosten pro Jahr = Jahresbedarf • Einstandspreis

2.000 Stück • 500 € = 1.000.000 €

▸

$$\text{Bestellkosten pro Jahr} = \frac{\text{Jahresbedarf}}{\text{Bestellmenge}} \cdot \text{Bestellkosten je Bestellung}$$

$$\text{Bestellkosten pro Jahr} = \frac{2.000 \text{ Stück}}{500 \text{ Stück}} \cdot 70\ € = 280\ €$$

▸ Lagerkosten pro Jahr = Durchschnittsbestand (in €) • Zinssatz

250 Stück • 500 € • 0,18 = 22.500 €

▸ Beschaffungskosten: 1.000.000 € + 280 € + 22.500 € = 1.022.780 €

b) Die Bestellkosten werden geringer, da weniger Bestellungen getätigt werden, und die Lagerhaltungskosten nehmen zu, da ein höherer durchschnittlicher Lagerbestand vorliegt.

c)

$$\text{durchschnittliche Lagerreichweite} = \frac{\text{optimale Bestellmenge}}{\text{Jahresverbrauch}}$$

$$\text{durchschnittliche Lagerreichweite} = \frac{56 \text{ Stück}}{2.000 \text{ Stück/Jahr}} = 0{,}028 \text{ Jahre} = 0{,}336 \text{ Monate} = 10 \text{ Tage}$$

Lösung zu Aufgabe 2:

Primäre Wertaktivitäten, z. B.:

- Eingangslogistik: Wareneingang, Lagerhaltung, Transport, Reklamation gegenüber Lieferanten
- Herstellung: Produktion, Montage, Instandhaltung der Anlagen
- Ausgangslogistik: Auftragsabwicklung, Zusammenstellung/Lagerung/Auslieferung von Fertigprodukten
- Verkauf, Marketing: Werbung, Verkaufsförderung, Preisfestsetzung, Auswahl der Vertriebswege, Verpackung
- Service: Werterhaltung der Produkte, Absatzunterstützung Installation/Reparatur/Ersatzteilversorgung/Verkäuferschulung.

Sekundäre Wertaktivitäten, z. B.:

- Infrastruktur des Unternehmens: Organisation, Anlagenausstattung, Finanzierung
- Beschaffung: Einkauf, Wareneingangskontrolle, Qualitätsprüfung
- Technologieentwicklung: Forschung & Entwicklung, Konstruktion
- Personalwesen: Lohn- und Gehaltsabrechnung, Ausbildung, Personalverwaltung
- Administration: Buchhaltung, Unternehmensleitung.

Lösung zu Aufgabe 3:

a) **Marktforschung** ist die Erhebung, Aufbereitung und Auswertung von Daten nach wissenschaftlichen Methoden des jeweiligen Untersuchungsgegenstandes.

b) Der **Marketingmix** beschreibt die Gesamtheit aller zur Erreichung der Marketingziele festgelegten Aktivitäten. Er besteht aus den Bereichen Produktpolitik (product), Preispolitik (price), Distributionspolitik (place) und Kommunikationspolitik (promotion).

- **Produktpolitik:**

  Im Rahmen der Produktpolitik muss entschieden werden, welche Produkt- und/oder Dienstleistungskombinationen eine Organisation auf dem Markt anbieten möchte. Welches Produkt soll in welcher Qualität und in welchem Design auf dem Markt eingeführt oder aber vom Markt genommen werden? Wie soll das Produkt heißen, welche Markenstrategie soll angewendet werden?

  Zur Produktpolitik zählen auch Fragen der Produktverpackung und Gewährleistung.

- **Preispolitik:**

  Im Mittelpunkt der Preispolitik steht die Preisgestaltung. Neben der grundsätzlichen Entscheidung für ein hohes, mittleres oder niedriges Preissegment werden auch preispolitische Maßnahmen, wie z. B. die Gewährung von Rabatten und weitere Preisdifferenzierungen, festgelegt.

  Zahlungsbedingungen sind ebenfalls Bestandteil der Überlegungen.

- **Distributionspolitik:**

  Die Distributionspolitik legt fest, auf welchem Vertriebsweg die Produkte bzw. Dienstleistungen an den Kunden gebracht werden. Die erste wichtige Entscheidung ist damit die Frage, ob die Produkte direkt oder indirekt an den Endkunden vertrieben werden sollen. Wird der Verkauf vom herstellenden Unternehmen selbst übernommen oder an einen Großhändler oder Handelsvertreter übergeben? Sollen die Produkte stationär oder über den Distanzhandel angeboten werden?

- **Kommunikationspolitik:**

  Die Kommunikationspolitik wird auch Marketingkommunikation genannt und beschreibt die Instrumente, über die ein Unternehmen mit dem Absatzmarkt kommuniziert, also in Verbindung tritt. Es gibt eine Vielzahl möglicher Kommunikationsmittel und -wege. Fernsehwerbung gehört ebenso dazu wie die Einrichtung eines Kundenforums oder die Lebensmittel-Verkostung am Point of Sale. Wie bei den vorhergehenden Elementen des Marketingmix sollten sich auch die kommunikativen Maßnahmen stets an den Bedürfnissen der Zielgruppe orientieren.

Lösung zu Aufgabe 4:

a) Gesamtkosten je Einheit:

$$K = \frac{\text{fixe Kosten} + \text{variable Kosten}}{\text{Produktionsmenge}}$$

$$K = \frac{375.000{,}00\ \text{€/Jahr} + 25.000\ \text{Stück/Jahr} \cdot 2{,}25\ \text{€/Stück}}{25.000\ \text{Stück/Jahr}} = 17{,}25\ \text{€/Stück}$$

b) Produktionsmenge = 25.000 Stück • 0,8 = 20.000 Stück

$$K = \frac{\text{fixe Kosten} + \text{variable Kosten}}{\text{Produktionsmenge}}$$

$$K = \frac{375.000{,}00\ \text{€/Jahr} + 20.000\ \text{Stück/Jahr} \cdot 2{,}25\ \text{€/Stück}}{20.000\ \text{Stück/Jahr}} = 21{,}00\ \text{€/Stück}$$

Änderung der Kosten = 21,00 € - 17,25 € = 3,75 €

$$\text{prozentuale Änderung} = \frac{3{,}75\ \text{€} \cdot 100\ \%}{17{,}25\ \text{€}} = 21{,}7\ \%$$

Die Gesamtkosten erhöhen sich um 21,7 % pro Einheit.

Lösung zu Aufgabe 5:

a) **Betriebswirtschaftliche Kennzahlen** spielen im Controlling eine wichtige Rolle. Kennzahlen sind Zahlenwerte, die der Messung von bestimmten Sachverhalten von Unternehmen dienen. Sie sind der wichtigste Teil der Berichterstattung im Rahmen der Informationsfunktion des Controllings. Erst durch die Kennzahlen wird die Quantifizierung von bestimmten Zuständen und damit eine Bewertung möglich.

b) **Kennzahlen** müssen z. B.

- präzise und eindeutig,
- stets aktuell,
- bei der Ermittlung standardisiert,
- zur Lösung geeignet sowie
- flexibel und anpassungsfähig

sein.

c) Die **Balanced Scorecard** ist ein Managementkonzept zur strategischen Unternehmensführung. Ausgehend von den Zielen eines Unternehmens werden Kennzahlen aus verschiedenen Bereichen gemeinsam dargestellt und miteinander in Beziehung gebracht.

Die **vier Perspektiven der Balanced Scorecard** sind:

- **Finanzperspektive:** Sie beinhaltet klassische Kennzahlen vor allem für Anteilseigner, wie z. B. Rendite, Gewinn und Umsatz.
- **Kundenperspektive:** Sie umfasst Kennzahlen, die Kundenmeinungen und Kundeneinstellungen gegenüber dem Unternehmen abbilden, wie z. B. Kundenzufriedenheit, Wiederkaufsrate, Empfehlungen und Kundenbeschwerden.
- **Mitarbeiterperspektive** (Willensperspektive): Diese Perspektive beinhaltet Indikatoren, die zeigen, wie sehr das Unternehmen auf zukünftige Entwicklungen ausgerichtet ist oder wie es auf die eigenen Mitarbeiter und deren Engagement wirkt, wie z. B. Produktinnovation, Mitarbeiterzufriedenheit und Unternehmensimage.
- **Prozessperspektive:** Sie umfasst Kennzahlen, wie gut oder schlecht interne Prozesse bezüglich Zeit, Qualität oder Kosten ablaufen, wie z. B. Durchlaufzeiten, Nacharbeitsquote, Logistikkosten.

Lösung zu Aufgabe 6:

a) **Controlling** ist ein umfassendes Steuerungs- und Koordinationskonzept zur Unterstützung der Unternehmensleitung bei der Umsetzung unternehmerischer Planungen und Aktivitäten.

b) **Aufgaben des Controllings**, z. B.:

- **Planung:** Aufstellung, Koordinierung und Überwachung von Unternehmensplänen (Gewinn-, Investitions-, Finanzierungs-, Absatz- und Kostenpläne)
- **Berichterstattung und Interpretation:** Soll-Ist-Vergleich, Abweichungsanalyse, Bericht an Management und Kapitaleigner
- **Beratung:** Alle betrieblichen Entscheidungsträger sind über Zielerreichung und Wirksamkeit der Richtlinien und der Organisationsstruktur bewertend zu informieren.
- **Steuern:** Aufstellung und Anwendung von Richtlinien für die Bearbeitung von Steuerangelegenheiten
- **Berichterstattung an staatliche Stellen:** Berichte sind von der Controllingabteilung zu koordinieren.

c) **Operatives Controlling** beinhaltet die Tätigkeiten zur Zielbildung, Planung und Steuerung im mittelfristigen und im einjährigen Zeithorizont. Zielgrößen sind z. B. Liquidität, Gewinn und Stabilität.

Strategisches Controlling beinhaltet die Tätigkeiten zum Entwerfen, Prüfen, Durchsetzen und Überwachen von Strategien.

Der Zeithorizont ergibt sich durch die mit den Strategien abzudeckenden Zeiträume.

Zielgrößen sind z. B. bestehende und zukünftige Erfolgspotenziale, Marktanteile oder ein bestimmter angestrebter Free Cashflow.

d) **Beispiele für Controllingbereiche:** Beschaffungscontrolling, Investitionscontrolling, Logistikcontrolling, Marketingcontrolling, Produktionscontrolling, Personalcontrolling, Projektcontrolling, Umweltcontrolling, Vertriebscontrolling.

Lösung zu Aufgabe 7:

a) Unter **Materialeffizienz** ist das Verhältnis der Materialmenge in den erzeugten Produkten zu der für ihre Herstellung eingesetzten Materialmenge zu verstehen.

b) Maßnahmen, um die **Materialeffizienz** zu **erhöhen** sind z. B.:

- Verringerung des Ausschusses
- Reduzierung von Verschnitt oder Abfall
- Verringerung des Einsatzes von Hilfsstoffen
- Optimierung des Produktionsverfahrens
- Erweiterung der Losgröße.

Situationsbezogenes Fachgespräch: Handlungsbereich Führung/Personal

INFO

Für die Handlungsaufträge kann es keine „Musterlösung“ geben. Deshalb beschränken wir uns auf die Darstellung von Lösungshinweisen, welche die Struktur und Komplexität der Fragestellung zeigen und auf mögliche Ergänzungsfragen im Prüfungsgespräch hinweisen. Außerdem wird der jeweilige Themenschwerpunkt genannt.

Die Lösungshinweise sind aus lerntheoretischen Gesichtspunkten meist umfangreicher als in der konkreten Prüfungspraxis.

Handlungsauftrag 1 – Schwerpunkt: Neues Entlohnungsmodell

Lösungshinweise:

1. Formen des Leistungslohns, z. B.:
   - Akkordlohn
   - Prämienlohn als
     - Einzelakkord/Gruppenakkord
     - Einzelprämie/Gruppenprämie

   Formen erläutern, Vor-/Nachteile aufzeigen

   Für die Chemie GmbH ist eine Entscheidung zu treffen.
2. Auswirkungen des Leistungslohns auf
   - die Kostenermittlung: aufwendiger
   - die Kalkulation: für Arbeitgeber weniger Risiko, da Äquivalenz von Lohn und Leistung bei Nichtunterschreitung der Normalleistung

   Anreiz zur Mehrleistung

   Prämienlohn: mittelbar

   Vergütung der Mehrleistung (Leistungsgerechtigkeit)

   Direkte Beziehung: mehr Leistung – mehr Lohn
3. Entwicklung der Lohnstückkosten: Prämienlohn: fallend/steigend/proportional je nach Prämiengestaltung Begrenzung der Prämie, z. B. bei 130 %
4. Auswirkung auf den Führungsstil? Delegation?
5. Frühzeitige Information der Mitarbeiter über neues Entlohnungsmodell

   Schilderung der Vorteile (aus Mitarbeiter-/Unternehmenssicht); Überwindung von Widerständen; Förderung der Kooperation/Kommunikation der Mitarbeiter

6. Auswahl der Mitarbeiter: für Leistungslohn geeignet/nicht geeignet
7. Gegebenenfalls Aktualisierung der Stellenbeschreibung der Facharbeiter und des Anforderungsprofils
8. Bei Formen der Gruppenentlohnung: Moderation von auftretenden Konflikten (z. B. unterschiedliche Leistungsgrade beim Gruppenakkord)
9. Optimierung des Fertigungsprozesses
10. Entwicklung der Gruppenarbeit (im Fall der Leistungsentlohnung auf Gruppenbasis – Gruppenakkord/Gruppenprämie)
11. PE-Maßnahmen zur Verbesserung individueller Kompetenzen (Fach-/Methoden-/Sozialkompetenz) und Kompetenzen der Gruppe/Entwicklung von Teamfähigkeit durchführen und evaluieren
12. Auswirkungen der Leistungsentlohnung auf den QM-Gedanken schildern, z. B. Leistungslohn contra Qualität; Maßnahmen zur Überwindung von Qualitätsverschlechterungen
13. Auswirkungen der Leistungsentlohnung auf die Arbeitssicherheit und den Gesundheitsschutz? Gefahren? Gegensteuernde Maßnahmen veranlassen
14. Mitbestimmung des Betriebsrates beachten, § 87 Abs. 1 Nr. 10 BetrVG
15. Zeitwirtschaft; Vorgabezeiten/Normalleistung ermitteln.

Handlungsauftrag 2 – Schwerpunkt: Personalentwicklungskonzept

Lösungshinweise:
Der Teilnehmer soll zeigen, dass er in der Lage ist, ein PE-Konzept als geschlossenen Regelkreis zu entwickeln:

1. Ermittlung des quantitativen Personalbedarfs – Meister- und Mitarbeiterebene (mittelfristiger Bedarf/Anzahl: Arbeiter, Meister)

   Ermittlung des qualitativen Personalbedarfs:

   - Ermittlung der Arbeitsanforderungen auf der Basis von Stellenbeschreibungen – Mitarbeiter
   - Ermittlung der Arbeitsanforderungen auf der Basis von Stellenbeschreibungen – Meister
2. Festlegen der Ziele der Personalentwicklung der Chemie GmbH:
   - Leistungsziele: Nachwuchssicherung auf der Meisterebene; Nachwuchs auf der Facharbeiterebene
   - Ressourcenziele: Kosten, Personalaufwand, Ausbildungsmöglichkeiten
3. Festlegen der Maßnahmen und Methoden und Veranlassen:
   - Ebene Facharbeiter: Einrichtung einer innerbetrieblichen, gewerblichen Ausbildung; Ermittlung geeigneter Berufsbilder, z. B. Industriemechaniker; Ausbildung im Verbund mit anderen Betrieben (Reduzierung der Kosten)
   - Ebene Meister: Auswahl geeigneter Facharbeiter zum Aufstieg/Meisterebene; Potenzialeinschätzung

4. Förderung der Meisterausbildung (Meister-Bafög und betriebliche Zuschüsse) in Zusammenarbeit mit regionaler IHK; Prüfen der Motivation geeigneter Mitarbeiter
5. Evaluierung der Maßnahmen:
   - Ausbildung: Berufsschule (Noten); Berichtshefte; Ausbildungsbeauftragte usw.
   - Meisterebene: IHK-Meisterprüfung; Bewährung und Transfer in der Praxis
6. Mitwirkung und Mitbestimmung der Berufsbildung des Betriebsrates beachten (§ 96 ff. BetrVG)
7. Plankostenrechnung, BAB
8. Optimierung des Fertigungsprozesses
9. Integration von Auszubildenden in die Produktion; Förderung des Sicherheitsbewusstseins und des Qualitätsbewusstseins; Beachten der Bestimmungen des JArbSchG
10. Entwicklung von Auswahlverfahren für Lehrstellenbewerber in Zusammenarbeit mit dem Betriebsrat
11. Stellenbeschreibungen und Anforderungsprofile: Facharbeiter-/Meisterebene
12. Benennung von Facharbeitern/Meistern zu Ausbildungsbeauftragten und Übertragen von Ausbildungsverantwortlichkeiten
13. Erfassen der Soll- und Istkosten der Aus- und Fortbildung.

Handlungsauftrag 3 – Schwerpunkt: Mehrarbeit

Lösungshinweise:

1. Beachtung der Mitbestimmungsrechte des Betriebsrats (§ 87 Abs. 1 Nr. 2 und 3 BetrVG)
2. Beachten der Bestimmungen des ArbZG
3. Information der Mitarbeiter über Mehrarbeit
   - Gespräche
   - Überwinden von Widerständen
   - Auswahl geeigneter Mitarbeiter für die Sonderschicht nach Qualifikation/Motivation
   - Bildung von/einer Arbeitsgruppe(n) für die Sonderschicht
4. Optimierung des Fertigungsprozesses
5. Vorbereiten der Mengen- und Terminplanung für die Sonderschicht
6. Prüfen, ob die Entlohnungsform der Sonderschicht geändert werden muss, z. B. Zulagen/Höhe? Abstimmung mit dem Betriebsrat
7. Ermittlung der Soll-/Ist-Kosten der Sonderschicht
8. Ermittlung des Deckungsbeitrags der Fertigung/Sonderschicht
9. Optimierung der Aufbau- und Ablaufstrukturen.

Handlungsauftrag 4 – Schwerpunkt: Probleme in der Arbeitsgruppe

Lösungshinweise:

1. Analyse der Ist-Situation:
   - Gespräch mit dem Vorarbeiter
   - Inhalte der Beschwerden
   - Ausmaß der Produktivitätsverschlechterung
   - Entwicklung von Maßnahmen – gemeinsam mit dem Vorarbeiter, z. B.:

     Coaching des Vorarbeiters durch den Meister – insbesondere in der Bewältigung von Konflikten.

   Da Sie die Führungsverantwortung an den Vorarbeiter delegiert haben, können Sie nicht direkt in die Gruppenprozesse eingreifen.
2. Handlungsstrategie zur Führung des Mitarbeiters vorbereiten:
   - seine besondere Rolle
   - Verhältnis/Stellung in der Gruppe usw.
   - Spielregeln der Zusammenarbeit
3. Störungen des Gruppenprozesses bearbeiten und Motivation der Gruppe verbessern, z. B. durch:
   - Verantwortungsgrad der Gruppe erhöhen, z. B. Teilautonomie
   - Optimierung der Abläufe der Montage (Montagestrukturen)
4. Beachtung der Mitbestimmung des Betriebsrates bei neuen Formen der Arbeitsorganisation (§ 92a BetrVG)
5. Optimierung des Fertigungsprozesses
6. Optimierung der Aufbau- und Ablaufstrukturen.

Handlungsauftrag 5 – Schwerpunkt: Externe Personalbeschaffung, befristet

Lösungshinweise:

1. Ermittlung des qualitativen Personalbedarfs; vgl. Stellenbeschreibung und Anforderungsprofil; Briefing an das Jobcenter
2. Auswahl der acht Mitarbeiter und Abschluss der befristeten Arbeitsverträge:

   Beachtung des Arbeitsvertragsrechts – insbesondere:

   - NachwG, TzBefG
   - Zustimmung des BR zur geplanten Einstellung beachten: § 99 BetrVG
3. Planen, realisieren und evaluieren der Einarbeitung der neuen Mitarbeiter
4. Fördern des Qualitätsbewusstseins der Mitarbeiter; Unterweisung der neuen Mitarbeiter in Fragen der Arbeitssicherheit usw.
5. Integration der neuen Mitarbeiter in bestehende Arbeitsgruppen
6. Beachten der Kosten der Einstellungsmaßnahme und Budgetierung der erhöhten Personalkosten je Kostenstelle
7. Optimierung der Aufbau- und Ablaufstrukturen
8. Optimierung des Fertigungsprozesses.

Basisliteratur

Bierwerth, W., Tabellenbuch Chemietechnik, 12. Auflage, Haan-Gruiten 2021

Bundle/Ernst/Krause/Zech, Die Prüfung der Technischen Betriebswirte, 10. Auflage, Herne 2022

Eisenschink, C., Die Prüfung der Industriefachwirte, 14. Auflage, Herne 2020

Ignatowitz, E., Chemietechnik, 13. Auflage, Haan-Gruiten 2022

Olfert/Rahn, Einführung in die Betriebswirtschaftslehre, 12. Auflage, Herne 2017

Olfert/Rahn, Lexikon der Betriebswirtschaftslehre, 9. Auflage, Herne 2020

Schroll, S., Die Prüfung der Industriemeister – Basisqualifikationen, 13. Auflage, Herne 2021

Schroll/Eisenschink, Die Prüfung der Technischen Fachwirte, 4. Auflage, Herne 2020

Wieneke, F., Produktionsmanagement, 4. Auflage, Haan-Gruiten 2012

Wöhe, G., Einführung in die allgemeine Betriebswirtschaftslehre, 27. Auflage, München 2020

1. Verfahrenstechnik und Anlagentechnik

Christen, D. S., Praxiswissen der chemischen Verfahrenstechnik, 2. Auflage, Berlin 2009

Draxler/Siebenhofer, Verfahrenstechnik in Beispielen, Berlin 2014

Herz, R., Grundlagen der Rohrleitungs- und Apparatetechnik, 4. Auflage, Essen 2014

Leven/Schwister, Verfahrenstechnik für Ingenieure, 4. Auflage, München 2020

Nitsche, M., Nitsche-Planungs-Atlas – Planung und Berechnung verfahrenstechnischer Anlagen, Berlin 2020

Schroll, S., Die Prüfung der Industriemeister Metall, 10. Auflage, Herne 2022

2. Chemische Prozesse und Verfahren

Beyer/Walter/Francke, Lehrbuch der Organischen Chemie, 24. Auflage, Stuttgart 2004

Bierwerth, W., Formelsammlung Chemietechnik, Haan-Gruiten 2015

Holleman/Wiberg, Lehrbuch der Anorganischen Chemie, 102. Auflage, Berlin 2007

Pflaumbaum/Blome/Kleine, BGIA-Report 1/2009: Gefahrstoffliste – Gefahrstoffe am Arbeitsplatz, Deutsche Gesetzliche Unfallversicherung e. V. (GUV), Berlin 2009

3. Prozessleittechnik

Böckelmann/Winter, Prozessleittechnik in Chemieanlagen, 6. Auflage, Haan-Gruiten, 2021

Heimbold, T., Einführung in die Automatisierungstechnik, München 2015

Reichwein/Hochheimer/Simic, Messen, Steuern, Regeln, 2. Auflage, Weinheim 2007

Schroll, S., Die Prüfung der Industriemeister Elektrotechnik, 6. Auflage, Herne 2022

Urbas, L., Engineering von Prozessleitsystemen, Essen, 2019

4. Personalführung und -entwicklung

Becker/Berthel, Personal-Management, 12. Auflage, München 2022

Olfert, K., Personalwirtschaft, 17. Auflage, Herne 2019

Rahn, H.-J., Unternehmensführung, 10. Auflage, Herne 2019

Schroll, S., Führung und Zusammenarbeit – Rund 200 klausurtypische Aufgaben und Lösungen, 3. Auflage, Herne 2020

Schulz von Thun, F., Miteinander reden, Bde. 1 - 4, Hamburg 2014

Staehle, W. H., Management – Eine verhaltenswissenschaftliche Perspektive, 9. Auflage, München 2018

Stroebe, R. W., Kommunikation I – Grundlagen, Gerüchte, schriftliche Kommunikation, 6. Auflage, Heidelberg 2001

Weisbach, C.-R., Professionelle Gesprächsführung, 9. Auflage, München 2015

5. Betriebliches Kostenwesen

Däumler/Grabe, Kostenrechnung 1 – Grundlagen, 11. Auflage, Herne 2013

Däumler/Grabe, Kostenrechnung 2 – Deckungsbeitragsrechnung, 10. Auflage, Herne 2013

Däumler/Grabe, Kostenrechnung 3 – Plankostenrechnung und Kostenmanagement, 9. Auflage, Herne 2014

Faulhaber, M., Kosten- und Leistungsrechnung – 100 klausurtypische Aufgaben und Lösungen, 4. Auflage, Herne 2020

Olfert, K., Kostenrechnung, 18. Auflage, Herne 2018

Schmolke/Deitermann, Industrielles Rechnungswesen IKR, 51. Auflage, Darmstadt 2022

Ziegenbein, K., Controlling, 10. Auflage, Herne 2012

6. Verantwortliches Handeln im Betrieb (Responsible Care)

Arbeitsgesetze, Beck-Texte, 100. Auflage, München 2022

Kahl, A., Arbeitssicherheit, Berlin 2019

Schaub, G., Arbeitsrechts-Handbuch, 19. Auflage, München 2021

Schroll, S., Arbeits-, Umwelt- und Gesundheitsschutz – Rund 170 klausurtypische Aufgaben und Lösungen, 3. Auflage, Herne 2021

7. Qualitätsmanagement

Dietrich/Conrad, Anwendung statistischer Qualitätsmethoden, 3. Auflage, München 2009

Greßler, U., Qualitätsmanagement – Eine Einführung, 8. Auflage, Troisdorf 2012

Kaminske/Brauer, Qualitätsmanagement von A - Z, 7. Auflage, München 2011

Schroll, S., Qualitätsmanagement – Rund 150 klausurtypische Aufgaben und Lösungen, 3. Auflage, Herne 2021

Theden/Colsman, Qualitätstechniken, 5. Auflage, München 2013

Wagner/Käfer, PQM-Prozessorientiertes Qualitätsmanagement, 7. Auflage, München 2017

8. Information und Kommunikation

Dyckhoff, H., Produktionswirtschaft – Eine Einführung, 3. Auflage, Berlin/Heidelberg 2010

Ebel, B., Kompakt-Training Produktionswirtschaft, 3. Auflage, Herne 2013

Ehrmann, H., Logistik, 9. Auflage, Herne 2017

Oeldorf/Olfert, Material-Logistik, 6. Auflage, Herne 2018

Olfert, K., Organisation, 18. Auflage, Herne 2019

Olfert, K., Kompakt-Training Projektmanagement, 11. Auflage, Herne 2019

Schroll, S., Produktionswirtschaft – Rund 170 klausurtypische Aufgaben und Lösungen, 3. Auflage, Herne 2021

Schwarze, J., Grundlagen der Statistik I – Beschreibende Verfahren, 12. Auflage, Herne 2014

Tussing/Röh/Heege/Arnolds, Materialwirtschaft und Einkauf – Praxisorientiertes Lehrbuch, 14. Auflage, Offenbach 2022

Spezialisierungsgebiete

Syntheseplanung

Mortimer/Müller, Chemie – Das Basiswissen der Chemie, 13. Auflage, Stuttgart 2019

Schmuck, C., Basisbuch Organische Chemie, 2. Auflage, Stuttgart 2018

Schwetlick, K., Organikum – Organisch-chemisches Grundpraktikum, 24. Auflage, Weinheim 2015

Vollhardt/Schore, Organische Chemie, 6. Auflage, Weinheim 2020

Automatisierungs- und Prozessleittechnik

Beier/Wurl, Regelungstechnik – Basiswissen, Grundlagen, Beispiele, 2. Auflage, München 2015

Heinrich, B., Grundlagen Regelungstechnik, 6. Auflage, Wiesbaden 2021

Kahlert, J., Crashkurs Regelungstechnik, 4. Auflage, Berlin 2020

Karaali, C., Grundlagen der Steuerungstechnik – Einführung mit Übungen, 3. Auflage, Heidelberg 2018

Lutz/Wendt, Taschenbuch der Regelungstechnik, 12. Auflage, Haan-Gruiten 2021

Technologie

Baerns/Behr/Brehm, Technische Chemie, 3. Auflage, Weinheim 2022

Behr/Agar/Jörissen, Einführung in die Technische Chemie, 2. Auflage, Heidelberg 2017

Brink/Fastert/Ignatowitz, Technische Mathematik und Datenauswertung für Laborberufe, 8. Auflage, Haan-Gruiten 2021

Hug/Reiser, Physikalische Chemie, 4. Auflage, Haan-Gruiten 2016

Betriebscontrolling

Arnolds/Heege/Röh, Materialwirtschaft und Einkauf, 14. Auflage, Wiesbaden 2021

Gonschorek/Härdler, Betriebswirtschaft für Ingenieure, 7. Auflage, München 2021

Kotler/Armstrong/Saunders/Wong, Grundlagen des Marketings, 7. Auflage, München 2019

Schultz, V., Basiswissen Betriebswirtschaft, 6. Auflage, München 2019

Töpfer, A., Betriebswirtschaftslehre, 2. Auflage, Heidelberg 2007

Vahs/Schäfer-Kunz, Einführung in die Betriebswirtschaftslehre, 8. Auflage, Stuttgart 2021

Ziegenbein, K., Controlling, 10. Auflage, Herne 2012

Symbole

A

B

C

D

I

J

K

L

M

N

O

P

S

T

U

V

W

Z